卢嘉锡 总主编

中国科学技术史

造纸与印刷卷

潘吉星 著

科学出版社
1998

内 容 简 介

本书利用最新考古发掘资料，对出土文物的检验、传统工艺的调查研究和中外文献的考证，系统论述中国造纸及印刷技术的起源发展以及外传的历史，从而揭示出中国“四大发明”中两项发明的系统历史。全书共三编十七章，内容深入浅出，资料翔实，别具特色。

本书供图书、博物、文物工作者，科学史、考古工作者及有关专业的大专院校师生阅读参考。

图书在版编目（CIP）数据

中国科学技术史：造纸与印刷卷/卢嘉锡总主编；潘吉星著．-北京：科学出版社，1998．8

ISBN 978-7-03-006164-5

Ⅰ．中… Ⅱ．①卢… ②潘… Ⅲ．①技术史-中国②造纸-技术史-中国③印刷史-中国 Ⅳ．N092

中国版本图书馆 CIP 数据核字（97）第 15743 号

科学出版社 出版
北京东黄城根北街 16 号
邮政编码：100717
http://www.sciencep.com
北京厚诚则铭印刷科技有限公司印刷
科学出版社发行 各地新华书店经销
*
1998 年 8 月第 一 版 开本：787×1092 1/16
2025 年 4 月第七次印刷 印张：42 插页：2
字数：1 050 000

定价：265.00 元

《中国科学技术史》的组织机构和人员

总　　序

中国有悠久的历史和灿烂的文化，是世界文明不可或缺的组成部分，为世界文明做出了重要的贡献，这已是世所公认的事实。

科学技术是人类文明的重要组成部分，是支撑文明大厦的主要基干，是推动文明发展的重要动力，古今中外莫不如此。如果说中国古代文明是一棵根深叶茂的参天大树，中国古代的科学技术便是缀满枝头的奇花异果，为中国古代文明增添斑斓的色彩和浓郁的芳香，又为世界科学技术园地增添了盎然生机。这是自上世纪末、本世纪初以来，中外许多学者用现代科学方法进行认真的研究之后，为我们描绘的一幅真切可信的景象。

中国古代科学技术蕴藏在汗牛充栋的典籍之中，凝聚于物化了的、丰富多姿的文物之中，融化在至今仍具有生命力的诸多科学技术活动之中，需要下一番发掘、整理、研究的功夫，才能揭示它的博大精深的真实面貌。为此，中国学者已经发表了数百种专著和万篇以上的论文，从不同学科领域和审视角度，对中国科学技术史作了大量的、精到的阐述。国外学者亦有佳作问世，其中英国李约瑟(J. Needham)博士穷毕生精力编著的《中国科学技术史》(拟出 7 卷 34 册)，日本薮内清教授主编的一套中国科学技术史著作，均为宏篇巨著。关于中国科学技术史的研究，已是硕果累累，成为世界瞩目的研究领域。

中国科学技术史的研究，包涵一系列层面：科学技术的辉煌成就及其弱点；科学家、发明家的聪明才智、优秀品德及其局限性；科学技术的内部结构与体系特征；科学思想、科学方法以及科学技术政策、教育与管理的优劣成败；中外科学技术的接触、交流与融合；中外科学技术的比较；科学技术发生、发展的历史过程；科学技术与社会政治、经济、思想、文化之间的有机联系和相互作用；科学技术发展的规律性以及经验与教训，等等。总之，要回答下列一些问题：中国古代有过什么样的科学技术？其价值、作用与影响如何？又走过怎样的发展道路？在世界科学技术史中占有怎样的地位？为什么会这样，以及给我们什么样的启示？还要论述中国科学技术的来龙去脉，前因后果，展示一幅真实可靠、有血有肉、发人深思的历史画卷。

据我所知，编著一部系统、完整的中国科学技术史的大型著作，从本世纪 50 年代开始，就是中国科学技术史工作者的愿望与努力目标，但由于各种原因，未能如愿，以致在这一方面显然落后于国外同行。不过，中国学者对祖国科学技术史的研究不仅具有极大的热情与兴趣，而且是作为一项事业与无可推卸的社会责任，代代相承地进行着不懈的工作。他们从业余到专业，从少数人发展到数百人，从分散研究到有组织的活动，从个别学科到科学技术的各领域，逐次发展，日臻成熟，在资料积累、研究准备、人才培养和队伍建设等方面，奠定了深厚而又广大的基础。

本世纪 80 年代末，中国科学院自然科学史研究所审时度势，正式提出了由中国学者编著《中国科学技术史》的宏大计划，随即得到众多中国著名科学家的热情支持和大力推动，得到中国科学院领导的高度重视。经过充分的论证和筹划，1991 年这项计划被正式列为中国科学院“八五”计划的重点课题，遂使中国学者的宿愿变为现实，指日可待。作为一名科技工作者，我对此感到由衷的高兴，并能为此尽绵薄之力，感到十分荣幸。

《中国科学技术史》计分30卷，每卷60至100万字不等，包括以下三类：

通史类(5卷)：

《通史卷》、《科学思想史卷》、《中外科学技术交流史卷》、《人物卷》、《科学技术教育、机构与管理卷》。

分科专史类(19卷)：

《数学卷》、《物理学卷》、《化学卷》、《天文学卷》、《地学卷》、《生物学卷》、《农学卷》、《医学卷》、《水利卷》、《机械卷》、《建筑卷》、《桥梁技术卷》、《矿冶卷》、《纺织卷》、《陶瓷卷》、《造纸与印刷卷》、《交通卷》、《军事科学技术卷》、《计量科学卷》。

工具书类(6卷)：

《科学技术史词典卷》、《科学技术史典籍概要卷》(一)、(二)、《科学技术史图录卷》、《科学技术年表卷》、《科学技术史论著索引卷》。

这是一项全面系统的、结构合理的重大学术工程。各卷分可独立成书，合可成为一个有机的整体。其中有综合概括的整体论述，有分门别类的纵深描写，有可供检索的基本素材，经纬交错，斐然成章。这是一项基础性的文化建设工程，可以弥补中国文化史研究的不足，具有重要的现实意义。

诚如李约瑟博士在1988年所说："关于中国和中国文化在古代和中世纪科学、技术和医学史上的作用，在过去30年间，经历过一场名副其实的新知识和新理解的爆炸"(中译本李约瑟《中国科学技术史》作者序)，而1988年至今的情形更是如此。在20世纪行将结束的时候，对所有这些知识和理解作一次新的归纳、总结与提高，理应是中国科学技术史工作者义不容辞的责任。应该说，我们在启动这项重大学术工程时，是处在很高的起点上，这既是十分有利的基础条件，同时也自然面对更高的社会期望，所以这是一项充满了机遇与挑战的工作。这是中国科学界的一大盛事，有著名科学家组成的顾问团为之出谋献策，有中国科学院自然科学史研究所和全国相关单位的专家通力合作，共襄盛举，同构华章，当不会辜负社会的期望。

中国古代科学技术是祖先留给我们的一份丰厚的科学遗产，它已经表明中国人在研究自然并用于造福人类方面，很早而且在相当长的时间内就已雄居于世界先进民族之林，这当然是值得我们自豪的巨大源泉，而近三百年来，中国科学技术落后于世界科学技术发展的潮流，这也是不可否认的事实，自然是值得我们深省的重大问题。理性地认识这部兴盛与衰落、成功与失败、精华与糟粕共存的中国科学技术发展史，引以为鉴，温故知新，既不陶醉于古代的辉煌，又不沉沦于近代的落伍，克服民族沙文主义和虚无主义，清醒地、满怀热情地弘扬我国优秀的科学技术传统，自觉地和主动地缩短同国际先进科学技术的差距，攀登世界科学技术的高峰，这些就是我们从中国科学技术史全面深入的回顾与反思中引出的正确结论。

许多人曾经预言说，即将来临的21世纪是太平洋的世纪。中国是太平洋区域的一个国家，为迎接未来世纪的挑战，中国人应该也有能力再创辉煌，包括在科学技术领域做出更大的贡献。我们真诚地希望这一预言成真，并为此贡献我们的力量。圆满地完成这部《中国科学技术史》的编著任务，正是我们为之尽心尽力的具体工作。

卢嘉锡

1996年10月20日

目 录

第一编 造纸技术史

第二编　印刷技术史

第三编 民族地区的造纸、印刷史

第四编　中外技术交流史

绪　论

纸和印刷术以及火药、指南针并称为中国古代科学技术的四大发明，在推动中国和全世界文明的发展中起了巨大作用。就其社会影响而言，恐非任何其他古代发明所能比拟，可以说这是震撼世界的四大发明，将世界史引入新的时代。英国17世纪学者培根（Francis Bacon，1569～1626）在《新工具》（Novum Organum，1620）一书中指出纸和印刷术、火药、指南针的发明，其明显可见的力量、效能和后果是：

> 已经改变了整个世界的面貌和事物的状态，第一种发明表现在学术方面，第二种在战争方面，第三种在航海方面。从这里又引起无数的变化，以致任何帝国、任何宗教、任何名人在人事方面似乎都不及这些机械发明更有力量和影响。①

19世纪时，马克思（Karl Marx，1818～1883）在《机器·自然力和科学的应用》（Die Maschinen. Die Anwendung der Naturlichen Kraft und der Wissenschaften，1863）中也指出：

> 火药、指南针、印刷术——这是预告资产阶级社会到来的三大发明。火药把骑士阶层炸得粉碎，指南针打开了世界市场并建立了殖民地，而印刷术变成了新教的工具，总的说变成科学复兴的手段，变成对精神发展创造必要前提的最强大的杠杆②。

20世纪英国史家韦尔斯（Herbert George Wells，1866～1946）在《世界史纲》（The Outline of History，1919）中设题为《纸是怎样解放了人类的思想》专节，其中解释说，印本书的出现，在文艺复兴时代的欧洲刺激了自由讨论的发展，阅读的知识迅速传播，群众中读书的人数增加。欧洲文学的真正历史由此开始，各国形成标准民族语言作为文献用语，代替各地方言，它们像希腊文、拉丁文那样能负担哲学上的讨论③ 总之，纸和印刷术解放了人类的思想，成为文艺复兴、宗教改革和科学革命兴起的必要前提。

通过中外学者的潜心研究业已证明，对人类史有如此重要意义的上述四项伟大发明都完成于中世纪时期的中国。本书则专门研究其中两大发明即造纸与印刷术在中国的起源、发展以及在全世界各国的影响和传播。

本书分四大单元：第一单元有六章（第1～6章），论述造纸术在中国的起源和发展。第二单元设五章（第7～11章），探讨印刷术在中国的起源和发展。我们所研究的对象侧重传统技术，讨论的时间下限定于19世纪的清末，20世纪的造纸和印刷不在讨论范围之内。中国是个多民族国家，除汉族外，其他各兄弟民族也参与造纸和印刷活动，并作出应有的贡献。因此，第三单元设三章（第12～14章），讨论中国境内维吾尔族、藏族、党项族、女真族、满族、蒙古族、瑶族、纳西族、彝族和壮族等十个少数民族地区的造纸和印刷。第四单元专门

---

① Francis Bacon，Novum Organum (1620)，bk. 1，aphorisin 129，in his Philosophical Works，ed. Ellis and Spedding (London：Routledge，1905).

② 马克思，机器·自然力和科学的应用（1863），67页（北京：人民出版社，1978）。

③ H. G. Wells著、吴文藻等译，世界史纲（1919），译自1971年纽约版，808～810页（北京：人民出版社，1982）。

研究中国造纸术和印刷术在世界五洲列国的传播和影响，涉及的国家有亚洲的朝鲜、日本、越南、印度、巴基斯坦、孟加拉、缅甸、泰国、柬埔寨、印度尼西亚、菲律宾、中亚古国粟特、康国、石国、西亚阿拉伯地区的伊朗、伊拉克、叙利亚。非洲的埃及、摩洛哥。欧洲的西班牙、意大利、法国、德国、瑞士、奥地利、波兰、俄罗斯、英国、瑞典、挪威、丹麦。美洲的墨西哥、美国、加拿大以及大洋洲的澳大利亚等30多个国家，分三章（第15～17章）予以叙述。除以上各专业章节外，另设本章，为造纸、印刷技术史绪论。

本章作为全书的绪论，主要讨论纸的定义、成纸的科学原理和纸的加工原理、印刷术的定义和有关印刷原理及概念，最后简短回顾一下前人研究概况，并叙述造纸、印刷技术史的研究方法，再就中国造纸、印刷技术史分期问题陈述己见。

本书取纪传体，以综合叙述各历史时期总的状况为主，再列出各个事物的现状。使人对各阶段造纸、印刷有综合了解，欲知各单独事物的历史发展脉络，可将各章中对历代该事物现状的叙述加以串联，因此本书是有关中国造纸及印刷技术通史体例的专著。

第一节 纸的定义和成纸的科学原理

一 纸的科学定义

纸本质上是文化用品，千余年间成为全人类通用的书写、印刷材料。中国是纸的发源地，最先受惠于纸的应用。由于纸本书籍的迅速增加，使中国文教事业空前发展，从中央到地方各种公私学校兴起，读书识字的人增加，佛教、儒学也以新的势头发展。社会上文学、史学、哲学和科学技术著作与无纸的先秦时代相比，以几何级数激增，历代所遗留下来的以纸为载体的文化典籍，数量上为全球之冠。在中世纪漫长岁月里，已使得中国在科学文化方面居于世界领先地位。

纸还是中国特有的书法和绘画作品的载体，纸的使用大大促进了这两门艺术的发展。书画家可以在柔韧受墨的纸上任意挥毫，完成艺术杰作。作家、诗人、史学家和科学家可以写出宏篇巨著，形成中国丰富的纸文化遗产。随着造纸业的发展和纸产品的扩大，纸和纸制品不再只作文房用具，而是广泛用于日常生活和工农业生产领域中，成为其他材料的代用品，如纸灯、纸伞、纸衣、纸帽、纸帐、纸被、纸鸢、纸扇、纸牌、纸枕、纸花、纸屏风、纸杯、纸砚、纸箫等都在不同时期相继问世。还有糊窗纸及壁纸、剪纸，用作室内装饰材料。日常交际用名片，互通姓名。新年时贴春联，节日时放烟火，婚嫁时交换庚贴，送葬时烧纸钱、纸马、纸车、纸人。商店所售商品皆以纸包装，各种公私账簿、文书契约、证件和票据皆以纸制成。甚至去厕所解手也要用纸。纸和纸制品已进入千家万户，成为日常不可缺少的用品。早在唐代（618～907）中国就已进入了纸的时代。纸和造纸术还传入其他国家，沿着传播路线形成的纸张之路（Paper Route）还是对外经济文化交流的纽带。

中国纸制品在社会生活中的普及情况，后来也在其他国家中再现。在现代科学技术发达的时代，纸的应用范围越益扩大。例如工业中的绝缘纸、电缆纸、过滤纸、隔音纸、油毡纸、计算机用纸；农业中的育苗纸、青贮纸、蚕种纸、水果保鲜纸等；军事工业中的海图纸、防火纸、半导体纸等，都相继推出，新的品种还在不断研制。由此可以看出，纸在传播先进思想、发展科学文化和教育事业以及促进工农业生产、丰富和美化人类生活方面，过去、现在和未来都起着很大的作用。

什么是纸？在研究造纸技术史时，这个问题要首先解决。与此有关的是如何理解中国古代文献中“纸”字的含义，中国早期的纸是何形制、由什么原料制成？在没有对纸作出科学定义之前，古人对纸的概念有不同理解，与现在理解差距很大。我们只能用现代概念给纸下科学定义。这里不妨可以列举由当代专家执笔的一些百科全书和专业作品中为纸所规定的定义。1963年版《美国百科全书》中把纸理解为“从水悬浮液中捞在帘上形成由植物纤维交结成毡的薄片”①。1966年版《韦氏大词典》中认为“纸是由破布、木浆及其他材料制成的薄片，用于书写、印刷、糊墙和包装之物”②。1951年版《大苏维埃百科全书》中认为“纸是基本上用特殊加工、主要由植物纤维层组成的纤维物，这些植物纤维加工时靠纤维间产生的联结力而相互交结”③。1979年版中国《辞海》将纸定义为“用以书写、印刷、绘画或包装等的片状纤维制品。一般由经过制浆处理的植物纤维的水悬浮液，在网上交错组合，初步脱水，再经压榨、烘干而成”④。美国纸史家亨特（Dard Hunter，1883～1966）对纸下的定义是“在平的多孔模具上由成浆的植物纤维形成粘结起来的薄片状物质”。接着又补充说，“作为真正的纸，此薄片必须由打成浆的［植物］纤维制成，使每个细丝成为单独的纤维个体；再将纤维与水混合，利用筛状的帘将纤维从水中提起，形成薄层，水从帘的小孔流出，在帘的表面留着交织成片的纤维。此相互交织的纤维的薄层就是纸”⑤。日本技术史家南种康博说纸“是以植物纤维为必要原料，于水中使之络合，干燥后恢复弹性，并将纤维粘着在一起，成为具有薄片形状和一定强度的物质”⑥。概括起来，各种著作虽然说法不同，仍有某些共同点，最主要的是指出纸必须由植物纤维制成薄片状。但用这样一句话还不能勾画出纸与其它物质相区别的唯一特征，因此还要对纸的定义作附加的规定。有的专家在定义中概括了纸的形成过程，还有的补充了纸的用途。这样，定义才能周全。

看来很有必要根据现代科学概念，吸取已有各家的提法，为纸下个定义：**传统上所谓的纸**，指植物纤维原料经机械、化学作用制成纯度较大的分散纤维，与水配成浆液，使浆液流经多孔模具帘滤去水，纤维在帘的表面形成湿的薄层，干燥后形成具有一定强度的由纤维素靠氢键缔合而交结成的片状物，用作书写、印刷和包装等用途的材料。我们的这个定义虽然文字较多，却把构成纸这个概念的各种因素都考虑在内了，也吸取了现有各种定义的可取之处。如果再简洁一点，纸是植物纤维经物理-化学作用所提纯与分散，其浆液在多孔模具帘上滤水并形成湿纤维层，干燥后交结成的薄片状材料。这个定义适用于古今中外一切手工纸和机制纸。现代工业虽然制成以矿物纤维和化学合成纤维为原料的类似纸的材料，但严格讲不是传统意义上的纸，而只是纸的新式代用品。所以我们特意加上“传统上所谓的纸”这一限制词，使定义更加严密。

因为本书只研究传统纸的历史，而不研究现代纸。为了使纸与其它材料区别开，我们强

① The Encyclopedia Americana, vol. 21, pp. 258～259 (New York, 1963).

② Webster's World university dictionary, p. 702 (Washington, 1966).

③ Большая советская энциклопедия, 2ое изд, том 6 (Москва, 1951).

④ 辞海1979年版合订本，1156页（上海辞书出版社，1980）。

⑤ Dard Hunter: Papermaking; The history and technique of an ancient craft, 2nd ed., pp. 4～5 (New York: Dover, 1978).

⑥ 南种康博，日本工业史，34页（東京：地人書館，1943）。

调：对植物纤维原料的物理-化学处理，造纸是机械过程和化学过程的结合，此其一。纸是纤维素大分子借氢键缔合交织而成的，就是说纤维间产生的联结力，不是物理学上的力，而是化学力，而且这种联结可用化学结构式表示，此其二。因此，不难看出，我们这里所提出的定义，包括纸这一概念或技术术语所包含的四项要素：①原料：必须是植物纤维，而非动物纤维、无机纤维或人造纤维，用植物纤维以外原料所制成者，不是传统意义上的纸。②制造过程：植物纤维原料经化学提纯、机械分散、成浆、抄造及干燥定型等工序处理而成者为纸，未经这些工序，用另外途径而成者，也不是传统意义上的纸。③外观形态：表面较平整、体质柔韧，基本由分散纤维按不规则方向交结而成，整体呈薄片状。④用途：书写、印刷及包装等。只有同时满足这些条件的，才能称之为纸。否则，便不是纸。

二 评古今中外对纸的定义的误解

无论在过去或现在，由于人们没有弄清或规定纸的确切定义，结果将一些不是纸的材料当成纸，造成概念上的混淆和造纸起源上的种种误解。如凌纯声认为太平洋沿岸各国及大洋岛屿上各民族造的所谓“树皮布”（tapa）是纸，并将纸的起源与“树皮布文化”联系在一起，甚至认为宋代名纸金粟笺也是由“树皮布”制成①。此“树皮布”是将树皮剥下后用槌敲打，浸水后再捶打和揉软，将一段段树皮用捶羶法（felting）打制成较长一片，可缝制成衣服。“树皮布”由韧皮部纤维束构成，其连接成片是用机械力强打在一起的，没有化学力的结合。这一切，与纸的定义背道而驰，因此，“树皮布”根本不是纸。把久负盛名的北宋金粟笺说成是用原始方法制成的“树皮布”，贬低了宋代纸工的技术成就。所谓的“树皮布”，与造纸起源并没有关系。如果有，为什么很早以来太平洋沿岸其他民族包括美洲印地安人善于制 tapa，竟不会造纸？另一方面，如果 tapa 可视为纸，那就会在起源问题上存在多元论，很多其他国家或地区都成了“发明”纸的地方了。墨西哥作者伦斯（Hans Lenz）正是利用凌纯声的观点，声称墨西哥是造纸术的一个起源地②。

把中国史书中的“榻布”说成是中美洲印地安人造的 tapa，也是没有根据的。“榻布”一词初 见于《史记》（前 90）卷 129《货殖列传》，书中谈到通都大邑人们经营货物而致富时说：“其帛絮、细布千钧，文彩千匹，榻布、皮革千石”。裴骃（401～473 在世）③ 的《史记集解》引《汉书音义》曰：“榻布，白叠也”，即棉布。张守节（750～820 在世）《史记正义》引颜师古（581～645）《汉书注》曰：“［榻布乃］粗厚之布也。其价贱，故与皮革同重耳，非白叠也。答者厚之貌也。按白叠木绵所织，非中国（中原）有也。”榻布又作答布，是《史记》载中原地区物质财富时与其他物品并列的，显然指与丝帛、细布对应的粗厚麻布，也可能指粗棉布，汉代棉布近年曾于新疆出土④。总之，榻布是用纺织方法织成的粗厚布，不是用原始方法打制的“树皮布”，尽管其发音与 tapa 相近。将榻布释为纸，更错上加错。将 tapa 称为“树皮布”，也是不科学的，因“布”通指麻棉等纤维纺织品，而 tapa 并不是布，只能称为

---

① 凌纯声，中国古代的树皮布与造纸术的发明，30，81～82 页（台湾南港，1963）。

② Hans Lenz, Cosas del papel en Mesoamerica, p. 74 (Mexico, 1984).

③ 本书中涉及的古人，力求给出其生卒年。生卒年不清者，则经考证，标出其可能在世的年代，以下同此。——作者。

④ 沙比提，从考古发掘资料看新疆古代的棉花种植和纺织，文物（北京），1973，10 期，48～51 页。

树皮毡。树皮毡可以写字，正如树皮可写字一样，但都不是纸。凌纯声又引《后汉书》(450) 卷116《西南夷传》所说“织绩木皮，染以草实”，也认为是tapa，又是个错误。“织绩木皮”指以树皮纤维（不是皮质）织成布，这才是真正意义上的树皮纤维布或树皮布，如楮布。纸、树皮布与树皮毡是三种不同的物品，不能混为一谈。树皮毡与tapa为同一物，与树皮布相比在技术上相差一个层次。要将纸、树皮布、树皮毡及tapa这些概念严格区分开来（图1）。

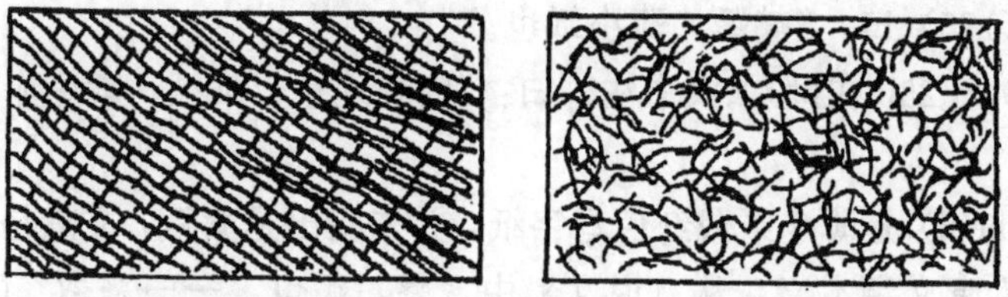

A　树皮毡（tapa）　　　　B　纸（paper）

图1　树皮毡与纸纤维物理结构的区别

从历史上看，对“纸”的概念的理解经历了很长一段发展演变过程。先秦文献中很少有“纸”字出现，那时书写材料是简牍和缣帛，称为简札和帛素，包装材料用丝、布等。“纸”在汉代文献中出现较多，小篆作紙。最初解释此字的，是东汉文字学家许慎（约58～147）的《说文解字》(121)，这是现存中国较早的汉字字典。较通行的版本是清代学者段玉裁（1735～1815）的《说文解字注》(1807)。许慎写道：“纸，絮一笘也。从糸，氏声”①。即“纸”字会意从糸，发声从氏（zhi)。“絮”通指粗丝绵，也指类似绵絮的植物纤维，如麻絮。“笘”(shan) 与“箦”通，指竹帘或竹席。在许慎时代，植物纤维纸尤其麻纸已大行于世，因此他应清楚了解纸的原料及制法，为纸下的定义也很简练，只用了五个字“纸，絮一笘也”。就是说，纸是于水中击麻纤维时落在竹帘上的纤维薄片。我们认为这应是《说文解字》之本义。在这里他提到造纸的原料纤维和抄纸的工具竹帘或竹席。这个简明定义，使人想起前引1963年版《美国百科全书》的提法：“纸是从水悬浮液中捞在帘上形成由植物纤维交结成毡的薄片”。其他版本《说文》中的“笘”作“苫”，虽音同而义不同，“苫”指草席，是不能承受纤维的，还是“笘”字用得正确。

继许慎之后，服虔（128～192在世）《通俗文》中也认为“方絮曰纸”。问题仍在于对絮作何理解。此字固可理解为丝质物，亦可理解为植物性材料。后种理解指植物纤维洁白细腻如丝絮，这更好地解释了许慎对纸定义的含义。反之，把絮理解为丝质物，对纸的定义便有了另外的解释，从而与现代纸的定义冲突，也不符史实。历史事实是从西汉时起造纸一直用植物纤维，并不用丝絮即动物纤维，而人们常将植物纤维纸美称为“丝纸”、“絮纸”或“茧纸”②。因此“絮一笘也”及“方絮曰纸”中的絮只能是植物纤维。纸字之所以有“糸”旁，是因为它由纤维所组成，纤维外观又像丝絮的关系。

前引段玉裁《说文解字注》卷13上解释许慎对纸所下定义时，又发挥说，造纸起源于漂絮：“按造纸昉于漂絮，其初丝絮为之，以笘荐而成之。今用竹质、木皮为纸，亦有致密竹帘荐之是也。……‘纸，絮一笘也’，谓絮一笘成一纸也。”段玉裁提出漂絮对造纸思想有启发，

① 汉·许慎著、清·段玉裁注，《说文解字注》(1807) 卷13上，9页（上海：文盛书局，1914)。

② 潘吉星，历史上有絮纸吗？载《技术史丛谈》，80～87页（北京：科学出版社，1987)。

是个创见，但认为最初的纸以“丝絮为之”，便不尽然。20世纪以来有的作者沿用段玉裁之说，认为最初的纸是“絮纸”，其后才改用植物纤维造纸[①][②]，但段氏旧说欠妥，已如前述。为替“絮纸”找文献证据，有人[③]引班固（32～92）《汉书》（100）卷97《赵皇后传》中提到的“赫蹏”，认为即为絮纸。班固说，汉成帝元延元年（前12）皇后赵飞燕之妹赵昭仪，为毒死宫女曹伟能，派狱丞籍武送去：“裹药二枚赫蹏，书曰：告伟能，努力饮此药。不可复入，汝自知之”[④]。结果宫女被毒死，不再入宫。颜师古（581～645）注《汉书》引应劭（143～198在世）《风俗通》（175）曰：“赫蹏，薄小纸也。”

又引孟康（194～250在世）《汉书注》曰：“蹏犹地也，染纸、素令赤而书之，若今黄纸也”[⑤]。

据此，赫蹏（hedi）是薄小纸或红色写字纸，并未指出是絮纸，文献是讲得很清楚的。如果再离开应劭、孟康文字本义，从《说文》中“縏，蹏也，一曰恶絮”的说法加之于“赫蹏”这一术语中，认为西汉纸由恶絮借漂絮法造成，未必合乎史实，也与纸的定义相违。我们所见的所有西汉纸，概为麻纸[⑥]。

古人还有种颇为流行的意见，认为早期“纸”字指丝织物。李昉（925～996）《太平御览》（983）卷605引王隐（281～353在世）《晋书》曰：“魏太和六年（232），博士河间［人］张揖（190～254在世）上《古今字诂》。其《巾部》云：‘纸，今帋也，其字从巾。古之素帛，依书长短，随事截绢，枚数重沓（将数枚叠在一起），即名幡纸。［故］字从糸，此形声也。后汉和帝元兴（105）中，中常侍蔡伦（约61～121）以故布捣剉作纸，故字从巾，是其音虽同，糸、巾为殊，不得言古纸为今纸’”[⑦]。由此可见，张揖于232年提出的说法，认为东汉时蔡伦以前的“古纸”是丝织物，将数枚书写用丝绢叠在一起称为“幡纸”；而他认为蔡伦后的“今纸”以故麻布为原料捣剉而成。为将两者区别开，张揖主张创用新字“帋”来称呼“今纸”，其字从巾；而“古纸”仍称“纸”，其字从糸。表面看来，似乎讲得头头是道，因而颇有影响。“帋”字在南北朝至隋唐（5～10世纪）确与“纸”字同时使用过，如新疆出土北凉承平十五年（457）《菩萨藏经》，末尾写“廿六帋半”。敦煌石室唐人写经末尾也写有“用帋××张”。但宋以后，“帋”字便没有通用下去，人们多用“纸”字，只是偶而有人使用。这是因为宋代学者对张揖之说开始产生怀疑。

然南北朝时，张说确有影响，其追随者之一便是史学家范晔（398～445）。范晔在《后汉书》（450）卷105《蔡伦传》中说：“自古书契多编以竹简，其用缣帛者谓之纸”[⑧]。在他看来，从东汉蔡伦时代以后，纸才开始从麻头、故布为之。由于元代以后《后汉书》列为“正史”，此意见影响更大，甚至在今天还有少数人信奉，因此需予以评论。

---

① Edouard Chavannes, Les livres chinois avant l'invention du papier. Journal Asiatique, 1905, series 10, vol. 5, pp. 1～75 (Paris).

② 劳榦，论中国造纸术之原始，历史语言所集刊，1948，第19本，484～498页。

③ 陈槃，由古代漂絮因论造纸，中研院院刊，1954，第1辑，264页（台北）。

④ ，⑤《前汉书》卷97，《赵皇后传》，廿五史本第1册，370页（上海，1986）。

⑥ 潘吉星，历史上有絮纸吗？科学史丛谈，80～87页（科学出版社，1987）。

⑦ 宋·李昉，《太平御览》（983）卷605，第3册。2724页（北京：中华书局，1960）；又见清·许瀚注疏《古今字诂》，瑞安陈氏排印本（1934）。

⑧ 刘宋·范晔，《后汉书》（450）卷108，《蔡伦传》，廿五史本第2册，262页（上海古籍出版社，1986）。

首先要指出，张揖建议用"帋"来称呼纸是可取的，这个字正确表示纸由破布所造。但他以蔡伦时代为分界线，将纸说成有古今之分，既无文献依据，又无事实为证，而是人为划分的。在汉以前古籍中，"纸"字少见，自然不可能将裁下的绢称为"幡纸"。如果说蔡伦前"古纸"是丝织物用于书写者，则早已有了"帛"、"素"等专名。"幡纸"一词出现于蔡伦时代之后，而非之前。这个词最早见于荀悦（148～209）《汉记》，而荀悦几乎是张揖的同时代人，这时早已有了植物纤维纸。因此张揖的说法便失去成立的前提。

如果认为纸字从糸，便说早期纸均丝织物，亦不能在文字学上服人。糸旁的字固然不少与丝有关，也有无关者。如"罽"（jì）指毡类，为羊毛制品。"絺"为细葛布，"紵"为麻类，"绖"为丧服所用麻料，等等。这些字均见于《说文解字》，指植物纤维或别的动物纤维，并不指丝。至于范晔所说"其用缣帛者谓之纸"，未免过于武断，无任何依据。缣帛是缣帛，纸是纸，不可将不同概念混为一谈。反驳张揖、范晔之说最有力的证据是化验蔡伦前的纸均为麻纸，而非丝制品。张、范之所以出错，一是没见过汉纸实物，不知是何形制；二是对纸的概念缺乏正确理解。他们天天用纸，却不知蔡伦前纸与他们所用者实无本质不同。却将他们以前的纸误解为丝织物。

蚕丝纤维主要由丝素及丝胶组成，二者都是动物蛋白质高分子化合物，与构成纸的纤维素大分子氢键缔合物有不同的化学结构及性能。丝纤维只有借丝胶的粘结才能成为似纸薄片，当丝纤维脱胶后分散于水中敲打（漂絮）后，用多孔席承受滤水时，只能成为一片没有强度的丝渣，还不是纸。用胶粘结丝渣成为有强度的薄片，也不是纸。中国古代造纸也不用此法。

上村六郎指出，根据实验，按古书记载所造的绢绵纸，如不加粘着剂，则干燥后仍为原来的真绵，即令压紧，也不呈现纸的样子①。德国作者兰克尔（Adolf Renker）也认为丝料实际上没有植物纤维缠结及密联的粘性，用丝纤维造纸在技术上是可疑的②。法国人阿里保（Henri Alibaux）同意兰克尔的意见，并指出迄今未看到用纯丝纤维造出的纸③。用丝纤维造纸，在经济上也是不合算的。钱存训认为所谓"蚕丝纸"，多出于语源上的猜测，而无足够科学上的证据。他正确地把所谓"絮纸"称为假纸（quasi-paper）④ 不过，1982 年笔者在美国纽约市一家小纸厂参观时，厂主说他们用现代科学手段制造了蚕丝纸，但不到 2 英尺见方的一张当时售价就达 20 美元，用这些钱可在中国买 1 匹（100 张）好的安徽宣纸。在古代，即使用纽约的方法造出丝纸，恐怕也不会有人肯买。更何况纽约的纸，不是传统意义上的纸，因为它不符合本节开始时所述的纸的定义，只能称为 quasi-paper。中国古书所说"丝纸"者，多徒有其名。如谷应泰（1620～1690）《博物要览》云："高丽纸以绵茧造成，色白如绫，坚韧如帛"⑤。但康熙帝玄烨（1654～1722）却有高见："世传朝鲜国纸为蚕茧所作，不知即楮皮也。……朕询之使臣，知彼国人取楮树去外皮之粗者，用其中白皮捣、煮造好纸，乃绵密滑腻有似蚕茧，而世人遂误传耶"⑤。凡古代所标"绵纸"、"蚕茧纸"的书画，经化验均为皮纸。

我们认为，从字源学角度看，"纸"字发声字根"氏"最初脱胎于"砥（dǐ，又读 zhǐ）字，本义为细磨石，见《书经·禹贡》："砺砥砮丹"，《传》曰："砥细于砺，皆磨石也"。将

① 上村六郎，支那古代の製紙原料，和紙研究，1950，第 14 号，2 頁（京都）。

② A. Renker, Papier und Druck in fernen Osten, p. 9 (Mainz, 1936).

③ H. Alibaux, L'invention du papier. Gutenberg Jahrbuch, 1939, p. 24.

④ T. H. Tsuin, Raw materials for papermaking in China. Journal of American Oriental Society, 1973, vol. 43, p. 517.

⑤ 清·玄烨《康熙几暇格物编》卷下，第 17 页，《朝鲜纸》，（清）盛昱手写体石印本（1889）。

“砥”的石旁改以糸，则形容纸的植物纤维白细如蚕丝，纸表面又平滑如砥石。如汉人刘熙（约 66～141 在世）《释名》（约 100）所说：“纸，砥也，平滑如砥”。因之，“纸”字的会意（糸）和谐声（氏）正体现了这种材料的特性。纸字从糸，也不能说与丝绢全无关系，它是作为缣帛的代用品或替身而问世的。二者有不少共性：柔软，平滑受墨，着色力强，易于舒卷，又可随意剪裁、粘接，便于携带，容字量大，色白，又皆由纤维所成。但也有异点：在原料、制造、价格、强度和化学构成上都不同。

纸字的字根来源于它所代替的原来材料名称，这种情况中外皆然。例如纸在日本语中读作カミ（kami），导音于“简”（カン，kan，古汉语发音为 kam）。在英语中作 paper，法语、荷兰语及德语作 papier，西班牙语为 papel，均源自希腊语 παπυρος 或拉丁语 papyrus，而 papyrus 则是古埃及莎草（*Cyperus papyrus*）粘联成供书写用的薄片。意大利语称纸为 carta，源自拉丁语 charta，同样指莎草片，只不过是其意译，而非音译。所有这一切，并不说明莎草片就是纸，或欧洲真正的纸由莎草纤维制成。顺便说，现在人们将埃及的 papyrus 译为“纸草纸”，是不准确的，应称之为莎草片。欧洲语对纸的称呼中，只有俄语例外，称纸为 бумага（bumaga），此词从 бомбук（bombuk）演变而来，而 bombuk 又源自中古波斯语 pambak，原意是棉。

19 世纪以前，欧洲各国大都以破布的麻纤维造纸，很少用棉。欧洲史中的“棉纸”，如同中国史中的“绵纸”或“絮纸”一样，出于字源上的误会。问题出在 8～9 世纪时叙利亚的班毕城（Bambyciha）盛产麻纸，于是班毕纸（charta Bambycina）成为欧洲人称呼纸的名称。后来将 Bambycina 误传为 bombycina（棉），二音发音很近，于是人们将阿拉伯和欧洲早期麻纸称为“棉纸”。19 世纪末，维也纳大学植物学教授威斯纳（Julius von Wiesner，fi. 1853～1913）对中国魏晋古纸和早期阿拉伯纸作了显微分析后，证明均由麻类破布所造，这才消除了因“棉纸”误称所带来的各种不正确认识①。由此可见中外对纸这个词义的认识都经历了同样曲折的过程。

三 传统造纸原料

造纸与制造莎草片、树皮毡和贝叶片不同，实际上是化学过程和机械过程的结合，造纸植物纤维原料不但经历了外观形态上的物理学变化，而且还经历了组成结构上的化学变化。纸工就像魔术师那样，把废旧脏乱的破布变成洁白平滑的纸。造纸术的发明反映了中国古代化学和机械工程两方面的综合成就。在讨论造纸技术史以前，有必要把这项重大发明所赖以实现的科学原理说清楚，这涉及到现代纤维素化学和制浆造纸工艺学的一系列基本原理。尽管这些原理只是近百年来特别是近 50 年来才得以充分阐明，但 2000 多年前的造纸技术先辈们在生产实践基础上逐步发展起来的一整套造纸工艺、操作技术和设备构造，却符合现代科学理论原理，并成为其源远流长的历史渊源。还要指出，中国不但只是为世界提供造纸的现成的技术经验，还有不少总结这些经验的理论思维模式和学理性的探讨。有些先进的造纸设备的设计，事先要有完整的技术构思；有的试剂的引用，包含着深刻的学理，古人虽不能用现

① Thomas F. Carter, The invention of printing in China and its spread westward, 2nd ed. rev. Luther C. Goodrich, p. 98 (New York, 1955).

代术语说明，却也用朴素语言道出其中的奥妙。中国造纸技术的科学宝库像富集的金矿那样，需要花大力气去系统发掘，使其金光闪现于世。

纸的原料取自植物纤维，而中国是植物纤维原料最丰富的国家之一，在960万平方公里的广阔领土内，各地区可供造纸的资源很多。1959年孙宝明、李钟凯二先生发表的《中国造纸植物原料志》一书，收录草本类87种、竹类49种、皮料类74种、麻类32种、废料类10种，共得252种。另有胶料类38种，都适用于手工造纸。这当然是不完全的记录，实际上可资利用的原料决不限于此。但此书的确描述出中国造纸植物原料的大体轮廓。在过去手工造纸时代，麻类（主要取于破布）、木本韧皮（楮皮、桑皮、藤皮、结香皮、青檀皮等）、竹类、稻麦草以及其它种类繁多的野生植物，是取之不尽的造纸植物原料来源，而又充分利用了这些资源。在植物学中，所谓纤维指韧皮纤维及被子植物中两端作纺锤状的细长细胞而言。但在造纸学中，则将凡属于细长细胞，构成纸浆主要成分者，统称之为纤维。

我们可将造纸原料大体分为两大类。第一大类为韧皮纤维，存在于植物的韧皮部，再可细分为草本与木本两种。草本如各种麻类，多为一年生植物；木本多为多年生植物，如楮(构)、桑、藤、结香、青檀等。第二大类是茎杆纤维，多属单子叶植物，其维管束（纤维与导管结合而成的束状组织）散生于基本组织中，不易用机械方法将维管束分离，故一般用其茎杆之全部。茎杆类还可再细分为一年生及多年生两种，一年生的稻、麦等及多年生的各种竹类。上述各种植物纤维在显微镜下所观察到的微观形态，如图2所示。而其植物外貌形态，则散见于以下各章。将造纸用植物纤维样品取来后，分出其单根纤维，再在显微镜下投影测定其长度及宽度，所得数据如表1所示。

表1 中国古代常用造纸原料纤维长、宽度测定数据*

序号 \ 种类 \ 长宽度		长度（毫米）			宽度（毫米）			平均长宽比（倍）
		最大	最小	大部分	最大	最小	大部分	
0	Ⅰ	Ⅱ	Ⅲ	Ⅳ	Ⅴ	Ⅵ	Ⅶ	Ⅷ
1	大麻	29.0	12.4	15.0～25.5	0.032	0.007	0.015～0.025	1000
2	苎麻	231.0	36.5	120.0～180.3	0.076	0.009	0.024～0.047	3000
3	楮皮	14.0	0.57	6.0～9.0	0.032	0.018	0.024～0.028	290
4	桑皮	45.2	6.5	14.0～20.0	0.038	0.005	0.019～0.025	463
5	黄瑞香皮	5.8	0.95	3.1～4.5	0.030	0.004	0.015～0.019	222
6	青檀皮	18.0	0.72	9.0～14.0	0.034	0.007	0.019～0.023	276
7	毛竹	3.20	0.34	1.52～2.09	0.030	0.006	0.012～0.019	123
8	慈竹	2.85	0.34	1.33～1.90	0.028	0.003	0.009～0.019	133
9	稻草	2.66	0.28	1.14～1.52	0.028	0.003	0.006～0.009	114
10	麦杆	3.27	0.47	1.30～1.71	0.044	0.004	0.017～0.019	102

*编此表时，参考了张永惠、李鸣皋著：中国造纸原料纤维的观察，造纸技术，1957，12期，第9页；中国造纸原料纤维图谱，第8页以下（轻工业出版社，1965）。

不同原料的纤维长宽度不同，所造出的纸质量也各异。一般说，造纸用长纤维比短纤维好，细长纤维比短粗纤维好。这就是说，每种纤维中单个纤维平均长度越大越好，纤维的平均长宽比越大越好。所谓“平均”，是相对而言，通常从样品中抽出100根单个纤维，分别测

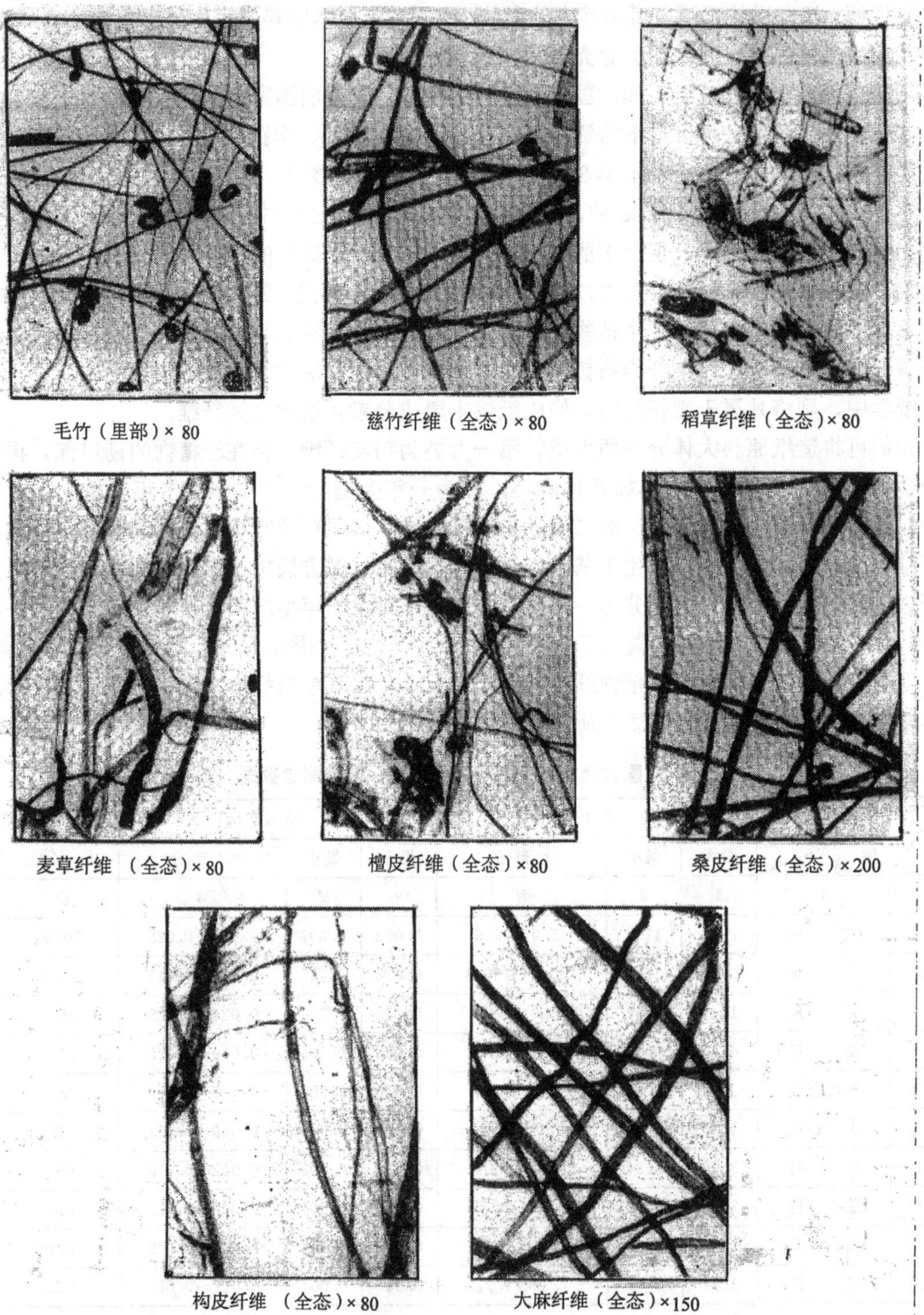

毛竹（里部）×80　慈竹纤维（全态）×80　稻草纤维（全态）×80

麦草纤维（全态）×80　檀皮纤维（全态）×80　桑皮纤维（全态）×200

构皮纤维（全态）×80　大麻纤维（全态）×150

图 2　中国古代常用造纸原料纤维图谱

其长宽度，再从中取平均值，不可能也无必要对无数纤维逐一测量。细长纤维之所以是上好原料，因为在打浆（舂捣）过程中纤维要被断开，但长纤维裂断后仍有足够长度，而且两端分丝帚化，成纸时组织紧密，纸的拉力强度大。同时，细长纤维的比表面大，相互之间交缠效果好。短纤维被打断后的长度更小，两端虽也能帚化，但因其偏短，使纸的拉力强度相对小些，因此造纸纤维以细而长者为最佳。

值得注意的是，中国从一开始发明造纸术时，就选中至今仍堪称优质原料的麻类纤维。从表 1 中可以看出，麻类纤维最佳，大麻纤维平均长宽比为 1000，苧麻为 3000，遥遥领先。其次是皮料，楮皮纤维长宽比为 290，桑皮为 463，青檀皮为 276，瑞香皮为 222。再其次是竹类，纤维平均长宽比为 123～133。最次的是草类，稻草纤维长宽比为 114，麦杆为 102。取两个极端作一比较，苧麻纤维长宽比竟比麦杆高出 29 倍以上。因此古代造高级文化纸多用麻类及皮料纤维，草类则用于造包装纸、卫生纸及葬仪用“火纸”。竹类纤维相对说属于短纤维，但中国竹材资源丰富，竹纸成本低，这是其一大优点。正如以下第五、六章所述，古人为改善竹纸性能，常有意在竹浆中添加一些麻类或皮料等细长纤维，目的在降低生产成本的前提下，尽可能增加纸的拉力和紧密度。还常将麻纤维搀入皮料纸浆中，也出于同样的技术经济上的考虑。正如同纺织业中的混纺那样，造纸业的混抄或混合原料制浆，是完全符合科学原理和经济学原则的，此后为各国所效法。

四 植物纤维成纸的科学原理

如果对造纸纤维再作深入一步的微观观察，就会发现纤维主要由纤维素所构成，而纤维素是植物细胞壁的基础组成成分。从现代纤维素化学观点来看，亦即从分子的层次来看，纤维素是由许多 d-葡萄糖基（d-glucoside，$C_6H_{10}O_5$）相互间以 1-4-β 甙键（1-4-β-glucosidic bonds）联结而成的高分子多糖体（polysaccharide）[①②]。因此，可以把纤维素视作葡萄糖基的长链状高聚物，一般可用通式 $(C_6H_{10}O_5)_n$ 表示。式中的 n 值大小称为聚合度，它标志分子链的长短。如苧麻（*Boehmeria nivea*）的纤维素分子聚合度为 8580，这就是说，苧麻的每个纤维素分子由大约 8580 个葡萄糖基（glucosyls）聚合成一长链状高聚物。对不同原料而言，平均聚合度有大有小。聚合度越大，说明纤维越长，反之亦然。草类纤维之所以短，正因其纤维素分子聚合度低所致。自然，聚合度还与纤维素分子的分子量成正比。聚合度大者，分子量亦相应增大。如亚麻（*Linum usitatissimum*）平均分子量为 335000，即 33.5 万。这也说明为

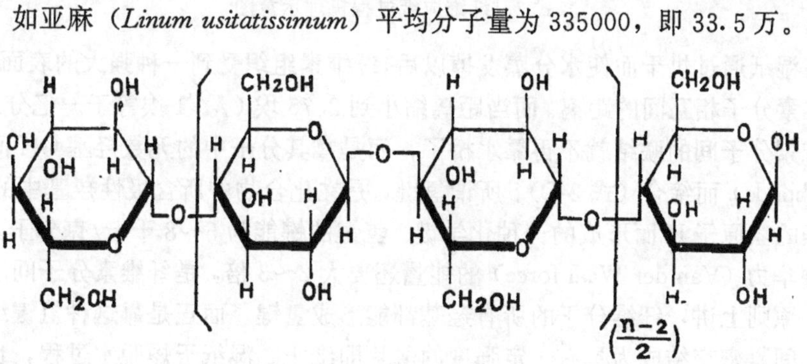

式 1 纤维素分子结构式

① 陈国符等，植物纤维化学，261 页（中国财政经济出版社，1961）。

② 杨之礼，纤维素化学，161 页（轻工业出版社，1961）。

什么在尺寸及厚度相同时，麻纸较重，皮纸次之，竹纸较轻。纤维素分子的化学结构可用不同方式表示，我们此处用英国有机化学家、诺贝尔化学奖得主霍沃思（Walter Norman Haworth，1883～1950）给出的式子（式1）。

从上述霍沃思结构式中可以看到，在纤维素链状高分子化合物中每个结构单元（葡萄糖基）都有三个羟基（hydroxyl，OH），因此每一纤维素分子都有三倍于聚合度的羟基，其总数达到数以万计之多（式2-A），例如苎麻纤维素分子含25740个羟基，接近2.6万个。这些羟基具有很大的亲水性，因而当植物纤维被提纯并分散于水的介质中时，其纤维素分子中所含无数羟基就会吸水，而使纤维润胀（式2-B）。当纤维素分子相互间靠近时，相邻的两个分子结构中的氧原子O就会把水分子H-O-H拉在一起，而水分子像是把两个纤维素分子联结起来的纽带那样，在纤维素分子间架起无数“水桥”（式2-C）。这就是纸浆用帘子捞出，并滤去、压去多余水分后，在帘上形成湿纸层时所处的状态。靠水桥联结纤维素分子，并不是很牢固的，因此湿纸层的物理强度不大。

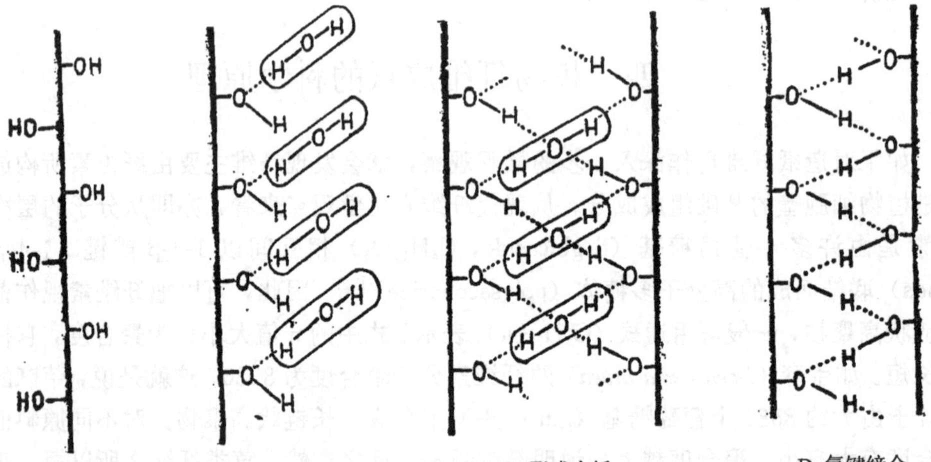

A 纤维素　　B 吸水润胀　　C 形成水桥　　D 氢键缔合

式2 纤维成纸过程机理示意图

可是将湿纸通过烘干而使水分蒸发掉以后，纤维素组织受到一种强大的表面张力作用，大大缩小纤维素分子相互间的距离。而当距离缩小到2.75埃（Å，1埃等于一亿分之一公分）以下时，纤维素分子间的联结就不再靠水桥了，而是靠其分子中的无数羟基OH间形成的氢键（hydrogen bonds）而缔合（式2-D）。所谓氢键，是在化合物中所含极性羟基中的氧原子O吸引另一羟基的氢原子H而形成的一种化学键。氢键的键能为5～8千卡/克分子，比一般分子间力即范德华力（Van der Waal force）的能量还要大2～3倍，是纤维素分子间所发生的主要作用形式。原则上讲，纤维分子的所有羟基都能形成氢键。而正是靠这种氢键缔合，才使纤维分子相互间紧密交结成为具有一定强度的薄片即纸张。湿纸干燥脱水过程，也就是形成氢键的过程。从这个意义上看，成纸过程是个化学过程。氢键的形成是成纸机理的关键步骤。

我们再看看前面提到丝纤维，其主要成分丝素是由各种氨基酸构成的蛋白质类型的动物性高分子化合物。氨基酸相互间以肽键（pentide bonds，—CO—NH—）相联结，因而在化学结构上与植物纤维素分子有原则上的不同。在缫丝过程中，将蚕茧经水煮、脱去丝胶后，得到较纯的丝纤维，但其丝素分子间不能像纤维素分子那样靠氢键缔合而成纸。所谓“絮纸”、

"茧纸"之说，从成纸化学机理判断，是缺乏科学根据的。古书中著录的"蚕茧纸"，实为植物纤维纸之误称。当蚕吐丝结茧时，如将其置于平板上来回走动，也会结成由丝纤维构成的薄片状茧，但这毕竟不是纸。同样，脱胶后的生丝或絮丝，再加粘结剂，也可制成类似纸的薄片，但这只靠机械力起作用，没有化学力作用，也不是纸。这类薄片最怕水煮或与热水相遇，很快又成为无联结力的丝纤维。真正的纸遇到热水，如不捣碎，干燥后仍然是纸，而且需脱胶（主要是果胶）后才能成纸。用纯丝纤维借抄造法是不能成纸的，那么可否将其混入纸浆中抄成纸呢？答案是肯定的，因为这时丝纤维是作为纸浆中的填充物而出现在纸上，使纸面有生丝的光泽。从这个意义上，也许倒可名为丝纸。由于丝质昂贵，人们并不肯这样作。

第二节　制浆理论及纸的加工原理

一　植物原料脱胶理论

造纸过程之所以包括化学过程，还表现在对纤维原料的化学提纯方面。为了使纤维素分子借氢键缔合成纸，而不受任何干扰，首要的一条是制得较纯的纤维素，不含有其它杂质，而实际上植物造纸原料中除纤维素外，还含有一些其它化学成分，例如灰分、果胶质（pectin）、

表 2　中国古代若干常用造纸原料化学成分表

序号	原料　成分	水分	灰分	抽提物 冷水	抽提物 热水	抽提物 乙醚	抽提物 1%NaOH	聚戊糖	蛋白质	果胶	木素	纤维素
0	Ⅰ	Ⅱ	Ⅲ	Ⅳ	Ⅴ	Ⅵ	Ⅶ	Ⅷ	Ⅸ	Ⅹ	Ⅺ	Ⅻ
1	大　麻	9.25	2.85	6.45	10.50		30.76			2.06	4.03	69.51
2	苎　麻	6.60	2.93	4.08	6.29		16.81			3.46	1.81	82.81
3	楮　皮	11.25	2.70	5.85	18.92	2.31	44.61	9.46	6.04	9.46	14.32	39.08
4	桑　皮		4.40		2.39	3.37	35.47	10.42	6.13	8.84	8.74	54.81
5	青檀皮	11.86	4.79	6.45	20.18	4.75	32.45	8.14	4.23	5.60	10.31	40.02
6	毛　竹	12.14	1.10	2.38	5.96	0.66	30.98	21.12		0.72	30.67	45.50
7	慈　竹	12.56	1.20	2.42	6.78	0.71	31.24	25.41		0.87	31.28	44.35
8	稻　草	9.87	15.50	6.85	28.50	0.65	47.70	18.06	6.04	0.21	14.05	36.20
9	麦　杆	10.65	6.04	5.36	23.15	0.51	44.56	25.56	2.30	0.30	22.34	40.40

木素（lignin）、蛋白质、半纤维素（多缩戊糖 poly-pentose）和色素等。表 2 列出了中国常见造纸原料的化学成分①②③。从造纸原料成分来看，自然含纤维素越多越好，含其余非纤维素杂质越少越好。主要的杂质是果胶和木素，最有害而难以除去的杂质是木素。从表 2 中可见，麻类的化学成分最合理想，因含纤维素最多，达到近 70%～83%；所含木素又最少，为 2%～4%。其次是皮料，含纤维素 40%～55%，含木素 9%～14%。竹类和草类又次之，含纤维

① 孙宝明、李钟凯，中国造纸植物原料志，（轻工业出版社，1959）。
② 隆言泉等，制浆造纸工艺学，（中国财政经济出版社，1961）。
③ 河北轻工学院造纸教研室，制浆造纸工艺学，上册（轻工业出版社，1961）。

素36%～45%，木素含量高达14%～31%。有趣的是，不同原料中化学成分上的优劣次序，是与物理指标（长宽度及长宽比）的优劣次序相一致的，也与制成纸的质量高低相表里，更与技术处理上的易难有密切关系。不管从何种标准来看，原料等级次序总是麻类→皮料→竹类→草类。

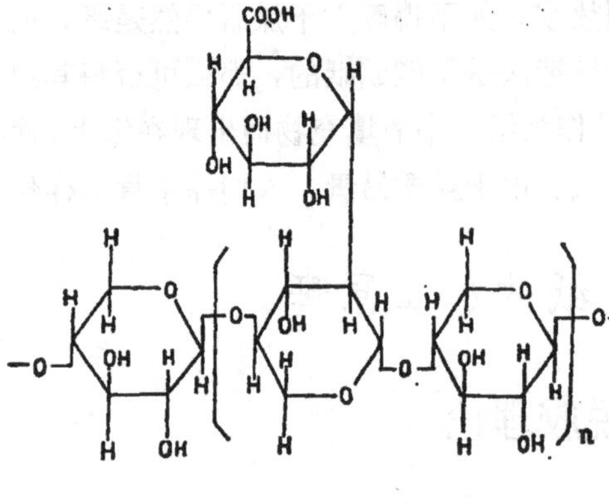

式3 半纤维素结构

原则上讲，造纸原料中一切非纤维素成分都对纸的质量产生不良影响。其中半纤维素是由不同的单糖（monoses）基构成，主要是β-吡喃式木糖基的聚合物（polymers of xylose of β-pyrone type）。当它在纸浆中增加时，会使造出的纸机械强度降低，其化学结构如式3所示。果胶是部分或完全甲氧基化的多半乳糖酸（methoxylized galactonicacids），或曰果胶酸（pectic acid），其结构可以下式表之：果胶如不除去，会使纤维粗硬成束，舂捣时不易分丝帚化，而且在原料蒸煮时消耗时间和碱液。果胶容易被碱性溶液分解，也可被丝状菌类微生物通过发酵过程的生物化学作用而降解。其甙键裂开后，降解成半乳糖（galactose）、阿拉伯胶糖（arabinose）和醛酸等。凡以植物纤维为原料的工业，无论是纺织或造纸，都要对纤维原料实行脱胶处理，但以棉花为原料者例外。

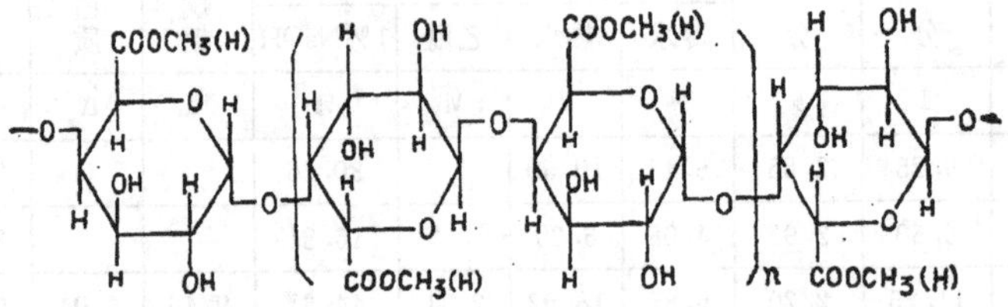

式4 果胶结构式

中国古代一般用沤制的方法，即生物发酵法脱胶。例如，织布的麻类，剥下皮后要放在水池中沤制一段时间，通过微生物发酵，除去果胶，还可除去麻中所含的部分单宁、色素、蛋白质和半纤维素等杂质。以这种麻布（自然是破布）为原料造纸，因事先已经过脱胶，所以造麻纸时可省去这道工序。这样的纤维叫熟纤维。未经脱胶处理的叫生纤维。如果以皮料等生纤维造纸，则必须对刚剥下的皮在池塘中沤制，以脱去有色的外表皮及纤维中的果胶，才能提高下一步碱液蒸煮的效率，改善纸的质量。

发酵过程要经过几个阶段：①准备阶段：原料在池中吸水后润胀，部分有机物和无机物在水中溶解，此时池水呈浅黄色。同时原料中带入的胞子菌类开始发酵，水中发出气泡，池水颜色渐深，温度开始上升。②果胶发酵阶段：前一阶段的胞子菌得到适当条件而繁殖，放出果胶霉（pectinase）及其它霉，分解果胶，温度继续上升，此时是发酵的有效时期。③终止阶段：此时原料变软，分离出纤维，水色变深，呈棕色至棕灰色。经过几天后，皮壳松动。沤制时，池水以中性（pH=6～7）为好，温度为37～42℃。原料应以石压在水下，不宜露在空气中。用水量以没过物料为度，约为物料重的10倍。如事先对原料用清水煮过，则沤制效果更好。发酵液可循环使用，亦可放走一部分，留下一部分，起发酵助剂作用。所需时间依季节而定，一般为7～10天，有时延长到15天或更久。通过果胶霉的作用，果胶先降解为半乳糖、阿拉伯胶糖，醛酸，再进一步发酵成丁酸、乙酸和二氧化碳，反应是放热反应：

$C_{48}H_{68}O_{40}$（果胶）$+10H_2O \longrightarrow 4CHO(CHOH)_4 \cdot COOH$（醛酸）$+C_6H_{10}O_5$（阿拉伯胶糖）$+C_5H_{10}O_5$（木糖）$+C_6H_{12}O_6$（半乳糖）$+CH_3OH+2CH_3COOH$

$C_6H_{12}O_6 \longrightarrow CH_3(CH_2)_2 \cdot COOH+2CO_2+2H_2+xKCal$

$C_6H_{10}O_5 \longrightarrow CH_3(CH_2)_2COOH+2CO_2+H_2O+xKCal$

如前所述，木素对造纸为害最大，而皮料和竹料中却含有相当可观量的木素。它的存在会大大降低纸的强度和寿命，而且还很容易氧化形成色素，造不出洁白的纸。木素不除，造出的纸容易老化、变色并发脆。现在大体上已知道木素是一种含一些芳香基的大分子，其分子量为840，其化学结构可以不同的式子表达，早期有阿德勒（E. Adler）提供的式子[①]，此处用弗劳登伯格（K. Freudenberg）的式子：

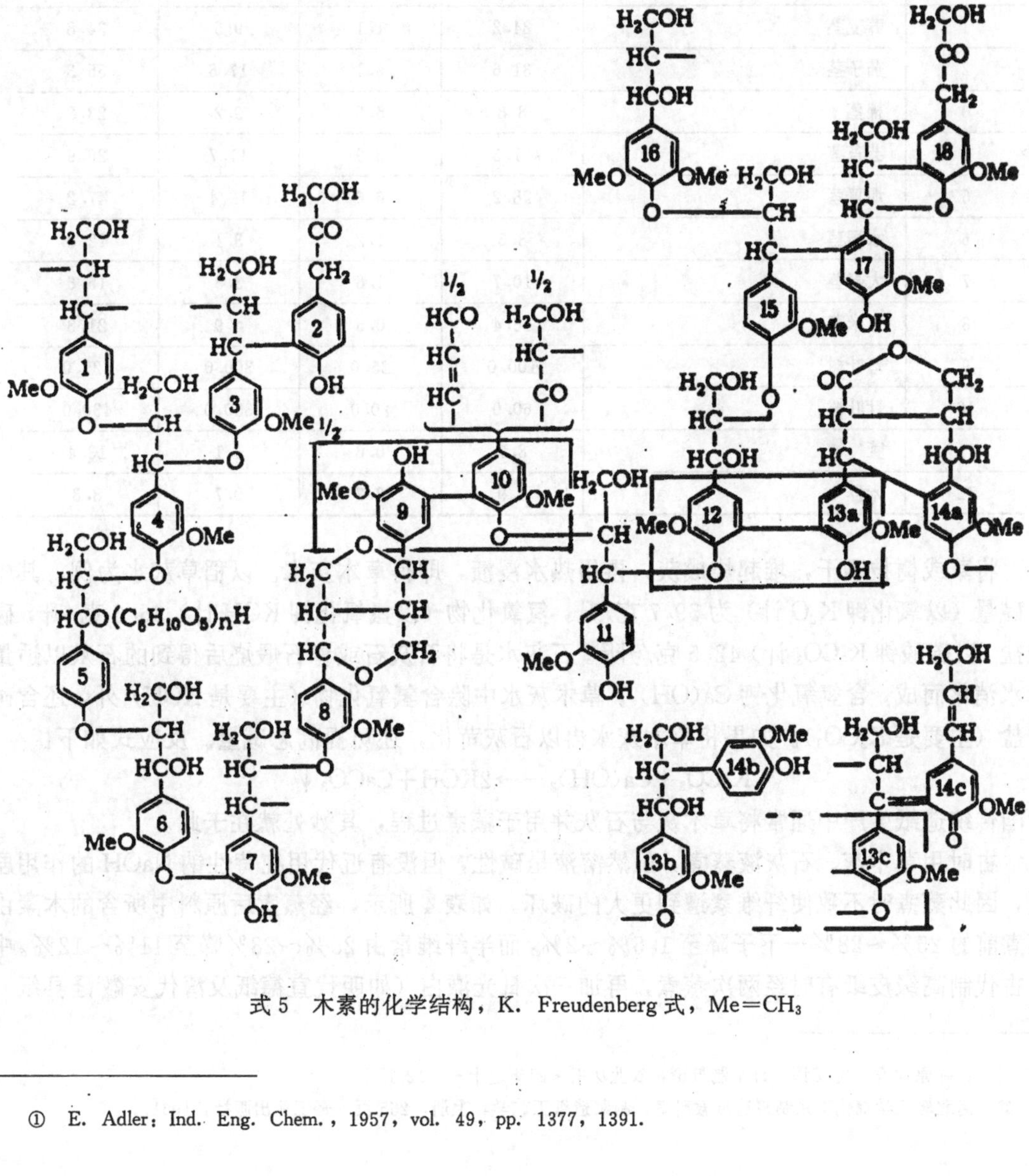

式5　木素的化学结构，K. Freudenberg式，Me=CH_3

① E. Adler: Ind. Eng. Chem., 1957, vol. 49, pp. 1377, 1391.

二 造纸原料蒸煮理论

为使造纸纤维提纯，在原料脱胶后，还要在碱性溶液中蒸煮，这样可使木素发生破坏降解，形成可溶性物质，从而达到排除的目的。除此之外，通过蒸煮还可使原料所含油脂溶解，破坏天然色素，将单宁、蛋白质、淀粉等溶解，再借蒸煮后的洗涤，将所有这些杂质排入河水中。但蒸煮最重要的目的是用化学降解法除去木素。中国从汉代以来就采用碱液蒸煮处理原料的技术，以提纯供造纸用的纤维素，以后也为各国所效法。古人当然不知道这些学理，但懂得怎样提纯纤维造出洁白的纸。所用的蒸煮液是石灰和草木灰水这种弱碱溶液。各种草木灰中的含碱量如表 3 所示：

表 3 各种草木灰中的含碱量①

	草 木 名	K_2O	NaO	CaO	合计
1	荞麦茎	24.2	1.1	9.5	34.8
2	茄子茎	31.6	6.1	17.6	55.3
3	棉茎	8.8	5.8	9.2	23.8
4	芸苔茎	11.3	3.9	11.7	26.9
5	烟草茎	28.2	6.6	12.4	47.2
6	水稻茎	8.5	1.2	3.1	12.8
7	大麦茎	10.7	1.6	3.3	15.6
8	玉米茎	16.4	0.5	4.9	21.8
9	落叶树	100.0	25.0	300.0	425.0
10	针叶树	60.0	20.0	350.0	430.0
11	萱	8.7	0.6	4.1	13.4
12	米稃	4.9	2.7	0.7	8.3

将草或树枝晒干，堆起烧成灰，再用热水浸渍，即得草木灰水。以稻草灰水为例，其中总碱量（以氧化钾 K_2O 计）为 59.7 克/升，氢氧化物（以氢氧化钾 KOH 计）36.6 克/升，碳酸盐（以碳酸钾 K_2CO_3 计）42.5 克/升②。石灰水是将石灰石或青石煅烧后得到的石灰以适量清水消化而成，含氢氧化钙 $Ca(OH)_2$。草木灰水中除含氢氧化物（主要是 KOH）外，还含碳酸盐（主要是 K_2CO_3）。如果将草木灰水再以石灰苛化，还可提高总碱量。反应式如下：

$$K_2CO_3 + Ca(OH)_2 \longrightarrow 2KOH + CaCO_3 \downarrow$$

中国传统造纸生产中通常将草木灰与石灰并用于蒸煮过程，其妙处就在于此。

古时用草木灰、石灰液蒸煮，虽然溶液呈碱性，但没有近代用纯苛性钠 NaOH 的作用剧烈，因此蒸煮时不致使纤维素遭到更大的破坏。如表 4 所示，经蒸煮后原料中所含的木素由蒸煮前的 25%～28%一下子降至 1.5%～2%，而半纤维素由 25%～28%降至 11%～12%。中国古代制高级皮纸有时经两次蒸煮，再加一次日光漂白（如明代宣德纸及清代安徽泾县纸），

① 吉井原太著，沈纮译，日本制纸论，农业丛书·四集之十一，12 页。

② 河北轻工学院化工系制浆造纸教研室，制浆造纸工艺学，上册，255 页（轻工业出版社，1961）。

则木素及其它杂质几乎可以除尽，得到化学纯（99～100%）的纤维素。这种纸称为玉版宣，如玉那样洁白。蒸煮时间各地不一，一般为一周左右，不停地举火。蒸煮后的锅内溶液呈黑褐色，原料在河水中反复漂洗，方成洁白之色。但所有有色杂质全排入河中，因此可以说造纸工业是对环境造成污染的工业。纸的洁白，以河水污染为代价，中外都是如此。为造纸，还要砍伐大量竹、木及其他野生植物，有时将整片地区植物砍光，因而造成生态平衡的破坏。

表4 造纸原料蒸煮前后成分对照表①

	化学成分	蒸煮前%	蒸煮后%	漂白后%	纯制后%
1	纤维素	55～58	88～89	89～88	92～98
2	木素	25～28	1.5～2.0	0.4～0.5	0.3
3	脂肪及树脂	1～1.5	0.6～0.8	0.2～0.3	0.06～0.2
4	多缩戊糖	10～11	4～6	4～5	1～3
5	半纤维素	25～28	11～12	12～13	2～8
6	灰分	0.2～0.3	0.2～0.3	0.15～0.2	0.05～0.15

如前所述，中国古代制高质量皮纸，在对原料作碱液蒸煮后，还要进行天然漂白。将原料摊放在山坡或平地上，任其受日晒雨淋，时间持续达几十天之久。漂白实际上是蒸煮过程的延续，其目的主要是为了脱去残余的木素及其它有色杂质，使纤维白度增加、化学成分纯净。日光自然漂白的原理是借助大气中臭氧 O_3 强烈的氧化作用，使木素及色素氧化。臭氧容易自发地分解，放出原子氧和大量能，是强烈的氧化剂，足以使木素降解，使色素受到破坏或变成无色易溶物。将纸料堆放在山上漂白，可能因高空中臭氧含量比地面上多的缘故。除此之外，古时还将原料用石灰浆浸透，再堆起来受日晒一段时间，称为“浆沃”。这个步骤在某种意义上也含有漂白的意义。总之，古人为除尽杂质，采取了双保险的办法，既借助于人工造成的化学力，又借助于天然产生的化学力，对非纤维素杂质进行双管齐下的排除，以保证万无一失。

三 制浆及抄纸原理

造纸原料经化学提纯后，还不能直接造纸，必须再经过打浆的机械处理。目的在于使纤维素润胀和细纤维化。因为在未处理前，原料中还有许多缠绕起来的纤维束，即使分散开的纤维也留有光硬的外壳，纤维素中的羟基被束缚在内，不能充分暴露出来发挥其作用。为了抄出匀细而紧密的纸，还要使过长的纤维断裂和分丝，否则易使纸疏松、多孔、表面粗糙。打浆的原理是用机械力将纤维细胞壁和纤维束打碎，将过长纤维切短，提高纤维的柔软性和可塑性。经细纤维化之后，还增大其比表面和游离的羟基数。实验证明，纤维的结合力与打浆度成正比，打浆与未打浆的纤维结合力相差10倍。中国古代以杵臼、踏碓和石碾、水碓为打浆工具，杵臼与踏碓借人力驱动，石碾以畜力为动力，而水碓则以水力为动力，通过传动装置驱动碓，连碓则可使数碓同时运转，在18世纪出现打浆机之前，这是最先进的打浆工具。

① З. А. Роговин и Н. Н. Шорыгина 著、中国科学院应用化学所译，纤维素及其伴生物化学，105页（科学出版社，1958）。

纤维经机械舂捣后，表面产生很多绒毛，发生分丝帚化（图 3），增加比表面，更多的极性羟基暴露出来，便于形成氢键。为精工细作，有时要对原料反复舂捣。

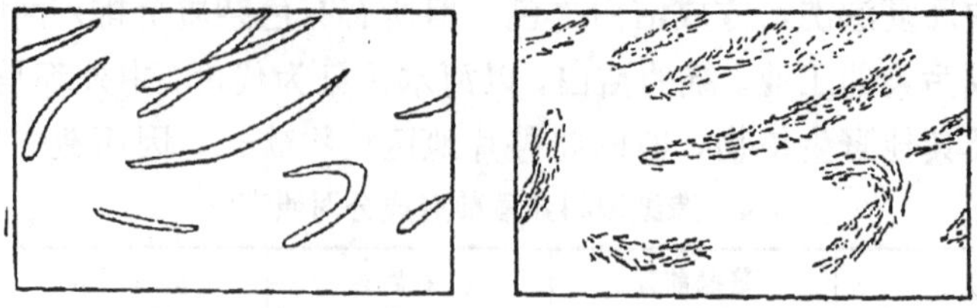

A 打浆前光硬的纤维　　B 打浆后分丝帚化，柔软可塑

图 3 纤维打浆前后对比

将分散的纤维与水在槽内配成纸浆后，才能抄纸。因其不溶于水，因此纸浆实际上是一种悬浮液。为了使槽内纸浆均匀，靠不停的搅拌仍难免使纤维发生絮聚现象，结果有的部分浓度大，而有的部分稀薄，无法抄出厚薄均一的纸。为此古人最初在纸浆中加入淀粉糊剂，以提高浆液粘稠度，改善纤维悬浮状态。继而又易之以植物粘液，即从某些植物的根、茎或叶部提取粘液质，放入纸浆中，作为纤维的悬浮剂，从而防止了纤维下沉和絮聚。常用的植物粘液来自杨桃藤（*Actinidia chinensis*）和黄蜀葵（*Hibiscus manihot*），其主要成分是 d-半乳糖醛酸（d-galacturonic acid）及鼠李糖（rhamnose）构成的聚糖醛酸甙（polyuronide）。它在水溶液中呈有丝状高分子电解质的性状①②。关于其作用机理，详见以下第五章第四节，此处不再细述。

纸工们将植物粘液称之为“纸药”。纸药水配入纸浆后，才可用多孔筛状抄纸器捞纸，滤去水分后，形成湿纸层，这时在无数纤维素分子间架起水桥。再干燥去水后，分子间借氢键缔合形成纸。抄纸器有固定式罗面筛、帘条筛和拆合式帘条筛（帘床），这是平面形抄纸器。中国至迟在 17 世纪康熙年间用圆筒形铜网抄纸器抄“圆筒侧理纸”，成为 19 世纪欧洲出现的圆网造纸机的先驱。成纸的机理已于第一节中谈到。明万历廿五年（1597）重刊本《江西省大志》卷八《楮书》云：造纸工人“虽隆冬炎夏，手足不离水火。谚云：片纸非容易，措手七十二”③。两千多年前，中国造纸者就利用水与火、机械力和化学力的交互作用，以植物纤维造出了纸。

四 纸的加工理论原理

纸造出后，一般说可直接作书写、包装、印刷等用途。但如果用毛笔在纸上作水墨画、工笔画、设色画，或写小楷时，有时发生走墨、洇彩现象，影响了艺术创作。其所以如此，因为纸的微观物理结构表明，在纤维间存在孔隙和微细毛细管系统，只有将其堵塞住，才不致走墨、洇彩。因此要对纸作加工或后处理，最简便的方法是用光滑的细石在纸上压擦，用机械力将纤维孔隙及毛细管压扁，此方法称为砑光，近代叫抛光。亦可用粉浆将纸稍微润湿，再

① 町田誠之、内野規之，トロロアオイの粘質物の研究（第 4 報），日本化學雜誌，1953，卷 74，3 号，183～184 页（东京）。

② 小栗捨藏，日本紙の話，81～82 頁（早稻田大學出版社，1953）。

③ 明·王宗沐著、明·陆万垓补，《江西省大志》重刊本，卷 8，《楮书》，5 页（万历廿五年木刻本，1597）。

用木槌反复捶之，古时称浆砸，亦可堵塞部分纤维间孔隙。但较为有效的技术措施是对纸进行施胶处理，这样可增加纸对液体透过性的阻抗能力。施胶分为纸表施胶及纸内施胶两种，最初的施胶剂是淀粉糊，后来用动物胶和明矾。纸表施胶是将施胶剂用毛刷均匀刷在纸面上，在纸未发明前用简牍写字也用表面施胶①。

魏晋南北朝及隋唐用纸，多以淀粉剂作纸表施胶，宋以后改用动物胶及明矾。这样一来，纸表形成一层覆盖膜，再予砑光，则用笔自如。缺点是逐张处理费工时，有时薄膜容易脱落。纸内施胶可避免这些缺点，即将动物胶用水化开，得到胶水，再加入明矾作沉淀剂，最后将胶矾水配入纸浆中搅匀，抄出纸后胶粒自然沉淀在纤维间隙中，大大提高纸的不洇性和不透水性。如用淀粉剂，还可增加纤维间的结合力。经施胶处理的纸称为熟纸，否则是生纸。图 4 表明纸在施胶前后的对比。生、熟纸皆可用，因用途及个人习惯而异。有的画家画山水，用生纸泼墨，但画工笔白描必用熟纸。

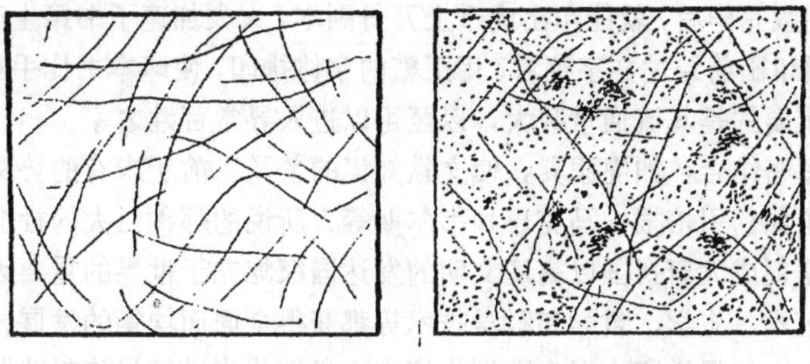

A　施胶前　　B　施胶后

图 4　纸张施胶前后对比

为增加纸的外观美感，或改善其某种性能，古代用各种植物染料将纸染成色笺。如用黄柏（*Phellodendron amurense*）染成黄纸，因染料内含小柏碱（berberine），还使纸兼有抗蛀性能。为提高纸的白度、平滑度、不透明性，降低吸湿性，古代还以矿物粉借胶粘剂涂于纸的表面，形成外表坚固的保护层（图 5），写字作画亦很舒畅。其涂料一般用烧石膏（$CaSO_4$，硫酸钙）、白垩（$CaCO_3$，碳酸钙）和高岭土（$Al_2O_3 \cdot 2SiO_2 \cdot 2H_2O$）等白色细粉。

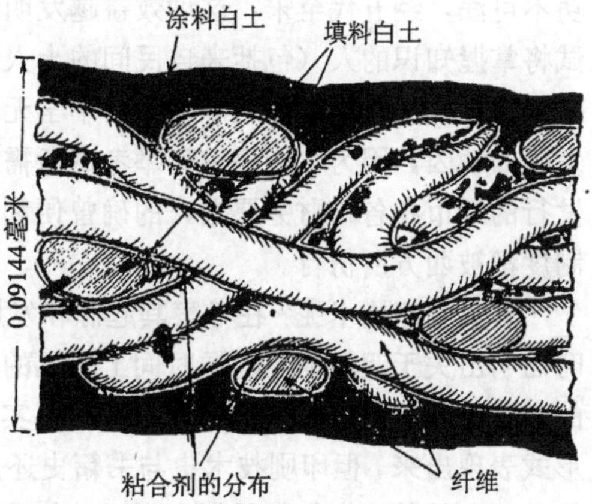

图 5　粉料涂布纸的横切面微观图

这种涂布纸古代叫粉笺。还在白纸或色纸上涂蜡，以增加纸的防水性，称为蜡笺。如果在纸上先涂白粉，再刷上色，最后再上蜡，便成了彩色粉蜡笺。古代还将金粉、金片装饰在纸上，便成为洒金笺，如果再在色纸上用泥金画出图案，则称金花纸。古人为使纸本身具有潜在的美，还在抄纸帘上用线编出凸起的图案，与帘纹一起出现在纸上，称为花帘纸，即西方所谓的水纹纸（watermarks paper）。亦可用木板雕刻出复杂图案，再用力压在纸上，便成了砑花纸。唐代以后，加工纸花样繁多，技术复杂，有关原理及操作将在各有关章中叙述，此处不能逐一列举。纸的加工含有如下几层意义：①改善纸的

① 甘肃省博物馆等编，武威汉简，57 页（文物出版社，1963）。

性能，扩大其应用范围；②增加纸的外在和潜在的美，使其向高档艺术品方向发展；③对纸采取保护性技术措施，延长纸本用品的寿命。

第三节 印刷的定义和有关原理、概念

一 评中外对印刷概念的不同理解

纸作为文字载体在传播思想和科学、文化教育方面所起的历史作用，自不待言。但在一个相当长的历史时期内纸本读物仍靠手写而成，成千上万的人每天要埋头于案边逐字逐句地抄写，花费无数时间和劳动，但每次只能完成一部书的一份，欲得副本，仍需重行抄写。为了从这种笨重劳动中解放出来，中国人又发明了雕版印刷术和活字印刷术。靠着这种机械复制方法，一部书制版完毕后，就能印出成千上万份副本，大大加速了书籍生产所需的时间，且降低了成本。又因印刷前经过文字校对、用工整的字体排印，使印本书比手抄本错误更少，也易于阅读，尤其重要的是其流通量甚大，以至可以进入寻常百姓之家。

纸和印刷的紧密结合，如虎添翼，使文献知识的普及以前所未有的势头迅即扩展到社会每个角落，产生了如前引培根、马克思和韦尔斯等人所说的那种巨大的社会效益。就中国而言，纸和印刷术是促成大唐帝国以高度文明的发达国家屹立于世界的重要因素之一。唐代宗教、儒学、文学艺术、史学、哲学和科学技术等都获得全面而均衡的发展，向世界各处放射出灿烂的文明之光。如果说印本书在欧洲为资本主义取代中世纪贵族封建制起过催化作用的话，那么在中国则有所不同，它为巩固并完善当时制度、促进社会文教昌盛和经济繁荣方面功不可泯，经五代至宋，这种效益越发明显。例如科举制度在唐宋时更趋完善，通过各级考试将掌握知识的人（包括来自民间的士人）选拔到文官队伍中担任行政职务，总比西方社会中那些靠武力和血统而从事统治的不学无术的执政官要好些。印本书正是促成科举制完备和发展的动因，因为它能提供科举考试所需的标准读物，为社会培养大量知识人材。又如官方发行的纸币和各种财务票据，的确曾便利于商品交易，促进商品经济的发展，随后上述两种制度都被西方所仿行。

什么是印刷术呢？在考察其起源和发展之前，首先要将其定义弄清。由于定义内涵不同，时而引出关于起源地及起源时间上歧见的发生。我们应承认，印刷术是在有了纸之后才出现的，并以纸的存在为前提，这个历史事实必须在下定义时首先要考虑的。印刷品常常以书籍形式表现出来，但印刷技术史与书籍史还是有区别的，书史可将书的起源上溯到甲骨、金石、莎草片文献等，它们都是纸出现以前的书写纪事材料，与印刷术并无任何渊源关系。印刷术与印章的使用有某种历史关连，但钤印本身并不是印刷活动，因为印章在无纸时代已经有了，可见对印刷术下出确切的定义实属必要。还要指出，近代印刷术虽从古代印刷术发展而来，但二者有明显差异，印刷史作者应事先明确自己的研究对象。本书只限于研究传统印刷技术，这就规定了我们所讨论的范围和时间跨度。

中外各有关著作对印刷术给出了不同的定义，外延和内涵有很大差别。《辞海》指出，印刷术是根据文字或图画原稿制成印刷品的技术。又说中国早期将图画和文字刻在木板上，用

水墨印刷①。这个定义是不周延的。1980年版《新不列颠百科全书》说，“传统上一直将印刷术（printing）定义为在压力下将一定量着色剂用于特殊的表面，以形成文字或图画载体的技术”②。但没有指出特殊的表面是什么，文字与图画如何在压力下通过着色剂转移到载体。1980年版《美国百科全书》写道：“印刷术是在纸、布或其他表面上复制（reproducting）文字和图画的技术，虽然在印刷方法中有相当多的变化，但印刷术典型地包括将反体字从印板或类似载有反体字表面上转移到要印成的材料上的压印过程”③。这个定义比前述更具体些，包括技术内容。

《大日本百科事典》1980年版说，印刷术（いんさつ）定义为制造印刷物的技术，即用复制技术生产印刷物，将墨加于一定的版上，再将其转移到纸和其他材料上，从而使图画、文字达到多次复制的技术④。这个定义虽具体，但涵盖面较广，因为“纸和其他材料”包括纸、高分子合成物、木材、玻璃及陶瓷制品等，反映现代印刷术内容。1980年日本印刷学会编《印刷书志百科辞典》，将印刷术定义为依原稿作成版面，用墨在纸或其他材料上印出文字或图画的技术⑤。1954年俄文版《百科全书》说印刷术是在纸和其他材料上用着色剂以印刷形式多次获得复制件的技术⑥。同书另一处又对“印刷形式”（печатная форма）作了解说，却未能将此放在印刷术定义中一起叙述出来。

刘国钧给出的印刷术定义较好：将文字制成印板，在板上加墨后印在纸上成为读物的方法。又说，传统上的印刷术包括雕版印刷和活字印刷，雕版印刷或整版印刷是将文字反刻在整块板或其他材料上，和墨刷印；活字印刷是先制成单独的反体字，再拼成整版，加墨刷印⑦。这是从技术角度所下的定义，还包括印刷的目的。1973年版《现代汉语词典》所下的定义是：将文字、图画等作成板，涂以油墨印在纸上，近代印刷多用各种印刷机，中国手工印刷多用棕刷蘸墨刷在印板上，然后覆以纸，再用干净棕刷在纸背上用力擦过，所以叫作印刷⑧。钱存训对印刷术下的定义是，用墨从反体形象在纸或其他表面上复制的过程，至少包括三个基本因素：①事先刻成含有被印物反体凸面形象的平板；②制成反体形象；③将其转移到要印的表面上⑨。这也是从技术上给出的定义。

二 论印刷的定义和内涵

上述九种定义大体上反映中外作品有关印刷这一概念含义的一些提法。上述有的定义是从现代印刷所含内容作出的，但现代印刷与古代传统印刷在过程及方法上存在很大差异，就是同用机器方式生产，也有许多变化，下定义时必须考虑到这一点。而本书研究的是传统手

① 辞海，1979年版缩印本，406页（上海辞书出版社，1980）。

② The New Encyclopaedia Britannica，vol. 14，p. 105（London，1980）.

③ The Encyclopaedia Americanna，vol. 22，p. 601（NewYork，1980）.

④ 大日本百科事典，卷2，497頁（東京：株式会社小学馆，1980）。

⑤ 印刷書誌百科辭典，466頁（東京：日本印刷学会，1938）。

⑥ Энциклопедический словарь，ТОМ 2，стр. 647（Москва，1954）.

⑦ 刘国钧，中国书史简编，57页（北京：高等教育出版社，1958）。

⑧ 现代汉语词典，1232页（北京：商务印书馆，1973）。

⑨ Joseph Needham，Science and Civilisation in China，vol. 5，pt. 1，Paper and Printing by Tsien Tsuen-Hsuin，pp. 132～133（Cambridge University Press，1985）.

工生产方式的印刷，应当像《新不列颠百科全书》那样，在定义中强调“传统”(traditionally) 一词。现代印刷术定义不能完全用于传统印刷，比如现代印刷材料有纸、高分子合成物、陶瓷、玻璃等，而古代很少用这些材料，主要是用纸。现代凸版印刷包括木板、电铸板、铅板、照相凸版、塑料板、橡胶板、电子刻板、光聚板等，而古代没有这些材料。凹版印刷有照相凹板、电子雕版，古时亦无有，珂罗版 (collotype) 也同样如此。因此必须从历史实际情况出发，找出适合古代实际的印刷定义。就是说，对印刷这一概念的内涵、外延加以限定，同时又能勾画出传统印刷的本质特征，以便与不属印刷范畴的其他事物相区别。

重要一点是，定义中对印刷材料、过程和目的都要有明确规定，否则便会引起概念混乱。如印刷载体将布、泥和缣帛包括进去，则印刷术的外延就突然扩大，结果印花布、封泥也成了“印刷品”，这样就使印刷起源问题节外生枝。同样，如不规定印刷过程与目的，则钤印也成了印刷过程。由此看到前述定义中，有的是相当含糊的，容易造成误解；有的外延又过于扩大，不适于古代；有的较为合理，但仍需进一步限定概念的外延。需拟订适于本书讨论对象的定义。

考虑到上述这些情况之后，我们认为传统上所说的印刷术，包括雕版印刷和活字印刷：雕版印刷是按原作品文字、图画在一整块木板上刻成凸面反体，于板面上涂着色剂，将纸覆盖于板上，用刷的压力施于纸的背面，从而显示正体文字、图画作读物的多次复制技术；活字印刷是将原作品稿文字在硬质材料上逐个制成单独凸面反体字块，再按原稿内容将单独字块拼合成整版，以下程序与雕版印刷相同。二者的不同只在印板的制造方式上。雕版印刷是印刷术的最初表现形式，活字印刷是从雕版印刷的技术基础上发展起来的，后来又由这两种印刷演变成其他技术形式，因此雕版印刷是一切印刷之母。但在传统印刷定义中至少应包括雕版印刷及活字印刷。

在我们所提出的定义中，有三项要素，兹特说明如下：①印刷材料：印刷品物质载体主要是纸，雕版板材为木或金属，主要是木板，活字由粘土、木、金属或合金制成；着色剂主要是墨汁，彩色印刷用各种染料、颜料。②过程和方法：在整块木板上按书稿文字、图画刻成凸面反体，凸面要求平整；各活字拼版也要板面平整。再在板上涂墨、覆纸、刷印。③目的：制成的产品主要用途是作读物，一次复制成许多份内容及形象完全相同者，其次用作装饰材料、纸币、证件、票据等。由这三项要素构成的印刷术定义，基本上反映了历史上中国传统印刷的实质及传世或出土的古代印刷品的实际情况。这个定义也大体上适用于近代以前外国传统印刷的情况，虽然在印板形制及操作上可能略有不同。我们在印刷定义中将载体限定为纸，因为这是传统印刷中的典型材料，也是本书主要研究对象。如果有人指责这个定义是狭义的，我们愿意接受指责，本书不想研究广义印刷术。这是为什么在定义中将“纸或其他材料”中的“其他材料”删去的原因。

三　印刷的技术特点

从我们给出的定义来看，印刷与造纸不同，它基本上由一些机械过程构成，主要借物理学的力作用于原料，而很少有化学力起作用。因此各种原材料在加工处理过程中只有形态上的变化，而无本质上的变化，即令用金属或合金铸活字也同样如此。但以粘土烧泥活字或以瓷土烧陶活字，中间有化学变化，除此，任何印刷都没有化学作用，是不会对环境造成污染的工业，与造纸业每日向河流排污水、污物适成对照。但印刷业，尤其雕版及木活字要消耗大量硬质木材，造成大批树木被砍伐。

木雕版和活字版是现代印刷机的祖先，活字印刷又是现代印刷的始祖。这两项机械发明都是在中国完成的，活字印刷是从雕版印刷演变出来的，是经历了技术探索和经验积累的阶段后完成的。宗教是刺激印刷术产生的因素，中外恐都是如此。早期印刷品多是单张的佛像，后来由单张印刷品发展到多张印刷品，具有书籍的形式。对文字或图像进行复制的思想和实践，由来已久。所谓复制，是用同一字模或图模用着色剂反复并多次再现模上文字或图像的过程。为此模型上的文字或图像必须呈反体，复制后才能成为正体。印章的使用便基于这一原理，中国先秦时已普遍使用各种材料的印章，印章与雕版印刷的产生有密切关系，这表现在汉语中"印刷术"一词含有"印"字。"印"表示具有反体字或图的模板，"刷"表示用着色剂将模板上字或图以正体形式转移到纸上的过程。这个词造得很巧妙。模板又称印板，因此"印刷"一词既包括印刷主要设备，又包括操作方法。

早期雕版印刷品是单张的上图下文式的宗教画，随着印刷术的发展已能刊印篇幅较长的佛经，早期印本书像手抄本书那样取卷子形式，将许多印张粘连成一长卷，用轴卷起来。后来将印张从中缝对折起来，使字迹露在外面，具有独立印本书的各种形式。印本佛经在社会上广泛流通后，印刷术便用于出版儒家经典和其他著作，使用范围大为扩大。除出版以文字为主的书外，还出版含有插图的书或以图为主的画册，从而形成版画艺术，这是中国工艺美术中受大众喜爱的品种。由于刻工能将画家们的画稿准确地刻在印板上，印出后体现原画风格，又能复制成多份，很多画家都愿提供画稿，从而使版画艺术水平进一步提高。早期印本用字多为模仿著名大书法家字迹的手书体，显得生动优美，给人以艺术享受。所有这一切，使中国印本书本身也是艺术品，印刷术与艺术获得完美的结合。但由于手书体较难雕刻，而各刻书者偏爱不同流派的书法家书体，结果出现字体不一的印本书。宋元明以后形成标准的印刷字体，刻工约定俗成，社会上印刷字体逐步归于统一，这是印刷技术史中一项很大的进步。印刷术虽然原理简单，但印刷形式却多种多样，雕版印刷既可表现文字，又可表现复杂的画面，活字印刷又分泥活字、木活字、金属活字、陶活字等，而雕版又可与活字版结合印出图文并茂的作品。

四　彩色印刷原理

为使版画呈现彩色，早期多用人工将色料填在线条轮廓之内。与此同时，单纯文字印本除以墨印外，还印以朱色，宋元时又出现了朱墨双色套印本。方法是分别刻出要印成黑字和红字的两块印板，各涂上墨汁及朱砂颜料，再分别刷印于同一纸上，便显出朱墨两色文字，彩色套印技术也是中国的发明。根据双色套印原理和方法，又发展成多色套印技术，印出三色、四色以至五色。将多色套印技术用于版画，便成为木板水印或饾版技术，在明末获得很大发展，因而使过去单一墨色印刷品进入了五色缤纷的彩色印刷时代。饾版根据画稿的要求设色深浅浓淡、阴阳向背进行分色，刻成多块印板，再依色调多次迭印在一张纸上，堆砌拼合成一多色调的完整画面。由于刻工按画稿忠实地刻版，又依原作设色进行分色，再按画家使用的色料迭印，因此印出的彩色版画几乎与原作乱真。这是传统印刷术发展中所取得的最高成就。

还应指出的是，唐、五代中国纸工发明的砑花纸，后来又被印刷工移植到印刷业中，称为拱花。砑花或拱花是一种不着墨的刻版印刷技术，在木板上刻出各种山水、花鸟、虫鱼图案，借压力压印于纸上，并不上墨，结果印板上凸出的线条表现图案的花纹轮廓。在技术原理上类似现代的凹凸印刷（embossing），有时以凹凸两块印板压印，使要显现的图案如同浮雕，具有立体感。明末印刷技术大师胡正言（约 1582～1674）在刊印《十竹斋笺谱》（1645）时将饾版与拱花两种技法结合在一起，使印刷技术进入新的艺术境界。

第四节　关于造纸、印刷技术史的研究

一　纸史的原始资料及研究历程

中国造纸技术有两千多年发展史，1000 多年前已出现有关造纸史著作，因而研究造纸技术史有丰富的资料，包括实物资料和文献资料。这些资料可分为以下几大类：第一类是古纸标本，现在能看到地下出土及传世的大量古纸，在年代上已形成完整系列，从汉代直到清代（公元前 2 世纪到公元 19 世纪）所有朝代的纸都一应俱全，毫无空缺。这是研究纸史的最重要实物资料。第二类是造纸工具、设备，包括出土的实物模型、古书中的插图、古代造纸遗址中的残留物等，在偏远的山区还能看到明清以来使用的全套生产设备。第三类是有关造纸的专著，如苏易简（958～996）《文房四谱·纸谱》（986）、费著（约 1303～1363）《蜀笺谱》（约 1360）、宋应星（1587～1666?）《天工开物·杀青》（1637）、黄兴三（约 1850～1910 在世）《纸说》（约 1881）等。第四类是类书，如虞世南（558～638）《北堂书钞》（630）、欧阳询（557～641）《艺文类聚》（620）、徐坚（659～729）《初学记》（700）、李昉（925～996）《太平御览》（983）、解缙（1369～1415）《永乐大典》（1407）及陈梦雷（1651～1741）、蒋廷锡（1669～1723）《古今图书集成》（1726）等，都设有《纸部》，是造纸史料汇编（但《永乐大典·纸部》已散佚）。第五类是文史、地方志、笔记、文物考古著作等，数量大，含有许多珍贵的技术史料，其中王宗沐（1523～1591）、陆万垓（1525～1600 在世）《江西省大志·楮书》（1597）可视为单独造纸论著。施宿（约 1147～1213）《嘉泰会稽志》（1202）、严如煜（1759～1826）《三省边防备览》（1822）、汪舜民（1440～1507 在世）弘治《徽州府志》（1502）、屠隆（1542～1605）《考槃馀事》（约 1600）等都有专章论纸。第六类是外国有关造纸方面的古书及文史著作，如郑麟趾（1350～1420 在世）的《高丽史》（1395）、李圭景（1788～1862?）《五洲衍文长笺散稿》（约 1857）、藤原忠平（880～947）的《延喜式》（927）、丹羽桃溪（1762～1822）绘《纸漉重宝记》、萨阿利比（Abu-Mansur ‘Abd-al-Malik al-Tha‘alibi，960～1038）的《世界明珠》（Yalimat al-Dahr）和阿曼（Jost Amann，1539～1591）绘《百职图》（Das Stäntebuch，Frankfurt a/M，1568）等。

19～20 世纪以来中外学者发表有关中国纸史文章为数不少，至笔者六十年代研究这一课题时，所涉猎的汉文、日文文章不下 150 篇、西文（英、法、德、俄文）不下 90 篇。最初研究者多是西方和日本的汉学家，如法国人儒莲（Stanislas Julien，1799～1873）将《天工开物》中造纸卷译成法文，在西方有很大影响。德国的夏德（Friedrich Hirth，1845～1927）、日本的桑原隲藏（1870～1931）等都有文章发表，尤其奥地利植物学家威斯纳（Julius von Wiesner，fl. 1853～1913）对出土中国古纸的化验，属经典研究，英国学者赫恩勒（Rudolf Hoernle）对此作了综合介绍。美国学者亨特（Dard Hunter，1883～1966）关于造纸技术通史的杰作（Papermaking；The history and technique of an ancient craft，1945）对中国造纸技术作了比前人更全面的考察。另一美国学者卡特（Thomas Francis Carter，1882～1925）在印刷史专著中设专章谈中国纸史。继威斯纳之后，对中国古纸作分析化验和实物研究的有克拉帕顿（Robert Clappeton，1934）、潘吉星（1964）、加藤晴治（1964）、哈德斯-施泰因豪泽（M. Hardes-Steinhauser，1969）和戴仁（Jean-Pierre Drège，1981）等。町田诚之、小栗舍藏关于造纸中植物粘液的研究，揭示了使用"纸药"的科学原理。

总的说，中国学者起步研究较晚，发表专题研究的有姚士鳌（字从吾，1894～1976）、劳榦、袁翰青（1907～1994）、张子高（1886～1976）、王明、潘吉星、许鸣岐等人。姚士鳌先生对造纸术西传史作了精湛的考查，在此基础上出现了李书华（1890～1979）的有关作品。季羡林、戈代（P. K. Gode）对中国造纸术在印度的传播作了研究。鉴于有关中国造纸技术史专著迟迟没有出现，笔者从六十年代起作一系列专题研究，然后于1979年发表《中国造纸技术史稿》（文物出版社），是该领域内第一部系统研究专著，1980年又以日文出版。此后不久，台湾陈大川也有造纸史专著出版。1985年，钱存训为李约瑟（Joseph Needham，1900～1995）《中国科技史》执笔《纸与印刷》卷时，有专章讨论纸的各个方面。近年来日本纸史家如寿岳文章、关义城、町田诚之、竹尾荣一、久米康生等人所编著的作品都涉及中国造纸技术。

二　印刷史的原始资料及研究历程

印刷术是在造纸产生之后约八百年才兴起，有关史料较少。大体说分以下几大类：第一类是历代印刷品，这是反映各时代印刷情况的实物标本。传世和出土的早期雕版刊本多属唐、五代的佛教印刷品，分藏于世界各地，此后宋元、明清刊本甚多，总数达数十万至百万之众，绝大多数 刊于明清。宋代活字印刷品时有出土，但多数为明清各种活字本，从历代印本对比中，能触及到技术发展的脉搏。刊本中的序和题记等记事，具有史料价值。其装订形式的演变也反映这一技术的发展实态。第二类是传世和出土的印刷工具、设备，包括木雕板、活字块等，出土的雕板早期者有宋元时期的，还有元代回鹘文木活字，传世还有清代泥活字，更多的是明清，尤其是清代的各种木雕板，包括大量藏文雕板。在有关博物馆内还可见到清代的各种刻刀、棕刷等。第三类是有关印刷技术的古书，如沈括（1031～1095）《梦溪笔谈》（1088）卷18关于活字印刷的原始记载，王祯（1260～1330在世）《农书》（1313）所附《造活字印书法》和金简（1724？～1795）《武英殿聚珍版程式》（1776）等，后两者对木活字技术作了详细说明。可惜，没有论述雕版技术的专著流传下来。第四类是其他古书，包括文史、地方志、笔记、文集、类书、版本目录著作和家谱等，如司空图（837～908）《司空表圣文集》、王溥（922～982）《五代会要》（961）、陆容（1436～1496）《菽园杂记》（1475）及胡应麟（1551～1602）《少室山房笔丛》卷114《经籍会通》（1598）等。外国古书如吴士连（1439－1499在世）《大越史记全书》（1479）、李奎报（1168～1241）《东国李相国全集》及拉施特丁（Rashid al-Din Fadl Allāh，1247～1318）的《史集》（Jami al-Tawārikh，1311）等。

印刷史料与造纸相比，相对说更为分散，研究起来有一定难度，但19～20世纪以来所发表的中外文文章反而不少。前述法国汉学家儒莲1847年发表的《关于木雕版、石版印刷及活字印刷的技术资料》[1]，是较全面介绍中国印刷术史的早期作品。20世纪初，叶德辉（1864～1927）《书林清话》（1911）和孙毓修（字留庵，1864～1930在世）《中国雕版源流考》（1916）二书是系统研究中国印刷史的两部专著，但研究方法仍未脱旧史范畴。稍后，王国维（1877～1927）在二十年代关于五代、宋及西夏刊本的专题文章考证精密，收入《海宁王静安先生遗书》(1936)。美国汉学家卡特的经典著作《中国印刷术的发明和它的西传》(The invention of printing in China and its spread westward）初版刊于1925年，后由美国汉学家富录特（Luther Carrington Goodrich，1894～1986）增订的第二版于1955年发表。富录特、法国汉学家伯希和（Paul Pelliot，1878～1945)、美籍德裔汉学家劳费尔（Berthold Laufer，1874～1934）等人对印刷史素有兴趣，留下不少论文。

50年代，版本学家毛春翔、屈万里与昌彼得，书史家刘国钧等人的书都与印刷史有关。张秀民的《中国印刷术的发明及其影响》（1958)、《中国印刷史》（1989）和有关论文是继叶德辉、孙毓修专著之后的最新系统研究。关于版画，有郑振铎（1898～1958)、王伯敏等人编的专著。日本学者岛田翰、中山久四郎、长泽规矩也和川濑一马等人的大部头著作中包括不少中国印刷史料。庄司浅水编的《世界印刷文化史年表》(1936）是简明而有用的工具书。可见中国印刷史方面的书比造纸史书要多些，但这些书较少专门研究印刷技术，而对技术本身的研究正是要给予重视的。卢前（1905～1951)、蒋元卿、钱存训、张秉伦等人的作品涉及到具体的印刷技术问题，步入了技术史研究的轨道。钱存训的著作前已提及，其中印刷部分体现中外研究最新成果，殊多创见。因篇幅所限，此处无法逐一列举造纸、印刷史方面的研究作品。对上述及没有述及的其他作品，本书以后在适当地方都要提及并加以引用。

三 造纸与印刷技术史的研究方法

纸和印刷术密不可分，研究其中一项总要涉及另一项。鉴于纸史研究比较薄弱、空白部分较多，我们便把研究重点首先放在纸史方面，特别偏重对纸史中技术部分的研究，解决造纸技术起源及其发展问题，探讨各种纸原料、制造技术及所用设备以及各种加工技术在历代的演变，纸在社会上用途的推广和在印刷中应用等。重要的是根据大量文献和实物资料将中国历代造纸技术史料加以总结与系统化。与纸史相比，印刷史研究有较好的基础，前人留下的现成书籍较多，涉及的专业问题较少，但仍有许多工作有待开展，例如关于印刷技术起源问题还需要重新作综合探讨，对各种印本书用纸的系统分析化验前人较少作过，而对雕版及活字版技术所涉及的某些技术问题还未得到妥善解决。至于对中国境内各少数民族地区造纸及印刷技术的研究，或者过去未曾触及，或者有待深入与扩大研究范围。

关于造纸和印刷术的外传，先前对西传作了较多研究，其他路线的传播较少触及，同时很少从具体技术影响上作进一步分析，而分析中国对外国造纸、印刷的具体技术影响和技术传递过程才是更本质的问题。另一方面，过去研究技术外传，限于中世纪时期，时间下限多定在1400年左右。然而事实表明，就是在近代，中国造纸及印刷技术仍产生国际影响。所有上述这些问题，都是在本书内试图逐一解决的。在纸史方面，拙著《中国造纸技术史稿》基

---

① Stanislas Julien, Documents sur l'art d'impremer à l'aide des plants au bois, des planches au pierre et des types mobiles, Journal Asiatique, 1847, 4ser., vol. 9, p. 508 (Paris).

本上已涉猎了与纸有关的各个方面，但有的部分还待深入展开，近20年来因新资料的发现，认识有所提高，急需增订重写。另一方面，也需要将过去对印刷史的零散研究系统化，因而构成本卷。将造纸与印刷合写在一部书内，是钱存训先生开创的先例，这种体例能使关系最为密切的这两大发明放在一起研究。书中还在钱先生原有基础上对造纸与印刷术为什么首先完成于中国这个理论问题作了进一步分析。

在从事课题研究时，我们力图采用新的研究方法，即将①文献考证、②考古发掘、③古代实物标本的分析化验、④模拟实验、⑤传统技术调查、⑥中外技术比较和⑦技术原理探讨这七个方面结合起来作交叉的综合研究，同时还结合有关社会历史背景进行分析。经验证明这种综合研究方法是行之有效的，适合于科学史这门处在社会科学与自然科学之间的边缘学科的特点，现分述于下。

历史研究首先要掌握大量中外文献资料，特别是原始文献，但这些资料相当分散，要将分散史料串联起来，从史学、科学和文献学角度综合推敲，作文字校勘、技术辨别、年代考证，对所记内容真伪、是非作出相应判断。凡书不可不信，亦不可尽信。如有的书说湿纸叠到千万张或至丈余高，始碓之，便不可信。“千万”应作“千馀”，“丈”应缩小三倍，在技术上才合理。又如有的书说藏族人嘉木祥于元仁宗（1312～1320）时刊刻藏文《大藏经》，经查考后得知“嘉木祥”意思是活佛（蒙古语读呼图克图），不是人名，一世嘉木祥协巴多吉（1648～1721）为清康熙（1662～1722）时人，在元仁宗之后三百余年。再经考证才查明藏文版《甘珠尔》（不含《丹珠尔》）始于明永乐九年（1411）奉成祖勅命刊行，现拉萨布达拉宫所藏实物亦证实此点。

除收集并考证文献外，还要注重对传世和出土造纸和印刷实物资料的收集和科学研究，密切注意考古发掘动态及各地文物收藏情况。由威斯纳于1880年代开创的对出土纸本文物的科学检测方法，20世纪有新的发展，通过光学和电子显微镜检验、化学分析、物理指标测定，能确切了解古纸原料种类、成分、制造及加工情况，提供文献缺乏记载的大量技术信息，亦能订正文献记载之误。例如关于造纸与印刷技术起源的探讨，在很大程度上要依赖于对考古出土古纸及古代印刷品的实物研究，因为文献记载或者误记漏记，或者相互矛盾，在这种情况下考古实物资料就起了决定性作用。宋代是否有木活字一度引起怀疑，近年西夏文木活字印本佛经的出土打破了这种疑团。又如史载絮纸、蚕茧纸，经化验为皮纸。

中国各地和少数民族地区仍保留用传统手工方式造纸和印刷生产的场所，在不同程度上使用从古代沿用下来的设备和技术。对传统技术的调查有助于了解古代技术，例如，通过调查，了解造麻纸传统技术后，为探讨古代麻纸技术提供线索；了解现在刻工用传统方法刻书技术，可以追溯古人如何使用刀具刻版的程序。

在检验古书记载、复原古代技术时，还要用模拟实验方法。例如古书说晋代“侧理纸”以海苔为之，“其理纵横斜侧”，如照抄原书，便会继续传讹。我们通过模拟实验证明，以海苔为料造不出这种纸，古代所谓侧理纸是以麻料制成纸浆，再加入海苔为填加剂，所造之纸表面有绿色苔丝，纵横斜侧。如以石发代之，则纹理呈黑色，即所谓发笺。用模拟实验方法在对汉代麻纸生产进行技术复原是绝对必要的。要了解唐代硬黄纸是如何制造的，也只有借模拟实验才能得知。北京荣宝斋的师傅们用模拟实验方法解开饾版即木版水印技术的全部秘密，在复制古代艺术名作方面正广为应用。张秉伦用模拟实验方法研究泥活字技术，获得文献上所未记载过的许多技术细节。研究古代印本书装订形式演变时，很难以原物为试验对象，因为多属珍贵文物。如果用废旧纸作成仿制品，在实践过程中就能体验到不同装订形式的优劣及装订技术的细节。这时就会认为卷轴装、旋风装这种圆筒形书籍形式势必要被扁平形或方册形取代的道理。

造纸、印刷史领域内，将中国与外国的实物与技术作比较研究，有助于了解中国，还可了解外国，更可得出中外技术交流的具体概念。例如19世纪以前的欧洲麻纸一般较厚重、帘条纹较粗，与9～10世纪阿拉伯纸相像，而阿拉伯纸又与隋唐北方或西北麻纸属于同一类型，这就说明最初向阿拉伯地区传授技术的是中国北方纸工。同样，朝鲜高丽纸和日本和纸也保有中国北方麻纸的特点。欧洲早期壁纸正如漆器一样，图案有中国画的画风，受中国影响是明显可见的。欧洲早期木雕版印刷物在版式、装订上与中国印本书很相似，也是一版含两个半页，单面刷墨，再向内对折。刻工顺板材纹理向自己的方向斜角下刀刻版，完全模仿中国的做法。欧洲在通用金属活字之前，有使用木活字的历史，而其制法与宋元木活字一样。通过中外比较所揭示的技术传递现象，正是技术交流所促成的。中国技术外传后虽还产生变异，但小异中仍有大同之处。

研究技术史还要用现代科学观点评价和解释古人的技术活动，并对古书所载作出判断，说明其道理，此法为传统史学所欠缺。只有这样，才能明了古人通过经验积累和世代传授自觉进行的制造、加工工艺是有科学依据的，应很好地予以总结。另一方面，如果不借用现代科学知识判断古代事物或古书记载，便反而造成新的误解，歪曲了古代技术活动的实质。例如宋代著名的金粟笺，经我们化验为高级桑皮纸经技术加工而成，有人说它是原始的树皮毡(tapa)，便无科学道理。又有的书说纸工垒石为墙，墙内点火烘纸，从技术原理上分析，“石”当改为“砖”。因石质传热效率低，受火易断裂，只有用砖并刷以石灰构成平滑烘面才能烘纸。明代技术家华燧（1439～1513）的“活字铜板”应如何理解，必须靠现代科学知识，不能单从字面含义去解释。有人将“范铜板锡字”及“范铜为板、镂锡为字”理解为将锡活字植于铜制印版上，便没有考虑到有关科学原理。实际上华燧的金属活字应是以铜锡合金铸造出来的，他所说“活字铜板”应是“铜活字板”。如将“镂锡为字”理解为逐个以锡块刻出几十万字，便错上加错。问题在于古人用词不妥，应改正过来，不能迁就错误用词作错误解释，详见以下第十一章。又如徐志定（1690～1753在世）1719年所刊“泰山磁版”《周易说略》，有人断为上了釉的瓷活字版或整块瓷版，都未用现代科学观点分析。实际上上了釉的瓷活字烧成后极易变形，又无法修整，且成本很高，而以整块瓷板烧造，在技术上更行不通。唯一可能是以高岭土或瓷土于900℃左右烧成陶活字，以其色白，故活字版称“瓷版”。以上逐一举例叙述每一研究方法，实际上它们都是相辅相成，有内在联系的，应同时综合运用。

四　造纸、印刷技术史的分期

本书既以纪传体或通史形式写作，就要考虑到将中国造纸、印刷技术史划分成若干阶段，这就涉及到分期问题。造纸与印刷是由数以百万计的人参加的重要群众性社会生产活动，而纸、纸制品和各种印刷品又与全国亿万人的物质生活及精神生活有密切关系，上自帝王下至臣民，无不用之，因此造纸、印刷在不同历史阶段的发展与该阶段社会的发展密切相关，受社会发展水平所制约，又反过来影响社会的发展水平。它好比一面镜子，能反映出社会经济状况的兴衰。大凡在经济、文化繁荣之世，造纸和印刷术的发展便进入高潮，而王朝更替后，新王朝建立初期，也是促进技术发展的时期。纸与印刷品作为社会文化产物，具有鲜明的时代性和地域性，在不同时期、不同地区随社会的发展而发展。纸和印刷品还受社会政治、法律、教育、宗教信仰、风俗习惯、民族特点、语言文字、对外关系和地理环境等诸多因素的影响。因此对造纸、印刷史的研究和分期，要充分考虑到其社会背景的变迁。然而技术作为生产力，还有其自身发展规律。各时代的造纸、印刷还与该时代科学技术总的发展水平有关，王朝更替和统治兴衰并不一定导致技术本身的改观或影响到其发展进程，因技术发展不但有阶段性，还有继承性，后一时期技术总是在前代已有基础上发展，并出现革新和改进，通过世代积累达到新的发展水平，不受社会环境影响。就是说，在漫长的历史时期，虽然造纸和印刷两大生产领域总的生产模式没有因朝代的更替而发生根本性改变，但由于在技术、设备上的改进和发明而引起的量变，足以能使我们看出几个发展程度不同的阶段的存在。对传世与出土实物的系统考察，也能使人感觉到不同阶段的产物在技术上确是处于不同的技术层次上。

在考虑到社会史的发展段落和技术史自身发展的阶段性之后，我们把中国造纸技术史划分为五个阶段：第一阶段是造纸术的兴起阶段，为前 3～后 3 世纪，相当两汉时期（前 206～后 220），以下还可再分为西汉（前 206～后 24）和东汉（25～220）两个时期，共 426 年。如果将纸人格化，这相当其童年和少年时期。造纸作为新兴独立的手工业部门出现，初具技术体系的规模，但不够完备，有待发展。第二阶段是造纸术发展阶段，时间上为 3～6 世纪，相当魏晋南北朝（220～588），共 368 年。属于青年时代，整个造纸生产技术体系基本定型。第三阶段是造纸术大发展阶段，6～10 世纪，相当隋唐五代（581～960），共 379 年。造纸生产技术体系定型之后，又向纵深及横广两个方向发展，属历史上重要黄金时代，造纸在这一阶段与印刷结合，并从中国走向世界。第四个阶段是造纸术的成熟阶段，10～14 世纪，相当于宋元（960～1368），共 408 年。在全面继承前一阶段成就的基础上，造纸生产体系已趋成熟，在技术和设备上有新的改进。第五阶段也是本书研究的最后一个阶段，是造纸术集大成阶段，14～20 世纪，相当明清（1368～1911），共 543 年，持续时间最长。从汉代发展起来的造纸技术至此时已集历史上之大成，历代成就都集中表现出来。在明永乐（1403～1424）、宣德（1426～1435）年及清康熙（1662～1722）、乾隆（1736～1799）年出现两次造纸技术上的最高峰，但乾隆以后手工纸便日趋衰落，西方机制纸已涌入中国市场。1930 年以后，手工纸为机制纸取代，但不等于说手工纸从此再无存在的价值。

同样，我们把中国印刷技术史划分为三个阶段。第一阶段是印刷术的兴起与早期发展阶段，印刷术的起源大致在 5～6 世纪，早期发展阶段为 7～10 世纪。鉴于对起源的研究仍待开展，有关史料也有待发掘与鉴定，因而先从早期发展阶段开始研究，这一阶段相当于唐、五代（618～907），共 289 年，主要是雕版印刷作为新兴独立手工业生产部门出现，初具技术体系规模，但仍不完备。可细分为唐（618～907）及五代十国（907～960）两个时期。五代十国时期，由于统治者的有力支持，使印刷业成为政府兴办的新兴支柱产业，因而获得迅速发展。第二阶段是印刷术大发展阶段，即 10～14 世纪，相当宋辽金元（960～1368）时期，简称宋元。此阶段内整个印刷生产技术体系业已定型与完备，完成一系列技术革新。除雕版印刷外，又发明了活字印刷技术，泥活字、木活字都用于印书，在这一阶段末期又有了使用金属活字的实践，印刷术从中国走向世界，这是中国印刷史中的黄金时代。第三阶段是印刷术的成熟与集大成阶段，为 14～20 世纪，相当明清（1668～1911），历时 543 年。自从印刷术发明以来历代一切成就都集中在这一时期表现出来，且有新的发展。也可将这个阶段再细分为明（1368～1644）及清（1644～1911）两个时期。明中叶至明末（16～17世纪）及清康熙（1662～1722）、乾隆（1736～1799）年间出现了两次印刷技术上的最高峰，乾隆以后近代机器印刷技术引入中国。1920年起铅活字印刷逐步取代传统印刷，但传统技术的最后一项硕果木版水印技术仍继续发展，民间的木版年画也还拥有市场。

本书研究前述五个阶段的中国造纸技术史，从公元前206年至公元1911年，历时2117年。又研究三个阶段的中国印刷技术史，从618年至1911年，历时1293年。每个阶段都用单独一章加以叙述。这里所提出的分期，基本符合造纸、印刷史发展的阶段性，也与社会史分期的段落一致，这样作较便于写作。技术史分期与社会史分期从理论上说也应大致相对应，因为如前所述，技术的发展本来与社会发展关系紧密。但技术作为推动社会的积极动力，其自身变革有时不与社会变迁完全吻合。严格按技术发展规律分期，有时就要与社会史分期脱节，也与本丛书其他卷体例不一，似以现在这样的处理为宜。

最后要说明的是，造纸原理和工艺过程较复杂，原材料与工具设备种类较多，加工技术多种多样，且麻纸、皮纸、竹纸等制造工艺又各不相同。整个造纸生产体系中技术项目甚多，而造纸技术在不同阶段中的发展不但表现在新的工艺过程、设备以及加工技术等方面的革新和发明上，还表现在对原有生产体系中各技术项目的一系列改进上。因之每一阶段中的技术都不是前一阶段技术的单纯重复和继承，总要有不同程度的新的发展。且造纸已经体现了工场手工业的经营规模，因此对所有这一切只能在有关章中对该阶段的技术加以描述。反之，印刷原理及工艺过程则较简单，原材料与工具设备种类较少，雕版印刷与活字印刷只表现在制版、拆版方式上的不同，刷墨、装订工序基本一致。整个印刷生产体系中技术项目总和比造纸要少得多，雕版技术在不同阶段中的发展只表现在刻版技巧、刻刀工具和刷墨、装订的改进上，总的说属于技术上的量变过程，不涉及整个制造工艺的本质改变，因之下一阶段常常重复前一阶段的工艺过程。活字技术在不同阶段中的发展表现在不同活字材料的选用与制造以及排版、拆版、收字有关的工具设备与技术的改进上，像雕版技术一样也不涉及制造工艺上的本质改变。正因如此，不必在每一阶段的有关章中都设专节谈技术问题，这样作势必造成前后重复叙述。我们把技术问题集中于第八章中作总的叙述，这一安排是与造纸部分有所不同的。只有套色印刷在工艺过程上有全新的改变，金属活字有不同于其他活字的特点，对此将在第十一章中讨论其技术问题。印刷工场场地占地面积较小，为室内作业，所需工种和工人人数不多，但要求熟练程度较高，一般说数人至数十人即足矣，体现作坊手工业的经营规模。造纸工场是化学污染工业，都设于乡间河流岸边或山区近水源处，而印刷工场对环境污染较少，多设于大城市或县镇内，这又表现了这两大工业的不同。

第一编　造纸技术史

第一章　造纸术的起源

造纸术起源问题是个重大科学史问题，这个问题包括起源地和起源时间两个方面。在绪论中已论述了纸的定义和成纸的科学原理。这个定义适用于古今中外所有传统手工纸，研究造纸起源时，应始终按纸的科学定义立论，古今中外由于人们没有弄清纸的定义或不按纸的现代定义立论，在造纸起源问题上提出的观点，都经受不住时间的考验而被否定。围绕造纸起源问题而展开的不同意见的争论，已持续很久。由于 20 世纪以来中国境内考古发掘和对出土古纸分析化验的开展，已经到了最终解决造纸术起源问题的时机了。我们在研究造纸术起源问题时，以历次考古发掘提供的事实为依据，以对出土古纸分析化验的客观结果为准绳，论证了造纸术起源于中国西汉初（公元前 2 世纪）的观点。

第一节　纸未发明前的书写纪事材料

一　甲骨和金石材料

纸的最初主要用途是作为新型书写纪事材料和包装材料，尤其第一项用途在人类文明史中起的作用最大。但在纸未出现前，书写纪事材料经历了很长一段历史演变过程。在没有文字以前，人们交流思想主要通过语言、手势，口耳相传，凭记忆行事。后来靠结绳纪事，将绳打成大小、形状及数量不同的结，用以代替语言，传递并记录不同事件（图 1-1)。《易·系辞下》曰："上古结绳而治，后世圣人易之以书契。"《易系辞》旧传为孔子（前 551～前 479）所作，近人研究认为成于战国（前 476～前 222）或秦汉之际（前 3 世纪）。唐人李鼎祚（720～790 在世）《周易集解》（约 760）引汉代的《九家易》曰："古者无文字，其有约誓之事，事大大其绳，事小小其绳，结之多少，随物众寡，各执以相考，亦是以相治也。"庄周（前 369～前 286)《庄子·胠箧》曰："昔者……伏羲氏、神农氏，当是时也，民结绳而用之。"将结绳时代定为伏羲氏（前 2852～前 2737）及神农氏（前 2737～前 2637）时代[①]，相当于新石器时代的龙山文化（前 3000～前 2300）前期。

人们看到结绳，便能知道结绳人的心意。这种情况在近代中国边远少数民族地区和国外原始部落还能看到（图 1-1)。但结绳还得辅之以记忆，遇有一连串发生的复杂事件便无能为力。于是出现图画和文字画，用以记载较复杂的事件。文字画除图形外，还有抽象出来的一些符号，可以记于树皮或石头上，还可刻画在陶器上。如西安半坡出土的彩陶便有文字画，用以表达人们的思想或记录某种事件（图 1-2)。半坡彩陶年代为公元前 4800～3600 年。由此看来，文字画由来也相当久远，但比结绳更为进步。

---

① 关于神农、伏羲之纪年，参见 Samuel Couling，The Encyclopaedia Sinica，pp. 198，244 (Shanghai：Kelly & Walsh，1917)；R. H. Mathews：Mathews' Chinese-English Dictionary，Revised American Edition，p. 1165 (Harvard University Press，1943).

图 1-1　秘鲁结绳纪事遗物

图 1-2　西安半坡遗址（前 4800～前 3600）彩陶上的纪事符号

文字画后来又演变成象形文字，而今天的汉字就是从象形文字发展出来的。史载仓颉(jié)造字，荀况（前 313～前 238）《荀子·解蔽》云："故好书者众矣，而仓颉独传者，一也"[1]。仓颉传为黄帝（前 2697～前 2597）时的史官，可能对象形文字作了系统整理，不一定是造字者，因文字是长期形成的，不可能为某一人物所创。至夏代（前 2205～前 1760）[2] 时，象形文字又比仓颉时代进步。由夏至商（前 1783～前 1402）、殷（前 1401～前 1123）时，所

A　甲骨文

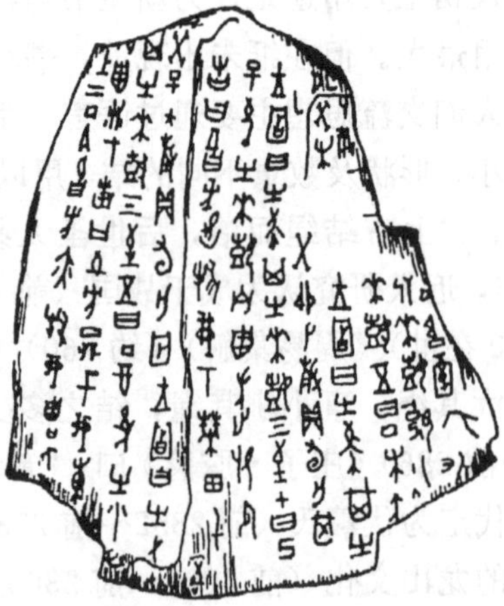

B　甲骨文拓片

图 1-3　商代甲骨文及拓片

① 战国·荀况，《荀子·解蔽》，章诗同简注本，237 页（上海人民出版社，1974）。

② 关于夏、商、殷纪年，参见清·张璜（Mathias Tchang）：Chronologie complète et concordance avec l'ère chrétienne de toutes les dates concernant l'histoire de l'Extrême-Orient（Changhai：Imprimerie de la Mission Catholique，1905）。

使用的文字我们已可看到并能辨认。19世纪末至20世纪以来，考古学家在河南安阳发掘殷都遗址时，发现不少用刀刻在龟甲和牛肩胛骨上的文字，距今已三千多年，因称之为甲骨文（图1-3）。甲骨文已经是相当发达的象形文字，是夏、商基础上发展起来的。商代和殷时的统治者信奉鬼神，行事前要通过巫史向鬼神问卜吉凶，而甲骨文多为占卜后的卜辞。其方法是在经事先处理的平滑甲骨上用钻或凿作出一些孔，再将有孔处用火烤，于是出现纵横粗细不同的裂纹，根据裂纹形状断定吉凶[①]。再用利刀将占卜结果用文字刻在裂纹附近，这就是卜辞。将有卜辞的龟甲用绳穿起来作为档案保留，即称为册。《周书·多士》云："惟殷先人，有册有典"。典字在甲骨文中为双手捧册之形。每片甲骨一般容字50余，个别可多达百余字[②]。现在看到的甲骨文为武丁（前1324～前1266）至纣辛（前1154～前1123）时之物，其中含有关于社会政治经济和科学技术等方面的史料。

中国新石器时代末期，在冶炼红铜技术的基础上发展到用铜、锡（有时还有铅）合金冶铸青铜器的技术。青铜冶铸在商、殷得到很大发展，此后青铜器一直沿用到西汉。其用途很多，从日用饮食器、镜子、兵器、生产工具到兵器、礼器等，形成青铜文化。古人常将一些历史事件刻铸在青铜器尤其钟、鼎之上，构成铭文，文字多少不一，长者达三、四百字，少则三字，称为钟鼎文或金文。商代以来，经西周（前1100～前770）、春秋（前770～前476）到战国（前475～前221），历代有文字铭文的青铜器传世与出土者都很多。金文文字比甲骨文在形体上又进了一步。除青铜外，有时还将文字包括法律条文刻铸在铁器上，称之为刑鼎。如《左传·昭公二十九年》载公元前513年晋国正卿赵鞅（前553～前473在世）"遂赋晋国一鼓铁，以铸刑鼎，著范宣子所为刑书焉。"有时具有铭文的大型重鼎成为传国之宝和权力的象征，因而古时将夺取政权的意图称为问鼎。钟鼎铭文像甲骨卜辞一样，有重要的史料价值。较著名的有毛公鼎、散氏盘、虢季子白盘、宗周钟及周无专鼎（图1-4）等，1950年以后中国又新出土大量先秦青铜器，其中不少皆具有铭文。

除甲骨、青铜器外，中国古代还将文字刻或写在石、玉之上，作为文献记录保存下来。故墨翟（前486～前367）《墨子·明鬼》篇云："古者圣王必以鬼神为其务，鬼神厚矣。又恐后世子孙不能知也，故书之竹帛，传遗后世子孙。咸恐其腐蠹绝灭，后世子孙不得而记，故琢之槃盂，镂之金石以重之"[③]

同书《兼爱》篇也说："知先圣六王之亲行之也。子墨子曰，吾非与之并世同时，闻其声见其色也。以其所书于竹帛，镂于金石，琢于盘盂，得遗后世子孙者知之"[④]。在这里，墨子一下子列举了上古时所用的好几种书写纪事材料。1965年冬，山西侯马的东周（前770～前256）遗址出土数百件用红颜料（朱砂，即硫化汞HgS）写在玉版上的文书[⑤]，古时叫丹书。《左传·襄公二十三年》载公元前550年，"初，斐豹隶也，著于丹书"，也讲的是这种书写纪事方式。山西侯马出土的玉、石文书是春秋末期晋国诸侯间的一种盟书，时间为公元前5世纪。有的玉版上竟写有220字，除朱书外还有墨书，写在极薄的玉版上。而公元前771年秦国刻有文字的石鼓，唐代时出土于陕西凤翔，文字则以刀刻在石上。石质坚硬，不易腐蚀，故

① 吴泽，[中国]古代史，上海：棠棣出版社，1952年，514～515页。
② 同①，562页。
③ 战国·墨翟，《墨子·明鬼》，《百子全书》第5册，卷8，3页，杭州：浙江人民出版社，1984。
④ 同上，《兼爱》卷4，4页。
⑤ 陶正刚、王克林，侯马东周盟誓遗址，文物，1972，4期，27页。

石刻文书原则上可永久保留，因此《墨子》说“镂之金石以重之”，使后世子孙得知前世事物。秦始皇嬴政（前259～前210）灭六国、统一天下后，在外地巡行，每到一处则刻石纪念。汉以后直到近代，石刻一直流传。

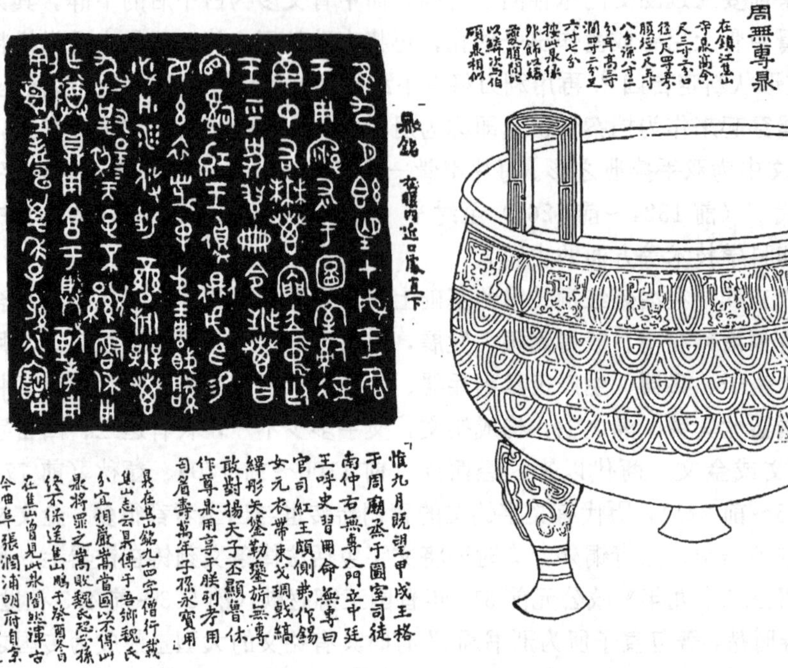

图 1-4　周无专鼎及铭文拓片

铸于周宣王十六年（前812），载《金石索》

二　简牍和缣帛

上述甲骨、金石均属重型硬质材料，不便随身携带，所占容积又大，也不便保管。针对这种情况，古人又以竹、木作成简牍作为书写纪事材料。经过整治的长方形平滑竹片叫竹简，简称简；木片叫木牍，简称牍。简牍用漆汁或墨汁写成文字后，再用皮条或线绳逐片编连在一起，称为册或策。编简成册的绳叫编。简牍可能在殷代就已有了，经西周到春秋、战国时已经盛行。史载孔子读《易》“韦编三绝”，应该就指简牍写成的书。简牍是中国早期书籍形式之一。每册书阅读完后，可卷起来放在书架上或案几上。字迹漫涣不清的，可以新简补充，写错字时可以书刀刮去重写。重量比金石轻便得多，阅读和携带也较为方便，竹木材料又价廉易得。由于有这些优点，简牍在很长时间内是主要书写材料。

现在流传下来的先秦典籍，最初大多是写在简册上的。战国和汉代的简有一定制度。战国简最高为2.4尺，其次1.2尺，再次0.8尺；汉简最高2.0尺，其次1.5尺，再次1.0尺，最小的0.5尺。以上均以汉尺计，1汉尺＝24公分。长简写经典著作，短简写一般著作，法律写在特长的三尺简上①。每简字数不一，一般22～25字，少者几个字。多年来各地出土大

① 王国维，简牍检署考，《海宁王静安先生遗书》卷26（上海，1936）；甘肃省考古所、博物馆编，《武威汉简》55—56页，文物出版社，1964。

量实物，数以万计。1953年湖南长沙仰天湖楚墓中竹简属于战国时期[①]，近20年来在甘肃、山东、湖南、湖北等省又有大量简牍出土（图1-5）。

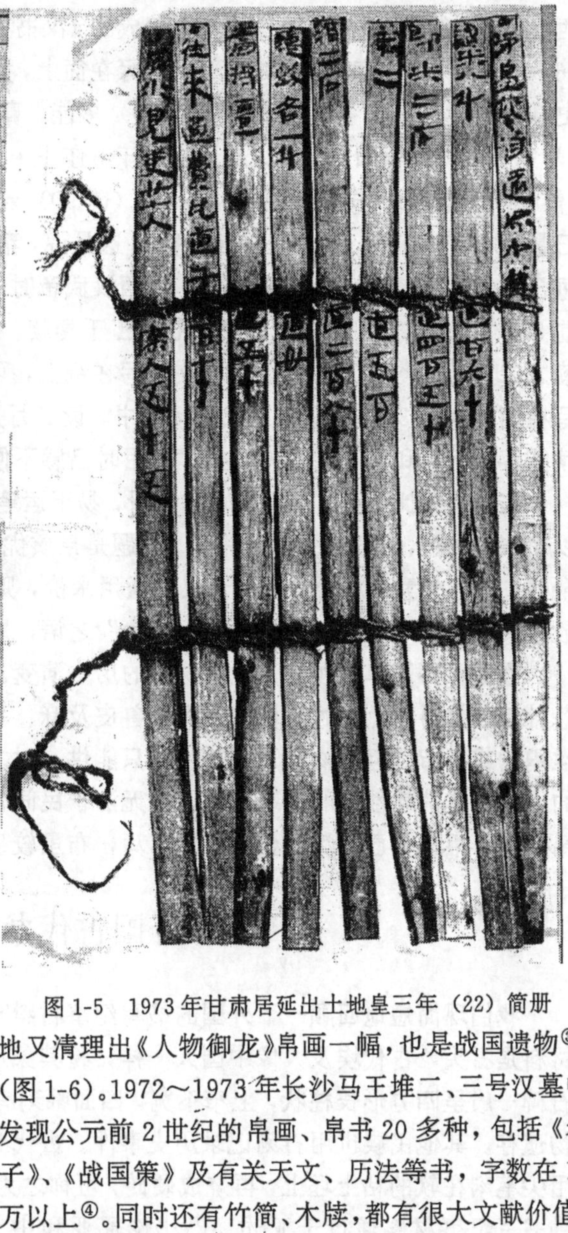

图1-5　1973年甘肃居延出土地皇三年（22）简册

中国是养蚕术的发源地，丝绢生产一直是重要经济部门。至迟在春秋时已用缣帛为书写材料，故《墨子·兼爱》中有“书于竹帛”之语。缣帛是高质量书写材料，既轻便又好用，只是价格昂贵。用缣帛既可写字，亦可作画。依文章长短及画面大小可随意剪裁，装裱后用木轴卷起，称为卷。每卷相当简册的一篇或几篇。1942年长沙子弹库战国楚（前476～前223）墓出土缯书，既有文字又有绘画，后流至国外[②]。1973年同地又清理出《人物御龙》帛画一幅，也是战国遗物[③]。（图1-6）。1972～1973年长沙马王堆二、三号汉墓中发现公元前2世纪的帛画、帛书20多种，包括《老子》、《战国策》及有关天文、历法等书，字数在10万以上[④]。同时还有竹简、木牍，都有很大文献价值。这说明战国至汉代时，帛简并用于世。然而由于经济上的原因，人们使用得更多的还是简牍，尤其书写。

图1-6　战国人物夔（kuí）凤帛画
（1949年长沙楚墓出土）

随着时间的推移，简牍的局限性也愈益突出。秦汉以来科学文化的发展，导致长篇作品出现。据

① 史树青，长沙仰天湖出土楚简研究，（上海：群联出版社，1955）。
② 商承祚，战国楚帛书述略，文物，1964年，9期。
③ 湖南省博物馆，长沙子弹库战国木椁墓，文物，1974年，2期，36页。
④ 湖南省博物馆等，长沙马王堆二、三号汉墓发掘简报，文物，1974，4期，39页。

西汉刘歆（约前42～后23）《七略》编成的《汉书·艺文志》（约100），收录596家著作共13，269卷。每片简容字不多，如将万字书写在简上，大约用400片，将其编成册，体积就变大了。史载战国学者惠施（约前370～前310）多能，藏简册书达五车，皆通读之，因此后世人用“学富五车”形容知识渊博。此说当出于《庄子·天下》篇：“惠施多方，其书五车”。司马迁（前145～前86）《史记·秦始皇本纪》（前90）云：“天下之事，无大小皆决于上。上至以衡石量书，日夜有呈，不中呈不得休息。”这是说，秦始皇亲政时，批阅的简牍呈文动辄以石计，每石为120斤。《史记·滑稽列传》载西汉武帝时（前140～前87），齐人东方朔（约前161～前87）“初入长安，至公车上书，凡用三千奏牍。公车令两人共持举其书，仅然能任之。……读之二月乃尽”[①]。东方朔这篇策文如写在纸上，可轻便携入衣袋内，不用几天即可阅毕。但写在简上则用3000片，需二人抬动其书，读二月乃毕。这个实例说明，在新的历史条件下简牍能容的字数和信息量显得太少，使用时已感不便。

与简牍相比，丝织物缣帛轻软光滑，易于运笔、舒卷，容字又多，确是上好书写材料。所以简被淘汰后，仍长期用帛作书画。问题是帛质优价高。在汉代一匹（2.2×40汉尺）缣值600余钱，一匹白素800馀钱。折合汉代通用米价，则一匹缣相当六石（720斤）米的价格[②]。一般读书人是用不起的，故有“贫不及素”之语，即用不起帛素为书写材料。

最后，再简单回顾一下包装材料的历史演变。人们在日常生活和商品买卖中每天要消耗各种包装材料。上古时用植物阔叶、兽皮及麻、葛布作包装材料。上层统治者及贵富之家用丝织物或细布。但植物叶子不结实，只能供一时之用，兽皮、麻布、葛布及丝绢都是较昂贵的，不便作消耗性用的包装材料，也无法于民间普及。到秦汉之间，作为书写材料主要为简帛两种，甲骨早已淘汰，金石不堪书写，布虽较帛便宜，亦不堪书写。

三　外国古代书写纪事材料

我们现简短地回顾一下外国的书写纪事材料[③]。在没有纸以前，外国最早而最通用的纪事材料是石头，古代埃及人像中国人一样，将其象形文字用锐利的凿刀刻在石碑上。但埃及的石碑一般呈四方形长柱状，上窄下宽，四面都刻有文字，称方尖石碑（obelisks）。现在仍有实物遗存。其他民族也用石刻记录历史事件。古代亚述人和迦勒底人（Chaldeans）还将其文字用尖笔刻在软的粘土坯上，再烧成硬砖，可称之为砖刻。文字如箭头那样，称为楔形文字，这种书写纪事材料通行于亚述、巴比伦尼亚和中东一带，又称巴比伦尼亚砖刻（Babilonian tablets）（图1-7）。现在有公元前686年的实物遗存。在中国，也有使用砖为书写纪事材料的，或直接用笔在砖板上书写，或在砖坯上刻写，再烧硬，如出土的汉代画象砖和砖刻。

以黄铜、青铜和铅等金属材料保留文献和记事，也是其他国家古代所用的，罗马人就将文字刻铸在青铜上，公元前451～450年著名的罗马成文法《十二铜表法》，就公布在12块铜板上（图1-8）。欧洲一些民族还用铅板保留作品、记载法典、盟约，甚至《圣经》。从公元前9世纪起的荷马时代，西方人还以木板为书写纪事材料。这与中国也类似，如果将木牍作得宽

① 《史记》卷126，《滑稽列传》，廿五史本第1册，349页（上海古籍出版社，1986）。

② 陈直，两汉经济史料论丛，第86、95页（西安：陕西人民出版社，1958年）。

③ Dard Hunter, Papermaking. The history and technique of an ancient craft, 2nd, ed., pp. 8—29 (London, 1957).

图 1-7 巴比伦人刻在粘土柱上的楔形文字（前 686）

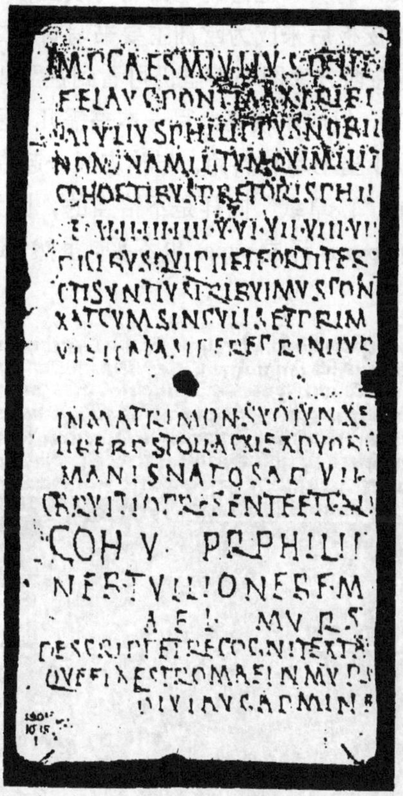

图 1-8 罗马人的青铜板军事文凭（246）

些，便成为木板。1986 年甘肃天水市放马滩秦墓中出土的古代地图，就是画在木板上的，同时还写有文字。然 而欧洲没有像中国那样，有使用木片为书写材料的长期而持续的传统。许多其他地区的民族用树叶作书写纪事材料，公元前 1 世纪的罗马历史学家西库鲁斯（Diodorus Siculus）说，在西西里岛上的锡拉库斯（Syracus），人们习惯于在橄榄树叶上书写法律。罗马博物学家普利尼（Pliny，23～79）谈到埃及人时说，人们首先在棕榈树叶上书写。在亚洲印度、巴基斯坦、斯里兰卡、泰国、柬埔寨、缅甸等国，也用棕榈科树的阔叶书写，写好后在每叶上穿两个孔，再用绳连在一起，唐代中国人称为贝叶经。印度还用棕榈科的扇椰（*Borassus flabelliformis*），因其叶又宽又长。用金属笔或尖笔书写，笔锋很细。

树皮是所有中外各民族古代通用的书写材料。中国用桦树皮书写，美洲印地安人也在桦树皮上用树枝蘸粗制液体颜料写文字画。古代拉丁人也用树皮的内皮写字，叫 *liber*。此字后来在拉丁文中成了“书”字的同义语，后来又演变成英文中的 library（图书馆）。像棕榈科树叶那样，用树皮几乎无需任何加工，便可直接书写。羊皮（parchment）和犊皮（vellum）是西方国家较长使用的书写材料。Parchment 这个词系指用羊皮作成的书写材料，译成“羊皮纸”是不恰当的，因为不是纸，可否译成羊皮板。英文中的 parchment，法文作 parchemin，均指羊皮板写成的文件，导源于 Pergamum，本是小亚细亚米西（Mysia）的古代城市名（图 1-9）。虽然上古时可能就会用动物皮革写字，但羊皮板被认为与帕加姆王（King Pergamum，197

～159 BC）有关，他想制造出可与埃及莎草片对抗的书写材料，因为埃及曾一度禁止出口莎草片。羊皮板后来成为欧洲主要书写材料之一，甚至文艺复兴后印刷术西传时还用以印刷书籍。我们在西方大图书馆里仍可看到甚至16～17世纪时的羊皮板写本。这是坚固持久的材料（图1-10），但成本较高。写一本书需几百张羊皮板，一般人是用不起的。中国曾用皮革作货币，但较少当书写材料用。与羊皮板一起在西方广泛使用的还有莎草片（papyrus），将这个西方词译成“莎草纸”同样是不恰当的，因为它也不是纸，不得用“纸”的字样。西方人译古书时将papyrus译成paper也不妥，虽然paper导源于papyrus，但这是性质完全不同的两个事物。

图1-9　欧洲中世纪抄书手在羊皮板上写字

图1-10　制羊皮板的过程 取自阿曼斯绘《百职图》(1568)

希腊文 βυβλοι（bubloi）指在莎草片上书写的文件，又称biblos，拉丁文为biblia，后演变成bible（典籍）。俄文 библиотека（biblioteka）意思是图书馆，其字根亦来自希腊文biblos。这个希腊词引导出各种欧洲语的一系列词，但均与书有关，此处不拟赘举。早在公元前，埃及尼罗河流域生长莎草科（Cyperaceae）多年生草本植物莎草（*Cyperus papyrus*），其茎实心，呈三棱形，可高达6～10英尺（约2～3.3公尺），多生于湿地或沼泽中。埃及人用以制书写材料，还可作席子及房屋材料等。前述罗马学者普利尼在其《博物志》(Natunalis Historia) 书中详细介绍了莎草片的制造方法。此书于1601年由霍兰德（Philemon Holland 1552～1637）从拉丁文译成英文，改书名为《世界志》(The Historie of the World)。据普利尼所述，先将莎草茎杆从其根部用刀割下，除去近根部及茎杆顶端的部分，将剩下部分切成2英尺（1英尺＝0.33公尺）长的小段。再用刀从中心部分劈成两半，压扁，因中间部位最宽，是最好的部位。再将压扁的莎草杆纵横交错地放在平板上，共放两层，向上面滴醋，然后挥槌打平（图1-11）。公元前几百年间埃及人以此莎草片写象形文字，今存欧洲各大图书馆中。

后来在希腊及罗马帝国也用此材料书写，阿拉伯人占据北非后也用作书写材料。直到10世纪还通用此物，12世纪以后逐步为纸所取代。由于尼罗河流域的莎草在长期间被砍伐，如今已不见，只在北非其他地区及西西里岛可见。美国一些州也生长这种植物，如今制成莎草片，且在上面作画，只作为旅游纪念品出售。笔者旅居弗吉尼州时曾得到一枚用传统方法制成的莎草片，表面不平滑，需涂一层白粉后才能在上面画彩色画。需要指出的是，莎草本身含纤维较多，是一种造纸原料，但埃及人用它制莎草片并未提制出其纤维，而是将茎杆茎髓部直接压打成薄片，呈明显可见的经纬纹理，在物理结构、组成成分及制造方法上与纸迥异，不能视为真正的纸（图1-11）。

图1-11　古埃及人制莎草片方法

最后要谈到的是树皮毡。至迟从10世纪起，在欧洲人没有到来以前的几百年间，美洲的马雅人和阿兹台克人用树皮作成薄片，用以书写文字画，叫huun或amatl。其方法是将树皮剥下后，除去有色外表皮，将其内皮撕成一英寸宽的长条，放在锅内加草木灰煮沸。再在平板上纵横交错地叠起，用槌打在一起成为薄片，干燥后以石磨光。现在墨西哥的奥托米印地安人（Otomi Indians）还用此法作树皮片，作书写材料。一般多由妇女从事这一劳动，树皮片还可缝制成衣料。太平洋各岛屿如夏威夷、斐济、日本北海道、印度尼西亚、中国台湾等广阔地区的土著居民，也用树皮借捶毡法打制成薄片，通称为tapa。夏威夷人称kapa，意思是捶打。因此印地安人的huun或amatl，或太平洋岛屿土著人的tapa或kapa，在制造方法及取材上大同小异，我们可统称之为树皮毡。在绪论第一节中我们已经提及有人将其称为“树皮布”，并认为这就是《史记》中所说的“榻布”，是不妥的。真正的树皮布是以树皮纤维用纺织方法织成的布，而不是用打制方法制成的树皮毡。美国造纸专家兼纸史家亨特到现场考察了莎草片、huun及tapa的制造方法后，得出正确的结论是，这三者在技术上是属同一个范畴，虽然均可作书写材料，但没有一个可谓之为真正的纸①。

四　古代书写纪事材料与纸的比较

从以上所述可以看到，自有文字以来，人类在近三千年的漫长岁月里已先后用了十几种书写纪事材料，并借此使历史事件和文化财富得以保留下来。大体说来可将这些纸出现以前的古典书写纪事材料归纳为三大类②：

第一类是重质硬性材料，如金、石、甲骨、简牍、木板及粘土砖等，这些材料都比较笨重，不便携带，也不能舒卷，容字有限，而所占体积又大，不便保存。但优点都较为坚固而耐久，在易得性和造价上各异。金属材料造价较高，制造过程较难，实际上不能书写，只能纪事。甲骨也相对说不是随处易得的，只有石料价廉易得，制造简单，但原则上也主要用于纪事，不用于书写。在实践中证明唯有竹木材料既价廉易得，又制造容易，更可书写纪事，是使用时间较长的材料。

---

① Dard Hunter, Papermaking. The history and technique of an ancient craft, 2nd ed., p. 29 (London, 1957).

② 潘吉星，中国造纸史话，第2～3页，济南：山东教育出版社，1991年。

第二类是轻质脆性材料，如树叶、树皮及莎草片等，多来自植物界。在坚固性上不及第一类材料，但容字较多，重量较小，可串成一册便于携带，而制造容易，价廉易得。因此被持续使用的时间也较长，主要缺点是性脆而不耐折，不能舒卷，亦难以随意运笔书写，厚度相对说较大，将许多片扎成册，体积也较大。

第三类是轻质柔性材料，如缣帛、羊皮板及树皮毡等，表面较平滑受墨，容字多，可舒卷及剪裁，既可写字又可作画，装订成册后重量相对小些。在坚固、耐久性上大于第二类材料。树皮毡虽制造较易，但厚度大，柔性差，白度低。缣帛及羊皮板属优良材料，主要缺点是制造较难，造价较高。

以上这些古典材料在被使用的过程中，根据人们的需要，存在着相互竞争的情况，其结果将金石、甲骨、粘土砖首先淘汰掉，因为人不只是看文献，还要书写并携带文献。总的发展趋势是书写纪事材料种类越来越少，有便于人类者得到保留。看来树皮毡也只用于局部地区，最后在临近纸登上历史舞台时，就由十几种剩下简牍、缣帛、羊皮板、莎草片及贝叶等五种材料了。这些材料在进一步使用中也逐步暴露其局限性，需要有新的材料取而代之，这新的材料便是纸。

将纸与前述古典材料对比，便立刻显出其如下优越性：①表面平滑，洁白受墨，不但适用于中国墨，而且适用于任何颜色和种类的有色汁液。既可用柔软的毛笔书写，亦可用硬笔书写。②幅面较大，容字多；体质轻，柔软耐折，可任意舒卷、裁剪、拼接，有一定物理强度，便于携带。既可写字，又可作画，适于东西方各民族使用。③寿命较长，在良好条件下保存，虽经千余年而犹如新作。抗氧化性好，着色性好，又不易变色，经处理还可抗水，易于深加工做成不同性能及外观的纸。④用途最为广泛，既可书写，又可作印刷、包装材料，各种纸在工业、农业、军事及日常生活中均有用。⑤最大的优点是物美价廉，原料到处都有，在世界任何地方均可就地制造，而且制造技术易于掌握。总而言之，纸是一种万能材料，自有史以来人类用过的所有其他材料都无法与纸媲美，也只有纸被人类使用的时间最长，到目前为止两千多年仍未被其它材料彻底取代，而在今后很长一个时间内也还会如此。纸作为全世界各国的通用材料，加速了人类文明的发展进程，它的出现是书写纪事材料史中有划时代革命性意义的重大发明。

第二节　西汉纸的出土和造纸术的起源

一　为什么造纸术发明于中国？

对人类文明史作出如此重大贡献的造纸术，是在中国发明的，并逐步传到全球。这已是当今全世界公认的历史事实。最初造纸所用的原料是破麻布，而麻布由大麻及苧麻织成，这两种麻都原产于中国；其次用楮皮，楮（今称构）树也原产于中国。一个国家造纸，原料必需自给自足，而中国所用原料都是本国原产植物，南北各地几乎到处都有，取之不尽。其他国家虽无大麻、苧麻，但有亚麻、黄麻等，均可织布，虽无楮树，但有别的含纤维植物资源。为什么造纸术只发明于中国而不是别的地区呢？这个问题需要讨论，此处愿陈管见。作为重大发明的造纸术，其起源决不是偶然之事，促成人们产生造纸的念头是社会上有了对新型书写纪事材料的迫切的实践需要，而这又与社会、经济、文化、教育和技术背景有密切关系。分析造纸术起源的原因时，必须考虑这些因素。

如上一节所述，自古以来在各种书写纪事材料的竞争中，至公元前几个世纪内只剩下简牍、缣帛、莎草片、羊皮板、贝叶和树皮等少数几种材料了。这时世界上几个重要的文明起源地多处于奴隶制社会阶段，在希腊、波斯、埃及、罗马及印度等地区，战争频仍，版图不断变换，各国都处于割裂的动荡时期，既得利益者是上层奴隶主统治集团，他们只求掠夺财富、土地和争霸，对发展文教事业并不关心，广大奴隶和平民没有技术发明的积极性。因此由于当时社会、经济、文化和技术发展的局限性，古典书写纪事材料足以满足社会上的需要，用不到再发明什么新的材料。这就是说，造纸术不可能是奴隶社会的产物。只有在比奴隶制更有利于发展经济、文教事业和技术的封建制社会，尤其在统一的、相对安定与繁荣的封建帝国，才有对新型书写材料的社会需要。这就是说，就造纸术而言，它是封建制社会的产物。产生造纸术的这个总的历史背景，不但决定了其起源地，而且决定了其起源的时间。

中国奴隶制社会产生的时间比其他国家和地区要晚些，但进入封建社会，中国为早。史学界一般认为战国时中国已完成从奴隶制向封建制的过渡，而当时世界其他地区的奴隶主贵族集团还在发动战争。公元前 525 年埃及被波斯征服，前 330 年波斯又被希腊的马其顿王国征服，前 146 年罗马又征服了希腊。东方的印度于前 323 年遭到希腊亚历山大的蹂躏，至阿育王（前 273～前 232 在位）时，印度才建成统一的奴隶制国家，他死后又陷入分裂状态。这些古老的文明国家一个接一个地被征服、文化遭到破坏，并未摆脱落后的奴隶制社会形态。不但没有发明纸的社会需要，甚至像亚历山大著名图书馆内的莎草片写本也难免毁灭之灾。

反之，中国社会却大步前进，前 221 年秦始皇建立了统一的封建制国家，他统一了文字。接着是西汉，“汉承秦制”，至文帝（前 179～前 157）、景帝（前 156～前 141）时出现治平之世，社会全面繁荣，武帝（前 140～前 87）时仍保有这个势头。国家的统一，社会经济、文化教育和科学技术的发展，需要大量书写材料，而人们深感缣帛昂贵、简牍笨重之不便，迫切需要寻找一种廉价易得、能作为帛简代用品的新型材料，纸的发明正好适应了这一需要。汉初汉字由秦代小篆演变到隶书，已接近现代字体。而经考试为官的制度也从这时开始，公私办学、讲学之风盛行，造成大批士人即知识分子队伍。统治者又提倡儒学，对古代经典的注释、整理和研究形成一个高潮。根据“学而优则仕”的原则，一般读书人可通过这个途径进入官僚行列。我们从《史记》、《汉书》列传中看到大批平民通过读书而增长才能，进而成为将相、百官，而这在奴隶社会中是不可想象的。这一切也都是促进新型书写材料面世的刺激因素。

再看看外国情况。美洲印地安人用树皮打制成的 tapa、huun 及 kamatl，之所以不能演变成纸，因为那里的社会长期处于原始社会阶段，奴隶制的马雅文化全盛于 4～10 世纪，为时太晚，而马雅文字还未脱离文字图或至多是象形文字的阶段。只有具备高度发达的文化和文字的较为进步的封建社会，才需要新型高级书写材料写字，正如只有高度工业化的资本主义社会才需要用汽车作交通工具，而不是封建社会的四轮马车。因此美洲印地安人社会不可能发明纸。同样，古代埃及人能造出莎草片，也不能从莎 草茎杆纤维中造出纸。古埃及字是欠发达的象形文字，与夏、商时的象形字处于同一水平，而不能与秦汉时的汉字相比。与原始文字对应的书写材料，只能是古典材料。埃及文化早已中断，所以那里不会是发明纸的地方。

在地中海地区，公元前几个世纪内，各奴隶制国家争霸的结果，最后使贵族专政的奴隶制罗马共和国幸存下来，公元前不久又成为罗马帝国。西方史家告诉我们，希腊古代文明于此时已经衰落，与社会风气腐败相伴随的是缺乏教育、知识贫乏。罗马人看重装饰，却蔑视文明，对读物要求很少，大量书籍在架子上腐烂。羊皮书及莎草片书未等人去读就已朽坏。后来干脆用书籍去烧罗马的公共浴池。统治者喜欢观看人与人之间或人与猛兽之间的生死格斗，以奴隶的残死来取乐，这同汉初诸帝推崇儒学及黄老之学、重用博士、提倡文教事业和学术研究的文治精神适成鲜明对照，因此不能指望拉丁世界的罗马会是造纸术的故乡。罗马人不需要纸，倒需用金币进口丝绸来充作衣料。书籍对罗马皇帝来说是没有用的，精锐的军团才是帝国的支柱。最初几个罗马皇帝在位时，科学的发展一落千丈。对各文明古国分析后，得出的结论是，只有秦汉之际的中国具有发明纸的适宜的社会气氛。

其次，此时世界所有的书写材料中只有缣帛与纸有关联，而简牍、莎草片、羊皮板、树叶、树皮均与纸无关。因为汉字中“纸”字有系旁，而只有丝与纸二者由纯的纤维制成，虽然分属动物纤维与植物纤维，但二者在提纯过程中有某种类似性，而外观也颇类似。最初的纸正是作为帛的替身而出现的。二者均平滑洁白受墨，质轻柔韧，可折叠、舒卷与剪裁，其余材料则没有这种共性。同时在帛料制造过程中，在纤维提纯后，有漂絮一道工序，即将丝纤维放竹席上于水中击之，其中击碎的丝絮落在席上晒干取下后，形成类似纸的薄片。此过程暗含打浆及捞纸的原始动作，容易使人产生以麻絮代丝絮而造纸的技术联想，而制造任何其它书写材料时，则没有与漂絮类似的操作。制莎草片及树皮毡需要捶打，但置于石板或木板上，从未置于多孔透水的竹席上捶打，也不是在水中捶打。而多孔透水的筛状平面即竹帘，正是抄纸的关键设备，其原始表现形式即竹席。北京故宫博物院藏清代画家吴嘉猷（字友如，约 1818～约 1893）《蚕桑络丝织绸图说》画册，为光绪十七年（1891）应征入宫作画时的粉本（画稿）。其中漂絮图（图 1-12）画出两位妇女蹲在河边，手持竹棍击打丝絮，可帮助我们了解古代漂絮操作①。

图 1-12　中国古代漂絮图

中国最早发明丝织技术，早在商代，丝织品就有很高技术水平，西汉时丝绢沿丝绸之路

① 清 · 吴嘉猷，《蚕桑络丝织绸图谱》粉本，1891 年，《挑茧图》。

向中亚、西亚各国出口，再辗转 运到地中海的罗马。制丝前首先要择茧，取圆正的独头茧为良茧，用以作丝，织上等帛料。而将双头茧、多头茧、病茧为恶茧，用以作絮，制次等绵料。剥绵絮时，将恶茧以草木灰煮之，并水浸数日，再剥开漂洗，边洗边敲打。再将恶茧与煮茧时剩下的外衣及缫丝剩下的茧衣一起捣烂，晒干后捻成绵线或作绵絮。以上过程古书中有不少记载。如《庄子·逍遥游》云："宋人有善为不龟手之药者，世世以洴澼絖为事"①。澼与撇通，即漂。絖或作纩，即絮。"洴澼絖"即于水面上击絮。庄子说，宋国（前858～前477）人有善于制不使手肤裂口的药者，世代以漂絮为职业。在古代这项操作多由妇女从事。《史记·淮阴侯列传》载汉初大将韩信（约前246～前196）早年"钓于城下，诸母漂，有一母见信饥，饭信，竟漂数十日。信喜，谓漂母曰：吾必有以重报母。母怒曰：'大丈夫不能自食，吾哀王孙而进食，岂望报乎'"②。裴骃（401～473在世）《史记集解》引韦昭（204～273）注："以水击絮曰漂"②。韩信在淮阴城北淮水岸边受漂母救饥之恩，已成千古故事，众人皆知。

汉人袁康（5～75在世）等人撰《越绝书》（约52）卷一又曰："伍子胥（名伍员，约前537～前484）遂行至溧阳界中，见一女子击絮于濑水之中。子胥曰，'岂可得食乎'？曰：'诺'"③。也讲的漂絮。明代宋应星《天工开物·乃服》谈漂絮时说："凡双茧并缫丝锅底零馀，并出种壳茧，皆绪断不可为丝，用以取绵。用稻灰水煮过，倾入清水盆内，……然后上小竹弓。此《庄子》所谓洴澼絖也。"此处所述过程与吴嘉猷所绘大同小异，都包括用草木灰水碱性溶液煮沸、漂洗及敲打等操作。所不同者，古代用棍敲，而《天工开物》提出用小竹弓敲打，自然效率高些。漂絮制绵提供将纤维原料以碱性溶液煮沸和用水浸以除去杂质、得到纯纤维的经验，又提供将纤维束以水润胀、再予机械敲打使之分散的经验。这两项操作都是造纸过程的必要环节。此外，丝絮还要在竹筐或竹席上于水中漂洗和敲打，难免有丝渣留在筐或席上，晒干后取下即成一薄片。它似纸非纸，却向人们暗示：将分散在水中的纤维通过多孔篾器而荐存，可无须用纺织途径形成平滑薄片。造纸术的发明正有赖于对抄纸器即多孔竹帘的利用，而漂絮用的竹席正是其原始表现形式。

关于纸的制造，除前述社会、经济、文化教育背景外，中国还拥有相关的技术背景，这就足以说明为什么造纸术起源中国而不是别的国家或地区。有了漂絮过程的启发后，问题在于如何使纤维薄片具有粘着性和一定的机械强度，同时具有较低的成本和实际用途。秦汉之际的工匠鉴于帛简作为书写材料已满足不了日益增长的需要，必定多方探索制造新的代用品的途径，而从事各种试验。最后终于发现用破麻布的植物纤维（麻絮）为原料，通过草木灰水蒸煮、漂洗、捶打，再将纤维悬浮于水中，用多孔罗面或篾帘捞起，晒干后形成的薄片，这就是纸，在这里不难看到受漂絮过程的技术影响，因此清代学者段玉裁（1735～1815）注《说文解字》（124）时说："按造纸昉于（始于）漂絮，其初丝絮为之，以箔（竹席）荐而存之。今用竹质、木皮为纸，亦有致密竹席荐之是也"④。我们只需作若干修正，即可使此说更为有力："按造纸昉于漂絮，初以麻絮代丝絮为之，以箔荐而存之。后用木皮、竹质为纸，亦有致密竹帘荐之是也。"关键是"以麻絮代丝絮为之"，只有完成这一取代，才能制成新型书

① 战国·庄周，《庄子》，王先谦《庄子集解》（1909）本，卷一，《逍遥游第一》，第7～8页，上海：扫叶山房书局，1926年。

② 《史记》，卷93，《淮阴侯列传》，廿五史本第1册，第292页（上海古籍出版社，1986年）。

③ 汉·袁康，《越绝书》（约52），卷一，第3页，《四部丛刊》本。

④ 清·段玉裁，《说文解字注》（1807年），卷13上，第9页，（上海：文盛书局，1914年）。

写、包装材料。

古人还发现，只要将纤维提纯并捣得极细，所制成的薄片（纸）就强度增加、颜色洁白，而这是很容易作到的。除漂絮过程的思想激发外，对自然现象的观察也进一步加深古人产生造纸的联想。例如当山洪暴发或江河涨水时，都会有久浸于水中的朽化植物、破布等被水冲击，冲散的植物纤维落到沙滩，滤水后经日晒也能自然形成类似纸的薄片，但强度甚小。然单靠这点还不足以产生造纸的念头，因这种现象在世界各地都可以看到。造纸从本质上说不是对自然现象或自然过程的模拟，而是以人工产生的机械力和化学力作用于植物纤维的产物，因此 要从技术上分析造纸思想产生的动因。归根到底，还得从漂絮说起，而在很长一段历史时期内漂絮是中国人特有的生产实践和技术活动。在养蚕术和丝织术没有外传以前，其他国家或地区没有这种实践，也就缺乏促成造纸思想产生的技术动因。

通过以上所述，我们不但探讨了造纸术何以起源于中国的问题，实际上也谈到起源的时间问题，即公元前 2 世纪的西汉大一统之际。

二 关于造纸术起源时间的不同意见

关于中国造纸术起源的时间，过去有不同意见，概括说有三派意见：

第一派以曹魏时张揖（190—245 在世）和刘宋人范晔（379～445）为代表，认为纸是东汉时的宦官蔡伦（约 61～121）于元兴元年（105）所发明。他们把作为古典书写材料的缣帛当成“古纸”，而认为以破麻布造纸自蔡伦始，称为“今纸”[①②]。这种说法后来一度受到中外一些作者的支持，而且将造纸术起源的时间定在公元 105 年[③④⑤⑥⑦] 如本书绪论第一节所述，张揖、范晔实际上没有弄清纸的定义，缣帛是丝质动物纤维借纺织方法制成，根本不是纸，也不得称为“古纸”。而纸是以植物纤维提纯、分散后借抄造方法所制成。凡是纸皆应如此，并无古今之分。因此又出现第二派意见，以唐代人张怀瓘（686～758 在世）和宋代人史绳祖（1204～1278 在世）为代表，认为公元前 2 世纪西汉初即已有纸，蔡伦因而不是纸的发明者，而是改良者。张怀瓘说“汉兴，有纸代简。至和帝时，蔡伦工为之[⑧]。”史绳祖更明确地写道：“纸、笔不始于蔡伦、蒙恬（约前 265～前 210），……但蒙、蔡所造，精工于前世则有之。谓

---

① 魏·张揖，《古今字诂》第 232 页，《巾部》，引自《太平御览》卷第 605，《纸部》，第 3 册，2724 页（中华书局，1960）。

② 南朝宋·范晔，《后汉书》(445)，卷 108《蔡伦传》，廿五史本，第 2 册，第 1022 页，上海古籍出版社，1986 年。

③ 桑原隲藏，紙の歴史，藝文，1911，第二年，9～10 號；東洋文明史論叢，93～115 頁（東京：弘文堂書房，1934）。

④ T. F. Carter, The invention of printing in China and its spread westward, (1931), 2nd ed. revised by L. C. Goodrich, p. 5 (NewYork, 1955).

⑤ A. Blum, Les origines du papier, Revue Historique, 1932, vol. 170. pp. 435～447 (Paris); On the origin of paper, translated by H. M. Lydenberg, p. 17 (New York, 1934).

⑥ D. Hunter, Papermaking. The history and technique of an ancient craft (1943), 2nd ed., pp. 50～52 (New York: Dover, 1978).

⑦ 张秀民，蔡伦传，载中国古代科学家，18 页（北京：科学出版社，1963）。

⑧ 唐·张怀瓘，《书断》(约 735) 卷一，《说郛》百卷本卷 92（上海：商务印书馆，1927）。

纸、笔始此二人，则不可也[①]。”宋代另一学者陈櫰（1161～1241 在世）也说：“盖纸旧亦有之，特蔡伦善造尔，非创也[②]。”

这些唐宋学者的意见，今天看来在原则上是正确的，符合历史发展观点和实际情况，因而得到 20 世纪以来一些学者的支持[③④⑤]。然而持第二派意见者多认为蔡伦前纸为丝质纤维纸，即所谓“絮纸”，而蔡伦则易之以植物纤维，他们主张以植物纤维造纸仍始自蔡伦，到头来又与第一派意见相合。因之又出现了第三派，持此意见者明确指出在西汉时即已有植物纤维纸，而且以考古资料为依据[⑥] 这是现代的西汉造纸说。一度徘徊于第二派与第三派之间的学者[⑦]，后来也转向第三派[⑧]。笔者赞同第三派意见[⑨]，已补充更多的证据，论述这种意见的正确性[⑩⑪]。

西汉造纸说有文献和实物证据，从历史发展观点分析也是言之有理的。认为蔡伦发明纸的早期人物，并没有见过西汉古纸，认定其为缣帛或絮纸是理由不足的。还是应以实物资料作为检验某种说法是否能成立的标准为宜。第三派意见的倡导者是当代考古学家黄文弼（1893～1966）博士，1933 年他在新疆罗布淖尔汉代烽燧亭遗址首次发掘一片古纸（图 1-13），他在发掘报告中列举出土物时指出有：

> 麻纸：麻质，白色，作方块薄片，四周不完整。长约 40 厘米，宽约 100 厘米。质甚粗糙，不匀净，纸面尚存麻筋，盖为初造纸时所作，故不精细也。按此纸出罗布淖尔古烽燧亭中，同时出土者有黄龙元年（前 49）之木简，为汉宣帝（前 73～前 49 在位）年号，则此纸亦当为西汉故物也。

黄先生接下引《后汉书·蔡伦传》及《前汉书·外戚传》后，作出结论说：“据此，是西汉时已有纸可书矣。今予又得实物上之证明，是西汉有纸，毫无可疑。不过西汉时纸较粗，而蔡伦所作更为精细耳。”

黄先生根据这一发现，第一个作出蔡伦前西汉已有植物纤维纸的科学结论。1965 年笔者走访他时询问罗布淖尔纸出土情况，他说：将该纸定为西汉麻纸是没有问题的。遂即出示当时发掘记录手稿，并指出：“原发掘报告排印时将纸的尺寸 4.0×10.0 厘米误排为 40×100 厘

---

① 宋·史绳祖，《学斋拈毕》（约 1255）卷二，《丛书集成》本。

② 宋·陈櫰，《负暄野录》（约 1210）卷二，《美术丛书》，初集·三辑（上海·神州国光社，1936）。

③ E. Chavannes, Les livres chinois avant l'invention du papier. Journal Asiatique, 1905, vol. 11, no. 5, p. 1 (Paris).

④ 王明，蔡伦与中国制纸术的发明，载李光璧等编，中国科技发明与科技人物论集，247 页（北京：三联书店，1955）。

⑤ 张子高，中国化学史稿，91 页（北京：科学出版社，1964）。

⑥ 黄文弼，罗布淖尔考古记，168 页（北平，1948）。

⑦ 袁翰青，中国化学史论文集，107～110 页（北京：三联书店，1956）。

⑧ 袁翰青，中国古代造纸术起源史研究序（1990），载许鸣岐，中国古代造纸术起源史研究，（上海交通大学出版社，1991）。

⑨ 潘吉星，世界上最早的植物纤维纸，文物，1964，11 期，48～49 页，化学通报，1974，5 期，45～47 页；论造纸术的起源，文物，1973，9 期，45～51 页。

⑩ Pan Jixing: On the origin of papermaking in the light of newest archaeological discoveries. IPH-Information. Bulletin of the International Association of Paper Historians 1981, no. 2, pp. 38-48 (Basel, Switzerland).

⑪ 潘吉星，近年の考古學的発現とその科学的研究による制紙の起源について，化学史研究，1985，2 号，77～80 頁（東京）。

米，故长宽各差10倍”。我们后来遵嘱对纸的尺寸作了更正①。黄先生还在图版《附注》中说：“凡注数字，皆予于民国廿二年（1933）奉教育部派遣至新疆考察所采集者，原物现存中央博物馆”。可惜，1937年抗日战争爆发后，这批文物从南京提至武汉时皆毁于战火，幸而发掘报告原稿和纸的照片仍在黄先生手中，至1948年才付印发表。纸的照片是据实物缩小2/5倍后排印的。

图1-13　新疆罗布淖尔出土西汉麻纸

1942年秋，考古学家劳榦博士和石璋如先生在甘肃额济纳河沿岸汉代居延地区清理瑞典人贝格曼（Folke Bergman）发掘过的遗址时，在查科尔帖的烽燧下“挖出了一张汉代的纸，这张纸已经揉成纸团，在掘过的坑位下，藏在未掘过的土里面。他们到了重庆李庄之后，曾经请同济大学生物系主任吴印禅先生审定，认为系植物的纤维所作。根据《中瑞考察报告》第4册（The Sino－Swiden Expedition，Book Ⅳ）第140面贝格曼先生说，察科尔帖（Tsakhortei）就是他发现过78根汉简的地方。这78根简，其中大部分是永元五年（公元93）至永元七年（95）的兵器簿，还有另一根是永元十年（98）正月的邮驿记录。其文为‘入南书二封，居延都尉［于］九年（97）十二月二十七、二十八日起，诣府封完。永元十年（98）正月五日蚤（早）食时时［令］狐受、孙昌’。这一张纸是在坑位下面的，即其埋到地下比永元十年的简要早些”②。说到这里已经很清楚了，此纸年代当早于公元98年，而蔡伦造纸于105年。劳先生将其称为居延纸，考虑到后来在居延又出土纸，为免互相混淆，我们将其改称为查科尔帖纸（图1-14）。

遗憾的是，对此纸的发掘报道中没有说明纸的形制，包括颜色、尺寸、纸的质地等，但提供了纸的照片，从中我们看到是写有文字的，原报告中没有对纸上字迹加以考释。此纸现存台北历史语言所，蒙日本友人森田康敬先生访问该所后提供的实物照片，拟就照片试作文字辨认。应当说因原纸已揉成团，埋在地下保存情况不好，展平后有些字已模糊不清、笔划错位，或只残有字的一角，难以读出全文。就残存部分观之，文字共八行，总共五十个字，平均每行七字，当然每行上下还应有字。我们能辨认的字是：“不……石巨/每囟器……/掾公（?）囟迺（乃）……/县官转易又囟善/是囟足……掛（?）/……意（?）……也……”

看来这是一封公事书信，谈到兵器转运问题。在此纸土层上面，埋有永元年兵器簿（93～95）及邮驿简（98），而于98年入土的纸本文书上也谈到兵器的转运、供给事宜，不能说是偶然巧合，都与汉对匈奴的长期作战有关，而查科尔帖正好是作战前线上屯戍部队的重要据点。

此纸埋于永元年以后的可能性极小，劳榦博士1975年重新写的文章中指出：

> 与其讨论居延纸（查科尔帖纸）的时代，下限可以到永元，上限还是可以溯至昭、宣（前89～前49）……因为居延这一带发现过的木简，永平兵器册是时代最晚

① 潘吉星，中国造纸技术史稿，25页（文物出版社，1979）。

② 劳榦，论中国造纸术之原始，历史语言研究所集刊，1948，第19本，489～498页。

的一套编册。其馀各简的最大多数都在西汉时代，尤其是昭帝和宣帝的时期[①]。因此劳榦与黄文弼这两位考古学前辈关于造纸起源时间的意见是一致的。

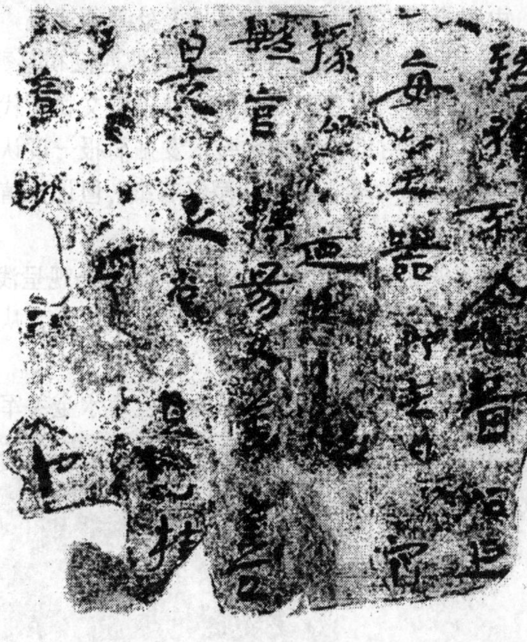

图 1-14　1942 年居延查科尔帖汉烽燧遗址出土的蔡伦前有字麻纸（台北历史语言研究所藏）

三　20 世纪 50 至 70 年代西汉纸的出土

四十年代时，因战争关系，各地考古发掘工作一度中断，直到 50 年代后才又开展。1957 年 5 月，陕西西安市区灞桥砖瓦厂工地工人取土时，触动一座地下古墓，挖出铜镜、铜剑等物。省博物馆随即派考古人员程学华先生前往现场调查。将出土的近百件文物收归馆藏，并查清这批文物出于一南北向的土室墓。省馆人员清理文物时发现在三絃纽青铜镜下粘有麻布，布下有数层粘在一起的纸，遂将纸揭下，但已裂成碎片，较大一片为 8×12 公分。布与纸均有铜锈绿斑[②]。这就是后来闻名的灞桥纸。当年至现场调查的程学华 1989 年著文说："该现场在取土时，除发现这座墓葬外，并无其他建筑遗址或墓葬遗迹遗物，我们在调查过程中也作了较详细的观察。在发现被挖的断崖壁面上仍保留一道扰土，即当时回填的五花土。同时从崖壁顶往下深 2 米许，还有一层已腐朽的淡白色棺灰，结合文物出土位置，可以断定这是一座南北向的土室墓。"又说："尽管墓葬形制已遭破坏，但按照地理位置、环境、发现尚存的遗迹以及陪葬器物的组合情况，原来的报道是无可非议的"[③]。原发掘简报指出："从上述出土器物看，这个墓葬不会晚于西汉武帝（前 140～前 87）。"为论证这些出土器物组合为同一墓

① 劳榦，中国古代书史，后序（1975），载钱存训中国古代书史，183～184 页（香港中文大学出版社，1975）。

② 田野（程学华），陕西省灞桥发现西汉的纸，文物参考资料，1957，7 期，78～81 页。

③ 程学华，西汉灞桥纸墓的断代与有关情况的说明，科技史文集，第 15 辑，1989，17～22 页（上海科学技术出版社）。

葬器物，程学华在1989年文内更列举近年湖北、四川和陕西等省所出战国至西汉初墓葬实例，表明这些省出土墓内有三絃纽铜镜、铜剑、半两钱、陶钫、陶罐及铁灯等物，在器物组合及形制上与灞桥墓葬极为相同。由于灞桥工地挖土现场只见一处墓葬遗迹，周围没有其馀建筑遗址或墓葬，没有发现盗墓迹象，而出土器物组合又与已知其他西汉初墓葬器物组合相符，对灞桥文物逐件鉴定后没有发现晚于西汉武帝者，则灞桥纸及陪出文物断代当是正确的，已得到国内外学术界认可。然出土后，未及对纸作分析化验，发掘简报一度认为是“类似丝质纤维作成的纸”。因此50至60年代的一些学者，虽承认西汉有纸，但认为植物纤维纸仍始自蔡伦时代。

为弄清事实，1964年笔者赴西安亲自作实物研究，注意到其外观呈浅黄色，薄纸，表面有较多未松散的麻纤维束或双股细麻线头，经显微分析后证明是麻纸，从而表明灞桥纸是当时最早的纸（图1-15）。

1973年，甘肃省长城考古队在该省北部额济纳河东岸汉代肩水金关军事哨所遗址作有计

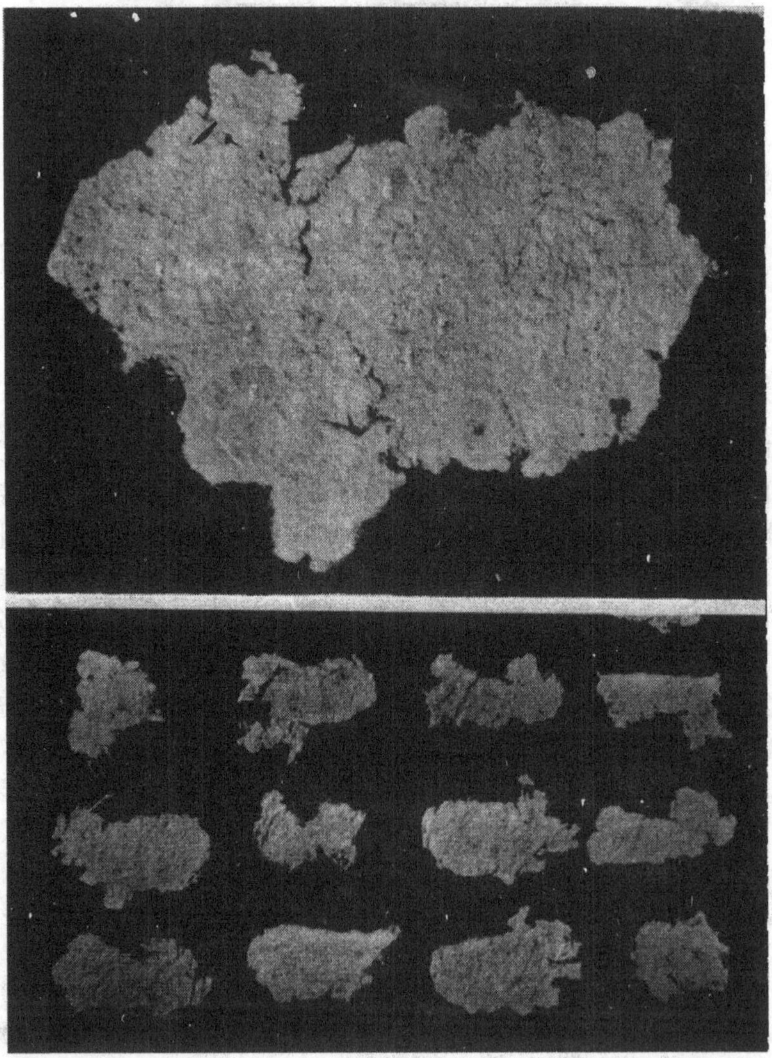

图1-15　西安灞桥出土西汉麻纸（前140～前87）

划的科学发掘，从中清理出纪年木简、绢片、麻布、笔砚和麻纸等物①。据有关考古学家介绍，额济纳河流域古称居延，汉武帝时就在居延的金关一带有大规模政治及军事活动，后一直延续到西汉末年废置时为止②。西汉居延有南北两关，南曰金关，北曰索关。金关遗址由关门、关墙、烽燧、官兵居住区及牲畜圈构成一建筑群体。出土古纸共两片，一号纸（原编号 EJT1：11）出于原居住区房内，已揉成团，白色，展平后为 21×19 公分，同出木牍多属昭帝（前 86～前 74）、宣帝（前 73～前 49）时期，最晚的为宣帝甘露二年（前 52），纸薄而匀。二号纸（原编号 EJT30：3），出于居住区东侧第 30 号探方，暗黄色，长宽为 11.5×9 公分，较粗糙，含麻筋、线头和碎麻布块，较稀松，土层属于平帝建平年（前 6）。金关纸（图 1-16）出于西汉军队屯戍遗址，考古学家认为出土地点清楚，遗址中各部位明确，文物堆积有土层层位关系③，又是专业考古队的有计划发掘，因此包括纸在内的各文物断代是科学的。

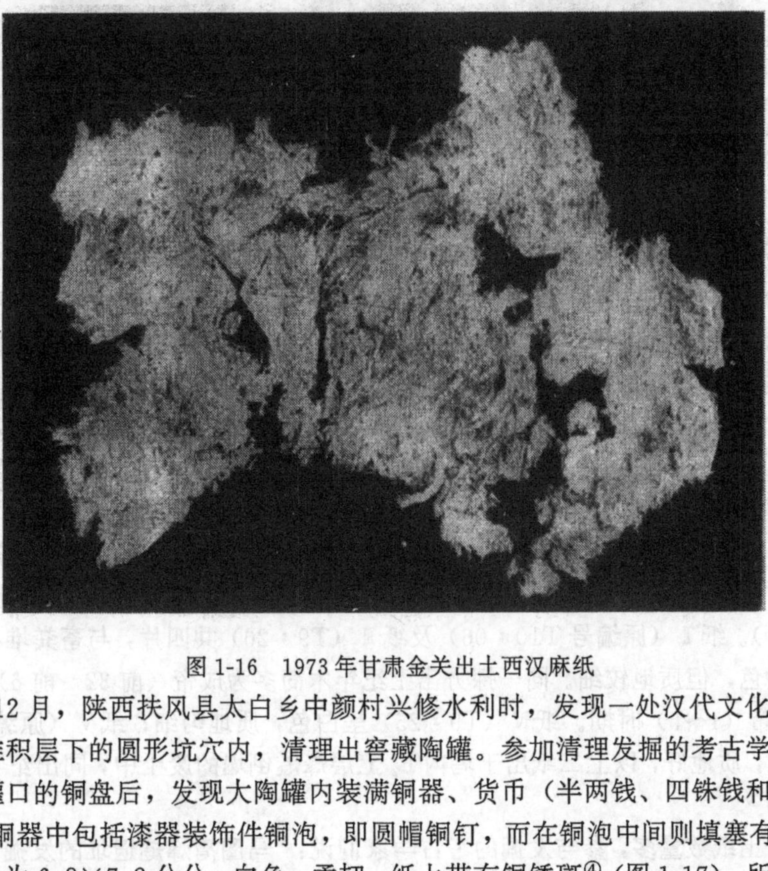

图 1-16　1973 年甘肃金关出土西汉麻纸

1978 年 12 月，陕西扶风县太白乡中颜村兴修水利时，发现一处汉代文化层的建筑遗址区，在瓦片堆积层下的圆形坑穴内，清理出窖藏陶罐。参加清理发掘的考古学家介绍说，他们打开盖在罐口的铜盘后，发现大陶罐内装满铜器、货币（半两钱、四铢钱和五铢钱）等文物 90 多件。铜器中包括漆器装饰件铜泡，即圆帽铜钉，而在铜泡中间则填塞有古纸，已揉成团，最大一片为 6.8×7.2 公分，白色，柔韧，纸上带有铜锈斑④（图 1-17）。所有文物经北京大学历史系俞伟超先生等鉴定，盛窖藏的大陶罐为宣帝前后之物，铜币 11 枚有武帝时四铢、文帝时四铢及半两钱，还有宣帝至平帝时的五铢钱。从这些器物组合来看，窖藏时间为平帝时（公元 1～5），但陶罐、铜币多宣帝（前 73～前 49）前后之物，因而纸的年代下限为平帝

① 初师宾、任步云，居延汉代遗址和新出土的简册文物，文物，1979，1 期，6 页。
② 初师宾与潘吉星谈话记录（1980 年 11 月 6 日，兰州市甘肃省博物馆）。
③ 徐苹芳，居延考古发掘的新收获，文物，1978，1 期，26 页。
④ 罗西章，陕西扶风县中颜村发现西汉窖藏铜器和古纸，文物，1978，9 期，17～20 页。

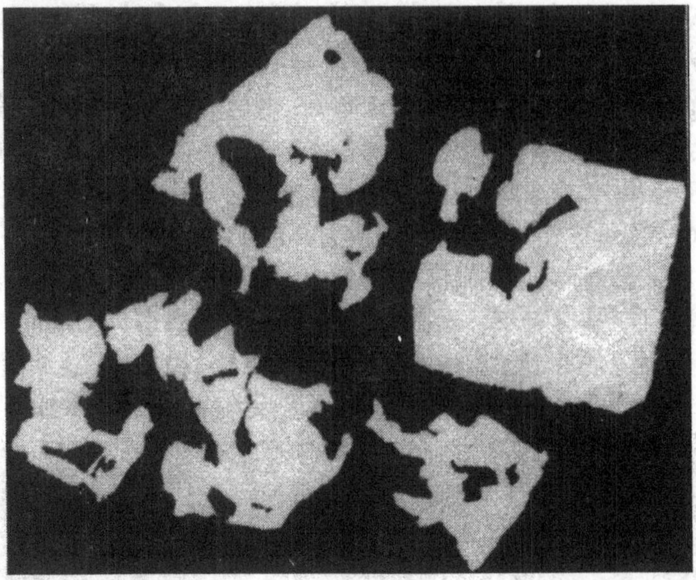

图 1-17　1978 年陕西扶风中颜村出土西汉窖藏麻纸

时，上限为宣帝时[①]。中颜纸出土地点考古土层明确，又是完整的西汉窖藏文物，没有任何外在的干扰因素，依然保持窖藏时的原有状态。

继中颜纸出土一年之后，1979 年 10 月，甘肃省长城联合调查组在古丝绸之路上的名城敦煌西北 95 公里处的马圈湾西汉屯戍遗址作了大规模发掘。此遗址从汉武帝时起即有屯戍活动，至宣帝时达到最盛期，到新莽地皇二年（公元 21）则尽行废弃。发掘前遗址保存基本完好，出土文物 337 种，来自 19 个探方，多为士卒使用过的东西，包括丝毛织物、五铢钱、铁器、铜镞、取火器、印章、尺、笔砚、麻纸及木简 1217 枚。麻纸共五件八片，均已揉皱（图 1-18）。纸Ⅰ（原编号 T12：47），黄色，较粗糙，32×20 公分，四边清晰，是迄今所见最完整的一张纸。同一土层出土的纪年木简最早为宣帝元康（前 65～前 62），最晚为甘露年间（前 53～前 50）。纸Ⅱ（原编号 T10：06）及纸Ⅲ（T9：26）共四片，与畜粪堆在一起，颜色被污染为土黄色，但质地较细。同一探方出土纪年木简多为成帝（前 32～前 6）、哀帝（前 6～前 1）及平帝（1～5）时期。纸Ⅳ（T9：25）呈白色，质地匀细；纸Ⅴ（原编号 T12：18）共二片，白色，质地好，以上二纸出于坞内 F_2 上层烽燧倒塌的废土中，同出纪年木简为王莽时期（9～23）[②]。

马圈湾出土纸数量多，参与发掘的考古学家们说："马圈湾烽燧遗址的发掘，是近数十年来在敦煌首次严格按着科学要求进行的烽燧遗址发掘。"他们还告诉我们，各纸出土土层关系明确，且都有同一土层的纪年木简出土，这就为断代提供准确的依据[③]。

---

① 俞伟超致潘吉星的信（1979 年 3 月 23 日，发自北京大学历史系）。

② 岳邦湖、吴礽骧等，敦煌马圈湾汉代烽燧遗址发掘简报，文物，1981，10 期，1～8 页。

③ 岳邦湖、吴礽骧、初师宾与潘吉星谈话记录（1980 年 11 月 6 日，甘肃省博物馆）；又见光明日报，1989 年 5 月 13 日关于发掘的报道。

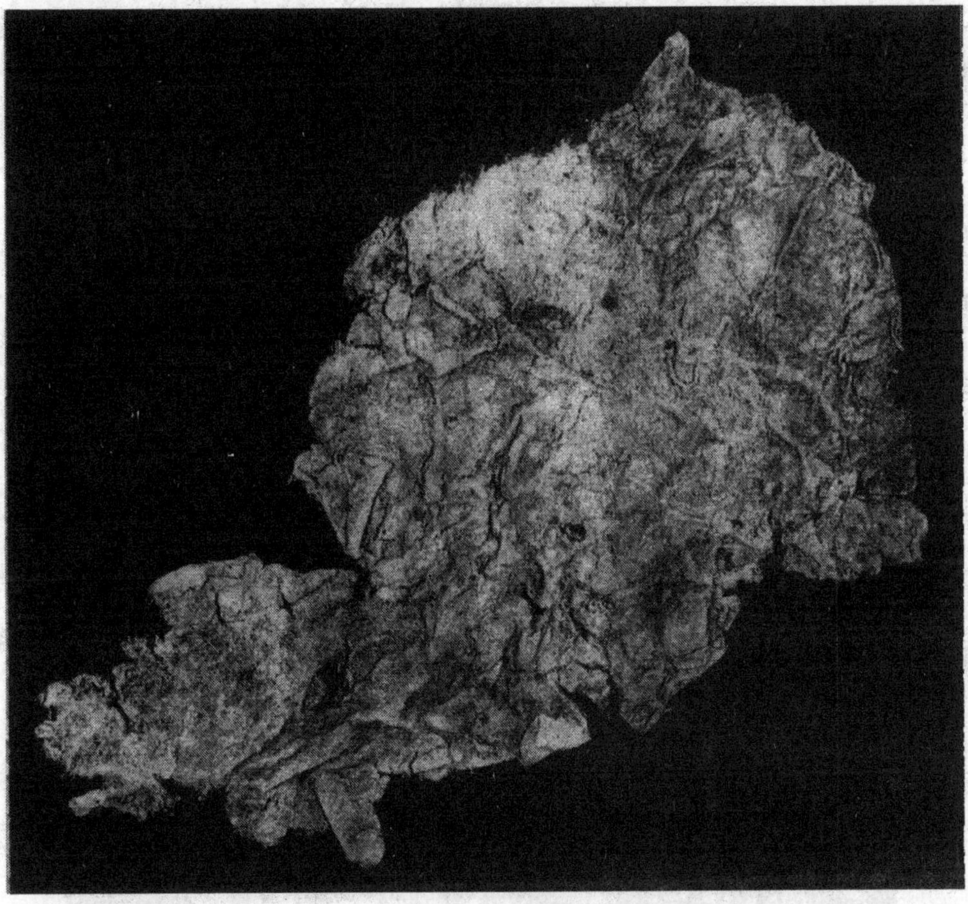

图 1-18　1979 年甘肃敦煌马圈湾西汉遗址出土的麻纸

四　20 世纪 80 至 90 年代西汉纸的出土

进入八十年代之后，西北地区又陆续出现一批又一批的古纸。1986 年 6～9 月，甘肃考古学家在天水市郊放马滩一带对战国、秦汉墓群作大规模发掘，发掘面积达 1.1 万平方米。清理秦墓 13 座，汉墓 1 座。一号秦墓出土竹简及秦始皇八年（前 239）木板地图 7 幅。第 5 号汉墓发掘简报称："墓葬结构与秦墓相同，但随葬器物特点接近于陕西、湖北云梦等地早期汉墓的同类器物。所以此墓的时代当在西汉文、景时期（前 176～前 141）[①]"。简报执笔者写道："随葬器物中有纸质地图一幅（M5：5），位于棺内死者胸部。纸质薄而软，因墓内积水受潮，仅存不规则碎片。出土时呈黄色，现褪变为浅灰间黄色，表面沾有污点。纸面平整光滑，用细黑线条绘制山、河流、道路等图形，绘法接近长沙马王堆汉墓出土的帛图（图 1-19）。残长 5.6、宽 2.6 厘米"。他这里指的是 1973 年长沙马王堆三号汉墓中出土的帛质地图[②]，该墓年代为文帝十二年（前 168）。与放马滩纸同出有陶瓮、陶壶、漆耳杯及木梳等物。1989 年 5～

① 何双全，甘肃天水放马滩秦汉墓群的发掘，文物，1989，2 期，1～11，31 页。

② 湖南省博物馆等，长沙马王堆二、三号汉墓发掘简报，《文物》，1974，4 期，39 页。

7 月，我们对放马滩纸作了反复分析化验，证明是质量较好的麻纸① 1990 年 6 月，该地图纸作为“中国文物精华展”展品于北京故宫文华殿展出，受到各界注意。

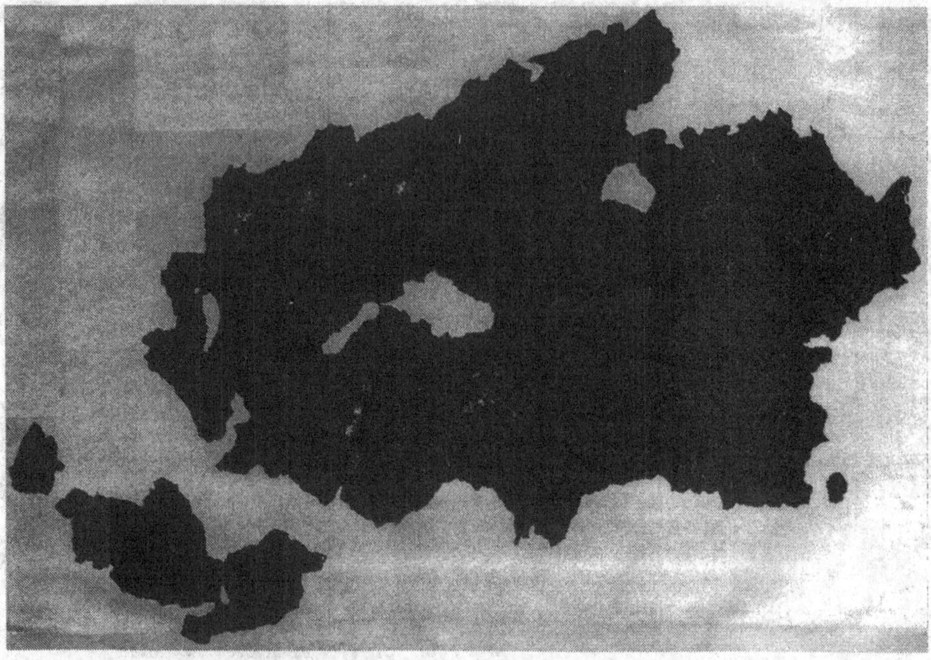

图 1-19　放马滩 5 号墓出土西汉地图纸

图 1-20　悬泉汉代遗址出土麻纸文书

最近的一次古纸发现是 1990 年 10～12 月甘肃考古研究所进行的汉悬泉遗址发掘，此处为汉代邮驿遗址，位于敦煌东北 64 公里处的甜水井一带戈壁沙漠中。经过探测，遗址建筑布

① 潘吉星，对西汉放马滩地图纸的分析化验报告（1989）。

局已经弄清，在围墙西北角外为垃圾堆，从已发掘的500平方米范围内已出木简8000余枚、纸30片，另有陶器、木器、漆器、丝绸等近千件。有趣的是，还有有字的帛书，有字的纸3块，可以说帛、简、纸各种书写材料应有尽有①。而且文物堆积的土层层次十分清晰，出土纪年木简最早的为昭帝元凤元年（前80），最晚的为新莽始建国四年（12），纸的年代与此对应。（图1-20）。1991年1月以后，还在继续发掘，新出文物不断增加②。有字的纸多属王莽时期（8～23），皆为麻纸，其中编号为90D×T103-2的纸，白色间浅黄色，13.5×14.5公分，纤维细，纸质最好，纸上有明显帘条纹，每条粗0.3毫米。纸上有"弓晖（?）农/不可"等字，厚度为0.286毫米。同号另一片纸3×6公分，纸上有"传述（?）王/书"等字，二者均属王莽时期。90D×T109号的纸27.5×18公分，浅黄色，稍厚，帘纹不显，纸上有"巨阳太和"等字，也属西汉末年。90D×T115-3号的纸12×10公分，浅黄色，纸质也好，厚度0.61毫米，无字迹，年代为昭帝、成帝时（前86～前7）。因为纸量太大，无法一一描述。1991年8月，笔者至发掘现场参观，见未清理的土层中仍有木简与纸堆在其中，如第三层有大批纸包着一捆木简，露出土外者可见"一两"二字。悬泉遗址的发掘是1990年中国重大考古发现之一。

现将西汉古纸的历次出土情况汇总于表1-1之中。

表1-1 西汉古纸历年出土情况

序号	纸名	纸的年代（公元）	出土年代	出土地点	尺寸（厘米）	外观描述
	Ⅰ	Ⅱ	Ⅲ	Ⅳ	Ⅴ	Ⅶ
1	罗布淖尔纸	前73～49	1933	新疆罗布淖尔汉烽燧遗址	4×10	白色，薄纸，质地粗糙，纸上纤维束及未打散的麻筋较多
2	查科尔帖纸	前89～后77	1942	甘肃额济纳河东岸查科尔帖汉烽燧遗址	10×11.3	纸上有文字7行，共50字，可辨认出20字，纸黄间灰色
3	灞桥纸	前140～87	1957	陕西西安灞桥汉代葬区	8×12，10×10	浅黄色，薄纸，多层叠压在铜镜下，揭裂成88片，纤维束较多，交织不匀，纸上有铜锈绿斑
4	金关纸-Ⅰ	前52	1973	甘肃额济纳河东岸汉金关屯戍遗址	12×19	白色，质地细，强度大，纤维束较少
5	金关纸-Ⅱ	前6	1973	甘肃额济纳河东岸汉金关屯戍遗址	9×11.5	暗黄色，质地较粗糙
6	中颜纸	后1～5	1978	陕西扶风中颜村汉建筑遗址	6.8×7.2	白色柔韧，纸较好，纸上可见帘纹，此纸与其他文物为窖藏品

① 文纪，1990年中国重大考古发现综述，文物天地，1991，2期，47页。

② 何双全致潘吉星的信（1991年1月15日，发自兰州）。

续表 1-1

序号	纸名	纸的年代（公元）	出土年代	出土地点	尺寸（厘米）	外观描述
	Ⅰ	Ⅱ	Ⅲ	Ⅳ	Ⅴ	Ⅶ
7	马圈湾纸-Ⅰ	前 53～50	1979	甘肃敦煌马圈湾汉屯戍遗址	32×20	黄色，较粗糙，四周有自然边缘，是最完整一张纸，尺寸为原大
8	马圈湾纸-Ⅲ	前 32～1	1979	甘肃敦煌马圈湾汉屯戍遗址	9.5×16	共二片，原白色，污染成土黄色，个别部位仍色白，制作精细
9	马圈湾纸-Ⅳ	后 1～5	1979	甘肃敦煌马圈湾汉屯戍遗址	9×15.5	白色，质细，纤维束少，纸帘纹明显
10	马圈湾纸-Ⅴ	后 8～23	1979	甘肃敦煌马圈湾汉屯戍遗址	17.5×18.5	白色，质细，纤维束少，强度较大
11	放马滩纸	前 176～141	1986	甘肃天水放马滩汉代墓葬区	5.6×2.6	出土时黄色，现褪成黄间浅灰色，纸薄而软，纸上绘有地图，表面有污点
12	悬泉纸-Ⅰ	前 86～7	1990	甘肃敦煌甜水井汉悬泉邮驿遗址	12×10	浅黄色，质地好，稍厚
13	悬泉纸-Ⅱ	后 8～23	1990	甘肃敦煌甜水井汉悬泉邮驿遗址	13.5×14.5	白色间浅黄色，纤维细，质地好，纸上有文字，纸面有帘纹，帘条纹粗 0.3 毫米，纸薄，厚 0.286 毫米
14	悬泉纸-Ⅲ	后 8～23	1990	甘肃敦煌甜水井汉悬泉邮驿遗址	27.5×18	浅黄色，稍厚，纸上有文字，纸较好
15	悬泉纸-Ⅳ	后 8～23	1990	甘肃敦煌甜水井汉悬泉邮驿遗址	13.7×7	浅黄色，稍厚，有一定强度，纤维基本分散

说明：查科尔帖纸年代上限为前 89 年，下限为后 97 年，即西汉中后期至东汉初期。

由以上所述可以看到，20 世纪以来中国已先后于 1933，1942，1957，1973，1978，1979，1986 及 1990 年八次分别在新疆、甘肃、陕西等省区不同地点出土了蔡伦时代前的古纸，从汉初文帝、景帝以下一直到新莽为止，几乎西汉历代皇帝在位时期所造之纸都持续不断地被发掘出来。从放马滩纸形制可见，早在文、景时纸已可用于书写、绘制地图，而查科尔帖纸及悬泉纸上都写有文字，这本身就足以说明蔡伦时代前不但有纸，而且早已用作书写材料，其余没有留下字迹的残纸，当然亦会适用于书写，这是无疑的。我们相信今后会有另一批字纸出土。

这八批纸的出土说明什么问题呢？第一，它们有力地反驳了魏晋南北朝时人张揖、范晔等人提出纸是蔡伦发明的说法，证明公元前 2 世纪的西汉初就已有了纸。第二，证实了唐宋学者张怀瓘、陈槱、史绳祖等人提出的西汉有纸说，把造纸术起源的时间提前了 284 年，说明这项发明源远流长。第三，证明蔡伦前的纸既非缣帛，亦非丝质絮纸，而是地地道道的植物纤维纸。不能以蔡伦划线分为“古纸”与“今纸”，蔡伦前后麻纸无本质之别，而只有精粗之分。第四，补充了《史记》、《前汉书》关于造纸术记载之不足，澄清了《后汉书》关于造纸术记载的混乱，因《后汉书》多次谈到蔡伦前用纸，又认为纸是蔡伦发明的。古纸还有助于对《说文解字》中纸的定义的正确理解。第五，中国不但是造纸术的故乡，而且是拥有世界上最早的古纸标本的国家，为任何其他国家所不及。第六，为研究早期造纸原料及制造技术提供了宝贵的实物资料。

第三节　六次出土西汉纸的分析化验

一　对灞桥纸、金关纸及中颜纸的显微分析

解决造纸术起源问题，不能只依靠文献记载，因为它们有时是相互矛盾和对立的，因此自古就形成不同意见而陷于争论。考古发掘工作提供的地下出土古纸，则是比任何文献记载都更加可靠的资料。以往造纸史研究者看不到早期的纸并对之作科学研究，又没有掌握好纸的定义，不能就造纸起源问题得出令人满意的答案，这是很自然的。由19世纪奥地利学者威斯纳开创的显微镜分析的经典方法，一直是研究纸史的科学方法，因此我们在60年代初从事本课题研究时，就决定步威斯纳之后尘，用显微镜检验的方法对古纸作科学研究。由于现代科学技术的进步，除传统光学显微镜及显微摄影、投影技术外，还出现更有效的全自动扫描电子显微镜及摄影技术，可在高倍、高清晰度情况下观察到纸内纤维的微观结构，得出更准确的信息和数据。利用自动厚度计和标准白度仪，能迅速测出纸的厚度和白度。还有其它一系列检测仪器，能查出纸的各种质量指标。因此我们现在拥有比威斯纳时代更多而更迅捷与准确的检测手段来研究出土古纸。将考古学成果与对古纸的科学研究相结合，便能得出超过古书记载的客观结论。

笔者有幸，在西北各文物、考古部门支持下，得有机会对1957～1990年间六次出土的西汉古纸逐一作了分析化验。化验的结果不只解决了古纸原料成分、物理结构、外观形态等问题，还有助于了解其制造技术、加工状况及物理-化学等性能，为进一步探讨汉代造纸过程提供了一把钥匙。本节便介绍这些分析化验结果及由此导出的相应结论，同时也介绍其他科学工作者的类似工作。

首先谈1933年罗布淖尔纸，其年代为黄龙元年（前49）。此纸虽未化验，但发掘人黄文弼从纸上见有未松解的麻筋，而定为麻纸是可信的。所谓麻筋，指造纸过程中未被捣碎的小段麻线头或纤维束，凭日常经验是很容易将它与丝、毛和棉纤维区分的。作为考古学家，黄先生在新疆各地发掘过各种纤维制品，经验是丰富的，因此罗布淖尔纸当是西汉麻纸。四年后，该纸毁于战火，已再无从检验了。

1957年5月西安灞桥出土的不晚于武帝（前140～前87）时的纸，不但数量多，而且年代早。纸上铜锈绿斑当是压在其上的三絃纽青铜镜镜面所印的痕迹，它可能用来包裹铜镜或作衬垫用。纸数层叠起，技工逐层从镜下剥离时，已裂成88片，较薄，帘纹不显，纸质较粗糙，但有一定柔韧性。现藏中国历史博物馆、西安市陕西省博物馆及辽宁省大连市旅顺博物馆等处。原发掘简报说是类似丝质纤维所作，而未及化验。1964年我们对此纸作了显微分析，在4～10倍显微镜下观察，注意到表面没有规则的经纬线，其基本结构单元不是捻制或纺制

的细线，而是分散的纤维，大多数部位的纤维交织和走向是不规则的，这说明不是纺织品。将样品以镊提起或以手触之，仍有一定机械强度，并不松散，以自动厚度计测得平均厚度 0.14 毫米，因而这是一种纸。表面有麻筋，即未被打散的小麻线头和零散的纤维束，这说明是以破布为原料的麻纸。但在判断为何种麻类时，与我们一同检测的轻工业部造纸所王菊华女士与我们有不同意见。她最初说是亚麻，又改称是黄麻，而我们一直认为原料主要是大麻，间有少量苧麻。因此 1964 年发表化验结果时，并列了两种意见①。

为了慎重起见，1965 年 10 月 25～26 日，我们在四川大学生物系植物学实验室由植物学家郑学经和李竹二位参与下，对灞桥纸作第二次精密的显微分析。我们的化验手续是：先用酒精使纸样脱水去污，加二甲苯（para-xylene）使之透明，浸纸样于石蜡中制成方蜡块。更将蜡块纵向切成 10 微米厚的薄片，用白明胶将切片粘在玻璃片上，以亮绿（brilliant green，$C_{32}H_{25}ClN_2$）染色三分钟。染前用二甲苯将蜡脱去，再以树胶封片。用 10%铬酸（chromic acid，H_2CrO_4）及 10%硝酸以等容比配成的溶液煮沸，浸 48 小时，水洗，用离心机处理后分别以 50°，70°，80°及 90°酒精脱水。再用 0.5%亮绿的 95%酒精溶液染色，以 100°酒精洗涤，复以二甲苯透明，封片备检。将封片置于显微镜下观察样品纤维横切面、纵剖面、纤维整装，调至 80，100 及 200 倍观察离析景象。

与此同时，我们还分别以同样手续对已知的并经植物分类学家鉴定过的大麻、苧麻、亚麻和黄麻等不同麻类作平行对比化验。经反复检验，确认灞桥纸原料主要是桑科草木植物大麻（*Canabis sativa*），并混有少量荨麻科的苧麻（*Boehmeria nivea*），而这类麻纤维的来源是破布及麻绳头。证实了我们原来的判断，而表明轻工部造纸所原来判断有误。原料中既不含亚麻（*Linum usitatissmum*），也不含黄麻（*Corchrus capsularis*）。1965 年 11 月回到北京后，我们根据新的化验结果在《文物》杂志上作了公开更正②。

现将 1965 年 10 月的显微分析细节叙述于下。将灞桥纸样纤维染色封片作显微观察后，再测定其纤维平均宽为 7.6～24 微米（μ），这个数据符合于大麻纤维宽度的变化幅度（7.0～32μ）。1μ=0.001mm）。从纵剖面、横切面及纤维整装的高倍显微景象中，看到纸样纤维细胞中多呈单横轴移位（axial dislocation）节，双边缘及双中心轴移位少见。细胞中水平横裂隙（horizontal transverse crevasse）有规则地、约等距离地出现，水平横裂隙之间有少数单向裂隙，轴移位节上有少数不规则裂隙（图 1-21A 及 B），纵裂隙（longitudinal crevasse）较多而显著。纹孔极稀少，与裂隙相混。纤维细胞宽度的变化，除轴移位节这个特点外，中部宽度均一，几乎无变化，但稍至两端开始变为尖状，具钝尖形（图 1-22D），这是另一特点③。纤维横向切面多呈三角形（图 1-22A～F），间亦有多角形（图 1-22G～F）。细胞壁较厚，具层状结构，各层中有多数小纤维（图 1-22A，G，J）。胞腔形状多样，但以椭圆形为多（图 1-22 A～G，G～I，O～P）。在多角形横切口上有一棱突出于周边之外，形成平面观显著可见的轴线。

所有上述特点，都与大麻纤维的特征相符，因此灞桥纸主要由大麻纤维构成。除此，我们还发现有少量纤维与作平行对比观察的已知的苧麻相同，因而还含少量苧麻。麻纸含不同

① 潘吉星，世界上最早的植物纤维纸，文物，1964，11 期，48～49 页。

② 潘吉星，敦煌石室写经纸研究，附言：关于灞桥纸原料成分的更正启事，文物，1966，3 期，47 页。

③ R. W. Sindall, Paper technology. An elementary manual on the manucfacture, physical qualities and chemical constituents of paper and papermaking fibres, p. 201 (London: Griffin & Co., Ltd., 1920).

麻类纤维，这种情况不足为奇，而且是很自然的。因为造纸用的破布，是从各处收集来的，而布又由不同种类的麻线织成。一般说北方多种植大麻，南方则苧麻多些，北方还有苘麻（*Abutilon avicennae*），都是古已有之的。我们在显微镜下注意到，灞桥纸纤维没有受到强力的机械舂捣，不少细胞较为完整，纤维的分丝帚化现象不及后世纸明显，说明打浆度不高，因而纤维交织不够匀紧。这可能是早期纸的特征。但仍有一定强度，不失为早期的纸（图 1-15）。

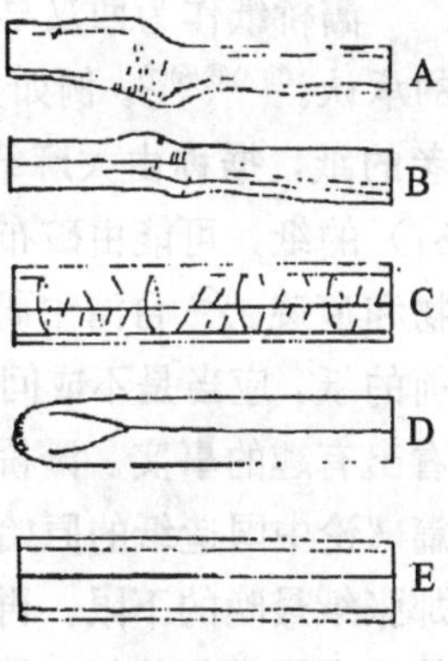

图 1-21　灞桥纸麻纤维细胞纵剖面显微分析景象

1966 年本想将这次化验结果公布出去，但“文革”期间科研工作中断，有关刊物停刊，直到 1979 年才有机会发表[①]。在这以前，只将结论简单作了报道。1976 年其他科学工作者对灞桥纸再作分析化验，测得其厚度为 0.139 毫米，所用原料为单一的大麻纤维。激光显微光谱分析证明含钙、铜量较高，认为原料用石灰处理过。同样在显

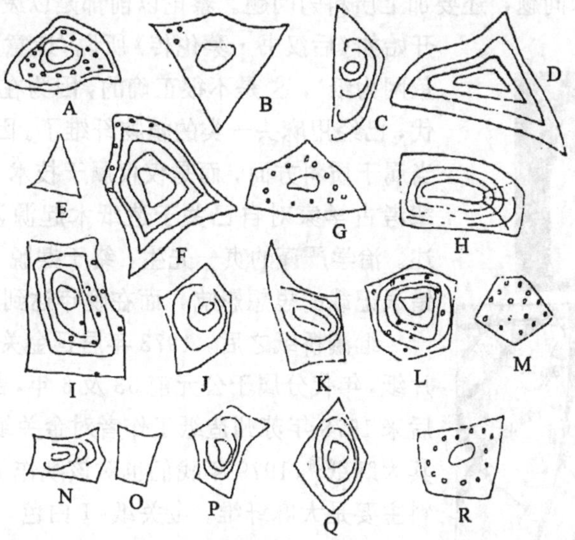

图 1-22　灞桥纸麻纤维细胞横切面显微分析景象

微镜下发现纤维结构较完整，分丝程度不大，打浆工作作得还不够有效。“纸的匀度、纤维交织状况不够理想，但是仍有一定的牢度。”他们的结论：“这是世界上迄今已知最早的纸”[②]。这次检验还用了扫描电子显微镜及光谱分析，是我们 1965 年没用过的。但观察结果与我们大体一致。至于原料，他们没有见到苧麻，是因为苧麻含量少，容易被大麻掩盖，同时在镜下所见部位可能正好全是大麻。可是同年 9 月，上海同行对灞桥纸再作显微分析时，在原料上则得出与我们一致的化验结果[③]，即主要为大麻，间以含少量苧麻。一般讲，称其为麻纸即可以了。它是出土古纸被检验得次数最多的，1964～1979 年间先后四次经显微分析断为麻纸，又是西汉武帝时所造，因此蔡伦造纸说也就难以成立。

---

① 潘吉星，中国造纸技术史稿，165～168 页（文物出版社，1979）。

② 刘仁庆、胡玉熹，中国古纸的初步研究，文物，1976，5 期，74～79 页。

③ 姚士嘉，是谁发明了造纸法？历史研究，1976，5 期，76～81 页。

灞桥纸作为西汉早期纸，被史家重新载入史册[①②]，也受到中外专家包括造纸和纸史专家的承认。[③④⑤⑥⑦]。例如美国芝加哥大学钱存训教授写道："在中国西北发掘的西汉时期的最古老的纸，据称由大麻纤维所造。1957年陕西灞桥出土的年代不晚于武帝时期（前140～前87）的纸，可能由破布或其它已用过的麻类材料所造，因为纸面上仍可见某些纺织物的残余物和痕迹。"[⑧] 台湾中研院院士劳榦（字贞一）博士写道："不过灞桥纸确是纸，而且是公元以前的纸，应当是不成问题的。倘若比较灞桥纸和我所发现的居延纸（查科尔帖纸），那就可以看出有趣的事实。灞桥纸是没有文字的，居延纸有文字，而绝对的年代却不清楚。当我做那篇《论中国造纸的原始》（1948）的时候，把时代暂时定到永元十年（98）的前后，这只能是那张纸最晚的下限。再晚的可能性不太多，而较早的可能性还存在着。……现在西安灞桥既然发现了类似的纸，那么这片居延纸的年代就不需要规定的那么极端的严格了。虽然绝对的年代还不清楚，但从与灞桥纸的相关性看来，灞桥纸应当在某种情形之下可以写字的"[⑨]。劳先生的意见完全正确。他又接着说："当时我要把居延纸的时代压后的原因，是因为我以为蔡伦造纸不仅是一个技术问题，还要加上质料的问题。蔡伦以前都是以废絮为纸，到了蔡伦才开始如《后汉书·蔡伦传》所说'造意用树肤、麻头及敝布、鱼网为纸'，这是不很正确的，因为在灞桥纸造成的西汉时代，已经用麻头一类的植物纤维了。因而蔡伦造的纸，不应当属于质料方面，而是仅仅属于技术方面。"这是这位老一辈考古学家对自己关于造纸术起源认识过程的坦诚的陈述。治学严谨的贞一先生，终于摆脱了《后汉书·蔡伦传》错误记载的思想影响，而在晚年达到正确的认识。

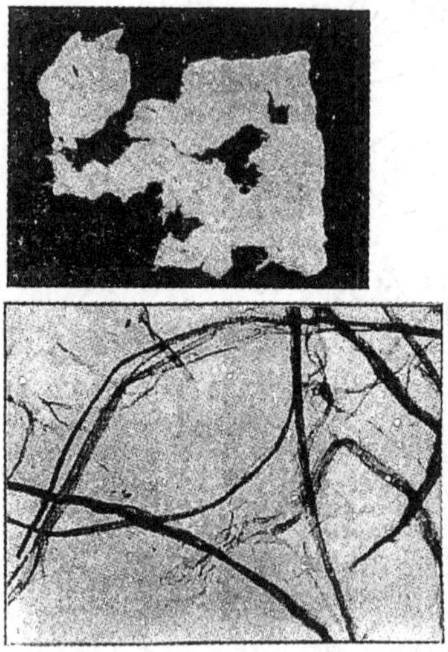
图1-23　陕西中颜村出土西汉麻纸及其纤维（×50）

继灞桥纸之后，1973年居延金关汉屯戍遗址出土的两片纸，年代分属于公元前53及6年，由考古学家定为麻纸。后来1978年苏州造纸工作者对金关纸作了显微分析，确认其为麻纸[⑩]。1979年我们也对该纸作了分析化验，查明其原料主要是大麻纤维。金关纸-Ⅰ白色，柔软坚韧，制造较精细，在显微镜下发现其纤维分丝帚化程度较大。一年以后，1978年12月陕西扶风县中颜村汉代建筑遗址出土的窖藏纸，年代上限为宣帝（前73～前49）时期，下限为平帝

① 郭沫若主编，中国史稿，第2册，375页（人民出版社，1979）。

② 范文澜，中国通史，第2册，211页（人民出版社，1979）。

③ 隆言泉，造纸，1～2页（北京：轻工业出版社，1979）。

④ Jean-Pierre Drège, Sur l'histoire des technique de fabrication du papier en Chine par Pan Jixing. Bulletin de l'Ecole Française d'Extrême-Orient, 1982, tom 7, pp. 262～266 (Paris).

⑤ The Library of Congress, Papermaking art and craft, pp. 9～10 (Washington, 1968).

⑥ カーター著、グドリッチ改訂、藪内清、石橋正子訳注，中国の印刷術，上册，18頁（東京：平凡社，1973）。

⑦ 町田誠之，和紙の風土，14頁（東京：駸駸堂，1981）。

⑧ Tsien Tsuen-Hsuin, Raw materials for old papermaking in China. Journal of the American Oriental Society, 1973, vol. 93, no. 4, p. 511.

⑨ 劳榦，中国古代书史后序（1975），载钱存训《中国古代书史》，183～184页（香港中文大学出版社，1975）。

⑩ 许鸣岐，考古发现否定了蔡伦造纸说，光明日报，1990年12月3日。

(后1～5)时，总之，属西汉故物。纸出土后，我们随即化验，中颜纸呈白色，质地较细，显微镜下检验其原料为麻纤维，纤维细胞已遭破坏，帚化度较高[①](图1-23)。与金关纸很相近，二者制造技术应处于同样水平。值得注意的是，以前出土的纸上帘纹不明显，而在中颜纸上则明显可见帘条纹。帘纹不显的纸，一是因为纸较厚或薄，不易看清帘纹，二是因用织纹罗面式抄纸器抄造，故实际上呈罗纹。帘纹明显的纸，多用竹帘或其它植物茎杆编成帘抄造，故呈帘条纹，中颜纸即用这类帘抄成。纸面上有未被松解的麻线头，其原料亦为破布无疑。

二 研究出土古纸的不同态度

灞桥纸和金关纸发掘报告和分析化验结果公布后，蔡伦发明纸之说已无法成立，国内外学术界相继接受有理有据的西汉有纸说。可是当1979年中颜纸发掘简报和化验结果在报上发表后，某些奉蔡伦为造纸祖师的人认为只有维护蔡伦个人发明权才是爱国和保护国家尊严的表现，他们把一个学术问题变成政治问题，要“拨乱反正”。要求全中国在造纸起源问题上以蔡伦发明纸这一个声音说话，不允许有别的声音[②] 为此，他们既非难考古学家对西汉纸的断代，又对出土蔡伦前纸作反检验，对历次考古发掘的西汉纸作全盘否定。这里不能不对这种作法予以评论，因为它造成思想混乱。

1980年出现一篇署名文章，否定1957～1978年来历次出土西汉麻纸的考古断代和发掘工作。此作者没有看到任何实物，却断言在灞桥纸照片上看到“蔡记”、“缯”、“记”等字，声称“如用红外线来检查，可以看到满纸纵横交错的字迹”，而且认为这些字是“东晋(317～420)人的标准字体”[③]。他还在中颜纸上看到有“业共”、“见”等字，当然是蔡伦以后的人所写。靠这个“非常引人注意的新发现，解决了科学史上的千古疑案”[④]。然而，这些纸上根本没有任何字迹，纯属捏造。于是他们便直接否定考古学家按考古学方法对古纸所作的断代[⑤⑥⑦]，指责遗址或古墓死者无姓名可考及史籍记载，无入土年代，靠借物断代，即考古学中通常按同一土层伴出纪年木简或其他可定年代之器物断代，是“不科学的”。换言之，考古学家对历次出土古纸断代都“搞错了”，应当把年代统统定在蔡伦以后。可是我们走访发掘纸的所有考古学家后，都表示不能按某些人观点需要改变断代，仍以原发掘报告所述为准。而发掘报告所作断代已得到整个考古界的认可，并载入夏鼐(1909～1985)先生主编的《新中国的考古发现和研究》(1984)一书之中(477，511页)，其中还特别提到灞桥纸“年代不晚于汉武帝元狩五年(前118)”(477页)。

因此，某些人又转而在纸的定义上作文章，仿照古人张揖《古今字诂》作法，主张将蔡伦以前的纸称“古纸”，即素、缣、帛、绢等丝织物；蔡以后的纸称“今纸”，即以植物纤维

---

① 潘吉星，喜看中颜村西汉窖藏出土的西汉麻纸，文物，1979，9期，21页。

② 详见轻工业部召开“纪念蔡伦发明纸1882周年大会”的新闻报道，光明日报，1987年9月12日，第1版；人民日报，1987年9月12日，第3版；中国青年报，1987年9月12日，第1版等。

③ 荣元恺，西汉麻纸质疑，江西大学学报，(社会科学版)，1980，2期，56～60页。

④ 苏光、克宽，科学史上的千古疑案，科学画报，(上海)，1981，6期，37页。

⑤ 荣元恺，试论灞桥纸断代，中国造纸，1984，2期，61～62页。

⑥ 马咏春，浅论造纸发明权的归属，同上，1984，6期，55～58页。

⑦ 韦承兴，蔡伦发明造纸的历史不能否定，同上，1984，2期，57～60页；4期，58～61页。

制成者。因而他们认为蔡伦前书写材料不可能也不应该用植物纤维借造纸工序制成，它们统统应当是丝织品，从蔡伦起才“纸素分家”①。本章第一节业已指出，丝织物用作书写者，不得称为纸，当然也不能称为“古纸”。无论古纸、今纸皆由植物纤维抄造，动物纤维造的任何材料都不是纸。事实是，迄今出土蔡伦前纸皆由麻料抄造，纸作为新型书写材料早在西汉初（前2世纪）已与素分道扬镳，所谓“纸素分家”在蔡伦前二百多年已开始。20世纪是造纸科学发达的世纪，我们作为这个世纪的人研究造纸史，应当按当代各国通用的纸的定义来立论，不能另搞一套，也不能把千年前古人的错误定义原样照搬出来。试问：现在有多少人会相信“其用缣帛者谓之纸”。因为丝织物不是纸，过去、现在和将来也不会是纸。

看来，从纸上“字迹”、考古断代及纸的定义上，都没有办法否定西汉有纸的事实，唯有再直接否定出土物为纸才能达到其目的。于是另有人按“蔡伦前无纸”的框框作了反检验，1979年发表内容雷同的几篇署名文章，矛头集中于当时年代最早而质量较次的灞桥纸。作者认定“灞桥纸不是纸”，理由是：①“绝大多数纤维和纤维束都较长，有的纤维束横过整个（？）纸面，长达45毫米”，另一处说“长达70毫米”，“说明基本上没有切过”。②“结构松弛，纤维与纤维之间只是简单靠拢在一起”，“同向排列的纤维多，匀度不好，这现象表明浆料没有经过悬浮”。③“纤维壁光滑、完整，无起毛帚化现象”，“原料没有经过打浆或任何舂捣过程。”④“大多数纤维在自然端部并不断开，而且绕过纸的边缘又折回到纸面上来”，说明“不是抄造而成，而是纤维自然堆积而成”。结论是：“灞桥纸不能以纸定论，很可能是原已沤过的纺织品下脚料如乱麻、线头等纤维的堆积物，松软地放在铜镜下面作衬垫用，年深日久，在潮湿地下靠镜身压力积压成”②。以上便成了某些人用来否定灞桥纸为纸的“实验依据”。

上述反检验文章作者谈到金关纸时说：①“色泽白净，白度约40°左右，纸质粗糙”。②“纤维有明显的分丝帚化现象。已帚化的纤维约占纤维总数的30～40%”，“说明纤维在水中经受了时间较长而作用力不十分猛烈的机械处理”。③“纤维分散不好，匀度不好，纤维束较多，同向排列的纤维亦较多。无帘纹等抄纸痕迹。说明此纸并没有经过必要的低浓悬浮成浆和初具水平的抄造成型过程”。④“纸面凸凹不平，表面还起毛，不宜作为书写材料。”“但由于这种纸经历了打浆和纤维切断的基本工序，我们认为它可以算作纸的雏形。”

关于中颜纸，她们写道：“和居延纸（即金关纸）差不多，纤维白净，白度也差不多40°左右，纸质粗糙，纸面上麻段、麻束明显可见。纸平均厚度约为0.22～0.24毫米，但厚薄极不均匀”。“纤维打浆程度略高于居延纸”，“纤维扁平，结合情况较居延纸略紧密”。“从纸质结构上看，扶风纸（即中颜纸）和居延纸同属一个类型。麻质废料粗糙地经过了简单的切、舂，然后制成薄片，产品虽具备了纸的初步形态，但十分粗糙，也不宜作为书写材料。”接下又谈到罗布淖尔纸，“估计这个纸的性质也不高于居延纸、扶风纸的水平，甚至还可能属于灞桥纸一类，也未可知。”这样一来，1933～1978年间历次出土的西汉麻纸在该文作者看来没有一件可称得上纸，充其量只是“纸的雏形”，“并且都无任何字迹”，剩下来的就是蔡伦突然间于公元105年发明的纸。她们虽然说“古今中外重大发明不是突然出现的。在瓦特发明蒸汽机以

① 见前引荣、马、韦三人发表之文。

② 王菊华、李玉华，考古新发现不能否定蔡伦造纸，光明日报，1979年11月6日；从几种汉纸的分析鉴定试论中国造纸术的发明，文物，1980，1期，80～84页；关于几种汉纸的分析鉴定，兼论蔡伦的历史功绩，造纸技术通讯，1980，1期，80～84页。

前，就有一种纽克门的蒸汽机”。但“在蔡伦之前我国还找不出任何一个纽克门式的发明人”，所以蔡伦造纸术发明还是突然出现的。

为什么对同样的出土纸样品检验竟会有如此悬殊的检验结果和结论？为查明究竟，苏州造纸工程师许鸣岐1979年对灞桥纸、金关纸和中颜纸重新作了全面检验。他在发表的化验简报中公布了验证结果。其中说：

(1)“1957年出土的灞桥纸，纤维短细匀整，平均长度1.09毫米，平均宽度0.018毫米(18μ)。经显微镜观察，纤维有帚化。化学检验发现纸中有钙离子。纸页厚度0.085毫米，定量21克/平方米，紧密度接近当今手工纸（0.25克/立方厘米）。这表明：此纸是由麻料经切断、沤煮、舂捣而成浆，使短细匀整的分散的单根纤维异向交织、抄造而成的纸。它不是由麻絮、麻屑等堆积物受镜身压力成片的。经验证：压在纸上的一面铜镜单位面积重量为0.00152公斤/平方厘米，相当三张10号黄板纸重量。在这种情况下，麻所受的压缩率仅为0.4%，这是微不足道的，是不能积压成片的”。①

(2)“1973年出土的金关纸和1978年出土的中颜纸，白度皆约40°，纤维短细、柔软，平均长度分别为1.03及1.29毫米，平均宽度各为0.017及0.019毫米，纤维有明显的帚化，纸的毛面都有织纹［纸模］痕迹。这表明：此两种西汉麻纸也都经过切、煮、捣和抄的工艺操作过程。有人认为它们不具备抗水性，不能书写，故只能称为‘纸的雏形’。可是，我国手工纸用毛笔蘸墨挥毫，墨中已有抗水的胶质，可以在纸上泼墨，挥洒自如。经我们在西汉中颜纸上用毛笔墨写，证实了可用于书写，只是古人未曾写字而已。”

(3)“1933年出土的西汉罗布淖尔麻纸，实物已毁于战火。经我们对出土西汉麻纸的重新检验，证实它们是真正的纸。应当尊重这一事实。西汉古纸的出土既补充了《史记》、《汉书》中对造纸术记载的不足，又订正了《后汉书》中对蔡伦发明造纸术记载之误，从而否定了流传一千多年的蔡伦发明造纸说。”②

上述化验简报的详细内容，后收入许氏新著《中国古代造纸起源史研究》(1991）之中。化学史家曹元宇在序中说：“史称在2世纪蔡伦发明了造纸术，这是不正确的”。另一化学史家袁翰青也在序中说：“我在五十年代初期也曾对造纸术在我国的起源和发展作过研究，到八十年代初还发表过这方面的文章③。蔡伦首创造纸之说，虽然流行了一千多年，可是从遗物、史料和工艺发明规律三方面来研究，我相信蔡伦之前已经有植物纤维纸了，而蔡伦只能是造纸术的革新者。”

我们再回过头来看许鸣岐论文中的某些结论。他写道：轻工部北京造纸所1979年对西汉古纸的鉴定“是欠严肃和谨慎的，没有从事实出发，而是事先规定好的蔡伦前不可能有纸的框框来决定取舍资料，对蔡伦前有纸的论点任意贬低、否定或夸大，这就不可能公正地、正确地来进行鉴定，得出符合事实的结论来。……明明灞桥纸是经过正常的制浆、造纸基本工艺操作制成的纸，而硬说灞桥纸不是纸，而是‘自然堆积物’；明明在金关纸、中颜纸的反面见到抄纸时留下的织纹痕迹，而硬说不见帘纹，没有经过抄纸，只能算作‘纸的雏形’，……

① 许鸣岐，考古新发现否定了蔡伦发明造纸说，光明日报，1980年12月3日，第3版；新华文摘，1981，1期；修改稿收入许著《中国古代造纸起源史研究》，69页（上海交通大学出版社，1991）。

② 许鸣岐，前引文。

③ 袁翰青，蔡伦之前我国已经有纸了，中国轻工，1980，卷1，5期。

甚至连对纸的实样都未看到的罗布淖尔纸，也武断地说它是'属于灞桥纸一类'，不能以纸定论，并且寻找一些毫无科学依据的，以'莫须有'为理由来加以全部否定。可是对蔡伦后出土的旱滩坡纸却相反，不顾事实地任意夸大，明明是用三层废纸糊起的纸，却把它说成涂布加工纸。……正是由于这个缘故，所以会发生对同一实物的观察、分析而得出的不同结论来"①。这里所谈的不是分析化验技术问题，因为这种技术并不高深，很多人都可以掌握，所谈的是科学工作者对待出土古纸的态度问题，只有态度公正，才能得出客观结论。

三　对历次出土西汉纸的综合检验

为了郑重而实事求是地认识出土西汉纸，查明反检验者的观察是否客观，1981 年初我们与造纸工作者和植物学家再一次对灞桥纸、金关纸、中颜纸和 1979 年新出土的马圈湾纸作了全面的分析化验，并将模拟西汉纸与现代麻纸作平行对比化验，所得各种数据如表 1-2 所示②。

表 1-2　蔡伦前出土古纸、模拟西汉纸及现代麻纸分析化验结果

序号	纸名	纸的年代（公元）	原料	厚度（毫米）	基重（克/米²）	紧度（克/厘米³）	白度（%）	纤维平均长（毫米）	纤维平均宽（$\mu=10^{-3}$毫米）
	Ⅰ	Ⅱ	Ⅲ	Ⅳ	Ⅴ	Ⅵ	Ⅶ	Ⅷ	Ⅸ
1	灞桥纸	前 140～87	麻	0.10	29.2	0.29	25	0.88	25.55
2	金关纸-Ⅰ	前 52	麻	0.22	61.7	0.28	40	2.10	18.73
3	中颜纸	前 73～后 5	麻	0.22	61.9	0.28	43	2.12	20.26
4	马圈湾纸-Ⅴ	后 8～23	麻	0.29	95.1	0.33	42	1.93	18.18
5	模拟西汉纸	1965	麻	0.14	38.9	0.28	42	2.85	22.10
6	凤翔麻纸	1980	麻	0.10	38.5	0.45	45	1.56	20.89

为了再行对比，现将许鸣岐 1981 年对灞桥纸、金关纸、中颜纸的分析化验数据开列于表 1-3 中。将表 1-2 及表 1-3 各数据对照，就会发现虽然不尽相同，但大体上相差不大，这才反映对出土纸检测后得出的客观观察结果。与我一起作分析化验的同事，都没有介入纸史争议，事先也未向他们透露样品年代，都是按实验编号检测的，根据仪器上显示的数字记录，计算出来的。而每检测一个项目，都经四至五人轮流观察仪器下样品客观显示情况，认识一致后再记录在案。每个数据都由集体核对、反复验算，另有人在旁监督。我们采取这些措施的目的，是排除任何个人的主观因素，对样品持认真而负责的态度。显微镜观察是在京、津不同机构

---

① 许鸣岐，中国古代造纸起源史研究，1～8 页（上海交通大学出版社，1991）。

② 潘吉星、苗俊英、张金英、冯文革、林铭宽以及胡玉熹，对四次出土西汉纸的综合分析化验（1981 年 8 月，天津造纸研究所）。

内进行的，更换新的验测人员，同样出于谨慎的考虑。现将这次化验中得到的认识分述于下①②

表 1-3　三种出土西汉纸的分析化验结果

序号	纸名	纸的年代（公元）	原料	厚度（毫米）	定量（克/米²）	紧度（克/厘米³）	白度	纤维平均长（毫米）	纤维平均宽（μ=10⁻³毫米）
	Ⅰ	Ⅱ	Ⅲ	Ⅳ	Ⅴ	Ⅵ	Ⅶ	Ⅷ	Ⅸ
1	灞桥纸	前 140～87	麻	0.085	21.0	0.25	25	1.05	18
2	金关纸	前 52	麻	0.25	63.8	0.26	40	1.03	17
3	中颜纸	前 73～后 5	麻	0.23	58.4	0.262	40	1.29	19

（1）被检验的所有西汉古纸原料均为麻纤维，以大麻为主，有少量苧麻，纤维又来自破布，没有发现丝纤维。显微镜下观察，纤维纯度都较高（图 1-24、25）。与含有大量杂质的生麻纤维不同，也不同于一般麻布纤维，因织布前经沤制脱胶后，而不经蒸煮，仍含有杂质。这说明原料经过提纯。有人说灞桥纸“是纺织品下脚料乱麻、线头纤维的自然堆积物”，若真如此，纤维纯度不会如此之高。将西汉纸与后世纸（唐代及现代麻纸）在显微镜下对比观察，我们注意到西汉纸在纯度上与后世纸差别不大。镜下所见非纤维颗粒多为砂土粒，是出土时随纸带入的。白度指标也能说明问题，灞桥纸白度低些（25%），其它西汉纸白度为 40～43%，接近后世纸。就连否定者都承认“纤维白净”。这说明已排除了木素等有色杂质，而不经蒸煮是达不到这样的白度的。我们的模拟实验也证明，麻料不经草木灰水蒸煮，白度就是上不去。

（2）所有西汉纸表面都含有未打散或松解的纤维束及短线头，多少不等，灞桥纸较多些，其它纸比灞桥纸少些，总的说来都比后世纸多些（我们实验时将其与唐代纸对比）。但构成西汉纸的基本结构成分，是分散的单独纤维，正因为如此，它们都有一定的机械强度。这可从其紧度指标（0.28～0.33 克/厘米³）中看出，现代浙江富阳斗方纸紧度 0.15 克/厘米³，凤翔麻纸紧度 0.44 克/厘米³。如果基本结构成分是纤维束和线头构成的薄片，是不可能有强度的，一碰就裂开。我们从样品剥离纤维时，要施加力才能剥开，将样品撕碎也要施一定的力。就整个纸的结构来说，是分散的单独纤维不定向交织而成，这是纸纤维物理结构特征。同向排列的纤维在有的部位上可以看到，但这是局部观，不是整体观。观察纸要从整体上作出判断，不能将局部的纤维束及同向排列加以夸大，并进而否定纸的整体物理结构，这样就不客观了。

（3）西汉纸纤维平均长 0.9～2.2 毫米，最大长 10 毫米。许鸣岐测得 0.51～1.9 毫米长的纤维占总数 51～69%，而未经处理的大麻纤维平均长 15～25、苧麻生纤维平均长 120～180 毫米③，未处理的大麻及苧麻最大长分别为 32 及 76 毫米。两相对比，说明造纸用的纤维是经

① 潘吉星，从考古新发现看造纸术起源，中国造纸（北京），1985，卷 4，2 期，56～59 页；再论造纸术发明于蔡伦之前，中国图书文史论集，上篇，73～78 页（台北：正中书局，1992）。

② 潘吉星，制紙術の起源について，日本·紙アカデミ一编，紙——七人の提言，153～174 頁（京都：思文閣，1992）。

③ 河北轻工学院造纸教研室编，制浆造纸工艺学，上册，27 页（北京：轻工业出版社，1961）。

图 1-24 西汉灞桥纸纤维在扫描电镜下的照片（×300）

图 1-25 西汉灞桥纸纤维扫描电子显微照片（×100）

切断、打短处理过的。不可能是自然腐溃而变短，因为没有观察到这种现象。否定者说“绝大多数纤维和纤维束都较长，有的纤维束横过整个纸面”，长达 45 或 70 毫米，“说明基本上没有切过”。这是与事实不符的。据我们了解，她们并没有实测过各纸的纤维长度，直到现在也拿不出实测数据，只是主观定性夸张，而这是不能代替定量检测的。所谓“较长”，究竟长

图 1-26　西汉金关纸纤维在扫描电镜下的照片（×100）

图 1-27　西汉马圈湾纸纤维在扫描电镜下的照片（×100）

多少？“绝大多数”，究竟占百分之多少？她们是说不出来的。

纤维束“横过整个纸面”，是不可信的，因所有样品都是残片，根本不代表整个纸面！70毫米长纤维束从何测出？令人怀疑。残片不过 50 毫米，最大一片不过 100 毫米，不可能有那样长纤维束。何况没说清是一处，还是处处如此？用定性夸张及不可信的数据来否定出土西汉纸，是不科学的，也与实物状态不符。1980 年 10 月 30 日，笔者在陕西博物馆保管部柳秀芳、关双喜二位在场下，对灞桥纸 67 个残片逐片作了检测，只看到个别大纤维束长 15 毫米，再没有大于此者。又对中国历史博物馆 14 个残片再作检测，根本未见超过 20 毫米的任何纤维和纤维束，88 片中，我们已检测了 81 片（92%），另 7 片较小，未测。

（4）在显微镜下观察，我们承认灞桥纸纤维细胞未遭强力破坏，帚化程度不高，但其他科学工作者和我们都观察到有压溃、帚化的纤维存在。至于金关纸，否定者也承认“纤维有明显的分丝帚化现象，已帚化的纤维约占纤维总数的 30－40%”，而中颜纸和金关纸”差不多”，且“纤维打浆程度略高于”前者。马圈湾纸纤维经我们化验，也呈现明显的分丝帚化现象（图 1-26、27）。连西汉纸的否定者也承认：“纤维有切断和帚化，打浆度约为 50°SR”。这说明原料经过舂捣的处理过程。然而我们模拟西汉纸的实验还表明，用单纯的机械舂捣及切断可以使纤维变短，但只有事先经过碱液蒸煮，使纤维变得柔软，舂捣后才能易于帚化，其它西汉纸都经历这两个过程。灞桥纸在制造过程中，可能机械切断及舂捣有余，而化学蒸煮不足，因而白度低、纤维帚化度不高。

（5）至于纸的帘纹，人们习惯用现代手工纸帘纹衡量西汉纸，“帘纹不显”似乎就意味着未经抄造。其实早期抄纸有两种方式，一是用织纹纸模，则不见帘纹，而呈不明显或明显的织纹，金关纸就有明显的织纹和正反面之别，显然经过抄造。另一抄造方式用帘面纸模，则纸上呈帘纹，中颜纸即如此。有时薄纸或厚纸也不大容易看清模纹，不等于未经抄造。1980 年 10 月 30 日，笔者在陕西博物馆两位工作人员参与下，对 67 片灞桥纸作了一次彻底的逐片观察。发现在编号为“57－540”的 16 片纸中，有 3～4 片呈现粗帘纹，每纹粗 2 毫米，这就是抄造的迹象，不容怀疑。其他在场的两位可以作证。我们过去没有逐片细看，故未注意此重要特征。由于有人否定灞桥纸，才使我们非这样做不可，结果找到肯定它是纸的有力证据。这次我们还注意到，有 33 片是双层纸压在一起的，这也是不易看清帘纹的原因。至于有文字的新莽悬泉纸，则帘纹明显，每条纹粗也是 2 毫米。我们 1965 年模拟实验用多种可能有的方案逐一实践，证明当麻料经切、蒸、捣后制得纯的分散纤维，如不经抄造，是得不到现在所见西汉纸那样的形制的。将纤维在板上捶打，是打不成厚度为 0.1～0.29 毫米那样有一定机械强度的薄片的。只有用多孔的罗面或帘面承受浆料，经滤水、干燥才能形成出土物这种类型的薄片。

否定者回避解释为何打浆度为 50°SR 的帚化纤维能形成现今这种形状的薄片，而将灞桥纸以外的其余纸称为“纸的雏形”的。换言之，她们拒绝承认抄造工序的客观存在，如果承认，就等于承认西汉纸是真正的纸，蔡伦便不再是发明家了。对灞桥纸权且可用铜镜压力解释薄片成因，对金关纸、中颜纸则无法用这种方式解释，因为压力不可能使纤维细胞帚化。实践证明，用压力、捶力不能使纤维成为紧度达 0.28～0.29 克/厘米^3 的薄片。唯一成因就是制浆、抄造，纸上的织纹、帘纹便是明证。说穿了，“纸的雏形”实际上就是纸，正如雏鸡是鸡一样。灞桥纸质量欠佳，有可攻之隙，但从化验上否定其余西汉纸，是不妥的。

（6）关于纸的边缘，否定者说灞桥纸“大多数纤维在自然端部并不断开，而是绕过纸的边缘又折回到纸面上来……可见这种薄片，不是抄造而成，而是纤维自然堆积而成。”对此，许鸣岐写道：“经我们对此纸实物观察，有少数（不是绝大多数——引者注）纤维是从纸边一端折回到纸面的，但也有些纤维由纸边一端伸向纸边外的。这种情况从近年富阳手工生产的斗方纸上也有发现，这种现象的产生可能由于上一次漉造后粘附在纸模四边框架上的长纤维没有清洗掉，而待再次漉造时，纸模与浆液相遇，使粘附在框架上的纤维经浆液晃荡而脱离框架漂浮到纸边，纤维一端与纸边表面交结，而另一端不是延伸在纸外，就是折回到纸面上，经过干燥就固定在纸面上，这种现象在漉造时完全可能产生，不足为奇”①。

将这种现象解释为“自然堆积的重要证据，显然是一种曲解，不足为据”。至于又解释为纤维堆积物借铜镜镜身压力形成片状，许鸣岐测得直径14.5厘米的铜镜单位面积重量为0.00152公斤/厘米^2，对麻纤维而言，抗压性为99.6%，不可能压成0.1毫米厚的薄片。我们对92%残片（81片）的逐片观察证明，大多数（75%以上）没有自然折边，而少数纸片折边处的纸已呈松散现象。请问，用铜镜压一堆乱麻，怎么会能压成2毫米粗的帘纹？

四　20世纪考古新发现证明西汉已有纸

根据1964～1981年以来其他科学工作者和我们对1957～1979年间四次出土西汉纸的反复而认真的分析化验，确认这些纸都由破布原料经过切、蒸、捣、抄等造纸工序制造出来的，纸的物理结构和技术指标符合手工纸要求，都是真正的植物纤维纸。灞桥纸较欠佳，但仍不失为早期的纸，不是“纤维堆积物”。其余金关纸、中颜纸和马圈湾纸都是相当好的纸，不可称为“纸的雏形”。1987年，我们请日本造纸专家用光学显微镜及扫描电子显微镜对封在玻璃片中的纸样纤维重作复查，结果一致确认金关纸、中颜纸和马圈湾纸为典型的植物纤维纸②，已没有再争论的余地。

至于说到灞桥纸，增田胜彦博士写道：

> 关于世界上最早的实物、西安市灞桥出土的纸，［中国］学者们有不同意见。有的学者认为它是粗糙的麻纸……另有的学者主张是麻纤维的堆积物。……我认为灞桥纸是纸，至少我认为它是‘纸’这个字创立之际表达该字的那种物。理由是，观察此纸显微照片时，指责它不是纸的人认为多数纤维是长的、按平行的方向排列，但我们可以断定，整体的纤维是杂乱排列的，其中一部分纤维有明显的被切断的痕迹，而纤维被打溃的地方也是可以观察到的。③

增田氏对瑞典考古学家斯文赫定（Anders Sven Hedin，1865～1952）在新疆楼兰发掘的魏晋文书纸（今藏瑞典）作过系统化验。他将灞桥纸与楼兰出土的魏晋纸作了技术对比后，又写道：

> 反之，楼兰文书纸确实是用于书写的纸，观察其显微照片，也可看到没有打溃的纤维和原封不动的麻线的纤维。在比灞桥纸晚三百年的纸上还保留着不是纸的部位，可见早期纸加工程度低，因此观察到似乎不是纸的部位，乃是当然的事。

这些话是对否定灞桥纸及所有其它出土西汉纸的人作出的最为客观的回答。

1986年甘肃天水市郊放马滩西汉墓中出土绘有地图的纸，年代为汉初文帝（前179～前187在位）、景帝（前156～前141在位）之时，比灞桥纸更早，质量更好。1989年6～7月，笔者会同中国科学院植物研究所胡玉熹对此纸用光学显微镜作了检验，确认为麻纸。1990年

① 许鸣岐，中国古代造纸起源史研究，1～8页（上海交通大学出版社，1991）。

② 关于日本学者的复查情况，见潘吉星的报道，载自然科学史研究，1989，卷8，4期，368页；又见久米康生：出土紙が證言する前漢造紙，百万塔，1988，70號，1～5頁（東京）。

③ 增田胜彦，灞橋紙の化験結果に關する討論，樓蘭文書紙と紙の歷史，3頁（東京，1988）；潘吉星への手紙（1988年12月8日，東京）。

6月，我们又会同日本造纸专家野村省三博士、大川昭典先生用扫描电子显微镜再次复验，仍确认为麻类植物纤维纸。镜下观察纤维分散及分布情况良好。对样品透光显微（图1-28）观察，也发现纤维分布较均匀，按异向作紧密交织。纸上斑点经放大观察为霉菌所致①。纸上地图由细毛笔蘸墨所绘。比灞桥纸更早的绘有地图的放马滩纸，恐不应再说成是“纤维堆积物”或“纸的雏形”了，它本身就说明是用作书写材料的纸（图1-28）。作为蔡伦前的古纸，也不应再将其称为“帛素”了。有人爱谈“纸素分家”，现在证明公元前2世纪西汉初已这样作了，决不始于东汉蔡伦。

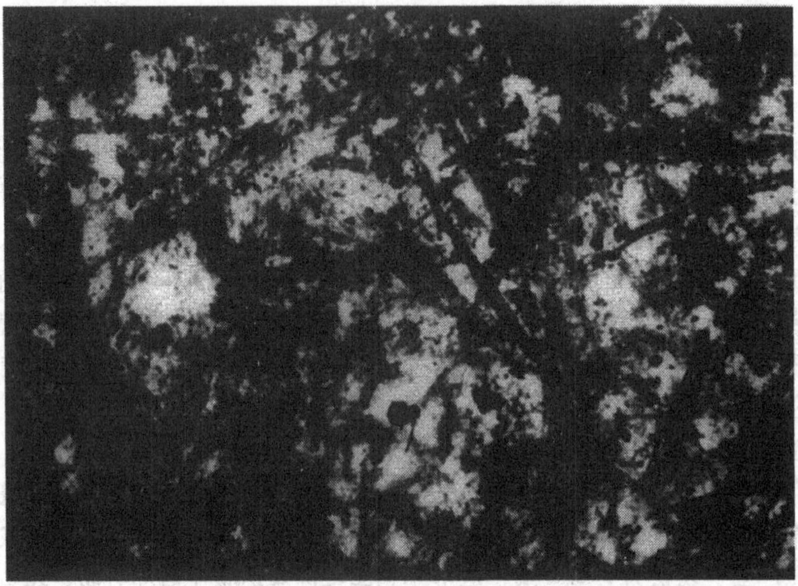

图1-28 放马滩出土西汉地图纸的透光显微照片

1990年10～12月，甘肃敦煌悬泉遗址发掘出30多片西汉纸，内有三枚纸上写有字迹。1991年8月，我们对字纸作了重点检验，悬泉纸-Ⅱ（90D×T103-2）年代为新莽（公元8～23），厚度0.286毫米，纤维交织情况良好。纸上有明显帘条纹，每根帘条直径3.0毫米。悬泉出土的西汉字纸，都是麻纸②。天水放马滩和敦煌悬泉两次出土的供书写用的西汉麻纸的最新考古发现，对否定西汉有纸的人来说，有如宋代诗人王令（1032～1059）诗所说“九原黄土英灵活，万古青天霹雳飞”那样，越是不承认西汉有纸，西汉纸就越是出土，而且一批比一批好。《中国文物报》报道放马滩纸参与“中国文物精华展”时写道：“作为中国四大发明之一的纸实物竟会出现在西汉初的墓中，不禁令人联想起学术界多年来有关西汉是否有纸的争论可以到此休矣！然而它的重要意义不仅于此，还在于它是两千多年前的一幅地图”②。说得何等好啊。

遗憾的是，个别否定西汉有纸的人到故宫文华殿展厅，要求将西汉地图纸从展厅撤走，被理所当然地拒绝。日本学者对这些人有如下评论：

自从西汉有纸说在中国发表以来，有人对此说加以缺乏根据的反驳，无非要维

---

① 潘吉星，对西汉悬泉纸的检验结果（1991年8月2日于兰州）。

② 蒋迎春、何洪，文明的火花，智慧的结晶——中国文物精华展巡礼，中国文物报（北京），1990年7月5日，第二版。

护蔡伦是纸的发明者。这是对蔡伦教带有感情的信徒之所作所为。……由于感情问题作祟，反对纸的西汉起源说的要旨，只好说‘灞桥纸不能以纸定论’①。

法国学者在研究了近三十年来关于造纸起源的不同观点的论据后写道：

结论是：蔡伦可能并非纸的发明人，然而他约于公元100年左右改进了当时使用的造纸技术②。

想在分析化验上对出土西汉纸作否定文章，现下越来越困难了，因为所要面临的将不再只是灞桥纸和金关纸等，而还有写上文字和绘出地图的制造得更好的西汉麻纸。按现代有关纸的定义衡量，这些纸几乎无懈可击。

如前所述，公元前2世纪的西汉初期已经有了适于作书写和包装用途的植物纤维纸，这就是说，汉初“文景之治”时是造纸术起源的时间下限。在这以前，至迟在秦代至汉高帝、惠帝及高后期间（前221～前180），应是其酝酿阶段。造纸术的发明不可能是在文、景时突然间出现的，从漂絮过程演变到造纸过程，要有个技术探索和经验积累的时期。秦至汉初大一统局面的形成，建立了全国一体化的经济体制和统一的国内贸易市场，各郡县之间相互隔绝的状态不存在了，文字的统一、社会经济和文化的发展对新型书写、包装材料需要比先秦更为迫切。造纸最初是在人民大众中间搞起来的，也首先在群众中使用，作为缣帛（书写材料）和麻布（包装材料）的廉价代用品，为群众所喜用。纸受到上层统治阶级和文人的注意与接受，要经历一段时间。而历史上来自人民群众中的任何新事物，因为有生命力和群众基础，便能存在下去并得到发展，经总结和提高，逐步为全社会所接受，最终正式登入大雅之堂。

早期造纸情况之所以在汉初史册中较少记载，就是因为民间的这种发明创造产物为上层人物所接受，要经历一段时间。但“纸”字出现时，肯定应在有纸之后，武帝时有关用纸的早期记载，也肯定应在民间早已用纸之后。地下考古发掘证明了这一点。因此我们应对秦汉之际及汉初人民大众开创造纸、用纸的首创精神给以高度评价，不能对他们的创造性劳动予以蔑视和否定。蔡伦自有其贡献，下面将予评述。但讨论造纸起源时，不能以否定西汉劳动群众的造纸实践为代价。

第四节　评造纸术的西方及印度起源说

一　纸是德国人或意大利人发明的吗？

在论证了中国造纸术起源后，还应评论一下造纸术起源于外国的一些说法，虽然目前已无多少影响和支持者，但作为一个认识过程需要讨论。19世纪以前很长一段时期内，欧洲流行一种说法，认为以破麻布造纸是文艺复兴时期于14～15世纪由德国人或意大利人发明的。在这以前似乎中国人以丝造纸，而阿拉伯人则以棉代丝。例如，西班牙耶稣会士胡安·安德

① 中山茂，市民のための科學論，44～47頁（東京：社會評論社，1984）。

② Jean-Pierre Drège，Les débuts du papier en Chine. Comptes Rendus de l'Académie des Inscriptions et Bulles—Lettres，1987，Juillet-Octobre，pp. 642～650（Paris）.

烈斯（Juan Andrés，1740～1817）于意大利帕尔马（Parma）用意大利文于1782年发表的七卷本《论各国文学的起源、发展和现状》（Dell'origine，dei progressi，dello stato attuale d'ogni letteratura）卷一写道："中国古代以丝造纸，造这种纸的方法约于652年传到波斯，……阿拉伯人用棉代丝，并把造纸术传入非洲和西班牙"[①]。而意大利人于13～14世纪最先以破麻布造纸。1818年，德国作者格鲁伯（J. G. Gruber，1774～1851）及艾尔施（J. S. Ersch，1768～1828）合著的《学艺大全》（Allgemeine Enzyklopädie der Wissenschaften und Künste）一书的《纸》（Papier）条中，也认为阿拉伯人用生棉造纸，而以破布造纸是14世纪末德国人或意大利人发明的[②]。今天看来这些说法是很可笑的，因为在所有欧洲人还不知纸为何物之前，中国人已于公元前2世纪用破麻布造纸了。然而在17～18世纪，甚至19世纪初时，此说却是出现于西方学术著作中的正统观点。

看来，认为中国古代以丝造纸的说法，是受17世纪在华法国耶稣会士李明（Louis Daniel le Comte，1655～1728）的影响。李明1687年来华，受到清康熙皇帝的接见，后据多年间在华见闻写成了《中国现状新志》（Nouveaux mémoires sur l'état présent de la Chine，2 vols，Paris，1696），此书卷一据中国古书关于"絮纸"、"蚕茧纸"及"绵纸"的不确切说法和当时对植物纤维纸的误称，提出中国古代以丝造纸[③]。而这正是西班牙耶稣会士安德烈斯的立论依据。其实康熙帝本人已明确指出，所谓丝纸实乃楮皮纸之误称[④]。但那时欧洲人看不到中国和阿拉伯古纸，因而便以讹传讹，这种情况到19世纪八十年代之后才开始改观。

1877～1878年，埃及法尤姆（Faijûm）古墓出土大量古代写本及文书，分别写在莎草片和纸上，总数10万件以上，年代从公元前14世纪到公元14世纪，历时2700多年。1884年这批文物落入奥匈帝国莱纳亲王（Archduke Rainer）手中。1887年阿拉伯文专家卡拉巴塞克（Joseph Karabacek）对写本作了研究，而维也纳大学植物学教授威斯纳（Julius von Wiesner）对纸作了分析化验，结果证明莱纳藏品中8～10世纪古纸造于撒马尔罕（Samarkand），有纪年者为874、900及909年，无年款者可考定为791年。这些阿拉伯古纸以亚麻破布及树皮生纤维所造，而不用棉料[⑤][⑥]。20世纪以来，斯坦因（Mark Aurel Stein，1862～1948）1900年在新疆、甘肃发现唐代纸本文书（781，782年），1906～1907年又发现魏晋（260，312年）文书纸。经威斯纳化验后，也证明由破麻布及树皮纤维所造。欧洲汉学家的研究揭开唐天宝十年（751）中国造纸术传入阿拉伯的史实，阿拉伯人再将造纸法传入欧洲，因此欧洲人发明破布造纸之说，不攻自破。

---

① J. Andrés，Dell'origine，dei progressi，dello stato attuale d'ogni letteratura，vol. 1（Parma，Italy，1782）cited by Isaiah Thomas，The history of printing in America，pp. 37～38（Worcester，Mass.，1818）.

② J. G. Gruber & J. S. Ersch，Allgemeine Encyklopädie der Wissenschaften und Künste，Bd. 1，转引自姚士鳌，中国造纸术输入欧洲考，辅仁学志，1928，卷1，1期，76页。

③ Louis Daniel le Comte，Memoirs and observations……made in a late journey through the Empire of China，translated from the French，p. 191（London，1697）.

④ 清·玄烨，《康熙几暇格物编》卷下，《朝鲜纸》清·盛昱手写体石印本，1889。

⑤ 姚士鳌，中国造纸术输入欧洲考，辅仁学志，1928，卷1，1期。

⑥ A. F. R. Hoernle，Who was the inventor of rag-paper? Journal of the Royal Asiatic Society，1903，Arts 22，pp. 663～684（London）.

二　造纸术是在埃及发明的吗？

19 世纪六十年代，还有人说西方造纸比中国早几百年，这指的是莎草片。英国在华传教士艾约瑟（Joseph Edkins，1823～1906）讨论了希腊、罗马古代用“纸”和墨后，写道：“为什么不再提出纸和墨都是从西方传入中国呢？这两项文化成就在中国知道它们几百年前就已在欧洲使用了”①。遗憾的是，有的中国史家也一度附合这种说法，如翦伯赞（1898～1968）《中国史纲》（1948）卷二写道：“纸在安息（波斯）及亚历山大城（埃及）存在，比中国早四百年”②。如果莎草片是纸，岂止比中国早几百年，而是早一千多年。问题在于，莎草片根本不是纸，其物理结构及制法与纸截然不同，这是一看就知的。令人惊奇的是，时至 1950 年代，英籍捷克作者塞尔尼（Jaroslav Černy）还声称：“不管怎样，中国人约于公元 100 年发明的纸，还是受到了埃及莎草片的影响”③。这使我们想到法文中的一句成语：L'ignorance est moins eloignée de la verité que le préjudice。塞尔尼甚至不懂造纸术 ABC，却将其书名称之为《古代埃及的纸与书》(Paper and books in ancient Egypt) 1952 年居然能在伦敦出版，也算是 un coup de théâtre！对此，钱存训先生已予驳斥④。众所周知，中国发明纸时，还不知莎草片为何物，影响从何而来？与莎草片类似的贝叶佛经从印度进入中国，已是有了纸很久之后的事。8 世纪以后，中国纸与莎草片在西方相遇，很快便将其取而代之，这就是历史。造纸术西源说，正如火药西源说一样，现已被多数西方学者视为历史陈迹了。

三　驳造纸术的印度起源说

1981 年，印度作者戈索伊（Mrs. Pratibha Prabhakar Gosaui）女士致信《加拿大制浆造纸杂志》(Pulp and Paper Canada)，信中只是列举文献后说公元前 327 年印度就已能造出质量相当好的纸⑤，因而声称纸最初由印度人所“发明”。她所说印度公元前所造之“纸”，除贝多罗树叶外，不会是别的东西，而贝叶与莎草片虽为书写材料，却并不是真正的纸。贝叶经在梵文中称 pattra，本义是树叶，见于《摩奴法典》(Manusmrti)。近代西方译者译梵文经典时，惯于将梵文古词含义现代化，将 pattra 译为 paper，正如将拉丁文古典书中的 papyrus 译成 paper 一样。无独有偶，笔者研究火箭技术史时，也发现西方译者将《摩奴法典》中的梵文 agni astra 译为 firearms，或将 vāna 译成 rocket，作出印度于公元前 300 年已有火药武器或火箭的错误结论。其实这些词本义是 incendiary weapon，即纵火武器⑥。

---

① Joseph Edkins，On the origin of papermaking in China，Notes and Queries on China and Japan，1867，vol. 1，no. 6，p. 68 (Hong Kong).

② 翦伯赞，中国史纲，卷 2，511 页（上海：生活出版公司，1947）。

③ Jaroslav Černy，Paper and books in ancient Egypt，p. 31，note 2 (London，1952).

④ Tsien Tsuen-Hsuin，Written on bamboo and silk，p. 142 (Chicago，1962).

⑤ P. R. Gosaui，Did India invent paper? Pulp and Paper Canada，1981，no. 4，p. 14.

⑥ 潘吉星，中国火箭技术史稿，23～28 页（北京：科学出版社，1987）；Pan Jixing：On the origin of rocket. T'oung Pao，1987，vol. 73，pp. 2—15 (Leyden)；On two problems in the history of science，pp. 5—7 (Kyoto：Doshisha University Press，1986).

戈索伊没有注意到，梵文中真正的“纸”字kākali是从7世纪才出现的[①]，而且与阿拉伯文kāgad、波斯文kāgaz表示纸的字有同一语源。德国汉学家夏德（Friedrich Hirth，1845～1927）认为来源于汉语“穀纸”，古音读kok-dz[②]，即楮纸。梵文“纸”字字根说明是外来语，不是印度固有的。戈索伊引的文献都是近现代人的不准确记载，如她提到巴内特（L. P. Barnett）1913年发表的《印度古代史》（Antiquities of India）说，造纸术是随佛经和梵文从印度传到中国的。我们前已指出，事实上在这之前中国已经早就用纸书写。至于莫里斯（Dumas Mauris）1969年在《技术与发明史》（History of Technology and Invention. Progress through Ages）中所说公元前3世纪亚洲用不同原料造纸之说，也证据不足，而且用词不够准确。6～8世纪中国僧人至印度求法，从未见那里有纸。如法显（约337～约422）《佛国记》（412）云：“法显本求戒律，而北天竺诸国皆师师口授，……不书之于文字”[③]。玄奘（602～664）《大唐西域记》（646）卷11谈到在恭建那补罗国（Konkanapura）看到的多罗树叶时写道：“诸国书写，莫不采用”[④]。义净（635～713）《大唐西域求法高僧传》卷下说，他为抄梵文佛经，在印度各地找不到纸，只好写信到中国广州求纸墨：“净于佛逝江口，升舶附书，凭信广州，见求纸墨，抄写梵经”。但戈索伊引穆勒（Max Müller，1823～1900）《古代梵文文学史》（History of Ancient Sanskrit Literature，1859）说，公元前327年希腊马其顿国王亚历山大入侵印度时驻旁遮普全权代表尼尔楚斯（Nearchus）叙述过印度人用杵臼捣棉或破布造纸。

如果真是这样，为什么印度人一千年后还用树叶书写？显然这里存在对史料的误解。戈索伊还说，不需施胶的纸只有孟加拉和尼泊尔能造，中国想造这种纸，但总失败。这又是出于武断，早期中国麻纸多不施胶，后来才发展此技术。印度女士这封信发表时，笔者正在美国，加拿大朋友索尔特（Michael Sault）博士立即来信说：“There is no any convincing argument in her letter”。的确也是如此。事实上，埃及和印度的造纸时间比中国、朝鲜、日本、中亚和西亚国家都晚，关于中国造纸术传入这些国家的时间，将于本书第十六章讨论。

---

① 季羡林，中印文化关系史论文集，34～36页（北京：三联书店，1982）。

② Friedrich Hirth，Sino-Iranica. Chinese contributions to the history of civilisation in ancient Iran，p. 557（Chicago，1919）.

③ 晋·法显，《佛国记》（412），章巽校注本，141页（上海古籍出版社，1985）。

④ 唐·玄奘，《大唐西域记》（646）卷16，《恭建那补罗国》，章巽校点本，261页（上海人民出版社，1977）。

第二章　两汉造纸技术（前 206～后 220）

公元前 221 年，秦王嬴政（前 259～前 210）灭六国，结束了战国的割据局面，在中国史中建立第一个统一的封建王朝——秦朝（前 221～前 207），自称始皇帝。秦始皇统一中国的业绩，顺应了历史发展趋势，又采取统一文字、度量衡、货币、车轨和法律的有力措施，尤其汉字的统一规范化，对文化发展起了重大推动作用。但秦始皇在实行其空前事业过程中过于性急，其政策过于激烈与严猛，对人民剥削过重，因而他死后，大秦帝国迅即瓦解。接着刘邦（前 256～前 195）建立汉王朝，建都于长安，史称西汉（前 206～后 24）。此后，西汉皇族刘秀（6～57）建立另一刘氏王朝，迁都洛阳，史称东汉（25～220）。两汉共持续 426 年，一直维持统一局面。

从科技史角度看，两汉是启发后世科技发展的非常重要而关键的时期。汉代科学技术具有别开生面的新面貌，而不同于先秦时代，可能与秦汉大一统封建帝国的建立有密切关系。就造纸而言，两汉是奠基阶段。不但造纸术起源于此时，而且传统造纸生产模式也于此时定型，构成此后历代造纸术发展的基础和楷模。

第一节　西汉造纸、用纸概况

一　西汉前期

讨论汉代造纸技术，是个全新的课题。前人尚没有探讨过，因为不但文献记载很少，而过去实物也甚稀，然而研究中国造纸技术史，是不可能回避这个重要阶段的。我们把西汉造纸分为三个时期加以叙述，即初期（前 226～前 87）、中期（前 86～前 49）及后期（前 48～后 23）。

汉高祖刘邦及其后继者文帝（前 179～前 157 在位）刘恒（前 202～前 157）、景帝（前 156～前 141 在位）刘启（前 188～前 141）在位期间，废除秦代严苛刑法，推行“与民休息”的政策，减轻赋役，释放奴婢，奖励工农业生产，使社会经济得到恢复和进一步发展。农业生产由于兴修水利、推广牛耕、改进耕作技术和铁制生产工具的广泛使用而增产高产，冶铁、纺织、漆器、舟车等工业部门和科学技术各领域，也都有新的发展。

在政治方面，汉帝采取了一系列巩固中央集权的措施，并开发了大西北。汉初较长一段时期内，社会是安定、繁荣的。文、景时进入“太平盛世”，史称文景之治。此后武帝（前 140～前 87 在位）刘彻（前 156～前 87）时，“汉兴七十余年之间，国家无事。非遇水旱之灾，民则人给家足，都鄙（城乡）廪庾皆满，而府库馀货财。京师之钱累巨万（万万），贯朽而不可校。太仓之粟陈陈相因，充溢露积于外，至腐败不可食”①。就是说，汉初近一百年间海内殷富，人民得到温饱，府库充溢，钱谷多至不可计数，以致腐朽。此即文景之治的经济硕果。

① 汉·司马迁，《史记》（前 90）卷 30，《平准书》，廿五史本第 1 册，178 页（上海古籍出版社，1986）。

文、景、武时期在繁荣、安定的社会条件下，富国强兵之馀，还注重文治。京师置太学，广设博士教授子弟，郡县也兴办学校，公私讲学之风盛行。又举贤良、方正、茂才之士，考试后，出为政府官员，各地学者多应之。各级政府因此拥有大批具有文化素养的文官队伍执政。有才学者即令来自民间，亦可为将相及邑令，得到录位；无才学者虽为王公子弟，不得为官。这是受到西方人称赞的吏政制度的一大改革[①②]。国家还提倡对古代各种文化典籍进行整理和研究，因而各科学者、人材辈出，其中包括许多杰出的文学家、史学家、哲学家、政论家和科学家、技术家，他们还常常担任官职，边工作边研究。

汉初，中国以高度文明和富强统一的封建大帝国的崭新面貌出现于世界。与西方罗马的腐败而混乱的奴隶制社会适成鲜明对照，保持着长期的领先地位。只有社会经济、文化、教育和科学处于全面高涨时期，才有对新型书写材料的迫切需要，因此造纸术起于西汉初期，就并非偶然，而完全是那个时代的必然产物。

地下出土实物表明，西汉初期造纸术从一开始起就首先用作新型书写材料，当然也可作包装材料等用。在首都长安所在的今陕西关中地区，成为最早的造纸基地，所造的纸因用途不同而有高下之分。较好的麻纸可部分代替帛、简，如文、景时用以绘制地图的放马滩纸类型者。较次的纸用作包装材料，如武帝时用于衬垫铜镜的灞桥纸类型者。汉初这两种用途的纸，地下都曾出土，如放马滩纸出于今甘肃天水，说明用纸区域也逐步在扩大。有关这一时期用纸的文献记载虽不多，但仍可见一二。唐代史家据旧史所著的《三辅故事》称：“卫太子大鼻，武帝病，太子入省。江充曰：上恶大鼻，当持纸蔽其鼻而入”[③]。此事发生于武帝晚年的征和二年（前91），病于甘泉之日。内侍江充为谋害卫太子刘据（前128～前91），让他用麻纸遮住鼻子去见父皇，但武帝并未因此举而发怒，太子遂杀江充。这是古书中有关用纸的最早记载。

《汉书》卷57上载：

> 蜀人杨得意为狗监（掌天子猎犬之内官）侍上。上读《子虚赋》而善之曰：‘朕独不得与此人同时哉！’得意曰：‘臣邑人司马相如，自言为此赋。’上惊，乃召相如。相如曰：‘有是。然此乃诸侯之事，未足觏。’请为天子游猎之赋。上令尚书给笔札[④]。

汉武帝因读蜀郡成都文士司马相如（字长卿，前179～前117）《子虚赋》后，于建元三年（前138）召其入宫，相如愿为天子再作《游猎赋》，帝命尚书给以笔札。颜师古（581～645）注曰：“札，木简之薄小者也。时未多用纸，故给札以书”。“时未多用纸”指西汉初时还未更普遍用纸，并非无纸，才给札写赋。颜注告诉我们，司马相如时代纸与札并用为书写材料。

二　西汉中期

武帝末年，因挥霍无度和长期用兵，造成府库空虚，社会开始走下坡路。但至宣帝（前

① J. Needham, Grandeurs et faiblesses de la tradition scientifique chinoise, La Pensée, 1963, no. 111 (Paris).

② H. G. Wells, The outline of history. A plain history of life and mankind, ch. 29, §8 (New York: Doubleday, 1971)；吴文藻等译，《世界史纲》，629页（人民出版社，1982）。

③ 清·张澍辑，《三辅故事》，7页（二酉堂丛书本，约1820），原书为唐人作品。

④ 汉·班固著、唐·颜师古注，《前汉书》（100）卷57上，《司马相如传》，廿五史本第1册，601页（上海古籍出版社，1986）。

74～前49在位）刘询时又出现中兴。刘询（前91～前49）生长于民间，体察社会弊端。即位后励精图治，刷新吏政，推行汉初诸帝政策，使社会经济状况又有好的转机，造纸业也因而发展。昭帝、宣帝时期（前86～前49）相当西汉中期，纸的生产规模比前期逐步扩大，制造出的纸质量有改进，人们使用比过去较多，这从西北地区屯戍士卒用纸情况，可看到整个社会用纸的一个缩影。

宣帝时之纸出土者最多，如罗布淖尔纸、金关纸-Ⅰ及马圈湾纸Ⅰ等。前者质量差些，但后两者显然是用作书写纸的。其质量的明显改进，首先表现在白度的增加，达到40%以上，说明碱液蒸煮过程效率提高。其次是纤维帚化度增加，因而制出的纸较紧密，说明加强了舂捣过程。在首都长安，人们用的书写纸会比边塞士卒所用的好些，至少是一样的。写有字的查科尔帖纸，年代上限正是这一时期。查科尔帖在居延，而马圈湾在敦煌，二地都在今甘肃境内，罗布淖尔在今新疆，可见宣帝时所造的纸出土地点分布较广泛。宣帝时，匈奴已大为虚弱，前67年大将军郑吉发西域兵击车师（今新疆吐鲁番一带），遣吏卒屯田车师地。前60年，郑吉为西域都护，都护府设今新疆境内。匈奴更弱，不敢争西域。至五凤四年（前54），以边塞无事，减戍卒十分之二，但仍维持大军在甘肃、新疆屯戍。粮草就地自行解决，武器及其他军需则由政府经陇西源源供应。这就是麻纸在甘、新出土的历史背景。

三　西汉晚期

西汉至元帝（前48～前33）、成帝（前32～前7）时，社会又由盛而衰。成帝卒后，平帝即位，由大司马王莽（前45～后23）秉政，他后来干脆代刘氏为帝，因此西汉后期（前48～后23）实际是元、成、莽执政时期。在这个时期，西汉二百年的造纸生产获得总结性发展。成帝时的纸，出土者有马圈湾纸-Ⅲ及金关纸-Ⅱ，可见在陇右敦煌、居延地区仍有官兵继续屯戍。先是，前36年西域都护甘延寿发城郭诸兵及屯田吏士，攻郅支单于，破郅支城，杀单于。前33年，匈奴王呼韩邪朝汉，言愿为汉婿，元帝以后宫王昭君赐单于。单于请代汉守卫上谷至敦煌边塞，使汉取消备塞吏卒，朝廷未许。至成帝时，仍屯兵于原地，这是古纸在陇右出土的历史背景。

关于长安用纸情况，史书曾有所载。鸿嘉三年（前18），汉成帝立赵飞燕为皇后，她与其妹赵昭仪皆受宠，却多年无子。元延元年（前12），后宫曹伟能却早生皇子，赵昭仪忌恨，儿生十日，便将曹伟能打入后宫狱中。并遣狱丞籍武将两丸毒药用小张薄纸包裹，装入小绿箧中，强令伟能服之，终将她害死。同时还在纸上写了要伟能服此药之类的话。《汉书》卷97上就此写道：

> 客复持诏，记封如前，予［籍］武。中有封小绿箧，记曰：“告武，以箧中物、书予狱中妇人（曹伟能）”。武自临饮之（监视其饮之）。武发（打开）箧，中有裹药二枚赫蹏，书曰：“告伟能，努力饮此药，不可复入，汝自知之”①。

唐代史家颜师古注《汉书》上述记载时，引汉人应劭（140～206在世）《汉书集解音义》曰：“赫蹏，薄小纸也”。汉代将薄麻纸裁成小幅，作便条用，称为赫蹏。这个词看来可能是方言，不可将二字拆开分别解释。“裹药二枚赫蹏”，应读为“赫蹏裹药二枚”，可见此薄纸既

① 《前汉书》卷97下，《外戚传·孝成赵皇后传》，廿五史本第1册，34页（上海古籍出版社，1986）。

可写字，又可包装。过去人们猜测它是“絮纸”，是缺乏根据的，历史上并无所谓“絮纸”。公元前12年前后所造之纸概为麻纸。赫蹏的形制应是比敦煌附近出土的马圈湾纸-Ⅲ更薄些的麻纸，此纸正造于成帝时期。

王莽执政期间，造纸业发展进入一个高潮。英国李约瑟博士说：“科学史家可能对王莽有一种偏爱，除了由于他推行看来有合理性的改革之外，也还由于他无疑对他那时代的技术和科学有兴趣，如果可以这样称呼的话。正是在他的倡议下，中国史中第一次将科学专家召集到一起。史载元始四年（公元4）平帝大司马王莽‘征天下通知逸经、古纪、天文、历算、钟律、小学、史篇、方术、本草及以五经、《论语》、《孝经》、《尔雅》教授者，所在为驾一封轺传，遣诣京师（长安），至者数千人’。遗憾的是，他们商议的记录没有流传下来”①。王莽网罗天下异能之士达数千人，至京师举行大规模多学科研究，在当时世界也是罕见之举。他对来自各地的科学技术和人文科学的人材给以优厚待遇，任其发挥所长，其中可能包括造纸技师和巧匠。这些举措促进了科学、文化的发展。

图2-1　1990年敦煌悬泉遗址出土的西汉晚期字纸

王莽时代正是大学者刘歆（约前42～后23）和扬雄（前53～后18）等人学术活动的鼎盛时期。刘歆受王莽推荐，领五经、辑六艺、诸子、诗赋、兵书、术数、方技，校书于秘阁，总群书而成《七略》，绥和二年（前7）献上。王莽时内府秘籍，除原有简册、帛卷外，应当还有纸本。有迹象显示，他执政时，对新型书写材料纸有很大兴趣。迄今为止，写有文字的西汉纸出土者，多属王莽时期，这一点都不是偶然的，与王莽提倡用纸当有很大关系，这是符合他的个性的。在西北甘肃用纸地区，出土数量最多的纸，也制于王莽时期，如中颜纸、马圈湾纸-Ⅳ及Ⅴ、悬泉纸-Ⅱ、Ⅲ、Ⅳ（图2-1）等。

以前出土的西汉纸，除灞桥纸外多为屯戍大军所用，而这时还有京畿地区的平民用纸出

① J. Needham, Science and civilisation in China, vol. 1, pp: 109～110 (Cambridge University Press, 1954)；又参见《汉书》卷12，《平帝纪》。

土，分布地区更广。另一个值得注意的现象是，我们所见以前时期的出土西汉纸，多帘纹不显或呈织纹，为罗面纸模抄造，而这时期的纸则可见明显的帘纹，甚至能测出每根帘条直径为 3 毫米。这说明在王莽手下工作并受他保护的造纸业中异能之士，已用滤水性更好的帘面纸模抄纸。这是一个重要的技术举措。王莽时期的纸，尤其书写纸质地与宣帝时纸差不多，但抄纸效率明显提高。我们所见为下层人用的纸，长安上层人及宫中用纸当然会更好。

第二节　东汉造纸、用纸概况

一　东汉初期

西汉在发明造纸术之后，经历二百多年的稳步积累，已经为东汉造纸术打下基础，生产模式初步定型，但又进一步改进。我们可把东汉 196 年（25～220）的造纸划分为三个时期，即前期（25～88）、中期（89～157）及后期（157～220）。前期为光武帝、明帝（58～75 在位）及章帝（76～88 在位）时期。两汉之际社会上有一段时间处于战乱，造纸生产一度受到影响，但不久便恢复秩序，生产又得到回升。总的说来，东汉初期的造纸生产基本上维持在王莽时期的水平，原有的纸坊又继续开槽。创立东汉王朝的光武帝（25～57）刘秀，即位后多次发布释放奴婢、禁止对其残害的命令，又减轻赋税、兴修水利，精简官吏，加重尚书台的职能，以加强中央集权的政治体制。其继任者明帝（57～75 在位）刘庄（25～75）、章帝（75～88 在位）刘炟（57～88），继续整顿吏治，减免田租，兴修水利，又造成社会安定局面。明帝时政治清明，章帝为政宽厚，再次废除苛律五十多条，招群儒讨论经典异同，鼓励发展学校及学术研究。因此东汉初六十多年，似乎是西汉初兴盛时期的再现，造纸术此时在西汉基础上再次发展。

《后汉书·卷一上·光武帝纪》载，建武元年（25）六月二十二日刘秀即帝位于鄗（今河北高邑），“冬十月癸丑（十八日），车驾入洛阳，幸南宫却非殿，遂定都焉”。但车驾所载何物？东汉人应劭《风俗通义》（175）明确说：“光武车驾徙都洛阳，载素、简、纸经凡二千辆”。这个浩荡的庞大车队所载的都是至关重要的典籍和档案文件，分别写在素、简和纸上。在这位有知识的东汉开国皇帝看来，这才是国宝。我们认为车队所载纸本书物大部分仍是西汉尤其王莽时期写的典籍和档案。光武帝之所以看重，是因他要在新王朝重新制定各种典章制度及法令，这就需要参考以前的一切。光武帝要作的事情之一，是制定百官制度。

种种迹象表明，光武帝像王莽一样喜欢用纸作为书写材料。他对尚书台的设置便与纸的使用有密切关系。尚书令一职在西汉即有，只为少府属官，掌诏令、文书传递及保管。成帝初（前 32）将尚书令分为吏、民、客等四曹。光武帝对此加以扩充，提高其职能作用，增为六曹，由尚书令、尚书仆射、左右丞、六曹尚书组成尚书台，成为国家政务的中枢机构，至关重要。因处于宫禁殿阁中，又称中台或台阁。《后汉书·仲长统传》说，光武帝“政不任下，虽置三公，事归台阁”。《后汉书》卷 36《百官志》曰：“尚书六人，六百石。本注曰：成帝初，置尚书四人，分为四曹。……世祖（光武帝）承遵，后分二千石曹，又分客曹为南主客曹、北主客曹，凡六曹”①。世祖又规定：“左右丞各一人，四百石。本注曰：掌录文书期会。左丞主

① 《后汉书》卷 36，《百官志》，廿五史本第 2 册，80～81 页。

吏民章报及驺伯史；右丞假署印绶及纸、笔、墨诸财用库藏”。因而协助尚书令的右丞，主要掌管印章及宫内库藏纸、笔、墨等物的调拨。

与此同时，在少府又设“守宫令一人，俸六百石。主御用纸、笔、墨及尚书财用诸物及封泥”。即负责供应皇帝御用纸、笔、墨及尚书台所用各物之保管。光武帝于公元25年即位时，设立掌管纸的尚书台右丞及守宫令，说明东汉初期纸已成为内府书写材料。我们读《后汉书》，不应只抓住《蔡伦传》，还要看其余有关卷次。显而易见，尚书台右丞及守宫令决非东汉建立八十年之后（105）才设立的，因为在东汉初即已有之。光武帝死后，太子刘庄即位，是为明帝（57～75在位）。明帝闻西域有佛，遣蔡愔等赴天竺（印度），至月氏邀竺法兰来汉。永平十一年（68）在洛阳建白马寺，译《四十二章经》，为中国传播佛教之始。佛教的发展后来对造纸和印刷有很大影响。

史书又载明帝永平年（58～75）扶风平陵（陕西咸阳）人贾逵（29～101）献上《左氏传》、《国语解诂》五十一篇，受到重视，帝命写藏秘馆。章帝（76～87）特好《古文尚书》、《左传》。建初元年（76），诏贾逵入讲北宫白虎观，帝善逵说，使出《左传》大义，逵因以具奏。章帝嘉之，赐布五百疋、衣一袭。《后汉书》卷66《贾逵传》谈到这里时，接下写道：“［帝］令逵自选公羊、严、颜［之学］及诸生高材者二千人，教以《左氏［传]》，与简、纸经传各一通。”[①] 唐章怀太子李贤（654～685）注曰：“竹简与纸也”[①]。按战国人公羊高作《春秋传》，又称《公羊春秋》；西汉人严彭祖及颜安乐俱受《公羊春秋》，故公羊有严、颜之学。章帝令贾逵自选《春秋左氏传》公羊、严、颜之学为教材，并教诸生高材者二十人习之，给每人以竹简及纸写的经传各一部，以表示其注重这门学问。可见东汉初期一些重要儒家典籍已有了纸写本，但应当说这时仍是简、纸并用，不过用纸比过去多了。贾逵等学者曾以纸写作并校订纸本典籍，然班固著《汉书》之所以未提纸，一因西汉纸没有像他那时（东汉初）更为普及，二因在他看来已是很熟悉的东西，没有特别强调。班固又与许慎为同时代人，而许慎作为文字学家才于《说文解字》中提到纸，并为之下定义。但班固肯定是用过纸的。而东汉初期中州各地又成为另一些造纸中心，以供应首都之需要。

二　东汉中期

东汉中期和帝（89～105）以后，开始由盛而衰，统治者多短命，由幼主登极，外戚、宦官轮流柄政，皇位像走马灯一样频频更换。在经济上只坐享并消耗初期积累下来的成果。但科学、文化和教育事业却以新的势头发展，由于和帝时于102年即皇后位的邓绥（80～121）特别喜欢用纸，因而出现了像蔡伦（约61～121）这样的造纸革新家。邓绥作为皇太后临朝执政期间（89～121），造纸术获得迅速发展和推广，形成两汉期间另一高潮。桓、灵、献在位时的后期，基本上承继了中期造纸术的技术成就。尤其在献帝（189～220在位）时丞相曹操（155～220）执政期间，造纸业在北方广大地区得到发展，出现了左伯（165～226在世）这样的著名造纸技术家。如果说西汉时经济、文化重心在黄、淮河流域的北方，则东汉时则向华中及华南长江流域的南方转移，形成几个大的经济区域，后来造成三国（220～280）鼎立的局面，不过造纸术却因而在南北各地发展。

① 《后汉书》卷66，《贾逵传》，廿五史本第2册，152～153页。

这个时期热心用纸的统治者邓绥（81～121），是东汉开国功臣邓禹（2～58）孙女，六岁读史书，年十二通《诗经》、《论语》。诸兄每读经传，则下意难问，志在典籍，不问居家之事。和帝永元四年（92）被选入宫，十四年（102）冬立为皇后。《后汉书》谈到她即皇后位时说："是时万国贡献，竞求珍丽之物。自［邓皇］后即位，悉令禁绝，岁时但供纸、墨而已"①。此事发生于公元102年。比《后汉书》成书更早的东晋史家袁宏（328～376）《后汉纪》亦称："永元十四年（102）冬十月辛卯（二十四日），立皇后邓氏。后不好玩弄，珠玉之物不过于目。诸家岁供纸、墨，通殷勤而已"②。东汉人延笃（约97～167）等撰《东观汉记》（约120）亦曰："和熹邓后即位，万国贡献悉禁绝，惟岁供纸、墨而已"③。

这些确切史料都说明在和帝永元初年（89～100），除河南外，其他一些省份亦有造纸生产，我们认为这些地区应包括今陕西、湖南、山西、山东及安徽等省，甚至还可能有南方别的省。邓皇后非同一般女性，博学多才，尚节俭，爱读书写字，不好玩弄珠玉，故于102年即皇后位后，罢各地贡献珍贵之物，"惟岁供纸墨而已"。这样一来，各地为通殷勤，竞相将佳纸、良墨贡上，客观上促进了造纸术的发展。邓皇后即位时，值和帝晚年，元兴元年（105）十二月和帝刘肇（79～105）死。立少子刘隆为皇太子，生甫百日即帝位，是为殇帝，尊邓皇后为皇太后，临朝听政。但不满一岁，殇帝又死，立清河王刘庆之子刘祜为帝，是为安帝，仍由邓太后临朝。她在位二十年，称制终身④。

邓太后还兼通天文、算数，永初四年（110）诏刘珍（约67～127）及博士、议郎五十余人校定东观所藏五经、诸子、传记、百家艺术，整齐脱误，是正文字，是一次大规模典籍整理工作，无疑，其所奏上之善本尽写于纸上，形成大规模用纸的高潮。邓太后临朝时，正是蔡伦活动的时期，由于他主持尚方造纸，又使造纸术得到进一步发展与推广。对此，将在下一节中详加介绍。

接下是顺帝（126～143在位）、桓帝（147～167），至桓帝永寿年（155～157）仍可归于这个时期。我们还可以从以下事例看到该时期确是用纸的普及时期。隋代虞世南（558～638）《北堂书钞》（630）卷104引东汉学者崔瑗（78～143）致其友人葛龚（字元甫，73～143在世）信中说："今送《许子》十卷，贫不及素，但以纸耳。"意思是说，送上的《许子》十卷手抄本，本应写在帛素上表示敬意与郑重，但因家贫而用不起，只好用纸写了。"贫不及素"后来便成了一个历史典故。这个故事使我们联想到发生在阿拉伯帝国与此意义相反的故事。埃及出土9世纪（883及895）两封阿拉伯文写的致谢信，信尾说："此信用莎草片写，请原谅"⑤。意思是，应当用纸写信表示郑重，但手头没有，只好用莎草片了。可见中国因为纸便宜，才不用素，而几百年后阿拉伯因纸较贵，才用莎草片。这就看出中国对纸的普及程度，早于西域几百年。

我们还可以举出一些事例。《后汉书》卷94《延笃传》云："延笃（约97～167）字叔坚，

---

① 《后汉书》卷10上，《和熹邓皇后传》，廿五史本第2册，34～36页。

② 晋·袁宏，《后汉纪》卷14，《和帝纪》，12页（四部丛刊·史部，1926年影印本）。

③ 汉·延笃，《东观汉纪》，载《太平御览》（983）卷605，第3册，2722页（北京：中华书局，1960）。

④ 《后汉书》卷10，《邓皇后纪》，廿五史本第2册，35页。

⑤ T. F. Carter, The invention of printing and its spread westward, 2nd ed. rev. L. C. Goodrich, p. 99 (New York, 1955).

南阳犨（今河南犨县）人也。少从颍川唐溪典受《左氏传》，旬日能讽诵文，典深敬焉”①。唐李贤注释《后汉书》引《先贤行状》曰：“笃欲写《左氏传》，无纸。唐溪典以废戕记（有字废纸）与之。笃以戕记纸不可写《传》，乃借本诵之。”①唐溪典（69～145在世）字季度，颍川（今河南禹县）人，以治经学闻名，出为西鄂长，与马融（79～166）为同辈人。《太平御览》（983）卷616引《先贤传》曰：“延笃从唐季度受《左氏［传］》，欲写《传》本，无纸，乃借本诵之。及辞归，季度曰：‘卿欲写《传》，何辞归？’答曰：‘已诵之矣’”②。可见延笃的老师唐溪典早年所藏的《左氏传》已用纸写，还将纸赠给学生抄书用，但学生记忆力好，所需部分一见即可背诵，遂辞归。后来延笃又从马融受业，桓帝时以经学博士征拜议郎。

三 东汉末期

东汉造纸的第三个时期即最后一个时期（157～220），相当于桓帝后期（158～167）、灵帝（168～188）及献帝（189～220）时期。此时社会动荡不安，战事多起，各种军事力量互相交锋，刘氏王朝已至灭亡前夕。中期一度繁盛的造纸业，自然会受到影响。后因群雄各据一方，又在所辖地区有了新的纸坊，造纸地点反而增多，技术上仍保持原有水平，除麻纸外，楮皮纸也一度发展。人们仍保持越来越广泛地用纸的势头。《北堂书钞》卷104还为我们提供另一个例子，大约发生于桓帝在位期间。

延笃（约97～167）答张奂（104～181）的信中写道：“惟别三年，梦想忆念，何月有违。伯英来惠书四纸，读之反复，喜不可言。”按东汉时著名书法家张芝（117～192在世）字伯英，敦煌人，其书法受崔瑗影响，但自成一家，被称为“草圣”，又善制笔。东汉书法较两汉大有进步，名家辈出，我们认为不能不说与纸的普及有关。纸特别能使书法家充分发挥其艺术创作才能，笔走龙蛇挥于纸，法书神品传后世。

献帝时已帝权旁落，先受董卓控制，后为曹操（155～220）挟制。曹操与东汉末大学者蔡邕友善，闻其女蔡琰（字文姬，约162～242）被匈奴掳去，遂以重金赎回。建安十三年（208），蔡文姬嫁于屯田都尉董祀，此时曹丞相问文姬曰：

> “闻夫人家先多坟籍，犹能忆识之否？”文姬曰：“昔亡父赐书四千许卷，流离涂炭，罔有存者。今所诵忆，才四百余篇耳。”操曰：“今当使十吏就夫人写之。”文姬曰：“妾闻男女之别，礼不亲授，乞给纸、笔，真草唯命。”于是缮书送之，文无遗误③。

曹操是文武兼备的雄才，在他柄政的汉末建安时期（196～219），文化为之一盛，造纸术也得到发展，曹氏父子及周围的人皆以纸书写。因而这时出现了著名造纸技术家左伯（165～226在世），并非偶然。唐人张怀瓘（686～758在世）《书断》（约735）卷一云：“左伯字子邑，东莱（今山东黄县）人。……擅名汉末，又甚能作纸。汉兴，用纸代简，至和帝时蔡伦工为之，而子邑尤行其妙”④。造纸家左伯所在的胶东，汉以后直到宋代仍以麻纸称著。至此，我们已

---

① 《后汉书》卷94，《延笃传》，廿五史本第2册，226页。

② 宋·李昉，《太平御览》（983）卷616，《学部·读诵》第3册，2770页（北京：中华书局，1960）。

③ 《后汉书》卷114，《列女传·董祀妻传》，廿五史本第2册，286页。

④ 唐·张怀瓘，《书断》（约735）卷一，6页（武进陶湘涉园刻本，1928）。

就所掌握的从西汉初至东汉末有关用纸的文献记载及出土古纸逐一作了介绍，并将这些资料加以概括，分二大阶段六个时期加以叙述，大致可看出个梗概。

西北地区西汉麻纸出土较多，而很少东汉纸，因出土纸的军事据点从西汉末多废置。东汉以来这些地方便不再屯戍部队，可能因这些地点的水源断绝，或因东汉在别处部署军队。但东汉纸也时有出土，如斯坦因(Mark Aurel Stein，1862～1943)1901年在新疆罗布淖尔发掘的两片纸，其中一片9×9厘米，白色，薄麻纸，正反面均写有文字，四字一韵，为父兄教诫子弟之书。罗振玉（1866～1940）从字迹断定“笔意亦极古拙，当为汉末人所书，海头（罗布淖尔）所出之书，以此为最古矣”①。我们同意这个判断，因纸上“永”、“衣”字有篆意，而“其”、“存”又有隶意，至迟是东汉末，或稍早些。另一纸12×4.6厘米，纸上有“书浮叩头/薛用思起居平安”等字，看来是一封书信。“薛”等字与我们所见魏晋人用字不同，此亦当为东汉纸①（图2-2）。1959年，新疆民丰东汉夫妇合葬墓中发现木乃伊尸体，尸体近处有揉成团的纸，纸上粘满了黛粉，很可能供妇人描眉之纸②。总的说，出土东汉纸仍嫌少，今后可能会有新发现。从现存少数样品看，东汉纸像西汉纸一样，质量高低不一，视用途而定。但尚方所造御用纸，肯定是很好的。

图2-2 新疆出土东汉书信，见《流沙坠简》第一册（1914）

第三节 造纸术革新家蔡伦

一 蔡伦的宦者生涯

蔡伦（约61～121）是作为造纸技术革新家，而活跃于东汉中期的历史舞台上的。《后汉书》卷108对他的生平作了如下记载：

蔡伦字敬仲，桂阳（今湖南丰阳）人也。以永平末（75）始给事宫掖。建初中（76～86）为小黄门。及和帝即位（89），转中常侍，豫参帷幄。伦有才学，尽心敦慎，数犯严颜，匡弼得失。每至沐浴，辄闭门绝宾客，暴体田野。后（91）加位尚方令。永元九年（97），监作秘剑及诸器械，莫不精工坚密，为后世法。自古书契多编以竹简，其用缣帛者谓之纸。缣贵而简重，并不便于人，伦乃造意用树肤、麻头及敝布、鱼网以为纸。元兴元年（105）奏上之，帝善其能，自是而莫不从用焉，故

① 罗振玉，《流沙坠简》第2册，《简牍释文·释三》，6～9页；第1册，《图片》，3，39页（上虞罗氏宸翰楼印本，1914）。

② 李遇春，新疆民丰县北大沙漠中古遗址区东汉合葬墓清理简报，文物，1960，6期。

天下咸称“蔡侯纸”。

元初元年（114），邓太后以伦久在宿卫，封为龙亭侯，邑三百户，后为长乐太仆。四年（117），帝以经传之文多不正，乃通儒谒者刘珍及博士、良史诣东观，各雠校汉家法，令伦典其事。伦初受窦后讽旨，诬陷安帝祖母宋贵人。及［邓］太后崩（121），安帝始亲万机，敕使致廷尉。伦耻受辱，乃沐浴、整食冠，饮药而死，国除①。

唐章怀太子李贤注引晋人庾仲雍（290～370在世）《湘州记》（约340）曰：“丰阳县北有汉黄门蔡伦宅，宅西有一石臼，云是伦舂纸臼也。”①此《蔡伦传》有各种外文译本②③④⑤。

对蔡伦的身世，我们拟补加一些解说。他于明帝永平末年始从南方选入宫为宦者，时当公元75年，古时多选十几岁幼童入宫，由此推算他约生于永平三年（61）。入宫后，需先认字并习宫内礼法，时明帝已死。章帝即位后，建初中（76～86）始为小黄门，即小黄门侍郎，掌宫内外公事转达、引领诸王朝见、就座等事。78年，章帝与宋贵人（约61～78）生皇长子刘庆，次年立为太子，同年（79）梁贵人生皇子刘肇。但78年立为皇后的窦氏则无子，窦后忌恨二贵人，先离间章帝与宋贵人疏远，继而指使黄门蔡伦诬陷宋贵人“挟邪媚道”⑥，逼其自杀，废太子刘庆，贬为清河王⑦。窦后再夺梁贵人所生刘肇为其养子并立为太子，梁贵人亦致死。88年，章帝崩，窦皇后将刚十岁的养子立为帝（和帝），自称皇太后，临朝听政。窦太后临朝后，以蔡伦有前功，遂擢其为中常侍，秩二千石，掌持左右、出入内宫，赞导内众事，顾问应对给事⑧，故得“豫参帷幄”过问政事，历史上宦官与政始于此。89～97年间，窦太后与其家人窦宪等专政。此时蔡伦以尚方令身分监制秘剑及诸器械，以其质优而为后世效法，朝廷善其能。

公元97年，窦太后死，和帝亲政，尽除窦党，中常侍蔡伦又侍奉新主，一时未被株连。102年，邓绥册封皇后之后，蔡伦知她素来喜欢纸，遂监制良纸以供其用。元兴元年（105）奏上之，实际上是献给邓皇后的，因是年和帝重病在身。和帝卒后，邓绥作为皇太后临朝，仍重用蔡伦，114年封其为龙亭侯，封地在今陕西洋县，食邑三百户。“列侯封邑，小大不同，而其位序，则与公、卿相配”⑨。大县侯位视三公，小县侯位视上卿，乡、亭侯位视九卿秩也”。此后再加封为长乐太仆，秩二千石，相当于大千秋。龙亭侯蔡伦，兼中常侍、长乐太仆二职，不但可直接出入皇帝宫室，亦可出入皇太后宫室，其实际职权及俸录都在九卿之上。如将官员月俸以米折算，则太府卿、太常卿及太仆卿为1800斗，蔡伦三职共得2500斗，只有三公月得3500斗⑩，而州刺史不过700斗，则蔡伦月俸仅在三公（太尉、司徒、司空）之下，而居

---

① 《后汉书》卷108，《蔡伦传》，廿五史本第2册，262页（上海古籍出版社，1986）。

② A. Blanchet：Essai sur l'histoire du papier，pp. 13～14（Paris：E. Lereoux，1900）。

③ F. F. Carter：The invention of printing in China and its spread westward（1931），2nd ed. rev. L. C. Goodrich，p. 5（New York：Ronald Press，1955）。

④ Tsien Tsuen-Hsuin：Written on bamboo and silk，p. 136（University of Chicago Press，1962）。

⑤ 桑原陟藏，紙の歴史，藝文，1911，9～10号，東洋文明史論叢，95～115頁（東京：弘文堂書房，1934）。

⑥ 《后汉书》卷10上，《窦皇后传》，廿五史本第2册，34页。

⑦ 同上，卷85，《清河孝王刘庆传》，同上本第2册，200～201页。

⑧ 宋·徐天麟，《东汉会要》卷34，《职官六·宦官擅政》，351，353，363，284页（上海古籍出版社，1978）。

⑨ 同上，257页。

⑩ 宋·徐天麟，《东汉会要》卷34，《职官六》，307页。

九卿之上。有人说蔡伦“清苦”，恐非如此。公元110年，邓太后命谒者刘珍与五经博士校定东观五经、诸子书，《后汉书·邓皇后传》未提蔡伦参与此事，而在《蔡伦传》中说“令伦典其事”，这是有可能的，因“伦有才学”，其政宦生涯也至此达到高峰。

汉安帝即位时，仍由邓太后临朝，而太后又信任蔡伦，致令其权势愈大。待121年邓太后死，安帝亲政时，情势突变。安帝生父刘庆（78～107）于章帝时已立为太子，因窦后指使蔡伦诬谄太子生母宋贵人致死，又使太子刘庆被废。因而安帝亲政时，要为已故皇祖母及皇父申冤，遂立案审理迫害皇祖母事，敕廷尉传讯蔡伦。他自知罪不可赦，遂于121年饮药自尽。卒后，朝廷削其侯位，除其封国，财产充公。当时究竟葬于何处，仍是问题，恐怕不会在洋县，因已除国。作为罪臣，可能由宫人于洛阳郊外就地埋葬。蔡伦75年入宫后，46年间为宦者，奉侍过五个年幼的皇帝、两个年轻的皇后和皇太后，地位节节上升，但最后却死得很悲惨。从政绩上看，他没有什么作为可称道的。

二　蔡伦对造纸术的贡献

应当说，从公元91年中常侍蔡伦兼任尚方令起，却作了有益于工艺技术发展的好事，其中以对造纸术的革新最为重要。《后汉书·百官志》载尚方令“掌上手工作御刀剑诸好器物”。蔡伦在任期，尚方所制具有铭文的刀、弩、铜、镫等物，过去曾有出土，如永元二年（90）铜镫、永元七年（95）铜弩机及元兴元年（104）尚方造铜弩机等①，制造精良。为此，他常常走出黄门而暴体田野，到冶炼、铸造、锻造现场了解情况、亲自监督，因而也掌握了有关这方面的技术。由于这些金属器物是供皇家御用的，质量及外观造型都要求很高，实用性要求更高，制造过程中必然精工细作，蔡伦又懂得如何掌握各制造环节，因此这些产品是通过当时的高技术制造出来的。

身为尚方令的蔡伦，自知有责任为朝廷日用提供更好的纸，他任中常侍以来也切身体会到推广用纸的必要性，因此更注重于造纸技术的革新。他曾前往今河南境内各造纸工场，了解制造过程并发现能工巧匠，再在尚方所属工厂精工制作。首先是制造麻纸，原料用破布、绳头和用过的鱼网，其中用旧鱼网造纸较困难，因为它由细麻线编成很多小的网结，不易捣碎；又用猪血、桐油处理过，也不易排除。西汉及东汉初期多以破布、绳头造纸，用鱼网造纸可能由蔡伦推广。这就扩大了麻纸的原料供应。鱼网多是南方人在江河捕鱼用的，北方虽有，但不及南方多。而蔡伦来自湖南，如前所述，有可能在他还是幼童时湖南已经造纸，那里是鱼米之乡，这使他想到以鱼网造纸。

除前引《湘州记》外，郦道元（469～527）《水经注》（约525）卷39《耒水》云：“西北迳蔡洲，洲西即蔡伦故宅，旁有蔡子池。伦，汉黄门。顺帝（应为和帝）之世，捣故鱼网为纸，用代简、素，自其始也”。晋人张华（232～300）《博物志》（约290）也说：“桂阳人蔡伦始捣故鱼网造纸”②。看来都强调这一点，是不无道理的。蔡伦既主持尚方以故鱼网造纸，根据我们的模拟实验，就要强化蒸煮及舂捣过程，否则不能使之成浆。南方盛产竹，人们编织篾器是行家里手，因而蔡伦主持的造纸采用了帘面纸模，尤其是竹帘，使之得到进一步的推

① 陈直，《两汉经济史料论丛》，150～152页（陕西人民出版社，1958）。

② 晋·张华，《博物志》（约290），125页（北京：中华书局，1980）。

广应用。

蔡伦对造纸术所作的最大贡献，应当是他主持研制了以木本韧皮纤维造出皮纸。《后汉书》只谈用“树肤”，即树皮，什么树皮没有指出。但三国时魏博士董巴（200～275在世）《大汉舆服志》曰：“东京（洛阳）有蔡侯纸，即伦［纸］也。用故麻名麻纸，木皮名縠纸，用故鱼网作纸，名网纸也”①。这是个重要记载。縠即楮，为桑科木本植物构（*Broussonetia papyrifera*），在中国既有野生，也有栽培，是一种优良造纸原料。三国时吴人陆玑（字元恪，210～279在世）《毛诗草木鸟兽虫鱼疏》（约245）云：

> “縠，幽州（今河北）人谓之縠桑，或曰楮桑；荆、（今湖北）、扬、交、广［州人］谓之縠，中州（今河南）人谓之楮桑。……今江南人绩（织）其皮以为皮，又捣以为纸，谓之縠皮纸”②。

可见蔡伦于中州研制的楮皮纸，很快就在江南加以推广，三国时人造皮纸当然继承了东汉的技术。中国至迟在西汉时已用楮皮纤维纺线织布了。1907年斯坦因在新疆就曾发掘过西汉中期（前1世纪）时制成很细的黄色布料，经哈诺塞克（Hanausek）化验，“内含桑科植物的树皮纤维，很可能是楮树”③。楮布、麻布、葛布都是中国古代衣着材料，而且都由植物纤维通过纺织方法制成。可以想到，西汉至东汉前期造麻纸时，在收集破布原料过程中，很可能也将由楮纤维织成的破布混入麻布之中，因而不自觉地造出含少量楮纤维的麻纸。将不自觉过程变成自觉过程，这中间有个认识上的飞跃和对传统造纸观念的突破。思想敏锐的蔡伦完成了这个突破，自觉以野生楮树皮捣、抄造纸。这是很了不起的。而西方人用单一破布造纸持续几百年，还没想到可用破布以外的野生纤维造纸，直至18～19世纪才达到2世纪蔡伦那样的认识。当然，研制楮皮纸要经历一些摸索性的实验。因为用楮皮比用楮皮布造纸更困难，要用不同的工艺处理方法。

经过较长时间的努力，蔡伦成功地实现了其预定目的。按已有技术从破布、麻绳头制成洁白平滑而匀细的麻纸，又从破鱼网制成麻纸，还以楮树皮制成楮皮纸。元兴元年（105）除献纸给朝廷，同时又提出推广用纸的奏议。同年十二月，汉和帝病故，蔡伦献纸不详于何月，很可能在和帝死以前，看到纸和奏议后予以嘉奖并敕令依议推行，“自是而天下莫不从用焉”。

虽然蔡伦之前早已有纸，但他的历史贡献还是不能抹杀的。归结起来，他的贡献如下：第一，他总结了西汉、东汉初期和同时期人造麻纸的技术经验，组织生产一批优质麻纸，还用破鱼网为原料制出麻纸，扩大了麻纸制作原料，改进了麻纸技术。他还提出推广生产和使用纸的建议，得朝廷采纳。因而他是造纸术的革新者和推广者。第二，他主持研制以楮皮造纸，完成以木本韧皮纤维造纸的技术突破，进一步开辟了造纸的新的原料来源，推动了造纸术的发展。皮纸的制成是重大技术创新，蔡伦是这一创新的倡导者。楮皮纸后又引导出桑皮纸、瑞香皮纸、藤皮纸等一系列皮纸的出现，成为主导纸种之一。楮纸此后在造纸领域内领千年风骚，直至今日。总之，蔡伦是承前启后的造纸术革新家，对造纸术发展作出了很大的新贡献。

蔡伦年幼时被迫卷入后宫夺权的政治漩涡中，现在分析起来，乃不得已而为之。因为阴

---

① 参见《太平御览》卷605，《文部·纸》，第3册，2724页（北京：中华书局，1960）。

② 三国·陆玑，《毛诗草木鸟兽虫鱼疏》（约245），29～30页，《丛书集成》本（上海：商务印书馆，1936）。

③ A. Stein, Serindia. Detailed report of exploration in Central Asia and Westernmost China, p. 650 (Oxford: Clarenden, 1421).

险狠毒的窦皇后受宠，指使他害宋贵人，只好从命，否则自己可能被杀。但宋、梁二贵人的惨死及二皇子失母厄运，在他心中产生阴影，而感到内疚。他的中常侍之职是以皇族数人的惨死和痛苦换取来的，他的良心在责备自己。窦太后临朝后，窦家飞扬拔扈，甚至欲杀死和帝。这时蔡伦看不下去了，“数犯严颜，匡弼得失”，他对中常侍差事已感到厌倦，于是奏请兼任尚方令。按职官制度，这是违反常例的，此二职地位相差悬殊，业务上也毫不相关。为什么要这样作呢？料想蔡伦从青年（27岁）起逐渐成熟，为人谨慎，极力避免再陷入危险的政治漩涡中。因此每次加官进爵，都闭门谢绝宾客来贺，自己躲在洛阳郊外。“每至沐浴”，为“每至沐浴圣恩”之省语，意即加官进爵。有人将“每至沐浴……暴体田野”释为“每五日休息沐浴”[①]或搞日光浴锻炼，都是错误的理解。蔡伦为避开政务，想找个离开宫墙的兼职。尚方令最为合适，可以出宫到各地生产作坊调查，从事纯技术性的工作。这样，他在宫内的事，便可由其他中常侍代行。他对这项技术工官工作是尽心尽职的。假如他不这样，充其量不过是个宦官而已，后来就不会在冶炼、造纸方面作出贡献。此为明智的选择，他终于在技术工作中作出对大众有益的好事。历史表明他功大于过，他虽不一定是很好的宦官，却是位很好的技术家。

三　评蔡伦发明纸说之由来

我们用事实证明造纸术起源于西汉，又给东汉蔡伦以应有的地位，是否会使中国这项发明黯然失色呢？否。这既能说明此发明源远流长，蔡伦的作用又没有被否定，是易被大家接受的较为稳妥的处理方式。造纸术这样的重大发明，像古代其他重大发明一样，不可能是某个个人在某一天突然完成的。蔡伦在总结西汉已有造纸成就的基础上，又加以革新和发展，使这项发明增光添彩，这是顺理成章的事。不能为突出蔡伦的作用，而否定在他以前二百年造纸史的客观存在。那么蔡伦发明纸之说是怎样形成的，这个问题需要分析。

蔡伦的最早传记见于汉末他同时代人编的东汉国史。据唐人刘知己（662～721）《史通》（710）《古今正史》篇的考证，明帝时（58～75）诏令刘珍、班固等编修本朝历史，桓帝元嘉元年（151）再令崔寔、曹寿补编《外戚列传》，后又由曹寿、延笃续编《蔡伦传》等。全书共104篇，最后成书于桓帝之时（151～166），名之为《东观汉记》。此书唐以前列为正史，经五代战乱，至宋代已逐步亡佚。据唐人虞世南（558～638）《北堂书钞》（630）卷104、欧阳询（557～641）《艺文类聚》（620）卷58及徐坚（659～729）《初学记》（700）卷21所引《东观汉记·蔡伦传》，皆曰：“黄门蔡伦，典作尚方造纸，所谓蔡侯纸也”。这应是《汉记》原文，因唐时此书仍在。“典作尚方造纸”，意思是主持尚方造纸。蔡伦造纸时并未封侯，待封侯后，尚方造纸可能一度称为“蔡侯纸”。但曹寿写传时蔡伦侯位已被削去，故加“所谓”二字。可见蔡伦的同时代人记载了他的造纸活动，但并未认为造纸始于此人。

南北朝以前，史书提到蔡伦主持用破布、麻头造出佳纸，又始倡用楮皮、鱼网造纸，这是可信的。当《东观汉记》亡佚后，元、明时便以南北朝人范晔的《后汉书》替补为东汉正史。范晔写《后汉书》主要取材于《东观汉记》，但写蔡伦传时，将其新贡献与前人贡献混在一起了，说成都是蔡伦的发明，这种“史裁”欠妥。范晔这样作，可能受张揖《古今字诂》

① 毛乃琅，蔡伦的才华和发明造纸的基点，《纸史研究》，1985，1期，24页。

（232）的影响，后者将蔡伦前纸称“古纸”，或“幡纸”即丝织物，将蔡伦以后的纸称“今纸”，即植物纤维纸，从而混淆了丝织物与纸的区别。现在我们知道，丝织物不是纸，而蔡伦前的纸也是植物纤维纸。因此《古今字诂》中的观点是不正确的。唐代学者之所以怀疑蔡伦发明纸，原因之一是他们注意到《东观汉记·蔡伦传》并非这样讲的，而此书当时是正史，也是权威的原始史料。

范晔引古史资料，在其《后汉书》中不少地方谈到蔡伦前用纸的事例，但在《蔡伦传》中却说纸是蔡伦发明的，这显然自相矛盾。为自圆其说，他断言蔡伦前的纸都是缣帛，而这又与考古事实相矛盾。其所以陷入双重矛盾，症结在于把真伪史料混杂在一起，未予考证辨伪，更没有用统一的观点统率全书各处。他的说法遭到唐、宋学者的反对，是理所当然的。明清以后，人们看不到《东观汉记》原作，看到的是《后汉书》。《东观汉记》虽有清人辑本，如武英殿聚珍本（1777）及《四库全书》本（1782），皆据明《永乐大典》（1407）辑出。而《大典》既引《后汉书》，又引唐人载《东观汉记》片断，清人难以分辨是非，因此今辑本不能反映原作真貌。清代以来因受《后汉书·蔡伦传》误导，将蔡伦奉为“造纸祖师”，为他立祠建庙以行祭祀，遂在造纸行业中形成传统。这里我们分析了误将蔡伦当成造纸术发明者的一种历史原因，读者不可不察。现在该是消除范晔就造纸术起源所造成的历史误会的时候了。

最后，我们想用下列话来结束本节：

念奴娇　咏两汉纸史
考古洪流，
驳范晔，旧说实非信史。
西北发掘举力证，
前汉始造麻纸。
敝布绳头，
捣抄制成，
代帛简纪事。
巧匠发明，
原出三秦故址。

后汉蔡伦当年，
典作尚方，
集群策群智。
洛阳造纸推新料，
倡用鱼网楮皮。
承前启后，
技术革新，
且推而广之。
汉人业绩，
功垂千秋百世。

第四节 两汉造纸技术及设备

一 探讨汉代造纸技术的模拟实验

现在进而讨论汉代造纸技术，主要是造麻纸技术。麻纸历史最为悠久，而从汉代至唐代（前2～后10世纪）千余年间麻纸产量最大。我们二十多年来检验敦煌石室、甘肃及新疆出土唐以前纸样中，麻纸占80%，传世唐以前法书、绘画也大多是麻纸。因此早期造麻纸技术值得研究，但这方面史料甚少，可以说是项空白。明代宋应星《天工开物·杀青》是较全面叙述造纸技术的作品，其中谈到竹纸和皮纸，但未谈麻纸。唐以前著作只谈麻纸原料及剉、捣、抄个别工序的有关字，没有系统技术说明。造纸实践告诉我们，上述工序虽不可少，但仍造不出纸来。

出土古纸为我们研究早期麻纸技术提供实物资料，通过分析化验导出的结论，可加深对古纸技术特征的认识。同是汉代纸，同一时期或不同时期所用者，质地也有高下及精粗之分，从中可看出它们之间的差别，由此又推出次等纸到高级纸之间制造技术的演变。次等纸例如灞桥纸特点是：表面有较多纤维束和未松解的线头，纤维交织不够紧密，分布不匀，外观呈浅黄色、白度不高（25%），纤维帚化度较低。较好的纸如金关纸的特点是：表面仍有纤维束及线头，但不是太多，纤维交织较紧密，分布较匀，然整个纸厚度仍不匀，外观呈白色、白度较高（40%），纤维帚化度明显提高。西汉早期纸呈织纹，后期纸呈帘纹。掌握这些特点，对之作技术上的分析，通过模拟实验，将模拟物与各出土实物作比较，便可确知哪种模拟方案产物接近原来的纸，从而推断其制造过程。为此，掌握现存民间用传统手工方式造麻纸的技术是必要的，它将为模拟实验提供技术启导。今天的麻纸是从昨天和前天的麻纸演变下来的，而了解今天的麻纸技术形态可能是了解其古代技术形态的关键。

基于上述考虑，为解开汉代造麻纸的技术之谜，笔者在对出土汉纸化验后，便前往手工造纸区，对麻纸制造技术作了实地调查，并参加整个生产过程的实际劳动，以求得到直观认识及切身感受。这是在古书堆里学不到的。现将1965年笔者在陕西凤翔纸坊村所调查到的麻纸制造工序开列于下：

（1）浸湿破布麻料→（2）切碎→（3）碾料→（4）洗涤→（5）制备石灰水→（6）将麻料与石灰水共碾→（7）麻料与石灰浆堆沤→（8）将浆灰麻料蒸煮→（9）洗涤→（10）细碾→（11）洗涤→（12）配纸浆并搅拌→（13）捞纸→（14）压榨去水→（15）晒纸→揭纸→（16）整理打包。

在上述工艺流程中有16道基本工序，有的工序重复操作三次，如碾料及洗涤，即所谓三碾三洗。这个较复杂的流程，显然是从汉代以来逐步发展起来的，虽然早期不一定有这么多工序，但其中某些必然也包括汉代时用过的，问题在于找出是哪些工序。应当说，唐以前著作中所谈汉纸以剉、捣、抄三工序，即切碎、舂捣和抄造是必不可少的工序。因原料如破布、绳头之大小、长短及形状参差不齐，不事先切成大体一致的小块，难于在以后作任何处理。但只靠切碎还得不到分散的造纸用纤维，必须借机械力舂捣（以石碾碾之，亦起同样作用），才能最后成浆。而从分散的纤维形成纸片，只有经抄造过程才能实现，这是造纸与纺织不同的一道工序。而实践还告诉我们，要实现这三道工序，还必须辅之以相应的工序。为将原料切碎，必先以水将其浸湿，使之润胀，否则，干切是难以下刀斧的。原料既是废料，总会有尘土等杂物，故切后还必须洗涤，既可洗去泥土，又可使麻料润胀，便于舂捣。抄造前，将捣碎的麻料与水配成浆液，不断在槽中搅拌，这个工序也是必须的。抄造后，只有通过干燥脱水，才能最后成纸，而最简单的方法是日晒。经过这一分析，早期造纸至少应有下列最起码的八步工序：

(1) 浸润破布原料→ (2) 切碎→ (3) 洗涤→ (4) 舂捣→ (5) 配浆液并搅拌→ (6) 抄造→ (7) 日晒→ (8) 揭纸。

我们在手工纸厂用上述八步工序，以废旧麻布、绳头为原料试造麻纸，这就是我们模拟实验的第一方案。捣料用杵臼，抄造用马尾罗面制成的固定式纸模。所得产物的纤维分布类似现今建筑材料“麻刀”，色黄，质地粗厚，松散易裂，强度甚小，无法与任何汉纸相比。可以说还没有进入纸的范畴，当然不能发挥纸的功用。注意，此方案只是机械力起作用，麻料未作任何化学处理，结果是不佳的。这说明汉代造纸还应有更多的工序。从上述八步工序过渡到今凤翔的 16 步工序，中间有一些技术阶梯，可能有 11 个阶梯。我们分别拟定出相应的 11 个方案，用古老设备按手工方式作模拟实验。再将历次模拟产物与出土汉纸逐一作技术对比。凡重要的方案，都重复作 2～3 次实验，以排除偶然机遇。为与实际生产状况接近，我们每次实验取小规模生产方式，即取用破布、绳头原料为 20～25 公斤，用实际生产设备（杵臼、抄纸槽等）操作，所用原料也接近实际生产所用者，即本色或有颜色的破布、绳头、麻鞋、麻袋片及旧鱼网等。当然，这样作要消耗很多时间和体力，但我们认为这是值得的。现将历次模拟实验结果开列于表 2-1 之中①。

表 2-1 野外模拟实验结果一览表

实验编号	各实验方案所采用的技术工序																模拟产物特征描述
	1	2	3	4	5	6	7	8	9	10	11	12	13	14	15	16	
Ⅰ	浸湿	切碎	舂捣	洗涤	打槽	抄纸	晒纸	揭纸									纸色黄，似麻刀，极粗厚，纤维束布满表面，松散易裂，没有进入纸的范围，原料为麻鞋底及绳头
Ⅱ	浸湿	切碎	洗涤	舂捣	洗涤	打槽	抄纸	晒纸	揭纸								纸色浅灰，粗厚，纤维交结不匀，未打细，拉力差，有大量绳头存在，比西汉纸粗糙。原料为麻布、鱼网
Ⅲ	浸湿	切碎	浸灰粒	舂捣	洗涤	打槽	抄纸	晒纸	揭纸								纸灰色，极粗厚，拉力差，纸表有灰粒，不能使用，比西汉纸原始。原料为麻头、故布

① 潘吉星，从模拟实验看西汉造麻纸技术，文物，1977，1 期，51～58 页。

续表 2-1

实验编号	各实验方案所采用的技术工序 1	2	3	4	5	6	7	8	9	10	11	12	13	14	15	16	模拟产物特征描述
Ⅳ	浸湿	切碎	洗涤	浸灰水	舂捣	洗涤	打槽	抄纸	晒纸	揭纸							纸浅米色，粗厚，间有纤维束，纸硬，较滞手，只正面较平，反面凹凸不平，与西汉纸相近，原料为麻头、故布、鱼网
Ⅴ	浸湿	切碎	洗涤	舂捣	洗涤	舂捣	洗涤	打槽	抄纸	晒纸	揭纸						纸浅米色，纸质硬滞粗厚，有纤维束，但少些。原料为麻布、鱼网
Ⅵ	浸湿	切碎	洗涤	浸灰水	舂捣	洗涤	舂捣	洗涤	打槽	抄纸	晒纸	揭纸					纸米色，间有浅褐斑，粗厚，比西汉纸稍精细。原料为麻头、故布、鞋
Ⅶ	浸湿	切碎	洗涤	浸灰水	蒸煮	舂捣	洗涤	打槽	抄纸	晒纸	揭纸						纸白色，间浅米色，表面仍不够平滑，比西汉纸精细，但有较多网结。原料为鱼网、麻布等
Ⅷ	浸湿	切碎	浸灰水	蒸煮	洗涤	舂捣	洗涤	打槽	抄纸	晒纸	揭纸						纸色白，纤维较细，正面较平滑，仍有纤维束。原料为麻布、鱼网，与东汉纸近
Ⅸ	浸湿	切碎	洗涤	浸灰水	舂捣	蒸煮	洗涤	舂捣	洗涤	打槽	抄纸	晒纸	揭纸				纸色白，比以上纸精细。原料同上
Ⅹ	浸湿	切碎	舂捣	洗涤	浸灰水	舂捣	蒸煮	洗涤	舂捣	洗涤	打槽	抄纸	晒纸	揭纸			纸色白，远比汉纸进化，已接近近代麻纸，原料同上
Ⅺ	浸湿	切碎	碾料	洗涤	浸灰水	灰碾	灰沃	蒸煮	洗涤	细碾	洗涤	打槽	抄纸	压榨	晒纸	揭纸	纸色白，纤维细，纤维束少，表面平滑，相当现代凤翔麻纸。原料为麻头、故布

与此同时，我们还在实验室内作小型模拟实验，从结果中看到，既令用第二方案的简单流程，如使用浅色易于处理的破布，也能造出可用的纸。此方案只比第一方案增加一道洗涤工序。但原料情况与实际所用相差较大，因实际生产原料是大量的，而且常有颜色，而单靠洗涤不能脱色，说明还得动用化学手段。第二方案造不出西汉那样的纸。因而我们用石灰或草木灰的化学处理方法再作实验。必须指出，所有实验都在笔者的师傅黄严生（1912～1968）先生和他的徒弟们大力支持下进行的，没有他们的参加，将一事无成。

经过 60 多天紧张劳动，得出各种模拟实验产物，再将它们逐一与各出土两汉纸进行比较，包括显微对比分析，得出下列结果。如前所述，用第一方案所造者不是纸，而第二、三方案产物虽可认为具有纸的原始结构，但颜色发灰，机械强度低，不能实用，而且比不上西汉较次的纸。所以前三个方案均可排除。

1987 年新泽西州哈克茨顿（Hakettstown）城的美国物理学家豪厄尔（Douglas Morse Howell）博士，用生麻与水借助他所设计并制造的机器打浆机作造纸实验，以实现他“只用麻、水与力造纸”的设想。他成功了，并寄来纸样①。看到样品后，注意到具有纸的物理结构，没有纤维束，有强度，他还用钢笔在上面写了字。但此纸较硬，没有柔软性，表面滞手，呈浅黄色。与我们第二方案产物相近，但质地好些。豪厄尔博士说，他是从《史记》英译本中产生他的设想的。这当然指的是《淮阴侯列传》中所说的漂絮过程。有两点要注意，他采用的是强力机制打浆机和生麻纤维，小规模实验可以造出纸。但汉代产生不了这么强力的机械粉碎力量，而用破布为料，常常有色布，只用水是不能脱色的。因此他的实验正如我们的实验一样，在理论上可以造出纸，而在公元前 2 世纪的实际生产中是行不通的，还要把物理力和化学力结合在一起才能造出纸。豪厄尔对此表示同意。应当说他的实验产物是纸，不是纤维堆积物，纤维被打断了，虽然帚化情况也不好，但纸有强度。这种情况与灞桥纸有某种类似之处。有人说纤维打短必然同时帚化，一般是这样的，但有时也不尽如此。豪厄尔博士和我的模拟实验便证明，像灞桥纸那样的情况是客观存在的，即纤维打短而帚化度低，同样可抄造成纸。

二　汉代造纸的技术过程

现在谈第四模拟实验方案。这一方案除舂捣外，加了草木灰水处理工序，即稍微用了一点化学力，而没有蒸煮，情况便明显不同。颜色由灰变为浅米黄色，产物已进入纸的范畴，但质量较差，不过有柔软性和机械强度。这一方案采用了下列工序：

（1）浸润麻料→（2）切碎→（3）洗涤→（4）草木灰水浸料→（5）舂捣→（6）洗涤→（7）配浆液并搅拌→（8）抄造→（9）晒纸→（10）揭纸。

由第一方案的八步增加到 10 步工序。用这个流程已可造出较粗糙的纸。将模拟纸作显微分析，所测得的技术指标，大体上与灞桥纸类似（见第一章第三节表 1-2）。这是西汉时造纸的起码步骤。鉴于 1986 年出土了比灞桥纸更早与更好的西汉初放马滩纸，因此在这个流程中至少还要加上一道蒸煮工序，介于第七、八方案之间：

（1）浸润麻料→（2）切碎→（3）洗涤→（4）草木灰水浸料→（5）蒸煮→（6）洗涤→（7）舂捣→（8）洗涤→（9）配纸浆并搅拌→（10）抄造→（11）晒纸→（12）揭纸。

以上所述的步骤，应当是西汉造纸时采用的步骤，因为产物与灞桥纸以外的其余西汉纸相近。第五、六方案只具有实验和理论探讨意义。而第七、八方案相当于西汉末及东汉初时的技术阶梯，而第九方案可能是东汉中期蔡伦时代所用的步骤。第十方案则是汉以后采用的步骤，而第十一方案已接近近代凤翔麻纸技术。这都是将实验产物与历史上不同时期的实物纸对比后得到的认识。因而通过这个研究方法，终于解开了两汉造麻纸技术之谜。我们认为第七方案是两汉初期造麻纸技术方案，放马滩纸、金关纸等应当以此法制出。灞桥纸也可能同样如此，但蒸煮过程效率低。现将第八方案采取的 12 步骤分组加以讨论，借以探知西汉早

① Dr. Douglas Morse Howell.，Letter to Pan Jixing (20 December 1987，from Hakettstown，NJ，USA).

期造麻纸技术的细节：

西汉造麻纸技术过程

(1) 原料的机械预处理（浸湿、切碎、洗涤）：取大麻、苎麻所制的废旧破布、绳头、鞋底，称重后放入筐或篮内，在清水（河水）中浸泡，待湿透后取出，洗去污泥或尘土，粗砂弃入水中。将浸湿的原料用利斧切成小块（图 2-3），随时剔除其中金属物、木屑、羽毛、皮革等杂物及腐烂物。切好后，放入筐或篮中，在河水中洗涤。

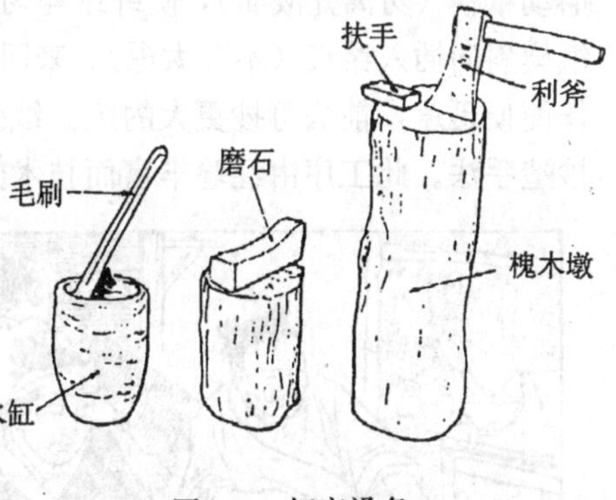

图 2-3 切麻设备

(2) 原料的化学处理（浸草木灰水、蒸煮、洗涤）：根据模拟实验，麻料不经化学腐蚀，舂捣时难以得到较纯而分散的纤维，即令勉强造出纸，拉力甚差、表面滞手而不便使用，同时白度也不能提高。将各种草木烧成灰，以热水浸渍，过滤，即可得到草木灰水(图 2-4)。浓汁以手触之，有腐蚀性。古书还常提到用藜科植物藜(*Chenopodium album*) 灰作草木灰水，力量较大，也可用石灰水。将切碎的麻料以草木灰水浸透，再放入蒸煮锅中（图 2-8)。锅为铁制，锅上置箅子，再在上面置一上下开口的木桶。将浸灰水的麻料从上口装入桶中，再淋入草木灰水经麻料进入锅中。燃柴薪火蒸煮。其目的是脱色、除杂质、提纯纤维，并使之腐蚀，便于以后舂捣。因蒸煮液呈碱性（pH＞7)，实际上是后世碱法制浆技术之滥觞。蒸煮后，将麻料取出，放筐内于河水中洗净，锅内黑液弃去。

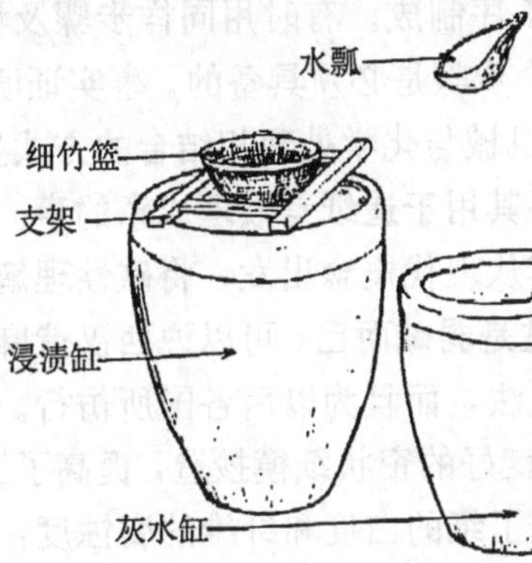

图 2-4 浸渍草木灰水设备

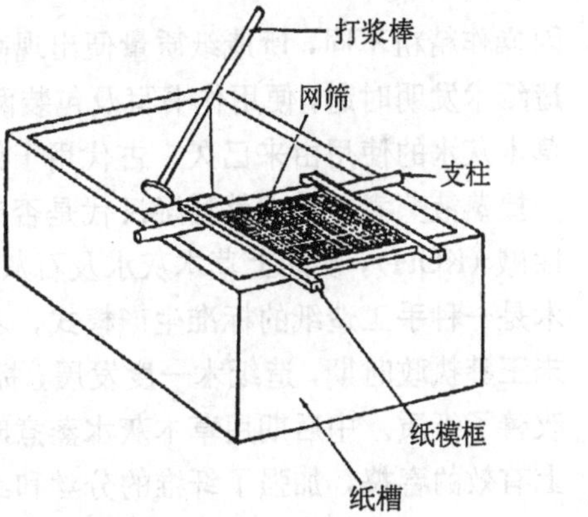

图 2-5 打槽和捞纸设备

(3) 机械再处理（舂捣、洗涤）：洗后之料已松软变白，分批放石臼中人工舂捣（图 2-7)。边捣边翻动，直到捣碎为止。这是造纸最费体力与时间的工序。舂捣目的是以机械力使纤维轧短、分散成细纤维，分丝散开，抄成紧密的纸。舂捣粗细会影响到纸的质量。舂碎后，还要在河水中洗涤，以最后洗去灰粒、泥土等夹杂物。

(4) 制浆与捞纸：麻料经捣、洗后，呈白色或银白色绵絮状，放入长方形木槽中，再加极清净的井水或泉水，制成适当稠度的悬浮液即纸浆（图 2-5)。再以棍充分搅拌，使纤维在水中分散并漂浮，这道工序俗称打槽。纸浆太稠或太稀都不好。可取出一勺浆液，慢慢倒回槽内，如液流中纤维丝丝相联即为适度，亦可临时捞出一张纸，看稠度如何，再补加纸料或水。我们模拟实验用纸模，是临时设计的。先制成长方形木制框架，再将罗面或竹帘固定在框架上（图2-9）。抄造时有两种方式可用，一是将纸模放在浆液表面上，向其中浇注浆液，再摇动纸模（勿离开液面），使纤维均匀分布。垂直提起纸模滤水，便形成湿纸一张。另法是将纸模斜向插入浆液（不要太深），来回摇荡，再提起滤水，也能成纸。两法各有短长，后法操作简便迅速，前法可抄更大的纸。纸张的厚度及均匀度，一是取决于浆液质量，二是取决于抄造手法。此工序由经验丰富而技术熟练的纸工承担。

图2-6 研光纸操作，取自《造纸史话》（上海，1983）

（5）纸的后处理（晒纸及揭纸）：湿纸成型滤水后，仍保有水份，没有足够强度，必须干燥脱水。用上述固定式纸模捞造，不脱水便无法揭下纸。所以要将许多带有湿纸的纸模放在外面日晒，自然干燥后揭下便是成品纸（图2-9）。用这种纸模抄出的纸，表面不一定平滑，用时还要用滑细石面研光，这可说是最古的加工方式（图2-6）。发现西汉罗布淖尔纸的黄文弼先生，生前曾告诉笔者，他在纸上看到有研光的痕迹①。

西汉初麻纸大体说便由这12步工序制成。有时用同样步骤及设备，因操作精粗不同，所造纸质量便出现高下之别。但这12个步骤是必须具备的。事实证明，从造纸术发明时起，便用作书写及包装两个用途，而且采用机械与化学处理相结合的方式生产。草木灰水的使用由来已久，古代用于处理蚕丝及洗衣，将其用于造纸是顺理成章的事。我们一提蒸液蒸煮，有人就怀疑汉代是否有此可能，这是因其从现代概念出发，将碱性理解为苛性碱（KOH），实际上草木灰水及石灰水也呈碱性，只不过是弱碱而已。可以说西汉造麻纸技术是一种手工造纸的标准生产模式，不但为此后历代所效法，而且为以后各国所仿行。西汉末王莽执政时期，造纸术一度发展，标志之一是用滤水性良好的帘状纸模抄造，提高了工效，改善了纸质。中后期用草木灰水蒸煮时期较长，因而提高了纸的白度和纤维的腐蚀度，再加上有效的舂捣，加强了纤维的分丝和细纤维化。这都有出土实物为证。

三 汉代造纸设备

至于造纸所需设备，切破布时不能用剪或刀。我们的模拟实验证明只能用冲力大的特制麻斧，刃部应是平的，而不是一般半月形斧的刃面。将麻料放在齐腰高的木墩上，站着切料，便于加力。左手以木板压着麻料（防铁斧砸伤手指），右手持斧将麻料断为小块。据前引文献记载，早期舂纸料用石制凹形槽，称为臼。另在木杆下置石制圆面杵头。以手持杵，杵头落在石臼中，所产生的垂直方向的冲力将料捣碎。杵臼由来已久，新石器时代遗址即有出土，西

① 中科院考古所黄文弼教授与潘吉星的谈话（1965年10月25日，北京）。

汉墓葬中有这类模型或画象砖出土（图 2-7）。过去常称为捣米工具，其实也是造纸工具。汉代用蒸煮锅，形制与后世大同小异，铸铁制，类似物有不少出土。有两种形式，一为单锅式，在灶膛上安一口大铁锅；二为双锅式，有大小两口锅，一前一后，两种类型都有出土实物为证。双锅式后面的小锅，可借火膛中余热烧成热水备用。为提高装锅量，锅上置木桶，内装造纸原料，上面呈半密封状态，筒下有铁箅与锅口相联。灶膛在地平面上，或在半地下。当然应当是在室外操作。掌握好蒸煮时间和火候是重要一环。

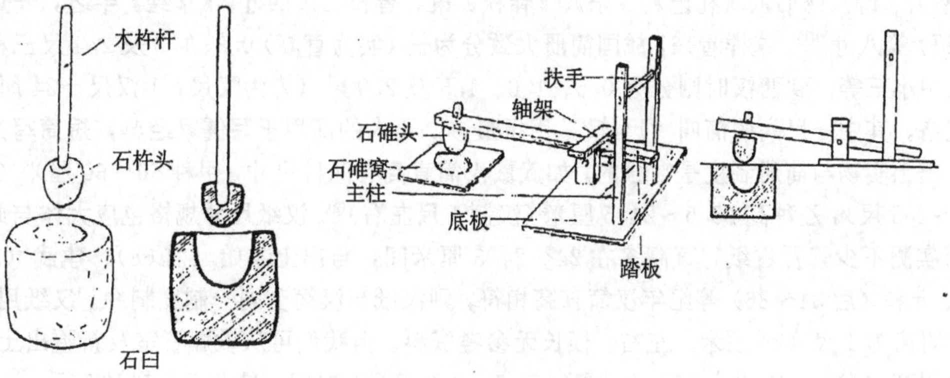

图 2-7 西汉春捣麻料设备

左：杵臼 右：踏碓

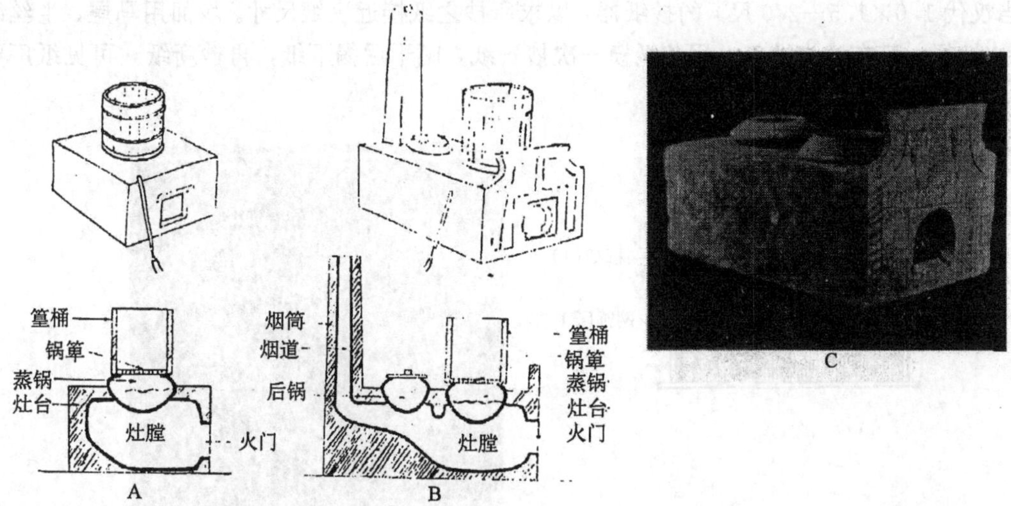

图 2-8 汉代造纸用蒸煮设备①

A. 单锅式 B. 双锅式 C. 洛阳出土的汉代陶灶

西汉初发明的纸模（抄纸器），是造纸中的关键设备。由方形或长方形，由木制框架及筛面组成。我们认为早期纸用罗面为筛面，模拟实验用马尾编成的罗面，筛目为 40～44 孔/寸²。将此罗面固定于框架上，务求绷紧。纸模正面的罗面与边框交接的框边四周，留出 0.5～1.0 厘米高的边沿，以便贮存纸浆。罗面与框架是固定在一起的，不可拆卸。其形状及大小依所要制成的纸的形状及大小而定。以此纸模抄纸，贴近罗面的那面纸上印有罗纹即经纬纹，又

① 河南省博物馆等编，洛阳烧沟汉墓（科学出版社，1959），此文物今藏北京中国历史博物馆。

叫织纹或布纹。出土汉纸多不完整，而呈碎片，但马圈湾纸-Ⅰ为完整的一张，直高 20 厘米、横长 32 厘米，年代为西汉宣帝时期（前 53～前 50），因而这也反映抄此纸所用纸模的形状及尺寸。换算成汉尺，相当直高 8 寸、横长 1.4 尺。可能是小纸。

纸的使用为取代简牍，而简册有制度可寻，因而书写用纸的尺寸应对应于简册。蔡邕（132～192）《独断》云："策，其制长二尺，短者半之（1 尺）。"许慎《说文解字》解释说，古者以简为书，长尺二寸者谓之"檄"。郑玄（127～200）注《论语》引《钩命决》云："《易》、《诗》、《书》、《礼记》、《乐》、《春秋》策，皆长二尺四寸。《孝经》半之，一尺二寸。《论语》策八寸"[①]。这样看来，战国简册大致分为长（实为直高）0.8、1.2 及 2.4 尺三种规格，即大中小三等。到西汉时则分为 0.5、1.0、1.5 及 2.0 尺（皆为汉尺，1 汉尺＝24 厘米）四种规格。其中一尺高的简叫"尺牍"，用得最多。再大的简用于写儒家经典，短简写杂书。

出土实物与简册制度是吻合的，如武威汉简直高有两种尺寸，甲种 50～60 厘米（合汉尺 2.0～2.5 尺），乙种高 23.5～24.5 厘米（汉制 1 尺左右）[②]。汉纸尺寸规格也应大体与此类似。笔者实测不少魏晋古纸，直高多在 24～24.5 厘米间，与出土本始（前 68）、建武（后 53～55）、元和（后 84～86）等纪年汉简直高相符，则汉纸与汉简受同一制度制约。汉纸用得最多的，直高为 1 尺（24 厘米）左右，横长无参考资料。但我们可从敦煌石室及新疆出土魏晋写本中得到启发，一般说为 36～55 厘米（1.5～2.0 汉尺）之间，最大不会超过 3 尺。这样的抄纸器由一人操作，是没有问题的。我们模拟实验时，设计了直高 24～25、横长 35～50 厘米（相当汉代 1.0×1.5－2.0 尺）的抄纸器，以求所抄之纸接近汉纸尺寸。罗面用马尾、生丝编者滤水性好，麻布滤水性差。用此纸模一次抄一纸，晒干后揭下纸，再抄新纸，可见纸厂要备有许多纸模（图 2-9）。

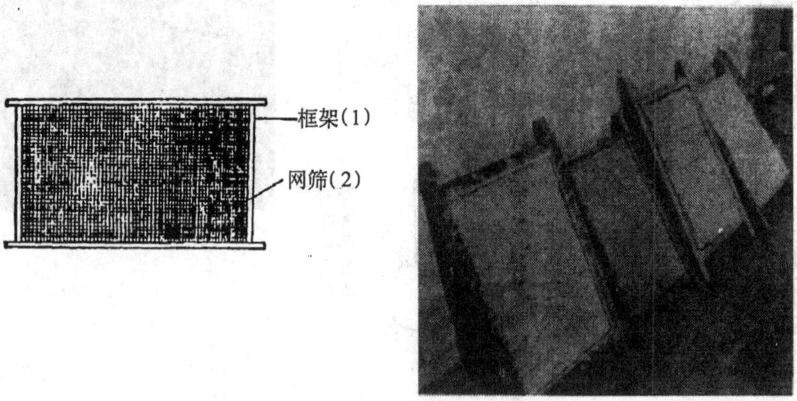

图 2-9　汉代抄纸器复原模型

左：抄纸前的纸模　　右：抄纸后正在晒纸

笔者在国内所见西藏藏族及新疆维吾尔族造的纸，也用固定床织面纸模抄造，纸较厚，但很坚韧。这可能仍保留汉族古代时用过的技术，因为在西藏和新疆地区不产竹，不善于编帘技术，所以就地取材用了老式纸模。20 世纪 30 年代，美国造纸家亨特在西藏和尼泊尔调查时，

① 俞士镇，古代书籍制度考，古学丛刊，1939 年 11 月，5 期。

② 甘肃省博物馆等编，武威汉简，55～56 页（北京：文物出版社，1964）。

也发现那里仍用织面纸模在河面上抄造，甚至连纸槽都不用。他还在广东佛山偏远农村看到用这类纸模抄纸（图 2-10）①。据说模面为麻布。我们已用实验证明，用麻布作模面，抄纸效果甚差。除非事先将麻线用桐油处理，再织成布，或将麻布用桐油处理，再将孔眼逐个用细铁丝捅透，否则难以使用。织面一般用马尾（尤其是白马尾）织成马尾罗面，绷在框架上抄纸效果好，汉代可能即用此种材料。

图 2-10 广东佛山用的织纹纸模

模面材料要求用硬质而光滑者，这样既不粘附纤维，而又便于滤水。用细铜丝编成的罗面，经我们试用，抄纸效果最佳，但汉代时不可能使用这种材料。用生丝作的罗面虽然也可以用，终不及马尾罗面好。因此汉代模面纸模用马尾编制成的可能性最大。这类纸模应用很长时间，在魏晋南北朝时期的北方，有时还偶尔用过。以后在汉族居住的广大地区才逐渐被另一种纸模即帘面纸模所代替，其中曾有一段时间两种纸模并用。宋以后，有所谓罗纹纸者，其实并非真正用早期罗面纸模所造，而是用帘面纸模造出后，再用硬麻布借强力在纸面压出布纹，作为一种装饰而已。仔细观察，在后世“罗纹纸”上仍可见帘条纹，因此观察纸上的纹理，必须仔细判断其抄造方式。造纸生产是投资少、随地取材而又获大利的工业，故人乐为之。纸坊通常设于近河边之处，规模小大由之。西汉纸工以勤劳的双手，利用简单的工具，从废料制成纸，这是了不起的成就。

四 汉代造麻纸工艺过程图

在我们弄清其制造技术过程及所用工具后，应当形象地再现先人造纸生产的劳动情景。此为笔者多年欲实现的一个心愿，因为古书没有这类图画保存下来。这项工作应当在研究的基础上进行。先前有人绘制过汉代纸工“原始造纸操作图”②，且作为纪念邮票发行于世。但此

① Dard Hunter, Papermaking. The history and technique of an ancient craft, renewed ed., p. 83 (New York: Dover Publication. Inc., 1978).

② 洪光、黄天佑，造纸史话，9 页（北京：中华书局，1964）。

图没有经过对汉代造纸术的实际研究，一眼望去便发现并非“原始造纸”，而是将明代《天工开物》中造竹纸图稍作改绘而成，这中间有两千年之时差。结果把汉代造纸过程和所用设备画成与明代和近代相似，这就失去历史真实了。图中纸工跪着持杵击大口径金属罐中的纸料，也不合理。凡参加过这项劳动的人都知道，这种姿式是无法施力的。汉代早期的纸是借日晒自然干燥，而图中则画出明代人工强制干燥装置“焙笼”。因此汉代造纸图需要重绘。

我们在理清此时造纸技术后，参照出土实物，设计出一幅技术操作草图，再请美术工作者张孝友先生加工润色，以就教于读者（图 2-11）。图中人物形象、服装、发式，参考了长沙马王堆一号西汉墓及临潼秦始皇兵马俑有关造型。我们感到美中不足是，有些人物（尤其妇女）服装虽符合汉制，但不是劳动者劳动时所用，显得艺术化了。但图既已发表，而且已流行中外，便不必再改了。但表现的操作工序、设备和动作姿态，恐怕是符合事实。此图既反映西汉，又反映东汉造麻纸技术，若画两幅就要雷同。所要注意的是，东汉所用有的设备有改进，如舂纸兼用杵臼及踏碓，纸模可能与西汉不同。

用前述西汉 12 步技术工序，以破布、绳头为原料，是可以造出白度为 40%以上的麻纸的。我们的模拟实验表明，用此法所造之纸，与出土西汉纸（如金关纸）是一致的。实验还表明，如原料中混入一些旧鱼网，则用此过程所造之纸，总含有硬的未打散的网结凸出于纸面，不能适用于流利书写。如果全用鱼网为料，虽也可造出纸，但纸面硬状网结很多，表面滞手，白度下降，更不适于作书写。而我们化验迄今所有西汉纸，只发现原料为破布（占绝大多数）及少量废旧麻绳，没有发现鱼网，看来鱼网为原料造纸是从东汉中期即蔡伦时代开始推广，而文献也是这样记载的。这就要求对原有工艺过程及生产设备予以改进。西汉捣料多用杵臼，以双手持杵击臼相对说冲力不大，又很费力，实验表明，用杵臼要将鱼网网结击碎是很难的，可能一次舂捣还不够，需要再加一道舂捣及洗涤工序，才能将绝大多数网结打散。蔡伦时代尚方造纸，应当附加第二次舂捣。另一方面，东汉除用手动杵臼外，还用脚动踏碓①。它由埋在地下的石臼槽、附有石杵头的较长踏杆及轴承组成。人双手倚在扶杆上，以脚踏踏杆一端，通过轴承的杠杆作用将另一端碓头高高举起，再自动落在石臼槽中捣料。另一人蹲在旁边翻料。因碓杆长度大于杵杆，通过人力和机械力的作用，使碓头冲程大于杵头，因而冲力更大。又由于用脚踏，除脚力外，还有人身重力同时施于受力点，原动力大于用杵臼的手力，人的劳动强度反而减少。这是苦干加巧干的产物。东汉初的桓谭（前 33～后 39）《新论》谈到踏碓时指出：“及后人加巧，因延力借重身以践碓，而利十倍杵臼”。四川出土的东汉画像砖上，有的就刻画出踏碓图。我们在实验中体会到，用踏碓捣纸料，虽然也是男性纸工从事的重体力劳动，但毕竟比杵臼省力，而舂捣效果更好，生产效率明显提高。

西汉初期抄纸用织纹纸模，其形制及用法前已述及。我们从出土西汉末的纸上见有明显可见的帘纹，而且实测每根帘条直径为 0.3 毫米，说明是帘面纸模抄造的。其制法是先制成木框架，再以细竹条（制成圆条）借丝线编成与框架大小相当的帘子，将帘子固定在框架上。帘面与边框交接的框边四周，同样留出 0.5～1.0 厘米高的边沿，以贮留纸浆。帘面与框架固定一起，不可拆开（图 2-12）。其抄造方法与织面纸模是一样的，也分浇注与捞抄两种方式。如无竹，可以其它细而硬的植物茎杆代之。但编帘的条必须光滑，条与条间距离要很小，否则跑浆，一般中间只有编帘丝线股那么粗的距离。我们同时用织面纸模与帘面纸模作抄纸对

① 参见章楷，中国古代农机具，80～81 页（北京：人民出版社，1983）。

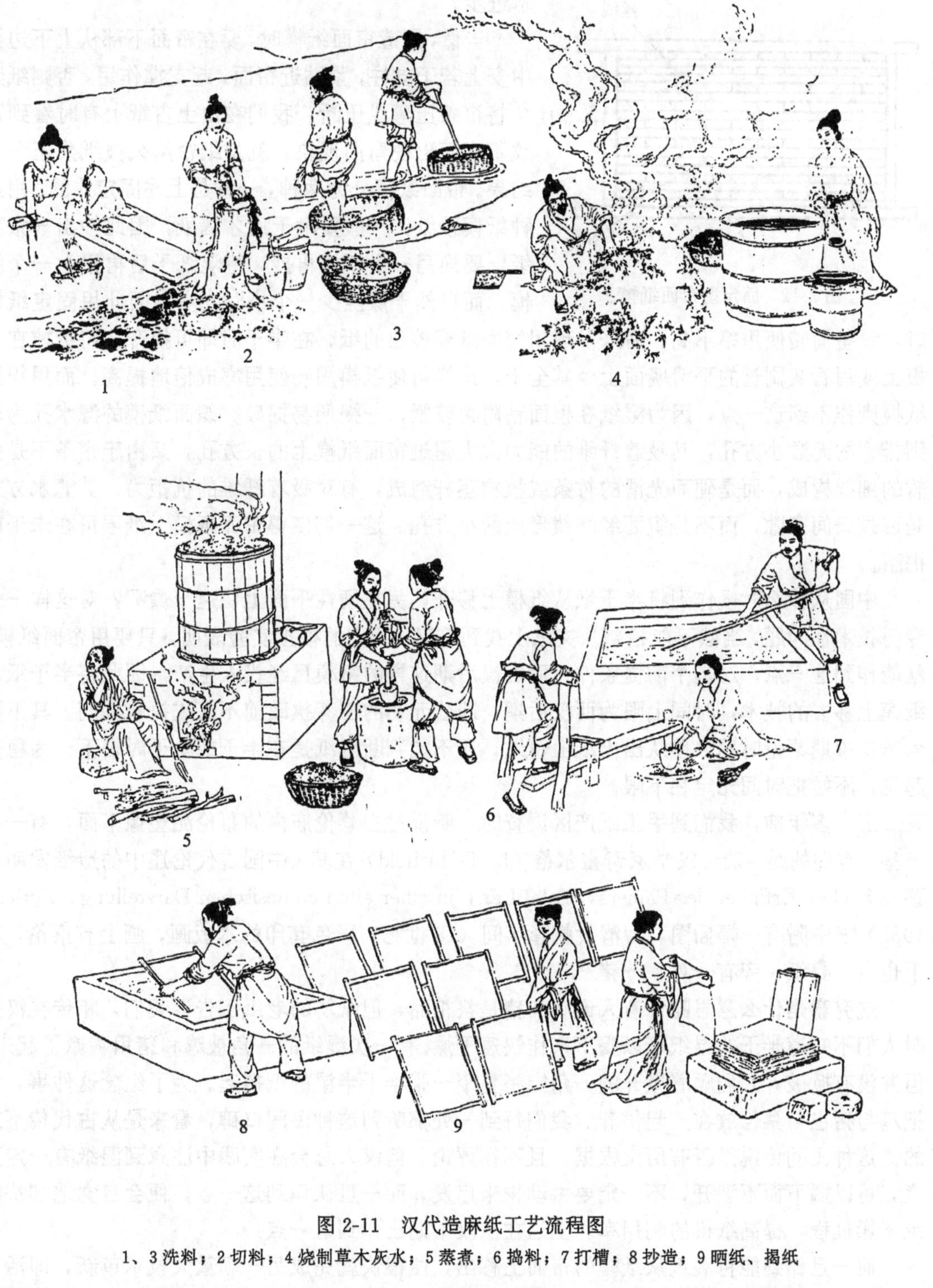

图 2-11 汉代造麻纸工艺流程图

1、3 洗料；2 切料；4 烧制草木灰水；5 蒸煮；6 捣料；7 打槽；8 抄造；9 晒纸、揭纸

比实验，发现后者滤水快，湿纸层的纤维不易粘附于帘面，半干或全干时易于揭纸，因为帘面是与纤维不同的光滑竹条制成。用这种纸模抄纸，纸上留着横向规则排列的帘条纹，而不呈经纬纹，有时还可看到与帘条纹垂直的一排排编帘的丝线纹或编织纹，其间距较大，1.5～3.0 厘米之间。如果编织纹较细或纸较厚，有时只见帘条纹。由罗面纸模到帘面纸模，是个技

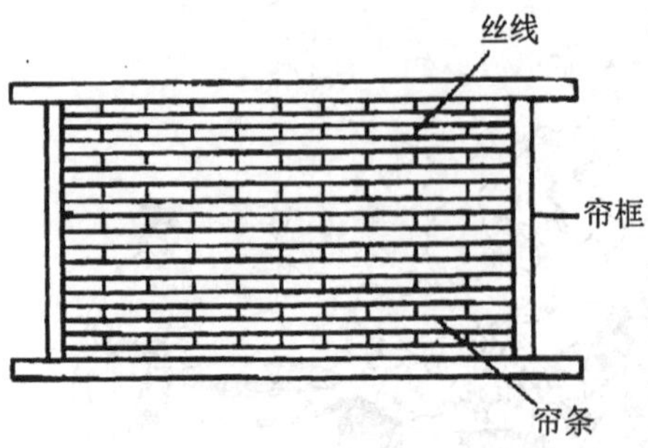

图 2-12　固定型帘面纸模

术进步。

当然，制造帘面纸模时，要在帘面下部从上下边框中安上若干支柱，紧贴近帘面，起支撑作用，否则纸浆会将帘条压弯或压断。我们在出土古纸上有时看到帘纹不直而出现弯曲现象，就是纸帘用久被纸浆压弯的结果。帘面纸模分为两种，一种是上述固定式的。用这种纸模抄纸，一般要晒干后才揭纸，因此抄出一张湿纸，要换另一个纸模再抄，待湿纸干后再用上一个纸模。而自然干燥至少一个小时左右，因此用固定纸模时，设备周转使用率不高。后来发现用帘面纸模抄出的纸，在半干时即可揭开，将纸摊在木板上或用石灰刷过的平滑墙面上令其全干，这样可使纸模周转使用率成倍地提高。而用织面纸模则作不到这一点，因为湿纸在模面粘附得较紧，一揭便易揭破。织面纸模的滤水孔为规则排列的无数小方孔，其吸着纤维的能力大大超过帘面纸模上的长方孔，又由于帘条不是由软的细线构成，而是硬而光滑的竹条或植物茎杆组成，有对吸着纤维的抗拒力。其滤水方式是通过条间空隙，而不是织面经纬线形成的小方孔。这一切使得帘面纸模上纸层可在未干前揭下。

中国从什么时候作到将半干纸从纸模上移开，另在硬性平面上快速干燥呢？对这样一个专门技术性问题，当然不能指望从文献上找到答案。我们的模拟实验表明，只要用帘面纸模，就能作到这一点。这是个前提条件。而西汉后期这样的纸模已经投入生产，因此将半干纸从纸模上移去的技术，时间上限为西汉后期，即公元初的王莽执政前不久或执政期间。其下限为东汉中期蔡伦时期。单从出土纸上帘纹，还不能判断湿纸是在半干或全干时揭下。为稳妥起见，不妨把时间先定在下限。

三十多年前，我们到手工纸产区调查时，听说过去蔡伦庙内的蔡伦泥塑像下面，有一鸡一猪。有趣的是，瑞士汉学家奇霍尔德（J. Tschichold）在其《中国古代论述中的造纸发明者蔡伦》（Der Erfinder des Papiers，Ts'ai Lun，in einer alten chinesischen Darstellung，Zurich，1955）书中附有一幅插图，为清代乾隆年间（18 世纪）彩色套印的木板画，画上有蔡伦，其下也有一叠纸，旁有一鸡、一猪①。

这究竟是什么意思呢？有人说鸡和猪是祭祀品，但纸坊的老纸工告诉我们，相传在汉代时人们不知道半干的湿纸可以揭下来作快速干燥。有一次湿纸的一角被鸡和猪用嘴掀了起来，但并没有掀破，人们顺着掀开的一角能将整个一张半干半湿的纸揭起。为了纪念这件事，便把鸡与猪也与蔡伦放在一起供养。我们每到一处都听到这种民间口碑，看来是从古代传下来的。这种民间传说是否有历史根据，且不作评论。但汉人总会在实践中注意到湿纸有一定强度，可以揭下而不裂开，不一定要由动物来启发。而一旦认识到这一点，便会自觉地加快湿纸干燥过程，提高纸模的利用率。至迟在东汉中期已作到这一点。

而一旦作到能将湿纸从纸模的帘面上移出，便很快就完成另一项重大技术革新，即活动式帘面纸模的出现。它是由固定式纸模演变出来的。由三部分组成，一是竹帘，上部有竹条

① Cf. J. Needham，Science and civilisation in China，vol. 5，pt. 1，Papermaking and printing by Tsien Tsuen-Hsuin，p. 108. fig. 1085 (Cambridge University Press，1985).

固定帘的上边，以圆而细的木棍固定帘的下面，两边以布包边。二是长方形木框架，中间有若干方木条（楞部向上）支撑，又叫帘床。将帘放在帘床上，两边以木制边柱绷紧，构成帘床纸模，以此捞纸。三部分构件都可合可拆。捞出湿纸后，取下边柱，将帘从帘床上提起，再将有纸的一面倒扣在木板或石板上，湿纸便脱离帘面而附着于板上。再将帘重置于床上，以两边柱固定后，重行捞纸，捞出纸后再以同样方法将有纸一面覆盖在上次捞出的湿纸上，提起帘，湿纸便叠在上次湿纸上，如此叠至千百张，经压榨脱水后，揭起半干半湿的纸，放木板或墙面上快速干燥。显而易见，只要用一个活动式帘床，便可连续抄造大量的纸，而无需再用更多的纸模。使用这种纸模可大大降低生产投资与成本，提高其设备使用率，减少生产所需时间。只是操作时较固定式纸模稍微复杂一点，熟中生巧，还是很容易掌握的。对这种抄纸器的构造，将在本书第三章第三节中加以介绍。这种分合式活动帘床抄纸，至迟在东汉末期至魏晋时已较普遍使用了，其上限可追溯至东汉中期。此后长达千年间几乎没有什么变化地沿用，直到今天。这是造纸业中的重要设备，如同纺织业中的织机那样。帘床纸模的尺寸与前述固定式纸模应当大体一致，至后世才逐渐加大。因而造麻纸技术从西汉演变到东汉中后期，已形成一种完整定型的生产模式。

东汉麻纸制造过程至少包括下列工序：

（1）浸湿麻料→（2）切碎→（3）洗涤→（4）草木水浸料→（5）蒸煮→（6）洗涤→（7）舂捣→（8）洗涤→（9）再舂捣→（10）洗涤→（11）配浆料并搅拌→（12）抄造→（13）干燥→（14）揭纸。

采用这一流程，便可以旧鱼网为原料造纸。如前所述，在舂捣和抄造上还使用了更有效的设备，东汉宦官蔡伦在和帝时主持的尚方造纸，便有可能通过这一工艺过程造出较好的麻纸。有些工序操作基本与西汉同，已一并绘入图 2-11 中，不再另绘。注意，图中所用踏碓为东汉常用捣纸料设备，而抄纸则用帘面纸模，在半湿状态下揭下快速干燥。这时有可能用活动式帘床纸模，为稳妥起见，还是不能说得过死。只能说上限可追溯到这一时期，这就是为什么我们把这种纸模的构造图放在魏晋那一章的原因。东汉中期既已造出楮皮纸，则其制造工艺应比麻纸要增加一些工序。由于早期楮皮纸未见实物遗存，无从作分析化验和模拟实验，本章暂不作探讨。

第三章　魏晋南北朝时期的造纸技术（220～588）

魏晋南北朝的时代特点和造纸概况

公元3世纪后，东汉（23～220）王朝复灭，接着是封建政权割据，互相混战与兼并，最后形成魏（220～265）、蜀（221～263）和吴（222～280）"三国鼎立"的局面。魏占据长江以北广大地区，蜀据今四川、云南、贵州一带，而吴则领长江以南今华中、华南和华东地区。263年，魏灭蜀，兼并其领土。265年时魏政权中握有兵权的司马氏家族夺取魏政权，自立为帝，建立晋朝，以其都于长安（今西安），史称西晋（265～316）。280年，晋灭吴，统一了中国。不久，北方的匈奴、鲜卑等族进入中原，晋室被迫南渡，在长江流域的南方建立政权，以其都于建康（今南京），史称东晋（317～420）。北方则由匈奴人、鲜卑人、羯人、氐羌人及汉人分别建立16个政权，史称十六国（304～439），因而形成南北朝对峙。南朝（420～589）继东晋之后，先后出现了宋（420～479）、齐（479～502）、梁（502～557）、陈（557～589）四朝。北朝（386～581）有北魏（386～534），后又分为东魏（534～550）、西魏（535～556）等，继东魏而起的是北周（557～581）等。南北朝对峙，直到581年隋王朝（581～618）建立后，才又归于统一。这段历史共368年（220～588），总称为魏晋南北朝，相当公元3～6世纪。

英国史学家韦尔斯（H. G. Wells，1866～1946）在其名著《世界史纲》（The Outline of History，1920）中，把这一时期的东西方作了对比：当西方罗马帝国分为东西两部时，中国分为南北二朝；西方受到蛮族入侵，而中国北方少数民族进入中原。查理曼帝国相当于鲜卑族建立的北魏，查士丁尼（Justinian I，483～565）暂时恢复的西罗马帝国相当于宋武帝刘裕（363～422）暂时恢复的北方，拜占庭的帝系则相当于中国的南朝①。但从这里又表现出中国与西方的不同。中国在这一时期内的分裂主要是政治上的，整个中国的形象清晰可辨，各政权仍保有共同的文化、文字和主要思想，而政治上的分裂却伴随着各民族的融合和各地区的共同开发，为以后的统一奠定基础。中国从没有经历过西方世界那种彻底分裂的局面，同时很快又复归于一统，而欧洲则没能作到这一点。

魏晋南北朝时期虽然发生多次战争，但南方和北方劳动人民在两汉原有基础上，继续在官府组织下兴修水利，发展农业生产，提高农业技术。手工业生产如纺织、矿冶、机械、建筑和陶瓷等生产也都获得进一步的发展，与此同时，科学技术有新的进步，许多发现和发明，名垂后世。佛教、道教和儒学以及文学、艺术（尤其书法、绘画）和史学的发展，都有不同于前代的特色，其大力发展并不因南北朝各政权对峙的影响而有所停滞。

这一时期还是中国各民族大融合的时期，具有较高经济和文化水平的汉族，与其他少数民族在经济、技术和科学文化方面进行了密切的交流，因而使边远的少数民族地区掌握了中原发达的技术和生产工具，这些民族地区结合当地情况予以吸收和运用。南朝各政权所领有

① H. G. Wells，The outline of history. A plain history of life and mankind，ch. 29，§8（New York：Doubleday，1971）；吴文藻等译，世界史纲，625～628页（北京：人民出版社，1982）。

的长江中下游的南方广大地区，也在这时获得进一步开发。

从汉代兴起的造纸技术也在这一时期内进入了新的发展阶段。如果说两汉是中国造纸术的奠基阶段，那么魏晋南北朝即公元3～6世纪便是造纸术的发展阶段。此时在造纸技术体系中完成许多启发于后世的创新，随着中外交通和文化交流的开展，中国纸张、纸产品和造纸技术还从这一时期开始向周围的国家和地区传播。因此这个时期在造纸技术史中具有重要的地位。

魏晋南北朝时的造纸技术与汉代相比，无论在产量、质量或加工等方面，都有明显的提高。造纸所用的原料不断扩大，造纸设备也得到革新，出现了新的工艺技术。产纸地区、纸在社会上的用途和传布越来越广，价格和生产成本的降低使纸能进一步取代其他昂贵的材料，尤其是丝绢。社会上出现许多生产造纸原料和成品纸的专业户，除政府官营的造纸作坊外，各地民间纸坊也纷纷兴起，造纸名工辈出。我们研究这一时期的造纸术，比研究汉代还具有更加有利的条件，因为这时有关造纸的文献记载较多而且可靠，还可直接看到为数相当可观的魏晋南北朝各个时期内传世和地下出土的各种古纸标本，并对纸样作分析化验研究。在本章，我们拟从文献记载和对该时期所造古纸的科学考察等方面，探索魏晋南北朝368年间的造纸技术。

第一节　麻纸在社会上的普及与推广

一　麻纸的改进与普及

魏晋南北朝造纸术是直接继承两汉麻纸技术而发展的。对不同发展阶段中造纸技术演变过程的研究，最好是将不同阶段生产出来的纸作技术对比。当我们将出土的汉代麻纸和魏晋南北朝麻纸在放大镜和显微镜下检验并作系统对比时就会发现，后一时期的造纸术比前代有明显的进步。一般说来，汉纸白度较低（指本色纸），表面不甚平滑，纸面上纤维交织结构不紧密，透眼较多，纤维束明显可见，纤维帚化度不甚高，多数纸帘纹不显，纸质较厚（一般为0.2～0.3毫米），似乎缺乏更精密的加工技术；而魏晋南北朝时的纸虽然一些样品有汉纸的上述特征，但更多的样品白度增加，纸表面较平滑，结构较紧密，纤维束比汉纸少，有明显可见的帘纹，纸质较汉纸细薄，有的晋纸纤维帚化度达到70°SR，接近机制纸，而且除麻料纤维外，发现有木本韧皮纤维原料。在作对比时，我们强调“系统”二字，不能只看某一时代的个别纸样，因为汉代纸有相当高质量的，而魏晋南北朝也有劣纸。应当将迄今所能看到的所有汉代纸样与后一时期的大量纸样作整体的对比研究。

我们在各考古部门、博物馆和图书馆支持下，得以对几十种纸样作系统检验。检验后得出的对比观察结果在技术上能说明什么问题呢？第一，魏晋南北朝时造纸在制浆技术上更加有效，加强了蒸煮过程和对纸料的舂捣与漂洗工序，引入了施胶技术。第二，抄纸所用纸帘在中原地区多以竹条编成，架设在可分离的木制框架上，形成可拆移的活动纸模，因而纸的帘纹明显。第三，由于纤维分散度提高，纸浆较匀，用帘床才能抄出较薄而平滑的纸。第四，制造韧皮纤维纸的工艺进一步完善化，补充一些新的加工技术。总之，纸工的造纸技术熟练程度比前代普遍有所提高。

从当时有关的古书中对纸的描述和赞叹的词句中，也能找到我们现在通过对古纸检验后所得技术认识的注解。魏晋时人由于历史习惯仍用帛简作书写材料，但他们同时改用纸时，就从实际中体验到纸的优越性。于是一些文人便以纸为题材，写出一些诗赋流传下来。如西晋武帝时任尚书左丞的傅咸（239～294）在《纸赋》中写道：

盖世有质文，则治有损益。故礼随时变，而器与事易。既作契以代绳兮，又造纸以当策。犹纯俭之从宜，亦惟变而是适。夫其为物，厥美可珍。廉方有则，体洁性贞。含章蕴藻，实好斯文。取彼之弊，以为此新。揽之则舒，舍之则卷。可屈可伸，能幽能显。若乃六亲乖方，离群索居，鳞鸿附便，援笔飞书。写情于万里，精思于一隅①。

傅咸用兼有诗歌及散文性质的赋体歌颂纸，是纸文学的最早代表作，但文词较难理解。我们将其译成如下汉文语体诗：

低级文书成高级，著述方式各不一。
典籍制度随时变，书写材料亦换移。
甲骨书契代结绳，简牍终为纸张替。
佳纸洁白质且纯，精美方正又便宜。
妙文华章跃其上，文人墨客皆好喜。
楚楚动人新体态，原材却为破旧衣。
可屈可伸易开卷，使用收藏甚随意。
独居远处思亲友，万里鸿书寄情谊。

傅咸的《纸赋》曾译成英文，载入美国纸史家亨特（Dard Hunter，1883～1966）《造纸文学》一书② 中。南朝梁元帝肖绎（508～554）《咏纸诗》亦同样赞美了纸：

皎白犹霜雪，方正若布棋。
宣情且记事，宁同鱼网时。

如果说汉魏时书写纪事材料是帛简与纸并用，而纸只作为新型材料异军突起，还不足以完全取代帛简，那么这种情况在晋以后则发生了变化。由于晋代已造出大量洁白平滑而方正耐折的纸，人们就不必再用昂贵的缣帛和笨重的简牍去书写了，而是逐步习惯用纸，以至最后使纸成为占支配地位的书写记事材料，彻底淘汰了过去使用近千年的简牍。西晋初虽然时而用简，但到东晋以来便都以纸代简。有的统治者甚至明文规定以纸为正式书写材料，凡朝廷奏议不得用简牍，而一律以纸代之。如东晋的豪族桓玄（369～404）于 403 年废晋安帝，自称为帝，国号楚，改年号为建始。《太平御览》卷 605 引《桓玄伪事》云，桓玄即帝位后，即下令宫中文书停用简牍，而改用黄纸："古无纸，故用简，非主于敬也。今诸用简者，皆以黄纸代之。"

地下出土的实物也表明，西晋初在边远地区仍是简、纸并用，简牍在与纸竞争中似乎在作最后挣扎。例如，据德国汉学家孔好古（August Conrady，1864～1925）所编《斯文赫定在楼兰所发现的汉文文书及其他》(Die chinesischen Handschriften und sonstigen Kleinfunde Sven Hedin in Lou-lan，Stockholm，1920）一书介绍，瑞典考古学家斯文赫定（Anders Sven Hedin，

① 晋·傅咸，纸赋（3 世纪），收入清·严可均编，《全上古三代秦汉三国六朝文》中的《全晋文》，卷 51，5 页（北京：中华书局，1958）.

② Dard Hunter，The literature of papermaking，p. 14（Ohio：Mountain House，1925）。

1865～1952）1900年在新疆罗布淖尔北的楼兰遗址中发掘魏晋写本文书时，发现晋泰始四年（268）、五年（269）及六年（270）的纪年木简，同时又有泰始二年（266）的麻纸。法国汉学家沙畹（Édouard Chavannes，1865～1918）在《斯坦因在新疆沙漠发现的汉文文书》（Les documents chinois découverte par Aurel Stein dans les sables du Turkestan Orient，Oxford，1913）一书更介绍说，1906年斯坦因在同一地点又发现泰始六年（270）的麻纸。他们二人发掘的西晋晚期纸，年代为永嘉年（307～312），再往下年代的木简便少见了，几乎全是纸本文书。

有趣的是，1907年斯坦因在甘肃敦煌附近的长城烽燧遗址，掘得汉文纸本文书及九封用中亚亚粟特文（Sogdian）写的书信。信是写在麻纸上的，1931年里歇特（H. Richert）将其中五封译成德文①。1948年伦敦大学的亨宁（W. B. Henning）考证了第二封信的内容后，断定是西晋永嘉年（307～312）客居在凉州（今甘肃武威附近）的中亚康国（今哈萨克斯坦）的撒马尔罕人写给其友人的信②。写信人为南奈·万达（Nanai Vandak），信中叙述了中国京城洛阳宫内被匈奴人所焚、皇帝出走的事，与《晋书·怀帝纪》所载永嘉五年（311）洛阳被匈奴族建立的前赵（304～329）统治者刘聪（？～318）所攻、怀帝出走长安的史实相符。则信当写于311年稍后。信尾云："此信写于王公（Lord of Cir-Ôswān）十三年六月"，无年号，亨宁认为指前凉王张轨（255～314）在位之十三年（313），即永嘉五年事变过后二年。依此类推，第三封信写于312年11月3日，第四封信写于313年4月21日，第五封——313年5月11日，其余信离312～313年不会太远。总之，九封信均写于永嘉年。这说明，甚至来中国西北作生意的外国客商也用麻纸写信，足见纸已在这时相当普及了。

大体可以说，从西北情况来看，西晋怀帝时的永嘉年间（307～312）是个明显的分界线，从这以后纸已在书写材料中占压倒优势。从319年晋元帝在南方建立东晋政权后，几乎全用纸而不用简牍了。桓玄并非第一个下令以纸代简的统治者，因东晋以后社会潮流趋向用纸。当时麻纸产量很大，东晋人裴敬《语林》称谢安（320～385）任著作郎时，王羲之替他向内府请求书写纸，"库中唯有九万枚，悉与之"。东晋人虞预《请秘府纸表》也说"秘府中有布纸（麻纸）三万余枚，不任所给"。南北朝以后麻纸产量有增无减，产纸区扩及南北各地，包括新疆等少数民族地区。北方产纸以洛阳、长安及山西、河北、山东等地为中心，南方有江宁（今南京）、会稽（今绍兴）、扬州及今安徽南部及广州等地。这些地方除产麻纸外，还产皮纸。

北宋人米芾（1051～1107）《十纸说》（1100）云："六合纸自晋已用，乃蔡侯渔网遗制也。网，麻也。"六合在扬州附近，自晋即产麻纸。"六合纸"不是像有人所说由六种不同原料制成的纸③。刘宋人山谦之《丹阳记》载江宁有造纸官署，为"齐高帝（479～482）造纸所也……尝造凝光纸，赐王僧虔（426～485）"。陈朝人徐陵（507～583）《玉台新咏》序称，"五色花戕，河北、胶东之纸"。胶东麻纸即汉末东莱人左伯所造者，曹魏时著名的左伯纸继续生产，后来其子孙也承其业。在新疆境内，十六国时的高昌（今吐鲁番）是造纸中心，所造的纸曾经

① H. Richert，Die soghdischen Handschriftenreste des Britischen Museums，Bd. 2，s. 6（Berlin，1931）.

② W. H. Henning，The date of the Sogdian ancient letters，Bulletin of the School of Oriental and African Studies（University of London），1948，vol. 12，pt. 3～4，pp. 601～605.

③ 石谷风，谈宋以前的造纸术，文物，1959，1期，33～35页。

出土。由于经济重心的南移和南方丰富资源的开发，南方造纸业后来居上。

继北方左伯纸之后，南方的张永纸成为南朝的名纸，在历史上为人们所称道。《宋书》（488）卷53《张永传》说，张永（410～475）字景云，刘宋吴郡（今苏州）人，历任司徒、余姚令、尚书中兵郎。元嘉十八年（441）任删定郎，再转建康令（445）。他文武兼备，有政绩。

> ［张］永涉猎文史，能为文章，善隶书，晓音律、骑射、杂艺，触类兼善。又有巧思，益为太祖所知。纸及墨皆自营造，上每得永表启，辄熟玩之，咨嗟自叹御者了不及也①。

既然张永所造的纸比当时皇家御用纸还好，而他又受皇帝赏识，则这种纸的制造技术必得到推广。造纸地在刘宋首都建康（今南京）附近，由此想到继刘宋之后，齐高帝在同一地方所建的造纸所，也是利用了前朝的工匠和技术。

米芾《书史》说："王右军［书］《笔阵图》，前有自写真，纸薄如金叶，索索有声"。我们在敦煌石室写经中确见有东晋生产的一种白亮而极薄的麻纸，表面平滑，纸质坚韧，墨色发光，以手触之，则"沙沙"作响，属于上乘麻纸。如西晋僧人竺法护（240～315在世）译《正法华经》的东晋写本，即用此纸，也是王羲之所爱用的。这类纸在敦煌石室南北朝写经中也不时出现，我们料想此即齐高帝赐给王僧虔的"凝光纸"，与张永纸应是一类。由此看到这种上乘麻纸从晋到南北朝世代相承，其制造技术当起于南方今江浙一带。我们检测上述《正法华经》东晋写本，每纸26.5×54.5厘米，厚度0.1～0.15毫米，麻纤维匀细，双面强力砑光，故而呈半透明，帘纹已被砑去，表面平滑受墨。虽手触"索索有声"，但纸的耐折度甚好。卷末无年款，1965年12月经启功先生鉴定为北魏（386～534）以前之物，即4世纪所造。为研究晋、南北朝所造高级白麻纸，提供最好的实物资料。

二　写本书籍的盛行

作为书写记事材料，纸的推广使用有力地促进了书籍文献资料的猛增和科学文化的传播。反过来说，图书事业和科学文化的发展又需要供应更多的纸，从而又推进了造纸术的发展。魏晋南北朝时的书籍多以纸写成，作卷轴装，类似帛书，称为书卷。社会上写本书籍大为盛行，《晋书》载西晋文人左思（约250～305）欲写《三都赋》，"构思十年，门庭藩溷（门庭和厕所）皆著笔纸。偶得一句，即便疏（书）之"。书成后以其文采卓著，"富贵之家竞相传写，洛阳为之纸贵"②。"洛阳纸贵"之典即由此而来，后世用以形容某一作品风行一时。这个典故也说明，任何好的作品一经写成，通过纸写本便能流通社会，收到社会效益，因而抄书之风也随之盛行。《南齐书》（520）卷54载"隐士沈驎士（419～503）遭火，烧书数千卷。驎士年过八十，耳目犹聪明，乃手写细书（小字），复成二、三千卷，满数十箧"。《北史》（670）卷20称穆子容"欲求天下书，逢即写录，所得万余卷"。《梁书》（629）卷49称袁峻（477～537在世）"家贫无书，从假借必皆抄写自课，日五十纸，纸数不登则不止"。

靠着人们辛勤劳动，使社会上图书的存量迅速增加。《隋书·经籍志》（656）序称，魏秘书监荀勖（？～289）所编魏官府藏书目录《新簿》，收录四部书29，945卷。至南朝刘宋元

① 梁·沈约，《宋书》卷53，《张永传》，廿五史本第3册，174页（上海古籍出版社，1986）。
② 唐·房玄龄，《晋书》（635）卷92，《左思传》，廿五史本第2册，278页（上海古籍出版社，1986）。

嘉八年（431），秘书监谢灵运（385～433）造四部书目载书达64，582卷。梁元帝在江陵有书七万多卷。与此同时，私人藏书也多起来，如晋张华（232～300）徙居时载书30乘（车），宋、齐以来贵族藏书已有“名簿（目录），因之梁武帝时（502～549）“四海之内，家有文史”。

卷子本每卷用一张张直高一样的纸用糊剂粘接成一长卷，有时可达几米长。每纸在书写前，用淡墨水划成边栏，以便每行写得笔直，叫“乌丝栏”，实际上每一行相当一枚竹简。每纸有一定行数，20～30行不等，行间距离约1.5～2厘米。每行又写成一定字数，多是17字，但每张纸上没有划出横格，只有纵格。因此每张纸可写大约400～500字（小字注除外），书写纸颇类似现在的标准稿纸。当我们拿到一卷书，只抽看其中一张纸的行数、每行字数及用纸数，可很快算出其总字数。这说明中国古代纸本卷子书籍的款式是很科学的。每卷纸首行写全书名，次写卷名，接下是正文。卷末再写卷名，隔行写抄写时间、地点、抄写人，有时还要写监校人、装潢人（图3-1）。如果是宗教经典如佛经，还要在卷末写上供奉者姓名及奉供目的。正文中如有注释，则在纵格内以双行小字写之。从现代书籍标准看，唯一不足是每张纸上没有标出顺序号或页数，因而想查看某一段文字是比较麻烦的。各卷之最后，将多余的纸糊在木轴上，整卷即可卷起来。木卷轴有时用朱漆涂饰，或以其他材料（如玉）代之。每卷卷首，用多余的纸包以竹片，中间再置一丝线或麻绳。用毕后，用线绳将整卷捆起。每个轴再用丝或布作书签，写上书名及卷次，当各卷横堆在一起时，一看书签即可找所要需之卷。

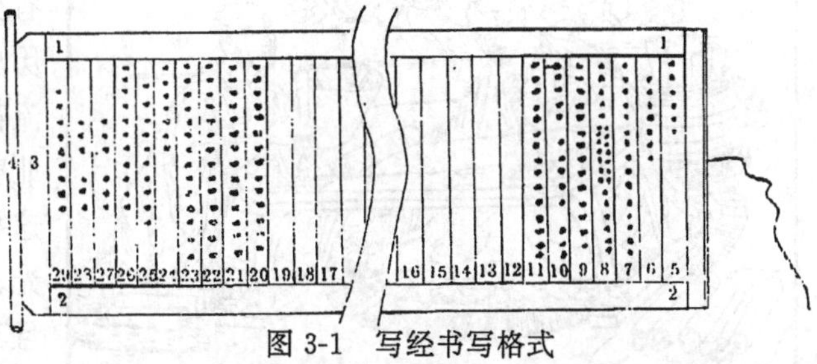

图3-1　写经书写格式

1上边栏；2下边栏；3左边栏；4木轴；5、6写经卷名专用行；7～16正文（一般17字）；17～23正文；24写经卷名；25～29写年款、抄经人、装潢人等

魏晋南北朝时期除用大量纸抄写经史子集四部典籍、书写日常用的公私文书或学习、商业用文件外，由于佛教、道教的发展，还有很多人用纸抄写宗教经典，也使社会上耗纸量大增。各地兴建的学校、寺院庙宇以及官府，历来是用纸的大户。1900年震动世界的敦煌石室写经纸的发现，表明只是一个宗教中心所耗去的写经纸数量是何等惊人。据文献记载，至迟在前秦（351～349）建元二年（366）就已于敦煌城南22.5公里的鸣沙山开凿佛教石窟寺院，此后历代开凿新洞、重建旧洞，至隋（581～618）、唐（618～907）及北宋（960～1127），已达到相当大规模，成为完整建筑群体，名曰莫高窟或千佛洞，因之成为西北地区的宗教活动中心。洞内许多壁画和雕塑成为艺术珍品。远近的人们来这里进香、供奉佛经，从4世纪起莫高窟内已聚集了数以万卷计的佛经各种写本①。值得注意的是，从366年起开凿的千佛洞石窟内没有发现任何木简，这也说明4世纪后中国全境基本上以纸为书写材料了。由于敦煌是古代丝绸之路上的要冲，因此纸和丝绸一样也成为中国向西域诸国的出口物资，往来于这里的各族、各国人都在这一时期使用了纸。

敦煌石室所出写本除佛经、道经外，还有经史子集写本、公私文书、契约等，除汉文外，

① 姜亮夫，敦煌，伟大的文化宝藏，1～16页（上海古典文学出版社，1956）。

图 3-2　南北朝时经生抄写佛经图

还有古维吾尔文（回纥文）、藏文、西夏文、于阗文、龟兹文及中亚、西亚以及印欧语系的吐火罗文、粟特文、波斯文、古叙利亚文、波罗密文、梵文和希腊文等写本，更有少数雕板印刷品。这些文献对研究中外历史、科学、宗教、语言、文化和中外交流都具有重要意义，也是我们研究魏晋南北朝至隋唐五代造纸术的重要实物资料。这些古纸在石室内多年封存，避免了日光、空气、水份、霉菌等不利因素的影响，且其原料及制造处理得当，因此能保存原来的状态，同时又未经后人装裱，基本上都是原貌。不少经卷写有明确年款，有的虽无年款，但经过鉴定和比较，其年代是不难确定的。所有这些都为我们的研究提供便利条件。

敦煌书卷是一字字用笔手抄在纸上的，多出于以抄写佛经为职业的僧人之手，称为“经生”。抄完后还严格加以校对（图 3-2）。信徒们为表示宗教虔诚、发愿作某种事而求神佛保佑，或为死者超度，从经生那里买来佛经，供奉于寺院石窟之内。经卷卷尾常写有题记。如魏甘露元年（256）写《譬喻经 · 出地狱品》一卷，总长 166 厘米，由七纸联成，每纸 23.6×30.3 厘米，麻纸。卷尾题：“甘露元年三月十七日，于酒泉城内斋丛中写讫。此月上旬，汉人及杂类（少数民族）被诛。向二百人蒙愿解脱，生生信敬三宝，无有退转”①。这是现存有纪年的最早的敦煌写经（图 3-3），纸白而泛黄，表面较平滑，粗帘条纹，每纹粗 0.2 毫米，当为西北所造麻纸，现藏日本书道博物馆。不列颠图书馆藏《大般涅槃经卷第十三》尾款为“天监五年（506）七月廿五日，佛弟子谯良颙奉为亡父，于荆州竹林寺敬造《大般涅槃经》一部。愿七

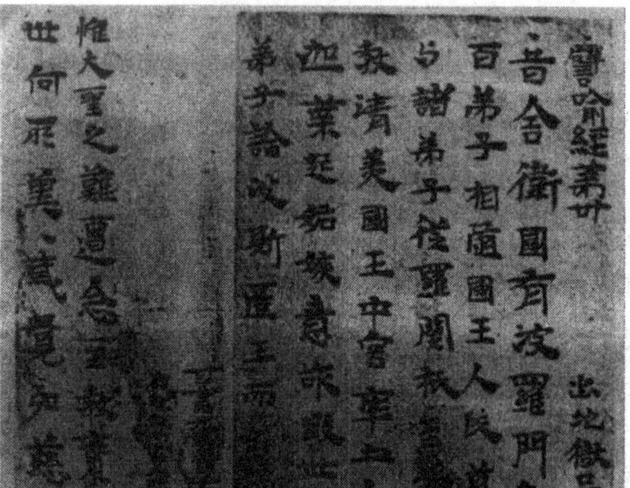

图 3-3　敦煌石室出魏甘露元年（256）麻纸写本《譬喻经》

① 中村不折，新疆と甘肃出土の写經（東京：雄山閣，1934）；禹城出土墨寶源流考上册，23～24 頁（東京：西東書房，1927）。

世含识速登法皇无畏之地。比丘僧伦龚、和亮二人为营”（S0081），这是从湖北携至敦煌者。

三　造纸与书画艺术

纸的大量供应和经常以纸挥毫，使魏晋南北朝的书法艺术进入新的意境，又引起汉字字体的变迁。可以想象，在一片宽1厘米左右的坚硬简牍上写字，毛笔笔锋受书写材料空间和质地的限制而难以充分施展，写字速度也不会快，写十几个字后需再换另一简。人们似乎受到某种约束，难以自由地挥毫。如果改用洁白平滑又柔韧受墨的大张纸上写字，情况就会根本改观。我们可以引用魏书法家韦诞（179～253）的自身感受，当魏武帝曹操（155～220）建成洛、邺、许三都宫观时，命中书监韦诞题名，史载：

> ［韦］诞以御笔墨皆不任用，因奏曰："夫工欲善其事，必先利其器。用张芝（117～192在世）笔、左伯（156～226在世）纸及臣（韦诞）墨，皆古法。兼此三具，又得臣手，然后可逞径丈之势、方寸千言。"①

帝从其奏，韦诞遂写出优美的书法。

汉代书体以隶书及小篆为主，魏晋以后为之一变，形成兼有隶书及楷书笔意的楷隶体，从楷隶书体结构和笔锋走势中，我们发现这是当时在纸上写字而习惯形成的社会流行书写字体，楷隶字体是较难在简牍上写出的。这种从隶书向楷书的演变，正反映出所用书写材料从简向纸的过渡。敦煌石室写经为研究魏晋南北朝书法艺术提供了实物资料。前述甘露元年（256）写《譬喻经》、新疆鄯善土峪沟出土的西晋元康六年（296）写《诸佛要集经》、吐鲁番出土的《三国志》东晋写本和敦煌的《正法华经》东晋写本等，都代表魏晋时流行的书法形式。南北朝以后的楷隶，楷书的运笔渐多，研究汉魏以后书法史要考虑到纸的运用的影响②。晋代之所以出现像王羲之、王献之那样的大书法家，在很大程度上归因于纸的普遍使用。周密（1232～1308）《癸辛杂识·

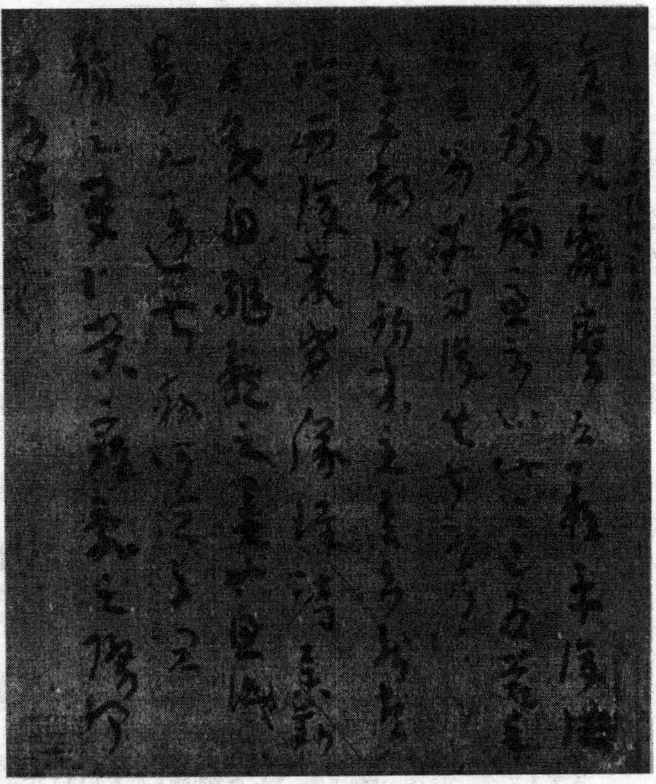

图3-4　西晋陆机《平复帖》

① 汉·赵岐著、晋·挚虞注，《三辅决录》，（清）张澍辑，《二酉堂丛书》本（1830）。

② 潘吉星，書畫史からめた中國歷代の古紙。見：渡邊明義編，《水墨畫の鑒賞基礎知識》，第72～80頁（東京：至文堂，1997）。

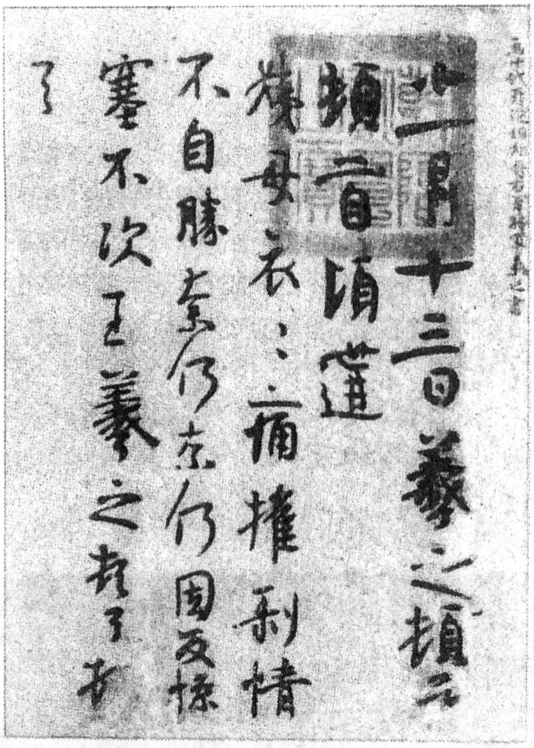

图 3-5　东晋王羲之书法

前集》云：“王右军（羲之）少年多用紫纸，中年用麻纸，又用张永义制纸，取其流丽，便于行笔。”在较大幅面纸上可随心所欲地挥毫，书法家能充分发挥其艺术表现力。从整个时代背景观之，二王书体应以楷隶体为主。

为了加快书写，汉末文人起草时用草隶或“章草”，魏晋之际虽也沿用，但草意更浓。这方面的早期代表作是北京故宫博物院藏陆机（261～303）的《平复帖》，经我们检定为麻纸，呈浅灰色，写以草体楷隶（图 3-4）。写于晋武帝时（265～289）。然而晋以后草体楷隶又发展到王羲之父子的行草（图 3-5），写起来比草体楷隶还要快，而且飘洒，上下字可以连笔写成。最后又由行草发展到草书，草书目的是提高书写速度，起草文稿或速记。没有纸，就难以出现行草和草书。我们从二王书法作品中会看到他们在纸上用笔的艺术魅力。纸的使用引起汉字字体变迁，是个重要文化现象，这种速写形式使工作节奏加快。

同样可以想象到，在平滑受墨的纸上作画，也会有较好的艺术效果。汉代及汉以前，画家作画多用帛料，绢本绘画仍是主流。但从晋以后，纸本绘画逐渐出现，这是绘画材料使用上的新突破。1964 年新疆吐鲁番出土的东晋时期纸绘设色地主生活图，长 106.5、高 47 厘米，由六张纸联成，材料为麻纸。这可能是迄今最早的纸本绘画（图 3-6）了，显然是出于民间画家之手，但专业画家也无疑会在纸上作画的。

唐代书画鉴赏家张彦远（834～894 在世）《历代名画记》（约 874）卷五谈到晋代著名画

图 3-6　1964 年吐鲁番出土东晋纸绘地主生活图

家顾凯之（344～405）的作品时写道："顾画有异兽、古人图、桓温像，……王安期像、列女仙，白麻纸。"又"三狮子、晋帝相列像、阮修像、阮咸像、十一头狮子，白麻纸。司马宣王像，一素一纸。"同书卷六谈到南朝宋画家顾景秀（390～452 在世）作品时，载有"晋中兴宰相像、王献之竹图、刘牢之小儿图，……蝉雀，麻纸"[①]。可见顾凯之当时已带头用白麻纸画人物像。这种创作题材对纸的技术要求较高，而从我们所看到的晋代出土麻纸来判断，用以画人物、鸟兽、草木、虫鱼是能满足画家要求的。麻纸经砑光或轻微施胶（早期形式是浆碓），即可作画。如表面涂布白粉，再予砑光，则作画效果更好。可惜，经历代战乱和王朝更替，魏晋南北朝画家的纸本绘画流传至今的很少，因而新疆出土的东晋纸本人物画便显得极其珍贵。

四　麻纸的化验情况

魏晋南北朝时所造的纸在敦煌石室中存量很多，甘肃、新疆等地还不时有出土者。对敦煌写经纸进行科学研究，由奥地利学者威斯纳于 19 世纪末首开其端。20 世纪以来，英国克拉帕顿（R. H. Clapperton）研究了不列颠博物馆藏敦煌写经[②]，加藤晴治研究日本藏品[③]，德国哈德斯-施泰因豪泽研究了德国藏品[④]，而戴仁研究了巴黎藏品[⑤]。从 1965 年起，笔者对北京图书馆等处的中国藏品作了研究[⑥]。威斯纳还开创对新疆出土魏晋南北朝纸的研究，此后日、中学者[⑦⑧]作了类似工作。根据威斯纳对斯坦因在敦煌、新疆所得这一时期纸的化验，麻纸原料以大麻（*Cannabis sativa*）、苎麻（*Boehmeria nivea*）纤维居多，所用原料来自破布[⑨⑩⑪⑫]。近年来增田胜彦对瑞典人斯文赫定（Sven Hedin，1865～1952）在西北所得魏晋南北朝字纸作了检定[⑬]。所有这些工作都证明威斯纳关于麻纸原料的化验结论是正确的，实际上与汉代造纸

---

① 唐·张彦远，《历代名画记》，卷 5～6，183，218 页（丛书集成本，上海，1936）。

② R. H. Clapperton，Paper；A historical account of its making by hand from its earliest times down to the present day (Oxford，1934)。

③ 加藤晴治，敦煌石室寫經とその用紙について，紙パ技協志，1963，卷 13，2 號，28～34 頁（東京）。

④ M. Harders-Steinhauser，Mikroskopische Untersuhung einger ostasiatischer Tun-Huang. Das Papier，1968，vol. 23，no. 3，pp. 210～216.

⑤ J. P. Drège，Papiers du Dunhuang：Analyse morphologique des manuscrits chinois datés. T'oung Pao，1981，vol. 67，pp. 305～360；L'analyse fibreuse des papiers et la datation des manusrits de Dunhuang. Journal Asiatique，1986，vol. 274，nos. 3～4，pp. 403～415.

⑥ 潘吉星，敦煌石室写经纸研究，文物，1966，3 期，39～47 页。

⑦ 加藤晴治，吐魯番出土文書とその用紙，紙パ技協誌，1964，1 号；楼蘭出土古紙について，同上，1963，9 号。

⑧ 潘吉星，新疆出土古纸的研究，文物，1973，10 期，50～60 页。

⑨ J. Wiesner，Mikroskopische Untersuchungen alter ostturkestanischer Papiere. Denkschriften der Kaiserlichen Akademie der Wissenschaften / Mathematich-Naturwissenschaftlichen Klasse，1902，**72** (Vienna)。

⑩ J. Wiesner，Ein neuer Beiträg zur Geschichte des Papier. Sitzungsberichte der Kaiserlichen Akademie der Wissenschaften / Philosophisch-Historischen Klasse，1904，**143** (pt. 6)。

⑪ J. Wiesner，Ueber die aelteasten bis jetzt aufgefundenen Handernpapiere，Ibid.，1911，**168** (pt. 5)。

⑫ Cf. A. F. Rudolf Hoernle，Who was the inventor of rag paper. Journal of the Royale Asiatic Society of Great Britain and Ereland，1903，Art 22，pp. 663～684 (London)。

⑬ 增田勝彦，樓蘭文書殘紙に關する調査報告，スウェン・ヘデイン樓蘭發現殘紙・木牘，（東京：日本書道教育會議编印，1988）。

原料是一致的。

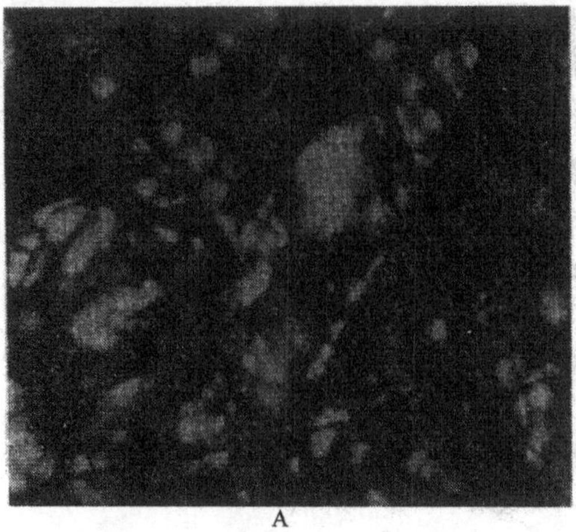

A

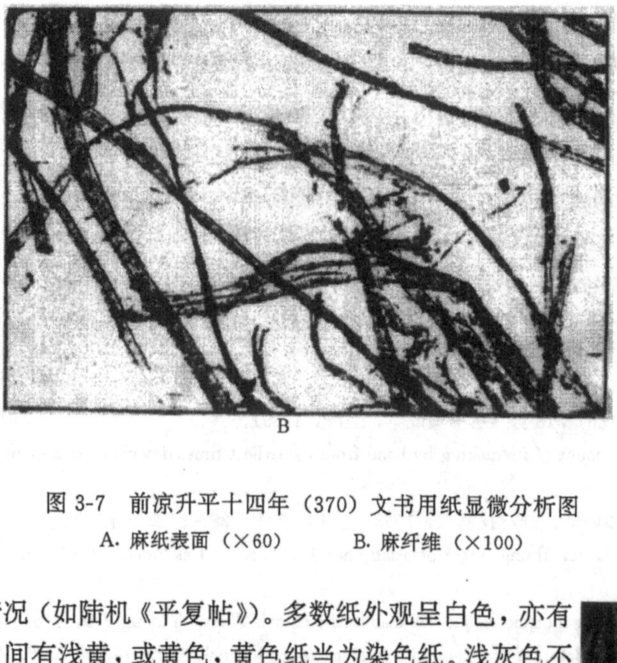

B

图 3-7　前凉升平十四年（370）文书用纸显微分析图
A. 麻纸表面（×60）　　B. 麻纤维（×100）

我们所要强调的是，魏晋南北朝麻纸原料事先所作的提纯较彻底，显微镜下所见杂细胞及非纤维素成分很少。试样以碘氯化锌溶液处理后，呈酒红色反应，纤维都经过以石灰和草木灰水的弱碱性溶液蒸煮而成浆。经过舂捣，纤维遭到分散和变短，但打浆度高低因纸样而不同（30～70°SR），如新疆出土的晋写本《三国志》用纸，经我们化验证明为高级加工麻纸，23.3×48 厘米，白色，表面平滑，纸浆叩解度达 70°SR，纸薄。另有些敦煌石室所出晋、南北朝时的写经，经化验后也发现有不少纸样纤维帚化程度很高，细胞受强度破坏（图 3-7、8）。但纸面上未充分打碎的纤维束，甚至小段麻绳头也经常出现，尤其魏晋古纸。纸面一般说是较平滑的，受墨性普遍良好。厚度多在 0.15 至 0.2 毫米之间，但已出现小于 0.1 毫米的薄纸。纸面普遍有帘纹可见，除少数纸用固定型布纹模抄造外，大多用帘床纸模抄造。有些纸表面经过加工处理。以所见纸样言之，东晋-十六国时期所造之纸质量较好。一个较为普遍的现象是，大凡纸上墨迹书法水平高者，多用好纸、好墨，因此纸、墨与书法高下之间有一种成正比的关系，只有极少数例外情况（如陆机《平复帖》）。多数纸外观呈白色，亦有白间有浅黄，或黄色，黄色纸当为染色纸。浅灰色不是自然本色，是后世装裱造成的。所有麻纸千年来几乎很少见有虫蛀现象，因麻纸纤维纯，所含醣类成分极少，说麻纸“纸寿千年”是名实相符的。各张纸联在一起时，接缝很狭，但没有脱落。文书、契约纸没有乌丝栏，写经纸多有此淡墨色直格，格线细而直，以尺划成，估计是用竹笔或木笔划的。我们所见之纸，多为北方所产，南方纸所见不多。中原所产之纸，质量上比西北土产纸好些，但也有情况不尽如此。纸不但可书写，亦可作画，但画家所需的大幅纸，这时还造不出来。

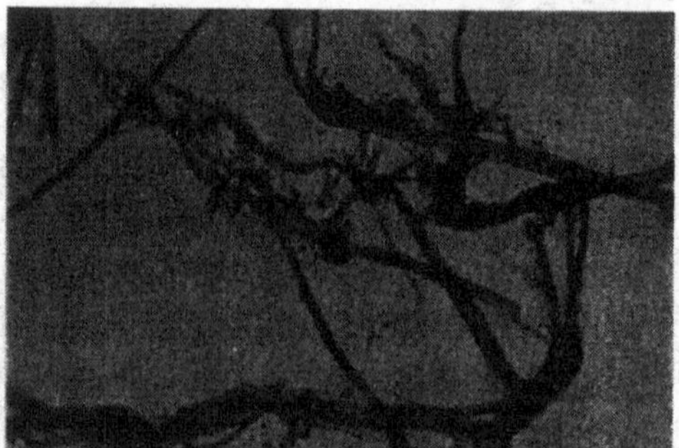

图 3-8　北魏麻写经纸显微分析图（×56）

第二节　新原料的开拓和纸用途的扩大

一　桑皮纸、楮皮纸和藤纸的生产

造麻纸原料破布来自普通百姓用过的衣服及其他麻制品，如麻袋、麻绳、麻鞋等。为适应造纸的需要，城市兴起一种行业从事废品回收，将破布等收集起来再卖给纸坊。但魏晋南北朝时因造纸生产猛烈发展，对破布的需求量与日俱增。为缓解以破布为造纸原料供应不足的矛盾，从这一时期起不断开拓造纸新原料，结果用木本韧皮纤维造成楮皮纸、桑皮纸和藤皮纸等（图 3-9，10），有时还将树皮纤维与麻类混合制浆造纸。虽然文献说东汉已造出楮皮纸，但出土实物少见，皮纸从魏晋南北朝起才见有出土实物。桑树自古以来就在中国种植，桑叶用于养蚕。后来发现其枝条嫩皮剥下来经沤制、蒸煮后，再经舂捣等工序处理，也可制成皮纸。北宋人苏易简（958～996）《文房四谱》（986）卷四《纸谱》云："雷孔璋曾孙穆之，犹有张华（232～300）与祖雷焕（230～290 年在世）书，所书乃桑根皮［纸］也"[①]。此处"根"字或系衍文，或属误字，因为从技术上判断，桑枝茎皮可造纸，而根皮则不可用，则"桑根皮"当为"桑枝皮"之误笔。

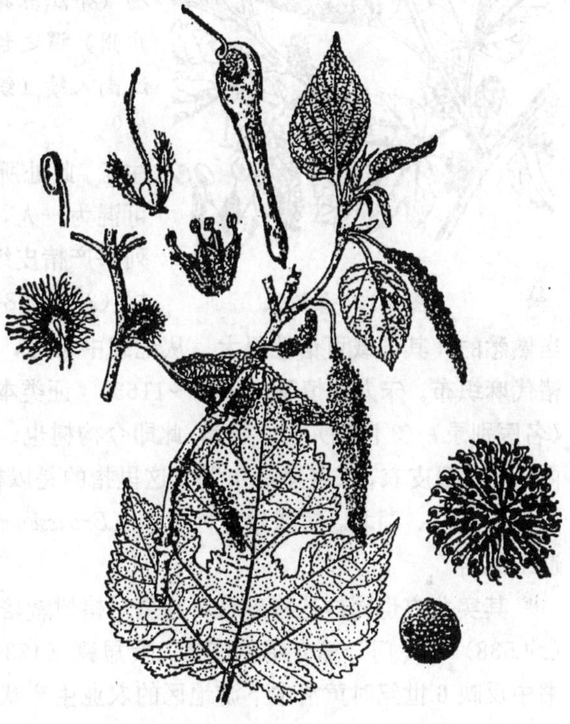

图 3-9　楮树

中国境内桑树多为桑科的木本植物真桑（*Morus alba*）及其变种，如小叶桑（*Morus acidosa*）、趼桑（*Morus mongolica*）等，主要产于江浙、川陕、鲁冀等省[②]。凡养蚕之处多有桑树，以其韧皮造纸，又增加了这种植物的经济价值，而过去桑枝则只用于烧柴。1901 年威斯纳检验新疆罗布淖尔出土的 3～5 世纪魏晋公牍残纸，发现其中有用桑皮造成的，但纸浆中还掺杂了破布纤维。我们对这一时期出土古纸的化验，也发现有桑皮纸。如 1972 年吐鲁番阿斯塔那第 169 号墓中出土高昌建昌四年（558）、十六年（576）字纸即桑皮纸，薄而平滑，白色，纤维匀细、交织情况好，有帘纹，直高残，横长 42.6 厘米[③]。我们也偶而检验到麻与皮料的混合料纸。用混合原料造纸，有很大的技术经济意义，既可降低生产成本、扩大原料来源，又可兼收各种纤维原料之所长。这是魏晋南北朝时在造纸原料配合上的新突破，开后世混料纸之先河。

---

① 《文房四谱》卷 4，《纸谱》，《丛书集成》本第 1493 册，51 页（北京：商务印书馆，1960）。

② 孙宝明、李钟凯，中国造纸植物原料志，312 页（轻工业出版社，1959）。

③ 潘吉星，新疆出土古纸的研究，文物，1973，10 期，50～60 页。

图 3-10　桑树

比桑皮纸更古老的楮皮纸也在这一时期发展起来。如果说东汉楮纸首先从黄河流域的中州地区（首先是今河南洛阳）发端，那么到魏晋南北朝时，造楮皮纸技术随着晋室南渡及工匠南迁，而迅速扩及到长江流域的南方广大地区，再逐步转移到华南粤江三角洲（今广州）一带，一直到今越南北部。三国时吴国人陆玑（字元恪，210～279 在世）在《毛诗草木鸟兽虫鱼疏》（约 245）中写道：

> 榖，幽州人谓之榖桑，或曰楮桑；荆（今湖北）、扬（今江苏扬州）、交（交州，今越南北部）、广（今广州）谓之榖。中州人（今河南）谓之楮桑。……今江南人绩（织）其皮以为布，又捣以为纸，谓之榖皮纸①。

注意，此处所说三国时吴人陆玑（ji）与西晋时吴人陆机不可混为一人，实际上他们是两代人。陆玑注释《毛诗》时，列举产楮皮纸的地区荆州、扬州、交州、广州都属孙吴政权（222～280）控制的范围，他作为吴人对这些地区是相当熟悉的，其记载可信性很大。从记载中可见，因麻料供应不足，不但以楮代麻造纸，还以楮代麻织布。宋人唐慎微（1056～1163）《证类本草》（1108）卷 12 引魏晋时成书的医学著作《名医别录》（3 世纪）云：“楮，此即今构树也。……南人呼榖纸亦为楮纸，武陵（今湖南境内）人作榖皮衣，又甚坚好尔”②。这里指的是以楮皮纤维造纸，在魏晋南北朝时盛行于南方，包括今湖南、湖北。楮或榖今称为构（*Broussonetia papyrifera*），为桑科木本植物，是良好的造纸原料。

其实北方也同样造楮皮纸，甚至对楮树栽培种植。后魏农学家贾思勰（xié）《齐民要术》（约 538）有专门一篇介绍种植楮。贾思勰（473～554 在世）曾任高阳（今山东境内）太守，书中反映 6 世纪时黄河中下游地区的农业生产状况。在其书卷五《种榖楮第四十八》详述楮树种植和收割技术：

> 楮宜涧谷间种之，地欲极良。秋上楮子熟时多收［种］，净淘，曝令燥。耕地令熟，二月耧耩之，……明年正月初，附地芟（shān）杀（贴近地面割下），放火烧之。一岁即没人，三年便中斫。斫法，十二月为上，四月次之。……指地卖者，省功而利少；煮剥卖皮者，虽劳而利大；自能造纸，其利又多。种二十亩者，岁斫十亩，三年一遍（循环）。岁收绢百匹③。

这说明至迟在 6 世纪已有专为造纸目的而种植楮的农业专业户和城内收购楮皮的“楮行”。贾思勰指出，如果种楮者“自行造纸，其利又多”。1973 年我们检验了敦煌千佛洞土地庙出土的北魏兴安三年（454）《大悲如来告疏》用纸，就是楮皮纸。1972 年新疆阿斯塔那出土高昌（531～640）时期的夫妻合葬墓，年代为建昌四年（558）及延昌十六年（576），妻死后合葬

---

① 《毛诗草木鸟兽虫鱼疏》，《丛书集成》本，第 29～30 页（上海：商务印书馆，1935）。

② 宋·唐慎微，《证类本草》卷 12，《木部》，300 页（北京：人民卫生出版社，1957）。

③ 北魏·贾思勰著、石声汉注，《齐民要术选读本》，280 页（北京：农业出版社，1961）。

于夫墓。墓有三张皮纸，最大者高 14、宽 42.6 厘米，白色，较薄，经我们化验为桑皮纸。按高昌一直养蚕种桑，能生产质量相当好的桑皮纸，可与中原媲美。

从晋代开始，在今浙江嵊县南曹娥江上游的剡溪一带更开创用野生藤皮造纸。这一带盛产藤本植物，而剡溪水清又适于造纸，历史上名噪一时的“剡藤纸”便发源于此。后来在其他产藤地区也接着造出藤纸。有关史料见唐初人虞世南（558～638）《北堂书钞》（630）卷 104 引东晋人范宁（339～401）在浙江任地方官时对属下发布的命令：“土纸不可以作文书，皆令用藤角纸”。可见东晋时浙江藤纸被视为良纸，而由范宁予以推广。此处“土纸”不可理解为后世所说的草纸，而是东晋时浙江当地出的一种较次的麻纸。“藤角纸”肯定指藤皮纸。“角”字作何解释呢？有人认为藤角即藤、縠（或楮），盖角、縠为同音相转[①]。不能排除有这种可能性。但我们更倾向于认为藤角纸单指藤皮纸。其所以加角字，因古时公文以一封为一角，纸一张亦称一角。如《全唐诗》卷 22 载段成式（803～863）《与温飞卿（即温庭筠）云蓝纸绝句》序云，“予有杂笺数角，……藤纸为封”。“杂笺数角”即杂纸数张，无怪乎苏易简引范宁那段话后对藤角纸加注曰：“古谓纸为幡，亦谓之幅，盖取缣帛之义也。自隋唐以降，乃谓之枚。”可见角、枚、张等字都是纸的量词，无其他含义。晋代藤纸一直延续到唐宋，后被竹纸淘汰。

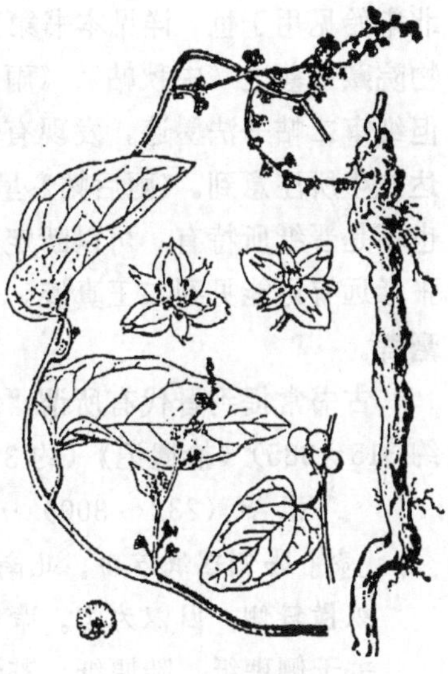

图 3-11　青藤

据调查，嵊县产青藤、紫藤、葛藤、蛟藤等。以造纸原料植物分布而言，浙江特产的有防已科多枝藤本植物青藤（*Cocculus trilobus*），其韧皮纤维可造纸（图 3-11）。其次是豆科木本紫藤（*Wisteria sinensis*），还有豆科缠绕性落叶灌木山藤（*Wisteria brachybotrys*）等。藤纸的发明，显然是在已知藤皮纤维可代替麻作成纺织品后才完成的。由此，古人看来从实践中摸索出一条科学规律：凡可用于纺织目的一切植物纤维都可用于造纸。这是造纸技术史中，中国人给全世界提供的一条重要技术思路。显然，这条规律是将造麻纸的经验加以引申而总结出来的。从晋代以来，中国人一直按此规律行事，所以虽然用量逐代增加，但从未发生过原料供应危机。在欧洲，直到 18 世纪在造纸生产领域内还没有达到一千多年前中国人的这一认识，他们仍然只是单一生产麻纸。

二　关于晋代竹纸和侧理纸

据宋人著作，晋朝似乎还生产竹纸。南宋人赵希鹄（1191～1261 在世）《洞天清录集》（约 1240）云：“若二王真迹，多是会稽竖纹竹纸。盖东晋南渡后，难得北纸。又右军父子多在会稽故也”[②]。二王指东晋书法家王羲之、王献之父子，羲之以任会稽内史，迁右军将军，故又称王右军。继赵希鹄之后，明清以来很多学者都相信晋朝已有竹纸。近人更试图找到旁证，

① 张子高，中国化学史稿，94 页（科学出版社，1964）。

② 《洞天清录集》，载《说郛》商务印书馆本卷 12，33 页（1927 年排印）。

将旧题西晋人稽含（263～306）《南方草木状》中的“竹疏布”理解为竹纸[①]。此说颇值商榷。按《南方草木状》虽为稽含所作，但今本有些内容为唐宋人篡入，并非像《四库全书提要》（1790）所评价的那样完全可信。一些西方汉学家按今本《南方草木状》中某些记载引出的造纸史结论也是错误，因此使用此书时宜仔细对每条予以辨认。我们认为书中所述“竹疏布”可能为稽含原作部分，但只能理解为细密而柔软的竹席，不能释为竹纸。

与麻纸、皮纸不同，造竹纸不是取其韧皮纤维，而是利用其茎杆纤维，将整个竹杆腐蚀、捣烂后提制出纤维。竹杆较坚硬而不易腐蚀、捣烂，制造工序复杂。在唐以前文献中，迄今没有找到有关竹纸的可靠记载，现存早期竹纸没有早于北宋的。北宋苏轼（1036～1101）《东坡志林》卷九说：“今人以竹造纸，亦古所无有也。”因此我们认为竹纸起源于唐代的浙江，至北宋始见用于世，详见本书第五章。至于赵希鹄所说“二王真迹”，恐大有疑问。就以故宫博物院藏王羲之《中秋帖》、《雨后帖》而言，经我们检验确是竹纸，过去也一直视为“真品”。但细审二帖书法墨迹，发现有钩摹痕迹，字里行间有宋人笔意。这已为当代书画鉴定家徐邦达先生所注意到。《雨后帖》呈深褐色，颜色呆滞，不是竹纸自然老化的颜色，纸上细横帘纹也不是晋纸所特有。可以断定，南宋人赵希鹄所见二王法帖，多为唐宋人摹本或赝品。唐人张彦远有可能见到二王真迹，但在其《历代名画记》及《法书要录》中没有著录有用竹纸挥毫者。

古书常提到晋代有所谓“侧理纸”或“苔纸”者，这里应加以辨证。晋人王嘉（字子年，约315～385）《拾遗记》（约370）卷九云：

> 张华（232～300）……造《博物志》四十卷，奏于武帝（265～290）……[帝]赐侧理纸万番。此南越所献。后人言陟厘与侧理相乱。南人以海苔为纸，其理纵横斜侧，因以为名。帝常以《博物志》十卷置于函中，暇日览焉[②]。

关于侧理纸、陟厘纸、苔纸的原料和形制问题，一千多年来一直没得到正确解决。一般多根据《拾遗记》及《名医别录》等书记载，认为侧理纸由水苔所造。《名医别录》过去误认为梁人陶弘景（456～536）所著，实际上是在这以前的魏晋（3世纪）的医学家所辑录，其中说：“陟厘生江南池泽，……此即南人用作纸者”[③]。按李时珍《本草纲目》（1596）卷21的综合考证，此处的水苔还有不同别名：陟厘、石发、水衣、石衣、水绵等，分为水生和陆生两种[④]。为解决古代侧理纸、苔纸形制及原料问题，最好是将文献记载与现存实物对照验证。早期侧理纸既无出土，也无传世，我们只看到中国历史博物馆藏清代乾隆廿三年（1758）江南进献的侧理纸，是完整的原件。外观呈圆筒状，中无接缝，浅米黄色，原料为韧皮纤维，纸较厚，有磨齿状纹理，纸料中没有水苔、海苔之类，外观也不呈青绿色。清高宗弘历（1711～1799）于乾隆廿三年得此纸后，还写了《咏侧理纸诗》。今故宫乐寿堂东廊有据乾隆御笔所作刻石，其中写道：“海苔为纸传《拾遗》，徒闻厥名未见之。……囫囵无缝若天衣，纵横细理织网丝。”因此乾隆所咏及其所见侧理纸，实际上并不是《拾遗记》所述晋武帝赐给张华的侧理纸。

---

① 袁翰青：中国化学史论文集，112页（北京：三联书店，1956）。

② 《拾遗记》卷9，《百子全书》本第7册，3页（杭州：浙江人民出版社影印上海扫叶山房本，1984）。

③ 参见宋·唐慎微，《证类本草》卷9，《草部》，237页（人民卫生出版社影印本，1957）。

④ 《本草纲目》卷21，《草部·陟厘》，上册，1405页（人民卫生出版社，1982）。

1965年，我们按《拾遗记》所述作模拟实验，结果无法造出适用的纸。用水苔不可能造出纸，有一种莎草科的苔（*Carex dispalata*）生于原野多水的湿处，茎高1米，叶扁平，长1米，可作簑衣，亦可造纸，但不是古书中的水苔。于是我们改以麻料、皮料和竹料为基本原料制成纸浆，再向其中掺入少量藓水苔，捞成纸后，表面确实有不规则交织的青绿色纹理，与《拾遗记》所述相符。我们实验用水苔，取于水中石上，或曰石发，呈青绿色。如用陆上产的发菜（*Nostoc commune var. flagelliforme*），则所成之纸呈现不规则交织的黑色纹理。发菜属蓝藻门、念珠藻科，藻体细长，呈黑绿色毛发状群体，由多数球形细胞连接成丝状，共同埋没于胶体物质中形成，分布于宁夏、陕西、甘肃一带流水中，可供食用[①]。因此我们的模拟产物不是别的，正是后世所谓的“发戕”。由此可以得出结论说，《拾遗记》、《名医别录》等古书所说侧理纸、陟厘纸、苔纸，实即后世的发戕。起源于西晋的这种纸，以麻类及皮料制浆，再掺入少量水苔、发菜等为填料，用量虽少，但纸上呈现的有色纹理却很明显。这类纸在唐宋以后继续生产，直到近代。其他国家也依此仿制，最著名的是朝鲜李朝（1393～1909）的发戕。清人徐康（1820～1880在世）《前尘梦影录》（1897）卷上称：“发笺、海苔笺，高丽最擅名。”朝鲜所制，亦于清代流入中国。18世纪乾隆帝所得江南侧理纸，显然不是晋人王嘉所指。关于这种纸。我们在本书第六章将再作讨论。

三　纸伞、风筝的制造和使用

由于皮纸的制成，在一定程度上充实了造纸原料供应。一般说，皮纸能制成比麻纸更好的质量。社会上纸产量处于稳步增长的势头，才使人们有可能将纸从主要供书写用转移到日常生活的其他方面，扩大其用途。纸在与简牍竞争中取得决定性胜利并淘汰后者之后，下一个竞争对手是丝绢。丝绢好处很多，最大缺点是昂贵，因此有些用品包括书画还得用它。魏晋南北朝时在日用品方面是纸逐步取代丝绢的时代，纸向丝绢原来所占阵地发动猛烈进攻。因此我们看到这一时期出现了纸伞、纸鸢、纸花、剪纸、折纸、卫生纸等，其中前三种一直以丝绢为材料。过去贵族及巨富人家大便后，用粗丝绢擦拭，一般百姓自然用不起，现在大家都可以用手纸了，从此以后千年来世界各国至今还在通用。餐纸也取代了丝绢，用于宴席上。纸已悄悄渗入到日常生活各个方面。

我们首先谈人们在雨天广泛使用的雨伞（图3-12），至迟从北魏（386～534）时起已经有了。伞旧称繖，其面原由绢制成，但雨天时不能防水。以纸作伞面，再刷以桐油，制成纸伞，不但便宜，而且防雨。陈元龙（1652～1736）《格致镜原》（1735）卷31引《玉屑》云：“前代士夫皆乘车而有盖，至元魏（北魏）之时，魏人以竹碎分，并［以］油纸造成伞，便于步行、骑马，伞自此始”[②]。纸雨伞的制成也标志防水纸的发明。魏收（503～572）《魏书》（554）卷69《裴延儁传》载，世宗宣武帝即位初（500），山胡“以妖惑众，假称帝号，服素衣，持白伞、白幡，率诸众于云台郊抗拒”。明人王圻（1536～1606在世）《三才图会》（1609）《器用十二卷》也说拓跋珪（371～409）建立的北魏（386～534）地区用纸雨伞。唐人杜佑（735～812）《通典·职官典》（801）更进一步说：“按晋代诸臣皆乘车有盖，无伞。元

---

① 冯德培等主编，简明生物学词典，391页（上海辞书出版社，1983）。

② 《格致镜原》卷31，《朝制类二·伞》上册，336页（扬州：广陵古籍刻印社，1988）。

魏自代北（晋北）有中国，北俗便于骑，则伞盖施于骑耳。疑是后魏时制，亦古以帛为繖之遗事也。齐高［帝］始为之等差云。今天子用红、黄二等，而庶僚用青”。

图 3-12 雨伞

由此可见，北方鲜卑族拓跋部建立的北魏王朝始有纸伞之制，脱胎于车盖，以其甚轻便、易于开启和折闭，特别适用于骑兵在雨天行军，因而一改汉人旧俗，将乘车用的盖小型化，帛面易以纸面（油纸），制成纸伞。从而不但适用于军旅之用，也成为庶民可以用的物品。北齐文宣帝高洋（529～559 在位），鉴于上下皆用伞，乃建立等级，规定皇帝用红、黄色伞，而庶民、臣僚用蓝色伞。纸伞自是由北方少数民族地区扩及到中原，唐宋以后遍及全国，以伞面颜色区分等级的制度也沿用下来了。

其次说到风筝，古代以竹条扎成。纸扎风筝从南北朝时见之于文献记载，称为“纸鸢”。它像纸伞那样，与上述北齐统治者高洋有关。他在宫外建 26 丈高木台，名金凤台。《北史》（670）卷 19《彭城王勰传》称，前魏皇室后裔“世哲从弟黄头，使与诸囚自金凤台各乘纸鸢以飞，黄头独能飞至紫陌乃坠。”[①] 这是说，高洋推翻东魏、自立为帝时，对魏帝后裔进行迫害，令元黄头（拓跋黄头，魏帝之子）与囚犯们登上金凤台，再各乘纸鸢从台上跳下，意在用这种方法将其置于死地。但元黄头借纸鸢在空中滑翔很长一段距离后才降落下来，其着地点已靠近“紫陌”，即高洋的宫殿所在地区。当然，这不一定是一般的纸风筝，而很可能是特制的很大的风筝。这个历史故事具有某种残酷性，但也确实表明这很可能是世界上借纸鸢实现载人飞行的较早期的冒险实验。

元黄头约在 529 年从 26 丈（87 米）高的金凤台上跳入空中滑翔一段时间后落地，并没有死，后来高洋又另外指使人才将他杀死。纸鸢既可升空，便不是简单的玩具，它具有科学研究价值和其他实用目的。人们都认为纸鸢从某种意义上说，是近代飞机出现前最早的升空装置之一，而早期机翼的设计可能也受到纸鸢的思想诱导。因此李约瑟博士认为拓跋黄头的这次纸鸢飞行在航空史中具有原则性意义，因为西方人在此千年后才由英国人巴顿·史密斯（Baden Fletcher Smyth，1860～1937）于 1894 年成功实行了借风筝载人的飞行实验[②]。

中国古代兵家早就认出纸鸢的军事价值，史载梁武帝下诏讨叛臣侯景（503～552），但侯

---

① 唐·李延寿，《北史》卷 19，《彭城王勰传》，廿五史本第 4 册，77 页（上海，1986）。

② J. Needham，Aeronautics in ancient China. Shell Aviation News，1962，no. 274，p. 2；no. 280，p. 15；Science and civilisation in China，vol. 4，pt. 2，pp. 588～590（Cambridge University Press，1965）.

景却连下梁数城，渡江攻到采石，进而围台城（今南京），太清三年（549）双方激战，被围困的城内梁军这时放出风筝向城外援军求援。唐人李亢《独异志》描述这一经过时写道："梁武帝太清三年（549）侯景围台城，远不通问。简文作纸鸢，飞空告急于外。侯景谋臣谓景曰，此纸鸢所至，即以事述外，令左右善射者射之。"简文指肖纲（503～551），梁武帝之子，后即位为简文帝（550）。这是说将纸鸢用于军事目的，被围困在城内的守军将其放出，作为求援之用。司马光（1019～1086）《资治通鉴》（1084）卷162亦载，梁太清三年（549）"台城与援军信命久绝，有羊车儿献策，作纸鸢系以长绳，写敕于内，放以从风，冀达众军"。此处所载献策者是另一人，不管到底是谁，告急的纸鸢终于从城内飞出城外。纸鸢的发明是个纯技术发明，它除供儿童以及成年人玩耍外，还有不少实际用途，并包含一系列科学原理（图3-13）。

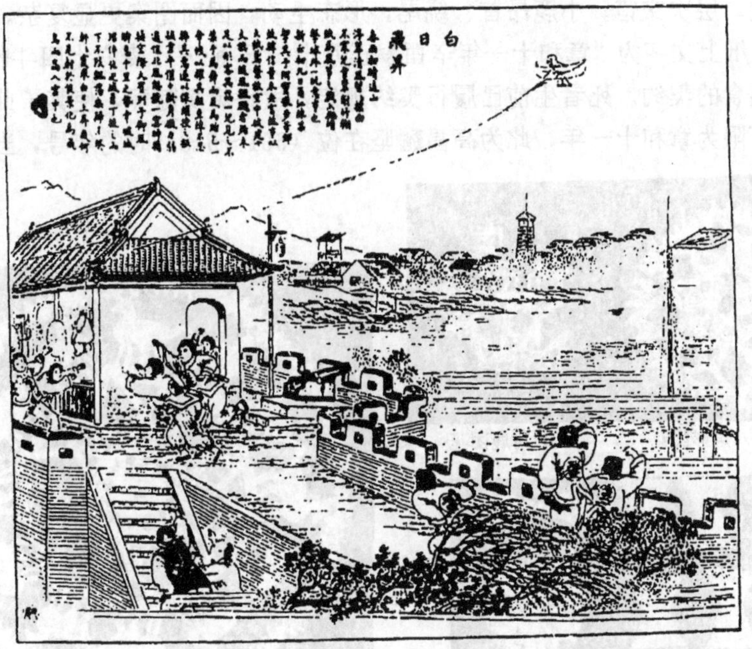

图 3-13　"白日飞升"图中的纸鸢（吴友如绘）

四　剪纸、纸花和卫生纸

纸是一种绝妙的材料，既受墨受染，又可随意剪裁成各种形状，因而便成为艺术家创作的理想材料。中国民间艺术中的剪纸源远流长，有强烈的民族艺术风格，其起源至迟应追溯至魏晋时期，至南北朝时已相当成熟。剪纸可将纸剪成几何图案、人物、鸟兽、花草等各种造型，式样美观大方，一般置于门窗或墙壁上，用来装饰房屋，有时在一些特定节日中使用。1959年10～11月，新疆博物馆文物工作组在吐鲁番县阿斯塔那村发掘4～7世纪的六座古墓，墓中即有剪纸出土①。阿斯塔那（Astana）汉名为三堡，与该村相连的哈拉和卓村

① 新疆博物馆，新疆吐鲁番阿斯塔那北区墓葬发掘简报，文物，1959，6期，13～21页。

(Halahuoja) 汉名为二堡，哈萨克语意为“首府”，可能与这一带为高昌国（531～640）故城所在，与中原地区有紧密的来往。这六个墓葬内都有有年代的墓志和文书，可据以断代。

其中第 306 号墓（59TAM306）内散布一些剪成菱形及束腰形的纸片，有字者 14 片。另有圆形剪纸二件，一件为蓝纸，剪成有几何图案的八角形团花，外周为圆形，周边呈锯齿状，中间以菱形及三角形构成花纹。以长短、粗细、疏密不同的直线和曲线排列、交织成四面匀齐、对称的菱形、三角形纹，层层交错，远看如一团花。这属于辐射式折叠剪纸，将色纸折叠数次，将叠后的每部分剪成图案（图 3-14）。同墓所出另一剪纸为黄纸，已残破，仅存少部分，但根据剪纸原理和规律，可以很容易据此残余部分将整个剪纸复原（图 3-14-D），实际上这是个对鹿团花剪纸。外周为圆形圈，圈边呈锯齿状。中间为六角形，其每边各剪两匹相背而立的鹿，尾部相连，共 12 匹鹿。六角形内圆心部分，为交错排列的圆形、菱形及三角形组成的几何花纹，层次交错。小鹿昂首、绕尾，形态生动，因而图案更显复杂。墓内出土文书纸为一契约，纸上文字为“章和十一年辛酉岁正月十一日将…”“麦六十四斗收见”等字。看来是个借贷粮食的契约。死者生前已履行契约规定，故将废契随葬，使其了此心愿，则剪纸制成的时间下限为章和十一年，此为高昌麹坚在位（531～548）时的年号，当公元 541 年。

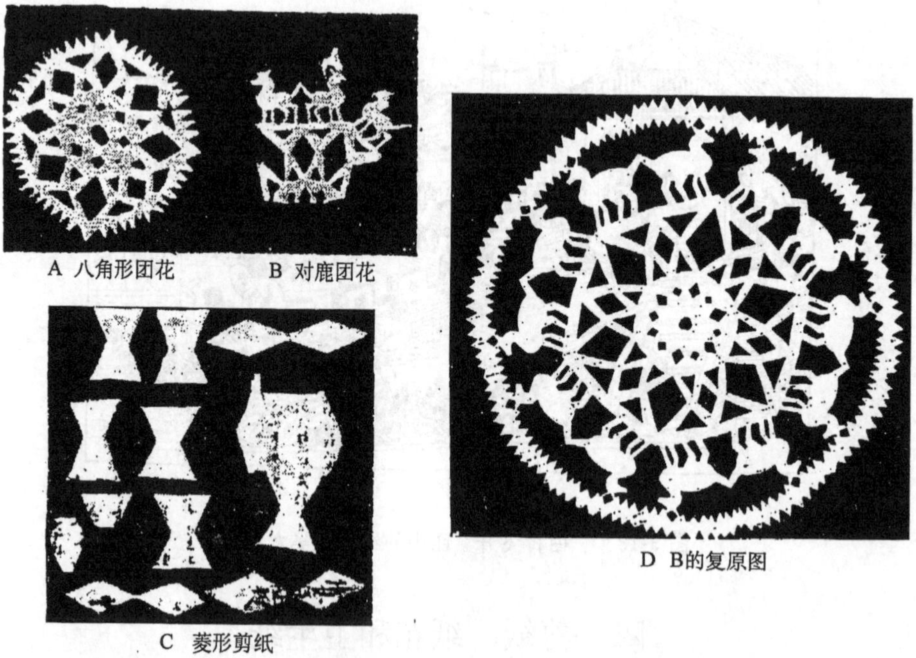

A　八角形团花　　B　对鹿团花

C　菱形剪纸　　D　B的复原图

图 3-14　新疆 1959 年出土的高昌（541）剪纸

1959 年阿斯塔那第 303 号墓内也出土剪纸一件，以黄纸剪成圆形图案。据研究者报道，此为对猴团花剪纸①，内圈为多种几何纹图案，内外圈之间有 16 只小猴分八对围成圆形，相背而立，又回首相视。猴的前爪与另一猴前爪相携，另一爪攀登树枝，活泼可爱，造型复杂。该墓同出墓主的朱书砖墓志，其文为“和平元年（551）辛未一月三日，虎囗（贲）将军、令兵将、明威将军、民部参军赵令达墓”。这同样是高昌的年号。之后，阿斯塔那古墓群又有剪纸

① 陈竟，从新疆古剪纸探中国民间剪纸渊源；陈竟主编：中国民间剪纸艺术研究，146～147 页（北京工艺美术出版社，1992）；张道一，中国民间剪纸艺术的起源与历史，同上书，130～131 页。

出土，其中忍冬纹团花剪纸用本色纸，直径 24.5 厘米（图 3-15）。由圆心向四周作菱形辐射，外层绕以忍冬花纹，最外圈有 31 个连续相接的三角形，四层图案相叠，线条匀称。出土此剪纸的墓内有墓志，年代为延昌七年（567）。毫无疑问，西北地区高昌时期出土的这些民间剪纸，其技术是从中原传入的。唐代诗人李商隐（813～858）《人日诗》云：

缕金作胜传荆俗，剪彩为人起晋风。

有趣的是，从魏晋时兴起的剪纸和用纸剪成“人胜”以召魂的风俗，在高昌一带也盛行，而且有出土物为证。关于阿斯塔那墓葬中出土的纸剪人胜，将在下一章中介绍。

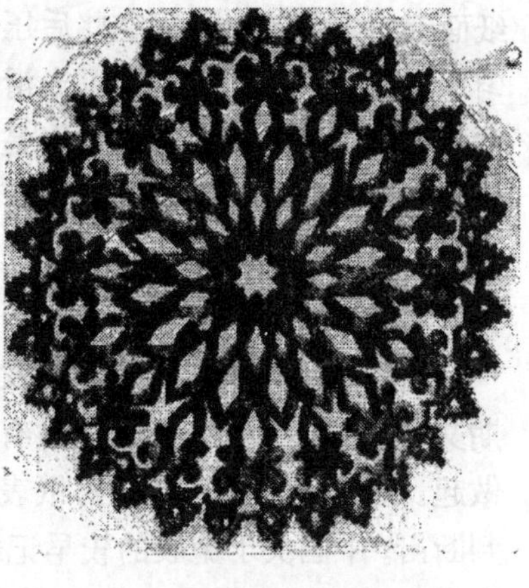

图 3-15　新疆出土高昌时期忍冬纹团花剪纸

与剪纸有关的还有人造纸花，所谓纸花是将纸先染成不同颜色，再经剪、揉、折等工序分别制成枝叶、花朵，经拼接而成花束，也可供室内装饰。《太平御览》卷 605 引晋人孙放《西寺铭》云：“长沙西寺层构倾頽，谋欲建立。其日有童子持纸花插地，故寺东西相十余丈，于是建刹，正当［插］花处”[①]。按孙放（330～370 在世），字齐庄，晋秘书监孙盛之子，后任长沙相。《西寺铭》中所记载的这个故事，正发生于他在长沙任职之时，由此可知纸花至迟在晋代已有了，大约与剪纸同时出现。如前所述，制造纸花时，既需要剪纸又需要折纸，还要将纸揉成起绉形状，由此看来，将方纸或长方纸折叠，或适当剪裁成各种造型的折纸艺术，也应有较早的历史。

纸在日常生活中的另一广泛用途是作卫生纸。南齐人颜之推（531～591）《颜氏家训》（589）：卷五写道：“其故纸有《五经》词义及贤达姓名，不敢秽用也”[②]。钱存训将此释为不可将写有经文和圣贤姓名的故纸当卫生纸[③]，是妥当的，因为“秽器”即便器。对卫生纸的记载在中国史料中不多见，但肯定在魏晋南北朝时已用上了。至于包裹物品，则汉代时已用纸，消耗量也相当大。

第三节　施胶技术和帘床抄纸器的发展

一　采用淀粉糊的施胶技术

魏晋南北朝时期造纸原料品种的增加和质量的改进，与造纸技术的革新有关。根据我们对这一时期大量纸样的分析检验，可知已在对沤制脱胶、碱液蒸煮、舂捣、漂洗、捞纸等工序更加精工细作，舂捣、漂洗已进行不止一次，同时以碓代替杵臼，打浆度得以提高。为了改善纸的性能，晋代已采用施胶技术。早期的施胶剂是植物淀粉糊剂。将它掺入纸浆中搅匀，再捞纸，这便是后来所谓的纸内施胶，此法行之简便，一次完成，不足之点是难以保证每张

① 宋·李昉，《太平御览》卷 605，第 3 册，2724 页（北京：中华书局，1960）。

② 南齐·颜之推，《颜氏家训》（589）第五篇，《四部丛刊》本，13 页（上海：商务印书馆缩印本，1936）。

③ J. Needham, Science and civilisation in China, vol. 5, pt. 1, Paper and printing by Tsien Tsuen-Hsuin, p. 123 (Cambridge University Press, 1985).

纸面都均匀施胶，因为在此后压榨工序中有些施胶剂要走失。另一方法是将施胶剂用刷子均匀地逐张刷在纸面上，再以光滑石头研光。如果只一面写字，就不必正反两面施胶。这是后世所谓的纸面施胶。此法优点是保证每张纸都均匀而彻底施胶，缺点是费工费时。根据对纸的技术要求和具体情况，上述两种方法都交互使用。如果对成品纸表面刷以淀粉糊剂，干燥后可在纸表使淀粉粒子沉淀并形成一层覆膜，再经砑光，写字时便不晕染。同近代所用植物胶、动物胶相比，淀粉施胶是弱性施胶，但这很适合中国具体情况。

施胶技术是中国古代纸工发明的，但始于何时，很长时间内难以定夺。有关这方面的早期文献记载不足，晚期记录虽有，却解决不了其起源问题。看来最有效的方法是从实物研究做起。纸是否施胶，可从对纸表的观察、挥毫试验和对纸料的显微分析、化学测试中有效地判断出。中国关于施胶的较早记载见于唐人张彦远（834～894 在世）《历代名画记》(874)，欧洲提到施胶的早期著作是 17 世纪法国人安贝尔迪（J. Imberdis）1693 年用拉丁文发表的《造纸术》(*Papyrus sive ars conficiendae papiri*)。欧洲最早施胶纸不会早于 13 世纪。1886 年维也纳大学的威斯纳对奥国赖纳（Erzherzog Rainer）亲王所收藏的出土纪年阿拉伯文文书纸作了系统检验，发现 874、900 及 909 年的纸曾用淀粉糊施胶，这说明阿拉伯人在欧洲人之前，已于 9～10 世纪掌握了这种技术①②。德国汉学家夏德（Friedrich Hirth，1845～1927）通过自己的历史研究，证明阿拉伯人的造纸技术是于唐代天宝十年（751）从中国引进的③，这自然也包括施胶技术在内，因此人们注意的焦点集中于中国何时出现这种技术。如前所述，单从文献无法解决这个问题，因张彦远的著作问世时（874），阿拉伯正好已有了施胶纸，不足以说明技术传播的证据。

然而证据很快就找到了。当威斯纳对阿拉伯古纸化验结果公布 14 年后，1900 年斯坦因(Mark Aurel Stein，1862～1943）在新疆和阗（今和田）、尼雅考古时发掘一些魏晋木牍及唐代纸本纪年文书，纸上的年款分别为唐代大历三年（768）、建中二年（781）、建中三年(782)、贞元二年（786）及贞元三年（787）。其中最早的纪年是 768 年，比出土的最早的阿拉伯纸早 106 年，用这样一个时间间隔说明中国纸对阿拉伯纸的影响就可以令人接受。斯坦因将纸样交威斯纳检验，1902 年维也纳《帝国科学院报告》数理科学卷发表了检验结果④。检验证明，中国 8 世纪纪年文书纸原料为麻类破布，与百年后的阿拉伯纸一样，同时中国纸还有用双子叶植物韧皮部的生纤维制成者，为阿拉伯纸所无有，而所有这些唐代文书用纸都经淀粉剂施胶。因此造纸史家根据这一发现把施胶技术之始定为 768 年，而写在史册中⑤。此后，新疆、甘肃又相继出土古纸，威斯纳化验后证明也有施胶的麻纸，其中年代可查的有北魏太平真君十一年（450）的文书，因此中村长一认为施胶技术不始于唐，而至少可以再上溯至南

---

① J. Wiesner, Die Faijûmer und Ushmûneiner Papiere. Eine naturwissenschaftliche, mit Rücksicht auf die Erkennung alter und moderner Papiere und auf die Entwicklung der Papierbereitung durchgeführte Untersuchung. Mitteilungen aus der Sammlung der Papyrus Erzherzog Rainer，1887，**2/3**，179～260.

② J. Wiesner, Mikroskopische Untersuchung der Papiere von El-Faijûm, Ibid.，1886，**1**，45. et seq.

③ Friedrich Hirth, Die Erfindung des Papier in China, T'oung Pao，1890，vol. 1，p. 1；F. Hirth, Chinesische Studien (München，1890).

④ J. Wiesner, Mikroskopische Untersuhungen alter Ostturkestanischer Papiere. Denkschriften der Kaiserlichen Akademie der Wissenschaften / Mathematisch-Naturwissenschaftlichen Klasse，1902，vol. 72 (Vienna).

⑤ Dard Hunter, Papermaking; The history and technique of an ancient craft，2nd ed.，pp. 194～195 (London，1957).

北朝时的450年①，当然也是淀粉施胶。

自从中村长一的《纸之施胶》1961年发表后，人们所知最早施胶年代是公元450年。可是1964年我们研究魏晋南北朝造纸时，对北京图书馆藏敦煌石室出土西凉（401～421）建初十二年（相当东晋义熙十二年，416年）写本《律藏初分》用纸作了化验，发现在原料麻纤维纸浆中含有淀粉糊剂，显微镜下清楚可见分散的淀粉粒子（图3-16），因此我们又把中国采用施胶技术的时间从南北朝上溯到东晋、十六国（304～439）时期②。1973年，我们检验新疆出土后秦（384～417）白雀元年（384）衣物疏（墓内随葬品清单）用纸时，也注意到它用淀粉剂作表面施胶，再以细石砑光。384年是我们从实物化验中看到的最早的施胶年代，实际上这种技术至迟应起源于魏晋之际，即3世纪后半期。在南北朝用纸中，这种情况屡见不鲜。1977年2月，我们检验新疆阿斯塔那出土西凉建初十一年（415）契约纸（编号63TAM1：14），再次看到施胶迹象，但只是纸表单面施胶。

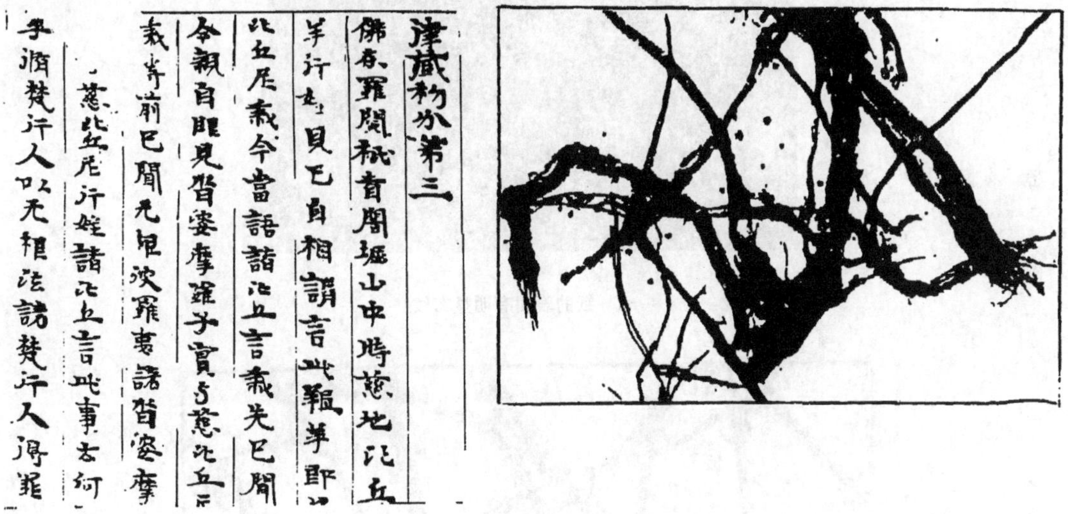

图3-16　《律藏初分》所用麻料施胶纸的显微分析图（×80）

二　帘床抄纸器的结构及抄纸方法

如前所述，汉代纸多厚重，经自动厚度计实测其厚度为0.20～0.29毫米之间，多为0.20毫米，较少有再薄的纸。魏晋南北朝麻纸虽然厚度也有在0.1～0.2毫米之间者，但多见有更薄的纸，如武威旱滩坡出土晋麻纸厚0.07毫米，新疆楼兰出土的南北朝纸厚0.09毫米③。而且都有明显可见的帘纹。这是为什么呢？从技术上来分析，晋南北朝时是用类似现今传统手工方式抄纸时所用的可拆合的帘床抄纸器抄造的。这种抄纸器显然是造纸技术史中具有划时代意义的发明。其技术上的优越性在于，用它能抄出紧薄而匀细的纸，用同一抄纸器可连续抄千万张纸，而无需另换抄纸器，从而减少生产工时，提高劳动生产率，又降低设备投资。这

① 中村长一，紙のサイズ，7頁（大阪：北尾書局，1961）。

② 潘吉星，新疆出土古纸研究，文物，1973，10期，50～60页。

③ 增田勝彦，前揭文樓蘭文書、殘紙に関する調査報告（1988）。

种可拆合的帘床抄纸器起源于何时，文献上迄未找到任何早期的记载，只能从出土古纸来作判断。分散的植物纤维在水中的悬浮液即纸浆，只有通过在抄纸器上滞留而漏去水，才能形成湿的纸膜，再将多余水份除尽，最后形成纸。在这一过程中，抄纸器即成纸的模具在纸面打下了自己的痕迹，即所谓帘纹。从帘纹形制能判断该纸用何种模具抄造。

魏晋南北朝纸虽仍有织纹或布纹者（图 3-17），但多数具帘纹。汉代纸虽多织纹，但亦有些纸呈帘纹。因而魏晋帘纹纸是在汉代抄纸技术基础上发展起来的。帘纹纸模具有两种形式，

A　纸的表面有明显布纹

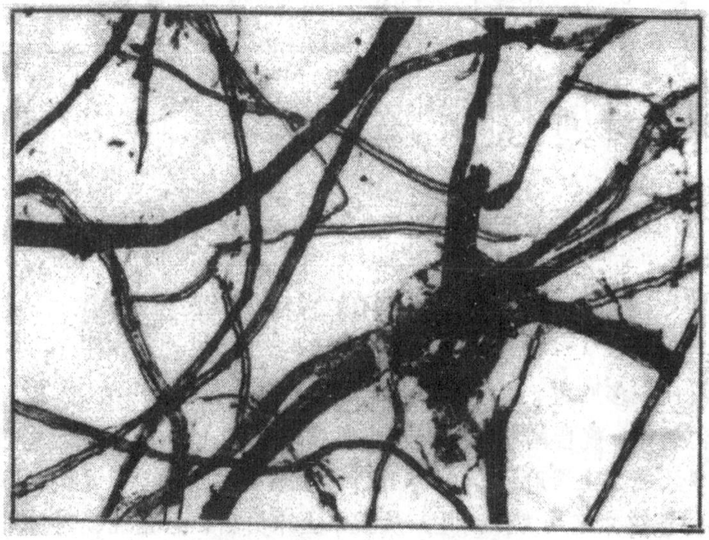

B　麻纤维×80

图 3-17　新疆出土建初十四年（418）麻纸（原大）

一是以竹条或其他植物茎杆编成帘子，再用木框架固定住，是不可拆卸的。抄出纸后，将湿纸与纸模具一起晒干，因而是一模一纸。纸坊要备有大量这类抄纸器，揭下晒干的纸，再取回重新抄造。第二种形式是用上述方法造成纸帘后，将它放在活动的帘床上，上下两边贴近帘床边框，左右两边用活动的边柱临时固定。用以上所述两种抄纸设备和抄纸方法所造之纸，

虽然都有帘纹，但前者是固定式模具，后者是活动式模具，反映出一种技术上的重大革新。由固定式过渡到拆合式，可能实现于东汉，经过一段两种方式并存的时期。

一般说，判断用哪种方式抄纸，可从纸的帘纹、纸浆质量、纸的厚度等方面来分析。用固定帘模具不可能抄出较薄的纸，已由我们的模拟实验和纸工的实际经验所确认，较薄而紧密匀细的纸都是用拆合式帘床抄造的。这样的纸已在汉末和魏晋时期出现。看到这类纸，也就足可想见其模具（图 3-18、19）。

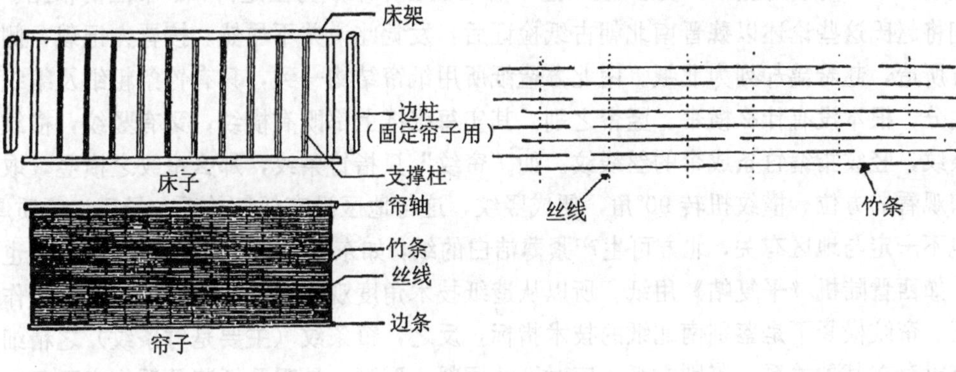

图 3-18　帘床纸模

左：纸帘和帘床　　右：纸帘编制原理示意图

图 3-18 描绘了拆合式帘床抄纸器的构造、部件及纸帘编制原理。它由可舒卷的竹条帘子、帘床框架和边柱三个部件组成，三个部件可随时离合，是优于固定式纸模的活动帘床。操作固定模具较为简单，但使用活动帘床要求更熟练的技巧，动作还要迅速、准确。用固定模抄纸，纸厚度较易掌握，但用活动帘床抄纸，纸的厚度要由纸工荡帘来掌握，难度较大。因此一种先进设备的出现，必然伴随着操作技术水平的提高。在纸坊中抄纸工向来是由熟练的师傅担任，如果是雇佣关系，其工资应是最高的。中国发明的这种拆合式帘床抄纸器，在魏晋以后一千多年间通行于全世界，成为最有效而先进的标准造纸设备。

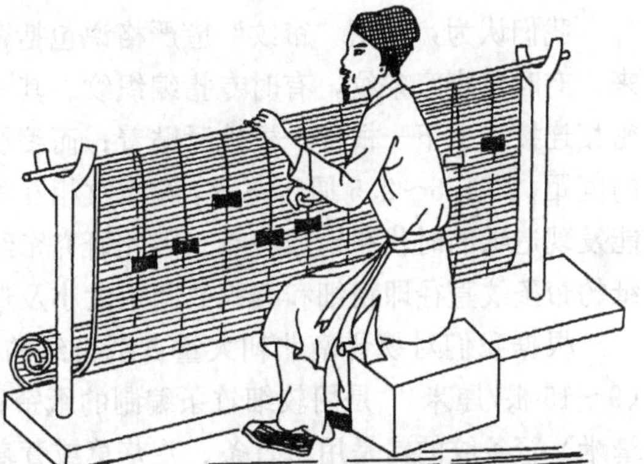

图 3-19　编帘图（潘吉星绘）

帘床抄纸器的关键部件是纸帘，一般由专门的篾工编制（图 3-19）。先制成圆而细的竹条，无竹地区亦可用圆细的植物茎杆，再用丝线或马尾编成帘子。每根竹条的衔接情况，帘子上部有木制帘轴，下边有边条，左右两边用布包边。帘子大小取决于想要造出的纸的幅面。抄纸时，将纸帘平放于木制帘床上，帘的左右两边用两根边柱压紧。帘与床结合后，以手提起，斜插入纸浆中，纸浆流入帘面。将帘床提出纸槽，水从竹条间隙中滤出，在帘面上形成湿纸，再拆下边柱，取出纸帘，翻扣在平板上，提起纸帘，让湿纸层吸着于板上。再用此空帘依前法继续捞纸，将新的纸层放在上次纸层上，如此层层相叠到千百张。最后将湿纸粗压一番，挤出更多水，在半干状态下逐张揭起烘晒，揭下即成纸。这样抄造的纸，纸面上都呈帘纹。一个纸帘可使用几个月。

三　纸的帘纹和幅面

编帘技术在《天工开物·杀青》章中有文字叙述和插图说明。赵希鹄《洞天清录集》(1240)《古翰墨真迹辨》谈到晋代纸时写道："北纸用横帘造纸，纹必横，又其质松而厚，谓之侧理纸。……南纸用竖帘，纹必竖。"这个意见数百年来成为鉴定碑帖、书画的依据。然而当我们将赵氏这些论述以魏晋南北朝古纸检证后，发觉此说并不尽然。按晋人记载，侧理纸是南方所造，赵希鹄却列为北纸。南北方造纸所用纸帘结构一致，只有竹条粗细及编织技术精粗之分，根本没有什么横帘、竖帘之别。其实每张纸上都既有横纹，又有竖纹，横纹一般指竹条纹，竖纹指编竹条成帘的丝线纹。如"帘纹"只指竹条纹，那么帘纹之横竖，取决于写字和观看的方位。横纹扭转 90°角，便成竖纹，这与地区没有任何关系。最后，纸质厚薄、精粗也不一定与地区有关，北方可生产紧薄洁白的纸，如东晋写本《三国志》；南方纸也有粗劣者，如西晋陆机《平复帖》用纸。所以从造纸技术角度观之，赵希鹄的上述论断要作相应的修正。帘纹横竖不是鉴别南北纸的技术指标，反之，帘条纹（主要是竹条纹）之精细倒与地区有时存在某种关系。鉴别古纸，应对纸的原料、形制、外观及纸浆品质作实际研究，要将不同时期、地区的纸加以对比，从中得出带有规律性的认识。不过宋人赵希鹄谈到晋纸时提到帘纹，倒是个重要记载，说明至迟在晋代抄纸已用帘床纸模。

我们认为，所谓"帘纹"应严格说包括帘条纹与编织纹两者。古人常常将这两者混淆起来，有时单指帘条纹，有时专指编织纹。其实这是很容易区别开来的。帘条纹总是互相间紧密相连接，上下一根接一根地紧贴着；而编织纹总是与帘条纹相垂直，其纹与纹之间有较大的间距，约 1.5～2.5 厘米不等，编织纹相互间距离有时匀一，有时不匀一。仔细研究其间距，能发现造纸的时代和地域特点。因此研究帘纹，实际上也是研究造纸用的纸帘子，应当对古纸的帘条纹直径即粗细和编织纹间距大小及形式作实际测量，再从实测数据中导出相应结论。

根据我们对魏晋南北朝大量古纸帘纹的实际测量，在每 1 厘米内有 9 根以上帘条纹者(9～15 根/厘米)，是用较细竹条编制的纸帘；每 1 厘米有 5～7 根（大部分是 5 根，每根粗 2 毫米）帘条纹的，是用粗竹条、芨芨草或萱草茎杆编成的纸帘。芨芨草为莎草科野生宿根草本植物（*Achna therum*），主要分布于西北及东北，茎杆坚硬，高 1～2.5 米，茎粗 2 毫米；萱草（*Hemerocallis fulva*）为百合科多年生草本，生于田野间，茎高达 1 米，也分布于北方。因此北方无竹或缺竹地区用芨芨草编纸帘，帘条纹就粗，这就显出地区特点。较细帘条纹纸帘多制于中原地区，尤其南方产竹地区，这里的篾工精于竹条纸帘制造。我们认为，帘条纹的粗细是辨别北纸与南纸的技术指标之一。至于编织纹，变化幅度较大，如果纸较厚（1.5～2.0 毫米），有时不及帘条纹明显。用粗条纹帘抄纸，由于滤水速度较快，易使纸质不够紧密匀称。为克服这一缺点，常常要将纸抄得厚重一些，因此人们粗看起来只注意到帘条纹，因为在这种情况下编织纹不甚明显。赵希鹄说北纸较厚重，也不无道理，倘若用芨芨草等粗条编帘，通常抄厚重之纸。反之，如果用细竹条帘抄纸，通常抄出薄纸，因为这种纸帘滤水速度慢，较厚重纸浆容易阻塞竹条间缝隙，使更多的水滞留于纸帘上，造成翻帘困难。从技术上看，造厚纸易，而造薄纸难。造薄纸，要求有细密的纸帘和高度分散纤维的稀薄纸浆，打浆度必须较高。要做到这一点，从原料的预处理到成浆过程的每一工序都要掌握好。因此晋南北朝时出现薄纸，还反映制浆技术水平的提高。

从纸幅大小演变也能看出造纸术的进步，而中国造纸技术史的一条规律是，纸幅逐代稳步加大，就是说后一个历史阶段或朝代的纸总是比前一阶段或朝代的纸在长度和宽度上增加。关于晋纸尺寸，苏易简《文房四谱》卷四《纸谱》说："晋令诸作纸，大纸［广］一尺三分，长一尺八分，听参作广一尺四分；小纸广九寸三分，长一尺四分。"因为晋代1尺为24.4厘米，将上述尺寸换算后，则知晋代大纸为31.3×43.4厘米，小纸为22.9×33.7厘米。赵希鹄《洞天清录集》说，东晋书法家"二王"用纸"止高一尺许，而长尺有半。盖晋人所用，大率如此。"此处所说"一尺许"，如按1尺计，换算后则高24.1、宽36.2厘米。

1972年2月，我们从新疆十六国时期墓葬出土文书纸中，找到一张完整的纸，呈未经任何剪裁的原始状态，同墓出土有前秦（351～394）建元廿年（384）文书。这张纸使我们准确知道晋代抄纸帘的大小和形状，经实测为23.4×35.5厘米。接近于王羲之父子所用纸的大小，差不多相当今天《中国电视报》、《北京晚报》一版那样大，已经可以书写很多文字。但这还应属于苏易简所说"小纸"之类，"大纸"差不多相当今天《光明日报》及英文《中国日报》(China Daily)一版那样大。在1500多年前能造出这样大的纸，已经很不容易了。当然造这样的纸，由一人荡帘足可应付自如。其余晋、南北朝纸虽四边稍经剪裁，但大体保持原纸幅度。敦煌石室写经纸为我们了解这一时期纸的规格尺寸提供了极可靠的实物资料，胜于任何文献记载。现将我们对几十种魏晋南北朝纸的实际测量中所求得的长宽幅度变化值列表如下：

表3-1　魏晋南北朝纸幅和抄纸器尺寸

时代 / 类型 / 长宽	魏晋		南北朝	
	甲种（小纸）	乙种（大纸）	甲种（小纸）	乙种（大纸）
直高（厘米）	23.5～24.0	26～27	24.0～24.5	25.5～26.5
横长（厘米）	40.7～44.5	42～52	36.3～55.0	54.7～55.0

从这里可以看到，魏晋南北朝纸和抄纸器多为长方形，很少见斗方形。抄纸一般在白天进行，抄至一叠（大约1000张）停工，接着压挤湿纸中多余的水，次日重行抄造。将半干的纸烘晒，由另外的人担任。魏晋南北朝时的中国基本上由一些政权割据一方，全国没有实现真正统一，各地区造纸生产发展很不平衡，经济状况不一，因此我们看到这一时期的纸在质量上参差不齐，有好有坏。我们在探讨时，当然应选择代表该时期最好技术水平的纸作为研究对象。

四　强制干燥器的使用

在论述了魏晋南北朝时的抄纸器及抄纸方法后，还应当讨论一下湿纸抄成后如何干燥的方法。在汉代早期用织纹固定型抄纸器抄纸，无疑是将抄纸器与湿纸一起放在日光下自然干燥。此法既费时间及设备，又不能造出平滑的纸表面。唐人皇甫枚（843～915在世）《三水小牍》(910)卷上云："钜鹿郡（今河北省境内）南和县街北，有纸坊，长垣悉晒纸。忽有旋风自西来，卷壁纸略尽，直上穿云，望之如雪焉。"

这条重要史料表明，唐代纸坊将半湿的纸揭下后，放在特制的长墙上晒之，这便是较为进步的干燥方法。三十年前，笔者去陕西凤翔县纸坊村调查手工生产麻纸技术时，所见情况便是如此，而且在当地看到已倒塌的古代晒纸墙遗址中注意到唐代晒纸墙与近代的几乎一样。这种晒纸墙以土坯垒成，表面刷上一层洁白而极其平滑的石灰面，墙上以稻草制成顶盖，防止雨淋或空中尘土降落，可以四季全天候晒纸，既令雨天也无妨。一般所需干燥时间为30分钟左右，一垛墙上可同时上下分排晒几十张至上百张纸。随干、随揭、随晒，不停地运转。用这种方法晒纸，一是干燥速度快，二是靠近墙面的纸，表面平滑，称为正面，用以书写或印刷。而向阳并有刷痕的一面称为反面，较粗涩。因此，看到一张纸，从正反面不同表面即可判断是否经墙面晒干。

我们仔细对比了魏晋南北朝与隋唐五代各种纸的正反面及帘纹情况，发现绝大多数都经墙面干燥，即皇甫枚所叙述的那种干燥方法。当然，亦可用平滑木板代替墙面，日本、朝鲜和中国亦间用此法晒纸。但所需木板要很大，由一些板面接成，小规模造纸尚可。专业大纸坊仍用墙面，因晒纸表面可任意加大，石灰有吸水性，湿纸上去后经日晒很快即干，北方缺少木材的地区用墙面晒纸更觉方便。后来又加改进，将晒纸墙垒成中空夹层，用燃柴产生的热量实行人工强制干燥，可提高功效数倍，并可于室内操作。这种方法起于何时，还难以说清，但宋元、明清肯定已用上了。我们从魏晋南北朝干燥纸的方式中，还能推断出这时在抄出湿纸后、送至墙面干燥前，已有了将一堆湿纸实行强制压榨脱水的工序，从而也减少了墙面干燥所需的时间。于是这一时期已形成了此后造纸技术在全世界的一种行之千年的技术格局。

第四节 表面涂布和染纸技术的进步

一 表面涂布技术的出现

魏晋南北朝时期不但造出大量本色纸，对纸的加工技术也相应发展，较重要的一项是表面涂布技术。用淀粉糊对纸施胶后，虽改善了纸的平滑受墨性，但其抗蛀性不好、脆性大等负面性随之而来。为克服这些不足，出现了表面涂布技术，这是加工纸技术的一项发明。其方法是将白色矿物质细粉用胶粘剂或淀粉糊涂刷于纸的表面，再用细石予以砑光。从技术发展脉胳分析，表面涂布是对表面施胶的一种改进和技术变换，它与后者的不同是以矿物粉颗粒代替淀粉颗粒，然而这种材料的取代带来更好的技术效果。

经表面涂布后，既明显增加纸的白度、平滑度，又可减少其透光度，使纸面紧密、吸墨性好（图3-20）。本书19页中图5表明将涂布纸在显微镜观察下的横切面微观结构，图中所示是对0.091毫米厚的薄纸作双面涂布后的效果。未涂布的纸面纤维凹凸不平，涂布后纸表面为平滑涂布剂所覆盖。所用胶粘剂还能使纤维交织更为紧密。这种技术在欧洲发展很晚，1764年英国人卡明斯（George Cummings）首次提出将铅白、石膏、石灰和水混合，涂刷在纸上，从而获得发明专利。但美国纸史家亨特相信“此方法为中国人首先使用”[①]，不是欧洲人的发明。

问题在于中国人从什么时候起开始使用涂布技术呢？在卡明斯时代以前，人们长期找不到中国使用涂布纸的早期例证，使这位英国人享受该项发明的荣誉达一个半世纪之久。直到

① D. Hunter, op. cit., p. 496.

图 3-20　在纸面上涂布白粉，取自《造纸史话》(上海，1983)

20 世纪初，由维也纳植物学家威斯纳教授对斯坦因在中国新疆出土的晋、南北朝纸化验后，证明有的纸表面涂布一层石膏。中国的实物证据终于大白于世。1973 年，我们在系统检验魏晋南北朝纸的时候，更找到新的早期证据。

1974 年新疆哈拉和卓墓葬中出土的纸，经化验为双面涂布纸，纸呈白色，较厚，表面明显可见白粉，显微镜下可见纤维间有矿物粉颗粒分布。同墓有绢本柩铭，铭文为“建兴三十六年九月己卯朔廿八日丙午高昌……”，由此可定该纸制造的时间下限。纸上有墨迹，可辨者为“王宗惶恐死罪”、“九月三日宗［惶］恐死罪……秋……节转凉，奉承明府，体万福”等字，当是王宗写的一封信。历史上用建兴年号的有孙吴（229～280）、成汉（304～347）、西晋、前凉（314～376）和后燕（409～436），其中使用或通用建兴年号达 49 年之久的，只有前凉，其余都不超过 15 年。建兴三十六年只能是前凉时继续通用西晋愍帝司马邺（313～316）时的建兴年号，当为 348 年。354 年，前凉张祚称凉王，停用晋年号，改建兴四十二年为凉和平元年。前凉张氏政权于 327 年在新疆吐鲁番建立高昌郡，出土该纸的哈拉和卓正是当年前凉的高昌郡所在。这一带在 20 世纪六十至七十年代发掘不少 4～8 世纪古墓，包括前凉时墓葬，出土有纸本文书、丝织物等。因此建兴三十六年墓中书信纸为前凉遗物无疑（图 3-21)。写信人王宗提到“转凉奉承”中的“凉”，即指凉州，这是它属于前凉文物的另一内证。348 年涂布纸，我们化验其原料为麻纤维，是迄今所见有年代可查的最早的涂布纸，比英国人卡明斯的涂布纸早了至少有一千四百多年。

我们检验 1965 年新疆吐鲁番出土的陈寿（235～297）《三国志》东晋写本，用纸是纤维受高度帚化的麻料涂布加工纸。每纸 23.3×48 厘米，纸质洁白，表面平滑，叩解度 70°SR，纸表涂一层白色矿物粉，再经研光①。纸上写以秀丽而古朴的隶书，墨色至今仍漆黑发光，犹如新作。1930 年代，吐鲁番也曾出土此同类写本。晋著作郎王隐（281～353 在世）《晋书》（约 319）云：“陈寿卒，洛阳令张泓遣吏赍纸笔，就寿门下写《三国志》。”唐房玄龄《晋书》

① 潘吉星，新疆出土古纸研究，文物，1973，10 期，45～51 页。

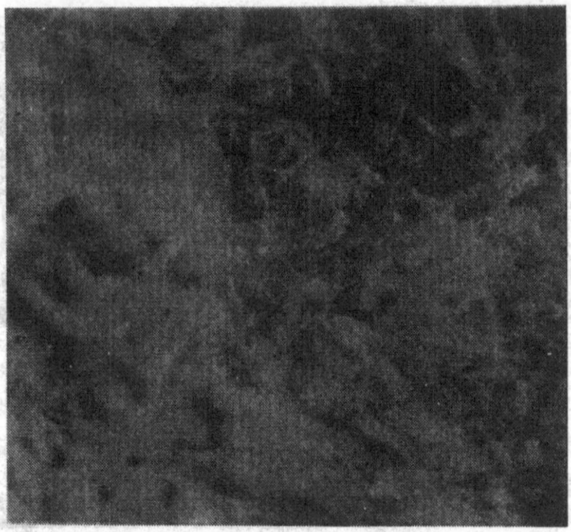

A 涂布纸表面（×60）

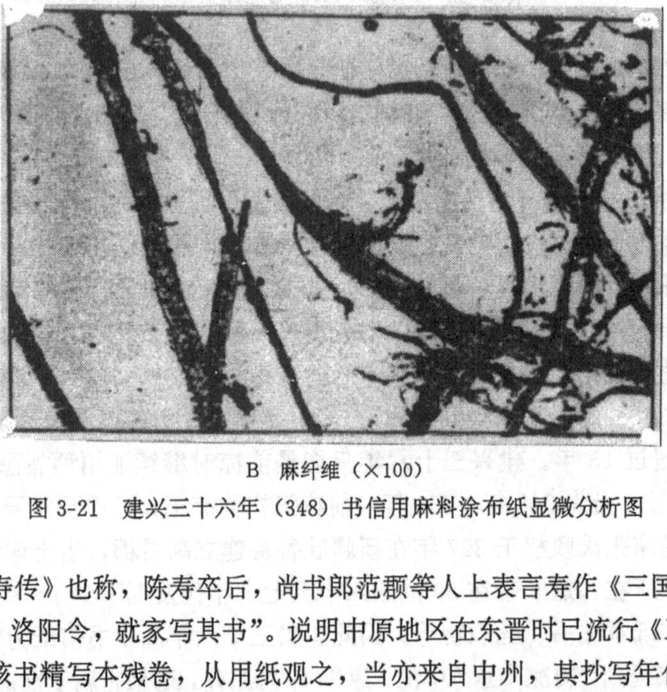

B 麻纤维（×100）

图 3-21 建兴三十六年（348）书信用麻料涂布纸显微分析图

（635）卷 82《陈寿传》也称，陈寿卒后，尚书郎范頵等人上表言寿作《三国志》，“愿垂采录，于是诏下河南尹、洛阳令，就家写其书”。说明中原地区在东晋时已流行《三国志》的精抄本了。新疆出土的该书精写本残卷，从用纸观之，当亦来自中州，其抄写年代当为 4 世纪。这件文物在研究当时纸、墨、书法有极高的史料价值，是绝世珍品，现藏新疆博物馆（图 3-22，23）。北京的中国历史博物馆藏有早期出土者，基本上属同一系统。

1977 年，我们检验十六国（304～439）时期的前秦建元廿年（384）墓葬衣物疏用纸时，再一次发现是单面涂布纸①。此纸 1959 年于吐鲁番阿斯塔那古墓群中第 305 号墓出土，麻纸，色白，直高 23.4、横长 35.5 厘米，是完整而未经剪裁的原始尺寸纸，表面平滑，单面涂以白粉。同墓出土前秦字纸，文字为“建元廿年（384），韩盆自期召弟应身拜”、“建元廿年三月廿三日，韩盆自期，二月召弟到应身，逋违，受马鞭一百。期了，具”。原字“瓫”为盆之异

① 潘吉星，中国古代加工纸十种，文物，1979，2 期，38～48 页。

体字。大致意思是，韩盆愿意亲自确定日期，保证于建元廿年二月将逃跑的弟弟唤来报到；如果在三月廿三日以前没有唤到，自己愿受一百鞭的体罚。用现在的话说，这是个保证书。因此384年的涂布纸有可靠的年代，只比建兴三十六年纸稍晚36年，是同一时代产物。在此后南北朝古纸中，我们也不时发现涂布纸。基于上述，中国涂布纸技术至少应起源于魏晋，由于4世纪前半叶已有实物出土，因此起源可追溯到3世纪后半叶。这种技术此后为历代纸工所沿用，造出之纸通称“粉笺”。

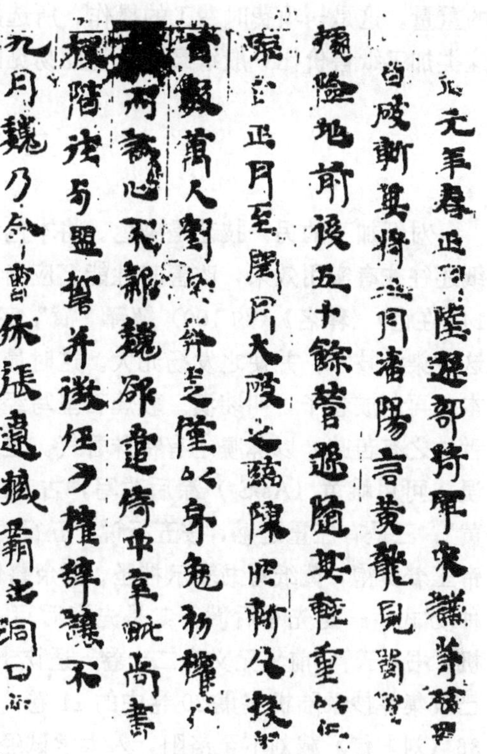

图 3-22　新疆出土东晋写本《三国志》

表面涂布时所用的白色矿物粉原料，通常采用白土或白垩，其主要成分是碳酸钙（$CaCO_3$）；其次是石膏（$CaSO_4 \cdot 2H_2O$），为单晶系软石膏的矿石，热至120℃时失去硫酸钙盐的结晶水，而成白色不透明结块，称烧石膏。还用石灰（CaO）、瓷土（$Al_2O_3 \cdot 2SiO_2 \cdot 2H_2O$）及滑石粉，其成分为水合硅酸镁（talcum，$3MgO \cdot 4SiO_2 \cdot H_2O$）。取来原料后，先将其碾成细粉，过筛，再置于水中配成乳状悬浮液，不时搅拌。再将悬浮液上面漂浮的杂质除去。将淀粉或胶在水中共煮，使之与白粉悬浮液

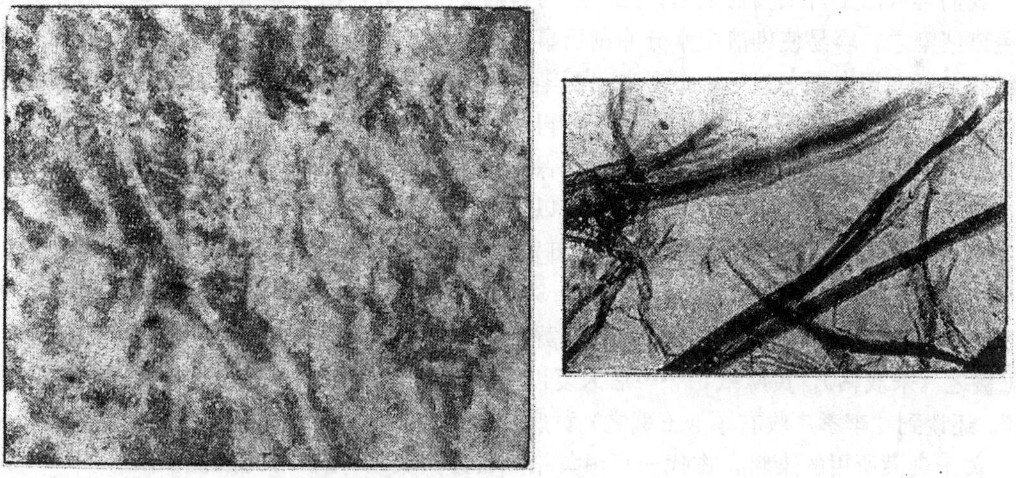

图 3-23　东晋写本《三国志》麻料涂布纸显微分析图

左：涂布纸表面（×60）　　右：纸的麻纤维（×200）

混合，充分搅拌。涂布液制成后，用排笔蘸匀，涂刷于纸面上。干燥后，涂布材料便粘结在纸的表面。由于纸上有刷痕，所以还要进行研光，这样纸表更为平滑紧密。如果单面涂布，白粉用量为纸重的27%；双面涂布时，涂料为纸重的30%。涂布工操作时，宜注意使纸表涂料分布均匀，并掌握好每张纸涂层厚度大致相同。涂层过厚，使纸耐折度降低，又无谓增加纸

的重量。这是一项费时费工的操作，所选用的纸一般都质量较好，断无用劣纸涂布者。因此这类加工纸售价比一般纸高，是显而易见的，多用作文化纸。

二 染潢技术

对纸加工的另一技艺是染色。将本色纸染成各种颜色后，首先增添其外观美感，然而色纸还往往有实用效果，改善其性能。应当说，纸的染色从汉代就已开始。东汉人刘熙（66～141 在世）《释名》（约 100）解释“潢”字时，就说此字乃染纸也。魏晋南北朝以后，继承了这种染潢技术，并使之发扬光大。这时最为流行的是黄色纸，称为染潢纸。用这类纸写成书本，再制成卷子，叫装潢。敦煌石室写经纸中有大量这类黄纸经卷，外观呈淡黄或黄色，以舌试之有苦味，以鼻嗅之有特殊香气。这类纸使用起来有下列效果：一是防蛀；二是遇有笔误，可用雌黄（As_2S_2）涂后改写，古人所谓“信笔雌黄”即意出于此，后人讹为“信口雌黄”；三是有庄重之感，按五行说，五行对应于五方、五色等，而黄居中央，为金的象征，故帝王着黄袍，黄纸写书表示神圣。据余嘉锡（1883～1955）先生的文献研究①，晋时染潢有两种 方式，一是先写后潢，二是先潢后写。西晋文人陆云《陆士龙集》卷八《与兄平原（陆机）书》云：“前集兄文为二十卷，适讫十一，当潢之”。意思是说，陆云写信告诉其兄陆机，已收集并抄录陆机文集 20 卷中的 11 卷，应当加以染潢，这是讲先写后潢。《晋书》（635）卷 36《刘卞传》载刘卞至洛阳，入太学试经，官吏“令写黄纸一鹿车。卞曰：刘汴非为人写黄纸者也。”这是讲先潢后写。晋中书令荀勖（220？～289）《上穆天子书叙》中说：“谨以二尺（48.2 厘米）黄纸写上”，也讲先潢后写。

我们再从出土古纸实物观之，先潢后写者居绝大多数。因为倘若先在白纸上写字，再以黄色染液染之，容易使染液中水分冲刷已事先写好的字迹，使其呆滞而不自然。同时，文人学士和一般人用白纸书就后，或者自已配染液染，或者至纸店染，两种作法对书写者都是费事的。他们宁愿从纸店买来现成的黄纸，再加以书写。但宫廷御用黄纸，则有可能将各地贡献的白纸由匠人临时染成，因配方固定，保证呈同一种黄色，而不致深浅有别。

黄纸不单为士人所用，尤其为官府用以书写文书。前面提到桓玄于 404 年称帝后，诏令臣下以黄纸上表，不得再用简牍。《太平御览》卷 605 引北魏给事中崔鸿（460？～525）《前燕录》曰：“慕容儁三年（前燕元玺三年，354 年），广义将军岷山公黄纸上表”，也是以黄纸当官方公文纸。东晋书法家二王也喜欢用黄纸写字。米芾（1050～1107）《书史》（1100）说：“王羲之《来戏帖》，黄麻纸，……后人复以雌黄涂盖”②。又说“王献之《十二月帖》，黄麻纸”。还谈到“李孝广收右军（王羲之）黄麻纸十余帖，一样连成卷，字老而逸，暮年书也”。

关于染潢所用的染料，古代一直用黄柏（古称黄蘗）。东汉炼丹家魏伯阳（102～172 在世）《周易参同契》（142）中有“若蘗染为黄兮，似蓝成绿组”之说，蘗即黄蘗。东晋炼丹家葛洪（284～363）《抱朴子》（约 320）中也提到黄蘗染纸。此染料取自芸香料落叶乔木黄柏之干皮，呈黄色，味苦，气微香。中国最常用的是关黄柏（*Phellodendron amurence*）和川黄柏（*Phellodendron sachalinense*），前者分布于华北、东北，后者分布于川、鄂、云、贵、浙、赣等

---

① 余嘉锡，书册制度补考，余嘉锡论学杂著，下册，539～559 页（北京：中华书局，1963）。

② 宋·米芾，《书史》（1100），《丛书集成》本，3～5 页（上海：商务印书馆，1937）。

省①。春夏时，选十年以上老树，剥取树皮，晒至半干，压平，刮净粗皮（栓皮）至出现黄色为止。洗净晒干，再碾成细粉。化学分析表明，黄柏皮内含生物碱，主要成分是小柏碱（Berberine，$C_{20}H_{19}O_5N$）。小柏碱是黄柏的有效成分，它有一个与之互变异构的醛体（图 3-24）。小柏碱色黄，味苦，棕榈碱也有同样性质，溶于水。小柏碱既是黄色植物性染料，又是杀虫防蛀剂，可以入药。

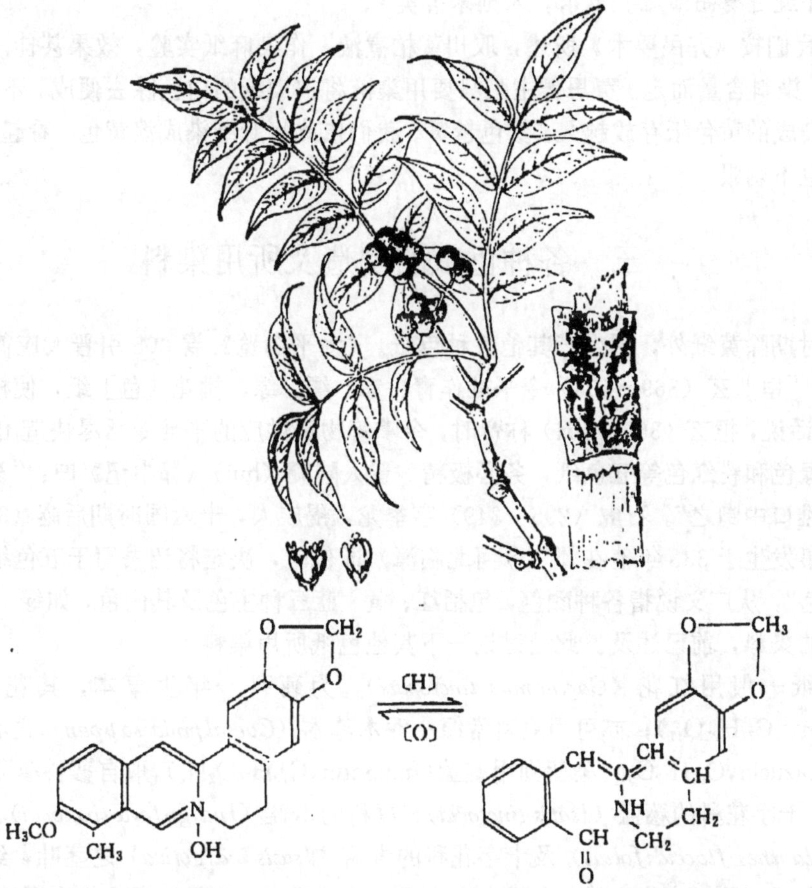

（小柏碱）　　（醛式异构体）

图 3-24 黄柏及其有效成分（左） 小柏碱的醛式异构体（右）

宋人赵希鹄《洞天清录集》说古代黄纸"染以黄蘖，取其辟蠹"，是完全正确的。用黄纸写字著书的风习，至南北朝时仍继续流行。北宋人庞元英（1030～1095 在世）《谈薮》云："司马消难（？～589）见朝士皆重学术，积经史。消难切慕之，乃卷黄纸，加之朱轴，诈为典籍，以矜僚友。尚书令济阳［人］江总（519～594）戏之曰'黄纸〈五经〉，赤轴〈三史〉'。"这段故事是嘲笑不学无术的司马消难（字道融）为装作博学好书，竟将无字黄纸用红轴卷起堆放起来冒充经史典籍。从这个故事中可知，6 世纪时三史五经仍习惯以黄纸书写。在魏晋南北朝时大量宗教用纸，尤其抄写佛经、道经，也常用黄纸，如斯坦因在敦煌所得北魏延昌四

① 南京药学院编，药材学，347～351 页（北京：人民卫生出版社，1960）；江苏新医学院编，中药大辞典，下册，2032 页（上海科学技术出版社，1986）。

年（515）写经《胜鬘经疏》（S.0524）即用黄纸。用黄纸写经后来在隋唐时尤其盛行。

后魏农学家贾思勰《齐民要术·杂说第三十》有专门一节谈染潢及治书法：

> 凡打纸欲生，生则坚厚，特宜入潢。凡潢纸灭白便是，不宜太深，深则年久色闇也。……［黄］蘗熟后，漉滓捣而煮之，布囊压讫。复捣而煮之，凡三捣三煮，添和纯汁者，其省四倍，又弥明净。写书，经夏然后入潢，缝不绽解。其新写者，须以熨斗缝缝熨而潢之。不尔，入则零落矣①。

1964年，我们按《齐民要术》所述，取川黄柏煮液，作染麻纸实验，效果甚佳。色度深浅依染液浓度、染料含量而定。贾思勰主张只要用染液将被染纸的白色除去便成，不宜染得太深，因为这样染成的黄色纸存放越久，颜色越黄。我们依此将麻纸染成淡黄色，看起来更为美观，写出字后也不刺眼。

三 各种色纸的制造及所用染料

这一时期除黄纸外，更生产其他各种色纸。《太平御览》卷605引晋人应德詹《桓玄伪事》云：“［桓］玄（369～404）令平准作青、赤、缥、绿、桃花［色］纸，使极精，令速作之”。这段话说，桓玄（369～404）称帝时，令掌管物资供应的平准令丞尽快造出蓝色、红色、淡蓝色、绿色和粉红色等五色纸，务必极精。晋人陆翙（huì）《邺中记》曰：“石虎诏书以五色纸著凤雏口中啣之”。石虎（295～349）字季龙，羯族人，十六国时期后赵（328～351）统治者。故事发生于333年他在邺（今河北临漳）即位时，决定将诏书写于五色纸上。此处所说的“五色”，从广义说指各种颜色，包括红、黄、蓝三种主色及其间色，如绿、紫、桔等色。黄纸所用的染料，前已述及。此处讨论一下其他色纸所用染料。

染红纸一般用红花（*Carthamus tinctorius*），为菊科一年生草本，其花含红花色素（Carthamin，$C_{21}H_{22}O_{11}$）；亦可用豆科常绿小乔木苏木（*Caesalpinia sappan*）之心木染红，含红色素(Brazilein，$C_{16}H_{12}O_5$)。染蓝则用靛蓝(Indigotin，$C_{10}H_{10}O_2N_2$)，取自蓼科蓼蓝(*Polygonum tinctoria*)、十字花科的菘蓝（*Isatis tinctoria*）、豆科的木蓝（*Indigofera tinctoria*）、爵床科的马蓝（*Strobilanthes flaccidifolius*）及十字花科的青蓝（*Isatis indigotica*）之茎叶，经发酵、水解及氧化而制成。关于这些染料，在明人宋应星《天工开物·彰施》章中都有记载，兹不赘述。将黄、红、蓝三色染液按不同方式配制，可得各种间色，如绿、紫及桔色等。但染紫纸则常用紫草(*Lithorpermum erythorhizon*)，为紫草科多年生草本植物，其根部含乙酰紫草醌(Acetyl-shikonin)，可作紫色染料。

一般说，染丝绢和麻布用的染料都可用来染纸。染液配成后，有两种方法染纸，一是用刷子蘸染液刷于纸上，二是将染液放在长方形木槽中，让纸在染液表面匆匆走过。染好后阴干，即成色纸。纸的着色能力很强，不易褪色。但魏晋南北朝出土实物中，除黄纸较多外，其他色纸少见。

从北魏政府规定皇室与庶民用不同颜色的纸伞看来，还在色纸上涂以桐油，成为防水的色纸。顺便说，防水纸在欧洲出现很晚，1735年3月17日发明家怀尔德（Obadiah Wyld）得到关于制造防水纸和防火纸的英国专利。在这以前西方文献中很难发现有关防水纸的记载。最

① 北魏·贾思勰著、石声汉释：《齐民要术选读本》，196页（北京：农业出版社，1961）。

后，特将我们对魏晋南北朝古纸检验结果择其要者列表于下：

表 3-2　魏晋南北朝古纸检验结果一览表

项目/栏号/序号	实验编号	纸样名称	纸的年代			每张幅度（厘米）		原料	出土地点	纸的特征
			朝代	中国纪年	公元	直高	横长			
	Ⅰ	Ⅱ	Ⅲ	Ⅳ	Ⅴ	Ⅵ	Ⅶ	Ⅷ	Ⅸ	Ⅹ
1	JHX-1	王宗书信(残)	前凉	建兴卅六年	348	8.5	8.0	麻	哈拉和卓	白色,厚纸,布织纸模,表面涂布白粉,纤维交织,分散尚匀,但未打碎纤维束多见,叩解度 30～40°SR. 碱性纸浆,显微镜下见有矿物性颗粒
2	JAX-1	契约(残)	前凉	升平十四年	370	9.5	7.5	麻	阿斯塔那	浅黄色,厚薄不匀,纤维束多见,交织不够紧密,帘纹不显
3	JTX-1	《三国志·孙权传》写本	晋	无年款,经鉴定	298～350	23.3	48	麻	吐鲁番	白色,薄,表面平滑,纤维分散度高,交织匀,粗帘条纹,表面涂布白粉并研光,碱性纸浆,叩解度 70°SR. 纸质优良
4	JTX-2	纸鞋	西凉	建初十四年	418			麻	吐鲁番	米黄色,厚纸,粗布纹纸模,纤维分布尚匀,叩解度 50°SR.
5	JAX-2	严福愿赁蚕桑契(残)	西凉	建初十四年	418			麻	阿斯塔那	灰褐色,纸厚(0.2 毫米),帘纹不显,有纤维束,纤维分散度不高,显微镜下见纤维有碱处理前的斧切痕迹,纸背附有黑色物
6	JAX-3	借贷契	西凉	建初十一年十二月廿日	415	24.0		麻	阿斯塔那	褐色,纸薄,表面平滑,纤维束少,粗帘条纹,纤维细而交织匀,碱性纸浆。单个纤维宽 4.1μ,纸浆中有淀粉糊
7	LAX-1	衣物疏	北凉	缘禾六年	438	25.5	40.0	苧麻	阿斯塔那	浅黄色,表面平滑,纤维分布匀,粗帘条纹
8	JAX-4	衣物疏	前秦	建元廿年	384	23.4	35.4	麻	阿斯塔那	白色,有帘纹,表面平滑,正面涂布白粉,间有纤维束
9	LTA-1	贤劫千佛品经第十卷	北凉	神玺三年	399	24.3	54.2	麻	吐鲁番	白色,表面平滑,粗帘条纹,每张纸大小不一
10	JDB-1	律藏初分第三卷	西凉	建初十二年十二月廿七日	416	24.5	44.5	麻	敦煌	白色,稍有泛黄,碱性纸浆,打浆后纤维长 1.5 毫米,有帘纹．每厘米有帘条纹 7～8 根,间有纤维束,表面淀粉施胶
11	LDB-1	戒缘下卷	北魏	太安四年七月三日	458	27.7	47.0	麻	敦煌	白色,表面平滑,纤维交织匀,纤维束少,粗帘条纹,每条粗 1.25～1.4 毫米

续表 3-2

项目 栏号 序号	实验编号	纸样名称	纸的年代 朝代	纸的年代 中国纪年	纸的年代 公元	每张幅度（厘米）直高	每张幅度（厘米）横长	原料	出土地点	纸的特征
	Ⅰ	Ⅱ	Ⅲ	Ⅳ	Ⅴ	Ⅵ	Ⅶ	Ⅷ	Ⅸ	Ⅹ
12	LDG-1	大方广佛华严经卷第八	北魏	延昌二年	513	24.5	36.3	麻	敦煌	浅黄色，薄纸，纤维充分打浆，碱性制浆，表面有研光痕迹，用纸 24 张，每张幅面不一
13	JDB-4	大方广佛华严经	十六国	无年款，经鉴定	304～439	26.7	42.0	麻	敦煌	白色，泛黄，粗帘条纹，碱性纸浆，厚薄不匀，有纤维束
14	JDB-2	波罗密经·守空品第十七	十六国	无年款，经鉴定	304～439	24.0	41.0	麻	敦煌	色泛黄，平滑，粗帘条纹，有少部位透光，“用纸十五枚”，每张幅度不一
15	JDB-3	维摩经	东晋	无年款，经鉴定	317～420	27.0	43.7	麻	敦煌	白色，泛黄，纤维交织匀，粗帘条纹，不甚光滑
16	LDB-3	胜蔓经疏	高昌	延昌四年	515	25.2	36.6	麻	敦煌	黄色染纸，纸薄，表面平滑，有帘条纹，表面经研光，共 14 张纸，此经无年款，但字迹与伦敦 S.0524 延昌四年《胜蔓经疏》同，可认为出一人之手
17	LDB-2	佛经残卷	北魏	无年款，经鉴定	386～534	24.1	40.5	麻	敦煌	白色，表面平滑，纤维交织匀，纤维束少，有帘纹
18	JCG-1	平复帖	西晋	无年款，经启功先生鉴定	281～291	20.7	24.0	麻	传世文物	米黄色，帘纹不显，表面不甚平滑，纤维束较多，甚至有成束麻绳．此为陆机（261～303）真迹，书法优美
19	LDD-1	大悲如来告疏	北魏	兴安三年五月十日	454	20.8	34.3	楮皮	敦煌千佛洞土地庙	浅黄色，极薄，表面平滑，纤维匀细，无纤维束，中等帘条纹，纸质优良
20	LDD-2	佛经残片	北魏	无年款，经敦煌文物研究所鉴定	386～556			麻	敦煌	白色，纸厚，可揭开数层，纸表淀粉施胶，经研光，帘纹不显
21	LDD-3	比丘道设写经	北魏	天安二年八月廿三日	467	28.0	29.2	麻	敦煌	浅米黄色，平滑，中等帘条纹，纤维束少，纸较硬，经纸浆内施淀粉处理，表面加研光，佳纸
22	JTL-1	衣物疏	后秦	白雀元年	384	61.0	18.2	麻	吐鲁番	白色，间浅黄，中等质量，纸上用蓝色墨汁书写草隶体，共 2 张，另张 14.1×29.3 厘米，1928 年由黄文弼发掘
23	LTX		高昌	建昌四年	558	4（残）	42.6	桑皮	吐鲁番	白色，纸薄，纤维细，交织匀，表面平滑，厚度均一

续表 3-2

序号	实验编号	纸样名称	纸的年代			每张幅度（厘米）		原料	出土地点	纸的特征
			朝代	中国纪年	公元	直高	横长			
栏号	Ⅰ	Ⅱ	Ⅲ	Ⅳ	Ⅴ	Ⅵ	Ⅶ	Ⅷ	Ⅸ	Ⅹ
24	LTX	衣物疏	高昌	建昌十六年	576	14	42.6	桑皮	吐鲁番	白色，薄，平滑，纤维细匀，粗帘条纹

说明：1. 此处只公布我们部分检验结果。实验编号作记录及查对用，用三个字母表示，第一个字母表示纸的年代（J为晋代，L为南北朝）。第二个字母为出土地点（H为哈拉和卓，A为阿斯塔那，T泛指吐鲁番，均在新疆；D代表敦煌，主要是敦煌石室）。第三个字母为收藏单位（X为新疆博物馆，A为安徽博物馆，B为北京图书馆，D为敦煌文物研究所，L为中国历史博物馆）。

2. 纸的年代依纸上纪年文字，或同墓出土纪年文书，这是绝对可靠的。没有明确纪年的，除标明者外，余均由北京图书馆善本特藏部主任已故赵万里（1905～1980）先生鉴定。

第四章　隋唐五代时期的造纸技术（589～960）

魏晋南北朝时期由于各政权之间的兼并，统一的趋势已逐步积累，如北魏太武帝拓跋焘（408～452）扫清了十六国残余，北周武帝宇文邕（543～578）扩大了北朝区域。至 572 年，基本上只剩下北周（557～581）、北齐（550～580）和南朝的陈（557～589）三个主要政权。577 年，北周灭北齐，拥有黄河流域和长江上游。581 年，北周相国杨坚（541～604）夺取北周政权，建立隋朝（581～618），是为隋文帝（581～604 年在位），改元开皇。开皇九年（589）隋灭陈，从而结束了南北朝三个世纪的分裂局面，重新统一了中国。隋文帝为巩固统一政权，参考秦汉典章，制定较为完备的政策、制度和法律，采取发展经济、与民休养生息的各种措施，对此后历代都有影响。至文帝末年，社会经济已有了新的繁荣，为此后唐代（618～907）的盛世奠定基础。继隋之后，李渊（565～635）、李世民（599～649）父子建立的唐朝，巩固了大一统局面，把社会经济、文化推向新的高峰。尤其在杰出政治家唐太宗李世民（629～649 年在位）的开明统治下，形成了历史上有名的“贞观之治”，此后又有玄宗李隆基（685～762）时的“开元中兴”。但 755 年“安史之乱”后，唐政权渐衰，唐末藩镇分权导致五代十国，使封建割据局面重演。

在黄河中下游先后出现了后梁（907～923）、后唐（923～936）、后晋（936～946）、后汉（947～950）和后周（951～960）五个连续的朝代，史称“五代”（907～960）。在长江中下游至岭南，则出现了并列的十个政权，即吴（淮南，919～937）、南唐（江南，937～957）、前蜀（四川，907～925）、后蜀（四川，934～965）、荆南（924～963）、吴越（浙江，908～978）、闽（福建，933～945）、楚（湖南，926～951）、南汉（广东，916～971）、北汉（山西，950～979），史称“十国”（907～976）。隋唐五代总共达 379 年（581～960）。其中处于统一局面的隋唐占 326 年（581～907）。五代十国虽然政权不少，但多是短期的，这个分裂局面其实只达 57 年。

隋唐期间由于政治统一，黄河流域的经济在各民族融合基础上已从恢复转向大发展阶段长江流域经过南北朝时期的开发，已接近黄河流域的发展水平，且有继续上升的势头。这个时期真正实现了两大流域的经济结合为一体的优势，大运河的开凿正是实现这种结合的纽带之一。在这一时期，农业、手工业和科学技术各个部门都获得均衡而全面的发展，任何一个领域比前代都有新的突破。在宗教和人文科学方面，情况同样如此。中外学者一致认为隋唐时期是中国史中的盛世，大唐帝国在整体上是当时世界最繁荣富强、科学文化高度发达和疆域辽阔的无与伦比的大国。英国史家韦尔斯（Herbert George Wells，1866～1946）认为隋唐时期已先于欧洲近千年“开始了中国的文艺复兴”。他还说：“在唐初诸帝时代，中国的温文有礼，文化腾达和威力远被，同西方世界的腐败、混乱和分裂对照得那样鲜明”，以致“中国由于迅速恢复了统一和秩序而赢得了这个伟大的领先”①。这个伟大的领先不但表现在政治方面，还表现在科学文化方面。大唐帝国不但具有高度发达的文明，还是最开放的国家，这时

---

① Herbert G. Wells 著、吴文藻等译，世界史纲，629 页（北京：人民出版社，1982）。

中外交通和国际贸易沿着海路和陆上丝绸之路而与欧、亚、非三大洲各国进行广泛交流。首都长安往来各种肤色、操各种语言的不同民族的人，有佛教、道教、景教、摩尼教和伊斯兰教的寺院，是名符其实的国际大都市。

由于隋唐制定科举制度，平民可通过这个途径进入仕途，因而读书的人越来越多，促进教育事业的发展。唐统治者虽不排除其他宗教，但特别推重佛教和道教，使其得到空前的发展。文化教育和宗教事业都要求用大量纸抄写各种读物，而社会上写本的供应量越来越满足不了需要，从而引起雕版印刷术的发展，使用雕版一次可印刷千万份同样字体和内容的读物。所有这一切，都大大促进了造纸生产。因而隋唐五代是中国造纸术的进一步发展阶段。这时造纸原料比魏晋南北朝时品种还多，各种皮纸产量突然增加，产纸区域遍及南北各地和少数民族区域。纸制品用途不断扩大，遍及日常生活的各个方面。随着造纸技术的提高，在改善纸的性能、改革造纸工艺和设备方面也取得新成就，同时又出现新的加工技术，造出一些在历史上名贵的纸。总之，像所有其他技术部门一样，造纸业在隋唐五代时期得到全方位的新发展，超过以前任何时期。同时，中国造纸术还从东、西、南几个方向传到日本、新罗、阿拉伯和印度、尼泊尔等东亚、东南亚和西亚各国。这是中国造纸史中非常重要的阶段。正如以下各节将要证明的，在隋唐五代时期，中国在造纸技术领域内又完成一些较为重要的发明创造和革新，对后世有深远影响。

第一节　皮纸、藤纸的发展和竹纸的兴起

一　藤纸的发展

造纸原料来源的增加，从中国造纸技术史角度观之，是反映造纸技术进步的一个标志，因为某种新原料的引用常常伴随一套新的工艺过程的出现。隋唐五代所用原料，根据文献记载和对该时期古纸的分析化验，计有麻料、楮皮、桑皮、藤皮、瑞香皮、木芙蓉皮和竹纤维。这显然比魏晋南北朝时又增加好几种，竹纸在这时初露头角，而其制造很难，势必要发展出一套新的工艺过程。当然在这些原料中，麻料仍是主要的，但非麻类原料用量比前代显然增加，传统麻纸这时受到皮纸的有力挑战，不但在产量上，而尤其在质量上，皮纸与麻纸在争夺着主导地位。从两汉到魏晋南北朝期间麻纸的垄断地位，在隋唐期间已无法再维持下去。用野生植物纤维造纸，成为这一时期兴起的新的技术趋势，这种趋势到下一个宋元阶段已形成主流。当然，这一时期除用单一种原料造纸外，还出现比前代更多的混合原料纸。值得注意的是，用废纸回槽造再生纸的技术，也起于此时，因为在宋代这种技术已相当普遍了。

唐代造麻纸时，除用破布外，还直接用野生麻的生纤维造纸。唐人张彦远（834～894年在世）《法书要录》（847）卷六及唐人窦臮（760～820在世）《述书赋》（约790）卷下都记载说，开元年间（713～741），萧诚（683～751在世）用西山野麻和虢州（河南灵宝）土榖造五色斑文纸。按萧诚为唐代书法家，与另一书法家李邕（678～747）为同时代人。李邕常不赞许萧诚的书法，有一次他自己写字后诈称古帖，对李邕说此为“右军真迹”，李邕信以为真，于是萧诚以实相告。从此李邕佩服萧的笔力。由此可见萧诚不但工书法，还善于造纸。他用野麻生纤维造纸，比用破布造纸要增加好几道工序，包括对生麻沤制脱胶，强化蒸煮及舂捣过程等，但因原料取之即来，整个生产成本大为降低。中国野生麻纤维资源丰富，如田麻科

的田麻（*Corchoropsis tomentosa*）和夹竹桃科的罗布麻（*Apocynum venetum*）等，都可造纸[①]发现用野麻造纸，确是开辟原料来源的一个有效途径。由萧诚使用的这一方法，直到 20 世纪还为后人所沿用，其中某些还可造出高级纸。古代用野麻造纸所用工序与造皮纸相类似，进一步打开人们的技术思路。

从晋代兴起的藤纸，在南北朝似乎没有多大发展，但在统一后的唐代达到全盛时期，而且产地已不再限于剡县。例如宋人欧阳修（1007～1072）《新唐书》（1061）卷 31《地理志》载“婺州贡藤纸”、“杭州余杭县贡藤纸”。婺州属江南东道，在今浙江金华一带。唐人李吉甫（758～814）《元和郡县图志》（814）卷 26 更载开元时婺州贡藤纸、元和（806～820）时信州（今江西）贡藤纸（卷 26），同书卷 27 又载杭州余杭县由拳村出好藤纸”[②]。李林甫（约 686～752）《唐六典》（739）卷三《户部》注称衢、婺二州贡藤纸。由此可知唐代时产藤纸的地方有剡县、余杭、婺州、衢州及信州，前四处在今浙江，而信州在今江西，产地比晋南北朝时增加。由于唐代藤纸品质很高，被皇帝用于宫中，亦作为高级公文纸。唐人李肇（791～830在世）《翰林志》（819）说：“凡赐与、征召、宣索、处分曰诏，用白藤纸；慰抚军旅曰书，用黄麻纸；……凡道观荐告词文，用青藤纸”。唐代饮茶之风盛行，因而陆羽（733～804）在《茶经》（约 765）卷二《器用》节写道：“纸囊，以剡藤纸白厚者夹缝之，以贮所炙茶，使不泄其茶也[③]。

这是说，好茶要用白而厚的浙江剡县（今嵊县）产的藤纸包起来供烘烤之用，以免走味。唐代诗人顾况（727～815）《剡纸歌》中描写剡藤纸时写道：

剡溪剡纸生剡藤，喷水捣为蕉叶棱。

欲写金人金口偈，寄与山阴山里僧。

按顾况贞元初（785）召为校书郎，迁著作郎。五年（789）贬饶州司户，后隐居茅山，其《剡纸歌》当作于隐居之时。诗人喜欢用藤纸，还不只顾况，据五代人陶穀（903～970）说他父亲陶涣（860～923 年在世）曾收藏有白居易（字乐天，772～846）的墨迹二幅，纸上有小黄印，印文即说用剡藤纸。陶穀在《清异录》（约 965）中写道：“先君畜白乐天墨迹二幅〔纸〕背之右角有长方小黄印，文曰‘剡溪小等月面松纹纸，臣彦古等上”。由此可见，白居易所用的纸是由彦古献给皇帝的剡藤纸，可能还是一种砑花纸，再由皇帝赐给诗人白居易。明代人徐应秋（1568～1624 年在世）《玉芝堂谈荟》（约 1620）卷 28 因而说“白乐天墨迹有印文曰‘剡溪月面松纹纸’。”

由于唐代官府和私人多用藤纸，遂引起主要产区剡溪一带藤林砍尽。唐人舒元舆（约 760～835）有一次来到这里，看到当时情景后发出感慨，遂写了《悲剡溪古藤文》，文内写道：

剡溪上绵四百五十里，多古藤。株枿逼上，虽春入土脉，他植发活，独古藤气候不觉，绝尽生意。予以为本乎地者，春到必动。此藤亦本乎地，方春且死。遂问溪上之有道者，言溪中多纸工，持刀斩伐无时，擘剥皮肌以给其业。意藤虽植物者，温而荣，寒而枯，养而生，残而死，亦将似有命于天地间。今为纸工斩伐，不得发

① 孙宝明、李钟凯，中国造纸植物原料志，446～447 页（北京：轻工业出版社，1959）。

② 唐·李吉甫，《元和郡县图志》（814）卷 26，681～694 页；卷 28，743～763 页，《丛书集成》本《上海：商务印书馆，1935）。

③ 唐·陆羽，《茶经》（约 765）卷二，2 页、清·张海鹏辑《学津讨源》（1805）第 15 集（上海：商务印书馆据嘉庆十年原刊本影印，1927）。

生。是天地气力为人中伤，致一物疵疠之若此。异日过数十百郡，佰东洛西雍，历见言书文者，皆以剡纸相夸。予悟曩此见剡藤之死，职由于此。此过固不在纸工，且今九牧士人，自专言能见文章户牖者，其数与麻竹相多……动盈数千百人，人人笔下数千万言，不知其为谬误，日日以纵，自然残藤命易甚。……纸工嗜利，晓夜斩藤以鬻之，虽举天下为剡溪，犹不足以给，况一剡溪者耶?！以此恐后之日，不复有藤生于剡矣。大抵人间费用，苟得著其理，则不狂之道在。则暴耗之过，莫有横及于物。物之资人，亦有其时，时其斩伐，不为夭阏。予谓今之错为文者，皆阏剡溪藤之流也。藤生有涯，而错为文者无涯。无涯之损物，不止于剡藤而已。予所以取剡藤以寄其悲①。

舒元舆写《悲剡溪古藤文》，是他在剡溪见到昔日百里藤林全被斩伐用于造纸而剩下枯木的悲残景后，有感而写的。文内写道，藤像其他植物一样“养而生，残而死”，由于不停地砍伐伤害了藤的生机，使其难以生存下去。尤其一些文人滥用纸墨，动以千万言写无聊文章，耗去大量藤纸，遂造成这种情景。作者认为纸的生产者要砍伐有度，消费者要爱惜纸张，且不可暴殄天物。他以剡藤为例，指出对自然资源及产物的消耗使用要按自然规律行事，“苟得其理，则不狂之道在”。

我们知道，各种藤类是野生观赏植物，其花甚美。以藤造纸，正确的作法应当是边砍伐、边栽植，使藤材不断有贮备。如砍伐无度，又不栽植新藤，势必使自然资源耗尽，不但断绝了造纸原料来源，还破坏了周围环境的生态平衡。因此藤纸在唐代达到顶峰后，迅即走向下坡路。这是个历史教训。应当说造纸这个行业与环境保护存在着矛盾，当以野生植物纤维为原料时，纸产量越大，野生植物资源受破坏的程度就越大。某一地特产某种植物纤维适于造纸时，造纸者就应特别保护当地的这种植物资源，否则就要受到大自然的惩罚。舒元舆的文章从这个角度看，颇有环境保护意识。我们已不止一次地看到古今造纸者因不注意资源保护而引起的不良后果。出土与传世的唐代藤纸少见，甚至后世所造者亦不易多得。藤纸一般较薄而发亮光，以手触之有某种声音，与麻纸、楮皮纸显然是不同的。

二　作为国纸的楮皮纸

魏晋南北朝时的皮纸已有出土，但数量仍不算多，隋唐以来皮纸产量突然猛增，既有文献记载，也有实物出土。关于楮皮纸，唐京兆（今西安）崇福寺僧人法藏（643～712）在华严经传记》（702）卷五载僧人德元事迹，称其“修一净园，植诸穀楮，并种香花、杂草，沈濯入园，溉灌香水。楮生三载，馥气氤氲。……剥楮取衣（韧皮纤维），浸以沉〔香〕水，护净造纸，岁毕方成”②。

然后再用此楮皮纸敬写《华严经》。同书还记载永徽年（650～655）定州（今河北定县）僧人修德（585～680在世）“别于净院植楮树凡历三年，兼之花药，灌以香水，洁净造纸。……

① 唐·舒元舆，《悲剡溪古藤文》，载清·董诰编《全唐文》（1818）卷727，20～21页（清嘉庆廿三年原刻本，1818）。

② 唐·法藏，《华严经传记》卷5，载高楠顺次郎编，《大正新修大藏经》卷51，155，170～171页（东京：大正一切经刊行会，1928）。

招善书人妫州王恭……下笔含香”写《华严经》。由此可见，僧人德元及修德不但自行种楮还自行造纸。这是他们在寺院内打发时间的好办法。种楮时灌以香水，似乎是不必要的，可能为使楮园内充满香气才有此举。

隋唐时楮皮纸实物不少，如北京图书馆藏隋开皇廿年（600）写本《护国般若波罗密经》卷下用纸，每张直高 25.5、横长 53.2 厘米，经我们化验为楮皮纸，且以黄柏染成黄色，出自敦煌石室①。此纸制造甚佳，纤维交织匀细，纤维束少见，显微镜下见有非纤维素杂细胞，这是皮纸的共同特点。北京图书馆藏唐开元六年（718）道教写经《无上秘要》卷第五十二，经化验也是楮皮纸，染成黄色，表面平滑，纤维细长，交织匀密，细帘条纹，同时表面经打蜡处理，属于蜡笺之类①。经尾题款为：“开元六年（718）二月八日，沙州敦煌县神泉观道士马处幽，并姪道士马抱一，奉为七代先亡及所生父母法界苍生，敬写此经供养”。新疆阿斯塔那出土唐开元四年（716）《西州营名簿》用纸色白，较薄，直高 29.3、横长 40 厘米，经化验亦为楮皮纸②。日本学者对唐人写经纸的化验也证明其中多黄、白麻纸，但也有楮纸，而且还发现有紫色纸，直高平均 24～25、横长 44～45 厘米，帘条纹粗 1.8～2.0 毫米③。

隋唐五代时楮皮纸颇为士人见重，因为这种纸较麻纸绵软，纤维细长而发亮光，又能抄成薄纸，表面平滑、洁白，故人们以“绵纸”或“蚕茧纸”予以美称。而不少书画鉴赏家也真以为是由绵料或蚕茧所造，此乃误解。绪论表 1 告诉我们一些技术数据：大麻纤维大部分长 15～25、宽 0.015～0.025 毫米（或 1.5～2.5μ），长宽比为 1∶1000；苎麻纤维大部分长 120～180、宽 0.024～0.047 毫米（或 2.4～4.7μ）长宽比为 1∶3000；而楮皮纤维大部分长 6～9、宽 0.024～0.028 毫米（或 2.4～2.8μ），长宽比为 1∶290。可见楮皮纤维比麻纤维短而细容易交织成均匀而紧密的纸，也易于舂细成更短的纤维。同时麻纤维细胞壁较厚，又很长，不易舂得更短。而麻纸又主要由破麻布作成，布由细麻线纺织而成，麻线在织前还要捻制成几股。因而将麻布捣成造纸所用的纤维是很费力的，其中总会有小段的麻线头没有被舂碎，而进入纸浆，这就使麻纸上常有麻线的筋头出现。

麻纸与楮皮纸相比，则表面较粗涩，纸有些硬，不易作成薄纸，因此楮皮纸比麻纸更适于高级书法及绘画之用，是人们从比较及挥毫实践中得出的认识。因而楮皮纸特别受唐代文人青睐，将其人格化，称为“楮先生”。著名文人韩愈（768～821）将毛笔称为毛颖，在《毛颖传》中写道：“颖与会稽楮先生“友善”。唐初的大书法家薛稷（649～713）也将楮皮纸人格化，并对之封为“楮国公”，使其成为“公爵”。据 10 世纪人李玫（882～947 在世）《纂异记》所载，“薛稷为纸封九锡，拜楮国公、白州刺史，统领万字军，界道中郎将”。所谓“九锡”，指传说古代帝王尊礼大臣所赐与的九种器物。魏晋南北朝时，掌政的大臣夺取政权、建立新王朝前，都加九锡，成为例行公事。薛稷诙谐地将楮皮纸加九锡，拜为楮国公、白州刺史，领万字军，表现他对楮纸的尊崇感情。楮皮纸被唐人尊为楮先生、楮国公后，身价越来越高，甚至以“楮”字代替“纸”字来用，所谓“楮墨”即纸墨，“片楮”即片纸。楮皮纸在诸纸中已处于至高无尚的尊位，楮纸作为中国的国纸当然会大力发展。

---

① 潘吉星，敦煌石室写经纸研究，文物，1966，3 期，39～47 页。

② 潘吉星，新疆出土古纸研究，文物，1973，10 期，52～60 页。

③ 加藤晴治，敦煌出土寫經とその用紙について，《紙パ技協誌》1963，卷 17、9 号，28～34 页。

三　桑皮纸、瑞香皮纸、芙蓉皮纸和混合原料纸

同样，晋南北朝时不多见的桑皮纸在隋唐时期也多起来了。如敦煌石室出隋末唐初（7 世纪初）《妙法莲华经·法师功德品第十九卷》，为染黄纸，每张直高 26.7、横长 43.5 厘米，纸薄，表面平滑，纤维交织匀，细帘条纹，经化验为桑皮纸①（图 4-1）。中唐（715～810）写本《妙法莲华经·妙音菩萨品第廿四卷》用纸白色，质量与上纸相似，也属佳纸，直高 25.5、横长 46.5 厘米，原料为桑皮②（图 4-2）。新疆阿斯塔那出土唐代户籍簿用纸，白色，纸薄，纤维交织匀，纤维束少，纸上有“敦煌县之印”的印章，亦为桑皮纸②。此外，我们还遇到一些具体原料难以定出，但肯定为皮料纸者，如唐代《波罗蜜多经》色黄，纤维匀细，经淀粉施胶处理，每张直高 26、横长 44 厘米，为皮纸。

新疆阿斯塔那出土总章三年（670）白怀洛借钱契，细帘条纹，白色，略呈米黄色；载初元年（689）宁和才授田户籍，白色薄纸，细帘条纹，直高 29、横长 43 厘米，纸质很好；又高昌义和二年（615）残文书，色白，纸上有“纸师隗显奴”等字。所有这些纸，都是皮纸。我们还发现唐麟德二年（665）卜老师借钱契是麻纤维与树皮纤维的混合原料纸，纸呈白色，薄，表面平滑，是佳纸。传世文物中，唐初冯承素临神龙本（705）《兰亭叙》，也是皮纸；又故宫博物院藏唐画家韩滉（723～787）《五牛图》用纸为桑皮纸。

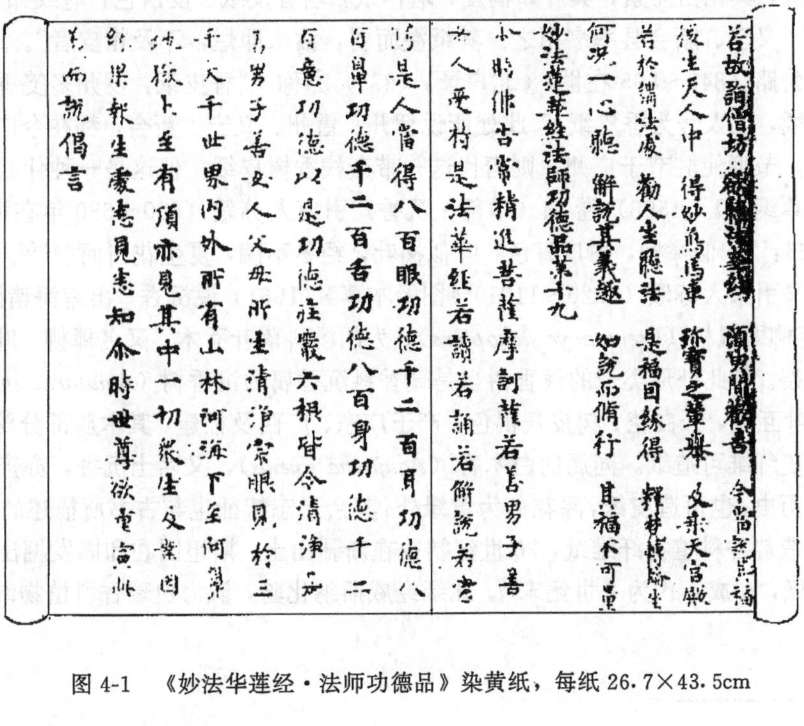

图 4-1　《妙法华莲经·法师功德品》染黄纸，每纸 26.7×43.5cm

① 潘吉星，敦煌石室写经纸研究，文物，1966，3 期，39～47 页。

② 潘吉星，中國造紙技術史稿，190～202 頁（北京：文物出版社，1979）；中國制紙技術史佐藤武敏訳本，325～343 頁（東京：平凡社，1980）。

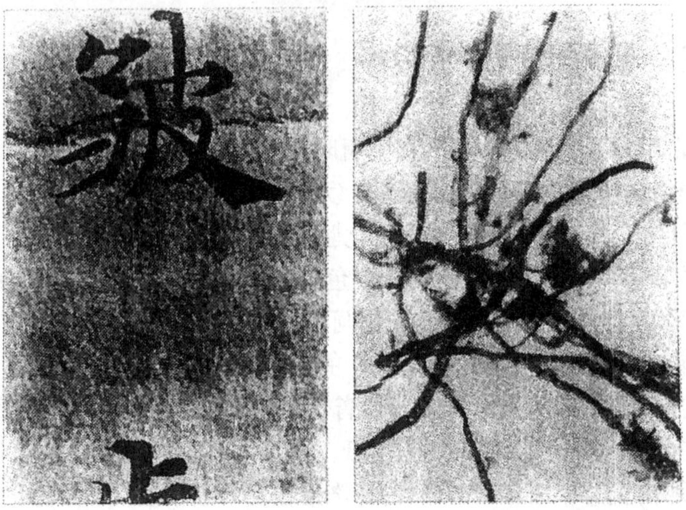

图 4-2　隋末（6 世纪）桑皮纸写本《妙法莲华经》
左：桑皮纸表面（×4）　　右：桑皮纤维（×80）

从唐代文献记载和出土实物中，还发现用瑞香料（Thymelaeaceae）树皮纤维所造之纸，为魏南北朝所少见。唐人刘恂（860～920 在世）《岭表录异》（约 890）写道："广管罗州多栈香树，身似柜柳，其花白而繁，其叶如橘皮，堪作纸，名香皮纸。皮白色，有纹如鱼〔子〕，雷〔州〕、罗州、义宁、新会县率多用之。其纸漫而弱，沾水即烂，不及楮皮者"。

唐人段公路（840～895 在世）《北户录》（875）亦称，"香皮纸，罗州多笺香树，身如柜柳，皮堪捣纸，土人号为香皮纸。"此处所说罗州、雷州、义宁、新会，都在今广东境内，唐时属岭南道，节度使驻节于广州，则唐代这一带产栈香树皮纸。但这是一种什么树呢？明人李时珍《本草纲目》（1596）卷 34《木部·沉香》引唐人苏敬（620～680 年在世）《新修本草》（659）曰："木似榉柳，树皮青色，叶似橘叶，经冬不凋，夏生花白而圆"[①]。沉香又名蜜香，李时珍又引宋人苏颂（1020～1101）《图经本草》（1061）说沉香"出南海诸国及交、广、崖州"。按柜柳即枫杨（*Pterocarye stenoptera*），为胡桃科落叶乔木，又名榉柳，叶互生，树皮呈黑灰色起裂。与此外形类似的栈香树当是瑞香科沉香属的沉香树（*Aquilaria agallocha*），为常绿乔木，叶互生，开白花，树皮灰褐色，产于广东、广西及福建，其木质部分泌出树脂，可作香料，韧皮纤维可造纸。同属的白木香（*Aquilaria sinenis*），又名土沉香，亦产于岭南，在中国有悠久历史，也可造皮纸，除花色为黄绿外，其余形态特征也与古书所描述的栈香树同[②]。

唐代所造瑞香科植物纤维纸，20 世纪初曾在新疆出土。斯坦因在和阗发掘出西藏文佛经残卷，黄色纸，写成年代为 8 世纪末[③]。此纸经威斯纳化验，认为由瑞香科植物纤维所造。哪

① 明·李时珍，《本草纲目》（1596）卷 34，下册，1937 页（北京：人民卫生出版社，1982）。

② 孙宝明、李钟凯，中国造纸植物原料志，376 页（轻工业出版社，1959）；江苏新医学院：中药大辞典，上册，1170 页（上海科学技术出版社，1986）。

③ Aurel Stein，Ancient Khotan；Detailed report of an archaeological exploration in Chinese Turkestan，vol. 1，p. 135（Oxford：Clarendon Press，1907）。

种植物未能肯定，可能是白瑞香（*Daphne papyracea*）一类的野生植物纤维①。白瑞香为野生灌木，开白花，故名。它产于中国西南部，茎皮纤维可造纸。瑞香科树木中含有天然香味素，但在造纸过程中香味素已被除去。除非在纸上另加香料，否则此纸是没有香味的。

欧阳询之子欧阳通（611？～691）亦善书法，写字时用坚薄、白滑的纸，向纸中加入麝香，名麝香纸②。这种纸确有香味。向纸上喷以香水，也可在一定时间内保持其香味。瑞香科皮纸是没有香味的，用于造纸的还有毛瑞香（*Daphne odora*）、结香（*Edgeworthia chrysantha*）及黄瑞香（*Daphne giraldii*）等，同科属于草本的有狼毒（*Stellera chamaejasme*）及小灌木荛花（*Wikstroemia trichotoma*）。瑞香科植物在中国分布很广，种类也很多。一旦掌握了以植物的韧皮纤维造皮纸的技术，唐代的纸工就会到野外寻找各种原料从事造纸试验，而他们选中了瑞香科植物乃是合情合理之事。奥国人威斯纳的化验，在1968年由德国人哈代斯-斯坦豪泽（M. Harders-Steinhauser）的化验所证实。他也发现敦煌石室唐人写经纸中有瑞香皮纤维，这种纸厚度0.13～0.16毫米，由粗帘条纹纸帘抄造，每厘米有4根帘条，纸面经淀粉剂处理③，就象威斯纳所注意到的那样。

在开辟野生植物造纸原料的实验中，除瑞香科之外，唐人又找到锦葵科（Malvaceae）植物，这也是在南北各地分布很广的，其中不少是从古以来受到人们喜爱的观赏植物。有趣的是，该科植物纤维早就用作制绳索和织物，像麻纤维那样，因之用来造纸，是很自然的。唐代著名的“薛涛笺”，据宋应星《天工开物》的研究，就以锦葵科木槿属的木芙蓉（*Hibiscus manihot*）为原料。该书写道：

四川薛涛笺，亦芙蓉皮为料。煮靡，入芙蓉花末汁，或当时薛涛（768～831）所指，遂留名至今。其美在色，不在质料也④。

木芙蓉花的特点是在一天不同时间内花色改变，陈淏子（1612～1692?）《花镜》（1688）卷三说：“一种早开纯白，向午桃红，晚变深红者……其皮可沤麻作线，织为网衣，暑月衣之最凉，且无汗气”。⑤ 唐代时四川成都一带盛产芙蓉，至五代时尤甚，宋人赵仆《成都古今记》说：“孟后主于成都四十里罗城上种芙蓉花，每至秋，四十里皆如锦绣，高下相照，因名锦城。以花染缯为帐，名芙蓉帐。”用木芙蓉茎皮造纸，在技术上是可能的，因为经脱胶后，其所含纤维素高达59.75%。用木芙蓉花染色也是可行的。据陈元龙（1652～1736）《格致镜原》（1735）卷72引《种树书》云，“芙蓉未开，隔夜以靛水调纸，蘸花蕊上。以纸裹蕊口，花开成碧色花，五色皆可染”，尤其易染成红色和粉红色。

特别值得注意的是，1901年维也纳大学植物学家威斯纳在化验斯坦因从新疆发掘的唐大历三年（768）至贞元三年（787）五种有年款的文书纸时，敏锐地观察到其中有用破麻布和

① J. Wiesner, Ueber die ältesten bis jetzt aufgefundenen Handernpapiere. Sitzungsberichte der Kaiserlichen Akademie der Wissenschaften Wien/Philosophischen und Historischen Klasse, 1911, **168** (pt. 5).

② 唐·张鷟（660？～741），《朝野佥载》，载（明）吴永辑《续百川学海》丙集（明刊本）。

③ M. Harders-Steinhauser, Mikroskopische Untersuchung enger früher, Ostasiatischer Tun-Huang Papiere. Das Papier, 1968, Bd. 23, No. 3, ss. 210～216 (Darmstadt).

④ 明·宋应星，《天工开物》(1637)，潘吉星译注本，156，293页（上海古籍出版社，1992）。

⑤ 清·陈淏子，《花镜》(1688)，伊钦恒校注本，卷三，153～154页（北京：农业出版社，1980）。

桑皮、月桂（laurel）纤维混合制浆造纸的①②③。我们知道，月桂（*Laurus nobilis*）为樟科（Lauraceae）常绿乔木，叶互生，树皮呈黑褐色，花为黄色，分布于长江流域以南各地，其果实含芳香油。既然唐代已制成由瑞香料茎皮纤维为原料的瑞香皮纸，从技术上讲由月桂韧皮部纤维造纸，当没有任何困难。月桂树在外观上与沉香树有某些类似，纸工砍伐造纸原料时自然也会利用这一资源，从而将皮纸原料又扩及到樟科植物。由于月桂树为江南所产，因此我们可以认为新疆出土的唐代混合原料纸当是由内地带到那里去的。将野生树皮纤维掺入破布纤维中，可以降低纸的生产成本，又可改善纸的品质，是一举两得的事。

四 皮纸的制造技术

唐代造皮纸时将原料来源扩大到桑科（Moraceae）、瑞香料、樟科、锦葵科、防己科（Menispermaeae）和豆科（Leguminosae）等至少六大科木本植物，远远超过魏晋南北朝时期。鉴于唐代近三百年间皮纸获得长足的发展，根据对唐代皮纸的分析化验成果和模拟实验，有可能将这一时期造皮纸的工艺技术过程理清。下列基本工序是必不可少的（图 4-3）：

（1）砍伐→（2）剥下树皮→（3）沤制脱胶→（4）剥去青皮→（5）洗涤→（6）浆灰水→（7）蒸煮→（8）漂洗→（9）再除去残余青皮→（10）切碎→（11）舂捣→（12）洗涤→（13）打槽→（14）捞纸→（15）压榨去水→（16）烘晒→（17）揭纸→（18）整理包装。

由于皮纸原料来自野生植物的生纤维，其木本韧皮纤维中所含果胶（8.84～9.46%）、木素（8.74～14.32%）及其他有害杂质大于破麻布，而且韧皮部外面还包着一层青皮，这些都必须尽可能除去，才能造出质量较好的白纸。为此，当剥下树皮后，先要在水池中沤制一个时间，通过生物发酵作用而除去部分果胶，并使外面青皮层松动而易于剔除。造皮纸最费工时的工序是剥离青皮层，一般用石碾碾之，或以木槌敲击，则皮层渐渐脱落，个别部位要用手去剥除。再放在河水中洗涤，使可溶性杂质及青皮残片随水流走，边洗边用脚踩动，剩下的是较白的皮料。将皮料扎成捆，以石灰水浸透，堆起，放一个时间，使灰水浸透皮料。再放入蒸煮锅中蒸煮，同时再将草木灰水从上淋下。经过蒸煮，木素、色素等杂质成为可溶性深色溶液，而纤维亦受到腐蚀而变软。从锅中取出皮料，放于河水中洗涤，蒸煮液则弃之。皮料洗净后，仍残存少量残余青皮，再彻底剔除，再洗。然后将白皮料叠成束，用刀切成碎块再用碓捣碎。这是既费时又费力的工序，由壮劳力担任。将纸料捣成细泥状，用手能撕成单个细纤维时，放入布袋或细竹筐中以河水洗之。洗毕，将纸料放入长方形木制或石板制槽中加水，搅拌，配成纸浆。下一些工序与麻纸同，即捞纸、压水、烘晒等。现将以上所述用图的形式表述如下：

---

① M. A. Stein, Preliminary report on a journey of archaeological and topographical exploration in Chinese Turkestan, pp. 39～40 (London, 1901).

② J. Wiesner, Mikroskopische Untersuchung alter ostturkestanischer Papiere. Denkschriften der Kaiserlichen Akademie der Wissenschaften/Mathematisch-Naturwissenschaftichen Klasse, 1902, vol. 72 (Vienna).

③ A. F. Rudolf Hoernle, Who was the inventur of rag paper, *Journal of the Royale Asiatic Society of Great Britain and Ireland*, 1903, Art. 2z. pp. 663～684.

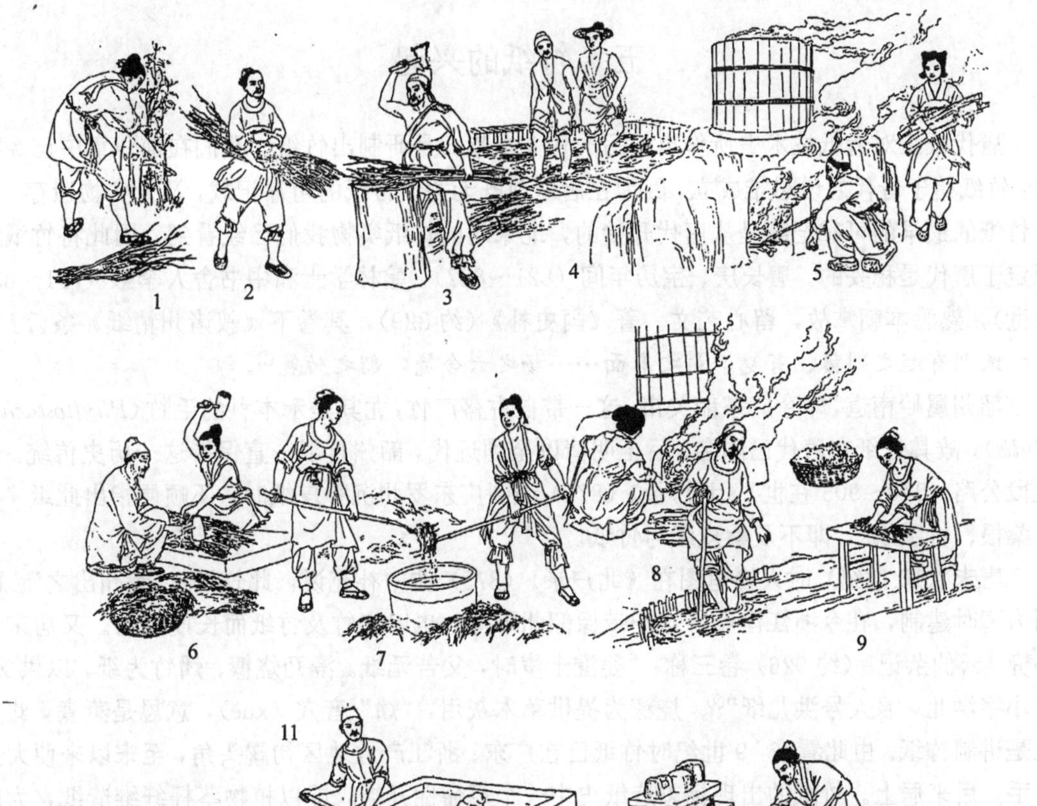

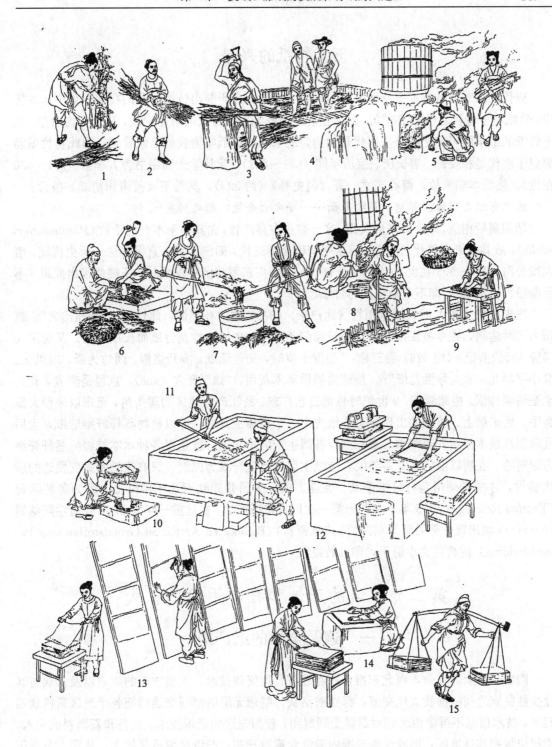

图 4-3　唐代造皮纸工艺流程图

1—砍伐；2—打捆；3—剥皮、切短；4—沤制；5—清水蒸煮；6—剥青皮；7—浆灰；8—蒸煮；9—洗料；10—打料、捣料；11—配制纸浆；12—抄纸、压榨；13—晒纸；14—整理；15—运货

五　竹纸的兴起

唐代纸工对造纸技术史所作出的另一伟大贡献，是研制出竹纸。我们在前一章中已经指出，竹纸始于晋代之说恐难成立，因为在唐以前既无关于竹纸的可靠记载，又无实物遗存。关于竹纸的最早的可靠记载是从唐代开始的，北宋时的竹纸实物我们已经看到，因此将竹纸起源定于唐代是稳妥的。唐长庆、宝历年间（821～827），翰林学士和中书舍人李肇（791～830在世），熟悉本朝掌故，留心艺文。著《国史补》（约 829），其卷下《叙诸州精纸》条云：

纸则有越之剡藤、苔笺，蜀之麻面……扬之六合笺，韶之竹笺[①]。

韶州属岭南道，即今广东韶关市。这一带自古盛产竹，尤其是禾本科的毛竹（*Phyllostachys edulis*），故其竹纸在唐代已闻名。后至明清以至到近代，韶州竹纸一直保持这一历史传统。唐人段公路（840～905 在世）《北户录》（875）谈到广东罗州沉香皮纸时，还顺便指出此纸“不及桑根、竹膜纸”，即不及桑皮纸与竹纸。

唐末（10 世纪）时人崔龟图在《北户录》（875）注中补充说，此竹纸：“睦州出之”。睦州为隋时建制，在今浙江淳安，这一带像韶州那样，也以产竹及竹纸而长期闻名。又唐末人冯贽《云仙杂记》（约 926）卷三称：“姜澄十岁时，父苦无纸。澄乃烧糠、熁竹为纸，以供父。澄小字洪儿，乡人号洪儿纸”[②]。烧糠为提供草木灰用，“熁”音穴（xuè），意思是蒸煮，此处也是讲制竹纸。由此看来，9 世纪时竹纸已在广东、浙江产竹地区初露头角，至宋以来便大显身手。后来居上。竹纸的出现标志造纸史中一个革命性开端，即以植物茎杆纤维造纸，为后世欧洲机械木浆纸开启绪端。现在世界各国生产的木浆纸，就是用各种木本植物的茎杆纤维为原料的。在唐以前的九百多年间，造纸主要以茎皮纤维为原料，只有造纸术高度发达的唐代盛世，才能开创用茎杆纤维造纸。在这方面，中国领先欧洲达千年以上，因为鲁特利奇（Thomas Routlege）1875 年才在西方第一次以竹造纸成功，在这前一年（1876）在荷兰阿纳姆（Arnhem）城出现一部书题为《以竹为造纸原料》（Bamboe en Ampas als Grondstoffen voor Papierbereiding）的荷兰文小册子，印以竹纸[③]。

第二节　纸的产地和社会用途的扩大

一　遍及全国的纸产地

隋唐时期全国统一，南北东西各地在经济、物资和技术、人员方面的沟通以及汉族与其他少数民族之间的物质文化交流，都空前活跃。畅通无阻的水陆交通网把各个地区紧密联系起来，技术信息不再像南北朝时那样受到封闭，较为先进的造纸技术、设备和新原料的引入，能很快传到其他地区，形成全国范围内造纸业遍地开花，产纸区域迅速扩大，从业人员队伍

---

① 唐·李肇，《国史补》（约 829）卷下，《笔记小说大观》本第 31 册，17 页（扬州：广陵古籍刻印社，1984）。

② 《云仙杂记》卷三，《丛书集成》本第 2836 册，22 页（商务印书馆，1960）。

③ D. Hunter, Papermaking. The history and technique of an ancient craft, 2nd ed., pp. 571～572 (London, 1957).

也剧增，同时还有很多业余造纸家。王明先生对隋唐时期产纸区域作过初步统计[①]，他查考唐人李吉甫（758～814）《元和郡县图志》（814）卷26、宋人欧阳修（1007～1072）《新唐书·地理志》（1061）、杜佑（735～812）《通典·食货典》（812）等书记载，列举唐代各地贡纸的有常州、杭州、越州、婺州、衢州、宣州、歙州、池州、江州、信州、衡州等11个州邑，各属今江苏、浙江、安徽、江西及湖南五省。当然，这是个很不完全的统计，因为只涉及到长江流域的局部地区，没有包括北方各地和少数民族地区。

为了较全面了解唐五代时产纸区域的分布，还要追查其他有关文献。如李林甫（约686～752）《唐六典》（739）卷20《太府寺》条，据作者自注，进纸者有益州（今成都）黄、白麻纸，均州（湖北）大横纸，蒲州（山西）细薄白纸，其余地点与前述重述，不另述。李肇《国史补》卷下载有："越之剡藤、苔笺、蜀之麻面、屑末、滑石、金花、长麻、鱼子、十色笺，扬〔州〕之六合笺，韶〔州〕之竹笺，蒲〔州〕之白薄重抄，临川之滑薄"，这里只列出各地精纸品名及产地。其实，产纸区域还应包括长安、洛阳、莱州、江宁、凤翔、沙州、抚州、肃州、西州、幽州、罗州、广州、逻些城（拉萨）、睦州、幽州、剡县、荆州等地。因为东西两京从汉代以来一直是造纸中心，这个地位到唐代不会改变，主要产麻纸。山东自魏晋南北朝以来也以麻纸名闻全国，就是近代也还如此。

据我们调查及出土实物研究，甘肃、新疆早在十六国（304～439）时即已造麻纸，唐时还造桑皮纸，西藏造瑞香科皮纸。离长安不远的凤翔也从唐代造麻纸，至20世纪60年代仍生产。如前所述，罗州产沉香皮纸，睦州出竹纸。幽州是北方重镇，范阳节度使驻节处，与东北的渤海相接，这里也是产纸区域。同时，我们目光还不应只看到唐代，还要考虑到此后五代十国时各国的用纸需要及对新地区的产业开发。因此唐时不见著录的福建，因与造纸业发达的浙江相邻，在长乐、泉州应当有纸坊，尤其泉州是重要对外贸易港口，唐、五代时大量用纸不可能都靠外地供应。

基于以上所述，可以总括起来说，这一时期的主要造纸生产集中地有长安、洛阳、许昌、凤翔（陕西）、幽州（今北京附近）、蒲州（山西永济）、兰州、沙州（甘肃敦煌）、肃州（甘肃酒泉）、莱州（山东黄县）、西州（新疆吐鲁番）、常州（江苏武进）、江宁（今南京）、扬州（江苏六合）、衡州（湖南衡阳）、均州（湖北均县）、荆州（湖北江陵）、罗州（广东廉江）、韶州（广东韶关）、广州（今广州市）、益州（四川成都）、杭州（浙江余杭附近）、越州（浙江绍兴）、婺州（浙江金华）、衢州（浙江衢县）、剡县（浙江嵊县）、睦州（浙江金华）、宣州（安徽宣城）、歙州（安徽歙县）、池州（安徽贵池）、江州（江西九江）、信州（江西上饶）、抚州（江西临川）、逻些（西藏拉萨）、长乐（福建福州）、泉州（福建泉州）等36处，分属今陕西、河南、北京、山西、甘肃、山东、新疆、江苏、湖南、湖北、广东、四川、浙江、安徽、江西、西藏及福建等17个省、市、自治区（图4-4）。

这个清单仍不敢说是完全的，但大体可以看出隋唐五代时的造纸区域分布情况，比前代是有明显进步的。从唐政府要求各地向首都调进的纸数量及拥有纸坊数目来看，浙江、江苏、江西、安徽、四川等省居显著地位，就造纸业而论，这反映了经济重心由黄河流域转向长江流域。在这四个重点产纸区内，设有政府官营的大型造纸作坊，制作精工，而不惜成本。同时也出现大量私营的中小纸坊，除麻纸外，皮纸、竹纸、藤纸生产作坊多位于原料产区附近，

① 王明，隋唐时代的造纸，考古学报，1956，1期，115～126页。

而且必须靠近河边，有充分水源供应。另一个值得注意之点是，在西北边远地区（如甘肃）和少数民族聚集区建立了很多纸坊，除供本地区使用外，还向外国出口。甘肃、新疆纸通过纸张之路向西域各国输出，西藏纸则向尼泊尔输出。总之，这一时期造纸生产区域的地理分布更加合理化。现将地理分布图绘制如下：

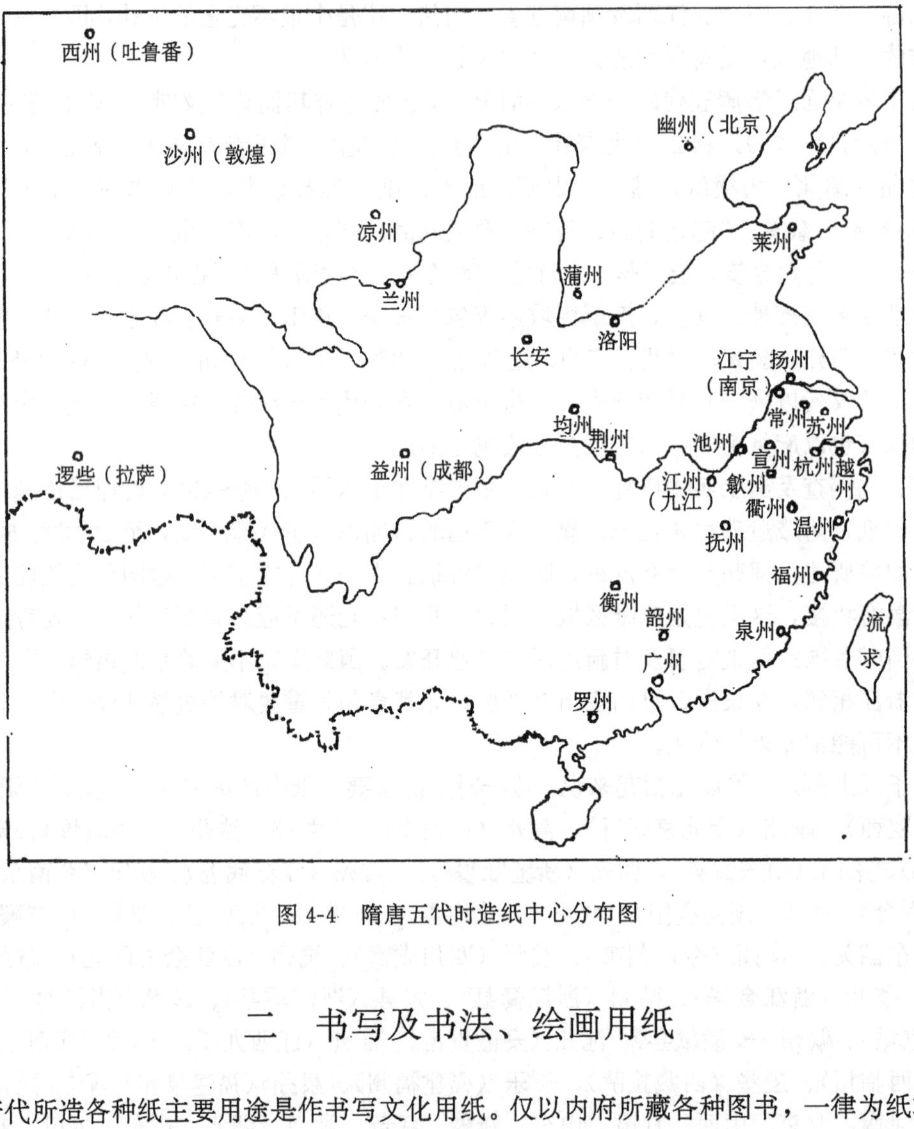

图 4-4 隋唐五代时造纸中心分布图

二 书写及书法、绘画用纸

唐代所造各种纸主要用途是作书写文化用纸。仅以内府所藏各种图书，一律为纸本。《新唐书》卷 57《艺文志·序》就此写道："至唐，始分为四类，曰经、史、子、集。而藏书之盛，莫盛于开元（713～741）。其著录者，五万三千九百一十五卷，而唐之学者自为之者，又二万八千四百六十九卷。呜呼，可谓盛矣"。接下谈玄宗在开元年间"大明宫光顺门外、东都（洛阳）明福门外，皆创集贤书院，学士通籍出入。既而太府月给蜀郡麻纸五千番"，以抄内府所藏典籍①。同书卷 47《百官志》载集贤殿书院有抄书手 90 人。王溥（922～982）《唐会要（961）卷 35 更载逐年用纸量："大中四年（850）二月，集贤书院奏：大中三年（849）正月

① 《新唐书》(1061) 卷 57,《艺文志·序》，廿五史本第 6 册，2～3 页《上海古籍出版社，1986)。

一日以后至年终，写完贮库及填阙（缺）书籍三百六十五卷，计用小麻纸一万一千七百张”①。又卷 65 载“贞元三年（787）八月，秘书监刘太真奏准，贞元二年（786）八月勅当司权宜，停减诸色粮外，纸数内停减四万六千张。伏请于停减四万六千张内却供麻纸及书状藤纸一万张，添写经籍”。

五代后晋人刘昫（888～947）《旧唐书》（945）卷 47《经籍志·序》说：“开元时，甲乙丙丁（经史子集）四部书，各为一部，置知书官八人分掌之。凡四部库书各一本（合抄，其本有正、有副），共十二万五千九百六十卷（近 12.6 万卷），皆以益州麻纸写”。李林甫《唐六典》卷九亦称：“集贤〔书院〕所写，皆御本也。书有四部，分为四库。四库之书，两京（长安、洛阳）各二本，共十二万五千九百六十一卷，皆以益州麻纸写”。一般说，一部书要抄三份：正本、副本、贮本。抄好装订后，按经史子集四部置于甲乙丙丁四库之中，两京分别收藏。

前述 849 年抄 365 卷书，需益州小麻纸近 1.2 万张，如抄 12.6 万卷再外加副本，其用纸就很大了。由此可见蜀纸产量之大。据元代人费著（约 1303～1363）《蜀笺谱》（约 1360）所载，“双流纸出于广都（四川华阳），每幅方尺许，品最小、用最广，而价亦最贱。双流实无有也，而以为名。盖隋炀帝（605～618 年在位）始改广都为双流，疑纸名自隋始也，亦名小灰纸②。则四川除益州（成都）外，还有别处产纸。广都纸自隋时即有，疑为楮皮纸，因外层青皮未除尽、且纸幅小，又名小灰纸。价格便宜，而用途广。至于益都麻纸，则属上乘，品种很多。前述《国史补》所载麻面、屑末、滑石，当为本色纸；而金花、长麻、鱼子、十色笺，当为加工纸。集贤书院所用，为前一类纸。益州至迟在南北朝时已造纸，除麻纸外，也生产楮皮纸。唐内府还向各地征调大量藤纸，前引《唐会要》卷 65 载 787 年秘书监一次请调藤纸上万张，而李肇《翰林志》及李林甫《唐六典》又说皇帝用各色（青白黄）藤纸写诏令，可见用藤纸数量也相当之大。

江南西道的宣州（今安徽境内）是个产纸地，《新唐书·地理志》载宣州贡纸，可见现在闻名的“宣纸”，历史渊源可追溯到唐代。宣州下有宣城（州治所在）、南陵、泾县、秋浦、当涂等，但产区可能集中于泾县，因此处靠水，山上楮树较多。唐人张彦远《历代名画记》卷三云：

> 好事者宜置宣纸百幅，用法蜡之，以备摹写。古时好拓画，十得七、八，不失神采笔踪③。

“宣纸”之名便由此而来，唐代时为好事书画者所用，可见质地之高。因摹拓书画用纸，要求纸质紧密、薄而透明，一般麻纸难以胜任。至于宣纸改以青檀皮为料，乃元明以后之事，可能唐代因砍伐过度，楮树逐渐少了。至于池州、歙州所产之纸，皮纸居多，而北方仍以麻纸为主。

隋唐五代人著书立说及读书人学习、及公私契约文书、往来帐簿等，也用去很多纸。《旧唐书·经籍志》卷上载唐代人“凡四部之录四十五家，都管三千六十部，五万一千八百五十二卷”，这五万多卷书要在社会上抄写流通，为士人所用，其耗纸量可想而知。敦煌石室及新疆各地所出各种经史子集书残卷，大多写于隋唐时代。王重民（1907～1972）先生《敦煌古

① 唐·王溥，《唐会要》（961）卷 35，65（北京：中华书局，1955）。

② 元·费著，《蜀笺谱》（约 1360），《丛书集成》本第 1496 册，2 页（上海：商务印书馆，1935）。

③ 唐·张彦远《历代名画记》（847）卷二，《丛书集成》本，75～76 页（上海：商务印书馆，1936）。

籍叙录》（北京：商务印书馆，1958）详细介绍了这些写本内容，兹不赘述。佛教、道教所用各种写经数量更是惊人，只敦煌石室一处就有三、四万卷，绝大多数是唐人写本。

如果说一般读物不一定用好纸书写，那么书法家和画家对纸的要求则是高的，因为他们需要在纸上从事艺术创造。此处有必要结合实物加以介绍。北京故宫博物院藏唐初书法家冯承素（650～710年在世）临《兰亭叙》神龙本（705）用纸，表面平滑研光，经检验为皮纸，制作精良，似为桑皮纸。大和三年（829）诗人杜牧（803～852）《张好好诗》，直高24.5、横长87厘米，为北方麻纸，表面虽有纤维束，但平滑。旧题欧阳询（557～641）《卜商帖》，为晚唐或五代摹本，纸白色，制作精良，用麻纸书写。至五代时，书法家杨凝式（873～954）《神仙起居法》手卷用纸，直高27、横长21.2厘米，为麻纸，但制作不精细[①]。字迹为草书，但用纸不佳令人费解（图4-5、6）。

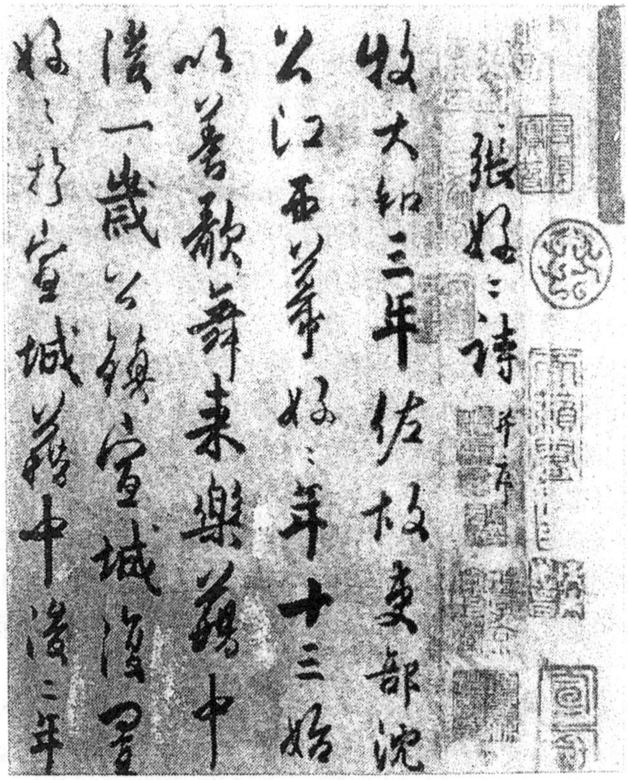

图4-5　唐杜牧麻纸法书《张好好诗》

晋南北朝时纸本绘画出土及传世者都少，但唐以后逐渐增多，这与造纸技术的提高有关20世纪初，新疆哈拉和卓古墓出土唐开元四年（716）户籍帐，纸的正面是户籍内容，有“柳中县高宁乡”等文字，但背面则有一幅画，可名为树下美人图，设色。1969年新疆吐鲁番县又出土唐代设色花鸟画，直高201、横长141厘米，高2米多，由数纸粘联而成，经我们化验为麻纸。纸呈白色，较厚，可分层揭开，粗帘条纹，表面平滑，涂布白粉，经研光，是一种粉笺（图4-7）。传世的重要唐代设色纸本画是著名画家韩滉（723～787）的《五牛图》（图4-

① 潘吉星，故宫博物院藏若干古代法书用纸之研究，文物，1975，10期，84～88页。

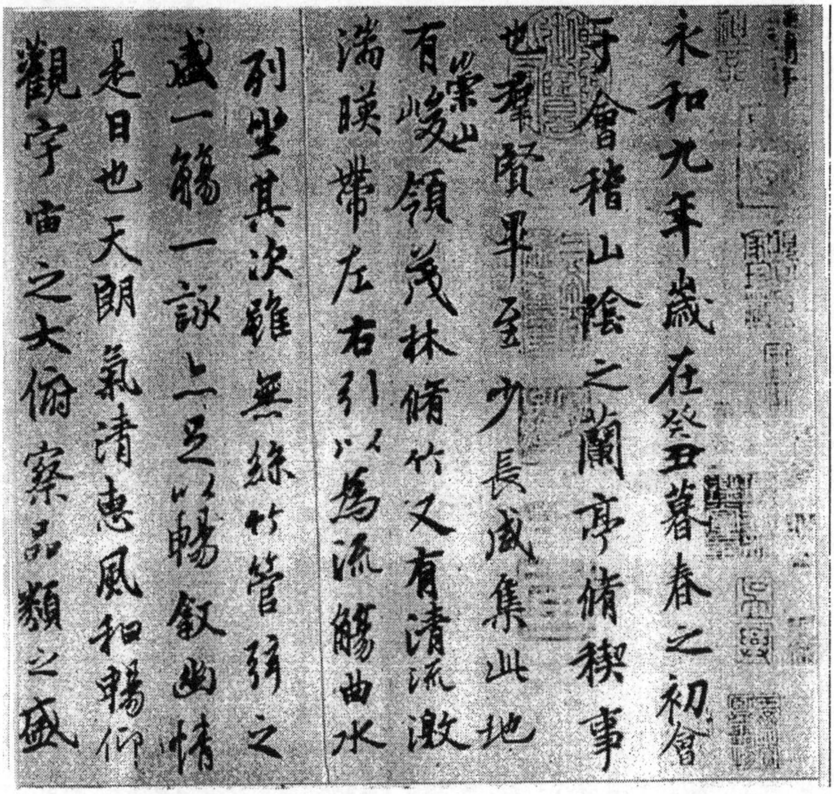

图 4-6 唐冯承素摹《兰亭叙》(局部)皮纸法书

8),现作为国宝,藏于北京故宫博物院。该画为现中国国内所藏最早的传世纸本名人绘画,直高 21 厘米,由五枚纸联接而成,每张纸上各画一牛,每牛姿态都不同。其中较大一枚纸为 21×30.9 厘米,表面平滑,由长纤维作匀均交织,纤维分散度高。1977 年,我们借重新装裱之际,对此纸作了检验,检验结果为桑皮纸。表面似有一层硬皮层,可能是事先作了纸表施胶处理。

唐人张彦远《历代名画记》(847) 卷六还著录隋代大画家展子虔(约 550～604)的绘画作品《法华变》用白麻纸[①],但没有传世。可见隋唐时以展子虔、韩滉为代表的画家,继承晋代画家顾凯之的传统,带头以纸为作画材料。不过总的说,唐代在绘画领域内还是帛纸并用阶段,而书法界则基本使用纸,而少用帛。

隋唐时的经史子集四部著作和宗教经典,都是先写在直高一样的一张张纸上,再粘联一起,或事先将各枚纸联起再写,再用木轴卷起成为卷子本,像魏晋南北朝时那样,这是书籍的主要形式。但我们也看到唐末至五代时另一形式,很像后来册叶装形式,将文字写在较厚纸上,双面书写,再折起来用线装在一起,与现在书籍形式一样,很便于翻检、阅读。

由于原料来源扩大,产地增加,唐代纸生产成本比前代要低,纸价也下降。这可从斯坦因在 20 世纪初在敦煌一个寺院中发现的唐代(8 世纪前后)帐簿中看出。此帐簿文字由法国汉学家沙畹(Edouard Chavannes,1865～1918)加以考释。其中说:

〔正月〕十四日,出钱一百文,买白纸二帖(帖别五十文),糊灯笼卅八个,并

① 唐·张彦远《历代名画记》(847) 卷 8,255 页,《丛书集成》本(上海:商务印书馆,1936)。

图 4-7　新疆出土唐代麻纸本花鸟画

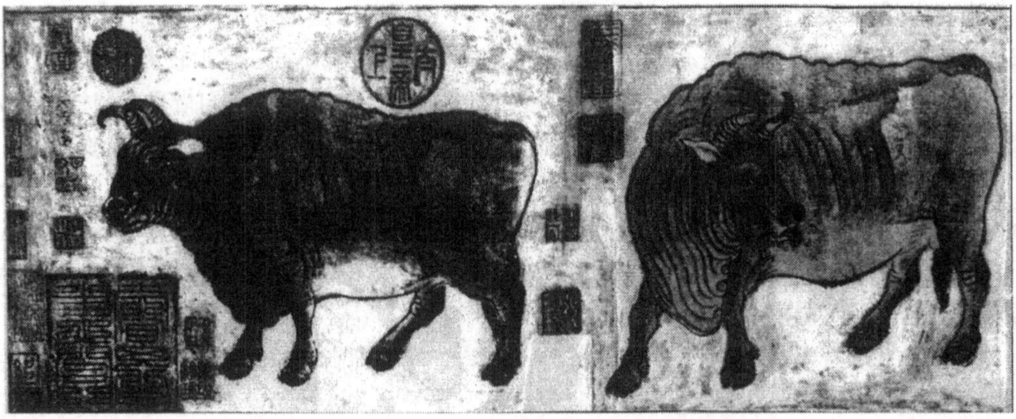

图 4-8　唐代韩滉画（局部）用桑皮纸彩绘的《五牛图》

补贴灯笼用（no. 971）……〔十一月〕十三日，……出钱六十文，买纸一帖，供文历用（no. 970）……十二月一日，……出钱一百二十文，买纸二帖（帖别卅五文）、笔两管（管别十五文），抄文历用①。

① Edouard Chavannes, Les documents chinois découverts par Aurel Stein dans les sables du Turkestan oriental, nos, 969, 970, 971 (Oxford, 1913).

唐代不同时期和地点的物价变动幅度很大，此处只能从敦煌寺院帐簿本身所记作一比较。当时纸店所售纸有不同规格，每帖售价 35 文、50 文及 60 文不等。大幅纸每帖可糊 19 个灯笼，剩余的还可补破灯笼。与笔相比，纸价是便宜的，而一般的毛笔当时是低值易耗品。建中元年（780）绢每匹 3000 文，以纸代绢糊灯笼当然省许多钱。这种纸买回后，还要涂上油才能使用。

三　糊窗纸、纸屏风、纸伞、纸风筝、纸衣、名片

由于唐代各地纸廉价易得，除作书写、印刷材料外，日常生活用品也常以纸制成，除上述灯笼外，还包括纸扇、纸糊窗格、纸刺（名片）、纸鸢、纸甲、剪纸、宗教仪式用纸钱、纸衣、纸帐、纸伞、纸花、纸帽、纸棺等等，名目繁多，有些还有出土实物为证。这里拟逐一作简短介绍。古时较讲究的建筑物窗子，用木条制成图案形的窗格，再以丝绢糊上，既美观，又防风，后以纸糊窗。唐人冯贽《云仙杂记》卷二云："杨炎在中书，后阁糊窗用桃花纸，涂以冰油，取其明甚"，又说："段九章（字惠文）诗成，无纸，就窗裁故纸连缀用之"。杨炎（729～781），字南公，曾任中书舍人，德宗（780～804 在位）即位，召为宰相。诗人白居易（772～846）《长庆集》（823）卷 17《晚寝集诗》有"纸窗明觉晚，布被暖知春"之句，则内府和民间都以纸糊窗。

其次要谈到纸屏风。早期屏风为木板，底下有座，板面髹漆作画，但较笨重。后出现以木框为架以绢帛为屏面的屏风，屏风面上亦可作画。造纸术发展后，屏面便以纸代帛，同样可饰以书画，既美观，又轻便[①]。为移动方便，又有折叠式屏风。唐诗人白居易一反时俗，在香炉峰下建草堂，内置白纸面屏风二个，称"素屏"，以养其浩然之气。他为此特写《素屏谣》内云：

> 素屏素屏胡为乎，不文不饰、不丹不青……吾不加一点一划于其上，欲尔保真而全白。吾于香炉峰下置草堂，二屏倚在东西墙。夜如明月入我室，晓如白云围我床。我必久养浩然气，亦欲与尔表里相辉光。尔不见当今甲第与王宫，织成步障银屏风。缀珠掐钿贴云母，五金七宝相玲珑。……素屏素屏，物各有所宜，用各有所施尔。今木为骨兮纸为面，捨吾草堂欲何之?!.[②]

此处所说"木为骨兮纸为面"，就是指纸面屏风。当然，像白乐天这样用白纸屏风还是少有的，人们总要在上面作书画来点缀。屏风用的纸应强度较高、幅面较大，由若干层纸糊裱成厚纸板，常用熟纸。纸制屏面不但价廉、轻便，而且破了以后极易修补，这是比用其他屏面材料优越的地方。屏面用纸以楮皮纸为好，唐代多用之。南北朝也可能有纸面屏风，但多用麻纸为面（图 4-9）。

南北朝时北方的纸伞，到唐代以后已于中原普及。杜佑（735～812）《通典·职官典》（801）载唐代以伞的颜色区分使用者的身份高下，看来是沿袭了北魏的制度。陶穀《清异录》云：

> 江南〔人〕周则少贱，以造雨伞为业。……日造二伞货之。惟露雨连月，则道

---

① 易水，漫话屏风，《文物》，1979，11 期，74～78 页。

② 唐·白居易，《素屏谣》，载《全唐诗》，下册，1171 页（上海古籍出版社影印康熙扬州刻本，1986）。

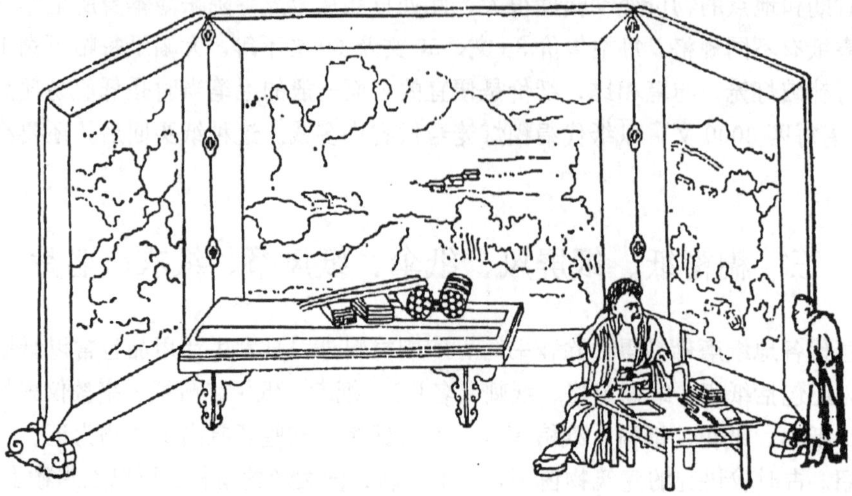

图 4-9　纸屏风（取自五代王齐翰：勘书图）

大亨，后生理微温。

这是说，南唐时的周则出身贫寒，以造纸雨伞为业。由于阴雨连月，生意兴隆，生活好了些。因此可见这时江南民间用纸伞已极为普遍。

隋唐五代时的纸鸢也在南北朝的基础上更为推广，成为儿童喜欢的玩具。诗人元稹（779～831）在《有鸟二十章》（810）中写道：

有鸟有鸟群纸鸢，因风假势童子牵。

去地渐高人眼乱，世人为尔羽毛全。

风吹绳断童子走，余势尚存犹在天。

愁尔一朝还到地，落在深泥谁复怜。①

这位唐代诗人所用文字不多，却将纸鸢形状及儿童牵放时的情景描述得如临其境，特别生动。像过去一样，这时纸鸢也用于军事目的。《新唐书》卷 210《田悦传》载，魏博节度使田悦（751～784）于德宗建中二年（781）领兵反叛朝廷，与唐将张伾（约 735～805）战于临洺（河北永年），张伾所部被围困，“伾急，以纸为风鸢，〔飞〕高百余丈，过悦营上。悦使善射者射之，不能及”②。这一次同样是将告急求援信通过纸鸢放出。

据宋人欧阳修《五代史记》所载，后唐庆宗（923～925 在位）时，任亳州刺史的李邺（920～950 在世）更制成在空中作响的纸风筝。他将小竹笛置于风筝头部，“使风入竹，如鸣筝”③。从而又使纸鸢有了音响效果，“风筝”一词即由此而来。《全唐诗》第九函第七册收有高骈（819～887）的《风筝》诗：

夜静弦声响碧空，宫商信任往来风。

依稀似曲才堪听，又被风吹别调中。

可见在李邺之前的唐末，已有了具有音响效果的纸鸢和“风筝”之名了。

---

① 《全唐诗》上册，1025 页（上海古籍出版社，1986）。

② 《新唐诗》卷 210，《田悦传》，廿五史本第 6 册，634 页。

③ 《新五代史》卷 30，《李邺传》，廿五史本第 6 册，5106 页（上海古籍出版社，1986）。

关于以纸作衣服的事例，见唐人陆长源（709～757在世）《辨疑志》，书中说：

大历（766～779）中，有一僧称为苦行，不衣缯絮、布绝之类，常衣纸衣，时人呼为纸衣禅师。

纸衣一般由较厚而坚的楮皮纸缝制而成，或染色或本色。将其揉绉，相当耐折，穿纸衣还可防风寒，而且透气性好。宋以后更为普及，甚至在今天日本还有人以纸为衣者，显然传自中国。如用多层硬纸板，还可制成护甲，供士兵作战护体用。《新唐书》卷113《徐商传》称，唐宣宗时徐商（847～894在世）领兵与突厥作战时，“置备征军凡千人，襞纸为铠，劲矢不能洞”。朝鲜学者李圭景（1788～1863?）更称：“南唐（937～957）李方为纸铠，聚乡里义土号白甲军。围师屡为所败。……以薄纸重重作数十叠，一过又一过，至数十叠，则矢凡之力亦已尽矣。虽欲透，亦无奈何[①]。当飞矢在空中行进一定距离后，其势已弱，纸甲便收以柔克刚之效。既令近战，也有护体作用。纸甲最大优点是轻巧、制作容易，又便宜，因此宋、明时仍在使用。

现时世界各国人员交往中广泛使用的纸制名片（英文为 visiting card，法文为 carte de visite）是中国发明的，但人们很少知道其起源。中国古代没有纸以前，拜访时通报姓名用竹木片，叫“名刺”，上面有姓名、籍贯、官职。宋人孔平仲（约1042～1120年在世）《谈苑》（约1085）卷四云：“古者未有纸，削竹木以书姓名，故谓之名刺，后以纸书，故谓之‘名纸’。”至迟从南北朝已有用厚纸板作成者，仍称名刺，或名纸、名帖，至隋唐时已相当普及。

唐人元稹（779～831）《长庆集》卷23《重酬乐天诗》有诗曰：“最笑近来黄叔度，自投名刺占陂湖”，即指纸制名片。一般宽二、三寸，有红、白二色。诗中所说黄叔度应是东汉的黄宪（75～122)。《后汉书》卷83《黄宪传》称，黄宪字叔度，才高而德崇。又，唐时姑苏（今苏州）有人建小池塘，自比镜湖，而镜湖又称陂湖，为东汉永和五年（140）会稽太守马臻于会稽、山阴（今浙江）交界处所建大型蓄水工程。元稹诗中引用此二典，意在讽刺当时一些不自量力的人，有的以名片炫耀，自比东汉的黄宪，如同以姑苏池塘比作东汉镜湖那样。后世有人也常以名片自夸，才气、名声不大，名片却作得很精致，而且自吹自擂一番。

唐代长安街市上有专门为人制作纸制名刺的商店，生意相当兴隆。五代后周时人王仁裕（880～956）《开元天宝遗事》卷上载，“长安有平康坊，……京都侠少萃集于此，兼每年新进士以红笺名纸游谒其中。”前述孔平仲《谈苑》卷五还说，唐代李德裕（787～850）于武宗（841～846在位）时任宰相期间，很讲排场，人们到他那里要呈上门状通报，同意后才能见到：“唐李德裕为相，极其贵盛，人之加礼，改具衔，侯起居之状，谓之门状”，门状实亦即名片。名片于唐代传到日本，直到今天日本语仍用“名刺”（めいし，meishi）这个汉字称呼名片，虽然发音不同。

四 剪纸、葬仪品、包装纸、卫生纸、汇票、纸牌

南北朝时的剪纸，到唐代又进一步发展，不但用于室内装饰，还用于葬仪之中。1964年新疆吐鲁番县阿斯塔那村刀形唐墓中，出土人形剪纸，由七个人形连在一起，年代为盛唐至

---

① 李圭景，《五洲衍文长笺散稿》（约1857）卷23，上册，671页（汉城：明文堂，1982）。

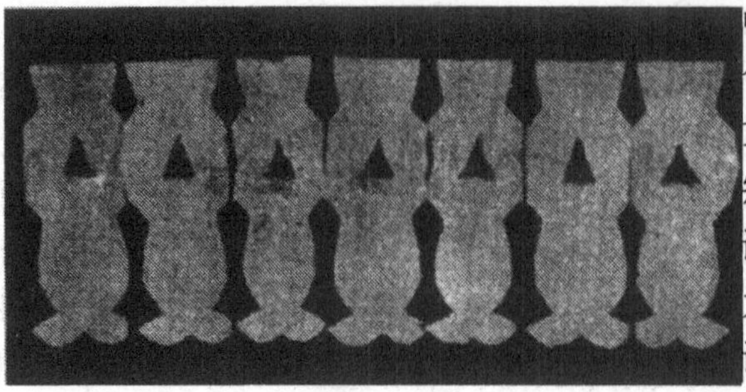

图 4-10　唐代人胜剪纸（《文物》1973，10 期）

中唐（650～759）[①]。将七个人形剪纸作葬品，含有为死者招魂之寓意，称为人胜（图 4-10）。这种习俗在中原地区由来已久。梁朝人宗懔（约 500～563）《荆楚岁时记》（550）中说："正月七日为人日，以七种菜为羹，剪采为人"，剪成的纸人数目也恰好为七。唐代大诗人杜甫（712～770）为避"安史之乱"，从郃阳县向西北行至彭衙城，历尽艰苦。天色已晚，在当地投宿，受到主人殷勤接待，遂写《彭衙行》（755）诗，诗中说：

延客已曛黑，张灯启重门。

暖汤濯我足，剪纸招我魂[②]。

将剪纸与折纸技术结合而制成的纸花（图 4-11），也在唐代出土物中发现。纸花由色纸通过剪裁、折叠和拼接而成，粗看起来颇似真花，插入瓶中四季新鲜，增加室内美感。20 世纪初，斯坦因在甘肃获得敦煌出土的几件唐代纸花[③]。这种纸花在新疆也偶而出土。

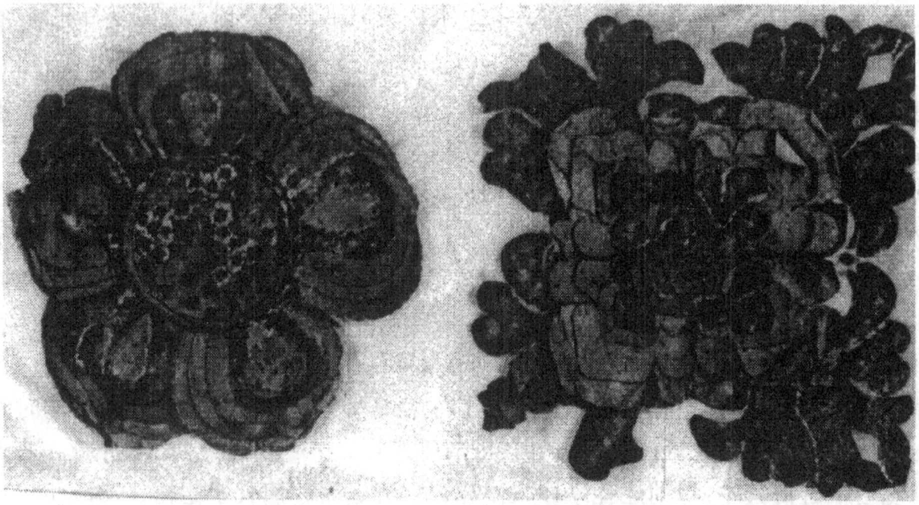

图 4-11　唐代纸花（直径约 10 公分）

中国古代葬礼和婚礼同样隆重。先秦及秦汉时，常将死者生前所用物葬于墓内，同时将金属货币随葬，希望供死者地下享用，借以表达其家人之哀思。南北朝以后，尤其隋唐以后，由于纸的普及，用纸制成鞋、帽、衣、车马等代替实物，或火化，或放入墓内，葬风为之一变，这是一种进步现象。用纸制成金属货币代替物，称为冥镪或楮钱，可避免将真正铜钱埋入墓中。唐人封演（约 726～790）（《封氏闻见记》（约 787）卷六《纸钱》条云："今代送葬，为凿纸钱（图 4-12），积堆如山，盛加雕饰，舁以引柩。按古者祀鬼神有圭璧、币帛，事卒则

① 李征，吐鲁番县阿斯塔那-哈拉和卓古墓群发掘简报，文物，1973，10 期，7～27 页。

② 《全唐诗》，上册，515 页（上海古籍出版社，1986）。

③ Aurel Stein, Serindia; Detailed report of exploration in Central Asia and western-most China vol. 2, p. 967; vol. 4, pl. 42 (Oxford: Clarendon Press, 1921).

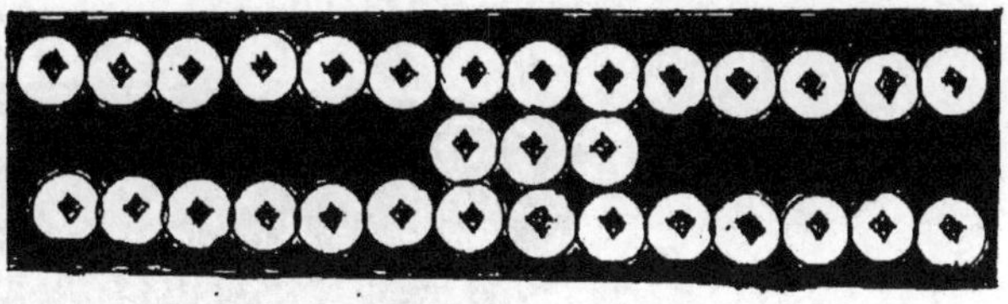

图 4-12　唐代祭奠用纸钱

埋之。后代既宝钱货，遂以〔纸〕钱送死”[①]。唐代僧人释道世（614～678 在世）《法苑珠林》（668）卷 48 云：“剪白纸钱，鬼得银钱用；剪黄纸钱，鬼得金钱用”。释道世又说：“楮钱出殷长史，王玙用以祠祭”。

《新唐书》卷 109《王玙传》称，王玙（697～760 年在世）为道教徒，“玄宗在位（713～742），久推崇老子道，好神仙事，广修祠祭。〔王〕玙上言，请筑坛东郊，祀青帝。天子入其言，擢太常博士、侍御史，……为祠祭使。〔王〕玙专以祠解中帝意。……汉以来，葬丧皆有埋钱。后世里俗稍以纸寓钱为鬼神，至是玙乃用之”[②]。由此可见南北朝时已以楮钱代替铜钱入葬，而至唐开元时，因玄宗好道教、神仙事，祭祀使王玙乃加以推广。唐人王定保（870～945?）《唐摭言》称，唐初王勃（648～675）曾为老叟焚阴钱十万。白居易（772～846）《长庆集》卷 12《寒食〔节〕野望吟诗》云：“风吹旷野纸钱飞，古墓累累春草绿”。张籍（约 767～830）《张司业集》卷一《北邙行》云：“寒食家家送纸钱，鸱鸢作巢衔上树”。少量纸钱可用黄纸折叠，以剪刀剪成。大量纸钱则以一刃口锋利的铁制钱模用力打在若干层纸上，古时叫凿钱。一般多用黄纸凿钱。这种习俗一直持续到明清以至近代。

图 4-13　唐代纸冠（取自《文物》1973，10 期）

1964 年，新疆阿斯塔那唐墓（64TAM34 号墓）曾出土纸钱[③]。在这以前，斯坦因在新疆唐代墓葬（667）中也发现一连串的剪纸冥镪[④]。自唐代以来近千年间为葬事及祭奠耗去大量纸张，虽非用好纸，然为造此“火纸”，植物资源遭到无端浪费。政府有时禁止，但在民间仍禁而不止。不过以纸制品代替丝绢及金属实物送葬，还是比较节约行为。

---

① 唐·封演，《封氏闻见记》（约 787）卷 6，赵贞信校注本，55 页（北京：中华书局，1958）。

② 《新唐书》卷 109，《王玙传》，廿五史本第 6 册，421 页《上海古籍出版社，1986）。

③ 李征，吐鲁番县阿斯塔那-哈拉和卓古墓群发掘简报，文物，1973，10 期，7～29 页。

④ Aurel Stein, Serindia; Detailed report of exploration in Cental Asia and western-most China, vol. 4, pl. 93 (Oxford, 1921).

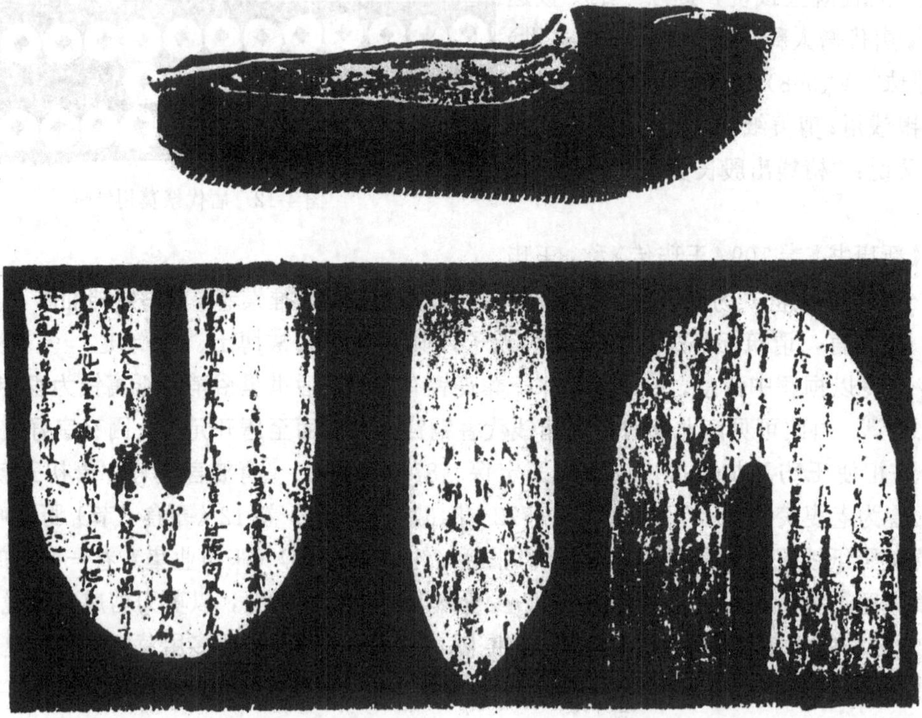

图 4-14　唐代纸鞋及鞋帮、鞋底（《文物》1973，10 期）

上述新疆 64TAM34 号墓还同时出土纸冠、纸鞋（图 4-13、14）和纸腰带等，纸腰带应是纸衣的残留物，其他墓内还有纸枕、纸褥等，所有这些都着色，画上图案花纹。这些纸制品其实活着的人也可用，如前所述，既然唐代人有穿纸衣的，亦未尝不会有戴纸冠、盖纸被者，宋代人尤其如此。只有纸鞋似乎不切实用。因当时新疆地区为节省纸张，这些纸制品多由旧纸作成，包括唐代废旧文书纸。

值得注意的是，1973 年吐鲁番县阿斯塔那村第 73TAM 506 号墓还出土 8 世纪时葬有尸体的纸棺。据原发掘报告说，此纸棺以细木杆为骨架，再在骨架上“糊以外表涂红的故纸，无底”。“死者置于一片糊以故纸的苇席上，再罩以纸棺（图 4-15）。纸棺所用故纸，大部分是天宝十二至十四年（753～755）西、庭二州一些驿馆的马料收支帐①。”其外观形状与一般木棺是一样的，前高后低。这种纸棺是中国迄今仅见之一例。但考古学家认为，这种少见的葬具“未必即是独创，内地其他地区当时或许也有，只是由于自然条件不同，没有能保留到今天”②。

隋唐五代还普遍以纸包装各种物品，除一般货物、商品、用品外，食物、药物、茶叶等饮食用品也用纸包装。如 1964 年阿斯塔那唐代墓葬中出土中药成药萎蕤丸（文物编号 64TAM30：9）重 46.3 克，外包白麻纸。唐代卫生纸用量很大，法国东方学家雷诺（Joseph Toussaint Reinaud，1795～1867）曾收集 9 世纪阿拉伯人及波斯人在中国和印度的旅行记，其

① 新疆博物馆，1973 年吐鲁番县阿斯塔那古墓群发掘简报，文物，1975，7 期，12 页。

② 莫明华，建国以来新疆考古的主要收获，文物编委会，文物考古工作三十年（1949～1979），169～182 页（北京：文物出版社，1979）。

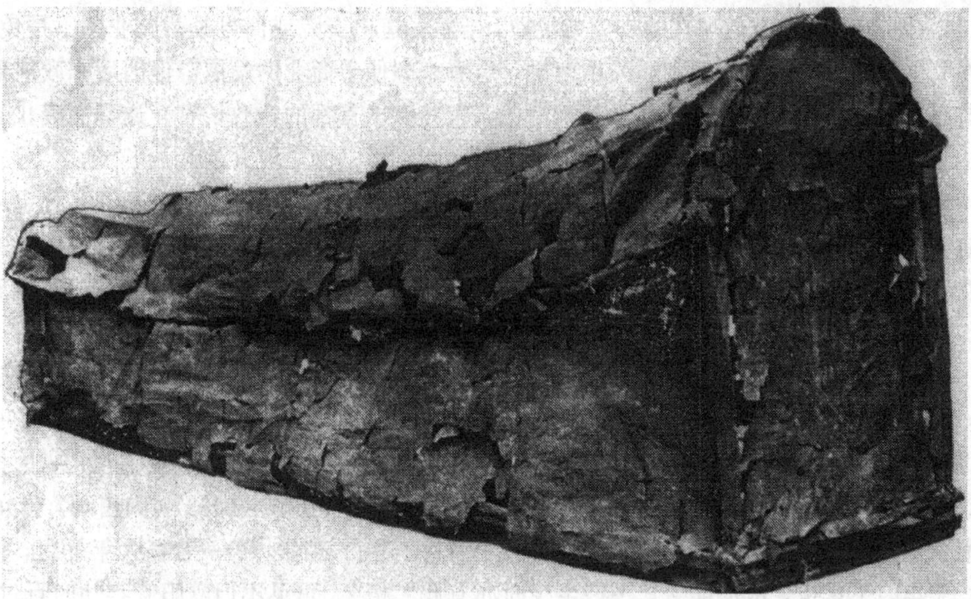

图 4-15 唐纸棺（取自《文物》1975，7 期）

中载有一阿拉伯人 851 年的报道说："中国人不注意清洁，大便后不用水洗，而只用纸擦[①]。"这倒记录了唐人用卫生纸之事。阿拉伯旅行家是从伊斯兰教徒习惯看卫生纸的，其实阿拉伯人后来也一改旧习，用起大便纸了，这毕竟既卫生又简便。我们还可补充说，671～695 年访问印度的唐代高僧义净（635～913）《南海寄归内法传》（约 689）卷二中提到"必用故纸，可弃厕中。既洗净了，方以右手牵其下衣[②]。"这里也是谈的大便纸。

可以说，在大唐帝国，纸和纸制品已进入千家万户，成为上自天子、下至庶民的日常必用物。现在要谈的是，供死者在地下用的楮钱，真的成为活人在经济流通领域中的交换媒介，此即唐代开始的"飞钱"。这是后来影响整个人类经济生活的伟大革命的开端。正如后面要谈到的，纸币是中国人发明并最先应用的。关于"飞钱"，《新唐书》卷 54《食货志》载："宪宗（806～821 在位）以钱少，复禁用铜器。时商贾到京师（长安），委钱（存钱）〔于〕诸道进奏院（各道驻京办事处）及诸军、诸使、富家，以轻装趋四方，合券乃取之，号飞钱。京兆尹请禁与商贾飞钱者[③]。"

这段记载说明，在唐宪宗时期，当商人在京师将货物买出后，如果不愿意自己携带大量金属货币回去，可将货款交给要去的某道驻京办事处（进奏院），或某军府、节度使在京代表，或某富家（今天可称为世界上最早的"银行家"）那里，换取一纸票券，叫文牒。载明存款人姓名、钱数等，由双方画押盖印。并将文券分为两半，一半交存款人，另一半寄回某道。商人到达该处后，凭文券合券校核无误，便可取回原来的存款。有的商人在各道有联号或交易往来，也经营这种业务。因此用合券存取钱的办法，可使存款人"轻装趋四方"，故称"飞

① J. T. Reinaud，Relation des voyages faits par les Arabs et Persans dans l'Inde et la Chine dans le neuvième siècle d'ére Chrétienne，vol. 1，p. 23（Paris，1845）.

② 参见季羡林，中印文化关系史论文集，27 页（北京：三联书店，1982）。

③ 《新唐书》卷 54，《食货志》，廿五史本第 6 册，152 页（上海，1986）。

钱”或“便换”。这很类似现在的支票或汇票，当然各道进奏院或商号经营此业务不是免费的，要收取少量的汇费，由于便利，人乐为之。这看来颇便于商业的发展。但因后来政府部门以此向商人“贷钱”（实为掠夺），引起不信任，京兆尹（首都的行政长官）遂奏而废止。飞钱约始于宪宗元和四年（809），为日后宋代发行正式纸币“交子”开启绪端。

现时各国流行的带有图案的纸牌，也是中国发明的。这种纸牌古时有不同名称，经历各种演变。其起源可追溯至唐代，称为叶子戏，可能从骰子戏演变出来。唐人苏鹗（850～930年在世）《杜阳杂编》卷下云：“咸通九年（868），同昌公主出降（出嫁），宅于〔长安〕广化里，赐钱五百万贯。……一日大会韦氏之族于广化里，……韦氏诸家好为叶子戏”①。

但《旧唐书》卷177称，同昌公主于咸通十年（869）嫁给进士出身的起居郎韦保衡（?～873），因此同昌公主与韦氏家族的人玩叶子戏应当在869年。北宋人李昉（925～996）《太平广记》（978）卷136引《咸定录》曰：“唐李郃为贺州刺史，与妓人叶茂莲江行，因揲骰子选，谓之叶子戏”②。可见唐代民间也有这种游戏，欧阳修（1007～1062）《归田录》（1067）卷二说：“唐世士人宴聚，盛行叶子格，五代、国初（宋初）犹然。……昔杨大年好之，仲待制简，大年门下客也，故亦能之。……余少时亦有此二格③。可见不但欧阳修年幼时玩过纸牌，比他长一辈的杨亿（字大年，974～1020）及其门人仲简也都玩过。仲简字畏之，官至天章阁待制，真宗（998～1022）时为左正言，历任知制诰，判国吏馆阁侍制。

清人赵翼（1727～1814）《陔余丛考》（1750）卷33《叶子戏》云：“纸牌之戏，唐已有之。今之以《水浒》人物分配者，盖沿其式而易其名耳。”纸牌以厚重纸板制成，上面画有图案及文字，雕版印刷术发展后则图案、文字印于纸板上。唐代纸牌游戏之所以称为叶子戏，可能与印刷术发展后书籍形式由卷轴装改为册叶装有关，这样的书也叫叶子，但与作纸牌游戏的叶子戏名同而实异。卡特指出：“纸牌和骨牌无疑都起源于中国，这两种游戏都以骰子为背景，……由骰子过渡到纸牌与由写本卷子过渡到印本书籍，是同时发生的④。”此语言之有理，因此唐代时已有印成的纸牌，是不足为奇的。

第三节 造纸、施胶技术的革新和匹纸、硬黄纸的制造

一 精工制浆和细帘抄纸技术

我们对各种隋唐纸的化验表明，这一时期的麻纸，尤其皮纸纤维分散度普遍有所提高，纤维束少见，纤维交织较紧密而均匀，表面较平滑，而且薄纸不时出现。唐代写经纸厚度一般在0.05～0.14毫米之间，个别为0.15～0.16毫米，再厚的少见。而魏晋南北朝纸厚度多在0.15～0.2毫米之间，0.1毫米以下的薄纸不多见。因此隋唐纸比前一阶段纸在厚度上减少二倍多。欧洲人甚至在18世纪还造不出像唐代那样薄的麻纸。我们已多次指出，造厚纸易，而造薄纸难，尤其造麻料薄纸更难，而我们已多次看到唐代的麻料薄纸，厚度都小于0.1毫米。

① 唐·苏鹗，《杜阳杂编》卷下，《笔记小说大观》本，第1册，150～151页（扬州广陵古籍刊印社，1983）。

② 宋·李昉，《太平广记》卷136，《笔记小说大观》本第3册，277页。

③ 宋·欧阳修，《归田录》卷二，同上本，第8册，34页。

④ T. F. Carter，中国印刷术的发明和它的西传，159页（北京，1957）。

在楮皮纸、桑皮纸及藤纸中，薄纸更多。麻纸之所以难于制成薄纸，因为麻纤维平均长度大于其他纤维。例如大麻纤维多长15～25毫米，苎麻为120～180毫米，而楮皮纤维多长6～9毫米，桑皮纤维14～20毫米，黄瑞香皮纤维3～4毫米。只有将纤维用机械-化学方法处理，使之变短，再配成稀薄纸浆，才能抄出薄纸。麻纤维本来就很长，使其长度减少10～20倍，势必要加强蒸煮及舂捣过程，可能要反复操作。但即令作到这些，还不一定保证造出薄纸，因为还有其他技术制约因素：如还需有精细的纸帘、高超的抄纸技术及将半湿的纸揭开并烘干的技术。在揭纸过程中能保证其不破，是一门技术诀窍。这门诀窍已被唐代纸工熟练掌握了。

从西北及中原地区所产纸的帘纹观之，南北朝时还残存的织纹纸帘在隋唐时几乎不见了，所有的纸都由帘条纹纸帘抄造，而且大部分地区用竹帘。根据我们对历代近百种古纸帘纹的实测，其中帘条纹大致可分为四个级别：①粗帘条纹，每纹直径0.2厘米；②中等帘条纹，每条直径0.15厘米；③细帘条纹，每条直径0.1厘米；④特细帘条纹，每条直径0.05厘米[①]。从编帘技术上看，编粗条帘容易，而编细条帘困难。帘条粗细程度，又往往与对纸的粗细程度的技术要求有直接关系。如果要求纸既薄又紧，就必需用中等帘条或细帘条竹帘抄纸。在唐以前的纸中，中等及细帘条帘纹甚为少见，主要是粗帘条帘纹。隋唐时代始见有中等帘条帘纹，甚至是细帘条纹，同时也有粗帘条纹，是二者并存并由粗帘条帘向细帘条帘过渡的阶段。这正反映出这时纸浆质量已迈出一个新的台阶。

随着造纸技术的演进，帘纹逐阶段而且定量地由粗向细演变。这可以说是中国造纸技术史中的一条明显的发展规律。有趣的是，各历史阶段抄纸器中纸帘帘条直径的递减，伴随着成纸纤维长度的递减与纸浆性能指标的提高。这条规律当然不会载之于任何古代文献，是我们从各历史阶段所造古纸的系统研究中导出的。

与历代纸帘帘条直径逐渐变小的趋势相反，纸帘高度、长度及总有效面积则逐代加大。这条规律也以定量的方式体现。纸帘的加大，意味着所造纸张幅面的加大。造小纸易，而造大纸难，显然也是不言而喻的。从两汉经魏晋南北朝，纸幅的加大以较小的量变形式表现；而到隋唐，尤其唐末及五代，纸幅加大由量变积累发展到较大的突变，再往下至宋元则出现了质的飞跃，即量变超过寻常变动幅度，表现为跳跃式的发展。纸的幅面逐阶段加大，除有造纸技术领域的内在原因外，也还与历代度量衡制度演变的外因有关。以长度单位尺而言，基本上是逐代加大。汉代1尺＝23.1厘米，魏晋1尺＝24.12厘米，隋唐1尺＝31.1厘米，而宋元1尺＝30.72厘米[②]。因此，同是“尺牍”规格，汉代直高为23.1，晋代为24.12，唐时便是31.1厘米。就纸的直高而言，这种递增以较小的量变方式进行，横长变化较大些。我们对几十种隋唐时期写经纸及文书用纸作了幅面测定。比较完整而易测的是纸的直高，因为直高是典籍制度规定较明确的。在所得测量数据中加以归类，直高大体上可分为下列三种类型：

（1）小型纸：直高25～26厘米（相当唐尺8寸）

（2）中型纸：直高27～29厘米（相当唐尺9寸）

（3）大型纸：直高30～31厘米（相当唐尺1尺）

就我们所见隋唐纸中，直高以上述前两种类型者居多，即小型纸与中型纸。横长数值一般为36～55厘米，相当唐代1.2～1.6尺；个别有达到76～86厘米者，接近唐代2.5～3.0尺。

① 潘吉星，中国造纸技术史稿，199页（文物出版社，1979）。

② 吴承洛著、程理濬订，《中国度量衡史》，54页（上海：商务印书馆，1957）。

又晚唐写本《般若波罗蜜经》横长近94厘米，已快到1米了，相当唐代3.5尺。具体情况详见本章表4-1。五代十国时因国家未统一，各个政权所辖地区度量衡制度不一，用纸尺寸参差不齐，相差较大，无法加以归纳。其中小纸有高14.6，大纸高达30厘米，相差二倍。此时各地纸的质量也高低不齐。

二 巨幅匹纸以及五色斑纹纸的制造

特别要指出的是，唐代后期能造出巨幅纸，有一匹绢那样长，确是造纸技术史中的一项创举。五代时人陶穀（903～970）在《清异录》（约950）中说："先君（陶涣）蓄纸百幅，长如一匹绢，光紧厚白，谓之鄱阳白"。

陶穀之父陶涣为昭宗（860～903）时人，任过刺史，其藏纸大概制于此时。据《汉书·食货志》云，"布帛广二尺一寸为幅，长四丈为匹"。汉尺4丈=9.6米，纸是否有这么长，要打个折扣。如将"长如一匹"当作定性形容词，那也至少有一丈长，即至少3米。在唐代技术水平下，这样的纸是可以造出来的。

北宋人苏易简（938～996）《文房四谱》（986）卷四《纸谱》也说：

> 江南伪主李氏，常较举人毕，放榜日给会府纸一张，可长一丈、阔一尺，厚如缯帛数重（层），令书合格人姓名。每纸出，则缝掖者（富贵者）相庆，有望于成名也。仆顷使江表，睹坏楼之上，犹存千数幅[①]。

此处李氏指南唐主李昇（937～943在位），南唐所属宣州、歙州、常州、信州、池州和抚州等地，都是我们在上一节列举的原唐代全国闻名的造纸中心，资源丰富，纸工荟萃，因而在继承唐末造巨幅纸技术基础上造出高一尺、长一丈（31.1×311厘米）的榜纸。可以说中国9～10世纪造出3米长的纸，是个新的世界记录。南唐归附北宋后，苏易简因公出差至南京，曾亲自在南唐内府旧楼上看到这种匹纸仍尚存千数幅，可见当时曾大规模生产过这种纸，而为此后宋代造匹纸积累了经验。为此需编巨型竹帘，准备大纸槽。估计至少要六名抄纸工同时提帘，两边各站三人，面对面地协同操作。所用原料当为楮皮，为增强大幅纸的强度，自然要将纸抄得厚重一些。总之，造巨幅纸要解决一系列相关的技术问题，要用专门特制的设备，如纸帘和纸槽（图4-16）。

唐代还造出一种五色斑纹纸，很奇特，制造过程中向纸浆中配入着色装饰剂。唐人张彦远《法书要录》（847）卷六写道：曾任右司员外郎的兰陵（今山东峄县）人萧诚（683～751年在世），"善造五色斑文纸"，造纸时间在开元（713～741）年间。这种纸的形制及制法如何呢？古书未加以说明，实有探讨之必要。

首先，"五色斑纹纸"从字面上可作两种理解：一是指五色彩纸，每种纸上都有斑纹；二是指在本色（白色）纸上有五色斑纹。从调色原理及技术上来看，应当是指第二种场合。因为在五色彩纸上呈现与纸色不同色调的斑纹，而又收到视觉上的美感，比较困难，要配制成许多种色调的着色剂，操作起来也麻烦。而在白纸上呈现五色斑纹是很容易的，也能收到较好的艺术效果，实际上中外各国后来制造的这类纸，也主要使白纸上出现斑纹。其次，"五色斑纹纸"中的"斑纹"是不规则的线条纹，而不是"斑石纹"或者云石纹或大理石纹，至少

① 宋·苏易简，《文房四谱》（986）卷四，《纸谱》，《丛书集成》本第1493册，54页（上海：商务印书馆，1960）。

图 4-16　众人造巨型匹纸示意图

在我们看到的版本中没有“石”字，这说明此纸不是云石纹纸（marble paper）。

那么它应当是一种什么样的纸呢？我们认为，五色斑纹纸是在白纸上呈现不规则分散的五色斑纹。同时在这一前提下，还可有两种理解：一是在白纸上同时出现五色斑纹，二是在白纸上分别出现一种彩色的斑纹，比如红、蓝、绿、紫、黄等色。这两种可能性都存在，因此彩色斑纹在纸上以变化多端的方式呈现出来。从工艺技术上来分析，五色斑纹纸的制造方法是，事先配成各种不同颜色的染液，一般要求淡色，太深则刺眼；将已捣细的造纸用植物纤维洗净后晒干，以上述染液染成不同颜色；染好后，将少许有色纤维放入纸浆中搅匀，再行捞纸，则白纸上便呈现出不规则分散的有色斑纹。注意，必须控制配入的有色纤维不可过多，否则便喧宾夺主了。仔细想来，这种纸的制造原理与晋代侧理纸、苔纸或发笺的制造原理是一样的，所不同的是配入纸浆中的填料颜色更加丰富多彩。因植物纤维着色力很强，不必担心将有色纤维放入纸浆会污染其他白色纤维。前已指出萧诚曾以野生麻纤维造纸，此处又提到他善造五色斑纹纸的具体方法，这就证明他不但是初唐时期一位书法家，还是位造纸技术家。

三　植物粘液在抄纸中的应用

现在我们要进一步讨论唐代用麻料、皮料造薄纸的技术诀窍。前面已从抄纸竹帘结构及纤维分散度以及纸浆均匀度的改善作了分析，这些还只是抄薄纸的必要条件，此外更要采取其他技术措施。实践经验告诉我们，如果用拆合式活动帘床抄纸器捞薄纸，纸浆中除水及纤维外没有其他成分，那么抄出一张张湿纸并先后堆积起来后，经压榨去水，再使半干半湿之纸一张张揭下，以便烘干时，困难便出现了。因为半湿的薄纸一揭就破，甚至难以揭开。西方纸工为此长期苦恼，于是他们在湿纸间垫上一层毛布，一层布、一层纸，可避免揭破湿纸。

笔者在欧美手工纸作坊中就看到这种作法，但太费时间了。中国人传统造纸从来不用此法，而是将从植物中提取的粘滑液体掺入纸浆中。湿纸靠无色的植物粘液增加润滑性，因而易于揭开 而不破裂。这就是后世所谓的“纸药水”或滑水。宋人周密（1232～1298）《癸辛杂识》（1210）说：“凡撩纸，必用黄蜀葵梗叶，新捣方可撩。无，〔纸〕则粘黏，不可以揭。如无黄葵，则用杨桃藤、槿叶、野葡萄皆可，但取其不粘〔纸〕也”①。这就一语道破了纸工揭纸技术的秘诀。我们在上一章论魏晋南北朝造纸时指出，这时以植物淀粉糊剂混入纸浆。除含有纸内施胶的技术效果外，还兼有润滑剂的作用，使湿纸易于揭开。我们的模拟实验还表明，造厚重麻纸时纸浆内不加任何东西，也可将湿纸揭开而不破裂。但造皮纸或薄纸时，就要另加植物粘液。由于魏晋南北朝已有皮纸及薄纸出现，因此料想这时已向纸浆填加了植物粘液。隋唐五代时，皮纸和薄纸（薄麻纸和薄皮纸）生产进一步发展，更应填加植物粘液，除淀粉糊之外，已采用另外材料。

用植物粘液作纸药填入纸浆，是造纸技术史中一大革新，也可说是一项发明。其技术效果是多方面的，一个直接后果就像周密所说，使湿纸有润滑性而易于揭开，从而造出薄纸。隋唐时采用什么植物粘液呢？文献记载不多，但1901年维也纳植物学家威斯纳化验斯坦因在新疆发掘的唐代文书纸时，发现纸内除含有淀粉剂之外，还有从地衣（lichen）中提取的胶粘物质。西方专家们多注意到用淀粉剂作施胶剂的技术重要性，而不太注意用地衣的技术含义，因为他们从没有用过它，也没有用其他植物粘液的经历和历史传统，在读过威斯纳的化验报告后，至今很少有什么反应。可是中国人对此则十分敏感，我们知道地衣（Lichenes）是由菌类（fungi）与藻类（algae）共生构成共同体的类群，因含有地衣聚糖（lichenin），其水浸液有粘滑性，实际上是一种植物粘液。地衣聚糖俗名苔淀粉（moss starch），其化学式为 $(C_6H_{10}O_5)_n$。因此可以说，至迟从唐代起已实现从淀粉向植物粘液的过渡。用植物粘液的综合效果是：①改善纤维在纸浆中的悬浮性，减少絮聚现象；②增加湿纸纸面的润滑性，揭纸时不致揭破。作薄纸的技术奥妙即在于此，纸工们将这种植物粘液称之为“纸药”，是很恰当的。纸在施用此药后，就不会再发生“纸病”了。有了用淀粉剂的经验后，再改用天然的植物粘液，本是顺理成章之事。中国境内含有粘液的植物有很多种，各地都有，最广泛用的是锦葵科的黄蜀葵（*Abelmoschus manihot*），本章第一节已指出隋唐五代时用锦葵科的木芙蓉造纸，用该科的黄蜀葵也能达到同样目的，这就直接导致良好的植物粘液的发现。我们认为唐代时除地衣外，至少还用上黄蜀葵植物粘液。

四 施胶技术的革新

为适应书法、绘画诸种需要，唐代明确将文化用纸区分为“生纸”与“熟纸”，就像将丝绢分为生、熟那样。唐人张彦远《历代名画记》卷三就指出唐代生、熟纸的功用。他在讲装背书画时写道：“勿以熟纸背，必皱起，宜用白滑漫薄大幅生纸”。宋人邵博（约1103～1158）《闻见后录》（1157）卷28云：“唐人有熟纸，有生纸。熟纸所谓妍妙辉光者，其法不一。生纸非有丧事故不用”。我们认为所谓生纸，是直接从纸槽抄出后经烘干而成的纸，未作

① 宋·周密，《癸辛杂识·续集下》，载明·毛晋辑《津逮秘书》第14集，48页（上海博古斋据崇祯原刊本影印，1922）。

任何加工处理，而熟纸是对生纸作若干加工处理后的纸，或在纸浆中加入某种制剂后形成的纸。

一般说，两种纸都可用于写字，但在若干具体场合则各有其用。例如对纸本书画裱背时，张彦远主张用生纸，因为用熟纸裱背，他日必皱起，此为行家之言。但作工笔设色人物、花鸟画时，要用熟纸，就像韩滉画《五牛图》那样，生纸则必不可。人们日常生活中练字或起草作品时，可用便宜的生纸，各种日常生活用纸制品也如此；但内府用文书、敕命及皇家御藏图书具有长期保存价值，而且必须书写工整，则宜用熟纸。广义地说，熟纸包括各种技术加工纸，如经砑光，施胶、加蜡、填粉、涂布等等工序制成的纸；狭义说只指经染色、施胶或单纯施胶的纸。作这种处理的主要目的是用人工方法阻塞纸面纤维间的无数毛细孔，改善纸的品质和形象，以便在运笔时不致因走墨而发生洇染或作画时发生颜料的漫浸。唐代人对纸越来越严格的要求，正表明造纸技术已达到新的发展水平。

《新唐书》卷 47《百官志》列举内府各有关部门都设有熟纸匠、装潢匠若干人，专门从事使生纸变熟的工作。例如掌出纳帝命的门下省有装潢匠一人，掌图书、教授生徒及朝廷制度沿革的弘文馆，有校书郎二人、学生 38 人、潢匠 8 人。掌天子执大政、总刺省事的中书省，有装制匠一人。掌修本朝史的国史馆，有熟纸匠 6 个。掌经籍图书的秘书省，有熟纸匠 10 人、装潢匠 10 人。掌两京经籍图书、教授生徒的崇文馆，有楷书手 10 人、熟纸匠及装潢匠各一人。可见内府三省三馆共有熟纸匠 17 人、装潢匠 21 人，共 38 人。《唐六典》卷 8～10 及 26 也有同样记载。在各省馆行政编制中的熟纸匠，要将生纸加工成适于工笔手书的合乎要求的熟纸，由楷书手抄写后，再由装潢匠装裱成卷子本书。后来日本国政府机构中也设有熟纸匠、装潢匠，无疑是效法唐制。各地方政府部门和民间用纸，大体上也是如此。

唐代使生纸变成熟纸，一般要经过施胶、染色和加蜡、填粉等技术处理。施胶包括用淀粉糊剂在纸浆或纸面上处理，也可以动物胶代替淀粉剂，作强化施胶。关于用淀粉作施胶剂，早在魏晋南北朝已开始，隋唐只是沿用旧法，从出土文物中可看到许多实物标本。但其缺点是纸面易皱起，于是唐代纸工改用动物胶，克服了这一缺点，是一项重要技术革新。最常用的是明胶（gelatin），由动物的皮、骨、韧带、腱等与水共沸而得到的一种朊，成分中含有各种氨基酸，无色，溶于热水。为使其胶粒有效地分散，还要加入明矾 $Al_2(SO_4)_3 \cdot 3H_2O$ 作沉淀剂。可以将胶矾涂布于纸面，亦可加入纸浆中直接捞纸，与使用淀粉剂的方法是一样的。

宋人米芾《十纸说》（约 1100）指出：“川麻不浆，以胶作黄纸，唐诏、敕皆是。”就是说，四川产的麻纸不用淀粉剂施胶，而用动物胶施胶，并染成黄色，唐代皇帝的诏书、敕令用纸都是如此。这是一项重要的历史记载。动物胶的应用，是施胶技术中的革新，近代造纸业就采用这种技术。而在唐代时，四川益都（今成都）所造的麻纸是唐中央政府规定用的主要公文纸之一。四川白麻纸解入京师后，施胶矾的任务便落入熟纸匠肩上，他们要根据楷书手的要求作适度施胶，过度与不及均不可。当唐人严格区分生、熟纸概念并作出胶矾纸的六百多年后，欧洲人 1337 年才始用动物胶作纸的施胶剂①。中国文人并不偏爱的胶矾纸，在欧洲一经出现便大受欢迎，这是因为欧洲人用羽毛笔和墨水写字适用于这种纸，所以反而普及。而唐代则是淀粉与胶矾两种施胶剂并存时期，至宋以后，胶矾纸才更普遍发展，主要是因绘画上的需要和雕版印刷术的需要。

---

① D. Hunter：Papermaking；The history and technique of an ancient craft，2nd ed.，p. 475（London，1957）.

隋唐时生产的各种染色纸大大超过前代，尤其以黄纸用量最大。敦煌石室写经纸中，魏晋南北朝时期纸有白有黄，而白纸居多，但唐人写经几乎全用黄纸。非宗教界人士也喜欢用黄纸，如唐人李濬《松窗杂录》称，“内起居注，率以五十幅黄麻纸为一编”。清人李调元（1734～?）《诸家藏书簿》卷三著录有唐人“欧阳询（559～641）黄麻纸草书《孝经》，“文勋有一轴黄麻纸，李阳冰（约721～791在世），少时书。”唐人写经卷尾有时还写出装潢手姓名。宋代人姚宽（1105～1162）《西溪丛语》（1150）云：“予有旧佛经一卷，乃唐永泰元年（765）奉诏于大明宫译，后为鱼朝恩（722～770）衔，有经生并装潢人姓名。”我们在敦煌写经中也多见类似情况，如北京故宫博物院藏贞观廿二年（648）十二月十日国诠写《善见律》卷末就标出“用大麻纸七张二分”、“装潢手辅文开装”。该纸直高22、横长53厘米，即唐代0.7×1.7尺，此为当时大纸之尺寸。又不列颠博物馆藏《妙法莲华经》（S2573）尾款为：“咸亨四年（673）九月十七日，门下省群手书封安昌写，用纸廿张。装潢手解善集，初校大庄严寺僧怀福，再校西明寺僧玄真……”①。我们前面提到的门下省中的装潢手，现在有了具体姓名。此经由大中大夫、守工部侍郎、摄兵部侍郎、永兴县开国公虞昶监制，经六道审校，所有人姓名均书写无遗。研究唐代熟纸，当以此为标本。

五 硬黄、硬白纸和彩色蜡笺的制造

唐代黄纸中有一种经加蜡处理过的加工纸，名曰“硬黄”或“黄硬”，最为名贵，属于蜡质涂布色纸，用后世的术语说是蜡笺或黄蜡笺。这是唐代新推出的加工纸，唐人对此曾有著录。张彦远《历代名画记》卷三谈到书画装背时写道：“汧国公家背书画入少蜡，要在密润，此法得宜。赵国公李吉甫家云，背书要黄硬。余家有数帖黄硬，书都不堪”②。

此种硬黄纸外观呈黄或淡黄色，以手触之有清脆之声，比一般纸硬而光滑，故名，多以好纸加工而成。用这种纸宜于写字，当然不宜于作书画本幅纸裱背用，因此宰相李吉甫家这样做时不利于保护书画本幅纸，张彦远所藏数帖皆不堪，是可想而知的。好纸要派上好用场，方见其妙。彦远的记载可谓经验之谈。关于此纸之制造，南宋人赵希鹄《洞天清录集》（1240）云：“硬黄纸，唐人用以书经，染以黄蘗，取其辟蠹。今世所有二王（王羲之、王献之父子）‘真迹’，或用硬黄纸，皆唐人仿书，非真迹”。

此话言之有理，乃以纸鉴定法书年代之一例。东晋时没有硬黄纸，二王何以在此纸上挥毫？必为后世人仿写无疑。宋人张世南（1195～1264在世）《宦游纪闻》（1233）卷五写道：“硬黄〔纸〕，谓置纸热熨斗上，以黄蜡涂匀，俨如枕角，毫厘必见”③。

此纸之所以为人们看重，因其质地硬密，光亮呈半透明，防蛀抗水，颜色又美观，确可谓唐纸中之上品。这种纸在唐代除用于书写外，还用以摹拓汉、晋法帖，后世人用作书画卷轴引首。

1965年，笔者根据唐代硬黄纸实物以古法作模拟实验。我们在手工纸坊中以白麻纸为试样，用黄柏汁染成淡黄色，再以黄蜡涂布，更以细石砑光，试制硬黄。所得产物经实用后证

① 商务印书馆编，《敦煌遗书总目索引》，161页（北京：中华书局，1983）。

② 唐·张彦远，《历代名画记》（947），《丛书集成》本，106页（上海：商务印书馆，1936）。

③ 宋·张世南，《宦游纪闻》，卷五，40页（北京：中华书局，1983）。

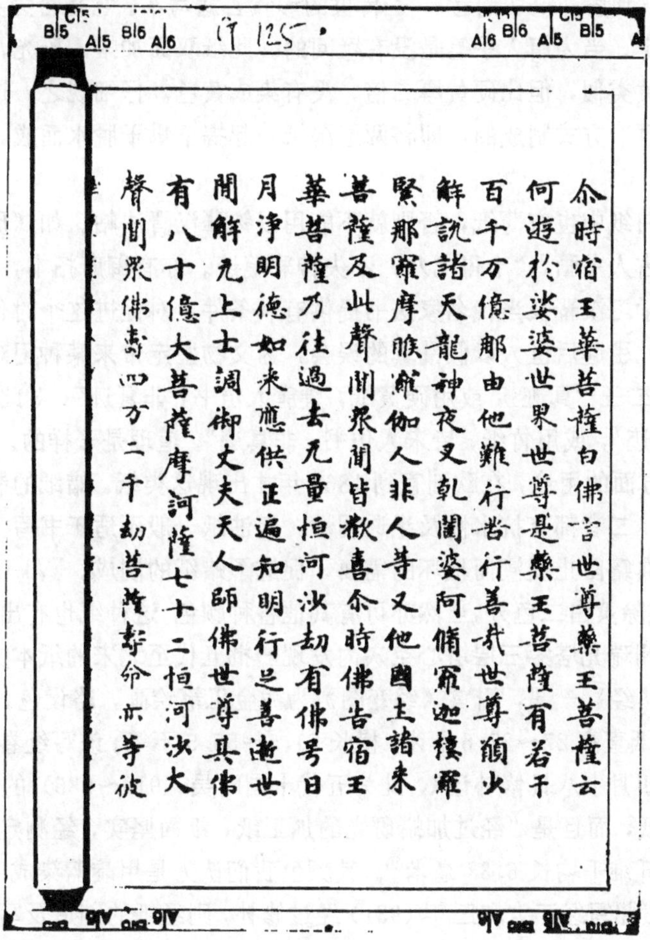

尒時宿王華菩薩白佛言世尊藥王菩薩云何遊於娑婆世界世尊是藥王菩薩有若干百千万億那由他難行苦行善哉世尊願少解說諸天龍神夜叉乾闥婆阿脩羅迦樓羅緊那羅摩睺羅伽人非人等又他國土諸來菩薩及此聲聞眾聞皆歡喜尒時佛告宿王華菩薩乃往過去无量恒河沙劫有佛号日月淨明德如來應供正遍知明行足善逝世間解无上士調御丈夫天人師佛世尊其佛有八十億大菩薩摩訶薩七十二恒河沙大聲聞眾佛壽四万二千劫菩薩壽命亦等彼

图 4-17 唐人用麻料硬黄纸写《法华经》

明，既可供书与，也可供摹拓。我们的挥笔经验显示，如以清水研墨，写字时易于滑笔，墨迹不易连贯，必须用皂荚水或肥皂水或碱水研墨，方可流利运笔。想唐人亦当会如此。

清代人金埴（1730～1795 在世）《巾厢说》（约 1765）引孔宏舆《拾箨余闻》，还提到唐硬黄纸“长二尺一寸七分，阔七寸六分，重六钱五分，纸质之重无逾此者”。因纸上加蜡，故稍重，但比蜡纸重的还有涂布纸，并非蜡纸最重。硬黄纸寿命很长，经历千年后，犹如新作，这类实物不少。北京图书馆藏开元六年（718）道教写经《无上秘要》卷 52（楮皮纸）、龙朔三年（663）皇甫智岌写《春秋谷梁传·桓公第三》（皮纸）即是硬黄纸。又初唐（7 世纪）写本《妙法莲华经·妙音菩萨品第廿四卷》（桑皮纸）也是硬黄纸（图 4-17）。又辽宁博物馆藏传世王羲之《万岁通天帖》唐摹本，用硬黄纸摹拓。我们所见年代可定的唐硬黄纸，多制于初唐至中唐之间（7～8 世纪），唐末、五代时少见，其起源可追溯至隋。因而遇到这类写经，即令没有年款，从纸料上亦可大致进行断代。这是从纸料对文物断代之另一例。

唐代还有一种供书写用的白蜡笺，也堪称良纸，一般称为蜡笺。我们不妨亦可称之为“硬白”，以与硬黄对应。米芾《书史》卷上所说“又有唐摹右军帖，双钩蜡纸”，张彦远《历代名画记》卷二所说“好事者常宜置宣纸百幅，用法蜡之”，讲的都是这类纸。北京故宫博物院藏旧题吴彩鸾写《刊谬补缺切韵卷》，是传世的珍贵古籍写本。它是否为吴彩鸾所写，颇成问题，但从字迹鉴定，当为唐人手笔是没有疑问的。此纸双面加蜡、砑光，纤维束少见，纤维匀细，形制与硬黄类似，但比硬黄厚二倍，没有染成黄色。仔细观之，这种厚纸用手工纸坊中所说“单抄双晒”方式制成的，即将两层湿纸一起揭下烘干脱水而成，因而可以揭为两张，并非一张厚纸。

当然，唐代硬白纸中也有薄纸，否则就不能用以钩摹汉晋法帖。如《历代名画记》卷二所说，用蜡纸拓摹古人书画，“十得七八，不失神彩笔迹。亦有御府拓本，谓之官拓”。唐世因有蜡纸，对人们学习汉晋及当代名家法书提供有利条件，对促进这个时代书法艺术发展是有帮助的，但也由此引起后世人以假乱真的误会，为文物鉴定带来某种困难。于是宋人赵希鹄才说：“今世所有二王‘真迹’，或用硬黄纸，皆唐人仿书，非真迹”。对此我们还可补充说：“宋世所有二王‘真迹’，或用竹纸，皆宋人仿书，非真迹”。道理是一样的。这种蜡质涂布纸，具有防水性，有多方面的用途，在欧洲直到1866年才出现这类纸。蜡纸的制造可能受南北朝时油纸的技术启发，二者都有抗水性及半透明性，但油纸一般不适于书写。因此唐人摹拓古人法帖以及使重要典籍防止受潮而损坏的需要，促进了蜡纸的制成。

应当指出，蜡笺除黄白二色外，当然亦可有其他各种颜色。这种纸也有出土实物可寻，1978年考古工作者在苏州瑞光塔第三层塔心空穴内发现一批五代至北宋的纸本文物。其中包括用泥金写的《妙法莲华经》一部，引首《经变图》为泥金工笔绘画，略设色，纸直高25.2、横长34.2厘米，正文纸直高27～27.6厘米，横长51.5～55.5不等。该写经卷二尾部用墨题为：“大和辛卯（931）四月十八日修补记”，此为五代十国时吴（919～936）的年号[①]。经纸为碧色，经化验为桑皮纸，而且是“经过加蜡砑光的加工纸，纸面坚实，经测定紧度可达0.96克/立方厘米”。纸上纤维平均长6.38毫米[②]。其颜色我们认为是用靛蓝染成的，与后世所谓磁青纸是类似的。既然此写经于大和三年（931）经过修补，则经纸的制造及写经年代当早于此。从纸上书法风格看，当为唐世作品。总之，此蓝色蜡纸与硬黄用同一方法制成，只是颜色不同而已。其他颜色的蜡纸在隋唐、五代时当然也极易制得。

第四节 纸的加工技术

一 粉蜡笺、流沙笺、金花笺

在制成蜡笺以后，唐代纸工又将蜡笺技术与魏晋南北朝时的填粉技术结合起来，从而制成在纸面填加白色矿物粉的蜡笺纸，或日粉蜡笺。这可称之为双料涂布纸。北宋人米芾在《书史》中著录了“唐中书令褚遂良《枯木赋》，是粉蜡纸拓”，“又说”智永《千文》，唐粉蜡纸拓。书内一幅麻纸是真迹”[③]。褚遂良（596～658）贞观廿二年（648）任中书令，为唐书法大家。智永（560～620在世）为隋书法家，王羲之七世孙，出家，后以写真草《千字文》名

① 乐进、廖志豪，苏州市瑞光寺塔发现一批五代、北宋文物，文物，1979，11期，21～26页；姚世英：谈瑞光寺塔的刻本《妙法莲华经》，文物，1979，11期，32～33，51页。

② 许鸣岐，瑞光寺塔古经纸的研究，文物，1979，11期，34～39页。

③ 宋·米芾，《书史》，《丛书集成》本，7，71页（商务印书馆，1937）。

世。由于二人的书法作品在唐代受高度重视，所以人们肯用最好的粉蜡纸作响拓，以供欣赏、学习。唐代粉蜡纸的制造从技术上分析，当是将白色矿物细粉涂布于纸面，再施蜡，最后研光，因而兼收粉纸与蜡纸的优点，是一种创新之举。粉蜡纸与蜡纸的明显不同是纸的白度增加，表面更加紧密，但透明性有所减，因此要用“响拓”。张世南解释这种方法时写道：“响拓，谓以纸覆其上，就明窗牖间，映光摹之。”粉蜡纸与单纯粉纸不同处，在于它比粉纸表面更为光滑，而且抗水性增加。粉蜡纸比较厚重。

北宋人苏易简《文房四谱》(986) 卷四谈到一种流沙纸，其加工技术十分有趣：

> 亦有作败面糊和以五色，以纸曳过令沾濡，琉离可爱，谓之流沙笺。亦有煮皂荚子膏并巴豆油，傅于水面，能点墨或丹青（颜料）于上，以薑揾（触）之则散，以貍须拂头垢引之则聚。然后画之为人物，砑之为云霞及鸷鸟翎羽之状，繁缛可爱，以纸布其上而受采焉①。

“流沙笺”是何形制？过去很少有较合理的解释。为了理清其形制，不能只从纸名望文生义，而应分析其加工步骤。钱存训先生认为这是一种大理石纹纸或云石纹纸 (marble paper)②，但未作进一步解说何以是此种纸。我们很同意他这一结论，愿补充说明理由。根据苏易简的描述，这种纸可由两种着色剂染出纹理，一是用染料与淀粉糊，二是用墨或颜料。但对操作过程及原理却语焉不详，只提到“以纸曳过令沾濡”这个关键步骤。

我们作了模拟实验后，认为具体操作手续应当是，置一比纸面大的木槽，内盛 2/3 体积的清水，然后用毛笔尖蘸上浅墨汁或其他颜色的染液少许，滴入水槽正中间（图 4-18）。垂直轻轻吹动一下，墨汁或染液便在水面扩散，如同向水中抛入石头那样，形成许多同心圆波纹。最初是圆形，逐步呈椭圆形，这时将纸覆于水面沾湿（“以纸曳过令沾濡”），于是有色波纹着于纸上，阴干后即成流沙纸。波纹形状可任意变化，如稍微吹动一下水面，波纹便呈现不规则的云状，就象大理石纹或漆器中的犀皮那样。为了控制染液液滴在水中扩散，将染液或墨汁与面糊配合以提高稠度，使波纹均匀扩散，亦可将墨汁或染液与皂荚子、巴豆油配合，达到同样目的，同时也令有色波纹易于附着在纸面上。苏易简还提到使波纹在水面扩散和收缩的方法。

操作时注意之点是：(1) 要用较为厚重的纸，均匀摊平于水面，否则有的部位没有波纹。(2) 染好后，沿垂直方向提纸，不可倾斜；(3) 墨汁或染液宜淡，颜色不可太浓，这样纹理显得自然而美观。用笔蘸汁时不可过多。用毕，将笔用水冲洗，再蘸汁染下一张。实验表明，不一定用皂荚子及巴豆油，只要使染滴在水面均匀扩散并使纹理着于纸面即成。如用两支笔同时滴入两滴，则波纹形状更为变化多端。

这种流沙纸加工技术后来在日本平安时代（806～1189）的仁平元年（1151）以后于越前（今福井县）武生町一带发展起来，称为“墨流”（すみながし，suminagashi）③。我们认为流沙纸至迟在唐代已经有了。凡是到过沙漠地区的人就会看到，大风过后沙子被吹成层层云状，一层叠一层，“流沙纸”一名可能就由此而来。中、日两国不同名称都反映此纸的形成过程的不同侧面。西方这种纸出现甚晚，过去认为云石纹纸（marble paper）可能是 1550 年波斯人的

---

① 宋·苏易简，《文房四谱》(986) 卷四，《丛书集成》本第 1493 册，53 页（上海：商务印书馆，1960）。

② 钱存训，中国书籍、纸墨及印刷史论文集，76 页（香港中文大学出版社，1992）。

③ 関義誠，手漉紙の研究，44 頁，(東京：木耳社，1976)。

发明，直到1590年这种纸才最初由波斯引入欧洲①。那时他们还不知道中、日两国早在几百年前就已制成这类纸。

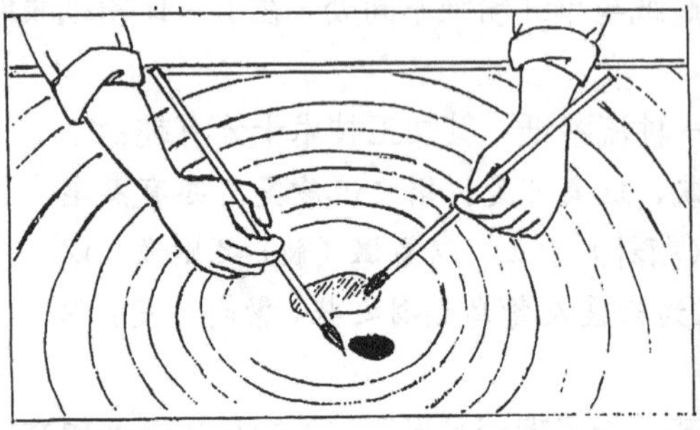

图 4-18　唐代流沙纸或云石纹纸制法示意图

我们前面提到流沙纸的纹理还很像漆器中的一个品种即“犀皮”的纹理（图 4-18），虽然制造方法不同。古代纸工很有聪明才智，不断更新纸的加工手法，还常常借鉴其他技术部门艺人的装饰技术。因此隋唐纸工还吸取了漆工和绢织工的一些装饰技术手法，将金银片和金银粉装饰在纸面上，构成珍贵的艺术加工纸。这种纸叫金花纸、银花纸，或洒金银纸、冷金纸、冷银纸等。为了使贵金属的光泽夺目，所用纸地多为红、蓝等各种色纸。以金花纸为例，其方法是将金打成很薄的金箔片，再剪成无数细小碎片。再在色纸上刷以胶水，将金片放在筛筐内均匀撒在纸上，平整纸面。也可将胶水与染液配在一起，用刷子刷在纸上，再向上面洒小金片，平整纸面。因而这类纸必然也是施胶纸。一般只单面撒金或银，有时双面都以贵金属装饰。所用的纸多是较厚重的皮纸，纸面要求平滑，纤维必须高度分散，这样才能使金片易于胶结在纸表上。金花纸似乎不会出现于更早期，因为那时还不能提供合乎要求的纸地，皮纸产量也不大，而且隋唐以前也未见有关记载。由于这种纸较昂贵，常用于上层官府及富贵人家。

唐人李肇《翰林志》记录了内府在什么场合下应当用这类金花纸：

> 凡将相告身（任命状），用金花五色绫纸，〔钤〕所司印。凡吐蕃赞普（西藏地方统治者）及别录，用金花五色绫纸，上白檀香木，珍珠瑟瑟、钿函银锁。回纥可汗（新疆地方统治者）、新罗（朝鲜）、渤海王（东北少数民族区域）王书及别录，并用金花五色绫纸，次白檀香木，瑟瑟钿函银锁。诸蕃军长、吐蕃宰相、回纥内外宰相、摩尼（可能指阿拉伯帝国使者）以下书及别录，并用五色麻纸，紫檀木、钿函银锁，并不用印。南诏（云南）及大将军、清平官，用黄麻纸，出付中书奉行，却送院封函，与回纥同。

同时还规定存放金花纸文书的封缄器的不同规格，可见唐代各种规章制度已十分完备。此外，后妃、公主、亲王及内阁重要成员、各道节度使等，在公事文书中用五色金花绫纸。五

① D. Hunter, op. cit., pp. 479～480.

代、北宋之际的乐史（930～1007）在《杨妃外传》中称，唐明皇与贵妃赏牡丹于沈香亭，上命梨园〔李〕龟年持金花笺，宣赐翰林学士李白，立进《清平乐》诗三首。”这是说唐玄宗李隆基（685～762）与贵妃杨太真（719～756）赏牡丹花时，赐诗人李白（701～762）金花纸，令写诗。唐政府并没有规定民间不许用金花纸或生产这类纸，实际上有条件的人家在喜庆日子（例如结婚）里仍使用。米芾《书史》卷上更载“王羲之《玉润帖》，是唐人冷金纸上双钩摹”，甚至在书法领域也用金花纸，取其华丽。明人高濂（约1533～1613在世）《遵生八笺》（1591）说：新疆地区的高昌国（531～640）亦有五色金花纸，有描金山水图者。这无疑是从中原传过去的，既说明高昌与中原的密切关系，又说明唐初还有用泥金描绘的五色金花纸。唐金花纸在宋代还传世。

由于经济繁荣，隋唐时将不少黄金以各种方式投在纸上（图4-19）。北宋人景焕（约930～990在世）《牧竖闲谈》（约975）说唐时有十色笺及“金沙纸、杂色流沙纸、彩霞金粉龙凤纸”。其中“金沙纸”可能指在色纸上撒以金粉，就像撒金片那样；“彩霞金粉龙凤纸”，指在填粉色纸上用金粉画龙凤图，后世称泥金绘龙凤彩色粉笺。这种纸本身就是艺术纸，在上面写字或作画，便锦上添花了。同时还将大片金箔贴在纸上，称为金箔纸，用于各种装饰。1973年新疆吐鲁番县阿斯塔那村在高昌时期墓葬群中，发现重光元年（620）汜法济夫妇合葬墓中有女人所戴纸帽帽圈，为金箔纸，皮纸纸地，较薄，粗帘条纹，制作精细。纸帽内所糊的纸上有“贞观”二字，为唐太宗年号（627～649）。墓内有高昌重光元年（唐武德二年，620）汜法济墓志铭。这说明夫先死，后来其妻死后合葬于夫墓之中。

图4-19 纸面上洒金示意图，取自《造纸史话》（1983）

还有一种打金箔的乌金纸，用来作碑石拓本，称乌金拓。明人杨慎（1488～1559）《杨慎外集》（1591）说，“南唐《昇元帖》以匮纸摹拓，李廷珪墨拂之，为绝品。匮纸者，打金箔纸也。其次即用澄心堂纸，蝉翅拂，为第二品。浓墨本为第三品也。《昇元帖》在《淳化〔帖〕》祖刻之上，隋《开皇帖》之下”①。这里所谓昇元帖，指五代时南唐统治者出秘府珍藏历代名人法书，命翰林学士徐铉（917～992）刻帖四卷，每卷后刻有“昇元二年（938）三月建业文房摹勒上石”字样，故名《昇元帖》，又名《建业帖》，刻于北宋《淳化阁贴》之前，在法帖史中占有重要位置。

关于乌金纸的制造，明宋应星《天工开物·五金》章作了生动描述：“凡造金箔，既成薄片后，包入乌金纸内，竭力挥椎打成。凡乌金纸由苏杭造成，其纸用东海巨竹膜为质，用豆油点灯，闭塞周围，只留针孔通气，熏染烟光而成此纸。每纸一张打金箔五十度，然后弃去为药铺包朱用，尚未破损，盖人巧造成异物也。凡纸内打成箔后，先用硝熟猫皮绷紧，为小方板，又铺线香灰撒墁皮上，取出乌金纸内箔覆于其上，钝刀界划成方寸。口中屏息，手执轻杖，唾湿而挑起，夹于小纸之中，以之华（装饰）物。先以熟漆布地，然后粘贴。”我们只

① 引自清·陈元龙《格致镜原》（1735）卷39，上册，441页（扬州：广陵古籍刻印社，1989）。

需说明，隋唐五代时主要用皮纸而不用竹纸，五代时制造地点在建业（今南京）而不在苏杭。屠隆（1542～1605）《考槃余事》（约1600）卷一《帖笺》又解释说："南纸其纹竖，墨用油烟以蜡及造乌金纸，水敲刷碑文，故色纯黑而有浮光，谓之乌金拓"。

二 云蓝纸、薛涛笺

隋唐五代人写信、写诗，常用特殊设计的色笺，既美观，使用时也方便。一般说这类纸呈长方形，尺寸较小，写诗16行左右；信笺则稍大些，都有不同颜色。苏易简《文房四谱》卷四《纸谱》说，唐人段成式（字柯古，803～863）一日收到温庭筠（字飞卿，约812～870）从襄阳发来的信，写以九寸小纸，向段索彩笺十枚[①]。段成式在《寄温飞卿笺纸》七言绝句中说：

三十六鳞充使时，数番犹得裹相思。

待将袍襖重抄了，书写襄阳播掿词。

诗序写道："予在九江造云蓝纸，既乏左伯之法，全无张永之功，辄送五十枚"[②]。温庭筠接到纸后，写了《答段柯古见嘲》诗：

彩翰殊翁金缭绕，一千二百逃飞鸟。

尾生桥下未为痴，暮雨朝云世间少[③]。

问题是段成式在九江（今江西）造的云蓝纸形制及制法如何呢？顾名思义，它一是有蓝色，二是有云状的图形。因而从技术上判断，其制法是先用靛蓝染料配成浅蓝色溶液，再将白色皮纸用这种溶液染成浅蓝色。将色纸捣烂成泥状，用水配成浅蓝色纸浆，放入罐中备用。当抄纸工荡帘捞出湿纸滤水后，将帘床提至另一槽上，再将上述蓝色纸浆倾入此湿纸的适当部位，用手水平地轻轻荡帘，则浅蓝色纸浆在湿纸上流动，形成波浪云状，取下后晒干即成云蓝纸。如果配成不同色调的纸浆，用此法还可在纸面上形成颜色各异的云。云纹所在位置及其颜色由人决定，变化多端。但颜色不宜深。

如果有色纸浆倾在湿纸面后，不是水平荡帘，而是旋转式荡帘，那么便可形成旋涡状的云。荡完后，再加染色纸浆，可形成层层的云，一层压一层。用这种纸可作信笺、诗笺。掌握要领后，操作并不难，但构思则很费心力。其基本原理是让染液在纸面上流动，由其流动轨迹自然形成云状，但这将不是线条纹，而是云片。从审美观点看，不宜将全纸都这样处理，只使局部，如上部或上下两边呈云片，反而更美。后来日本国出现的这类纸也叫云纸（くもがみ，kumogamei）[④]。这是以纸为素材不借画笔而形成的云彩，真是妙不可言。

历史上有久享盛名的一种唐代诗笺为薛涛笺，又名浣花笺。前者因制作人得名，后者因产地得名。薛涛（768～831）为中唐时的女诗人，字洪度，长安人，幼随父薛郧宦蜀而居成都，工诗，有《洪度集》一卷，已散佚，后人有辑本。她居住在成都东南郊岷江支流百花溪，又名浣花溪，出意以当地麻纸造一种诗笺，以此写诗。元和年间（806～820），她与著名诗人

① 宋·苏易简，《文房四谱》卷四，62页，《丛书集成》第1493册（商务印书馆，1939）。

② 唐·段成式，〈寄温飞卿笺纸并序〉，《全唐诗》下册，1489页（上海古籍出版社，1986）。

③ 《全唐诗》下册，1487（上海古籍出版社，1986）。

④ 町田誠之，和紙の傳統，222頁（東京：駸駸堂，1984）。

元稹（779～837）、白居易（772～847）、杜牧（803～852）、刘禹锡（772～842）及牛僧孺（779～847）等二十多人相唱和，皆用此笺，因而闻名于京内外。

唐代诗人李商隐（813～858）《送崔珏往西川》诗中写道："浣花笺纸桃花色，好好题词咏玉钩"①。描述薛涛笺的颜色为桃红色。五代前蜀（907～924）人韦庄（836～910）在《浣花集·乞彩笺歌》中云："浣花溪上如花客，绿阁红藏人不识。留得溪头瑟瑟波，泼成纸上猩红色。"也指的是红色。唐人李匡义（762～822在世）《资暇录》（约780）说："元和初（806～807），薛涛好制小诗，惜其幅大，不欲长賸（剩），乃挟小为之。蜀中才子后减诗笺亦如是，名曰薛涛笺"。

北宋人苏易简《文房四谱》卷四《纸谱》亦称："元和之初，薛涛尚斯色，而好制小诗，惜其〔纸〕幅大，不欲长賸之，乃命匠人狭小为之。蜀中才子既以为便，后裁诸笺亦如是，特名曰薛涛笺。"

由此可见：①薛涛笺是专为写短诗而设计、加工的；②其颜色为桃红至猩红色；③横长及直高尺寸都小，呈便笺状；④制于元和初年（806～807）；⑤所加工地点在成都东南五里处的浣花溪（今望江楼之南）。关于薛涛笺所用纸料及染料，明宋应星《天工开物·杀青》章云："芙蓉等皮造者统曰小皮纸。……四川薛涛笺亦芙蓉皮为料，煮糜，入芙蓉花末汁。或当时薛涛所指，遂留名至今。其美在色，不在质料也。"依此，则所用纸为锦葵科木芙蓉（*Hibiscus manihot*）之茎皮所造，而芙蓉花是可以染红的。但元人费著（约1303～1363）《蜀笺谱》（约1360）称薛涛"躬撰深红小彩笺。……涛所制笺，特深红一色尔。……盖以胭脂染色，最为靡丽。"这是说用胭脂染红，但接下费著又写道："然更梅溽，则〔纸〕色败萎黄，尤难致远"。看来造纸专家宋应星所说甚是，当以芙蓉花或菊科的红花（*Carthamus tinctoria*）染红。

薛涛笺在用纸及染色及款式上都有很强的四川地方特色和薛涛本人的个性。她以写八行短诗称著，故比十六行诗所用之纸，应当小一倍。由于她的影响，蜀中才子也跟着仿行，赋八行诗，而将诗笺裁成小幅。她所在的浣花溪，因而也成为闻名的场所，这里花草竹木茂盛，水清异常，确是造诗笺的好地方。三十年前，笔者来这里调查采访时，仍是此情此景。薛涛晚年从浣花溪迁居离城较近的碧鸡坊，即今成都望江公园旧址。附近有古井旧名玉女津，水极清，后为纪念薛涛，改名薛涛井②，至今仍在。与此同时，浣花溪后又称涛溪，溪上之桥名薛涛桥，足见人们对这位女性诗人兼诗笺作者的崇敬。薛涛笺至宋代仍传世，为文人范成大（1126～1193）所喜爱。宋元明清历代不断仿此笺。甚至20世纪八十年代，美国洛杉矶的奥尔森（Susan Olsen）女士在加州南部马里保（Malibo）山区河旁，还以野生植物纤维手工仿制薛涛笺。

因薛涛笺在历史上闻名，引起后人各种说法，如宋人李石（1122～1202在世）《续博物志》卷十载，"元和（806～820）中，元稹使蜀，……薛涛造十色彩笺以寄"。明人屠隆《考槃馀事》（约1600）也说，"元和初（606）……薛洪度以纸为业，制小笺十色，名薛涛笺，亦名蜀笺"。似乎薛涛笺曾染以十色，但这些记载恐不确切。如前所述，此笺"特深红一色"，我们所见仿制品亦如此。之所以有此误会，盖因宋人杨亿（974～1020）《杨文公谈苑》引韩溥诗句"十样蛮笺出益州，寄来新自浣花头"，被当成涛笺。其实这是指宋代四川所产十色笺，

---

① 《全唐诗》，下册，1361页（上海古籍出版社，1986）。

② 清·佟世雍，康熙《成都府志》（1686）卷22，《古迹》，3～4页（康熙二十五年原刻本）。

“寄来新自浣花头”意思寄来刚从成都浣花溪制的十色蜀笺，“新”指宋代是显然的，因作诗的韩溥（928～1008在世）为北宋初人。这一带造纸自隋唐五代至宋元明清，历代不衰。

三 砑花纸、花帘纸和彩色砑花纸

隋唐五代时人造纸，已想出各种办法使之不但实用，而且具有美感。除以上所述外，还有砑花纸和花帘纸。这两种纸迎光看时都能显出除帘纹外的线纹和图案，这种图案不是靠任何外加材料所形成，而是纸自身所具有的，因之增加了纸的潜在美。砑花纸就是后来西方所说的压花纸（embossing paper），其原理是将雕有纹理或图案的木制或其他材料的印模用强力压在纸面上，结果凸出的花纹着力于纸上，使这里的纤维被压紧，而无花纹之处的纤维仍保持原来的松疏状态，一紧一疏，两相对映，花纹或图案便隐现于纸面。花帘纸就是后来西方所说的水纹纸（water-marked paper），其制造基于帘纹形成的原理。就是说，编帘工在抄纸用竹帘编成后，再用粗细不等的丝线或马尾线在竹帘上编出各种花纹或图案，抄出纸后这些花纹图像帘纹那样自然出现于纸面。因为其纹线凸出于帘面，荡帘时这些地方的纸浆比别处稀薄，纤维聚集得较少，而没有纹理的地方纸浆较稠，纤维聚集较多，一稀一稠，两相对映，形成反差，结果花纹图案便出现于纸面。制造花帘纸的纸帘称为花帘，因而有时将纸亦称花帘纸。

砑花纸和花帘纸毫无疑问都是中国人的发明，当造纸术传入其他国家后，制造这两种艺术纸的技术和纸样实物也跟着外传，到了欧洲后，在文艺复兴时期（14～16世纪）成为纸工和用户最为喜爱的东西。特别是花帘纸或水纹纸，直到今天仍用于信笺、公文、纸币、证券之中，在全世界风行。以货币为例，为防止伪钞出现，规定用某一厂家所造特种水纹纸印币，其余人得不到这种纸。因此作伪者即令印刷出与真币类似的币面，并用同样原料的纸，但因作不出同样的水纹纸，仍无以售其奸。现在人们识别大面值货币，首先看隐现的水纹图案，便可立判真伪，道理即在于此。同样，有特种水纹图案或文字的公文纸、重要证券、证书等，也是防伪的有效措施。中国发明的这类纸至今已在各国充分派上用场。

我们先谈花帘纸。关于这种纸的起源问题，过去长时期得不到妥善的解决。1907年法国纸史家布里凯（Charles M. Briquet）在其《水纹纸历史辞典》（Les filigranes. Dictionaire historique des marques du papier）一书中说：“人们还不知道，或至少迄今还没有发现早期的中国纸、阿拉伯纸和摩尔纸上有除帘纹以外最早的可靠的水纹。最早的可靠水纹纸是在1282年意大利法布里亚诺（Fabriano）城所造的纸上发现的”①②。顺便说，法文水纹纸papier filigrané中的filigrane，可能导源于意大利文filigrano，为一复合词，由拉丁文filuin（波线）及granum（小粒）组合而成。罗曼语系中的西班牙文filigrana也有同样字形。我们不否认意大利于13世纪出现了欧洲最早的水纹纸，不过与中国相比仍为时过晚。

这里想从文献和实物两方面讨论这个问题。明人杨慎《丹铅总录》（1542）引唐太宗诗句“水摇文蠲动，浪转锦花浮”后写道：“唐世有蠲纸，一名衍波笺，盖纸文（纹）如水文也。”

① Cf. E. J. Labare, Dictionary and encyclopaedia of paper and papermaking, p. 330 (Amsterdam: Swets and Zeitlinger, 1952).

② André Blum, On the origin of paper, tr. H. M. Lydenberg, p. 45 (New York: R. Bowker Co., 1934).

“衍波”意思是很多波纹，衍波笺即花帘纸，因其纸帘上编有很多波纹，故“纸文如水文也”。陈元龙（1652～1736）《格致镜原》（1735）卷37《文具类·纸》引《直方诗话》云：“宋萧贯梦至一宫殿，见群女如神仙。一人授贯纸曰：‘此衍波笺也’”①。肖贯（979～1059在世），字贯之，为北宋初人，及进士第后累官兵部员外郎。说明唐时的衍波笺经五代至北宋仍持续生产，比萧贯稍早年代在世的李建中（945～1013），曾以衍波笺挥毫。

北京故宫博物院藏李建中《同年帖》（图5-5）经我们检视，即为帘花纸，下一章将再作介绍。这类水纹纸在中国古代多用作信笺，就像段成式所造云纹纸那样，用以寄情千里。这就是为什么我们说1282年意大利的水纹纸虽在欧洲最早，但与古老的造纸大国中国一比，仍晚出一千多年。有趣的是，中西方命名这种纸时都含有“波”字，意大利文filigrano可译为“细波”，然与“衍波”一比，又是小巫见大巫了。这种纸此后直到清末，中国一直生产，而且真的用于证券上了。笔者在山西省博物馆所见清代“票号”纸即为花帘纸。

砑花纸在隋唐五代时也不间断地出现。李肇《国史补》（827）卷下所说“蜀麻面、屑骨、金花、长麻、鱼子、十色笺”② 中的鱼子笺，是历史上有名的砑光纸，产于四川，至北宋时继续生产。北宋人苏易简《文房四谱》卷四谈到四川造砑花纸时写道：“又以细布先以面浆胶令劲挺，隐出其文者，谓之鱼子笺，又谓之罗笺，今剡溪亦有焉”③。这是说，先以细布用面浆胶之，使其劲挺，再以强力向纸面上压之，则纸上隐现出布的经纬纹纹理，其交叉所形成的小方格如同鱼子，故曰鱼子笺，又称罗纹笺。其实在早期造纸过程中曾用过织纹纸模抄纸，即将织物或罗面用木框架绷紧，以之捞纸，形成之纸也具有织纹。但这种抄纸器因效率不高，又是固定式，不及离合式活动帘床抄纸器有效，后来便逐渐淘汰了，只在边远少数民族使用。到了唐代，在普遍用帘床抄纸之后，又将这类早期织纹作为装饰之用，而又不能用帘床抄纸器产生，于是用砑花技术来实现这一目的。罗纹纸在宋以后历代仍依旧制造。用这一原理可使纸上隐现更为复杂的图案、文字。

五代人陶穀（903～970）在《清异录》（约950）中记载：“姚颢子姪善造五色笺，光紧精华，砑纸板上，乃沉香〔木〕刻山水、林木、折枝花果、狮凤、虫鱼、寿星、八仙、钟鼎文，幅幅不同，文绣奇细，号砑光小本”。

查《旧五代史》（974）卷92《姚颢传》，姚颢（866～940）字万真，长安人，举进士，任后梁、后唐及后晋三朝要职，其子名姚惟和。姚惟和与其兄弟在姚颢府第内造出可称为历史上最精美的砑花纸。姚颢所事三个短期王朝都定都东京（今河南开封），则其府第也应于此，造纸时间大约在934～936年。他们以带有香味的沉香木为雕版，先由画师画出山水、树木、折枝花果、狮凤、虫鱼、寿星、八仙、钟鼎文等画稿，再由刻工按画稿逐一刻在雕版上，最后将雕版置于纸上强力压之，则所有图画或钟鼎文都显现于纸面，迎光视之，十分精美。我们可将此称为无墨印刷，即无须任何墨料而使雕版文字、图案呈现于纸上。如果使用的是彩色纸，则更为美观。在欧洲，造砑花纸则是产业革命以后的事，1796年汉考克（John Gregory Hancock）因造砑花纸而获第一个英国专利④。

① 清·陈元龙，《格致镜原》（1735）卷57，上册，413页（扬州：广陵古籍刻印社，1989）。

② 唐·李肇，《国史补》（827）卷下，《笔记小说大观》第31册，17页（扬州：广陵古籍刻印社，1983）。

③ 宋·苏易简，《文房四谱》（986）卷四，《丛书集成》1493册，53页（上海：商务印书馆，1960）。

④ D. Hunter，Papermaking；The history and technique of an ancient craft，2nd cd.，p. 519（London，1957）.

四 久负盛名的南唐澄心堂纸

五代十国时期的造纸技术成就是不能低估的，这是唐代技术的延续。这里要谈的是出现于南唐（923～936）的历史上最负盛名的澄心堂纸。据北宋人陈师道（1053～1103）《后山谈丛》的记载，澄心堂本是南唐创立者烈祖李昪（888～943）节度金陵（今南京）时宴居、读书、批阅文件的日常活动场所。至南唐后主李煜（937～978）在位时（961～975），因工于诗词、书法，设官局监造佳纸供御用，遂取名为澄心堂纸。此纸当时只供御用及颁赐群臣，外间很少见到，及南唐灭亡，宫人自宫中携出高价出售，到北宋文人士大夫手中后引起重视。

从宋人诗文集中我们看到很多有关记载，例如刘敞（字原父，1019～1068）《公是集》云："去年得澄心堂纸，甚惜之。辄为一白，邀永叔诸君各赋一篇，仍各自书，藏以为玩。故先以七言题其首"：

臂笺弄翰春风里，斫冰析玉作宫纸。
当时百金售一幅，澄心堂中千万轴。……
流落人间万无一，我从故府得百枚。

欧阳修（字永叔，1007～1062）从刘敞那里得到十枚后，再分赠梅尧臣（字圣俞，1002～1060）。梅尧臣《宛陵集·永叔寄澄心堂纸二幅》中以下列诗描述此纸：

昨朝人自东郡来，古纸两轴缄縢开。
滑如春冰密如茧，把玩惊喜心徘徊。
蜀笺脆蠹不禁久，剡楮薄慢还可咍。
书言寄去当宝惜，慎勿乱与人剪裁。
江南李氏有国日，百金不许市一枚。
澄心堂中唯此物，静几铺写无尘埃。……
于今已逾六十载，弃置大屋墙角堆。

与此同时，宋敏求（字次道，1019～1079）也从南唐内库中得到澄心堂纸，再赠梅尧臣百枚，梅又于《宛陵集·答宋学士次道寄澄心堂纸百幅》中云：

寒溪浸楮春夜月，敲冰举帘匀割脂。
焙干坚滑若铺玉，一幅百金曾不疑。……
李主用以藏秘府，外人取次不得觅。
城破犹存数千幅，致入本朝谁谓奇。
漫堆闲屋任尘土，七十年来人不知。
而今制作已轻薄，比于古纸诚堪嗤。
古纸精光肉理厚，正事好事亦稍推。
五六年前吾永叔，赠予两轴今宝之。
是时颇叙此本末，遂号澄心堂纸诗。
我不善书心每愧，君又何此百幅遗。

梅尧臣后将澄心堂纸样若干赠给潘谷（约1010～1060在世），由后者进行仿制。潘谷字伯恭，歙州人，造墨精妙，又能造纸。仿制成功后，又赠梅尧臣300枚。潘谷赠纸样时作诗说：

永叔新诗笑原父，不将澄心纸寄予。

澄心纸出新安郡，腊月敲冰滑有馀。

梅尧臣得潘谷仿制澄心堂纸后，也赋诗说：

文房四宝出二郡，迩来赏爱君与予。

予传澄心古纸样，君使制之精意馀。

自兹重咏南唐纸，将令世人知首尾。

蔡襄（1012～1067）《文房四说》云：“纸，李主澄心堂为第一，其为出江南池、歙二郡。”

北宋诸名公如刘敞、欧阳修、梅尧臣、宋敏求等人咏澄心堂纸诗相当多，并对之给予高度评价，因而此纸名声大振。其中梅尧臣的诗从造纸技术角度看来最有启示性，我们此处主要转引梅诗。他当时还对澄心堂纸产地及制法作了调查，并以诗的形式作了简介，同时还请人仿制，使此纸不致失传。梅尧臣在这方面是有心人、热心家。

综合有关史料，我们得知澄心堂纸是南唐后主李煜于961～970年下命监造的御用书画用纸。开宝八年（975）宋太祖令曹彬（931～999）领十万大军攻南唐并破金陵，后主李煜降宋，被遣至汴京。曹彬入城后严禁士兵杀掠，因此澄心堂宫殿保留完好，内库封存，那时还有澄心堂纸数千幅积存于内库墙角之中。大约从1043～1045年后，澄心堂纸从库中散出，刘敞以重金得百枚，赠欧阳修十枚，欧又分赠梅尧臣二枚。此后宋敏求又以重金得数百枚，赠梅尧臣百枚，梅又将纸样赠潘谷。潘在歙州依样作了大量仿制品，再回赠梅尧臣三百枚。

南唐澄心堂纸造于歙州和池州（今安徽歙县及贵池），原料是楮皮。这种纸的特点是极其洁白、表面平滑如玉版，又很受墨，纸质厚重、坚韧。与唐代著名的蜀笺和剡藤纸相较，比前者更坚挺而耐久，比后者更厚实而受墨，在质量及适用性方面超过此二纸，因此澄心堂纸被蔡襄评为纸中第一品。在制造过程中当精工细作，排除楮皮料上残存的任何青皮屑，反复蒸煮与舂捣纸料，并经自然漂白（日晒）、反复漂洗，用重抄法或单抄双晒法制成厚纸。抄纸时间在冬季，以腊月敲冰水配制纸浆。这是有深层技术考虑的，因为冬季水中无微生物及其他杂质。水凝成冰再经融化，是一种提纯过程。同时用冰水配浆使纤维分散效果更好，所加植物粘液之稠度不致下降。当然抄纸工要将双手深入冰冷的纸浆中抄纸，也是艰苦劳动，须在纸槽旁置一炭火盆，手冻时随时烘烤一下。将半湿纸烘干时，采用极为平滑的烘面，再小心揭下，将两面砑光。由于采取这些技术措施，澄心堂纸才在诸纸中占居首位。

因南唐澄心堂纸传世较为稀少而名贵，而人们又都喜爱，因此从北宋时（1041～1045）已有仿制，此后历代直到清代乾隆年间（1736～1795）仿品不断出现。我们读古书及鉴定古纸时，宜注意五代真品及宋、元、明、清后世仿品之别，不可均称为“澄心堂纸”。明人曹昭（约1354～1410在世）《格古要论》（1388）卷九称：“澄心堂纸，宋朝诸名公及李伯时画多用澄心堂纸。”此处所说李伯时指宋代大画家李公麟（1049～1106）。按公麟晚生于梅尧臣47年，他在世作画时，南唐纸早被先辈们分光，他不可能拥有此纸，何况梅诗中有“幅狭不堪作诰命”之语，这样幅度纸不堪作画，故其所用必为仿品。屠隆《考槃馀事》说：“尝见宋板《汉书》，……每本用澄心堂纸数幅为副”，也必指仿品，断不可能将“百金市一枚”的南唐纸用作宋版书副页的。谢肇淛《五杂俎》（1616）卷12《物部四》称，欧阳修起草《五代史》时用澄心堂纸。其实欧公手中当时只有两枚为南唐所制。诸如此类，不胜枚举。大概因澄心堂纸名气太大，人们总习惯将宋名家墨迹说成以此纸挥毫。不过各代仿品，总以前代纸为样，归根到底以南唐纸为本。从后世仿品也多少可见南唐纸的踪迹。观察仿品，可知南唐澄心堂纸幅不大，约33×40厘米，略呈斗方形，纸厚约0.4毫米，当然是加工纸。历代仿制过程中，力图作得精细，因此澄心堂纸在历史上起着推动造纸技术发展的作用。

表 4-1　隋唐五代古纸检验结果一览表

	实验编号	纸样名称	纸的年代			每张幅度（厘米）		原料	出土地点	纸的特征
			朝代	中国纪年	公元	直高	横长			
	Ⅰ	Ⅱ	Ⅲ	Ⅳ	Ⅴ	Ⅵ	Ⅶ	Ⅷ	Ⅸ	Ⅹ
1	SDB-1	护国般若波罗蜜经卷下	隋	开皇廿年	600	25.5	53.2	楮皮	敦煌	黄色色纸，纸薄，表面平滑，纤维交织良好，打浆度较高，纤维对碘氯化锌溶液呈酒红色反应
2	TDB-1	四分戒本卷一	初唐	贞观四年	630	27.5	40.5	麻	敦煌	浅黄色，粗帘条纹，纤维交织匀、已打碎，表面不甚光滑，呈酒红色反应
3	TDG-1	善见律	初唐	贞观廿二年	648	22.0	53.0	麻	敦煌	染黄纸，表面平滑，纤维细，交织匀，有装潢人姓名(国诠)
4	TDB-2	无上秘要，卷第五十二	初唐	开元六年	718	24.9	50.8	楮皮	敦煌	黄色，纤维细长，交织匀，表面平滑，细帘条纹，打过蜡，是“硬黄纸”
5	SDZ-1	妙法莲华经·法师功德品第十九卷	隋末、唐初	无年款，经鉴定	7世纪初	26.7	43.5	桑皮	敦煌	染黄纸，纤维交织匀，表面平滑，纸薄，细帘条纹，纤维已打碎，呈酒红色反应，纸上字体工整
6	TDZ-1	妙法莲华经	初唐	无年款，经鉴定	7世纪	26.0	47.3	麻	敦煌	黄色，纤维细、交织匀，平滑，细帘条纹，表面打蜡，纤维平均长0.8～1毫米，打浆度高，纸呈半透明，是上等“硬黄纸”
7	TDZ-2	妙法莲华经·妙音菩萨品第廿四卷	中唐	无年款，经鉴定	742～820	25.5	46.5	桑皮	敦煌	黄色，表面平滑，纤维细、交织匀，碱性纸浆
8	TDZ-3	般若波罗蜜经	晚唐	无年款，经鉴定	821～907	26.8	93.5	麻	敦煌	浅黄色，纤维被打碎，但表面较粗糙，粗帘条纹，纸幅较大，横长已接近1米
9	TDZ-4	波罗蜜多经	唐	无年款，经鉴定	618～907	26.0	44.0	树皮	敦煌	黄色，纤维匀细，呈酒红色反应，纸经施胶处理，显微镜下见蓝色淀粉颗粒，帘纹不显
10	TDZ-5	一切智清净经	晚唐	无年款，经鉴定	821～907	25.5	46.5	麻	敦煌	泛黄，粗帘条纹，纸厚薄不匀，有筋头，呈酒红色反应
11	SAX-1	薛道衡《典言》	隋	无年款，经鉴定	581～618	28.0	17.5(残)	麻	新疆阿斯塔那	白色，中等帘条纹，打浆较好，为好麻纸，共四片残段，尺寸取其大者测之，纸上文字为楷隶书体

续表 4-1

实验编号	纸样名称	纸的年代			每张幅度（厘米）		原料	出土地点	纸的特征
		朝代	中国纪年	公元	直高	横长			
Ⅰ	Ⅱ	Ⅲ	Ⅳ	Ⅴ	Ⅵ	Ⅶ	Ⅷ	Ⅸ	Ⅹ
12	SAX-2	高昌田部科水奏文	高昌	义和二年	616	23	36	麻	阿斯塔那	白色如新，纸薄，粗帘条纹，纤维分散好，打浆匀，为佳纸，共三张，乙丙为一纸剪成两段，尺寸取其大者
13	TAX-1	赵善众卖舍地契	高昌	延寿五年	628	27.5	39	大麻	阿斯塔那	白色，纸厚，粗帘条纹，纤维束多，但交织尚匀
14	TAX-2	安苦咖延手实	初唐	贞观十四年	640	25	18.6	麻	阿斯塔那	大部分泛黄，纤维交织好，纤维束少，已裱，未见帘纹
15	TAX-3	张海隆借钱契	初唐	龙朔三年	663	29	40	麻	阿斯塔那	米黄色，薄，粗帘条纹，每厘米有帘条 5～6 根，纤维分散好，交织匀
16	TAX-4	卜老师借钱契	初唐	麟德二年	665	30	40.6	麻与树皮	阿斯塔那	白色，薄，平滑，纤维束少，交织及打浆匀，混合原料制浆
17	TAX-5	白怀洛借钱契	初唐	总章三年	670	28.6	42.9	树皮	阿斯塔那	白色，略带米黄，细帘条纹，间有深色纤维束
18	TAX-6	宁和才授田户籍	初唐	载初元年	689	29	43	树皮	阿斯塔那	白色，薄，细帘条纹，纤维高度分散，交织匀，纤维束少，佳纸
19	TAX-7	卜天寿抄《论语郑氏注》	初唐	景龙四年	710	27	43.5	麻	阿斯塔那	白色，泛土黄色，纸厚，粗帘条纹，每条粗 2 毫米，纤维分布尚匀，但纤维束多，直高尺寸残，此纸为敦煌所造
20	TAX-8	西州营名簿	初唐	开元三年	715	29.3	40	楮皮	阿斯塔那	白色，薄，有帘条纹，有未打散的纤维束
21	TAX-9	开元籍帐簿	初唐	开元四年	716	28.5	52	麻	阿斯塔那	浅黄色，粗帘条纹，表面较平滑，纤维分散匀，纸背抄有《论语郑注》
22	TAX-10	萎蕤丸裹药纸	唐	无年款，经鉴定	618～907	30	19.2	麻	阿斯塔那	白色，间浅黄色，细帘条纹，有纤维束，交织不匀，纸上有服用量说明文字
23	TAX-11	中医汤药方	唐	无年款，经鉴定	618～907	29	17	麻	阿斯塔那	浅黄色，纸厚，粗帘条纹，有纤维束，纸质不佳，表面施浆糊，纸上写药方成分
24	TTX-1	回纥文写经	唐末	无年款，经鉴定	9 世纪	20	39.7	麻	吐鲁番	白色，粗帘条纹，纤维束少，两面书写，共二纸，此为乙件，已残缺，甲件帘纹不显，表面施浆糊

续表 4-1

	实验编号	纸样名称	纸的年代			每张幅度（厘米）		原料	出土地点	纸的特征
			朝代	中国纪年	公元	直高	横长			
	Ⅰ	Ⅱ	Ⅲ	Ⅳ	Ⅴ	Ⅵ	Ⅶ	Ⅷ	Ⅸ	Ⅹ
25	TTX-2	花鸟画	唐	无款，唐墓出土	618～907	201	141	麻	吐鲁番	白色，厚纸，可分层揭开，粗帘条纹，表面平滑，表面涂布白粉，经研光，由数纸粘接成，此为总尺寸，纸上有花鸟画
26	TAX-12	残文书	唐	无款，唐墓出土	8世纪	21.7	8.5	麻	阿斯塔那	肤色，帘条纹粗2毫米，呈半圆弯曲状。纤维束少，纸质匀细，纸上有“当上典狱，配纸坊驱使”等字，说明当地已有纸坊
27	TCG-1	杜牧《张好好诗》	初唐	大和三年	829	24.5	87	麻	传世品	灰色，表面平滑，有纤维束
28	TCG-2	旧题吴彩鸾写《切韵》卷	初唐	无年款，经鉴定	618～720	26	48	麻	传世品	白色，间灰，浅米色，纸厚，可分层揭开，纤维束少，表面平滑，双面打蜡、研光，为白蜡笺
29	TCG-3	冯承素摹《兰亭叙》	初唐	神龙元年	705	24.5	69.9	皮料	传世品	白色，间浅灰色，表面平滑，研光，无纤维束，制作精细
30	TCG-4	韩滉《五牛图》	中唐	无年款，经鉴定	740～785	21	30.9	桑皮	传世品	浅黄色，间肤色，表面平滑，研光，纤维束少，分散均匀，共五纸，表面打蜡，纸上有设色画，每纸一牛
31	TCG-5	杨凝式《神仙起居法》	五代	无年款，经鉴定	893～954	27	21.2	麻	传世品	深灰色，有纤维束，制作不够精细
32	TCG-6	旧题欧阳询《卜商帖》	晚唐，或五代	无年款，经鉴定	10世纪	25.4	21.2	麻	传世品	白色，表面平滑，制作精细
33	WDQ-1	般若波罗蜜多心经	五代	无年款，经鉴定	10世纪	21.5	45.0	麻	敦煌	本色纸，粗帘条纹，纸厚，有透光部位，纤维分布不匀
34	WDQ-2	佛说无量寿经	五代	无年款，经鉴定	10世纪	32.3	46.0	麻	敦煌	本色纸，粗帘条纹，纸厚，有透光部位，纤维分布不匀
35	TKK-1	残字纸片	唐	有字，无年款，经鉴定		残	残	麻	库车	米黄色，粗帘条纹，纤维交织不匀，纤维束多，纸质粗糙
36	TKK-2	佛经残片	唐	有字，无年款，经鉴定		残	残	麻	库车	黄色，粗帘条纹，双面书写

续表 4-1

实验编号	纸样名称	纸的年代			每张幅度（厘米）		原料	出土地点	纸的特征
		朝代	中国纪年	公元	直高	横长			
Ⅰ	Ⅱ	Ⅲ	Ⅳ	Ⅴ	Ⅵ	Ⅶ	Ⅷ	Ⅸ	Ⅹ
37 TKK-3	残字纸片	唐	有字，无年款，经鉴定			残	麻	库车	黄色，粗帘条纹，纤维束多，交织不匀，纸不佳
38 TKK-4	妙法莲华经	唐	有字，无年款，经鉴定		残	残	麻	库车	浅米黄色，纸厚，纤维分散较好，帘纹不显，纸背写回纥文
39 TAX-	糊纸冠用纸	初唐	有贞观年款	627～649	残	残	树皮	阿斯塔那	黄色，薄，粗帘条纹，纤维束少，纸精细，纸上贴金箔
40 TAX-	唐代敦煌户籍簿	唐	无年款，经鉴定		28	残	桑皮	阿斯塔那	白色，薄，纤维束少，交织匀，纸上印有“敦煌县之印”印章
41 SAX-	高昌残文书	高昌	义和二年	615	29.6	残	树皮	阿斯塔那	白色，有帘纹，纸上有“纸师隗显奴”等字，说明高昌已有纸坊
42 TDL-1	金刚经木刻本	晚唐	咸通九年四月十五日	868	33	45	麻	敦煌	肤色，间浅黄色，表面较平滑，纤维交织匀，间有纤维束，正文由六纸印成

第五章　宋元时期的造纸术（960～1368）

五代十国末期，至北周（951～960）时已出现统一的趋势，周世宗柴荣（921～959）励精图治，已统一北方广大地区，且南下领有淮南。世宗卒后，嗣位的幼帝无所作为，于是北周握有兵权的将领赵匡胤（939～997）960年发动陈桥兵变，代周称帝，改国号为宋，定都汴京（今河南开封），史称北宋（960～1126）。宋太祖鉴于南方已成经济重心，遂制订南进战略，迅速荡平荆南、后蜀、南汉、南唐和吴越。宋太宗（976～997在位）时，再灭北汉，除边疆几个少数民族地方政权外，中原地区和南方已尽入北宋版图，从而结束了五代十国以来的分裂局面。北宋又继承了唐代一些典章制度，这个统一的宋帝国又在大唐的基础上有新的发展。

至于说到边疆几个少数民族政权，北方有契丹族耶律阿保机（827～926）建立的辽（916～1137），控制东北及华北，与北宋多次交战，曾进军至黄河流域。西北主要有党项族的西夏（1031～1226）和维吾尔族的回鹘，西南有藏族的吐蕃和今云南境内的大理。受辽统治的女真族各部，由完颜阿骨打（1068～1123）统一，1115年阿骨打称帝，国号为金（1115～1234），都于会宁（黑龙江省阿城），是为金太祖。1125年金灭辽，再南下攻宋，1127年金兵入汴京，北宋亡。宋高宗赵构（1108～1187）南渡，于临安（今杭州）建行在，史称南宋（1127～1279）。于是由宋辽对峙改为宋金对峙。受金统治的蒙古族各部，由铁木真（1162～1227）统一，1206年建蒙古汗国，此即元太祖成吉思汗。蒙古汗国崛起大漠后，迅即灭西辽（1124～1211）、西夏，再领有回鹘、吐蕃和大理，1234年与南宋联合灭金。遂即形成对南宋的包围，1279年南宋亡。蒙古族大汗忽必烈（1235～1294）即位后，1271迁都燕京（今北京），开始元朝（1260～1368）全国统一的新局面。上述各少数民族建立的政权，吸取了中原地区的典章制度和传统文化，各边疆地区实际上是由各少数民族与汉族共同开发的，最后为元朝的大一统创造前提。这是继魏晋南北朝之后，中国境内各民族大融合的又一体现。只有民族地区在北方、西北和西南边疆实现的统一，与汉族地区在中原和南方实现的统一结合起来，才能实现全中国真正的大一统。我们把宋、辽、金、西夏、西辽和蒙元等政权存在的这个时期简称为宋元时期，从宋太祖即位起至元朝被推翻为止，共408年（960～1368）。

宋元时期虽有内战，但总的说社会经济和科学文化在隋唐五代的基础上有很大的发展。宋以后，江南地区全面开发，南方经济开始超过北方，农业和手工业都相当发达。纺织、造纸、冶金、陶瓷、造船、制糖、印刷、武器制造等手工业部门都颇具规模，大型工业作坊中出现生产工序的详细分工，手工业产品在社会经济中占重要地位。宋元时期对外贸易大有发展，中外经济文化交流随之兴盛起来。成吉思汗及其后继者多次西征，以武力重新打开中国与中亚、西亚以至欧洲的陆上商道，使之畅通无阻，沿海路则有船队往来于东海、南海、印度洋及波斯湾等各水域。宋代兴起不少工商业城市，数量超过前代。这个时期还是以造纸术、印刷术、火药和指南针四大发明为主体的科学技术新的复兴阶段，产生很多优秀著作，涌现出不少科学家和技术家。宋元在数学、天文学、医学、农学、化学和生物学各领域也取得很多成就，都超过了以前朝代。宋代科举考试制度比唐代更为完备，各地兴办不少书院，教育普及程度和知识分子队伍居世界首位。文化教育事业的发展，促进了印刷业的大发展。雕版印刷在唐代原有基础上也有很大发展，泥活字、木活字和金属活字在这一时期问世，印刷业耗费大量的纸张，因而促进宋元造纸术的发展。

我们可以把宋元时期称之为中国传统造纸技术的全面成熟阶段。造纸原料来源较隋唐五代大为扩充，竹纸、麦茎纸、稻草纸的大发展标志着造纸领域内技术革新不断出现，生产设备普遍有所改进，加工技法也有所创新，所造各种名纸为后世称道与效法。这一时期还出现了论述纸的制造技术、历史典故和对各种纸作品评的专门著作。

第一节 竹纸、稻麦草纸的兴起和皮纸的全面发展

一 竹纸的崛起

前已指出，从用麻料破布过渡到用树皮纤维造纸，是一大进步。而从用木本植物茎杆的韧皮部到利用整个茎杆造纸，又是一大进步。竹纸就是用竹的整个茎杆，经一系列复杂工序处理后最终成纸的。麦杆纸、稻草纸也是按竹纸原理制造的。古代人虽不知道这中间的科学奥妙，却从实践中通过试验认识到，竹茎含有适用于造纸所需的纤维，对竹茎施以强力的机械-化学作用能使其硬质软化为纸浆，再荡帘抄造。所施加的机械-化学作用即舂捣、沤制和蒸煮，都是早已行之有效的传统技术，问题在于将这些技术用于新型原料上，这中间需要有一种突破传统的新的思路，是带有改变观念性的大胆创举，因而可以认为是一种发明。我们认为竹纸的制成就属于这种情况。

前一章谈到 9～10 世纪的唐末竹纸已初露头角，但产地不广、产量有限，还没有引起人们更大的注意和普及。竹纸的真正发展是在北宋以后，迄今我们所能看到的最早竹纸实物也是从北宋开始的。这是北宋开发江南自然资源运动中的一个产物。中国长江流域和江南许多省份都盛产各种竹类，据不完全统计，适于造纸用的竹至少多达 50 种，产量很大、分布很广，山区平野几乎到处都有。竹料含维管束和基本组织，而维管束及其内部导管、筛管、细胞孔管壁，均由纤维细胞所组成，纤维细胞含量占细胞总面积比的 60～70%，这就提供了丰富的纤维来源①。竹纸显然是在皮纸技术达到相当程度的发展之后才出现的。使人们产生用竹造纸的想法，还可能由于发现用嫩竹可作绳索，甚至用竹纤维可作鞋或织成布②，从而联想以其造纸。而古人早就掌握一条规律：凡可供纺织或搓绳的纤维均可造纸。

北宋文人苏轼（1036～1101）《东坡志林》（约 1101）卷九云：

昔人以海苔为纸，今无复有；今人以竹为纸，亦古所无有也③。

比这还早的记载见于苏易简（958～996）《文房四谱》（986）卷四《纸谱》，其中说：

今江浙间有以嫩竹为纸。如作密书，无人敢拆发之，盖随手便裂，不复粘也④。

此处“江浙”指浙江，不可理解为今江苏及浙江。从北宋初苏易简的记载看，这时浙江所造竹纸已用于书写，但纸质仍不够坚韧。如果用它写密信，封后，便无人敢偷拆，因一拆就破，

---

① 孙宝明、李钟凯，中国造纸植物原料志，157 页（北京：轻工业出版社，1959）。

② 参见清·陈元龙：《格致镜原》（1735）卷 67《竹》引《续博物志》、《花木考》及《事物绀珠》，下册，752～753，756 页（扬州：广陵古籍刻印社，1989）。

③ 宋·苏轼，《东坡志林》（约 1101）卷 9，《笔记小说大观》第 7 册，23 页（扬州：广陵古籍刻印社，1983）。

④ 宋·苏易简，《文房四谱》（986）卷 4，《纸谱》，《丛书集成》第 1493 册，53～55 页（上海：商务印书馆，1960）。

不能恢复原状。但这也许是就苏易简所见者而言，其他纸坊所产，未必如此。施宿（1147？～1213）嘉泰《会稽志》（1202）《物产志》写道："东坡先生（苏轼）自海外（今海南省）归，与程德儒书云，告为买杭州程奕笔百枚，越州纸二千番。……汪圣锡尚书在成都集故家藏东坡帖刻为十卷，大抵竹纸十［之］七、八"①。汪圣锡为汪应辰（1119～1176）之字，应辰为绍兴状元（1135），孝宗时（1163～1189）为四川制置使、知成都府，有惠政，后为吏部尚书兼翰林学士。

由上述可知，苏东坡被贬至海南岛儋州后，元符三年（1100）遇赦内徙时托人买二千枚越州纸，其中十之七八为竹纸，产于今浙江绍兴。

施宿又写道：

> 然今独竹纸名天下，他方效之，莫能彷佛，遂淹藤纸矣。竹纸上品有三，曰姚黄，曰学士，曰邵公（学士以太守直诏文馆陆公轸所制得名，邵公以提刑邵公鯱所制得名），三等皆佳。……士大夫翕然效之。建炎（1127～1130）、绍兴（1131～1162）以前，书简往来率多用焉。

北宋文人中除苏东坡外，王安石也喜欢以竹纸写字，而且制成小幅，以写诗及信件。王安石（1021～1086）为北宋政治家兼文学家，字介甫，号半山，神宗（1068～1085）时出任宰相，封为荆国公，世称王荆公，于是称其所用小幅竹笺为荆公笺，人多仿之。会稽竹纸至南宋初，质量已大有改进，因此诏文馆直学士陆轸，提刑官邵鯱仿荆公笺式样用竹纸制成书笺，流行一时，人称学士笺、邵公笺。再加上姚黄笺，成为竹纸三大上品，因而独竹纸名冠天下，使过去著名的越州藤纸退居其后。施宿著的这部地方志具有重大史料价值，该书卷17谈到当地所产竹纸时，指出其五大优点："惟工书者独喜之。滑，一也。发墨色，二也。宜笔锋，三也。卷舒虽久，墨终不渝，四也。惟不蠹，五也。""惟不蠹"可能夸张了一些，因为在所有纸中竹纸最易蛀蚀。

南宋人陈槱《负暄野录》（约1210）卷下写道："又吴人取越竹以梅天水淋……反复硾之，使浮茸去尽，筋骨莹彻，是谓春膏，其色如蜡。若以佳墨作字，其光可鉴。故吴笺近出，而遂与蜀产抗衡"。

从这里我们知道，南宋时吴郡（苏州）一带也产竹纸，在春天梅雨季节砍伐青竹沤制，蒸煮后反复捣细，去掉一切杂物，作出的纸发墨可爱，可以与著名的蜀纸抗衡。此处所说蜀纸，可能指四川麻纸，因为四川人苏东坡在《东坡志林》卷11说："川纸，取布头机余，经不受纬者治作之，故名布头笺。此纸冠天下，六合人亦作，终不及尔"②。六合人即扬州六合县人，他们的麻纸可能不及四川麻纸，但陈槱认为苏州竹纸可与蜀中麻纸抗衡。其最优越之处在于表面更平滑受墨，而又价廉易得。

北宋著名书法家和画家米芾（字元章，1050～1107）在《评纸帖》（1100）中说：

> 越�（竹）万杵，在油掌上，紧薄可爱。余年五十，始作此纸，谓之金版也。

这是说，浙江会稽所造的竹纸，对竹料加以反复舂捣，所产纸紧薄可爱，在油拳纸之上。米芾五十岁（1100）时始用以挥毫，因本色竹纸呈浅黄色，遂美称为金版纸。米芾用竹纸时间几乎与苏轼同时，均在哲宗元符三年（1100）。在宋诸名公中，看来王安石用竹纸时间最早，

① 宋·施宿，嘉泰《会稽志》（1202）卷17《物产志》（1808年采鞠轩木刻本）。

② 宋·苏轼，《东坡志林》（约1101）卷11，《笔记小说大观》本第7册，28页（扬州：广陵古籍刻印社，1983）。

大约在神宗元丰年间（1078～1085）。由拳纸可能指由藤，即绍兴府由拳县的藤纸，米芾也认为竹纸比藤纸好。这可从米芾《越州竹纸诗》中得到说明：

越筠万杵如金版，安用杭由与池茧。

高压巴郡乌丝栏，平欺泽国清华练。

老无长物适心目，天使残年司笔砚①。

诗的大意是说，浙江绍兴竹纸纸料捣得很细，纸平滑如金板。有了它，就不必再用杭州由拳村出的藤纸和池州（今安徽贵池）的"蚕茧纸（实为楮皮纸）了。诗中的"泽国"可能指苏州，因沈括《梦溪笔谈》（1086）《权智》条云："久欲为长堤，但苏州皆泽国，无处求土"。因此诗人还认为竹纸比蜀纸和苏州姑苏纸还好。他在老年时得此竹纸用以写字，感到快乐。

与米芾齐名的北宋书法家薛绍彭（字道祖，1041～1106年在世）按米诗原韵也和了一首咏竹纸诗，诗句如下：

书便莹滑如碑板，古来精纸惟闻茧。

杵成剡竹光凌乱，何用区区书素练。…

薛绍彭也对竹纸给予较高评价。而曾文清的《竹纸三绝句》所谈更有意思：

会稽竹箭东南美，来伴陶泓任管城。

可惜不逢韩吏部，相从但说楮先生；

会稽竹箭东南美，化作经黄纸叠层。

旧日工毛无处用，剡中老却一溪藤；

会稽竹箭东南美，研席之间见此君。

为问溪工底方法，杀青书字有前闻。

诗中的"韩吏部"指唐代的韩愈（768～824），他曾在《毛颖传》中说"颖素与会稽楮先生善"，称楮皮纸为楮先生。"会稽竹箭"指矛竹或毛竹。

米芾《书史》（约1100）说："予尝捶越竹［纸］，光滑如金板，在油拳［纸］上。短截作轴，入籍番覆，十日数十纸，学书作诗"②。这类竹纸一般较小，周密（1232～1298）《癸辛杂识·前集》说竹"淳熙末（1189）始用竹纸，阔尺余者"③。

关于竹纸所用竹类，《嘉泰会稽志》载："会稽竹有为矢者"，即禾本科的矛竹或毛竹（*Phyllostachys edulis*）。《乾隆绍兴府志》（1792）《物产志》提到同科的苦竹（*Arundinaria densiflora*）及淡竹（*Phyllostachys puberula*）等，并称"今会稽煮以为纸者，皆此竹也。"竹纸深得两宋文学家、书法家和画家的青睐，而且这类作品还传世于今日，使我们能一睹其形制。例如北京故宫博物院藏米芾真迹《珊瑚帖》（图5-1），直高26.5、横长47厘米，与周密所说尺寸相当。经我们检验为会稽竹纸，淡黄色，表面平滑，经砑光。米芾除在纸上写字外，还画了个珊瑚，故称《珊瑚帖》。但这类纸上未打碎的纤维束比皮纸多些，也许文人们反倒以此为美。而宋人摹本王羲之（321～379）《雨后帖》、王献之（344～386）《中秋帖》也都是宋代

① 宋·施宿，嘉泰《会稽志》（1202）卷17，《物产志》（采鞠轩木刻本，1808）；（清）李亨特：乾隆《绍兴府志》（1772）卷18，《物产志》，31～32页（乾隆五十七年原刻本）。

② 宋·米芾，《书史》（约1100），《丛书集成》本，25页（上海：商务印书馆，1937）。

③ 宋·周密，《癸辛杂识·前集》，《简椠》，15页（《津逮秘书》第14集，第143册，35页，毛晋汲古阁刊本）。

图 5-1　北宋米芾《珊瑚帖》竹纸本法书

图 5-2　元代竹纸刻本《事林广记》插图

竹纸。

印刷术发展后，宋元很多印本书也以竹纸印刷。如北京图书馆藏北宋元祐五年（1090）福州刻本梵夹装《鼓山大藏》中的《菩萨璎珞经》即用竹纸。宋元刻本以浙江杭州、福建建阳、四川成都和眉山、江西吉州等地为中心，所需之纸，多取自本地区。宋刻本中保存到现在的多是福建刻本，因为建本当时流传最广，所用纸多为竹纸。如北京图书馆藏南宋乾道七年（1171）《史记集解索隐》、绍兴戊辰（1148）《毗庐大藏》、元代至元六年（1269）建阳郑氏积诚堂刻《事林广记》（图 5-2）、元代天历庚午（1330）刻《王氏脉经》、至顺壬申（1332）《唐律疏议》，都是建本，其用纸经笔者检验皆为竹纸①。可见福建是宋代新起的造纸生产基地，产纸区集中于建阳、崇安及闽西武夷山地区，这一带盛产毛竹。在宋刻本中，北宋明道二年（1033）兵部尚书胡则印施的《大悲心陀罗尼经》，是较精良的竹纸刻本，每纸直长 39.4、横长 55 厘米。咸淳二年（1266）碛砂藏本《波罗蜜经》也以较好竹纸刊印。除建本外，元大德三年（1299）江西信州刻本《稼轩长短句》（宋人辛弃疾词选）、广州刻本《大德南海志》（1304），也印以竹纸，而赣刻本《稼轩长短句》用

① 潘吉星，中国造纸技术史稿，90～93，190～192 页（北京：文物出版社，1979）。

纸较好。

宋元时期还将竹料与其他原料混合制浆造纸，这又是个新的创举。如北京故宫博物院藏米芾的《公议帖》、《新恩帖》，经笔者检验为竹、麻混料纸，米芾的《寒光帖》为竹与楮皮混料纸，米芾的《破羌帖跋》用纸含有竹料，也含有其余原料。我们知道，由于竹纸原料为野生竹，故造纸成本最低，但竹纤维平均长（1～2毫米）不及麻纤维及树皮纤维，而后两者的供应则不及竹类充足。因此把竹纤维与其余植物纤维混合起来制浆，所造之纸兼具竹纸及皮纸之优点，成本又适中，是个合乎技术经济学原则的生产模式。

关于竹纸生产的具体技术过程，拟留待下一章中陈述。

二 稻麦杆纸的研制

苏易简《文房四谱》卷四《纸谱》还有一项重要记载："浙人以麦茎、稻杆为之者脆薄焉。以麦藁、油藤为之者尤佳"①。可见至迟在10世纪时中国已开创用麦杆、稻草造纸，又打开另一个造纸原料来源。禾本科的稻（*Oryza sativa*）原产中国，稻为中国南方人的主要粮食作物，广为栽培，稻产量从古至今一直居世界第一位，因而稻草供应十分丰富。以稻草造纸，成本比竹纸还低，制造过程也较简单，最初用作造纸不会晚至北宋，很可能在唐代已经开始。稻草属短纤维植物原料，纤维平均长1140～1520μ、宽6～9μ，平均长宽比为114，因此所造成的纸如苏易简所说"脆薄"，即强度不大，同时呈黄色。禾本科的小麦（*Triticum aestivum*），为北方人主要粮食作物，产量也很大。中国素有"南食米北食面"的说法，而且是世界上人口最多的国家，因此小麦的产量在宋元时也占世界首位。象稻一样，小麦也属短纤维植物，纤维平均长1300～1770μ，平均宽17～19μ，平均长宽比为102。大麦（*Horduem vulgare*）与此类似。稻麦草纸最大优点是便宜，多用于作包装纸、卫生纸及火纸用。

从南北朝以来流行以纸钱代替真正金属货币作送葬的风习，经隋唐五代至宋元时一直沿袭着，每年为此烧掉大量麻纸及皮纸，而以草纸代替麻纸及皮纸作这项用途，是个更大的节约措施。稻、麦按季节在田里播种、收割，不涉及对自然资源的破坏。草纸耗量虽大，却减少对皮纸的无端浪费，因之草纸的制造具有很大的经济意义。一般说，3斤稻草能造出1斤纸。其制造方法是，将草打成捆放入池塘中沤制，事先用铡刀切去穗部及根部。放入水塘后，上以石块压之，加入清水，以没草为度，勿令露出水面，否则发生腐烂。通过生物化学发酵作用，除去稻草中非纤维素成分，再以石灰水或草木灰水蒸煮，洗涤后捣碎，与水配成浆液，即可捞纸。国外过去认为明正德十六年（1521）中国才有制造稻草纸的最早记录，可能还没有注意到苏易简早在北宋雍熙三年（986）已明确提到用麦茎、稻草造纸。欧洲用草本植物造纸相当晚，直到19世纪后半（1857～1860）英国人鲁特利奇（Thomas Routledge）才试用禾本科的针茅草（*Stippa tenacissima*）造纸，取得成功②，后来法国也跟着依此造纸。但已比中国用禾本科植物造纸晚了一千多年。至于竹纸，上述英国人于1875年才造出欧洲最早的竹纸。但原料要从印度和缅甸等亚洲国家进口。

竹纸一旦出现，其经济上的优越性马上显示出来，再经改善，很快就取代了隋唐五代时

---

① 宋·苏易简，《文房四谱》（986）卷4，《丛书集成》第1493册，53～55页（上海：商务印书馆，1960）。

② Dard Hunter, Papermaking; The history and technique of an ancient craft, 2nd ed., pp. 478, 562 (London, 1957).

盛行的麻纸和藤纸。改善的途径有二，一是在制造过程中精工细作，尽力消除竹茎外面硬皮碎片的有色纤维束，反复蒸煮与舂捣，增加天然漂白工序；二是将竹料与其他长纤维原料混合制浆。这两种措施在宋元时期都采用了，因而我们看到有的宋元版竹纸印行的书籍，已达到相当高的质量。但不可讳言，竹纸最大不足是拉力、寿命及抗蛀方面不及麻纸与皮纸，对宋元时人来说，其经济上的优点已掩盖了质量上的不足，至少在几代人之间还没有发现这些不足。因此宋元时期造纸领域内占统治地位的纸种，是竹纸与皮纸。

三 书画及印刷用皮纸的大发展

与竹纸、皮纸相比，从汉代以来长时期占垄断地位的麻纸，从宋元时期开始逐步衰落，只有少数地区仍在生产，例如四川和北方若干地区，或纯用麻料，或将麻料与皮料混合制浆，亦可与竹类搭配造纸。如金代平阳（今山西临汾）刊印的所谓“平水版”《刘知远诸宫调》，即用山西麻纸。元代浙江官刻本《重校圣济总录》（1299～1300），印以麻料与皮料混料纸。唐代盛极一时的藤纸，虽然宋代还有少量生产，但也在迅速减产，到元以后几乎消失。宋元时期造纸原料格局的演变，把皮纸推上了至高无上的宝座。这种纸此后长盛不衰，一直到今天也是如此。

皮纸之所以青春永在，因为与麻纸一样抗蛀、长寿和坚韧，但比麻纸更洁白、柔韧、平滑，且原料供应充分，可适于各种用途，尤其绘画。皮纸在所有上述品质方面都超过竹纸，只是成本比竹纸高些。因此宋元书画、刻本和公私文书、契约中有许多仍用皮纸，其产量之大、质量之高大大超过隋唐五代。高级文化用纸仍是皮纸的天下，宋元画家创作设色写意、工笔和山水时，对画面材料的技术要求很高，但也一改旧习，逐渐多用皮纸，许多书法家尤其如此。从这一时期起皮纸大有取代在绘画材料中长期占优势地位的绢素之势，而这正是绢素在书画领域内所盘据的最后一个阵地。

在书法领域内，北宋苏、黄、米、蔡四大家即苏轼、黄庭坚（字山谷，1045～1105）、米芾和蔡襄（1012～1067），都融汇了晋唐前辈的笔意，而又有自己的特点。蔡襄草书笔划中露出一丝丝白道，称为“飞白”；东坡字体豪放、潇洒；黄庭坚字雄健挺拔；米芾则注重天真自然。宋代山水、花鸟画十分盛行，写生和水墨受到重视，是该时期绘画特点。全能画家李公麟（字伯时，1049～1106）首创“不施丹青而光彩动人”的工笔“白描”画法，对后世人物画有长期影响。米芾的画运用水墨淋漓、明暗交融的墨点，描写烟雨迷茫的江南山水，称“米点山水”。元代绘画有重大革新，尤其山水，以黄公望（1269～1345）、倪瓒（1306～1374）、王蒙（？～1385）及吴镇（1280～1354）四家为代表的画家，摆脱了宋代院体风格注重抒情写意，追求笔墨情趣，使山水成为中国绘画主流。而赵孟頫（1254～1322）、李衎（1245～1320）、朱德润（1244～1365）等都能善画。所有这些宋元书画名家在创作时都有赖于对皮纸的使用，有时也只有皮纸才能使书画家在作品中展示其艺术特色，而绢素则作不到这一点。因而传世的宋元书画也在数量上远远超过以往任何时代。我们有幸，在研究宋元造纸术时，得见北京故宫博物院所藏各种珍品，并就其纸质作了检视。试举数例如下。苏轼的《三马图赞》、黄公望的《溪山雨意图》（29.5×105.5厘米），都是用很好的桑皮纸。李建中（945～1018）的《贵宅帖》、苏轼的《新岁未获帖》、宋徽宗赵佶（1082～1135）的《夏日诗》、法常（1176～1239）的《水墨写生图》、宋人《百花图》等，都是用楮皮纸。元人李衎

(1245～1320)的《墨竹图》、赵孟頫的(1254～1322)的《从骑图》、朱德润(1244～1365)的《秀野轩图》和张逊(约1285～1355在世)的《双钩竹》(1349)等，也都是用皮纸。这些纸都洁白，表面平滑受墨，纤维束少见，纤维交织匀细，细帘条纹，均堪称上等皮纸。米芾的《高氏三图诗》则是用麻、楮混料纸，他的《韩马帖》是用麻纸，这在宋元书画中已属少见。

宋元时期一般读物供大众用者多印以竹纸，较讲究的书还是用皮纸。我们对北京图书馆有关善本用纸作了检验，发现其中北宋开宝藏经《佛说阿维越致遮经》(973年刻，1108年刊)，用高级桑皮纸，双面加蜡、染黄。南宋中期廖氏世采堂刻《昌黎先生集》，为细薄白色桑皮纸。南宋景定元年(1260)江西吉州刻本《文苑英华》、咸淳《临安志》(约1270)及元代茶陵刻本《梦溪笔谈》则用楮皮纸。此外，如杭州刻宋板《文选五臣注》、南宋临安府刻《汉官仪》(1133)、四川眉山刻本《国朝二百名贤文粹》(1197)、蒙古定宗四年(1248)刻本《证类本草》等，都是皮纸。自然宋元稿本及写本也同样如此，如司马光(1019～1086)《资治通鉴》稿本、北宋元丰元年(1078)内府写本《景祐乾象新书》、南宋淳熙十三年(1186)内府写本《洪范政鉴》等都是皮料纸，其中《洪范政鉴》为楮皮纸。地下出土物也时有发现，如1978年苏州瑞光寺塔出土的北宋天禧元年(1017)刻本《妙法莲华经》用纸，为桑皮与竹料混料纸①，1966～1967年浙江瑞安慧光塔出土北宋明道二年(1033)雕板《大悲心陀罗尼经》为桑皮纸②。

与前代相比，宋元是皮纸全面大发展阶段，楮皮纸像唐代那样仍被士人看重。我们前一章中已提到韩愈、薛稷将楮皮纸尊称为“楮先生”、“楮国公”，还没有提到另一唐人文嵩将其尊为“好畤侯”，这里有必要补充介绍一下。文嵩将楮皮纸比作一位伟人，取名为楮知白，而为之树传。他在《好畤侯楮知白传》中写道：

“楮知白字守元，华阴人也。其先隐居商山，入百花谷，因谷氏焉。幼知文，多为高士之首冠。……奉职勤恪，功业昭著，上用嘉之，封好畤侯。其子孙世修厥职，累代袭爵不绝。……晋宋之世，每文士有一篇一咏，出于人口者，必求之缮写，于是京师声价弥高，皆以文章贵达。历齐梁陈隋，以至今朝廷，益甚见用。知白为人，好荐贤汲善，能染翰墨，与人铺舒行藏，申冤雪耻，呈才述志。启白公卿、台辅，以至达于天子，未尝有所艰阻，隐蔽历落。布在腹心，何只于八行者欤。知白世家，自汉朝迄今千余载，奉嗣世官，功业隆盛。簿籍图牒，布于天下，所谓日用而不知也。……累迁中书舍人、史馆修撰，直笔之下，善恶无隐。明天子御宇，海内无事，志于经籍，特命刊校集贤御书，书成奏之，天子执卷躬览，嘉赏不已。因是得亲御案，乃复嗣爵好畤侯。史臣曰，春秋有楮师氏，为卫大夫，乃中国之华族也。好畤侯楮氏，盖上古山林隐逸之士，莫知其本出，然而功业昭宣，其族大盛，为天下所利用矣。世世封侯爵食，不亦宜乎”③。

这篇有趣的传记，将楮皮纸的功业以人的形式表达出来，是中国纸文化史中有趣的文学

① 许鸣岐，苏州瑞光寺塔古经纸研究，文物，1979，11期，34～39页。

② 浙波，浙江瑞安发现重要的北宋工艺品，光明日报，1972年3月10日，第三版。

③ 唐·文嵩，好畤侯楮知白传，载(宋)苏易简，《文房四谱》卷4，《丛书集成》第1493册，62～63页(上海：商务印书馆，1960)。

作品，也说明中国人对楮纸有一种特殊的感情。

凡隋唐所有皮纸都在宋元有所发展，而且又开发出新的造纸原料。陈元龙（1652～1736）《格致镜原》（1735）卷37引《花木考》云，“榔纸类木皮［纸］，而薄莹滑，色微，宋时人贡以书表”①。此即棕榈科的热带木本植物槟榔（*Areca catechu*），主要产于广东、海南及台湾，其皮及苞确可造纸②，从而在皮纸大家庭中又增加新的一员。

四 还魂纸或再生纸的生产

为扩大原料，降低生产成本，使物尽其用，还采用故纸回槽，掺入新纸浆中重新造纸。这种再生纸古时称“还魂纸”。宋应星《天工开物》（1637）《杀青》章说：“其废纸洗去朱墨、污秽，浸烂入槽再造，全省从前煮浸之力，依然成纸，耗亦不多。江南竹贱之国，不以为然，北方即寸条片角在地，随手拾起再造，名曰还魂纸”③。

中国何时开始生产还魂纸，宋应星没有指出，看来这种纸应当很早就有。现在我们所能看到的较早实物标本，是中国历史博物馆所藏宋太祖乾德五年（967）写本《救诸众生苦难经》，出于敦煌石室，是太祖即位不久写成的。中国年号用乾德者有五代前蜀，但其乾德五年为癸未（923），而此写经尾款为“乾德五年丁卯岁七月廿四日，善兴写”，只有宋太祖乾德五年为丁卯（967）。写经每纸直高30.5、横长42厘米，帘条纹直径2毫米，白间粉色。1964年我们化验为麻纸，在纸的背面发现有三块未及捣碎的故纸残片，遂鉴定其为再生纸④。又伦敦不列颠博物馆藏S3417《救诸众生苦难经》，尾款为“乾德五年（967）岁次丁卯七月廿一日，因为疾病，再写此经记耳”⑤写于历博藏品三天之前，当同为佛僧善兴所写，自然用纸也应是同一批。从纸的原料及形制上判断，当为甘肃所造。这批10世纪的麻料再生纸，为《天工开物》有关还魂纸的记载作了实物注解。此后我们留心发现是否还有类似的古纸。1977年在北京图书馆善本特藏部检验版刻本用纸时，再一次注意到南宋嘉定年（1208～1224）江西刻本《春秋繁露》所用楮皮纸纸浆中同样含未捣碎的故纸残片。既然北宋初再生纸已出现，由此可以认为以故纸回槽，与新鲜纸浆搭配而抄造再生纸，可上溯至隋唐或更早的时期。

我们还找到比《天工开物》更早的以故纸还魂的记载。元代人马端临（1254～1323）《文献通考》（1309）卷九《钱币考》，载南宋时湖广（今湖北）等地造纸币“会子”即所谓“湖会”时，曾用过还魂纸。原文说：“湖南漕司根刷举人落卷，及已毁抹茶引故纸应副，抄造会子”。这是说，用落榜举人的试卷纸和茶叶专卖许可证旧纸掺入新纸浆中，抄造会子用纸。可能因当地造纸原料一时供应不上，才有此举。而按理说，造纸币应当用上好的纸，因还魂纸强度不大。不过以此纸浆抄纸币，会使伪造纸币者作伪困难。

造还魂纸的技术方法是，将故纸收集起来后除尘去杂，用水湿润，再用石灰水或草木灰水蒸煮2～3小时，捣烂并洗涤，按一定量配入新纸浆中，重新抄纸。蒸煮的目的是脱去故纸上的墨迹、油腻、污秽等，使之洁白，用石灰（或草木灰）的量为纸量的15～20%。故纸经

① 清·陈元龙，《格致镜原》卷37，影印本，上册，413页（扬州：广陵古籍刻印社，1989）。

② 孙宝明、李钟凯，中国造纸植物原料志，396页（轻工业出版社，1959）。

③ 明·宋应星，《天工开物》（1637），潘吉星评注本，155，293页（上海古籍出版社，1992）。

④ 潘吉星，敦煌石室写经纸研究，文物，1966，3期，39～47页。

⑤ 商务印书馆编，《敦煌遗书总目索引》，170页（北京：中华书局，1983）。

这样处理后，其纤维明显变短，因而单纯用故纸再生，成浆后所造之纸强度不佳，必须与适量新纸浆搭配。如果造卫生纸、火纸及包装纸，亦不妨全用旧纸回槽。因而在古代城市中经常出现背着口袋、手持钩棍到处拾旧纸的人，自然也还应有废纸回收栈。顺便说，回收废旧纸的行业在西方是从19世纪后才有的。伦敦造纸家库普斯（Matthias Koops）从1800年起开始以故纸脱墨技术造再生纸的实验，并取得成功①。

宋人有时为有效利用旧纸，除造还魂纸外，还直接在字纸背面重新写字或印刷，称为“反故”，这种作法早在汉代即已有之。明人张萱（1557～?）《疑耀》称：“每见宋板书，多以官 府文牒翻其背，印以行。如《治平类编》一部四十卷，皆元符二年（1099）及崇宁五年（1106）公私文牍启之故纸也。其纸极坚厚，背面光滑如一，故可两用。”这种情况我们也曾见到，不但宋人如此，甚至唐、五代人用南北朝写经背面印书，回鹘人还在唐人写经背面写回纥文。因此这类纸本具有双重文物价值。

第二节　多种多样的加工纸和名纸

一　关于宋代纸品种的综合介绍

宋元时不但在造纸原料方面，而且在纸的加工和品种方面都超过以往任何时代。南宋人陈槱（1150～1201年在世）《负暄野录》卷下《论纸品》中介绍说：

> 布缕为纸，今蜀笺尤多用之，其纸遇水滴则深作窠臼，然厚者乃尔，故薄而清莹者乃可贵。古称剡藤，本以越溪为胜。今越之竹纸甲于他处，而藤［纸］乃独推抚［州］之清江，青江佳处在于坚滑而不留墨。新安玉版［纸］色理极腻白，然纸颇易软弱，今士大夫多糨（糊）而后用，既光且坚，以梅天水淋．晾令稍干，反复捶之，使浮茸去尽，筋骨莹沏，是谓之春膏，其色如蜡。若以佳墨作字，其光可鉴。故吴笺近出，而遂与蜀产抗衡。江南旧称澄心堂纸，刘贡父诗所谓百金售一幅，其贵如此。然为吴、蜀所掩，遂不盛行于时．

此处所说的刘贡父为刘攽（1023～1089）之字，我们疑心当为刘敞（1019～1068）之字刘原父。从这段记载中可知宋代各产地及纸的品种与特点，有四川的厚、薄麻纸、浙江剡溪的藤纸、江西抚州的清江纸（藤纸）、浙江绍兴的竹纸、安徽新安的玉版纸（皮纸）、苏州的竹纸和安徽歙州的宋仿澄心堂纸（楮皮纸）。北宋人苏易简《文房四谱》卷四《纸谱》云：“蜀中多以麻为纸，有玉屑、屑骨之号。江浙（浙江）间多以嫩竹为纸，北土以桑皮为纸，剡溪以藤为纸，海人以苔为纸。浙人以麦茎、稻秆为之者脆薄焉，以麦藁、油藤为之者尤佳②。因而对陈槱的上述记载，又补充了浙江稻草纸及麦杆纸、北方的桑皮纸，且指出川麻纸有玉屑纸及屑骨纸之名号。

明人屠隆（1542～1605）《纸墨笔砚笺·纸笺》谈到宋纸时指出：

① Dard Hunter, Papermaking; The history and technique of an ancient craft, 2nd ed., pp. 332～333, 523 (London, 1957).

② 宋·苏易简，《文房四谱》（986）卷四，《纸谱》，《丛书集成》本第1493册，53～55页（上海：商务印书馆，1960）。

有澄心堂纸极佳，宋诸名公写字及李伯时（李公麟）[作] 画，多用此纸。……有歙纸，今徽州地名龙须者，纸出其间，光滑莹白可爱。有黄、白经笺，可揭开用之。有碧云 [笺]、春树笺、龙凤笺、团花笺、金花笺。有匹纸，长三丈至五丈，陶穀（903～970）家藏数幅，长如匹练，名鄱阳白。有藤白纸、观音帘纸、鹄白纸、蚕茧纸、竹纸、大笺纸。有彩色粉笺，其色光滑，东坡（苏轼）、山谷（黄庭坚）多用之作画、写字①。

此外所提到的澄心堂纸、黄经笺、白经笺、碧云笺、春树笺、龙凤笺、团花笺、金花笺及彩色粉笺，都是宋代的加工纸名称。澄心堂纸是仿制五代澄心堂纸而制成，其他名目的纸或经染色、加蜡、添粉，或以泥金绘成图案，或兼而有之。巨幅匹纸、鄱阳白、观音帘纸、鹄白纸及大笺纸，应均为细白精细的皮纸，供作高级文化用纸。

《宋史·地理志》（1345）更载徽州府贡白苧纸，池州贡红白纸，成都府贡笺纸。关于徽州贡纸情况，还见于淳熙《新安志》（1114）卷二《贡纸》条，其中提到宋代新安（今安徽徽州）向朝廷解运的贡纸时写道："贡表纸、麦光、白滑、冰翼纸。……熙宁（1068～1077）中，贡白滑纸千张、大龙凤墨十斤。元丰（1078～1085）中，贡白苧十匹，纸如熙宁，而无墨。"同书更载北宋时新安"上供七色（种）纸，岁百四十四万八千六百三十二张（44.8万余张）。七色者：常样、降样、大抄、京连、三抄、京抄、小抄。自三抄以下，折买奏纸是为七。外有年额折银纸。……大中祥符四年（1011），以歙州岁供大纸数多，颇劳民，思有以宽之。"大抄纸是作榜纸用的，表纸即奏本纸，麦光纸、白滑纸、冰翼纸和凝霜纸，都是指洁白平滑而细薄的楮皮纸。常样、降样、大抄、京抄、京连、三抄、小抄等名目，是就纸的规格尺寸而言者，共有七个尺寸的纸，故称"七色纸"，不是指七种颜色的纸。

弘治《徽州府志》（1502）卷二《物产志》进一步解释说：

旧（宋）有麦光、白滑、冰翼、凝霜之目，歙绩溪界中有地名龙须山，纸出其间，名龙须纸。大抵新安之水清澈见底，利以沤楮，故纸如玉雪者，水色所为也。其岁晏敲冰为之者，益坚韧而佳。宋时纸名则有所谓进异、殿异、玉版、观音、京帘、堂异之类，亦出休宁之水南及虞芮、良安、和睦三乡，余见《拾遗志》。按旧志（淳熙《新安志》）虽载此，然今新安纸绝无佳名，惟市于常山、开化二县者乃佳②。

由此我们知道宋代徽州地区楮皮纸产地及当地水质情况。这一带的纸在五代南唐时便供内府使用，宋代时一仍其旧，明代起内府才改用别处纸。

二 关于元代纸品种的综合介绍

关于元代所造的各种纸，元人费著（1303～1363在世）《蜀笺谱》（约1360）称：

广都（四川成都）纸有四色，一曰假山南，二曰假荣，三曰冉村，四曰竹纸，皆以楮皮为之。其视浣花笺，纸最清洁。凡公私簿书、契券、图籍、文牒，皆取给于是。广幅无粉者，谓之假山南；狭幅有粉者，谓之假荣。造于冉村 [者]，曰清水纸；造于龙溪乡 [者] 曰竹纸。蜀中经史子籍，皆以此纸传印。而竹纸之轻细似池纸，视

① 明·屠隆，《纸墨笔砚笺·纸笺》，《美术丛书》二集，九辑，136页（上海：神州国光社排印本，1936）。

② 明·汪舜民，弘治《徽州府志》（1502）卷二，《物产志·纸》，50页（上海古籍出版社影印宁波天一阁藏本，1964）。

上三色纸，价稍贵。近年又仿徽［州］、池［州］法，作胜池纸，亦可用，但未甚精致尔。

可见四川所造大幅本色纸叫假山南纸，小幅粉笺叫假荣纸，造于冉村的叫清水纸或冉村纸，造于龙溪乡的叫“竹纸”，所有这四种纸都以楮皮为原料。其中“竹纸”最为精细而白簿，价钱较贵。蜀人造楮皮纸，意在与徽州、池州的楮皮纸竞争市场，并仿造其所产，纸名为胜池纸，颇有竞争意识。《蜀笺谱》谈到四川麻纸品种时说：“笺纸有玉版，有贡馀，有经屑，有表光。玉版、贡馀杂以旧布、破履、乱麻为之。惟经屑、表光，非乱麻不用。”因而麻纸也有不同名目，其中玉版纸及贡馀纸是上等麻纸，注意此处的玉版纸与其他地方的玉版纸在用料上是不同的。同时还指出：

凡纸皆有连二、连三、连四笺。又有青白笺，背青面白。有学士笺，长不满尺。小学士笺又半之。仿姑苏作杂色粉纸，曰假姑苏版，皆印金银花于上。承平前辈，盖常用之，中废不作，比始复为之。然姑苏纸多布纹，而假姑苏笺皆罗纹，惟纸骨柔薄耳。若加厚壮，则可胜苏笺也。

连二纸、连三纸及连四纸的名目不见于宋及宋以前文献，是从元代开始出现的，连四纸在明清时又名为“连史纸”，此名一直沿用到现在。而在不同时期的连史纸，用料不同，除四川外，江西、福建等地也有连史纸名目。关于这种名目的由来，过去人们认为是由连氏兄弟造的，且以其排行而名纸。我们对此持有异议，认为这可能属于一种附会。元代人费著谈连四纸时加注曰：“售者连四一名曰船笺”，可见不是连姓人所造。我们认为纸名来自抄造方法，过去造纸多是一帘一纸，如果将棉布条缝在一长的抄纸竹帘中间，使帘面一分为二，则捞纸时，一帘便可同时形成两张纸。因为棉布条阻止滤水，在这上面的纸浆不能形成湿纸面，所以将一帘抄两纸取名连二纸。同理，加两个布条，则一帘三纸（图 5-3）；加三个布条，一帘四纸。用这种方法捞纸，在单位时间内无形中成倍地提高了工效。这是元代纸工对抄纸帘结构所作出的技术革新。但以此法捞纸，要求抄纸匠的技能要更为熟练，翻帘时要将两张纸准确地压在湿纸堆上。一帘二纸操作较易，三纸、四纸更难。后来的连四纸或连史纸，有时只存其名，实际上仍是一帘一纸，只不过幅面较大。最初的连二、连三、连四纸幅面较小。这类纸一般由一个人操作，在近代纸坊中，我们还经常看到这种抄纸方法。

图 5-3 连三纸抄纸设备（潘吉星绘）

费著所述的纸偏重四川，对外省纸谈得不多，可由其他著作加以补充。明人曹昭（1354～1410 在世）著、明人王佐（1406～1479）增《格古要论》卷二云：“元有彩色粉笺、蜡笺、黄笺、花笺、罗纹笺，皆出绍兴。又有白箓纸、匹纸、清江纸，皆出江西。赵松雪（赵孟頫）、巙子山（巙巙，1295～1345）、张伯雨（张雨，1277～1348）、鲜于枢（1256～1301）书，多用此纸”[①]。明人文震亨（1585～1645）《长物志》卷 7 有

① 明·曹昭著、（明）王佐增订，《新增格古要论》卷二，《丛书集成》本第 1554 册，6 页（上海：商务印书馆，1960）。

同样记载[①]元代人程棨（1275～1350 在世）《三柳轩杂识》还提到“温州作蠲纸，洁白坚滑，大略类高丽纸。东南出纸处最多，此当为第一焉。由拳皆出其下，然所产少。至和（1054～1055）以来方入贡。贵权求索寖广，而纸户力已不能胜矣。吴越（五代）钱氏时，供此纸者蠲（减免）其赋役，故号蠲［纸］云”[②]。浙江温州桑皮纸从五代历宋元时一直入贡，质量确实好，有出土实物为证。从以上所述可以看到，宋元时期在主要产纸区浙江、安徽、江西、江苏、四川、福建等地，已造出大量不同品种的纸，其中不少是加工纸，名目繁多，花样翻新。但产地多集中于江南，这是与造纸重心南移有关。北方在辽、金地区同样产纸，以后将会谈到。

三 防蛀纸、谢公笺、黄白蜡笺、金粟笺

在纸的加工技术方面，宋元继承隋唐五代的传统，且有新的发展。首先是各种染色纸，像唐代一样，宋代仍重视黄纸，尤其内府各馆阁官方文书、写本，均规定用黄纸。南宋人李焘（1115～1184）《续资治通鉴长编》（1183）卷 189 称：“嘉祐四年（1059）二月，置馆阁编定书籍官，别以黄纸印、写正本，以防蠹败”。

宋人程俱（1078～1144）《麟台故事》（1131）卷二也写道：

> 嘉祐四年（1059）置馆阁编定书籍官，其后又置编校官四人，以《崇文总目》收集遗逸，刊正讹谬，而补写之。又以黄纸写别本，以防蠹败。至嘉祐六年（1061），三馆秘阁上所写黄本书六千四百九十六卷，补白本书二千九百五十四卷。

沈括《梦溪笔谈》（1088）卷一同样提到：

> 今三馆秘阁四处藏书，然同在崇文院。其间官书多为人盗窃，士大夫家往往得之。嘉祐（1056～1063）中，置编校官八员，杂雠四方书，给吏百人写之，悉以黄纸为大册写之。自是私家不敢辄藏[③]。

“三馆”指昭文馆、集贤院及史馆，掌内府藏书、校书及修史，本为唐代建制，宋代因之，但均设置于崇文院内。用黄蘗染纸，确可防蛀，而内府秘籍以黄纸大册装订，加盖朱印，便无人再敢盗出与收藏了。此为防蛀、防盗之双重措施，自然在三馆秘阁中要有染纸匠、装潢匠多人。从沈括所载“给吏百人写之”，可见宋代在人员编制规模上已超过唐代。李心传（1167～1244）《建炎以来系年要录》（1202）卷 152 又说：“绍兴十四年（1144），诏诸军应有刻板书籍，并用黄纸印一帙，送秘书省。”这说明不只内府御用藏书以黄纸抄印，而且要求各地方亦应将其刻板书籍以黄纸各印一套，进呈中央政府。除官府用文书外，民间刊印或抄写的宗教经典也多用黄纸，这与前代是一样的。除黄纸外，蓝色纸、红色纸也常用于一些不同场合。

宋人加工制造出的各种颜色的彩笺，也为后代人所称道，尤其“谢公笺”，与历史上唐代著名的“薛涛笺”齐名。元人费著《蜀笺谱》写道：

> 纸以人得名者，有谢公［笺］，有薛涛［笺］。所谓谢公者，谢司封景初师厚。师厚创笺样以便书尺（写信），俗因以为名。……谢公有十色笺；深红、粉红、杏红、

---

① 明·文震亨，《长物志》（约 1640）卷七，《丛书集成》本第 1508 册，60 页（上海：商务印书馆，1936）。

② 元·程棨，《三柳轩杂识》，载（元）陶宗仪编《说郛》（1366）卷 24（浙江：清顺治三年木刻本，1646）。

③ 宋·沈括，《梦溪笔谈》（1088）卷一，15 页（文物出版社影印元刊本，1975）。

明黄、深青（深蓝）、浅青、深绿、浅绿、铜绿、浅云，即十色也。杨文公亿《谈苑》载韩溥寄诗云：'十样蛮笺出益州，寄来新自浣花头'。谢公笺出于此乎？[薛]涛（768～813）所制，特深红一色尔。

此处所说谢公当为谢景初（1020～1084），字师厚，北宋富阳（浙江）人，宋国史馆编修官、知制诰、直集贤院学士谢绛（995～1039）之子。谢景初于庆历（1041～1048）年中进士后，任余姚县令，筑海堤防潮，民赖以安。旋转海州通判、湖北转运判官，成都路提刑，后以屯田郎致仕（退休）。他博学能文，尤工于诗。谢景初所创制的十色信笺，可能完成于四川任内，受薛涛笺影响。但鉴于涛笺只有一种颜色，未免单调，遂出已意设计出以红、黄、蓝三种染液调制的十种色调的彩纸，丰富多彩。谢公笺是对薛涛笺的新发展，尺幅应比后者大些。元人费著还说北宋初人杨亿（974～1020）《杨文公谈苑》中引韩溥（928～1007 在世）诗"十样蛮笺出益州，寄来新自浣花头"所说"十样蛮笺"，可能是谢公笺的先导，这是有道理的。因为韩溥、杨亿都是谢景初父辈时的人。在他以前半个世纪，四川已有了"十样蛮笺"，失传后他起意造出更漂亮的十色信纸。

唐代时著名的黄、白蜡笺"硬黄"和"硬白"，在宋代得到进一步发展，演变成黄、白经笺或黄、白蜡经笺。人们注意到这种黄色蜡笺，是从"金粟山藏经纸"的发现开始的。金粟山在浙江海盐县西南 35 里，山下有金粟寺，初建于三国时吴的赤乌年间（238～250），经历代修建，至北宋时仍香火繁盛。诗寺经各方募资，于熙宁年间（1068～1077）写造大藏经以为镇寺之宝。明人董穀（1482～1562 在世）《澉水续志》（1557）卷六《祠宇志》称：

大悲阁内贮大藏经两函，万余卷也。其字卷卷相同，殆类一手所书。其纸幅幅有小红印曰'金粟山藏经纸'。间有元丰（1078～1086）年号，五百年前物矣。其纸内外皆蜡，无纹理，与倭纸相类，造法今已不传，想即古所谓白麻纸也。……日渐被人盗去，四十年而殆尽，今无矣。计在当时縻费不知几何？谅非宋初盛时不能为也。

明人胡震亨（1567？～1634）《海盐县图经》（1624）《杂识篇》说：

金粟寺有藏经千轴，用硬黄茧纸，内外皆蜡，摩光莹[滑]，以红丝栏界之。书法端楷而肥，卷卷如出一手。墨光黝泽，如髹漆可鉴。纸背每幅有小红印，文曰'金粟山藏经纸'。有好事者，剥取为装潢之用，称为宋笺，遍行宇内，所存无几。

与此同时，法喜寺所藏大藏经用纸也与金粟山藏经纸相似，每纸印有小红印，文为"法喜大藏"。纸高 1.7 尺、长 3.3 尺（约 56×109 厘米）。这些纸在明代从寺内流出后，便为世人看重，竞相购求，常用作书画引首。明人文震亨（1585～1645）《长物志》所说"宋有黄白藏经纸，可揭开用"，即指金粟笺，以其由数层纸构成，故揭开当宋笺使用。清人周嘉胄（约 1731～1795 年在世）《装潢志》称："余装裱，以金粟笺、白芨糊，折边永不脱，极雅致"①。这些纸至清代乾隆年间（18 世纪）还在传世。张燕昌（1727～1802 在世）特意写了《金粟山笺说》（约 1800）介绍此纸②，从此其名声大振，并由人贡入内府。清高宗乾隆皇帝下江南时，有意访求，收罗了民间收藏的不少金粟笺。他还用揭下的纸御书《波罗蜜心经》。而宫内珍贵书画如晋人陆机（261～303）《平复帖》、明人文征明（1470～1559）《漪兰室图》卷轴引首，均

① 清·周嘉胄，《装潢志》（约 1765）《丛书集成》本第 1563 册，6 页（上海：商务印书馆，1960）。

② 清·张燕昌，《金粟山笺说》（约 1800），《丛书集成》本第 1496 册，1～8 页（上海：商务印书馆，1960）。

用宋金粟笺。

关于这种纸的原料及形制，人们说法不一。有的说是麻纸，有的说是茧纸，甚而有人认为不是纸，而是所谓“树皮布”①，真可谓众说纷纭。为探明究竟，笔者化验了金粟寺及法喜寺的北宋大藏经纸，检验结果表明这批纸用不同原料纸写成，其中有麻纸，也有桑皮纸，但以皮纸居多，绝不是什么“树皮布”，亦非茧纸。每张纸都比较厚，确可分层揭开，纸呈黄色或浅黄色，表面施加蜡质，再经砑光，因此帘纹不显，而表面平滑，制作精细，确实是唐代硬黄纸的延续。

每张纸背面都有若干小红印，印文为“金粟山藏经纸”或“法喜大藏”。然而揭开后的内层纸，并没有蜡，帘纹便明显可见了，但纸面上则隐约出现上一层纸渗下的墨迹，每层纸并不厚，三四层连在一起才显得厚。纸上墨迹端正圆熟，墨色发光。这上万卷的金粟山藏经，以良纸、佳墨及书法高手写成，正如明人董榖所说，其耗费一定很高，非北宋盛时不可为也。与金粟笺对应的北宋造白蜡笺，亦有实物可供吾人研究。前述1966年浙江瑞安县仙岩慧光寺塔出土的北宋时（1034～1043）刻印《宝箧印陀罗尼经》，即用白蜡笺。纸直高30、横长65.2厘米，由11枚纸印成。此纸白色，表面平滑、加蜡，纤维交织匀细，纤维束少，帘纹不显，较厚，可分层揭开。纸表似乎还有白粉，是上等白蜡笺纸上书以泥金②，是宋代白经笺的标本。

四　砑花纸、水纹纸、仿薛涛笺、仿澄心堂纸

宋元时人们喜欢用特制的纸作信笺和诗笺，形式各种各样。除上述宋初谢公十色笺外，还有颜直之的色笺。颜直之字方叔，号乐闲，吴人，为宋代画家，工人物，又善写小篆，事迹不详。明人陈继儒（1558～1639）《妮古录》卷二云：

> 宋颜方叔尝制诸色笺，有杏红露、桃红、天水碧，俱砑花竹、麟羽、山林、人物，精妙如画。亦有金缕五色描成者，士大夫甚珍之。

宋人颜直之所制色笺虽颜色种类不多，但纸染好后，又在纸上砑以人物、花竹、山林、虫鱼等画，则另有雅趣，实际上是彩色砑光纸。由于颜直之本人就是画家，由他起草的画稿经精刻于木板并压在纸上后，“精妙如画”，所以士大夫甚为珍重。如果在色纸上再直接画成画，再在上面写字，也是另有妙趣。

宋元砑花纸也有传世品，如北京故宫博物院藏北宋书画家米芾的《韩马帖》，用纸呈斗方形（33.2×33.2厘米），纸面呈现云中楼阁的图案，便是砑花纸。同样，宋末元初画家李衎的《墨竹图》（29×87厘米），用纸幅面较大，纸的右上方呈现“雁飞鱼沉”四个篆字，左上面有“溪月”隶体文字。同时纸的中间呈现雁飞于空、鱼浮于水的图画，读者可从图上仔细在竹叶中间看到雁飞的白线条图案（图5-4）。我们认为这些鱼雁图有“鸿雁捎书”、“鱼传尺素”之寓意，因而此纸裁短可作信笺。此纸为皮纸，白间黄色，表面涂蜡，又经砑光，因此可称为砑花蜡笺纸。李衎于元贞元年（1295）任礼部侍郎，皇庆元年（1312）累官至吏部尚书，拜集贤院大学士，因此这位画家兼内阁大臣用纸是相当考究的。其《墨竹图》是双重艺术珍品，

---

① 凌纯声，北宋初年的金粟笺考，树皮、印文陶与造纸印刷发明，81～82页（台北，1963）。

② 浙江省博物馆，浙江瑞安北宋慧光塔出土文物，文物，1973，1期。

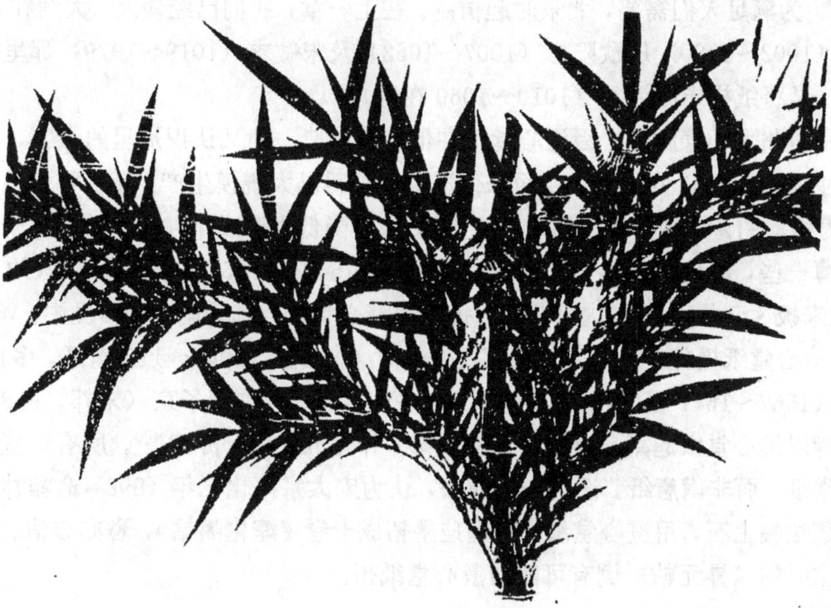

图 5-4　元《墨竹圆》(局部)

正如米芾的《韩马帖》那样。

唐代兴起的花帘纸或水纹纸，虽不见实物遗存，但北宋初这类实物保存下来了。北京故宫博物院藏李建中（945～1108）的《同年帖》(图 5-5)，是迄今所见较早的水纹纸。李建中字得中，宋初书法家，太平兴国八年（983）进士，任大理寺评事、工部郎中、太常博士，官终太府寺。《同年帖》是他写的一封信，提到与他同年中进士的邵兵部，故名《同年帖》。该帖由大小两纸联成，其中小纸（8.3×33 厘米）为楮皮纸，纸面呈现波浪纹图案。由此可知水纹纸多作信笺用。上海博物馆藏北宋文学家沈辽（1032～1085）的《所苦帖》，纸面上也呈现与《同年帖》同样的水纹。

图 5-5　李建中《同年贴》

前代有名的薛涛笺和澄心堂纸，宋元时期仍继续仿制，为人们所喜欢。清初人王士祯（1634～1711）《香祖笔记》（1705）卷 12 引《雪蕉馆纪谈》云：“明玉珍在蜀，有成都人陆子良能造薛涛笺，工巧过之。玉珍建捣锦亭于浣花［溪］，置笺局，俾子良领其事”①。按明玉珍（1331～1366）于元末至正十七年（1357）领兵入蜀，十八年（1358）克成都，自称蜀王，次年（1360）称帝，国号大夏。因此他据蜀时间为 1358～1366 年，这也是陆子良仿制薛涛笺的时间。由于得到当地统治者支持，设官局制造，则元末时成都所造薛涛笺在质量和数量上超过唐代，是可想而知的。自从五代南唐（937～958）灭亡后，从宫中流出内府御用的澄心堂纸后，因其质地洁白、细腻而又浑厚，引起北宋文人喜爱，不断写诗称赞。此纸遂身价提高，以至“百

① 清·王士祯，《香祖笔记》(1705) 卷 12，《笔记小说大观》第 16 册，61 页（扬州：江苏广陵古籍刻印社，1984)。

金市一枚”。为满足人们需要，北宋时起仿制。在上一章，我们已经谈及，大约在1043～1045年梅尧臣（1002～1060）从欧阳修（1007～1062）及宋敏求（1019～1079）那里得到南唐澄心堂纸后，又将纸样送给潘谷（1010～1060在世）。

潘谷是徽州人，善制墨，因澄心堂纸在他家乡制造，他又认识那里的纸工，遂于徽州依样仿制，时间约在1045年前后，从而宋仿澄心堂纸得以大规模生产。潘谷将仿品300张回赠梅尧臣。梅赠潘的诗中说“君使制之精意馀”，为了降低生产成本并便于使用，宋代澄心堂纸比南唐纸薄一些，其他方面是一样的。明人屠隆（1542～1605）《考槃馀事》（约1600）卷一云：“尝见宋板《汉书》，不惟内纸坚白，每本用澄心堂纸数幅为副。今归吴中，不可得矣”[①]。又说：“有澄心堂纸极佳，宋诸名公写字及李伯时（李公麟，1049～1100）画，多用此纸。”明人谢肇淛（1567～1647在世）《五杂俎》（1616）卷12云：“宋子京（宋祁，998～1061）作《唐书》，皆以澄心堂纸起草，欧阳公（欧阳修）作《五代史》亦然”[②]。所有这些都应理解为宋仿澄心堂纸，而非南唐纸。还有一种说法，认为宋太宗淳化三年（992）命翰林侍读王著临摹内府所藏法帖上石，用澄心堂纸、李庭珪墨拓成十卷《淳化阁帖》，恐亦难信。不过南唐后主李煜在位时的《昇元帖》倒有可能用澄心堂纸拓。

五 ·金花纸、明仁殿纸、端本堂纸、姑苏笺、瓷青纸、云母笺

在艺术加工纸中，唐代创制的冷金、泥金、销金彩笺，在宋代得到进一步发展。元人脱脱（1314～1355）及欧阳玄（1274～1358）《宋史》（1345）卷163《职官志》谈到吏部官告院掌管为妃嫔、王公、文武百官及外蕃官员、命妇封赠品位之职时，规定公文用纸的各种等色。①凡文武官用绫纸五种十二等色，背销金花绫纸、五色绫纸、大绫纸、中绫纸及小绫纸；②凡宫掖至外命妇，用罗纸七种十等，遍地销金龙五色罗纸、遍地销金凤五色罗纸、销金团窠花五色罗纸、销金五色罗纸、销金大花五色罗纸、金花五色罗纸、五色素罗纸；③凡内外军校封赠，用绫纸三种四等，有大绫纸、中绫纸、小绫纸；④凡封蛮夷酋长及蕃长用绫纸二种各一等，有五色销金花绫纸、中绫纸[③]。还规定用不同材料的卷轴及钤印方式等。其中所谓“绫纸”及“罗纸”，是指用带有花纹的彩色绫、罗镶边的纸。销金花绫纸是在绫纸上带有细小金片，遍地销金龙五色罗纸是在五色罗纸上到处洒以金片并用泥金画出龙的图案。遍地销金凤五色罗纸指在上述纸上画以凤的图案。销金团窠花五色罗纸，是在五色罗纸上洒金片并绘出团花图案。

北宋人宋敏求（1019～1079）《春明退朝录》（1070）谈到诰制之制时，也指出对①后妃用销金云龙罗纸，公主用销金大凤罗纸；②对亲王、宰相、使相，用白背五色金花绫纸；③枢密使、三师三公、前宰相至仆射、东宫三师、嗣王、郡王、节度使，用白背五色金花绫纸④参知政事、枢密副使、知院同知……用白背五色绫纸；……凡修仪、婉容、才人、贵人、美人，用销金小凤罗纸。宗室女，素罗纸……在纸的加工程度上显出不同的等级。最隆重的是

---

① 明·屠隆，《考槃馀事》（约1600）卷一，1页；卷二，36页，《丛书集成》本第1559册（上海：商务印书馆1937）。

② 明·谢肇淛，《五杂俎》（1616）卷12，14页（日本宽文元年刻本，1661）。

③ 《宋史》（1345）卷163，《职官志》，廿五史本第7册，496页（上海古籍出版社，1986）。

用销金云龙凤五色绫纸，最一般的是小白绫纸。其中销金云龙凤五色绫纸制法是：①先将上等白纸染成五色；②再将黄金打成金箔，剪切成细小碎片放入筛中；③以手轻轻敲动筛，使金片均匀洒在纸上，用胶固着；④用泥金或其他颜料在整个纸上画出云纹及龙凤图案；⑤将纸的上下两边用织有图案的彩色薄细绫、罗镶边；⑥按着等级要求装轴及飘带，并制成匣子盛卷轴；⑦最后，由吏部官诰院楷书手书写诰封文字，交由有关部司加盖印玺。纸料主要用上等皮纸，由政府在产纸区设官局监造，再送入内府由匠师加工。元代在户部有抄纸坊、礼部有白纸坊这类专司造纸的衙门。这类纸较昂贵，除官方使用外，民间富家遇有婚喜事也时常用，但主要画如意、宜百子等吉祥图案，祝寿时则画寿星等。宋政府曾禁止民间使用销金银笺，但禁而不止。

元代内府及民间使用金花纸的情况，大体上与宋代是一样的。其中“明仁殿纸”和“端本堂纸”是元内府用的艺术加工纸，因为明清时流传下来，故而著名。元人陶宗仪（1316～1396）《辍耕录》（1366）卷21《宫阙制度》称，明仁殿又曰西暖殿，在皇帝寝殿之西①，是皇帝读书之处。而同书卷2《端本堂》条，则说端本堂是皇太子授业、读书之所。为供皇帝及皇太子御用，特意加工了这种纸，其特点是用上等皮纸染成黄色，背面刷粉并洒金片，再在纸的两面涂蜡并砑光，最后再在纸的正面用泥金描满如意云纹。纸质厚重，可揭为3～4层。在纸的右下角钤“端本堂纸”或“明仁殿纸”长方小印。因两种纸的形制大致相同，纸的两面均富丽堂皇，确有皇家用纸的气派。虽然纸本身已经是件艺术品，但主要用于写字。有时皇帝还将此纸颁赐给臣僚。元代灭亡后，库内仍有不少，因此明初时还流传于世，但入清后逐渐稀少。清高宗于乾隆年间（1736～1795）发现此纸，下令仿制。从仿制品中我们得见其纸幅较大（53×121.4厘米），比南唐澄心堂纸更大，质量更高。这种纸我们可称之为“泥金绘如意云纹销金黄色粉蜡笺”，是宋代彩色粉蜡笺的直接延续。它将色笺、粉笺、蜡笺三者结合起来，再用泥金绘出图案，已做到综合加工的完美地步，对明清两代有重大影响。

图5-6　北宋徽宗草书《千字文》

明清时一度风行的罗纹纸，显然也是直接继承了宋元的传统。罗纹纸的特点是，纸面上除帘纹外，还呈现出细密的纵横交叉的纹理，如同罗纹。费著《蜀笺谱》在谈到元代四川曾仿制姑苏（今江苏吴县）的姑苏笺时写道：“仿姑苏作染色粉纸，曰‘假苏笺’。皆印金银花于上，承平前辈，盖常用之。中废不作，比始复为之。然姑苏纸多布纹，而假苏笺皆罗纹，惟纸骨柔薄耳。若加厚状，则可胜苏笺也。”罗纹纸的作法，我们在上一章已介绍，此不重复。

① 元·陶宗仪，《辍耕录》（1366）卷21，252页；卷2，21页（北京：中华书局，1959）。

然蜀中假苏笺与一般罗纹纸不同的是，还有深层加工，将其再制成彩色粉笺，并洒以金银花（原文中的“印”，不是印刷的印），因而成为销金银罗纹彩色粉笺，自然外观更美，并以此与姑苏笺相抗衡。蜀纸一般较厚重，费著说“一夫之力，仅能荷（担）五百番”，但假苏笺纸面较薄，因为姑苏笺较薄，不过填粉、饰金银后，也仍比一般薄纸厚重。

五代南唐澄心堂纸除在宋代仿制外，元代也曾仿制。费著在介绍假苏笺后，接着说：“余得之蜀士云，澄心堂纸取李氏澄心堂样制也。盖表光［纸］之所轻脆而精绝者，中等则名曰‘玉水纸’，最下者曰‘冷金笺’，以供泛使。”从这段记载来看，元代仿制的澄心堂纸，实际上是以宋代澄心堂纸为纸样的，因为南唐李氏澄心堂纸厚重，而宋代澄心堂纸才较轻薄。清代乾隆年又有仿澄心堂纸，与宋元又有所不同。

五代至宋所造瓷青纸对后世很有影响，周嘉胄《装潢志》说宋徽宗赵佶（1082～1135）和金章宗完颜璟（1168～1208）很喜欢在瓷青纸上用泥金写字，“殊臻壮伟之观”[①]。瓷青纸一般较厚重，可分层揭开，染以靛蓝，其色如瓷器的青釉，故称瓷青纸。用墨写字，字迹不易显而将金粉分散于胶水中写成金字，则颜色鲜明。瓷青纸表面有时加蜡并砑光。这类纸在出土物中时有发现。如1978年苏州瑞光寺塔出土北宋雍熙年（984～987）刻本《妙法莲华经》卷轴引首为瓷青纸[②] 此纸明清时作书籍封面。同塔还出土五代大和辛卯（931）泥金书瓷青纸《妙法莲华经》，卷首且有泥金绘经变人物图。谢肇淛《五杂俎》（1616）卷12谈到宋纸时，还提到“常州有云母纸”，这是指将白云母细粉装饰于纸面上，呈现银白色光泽。辽宁博物馆藏宋徽宗草书《千字文》，写于宣和四年壬寅（1122），用纸为泥金绘云龙纹粉蜡笺[③]（图5-6）。

第三节　纸本书画、印刷品和纸币等纸制品的大发展

一　书画及版刻用纸

宋元时期由于造纸原料进一步扩大、造纸技术和设备的改进，造出比前代数量更多、质量更高的各种纸，这就大大促进了纸在日常生活中的应用。首先要指出的是纸在绘画、印刷货币等方面的广泛使用；其次是纸制品用于制作衣服、帐、被、枕头及娱乐方面，成为其他材料特别是丝绢等纺织品的代用品。绘画用纸要求较高，一是幅面要大，二是表面平滑、强韧，又有渲染及着色性能。大量用纸本作画是从宋元时出现的，供使用的主要是皮料纸、楮皮纸及桑皮纸。巨幅皮纸洁白平滑又受墨受彩，为美术家、书法家提供价廉物美的创作材料某些方面比绢本更能发挥出艺术效果。在装裱过程中，用纸也比用绢更为便当。纸是否适于作画，其幅面是个重要因素，而幅面取决于抄纸帘的大小和历代流行的纸幅规格，而这又与各代造纸技术总的发展水平有关。

从我们所见实物而言，书画用纸幅面有颇大的时代性，可作为年代鉴定的指标之一。汉

---

① 清·周嘉胄，《装潢志》，《丛书集成》本第1563册，5页（上海：商务印书馆，1960）。

② 姚世英，谈瑞光寺塔的刻本《妙法莲华经》，文物，1979，11期，32～33页。

③ 潘吉星，中国古代加工纸十种，文物，1979年，2期，38～48页；Pan Jixing：Ten kinds of modified paper in ancient China. IPH. Information. Bulletin of the International Association of Paper Historians，1984，no. 4，pp. 151—155（Basel).

晋法书直高多为1尺（24厘米），唐、五代比晋纸略高些，约为唐代1尺（25～27厘米）。宋代书画纸尺幅更大，法书纸一般直高30～35厘米，如米芾《苕溪诗》30.5厘米、李建中《同年帖》33厘米、苏轼《人来得书帖》31.5厘米。宋画一般直高30～55厘米，横长明显增大。如杨无咎（1097～1169）《四梅图》直高37、横长60厘米。宋代还有匹纸，长三丈有余，中无接缝，如辽宁博物馆藏宋徽宗草书《千字文》用纸（图5-6），这正是宋代画家们创作长江万里图和巨幅山水画的理想材料。元代画纸一般大于宋代，如黄公望（1269～1345）《溪山雨意图》（1344）、朱德润（1244～1365）《秀野轩图》、张逊（约1285～1355年在世）《双钩竹》（1349），用纸横长都在100厘米以上。根据我们对北京故宫博物院所藏历代纸本绘画的实测结果，一般说唐代绘画纸面650平方厘米，宋代平均为2412、元代为2937平方厘米。把这些数据作成座标曲线以示比较（图5-7），是颇有趣的。虽然这些统计数据是不完全的，今后会因扩大纸样观察范围使曲线形式有所改变，但总的发展趋势是无疑的，即越是到后代，所能提供的一般画面越大。因而我们看到，书法和绘画这两门艺术的发展是与造纸技术的发展息息相关的。

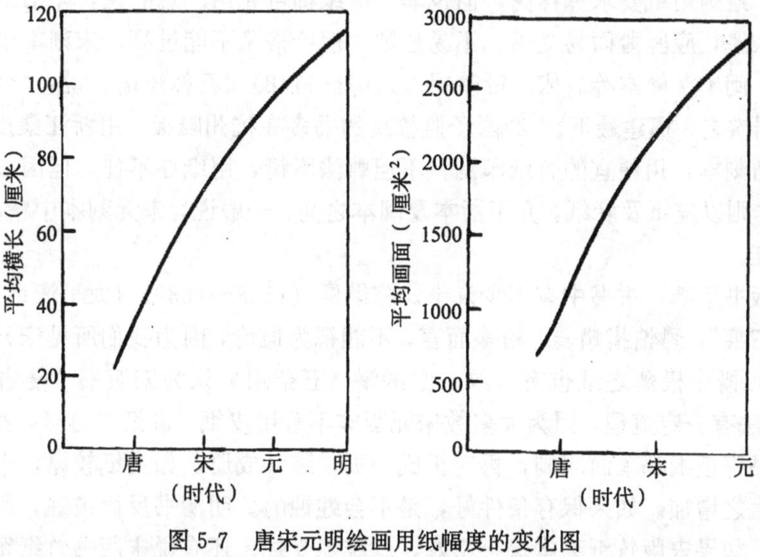

图5-7　唐宋元明绘画用纸幅度的变化图

书画用纸幅面是随着造纸术的演进和朝代的更替而有规律地向放大尺寸的方向发展（图5-7）。唐末、五代能造出1丈长的纸，魏晋南北朝时便难能为之；宋元又造出3丈长的纸，胜于唐、五代；明清匹纸又大于宋元。如果一张整幅书画纸超过1000平方厘米，被标为南北朝某人所作，肯定是不可信的，标为唐人作品也值得存疑，这样的纸十之七八为宋元以后之物。从原料来看，适于作画的纸多为皮纸，竹纸虽然便宜，主要用以写字或印刷，宋元人很少以竹纸作画。因而某件作品为竹纸，而标为晋、唐或宋人所画，便可生疑，这是以纸质鉴定作品年代之一例。

像绘画纸一样，金石拓片和碑帖用纸对质量要求也比较高。由于宋代史学的发展，在收集和考证古代原始史料方面下了很多功夫，作为考古学一部分的金石学在宋代兴起。金石学主要研究古代钟鼎文和石刻文字，为此需要用纸从铜器及石碑上进行墨拓，再对文字进行考释。文史学家欧阳修（1007～1072）、赵明诚（1081～1129）在《金石录》（1132）中收集、著录的金石文甚为丰富，足补古籍记载之不足。拓片用纸要求纸质薄细而紧密，拉力强而又受墨，一般都用皮纸，以往旧称“绵纸”或“茧纸”，这类名称是不科学的，我们认为还是称皮纸为好。碑帖用纸要求表面平滑、坚实受墨，而又寿命较长并抗蛀，亦是非皮纸莫属。当然，用好的白麻纸亦可，绝不可用竹纸。宋太宗赵匡义（939～997）淳化三年（992）下令以澄心堂纸，由李庭珪（893？～967）墨拓摹内府秘藏历代法书共十卷，赐亲王、大臣各一部，此即有名的《淳化阁帖》。我们已经辨证此澄心堂纸为宋代澄心堂纸，南唐李氏澄心堂纸断不可作拓片用。至于墨，倒有可能用李庭珪所制，然《阁帖》后期版本则多用徽州潘谷墨。宋拓本向来被鉴赏家及收藏家视为名贵善本，原因之一是用良纸、佳墨摹勒、拓打，字迹清晰，接近祖本。至今仍有传世品可供欣赏。

宋元时印刷术相当发达，官刻、私刻及坊刻的印本书相当多。宋人章如愚（1170～1230在世）《群书考索·后集》卷26说：“景德二年（1005）五月戊申，宋真宗至国子监看书库，问祭酒邢昺（932～1010）现有书版几何？”昺对曰：“国初不及四千，今十余万，经史正义皆备，书版大备”。四十年间书版增加25倍。《宋史·艺文志》（1345）著录的官府藏书9819部，都119，972卷（将近12万卷），其中不少是刻本。宋元版书现在可以看到不少。刻本用纸虽然没有书法、绘画用纸要求那样高，但也非一般纸都可充用。总的说，印书纸表面应尽可能平滑，不宜太厚，应坚薄而易受墨，不易蛀蚀，但价格又不能过高。宋刻本以地域而言，有蜀本、浙本、闽本、赣本等。宋人叶梦得（1107～1148）《石林燕语》说：“今天下印书，以杭州为上，蜀次之，福建最下。”经国子监校勘的书多在杭州雕板，用浙江桑皮纸印，质量最高。闽本多坊刻本，用便宜的竹纸印制，不但雕法不精，用纸亦不佳，但因成本低，流传反而最广。蜀本则以皮纸及麻纸，介于浙本及闽本之间。一般说，宋元刻本中精品不但字体美，而用纸亦必佳。

关于宋版书用纸，古书中有不少议论。陈继儒（1558～1639）《太平清话》说：“宋纸于明处望之无帘痕”，恐怕指蜡笺，粉笺而言，不能视为通论，因为我们所见宋元版本绝大多数有明显帘纹，既令极薄之纸也有帘纹。谢肇淛《五杂俎》认为宋版书“笺古色而极薄，不蛀”。这个说法有一定道理，因为大多数宋元版本不管用皮纸、麻纸或竹纸，都比较薄，这是因为中国印书每板纸都单面印刷，再对折成一页，装订成册。如用纸较厚，书籍就要占用体积，成本也随之增加。如果保存条件好，是不会蛀蚀的。明清书反而被蛀，因没有受到宋版书那样重视。如果宋版竹纸刻本保存不好，就难免受蛀。还有说宋版书竹纸帘纹二指宽，明版一指宽①。这就要看具体情况了。这里所说“帘纹”，实际指抄纸帘上丝线编织纹之间的距离。两指相当3.0厘米，一指为1.5厘米。有的宋版书用纸，编织纹间距大致均等，确是两指宽。也有的不均等，如南宋本《证类本草》为建阳麻沙本（竹纸），丝纹间距为1.0，1.3，1.5厘米不等，只有一指左右。宋版乾道七年（1173）刻《史记集解》用竹纸，丝纹间距3.2～3.3厘米，便为二指宽。由于宋元刻本用不同地方、不同原料纸印刷，在品评用纸时，宜分别判断，很难找到通用指标。古人所说均指某一具体场合，不能当成通论，并以此作为版本鉴定之依据。宋元版本书及宗教印刷品以几十万卷计，每卷印百千份，统计起来耗纸量就是个极大的数字了，当以亿而论。

---

① 毛春翔，古书版本常谈，29～32页（上海：中华书局，1962）。

二 纸币的发行

纸在宋元时另一重要社会用途，是用来发行纸币。中国是世界上最早发行纸币的国家，纸币的出现是货币史中的一个革命。以纸制品代替金属货币使用，早在南北朝及唐代时已经实现，主要用于葬礼。古代送葬时以真正的铜钱埋入地下，唐代开元年间（713～741）以纸作成模拟铜钱的“楮钱”，为殉葬品的习俗盛行，从而节约了大量金属货币。这促使人大胆思考，既然死人可用楮钱，活人为何不能用纸钱作流通手段？在上一章中我们已经提及唐宪宗时（806～821）已出现“飞钱”。北宋时更发行早期纸币，即所谓“会子”（图 5-8）。

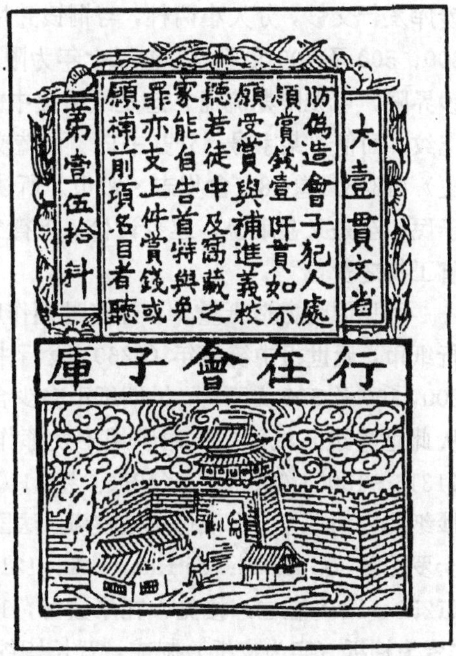

图 5-8 南宋纸币会子

《宋史》卷 181《食货志》及马端临（1254～1323）《文献通考》（1309）《钱币考》对宋代发行的纸币有详细介绍。《宋史·食货志》谈到纸币时一开始就说：“会子、交子之法，盖有取于唐之飞钱”。宋真宗大中祥符四年（1011），四川十几户富商鉴于当地铁钱不便贸易，遂经营钱庄，以纸本交子为券，可兑现金属货币，他们成了世界上最早一批银行家。12 年后，宋仁宗天圣元年（1023）时，由官府接管这项业务，朝廷在四川设交子务，发行地方性纸币。币值从 1 贯到 10 贯，与支票类似。后改为定额印制，与货币相同。分界发行，定期回收，以二或三年为一界，即纸币的有效使用期限。从仁宗天圣元年至徽宗大观元年（1023～1107）84 年间共发行 42 界官营交子，每界发行额为 125 万贯，币值是稳定的。后来政府为补财政亏空，滥印滥发交子，导至贬值。大观元年（1107）从第 43 界起易名为钱引，仍在四川发行。钱引以铁钱为币值本位，纸面上印有界分、年号、面额及图案，面值从 1 贯到 500 文，三年为一界。至南宋时，东南发行的纸币叫会子，初亦由商人经营便钱会子。绍兴三十年（1160）改为官营，由户部发行会子，通行于浙江、淮、湖北及京西，以会子纳税及交易。三年一界，以铜钱为币值本位，面值有 1 贯、200 文、300 文、500 文，共发行 18 界。政府还颁布《伪造会子法》，犯人处斩，检举者受奖。

《宋史·食货志》还说“当时会纸取于徽、池，续造于成都，又造于临安”，就是说政府在徽州、池州设造纸局，以楮皮纸抄造会子专用纸，后又于成都及杭州再设局造纸。吴自牧（1231～1309 在世）《梦粱录》（1274）《监当诸局》条又说：

> 会子库，在榷货务，置隶都茶场，悉视川钱法行之。以务门兼职，以都司官提领。日以工匠二百有四人以取于左帑，而印会归库矣。造会纸局在赤山湖滨，先造于徽城，次成都，以蜀纸起解。后因路远而弗给，诏杭州置局于九曲池，遂徙。于今安溪亦有局，仍委都司官属提领，但工役经定额，见役者日以一千二百人耳。交

[子]、[钱]引库，在太府寺门内①。

可见制造并发行纸币在当时有一套完整的制度，造纸局所属制造币纸的工匠多至204以至1200人，说明其规模之大。《宋史·食货志》还说所造之纸“工程务极精致，使人不能为伪者”，在造纸取料及形制上采取了防伪的技术措施。

金、元两代沿用宋代制度发行纸币，称为交钞、宝钞。金海陵王贞元二年（1154）设交钞库发行交钞，分大小两种，与铜钱并用。大钞分1，2，3，5，10贯面值，小钞有100，200，300，500及700文不等。初以七年为限，到期更换新钞。金世宗大定廿九年（1189）取消交钞界限，可无限期流通，这是纸币史中的另一创举。金代币纸用北方桑皮纸印制，纸面印有花纹、面值、某字号，外篆书曰“伪造交钞者斩，告捕者赏钱三百贯”。据脱脱、欧阳玄《金史》（1345）卷48《食货志·钞币》所述：“以钞法屡变，随出而随坏，制纸之桑皮故纸皆取于民，至是又甚艰得，遂令计价。但徵宝券通宝名曰桑皮故纸钱，谓可以免民输輓之劳，而省工物之费也”②。

可见因北方造纸量少，遂将过期作废的交钞回槽重新造纸，叫桑皮故纸钱。元代继续发行纸币，元世祖中统元年（1260）发行中统宝钞，面价有一贯、二贯及10，20，30，50，100，200，300及500文不等。早期纸币多少含有兑换券性质，至元代才成为非兑换性的真正纸币。从此世界进入纸币在流通领域中发挥作用的新时代，各国逐步效法，直到今日。元陶宗仪（1316～1396）《辍耕录》（1366）卷21《公宇》条，载元政府户部设宝钞总库、印造宝钞库及抄纸坊专司此事，币纸仍用桑皮纸。法国国王路易九世（St. Louis Ⅸ，1214～1270）曾派遣教士罗柏鲁（Guillaume de Rubrouck，1215—1270）出使中国，1253年至和林，受到宪宗蒙哥（1251～1258在位）接见，在华数月，1255年返回巴黎。他在其游记中谈到中国通行的货币“皆为棉纸（实为皮纸）制成，宽长皆约一掌。其上盖印文，印类蒙哥大汗之玉玺”③。此后，1275年来华的意大利人马可波罗（Marco Polo，1257～1327）在游记中有更详细记载。据法国人沙海昂（A. J. H. Charignon）本卷2第95章《大汗用树皮所造之纸币通行全国》云：

> 此币用树皮作之，树即蚕食其叶作丝之桑树。此树甚众，诸地皆满。人取树干及外面粗皮间之白细皮……既用上述之法制造此种纸币以后，用之以作一切给付。凡州郡国土及君主所辖之地，莫不通用。臣民位置虽高，不敢拒绝使用，盖拒用者罪至死也。……盖大汗国中商人所至之处，用此纸币以给费用，以购商物，以取其售物之售价，竟与纯金无别”④。

从这之后欧洲人才知道中国使用纸币的事。西方最早的纸币是1661年在瑞典发行的，美国于1690年、法国于1720年、英国于1797年发行纸币，德国至1806年才发行。瑞典银行制度直接受中国影响⑤。

---

① 宋·吴自牧，《梦粱录》（1274），72页（北京：商业出版社，1982）。

② 《金史》卷48，廿五史本第9册，114～116页（上海古籍出版社，1986）。

③ 张星烺，《中西交通史料汇编》（1935）第1册，189页（北京：中华书局重订本，1977）。

④ Marco Polo著，冯承钧译，《马可波罗行纪》中册，382～383页（北京：中华书局，1957）。

⑤ Robert Temple, *China, Land of Discovery*, p. 119（Willingborough，1986）.

三　纸衣、纸被、纸帐、糊窗纸、纸伞、纸灯笼

宋元时期纸制品渗透到日常生活的各个方面。我们先谈纸衣及纸被、纸帐、纸枕等床上用品。苏易简《文房四谱》卷四《纸谱》

山居者常以纸为衣，盖遵释氏云，不衣蚕衣也，然复甚暖。

因此僧人多服纸衣。杨旻及曹文柱二位作者引宋人诗文集，介绍不少这方面的材料[①②]。宋人魏了翁（1178～1237）《鹤山集》中说四川有李姓者，以楮衣救济不少贫人。王禹偁（954～1001）《小畜集》（1147）称王审知（862～925）据闽，“残民自奉，人多衣纸”，则五代时亦如此。刘克庄（1187～1269）《后村集》卷117《诗话续集》引徐思远诗：

纸衣竹几一蒲团，闭户燃萁自屈盘。

诵彻《离骚》二十五，不知月落夜深寒。

可见着纸衣有保温作用，可防风寒。王禹偁《小畜集》卷八《道服诗》中还有“楮冠布褐皂纱巾”之句。陆游（1125～1210）《行年诗》有“楮弁新裁就，修然学道装”之句，则以纸为冠亦多僧道所用。关于纸被，陆游在答谢朱熹（字元晦，1130～1200）诗《谢朱元晦寄纸被》中说：“纸被围身度雪天，白于狐雕软于绵”，则文人士大夫也以纸为被。宋佛僧惠洪（1071～1128）《石门文字禅》卷13载德洪谢玉池禅师赠纸被诗曰：

就床堆叠明如雪，引手摸索软似绵。

拥被并炉和梦煖，全胜白氎紫茸毡。

洪迈（1117～1184）《盘洲集》卷二有“一点斜光明纸帐”之诗句。而王禹偁《小畜集》卷一所说“风摇纸帐灯光碎”，也指的纸帐。类似记载还见于真德秀（1178～1235）《西山集》卷33中的《纸衾铭》：“朔风（北风）怒号，大雪如席。昼其难胜，况于永夕。……一衾万线，得之曷繇。不有此君，冻者成丘”。陆游《剑南集》卷21谈纸被时写道：“村居日饮酒，对梅花醉。则拥纸衾熟睡，甚自适也”。他还有“纸被蒙头方坐稳”诗句。苏易简《文房四谱》卷四更谈到纸枕：“摄生者尤忌枕高，直枕纸二百幅。每三日去一幅，渐次取之，迨至告尽，则可不俟枕而寝也。若如是，则脑血不减，神光愈盛矣”。因而用纸枕还成为一种养生之术。以上所述都是平日所用，曾公亮（998～1078）《武经总要》（1044）《前集》卷13讲到士兵作战身上披的护身甲时指出：“有铁、皮、纸三等，其制有甲身，上缀披膊，下属吊腿”[③]。说明护甲有铁制、皮制和纸制三种，纸甲必是以许多层纸板制成，比铁甲轻便，亦可起防矢护身作用。早在南北朝时已有纸甲，以后一直使用。

本书第四章谈到唐代糊窗纸，要求用防风雨而又半透明的油纸。宋元时继续以油纸糊窗，且有作油纸的记载。明《永乐大典》（1408）卷8841谈煎窗油法时，引宋代福建惠安人温革（1085～1147在世）《分门琐碎录》的煎油诗[④]：

五桐八麻不用煎，二十草麻去壳研。

---

① 杨旻，谈纸衣，光明日报，1962年4月17日。

② 曹文柱，宋代的纸被，北京日报，1980年7月13日。

③ 宋·曾公亮，《武经总要》（1044），《前集》卷13，中国古代版画丛刊第1册，672页（上海古籍出版社影印明刊本，1988）。

④ 宋·温革，《分门琐碎录》，载《永乐大典》（1408）影印本第10函，卷8841，6页。

光粉黄丹各七匕，柳枝搅用莫轻传。

又诗：

三麻四桐不用煎，七粒草麻去壳研。

光粉黄丹杏仁一，柳枝打出似神仙。

文字解释说：紫芥菜用石灰和之，其色转深，可以刷窗牖。煨熟皂子，热汤泡研如泥，用以粘油纸窗不脱，皂荚挼水打糊亦可。又靛青一斤，令入槐花末二两，水调，刷染窗牖，以油油之。《宣和殿油窗法》诗：

桐三麻四不须煎，草麻十五细细研。

定粉一钱和合了，太阳一见便争先。

凡油窗不及煎者，用桐油二分，入河水一分，以槐柳枝子顺手不住打，令匀，用鹅毛刷上简而妙。

这里介绍了好几种煎窗油的方法，以第一种方法为例，取五份桐油、八份麻油调合在一起，放入20粒去壳、研细的草麻子，再加入淀粉及黄丹各七匙，用力迅速搅匀，勿需煎炼，即成。其中黄丹又名铅丹，化学成分是四氧化三铅（Pb_3O_4），黄红色粉状，加入此物有杀虫灭菌作用，也使油略呈黄色。油料主要成分是桐油与麻油，二者可以不同比例（5：8，4：3及3：4）调配，再加其他辅助剂。加入淀粉（光粉、定粉）可能使油更呈粘性，易于刷在纸上。油料配好后，有不同方法可使之刷在窗纸上。如向油料中加入紫芥菜与石灰调合液，则颜色转绿，用毛刷刷在纸上。亦可将皂荚子汁配入，再刷纸；最后，还可将靛青、槐花末与油料配合刷之。每种方法都有不同效果，总的说来是使糊窗纸有抗水性、透明性、耐久性，有时还可呈现颜色。桐油有一种不太好的嗅味，加入麻油的目的是使此味减软。此后窗纸油的配方大体与此相同。

使用油纸的日常用具还有纸雨伞和纸灯笼，在宋元时期也广为普及。北宋画家张择端（1076～1145在世）的大型绢本画《清明上河图》描写汴京（今河南开封）在清明时节的城市繁华盛况，画面上可以看到不少雨伞，有大伞也有小伞，正是清明时节雨纷纷的景象。北宋文学家孔平仲（约1042～1122在世）《遇雨诗》有“狂风乱掣雨伞飞，瘦马屡拜油裳裂”诗句，写春秋时情景。而他的《大雪诗》“弥登曹亭要远望，纸伞掣手不可操”，则描写寒冬雪天持伞情景。苏轼诗有“蜡纸灯笼晃云母”诗句，而宋僧人普济（1179～1253）《五灯会元》（约1230）称：“宜鉴禅师往龙潭棲止，一夕侍立次潭曰：‘更何不下去’。师珍重便出，却回曰：‘外面黑’，点纸灯度与师。师拟接，便吹灭，师于此大悟”。

四　纸扇、风筝、纸牌、剪纸、纸人形

还有一种上自天子、下至庶民都必须用的纸制品是纸扇。扇有各种形式，常用的是团扇，扇面早期用绢，后改用纸，且有书画点缀在上面。现在用的折扇古称聚头扇，是从高丽传入的。明人谢肇淛《五杂俎》卷12说：“元以前多用团扇，绢素为之，未有摺者。元初东南夷人使者持聚头扇，人共笑之。”这种说法可能值得商榷，据考古学家宿白先生的研究，高丽的摺扇从日本学来，宋代时传入中国。当时传入中国的金银画摺叠扇是日本货，白摺扇是高丽

仿制品。苏轼、邓椿等文士都赞赏过摺扇。南宋时临安街上已有摺扇铺，摹仿制作[①]。我们查得南宋人朱弁（1080？～1144）《曲洧旧闻》（约1135）曾载：哲宗（1086～1100在位）御讲筵，诵读毕，赐坐，例赐扇。潞公见帝手中独用纸扇，率群臣降阶称贺。潞公指文彦博（1006～1097），字宽夫，天圣进士，历任殿中侍御史等职，曾两次拜相，封潞国公。故事发生于1086～1088年之间，文彦博之所以率群臣称贺，可能因哲宗手持纸扇表示不讲奢侈。南宋署名西湖老人的作者（1165～1124在世）于《繁盛录》（约1200）中介绍当时杭州时写道："诸行市：川广生药市、象牙玳瑁市、金银市……麻布行、青果行、海鲜行、纸扇行、麻线行……蠲糨纸、造翠纸、乾红纸"[②]。可见纸扇行成为南宋都城行市之一。同书还指出："街市扑卖，尤多纸灯，不计其数目"。纸扇行所卖的，包括纸面团扇和摺扇。

纸制品除作为玩具及娱乐用外，还有风筝、纸牌和纸人形。纸糊风筝以前叫纸鸢，宋以后多称为风筝。北宋人郭若虚（1039～1095在世）《图画见闻志·记艺》（约1075）篇载，五代末至北宋初著名画家郭忠恕（字恕先，约912～977）遇一富人，饷以酒肉，然后请画家在一幅巨纸上作画。郭忠恕稍作思索后，在纸的前端画了个儿童手持线车，在纸尾部画出一个风筝，而纸中间没有画什么，只以一线将首尾两端联在一起。这件事后来在艺坛中传为佳话。前述西湖老人《繁盛录》，还谈到杭州"街市举放风筝"，诸行市中有卖风筝者。南宋末的文人周密（1232～1298）在《武林旧事》（约1270）中追忆宋室南渡后临安城内往事时，提到淳熙间（1174～1189）宋孝宗赵睿（1127～1194）在杭州西湖与民同观烟火和风筝表演[③]。周密还谈到杭州放风筝的艺人周三、吕偏头。当时成年人和儿童都喜欢风筝。

宋人李石（1108～1183?）《续博物志》卷10说："今之纸鸢引丝而上，令小儿张口望视，以泄内热"。可见放风筝还被看成是体育游戏。像过去一样，宋元时风筝再次用于军事目的。据《金史》卷113《赤盏合喜传》，金哀宗开兴元年（1232）时，蒙古军在速不台（1170～1248）率领下围攻金都汴京，双方相持十多日。此时守城的金首相白撒（1177～1234在世）本非将才，又刚愎自用，先以红纸灯为号，偷袭敌营失败后，又从城上放纸鸢，置文书于其上，飞至蒙古军中被俘的金兵营中断之，号召他们起来反抗，又告失败。因此人们讽刺这位末期宰相，想以纸灯、纸鸢退敌则难矣。

此外，据宋人孟元老（1087～1165在世）《东京梦华录》（1147）卷六记载，北宋时汴京街上"设长竿高数十丈，以绘彩结束，以纸糊百戏人物，悬于竿上，风动宛若飞仙。"这是说，在高竿上用彩带扎成许多结，再将用纸糊成的各种戏剧人物悬在竿上，风吹动纸人就如同飞仙。这也是一种大众娱乐活动。同时，宋代城市街道上到处走动的货郎，还出卖许多纸制人形等玩具供儿童玩耍。这些玩具都着以各种颜色，上面还画着图案等，以吸引顾客。

从唐代起兴起的纸牌，在宋代有进一步发展。欧阳修《归田录》（1067）卷二写道：

> 唐世士人盛行叶子格（纸牌），五代、国初（北宋初）犹然，后渐废不传。今其格世或有之，而无人知者。惟昔杨大年（杨亿，字大年，974～1020）好之，仲侍制（仲简）大年门下客也，故亦能之。大年又取叶之彩，名红鹤、皂鹤，别演为鹤格。

---

① 宿白，五代宋辽金元时代的中朝友好关系，载张政烺等：五千年来的中朝友好关系，68页（北京：开明书店，1951）。

② 繁盛录，18～19，15页（商业出版社，1982）。

③ 元·周密，《武林旧事》，（约1270），42，141页（商业出版社，1982）。

……余少时，亦有此二格，后失其本，今纪无知者①。

实际上纸牌游戏在宋元时期一直未断。美国人卡特认为纸牌在中国印刷术西传中起了很大作用，他写道："到了宋代，这种叶子格的演进似乎采取两种形式。有些仍继续印在纸上，但印刷的花样更为复杂，发展出各种图形和习俗相沿的图案，成为中国以及欧洲纸牌的祖先"。

卡特引法国汉学家勒牡萨（Abel Rémusat，1788～1832）主张"纸牌发明于宋徽宗宣和五年（1120）"的说法后，提出此说法要大大修正。前引杨亿所玩的纸牌，就早于宣和，卡特认为纸牌可追溯到 969 年②。明人翟佑有《宣和纸牌谱》，收入《说郛续》卷 38，虽所载多为后期物，但也不难看到早期痕迹。本世纪在新疆吐鲁番出土纸牌（9.5×3.5 厘米），年代不好确定，可能是 14 世纪左右，即相当于元代。这正是欧洲纸牌开始出现的时间，这就是说蒙古军西征时，将纸牌辗转传入欧洲。

宋代还流行着影戏，所用人物由纸制或革制。吴自牧（约 1231～1309 在世）《梦粱录》（1274）卷 20《百戏技艺》中写道："更有弄影戏者，元汴京初以素纸雕簇，自后人巧工精，以羊皮雕形，用以彩色妆饰，不致损坏。杭城有贾四郎、王升、王阎卿等熟于摆布，立讲无差③。

剪纸在宋代也很盛行，周密《志雅堂杂抄》（约 1270）卷上称："向旧都天街有剪诸色花样者，极精妙，随所欲而成。又中瓦有俞敬之者，每剪诸家书字皆专门。其后忽有少年，能衣袖中剪字及花朵之类，更精于人。于是独擅一时之誉"④。周密《武林旧事》卷六《小经记》详细地介绍杭州街上经营小买卖的各个行业，其中有纸画儿、扇牌儿、剪字、剪镞花样、胶纸、风筝、药线、油纸、圪伯纸、镞影戏、卖烟火、糊刷、屋头挂屏、诸色经文等，"每一事率数十人，各专藉以为衣食之地"⑤。其中剪字技巧很高，杨万里（1127～1206）有赠剪纸道人诗，序中说："道人取义山《经年别远公诗》，用青纸剪作米元章字体逼真"。就是说能用蓝纸剪出北宋书法家米芾写的唐代诗人李商隐的诗句，剪字字体与米芾字体逼真。

这里特别还应提到与剪纸、影戏有关的影戏灯，俗称走马灯。它是按燃气轮原理制造出来的。宋开封人金盈之（1091～1161 在世）《醉翁谈录》卷上回忆北宋都城汴京风俗及社会繁荣情况时说："上元自月初开东华门为灯市。十一日车驾谒原庙回，车马自阙（宫）前皆趋东华门外，……［有］镜灯、字灯、马骑灯、风灯、水灯……"范成大（1126～1193）《石湖居士诗集》卷 23《上元（正月十五日）纪吴中节物俳谐体三十二韵上》有"转影骑纵横"之句，自注曰"马骑灯"。姜夔（1163～1203）《白石道人诗集》卷下《观灯口号十首》第七首诗"纷纷铁马小回使，幻出曹公大战车"，讲的也是走马灯。周密《武林旧事》卷二论灯品时说："此外有五色蜡纸菩萨叶，若沙戏影灯，马骑人物，旋转如飞"。

刘仙洲（1890～1975）先生说，骑灯构造原理是，在立轴上横装一叶轮，立轴下置一烛。燃烛时燃气上升，推动叶轮旋转。立轴中部沿水平方向装四根细铁丝，每根铁丝粘上纸剪的人马。将以上都放在纸糊灯笼内，夜间点烛时，剪纸人马随叶轮及立轴旋转，其影子投射到

---

① 宋·欧阳修，《归田录》卷二，《笔记小说大观》本第 8 册，34 页（扬州：广陵古籍刻印社，1984）。

② Thomas F. Carter 著、吴泽炎译，中国印刷术的发明和它的西传，158～163 页，（北京：商务印书馆，1959）。

③ 宋·吴自牧，《梦粱录》（1274）卷 20，180 页（商业出版社，1982）。

④ 元·周密，《志雅堂杂抄》卷上，《笔记小说大观》本，第 9 册，223 页（扬州：广陵古籍刻印社，1984）。

⑤ 元·周密，《武林旧事》（约 1270），127 页（商业出版社，1982）。

灯笼纸上，从外面看上去就见纸剪人马旋转如飞[①]。这种玩具灯具有科学发明的意义，主要是它启示这样一种思想：用燃气驱动叶轮旋转，使热能变为动能。15世纪后半叶欧洲工程师用同样原理将叶轮、立轴放入烟筒中，旋转时通过齿轮带动烤肉铁叉旋转。达芬奇（Leonardo da Vinci，1452—1519）曾设计过这种装置。李约瑟（Joseph Needham，1900～1995）博士认为西方利用上升热气流的这种装置“极有可能导源于中国较早期的走马灯（zoetropes），而走马灯可追溯到唐代，如果不是汉代的话…”[②]

从南北朝、隋唐以来葬仪中供人在阴世间用的纸钱及其他纸制品，也在宋代得到大发展，而且制造得越来越精细。街上有专门商品出售这类纸制品，而不只在葬礼时用，节日也用。孟元老《东京梦华录》卷八谈北宋汴京中元节（七月十五日）风俗时写道：

先数日，市井卖冥器靴鞋、幞头帽子、金犀假节、五彩衣服，以纸糊，架子盘游出卖。……又以竹秆斫成三脚，高三、五尺，上织灯窝之状，谓之盂兰盆，挂搭衣服、冥钱在上焚之。

“九月重阳（九月九日）……下旬即卖冥衣、靴鞋、席帽、衣段，以十月朔日烧献故也。

“十二月二十四日交年，都人至夜请僧道看经，备酒果送神，烧合家替代钱纸，贴灶写于灶上。……近春节，市井皆印卖门神、钟馗、桃板、桃符及财门钝驴、回头鹿马、天行帖子。

“除夕，……是夜禁中爆竹山呼，声闻中外[③]。

五　农用育蚕纸及工业烟火用纸

纸除用于日常生活中的各个方面外，还在工农业生产中有广泛用途。中国是个养蚕大国，各地蚕农育蚕时，当雌蛾生蚕卵之际，都要用厚桑皮纸承受，让蚕卵粘在纸上，粒粒铺匀，名曰蚕连。再卷起收存，以待来年育蚕。古时用布承受蚕卵，实践证明以纸代布，效果更好，更易贮存。元代农学家王祯（1260～1330在世）《农书》（1313）卷20写道：“蚕连，蚕种纸也。旧用连二大纸，蛾生卵后，又用线长缀，通作一连，故因曰连。匠者尝别抄以鬻之。《务本新书》云：蚕连，厚纸为上，薄纸不禁浸浴。如用小灰纸更妙”。《务本新书》是元初一部农书，成于13世纪。按费著《蜀纸谱》（约1360）云：“双流纸出于广都，每幅方尺许，品最下，用最广，而价亦最贱。……亦名小灰纸”。

小灰纸实为粗制皮纸，因树皮外壳青皮碎片未除尽，纸呈灰色，故名。收蚕卵一般用桑皮纸或楮皮纸。

宋代是火药技术迅速发展的时期，年节时经常放的烟火和爆仗，都是将火药放入纸筒中，再通过“药线”点放。药线所用火药含硝石较多，含硫量低，或主要以硝石与木炭为之，再将其以纸捲成，故名。实际是引火或起爆用。做药线的纸要薄而强韧，做火药筒的纸要厚，可以用较次而便宜的纸，数层粘在一起。除烟火外，有些实战用的火器，如火箭筒、火球等也

---

① 刘仙洲，中国机械工程发明史，71～72页，（北京：科学出版社，1962）。

② Joseph Needham，Science and Civilisation in China，vol. 4，pt. 2，p125（Cambridge University Press. 1965）.

③ 宋·孟元老，《东京梦华录》卷6，55～57，69页（中国商业出版社，1982）。

用纸作成①。曾公亮《武经总要·前集》卷12写道："蒺藜火球，以三枝六首铁刃，以火药团之，中贯麻绳，长一丈二尺，外以纸并杂药传之。"杨万里《诚斋集·卷44》载《海鳍赋后序》（约1170）谈绍兴三十一年（1161）宋军以霹雳砲击败金水军时写道：

> 绍兴辛巳（1161），逆亮（完颜亮）至江北，掠民船，指挥其众欲济。我（宋）舟伏于七宝山后，……舟中忽发一霹雳砲，盖以纸为之，而实以石灰、硫黄、[硝石、木炭]。砲自空中而下落水中……其声如雷。纸裂而石灰散为烟雾，眯其人马之目，人物不相见②

霹雳砲实际上是早期以火箭原理发出的炸弹。《金史》（1345）卷116《蒲察官奴传》载1233年金军以飞火枪击杀蒙古军围城时写道："枪制，以敕黄纸十六重（层）为筒，长二尺许，实以柳炭、铁滓、磁末、硫黄、砒霜、[硝石]之属，以绳系枪端"③。这里谈的也是一种火箭宋元时一方面将大量纸制品在祭祀及葬仪中焚烧，另方面还用大量纸制成烟火及火器供爆炸及爆燃。纸包不住火，却可以包住比火更猛的火药。

第四节 高效制浆造纸技术的采用和造纸著作的出现

一 水碓打浆和巨型纸槽、纸帘抄纸

宋元时期能有一些高质量纸的出现，是由于造纸技术的进步，即新的技术工序的引用和生产设备的更新等方面。南方产纸区水利资源多，舂捣纸料时一般不用人力或畜力，而是靠水力驱动水碓。所谓水碓，是借水流的力量使叶轮旋转，再通过十字头、连杆和齿轮转运系统将旋转运动变成上下方向的直线运动，带动碓头捣料。这已经进入早期机械打浆的范畴。用水碓捣料是中国人发明的打浆方法。东汉的桓谭（前32～后39）《新论》（约20）已提到水碓"伏羲之制杵臼，万民以济。及后人加巧，因延力借身重以践碓，而利十倍杵臼。又复设机关用驴骡牛马及役水而舂，其利乃且百倍"④。

单纯以双手操作杵臼到以脚踏杵杆的踏碓是个进步过程，再从人力踏碓到使用畜力驱动又是个进步，从使用畜力到以水力为动力实行半自动式操作，则是古代最高技术成就。据房玄龄（579～648）《晋书》（635）卷43《王戎传》载，西晋"竹林七贤"之一王戎（234～305）字濬仲，累官尚书令、司徒，"性好兴利，广收八方园田，水碓周遍天下，积实聚钱，不知纪极"。可见从汉代出现的水碓在晋代已遍于南方。元人王祯《农书》卷19更介绍"连机碓"，机上的主轴可同时带动四个碓操作，提高了工效。他说："今人造作水轮，轮轴长可数尺，列贯横木，相交如滚枪之制。水激转轮，则轴间横木间打所排碓梢，一起一落舂之，即连机碓也。……凡在流水岸边，俱可设置，须度水势高下为之"⑤。

早期水碓多用于舂米，后来转用于大规模造纸，宋元时南方纸坊就使用水碓舂捣纸料。

---

① 潘吉星，中国火箭技术史稿，10，46，52页（北京：科学出版社，1987）。

② 宋·杨万里，《海鳍赋后序》（约1170），《诚斋集》卷44，417～418页，《四部丛刊》本（上海：商务印书馆1936）。

③ 《金史》（1345）卷116，《蒲察官奴传》，廿五史本第9册，273页（上海古籍出版社，1986）。

④ 汉·桓谭，《新论》（约20），载严可均：《全上古三代秦汉三国六朝文》，卷15，3页（1836刻本）。

⑤ 元·王祯，《农书》（1313）卷19，《农器图谱·机碓》，16页（明嘉靖九年刻本，1530）。

费著《蜀笺谱》谈元代四川造纸时写道："江旁凿臼为碓，上下相接。凡造纸之物，必杵之使烂，涤之使洁"。费著在这里讲的就是以水碓捣料。此后经明清一直通行至近代，笔者在江南各省作技术调查时，仍见用单个水碓或连机碓造纸。用水力机碓舂料，既节约人力，又能保证舂捣质量。因而一进纸坊村，就能听到机碓的声音不绝。这样捣出的纸料分散度比较匀一，因为冲力总是一样的，确是改进的打浆设备，碓旁需有一人经常翻动纸料，将未捣到的部分翻到上面。我们从宋应星《天工开物》(1637) 中所看到的明代水碓包括连碓机插图中注意到，明代设备构造几乎与宋元时一样（图 5-9）。而德国纽伦堡人阿曼（Jost Amman，1539～1591）于《造纸》(Der Papier，1568) 书中插图所示欧洲最早的连碓机，也是应用了中国早期设备的同样原理，至 17 世纪欧洲带动的碓数目增至 5 到 6 个①。

图 5-9　元代王祯《农书》中的连碓机图 1530 年刻本

宋元造纸技术的进步还表现在抄造出比前代更大的巨幅纸。北宋人苏易简《文房四谱》卷四说：

> 黟、歙间多良纸，有凝霜、澄心之号。复有长者，可五十尺为一幅。盖歙民数日理其楮，然后于长船中以浸之。数十夫举抄以抄之，旁一夫以鼓而节之。于是以大熏笼周而焙之，不上于墙壁也。由是自首至尾，匀薄如一②。

歙州即现在的安徽南部的歙县地区，在北宋初这里造出五丈（约 15 米）长的巨幅楮皮纸，确是个很了不起的技术成就。明人文震亨（1585～1645）《长物志》（约 1640）卷七指出宋代

① Dard Hunter, Papermaking; The history and technique of an ancient craft, 2nd ed., p. 158 (London, 1957).

② 宋·苏易简，《文房四谱》卷四，《纸谱》、《丛书集成》本第 1493 册，53 页（上海：商务印书馆，1960）。

“有匹纸，长三丈至五丈。”①。陈继儒（1558～1639）《妮古录》（约1613）卷三云：“元李氏有古纸，长二丈许，光泽细腻，相传四世。请赵文敏（赵孟頫，1254～1322）书，文敏不敢落笔，但题其尾。至文徵仲（文徵明，1470～1559），止押字一行耳。不知何时乃得书之。”宋代所造匹纸也有传世实物可见，如辽宁博物馆藏宋徽宗赵佶（1082～1135）草书《千字文》一纸竟长达三丈有余，中无接缝，纸上朱地描以泥金云龙图案，制造及加工技巧十分精湛。北京故宫博物院藏南宋画家法常（1176～1239）《写生蔬果图》，明人沈周（1427～1509）在此图卷跋语中写道：“纸色莹洁，一幅长三丈有咫，真宋物也”。笔者检验后认为是一种白色精细皮纸，实测其直高47.3、横长814.1厘米，即8.14米，画面为38，507平方厘米，约3.85平方米。纸的每一处厚薄均匀，纤维分散情况很好，表面平滑。

制造这样的巨幅匹纸，技术要求很高，至少要作到以下几点：（1）纤维的打浆度必须很高，纤维在纸浆中的悬浮情况必须良好，因此在选料、舂捣方面应当精工细作；（2）要能编制成巨幅抄纸用竹帘，以较长细竹条用丝线拼接而成，要求有高度的熟练技巧；（3）举帘抄纸时，由许多人同时抬起，动作必须协调一致，如同一人操作，烘干及揭纸时也同样如此（4）如在纸上用泥金绘云龙图案时，由许多画工同时执笔，图案位置及形状必须处处一致，如出一人之手。此外，抄造这样大的纸，还要有大型纸槽才能容纳纸浆并承受帘上滤下的水。苏易简记载说，这样的纸槽由长型木船改造而成，由多人同时举帘，旁边有一工长通过敲鼓指挥其操作。抄出湿纸后，用许多薰笼在纸的各处烘干，再逐处将完整的纸从纸帘上揭下并砑光。在几十人同时迅速协调动作时，不允许有一人出差错，否则会在个别部位上出现破绽。西方各国在19世纪机制纸出现前，一直用手工方法造不出大纸，自然印刷也受到影响。

迟至1818英国印出的最大报纸为22×32英寸（55×80厘米），1798年法国著名的迪多（François Didot，1730～1804）纸厂技工罗勃特（Nicoles Louis Robert，1761～1828）在欧洲最先发明长网造纸机，可造12到15米长的纸②。这已是当时最大的纸了，对比之下北宋所造15米长的匹纸，欧洲人看后就会认为是奇迹。这充分体现了中国古代纸工的集体创造智慧。当然这种纸过去不能大规模生产，因而制造成本较高，使用者较少。但宋元时造出长达1～2米的纸，已是轻而易举的事，即令如此，也比1818年英国伦敦所能印刷的最大号报纸大得多

二　植物粘液“纸药”在制浆中的推广

为能制成厚薄均一、结构紧密的薄纸和巨幅纸，只是对原料仔细提纯、精细舂捣并使之细纤维化还是不够的，必须要在制浆过程中提高纤维在浆液中的悬浮度，更要在湿纸抄出后使纸面具有粘滑性，以便揭纸时不致揭破。而如果将植物粘液配入纸浆，不但显著提高纤维在纸槽中的悬浮度，而且使湿纸具有润滑性，揭纸时整张纸顺利揭下，这就是所谓纸药。在某种意义上它是悬浮剂。宋元各纸坊普遍以植物粘液作为纸药，是个显著的技术特点。宋人周密《癸辛杂识·续集下》（1210）写道：“凡撩纸，必用黄蜀葵梗叶，新捣方可撩。无，则粘连，不可以揭［纸］。如无黄［蜀］葵，则用杨桃藤、槿叶、野葡萄皆可，但取其不粘

① 明·文震亨，《长物志》卷七，《器具纸》、《丛书集成》本第1508册，60页（上海：商务印书馆，1936）。

② Dard Hunter：Papermaking；The history and technique of an ancient craft，2nd ed.，341～349（London，1957）.

［纸］也①。这是造纸技术史中的一条重要史料。我们认为有必要把它译成现代汉语：

凡抄纸揭纸时，必须要用黄蜀葵梗叶的浸出液，而且用临时配制成的方可用。没有这种浸出液，湿纸层之间就要粘联，不可以揭纸。如果没有黄蜀葵，则用杨桃藤、槿叶、野葡萄的浸出液皆可，只利用其不粘纸之性也。

明人汪舜民（1440～1507年在世）所修弘治《徽州府志》（1502）卷二《物产志》记载元代制造供内府用的楮皮纸时指出，楮皮料成浆后，“乃取羊桃藤捣细，别用水桶浸挼，名曰滑水。倾槽间与白皮相和，搅打匀细，用帘抄成［纸］张”②。可见宋元时已至少以四种植物提取的粘液作纸药用，其中杨桃藤与羊桃藤为同物，纸药又名滑水或纸药水。

由于纸药的使用是项重要发明，此处宜详加讨论。周密所说的黄蜀葵为锦葵科野生观赏植物黄蜀葵（*Hibiscus manihot*）图（5-10），其根部所含成分百分比为胶醣12.3、单乳糖复合物17.61、鼠李戊醣8.08、淀粉16.03等成分，水浸液为胶状粘液，清沏透明③。杨桃藤为弥猴桃科野生藤本植物中华弥猴桃（*Actinidia chinensis*），茎条含胶质（图5-11）。黄蜀葵和杨桃藤是中国传统造纸工艺中最普遍使用的两种品质优良的纸药。周密所说槿，当为锦葵科落叶灌木木槿（*Hibiscus syriacus*），其根皮含粘液质，成分与黄蜀葵同，茎叶亦可提取粘液。而野葡萄我们认为是葡萄科落叶藤本植物蛇葡萄（*Ampelopsis brevipeduunculata*），茎部可提取粘液，当与杨桃藤相近。宋人唐慎微（1056～1163）《证类本草》（1108）卷27黄蜀葵条写到：“以根切细，煎汁令浓滑，待冷服”，可临产催产④。黄蜀葵根粘液看来还可作药用。北京故宫博物院藏有宋人画黄蜀葵图。从这类植物粘液配入纸浆中，效果比淀粉糊要好。尤其是黄蜀葵原产中国，一年生草本，常栽培于田圃间供观赏，在南北各地都出产。近人罗济在1930年代用黄蜀葵在江西抄造纸的实验表明，它有下列四大优点：①纯白透明；②四季皆可用；③粘性大，取用简便；④易与纸料混合而抄出较细的纸⑤。杨桃藤也具有类似的优点，其地方名很多。提取植物粘液的方法是，将杨桃藤新鲜枝条或黄蜀葵根取来后，以刀断为三寸长小块，再以石锤捶破，放入布袋或细竹篮内，置于冷水桶中浸泡，即成透明药液，随用随配，不可放置过久。

据笔者1963年在河南信阳、江西铅山、湖南长沙、浙江杭州及1965年在陕西长安、四川夹江、成都等地手工纸厂调查，抄楮皮纸时，每百斤纸料用四斤湿杨桃藤，抄竹纸用七斤。控制好稠度是关键，用瓢向桶内取出粘液，下部所粘粘液成一尺长细丝而不断，即配好。否则，补加茎条或清水，太稠、太稀都不好。抄纸前，将粘液加入纸槽与纸料混匀，即可荡帘。抄一定数量纸后，看槽内稠度及抄制情况，随时补加粘液。所需设备极其简单：①水桶，木制，用以盛粘液，一般置于纸槽附近。②滤胶罗，竹制，上宽下窄，放入水桶内，亦可用布袋代之。其作用是阻止植物枝条等杂质进入粘液。③木勺或葫芦瓢，用以提取粘液，通常放在水桶上。

黄蜀葵也是日本手工和纸抄造时所用的植物粘液，日本语称为“のり”(nori)，称黄蜀葵为“トロロアオイ”(tororoaoi)。日本学者对黄蜀葵的作用机制率先作了科学研究，对我们有

---

① 宋·周密，《癸辛杂识》（1210），《续集下》，明毛氏汲古阁本，47～48页，收入《津逮秘书》第14集。

② 明·汪舜民，弘治《徽州府志》（1502）卷二，《物产志》，天一阁藏原刊影印本，53页（上海古籍出版社，1964）。

③ 孙宝明、李钟凯，中国造纸植物原料志，449页（轻工业出版社，1959）。

④ 宋·唐慎微，《证类本草》（1108）卷27，《菜部·黄蜀葵》，504页（人民卫生出版社，1957）。

⑤ 罗济，《竹类造纸学》，93页（1935年南昌自印本）。

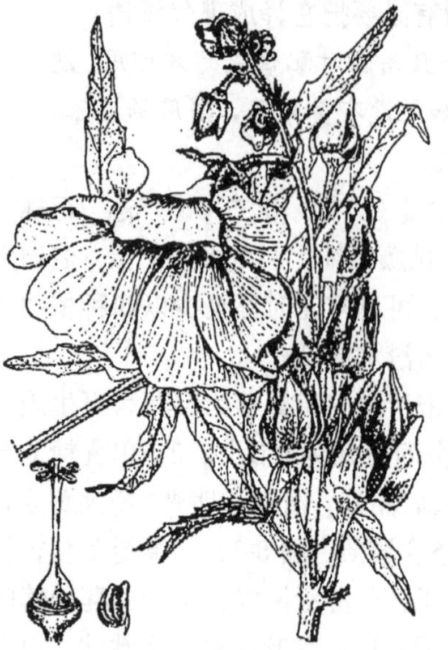

图 5-10　黄蜀葵

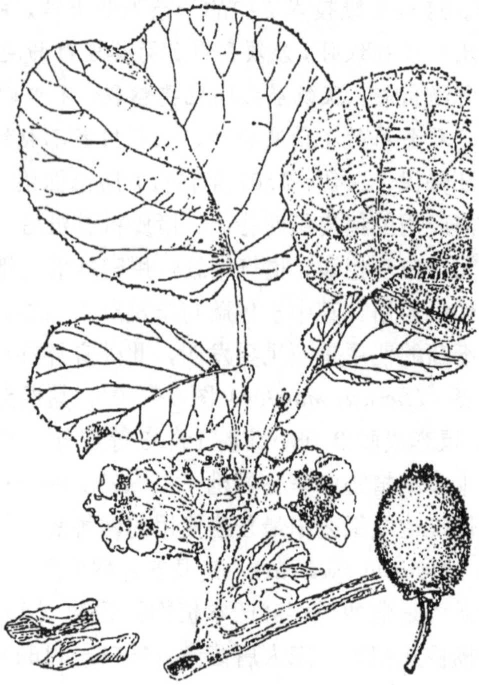

图 5-11　杨桃藤（中华弥猴桃）

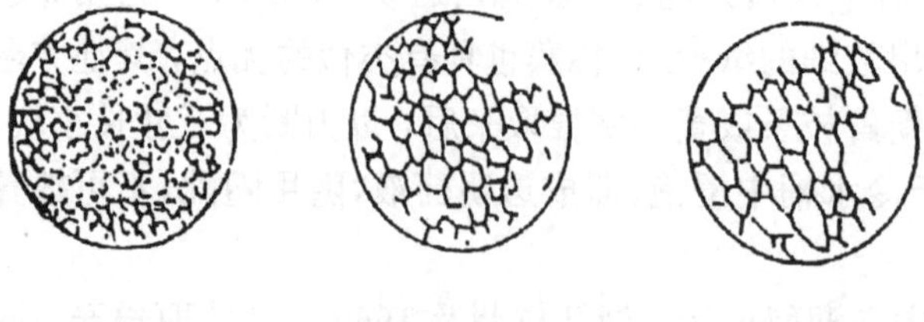

A　比粘度 28.4　　B　比粘度 12.5　　C　比粘度 7.0

图 5-12　黄蜀葵根网状组织显微图象

启发。植物粘液是从有关植物的根、茎和叶中经水浸渍而提制出来的，已如前述。它在造纸过程中的作用机理，过去是不清楚的，从 20 世纪四十年代之后才逐步明朗。此处以宋人周密所说的黄蜀葵为例，介绍一下作用机制。将黄蜀葵根切下以水冲洗、再经水浸后，在显微镜下观察，就会看到粘液呈网状结构，向溶液四周扩散。网目呈五角、六角形直到圆形不等（图 5-12）①。小粟舍藏氏的实验表明，粘液稠度因存放时间加长而递减。存放一周之后，其中网目稀少，因而在造纸中的效能随之减退。其次，粘液稠度、网目密度因温度增加而下降（图 5-13）。植物粘液的这两个物理特性，都被中国古代纸工所发现和在使用中受到人工控制。宋人周密所说“新搗方可撩”，与现民间所说“随用随配”，都出于同一科学原理，旨在防止植物粘液因存放时间长而降低稠度。如果是夏季，存放时间长还可使粘液变质，而失去其作用。宋代徽州府等地流行用“敲冰纸”，纸浆及粘液都用冰水配制，民间手工纸坊强调用冷水配制粘液，意在防止因温度增高而使粘液稠度及网目密度下降。同时冬季的水中微生物较少，水质较纯。自然，在这样作时，纸工要忍受冰冷刺手的痛苦。

① 小粟捨藏，工業化学雜志，45 编，3 册，307～310 页（東京，1943 年 2 月）；日本紙の話，85～87 页（早稻田大学出版部，1953）。

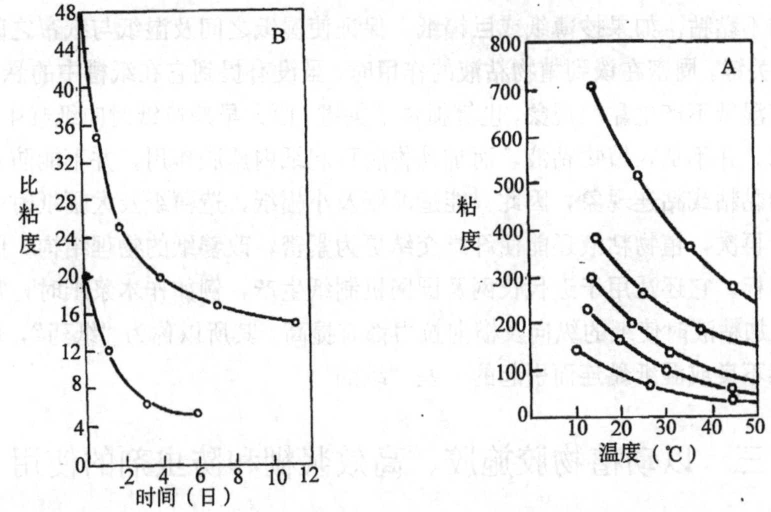

图 5-13　黄蜀葵根粘度与温度、存放时间的关系

植物粘液中网状组织的上述物理特性，取决于分子组成及其化学结构。町田诚之博士的分析表明，与已知单环的高聚糖不同，植物粘液是由多种糖及糖醛酸基环所构成的高分子化合物①。先前曾认为它含有阿拉伯胶糖、d-半乳糖（d-galactose）、l-鼠李糖（l-rhamnose），还有 d-半乳糖醛酸（d-galacturonic acid）。可是后来的研究表明，黄蜀葵根粘液主要含 d-半乳糖醛酸和鼠李糖构成的多糖醛酸甙（polyuronide）。植物粘液水溶液中的网状组织，正是由于这种多糖醛酸甙在水溶液中呈现的丝状高分子的性状。

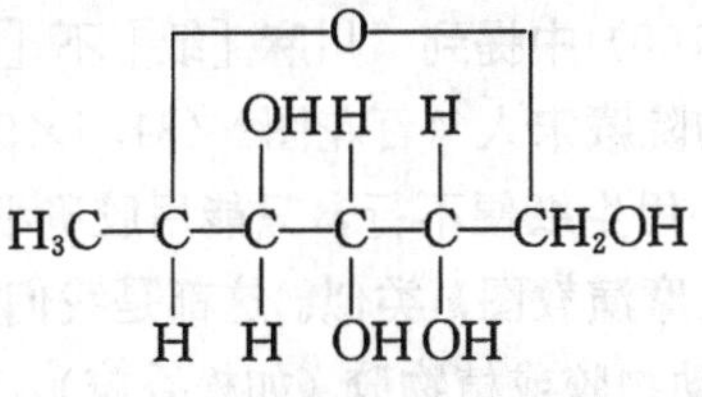

l-鼠李糖

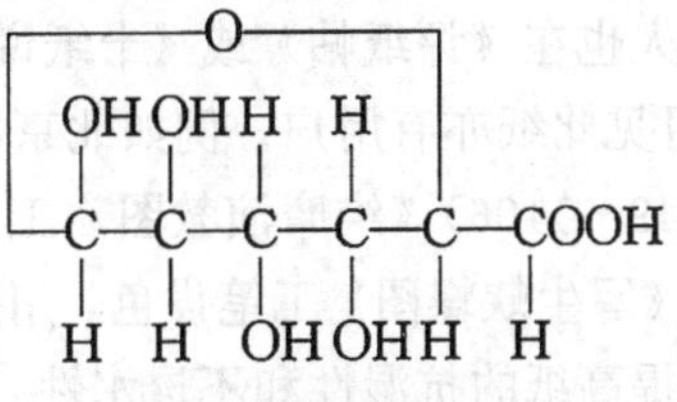

d-半乳糖醛酸

在显微镜下观察，会发现将造纸用纤维投入植物粘液后，就像昆虫落入蜘蛛网中那样，粘液的网状组织阻止了纤维的下沉。因此植物粘液在抄纸时的作用，是悬浮剂或漂浮剂。可以想到，纸浆中没有这种漂浮剂时，因为纤维比重大于水，尽管槽中可进行搅拌，总难免有部分纤维沉于槽底，缠绕成束，发生絮聚成团的现象。结果造成纸浆稠度不匀，纸工抄出厚薄不匀的纸。加入粘液后，使纤维分散度及悬浮度增加，均匀漂浮于水中。实验表明，将打浆度相同的纸料放入有粘液和没有粘液的水中对比时，发现加粘液可延长纤维的悬浮时间，抄纸帘滤水速度相对下降，这就看出粘液的悬浮剂性能。

除此，中国手工抄纸方法是，抄出湿纸后将纸帘从框架上提起，再翻帘令湿纸放在木板上，下次再抄，将湿纸放在上一张湿纸上，如此重重叠堆至千百张，压榨去水后，半湿时揭起，进行干燥。当槽中有粘液时，湿纸中所带来的粘液使其表面增加润滑性，翻帘时很容易

---

① 町田誠之：和紙抄造用粘液に関するの研究，紙パ技協誌，卷 13，1 号 35～39 页（東京，1960 年 1 月）。

从帘上脱落下来，不滞帘。而将叠在一起的半湿纸逐张揭下时，又不致揭破，因为湿纸有粘滑性，相互间不黏粘。如果抄薄纸或巨幅纸，保证使湿纸之间及湿纸与纸帘之间不黏粘或粘连，是成败的关键。周密在谈到植物粘液的作用时，虽没有提到它在纸槽中的悬浮剂作用，却着重强调了使湿纸不产生黏粘现象，也算抓住了关键。西方早期造纸时向纸浆中加淀粉糊，后来加动物胶水，并不加入植物粘液，而加动物胶可起纸内施胶作用，并不能防止湿纸间及湿纸与纸帘间的黏粘或粘连现象，因此只能造厚纸及小幅纸，造薄纸及大幅纸时一揭就破，原因就在于此。再次，植物粘液还能使纤维交结更为紧密，改善纸的物理结构，间接提高了纸的物理技术指标。它还适用于近代长网及圆网机制纸生产，例如作木浆纸时，加入粘液与不加粘液对比，加粘液时使纸的纵向及横向拉力都有提高。其所以称为“纸药”，是由于它可医治因纸浆悬浮不良或湿纸黏连而引起的一些“纸病”。

三 以动植物胶施胶、高效浆糊和防虫剂的使用

宋元画家创作白描、设色花鸟及工笔人物画时，要求在运笔时纸上笔划所到之处不能发生颜料的扩散和渗透，书法家写小楷时同样如此。为满足这一要求，纸工在造纸过程中对纸用胶矾加以处理。这种技术唐代已有了，到宋元时再予发展。宋人赵希鹄（1191～1271在世）《洞天清录集》（1240）指出，米芾作画“纸不用胶矾，不肯于绢上作一笔。今所见米画或用绢者，皆后人伪作。”这体现了米老的个性，因为他画山水在纸上以水墨点染，要求有渲染效果，即我们前面谈过的“米点山水”，自然不宜用胶矾纸或绢。他的书法主要是行、草，还是用生纸为好。每一位书画家都有自己的创作手法和用纸习惯，其他的人则偏喜欢用胶矾纸。

米芾本人也在《评纸帖》或《十纸说》（约1100）中提到“川麻［纸］不［施］浆，以胶作黄纸”，可见此纸亦有用户。例如北京故宫博物院藏宋人《百花图》（31.5×94.5厘米）及李公麟（1049～1106）《维摩演教图》工笔白描，用生纸便不行，只能用胶矾纸。赵昌（998～1022）的《写生蛱蝶图》工笔设色，用纸与《维摩演教图》类似。这都是我们亲自所见。施胶的目的是提高纸的抗湿性和不透水性，一般用动物胶或植物胶（如松香胶）。为使胶粒在纸的纤维上沉淀，还要加入沉淀剂，最常用的是明矾，化学成分是硫酸钾铝$KAl(SO_4)_2 \cdot 12H_2O$，俗名白矾，由明矾石加工提炼而得。因此宋人将“胶矾”并提，是有其道理的。施胶分纸内及纸面两种方法，前者将胶矾放入纸浆中与纸一起抄出，后者在成纸后将胶矾刷于纸表。有的元代画家专用胶矾纸作画。欧洲1337年初用动物胶，而用植物胶则是19世纪以后①。欧洲人学到中国这一技术后，特意创造了一个新词faning，显然发音与汉字的“矾”相近②。但后来这个词较少使用了。

虽然宋元时造出了几丈长的巨幅匹纸，但一般情况下人们用的还是小幅纸，印刷如此，书画及其他用途也皆如此。以书籍而论，无论是卷装还是经折装，都要求将一张张纸粘起来。所使用的粘连剂很有效，从敦煌石室写经纸中看到，纸与纸间接缝很窄（约3～4毫米宽），但

---

① D. Hunter, Papermaking; The history and technique of an ancient craft, 2nd. ed., 475 (London, 1957).

② J. B. du Halde (ed.), History of forstall China, translated from the Franch. printed by and for John Watts, vol. 1, p. 369 (London, 1736).

千年不脱。这是用什么材料呢？唐以前缺乏具体记载，但元人陶宗仪（1316～1396）《辍耕录》（1366）卷 29，《粘接纸缝法》揭开了这个秘密。其中说：

王古心先生《笔录》内一则云，方外交青龙镇隆平寺主藏僧永光，字绝照，访余观物斋，时年已八十有四。话次，因问光：‘前代藏经接缝如一线，岁久不脱，何也？’光云：‘古法用楮树汁、飞面、白芨末三物，调和如糊。以之黏接纸缝，永不脱解，过于胶、漆之坚。’先生，上海人”①。

楮树汁即造纸用楮树的茎皮部白色乳汁，又称楮皮间白汁，粘性很大。五代吴越天宝年间（908～923）成书的《日华子本草》称其能合硃砂为团，故名“五金胶漆”。明人李时珍（1518～1593）《本草纲目》（1596）卷 36 云：“构汁最粘，今人用黏金薄。古法黏经书以楮树汁和白芨、飞面调糊，永脱解，过于胶漆”②。白芨（*Bletilla striata*）为兰科野生植物，其根部含 55％粘液质，还含淀粉、挥发油等，中国很早用以作糊。晋代炼丹家葛洪（284～363）《抱朴子》（约 324）《内篇·仙药》篇中有“作糊之白及”之语，魏晋（3 世纪）时成书的《名医别录》说，白及“可以作糊”。把楮树汁、白芨粉及飞面（面筋）三者混合作糊，比一般淀粉糊为强，一因粘性大，二因防蛀。故清代周嘉胄（1731～1795 在世）《装潢志》（约 1765）称：“余装卷以金粟笺，用白芨糊析边，永不脱，极雅致”③。又说：“纸有易揭者，有纸薄、糊厚难揭者，糊有白芨者犹难揭”④。

明人文震亨《长物志》卷五《法糊》更详述制法：

用瓦盆盛水，以面一斤渗水上，任其浮沉。夏五日，冬十日，以臭为度。后用清水蘸白芨半两，白矾三分，去滓，和元浸面打成，就锅内打匀团。另换水煮熟，去水，复置一器候冷，日换水浸。临用以汤调开，忌用浓糊及敝帚。”⑤

白芨广泛产于中国南北，八至十月挖取其根，洗去泥后晒干。稍用水湿润，放碾上粉碎，经反复粉碎、过筛，至全碎为止，再与面粉等混合作成糊。晋到宋的经纸几乎都以这类糊剂粘接。值得指出的是，北京故宫博物院修复部过去也用白芨粘纸。如果再向其中加入防腐剂及杀虫剂，效果可能更好。

在宋代，还出现一种白色印刷用防蛀纸，称为椒纸。叶德辉（1864～1927）《书林清话》（1920）卷六载宋版书《春秋经传集解》书末钤有木戳，其文曰：“淳熙三年（1176）四月十七日，左廊司局内曹掌典奏玉桢等奏闻，壁经《春秋左传》、《国语》、《史记》等书，多为蠹鱼伤牍，未敢备进上览。奉勅用枣木、椒纸各造十部。四年（1177）九月进览”⑥。

宋代印刷的椒纸，可能是用芸香科的花椒属植物果实水浸液处理过的纸。例如花椒（*Zanthoxylum bungeanum*），又名蜀椒；青椒（*Zanthoxylum schinifolium*），又名香椒。二者果皮均含挥发油，油中有牻牛儿醇（geraniol）、枯醇（cuminol）、柠檬烯（limonene），均为无色液体，有异香味，还含有茴香醚（estragol）。同属植物山椒（*Zanthoxylum piperitum*）效果更好，果实含 2～4％挥发油，含山椒辣素（sanshol）、山芹醛（citronellal）、水芹萜（phellandren）等，

① 元·陶宗仪，《辍耕录》卷 29，361 页（北京：中华书局，1959）。

② 明·李时珍，《本草纲目》（1596）卷 36，《木部·楮》，下册，2078 页（北京：人民卫生出版社，1982）。

③ 清·周嘉胄，《装潢志》（约 1765），《丛书集成》本第 1563 册，6 页（商务印书馆，1960）。

④ 同上，3 页。

⑤ 明·文震亨，《长物志》卷七，《丛书集成》本第 1508 册，34 页（商务印书馆，1936）。

⑥ 叶德辉，《书林清话》（1920）卷 6，宋印书用椒纸，163 页（北京：古籍出版社，1957）。

也含牻牛儿醇及胡椒碱（piperine）等[1]。这些有效成分具有驱虫杀菌作用，而且有一种香味，以椒水处理后的纸便具有抗蛀性，同时有一种特殊香气。因此叶德辉称这种宋版书“椒味数百年而不散”，有种所谓“书香”味。顺便说，如果有的书不是用特制的防蛀纸印成，亦可用其他方法防蛀，即将抗蛀剂放入书箱或书函之中。

北宋人沈括《梦溪笔谈》卷三写道：“古人藏书辟蠹用芸。芸，香草也。今人谓之七里香是也。叶类豌豆，作小丛生，其叶极芬香，秋间叶间微白如粉污，辟蠹殊验。南人采置席下，能去蚤蝨”[2]。

《忘怀录》中也说：“古人藏书，谓之芸香是也。采置书帙中，即去蠹。”宋人李石《续博物志》卷三引三国时魏人鱼豢（220～290在世）《典略》云：“芸香辟纸鱼蠹，故藏书台称芸台”[3]。可见古人确以芸香科多年生草木植物芸香（*Ruta graveoleus*）辟蛀。此物又名臭草，有强烈气味，味苦，确有驱虫作用。

四　《文房四谱》、《蜀笺谱》、《十纸说》的成书

宋元时期造纸术比前代进步的另一表现，是这一时期有一些以纸为研究对象的著作问世，这是唐以前没有的。本书各章经常引用的北宋人苏易简《文房四谱》或《文房四宝谱》，便是最早的这类专著。纸、墨、笔、砚四者古代号称“文房四宝”，是必不可少的文化用品。苏氏此书从各方面论述四宝源流、制造、使用及有关历史典故，开创这类著作之绪端。苏易简字太简，铜山（今四川绵阳）人，生于五代后周显德五年（958），少聪悟好学，才思敏捷。宋太宗兴国五年（980）举进士，太宗殿试，对其所试三千余言颇为称赏，乃擢冠甲科中了状元。遂以文章知名，历任将作监丞、通判升州，累官至翰林学士承旨，眷遇甚隆，后任参知政事、礼部侍郎，至道二年（996）卒，享年只三十九岁[4]。苏易简因职务关系，出入秘府，得以阅读其中所藏珍本秘籍，再结合见闻写成此书。他在雍熙三年（986）成书后，在自序中说：“因阅书秘府，遂捡寻前志，并耳目所及，交知所载者，集成此谱”。其所引之书，间有今已散佚者，但仍可自其余类书查得，可以印证。全书共五卷，以笔、砚、纸、墨顺序安排，《笔谱》二卷，砚、纸、墨谱各一卷，每谱分叙事、制造、杂说、辞赋四项加以叙述。《纸谱》为第四卷，这是世界上有关纸的第一部专著。

早在千年前，苏易简就对主张东汉蔡伦发明纸之说存疑，认为“汉初已有幡纸代简……至后汉和帝元兴（105），中常侍蔡伦剉故布及鱼网、树皮而作之弥工，如蒙恬（？～前210）以前已有笔之谓也。”不管他对幡纸作何解释，他认为蔡伦前西汉初已有纸，如蒙恬前有笔一样，此结论已为20世纪地下发掘西汉初古纸所证实。他在《纸谱》中对黟、歙间所造巨幅佳纸、浙江以嫩竹为纸和以麦茎、稻草造纸及蜀人造十色笺、唐人造薛涛笺以及纸衣、纸枕等记载，均属重要史料，对研究造纸技术史有启发。此书问世后虽受到欢迎，但传本少见。至清代《四库全书》（1781）《子部·谱录类》、道光年刊《学海类编》（1831）《集余六》，曾收

---

① 南京药学院编，药材学，818～820页（人民卫生出版社，1960）；江苏新医学院编，中药大辞典，上册，1057～1058页（上海科技出版社，1986）。

② 宋·沈括，《梦溪笔谈》（1088）卷三，11～12页（文物出版社，1975）。

③ 宋·李石，《续博物志》卷三，《百子全书》本第7册，2页（扬州：广陵古籍刻印社，1984）。

④ 《宋史》卷266，《苏易简传》，廿五史本第8册，1029页（上海古籍出版社，1986）。

录《文房四谱》，但误漏较多。至光绪七年（1881）陆心源（1834～1894）将其收入《十万卷楼丛书》中，才作文字校勘。20世纪三十年代（1936）又收入《丛书集成初编·应用科学类》中。1941年，日本人秃氏祐祥参照学海本、十万卷楼本及丛书集成本刊行此书，称便利堂本。为便日人阅读，汉字旁施以训读、标点，又加解题。苏易简的这部书早在18世纪还受到欧洲人的注意。法国耶稣会士将此书提要法文稿寄回欧洲，收入杜阿德（Jean Baptiste du Halde，1674～1743）主编的《中华帝国通志》（Description de l'Empire de la Chine）卷2，题为《纸、墨、笔、印刷及中国书装订》（pp. 237～251），1735年刊于巴黎，后又转译成英、德、俄文[①]。

另一本关于纸的专著是元代人费著的《蜀笺谱》。费著为华阳人，约生于元成宗大德七年（1303），举进士第后，授国子助教，历汉中廉访使，调四川任重庆府总管。明玉珍（1331～1366）于元末至正十九年（1359）领兵攻城，费著为避兵乱，徙居犍为，约卒于至正廿五年（1363）。兄费克诚亦有时名，人称成都二费。费著久居川蜀，留心考察风土民情，其《蜀笺谱》又名《纸笺谱》，约成书于至正廿年（1360），大体沿用苏易简《纸谱》体例，因只着重讲蜀笺，故篇幅不大，只有一卷。除蜀笺外，间亦旁及姑苏笺、广州笺，尤其对唐代薛涛笺、宋初谢景初十色笺介绍较详，对蜀纸沿革、种类、形制及用途作了概述。此书后收入《续百川学海、癸集》（明刊本）、《说郛》宛委山堂本（1646）卷98、《墨海金壶》（1817）《史部·岁华纪丽谱》附录中，又收入《宝颜堂秘籍》丛书《庚集》（1615）及《美术全书》（1936）三集·五辑中，更附东京便利堂本《文房四谱》之末。今北京图书馆藏康熙年顾氏秀野草堂刻间邱辩囿本，书名作《笺纸谱》。以后为避免与元代人鲜于枢（1256～1301）的《纸笺谱》相混，均称费著的书为《蜀笺谱》。至于书法家鲜于枢的《纸笺谱》，只抄录古代书中有关纸的纪事，缺乏新意，亦不注意纸的技术方面，学术价值不大，仅收入《说郛续》卷36，没有其他善本，但便利堂本刊入附录。此外，宋人陈槱《负暄野录》及赵希鹄《洞天清录集》，都有专篇谈论纸，有参考价值，然个别结论欠妥。

北宋著名书画家米芾是带头以纸本作书画的大家，精于鉴赏历代书画，他的《书史》著录了晋唐以来纸本书画，均经眼鉴定。他的《评纸帖》或《十纸说》，虽然文字不长，但句句有份量。他从书画专家角度品评各种原料和名目的纸，是他多年间用纸的经验谈，很多结论至今还有价值。元代鲜于枢的《纸笺谱》没有米芾的作品翔实。宋元时期刊行的地方志及笔记、诗文集作品中，也有不少造纸史料，如嘉泰《会稽志》、周密《癸辛杂识》等。

① 潘吉星，巴尔札克笔下的《天工开物》，大自然探索，1992，卷11，3期，123页。

表 5-1 宋元时期书画用纸检验结果一览表

项目/栏目/序号	作品名称	作者	作者生卒年	纸幅尺寸（厘米）		原料	说明
				直高	横长		
	Ⅰ	Ⅱ	Ⅲ	Ⅳ	Ⅴ	Ⅵ	Ⅶ
1	韩马帖	米芾	1050～1107	33.2	33.2	麻	白色，正方形，纸厚，研光，砑花纸，纸面有云中楼阁图案
2	苕溪诗	米芾	1050～1107	30.5	50.5	楮皮	浅灰色，表面涂布白粉，平滑，细帘条纹。特点是灰色，纸地上有浅黄色毛，块状及束状斑
3	淡墨秋山诗	米芾	1050～1107	29.1	31.9	楮皮	浅灰色，研光，即宋元所谓"小灰纸"
4	珊瑚帖	米芾	1050～1107	26.5	47.0	竹	浅黄色，竹纤维束较多，除书法外，还画一珊瑚
5	高氏三图诗	米芾	1050～1107	29.4	26.4	麻、楮	浅灰色，表面平滑，为麻料与楮皮混合制浆
6	寒光二帖	米芾	1050～1107	27.4	32.4	竹、楮	表面平滑，有纤维束，为竹料与楮皮混合制浆
7	公议帖	米芾	1050～1107	33.2	42.0	竹、麻	白色，间浅米黄色，表面平滑，表面涂布白粉，为竹料与麻料混合制浆
8	新恩帖	米芾	1050～1107	33.0	48.0	竹、麻	白色，纤维束少，纸厚，纸上有细的布纹，即所谓"罗纹纸"
9	破羌帖跋	米芾	1050～1107	22.7	32.5	竹等混料	浅黄色，研光，加蜡，为蜡笺纸。由竹纤维及其他原料混合制浆
10	同年帖	李建中	945～1018	33.0	42.0+8.2	楮皮	浅灰色，大小二纸黏连而成，帘条纹粗 0.15 厘米，后幅小纸有暗花波浪纹，为水纹纸
11	三马图赞	苏轼	1036～1101	29.0	79.0	桑皮	浅米色，纸上有纸须，加蜡，为蜡笺纸
12	人来得书帖	苏轼	1036～1101	31.5	45.7	楮皮	米色，表面平滑，经强研光
13	新岁未获帖	苏轼	1036～1101	31.8	51.2	皮料	白色，间米色，平滑，纤维束少，表面涂布白粉，为粉笺纸
14	贵宅帖	李建中	945～1018	31.0	27.3	皮料	浅黄，泛灰色，纤维束多，纸不甚精
15	夏日诗	赵佶	1082～1155	43.7	54.2	皮料	白色，泛米黄色，平滑，纤维匀细，纤维束少，佳纸，纸上有宋徽宗御笔
16	千字文	赵佶	1082～1155		1000	皮料	泥金绘云龙纹，粉蜡笺，纸质佳，长 3 丈
17	雨后帖	宋人临摹	12 世纪	27.0	11.5	竹	深褐色，纤维束多，细帘纹纹，本帖旧题王羲之法帖，经鉴定为宋人临摹，可能成于北宋
18	中秋帖	宋人临摹	12 世纪	26.0	15.3	竹	浅米色，竹纤维束多，旧题王献之法帖，经鉴定为宋人临摹
19	所苦帖	沈辽	1032～1088	27.1	36.6	皮纸	白间浅灰色，平滑，纸上有波浪纹图案，与李建中《同年帖》类似
20	维摩演教图	李公麟	1049～1106	35.0	84.5	楮皮	白色，间浅黄色，平滑，纤维匀细，纤维束少，中等帘条纹，丝纹间距 2 厘米，有浅黄色斑块，工笔白描
21	写生蛱蝶图	赵昌	998～1022	27.4	46.0	楮皮	与上纸同类，但稍粗些，工笔设色，共二纸，另纸横长 44 厘米
22	潇湘奇观图	米友仁	1072～1151	19.7	72.0	皮料	灰色，纤维匀细，纤维束少，佳纸，画以米派山水纸面泼一层淡墨
23	百花图	宋人	13 世纪	31.5	94.5	皮料	纸面平滑，细帘条纹，纤维束少
24	牧牛图	毛益	12 世纪	26.0	71.5	楮皮	全纸以淡墨泼染，纤维束多，纸较粗
25	四梅图	杨无咎	1097～1169	37.0	60.0	桑皮	白色，平滑，细帘条纹，丝纹间距 1.8 厘米，纸上有突起的白色纸须，画于乾道元年(1165)七夕前一日
26	长江万里图	赵芾	12 世纪	55.2	84.5	皮料	米色，纤维束少，纸表有层薄膜，抗水性强，经施胶

续表 5-1

项目/栏目/序号	作品名称	作者	作者生卒年	纸幅尺寸(厘米)		原料	说明
				直高	横长		
	Ⅰ	Ⅱ	Ⅲ	Ⅳ	Ⅴ	Ⅵ	Ⅶ
27	写生蔬果图	法常	1225～1270	47.3	814.1	皮料	白色，细帘条纹，纸毛发亮有乳白色，制浆好，此为二丈多长巨幅纸
28	人骑图	赵孟頫	1254～1322	27.0	50.0	皮料	纸面平滑，纤维细匀，设色人物，画于大德元年(1297)
29	溪山雨意图	黄公望	1269～1345	29.5	105.5	桑皮	白色，平滑，细帘条纹，画于至正四年(1344)
30	墨竹图	李衎	1245～1320	29.0	87.0	皮料	白色，蜡笺纸上有砑花鱼雁图案及文字，研光当为研光蜡笺纸
31	双钩竹图	张逊	约1285～1355年在世	37	119	皮料	白色，画于至正九年(1349)，平滑，纤维束少，纤维匀细
32	秀野轩图	朱德润	1244～1365	26	100	皮料	白色，平滑，细帘纹，纤维交织匀细，上等纸
33	白莲图	钱选	1239～1301	42.0	90.3	桑皮	白色，薄，纤维匀细，未施胶生纸，山东博物馆藏出土文物

表 5-2　宋元时期刻本书用纸检验结果一览表

项目/栏目/序号	书名	刊刻年代			刊刻地点	纸幅尺寸(厘米)		原料	说明
		朝代	中国纪年	公元		直高	横长		
	Ⅰ	Ⅱ	Ⅲ	Ⅳ	Ⅴ	Ⅵ	Ⅶ	Ⅷ	Ⅸ
1	史记集解	北宋	乾道七年	1171	福建	26.2	14×2	竹	白色，间浅黄色，薄纸，平滑，纤维匀细，纤维束少，编织帘纹间距 3.2 厘米(二指)，上等竹纸
2	春秋繁露	南宋	嘉定元年	1208	江西	28.8		楮皮	白色，纤维束少，纸面有未捣碎的故纸残片，故此纸为再生纸
3	法苑珠林	北宋	重和元年	1118	福州	28.5		竹	黄纸，纸厚，平滑，纤维束多，已蛀，帘条纹每厘米有 8 根，编织纹间距 2.3 厘米，毗庐大藏本，福州开元寺刊
4	菩萨璎珞经	北宋	隆兴元年	1163	福州	30.0		竹	黄色，平滑，纤维束不多，纸较好，编织纹间距二指宽，鼓山大藏本，元祐五年(1090)五月刻，隆兴元年(1163)印，梵夹装
5	中阿含经卷 51	北宋	绍圣三年	1096	福州	30.0		竹	色发暗，平滑，纸与毗庐大藏本相近，福州东禅寺刻，有"鼓山大藏"印文，封面瓷青纸，写泥金字
6	汉官仪	北宋	绍兴九年	1133	临安府	27.1	18.3×2	皮料与竹	白色，间米黄色，平滑，皮料与竹料混合制浆，纸上有竹筋、半页 10 行，行 21 字
7	咸淳临安志	南宋	咸淳四年	1268	临安府	38.0	22.5×2	楮皮	白色，纸簿有纤维束，帘条纹粗 1 毫米，编织纹间距 1.8 厘米
8	文选五臣注	南宋	绍兴年	13 世纪	临安府	28	15×2	皮料	白色间肤色，中等帘条纹，有纤维束，杭州猫儿桥钟家印行

续表 5-2

项目/栏目/序号	书名	刊刻年代			刊刻地点	纸幅尺寸（厘米）		原料	说明
		朝代	中国纪年	公元		直高	横长		
	Ⅰ	Ⅱ	Ⅲ	Ⅳ	Ⅴ	Ⅵ	Ⅶ	Ⅷ	Ⅸ
9	册府元龟	南宋		12世纪	四川	28.7	20×2	皮料	肤色，纸薄，有纤维束，透眼多，罗纹纸，每厘米有帘条纹7根
10	新刊国朝二百家名贤文粹		庆元三年	1193	四川	26.8	15×2	皮料	白色，泛灰纸薄，细帘条纹，编织纹间距二指（3.1厘米），蝴蝶装
11	张承吉文集	南宋		12世纪	四川			楮皮	白色，表面涩，透眼多，纤维交织不匀，书中有无"翰林国史馆官书"印
12	经史证类大全本草	南宋	淳祐八年	1248	福建建阳	24.7		竹	浅黄色，间肤色，纸薄，有竹筋，细帘条纹（1毫米）编织丝纹间距1.3，1.5，1.0不等，建阳麻沙镇竹纸、半页12行，行大字21，小字25
13	佛说阿惟越致遮经	北宋	大观二年	1108	四川	32.5	47.5	桑皮	纸较厚，平滑，中等帘条纹，双面施蜡，纤维束少，高级蜡笺纸，开宝六年（973）奉勅刻，大观二年（1108）以此版印刷，纸呈黄色
14	昌黎先生集	南宋	咸淳年	1265～1274	福建	19.8	12.8×2	桑皮	白色，间有黄斑，纸薄，纤维匀细，细帘条纹，编织丝纹间距3厘米（约二指宽），世綵堂刻本
15	楚辞集注	南宋	嘉定六年	1213	江西赣州	24	16.3×2	竹及皮料	淡黄色，有纤维束，不平滑，中等帘条纹，原料以竹为主，混有皮料及麻料
16	大易粹言	南宋	淳熙三年	1176	福建	14	15.2×2	竹	肤色，不平滑，细帘条纹，建本
17	古今绝句	南宋	绍兴廿三年	1153		22.7	16×2	皮料与竹	白色，间灰色，不太平滑，有竹筋及皮束，以皮料为主，混有竹料
18	洪氏集验方	南宋	淳熙八年	1181	临安府	23.3	16.5×2	皮料	白色，间浅肤色，纤维细白发光，纤维束少，交织匀，良纸，纸背面有官印，帘纹与《文选五臣注》杭州猫儿桥刊本纸同
19	花间集	南宋	淳熙十二年	1185	建康府	15	17×2	楮皮	灰色，中等帘条纹，以淳熙十一、十二年（1184～1185）公文纸付印，纸上有官印，以楮皮为主，混有少量竹料，此为以故纸印刷之一例
20	文选	南宋				28.5	22×2	楮皮	浅灰色，纸薄，不甚平滑，北宋刻，南宋印
21	文苑英华	南宋	嘉泰四年	1204	江西	21.2	15.4×2	楮皮	白色，纤维匀细，交织情况良好，纸薄，细帘条纹，编织纹间距3厘米，吉州周必大刻，字体为手书体，有宋印"御府图书"，景定元年装背，此处尺寸指版框
22	稼轩长短句	元	大德三年	1299	江西	29.0	20.6×2	竹	米黄色，纤织交织匀，细竹帘条纹，编织纹间距2.5厘米，良纸
23	大德南海志	元	大德八年	1304	广东	32.5	21×2	竹	浅米色，中等帘条纹，编织纹间距1.5～2厘米。纸厚，不平滑，纤维束多，有透眼

续表 5-2

项目/栏目/序号	书　名	刊刻年代			刊刻地点	纸幅尺寸(厘米)		原料	说　明
		朝代	中国纪年	公元		直高	横长		
	Ⅰ	Ⅱ	Ⅲ	Ⅳ	Ⅴ	Ⅵ	Ⅶ	Ⅷ	Ⅸ
24	唐律疏议	元	至顺三年	1332	福建建安	18.8	12.4×2	竹	肤色,有纤维束,细帘条纹,编织纹间距1.2厘米,勤有堂刊本
25	新刊王氏脉经	元	天历三年	1330	福建	23.5	16.5×2	竹	浅黄色,纸薄,纤维束多,不甚平滑,细帘条纹,编织纹间距1.5～2厘米
27	重校圣济总录	元	大德三年	1299	浙江	30	41	皮料等混合料	白色,间灰米色,纸薄,纤维束多,不甚平滑,混合原料,由皮料、麻料等构成
28	梦溪笔谈	元	大德九年	1305	湖南	42	88	楮皮	白间浅灰色,纸面上有石灰颗粒,有有色纤维束,编织纹间距大小不等

第六章　明清时期的造纸技术（1368～1911）

元代不足百年，元末南方农民和工匠暴动，建立一些政权反抗元代统治者，朱元璋（1328～1398）逐步兼并这些政权，1368年正月在南京建立新王朝，国号为明（1368～1644），八月进军燕京，结束了元代统治。明太祖朱元璋采取了加强中央政权的措施，制订发展生产的政策，使明帝国得以巩固。太祖死后，传位于政治上无能的皇孙，于是皇四子燕王朱棣（1360～1424）起兵，发动“靖难之变”夺取帝位，改元永乐（1403～1424），是为明成祖。成祖是有文治武功的强有力帝王，即位后迁都于北京，以南京为留都，多次发兵铲除元王朝残余势力的反扑，巩固北方和西北边防，又下令开通大运河，使南北经济交流畅行。明成祖还有国际眼光，派三宝太监郑和（1391～1433）率庞大舰队下西洋，与亚非三十余国建立政治和经济往来，在世界航海史中写下光辉一页。成祖的事业使明初帝国进入“永乐、宣德之治”，颇有大唐帝国贞观、开元治世的气势。然明中叶以降，政权渐趋腐败，边患增加。隆庆（1567～1572）、万历（1573～1619）之际，情况有所好转，商品经济有大幅度发展。后来又接连走下坡路，至明末已面临政治及经济危机。西北等地连年灾荒，农民走投无路，在李自成（1606～1645）率领下以武装反抗朝廷，1644年推翻明代统治，建立大顺政权。但因领导集团一系列失误，此政权迅即流产。

明代后期，被统治的东北女真族各部由努尔哈赤（1559～1626）统一，1616年即汗位，建立后金，与明廷相抗，且南下辽沈，1625年迁都于沈阳，改名盛京。1636年其子皇太极（1596～1643）称帝，改国号为清，改族名为满洲，蓄意问鼎中原。1644年五月二日清兵入北京，同年十月清世祖福临从沈阳来北京即皇帝位，建立中国史上最后一个封建王朝清朝（1644～1911）。清统治者入主中原后，及时吸取蒙古统治者的经验教训，积极学习汉语并努力掌握中原文化传统，对汉族等其他民族采取怀柔与镇压相结合的政策，各政权机构由满、汉官员分掌，因而巩固了统治。清圣祖玄烨（1654～1722）博学多才，在位期间（1662～1722）励精图治，废除明代一些弊政，减轻人民负担，实行开明统治，使社会趋于安定，经济和科学文化再度繁荣，造成康熙、乾隆年间百余年处于“盛世”的局面。但此后清政权便逐渐衰落，终于在1911年被孙中山先生领导的辛亥革命所推翻。明清时期中国一直是统一的，共持续543年（1368～1911），其中明代276年，清代267年。

明初以来，农业生产、耕作技术和粮食产量都有所提高，经济作物得到推广，为手工业提供足够原料。城乡各手工业部门如冶炼、纺织、陶瓷、造纸、印刷、造船、制糖、火器制造等都有很大发展。明中叶以后，尤其隆庆、万历年间，商品经济大幅度发展，初期资本主义生产关系在江苏、浙江、安徽、江西和广东等地一些手工业部门中出现。由于国内外商业贸易和工农业的发达，产生一些工商业较为集中的城市，如苏杭和江宁的丝绸、江西景德镇的瓷器与铅山的造纸，松江的棉布等，都闻名于世。与此同时，明代科学技术处于承前启后的总结性发展阶段，很多科学著作具有集历代之大成的性质，在国内外产生良好影响，如李时珍《本草纲目》（1596）、茅元仪（约1570～1637）《武备志》（1621）、宋应星《天工开物》（1637）、徐光启（1562～1633）《农政全书》（1638）等。清初因战乱使江南生产遭到破坏，但至17～18世纪的康熙、乾隆时期，工农业生产得到全面恢复和进一步发展，资本主义再度萌发，原有各行业中在经营规模、生产技术上超过了明代。许多城市的商业也出现繁荣景象，国内各地区、各民族之间及国内外之间的经济联系进一步加强。然而，资本主义萌芽虽在明清时两次出现，却因受内外各种因素的干扰和阻挠，未能进一步发展下去。这就是该时期总的历史背景。

明清两代造纸技术在宋元基础上又在新的历史条件下进入传统技术的总结性发展阶段，在造纸原料、技术、设备和加工等方面都集历史上的大成。纸的产量、质量、产地和用途都超过前代，还出现了记载造纸和加工纸技术的著作，为前所少见。随着明清时中外经济和科学文化交流的频繁开展，中国一些精工细作的造纸和加工纸的技术，也直接传入欧美国家。19世纪起，西方用机器造纸的技术和设备以及其机制纸也传入中国，形成手工纸和机制纸并存的局面，但总的说全国仍是传统手工纸占主导地位，从这以后便逐步被机制纸取而代之，明清是传统手工业的最后阶段。西方国家虽长期在造纸领域不及中国，但18世纪资本主义的工业革命后，却出现了用近代机器大生产方式造纸，中国相比之下显得落后。至清末，手工纸受到机制纸的严重挑战。20世纪以后，手工纸已退居次要地位，但供书画用的高级皮纸仍继续生产，恐怕到21世纪以后也仍会如此。

第一节　明清造纸概况及纸制品的推广

明清时的造纸槽坊，大多集中于南方的江西、福建、浙江、安徽、广东、四川等省，北方以山西、河北、陕西等省为主。湖南、湖北、云南以及山东、河南、甘肃等省亦产纸，只是产量较小。总的说产纸区域遍及全国各省。原料以竹、麻、皮料和稻草等为主，南方各省盛产竹，因此近竹林山区多造竹纸，产量占首位，多用于书写、印刷。各种皮纸产量居第二位，南北均有，多用于书画、印刷及制造纸制品。麻纸主要产于北方陕西、山西、甘肃、山东及东北，产量较少。

明代江西以楮皮所造"宣德纸"及清代皖南泾县以青檀皮所造"泾县纸"，为一时之甲，用作高级文化用纸。这两种纸都超过了历史上有名的"澄心堂纸"及"金粟笺"等名纸，而且品种繁多、加工方式花样翻新，形成两大系列纸，成为领导时代技术潮流的尖端纸。因而宣德纸与泾县纸体现了手工纸中的高水平。浙江桑皮纸质量也相当之高。竹纸以江西和福建所产"连史"、"毛边"最为普遍。按明末常熟藏书家及出版家毛晋（1598～1659）汲古阁藏书数万卷，延名士校勘开雕"十三经"、"十七史"及稀见之书，所用纸皆从江西特造，厚者曰毛边，薄者曰毛太，但有时亦取自福建。我们所见毛氏汲古阁刻本即用江西及福建竹纸。福建毛边纸较薄，呈浅黄色，编织纹间距较密；江西毛边纸颜色浅些，编纹间距较大，制造很精细。毛太纸可能源于太史纸。毛边、毛太之名出现于明末，至今还沿用此名。关于连史纸，前一章中曾予讨论，此不赘。

一　明初江西官局造纸及明代纸品种

明人屠隆《考槃余事》卷二《纸笺》谈到本朝纸时写道：

永乐（1403～1424）中，江西西山置官局造纸，最厚大而好者，曰连七[纸]、曰观音纸。有奏本纸，出江西铅山。有榜纸，出浙［江］之常山、［南］直隶庐州英山（今安徽境内）。有小笺纸，出江西临川。有大笺纸，出浙之上虞。今之大内用细密洒金五色粉笺、五色大帘纸、洒金笺。有白笺，坚厚如板，两面砑光，如玉洁白。有印金五色花笺。有瓷青纸，如缎素，坚韧可宝。近日吴中（今苏州）无纹洒金笺纸为佳。松江谭笺不用粉笺，以荆州川连纸褙厚，砑光，用蜡打各色花鸟，坚滑可类宋纸。新安（徽州）仿宋藏经纸亦佳。有旧裱画卷绵纸（皮纸），作纸甚佳，有则宜收藏之①。

此处介绍了明代某些高级纸的名称及其产地。

关于永乐年间西山官局所造之纸，明代江西新建学者陈弘绪（1597～1665）《寒夜录》（约 1638）卷下云："国初（明初）贡纸，岁造吾郡西山，董以中贵，即翠岩寺遗址以为楮厂（纸厂）。其应圣宫西皮库，盖旧以贮楮皮也。今改其署于信州，而厂与寺俱废"。就是说，明初永乐初（1403）始于江西南昌府新建县西山翠岩寺旧址兴建官办纸厂，供内府御用，朝廷更派宦官监造。所砍楮皮贮于当地应圣宫西皮库，由此可知西山官局纸为高级楮皮纸。明成祖永乐元年（1403），大学士解缙（1369～1415）奉旨主持的万卷本大百科全书《永乐大典》（1408）用纸，经笔者考定即以江西西山纸厂所出楮皮纸抄写，此纸洁白、纸质匀细、厚实。笔者认为，西山纸厂似为抄写《永乐大典》而于永乐元年（1403）所特设。至宣宗宣德年（1426～1435）西山贡纸演变成宣德纸。大约从隆庆、万历之际，该纸厂移至江西广信府铅山县，仍以原法造高级楮皮纸。屠隆所叙述的明代高级纸，产地集中于江西、浙江及安徽三个省份，而加工纸以江苏（苏州）所产为著。唐宋时代表时代水平的蜀纸，此时被其他省的纸所超过。

明代科学家方以智（1611～1671）在其《物理小识》（1643）卷八写道：

永乐［时］于江西造连七纸，奏本［纸］出铅山，榜纸出浙之常山、庐之英山，［钤］'宣德五年（1430）造素馨纸'印。有洒金笺、五色金粉［笺］、瓷青蜡笺。此外，薛涛笺则矾潢云母粉者。镜面高丽［笺］，则茧纸也。后唐澄心堂纸绝少，松江潭笺或仿宋藏经笺，渍荆川连［纸］，芨褙蜡砑者也。宣德陈清款白楮皮［纸］，厚可揭三、四张，声和而有穰。其桑皮者牙色，矾光者可书。今则棉［纸］推兴国、泾县，鄗邑桐城浮山左，亦抄楮皮［纸］、结香纸。邵阳（湖南）则［有］竹纸顺昌纸，柬纸则广信为佳，即奏本［纸］也②。

今传本《物理小识》有许多脱字，故不易解。谈到松江潭笺或仿宋藏经笺时，所称"渍荆川连、芨褙蜡砑者也"，应理解为：以荆川连纸借白芨糊裱背，使之厚重，再加蜡质并研光。方以智谈到明代时还仿制过宋代金粟山藏经纸（一种蜡笺）和唐代的薛涛笺，他所说"镜面高丽"应当是高丽镜面笺，产于朝鲜国，但此纸仍然是楮皮纸，不是"茧纸"。明代看来较少仿制过五代南唐的澄心堂纸，因《永乐大典》用纸、宣德纸已超过澄心堂纸了。

方以智特别介绍宣德年所制贡纸，认为有当时造纸家陈清（1395～1460 在世）印记的纸最佳，还提到泾县纸及桐城的楮皮纸和结香皮纸，以及湖南邵阳的竹纸。结香（*Edgeworthia chrysantha*）为瑞香科植物，早在唐代即用于造纸。文震亨（1585～1645）《长物志》（约

① 明·屠隆，《考槃余事》（约 1600），卷二，《丛书集成》第 1559 册，37 页（上海：商务印书馆，1937）。

② 明·方以智，《物理小识》（1643）卷 8，《丛书集成》本第 543 册，下册，189 页（上海：商务印书馆，1936）。

1640）卷七所记与屠隆《考槃余事》卷二雷同，但补充说“泾县连四最佳”①，也说明泾县纸在明代为人们看重。此处所说的泾县纸，后来发展成为所谓宣纸。松江潭笺别本作谭笺，荆川纸别本作荆州（今湖北）纸。从明代起湖南、湖北二省产纸量突然大增，至清代仍然保持这个势头。

在王宗沐（1523～1591）、陆万垓（1525～1600）所编《江西省大志》万历本（1597）卷八中，更详细列举出全国产纸大省江西省所抄造的28种纸的名目：

> 造纸名二十八色，曰白榜纸、中夹纸、勘合纸、结实榜纸、小开化纸、呈文纸、结连三纸、绵连三纸、白连七纸、结连四纸、绵连四纸、毛边中夹纸、玉版纸、大白鹿纸、藤皮纸、大楮皮纸、大开化纸、大户油纸、大绵纸、小绵纸、广信青纸、青连七纸、铅山奏本纸、竹连七纸、小白鹿纸、小楮皮纸、小户油纸、方榜纸。又有大龙沥纸，青红黄绿皂榜纸、楮皮纸、藤皮纸、衢红纸②。

名目虽多，归纳起来不外是榜纸（巨幅厚纸）、开化纸（薄楮皮纸）、绵连纸（皮纸）、中夹纸、奏本纸、油纸等及各种色纸。江西纸厂命名其所产纸时，有按纸的用途、外观、原料等取名，其中“藤皮纸”恐怕不是以青藤等藤类所造，其实所有上述二十多种纸都主要以竹及楮皮为原料。有的名字如“绵纸”是传统旧名，并不是说此纸由绵茧所造，而实为楮皮纸。由于明初起就在江西设官局造纸供内府御用，所造者都是上等纸，不计工本。但民间槽户则不然，所造普通纸作印书用，价钱较便宜。

明代湖广临湘人沈榜（1551～1596在世）曾于万历十八年（1590）任顺天府宛平（今北京市境内）县令，后来（1593）升户部主事。他在县令任内根据档册编写了《宛署杂记》（1593），共20卷，含不少明代内府用纸的史料。如卷15载“遇重修《大明会典》，用中夹纸二千五百张，价三十七两五钱；大呈文纸四千张，价十六两；连七纸一万一千六百张，价九两二钱八分。系按院赎银。笔五百枝、墨一百锭，价十三两。抬连纸二千张，价一两八钱。……呈文纸五千张，价三十两。”③ 其中“中夹纸”之名已见于《江西大志》，当由江西解至京师，纸名不易理解，可能是一种厚重之纸，比一般连四、连七纸贵得多。《大明会典》重修于万历十五年（1587），书中所述纸价即当时之时价。

《宛署杂记》卷15还记载当时礼部“遇筵宴考满阁下，用梨板三块，价一两二钱；大红纸十二张半，价减七分五厘；毛边纸五十张，价三钱；咨呈纸（即呈文纸）五十张，价一钱七分五厘。连四纸二十五张，价一钱七分五厘；大瓷青纸十张，价一两。墨二笏，价一钱。……榜纸二十五张，价三钱七分五厘。”④ 此外，还记载“大呈文纸每百张价三钱五分，抬连纸每百张价一钱，连七纸每百张价六分五厘，青壳纸每百张价三分，中呈文纸每百张价二钱，毛边纸每百张价银六钱，碗红纸五张价一钱”。此处所述为万历二十年（1592）由宛平县支付内府用各种纸当时的时价。同书卷15载万历十九年（1591）顺天府乡试用纸中，还可知道其他品种纸及其用量，其中御览纸690张、表纸11,360张、中呈文纸11,650张、草纸3700张、刚连纸37,300张、大红行移纸40张、分水纸1600张、青连纸2013张、白榜纸80纸、红黄

---

① 明·文震亨，《长物志》（约1640），卷七，《丛书集成》第1508册，60页（上海：商务印书馆，1936）。

② 明·王宗沐，《江西省大志》（1556）卷八，《楮书》（此卷为明人陆万垓新增）（北京图书馆藏万历廿五年刊本，1597）。

③ 明·沈榜，《宛署杂记》（1593）卷15，128页（北京出版社，1961）。

④ 明·沈榜，《宛署杂记》卷15，128～129页，（北京出版社，1961）。

榜纸60张、红黄龙沥纸20张、官青纸6张，等等。同时期的其他物品时价如下：香油50斤价1两银，麻布1疋价1两8钱，烟墨1斤价5钱，烧酒2瓶价1钱，白布2疋3钱6分，白面4斤价4分，铁钉5斤价1钱，线麻6两价2分。于是推算得知，抬连纸2000张相当1疋麻布，50张毛边纸相当15斤铁钉或6瓶烧酒，大呈文纸50张相当1斤香油，等等。相比之下，纸价并不算昂贵。前引史料说毛边纸是因毛晋汲古阁刻书用纸而得名，看来此说法是不能成立的，因毛氏诞生前毛边纸之名已经存在，只不过他爱以此纸印书而已。

二　清代纸品种和造纸概况

入清以来，造纸业曾一度受到破坏，但从康熙、乾隆时（17世纪后半至18世纪）起，清初遭到摧残的资本主义萌芽再度兴起，给造纸业又带来新的生机，纸产量、品种和质量都在明代基础上有进一步发展，传统名牌加工纸又恢复了生产，这种情况一直持续到19世纪中期的道光年间（1821～1850）。吴振棫（1792～1871）《养吉斋丛录》（约1871）卷26叙述各省进御的纸种时写道：

> 纸之属，如宫廷贴用金云龙硃红福字绢笺，云龙硃红大小对笺，皆遵内颁式样、尺度制办呈进。其他则有五彩盈丈大绢笺、各色花绢笺、蜡笺、金花笺、梅花玉版笺、新宣纸。旧纸则有侧理［纸］、金粟［笺］、明仁殿［纸］、宣德诏敕［纸］，仿古则有澄心堂［纸］、明仁殿纸、侧理纸、藏经笺、宣德描金笺。外国所贡，高丽则有洒金笺、金龙笺、镜光笺、苔笺、咨文笺、竹青笺、各色大小纸。琉球则有雪纸、头号奉书纸　二号奉书纸、旧纸。西洋则有金边纸、云母纸、漏花纸、各色笺纸。又回部（新疆）各色纸，大理（云南）各色纸，此皆懋勤殿庋藏中之别为一类者①。

以上所述都是统治者宫中御用高级纸，其中包括传统名牌纸和加工纸，所谓“绢笺”是裱有绢的厚纸。一般用纸则各地都有生产，江西仍然是造纸大省之一。从江西地方史料中还可看到纸坊中的雇佣关系。陶成（1684～1758在世）所编雍正《江西通志》（1732）卷27《土产志》称，从明嘉靖（1522～1566）、万历（1573～1619）以来，永丰、铅山和上饶三地各有槽房造纸，每一槽户雇有相当数目的工人，“日日为人佣役”②。这既反映生产规模扩大，又表明资本主义生产关系在清代又继续发展。《清代刑部钞档》乾隆四十八年（1782）条载，江西纸坊工人“陈黑因喻梅家雇伊破竹造纸，每日议给工钱二十五文，喻梅请陈黑饮酒开工。陈黑查知各蓬破竹每工均系钱三十文，当即辞工不作”③。也同样表明没有生产资料的造纸工凭技艺有权选择业主的雇佣关系。边柱所主修的乾隆《铅山县志》（1784）卷二更载铅山石塘镇造竹纸作坊内明确的劳动分工情况：“每一槽四人，扶头一人，舂碓一人，捡料一人，焙干一人，每日出纸八把”④。“扶头”指抄纸工人，工资最高。该镇有5～6万人，多以造纸为业，产品行销全国。有大纸坊30多家，每家佣工上千人（《铅书》万历本）。

清人严如熤（1759～1826）《三省边防备览》（1822）卷九谈道光年陕西南部造纸生产情

---

① 清·吴振棫，《养吉斋丛录》（约1871）卷26，274页（北京：古籍出版社，1983）。

② 清·陶成，雍正《江西通志》（1732）卷29，7～8页（南昌，雍正十年原刻本，1732）。

③ 彭泽益，《中国近代手工业史资料》卷1，397页（北京：中华书局，1962）。

④ 清·连柱，乾隆《铅山县志》（1784）卷二，36页（乾隆四十九年木刻本，1784）。

况时说：

西乡纸厂三十余座，定远纸厂逾百，近日洋县华阳亦有小厂二十余座。大者匠作佣工必得百数十人，小者亦得四五十人。山西居民当佃山内有竹林者，夏至前后，男妇摘笋砍竹作捆，赴厂售卖，处处有之。借以图生者，常数万计矣[①]。

同书卷 14 还收入严如煜的《纸厂诗》[②]：

驮负秦陇道，船运郧襄市。

华阳大小巴，厂屋簇蜂垒。

匠作食其力，一厂百手指。

卢坤（1772～1835）《秦疆治略》（1824）提到岐山县“南乡有纸厂七座，厂主雇工，均系湖广、四川人”。嘉庆八年（1803）设汉中府定远厅，至道光三年（1823）已有人口近 13.5 万人，川人过半，楚人次之，有纸厂 45 处，其中工作人数甚多，每厂匠工不下数十人[③]《清代刑部钞档》载嘉庆二十年（1815）陕南纸厂“任克濬雇杨思魁帮工作纸，每月工钱一千二百文，同坐同食，并无主仆名分”[④]。以上所述都具有资本主义工场手工业生产的性质和规模。因为在个体手工业中要依次完成的相互连接的操作，在工场手工业中则变成由许多协作工人同时进行的局部操作。因此后者与前者比，在较短时间内能产生较多产品，工场手工业有较高的劳动生产率。

三 纸币、糊窗纸、壁纸

随着明清造纸业的发展，纸的用途比前代更广。除书画、印刷、包装和宗教、仪礼活动用去大量纸张外，日常生活中其余纸制品耗纸量也很大。张廷玉（1672～1755）《明史》（1736）卷 81《食货志》记载，明代开国初的洪武七年（1374），太祖朱元璋下令设立宝钞提举司，“明年（1375）始诏中书省造大明宝钞，命民间通行。以桑穰为料，其制方，高一尺、广六寸，质青色，外为横纹花栏。横题其额曰‘大明通行宝钞’。其内上两旁，复为篆文八字，曰“大明宝钞，天下通行”。中图钱贯，十串为一贯。其下云‘中书省奏准印造大明宝钞，与铜钱通行使用。伪造者斩，告捕者赏银二十五两，仍给犯人财富’。若五百文，则画钱文为五串，余如其制而递减之。其等凡六，曰一贯，曰五百文、四百文、三百文、二百文、一百文。每钞一贯准钱千文、银一两；四贯准黄金一两。禁民间不得以金银物货交易，违者罪之[⑤]。”（图 6-1）。

洪武十八年（1385）更诏令天下有司，官禄米皆给钞二贯五百文，准米一石，开始以纸币向官员发薪。但从英宗（1457～1464）以后宝钞便不大流行。清代很长一段时代用金属货币，咸丰三年（1853）发行“大清宝钞”及户部官票两种纸币[⑥]，合称“钞票”。现代所说钞票一词，可能即导源于此。清末各地方也印行过各种金融信贷票据。与此同时，供死人用的

① 清·严如煜，《三省边防备览》（1822）卷九，5～7 页（道光二年原刻本，1822）。

② 清·严如煜，《三省边防备览》卷 14，78 页（道光二年原刻本，1822）。

③ 清·卢坤，《秦疆治略》（1824），42，49，54 页（道光四年原刻本，1824）。

④ 彭泽益，《中国近代手工业史资料》卷 1，397 页，（中华书局，1962）。

⑤ 《明史》（1736）卷 81，《食货志》廿五史本第 10 册，216 页（上海古籍出版社，1986）。

⑥ 赵尔巽主编，《清史稿》（1927）卷 124，《食货志》，廿五史本第 11 册，481 页（上海古籍出版社，1986）。

纸钱也比过去作得更为精致、耗量很大。宋应星《天工开物·杀青》章说："盛唐时鬼神事繁，以纸钱代焚帛，故造此者名曰火纸。荆楚（湖南、湖北）近俗，有一焚侈至千斤者"（图 6-2）。

像前代一样，明清以纸糊窗。曹昭（1354～1401 年在世）《格古要论》（1388）卷九云：

> 读书须用明窗净几，以油纸糊窗格则明。造油纸诀，五桐六麻不用煎，二十草麻去壳研。光粉黄丹各半匕，桃枝搅用似神仙。又：桐三麻四不须煎，十五草麻去壳研。青粉一分和合了，太阳一见便光鲜①。

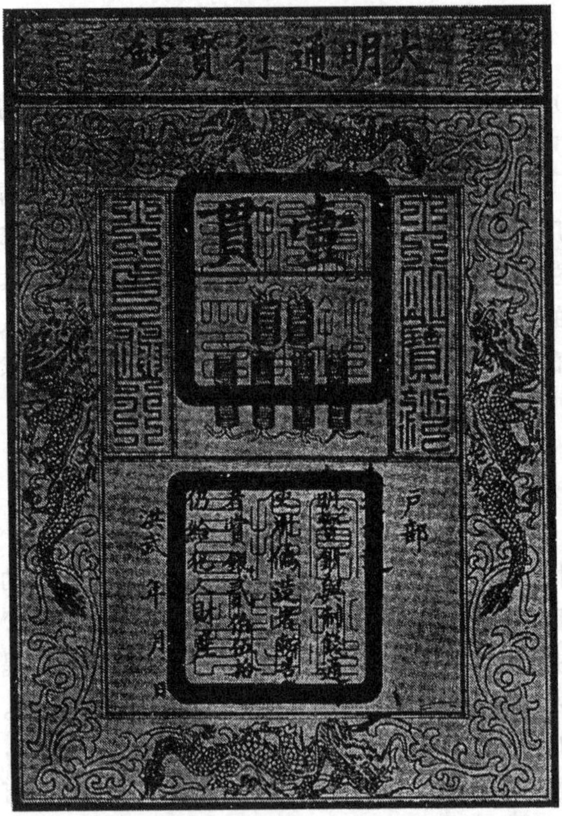

图 6-1　1368～1398 年发行的大明通行宝钞

看来此处所述造油纸用的油料配制方法，与宋代没有多大区别。方以智《物理小识》卷八称："窗纸，簷窗畏漂雨，用桐油则燿目，当以豆腐浆涂之。此浆亦可糊纸。〈广牍〉曰：'五桐六麻不用煎，二十草麻去壳研。光粉黄丹各半匕，桃枝搅用似神仙。"② 明代宫内糊窗纸名棂纱纸，悉由江西广信府铅山抄造。宋应星在《野议》（1636）《军饷议》内指出："然十年议节省，谁敢议及上供者?! ……即就江西一省言之，袁郡（袁州府）解粗麻布，内府用蘸油充火把，节省一年万金出矣。信郡解棂纱纸，大内以糊窗格，节省一年十万金出矣"③。这是说，只北京宫内一年所用广信府上供的糊窗棂纱纸一项，就费银十万两，可见必选用上好的纸，其中运费可能占去大半。

明清时还流行在室内装饰壁纸。所谓壁纸，一般指染成各种颜色，或绘以图画，或印以彩色图案，用以糊墙补壁作室内装饰的纸。有时用本色纸涂有白粉者。这种纸以其物美价廉而且实用，在官府和民间室内广泛使用，而且还从中国出口到国外，也受到欢迎。壁纸西方语称 Wallpaper（英语）、papier tenture（法语），一般都认为是中国发明的，欧洲壁纸脱胎于中国壁纸。但也时而有不同意见，如 1964 年版《不列颠百科全书》（Encyclopaedia Britainnica）说："没有证据说明中国应用壁纸早于它被引入欧洲的时代"④。拉巴尔（E. J. Labarre）在《纸与造纸百科辞书》（Dictionary and Encyclopaedia of Paper and Papermaking，1952）中说："在造纸术传入西方以前很久，中国人就应用［装饰花纹的］印刷纸，但有理由相信这些纸不曾像今日壁纸那样糊在墙上，……因而壁纸起源于东亚之说是想象上的误会，因为欧洲约于 1700 年开始应用 paperhangins（挂纸）后

---

① 明·曹昭撰、（明）王佐补，《新增格古要论》（1459 年增补本）卷 9《书窗》，《丛书集成》第 1556 册，第三册，176 页（上海：商务印书馆，1960）。

② 明·方以智《物理小识》（1643）卷 8，《丛书集成》本，下册，212 页（商务印书馆，1936）。

③ 明·宋应星，《野议》（1636），《军饷议》，11 页（江西南昌，明崇祯九年原刻本，1636）。

④ Encyclopaedia Britainnica，vol. 23，p. 309（London，1964）.

图 6-2　清代祭奠用彩绘纸衣

不久，东方的影响才显著起来。”[①] 持这种见解者，以为 Wallpaper 一词在欧洲出现于 19 世纪，因而不敢确信中国早就有壁纸。这里有必要对此予以讨论。

我们认为，中国壁纸的演变有长期的历史。南北朝及唐宋以来，由于皮纸及纸本书画裱背技术的进步，将纸本书画挂在墙上，早于西方的 paper-hangins 一千多年。如果将一般书画或印有图案的纸糊在墙上，这就成为壁纸。为证明中国在 16 世纪以前即用壁纸，我们提供如下史料：

明人陆容（1436～1494）于成化十一年（1475）成书的《菽园杂记》卷 12 写道：

浙之衢州，民以抄纸为业。每岁官纸之供，公私糜费无算，而内府、贵臣视之，初不以为意也。闻天顺间（1457～1464）有老内官（宦官）自江西回，见内府以官

① E. J. Labarre，Dictionary and encyclopaedia of paper and papermaking，2nd ed.，p. 309 (Amsterdam，1962).

纸糊壁，面之饮泣。盖知其成之不易，而惜其暴殄之甚也①

这条史料清楚地说明，至迟在1457～1464年间中国已应用壁纸，而在西方1699年最早应用壁纸的英国，从1494年才开始造纸。万历四十六年（1618）八月，俄国罗曼诺夫王朝（1613～1917）创立者、沙皇米哈伊尔·费奥多罗维奇（Михаил Фёдорович，1596～1645，1613～1645在位）遣西伯利亚托姆斯克的哥萨克军官伊万·别特林（Иван Петрин，fl. 1583～1646）探访中国及鄂毕河。返国后在报告中说，他在张家口、宣化附近的白城看到“房舍亭榭顶下，皆饰以各种鲜明颜色。墙壁上有花纸，纸甚厚。纸之下面又贴有绸绢。”② 这位俄国人在某些欧洲人不知什么是壁纸之前，于1618年在中国看到漂亮的壁纸。前述万历时任宛平县令的沈榜，在《宛署杂记》卷13～14更介绍了万历十六年（1588）糊窗、糊墙用纸的时价：“糊窗、糊墙栾纸八刀，价四钱八分；裱背一钱五分。”③ 这是因为当时明神宗谒皇陵，众官至北京阜成门外接驾，在公馆小停，室内才重新用壁纸装饰一新。

戏曲家李渔（1611～1679）《笠翁偶寄》更叙述了一种独特的壁纸制法：

糊书房壁，先以酱色纸一层，糊墙作底。后用豆绿云母笺，随手裂作零星小块，或方或匾，或短或长，或三角或四五角，但勿使圆，随手贴于酱色纸上。每缝一条，必露出酱色纸一线，务必大小错杂，斜正参差。则贴成之后，满房皆水裂碎纹，有如哥窑美器。其块之大者，亦可题诗作画，置于零星小块之间，有如铭钟勒卣盘上作铭，无一不成韵事矣④。

图 6-3 18世纪北京宫内壁纸

按艺术家李渔所说，将酱色纸、豆绿云母笺用艺术手法交错糊墙，使满室有如哥窑美器，再在大块纸上题诗作画，确是颇具匠心。一入室内，使人产生的美感，自不待言。

在北京故宫博物院明清宫室内，至今还可见到17、18世纪时的各种壁纸（图6-3）。蒙故宫博物院工艺组朋友们相告，目前尚未开放的许多宫室内，仍有明清时壁纸糊在墙上。现对公众开放的只是其中少数宫室。有些宫室因年久失修，壁纸已陈旧我们在内库中可看到完好未用的壁纸。如图所示，即为白色粉笺上印以绿色花鸟图案，美观大方。有的还套印银白色云母粉构成的图案，还有砑花五色壁纸，都属于康熙、乾隆时之遗物

美国纸史家亨特认为，早在1550年壁纸就由西班牙和荷兰商人从中国引入欧洲⑤。据德国学者赖希文（Adolf Reichwein）《中国与欧洲在18世纪的学术与文化接触》（China und Europe；Geistige und künstlerisch Ziehungen in 18 Jahrhundert，Berlin，1923）中《罗柯柯（Rococo）那一章所述，17世纪后，中国向欧洲出口了大量壁纸（图6-4），纸上有花鸟、山水

① 明·陆容，《菽园杂记》（1475）卷12，153页（北京：中华书局，1985）。

② 张星烺，《中西交通史料汇编》，第2册，543页（北平：上智书局，1930）。

③ 《宛署杂记》卷15，118页（北京出版社，1961）。

④ 清·李渔，《笠翁偶寄》，载缠堂偶编《重订通天晓》卷二，46页（同治二年木刻本，1863）。

⑤ Dard Hunter：Papermaking，The history and technique of an ancient craft，2nd. ed.，p. 479（London，1957）.

等图案，因此英、德、法等国技术家起而仿制。1688 年法国人帕皮永（Jean Papillon，1661～1723）按中国标本仿制成功。1638 年德国也仿制了中国带有花鸟图的金银色纸①。上述中外史料说明，中国应用壁纸不是稍早于欧洲，而是早于欧洲达几个世纪以上。

四　剪纸、纸扇和风筝的大发展

凡前代所有的一切纸制品，如剪纸、风筝、纸衣、纸被、纸甲、纸伞、纸灯笼、纸牌、纸屏风、折纸等等，在明清时都应有尽有，而且都有新的发展，在这方面可谓集历代之大成。此处只简短举出一些有关记载。关于剪纸，刘侗（1594～约 1637）《帝京景物略》（1635）载，每年腊月三十日五更都要在门窗上贴红纸，剪成红葫芦，称为“收瘟鬼”。“凡岁时雨久，剪以白纸作妇人首，剪红绿纸衣之，以苕帚苗缚小帚令携之，竿悬檐际，曰扫晴娘”。实际上这是一种套色剪纸。《梵天庐丛录》（18 世纪）介绍安徽一位剪纸艺术家时写道：

图 6-4　流入伦敦的 18 世纪中国彩绘壁纸

> 全椒人江舟（1734～1789 在世）善书画，尤工剪贴，喜钩摹古人真迹，剪成后着色，与书画无异。乾隆廿九年（1764）清高宗南巡，舟献册页，赐缎二匹。再尝著有钩、砑、剪、揭、荡、贴六字诀，曰《艺圃碎金录》。今所传惟《醉翁亭记》、《前赤壁赋》、《兰竹》、《九狮》等图，藏诸鉴赏家，而今江浙各地所行之堆绢人物、山水、花鸟，实

---

① Adobf Reichwein，China and Europe；Intellectual and cultural contacts in the 18th century. Translated from the German by J. C. Powell，Chapter Rococo（New York，1925）.

亦江舟之遗法。[①]

由此看来，江舟还是剪纸专著的作者，惜其作品今不可得见。清人陈云伯《画林新咏》介绍扬州一位艺人包钧，剪纸技巧更为精湛："剪画，南宋时有人能于袖中剪字，与古人名迹无异。近年扬州包钧最工此，尤工剪山水、人物、花鸟、草虫，无不妙。"且有诗曰：

剪画聪明胜剪书，飞翔花鸟泳频鱼。

任他二月春风好，剪出垂杨恐不如[②]。

剪古人书画而维妙维肖，比一般剪纸难度更大。1965 年江阴出土明代折扇，扇骨为竹制，扇面为双层皮纸，涂成棕色，洒以金粉，但扇面无字画。迎光看时始发现纸夹层中有剪纸梅鹊报春图。图的四边剪出龟背纹、万字纹（卐）及缠枝纹，此扇为明正德（1506～1521）时之物，是以剪纸代替书画作扇面装饰者[④]。

纸扇在明清时获得了大发展，形式多样，但最常用的是折扇，扇面上有书画可随时欣赏。北京故宫博物院、苏州博物馆和各地博物馆，都藏有大量明清人所画扇面，是从用过的扇子上取下来的。明人陈霆（1475～1515 在世）《两山墨谈》卷 18 云：

> 宋元以前，中国未有折扇之制。元初，东南夷使者持聚头扇，当时犹讥笑之。我朝永乐初，始有持者，然特仆隶下人用以便事人焉耳。至倭国（日本）以充贡，朝廷以遍赐群臣，内府又仿其制以供赐予，于是天下遂遍用之。

陆容《菽园杂记》卷五称：

> 折叠扇一名撒扇，盖收则折叠，用则撒开。或写作箑者非是，箑即团扇也。……闻撒扇自宋时已有之，或云始于永乐（1403～1424）中，因朝鲜国进松扇，上喜其卷舒之便，命工如式为之。南方女人皆用团扇，惟妓女用撒肩。近年良家女妇亦有用撒扇者，此亦可见风俗日趋于薄也[③]。

明人周晖（约 1466～1526 在世）《金陵琐事》称，李昭、蒋成及李赞三人制扇最精。周晖《续金陵琐事》卷上又云：

> 东江顾公清云，南京折扇名天下。成化（1465～1487）间，李昭竹骨、王孟仁画面，称为二绝。今明善此扇，乃王画也。诗以志感：
>
> 李郎竹骨王郎画，三十年前盛有名。
>
> 今日因君睹遗墨，却思骑马凤台行。

明代与南京扇齐名的，还有川扇，进御者多洒金扇面。沈德符（1578～1642）《万历野获编》（1606）卷 26 云："聚骨扇自吴制之外，惟川扇为佳。其精雅则宜士人，其华灿则宜艳女。至于正龙、侧龙、百龙、百鹿、百鸟之属，尤宫掖所尚，溢出人至今循以为例。"沈德符还在《敝帚轩剩语补遗》中说：

> 今吴中折扇，凡紫檀、象牙、乌木［骨］者，俱目为俗制，惟以棕竹、猫竹（毛竹）为之者，称怀袖雅物。其面重金，亦不足贵，惟骨为时所尚。往时名手有马勋、马福、刘永晖之属，其值数铢。近年则有沈少楼、柳玉台，价遂至一金。而蒋苏台同时尤称绝技，一柄至值三、四金。

---

① 参见王树村，剪纸艺术发展举要，《美术研究》1984，4 期；陈竟主编，《中国民间剪纸艺术研究》，162～163 页（北京工艺美术出版社，1992）。

② ④参见张道一，中国民间剪纸艺术的起源与历史，载陈竟主编《中国民间剪纸艺术研究》，136～137 页（北京工艺美术出版社，1992）。

③ 明·陆容，《菽园杂记》（1475）卷 12，52～53 页（北京：中华书局，1985）。

李调元（1734～1818?）《诸家藏书簿》卷八载嘉靖四十四年（1565）前宰相严嵩（1480～1567）家被抄时，有“金银铰川扇、墩扇、襄扇、倭扇（日本扇）、团扇、戈折扇、玳牙诸香扇共一万七千六百余柄”，都是仗权势从各地搜括的。川扇进御制度持续至明末，史学家谈迁（1594～1658）《枣林杂俎》（1644）智集云：

乙未（1595）四月七日文书房传旨：“着四川布政司照进到年例扇柄内，钦降花样彩画面各样龙凤扇八百一十柄。内金钉铰彩画面雕边骨龙凤舟扇十五柄、寿比南山福如东海扇十五柄、四阳捧寿福禄扇十五柄、百子扇十五柄、群仙捧寿扇十五柄、松竹梅结寿福禄扇十五柄，七夕银河会扇十五柄、菊花兔儿扇十五柄、天师降五毒扇十五柄、四兽朝麒麟扇十五柄、孔雀牡丹扇十五柄、金菊对芙蓉扇十五柄、锦帐花木猫儿扇十五柄、人物故事扇十五柄、四季花扇十五柄、茶梅花草虫扇十五柄、聚番扇十五柄、白泽五毒扇十五柄、盆景五毒扇十五柄、八蛮进宝扇十五柄、百鸟朝凤扇十五柄、蟠桃捧寿扇十五柄。以上三十三样，俱金钉铰、彩画面、浑贴雕边骨。每样添造四十五柄，共六千柄。每年为例，其余年例的，今年二月传添造的八千八百柄，俱照样数，每年如法精缎赤金造进。礼部知道。”①

1966 年，苏州虎丘发现明代首辅王锡爵（1534～1610）夫妇合葬墓，内出折扇三柄，有乌漆竹骨洒金纸面扇，扇面黑地洒金，有菱形块金图案②。

中国发明的纸糊风筝经千年发展后，到明清时也进入集大成阶段。在形制、样式、扎制、装饰和放飞等方面都比前代有很大进步，而且出现了总结历代风筝技术的专著，为过去所少见。明代画家徐渭（1521～1593）晚年画了很多风筝，又为之题词。清人顾禄（1800～1870年在世）《清嘉录》(1830）卷三《放断鹞》云：“纸鸢俗呼鹞子，春明竞放川原远近摇曳百丝。晚或系灯于线之腰，连三接五，曰鹞灯。又以竹、芦黏簧，缚鹞子之背，因风播响，曰鹞鞭。清明后，东风谢令乃止，谓之放断鹞。”接下顾禄引张元长《笔谈》云：“今俗作人物、故事、虫介诸式，皆加以鹞之名。且作鹰隼、鸿雁之形，呼曰老鹰鹞、雁鹅鹞，其昧于鹞之义矣③。

发展了写实性的造型风筝，扎有具有人物和各种动物等形状，要求既能飞上天，又能在空中动作，难度比过去加大。比如蜈蚣、双蝶、龙、鹰等造型风筝都有这个特点。同时在风筝上加缚鹞子、葫芦、白果壳作哨子，还能发出声响。更以重彩平涂，或用剪纸、贴纸花、描金银等进行装饰，使风筝在空中更加绚丽多采。清代作家曹雪芹（1715～1763）《红楼梦》第70 回就有众姐妹放风筝的描述：“只听窗外竹子上一声响，……一个大蝴蝶风筝挂在竹梢上了。……宝玉笑道：‘我认得这风筝，这是大老爷那院里嫣红姑娘放的”④。

小说中描写了美人、沙雁、大鱼、螃蟹、蝙蝠等各种造型的风筝放飞的情景。这说明曹雪芹对风筝是内行的。二十多年前发现的《废艺斋集稿》，传为雪芹晚年所作，订为八册，其中第二册题为《南鹞北鸢考工志》，即为有关风筝的专著⑤（图 6-5)。曹氏在自序中说，写此著是为帮助残疾人于景廉借扎风筝以糊口。书的内容讨论扎、绘风筝的歌诀和各式风筝的彩

① 明·谈迁，《枣林杂俎》（1644）《智集·川扇》，《笔记小说大观》第 32 册，25 页（扬州：广陵古籍刻印社，1984）。

② 苏州博物馆，苏州虎丘王锡爵墓清理纪略，《文物》，1975，3 期，51～55 页。

③ 清·顾禄，《清嘉录》卷三，《笔记小说大观》本第 23 册，121～122 页。

④ 清·曹雪芹、高鹗，《红楼梦》第 70 回，启功注释本第 3 册，906～908 页（北京：人民文学出版社，1964）。

⑤ 吴恩裕，曹雪芹的佚著和传记材料的发现，文物，1973，10 期，2～19 页。

色图谱。山水画家董邦达（1698～1769）序中说："盖扎、糊、绘、放四艺者，风筝之经。是书之作，意重发扬，故能集前人之成。"

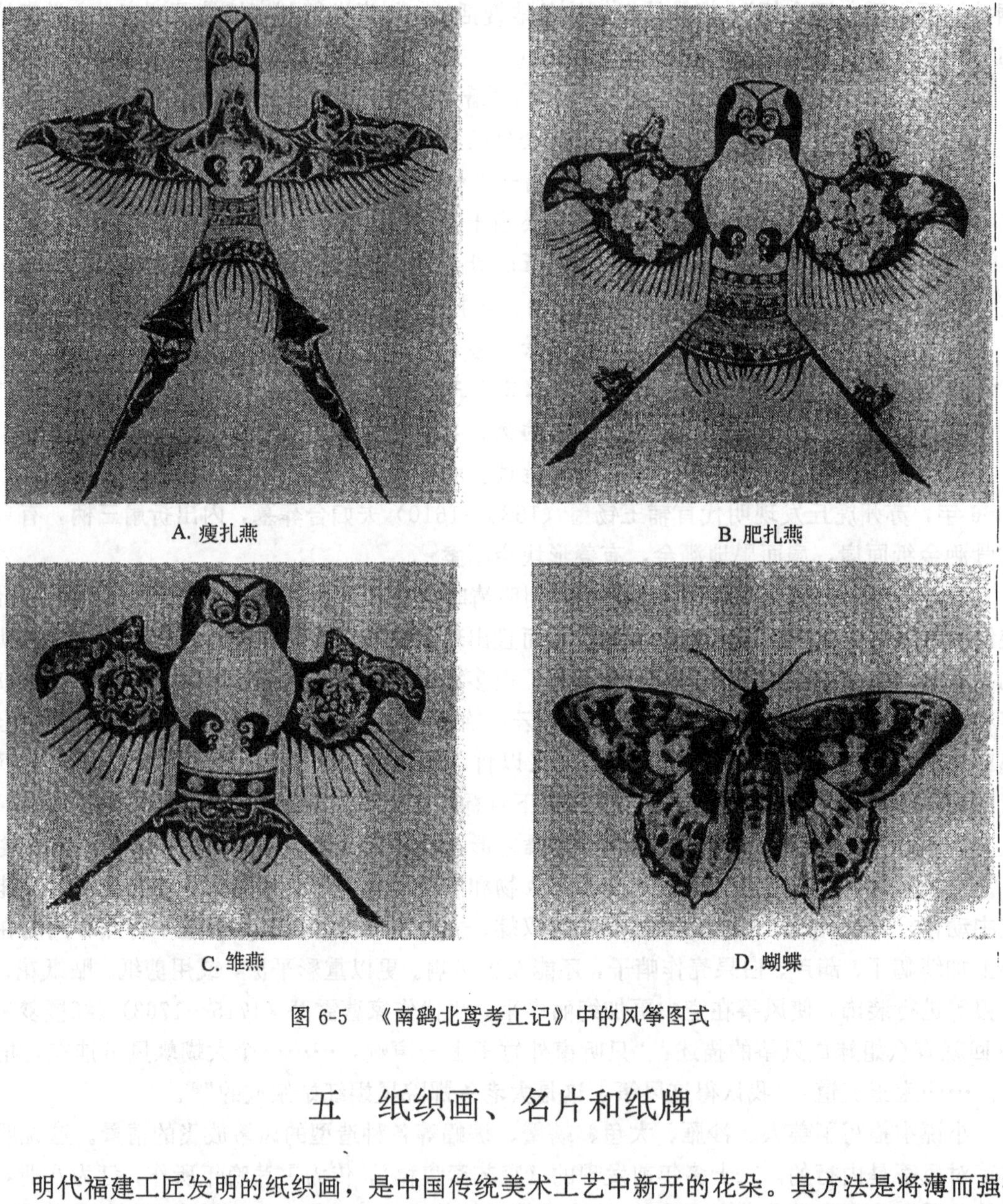

A. 瘦扎燕　B. 肥扎燕

C. 雏燕　D. 蝴蝶

图 6-5　《南鹞北鸢考工记》中的风筝图式

五　纸织画、名片和纸牌

明代福建工匠发明的纸织画，是中国传统美术工艺中新开的花朵。其方法是将薄而强韧的皮纸染成各种颜色后，剪成纸条，再搓成纸绳，最后用纸绳编织成书画复制品，与原件相似而无需笔墨及颜料。王士祯（1634～1711）《分甘余话》卷下写道："闽中纸织画，山水、花卉、翎毛皆工，设色亦佳。或言近日中始创为之。余按《留青日札》，嘉靖中（1565）没入严嵩（1480～1567）家赀，有刻丝、衲纱、纸织等画之名，则其来久矣"。

《留青日札》为田艺蘅（1535～1605 在世）作于 1579 年，所记严嵩任相专政时（1542～1562）已有纸织。王士祯又在《居易录》卷二《挈画》中说：

钮玉樵琇云，有王秋山者，工为挈画。凡人物、楼阁、山水、花木，皆于纸上用指甲及细针巩（gǒng，提）出，设色浓淡，布境深浅，一法古名画。……近闽中有铁画，乃破纸为条织成之，山水、人物、花鸟、布置设色，种种臻妙，与刺绣无异，亦奇技也。

清人杨复吉（1731～1800在世）《梦阑琐笔》《纸画》条云："闽中永春州织画，以罗纹纸笺剪成片，五色相间，经纬成纹。凡山水、人物、花鸟皆具。《留青日札》云，嘉靖间没入严嵩家物，已有纸织字画，盖前明即行之矣"。

图 6-6　清代纸织画《耕织图》

纸织书画分黑白及设色两种，显然是根据刻丝和刺绣的手法制成。但以细纸线代替丝线。这是纸制品中最为精工细作的品种，完成一件作品所需时间较多。明以后，至清代仍流行，清人陈云伯《画林新咏》称，陆湘鬟织画擘纸缕为之，闽人颇工此艺，多出高手。"余戚陆湘鬟亦能为此"。根据纸织原理，不但可制成书画仿制品，还可用各色纸线制成衣料，用作服装。如果将纸线接长，甚至可用织机织成纸布。这种技术后来传到日本，以至直到今天在手工纸场中还在生产。据瑞典人施特雷尔尼克（E. A. Strehlneek）的报道[①]，斯德哥尔摩一收藏家藏有中国清初制造的《耕织图》（1690）的纸织画，共48幅（图6-6）。每幅为24.5×28.1公分，以黑白纸线编织而成，与刻本很相似，尤其康熙帝御制诗手迹十分传神。

明代人特别讲求使用名片，起初较小，明中叶至明末时名片作得愈来愈大。郎瑛（1487～1566）《七修类稿》（1566）说：

余少时，见公卿刺纸不过今之白箓纸，[阔]二寸，间有一、二[用]苏笺，可谓异矣。而书简摺拍亦不过一、二寸耳。今之用纸非表白箓、罗纹笺，则大红销金纸，长有五尺，阔过五寸，更用绵纸封袋递送，奢亦极矣。

宋应星《天工开物·杀青》章称：

若铅山诸邑所造柬纸，则全用细竹料，厚质荡成，以射重价。最上者曰官柬[纸]，富贵之家通刺（名片）用之。其纸敦厚，而无筋膜。染红为吉柬（婚帖），则先以白矾水染过，后上红花汁云。

宋应星还在《野议》（1636）《风俗议》中感慨地写道：

京官名帖大字，事例原无妨碍，然嘉靖（1522～1566）中业已大极，而隆[庆]—万[历]（1567～1619）复降而小，未必非熙明安盛之兆。长安好事之家，有存留历年名帖者，以相比对，直至天启壬戌（1622）方大极而无以复加。自省垣庶常而上，凑顶止空一字，则壬戌之柬也。……且学问未大，功业未大，而只以名姓自大，亦人心不古之一端也。

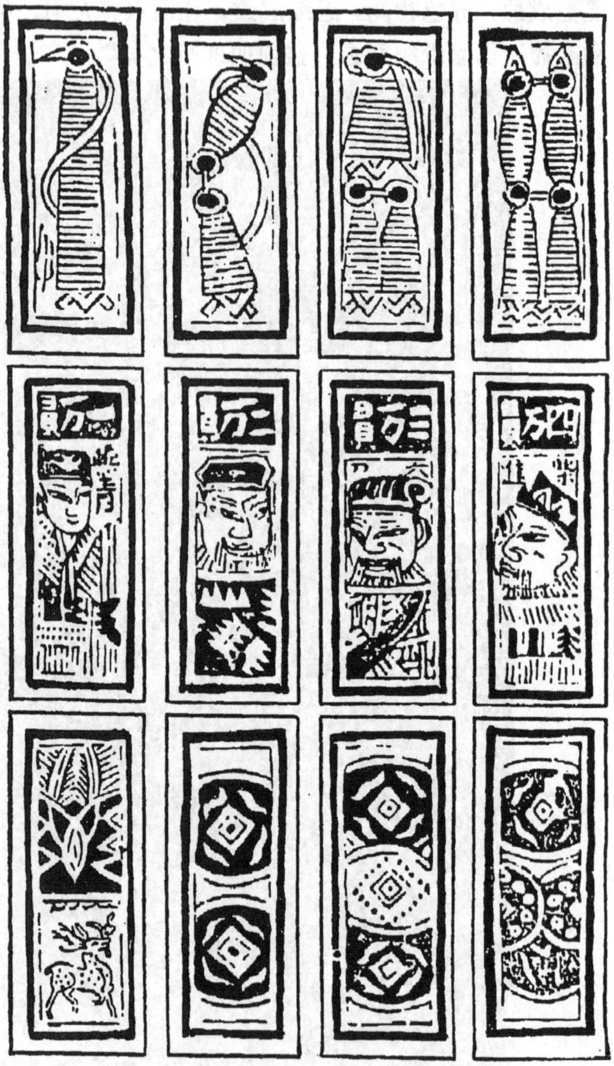

图6-7 明清时的纸牌

作者就当时用大名片、将姓名题以大字，借此互相比附的奢侈陋习，提出了批评。但当时北京前门一带卖名片的店铺却生意兴隆。入清后，名片又开始变小。

供消遣娱乐用的纸牌（图6-7），到明清时也更盛行，普遍在厚纸上印以文字和图案，玩

① E. A. Strehlneek, Chinese pictorial art, pp. 238～257 (Shanghai Commercial Press, 1914).

法也更复杂，且出版不少这类专著，如明人潘之恒（约1563～1621）的《叶子谱》等，都叙述纸牌形制、种类及玩法。纸牌上常印有宋代梁山起义英雄人物，还有钱数。明人陆容（1436～1494）《菽园杂记》（1475）卷14说：

叶子之戏吾崑城上自士夫，下至僮竖皆能之。予游崑庠八年，独不能此，人以拙嗤之。近得阅其形制，一钱至九钱各一叶，一百至九百各一叶。自万贯以上，皆具人形。万万贯呼保义宋江，千万贯行者武松，百万贯阮小五……。

明末画家陈洪绶（1589～1652）还将《水浒传》中的这些人物画成40幅酒令纸牌，印制后很流行。

六　纸砚、纸杯、纸箫、纸帐和纸甲

清代时还以纸作砚和酒杯，为过去所少见。邱菽园（1874～1941）《菽园赘谈》（1897）卷一写道："比来若广州、沪上（上海），皆有设机仿造［洋纸］，获利甚薄。抑吾又闻贵州出纸砚，用之历久不变。［浙江］余杭蔡冶山，得纸杯注酒，不渗不漏"① 在这以前，浙江海宁县北寺巷的程氏还能够作出纸砚，据同县人吴骞（1733～1818）《尖阳丛笔》称："北寺巷旧有程姓，工为纸砚，以诸石砂和漆成之，色与端溪龙尾［砚］无异。且历久不蔽，故艺林珍之，然前此未闻也"②。

与此同理，料想纸酒杯也是以纸为填料，再加漆而成。清人周亮工（1612～1672）《闽小记》（约1650）卷下云：

闽开元寺前，旧有捲纸为箫者，予得其一，是三年外物。色如黄玉，叩之铿铿。以试善箫者，云：外不泽，而中不干，受气独全其音，不窒不浮，品在好竹［箫］上。后赠刘公勇，公勇为赋《纸箫诗》。云间潘君仲，亦能以纸制奕子，状如滇式，色莹亦然，且敲之有声。其为五瓣梅花香盒，蒙之以饰，不可觅其联缝之迹，皆奇技也。

按周亮工于清顺治年（1644～1661），累官至福建左布政使，他当于此时从福州开元寺附近买到纸箫。其所说云间（江苏松江）人潘仲用纸作围棋子与闽人以纸作箫一样，之所以叩之有声，恐皆因和漆所致，同样可作成纸胎漆盒。将纸与漆合在一起，可制成各种用具，轻便耐用，也改善了纸的性能，是一大技术发明。唐宋时所用的纸帐，至明清则继续有所发展，不但实用，而且画上图案，增加外观美。明人屠隆《考槃余事》卷四还提到其制法："纸帐：用藤皮、茧纸（皮纸）缠于木上，以索缠紧，勒作皱纹，不用糊，以线折缝缝之。顶不用纸，以稀（疏）布为顶，取其透气。或画以梅花，或画以蝴蝶，自是分外清致"③。

纸制品在军事上有广泛用途，茅元仪（约1570～1637）《武备志》（1621）卷105提到，在南方潮湿地区作战，步兵不宜着铁甲，因易生锈，而宜用油纸作成的厚纸甲，且佩纸臂手，则"活便轻巧"④。明将戚继光（1527～1587）《纪效新书》（1556）卷一规定，夜间各军营应备用黄油纸糊成的铁丝灯照明，"俱粗四寸，长一尺五寸"⑤。还用油纸糊成红、蓝、黑各色铁丝灯，

① 清·邱菽园，《菽园赘谈》（1897）卷一，18～19页（香港，光绪廿三年原刊本）。

② 清·吴骞，《尖阳丛笔》，引自李放：《中国艺术家徵传》，卷五，第4册，12页（天津，1914）。

③ 明·屠隆，《考槃余事》（约1600）卷四，《丛书集成》第1559册，73页（上海：商务印书馆，1937）。

④ 明·茅元仪，《武备志》（1621），卷105，18～19页（天启元年原刻本，1621）。

⑤ 明·戚继光，《纪效新书》（1556）卷一，31页（北京：中华书局，1996）。

每种颜色各有特殊用途，如黑灯作隐蔽之用。在工农业生产中，纸的用途不胜枚举。

第二节　造皮纸技术的高度发展

一　浙江常山及安徽徽州的楮皮纸

像宋元一样，明清造纸仍以皮纸和竹纸为主。制皮纸原料虽多，但制法则大同小异。关于皮纸制造技术的详细记载，前代并不多见，而是从明清才出现。我们首先应援引陆容（1436～1494）《菽园杂记》（1495）的精彩叙述。陆容字文量，号式斋，江苏太仓人，成化二年（1466）进士，授南京吏部主事，改兵部职方司郎中，出为浙江右参政。他的书成于浙江任内以记实为主要特色。《菽园杂记》卷 13 谈到浙江衢州常山、开化二县造楮皮纸时写道：

> 衢之常山、开化等县人，以造纸为业。其造法，採楮皮蒸过，擘去粗质，掺石灰浸渍三宿，蹂之使熟。去灰，又浸水七日。复蒸之，濯去泥沙，曝晒经旬，舂烂，水漂。入胡桃藤等药，以竹丝帘承之。俟其凝结，掀置白上，以火干之。白者，以砖板制为案桌状，圬以石灰，而厝（cuò，音错，安置）火下也[①]

这段话用字虽然不多，却已巧妙地介绍了制造楮皮纸的工艺过程。其中“入胡桃藤等药”句中的“胡桃藤”，当为杨桃藤，即猕猴桃科的猕猴桃（*Actinidia chinensis*），此为藤本植物，历来在传统造纸作坊中用作“纸药”。关于此纸药的作用机制，本书第五章第四节已详细叙述，这里不再重复。陆容在杨桃藤后用了个“等”字，可见还有其它植物也可充作纸药，如锦葵科的黄蜀葵（*Hibiscus manihot*）等。此处所记载的干燥器形制及构造很别致，值得注意。

这种干燥器看来似乎是一种卧式装置，即用砖砌成桌面形的砖板，表面涂刷一层石灰，务令平滑，然后在砖板下面用柴火加热。当湿纸放在砖板上时，通过热力实行强制干燥。这种卧式装置的最大优点是，工人操作十分方便，干燥速度快。但中国其他地方多用立式装置，用砖砌成中空的夹墙，中间由柴火烟气加热。立式干燥器优点是热能利用效率高，节省烧柴，但在上面放湿纸时，操作不及卧式方便。如果将常山、开化所用的卧式干燥器砌得较高、较长，呈长方筒状，则除上面可干燥纸外，两旁侧面亦可利用，便成为卧、立结合的干燥器，热效应就会提高。从流传到西方的清代造纸图中，我们还见有一种剖面呈“人”字形的强制干燥器[②]，设计这种形式是为工人操作方便。

我们如果将《菽园杂记》卷 13 所述造楮皮纸技术过程加以分解，便可见以下各个工序

①砍伐楮枝，剥下楮皮并打成小捆⟶②在蒸煮锅中用清水蒸煮⟶③趁热捶去或磨去楮皮外表皮⟶④将楮皮用石灰浆浸渍三天，踏踩、搓揉，除去残余外壳皮⟶⑤于河中洗去石灰⟶⑥将皮料在池塘中沤制七天⟶⑦从石塘取出后，再行蒸煮，[浸以石灰浆或淋以草木灰水]⟶⑧蒸煮后，将物料取出，在河水中漂洗，洗去灰水及有色杂质⟶⑨将物料摊放在河边或山坡，任烈日暴晒十多天，实行日光漂白⟶⑩将纸料捣细⟶⑪河水中漂洗纸料并将纸料放入纸槽中，加水配成纸浆，搅匀⟶⑫向纸浆中加入杨桃藤浸出液作为纸药⟶⑬手

---

① 明·陆容，《菽园杂记》卷 13，157 页（北京：中华书局，1985）。

② D. Hunter, Papermaking. The history and technique of an ancient carft, 2nd ed., p. 237 (New York: Dover, 1978).

持竹帘向纸槽中捞纸──→⑭[将湿纸层层叠起，压榨去水]──→⑮将仍有少量水的纸逐张揭起，放在砖面上烘干。砖面以石灰粉刷成平滑表面，用以承受纸，砖面下以火热之──→⑯烘干后，从砖面上取下成品纸──→⑰对成品纸修整包装。

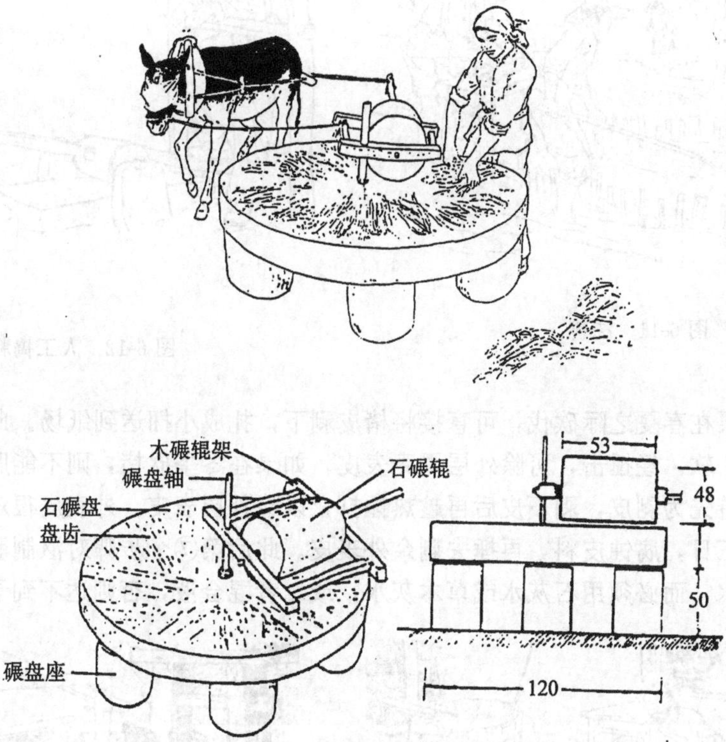

图 6-8　碾皮料用高碾

左：操作图　　右：高碾

整个过程分解为 17 个连续衔接的步骤。所要

图 6-9　浆灰

图 6-10　蒸煮皮料

图 6-11 洗料

图 6-12 人工捣料

说明的是，如果在春夏之际砍伐，可直接将楮皮剥下，扎成小捆送到纸场。此时清水蒸煮目的是为使楮皮松软，经捶击，可除外层黑壳表皮。如果在冬季砍楮，则不能脱骨剥皮，此时清水蒸煮目的首先为剥皮，剥下皮后再趁热捶打，以除外层表皮。外表皮很难除尽，此处提到用石灰水浸三日，腐蚀皮料，再捶去剩余外表皮。此后第⑦个步骤对沤制脱胶后的皮料蒸煮，不能用清水，而必须用石灰水或草木灰水，或二者混合液，否则达不到予期效果。我们

图 6-13 抄纸

此处用方括号标出原文漏记之点。此外，在纸槽抄出纸（第 13 步骤）后（图 6-13），在送去砖面干燥前，还要将湿纸叠起，并用压榨器压去多余水分，这个步骤即第⑭步骤（图 6-14），是必不可少的，而原文没有提及，所以我们也用方括号补上这个步骤。除这两处外，其余分解出的步骤都是原文中指示出来的。制皮纸时，为使成品纸有一定的白度除去楮皮黑皮层是关键，第③、④步骤即为此目的。

继《菽园杂记》之后，明人汪舜民（1440～1507在世）纂弘治《徽州府志》（1502）《物产志》谈到安徽徽州地区造楮皮纸时写道：

造纸之法，荒黑楮皮率十分割粗得六分，净溪沤灰庵暴之、沃之，以白为度。瀹（yuè 音月，浸渍）灰大镬（锅）中，煮至糜烂。复入浅水沤一日，拣去乌丁黄眼。又从而庵之，捣极细熟，盛以布囊，又于深溪用辘轳推盪，洁净入槽。乃取羊（杨）桃藤捣细，别用水桶浸挼，名曰滑水，倾槽间与白皮相和，搅打匀细。用帘抄成浆，压经宿，干于焙壁，张张摊刷，然后截沓解官。其为之不易盖如此。

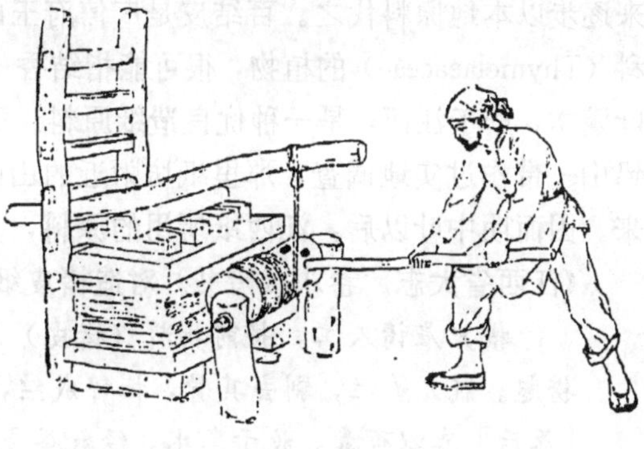

图 6-14　压榨

这里虽然用了文人貌似高雅而实为外行的词汇，但毕竟也叙述出一些造纸技术过程，可与陆容的简洁而明了的叙述相比较与补充。这两位进士出身的作者所述共同点是，都提出用杨桃藤为纸药和用强制干燥器烘纸。汪舜民将纸药称为滑水，当是徽州人的叫法，又将干燥器称为“焙壁”，当是立式强制干燥器，可以两面或一面烘纸。汪舜民补充说：“瀹灰大镬中”，是指最后一次蒸煮时，锅内纸料必须浸有石灰浆作碱液蒸煮。他还提到纸捞出后堆在一起，需经压榨，然后静置过夜（“压经宿”），这两点为陆容所漏记。但指出皮料在池塘中“沤一日”，为时太短，还是陆容说“浸水七日”为妥。同时，汪舜民没有指出日光漂白这道工序，倒是陆容提到了。

二　《江西省大志》和《天工开物》所述皮纸技术

江西是全国主要产纸地区，在王宗沐（1523～1591）修、陆万垓（1515～1600在世）补《江西省大志》中对造纸技术有详细记载。王宗沐字新甫，浙江临海人，嘉靖廿三年（1544）进士，授刑部主事，转江西提学副使时纂修《江西省大志》，嘉靖三十五年（1556）出版。此地方志论述江西经济情况、自然环境及施政得失、农工业生产等。其中卷四《溉书》载河流及圩堤、陂塘等农业水利设施，卷七《陶书》记明代景德镇陶瓷生产和管理。然而江西重要的造纸工业却未包括在《大志》嘉靖本中。有鉴于此，万历廿五年（1597）陆万垓增补的一卷为《楮书》，专记广信府铅山造纸厂生产及管理。因此该方志自万历本刊行时起已为八卷。陆万垓（约1525～1600在世）为王宗沐同时代人，浙江平湖人，隆庆二年（1568）进士，曾任江西地方官，对该省造纸情况相当熟悉。

陆万垓在《楮书》中说：

广信府纸槽，前不可考。自洪武年间（1368～1398）创于玉山一县。……楮（纸）之所用，为构皮，为竹丝，为帘，为百结皮。其构皮出自湖广，竹丝产于福建，帘产于徽州、浙江。自昔皆属安吉、徽州二府商贩，装运本府地方货卖。其百结皮［为］玉山土产。

由此可知广信府明初造纸所用原料楮皮（构皮）来自湖广省（今湖北），抄纸用的纸帘来自徽州府和浙江，竹纤维来自福建，都通过徽州府和浙江安吉州的商贩长途贩运到江西。因此这里只是个官办的加工工场，其产品成本势必增高，但这可能是筹办纸厂初期的情况，后来逐步以本地原料代之。百结皮是广信府玉山县土产，适于造皮纸，我们认为这应当是瑞香科（Thymelaeaceae）的植物，很可能指结香（*Edgeworthia chrysantha*）。此为瑞香科结香属落叶灌木，产于江西，是一种优良造纸原料。日本国亦产，用于造纸，称为“三椏”。笔者曾去铅山一带作过实地调查，那里纸坊附近的山区盛产竹，可就地砍伐造竹纸，无须再由福建运来。因而明中叶以后，江西纸所用的原料，大部分由当地供应。

《江西省大志》卷八《楮书》对造楮皮纸制作技术过程有如下记述：

> 槽户雇请人工，将前物料（楮皮）浸放清流激水，经几昼夜，足踏去壳，打把捞起。甑火蒸烂，剥去其骨，扯碎成丝，用刀锉断。搅以石灰存性月余，仍入甑蒸。[蒸后] 盛以布囊，放于急水，经数昼夜，踏去灰水。见清，摊放洲上日晒水淋，无论月日，以白为度。木杵舂细，成片揭开。复用桐子壳灰及柴灰和匀，滚水淋泡。阴干半月，涧水洒透，仍用甑蒸、水漂，暴晒不计遍数。多手择去小疵，绝无瑕玷。刀斫如炙，揉碎为末，布袱包裹，又放急流，洗去浊水。然后安放青石板合槽内，决长流水入槽，任其自来自去。药和溶化，澄清如水。照纸式大小、高阔，置买绝细竹丝，以黄丝线织成帘床，四面用筐绷紧。[抄] 大纸 [需] 六人，小纸二人，扛帘入槽。水中搅转，浪动搅起，帘上成纸一张。揭下，垒榨去水。逐张掀上，砖造火焙，两面粉饰，光匀内中，阴阳火烧。熏干取下，方始成纸。工难细述论，虽隆冬炎夏，手足不离水火。谚云：片纸非容易，措手七十二①。

陆万垓对楮皮纸制造的这段生动描述，是明万历年间（1573～1619）造皮纸的最详细的原始记载。从原料及其加工处理到制成成品纸之间各技术环节都无遗地加以叙述，同时对所需生产设备也作了描写。将这段记载加以分解，可看到下列工艺流程：

①将剥下的楮皮打捆，并放在河水中浸渍数日⟶②用脚踏去部分青外壳⟶③打成捆捞起⟶④放蒸煮锅中用清水蒸煮⟶⑤捶去外壳皮，并将内皮扯成丝⟶⑥用斧刀切断成小段⟶⑦用石灰浆浸透皮料，沃置月余⟶⑧将含有石灰浆的皮料放蒸煮锅内再行蒸煮⟶⑨蒸煮后皮料变烂，置于布袋内用流水漂洗数日⟶⑩用脚在水中踏去石灰水及其它杂质⟶⑪洗净后，将原料摊放在河边日晒雨淋，“无论月日，以白为度”，实行自然漂白⟶⑫取回纸料，用杵臼或踏碓将其捣细成泥⟶⑬将捣碎后的纸料一片一片地垒起来⟶⑭向垒起来的纸料加入滚烫的草木灰水从上到下地淋透，阴干半月⟶⑮将上述处理后的纸料重行蒸煮⟶⑯蒸煮后，再经河水依前法漂洗⟶⑰漂洗后的纸料再次摊放在河边，“暴晒不计遍数”，实行第二次自然漂白⟶⑱由许多人用手逐个地剔去纸料上残余的各种杂质及有色物，务令洁白⟶⑲这时纸料已变得一搓即碎而为末，放入布袋中在河水内漂洗干净⟶⑱然后将纸料放入由青石板制的长方形大纸槽中，再向纸槽中注入由山中引来的干净的长流水，搅动纸槽中物料，配成纸浆⟶⑲配制纸药水汁，并加入纸浆中搅匀⟶⑳根据事先所定纸幅尺寸，用黄丝线将绝细竹条编成抄纸帘，制成木制帘床，将纸帘在其上绷紧⟶㉑持纸帘在纸槽中捞纸。帘有大小，大者六人操作，帘床每边各站立三人，面对面地协调动作。较小纸帘由二人操作⟶㉒捞出纸后，先在纸槽上滤水，再将湿纸层层垒在一起⟶㉓将垒在一起的湿纸用木制压榨器压去多余水分，静置过夜⟶㉔将压榨去水的半干半湿的纸从纸堆上逐张揭起，

---

① 明·陆万垓，《楮书》（1556），载《江西省大志》卷8（万历廿五年重刊本，1597）。

用毛刷摊放在砖砌火墙上烘干。火墙中空，由一端烧柴，烟和火焰烤热墙面，墙的两面以细石灰粉刷成平滑表面—→㉕将烘干后的纸从火墙上揭下，逐张堆齐—→㉖将成品纸捆起包装待运，一般每百张为一刀。

用上述 26 个步骤造出的纸，洁白异常、质地细腻。实际上每个还包括若干具体操作。此处提到加纸药这个步骤，但没有指出从什么植物中提取，总不外是杨桃藤之类。值得注意的是，提到在湿纸送去火墙烘干之前，要“垒榨去水”，即将湿纸叠起，再用榨酒用的压榨器压去一些水。这样可提高烘干速度、节省燃料。其次，提到配纸浆用的水，是从山上借竹管引来的泉水，名曰自来水。这种水新鲜，没有矿物质和细菌。明初《永乐大典》就是用江西皮纸抄写的（图 6-15），而清《四库全书》用安徽皮纸写之（图 6-16）。

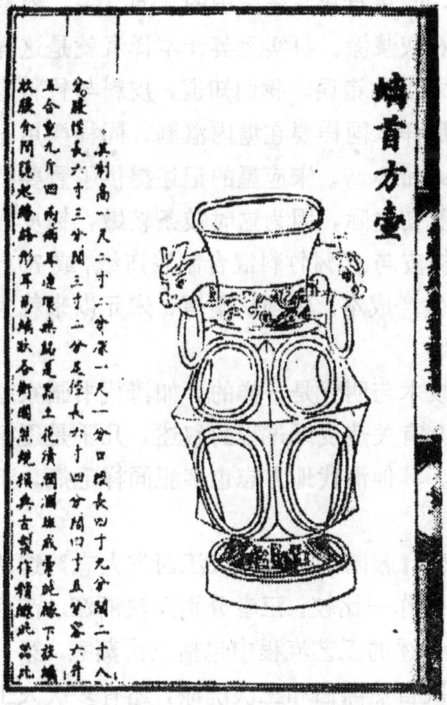
螭首方壺

其制高一尺二寸六分深一尺一分口縱長四寸九分闊二寸八

分腹徑長六寸三分闊三寸二分足徑長六寸四分闊四寸五分容六升

图 6-15 《永乐大典》书影

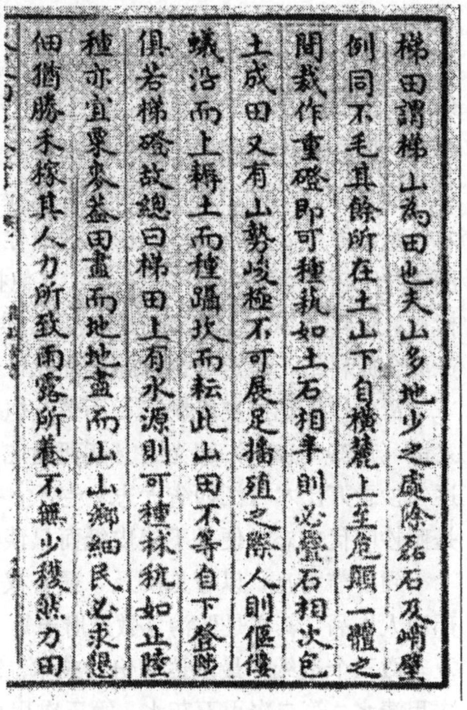
梯田謂梯山為田也夫山多地少之處除磊石及峭壁

例同不毛其餘所在土山下自橫麓上至危顛一體之

間裁作重磴即可種蓺如土石相半則必疊石相次包

土成田又有山勢峻極不可展足播殖之際人則傴僂

蟻沿而上耨土而種躡坎而耘此山田不等自下登陟

俱若梯磴故總曰梯田上有水源則可種秫秔如止陸

種亦宜粟麥蓋田盡而地地盡而山山鄉細民必求墾

佃猶勝不稼其人力所致雨露所養不無少穫然力田

图 6-16 清《四库全书》书影

现在要介绍第三部论皮纸制造的书，是宋应星的《天工开物》。宋应星字长庚，江西奉新人，万历四十三年（1615）举人，历任本省袁州府分宜县教谕、福建汀州府推官、南直隶亳州（今安徽阜阳地区）知州，是明代科学家兼思想家。其所著《天工开物》初刊于崇祯十年（1637），再刊于清初顺治末年，今有各种版本传世。该书《杀青》章专讲造纸，尤其详于造竹纸，但亦有一节论皮纸。有关造皮纸的原文如下：

凡楮树取皮，于春末、夏初剥取。树已老者，就根伐去，以土盖之，来年再长新条，其皮更美。凡皮纸，楮皮六十斤，仍入绝嫩竹麻（竹纤维）四十斤，同塘漂浸，同用石灰浆涂，入釜煮糜。近法省啬者，皮、竹十七而外，或入宿田稻稿十三，用药得方，仍成洁白。凡皮料坚固纸，其纵纹扯断如绵丝，故曰‘绵纸’，横断且费力。其最上一等供用大内糊窗格者，曰棂纱纸。此纸自广信郡造，长过七尺，阔过四尺。五色颜料先滴色汁槽内和成，不由后染。其次曰连四纸，连四中最白者曰红上纸。皮、竹与稻秆掺和而成料者，曰揭帖呈文纸。芙蓉等皮造者，统名小皮纸，在江西则曰中夹纸。……又桑皮造者曰桑穰纸，极其敦厚，东浙所产，三吴（苏州、常州、湖州）收蚕种者必用之。凡糊雨伞与油扇，皆用小皮纸。凡造皮纸长阔者，其盛水槽甚宽，巨帘非一人手力所胜，两人对举荡成。若棂纱［纸］，则数人方胜其任。凡皮纸供用画幅，先用矾水荡过，则毛茨不起。纸以逼帘者为正面，盖料即成泥浮于其上者，粗意犹存也。……永嘉（浙江温州）蠲糨纸亦桑穰造①。

作为科学家，宋应星对皮纸制造技术的记载，似缺乏实质内容，且有不妥之处。原因是，他认为皮纸与竹纸制造有些步骤相同，因之也有意减少对皮纸制造的叙述，以免重复。可是这样作时，在用词上容易使人误解。比如“同塘漂浸，同用石灰浆涂”中的“同”字，容易使人误解为将皮料与竹料一同在塘内沤制，再一同用石灰浆涂。事实上英译本译者就是这样理解“同”的含义，译之为 together②，于是便造成技术上的错误。我们知道，皮料与竹料是不可一同在塘内沤制的，而实应理解为“皮料象竹料那样，同样要在塘内沤制、同样要用石灰浆涂”。宋应星用的“同”字，含义是 also 或 in the same way。宋应星的记述提供了重要技术信息。第一，他指出砍伐构树的最佳季节是春末、夏初之际，因为这时枝条较嫩，韧皮部所含纤维较多，剥皮比较容易。第二，他指出可用 60%楮皮与 40%竹料混合制浆造纸，或 70%楮皮、竹料及 30%稻草制混料纸，这样可以降低纸的生产成本。中国从隋唐、宋元以来就生产混合原料纸，但定量记录原料配比，恐从宋应星开始。

清代作者记述皮纸制造者不多，但实际上使用的技术与明代是一样的。如清代书画家赵之谦（1829～1884）编光绪《江西通志》（1881）卷 49 有关造皮纸过程的叙述，几乎是逐字逐句抄录万历本《江西省大志》卷八，毫无新意可言。其他清代地方志也多犯同样毛病，不是照抄明代方志，便是不谈皮纸而只谈竹纸。

到目前为止，以管见所及，最有权威性的记载出于《菽园杂记》和《江西省大志》这两部明人作品，其次是弘治《徽州府志》，现将其所记技术作一比较。三者分别反映浙江、江西及安徽三个造纸术最发达省份的技术。《江西省大志》记述的工艺流程中包括三次蒸煮（第一次用清水，第二次用石灰水，第三次用草木灰水）、两次自然漂白和三次洗涤，还有多次人工剔除有色外皮，捣料前还要预先用斧刀将料切碎。整个造纸过程周期较长，消耗人力、物力较大，这样处理后的纸必定洁白、匀细，属最上等的纸，生产成本自然会很高。而《菽园杂记》、《徽州府志》所记以及各地其他纸坊，一般经两次蒸煮、一次自然漂白，亦可制成较好的纸。因此江西广信府造御用纸有浪费现象存在，一些重复的步骤本可省去。有些处理从技术经济学上看是不合理的，如自然漂白时“无论月日”、“暴晒不计遍数”，只这道工序便将整个造纸过程无限期拉长，民间纸坊决不肯这样作。最理想而又最经济的生产方案是介于江西与浙江-安徽之间的折衷处理方式，或将后两者使用的各步骤辅以较为精细的操作。而实际上我们现在所看到的较好的明清皮纸，就是这样制成的。

---

① 明·宋应星，《天工开物》(1637)《杀青章》潘吉星译注本，155～156，293 页（上海古籍出版社，1992）。

② Sung Ying-Hsing; T'ien-Kung K'ai-Wu. Chinese Technology in the Seventeenth Century, Translated by E-Tu Zen Sun and Shou-Chuan Sun, p. 230 (Pennsylvania State University Press, 1966).

三　著名的安徽泾县宣纸

最后谈宣纸，因为它也是一种皮纸[①]。宣纸主要原料是榆科多年生木本植物青檀（*Pteroceltis tartarinowii*）皮。宣纸应当象桑皮纸、瑞香皮纸那样，与楮皮纸制造方法完全一样。前面谈楮皮纸制造技术，实际上也代表所有皮纸共同的生产过程，只是原料不同而已。现在所谓的“宣纸”，明清时产于安徽宁国府的泾县（今芜湖地区）。其历史渊源可追溯至唐代，《新唐书·地理志》载宣州贡纸，而江南西道宣州辖泾县、南陵、宁国、当涂等县，州治在宣城。“宣纸”一名即导源于此。但唐代宣州贡纸，未必就是明清时泾县特产皮纸，因此明代人直呼其为“泾县纸”，看来更为确切。

人们喜欢泾纸，好意地将其历史追溯得更早，甚至引当地传说，据称东汉蔡伦弟子孔丹来皖南以造纸为业，遂以青檀皮造纸[②]。但传说不是信史，是否真有孔丹其人史无记载，亦未有考古资料为证，最好还是不要将传说人物写入造纸史书中，以免造成误解。

宣城一带造纸最早或可推至南朝，再往前的可能性不大，并不会因此降低泾县纸的身份。可靠记载是清同治十一年（1872）继善堂刻本《泾川小岭曹氏宗谱》引旧谱序（1778），载宋元之际有曹大三（约 1255～1342）随人从宣城西的南陵县迁居泾县西乡小岭山区，以避兵火。因当时芜湖西南是宋、蒙军激战战场，1275 年宋丞相贾似道（1213～1275）来此督师，大败而逃[③]。蒙军追击，附近百姓纷纷随宋军迁至各地。曹大三在南陵可能本已业纸，在泾县定居后，见小岭遍山盛产类似楮、桑的青檀树，附近又有洁净的泉水与溪水四季长流，遂与家人在此开槽造纸，此后世代相传。

泾县纸坊昔日集中于县内的枫坑、大岭、小岭、曹溪及泥坑等地，操此业者多为曹姓，其次是翟姓。经历元代至明清时，泾县山区的青檀皮纸生产得到进一步发展。泾县纸遂成为明清文人墨客的谈论对象。明末书画家文震亨（1585～1645）《长物志》（约 1640）卷七论纸时，认为“泾县连四［纸］最佳”[④]。沈德符（1578～1642）《飞凫语略》（约 1600）说：“此外，则泾县纸，粘之斋壁，阅岁亦堪入用。以灰气且尽，不复沁墨。往时吴中（苏州）文、沈诸公又喜用。”[⑤] 可见书画家文徵明（1470～1559）及沈周（1427～1509）等人就喜欢泾县皮纸。明人沈德符使用了“泾县纸”这一名称，恰到好处。如今所谓“宣纸”者，本该称为“泾纸”或“泾县纸”，称“宣纸”实在并不恰当，乃清末及民国时人为之。不过既已叫开，只好如此。

前引方以智（1611～1671）《物理小识》（1643）卷八也说：“今则棉［纸］（皮纸）推兴国、泾县。”清乾隆时文人蒋士铨（1725～1785）咏泾县白鹿纸诗，认为泾县纸可与澄心堂纸及宣德纸相媲美：

司马赠我泾上白，肌理腻滑藏骨筋。
平浦江沵展晴雪，澄心、宣德堪为伦。

蒋氏可谓一语言中，正如以下第四节所述，澄心堂纸──→宣德纸──→泾县纸之间有清晰可

---

① 潘吉星，中国的宣纸，中国科学史料，1980，2 期，99～100 页。

② 穆孝天，安微文房四宝史，4 页（上海人民美术出版社，1962）。

③ 沈起炜，中国历史大事年表，387 页（上海辞书出版社，1985）。

④ 明·文震亨，《长物志》（约 1640）卷 7，《丛书集成》第 1508 册，60 页（上海：商务印书馆，1936）。

⑤ 明·沈德符，《飞凫语略》（约 1600），《丛书集成》第 1559 册，8～9 页（上海：商务印书馆，1937）。

查的技术遗传关系，而泾县纸就因仿宣德纸时，其工艺乃得改进。另一位乾隆时人周嘉胄（1731～1795在世）《装潢志》也极力推崇泾县纸："纸选泾县连四，……余装轴及卷册、碑帖，皆纯用连四"①。连四也许就是后来的"四尺"。泾纸洁白柔韧、平滑受墨，清代时供作内府及官府用纸及上等书画用纸。北京故宫博物院藏乾隆（1736～1795）时榜纸，即为泾县皮纸，高6.7尺，长丈余，较厚，称丈二匹纸。又四库馆所抄《四库全书》用纸，亦为泾纸。清末光绪十二年（1886）泾县皮纸在巴拿马万国博览会上得金质奖章，因而已蜚声国外。

最初所造泾县皮纸原料纯用青檀皮，因纸的产量逐年猛增，砍伐无度，造成山区青檀林面积越来越小，原料供应短缺。后来便向其中配入一些楮皮或沙田稻草，以减少檀皮消耗量，又可降低生产成本。明代科学家宋应星《天工开物》就提倡用这种办法。根据宋氏意见，配入的稻草不宜超过30%，否则影响纸的质量。因而清代宣纸，尤其清末者，实际上成了皮料与稻草的混料纸。然纸场产品标明"净皮"或"净料"者，仍是纯料皮纸，价钱较高。从历史经验和造纸学观点看，我们认为向青檀皮中配稻草不如配楮皮、桑皮或麻料好，或干脆以楮皮代之，因稻草属短纤维，会减少纸的寿命和强度。前述乾隆年《四库全书》写本所用宣纸，今已出现点点黄斑，即因配有稻草所引起，而代以楮、桑或麻料，便不致出现这种现象。如配稻草超过50%或更多，便不再是本来意义下的泾县皮纸了，实际上成了草纸，质量会明显下降，但价格便宜。泾县各纸坊重信用，纸料配比不同均标不同名称。

关于泾县皮纸制造技术，明清人作品中较少提及。光绪九年（1883）日本人楢原陈政（旧姓井上）化名陈明，冒充华人潜入泾县产纸区探查纸的制造秘诀，写成《清国制纸取调巡回日记》②。据载，当时大岭、小岭3000户曹姓，多业纸，雇百人以上的大厂有7～8家，以冬青科野生灌木毛冬青（*Ilex pubescens*）的浸出液为纸药。日记篇幅较长，但似未讲到技术要领，或许另有专题报告。至1923年，泾县文人胡韫玉（1879～1947）著有《纸说》，收入其《朴学斋丛刊》卷四。

胡韫玉《纸说》谈到泾县纸制造时写道：

> 纸之制造，首在于料。料用楮皮或[青]檀皮，必生于山石崎岖、倾仄之间者，方为佳料。冬腊之际，居人斫其树之四枝，断而蒸之。脱其皮，漂以溪水，和以石灰，自十余日至二十余日不等。皮质溶解，取出以碓舂之。碓激以水，其轮自转，人伺其旁。俟其融，再漂再舂凡三、四次，去渣存液。取杨枝藤汁冲之，入槽搅匀。用细竹帘两人共舁捞之。一捞单层，再捞双层，三捞三层，垒至丈许而榨之。榨干，粘于火墙，随熨随揭，承之风日之处，而纸成矣③。

文内载所用纸药"杨枝藤"，当为杨桃藤，或刊印之误造成。这段记载大体上勾画了造纸过程的轮廓，但与明人陆万垓对江西楮皮纸制造的记述相比，仍嫌过于简略，而且漏记一些技术工序。例如谈到皮料经沤制、灰沃之后，便直接以水碓捣细，显然这中间还应有灰液蒸煮及随之而来的洗涤两道工序，而没有提及。在捣料前对皮料的日光漂白过程也没有指出。有的地方所述，恐不够准确，如说"垒至丈许而榨之"，便大有疑问。实际上垒至这样高，是不

① 清·周嘉胄，《装潢志》（18世纪），《丛书集成》第1563册，9页（上海：商务印书馆，1939）。

② （日）楢原陈政，清国制纸取调巡回日记（1883），收入関彪，支那制紙業（東京，1934）；汉译文见中国纸业，卷1，1期（上海，1941年4月）。

③ 胡韫玉，《纸说》，《朴学斋丛刊》卷四，第4册，15页（安吴胡氏刊线装本，1923）。

可能压榨的，此尺寸应缩小三倍才近乎实际。

关于制厚纸的方法，胡氏讲，“一捞单层，再捞双层，三捞三层”，意思是说，用同一纸帘从纸浆中捞一次即成单层纸，连续捞二、三次就成双层、三层厚纸。表面看来，似乎说得通，而实际上纸工并不这样操作。因为这样劳动，要浪费很多时间，也造成从纸帘滤水的困难。自古以来造厚纸有两个方法，一是单抄重（zhòng）捞，即将纸帘深插入纸槽，带出较多纸浆，一次捞出厚纸；二是单抄双晒，一次捞出湿纸，层层垒起，烘纸时，将两张或三张湿纸揭起，干后即成厚纸。第二种方法最为普遍，前人称厚纸可分层揭开，即为此理。照胡氏所述方法造纸，厚纸是不可能分层揭开的。

泾县纸在清末时成为大宗出口商品，引起中外人士的喜爱，人们对其制造技术存有一种好奇之心，外国纸商也一心想仿制，前述楢原陈政的泾县之行便含有这层意义。又加上此纸在国内评比中居于首位，于是当地槽户以为自己垄断一种特殊技术，对外人严格保密，父子相传，造成一种神秘之感。更有人说那里有一种特殊的水或纸药，因而才能造出好纸，结果弄得玄之又玄，以至在纸坊设有保镖，生怕外人进入。其实泾县纸制造技术并无任何神秘或特殊之处，像明清其余皮纸一样，其制造过程早在明代成化十一年（1475）及万历廿五（1597）年分别由陆容和陆万垓透彻地记述，而其原料配比于明崇祯十年（1637）由宋应星所披露。只要将楮皮代之以青檀皮，则泾县纸的制造过程不难理解。

我们前面对明代江西及浙皖造皮纸过程作了比较后指出，“最理想而又最经济的生产方案是介于江西与浙江—安徽之间的折衷处理方式，或将后两省使用的各步骤辅以较为精细的操作”。而实际上这正是泾县皮纸厂所采用的生产方案，从这个意义上说，泾县纸场是在吸取了当地和全国其他地方造皮纸技术经验的基础上逐步形成自己的造纸生产格局的。后来者居上，终于登上皮纸的最高宝座地位。从历史发展脉络来看，泾县纸是对徽州和广信府贡纸的改进品种。其成功秘诀在于，吸收了宣德纸制造中精工细作的优点，而又克服了不计时日与工本的缺点，因而制订出在技术与经济上均称合理的生产方案。这样的生产方案是什么样的呢？我们认为至少应当有下列的轮廓：

①每年春、夏之际砍青檀技条，去掉技桠及叶子，剥下檀皮，再扎成小捆──→②放入锅内用清水蒸煮四个时辰──→③取出檀皮并进行捶打，扯成细丝，青皮纷纷脱落，务使其除去──→④将皮料扎成捆，在池塘中沤制半月左右──→⑤再将皮料捆起，以石灰浆浸之，堆置一个月，使灰汁浸透皮料──→⑥将浸有石灰浆的皮料成捆地放入锅中蒸煮──→⑦煮后取出，放河水中漂洗，边洗边用脚踩动，以除去杂质──→⑧将洗后的皮料摊放在河边或山坡上，任烈日暴晒或雨淋，为时三至六个月，实行自然漂白，随时翻动──→⑨将漂白后的料取回，水洗，仔细剔除白料上的有色物及其余杂物──→⑩将物料以水碓反复捣细成泥，边捣边翻动，使所有皮料捣匀──→⑪捣后物料放布袋内，在河内漂洗，边洗边揉动──→⑫洗净的白料放入纸槽中，注入山间泉水，搅匀，制成纸浆──→⑬向纸浆中加入杨桃藤、毛冬青等植物粘液，作为纸药，搅匀──→⑭举起纸帘向纸槽中捞纸，根据纸的大小，或二人或四人或更多人同时举帘操作──→⑮湿纸捞出并滤水后，在案板上层层叠在一起──→⑯将叠在一起的湿纸用木制压榨器压榨去水，静置过夜──→⑰将压去水份的半干纸逐张揭下，用毛刷摊放在火墙上烘干──→⑱烘干后，从墙上取下纸，逐张堆齐，切平四边，盖印、打包，以百张为一刀。

以上所述各步骤是不可少的，每个步骤又包括若干工序。根据具体情况，有的步骤可重复运用，如捣后发现仍有未分散的纤维束，则重行舂捣，直到捣细为止。为控制纸料白度，入槽前始终注意除去白皮外层青皮，必要时有专人仔细从事这项工作，同时强化蒸煮过程，延长蒸煮时间，或在锅内已浸有石灰浆的皮料上再淋入滚烫的草木灰水。传统泾县纸即以此法最终制成。不难看出，消耗时间最多的步骤是自然漂白，因这不是靠人力而是靠自然力来实现的，于是成为制约生产周期的限制因素。之所以需要这道工序，是因为以石灰水或草木灰水为蒸煮剂，化学作用不够强烈，不足以使纤维更洁白、柔软、细腻。因之清末时改用西方或日本所用的苛性碱和漂白粉，生产时间明显缩短，不过以传统方式生产纸的过程亦同时保留。以上所述仅为纯皮料纸生产过程，如果再配入稻草，则处理稻草还要有一套生产工序，但较为简单，此不赘述，因为在本书第五章第一节已有所提及。

在中国历史中，看来只有宣德纸和泾县纸产区形成综合造纸体系，用近代话说就是纸业托拉斯或联合企业，不但成品纸品种、规格齐全，而且能自制形制不同的纸帘，具有各种帘纹其中包括水纹；除本色纸外，当地还产不同颜色的色纸及各种各样的艺术加工纸。正如同江西景德镇是中国的陶瓷基地那样，安徽泾县成了中国最大的造纸基地，从清代起直到今日仍是如此。

泾县纸的名目繁多，令人眼花缭乱，不同名目取自不同分类。以尺幅大小而分，有四尺（69×138，单位公分，下同）、五尺（84×153）、六尺（97×180）、八尺（124×284）、丈二（145×367.5）及丈六（193.2×503.7），丈六为巨幅纸。按原料配比，则有净皮、绵料、半皮等名。按加工分类，有生宣、熟宣、云母、虎皮、雨雪、冷金和色宣等名。以厚度分，有单层、双夹、三层之名。以帘纹形制分，有罗纹、龟纹、阔帘、窄帘之别。还有的沿用古名，如金榜、潞王、白鹿属高级书画纸，卷帘、连四、公单为书写纸，千张、火纸为竹料纸，下包、高帘为草纸。将不同分类结合起来，又构成一些名目。如四尺宣，便可细分为四尺单、四尺夹及四尺三层，还可分为净尺四尺、绵料四尺及半皮四尺，更可分为虎皮四尺、雨雪四尺、冷金四尺等，如果再考虑到颜色，则有红四尺、黄四尺、青四尺和绿四尺等。统计起来品种名目以百计，适于各种不同用途，可谓集皮纸之大成。应当有一部《泾纸谱》或《宣纸谱》之类的著作出现，以系统介绍这类品种。

四　圆筒侧理纸的研制

明清时用皮纸造成的高级文化用纸，为使其具有潜在的美，还用花帘抄造。即在纸帘上编出凸起的花纹、图案或文字，抄造后便隐于纸中，迎光能看出这些图案，称为花帘纸，即西方所谓的水纹纸。这种编帘技术中国古已有之，但明清时期有新突破，呈现花纹的纸帘不用竹帘，而用铜网，这样便可使图案更为复杂，也使纸表更光滑。撇去图案不说，单就以铜网代替竹帘抄纸，这本身便是个技术上的创新。徐康（1820～1880在世）《前尘梦影录》（1897）卷上云：

> 老友陈柏君大令（县令），曾觅得康熙年间（1662～1722）阔帘罗纹纸数页（张），周围暗花边，皆六尺匹。托杭城（杭州）造笺纸良工王诚之，为之加推染色，[以]同于古制。诚之云：今仅有狭帘罗纹，纸料虽小，皆出于竹帘。阔帘乃铜线织成，久已断坏，无人继作。

康熙年所造的这种纸，其四周所以有暗花图案，并不是用砑花板压上去的，而是因纸帘上编有复杂花纹、图案，抄纸后自然出现在纸上的。这种实物我们不时见到，前述泾县皮纸中的“龟纹”，便在纸上出现无数规则排列的六角形图案。刘岳云（1849～1917）《格物中法》（1871）卷六下引《文房乐事》云：“福建皮丝烟纸，其铺号住址藏于纸中。法以竹、丝编为字形，使漉纸浆，自然成迹。宣纸佳者亦有之，或作种种花纹……山西造纸亦有之”。“以竹、丝编为字形”有语病，应当是“以丝于竹帘上编为字形”。我们确实在清代山西票据中看到这类纸。美国纸史家亨特二次大战前，来北京收集造纸工具时，也得到一个抄纸帘，上面编有“丁瑞泰”字样，看来是丁记纸坊槽户名称①。我们还看过类似《前尘梦影录》所说四周有图案花边的花帘纸，且有“臣彭元瑞恭进”之字样。彭元瑞（1731～1803）为乾隆（1757）进士，授庶吉士，官至工部尚书、协办大学士，乃高宗宠臣。可见花帘纸在康、乾时盛行。值得注意的是，17世纪时中国已有用铜网抄花帘纸的记录。然一般情况下仍主要以竹帘编织图案及文字，主要因编铜网费工，造价高，并非不掌握这种技术。

清康熙、乾隆年间，江南还制造一种皮纸，形制特别，名“侧理纸”。戏曲家孔尚任（1648～1718）《享金簿》云：“侧理纸方广丈余，纹丈余，纹如磨齿，一友人赠余者。晋武帝赐张华（232～300）侧理纸，是海苔所造，即此类也”②。

吴振域（1792～1871）《养吉斋丛录》（约1863）卷26云：

> 乾隆丁丑（1757）高宗南巡，得圆筒侧理纸二番。藏一，书一，作歌纪之。后捡旧库，复得五番。壬寅（1782），浙江新制侧理纸成，进御，先后皆有题咏。此纸圆囵无端，每番重沓如筒，故有圆筒［纸］之称。尝以颁赐诸臣，彭公元瑞（1731～1803）有恭和御制元韵纪恩诗③。

诗人丁敬（字钝丁，1695～1765）《砚林诗集》中有侧理纸长诗，注中说：仁和县的诗人赵昱（号谷林，1689～1747）小山堂藏有侧理纸二幅，高宗南巡时，献之行在，帝赐以宫锦。后来，同郡人沈廷芳（1702～1772）御史以“赐锦堂”称赵氏小山堂，并由书法家梁国治（1723～1786）重新书写堂名。这成为当时浙江文坛中的有名故事，载入内阁学士沈德潜（1673～1769）的《赵徵君赐锦堂记》之中。阮元（1764～1849）于《石渠随笔》（1793）卷八云：“乾隆年间，又仿造圆筒侧理纸，色如苦米，摩之留手，幅长至丈余者”④。

综合以上史料，并结合笔者所见实物，可作如下说明。圣祖、高宗是康熙、乾隆盛世时的君主，都有文治武功，喜爱书画，而且都是诗人兼书法家。像明宣宗那样，他们也特别讲求用纸，想让历史上各种有名的纸再现于世。晋代人王嘉（约315～385）《拾遗记》（约370）所载晋武帝赐张华（232～300）侧理纸万番，以其形制独特，从而引起康熙帝的好奇心，但内府不藏此纸。按古书所载，晋侧理纸产于南越，即浙江南部，为海苔所制，其纹理纵横斜侧，故名侧理纸。于是浙江地方官想在本省试制出此纸以进御。正如本书第三章第二节所考证的，其实侧理纸即后世的“发笺”，即以苔类或发菜（石发）掺入纸浆而抄造者。但因清初人不明此意，亦无标本可寻，以苔类造纸失败后，便制成具有磨齿状纹理的皮纸，作为侧理纸献上。

中国历史博物馆藏有完整的清代所造侧理纸一件，为张伯驹（1897～1982）先生旧藏。仔

---

① D. Hunter, Papermaking. The history and technique of an ancient craft, 2nd. ed., p. 260 (New York: Dover, 1978).

② 清·孔尚任，《享金簿》，《美术丛书初集》第七集（上海：神州国光社，1936）。

③ 清·吴振域，《养吉斋丛录》（约1863）卷26，274页（北京古籍出版社，1983）。

④ 清·阮元，《石渠随笔》卷八，《笔记小说大观》第24册，396页。

细观察此纸后，注意到外观呈深肤色，纸质厚重，表面有斜侧帘条纹，但编织纹不明显，不是一般竹帘所抄成。此为皮料纸，没有苔类或石发成分，浆汁匀细，表面凸凹不平，如阮元所说，“色如苦米，摩之留手”。纸的长宽幅度很大，为便保管，纸已折叠。展开后，全纸呈圆筒状，看不到接缝，如吴振域所说，“此纸囫囵无端，每番重沓如筒”。实物形制完全证实了文献所载，称其为圆筒侧理纸，十分恰当。。这次仿制的技术重点不在用料如何，而是着重体现“纵横斜侧”的帘纹，呈上内府后，因康熙帝也不知古侧理纸应是什么形制，遂以为便是如此。除自已使用外，还颁赐群臣。乾隆廿二年（1757）高宗南巡，浙江仁和人赵昱将家藏康熙时造侧理纸二番献之于行在，蒙宫锦之赐。高宗带回北京后，在其中一张上写字，另一张收藏，今北京故宫珍宝馆乐寿堂东廊石刻上，仍可见乾隆戊寅（1758）御笔《咏侧理纸》长诗。今将有关诗句摘抄于下：

海苔为纸传《拾遗》，徒闻厥名未见之。
何来映座光配慕，不胫而走系予思。
囫囵无缝若天衣，纵横细理织网丝。
即侧理耶犹然疑，张华李墨试淬妃。
羲、献父子书始宜，不然材可茂先追。
何有我哉宛抚兹，万番勿乃伤记私。
两幅已足珍瑰奇，藏一书一聊纪辞。

看来清高宗很喜欢这种纸，得到两幅后即赋诗记之。更下令重查内府旧库，结果又得到五番。乾隆四十七年（1782），浙江新制侧理纸成，进呈后，再有御笔题咏。新制者形制如同旧库藏品，因数量很多，帝愿与诸臣共享，工部尚书、协办大学士彭元瑞等人得纸后，均步御笔原韵进上纪恩诗。为什么将纸制成圆筒状？这是没有文献依据的，明清以前古书谈侧理纸均未说是圆筒形，大概为使其体现“囫囵无缝若天衣”的某种神秘感吧。

如何能造出这种纸？这个问题倒要思考，此处拟陈管见。首先，此侧理纸外观初看时颇似机制纸，但确为清代所造，因那时全世界仍以手工方式抄造，则其抄纸器必为特殊设计出来的，绝非传统所用竹帘，因为竹帘织不出这种斜侧的帘纹，而且以竹帘抄纸，表面一般都较平滑，不能出现凸凹不平的表面。我们因而料想是用粗细不同的铜丝编织成纸帘，即以粗铜丝为帘条，以细铜丝穿帘，如高宗诗所说“纵横细理织网丝”，只是此丝为铜丝。浙江于清初即有以铜网为帘，抄阔帘罗纹纸的先例，再将其改编成具有斜侧纹的铜网，在技术上是没有困难的。其次，要将纸抄成圆筒状，则使湿纸浆成型的抄纸器原则上也应是圆筒形，因平板形抄纸器两边不能合拢，尤其是抄大幅纸，将平帘合拢成筒形，有技术上的困难。其结果只能是在筒形框架上用铜丝编成巨幅筒形纸帘，而且要求编粗铜丝的细铜丝，细到不能在纸上显出纹理，只能显出粗铜丝的纹理，才能抄出我们所看到的侧理纸的形象。第三个要考虑的问题是，如何使纸浆均匀分布在筒形纸帘上形成湿纸层？毫无疑问，只有使筒帘绕中心轴线旋转，才能作到这一点，这意味着还要制成一个驱动纸帘转动的机械装置。对中国匠人来说，这并非什么难题。

下一步是如何将纸浆置于纸帘上。一个方法是将纸浆放在高位槽内，通过鸭嘴形出料口使纸浆流入正在转动的纸帘，边灌浆边滤水，转动一周后形成筒形湿纸。但此法在当时条件下不易控制出料并保证纸浆的均匀分布，而圆筒上部滤下的水，有可能冲刷底部已形成的湿纸，因此这个方法并不足取。另一方法是将筒形抄纸器置于大纸槽内，通过动力传动装置使其于槽内旋转，因而纸浆能均匀流到整个宽度的筒形纸帘上，纸浆中的水通过铜网孔流入网下成为白水，而纤维附着于旋转的筒形铜网网面上形成纸层。这种方法操作简便，切实可行，抄侧理纸很可能用此方法①。

用上述方法抄出筒形湿纸层后，第四个要考虑的问题是，如何压榨去水、烘干和揭纸？如果是平面形巨幅湿纸，最原始和简便方法是置于高出地面之处，任其自然干燥或略加烘烤，但此法恐不适于圆筒形巨幅湿纸。古人既已用机械方式抄出此纸，自然有办法使其压榨去水。最简便的办法是，再制成一个能转动的筒形辊，辊表面包上柔软材料。将此辊与附着有湿纸的筒形抄纸器贴近，再使两个筒状物沿相反方向转动，便可将剩下的水压出。作到这一点，无需费任何思索，因为用传统方法从甘蔗中榨取糖汁，就是利用双辊反向转动的原理和设备的，明人宋应星《天工开物》对此早有记载。经过压榨脱水后的筒形湿纸已有一定强度，可以任其自然干燥，但为减少干燥所需时间，亦可于圆筒下置炭火盆若干，边转动边烘干。烘干后的纸，先分别自两端揭起纸边，再用长的薄片向前探揭，操作必须精心，直到整个纸筒揭离铜网，最后再从一端慢慢抽拉出来。圆筒侧理纸便这样制造成功。

因此，圆筒侧理纸既已制成，就必须解决下述三个技术关键问题：①圆筒状钢网抄纸器的设计与制造；②使圆筒抄纸器转动抄纸的技术构思和转动装置的制造；③利用榨糖机原理，使抄纸圆筒与另一辊筒贴近，通过二者反向转动以压榨脱水。这三点正是构成近代单缸圆网造纸机（mono-cylinder paper-machine）的基本要素，而这种机器在欧洲迟至1809年才由英国造纸家约翰·迪金森（John Dickinson，1782～1871）所发明并取得专利②，后用于世界各地。值得注意的是，中国早在康熙年间（1662～1722）浙江纸工复原晋代侧理纸时，没有按本来意义下向纸浆中搀入海苔或发菜的思路行事，而是另辟蹊径，用旋转铜网抄纸器的机械方法造出圆筒侧理纸，而且于乾隆四十七年（1782）再次重复生产，从而在世界上最先产生用旋转机械抄纸的技术构思，并制成人类最早的圆网造纸机的原型。有趣的是，中国筒形抄纸器与狄金森的圆网造纸机在结构与工作原理上相当一致，这就说明为什么圆筒侧理纸初看起来颇象近代机制纸，因为它本来就是按圆网造纸机原理制造出来的。可以说康熙年间能研制出这样一种独特的造纸机器，是个技术奇迹，但确是历史事实，中国传统造纸技术发展到清代，已经自发地出现了用近代新式机器造纸的势头，因而达到了历史上的高峰。

第三节　明清造竹纸技术

一　《天工开物》所述明代福建竹纸技术

象皮纸一样，关于竹纸制造技术的记载也从明清时开始出现，这也是为什么我们将这一时期称为集大成的总结性发展阶段的原因之一。从明清造竹纸技术中可以看到宋元时期的技术，因而当我们看到宋版书时也就知道其用纸是如何制造出来的。前述明代科学家宋应星的《天工开物》《杀青》章，提供了造竹纸过程的详细而准确的记载（图6-17）。原文如下：

---

① 潘吉星，从圆筒侧理纸的制造到圆网造纸机的发明，《文物》，1994，7期，91～93页。

② R. W. Sindall, Paper technology. An elementary manual on the manufacture, physical qualities and chemical constituents of paper and of papermaking fibrse，3rd ed.，p. 256（London，1920）.

A　砍竹、沤竹　　　　　　　　B　蒸煮

图 6-17　《天工开物》（1637）中砍竹、沤竹、蒸煮图

凡造竹纸，事出南方，而闽省独专其盛。当笋生之后，看视山窝深浅，其竹以将生枝叶者为上料。节届（临近）芒种（六月上旬），则登山砍伐，截断五、七尺长，就于本山开塘一口，注水其中漂浸（图 6-17A）。恐塘水有涸（干枯）时，则用竹枧（竹管）通引，不断瀑流注入。浸至百日之外，加工捶洗．洗去粗壳与青皮（是名杀青），其中竹穰（竹纤维）形同苧麻样。用上好石灰化汁涂浆，入楻桶（蒸锅上盛竹料的木桶）下煮，火以八日八夜为率。凡煮竹，下锅用径四尺者，锅上泥与石灰捏弦（用泥与石灰封闭沿边），高阔如广中（广东）煮盐牢盆样，中可载水十余石（1 石＝100 升）。上盖楻筒，其围丈五尺，其径四尺余。盖定受煮八日已足。歇火一日，揭楻取出竹麻（竹料），入清水漂塘之内洗净。其塘底面，四维（边）皆用木板合缝砌完，以防泥污（造粗纸者不须如此）。洗净，用柴灰浆过，再入釜中，其中按平（竹料在锅中平放），平铺稻草灰寸许。桶内水滚沸，即取出［并入］别桶之中，仍以灰汁淋下。倘水冷，烧滚再淋。如此十余日，自然臭烂。取出，入臼受舂（山国皆有水碓），舂至形同泥面，倾入槽中。

凡抄纸槽，上合方斗（形状斗方），尺寸阔狭，槽视帘，帘视纸。竹麻已成，槽内［入］清水，浸浮其面三寸许。入纸药水汁于其中（形同桃竹叶，方语无定名），则水干自成洁白。凡抄纸帘，用刮磨绝细竹丝编成，展卷张开时，下有纵横架框。两手持帘入水，荡起竹麻入于帘内（图 6-18A）。厚薄由人手法，轻荡则薄，重荡则厚。竹料浮帘之顷，水从四际淋下槽内。然后覆（翻）帘，落纸于板上，叠积千万张，数满则上以板压。俏绳入棍，如榨酒法，使水气净尽流干。然后以轻细铜镊逐张揭起焙干。凡焙纸，先以土砖砌成夹巷，下以砖盖巷地面，数块以往即空一砖。火薪从头穴烧发，火气从砖隙透巷外。砖尽热，湿纸逐张贴上焙干，揭起成帙。近世阔幅者名大四连，一时书文贵重。其废纸洗去朱墨污秽，浸烂入槽再造，全省从前煮、浸之力，依然成纸，耗亦不多。江南竹贱之国（地区）不以为然，北方即寸条片角在地，随手拾起再造，名曰还魂纸。竹与皮，精与粗，皆同之也（皆由同样方法造成)。若火纸、糙纸、斩竹煮麻，灰浆水淋，皆同前法。唯脱帘之后，不用烘焙，压水去湿，日晒成干而已。盛唐（713～766）时，鬼神事繁，以纸钱代焚帛（北方用切条，名曰板钱），故造此者名曰火纸。荆楚（湖南、湖北）近俗，有一焚侈至千斤者。此纸十七供冥烧，十三供日用。其最粗而厚者名曰包裹纸，则竹麻与宿田晚稻稿所为也。若铅山诸邑所造柬纸，则全用细竹料厚质荡成，以射重价。最上者曰官柬，富贵之家通刺（名片）用之。其纸敦厚而无筋膜，染红为吉柬（婚帖），则先以白矾水染过，后上红花汁云①（图 6-19）。

A　荡帘抄纸　　　B　翻帘、压纸

图 6-18　《天工开物》中荡帘、翻帘、压纸图

图 6-19　烘纸

① 《天工开物·杀青》，潘吉星译注本，151～154，292 页（上海古籍出版社，1990）。

我们引上文时，已对若干名词在圆括号内作了解释，是原注者则注明原注两字，以便读者。有几个地方还需说明。“看视山窝深浅”，意思是先到山沟里看看竹的长势是否适于砍伐。“竹穰”、“桑穰”及“构穰”，是明清造纸术语，“穰”（rang）本指禾茎中白色柔软的部分，桑穰及构穰指其韧皮部，竹穰指竹茎脱去硬皮壳后的纤维部分，这些术语在现代手工纸坊中仍为老工人所使用。文内多次谈到“竹麻”，其中的“麻”不是指麻类植物，而是象麻纤维那样的竹料。“楻（hěng）桶”也是个造纸术语，至今仍通用，指围在蒸煮锅上的很高的木制圆桶，两端开口，桶下有箅子置于锅口上，箅子上放被蒸煮的造纸原料。“楻”形容其大，锅上置楻桶可增大容积，存放更多物料，上口盖草木灰。

原文谈到“纸药水汁”时，没有具体指出从何种植物中提取，但原注中说“形同桃竹叶，方语无定名”，我们认为此处肯定是指杨桃藤。又说抄出纸后，将纸帘在槽上停一下，滤去水分，然后将帘翻过来，使湿纸落在木板上，这都是正确的。接着说“叠积千万张，数满则上以板压”，这段记载不够确切，不应也不能叠积至万张。一个抄纸工一天只能抄造800～1000张纸，他在纸槽旁放一统计捞纸次数的“游码”，随时知道已抄出多少张纸。待游码快走到1000时，已临日落。收工前，将一天所捞之纸用压榨器压去水，再在上面压以重物。过夜后，至次日清晨，由焙纸工取走烘干，抄纸工再重新抄纸。因此叠积的湿纸张数，只能是一个纸工一天抄出的纸数，通常是1000张，即10刀纸。如果几个至十几个纸工同时抄纸，也是每人叠积自己所抄之纸，不能与他人抄的纸放在一起，因为这样无法统计每个人的工作量并支付工资。抄纸、烘纸常常付计件工资，是纸坊中工资最高的岗位，每天可挣40～50文银。

文内描述的焙纸设备，在结构上有巧妙的技术构思，用砖砌成两堵墙，中空形成夹巷，底部用砖盖火道，每隔几块砖便留一空砖位置。这样烟气曲折行进，延长在夹巷内停留时间，使墙面均匀受热。虽然没有提到砖墙外要用细石灰粉刷成平滑表面以承受湿纸，但实际上必然是如此。在作了上述解说之后，我们可以对《天工开物》所述造竹纸过程加以分解，其整个工艺流程如下：

①每年六月上旬芒种之时，进山选择林区，以生笋后、快生枝叶时的竹最好。将嫩竹砍下，断为5～7尺长，打成捆⟶②就近开一池塘，用竹管引来高处之水注入，将竹料放入塘内沤制百日，上面压以石块⟶③沤好后，在河水中洗之，同时用力捶打竹料，使成竹丝状，剔除硬壳和青壳皮。宋应星将此工序称为“杀（saǐ）青”⟶④配成石灰浆置于缸中，将小捆竹料放入，逐捆浸渍，再堆在地上［放置十日］，使灰浆浸透竹料⟶⑤将浸有石灰浆的竹料一捆捆地放入蒸煮锅上的楻桶内，边放边踩实，注入100升水。楻桶以麻袋封顶。桶高15尺，直径4尺。锅下加火蒸煮八个昼夜，然后歇火。放置一日⟶⑥将竹料从楻桶中取出，趁热在河水中漂洗，边洗边用脚踩⟶⑦配制草木灰水，用以浸渍洗后的竹料⟶⑧将浸有草木灰水的成捆竹料再横放于蒸煮锅上楻桶内，踩实，上面铺一层草木灰寸许，麻袋封顶。锅下升火，使桶内灰水滚沸，实行第二次蒸煮。为保证上下各部竹料均匀受煮，亦可将上面物料放入另一桶的下部，将原锅下部竹料装入新锅上部，再淋入草木灰水。倘水冷，再重新升火，烧至滚沸。如此蒸煮十余日，竹料自然煮烂⟶⑨［煮后，歇火一日，从桶中取出竹料，放布袋或细竹筐内，于河水中漂洗］⟶⑩洗后竹料呈白色，很绵软，一撕即碎，于是放在水碓内捣细成泥⟶⑪将白竹料放入“斗方形”（实际多呈长方形）木制或青石板制纸槽之中，由竹管注入山间清净的泉水，水面高出竹料三寸许。搅动，配成纸浆⟶⑫以新鲜的杨桃藤枝条浸制出植物粘液，作为纸药配入纸浆中，搅匀⟶⑬根据要造纸的大小，以绝细竹丝编成抄纸帘，再

制成木制框架（帘床）。双手持帘及帘床入槽捞纸，纸的厚度由人，“轻荡则薄，重荡则厚”。提起纸帘，水便滤水槽中⟶⑭纸帘上形成一张湿纸后，将帘从床上提起，翻过来倒扣在木板之上，于是湿纸便附着于板上。下次捞纸再将湿纸置于上次湿纸之上，必须对齐。如此叠积至千张为止⟶⑮待抄至千张，纸工即将收工。临行前，用木榨榨去这一堆湿纸中的水分，再以重物压之，过夜⟶⑯次日，焙纸工用铜镊细心逐张将压榨后的纸揭起，用毛刷摊在火墙上烘干⟶⑰焙纸工从墙上揭下烘干的纸，逐张整齐叠起⟶⑱将每百张为一刀的纸四边切齐、打包。

宋应星对南方造竹纸整个过程的叙述，可谓详尽、真实，且配以生动插图，使人读之如入其境。他这段叙述对 19 世纪欧洲造纸产生重大影响。

二 《三省边防备览》论陕南竹纸技术

清代人严如熤（1759～1826）的《三省边防备览》对陕南竹纸技术作了详细记载。严如熤字炳文，湖南溆浦人。嘉庆四年（1799）上书条陈，为朝廷所纳，补陕西洵阳县令，擢陕安道，他在陕西任职时，道光二年（1822）刊行《三省边防备览》14 卷，道光十年（1830）再版。三省指川、陕、鄂，道光元年（1821）他奉命与三省官员查勘边境，历时半载，因将耳目所及与前著《三内风士杂志》及《边境道路考》合辑纂成此书，极有学术价值，所载多为其亲见史实。书中第十卷《山货》篇介绍了陕南洋县、定远及西乡等县造竹纸情况，因而反映了北方竹纸技术。他书中首先强调开槽造纸时选择厂址的必要性，接下谈及陕南造纸概况，指出只三县就有民间纸坊 140～150 家，“厂大者匠作雇工必得百数十人，少者亦得四、五十人”，已具有资本主义工场手工业规模，已如前面所引。很多记述为前人所未言及。作者写道：

> 纸厂［于］定远（今镇巴）、西乡，［大］巴山［处］林甚多，厂择有树林、青石、近水处，方可开设。有树则有柴，有石方可烧灰，有水方能浸料。如树少、水远，则难作纸。只可就竹箐（jīng，细竹）开笋厂。笋厂于小满后十日，采笋焙干发客。纸厂则于夏至前后十日内（六月十日至七月二日），砍取竹初解箨（脱笋壳）尚未分枝者。过此二十日，即老嫩不匀，不堪用。其竹名水竹，粗者如杯，细者如指。于此二十日内，将山场所有新竹一并砍取，名剁料①。

水竹当为禾本科、竹亚科、簕竹属的水竹（*Bambusa breviflora*）（图 6-20），可供造纸②，含纤维素 63.42%。

接下谈到造纸过程：

> 于近厂处开一池，引水灌入。池深二、三尺，不拘大小，将竹尽数堆放池内，十日后方可用。其料须供一年之用，倘池小竹多，不能堆放，则于林深湿处堆放，有水则不坏，无水则间有坏者。从水内取出，剁作一尺四、五寸长（46～50 公分），用木棍砸至扁碎，篾条捆缚成把。每捆围圆二尺六、七寸至三尺（86～100 公分）不等。另开灰池，用石灰搅成灰浆，将笋捆置灰浆内蘸透，随蘸随剁，逐层堆砌如墙。俟

① 清·严如熤，《三省边防备览》（1822）卷 10，《山货》，5～7 页（道光十年来鹿堂重刊本，1830）。

② 孙宝明、李钟凯，《中国造纸植物原料誌》，186 页（北京：轻工业出版社，1959）。

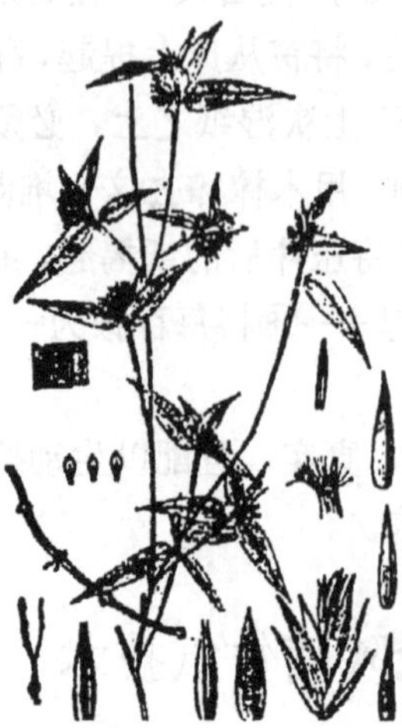

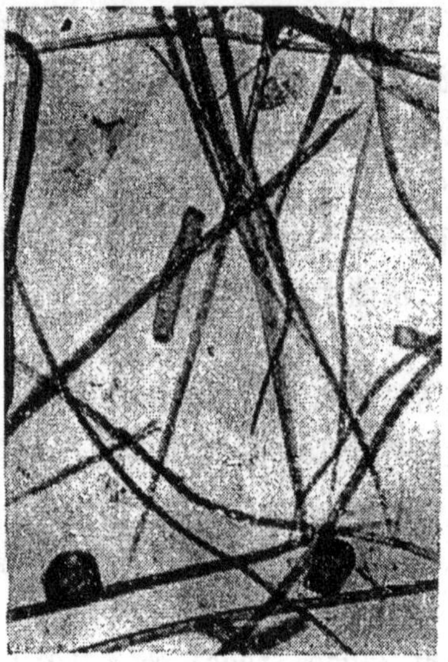

图 6-20 水竹及其纤维细胞形态
左：水竹 右：水竹纤维细胞形态（×80）

十余日，灰水吃透。去篾条，上大木甑。其甑用木拈成，竹篾箍紧。底径九尺（直径约 3 米），口径七尺（上口直径 2.3 米），高丈许（3.3 米）。每甑可装竹料六、七百捆。蒸五、六日，昼夜不断火，甑旁开一水塘引活水，可灌可放。竹料蒸过后，入水塘，放水冲浸二、三日。候灰气泡净，竹料如麻皮，复入甑内，用硷水煮三日夜，以长铁钩捞起。仍入水塘淘一、二日，硷水淘净。每甑用黄豆五升，白米二斤，磨成水浆。将竹料加米浆拌匀，又入甑内再蒸七、八日，即成纸料。取下纸料，先下踏槽。其槽就地开成，数人赤脚细踏后，捞起下纸槽。槽亦开于地下，以二人持大竹棍搅极匀，然后用竹帘揭纸。帘之大小，就所作纸之大小为定。竹帘一扇（shān），揭纸一层，逐层夹叠，叠至尺许厚，即紧压。候压至三寸许，则水压净。逐张揭起，上焙墙焙干。其焙墙用竹片编成，大如墙壁，灰泥搪平，两扇对靠，中烧木柴，烤热焙纸。如［作］细白纸，每甑纸料入槽后，再以白米二升磨成汁搅入，揭纸即细紧。如作黄表纸，加姜黄末，即黄色。其纸大者名二则纸，其次名圆边纸、毛边纸、黄表纸。二则、圆边、毛边论捆，每捆五、六合，每合二百张。每甑之料，二则纸可作三十捆，圆边、毛边纸可作三十五、六捆。黄表纸论箱，每甑可作一百五、六十箱。染色之纸，须背运出山，于纸房内将整合之纸大小裁齐，上蒸笼干蒸后，以胶矾水拖湿，晾干刷色。此造纸之法也”①（图 6-21）。

严如熤所描述的陕南道光年间造竹纸的过程，有些地方比科学家宋应星所述还要详细与具体，对生产有关的数据都作了交待，俨如现代人写的一份调查报告。其所反映的情况，句句属实，没有什么可挑剔之处，令人信服。这足以说明他在纸厂对生产全过程作了仔细观察。例如，他指出沤制后的竹要用刀剁成 1.4～1.5 尺长，再捶至扁碎，打捆时每捆粗 2.6～3 尺，楻桶底径 9 尺、顶径 7 尺，高 10 尺，可容 600～700 捆竹料；每锅竹料可造出 30 捆（3～3.6

① 清·严如熤，《三省边防备览》卷 10，《山货·纸》，5～7 页（道光十年来鹿堂重刊本，1830）。

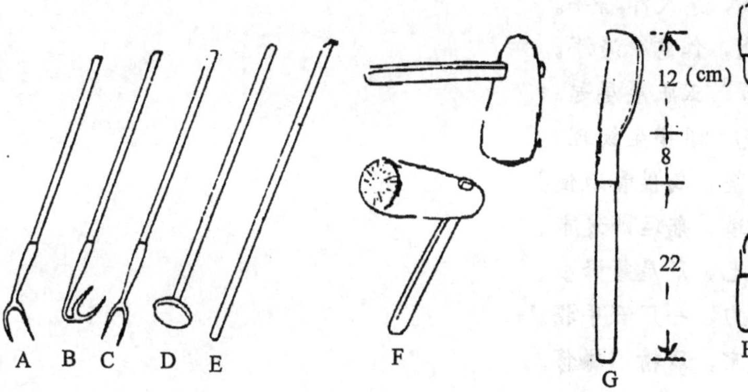

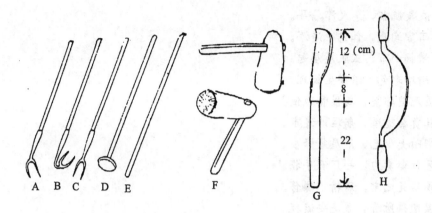

图 6-21　造竹纸用的小工具

A—C　钩竹叉；D—E　搅拌器；F　木槌；G—H　竹刀

万张）二则纸。这对了解那时设备利用率和生产能力，都是重要的原始数据。在谈到捞出湿纸后叠积到什么程度才可以压榨时，胡韫玉说堆至“丈余”，而宋应星说堆至“千万张”，都不准确，唯有严如煜讲“叠至尺许厚，即紧压。候压至三寸许，则水压净”，可谓独到的记录，而且还谈到了压缩率为 33.3%。现将严如煜所述造纸过程分解如下：

①六、七月之际砍竹，打成小捆⟶②在池塘内对竹料沤制 10 天⟶③洗料⟶④将竹条断成 1.4～1.5 尺长小段，并捶碎，打成 2.6～3 尺粗的捆⟶⑤配石灰浆，将竹料浸透灰浆，再堆成墙，放置十多天⟶⑥将浸透石灰浆的竹料放蒸煮锅中，楻桶底径 9 尺、上口径 7 尺、高 10 尺，每次容 600～700 捆料。加水，锅下升火，蒸煮 5～6 昼夜。再歇火，放置一日⟶⑦竹料从锅内用长铁钩提出，在塘内用活水漂洗 2～3 日，塘内水可放可注⟶⑧再将竹料放入锅内，用硷水作第二次蒸煮，锅下升火三昼夜。此后歇火一日⟶⑨以长铁钩从锅内提出物料，趁热仍用塘内活水漂洗 1～2 日，将硷水洗净⟶⑩将竹料再放入锅内，加水，注入 5 升黄豆与 2 斤白米磨成的水浆，拌匀，再作第三次蒸煮，加火 7～8 日⟶⑪洗料⟶⑫将纸料放入低处的踏槽中，数人赤脚细踏成泥⟶⑬将纸料从踏槽中捞起，放入纸槽中，加清净水，由二人各持大竹棍搅极匀，配成纸浆⟶⑭以白米 2 升磨成汁，加入纸浆中，搅匀⟶⑮根据所要造纸的大小，以竹条编成纸帘，再配上木制帘床。持帘入槽捞纸，将水滤入槽中⟶⑯将捞有湿纸的纸帘提起，翻过来，使湿纸落于木板之上。如此一层层湿纸整齐叠起，至一尺高时，以压榨器压去水分，压至 3 寸厚时，静止过夜⟶⑰次日，焙纸工将上述半干半湿之纸逐张揭起，用毛刷摊放在焙墙上烘干。焙墙以竹片编成，大如墙壁，表面用石灰刷平，背面用泥沫平。二者相对而立形成夹巷，一头烧柴，烟气烤热墙面⟶⑱焙干后，将纸逐张揭下，整齐叠起⟶⑲叠起的纸大小裁齐，打包。每捆纸 5～6 合，每合 200 张。

《三省边防备览·艺文》卷还载有严如煜写的《纸厂咏》五言长诗，择录部分如下：

1. 洋州古龙亭，利赖蔡侯纸。
2. 二千余年来，遗法传乡里。
3. 新篁四五月，千亩束青紫。
4. 方塘甃砖石，尺竿浸药水。
5. 成泥畚铁锸，缕缕成丝枲。

6. 精液凝瓶甑，急火沸鼎耳。
7. 幾回费淘漉，作意净渣滓。
8. 入槽揭小帘，玉版层层起。
9. 染缋增彩色，纵横生纹理。
10. 虽无茧绵坚，尚供管城使。
11. 驮负秦陇道，船运郧襄市。
12. 华阳大小巴，厂屋簇蜂垒。
13. 匠作食其力，一厂百手指。
14. 物华天之宝，取精不嫌侈。
15. 温饱得所资，差足安流徙。
16. 况乃翦蒙茸，山径坦步履。
17. 行歌负贩人，丛绝伏莽子。
18. 熙穰听往来，不扰政斯美。
19. 嗟哉蔬笋味，甘脆殊脯胏。
20. 区区文房用，义不容奸宄。
21. 寄语山中牧，勿以劳胥吏①。

诗中用210个字概括了作者在陕南考察造纸生产的观感。第3句意思是四、五月间陕南山区的千亩竹林生机盎然，有待造纸。第10句讲虽然竹纸没有丝绢坚固，仍可挥毫书写。第11句说陕南竹纸通过陆路运往关中及甘肃一带，再通过水路运往湖北。第12～13句讲陕南（古属华阳）大小巴山一带纸厂林立，雇工劳动，一厂有50人之多。第15句讲这一带数万居民赖造纸为生，得以温饱，尚能接纳川鄂外省人来此就业。正所谓靠山吃山，靠水吃水。

我们现在拟将《天工开物》载福建造竹纸过程（下简称前者）与《三省边防备览》载陕南造竹纸过程（下简称后者）作一比较与评论。二者既有共同点，也有相异点，各有特色。相同点是都在六月砍竹并在池塘沤制，然沤竹时间不一，前者100天为时略长，后者10天为时较短。时间长可使脱胶彻底，但经济上不合算，一般说30天就可以了。二者沤竹后皆以石灰浆浸，堆放10天沃之，且均以石灰及草木灰液分别作两次蒸煮，这都是相同的。但前者石灰蒸煮8天，后者5～6天，前者草木灰蒸煮10天，后者3天。为使竹纸洁白，蒸煮时间宜长些，但也要有经济上的考虑，各纸厂可按当地情况因地制宜。其余步骤差异较大。前者抄纸时向纸浆加杨桃藤粘液为纸药，是上策；后者不用植物粘液，而加淀粉液，乃过时的古法，还是加植物粘液好。前者焙纸用砖砌墙，后者以竹条编墙，抹以灰泥。前者坚固持久，后者传热速度快。前者两次蒸煮后，以水碓捣料，用自然力为动力；后者另加一道用淀粉液第三次蒸煮，但减少机械捣料工序，改用人工脚踩。二者各有千秋。只要造出好纸，不必用单一的生产模式，在一个造纸大国应当让不同技术手法各显其能。

三 《造纸说》记浙江竹纸

现再介绍清代人黄兴三（1850～1910在世）《造纸说》（约1885）所反映的浙江造竹纸技

① 《三省边防备览》，卷17，《艺文》，66页，（道光十年来鹿堂重刊本，1830）。

术。关于此人情况，没有查出记载，只知为浙江钱塘人，当为清末一地方文人。其《造纸说》载入民国时人杨钟羲《雪桥诗话续集》（1917）及邓之诚（1887～1960）《骨董琐记》（1926），张子高（1886～1976）《中国化学史稿》（1964）亦曾转引。《造纸说》写道：

造纸之法，取稚竹未梤者，摇折其梢，逾月斫之。渍以石灰，皮骨尽脱，而筋独存，蓬蓬若麻，此纸材也。乃断之为二，束之为包，而又渍之。渍已，纳之釜中，蒸令极熟，然后浣之。浣毕，曝之。凡曝，必平地数顷如砥，砌以卵石，洒以绿矾，恐其莱也，故曝纸之地不可［种］田。曝已，复渍，渍已复曝，如此者三，则黄者转而白也。其渍必以桐子若黄荆木灰，非是则不白，故二者之价高于菽粟。伺其极白，乃赴水碓舂之，计日可三担，则丝者转而粉矣。犹惧其杂也，盛以细布囊，坠之大溪，悬板于囊中，而时上下之，则灰质尽矣。粲（càn，鲜艳）如雪，此纸材之成也。其制［法］，凿石为槽，视纸幅之大小，而稍加宽焉。织竹为帘，帘又视槽之大小，尺寸皆有度。制极精，唯山中唐氏为之，不授二姓。槽、帘既备，乃取纸材受之，渍水其间，和之以胶及木槿，质取粘也。然后两人取帘对漉，一左一右，而纸以成，即举而覆之傍石上。积百番，并榨之以去其水。然后取而炙之墙，炙墙之制，垒石垩土，令极光润，虚其中而纳火焉。举纸者以次梯比于墙之背，后者毕则前者干，乃去之而又炙。凡漉与炙，高下急徐得之于心，而应之于手，终日不破、不裂、不偏枯，谓之国工，（技术高手），非是莫能成一纸。水必取于七都之球溪，非是则黯而易败，故迁其地弗良也。至于选材之良楛（优与劣）、辨色之纯驳（纯与杂），鸠工集事（靠多年经验积累），唯老于斯者悉之，不能以言尽也。自折梢至炙毕，凡更七十二手而始成一纸，故槽谚云：‘片纸非容易，措手七十二。’钱塘黄兴三过常山，山中人为道其事，因详摭其始末，为之说①。

在论述上段记载前，需先作些说明。我们引原文时，已将少见的异体字改为正体，如斵改斫、谿改溪等，对难懂之词或字用圆括号释出其义，个别字注音释义。这样作，有点象日本人对汉籍所施的“训点”，不必语译，大致可看懂原文。第一句“取稚竹未梤者”中的梤（niè），与蘖（niè）字通用，指树木的新芽。这句话意思是说，取没有长出更多枝桠和叶的嫩竹为原料，而这正好是五、六月间。“桐子若黄荆木灰”中的“若”字，当“或者”解。将大戟科油桐（*Aleurites fordii*）子榨油后的子壳烧成灰和用马鞭草科的黄荆（*Vitex negundo*）木灰，在当地造纸工看来是最好用的草木灰。介绍纸药时，原文提到“和之以胶及木槿，质取［其］粘也”。可见植物粘液是从锦葵科木槿（*Hibiscus syriacus*）叶中提取的，早在宋代已用此物了，详见本书第五章第四节。

谈到抄纸后“积百番，并榨之以去其水”，百番太少，“百”字应当是“千”字才是，或者脱一“数”字，应当是“数百番”。浙江纸工技术熟练，不可能一日只抄百番便收工，同时100张湿张也不足以上榨。文内介绍的纸槽为石制。但说“凿石为槽”，容易使人误解为以整个石料凿成石槽，此处宜为“凿石板为槽”，因为我们所见江南石槽多以五块石板为之，很少以整石凿成者。谈到烘纸设备时指出“炙墙之制，垒石垩土，令极光润”，此处“石”当为“砖”，不可能用石块砌墙烘纸，因为石块不易传热，而且受热后容易裂开。

---

① 清·黄兴三，《造纸说》（约1885），收入杨钟羲：《雪桥诗话·续集》（1917）卷五，39～40页（民国年求恕斋丛书本）；邓之诚，《骨董琐记全编》，207页（北京：三联书店，1955）。

看来，黄兴三到常山旅行，只听山中人所述而作记录，不一定到造纸现场参观，因而不及严如煜所记翔实。倘若如煜来此，我们就会读到更精采的记载。但谈到纸场造纸用水时，这位钱塘人指出“水必取七都之球溪”，七都为常山县乡名，常山附近有富春江水系东阳江支流金溪［今马金溪］流过，城西有球川镇，则球溪当为县郊七都乡金溪的小河，水清异常，纸场即设于此。但其污水四季流入河内，总会造成污染，抄纸用水还是不能用球溪之水，恐怕得另寻水源，球溪水只能用于沤料、煮料和洗料。还应指出，有的工序被漏记，例如制竹纸必须于池塘中沤制竹料，此处没有提到。明清造竹纸，各纸坊通常要对竹料进行两次蒸煮，此处只谈一次，但加入日光暴晒工序。我们认为日晒还代替不了第二次蒸煮，实际上浙江各厂也是采用两次蒸煮的。考虑到以上解说，可将黄兴三《造纸说》所述浙江常山造竹纸过程作如下分解：

①五、六月间进山砍下未生更多枝桠及叶的嫩竹，去掉枝梢，打成小捆⟶②［将竹料成捆地放于池塘内，注入水没过竹料，上以石压之，沤制一个月］⟶③［在河水洗料，捶打成丝，除去硬壳，再捆起］⟶④将竹料以石灰浆浸透，堆起放10多天⟶⑤将浸有石灰浆的竹料成捆地放入蒸煮锅内，再注入水，蒸煮七日左右⟶⑥从锅中取出竹料，趁热在河水中洗净⟶⑦洗净后打捆，放入蒸煮锅内，注入桐子灰或黄荆木灰水，再行蒸煮七日⟶⑧洗料⟶⑨将纸料摊放在卵石所砌平地上，任烈日晒暴，实行日光漂白，约一月左右。卵石上洒以绿矾（$FeSO_4 \cdot 7H_2O$），以防苔类滋生⟶⑩洗料⟶⑪以水碓将料捣成细泥，日可捣三担（300斤）⟶⑫将捣细的白料放布袋内，河水洗净⟶⑬竹料移入石制纸槽内，注入极清净之水，搅动成纸浆⟶⑭再向纸浆中配入木槿叶浸出的植物粘液作为纸药，搅匀⟶⑮以本地唐姓所编特细竹纸帘捞纸，两人一左一右同时荡帘⟶⑯湿纸捞出后，翻帘扣在石板上，如此叠积至千张，以木榨压去水份，静置过夜⟶⑰将湿纸逐张揭起，摊放在火墙上烘干⟶⑱将烘干之纸从墙上取下，整齐堆起⟶⑲切齐四边，打包待运。

与《天工开物》比，《造纸说》中所列工艺过程增加了一道日光漂白工序，可以说是个改进，其余步骤二者大体一致。我们知道，安徽宣纸制造中也有日光漂白工序，将这一工序用于竹纸制造，无疑会改善其品质，但无意间也延长了生产周期。如果纸好，可卖出较高价钱，槽户以为增加这道工序还是合算的。上面分解出的19个步骤，可以看成是制造竹纸的一个可称之为标准的生产模式。黄兴三将其概括为12个步骤：“撮要十二则：曰折梢，曰练丝，曰蒸云，曰浣水，曰渍灰，曰曝日，曰碓雪，曰囊涞，曰样槽，曰织帘，曰剪水，曰炙槽”。其实这里一些词都是这位文人取的名，并非纸工所用的行话。如“渍灰”、“剪水”、“样槽”，纸工则称为浆灰、荡帘、打槽，等等。

清人杨澜《临汀汇考》（约1885）卷四《物产考》谈福建汀州造竹纸时，也提到有日光漂白工序。其中说：

其法先剖竹杀青，特存其缟。投地窖中。渍以灰水，久之乃出。而暴于日，久则纸洁而细，速则粗渗，俗呼竹麻是也。迨其造纸，累石为方空，高广寻丈以置镬（锅），和垩灰而煮之，以化其性。傍溪分流，激石转水，为碓、为舂而捣之，以糜其质。置水槽中时搅使浮，乃用竹帘捞起。手一推挽，辄成一纸。揭帘覆按板上，析一角使分张，易举烘诸火。其灶穴地为之。筑长堵墙，中空通火气。揭纸于墙，其干速于日暴①。

四 流入欧洲的清代造竹纸图说

在清人论造竹纸作品中，除文字资料外，还有绘画作品，这里亦值得介绍（图 6-22）。

A 沤竹

图 6-22 18 世纪流入欧洲的中国造竹纸图（一）

① 清·杨澜：《临汀汇考》（约 1885）卷 4，《物产考》，15～16 页（清刊本）。

B　抄纸、烘纸

图 6-22　18 世纪流入欧洲的中国造竹纸图（二）

1982 年，笔者在美国威斯康辛州阿普尔顿（Appleton）城造纸博物馆（Paper Museum）讲学时，在馆内看到博物馆创建人亨特生前收藏的 1952 年法兰克福出版的题为《十八世纪中国造纸图说》(Chinesische Papiermacherei im 18 Jahrhundert in Wort und Mild) 的德文书。内载 24 幅造竹纸图画，详细画出各个步骤，每幅图附以简明德文解说。1987 年，应德国朋友之邀对藏于德国的彩绘原件作了专题研究，研究结果迟至 1993 年才由柏林科学院出版社发表①。

我们认为这批画出于中国艺人之手，约画于乾隆、嘉庆之际。画稿完成后，随即由在华

① Pan Jixing：Die Herstellung von Bambuspapier in China. Eine geschichtliche und verfahrens technische Untersuchung. in Chinesische Bambuspapierherstellung. Ein Bilderalbum aus dem 18 Jahrhundert, pp. 11—17 (Berlin：Akademie Verlag GmbH, 1993).

西洋人带回至欧洲。原画为工笔重彩，仿宫廷画师画风，然从少数汉字书体判断，当为民间画家作品。1815年，法国巴黎出版题为《中国艺术、技术与文化》(Arts，métieres et culture de la Chine)，书中收入8幅造纸图。编者说，这些图为在华法国耶稣会士请中国人画的，画稿送巴黎后制成铜版。亨特1932年的《中日古老的造纸术》(Old papermaking in China and Japan）一书，转载了此图，并发现法文解说词有不妥处。有趣的是，法、德两国所出版的书中插图十分相似。1952年德文版书名为编者所加，原画无标题，既未署画家名，亦未有创作年份。

A 压榨、包装

图6-23 18世纪流入欧洲的中国造竹纸图（一）

我们发现标出的各画先后顺序从技术上看有些颠倒，如原书第18图烘纸与第19图压榨(图6-23)，二图应互换位置，有些德文解说词亦须商榷。就画而言，显然颇有艺术性，人物造型及动作画得很逼真，服饰完全是乾嘉时人的打扮。每幅画还有山水画作为背景，以增加艺术效果。虽然个别画在技术上仍有不准确处，但还应充分肯定画家作了可贵努力，为我们

B　染纸

图 6-23　18 世纪流入欧洲的中国造竹纸图（二）

提供 24 幅造竹纸组画。

《天工开物》明版中，含有 4 幅插图，有些步骤没有表现出来。现再配上清代 24 幅画，人们便可看到造竹纸的几乎每个步骤的操作图了。德国现存上述清代画中只有最后两幅有少许汉字，第 23 幅描写染纸过程，有“本店自染双红、福红、霨红各色纸发客”字样。第 24 幅描写开张的纸店，房屋横额为“有财号”，右边匾额为“有财纸店”，左边匾额为“有财店自造上白本曹纸发行”。案上放一类似书简之物，上有“长大邠州纸囗”字样，最后一字不清。清代邠州（今彬县）在陕西省西安府西部，这一地区是否有竹林还要调查，虽然西安是可以长竹子的。但第 11 幅描写抄纸时向纸浆加入米浆，且有一人在推磨磨米，这又与严如煜所述陕南造竹纸加米浆是相一致的。德文解说词说是从 Koteng-Pflanze 植物中提取粘液。Koteng 可能是“膏藤”之音译，然提植物粘液无需用磨。德文本为何说出 Koteng，也许有据，也许释错，也许画家画错。我们料想原画面外可能有简短汉字说明，但发表时被编者删去。原件在德国，我们只看到画面照片，因而一些疑问不易解决。鉴于这批画有重要史料价值，在中国一般人很少知道其存在，因此特选出若干幅转载于此，并附有我们的简短解释。读者可将这批画与前述宋应星、严如煜及黄兴三所述造竹纸过程的说明对照阅读，必能有形象理解。

第四节　集大成的加工纸和机制纸的出现

一　承前启后的明代名纸宣德纸

前两节专谈本色纸的制造技术，本节则进而谈加工纸[①]。明清时期也在加工纸技术方面集历史之大成。已往朝代名著一时的加工纸，在这个时期多恢复了生产，一再仿制，而且还研制一些新品种加工纸。本节只着重介绍有代表性的品种，同时叙述明清作品中有关加工纸技术的记载。

明初洪武年之后，进入永乐、宣德年间的“盛世”，国家经济实力提高，社会繁荣，因而出现了著名的宣德纸，这种纸有很多品种，制于宣德（1426～1435）年间，它与人们称道的宣德炉和宣德瓷齐名，可见这时手工业各部门都获得了均衡的长足发展。宣德年之后，至正统、景泰年间，宣德纸继续生产，多供内府御用及赏赐群臣。后从内府传出，遂为世人见重。

明人沈德符（1578～1642）于万历年写的《飞凫语略》（约 1600）内称：“宣德纸近年始从内府复出，亦非书画所需，正如宣和龙凤笺、金粟藏经纸，仅可装褫耳”[②]。此处所说“非书画所需”，不可理解为宣德纸不宜于写字、绘画。恰恰相反，它是高级书画纸，正如同宋代宣和年（1109～1120）的宣和龙凤笺和北宋金粟笺那样，是少见的名贵纸，不该用来写字，而仅可供作书画卷轴装潢作引首用。古人特别珍贵历史名贵纸张，见到之后爱不释手，不忍在上面写字作画，只裁一小条作书画引首。这就是沈德符当时的心情。

方以智《物理小识》（1643）卷八谈到宣德纸时说，此纸纸角上有“‘宣德五年（1430）造素馨纸’印。有洒金笺、五色金粉［笺］、瓷青［笺］、蜡笺。……宣德［纸］陈清款［者，乃］白楮皮［造］，厚可揭三、四张，声和而有穰。”原书似乎脱字，今本断句多误，且未补脱字，我们已补上了。“宣德五年造素馨纸”，为纸上钤印印文，今本断为“印有洒金笺”，便不通了，“印”字应与上句连读。方以智是在列举名纸时谈到宣德纸及其种类的。陈清（1395～1460 在世）为宣德年间的江西造纸高手。

至清康、乾时仍可见宣德纸，继续受到珍爱。康熙帝近臣查慎行（1650～1727）《人海记》（约 1713）卷下云：“宣德纸有贡笺，有绵料，边有‘宣德五年（1430）造素馨纸’印。又有白笺、洒金笺、五色粉笺、金花五色笺、五色大帘纸、瓷青纸，以［具］陈清款第一。”查

---

① 潘吉星，中国古代加工纸十种，《文物》，1979，2 期，38～48 页；Pan Jixing：Ten kinds of modified paper in ancient China. IPH-Information. Bulletin of the International Association of paper Historians，1983，no. 4，pp. 151～155（Basel，Switzerland）.

② 明·沈德符，《飞凫语略》（约 1600），《丛书集成》第 1559 册，5～6 页（上海：商务印书馆），1937。

慎行还有咏宣德纸诗：

小印分明宣德年，南唐、西蜀价争传。

侬家自爱陈清款，不取金花五色笺。

“南唐”指五代南唐澄心堂纸，“西蜀”指唐代蜀笺。乾隆时邹炳泰（1745～1805在世）《午风堂丛谈》（1799）卷八讲得更加具体：

宣纸至薄能坚，至厚能腻，笺色古光，文藻精细。有贡笺，有绵料，式如榜纸，大小方幅，可揭至三、四张。边有‘宣德五年造素馨纸’印。白笺坚厚如板，面面砑光如玉。[有]洒金笺、洒[金]五色粉笺、金光五色笺、五色大帘纸、瓷青纸，坚韧如缎素，可用书泥金。

接下又加注说：“宣德纸陈清款为第一”。可见乾隆时人有时将宣德纸简称为“宣纸”，如同将宣德炉简称为“宣炉”一样。我们不可将此简称“宣纸”与安徽泾县纸（后来也称“宣纸”）相混。乾隆时另一位大臣沈初（1736～1799）《西清笔记》（1795）卷二说：“泾县所进仿宣纸，以供内廷诸臣所用。匠人略加矾，若矾多，则涩滞难用。又每纸三层，拆而矾之，其正面滑润，中一层不中书”[①]。这是说清代泾县所进仿制的宣德纸，也可揭至三层，供在朝诸臣使用，而明代宣德贡笺则仅供内府御用（图6-24）。

综上所述，宣德纸有薄纸，有厚纸，厚者可揭为三张；有素纸（白纸）、五色纸、粉笺、蜡笺、五色粉笺、洒金笺（在白纸上洒金）、金花五色笺、五色大帘纸、洒金五色粉笺和瓷青纸等十多个品种，大部分是加工纸。其中瓷青纸较厚，以靛蓝染成深蓝色，再经强力研光，有时涂布蜡质，专在上面用泥金写字或作画。洒金五色粉笺是先将纸染成五色，再向上面洒以金粉或金片，然后再写字，五色包括红、绿、黄、粉红等色。金花五色笺是将纸染成五色，再在上面用泥金绘出花鸟、山水、草木、虫鱼、楼阁等图案，最后再写字。

图6-24 明宣德年造描金云龙纹彩色粉纸

沈初《西清笔记》卷二还提到一种蓝黑色厚重加工纸，名“羊脑笺”：[②]

羊脑笺以宣德瓷青纸为之，以羊脑和顶烟墨窨藏久之，取以涂纸，研光成笺。黑

① 清·沈初，《西清笔记》卷2，《笔记小说大观》第24册，236页。

② 清·沈初，《西清笔记》（1795）卷2，《笔记小说大观》第24册，236页（扬州，1984）。

如漆，明如镜，始宣德年间制。以写［泥］金，历久不坏，虫不能蚀。今［北京］内城惟一家犹得其法，他工匠不能作也。

羊脑笺是将厚重宣德纸涂以羊脑与墨的涂布纸，笔者见过这类纸，确如沈初所言，坚硬如板，表面漆黑（略带蓝）光亮，抗蛀，纸上用泥金写佛经，作梵夹装。由此可见，“宣德纸”不是一种纸，而是同时生产的一系列贡纸的总称。这套纸可供各种不同用途，原料由楮皮纤维制成，由白楮皮纸经加工后演变成这一系列纸。

现在进而讨论制造宣德纸的历史背景、产地及其在明清造纸史中的地位。这些问题前人多未言及，我们只试作探讨。首先谈产地，我们认为宣德纸产于江西省，因为永乐年明政府于江西新建县西山始设官局监造内府御用纸，而这以前的洪武年间内府用纸似无固定基地供应。整个永乐年间（1403～1424）内府几乎全用江西楮皮纸，已成定式。紧接永乐之后便是宣德，毫无疑问仍以江西西山纸厂为纸的供应基地。以后一百多年一直如此，约至嘉靖、万历之际，改以江西广信府铅山县纸厂为新的生产基地，仍在同一省内。明成祖的皇孙朱瞻基（1398～1435）1425年即位后，改元宣德（1425～1435），仍承永乐时气势，很有作为。他再次派三宝太监郑和下西洋，是为第七次，航程比以前更远。

宣宗整顿吏治，加强边防，发展经济，成为治平之世的君主。同时这位皇帝又多才多艺，善于书法和绘画，因而特别喜欢纸。与本朝以前皇帝不同，他是用纸的行家。宣德初年他已感到江西进纸质量仍不合理想，品种不多。这可从北京故宫博物院藏宣德二年（1427）御笔《三鼠图》（28.2×38.5公分）用纸中看得出来。此为白色皮纸，由江西所产。经我们检验，纤维细长，交织尚匀，但表面有起毛现象，纸质仍觉疏松不紧，与我们所见宋纸比较，相差一个层次，这类纸不适于作工笔设色画，必须改进。

画家朱瞻基作为大明盛世的皇帝，下令全面提高内府用纸质量、增加品种，且以宫内所藏历代名纸为标本，要求依式制作，首先看准澄心堂纸及宋代各种加工纸。经过一段研制过程，纸上盖有“宣德五年（1430）造素馨纸”之类印章的宣德纸问世了，这应是其中的一种。纸上印有制造者姓名，其中带有陈清名欵的纸最好。我们料想，宣德年后的御用纸，包括后来铅山纸，也应继续以同一方法生产。

真是无巧不成书，明人陆万垓在《江西省大志》卷八《楮书》中阐述的造楮皮纸全过程，实际上正反映宣德纸的制造过程。对此，我们已在本章第二节予以全面介绍，并作了评论。评论中从技术经济学角度分析，认为在工艺流程的工序设置上有浪费现象，现在看来就可以理解了。宣德纸之所以领数百年风骚，正因其质量成为历史之最，因而制造过程复杂，只有皇家才有力量组织这种高级纸的生产。

宣德纸实物至今仍可看到。我们前面已提到羊脑笺，除此，还有不少实例。乾隆年阮元（1764～1849），奉御旨鉴定内府所藏书画，著成《石渠随笔》（1793）。卷五写道：“明宣宗写生小幅，画有山石、植物，且有小鼠方吃荔子，欵题楷书‘宣德六年（1431）御笔’，赐太监吴诚中，钤‘武英殿宝’与”[①]。无疑用的是宣德纸。同书卷六载“董其昌（1555～1636）书画合璧册八对幅，右宣德笺，左宋笺，右水墨画，左行书”[②]。等等，均藏于北京故宫博物院。欲知宣德纸是何形制，看看明宣宗御笔书画便有答案。

---

① 清·阮元，《石渠随笔》（1793）卷5，《笔记小说大观》第24册，395页。

② 同上，386页。

宣德纸上承唐宋造纸传统，下启本朝及清代造纸技术，有重大历史作用。乾隆年安徽泾县纸场仿制宣德纸，对提高泾县纸质量是有帮助的，同时对宣德纸工艺过程作了改进，排除了若干多余工序，加强生产中的经济核算，从而形成了在技术和经济上都较为合理的泾县纸工艺。从南唐澄心堂纸→宋代澄心堂纸→明代宣德纸→清代泾县纸这个发展谱系中，我们隐约可见这中间有一种技术传递过程。泾县纸在明清时才最终成型，从乾隆以后成为内府御用高级纸，而且也形成拥有许多品种的系列纸，在其发展过程中受宣德纸的影响是清楚可见的这可从明代宣德纸与清代泾县纸实物对比中看到二者间的近亲关系。宣德纸后来从历史舞台中退出，代之而起的便是泾县纸，技术火炬没有熄灭，只是在时间和空间上从此传到彼。我们今天看到安徽泾县的宣纸，就感到它似乎就是过去的宣德纸。可以用“似曾相识”这个词来形容这种观感，因而宣德纸的历史作用也就不言自明了。

二　染纸技术

关于明代五色宣德纸所用的染料，也在《江西省大志·楮书》篇中讲得很具体：“按楮（纸）之颜色，红用红花、苏木，黄用栀子、姜黄，青（蓝）用靛青，照布洗染。”这是说，染纸所用染料、染液配制及染色方法，与染布料是一样的。此处列举的多是植物性染料，制成红、黄、蓝三种原色染液后，再相互调配，可得各种间色。如蓝与黄相配可得绿色，红与蓝相配得紫色，红与黄相配得橙色。得到间色染液后，再按浓度不同及相互调配比例不同，又得到一系列不同的色彩。所谓“五色笺”，不能从字面上理解只是五种颜色，实际上应包括各种颜色的纸。有些植物染料我们在第三章魏晋南北朝造纸时已作简介，这里只补充未提到的其中染黄用茜草科栀子（*Cardenia jasminoides*）实及姜科姜黄（*Curcuma longa*）根块，前者含栀子素（cardeinin），后者含姜黄素（curcumin），为有效成分。将栀子仁及姜黄根块洗净、晒干，再碾碎，用水浸渍并煮沸之，即得黄色染液。两种黄染液均可直接上染，亦可在染液中加少量明矾溶液实行媒染。

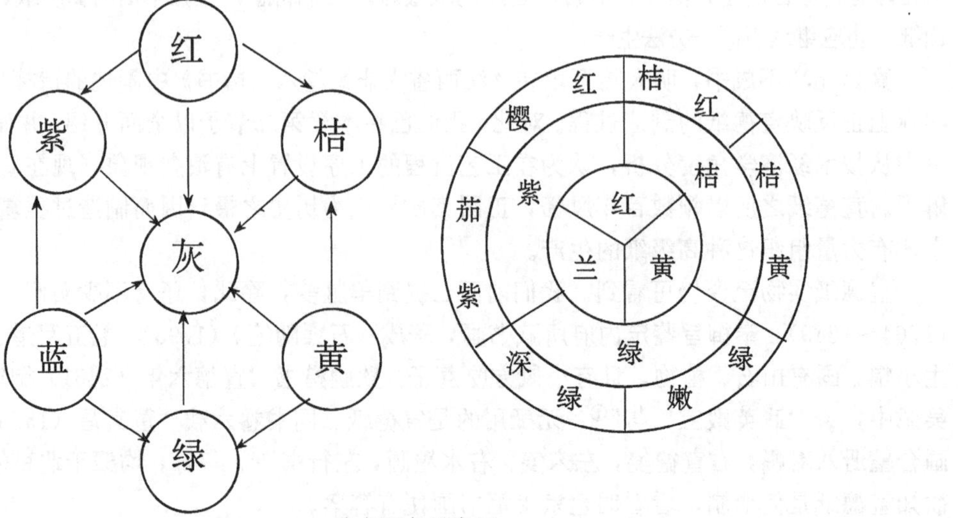

染色配色示意图

值得注意的是，从魏晋以来长期染黄纸用的黄蘖，在明代较少使用。虽然黄蘖可以防蛀，但颜色不及栀子及姜黄鲜艳，而一般说楮皮纸本身不易蛀蚀，明清人知道这一点之后，一改旧俗。所要指出的是，如果用豆科的苏木（*Caesalpinia sappan*）染红纸，则必须加入媒染剂明矾形成色淀，染色才能坚牢。否则，单纯用苏木溶液只能染成黄色，而且容易褪色。然而用菊科的红花（*Carthamus tinctorius*）染液可将纸直接染成红色，非常鲜艳。但因其有效成分红花素（Carthamine）不溶于水，只溶于碱性溶液中，因此用红花染红时，必须在染液中加入硷水或草木灰水，才能有染色效果。染蓝时技术要点是，将蓝叶放入水中浸之，使之发酵，以提出靛质。同时向靛缸中加入石灰和草木灰，以中和发酵时产生的酸质，得到靛白或稳色素（indigo white），化学成分为联吲哚酚（diindoxyl）。只有不停搅拌，借空气中的氧氧化靛白，才能得到靛蓝（indigotin）。用靛蓝溶液可直接将纸染成蓝色。配制过程中，关键是控制发酵进程、注入灰水，并不停地搅拌。

古人不一定能说出这些道理，但已经掌握上述各种染料染液配制及染色方法的技术操作要点，且见之于著录。如明代科学家宋应星《天工开物》《彰施》章谈到用红花染红时指出，在作成红花饼后，“用乌梅水煎出，又用硷水澄数次，或稻藁灰代硷，功用亦同。澄得多次，色则鲜甚。”① 由于红花中含 30%黄花素（safflorgelb），没有染色作用，需要除去，以减少干扰。而此物溶于酸性溶液内，因此用蔷薇科的乌梅（*Prunus mume*）水（含酸性）将其溶解掉。剩下的 5‰红色素则以硷水或草木灰水浸渍多次，色则鲜甚。在谈到制靛蓝要点时，宋应星又说：“叶与茎多者入窖，少者入桶与缸，水浸七日（发酵），其汁自来。每水浆一石，下石灰五升，搅冲数十下（中和酸性），靛信即结。……凡靛入缸，必用稻灰水先和，每日手执竹棍搅动，不可计数（加强靛白氧化）。其最佳者曰标缸。”② 在提到用苏木染木红色时，又说：“用苏木煎水，入明矾、棓子。”②明矾或白矾，即硫酸钾铝 $KAl(SO_4)_2 \cdot 12H_2O$，为金属媒染剂。棓子即五倍子或没食子，含鞣酸，与某些金属盐在一起，也起媒染作用。最后还要指出，宋以前人们忌讳用黑纸，尤其不用黑纸写字，但明代宣德纸中的羊脑笺却是黑纸，用泥金写佛经，也算是对旧俗的一种挑战。如此看来，各种颜色的纸在明清时可以说是应有尽有，在这方面亦集历史大成。兹将有关染料中有效成分的化学结构式开列于下：

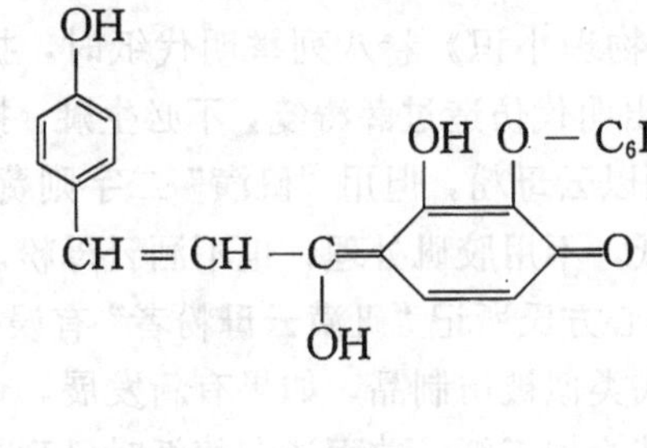

红花色素

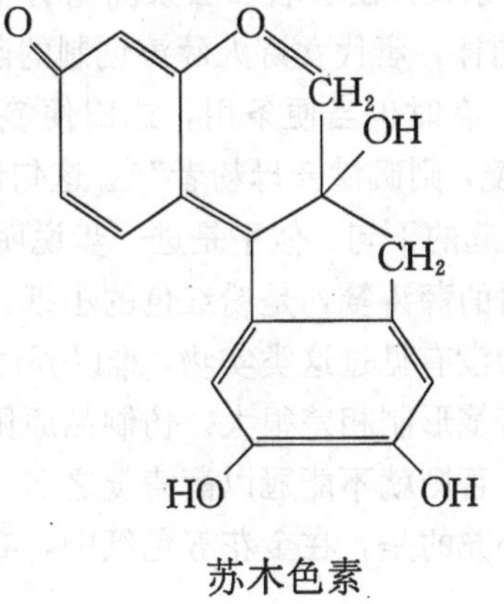

苏木色素

① 明·宋应星《天工开物》(1637)《彰施章》，潘吉星译注本，77～78，261 页（上海古籍出版社，1992）。

② 同上，79，262 页。

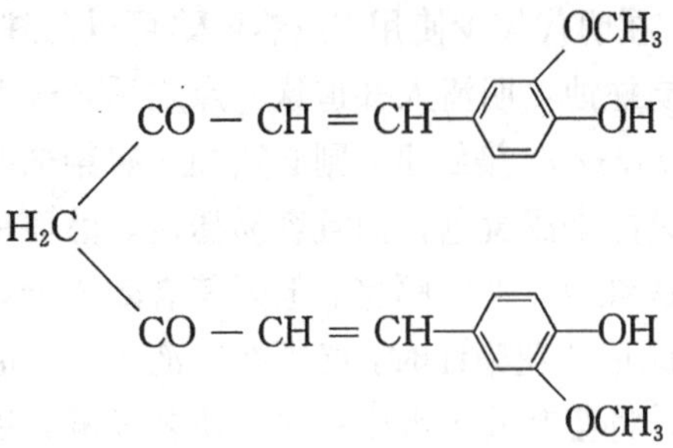

姜黄素

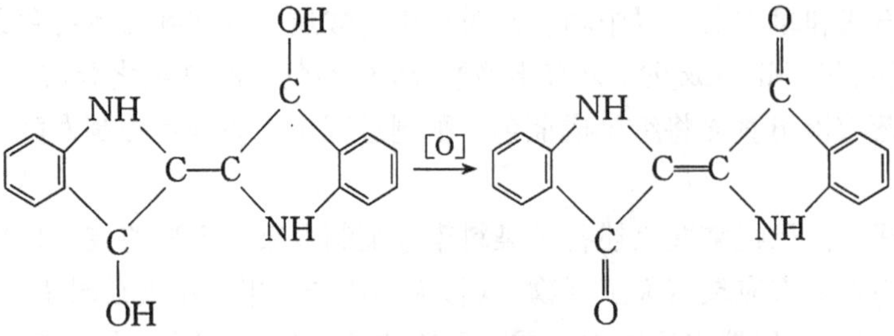

靛白　　　靛白氧化成靛蓝反应　　靛蓝

三　明清加工纸品种及仿古纸

明代还仿制了唐代薛涛笺和宋代金粟山藏经纸或金粟笺。明人屠隆《考槃余事》卷二《国朝纸》节中列举明代各种纸时说："新安仿造宋藏金笺纸亦佳"①。这里指的就是仿宋金粟笺，但"宋藏金笺纸"中的"金"应当作"经"，因为他在《纸墨笔砚笺·纸笺》中说："新安仿造宋藏经笺纸亦佳"②。新安即徽州府，在皖南，历来以产纸墨闻名。关于宋金粟笺，本书在宋元那一章里指出，脱胎于唐代硬黄纸，而明代又仿造了宋代制品，下面将指出，清代也曾仿制。实际上这是一种黄色砑光蜡笺，唐宋、明清各代经久不衰，一脉相承，足以证明这种纸深受欢迎。文人多用以写字，如奸臣宰相严嵩（1480～1567）嘉靖四十四年（1565）被抄家时，从他家查抄出著名书法家祝允明（1460～1527）书"《前后赤壁赋》，藏经纸上所书，真迹也"③。同样，唐代女诗人薛涛创制的薛涛笺，经宋元至明清，也是逐代仿制，主要用于写诗或短信，有时也当便条用，或曰便笺。方以智《物理小识》卷八列举明代纸时，提到"此外，薛涛笺，则矾潢云母粉者"④。这句话中肯定指出明代仿造过薛涛笺，不必生疑。接下用"则"字连起的下句，似乎是进一步说明薛涛笺上洒以云母粉，但用"矾潢"二字则费解，因为唐宋元时的薛涛笺，是粉红色的小纸，一般用生纸，不用胶矾处理，也不洒云母粉。我们在明代纸中没有见过这类实物，难以弄清其究竟。疑心方氏所记"矾潢云母粉者"有误，这与本来的薛涛笺形制相差很大。仿制品原则上应接近或类似被仿制品，如果有新发展，也不会面目全非，否则就不能冠以薛涛笺之名。明代所造其馀加工纸，前面谈宣德纸时已列举一些品种。需补充的是，在金花五色纸中，我们见过明代泥金绘云龙纹色笺，表面经砑光，纸

① 明·屠隆《考槃余事》（约1600）卷2，《丛书集成》第1559册，37页（上海：商务印书馆，1937）。

② 明·屠隆《纸墨笔砚笺·纸笺》（约1600），《美术丛书》二集，第9辑，（上海，1936）。

③ 清·李调元《诸家藏书薄》卷8，《丛书集成》第1563册，49～50页（上海：商务印书馆，1939）。

④ 《物理小识》卷8，《丛书集成》第543册，下册，189页。

较厚。在传世明人字画中，不难看到一些彩色蜡笺或粉蜡笺。

清代象明代一样，加工纸品种繁多，也仿制出一些历史上的名纸。至康熙、乾隆盛世时，由于清圣祖玄烨（1654～1722）和清高宗弘历（1711～1799）本人都是书法家，热爱书画，也都是用纸的行家，因而造出一系列高级纸供内府用，且当时国家的经济实力也很雄厚，为此提供了物质条件。两位皇帝都高寿，在位达60年多，在这120多年内是造纸和加工纸的全盛时期。阮元在《石渠随笔》卷八《论纸笺》中提到："梅花玉版笺，极坚滑，上（圣祖）用泥金画冰纹，间以梅花。乾隆年（1736～1795）仿梅花玉版笺，亦用长方隶字朱印"[①]。

梅华玉版笺不见于前代，看来是康熙帝亲自设计出来的。皇帝不只自用，也希望臣民共享，因而在社会上也流传较广，至今我们还能看到。这种纸呈斗方形，较厚重，为精细皮纸，表面涂白粉，再上蜡，经强力砑光，纸上用泥金绘出几何形冰纹，冰纹间有梅花图案。纸的右下角钤以长方形花边朱印，印文为隶书"梅华玉版笺"五字。华与花二字通用，梅华即梅花。至乾隆年间再次仿制，形制与康熙时一样。确如阮元所说，极其坚滑，而图案又清雅，亦供写字之用。阮元还告诉我们"乾隆年亦有仿明仁殿纸，亦有金字印"。

本书第五章第二节曾谈到，明仁殿纸及端本堂纸为元代宫中供皇帝及皇太子御用的高级加工纸，两种纸形制基本相同，只是有"明仁殿纸"及"端本堂纸"钤印印文之别。明仁殿为皇帝批阅奏章之处，而端本堂旧名奎文阁，为太子读书处。这两种纸以宋代金粟笺为模式而制造，为便书法，制得稍为薄些。笔者在北京故宫博物院见过清仿明仁殿纸，阔53、长121.4公分，为黄色粉蜡笺。纸厚重，可揭成三、四张，纸上用泥金绘出如意云纹，因而可称为"泥金绘如意云纹黄色粉蜡笺"。底料为桑皮纸，纸表平滑，纸质匀细，而且双面加工。纸的背面也是黄色，涂粉加蜡，又洒以金片。正面右下角钤以长方形隶体朱印，印文为"乾隆年仿明仁殿纸"，似为御笔。阮元所见者，亦当为这类纸。我们今日观赏，犹如新作，令人赞不绝口，此为乾隆盛世之历史见证物。无论在纸的制造及加工上，都达到高度技术水准，反映当时纸工、匠师的精湛技艺。自然，此纸造价相当之高，非一般人所可使用。

乾隆年间各种高级加工纸所用素材，多取安徽泾县青檀皮纸，即今所谓宣纸，其质量已达到或甚而超过明代宣德纸。有时也取用浙江桑皮纸，再进一步加工。乾隆时，北宋金粟笺仍有不少流入内府和民间，人们喜欢将这种厚纸一层层地揭下来写字，或作名贵书画卷轴的引首。我们看过乾隆帝御书《波罗蜜心经》有少量用此纸印刷，因纸贵重少有，版本取袖珍本形式，大概是为赏赐群臣和外国使臣的。

同时也重新仿制金粟笺，仿品可在北京故宫博物院中见到，此后民国年间更有伪制金粟笺，同样纸上也有小红印。清仿薛涛笺为长方形粉红色小纸，印有六个长栏，纸下角有小红印，印文为"薛涛笺"，篆体。乾隆年仿澄心堂纸质量相当之高，我们所见者多呈斗方形，有薄有厚，厚者可分层揭开，绝大多数都是彩色粉笺或粉蜡笺，有的还以泥金绘出山水、花鸟等图案，纸的右下角钤以长方形隶书小朱印，印文为"乾隆年仿澄心堂纸。"（图6-25）按五代和宋代澄心堂纸一般为白笺，乾隆年仿制者，纸的原料、质量和厚度与前代者差不多，但染成五色，施以粉蜡，且有泥金绘图，则是个新发展。这种纸本身已成为艺术品，如再有名人墨迹，则更增加其艺术性。

由此可见，清代澄心堂纸已构成多品种的系列产品，不再是本来意义下的澄心堂纸了。因

① 清·阮元《石渠随笔》（1793）卷8，《笔记小说大观》第24册，396页。

而对这类纸要在命名上加以区分，否则便相互混淆。例如，同是乾隆年仿澄心堂纸，但根据形制，有的则是五色粉蜡笺，另外一些是泥金绘山水五色粉笺或粉蜡笺。

我们的研究始终得到北京故宫博物院的大力支持，从库藏品中看到乾隆初年内府御用泥金绘云龙五色粉蜡笺，十分可爱。底料为皮纸，先染成五色，再填粉、施蜡、研光，最后以泥金绘出云龙图案。画面上巨龙张开五爪，在云中飞腾，形态生动。纸直高 49.7、横长 95 公分，幅面较大。嘉庆（1796～1820）、道光（1821～1850）以后的泥金绘云龙彩蜡笺，虽亦为皮纸，但制造和加工不及乾隆时精细，描金色淡，刷彩不匀，龙形臃肿，纸质老化，幅面变小（44.2×82.2 公分）。这从一个侧面也反映出国力每况愈下的景象。纸是时代的物质产物从每个时代的用纸能叩出该时代社会经济状态的脉搏，古今中外皆如是。上述同样一批纸除云龙外，还以泥金绘出花鸟、山水、折枝花和博古图等。除泥金外，还有以泥银绘出图案者（图 6-26），但因年久，线条变色，看来还是以泥金绘图为好。清代所制洒金银五色蜡笺或粉蜡笺，在彩色粉笺或粉蜡笺制成后，再以细金银粉或金银小箔片撒在纸上，以胶固着，因而出现金银的耀眼光彩。这种纸在内府多用于宫廷殿阁写宜春帖子、诗词，供补壁用，亦可作书画卷轴引首或装饰室内屏风等。泥金银绘图多出于苏州织造署或北京京西如意馆御用画师之手。

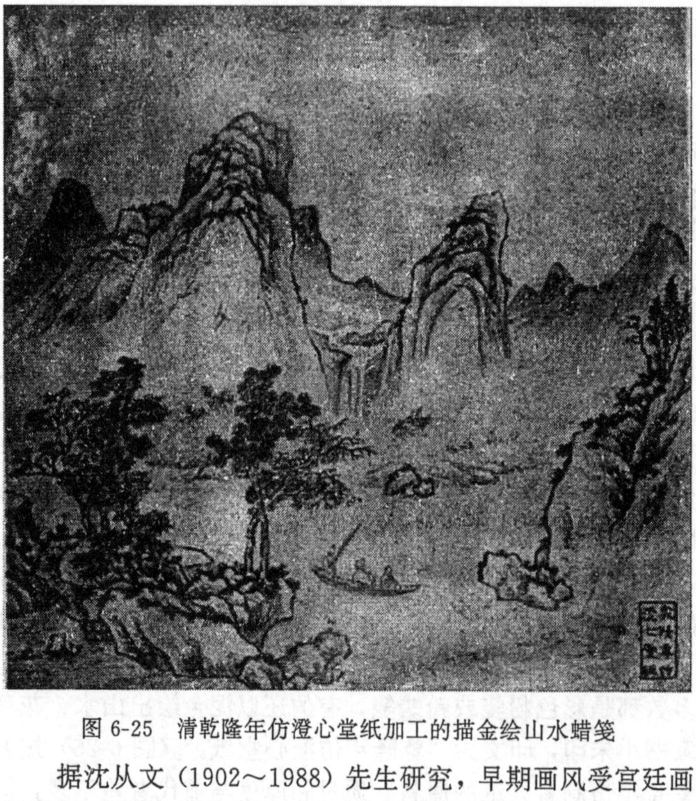

图 6-25　清乾隆年仿澄心堂纸加工的描金绘山水蜡笺

图 6-26　清泥银绘折枝花粉蜡笺

据沈从文（1902～1988）先生研究，早期画风受宫廷画家蒋廷锡（1668～1732）的影响后期则受邹一桂（1686～1774）影响，而山水图则有张宗苍（1686～?）和董诰（1740～1818）等画家的画风①。这些洒金银彩色粉蜡笺或泥金绘图洒金彩色粉蜡笺，是造价很高的奢侈品，制造过程要用多道精细工序，而且用赤金、白银等贵金属。沈先生引同治八年

① 沈从文，金花纸，文物，1959，2 期，10～12 页。

(1869）苏州织造上奏，开列该年造洒金五色蜡笺工料价目：

计细洁独幅双料两面纯蜡笺，每张工料银五两九分。又洒金蜡笺每张加真金箔，工料一两五分二厘，每张工料银六两二钱四分二厘。又五色洒金绢每张长一丈六尺，宽六尺，每尺加重细洁纯净骨力绢，需银一两。颜料、练染工银三钱，真金箔一钱四分七厘。洒金工银三分一厘。每尺银一两四钱七分八厘。每张银一十三两六钱四分八厘。

如果考虑到当时较讲究的衣料石青花缎每尺价不过一两七钱银子，最高级的天鹅绒每尺银三两五钱，而洒金五色粉蜡笺一张就值银六两二钱多。每张以六尺计，则每尺笺纸价格可与绸缎相比，但绸缎幅面比纸更宽，所以实际上比绸缎还贵。如果再用泥金加绘，还要另加工银。

明清时另一种加工纸为砑花纸，当然也是继承前代技术手法。取用坚韧的本色皮纸为料，或将纸染成五色，再予砑花。这种纸一般应比印刷纸厚重，否则经受不住压力。所砑出的图案有凸起的山水、花鸟、鱼虫、龙凤、云纹、水纹，有的还有人物故事和文字。将纸迎光看去，显出美丽的暗纹图案，使纸赋有潜在的美，最后再挥毫作出书画。北京故宫博物院藏乾隆年制砑花彩色粉蜡笺，非常有趣。每纸高 31.6、长 128～131 公分，较厚重，细帘条纹，染成土黄色，并施粉、蜡，纸面上砑有复杂的人物故事图案，其中包括萧翼（590～655 在世）赚兰亭》、《赤壁赋》、卢仝（约 796～835）烹茶和葛巾漉酒等故事图案。纸左下角压出“山静居画皆金阁造图”印记。山静居为浙江籍书画家方薰（1736～1799）的斋名，则图案设计出自著名画家之手，再由皆金阁砑造。仔细观察此纸，可看出加工过程痕迹。先在纸上涂布一层白粉，再于粉面上刷色、加蜡，最后以刻有画稿的木模压之。在纸面深凹处还有蜡渣。此纸很精细，极适笔墨，但我们所看到的，还未曾临毫。

北京故宫博物院内库还藏有康熙年制砑花色笺，以高级皮纸为素材，纸上砑出复杂的花卉图案。纸的一角有“康熙四十八年七月十一日，[臣] 曹寅进牙（砑）色素笺十张”之字样①。曹寅（1658～1712）字子清，满洲正白旗人，为著名文学家曹雪芹（1715～1763）祖父。康熙三十一年（1692）督理江宁织造，后兼巡视两淮盐政，累官通政使，工诗词。此砑花笺上所示年代为 1709 年 8 月 16 日，由江宁织造曹寅进呈。研究《红楼梦》的红学家，恐怕还较少注意到这件文物与曹雪芹家世有关连。此纸阔 61.6、高 137.2 公分，两面施粉，染成粉红色后再砑花。所谓“素笺”，是指该纸上未洒以金粉、金片或描金，并非指本色纸，其实应名为“砑花彩色粉笺”。明清时还制造传统的髮笺、砑花罗纹纸和填以云母粉的云母笺，更有雕板印花彩色粉纸（壁纸）。此外清代更制成在两层薄纸间夹有剪纸图案的纸。恐怕历史上出现的加工纸，这时都已再现，且有新发展，历史上没有的，则重新研制。

四 有关加工纸制造技术的记载

明代出现的记载加工纸制造技术的作品，为前代少见。首先应指出本书屡次引用的明代学者屠隆的《考槃馀事》，含有丰富的造纸史料。屠隆（1542～1605）字长卿，号赤水，浙江鄞县人，万历五年（1577）进士，授颖上县令，调青浦知县，寻迁吏部主事。以事忤上，罢

① 潘吉星，中国古代加工纸十种，文物，1979，2 期，38～48 页。

官归而清贫，卖文为生。隆有异才，下笔千言立就，有诗文、杂著多种行世。其中《考槃馀事》四卷约成于万历廿八年（1600）乡隐之时。“考槃”一典出于《诗经·卫风·考槃序》“《考槃》，刺庄公也。不能继先公之业，使贤者退而穷处”。后人以“考槃”为隐居穷处之代称，因此该书名意思是，一乡间贫居隐士以馀下时间记事，所记者多文房清玩之事。卷一论术板碑帖，卷二谈书画琴纸，卷三、四述笔砚炉瓶及器用、服饰之物，各卷均涉及纸，但列目琐碎。原书收入明人陈继儒（1558～1639）辑《宝颜堂秘籍》（1615）及清人马俊良（1736～1796在世）辑《龙威秘书·五集》（1794）。《龙威》本经钱大昕（1728～1804）校订，胜于前者，故《丛书集成初编·子部》（1937）选印钱校本。此外有明末《锦囊小史》本。书中列举唐宋、元明四代名纸品种、名称、用途及加工方法，常被纸史研究者援引。

屠隆《考槃馀事》卷二列举六种加工纸的方法，我们引用时，加以必要的解说。谈造葵笺法时，作者说：

> 五、六月，戎葵叶和露摘下，捣烂取汁。用孩儿白、白鹿［纸］坚厚者裁段。葵汁内稍投云母细粉，明矾些少和匀，盛大盆中。用纸拖染挂干，或用以砑光，或就素用。其色绿可人，且抱野人倾葵微意①。

戎葵又名蜀葵（*Althaea rosea*），为锦葵科宿根草本观赏植物。以蜀葵叶汁，可将纸染成嫩绿色投云母粉后，使绿纸表面再呈现银光。云母指白云母（muscovite），此矿石为花岗石的主要成分，在中国南方各省均产。它是一种斜方柱状或板状透明晶体，表面有银白色金属光泽，化学成分是硅酸钾铝 $H_2KAl_3(SiO_4)_3$，此物很易碾碎。加入明矾可固定染色，起媒染剂作用，亦可使纸变熟。然“用孩儿白、白鹿坚厚者裁段”一句，显得费解，尤其“孩儿白”一词。原文此处脱字，我们认为这句话意思是，取白色坚厚之纸裁成段，用以染色。白鹿为白鹿纸之简称，孩儿白也可能是一种白纸的地方名称。这种纸染后，称葵笺，可直接用于书写。亦可进一步用雕花木板砑出图案，成为砑花葵笺，则又增加一层艺术效果。

卷二《染宋笺色法》介绍仿制具有宋代金粟笺那种古色的色笺之法：

> 黄柏一斤捶碎，用水四升浸一伏时，煎至二升止，听用。橡斗子一升，如上法煎水听用。胭脂五钱，深者方妙，用汤四碗浸榨出红。三味各成浓汁，用大盆盛汁。每用观音［阔］帘坚厚纸，先用黄柏汁拖过一次，复以橡斗汁拖一次，再以胭脂汁拖一次。更看深浅加减，逐张晾干可用②。

黄柏即黄蘗，芸香科黄柏属植物（*Phellodendron amurense*），取其树皮粉碎，以水浸，煎成汁因内含小柏碱（*berberin*），为碱性黄色染料，自魏晋时起即用以染黄纸。胭脂或燕脂是一种动物性染料，用以染红。但将胭脂与橡斗汁套染，则成朱红带黄的颜色。橡即栎（*Ouercus serrata*），为壳斗科落叶乔木，其果实在椀状壳斗内，故名橡斗，可作褐色染料。

“观音”为观音纸之简称，“观音帘”之帘字前，疑脱一“阔”字，应为观音阔帘纸，即白色观音纸中编线纹间距较大的纸，或指宽幅观音纸。这些技术名词术语对文字学家钱大昕来说，是不易理解的，在校订时没有处理好。整个染色步骤是，分别配成黄柏汁、胭脂汁及橡斗汁三种不同颜色的浓染液，将纸放案板上，先用排笔蘸黄柏汁刷一过，此后依次刷胭脂汁及橡斗汁。三种染液混合套染后，便成具有宋金粟笺那样的颜色。的确，我们所见金粟笺

---

① 明·屠隆，《考槃馀事》卷2，《丛书集成》第1559册，37页（上海：商务印书馆，1937）。

② 《考槃馀事》，卷2，《丛书集成》第1559册，38页。

并非纯黄色，而是黄褐，加胭脂意在抵消过多褐色。用这种方法处理，可说揭开了宋金粟笺染色的秘密。作者指出，染色过程中，根据深浅，随时加减各种染液，直到与宋笺颜色相同为止。

《考槃馀事》卷下有《造捶白纸法》：

法取黄葵花根捣汁，每水一大碗，入汁一二匙搅匀用。此令纸不粘而滑也。如根汁用多，则反粘不妙。用纸十幅，将上一幅（张）刷湿。又加干纸十幅，累至百幅无碍。纸厚以七、八张相隔，薄则多用不妨。用厚板石压纸，过一宿揭起，俱润透矣。湿则晾干，否则平铺石上，用打纸槌敲打千馀下，揭开晾十分干。再叠压一宿，又捶千馀槌，令发光与蜡笺相似方妙。余尝制之甚佳，但跋涉（费事）耳。

黄葵即黄蜀葵（*Hibiscus manihot*），为锦葵科一年生草本观赏植物，其根部粘液含 α-半乳糖醛酸、鼠李糖构成的多糖醛酸甙。当这种丝状高分子聚合物吸附于纸的表面后，再经反复槌打，可以使纸上纤维间结合得更为紧密。同时将纸叠起以重石板压之，又加强了这一过程。这样加工处理后的纸，下笔时极为舒畅受墨，与蜡笺相似。但黄蜀葵汁不可用得过多，否则使纸粘联在一起，反而不妙。作者认为每碗水中加一、二匙植物粘液即可，用完再配。这是一种对本色纸的加工方法。北宋书画家米芾（1050～1107）就用此法加工纸，但他用植物淀粉汁浸入纸后再予捶打，称之为“浆硾”。以植物粘液代替淀粉汁，是一大改进，效果当更好。过去人们不知宋人如何浆硾，今观屠隆记录则对具体过程有了清楚了解。屠隆本人这样试验过，证明效果甚佳，只是费事而已。书画家买到纸后，常自已加工处理，以求纸更好用，即令费事也在所不惜。但一次处理 100 张纸，也可供使用一个时期了。

《考槃馀事》卷二介绍的另一种加工方法是《造金银印花笺法》：

用云母粉，同苍术、生姜、灯草煮一日，用布包揉洗，又绢包揉洗，愈揉愈细，以绝细为甚佳。收时以绵纸（皮纸）数层置灰缸上。倾粉汁在上湮干，用五色笺将各色花板平放，次用白芨调粉，刷上花板，覆纸印花板上，不可重塌，欲其花起故耳。印成花如销银。若用姜黄煎汁，同白芨水调［云母］粉，刷板印之，花如销金。二法亦多雅趣。

按苍术为菊科植物，有南苍术（*Atractylodes lancea*）及北苍术（*Atractylodes chinensis*）等种，将其根茎碾碎呈灰色粉末，与云母粉配合，呈现银灰色光泽。姜黄（*Curcuma aromatica*）为姜科植物，其根块含姜黄素，是黄色染料，与云母粉配合，呈现金黄色光泽。但又加入生姜及灯心草（*Juncus effusus*），呈何作用不详，也许是为加强光泽的助剂，或者是起防腐作用，总之，不起主要作用。白芨为兰科白芨（*Bletilla striata*），其块茎含淀粉及粘液质，用作粘接剂。

加工方法是，把云母粉与苍术根、生姜块茎和灯心草茎放在一起用水煮一日，放布袋洗涤，再在绢袋内揉细，成为云母粉汁，此时云母被染成银灰色。用数层皮纸滤去云母粉汁的色液，使云母粉干燥，与白芨糊剂调和。将调和剂刷在雕刻有各种图案的花板上，上面盖以五色色纸，轻轻一压，则图案便出现在色纸上，其线条有银灰色亮光，“印成花如销银”。如果单用姜黄煎汁，以白芨水调云母粉，依上法刷在花板上，则印出图案线条如销金。因此这类纸称为金银印花［色］笺。其奥妙在于，不用真金、真银，却可显出泥金、泥银描绘的效果。用泥金银绘图，需逐张纸加绘，此法因是印花，花板上同一图案很快能复印出无数张，大大减低生产成本、节省金银和工时。尤其对用不起泥金银绘五色笺的一般文人来说，这是更实惠的书写艺术加工纸。

屠隆还介绍了《造松花笺法》：“槐花半斤炒煎赤，冷水三碗煎汁，用云母粉一两、矾五钱研细，先入盆内。将黄汁煎起，用绢滤过，方入盆中搅匀。拖纸以淡为佳。文房用笺外，此数色皆不足备”①。

现存刊本在这里有误字，我们已作校改，如“妙煎赤”当为“炒煎赤”，“银母粉”当为“云母粉”。槐花（*Sophora japonica*）为豆科落叶灌木，其干燥花蕾中含黄色素，可染黄色。因此染料为媒染染料，更需加入明矾，则染成草黄色方坚牢。“炒煎赤”目的是从含水花蕾中提出黄色素，只要颜色变红即止，过火时则破坏色素。配入云母粉，也是使纸色呈现光泽。因此松花笺是草黄色云母笺。此处所说的“松花笺”，或即明代有名的松江谭笺。松江在今江苏境内，素以产纸称著，汉代称由拳，故松江纸宋时称由拳纸，明清时与松江棉布齐名，行销全国。方以智《物理小识》卷八说：“松江谭笺，或仿宋藏经笺”。屠隆解释说：“松江谭笺不用粉造，以荆川连纸褙厚、砑光，用蜡打各色花鸟，坚滑可类宋纸”。

如此看来，松江笺有好几个品种：①单纯染成类似宋代金粟笺那样的色笺；②用槐花与云母粉染成淡黄呈光泽的色笺；③不用云母粉，将纸染成类似宋纸颜色的纸，再加蜡、砑光，用花板砑出各色花鸟等图案，等等。第三种制造方法较复杂，除完全具有宋金粟笺形制外，更兼有砑花图案。“花笺”一般指砑花纸。前引一段造松花笺法，只提染法，未提砑花，但另处提到了。

使生纸变熟，一般是在纸浆中加胶矾，但《考槃馀事》介绍《染纸作画不用胶法》：

> 纸用胶矾作画，殊无生气；否则不可着色。开染法以皂角捣碎，浸清水中一日。用砂罐重汤煮一柱香，滤净调匀，刷纸一次，挂干。复以明矾泡汤加刷一次，放干。用以作画，俨若生纸。若安藏三、二月用更妙。折旧裱画卷绵纸作画甚佳，有，则宜宝藏可也②。

这段话在现传本中误字不少，“无元气”应作“无生气”，“砂灌”应为“砂罐”，“炮汤”应是“泡汤”等，我们已校改。皂角即豆科野生落叶乔木皂荚（*Gleditsia sinensis*）之荚果，含皂角素（*gleditschia saphonin*），经水解后得出阿拉伯胶糖和皂角素甙，为白色粉末。与明矾相遇后，能多少起到胶的作用，但又不是胶。因为用胶矾纸作画，没有生气，显得呆滞。不用胶矾，又不能设色。而用皂荚与矾处理后，俨若生纸，又是半熟。如果存放2～3个月，再用更妙。既可写字，又能作设色画。

明清时广东广州出现一种防蛀涂布纸，多将此纸用作刊本书扉页及封底的附页，呈桔红色。广东一带收藏或刊印的书，用这种涂布纸作护书页的多未被蛀，反之，没用这种纸的书则被蛀。例如同治三年（1864）刊《广东通志》附页上无涂料的部分被蛀，其馀涂布的地方没有蛀。对此纸涂料的激光光谱、*X* 射线衍射分析证明主要成分是四氧化三铅（Pb_3O_4），古代叫铅丹，呈桔红色③。药理试验证明铅丹对蠹纸的毛衣鱼（*Ctenolepisma villosa*）有杀伤作用。加工方法是将铅丹碾成细粉，与胶水混匀，涂刷在纸上1～2道。近年中国历史博物馆曾以此法仿制防蛀涂布纸，用以保护古书。除此，明人冯梦祯（1548～1605）《快雪堂漫录》也记载

---

① 《考槃馀事》卷2，39页，《丛书集成》第1559册。

② 《考槃馀事》卷2，《丛书集成》第1559册，36页。

③ 宋曼等人，对明清时期防蠹纸的研究，《文物》，1977，1期，47～50页。

一些加工纸方法，因多与屠隆《考槃馀事》雷同，此处不再介绍。

五　清代机制纸的出现

明清时期在纸的制造和加工方面，清乾隆年的18世纪以前，在世界上仍保有领先地位，纸产量及消耗量也居全球首位。试将同一时期中国与欧洲所造纸的质量和品种加以对比，就可看出中国纸比欧洲各国纸洁白、光滑、紧薄，品种及加工方法众多，原料多样化，而欧洲只以单一麻料造纸，而且造不出巨幅纸。甚至18世纪时，欧洲人还得引进中国造纸技术经验。但中国纸一直停留在手工生产阶段，在造纸工艺过程和设备方面虽不断有革新和改进，却缺乏本质性的技术突破。康、乾时江南用圆网造纸机原理制成圆筒侧理纸，是了不起的重大创举。这可说是世界最早的机制纸先驱，但此势头没有普遍发展下去，只昙花一现。反之，欧洲自17世纪科学革命之后，接着又发生工业革命，在新的科学技术武装下，造纸业中出现了资本主义机器大生产的格局。1750年荷兰人发明新式机械打浆机，1798年法国人罗伯特(Nicolas Louis Robert，1761～1828)发明长网造纸机，19世纪中叶西方又有了化学木浆造纸技术，手工生产逐步为大机器生产所代替，原料为森林资源。从此以后，中国造纸生产技术落后于西方先进国家，甚而东亚的日本也后来居上，赶过中国。更廉价的机制洋纸不断向中国倾销，冲击着传统手工纸，并在印刷业中与国产纸争夺市场。

面对这种情况，清末时开始从西方引进技术和设备，以组织本国的机制纸生产。1890年广州盐步村建起华商纸厂，资本15万两银，预计每周生产40吨纸，机器由英国爱丁堡伯川公司（Bertram & Son Co. Ltd.）出品，由工程师葛利森（Grierson）监督下安装，请香港约翰斯敦（A. Johnston）为工程顾问，有工人100人，包括几名以前在美国纸厂工作的中国工人。原料以稻草为主，再搀入破布。① 产品作新闻纸、包装纸及普通印刷纸。此厂由广东商人钟星溪（名锡良）集股创办，名宏远堂机器造纸公司。产品比手工纸便宜，光滑、坚硬，但不适于用毛笔书写。光绪十七年（1891）洋务派大臣李鸿章（1823～1901）在上海设伦章造纸厂，厂址在杨树浦，资本30万两银，每月产纸40万斤，有工人100人，当年产纸600吨。此后各地新式机器纸工厂也逐步兴建起来。因此中国清末是手工纸与机器纸生产并存时期，仍以手工纸为大宗。再往后，机器纸产量大增，最后超过手工纸。回顾中国两千多年造纸技术史可以看到，从公元前2世纪至18世纪的漫长时期，中国在造纸领域完成一系列大大小小的发明，而且长时期居于领先地位，为世界提供了造纸及加工的完整技术体系，近代造纸工艺的各种技术和设备形态几乎都在中国找到最初的发展模式，同样，日本、朝鲜等亚洲国家以及欧美其他国家也在不同时期对造纸技术发展作出贡献（详见第四编），所有这些最后都汇流到近代造纸工业的大海。

① 孙毓棠，《中国近代工业史资料》第一辑（1840～1895），下册，1000～1002页（北京：科学出版社，1957）.

第二编　印刷技术史

第七章 印刷术的起源

除本书序论外，本书前六章（第一至六章）讨论了造纸术的起源及其发展。从本章起（第七至十一章）进入印刷技术史领域。与造纸相比，印刷术晚出八百年，因此在章节设置和篇幅安排上自然要比造纸部分少些。在利用、分析和解释印刷史料方面，我们力求写出特色，并将造纸技术史研究方法移植到印刷领域中。

第一节论印刷术发明前各国古代所用复制技术，特别是中国印章、碑石拓印和印花技术及其向雕版印刷过渡所经历的途径。第二、三节讨论印刷术的起源地和起源时间，首先综合论述为什么这项技术只能发明于中国而非别的国家或地区，这是一般印刷史作品较少触及或谈清的。关于起源时间，对现存各种说法作了评述，我们不主张将起源时间定死在某一年代，而提出上限与下限的概念，在两限间找出适合印刷术出现的关键时期。为避免陷入对文献不同理解的文字之争，主要结合实物资料及对印刷产生的历史背景分析立论。第四节讨论活字印刷的起源，并论述早期活字技术。

第一节 印刷术发明前的古典复制技术

一 印章的使用

本书绪论已对印刷术的定义作了规定，还指出在印刷术尤其雕版印刷术出现以前已经有各种具启发性的古典复制技术存在，如印章、碑拓等等，这些技术与印刷术的起源有直接关系。印章在先秦时即有，多以硬质材料制成，如金属、玉石、木、象牙、牛角等，呈方柱形、长方柱形或圆柱形，一般只有几个字，表示姓名、官职或机构，有官、私两种，印文均刻成反体，有阴文、阳文（即文字凹凸）之别。我们不想追溯印章的早期历史，只从秦汉说起。《汉书·百官志·百官公卿表上》唐人颜师古注引汉人卫宏的《汉旧仪》称，汉代规定官秩二千石（公卿）印文曰章，称某官之章；二百、四百及六百石官职印文曰印，称某官之印[①]。后合称“印章”。而帝王之御印曰玺。与此同时，私人也刻有印。有时印上除文字外，还刻有动物等图，图文并茂。在文书、契约上钤印表示信用、负责、权威，同时也是防伪的措施。在图书上钤印表示所有权，在书信上加印，表示郑重。印文多用篆字，后世也仿此，刻印形成一种独特艺术。

在没有纸或纸未通用前，使用简牍为书写材料期间，在重要公文或私人信启写好后，将简牍叠起，最外用空白简封面，写上姓名、官职、地点等，再以绳札好，在结札处放粘性泥，将印章盖在泥上。干固后就无人敢拆，叫作封泥（图 7-1）。埃及莎草片文件上也同样将印盖在封泥上，而欧洲则以蜡代泥，将印盖在蜡上，以蜡封羊皮板或莎草片文书。中外都采用这种保密、防止偷拆的措施。《吕氏春秋》卷 19《适威》篇云：“故民之于上也，若玺之于涂也

① 《前汉书》卷 19 上，《百官志》，廿五史本第 1 册，75 页（上海古籍出版社，1986）。

图 7-1　古代印章与封泥文字

A　晚周铜印及印文　　B　封泥

抑之以方则方，抑之以圆则圆”①。《淮南子》卷 11《齐俗训》称：“若玺之抑埴，正与之正，倾与之倾”②。可见战国、西汉时用封泥盖印的情况。封泥出土物数量很多。有了纸或纸通行之后，封泥演变为“封纸”，即在用几张纸写成的文件上纸的接缝处盖印，以防伪制，或在装有文件的纸袋密封处盖印，防止偷拆。

我们认为这一转变在两汉之际（公元 1 世纪）即已开始，2 世纪后逐渐通行，但仍有封泥与封纸并存时期。从晋代（4 世纪）起封泥逐渐消失，印章多加盖在纸上，这正是纸彻底淘汰简牍的时期。然新疆出土实物中也表明魏晋时在纸上盖墨印的文件已经出现，同时也仍用木简封泥。后来发现盖墨印容易与纸上墨迹混淆，于是以朱砂制成印泥，加盖朱色印文，至迟

① 《吕氏春秋》卷 19，4 页，《适威》，《百子全书》本第 5 册（浙江人民出版社，1984）。

② 《淮南子·齐俗训》卷 11，2 页，同上本。

在南北朝时（5～6世纪）已有朱印，但中间也有朱墨并用的过渡时期[①②③]。据杜佑（735～812）《通典》（801）所载[④]，北齐（550～577）时，专用大木印盖在公文纸的接缝处。在纸上盖印章，原则上已是雕版印刷的萌芽了。

盖印与雕版印刷虽有某种共性，但功用与操作上仍有不同，二者在操作上的区别在于，印面面积不够大，故所刻反体印文文字较少，因为这个缘故，使用时将纸置于印的下面，以手的压力施于纸上，印出正体印文。而雕版由于板面面积较大、容字多、重量较大，总是在版面上墨后，将纸置于雕版上，再用刷子施力于纸的背面，从而印出字迹。只要将钤印方式颠倒过来，便是雕版印刷，而实现这种颠倒是再容易不过的了。事实上如印玺很大、很重，有时也会将纸置于印面上加盖，因为这样会更省力。

魏晋以后，随着道教和佛教的进一步发展，使印章技术出现了两个走向雕版印刷的新的方向。一是道教徒作成容字更多的大木印符咒，二是佛教徒作成刻有反体佛像的木印。晋代著名道教炼丹家葛洪（284～363）《抱朴子》（约324）《内篇》卷17云：

> 凡为道、合药及避乱隐居者，莫不入山。……入山而无术，必有患害。……古之人入山者，皆佩黄神越章之印，其广四寸，其字一百二十，以封泥著所住之四方各百步，则虎狼不敢近其内也[⑤]。

谈到入山佩符时，葛洪解释说："百鬼及蛇蝮、虎狼神印也，以枣之心木、方二寸刻之。"

葛洪所说"黄神越章之印"，可能即指《初学记》（700）卷26引《黄君制使虎豹法》中所述："道士当刻枣心作印，方四寸也。"[⑥] 用枣木刻成方四寸（13.5×13.5厘米）有120字的木印，差不多相当于一块小型雕版。葛洪所说"古之人"，指汉魏至晋初时人，这说明至迟在3～4世纪时，道家已用大型木印封泥了。当纸广泛通用时，比如在晋、南北朝，道家便将木印上的符篆印在纸上作护身符用，从而向雕版印刷方向又迈开一大步。我们应当对晋、南北朝时道家用木印作护身符的作法在印刷技术史中的作用给予高度评价。虽然所印的内容是符箓，是一般人不易读懂的从汉字演变的宗教字符。但不能否认这是一种特殊读物。

从后世教徒口中喃喃有词地念诵符咒来看，符箓应有可读性。我们不能说符咒或护身符文字不是文字，因为所谓文字无非是记录语言的符号，而宗教咒语当然是一种语言。因而道家用大木印印出字数较多的宗教符箓文字或护身符，应当被看成是雕版印刷的原始表现形式。护身符不但为活人所用，也用于死者。1959年新疆吐鲁番县阿斯塔那墓葬中发现6世纪时写在纸上的符箓及图案[⑦]，即为一证。而印在纸上的护身符虽然尚待今后出土，却不能因此说历史上并不存在。

另一方面，与道教同时又兴起了佛教。佛教徒为使其佛经更为生动，常将木刻的佛像及

---

① T. F. Carter. The invention of printing in China and its spread westward, 2nd ed. revised by L. C. Goodrich, chap. 2 (New York: Ronald Press Co., 1955).

② T. F. Carter 著、吴泽炎译，中国印刷术的发明和它的西传，23～26页（北京：商务印书馆，1957）。

③ 钱存训，造纸与印刷卷，收入李约瑟《中国科学技术史》卷5，第1册，122～124页（科学出版社，上海古籍出版社，1990）。

④ 唐·杜佑《通典》（801），3586页，《十通》本（上海，1937）。

⑤ 晋·葛洪：《抱朴子·内篇》（约324），卷4，《登涉第十七》，1、9、10页，《百子全书》本，第8册，（杭州：浙江人民出版社，1984）。

⑥ 唐·徐坚，《初学记》（700）卷26，《印第三》，第3册，624页（北京：中华书局，1962）。

⑦ 新疆博物馆，新疆吐鲁番阿斯塔那北区墓葬发掘简报，文物，1960，6期。

有关图案用墨印在写经卷首或经文的上方，以收图文并茂之效，同时增添佛经的庄严神圣色彩。卡特说："模印的小佛像标志着由印章至木刻之间的过渡型态。在敦煌、吐鲁番和新疆的其他各地，曾发现好几千这样的小佛像。有时见于写本每行的行首，有时整个手卷都满印佛像。不列颠博物馆藏有一幅手卷，全长17英尺，印有佛像468个[①]。"显然是用手逐个按印的，这比手绘显然省事得多。这种作法的技术意义在于，用木印不但可以得到文字复制品，亦可得到较复杂的图画的复制品。

正如木印在道家手中由字少向字多的方向发展那样，在佛教徒手中木印佛像也由少而简单向多而复杂的方向发展。巴黎鲁弗尔（Louvre）博物馆收藏一幅中国的完整木刻，图上有许多大小不同的同心圆，圆内都有佛像，而且由一块整板印出（13×20英寸）[②]。实际上这是一块雕版，年代属于唐代，但它无疑是从早期只印有一个佛像的印章发展过来的。而在写本佛经上印以佛像，在南北朝至唐代盛行，大约与道家使用刻字更多的大木印同时，或略迟一点。道家和释家之所以能开辟这两个印章技术中的新发展方向，显然与魏晋南北朝造纸业的发展有关。如将印作得再大一些，刻上更多符箓或咒语文字以及佛像，则木印的形体势必变形，由立体方形、长方形变成接近平板形，因而就与真正的雕版越来越接近。而刻印的实践告诉我们，只有平板形才能容纳更多的文字或图画，而用较厚的平板则浪费木料，使用起来也不方便。

二 碑石拓印技术

我们现在讨论与儒学发展有关的复制技术对雕版印刷术发明的启导作用，首先是碑石拓印技术。先秦时即以石刻字，记载重大事件，其形制不一，较早的出土物为圆柱形，将字刻在柱体周围，如公元前8世纪的春秋时秦国的石刻，石呈鼓状，故称石鼓。汉以后刻石多呈长方形厚石板形状，是个改进[③]。因为这种形状易于刻字，也便于阅读，称为石碑。大小不等，汉人用碑刻字纪念死去的人物事迹或重要事件，以垂永久。以碑刻出儒家经典著作是个重大创举，此举始于东汉。这时已经有了纸，人们用纸抄写儒家经典，但因所据底本不同，文字间有出入，为使学者有标准文本，东汉安帝永初四年（110）临朝听政的邓皇后邓绥（81～121）即诏令学者刘珍（约67～127）及博士、议郎等五十馀人集中校定东观五经、诸子传记、百家艺术，整齐脱误，是正文字，然后将标准本缮录于纸上，藏诸秘府[④]。然而这些纸写本在社会流传仍然有限，而内府藏书又非一般士人所能看到，因此汉末灵帝熹平四年（175）蔡邕（132～192）上疏朝廷，建议将标准文本的经典刻石，供学者阅读，被朝廷采纳。这是石刻儒家经典之始。

《后汉书》卷90下《蔡邕传》称："邕以经籍去圣久远，文字多谬，俗儒穿凿，贻误后学，熹平四年（175）乃与五官中郎将唐谿典……等，奏求正定六经文字，灵帝许之，邕乃自书册于碑，使工镌刻，立于太学门外。于是后学晚儒，咸取正焉。及碑始立，其观视及摹写者，车

① T. F. Carter著、吴泽炎译，中国印刷术的发明和它的西传，43～44页（北京：商务印书馆，1957）。

② 同上，44页。

③ 钱存训著、周宁森译，中国古代书史，Written on Bamboo and Silk Chicago，1964），59、62页（香港中文大学出版社，1975）。

④ 《后汉书》（450）卷十上，《邓皇后传》，廿五史本第2册，35页（上海古籍出版社，1986）。

乘日千馀辆，填塞街陌。”[1] 唐章怀太子李贤（654～684）注引《洛阳记》曰：“太学在洛城南开阳门外，讲堂长十丈，广二丈，堂前石经四部本碑凡四十六枚。西行《尚书》、《周易》、《公羊传》十六碑存，十二碑毁；南行《礼记》十五碑悉崩坏，东行《论语》二碑，二碑毁，《礼记》碑上有谏议大夫马日磾、议郎蔡邕名。”[1]《旧唐书·经籍志》载《洛阳记》一卷，为晋陆机（261～303）所撰。

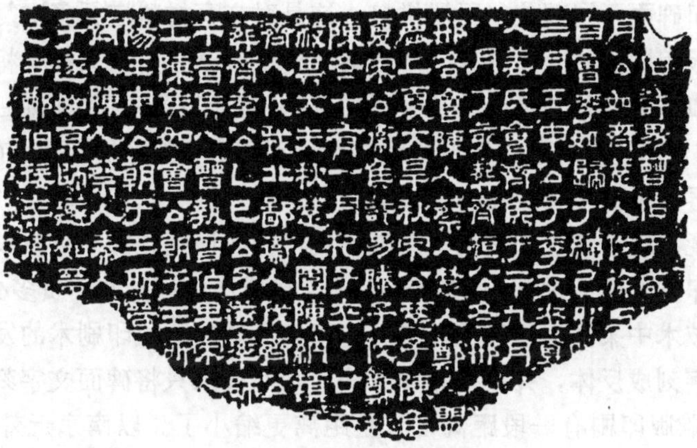

图 7-2 东汉熹平石经残石

对以上记载需作若干说明。汉代石碑刻制过程是，选好石料后，制成碑形，磨平表面，加蜡上墨划格，以朱砂和胶写成碑文，再由刻工将朱字凿刻成正体字，字迹于碑面凹下处。由蔡邕等人书丹而刻成的标准本经典，包括《尚书》、《周易》、《诗经》、《礼记》、《春秋》、《公羊传》、《论语》等七部儒家经典，总共 20.9 万字，分刻于 46 块碑上，每碑高 175、宽 90、厚 20 公分，容字 5000，每字 2.5 公分见方，碑的正反两面皆刻字。因自熹平四年（175）起刻，故称“熹平石经”（图 7-2）。至光和六年（183）全部刻成，共历八年。开石刻史中空前记录。全部石经置于首都洛阳城南开阳门外的太学讲堂前东侧，呈 U 字形排列，开口处向南，碑上有顶盖保护，周围有木栏，有专人看管[2]。由于此石经由一流学者集体校定经文，以大字刻于石上，置于公众场所，因此立碑后四方学者云集洛阳观看并抄写，每日于太学门前停车至千辆之多，以至附近街道为之阻塞，可谓学术界的盛举。读书人习经典，皆以此石经为本，但京外的人亲至太学手抄经文毕竟是费事的，无法来洛阳的也只望洋兴叹。

因此汉末特别是魏晋六朝时，有人趁石经看管不严或无人看管时，用纸将经文拓印下来，或作自用，或作商品出售，反令其流传更广。我们提出这个看法的依据是，这一时期都城由洛阳几度迁至别处，而石碑有遗失现象，隋朝（6 世纪）时内府已藏有一字石经《周易》、《尚书》、《春秋》、《公羊》、《论语》多卷。“一字石经”即用一种书体刻的石经，“卷”可能指写本，但更可能是纸拓本。一字石经实际上即熹平石经，一律以汉隶体刻成，而“三字石经”为 240～248 年用古文、小篆及隶体刻的魏三体石经。《隋书·经籍志》所载“一字石经”及“三字石经”拓本，可能是当时民间收藏的熹平石经及魏三体石经的古拓本而献给朝廷的。因为“隋开皇三年（583）秘书监牛弘（545～610）[上] 表，请分遣使人搜访异本。每书一卷，赏

---

① 《后汉书》卷 90 下，《蔡邕传》，廿五史本第 2 册，216 页。

② 钱存训，中国古代书史，69～70 页（香港，1975）。

绢一匹。"[1] 而且还明确说"一字石经"包括梁代（502～557）拓本，则南北朝以前即已有石经拓印技术。因此 4～6 世纪期间已有人拓印汉魏石经，并非无据。

从技术上看，将石经文字拓印于纸上的方法只能是，先将薄而坚韧之纸润湿，用刷小心覆盖于碑面，再以软槌轻轻敲打，使纸透入碑面文字凹下处。待纸干后，再以内装丝绵的小包蘸上墨汁，均匀拍在纸上，揭下后即成黑地正体白字的石经拓片。如果一张纸不够大，则用几张纸分别拓印碑面不同部位，再予拼接。这是对文字材料进行多次复制的另一方法。拓印复制技术与雕版印刷的共同之处是，产物都主要供阅读之用，又都是将大幅硬质平面材料上刻的字通过墨和压力转移到纸上。二者不同点是，拓印石碑时碑面刻凹面阴文正体，将纸置于碑面上，以墨在纸上捶拓，成品为黑地白字；而雕版印刷则在板面刻有凸面阳文反体，将墨置于板面上，再覆纸刷压，成品为白地黑字。

拓印技术无疑出现于雕版印刷稍早时期。我们前面谈到，如果重量较大、刻字较多的大型印章在纸上盖印方式颠倒过来，便是雕版印刷，实现这种颠倒并不费多少心思即可作到。同样，如果将拓印技术中某些程序颠倒过来，也很容易导致雕版印刷术的发明。最主要的颠倒是，将碑面上的字刻成反体，并改变拓印方法。然而如果只将碑面文字刻成反体，而不改变拓印方法，还离雕版印刷有一段距离，只是距离更缩小了。以南京近郊所存梁简文帝萧纲（503～551）陵前神道碑（约 556）为例来分析（图 7-3）。碑的正面刻阴文正体，背面刻阴文反体[2]。如将两面皆以拓印程序进行，则正面得黑地正体白字，背面得黑地反体白字。欲再从背面阴文反体得到阴文正体，就得改变拓印方法，将墨置于碑面上，再在墨上复印捶拓，结果得到黑地正体白字。这已经相当接近雕版印刷了，只是黑地、白地之分。

对古代碑刻拓印技术的另一改变是，将碑文刻成凸面阳文正体，如 477～499 年在河南龙门石雕上的碑文那样，则用拓印方式可得白地反体黑字[3]。产品在效果上与雕板印刷品相同所不同的是文字为反体。如果用雕版印刷方式处理，所得到同样是白地反体黑字。欲在碑面刻凸面阳文，而又想得到白地正体黑字，像雕版印刷物那样，就只能将碑文刻成凸面阳文反体，再将墨置于碑上，在覆纸捶拓，结果由拓印技术一下子进入雕版印刷术的王国领地，唯一差别是刻字的硬质材料是木或是石了。实现这一转变的条件是碑文刻成凸面反体，并改变拓印方法。

我们用上述各种方式作了小小的实验后，可将结果用下列式子说明：

①碑面阴文正体$\xrightarrow{\text{拓印}}$黑地阴文正体白字

②碑面阴文反体$\xrightarrow{\text{拓印}}$黑地阴文反体白字

③碑面阴文正体$\xrightarrow{\text{印刷}}$黑地阴文反体白字

④碑面阴文反体$\xrightarrow{\text{印刷}}$黑地阴文正体白字

⑤碑面阳文正体$\xrightarrow{\text{拓印}}$白地阳文正体黑字

⑥碑面阳文反体$\xrightarrow{\text{拓印}}$白地阳文反体黑字

⑦碑面阳文正体$\xrightarrow{\text{印刷}}$白地阳文反体黑字

---

① 《隋书》(636) 卷 32，《经籍志》，廿五史本第 5 册，115 页（上海古籍出版社，1986）。

② 中央古物保存会编，六朝陵墓调查报告，图版十一，图 20（南京，1935）。

③ 苏莹辉，论铜器铭文为石刻行格及胶泥活字之先导，故宫季刊，1969，卷 3，3 期，22 页（台北）。

⑧碑面阳文反体$\xrightarrow{\text{印刷}}$白地阳文正体黑字

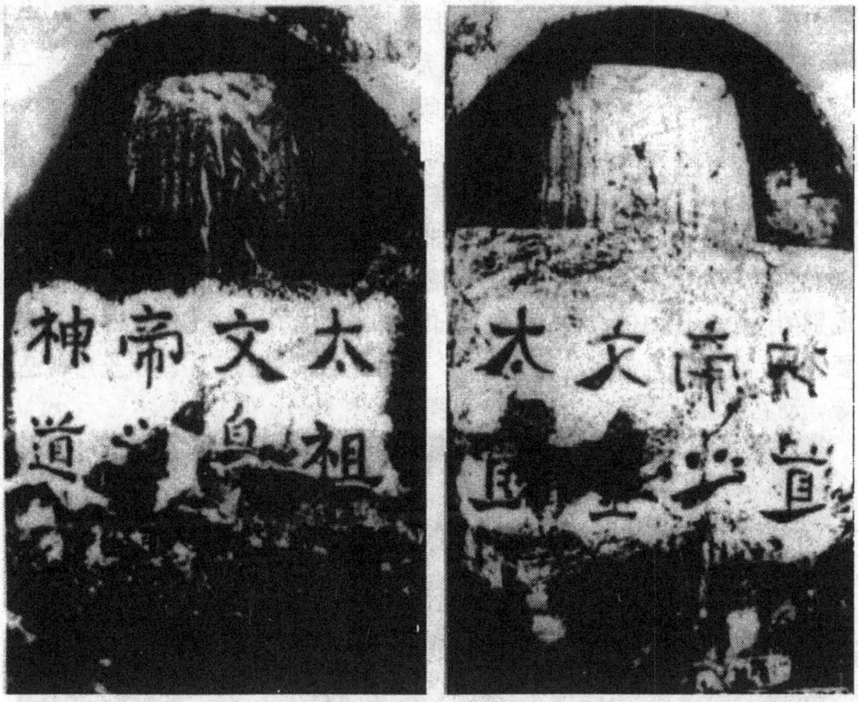

图 7-3　梁文帝陵墓碑正反体碑文（556）

上述第 1 种方式是魏晋南北朝时刻石、拓印的典型而传统方式，所得拓本为黑地阴文正体白字，这种方式一直持续到近代。第 2 种刻石见于南北朝（5～6 世纪）实物，但用拓印程序处理，所得拓本为黑地反体白字，并不适用；如改用印刷方式捶拓则得黑地阴文正体白字，有适用性，这是一条通向雕版印刷的途径，即第 4 种方式。第 3 种方式以传统刻石，但改用印刷方法复制，产物无适用性，只有理论探讨意义。第五方案刻石方式亦见于南北朝实物，用拓印法得可用性白地阳文正体黑字；如用印刷法（第 7 式）复印，得白地阳文反体黑字，并不适用。第 6 方案刻石用阳文反体字，尚未见出土实物，用拓印法复制出反体字拓本，亦不适用，但改用印刷法复制，则拓本为白地阳文正体黑字，实际上已经是雕版印刷了。因此第 6 方案刻石是直接走向雕版印刷的捷径（此即第 8 式）。南北朝时既然能刻出碑上的阴文反体字，当亦能刻出阳文反体字。由此我们看到，就碑刻、拓印而言，在南北朝时有两条途径能通向雕版印刷。

三　纺织物印花技术

我们现在转向启导雕版印刷出现的第三种复制技术，即印染技术。古代东西方各国都以纺织品作衣着及日用品材料，如丝绢、麻和棉等织物，人们总是喜欢使织物美观，除染成不同颜色外，还要使织物表面出现花纹或图案。图案可借纺织方法织成，也可用印染方法表现。印染是在木板上刻出花纹图案，借用染料使之印在织物上。印度和罗马时代的埃及印花布都很著名，6～7 世纪法、德等国也有印花布①。

中国的印染所用印花板有凸纹板及镂空板两种类型，前者俗称木板印花，后者古称“夹缬”。这种板型印花织物自秦汉以来得到迅速发展，如 1972 年湖南长沙马王堆一号汉墓（前 165 左右）便出土有印花纱二件，为凸纹板所印，呈现云纹②。根据 1979 年江西贵溪崖墓所出板型印花织物形制，这种技术可能早于秦汉，而溯至战国③。如果将纺织工业中的印花技术用于印染纸，这就导致雕版印刷，这类印刷品有壁纸等，区别只是材料与用途。板型印花织物，材料为纺织品与染料，目的是供作装饰，增加织物的美感；雕版印刷用纸与墨，目的是生产读物供阅读，宣传思想与文化。然而如果借用印花技术手法制成凸面印板或镂空印板，将花纹图案改成别的图画，比如佛像，则用这种印板印在纸上，便成为雕版印刷品了，这就是宗教画。只要有纸，就能很容易实现这一转变。实际上在敦煌石室中就出土唐代凸板及镂空板纸印的佛像，而在新疆吐鲁番也出土类似印刷品（图 7-4）。

图 7-4　吐鲁番出土唐代供印刷用的缕孔板

既然秦汉以来印花技术有很大发展，而从魏晋以后纸的产量和质量都有提高，南北朝时佛教又进一步发展，我们自然可以认为佛像印刷品肯定比现所见唐代出土物还要早。西方早期纸本印刷品也有基督教圣像图画这种宗教背景，看来东西方印刷术都受到宗教的刺激而发展。西方虽早已有了印花技术，但只有造出纸以后，才能印出宗教画，而西方造纸则大大迟于中国。为使宗教画更有充实内容，便在印花板上除佛像外再刻出反体文字，印在纸上便是插图本经咒或其他宗教印刷品了。以上所述三种印刷术发明前的复制技术，最后都殊途同归，自然而然地演变到雕版印刷术，它们在这里找到了会合点。

① T. F. Carter 著、吴泽炎译，中国印刷术的发明和它的西传，168 页（北京：商务印书馆，1957）。

② 张宏源，长沙西汉墓织绣品的提花和印花，文物，1972，9 期，50～51 页。

③ 陈维稷主编，中国纺织科学技术史，269 页（北京：科学出版社，1984）。

第二节 为什么雕版印刷术发明于中国？

一 印刷的物质载体和技术前提

上一节讨论印刷发明前的古典复制技术时谈到，印章和碑拓以及木板印花等复制技术再进一步发展，有可能最终导致雕版印刷术的出现。但首先要指出，雕版印刷不是它出现以前任何古典复制技术的单纯改进或革新，而是一项全新的技术发明，因为无论在使用材料、工具、过程与方法或产品用途方面，雕版印刷都不同于以往的复制技术。其次，印刷术的出现不是偶然现象，而是经长期历史酝酿的必然产物。除了受先前已有的各种复制技术的启导和诱发之外，还要有适合的社会、经济、文化、技术和物质基础等综合背景，甚至还与历史传统、语言文字、宗教信仰、统治阶级的统治思想和个人素质等因素有密切关系。在讨论印刷术起源时，要考虑到所有这些因素。

现在大家都承认中国是印刷术的故乡，但为什么这一发明完成于中国，而非任何别的国家或地区？这个问题是需要思考和论证的①。然而印刷史论著通常对此较少触及，其实研讨这个问题有助于解决印刷术起源问题，因为这个问题包括起源地和起源时间两个方面。中国之所以是发明印刷术的国家，因为中国充分具备促成印刷术出现的所有上述那些条件，而在其他国家或地区则不具备这些条件，或只具备部分条件，不足以导致印刷术的发明。例如，如果不考虑其他因素，只强调印刷术出现前古典复制技术的诱发作用，就不能对印刷术起源作出合理解释。印章、石碑、印花板在东西方各国古代都有，有的地区可能是各自独立发展。

为什么其他国家或地区这些古典复制技术通向印刷术之路阻塞，而只有在中国畅行无阻呢？这要看到印刷物所赖以制成的物质载体的重要性。印刷离开纸是不行的，纸是印刷术存在的必要前提，而中国是发明造纸术的国家，首先掌握了印刷物的物质载体。待其他国家具备此必要条件时，中国早就用上印刷品了，而且这些印刷品和印刷技术已流传于海外，用不到别的地区再重新发明了。有了纸之后，特别是经历以纸抄写读物的时间持续很久之后，才有对新型复制技术的实际要求。因而最先用纸的地区，容易为印刷术的产生提供物质前提。

为了说明古典复制技术不能在其他国家发展到雕版印刷术的原因，还可作进一步解释。以印章为例，使用印章及以其封泥，一些国家几乎同时进行，但向雕版印刷演变必须经历两个决定性过渡阶段，一是将反体字印盖在纸上，中国至迟在魏晋（3～4世纪）已实现，这时东西方其他国家还不知纸为何物，其他亚洲国家如朝鲜半岛才刚刚有纸。第二个过渡阶段是道家将刻有许多文字的木印印在纸上作护身符，发生于晋至南北朝，早于其他国家。将道家、释家的作法结合起来，制成文图并茂的木版，便成雕版印刷品读物，中国比任何其他地区顺利而迅速实现最后一步演变过程。

石刻虽在东西方都有，但以纸拓印碑文则是中国特有的现象，日本和朝鲜半岛拓印技术出现很晚。碑刻反体文字为西方所无，纸拓大规模儒家经典实现于南北朝，从拓印技术通向雕版印刷的两条可能的途径只存在于中国。印度、埃及、欧洲古代都有织物印花技术，但很晚才将雕花板印染在纸上。中国现存出土凸板及镂板纸印的佛像为唐代产物，当然这只是时

---

① 潘吉星，为什么雕版印刷术发明于中国？中国印刷，1994，卷12，1期，52～57页（北京）。

间下限，即令如此，西方国家这时还无纸可用，只能印在布上。其他国家虽拥有古典复制技术，但在那里却没有任何一条能演变成雕版印刷的通路，而中国则条条道路通向这个最终目标，而且根据上一节的分析，也注定要向这个方向发展。

二 印刷的社会、经济和文化背景

中国拥有发明印刷术所需的社会、经济和文化等背景和对复制典籍的迫切需要。正如造纸术一样，雕版印刷术是封建制社会的产物，而不可能出现于奴隶制社会。中国奴隶制社会与西方或东方某些地区同时，或甚至晚些，但率先进入封建制社会。公元前 3 世纪秦始皇建立统一的封建大帝国，至汉、唐达到盛世，社会经济、文化、教育和学术获得空前发展，学校和识字的人数目迅速增加，这正是促进纸和印刷物生产的直接催化剂。

中国自秦代统一文字以来，汉字发展迅速，魏晋以后社会上楷书盛行，形成稳定的文字字体，俗称方块字，它比篆字易认、易刻，这是适于雕版印刷的文字条件。同时汉以后新字新词不断出现，汉字数目猛增，著作也随之增加，造成手书的不便，这是促成雕版印刷复制技术出现的文字因素。兹以汉字字典来分析，东汉《说文解字》(100) 收字 9353 个，重文 1163 个，至南北朝《玉篇》(543) 成书时收字已达 2.2 万余字[①]。一般说汉字到后来增至 4～5 万。这是表意文字，一字一音，每字都由若干笔画构成，书写起来较费时间。汉末经南北朝至隋唐，各地学校、书院、佛寺、道观兴起，儒家、释家、道家及诸子百家的著作越来越多，知识门类更是庞杂。《汉书 · 艺文志》(100) 收经、史、子、集著作 14,994 卷，至《隋书 · 经籍志》(636) 则增至 50,889 卷，隋内府嘉则殿藏书达 37 万卷。五经正史等为广大读书人所必读，佛经、道经为广大宗教信徒所需。

这些浩如烟海的文献，用手一字一画地抄写在纸上，是多么不便与费力，消耗了古人多少时间，因此人们迫切要求有新型复制方法，雕版印刷就正好能满足这一需要。它不但能将书稿中的文字，还能将插图都同时复制出来。这种复制技术特别适合于汉字这种一字一音、多笔画的表意文字系统。因而汉字文化圈的国家中国、朝鲜、日本率先用雕版印刷，决不是偶然的。

用雕版印刷还能体现中国特有的书法和绘画艺术的文化传统。中国的印刷品不但是实用的读物，还是艺术品，可以说是集工艺和艺术为一体的产物。对雕版印刷品读物的装帧，同样如此。这体现中国人既讲求工艺技术，又讲求艺术美感，我们的历史传统就是这样。这种传统可从商殷青铜文化中去追根，带有铭文的优美青铜器，体现高度熟练的冶金、铸造技术和造型艺术美，又是记录历史事件的金属文献材料。雕版印刷品与青铜器一样，作为纪事材料都显示了东方特有的智慧，受到全世界各国人民的喜爱。

反观西方各国，欧洲奴隶制社会持续时间很长，比中国晚一千年才进入封建社会。西罗马帝国的灭亡 (476)，标志奴隶制的瓦解，但西方早期封建制，仍带有农奴制的烙印。中国在社会制度上比西方先进的时间差为一千年，这决定中国在社会、经济、文化、教育等方面处于领先的地位，一些重大技术发明也领先于西方一千年或更多，有的则领先数百年[②]。欧洲

① 刘叶秋，中国字典史略，17、69 页 (北京：中华书局，1983)。

② Joseph Needham, Science and Civilisation in China, vol. 1, pp. 241～242 (Cambridge University Press, 1954)。

长期处于所谓黑暗时代，社会裹足不前，经济发展缓慢，社会上识字的人很少，读物也不多，又没有纸，有些书籍由奴隶抄写在羊皮板或莎草片上，这已经足够满足少数奴隶主贵族、僧侣和学者的需要了，没有对新型复制技术的迫切要求。

西方文字为拼音文字系统，由二十多个字型简单的字母拼为单词，拉丁字母 26 个，希腊字母 24 个，书写起来容易，没有汉字那样难写和费时费事。西方总人口也无法与中国相比，罗马帝国公民不足百万，而西汉末中国人口近六千万，东汉只太学生就有五万之众。中国汉以后儒学占统治地位，是国家官方的意识形态，大量儒家经典及注释，是千万读书人必修课本。中国基本上容忍各种宗教并存，佛教、道教是两大宗教。由于总人口多，因而读书人、识字的宗教徒比任何其他地区多，对读物需求量也相应增加，拥有雕版印刷品的最大市场。西方是不存在这些情况的。其他古代文明地区，如埃及、印度、两河流域，情况与欧洲差不多，用纸都比中国晚千年以上，在中国千年的领先时期已有足够时间发展印刷技术。在东亚，隋唐社会文化发展水平高于同时期的日本和朝鲜半岛的新罗朝，因而在印刷文化方面，东亚其他国家不可能走在隋唐之前。

三　评印刷术的外国起源说

在论证印刷术起源于中国之后，不能不评论一下外国起源说。有人一度认为印度是印刷术 起源地[①]，其依据是 671～695 年赴印度求法的唐代僧人义净（635～713）《南海寄归内法传》（约 689）卷四所载，印度有“造泥制底及拓模泥像，或印绢纸，随处供养”。这里其实讲的是用模子造泥佛像，而所谓“或印绢纸”，指以印花板在布上印染佛像。但用印花板在绢上印染图案的实践，中国在秦汉时已有了，且有实物出土。

义净说印度“或印绢纸”，是用词欠妥的，因为在他那个时代，印度还没有从中国学会造纸，怎么能以纸印佛像？如果说那时印度有少量纸，也必是来自中国。利用这一欠妥贴的用语，而不顾当时历史背景，提出印度发明印刷之说，是考虑不周的，现已无人赞同。印度学者也没有声称过他们的国家发明印刷术，道理很明显，因为印度既无雕版印刷佛经佛像的记载，亦无任何实物为证，而活字印刷是 1591 年才从欧洲传入的。

雕版印刷起源于中国，这已是各国学术界的共识。除前面所分析的原因外，主要还因为中国拥有关于印刷的早期文献记载和最早的实物遗存。需要注意的是，1966 年以来某些韩国学者提出韩国木版印刷起源最早的观点。虽然在这以前多年间他们都承认朝鲜半岛印刷在中国北宋技术影响下起始于 11 世纪初高丽朝（936～1391）前期[②]，对他们一反过去的这种说法，我们不可不辩。笔者已有专文[③] 论及此事，此处宜简略申述之。1966 年 10 月 13 日，韩国庆州佛国寺释迦塔在修复过程中于塔身第二层舍利洞内发现一金铜舍利外函，内有一卷《无垢净光大陀罗尼经》印本。此经作卷轴装，印以黄色楮皮纸，首部残缺，经名见于卷尾，无年款。据《佛国寺古今历代记》载，寺内释迦塔建于唐玄宗天宝十年、新罗景德王十年（751），

---

① 滕田丰八著、杨维新译，中国印刷起源，图书馆学季刊，1932，卷 6，2 期。

② 全相运，韩国科学技术史，朝文版，161 页（汉城：科学世界社，1966）。

③ 潘吉星，论韩国发现的印本无垢净光大陀罗尼经，《科学通报》（北京），1997，42（10）：1009～1028；Pan Jixing. On the origin of printing in the light of new archaeological discoveries. Chinese Science Bulletin，1997，42（12）：976～981.

则此经入塔之前就已刊刻，这是无疑的。

经文刻以楷书写经体，刀法工整，有明显刀刻痕迹。汉城高丽大学教授李弘植最先系统研究此刻本，发现经文中有武则天（624～705）制字四个：埊（证）、稒（授）、埊（地）及凮（初）。按武则天称帝时改国号为周，载初元年（689）制新字，诏令全国通行，705 年则天死后这些字即废止不用，唐代文献中制字的出现是武周（690～705）时特有现象。经文中还有大量宋以前流行的中国民间俗体字或异体字。这都表明此经是武周刊本，但因未印出年款其刊行年代和地点需要考订。韩国学者黄善必和金梦述在此经刚发现不过三天，便在报上宣布它是韩国新罗朝（668～935）景德王时期（642～764）出版的世界最早印刷品[①②]。接着金庠基著文认为此经刊行年代与佛国寺塔建成之年同时[③]。他们发表这些结论时，并未作仔细研究，主要基于推测。

直到 1968 年，李弘植才注意到庆州皇福寺于 706 年亦将《无垢净光大陀罗尼经》供养于寺内石塔，比佛国寺早 45 年。遂将此经定为 706～751 年新罗刊行的世界最早印刷品[④]。此说后来被其他韩国学者认同，印刷术起源韩国说便正式提出。韩国发现此经时，中国正值“文革”十年动乱时期，中国学者未能及时得知此事，直到 1980 年以后张秀民[⑤]、李兴才[⑥]、钱存训[⑦]等先生才发出异议，认为庆州发现本是中国唐刻本，由中国传入新罗后供养于佛塔中。但当时主要讨论此经刊行地点，还未触及刊行年代。我们认为年代和地点密切相关，首先要解决年代问题。

《无垢净光大陀罗尼经》(Āryaraśmi-vimalvi Śuddha-prabhā nāma-dhārani sūtra) 为佛教密宗典籍，共一卷，由中国僧人法藏（643～712）与中亚吐火罗国（Tukhara）僧弥陀山（Mitra Sanda，fl. 667～720）奉武后敕命译自梵典。智昇（fl. 695～750）《开元释教录》(730) 卷 9 载此经译于“天后末年”[⑧]，应理解为武周后期的长安年间（701～704）。从中国史料中查得法藏、弥陀山等译者 695～706 年间的逐年译事活动，只有长安元年（701）他们有可能翻译此经，翻译地点为洛阳佛授记寺翻经院。因而其刊行年代应在 702～704 年间。从 700 年以来武后年迈多病，而此经反复强调多次诵念经咒或将其供养塔中可除病延年，因此 701 年译毕进奏后，武后甚喜，重赏译者，此经刊行年代最有可能为 702 年。韩国学者将《开元释教录》所说此经译于“天后末年”理解为武周最后一年（704），因而是不确切的，因为 703～706 年间与法藏共事的弥陀山已返回吐火罗国。

由于韩国学者将《无垢净光大陀罗尼经》翻译时间定错，不可能再定出其确切的刊行年代和地点。他们都认为此经刊行年代和韩国木版印刷起源的时间上限是唐中宗神龙二年或皇福寺塔供养此经之年（706），就是说，他们都承认在 706 年以前新罗没有印刷活动，而此经刊于 704 年之前，则其刊行地点自非中国莫属。具体地点应是洛阳，因这里是武周统治中心

---

① 黄善必，世界最古木板本发见，东亚日报（汉城），1966，，10，15，第 1 面。

② 金梦述，世界最古木板印刷物发见，朝鲜日报（汉城），1966，10，16，第 7 面。

③ 金庠基，关于世界最古的木板本陀罗尼经，东亚日报，1966，10，20，第 5 面。

④ 李弘植，庆州佛国寺释迦塔发见的无垢净光大罗尼经，白山学报，(汉城)，1968，4 号，168～198 页。

⑤ 张秀民，南朝鲜发现的佛经为唐朝印本说（1981），张秀民印刷史论文集，(北京，1988) 51～54 页。

⑥ 李兴才，论中国雕版印刷史的几个问题，中国印刷，1987，15 期。

⑦ 钱存训，中国书籍、纸墨及印刷史论文集，127～136 页（香港中文大学出版社，1992）。

⑧ 唐·智昇，《开元释教录》卷 9，《天正新修大藏经》卷 55，566 页（东京，1928）。

号称神都，又是佛教和造纸的基地，这也解释了为什么此经中出现武周制字。韩国学者所列举的各种理由，都不足以能证明此经刊于新罗，反倒可用来证明刊于中国，并作为新罗刊行说的反证。今分析如下：

第一，韩国学者认为此经印刷用的楮纸产于新罗，但新罗有关楮纸制造的最早记载和最早实物，是755年写本《大方广佛华严经》及其题记，比刊印《无垢净光大陀罗尼经》的年代还晚出半个多世纪。楮纸主要从高丽朝以后才成为半岛特产，即宋人所说的“高丽纸”。而楮纸在中国从2世纪初即有记载，3世纪以后已普及于南北各地，陆玑（fl. 210～279）《毛诗鸟兽草木虫鱼疏》(c. 245）谈到楮时说：“今江南人绩（织）其皮以为布，又捣以为纸，谓之縠皮纸》。贾思勰《齐民要术》(c. 538）有专章论述楮皮造纸。1973年敦煌千佛洞土地庙出土北魏兴安三年（458）写本《大悲如来告疏》，即写以楮纸。至唐初产量增长，实物遗存也不少，因此就印刷用纸而言，此经更有可能印以唐代楮纸。

第二，韩国学者将庆州发现本与高丽朝《大藏经》本对比后，发现经文、异体字、印刷字体上二者歧异甚大，证明庆州发现本不是高丽刊本，但这不能证明它就是新罗刊本，因为高丽朝《大藏经》本以北宋《开宝藏》(983）为底本，宋刊藏经时对宋以前佛经作了校订和异体字规范处理，所以唐刻本也不同于高丽本和宋本。韩国学者没有证据否定庆州发现本为唐刻本，便认定它是新罗本，是难以令人信服的。我们将庆州发现本与北京图书馆敦煌石室几种唐代写本《无垢净光大陀罗尼经》(千字文编荒74、月59、阳35等）对比后发现，经文和异体字都基本相同，而唐写本是武周后据洛阳刻本传抄的，这证明庆州发现本即唐洛阳刻本。

第三，韩国学者指出，武周时期朝鲜半岛也通用新制字，但所举墓碑材料的例证都证明不了庆州发现本刊于新罗。实际上这些墓碑是武周时在洛阳刻的，自然使用新制字，韩国学者没有证据表明半岛南部新罗也通用制字，怎么能以制字为理由证明此经刊于新罗呢？于是解释说：“新罗人出于对制字的好奇心，才用了一些制字。”[①] 这只能是一种假设。他们还解释说，庆州发现本中只用了4个武周制字，另有些字则是制字与正常字混用，只有远离武周统治的新罗才有使用制字的随意理象。实际上当时中国本土也同样如此，如久视元年（700）宁远将军邓守琎发愿写的《大般涅槃经》中，也没有一律都用制字，其中“圀”、“恴”也是与正常字“国”、“臣”混用，此经年代与庆州发现本相近，情况也一致。类似实例不胜枚举，从使用武周制字方面也说明此经刊于中国而非新罗。

第四，韩国学者为证明此经刊于新罗，认定经文印刷字体为唐人颜真卿（707～785）体[②]，而实际上此经刊刻时，颜真卿还没有出生。从版本学角度观之，此经印刷字体为唐初写经楷体，但有欧阳询（557～641）书法风格，是早期的欧体印本。将此本与其他中国唐初写经对比后，所用字的结体及写法都相近；再与其他唐代刻本对比后，字的刀法风格相近，装订方式也一样。这都说明此本为唐土产物。此本后由入唐的新罗人或来访的唐人带至新罗。

由此可见，韩国学者从经文、异体字、武周制字、用纸和印刷字体等方面都不足以能举出证据证明庆州发现的《无垢净光大陀罗尼经》刊刻于新罗，反之，我们却可证明其刊于中国。印刷起源韩国说只依靠这一个孤立的发现，再无其他证据可支持此观点。朝鲜半岛印刷

---

① 李弘植，前揭文。

② 任昌淳，刊本和书体，书志学（汉城），1968，创刊号，4页。

的最早记载是李奎报（1168～1241）的《大藏刻板君臣祈告文》（1237），其中说1011年高丽显宗时始雕经板。半岛最早印刷品，是1077年高丽总持寺据中国五代时吴越国王钱俶（929～988）956年在杭州刻的《宝箧印陀罗尼经》（Dhatū-karanda dhārani sūtra）为底本所刊行的同名佛经。这显示朝鲜半岛印刷始于11世纪初，就像1966年前韩国学者所认为的那样。而在新罗朝并没有印刷记载，也无实物遗存。另一方面，中国武周以前既有印刷记载，又有遗存实物，只有中国具备刊印此经的印刷氛围。

庆州发现本刊于中国，还可从日本方面找到证据。据日本古史所载及实物遗存，奈良朝（710～794）称德女皇于764～770年下令刊行的百万塔陀罗尼，是以从中国传入的武周刻本《无垢净光大陀罗尼经》为底本，利用中国技术在日本出版的[①]。我们将日本刊本与庆州发现本作一比较，发现二者有共同的唐人楷书写经体、异体字和经文，版框直高都是5.4厘米，直高与横长比都近于1：8～10，印刷用纸皆染以黄蘗，又都是卷轴装。所有这些共性说明，日本翻刻百万塔陀罗尼经所据底本与韩国庆州发现的《无垢净光大陀罗尼经》为同一个版本，即中国武周原刻本。只是奈良本因刻于武周制字在中国废止之后60多年，当然无需再用制字我们还能证明庆州发现本不是现存最早印刷品，因为比这早的刻于690～699年的《妙法莲华经》（Saddharma pundarik sūtra）1906年在新疆出土，更早的唐初梵文陀罗尼印本1975年在西安出土。基于以上所述，可以作出结论说：印刷术起于韩国的说法是不能成立的。

第三节 雕版印刷的起源时间

一 评印刷术起源时间的众说纷纭

在雕版印刷起源问题上，要探讨的主要是它在中国的起源时间。在中国科技史领域内，研究某项重大技术起源时，恐怕没有像雕版印刷那样众说纷纭了。据张秀民归纳，围绕印刷起源问题，从古到今有七种不同说法，即东汉、东晋、魏晋南北朝、隋朝、唐代、五代和北宋[②]主张雕版印刷起源于唐代者，仍然在具体年代上有分歧，有的人认为“最近似的年代大致当在唐玄宗时（712～755）”[③]有的主张7～8世纪[④]或824年[⑤]，更有主张起于唐太宗贞观十年（639）[⑥]等等，因此实际上当不止于七种意见。但过去提出或反对某种意见的作者，常常主要依据文献记载。但我们认为单靠文献记载讨论中国印刷起源还是不够的，还要考虑到考古发现资料。现在看来，主张五代或北宋才有印刷术的说法，肯定是不正确的，因为20世纪初以来敦煌石室和新疆等地发现的唐代木版印刷品屡见不鲜，仅凭这些就可否定这两种说法。

认为木版印刷始于东汉的观点，是清代人郑机《师竹斋读书随笔汇编》卷12中提出的

① 潘吉星，日本における制纸と印刷の始まりについて（下），百万塔（东京），1996，93号，17～29页。

② 张秀民，中国印刷术的发明及其影响，27～54页（北京：人民出版社，1958）。

③ Thomas Francis Carter, The invention of printing in China and its spread westward, 2nd. ed., revised by Luther Carrington, pp. 44～45 (New York: The Ronald Press, 1955); T. F. Carter著、吴泽炎译，中国印刷术的发明和它的西传，44页（北京：商务印书馆，1957）。

④ 刘国钧，中国书史简编，51～57页（北京：高等教育出版社，1958）。

⑤ 屈万里、昌彼得，图书版本学要略，25～26页（台北：中华文化出版事业委员会，1955）。

⑥ 张秀民，中国印刷史，10页（上海人民出版社，1989）。

主要依据是《后汉书》卷97《党锢传》，内载张俭（115～198）检举宦官侯览及其家属罪恶，侯览便纠集其乡人朱并诬告张俭与同郡人结党。建宁二年（169）灵帝“于是刊章讨捕”张俭。《后汉书》卷100《孔融传》亦称“山阳［人］张俭为中常侍侯览所怨，览为刊章下州郡，以名捕俭”。元代人王幼学《资治通鉴纲目集览》卷12解释“刊章”含义时说，“刊章即印行之文，如今板榜”，而元代时“板榜”是印制而成的通缉布告。

清人郑机于是提出“汉刊章捕［张］俭等，……是印板不始于五代”，而始于东汉。此说长期无人响应，但近又有人新提起[①]。问题是对“刊章”有不同理解，除上述理解外，唐人李贤注《后汉书·孔融传》时说，“刊，削也。谓削去告人姓名”，就是说宦官侯览以朱并的诬告奏章为主，稍事修改并删去控告人姓名，代幼帝起草逮捕张俭的诏令。这里并无将通缉令印刷再发出的意思。将“刊行”用作印刷出版的同义语，是在有了印刷以后的事。宋人刘攽（1023～1089）《汉官仪》说：“［侯］览何能刊章下州郡，盖是‘诏’字。”因而他认为“刊章”当为“诏章”[②]，这样才说得通。

2世纪后半期的东汉虽说已有了纸，但主要用作书写和包装材料，而且抄写书籍和文件时仍未脱离纸、简并用阶段。当时导致雕版印刷出现的技术条件还不具备，从印章和碑石拓印技术向雕版印刷的过渡，都发生在这以后。东汉虽已有用印花板印染织物的技术，从理论上说也有将印花板印在纸上的可能性，但这只是推测。将印花板印在纸上作壁纸，是很久以后的事，不会发生在东汉。

东汉纸本印刷品既无实物佐证，又缺明确记载，偶有记载，又存在争议。此时纸还未完成彻底淘汰简牍的历史使命，就谈不上用来作印刷复制材料了。事物的进化要经历不同的技术阶梯，而这就需要有足够的时间。如果早在东汉就有了雕版印刷，为什么此后几百年人们还停留在使用写本的阶段？这是很难解释的。因此主张东汉有雕版印刷之说，还较难使更多的人接受。这样，印刷起源时间就剩下四个可能的时期，即东晋、魏晋南北朝、隋和唐，实际上东晋应包括在魏晋南北朝之中。让我们再分析这三个可能的时期。

首先讨论印刷术的唐代起源说，这种说法为更多的作者所支持，尽管在具体年代上仍有不同意见。此说不但有较为可靠而明确的文献记载为据，还有传世及出土唐代雕版印刷品实物为证。首先应介绍一下这些唐代印刷术的实物资料。1907年斯坦因在敦煌石室中发现的唐咸通九年（868）刊刻的整卷《金刚经》，是个重大考古发现。经上印有明确的刻印年代，咸通九年为唐懿宗（860～873）在位时的年号。此经印以麻纸，起首还刻有精美的插图。然而从咸通九年（868）《金刚经》所刻文字及插图的技术水平观之，已达到相当成熟的程度。按技术发展规律分析，最初的刻本不会达到这样高的水平，在这以前必定还有个更早的发展阶段。事实正是如此，比《金刚经》年代更早的印本后来相继发现。1906年新疆吐鲁番出土唐武周刻本《妙法莲华经》残卷[③]，年代不晚于690～699年。1966年韩国庆州佛国寺释迦塔又发现同期另一刻本《无垢净光大陀罗尼经》，刊行年代为702年。我们在上一节中已论证了此经并非刊于新罗，而是刊于唐东都洛阳。

唐武周刻本的发现，说明先前将印刷起源定于8世纪前半期之说需要修正。在这以前出

① 李致忠，中国古代书籍史，62～69页（北京：文物出版社，1985）。

② 《后汉书》卷100，《孔融传》，廿五史本第2册，240页。

③ 长泽规矩也，和汉书の印刷とその历史，5～6页（东京：吉川弘文馆 1952）。

版的佛经数量应不会少，由于唐武宗（841～846）845年诏禁佛教，毁佛寺、焚佛经，使早期印刷品没有遗留下来。直到847年以后，反佛活动才停止，因此中国境内发现的印刷品多属晚唐产物，就易于理解了。在吐鲁番（高昌故地）出土《妙法莲华经》，因高昌盛行佛教，又处西陲，武宗反佛活动没有波及这里。而流传到新罗的《无垢净光大陀罗尼经》，也因同样原因保存下来。武周刻本的发现使印刷起源时间提前了。张秀民先生因而提出印刷起于贞观十年（636）之说，其依据是明人邵经邦（1491～1566）《弘简录》（1557）卷26所称636年长孙皇后崩，太宗悲伤，当官员进上皇后所著《女则》时，“帝览而嘉叹，以［皇］后此书足垂后代，令梓行之”。《旧唐书》卷51和《新唐书》卷76虽亦谈到此事，但无“令梓行之”字样。张氏此说发表后，有人虽不赞成，认为《弘简录》不是原始史料，而是后人追述，但却也无法驳倒此说。

近年来武周前出版的印刷品的发现，使我们不必依靠明人著作，而直接得出7世纪初有印刷活动的结论。1974年西安市西郊柴油机械厂内唐墓中出土梵文陀罗尼咒单张印刷品，四周印以13行梵文咒语，共52行，为唐初（7世纪初叶）印刷品[①]。这个新发现说明，中国印刷起源时间应在唐初以前，但又不能早至东汉或东晋，因而最适当的起源时间宜在南北朝至隋之间。前述七种不同说法中已排除了五种说法，最终解决这一久拖不决问题的时机，是越来越接近了。

二 印刷术起源的时间上限和下限

从哲学角度看，应当把印刷术的起源看成是一个过程，即从古典复制技术向机械复制技术演变和转化的历史过程。它在其起源过程中经历了在技术上一系列量变的积累，达到某个关节点时出现了质的飞跃，即质变，从而完成了技术发明。我们可以将由量变到质变的过程划定在一个适当的时期内，则该时期必定包括完成发明过程的某个年代，这样作可能较为稳妥。由于这一过程发生在一千多年前，眼下还很难指望能定出某个具体的发明年代，最好是先定出个完成这项发明的时间上限和下限。当然，如果将起源过程持续的时间定得过长，也失去技术史研究的意义。

经验告诉我们，过去人们由于只据一、二条史料将印刷起源时间圈定在极短时间内或某一年，结果后来都被新的考古发现所否定。在注重文献记载的同时，还要密切注意考古发掘的新动向，并总览各时期社会的综合背景和技术发展的自身规律，这也许是稳妥的研究方法。随着研究的深入和考古新发现的出现，印刷术起源的时间上限与下限之间的时间差会越来越小，从而在两限之间找出更接近于实际的起源时间。我们认为，南北朝（420～589）是发生从古典复制技术向机械复制技术过渡的早期阶段，是印刷术起源的时间上限。此后的隋朝（589～618）应当是这一过程的后期。从出土的唐初刻本实物观之，已脱离早期技术古拙状态，则此技术起源理所当然地还应向前追溯一个时期，因此隋朝应当是印刷起源的时间下限。

历史事实告诉我们，南北朝时人们已经用大木印钤于公文纸的接缝处，原则上可看成是雕版技术的前兆。而稍早时的道家用大木印印出字数较多的符箓文字或护身符，更是雕版印

① 韩保全，世界最早的印刷品——西安唐墓出土的印本陀罗尼经咒，载石兴邦主编，中国考古学研究论集——纪念夏鼐先生考古50周年，404～410页（西安：三秦出版社，1987）。

刷的原始表现形式，同时佛教徒将木刻的佛像和图案用墨印在写经卷首或经文的上方，标志着从印章到木板印刷之间的过渡类型。说明南北朝时，不论是北朝或南朝，人们已经将印刷思想付诸实践，有了这种实践后，再用来复制书籍，并不存在多大技术困难。另一方面，碑石拓印技术对印刷术的起源有明显影响，而南北朝时期反体碑文的雕刻也为从拓印向印刷的技术过渡扫清了道路。先前学者提出印刷术起于南北朝的观点，从技术发展规律来看，还是说得通的，仍然不失为印刷术起源的时间上限。这段期间虽政权较多，交替频繁，但持续时间只一百多年，且变动中有稳定的因素。中外前贤不少人倾向这个时期，不能说没有任何依据，只是对史料有不同理解，而结论本身最好不要轻易否定。

印刷术始于隋朝之说，也因围绕对隋人费长房《历代三宝记》卷12所载开皇十三年(593)隋文帝将北周武帝反佛时所毁的“废像遗经，悉令雕撰”，有不同理解，而陷入争议。有人认为雕塑佛像，有人认为是雕印佛像、佛经。不能认为后种理解没有道理，有一点可以肯定，即隋统治者曾大力发展千百万民众信仰的佛教，而佛教始终是刺激中国古代造纸和印刷发展的动力之一。既然南北朝是印刷起源的时间上限，而隋是时间下限，则隋朝有印刷的可能性，从技术角度看是不能断然排除的。

近四百年来人们对印刷起源的探讨，虽然旷日持久，但进展还是很明显的。从现今多数作者发表的看法分析，各家所主张的印刷起源时间之间的相差跨度在逐步缩小。如清末以前，诸说之间时间跨度为961年（165～1126），至1907年缩小为703年（165～868），到20世纪五十至六十年代诸家主张的起源时间上下差距减至471年（165～636）。七十至八十年代由于有人重提东汉起源说，使这个时间差距维持不动。如前所述，东汉说是难以成立的。进入九十年代以后，此说附合者少而批评者多，如将其放在讨论范围之外，则各家所主张的起源时间上下差距就可再缩小到230年（420～650）。这说明探索印刷术起源也是个认识过程，不同作者主张的起源时间上下相差的跨度存在着由大变小的量变过程。当各种说法的时间间隔缩小到五十年左右时，这一认识过程就接近完成。在我们看来，各家主张的起源时间的上下差距，实际上也反映了起源的时间上限和下限，目前两限时间差正在进一步缩小。

三 关于印刷术起源时间的探讨

先前人们肯定或否定南北朝是否有雕版印刷，主要是由于对一、两条史料有不同理解，却很少从社会、经济、文化、教育、宗教和技术背景等与印刷有关的因素来作综合分析。因而匆忙作出肯定或否定的断语，是考虑欠周的。我们前面已从技术背景作了分析，这里再从其他方面分析何以说南北朝是印刷起源的时间上限。

首先谈印刷物的物质载体纸。造纸术从西汉起至南北朝已有六百余年发展史，从对南北朝所造的出土古纸的分析化验结果来看，其中的麻纸除厚度为0.2～0.25毫米的厚纸外，已能生产大量适宜于印刷用的0.1～0.15毫米厚的薄纸，有时还能遇到0.1毫米以下的薄纸，都相当坚韧，表面较为平滑受墨①。而南北朝以前的汉魏时纸一般较厚，薄纸较少，可供书写，但用于印刷仍嫌欠佳。虽然文献说东汉时已造皮纸，却尚未见普及。从南北朝起发现已有较

---

① 增田勝彦，楼蘭文書、残紙に关する調査報告，《スウェン・ヘディン楼蘭発現残紙、木牍》，147～173页（东京：日本书道教育会议发行，1988）。

前代更多的楮皮纸和桑皮纸等[①]，而皮纸是上好的印刷用纸。另一方面，南北朝时制墨技术也得到进一步发展，北魏科学家贾思勰（473～545年在世）《齐民要术》（约538）对制墨技术作了最早的系统总结，而南朝刘宋时的张永（410～475）又是历史上著名的制墨专家。印刷术产生所必需的基本物质材料纸和墨，在南北朝均已具备，且合乎印刷的技术要求。

南北朝期间，虽然政治上并不统一，但整个中国仍处于同一封建社会制度之下，割裂局面只是政客和统治者之所为，并不影响技术沿自己的预定方向发展，如同五代虽亦属割裂时期，但技术照样前进一样。从世界史角度看，自秦始皇实现大一统以来，经汉、晋五百年统一局面所形成的中国社会、经济、文化、艺术、宗教和语言文字等整体形态并未消失。外国人若是到中国，无论走到哪里，中国一体化的传统仍清晰可辨。中华民族仍是完整的，而且各民族之间的交流、融和局面比以往任何时期都强烈。南北朝各个政权统治区域从历史上所继承下来的一切，仍然是统一的秦、汉、晋遗留下来的遗产，丝毫没有间断，而且又有了新的发展。这是与西罗马帝国灭亡后在西方世界所出现的那种全面的分崩离析局面完全不同的。南北朝的中国，割裂中尚存在着统一的东西。而在南北朝后期，酝酿全国重归一统的局势业已形成，最后很快就导致隋朝的大一统局面。

另一方面，从汉代以来中国在世界范围内科学技术方面所拥有的领先地位，并没有在南北朝时期有多少削弱，而且又有新的发展。例如历法、天文学、数学、农业、医药学、金属冶炼、造纸等，在中国并立的任何政权地区都各有所需，南朝和北朝都取得新的科技成就，涌现出不少优秀科技人物。儒学和佛教、道教在各地仍盛行，人们仍然诵读同样的经典，通行同样的文字，抄写同样的典籍，对新型复制技术有同样的迫切需要。不管是北朝还是南朝，不管是汉族掌权的地区还是其他少数民族掌权的地区，情况都是如此。这就是我们在割裂中所看到的统一的东西。

在中国南北各地，用纸写字经历了六百多年漫长时期，各种因素的刺激结果，经常呼唤着减少书写几万汉字麻烦的新型复制技术的问世。许多能工巧匠和技术家一向具有创造天才，不可能设想他们在造纸的故乡会让人们心甘情愿地总是满足于一笔一画地逐字抄写经典的繁重劳动，而不动手动脑发明一种减轻劳动的机械方法。实际上，晋以后道士用大木印反体刻出一百多字，印在纸上作护身符，不正是这种减轻书写劳动的方法吗？既然用一方木印能印出百余字的护身符，为什么不能用更大些的木印印出更多文字的其他读物？如果用木印不方便，为什么不能代之以扁平的木板？这是当时人很容易想到的问题。

雕版印刷这种机械复制技术，最初来自民间，印刷品也主要在民间流行，其优点是比写本字大易认，而且便宜。当然，这种新型复制技术的出现，总不能指望会迅即扩展，也不能很快淘汰手抄劳动，要有手抄与印刷、写本与印本长期并存的过渡时期。当手抄本占压倒优势的情况下，会掩盖人们对印刷本的注意。当人民大众率先用这种廉价易得的印刷品时，上层统治者、官宦阶层甚至某些文人学士可能一度会不屑于一顾，认为不雅。正如他们爱听“阳春白雪”，而不屑于“下里巴人”那样。然下里巴人，国中属而和者数千人，其为阳春白雪，国中属而和者不过数十人。由于来自人民大众中的东西有群众基础，最后总能登大雅之堂。早期雕版印刷物多面向大众，文人学士读圣贤书仍习惯于用写本，在其文集中较少提到印本。他们看不惯的东西，不等于不存在，到头来还得习惯于读政府颁行的雕版九经。

---

① 潘吉星，中国造纸技术史稿，第三章（文物出版社，1979）。

综上所述，可以将印刷术起源的时间上限定在公元500年，下限为640年，这样就能将现在各家主张的起源时间上下差距由230年缩小到140年。在500～640年间，590至640年这五十年间可能是导致早期印刷品出世的关键时期。这基本上相当隋朝至唐初，此时海内殷富，文物昌盛，经济繁荣，佛教、道教和儒学兴隆，又是天下一统，出现印刷品的可能性比以往时期更大。我们关于印刷术起源时间的看法，与邵经邦的推断有所不同，是建立在前述大家基本上没有分歧的有关实际资料的技术分析和印刷术产生综合社会背景分析的基础上的，没有把起源时间定死在某一年份上，给未来的研究留有余地。随着今后新资料的发现，可能会得到证实，也可能要作出修正。未来的修正不会将起源下限时间由隋朝向下推了。因为再往下的唐初已有印刷品出土了。今后的研究倒是有可能将起源时间由隋朝向上移，这就是南北朝的中后期，再向上移的可能性估计不大，因为从古典复制技术向雕版技术的过渡发生在此之后。从现在情况看，各家主张的起源时间在590～640年之间，已接近共识，不宜在某个具体年份上再争论下去。这种争论永无止境，从技术史角度看是没有必要的。

第四节　活字印刷术的发明

一　活字技术发明的背景

中国在雕版印刷术获得四、五百年发展之后，于北宋（11世纪）又发明了活字印刷技术。显而易见，活字印刷是从雕版印刷演变出来的，而且是雕版印刷技术发展的必然结果。活字印刷是将原稿文字以硬质材料逐个制成单独的凸面反体字块，再按原书稿文字顺序将单独字块逐个拼合成整版，以下程序与雕版印刷相同。二者主要区别只在印版制造方法上有异，活字印刷因提高制造印版的时效、克服雕版印刷的其他不足应运而出。我们知道，如果用雕版印刷技术出版长篇著作，势必要刻成数以千万计的大量印版，这是最费时间和人力的一道工序，也要动用很多木料，花费物力，结果使整个生产过程的周期加长，又相应提高成本。

虽然书板印到足以能推销的份数以后，还可贮存起来，留待日后再次刷印。但这要占用很大的空间，如果许多部这样的书版都贮存起来，库内印版的存放和保管将是个很大问题。同时也造成事先投入的资金滞流，而不能及时周转。这是从事印刷行业的人不愿看到的后果。对刻字工来说，整天坐在作坊内雕刻木板也是乏味的劳动。宋代以来雕版印刷获得长足发展，刊印的读物越来越多，这种制版方式在技术经济上的不足日益突出，促使人们探索新的制版方式。

活字制版正好可避免雕版技术之不足，只要事先予制成足够的单个活字，便可随时拼版，大大加快制版这道关键工序的时效，木制活字对木料的利用率大于雕版，也节省对原材料的消耗。活字版刷印后拆版，用过的活字还可重行使用，其利用率和周转率是雕版无法相比的。活字还比大块雕版易于贮存和保管，节省库存空间。活字制版的优越性就在于版上的每个字块都是活动的，每块印版都可拆可合。

西方英语 movable types、法语 types mobiles 和德语 beweglichen Letteren 等，都准确体现了汉文“活字”一词的本义，是这个汉文术语的意译。日本、朝鲜和越南这些汉字文化圈的国家，不需要再翻译，而是直接借用“活字”这个汉文名词，只是发音略有不同。在中国少数民族中，党项族的西夏语文将活字称为“碎字”，在西夏文中写作“字碎”（[illegible]），其中

“碎”作形容词用，放在“字”字的后面，也含有活字之义。活字制版特别适用于拼音文字系统，将字母制成活字后，很容易拼成单词和句子，因而活字技术从中国传到欧洲后，在欧洲普遍应用的程度，甚至比发明这种技术的中国还要迅速。汉文为表意文字，一字一音，汉字数目有几万字之多，制成活字比较麻烦，这也许是为什么在雕版技术发展几百年后才出现活字技术的原因之一。

活字制版由于在制版过程中改变了雕版制造程序的面貌，克服其技术经济方面之不足，所以已构成印刷技术中一项单独的发明，而不再是局部革新或改进。近代印刷术即以活字技术为基础而发展起来的。可以说活字印刷是继雕版印刷之后，在整个世界印刷技术史中的另一里程碑，具有重大而深远的意义。没有活字印刷技术，也就没有近代文明可言。

这项发明同样也在中国完成，而后传遍全世界。之所以如此，因为中国是发明雕版印刷术的国家，而雕版是活字版所赖以出现的技术前提，没有雕版印刷的技术思想和实践，不可能凭空出现活字印刷。东西方各主要国家和地区早期印刷术发展的历史事实表明，达到活字印刷这一步，都要迈过雕版印刷这个台阶。只有在活字印刷获得普遍发展后，后进的地区才能跨过这个台阶，直接享受活字制版的技术成果，但这已是相当晚的时代了。

对长期领先使用雕版技术的中国人而言，发明活字印刷是很自然的，只要有心人作些试验就够了。厌倦于刻板劳动的刻字工，会很容易想到，如果将整个印板上的字分解成单独字块，同样可拼合成印板，用完后从板上取下印块，还可下次再用于拼版，这样就无需每版都要刻字了。而这就从“死板”一下子变成了“活板”。在古代中国，刻工对制雕版这种乏味的劳动一直感到厌倦，这可从汉语中“刻板”、“死板”这两个词反映出来，都是从印刷术中演变出来的词汇。刻工想从这种呆板劳动中解脱出来，业主也有其经济上的考虑，两相结合，活字印刷便发明出来了。

活字还是要逐个制作，但制出的字可连续、反复使用，刻工的劳动成果得到充分利用。活字印刷还导致新的劳动分工，即排版工的出现，制字工尽管制字，不一定参与排版工作，排版工主要搞捡字、拼版。这两个工种的分工促进工人们专心于各自的业务。制字工只要制好活字，无需考虑版面如何处理，他原来刻雕版时的其余大量附加劳动便因而解除，在单位时间内有效劳动量因而增加。从这些分析中可以看出，最初从事活字制版实验的人，很可能就是搞雕版的工人。

二 活字印刷术发明人毕昇

在封建社会里，下层劳动者的发明创造常常不被重视，不少重大发明家未见于史册记载雕版印刷即为一例。有幸的是，关于活字印刷，留下了比较详细而可靠的史料。这要感谢宋代大科学家沈括（1031～1095）在《梦溪笔谈》（1088）卷18有关布衣毕昇（990～1051在世）事迹的一段原始记载（图7-5）。沈括字存中，杭州人，嘉祐（1063）进士，博学能文，于天文、历数、医卜、乐律无所不通，初任馆阁校勘，赞助王安石（1021～1086）变法，熙宁初（1071）任太子中允、提举司天监。又使契丹，擢知制诰，旋拜翰林学士，权三司使。晚年居润州梦溪园（今江苏镇江东），著《梦溪笔谈》，又有《长兴集》41卷及《苏沈良方》行世①。《梦溪笔谈》从科学技术角度观之，具有重大学术价值，含有多学科的丰富资料，为中外学者所赞誉。现将沈括有关毕昇记载的原文摘抄于下：

版印书籍，唐人尚未盛为之，自冯瀛王（冯道）始印五经，以后典籍皆为版本。庆历中（1041～1048），有布衣毕昇又为活版。其法：用胶泥刻字，薄如钱唇。每字为一印，火烧令坚。先设一铁板，其上以松脂、蜡和纸灰之类冒之。欲印，则以一铁范置铁板上，乃密布字印，满铁范为一板，持就火炀之。药稍镕，则以一平板按其面，则字平如砥。若止印三、二本，未为简易；若印数十百千本，则极为神速。常作二铁板，一板印刷，一板已自布字。此印者才毕，则第二板已具，更互用之，瞬息可就。每一字皆有数印，如'之'、'也'等字，每字有二十余印，以备一板内有重复者。不用，则以纸贴之。每韵为一贴之，木格贮之。有奇字，素无备者，旋刻之，以草木火烧，瞬息可成。不以木为之者，木理有疎密，沾水则高下不平，兼与药相粘，不可取。不若燔土。用讫，再火令药镕，以手拂之，其印自落，殊不沾污。昇死，其印为余群从所得，至今保藏②。

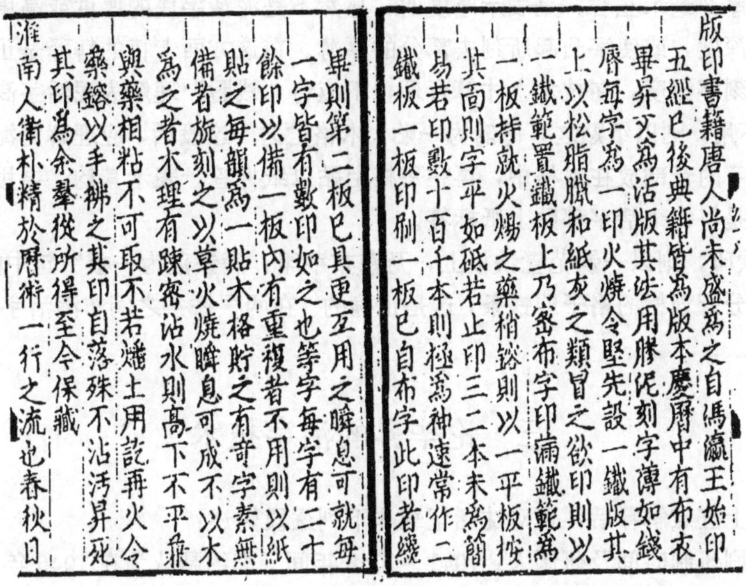
版印書籍唐人尚未盛爲之自馮瀛王始印五經已後典籍皆爲版本慶曆中有布衣畢昇又爲活版其法用膠泥刻字薄如錢脣每字爲一印火燒令堅先設一鐵版其上以松脂臘和紙灰之類冒之欲印則以一鐵範置鐵板上乃密布字印滿鐵範爲一板持就火煬之藥稍鎔則以一平板按其面則字平如砥若止印三二本未爲簡易若印數十百千本則極爲神速常作二鐵板一板印刷一板已自布字此印者纔畢則第二板已具更互用之瞬息可就每一字皆有數印如之也等字每字有二十餘印以備一板內有重複者不用則以紙貼之每韻爲一貼木格貯之有奇字素無備者旋刻之以草火燒瞬息可成不以木爲之者木理有疎密沾水則高下不平兼與藥相粘不可取不若燔土用訖再火令藥鎔以手拂之其印自落殊不沾汚昇死其印爲余羣從所得至今保藏

淮南人衛朴精於曆術一行之流也春秋日

图 7-5 《梦溪笔谈》（1088）卷 18 关于毕昇发明活字技术的记载

沈括的上述原文在 1847 年先由巴黎法兰西学院的杰出汉学家儒莲（Stanislas Julien，1797～1873）教授译成法文③，继而于 1924 年由纽约哥伦比亚大学汉学家卡特博士转为英文④，自然还被译成日文和其他语文，从而为各国学者所知晓。

沈括的语言虽字面上易懂，却仍需要解说。首先，"布衣"为古代庶民之服，转意为平民

① 《宋史》（1345）卷 331，《沈括传》，廿五史本，第 8 册，1201～1202 页（上海古籍出版社，1986）。

② 宋·沈括，《梦溪笔谈》（1088）卷 18，《技术》，元刊本（1305）影印本，15～16 页（文物出版社，1975）。

③ S. Julien, Documents sur l'art d'imprime, à l'aide de planches au bois, de planches au pierre et des types mobiles, Journal Asiatique, 1847, 4e ser., vol. 9, p. 508 (Paris).

④ Thomas F. Carter, The invention of printing in China and its spread westward. Revised by L. C. Goodrich, 2d ed., pp. 212～213 (New York: Ronald Press Company, 1955).

百姓，这说明发明活字印刷技术的毕昇出身平民，很可能是雕版工人。儒莲在《关于木版、石版印刷及活字印刷的技术资料》① 一文内，翻译有关毕昇的记载时，注意到《梦溪笔谈》卷 20 提到另一位在祥符年（1008～1016）在世的老锻工毕升，故而认为与发明活字印刷的毕昇可能为同一人，认为他是 forgeron（铁匠）出身。说明这位法国汉学家读汉籍还是仔细的，但似乎忽略了这二人虽然姓同，名却不同，“昪”与“升”实际上是两个字；而二者所处年代亦不同，祥符在庆历之前四十年，铁匠毕升至庆历年时已是八十岁左右，是否还在世或能否再作新型技术实验，都是成问题的。因而他们应当是两个人，与印刷有关的是毕昪。在当今中国用简体汉字时，又将“昪”写作“升”，造成新的混淆，因此本书一律作毕昇。

第二，沈括对毕昇生平和生卒年没有交待，只说他发明活字时间在宋仁宗（1023～1063）在位时的“庆历中”。庆历共八年（1041～1048），李约瑟博士将此理解为庆历年中期，即庆历五年（1045），这样使年份更具体了②。我们认为可以将发明活字技术的时间定于 1045 年前后。

第三，沈括谈到毕昇“用胶泥刻字，薄如钱唇”句中的“钱唇”应作何解？按钱唇即铜钱的边，一般厚 2 毫米左右，是表示厚度的，显然不是泥活字块的厚度或高度，而是指从字块表面刻字的深度，或使字凸起所刻去部分的厚薄。在这方面卡特的解释是正确的。泥活字的高度应大于刻字深度，在技术上才算合理，不应将“钱唇”理解为泥活字高度。

第四，“不用，则以纸贴之，每韵为一贴，木格贮之”这段话，应理解为泥活字刷印后不用时，应按每字的音韵放在木格中，再在每格上贴以纸标签，表示其韵，再用时按韵从格中取字排版。不是将每个活字都贴上纸标签。

第五，“欲印，则以一铁范置铁板上，乃密布字印，满铁范为一板”句中的“铁范”，卡特理解为用来分行划栏的格子即铁条，这是正确的。在两根铁条之间布满活字，使字行笔直，起到规范作用。

三　论毕昇的活字技术

在作出以上五点解释后，可对沈括记载作下列逐段转述：

①活字印刷研制时间及研制人：1041～1048 年间（李约瑟认为在 1045 年左右），平民毕昇。

②活字制造方法：用胶泥制成活字，每字一印，刻成凸面反体，深度为 1～2 毫米，然后用火煅烧，使之坚硬。每个活字形体、大小均一。

③活字版制版方法：在四边有框的铁板上放一层松脂、蜡及纸灰，呈细粉状。制版时，在铁框架上排以铁条，在两根铁条之间植以泥活字，植满后再置另一铁条，重行植字，直到整版字植满为止。在铁板下以火烘之，则粘药熔化，将活字固着于铁板之上。趁未冷前，以一平板从上面按平各活字，印版即制成。

④刷印方式：一般用两块铁板，当第一块植好字的印版完成，遂即上墨，于纸上刷印。此

① Stanislas Julien, Documents sur l'art d'imprimer à l'aide des plants au bois, des planches au pierre et des types mobiles. Journal Asiatique, 1847, 4 ser., vol. 9, p. 508.

② J. Needham: Science and society in China and the West. Science Progress, 1964, vol. 52, pp. 50～65 (London).

时在第二块板上继续植字。当第一块印版刷印毕，以火烘之，粘药熔化，取下活字再用。此时第二块植字又毕，再刷印之。如此二版轮换、交替使用，活字反复使用，操作迅速。

⑤常用及冷僻活字处理方法：常用字如“之”、“乎”、“者”、“也”等字，要事先制成20或更多个，以备一版有重复出现时用。没有制出的冷僻字，则临时刻出，用草木火速烧。

⑥活字用后之贮存及保管：刷印后，从印版上拆下的活字或新刻未用的活字，都放入含同一字的小木格内，外面按字韵分类以纸贴上标签，便于检索。

沈括所述六项已完整无遗地包括制活字、排版与拆版、刷印及活字贮存与检字等活字印刷技术的全套工序，还论述了活字制版较之雕版有提高工效的最大优点，更指出这种新型技术的适用范围为篇幅较长、较难制版的读物的生产，不适于短篇的读物。而完成这项技术发明的人是平民毕昇。可惜，沈括对技术叙述详细，而对发明人事迹则言之过简。使我们至今对这位发明家了解甚微。有人说毕昇“可能与沈括有亲戚关系”①，这种猜测难以成立，从沈括行文口气中人们不能获到这种印象。假如真有亲戚关系，沈括当会对毕昇个人，作更多介绍，而且对这位长辈当以另种口气相称。毕昇本人有可能是识字的刻版工人，有切身劳动经历和体验，他才能作活字印刷的研制实验并取得成功。他起初曾以木料作活字实验，鉴于木纹疏密不一，遇湿易膨胀变形，尤其与粘药固着后不易取下，遂易以胶泥。毕昇想到制木活字，这本身就是个了不起的技术构想，而且他已付诸实践。只因他觉得泥活字更为方便，才将注意转移到泥活字上。只要解决木活字与字板粘结问题，木活字还是在原理与实践上切实可行的。

一种伟大思想一旦闪现，就会变成人们实现这一思想的行动动力。木活字技术构想一旦传开，就会启导毕昇的北宋同时代人和南宋后世人沿着这一思路继续走下去，粘板问题原则上并不构成前进道路上不可逾越的障碍。只要变换木活字拼版方式，例如用机械挤压代替粘药，或易以其他种类的粘着剂，木活字制版便会立即显示出其可行性。事实上宋代印刷工匠已经作到这一点，并用以制成木活字版读物，只是再没有像沈括这样的学者将此载入史册而已。但考古发掘资料为我们提供了这方面的实物资料。

我们已从出土的西夏文及回鹘文木活字文物中，看到宋代这些没有留下姓名的木活字制造者的身影。另一方面，毕昇之所以用泥活字，也还因它更廉价易得，又节省木料，在胶泥上刻字后焙烧，又坚硬可用。毕昇以前其他人有可能作过活字试验，但有关文献和实物资料还未发现，至目前为止，毕竟是他总其成地完成这项重要发明。这项发明是完整的，以至后人可以按其方法重复实践，仿制成印刷用泥活字。清人翟金生（1775～1860?）就这样作了。毕昇的发明早于德国人谷腾堡（Johann Gutenberg，1400～1468）近四百年，早于高丽人近二百年，因而毕昇发明活字印刷的优先权是无可争议的。

至于以活字制版的方法，沈括所述毕昇技术很是具体，无需再多解释。需要说明的是排版过程中，如遇冷僻的奇字而无现成活字者，可临时用粘土刻成字块。刻好后，“以草木火烧”，很快即硬固，再植于字版上。因为这是对个别少数字的处理，无需再于窑内烧固，但其余常用泥活字则必须于窑内烧固。实验证明，粘土活字于窑内烧固后，并无开裂现象，正如陶器那样。我们还认为，用活字在纸上刷墨时，墨汁的浓度要配得相宜，同时加入适量的胶质如动物胶，以便使印出的字迹清晰。制版时，保证每版上活字构成的版面平整，是下一步

① 张秀民，中国印刷史，666页（上海人民出版社，1989）。

刷印是否成功的关键。因此毕昇采取的措施是，当植字完毕、药稍熔时，以一平板按平活字版面，则刷墨时各字即可均匀受墨。

过去和现在都有人怀疑毕昇用粘土烧成的活字是否能印刷。例如美国人斯文格尔（Walter T. Swingle，1871～1952）认为毕昇的活字是金属作的，“所谓泥活字是作铸字的范型”①；胡适（1891～1962）认为烧结粘土作活字似不合情理，毕昇活字可能是锡字②。近年冯汉镛认为粘土烧至1300℃以上高温烧成为瓷，其吸水力接近于零，用千度左右温度烧成为陶，则吸水力为20%，两种情况下都不能用以印刷。③

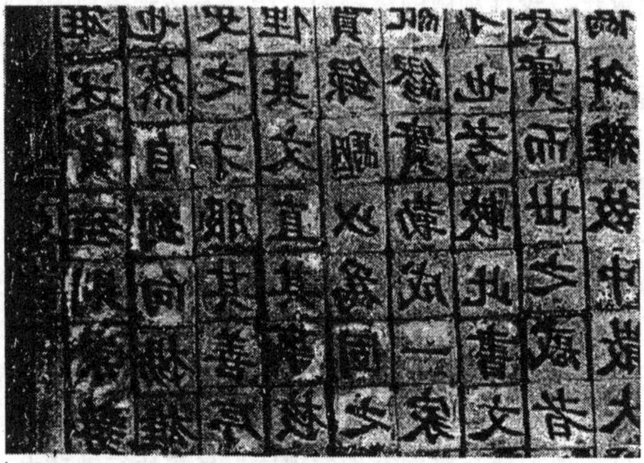

图7-6　依毕昇技术仿制成的泥活字

排出的《史记集解》活字版，中国历史博物馆藏品

此说或可商榷，因实际资料表明，烧成温度在700～900℃之间的粘土制陶器，吸水率在10%以下的样品比比皆是。最低者为5%④。而烧成温度近1300℃的瓷器，吸水率有时可低至9%。因此不可一概而论，我们认为吸水率更与粘土化学组成有密切关系。事实已证明，毕昇用粘土烧出的活字完全适用于印刷，泥活字技术是行之有效的。（图7-6）他既已制成活字，肯定会用于印书，沈括所载技术正是毕昇曾使用过的。可惜他用其新技术印出的书未流传下来他本人也在完成发明的几年后便去世。通过他家人、徒弟的继承，活字印刷术在与占统治地位的雕版印刷术并存，活字本生产量仍较小，二者应当有一段并存与竞争的阶段，但事态的发展表明，在传统手工业生产时期活字印刷在中国没能像在西方国家那样占统治地位，这自有其原因，我们将在第十一章第三节加以分析。毕昇以后宋代活字印刷的史料不多，但还是有的，而且泥活字及木活印本不时出土，说明活字技术在进一步发展与完善，而且南宋时还出现了金属活字，对此将在第十章第三节加以讨论。

---

① W. T. Swingle, Orientalia: Acquisitions, Report of the Library of Congress for 1921～1922, pp. 184～186 (Washington).

② Hu Shih, The Gest Oriental Library at Princeton University, The Princeton University Library Chronicle, 1954, vol. 13, no, 3, pp. 123～141.

③ 冯汉镛，毕昇活字胶泥为六一泥考，文史哲，1983，3期，84～85页。

④ 冯先铭等主编，中国陶瓷史，47～50，282页（文物出版社，1982）。

第八章　传统印刷技术

在讨论了雕版印刷及活字印刷的起源之后，本章集中叙述这两种印刷方式所涉及的技术问题。鉴于历代印本书的工艺过程基本上大致相同，此处作统一介绍，可免在以下各章重复叙述。而以往有关印刷史作品一般较少谈及一部雕版或活字版书的生产过程，用专门一章篇幅讨论这个问题，表明我们对技术过程的重视。本章所说传统印刷技术，包括手工业时期中国历代沿袭下来的通用生产模式。有些技术，如复色印刷及活字印刷是宋以后发展起来的，也在这里讨论，以求给出一个传统印刷技术的总的轮廓。另有些技术，如金属活字发展时间较晚，将在以下有关章内讨论。

第一节　印刷生产中的原材料

一　刻雕版用的板材

在讨论中国传统印刷技术时，首先要从技术角度论述印刷生产中的主要原材料，包括制雕版或木活字所用的木料、刷板用的墨和各种颜料、染料以及印刷品的物质载体纸。有了木料、着色剂和纸这三种主要原材料，才能通过一系列过程、运用各种工具最后生产出印刷品。古代对这些原材料都有一定的技术要求，不合要求的，不能用于印刷业生产中。

先谈作印刷板或木活字的木材，多选取粗壮而挺拔的乔木，这样可以得到足够大的板面。木料的硬度要求适中，既易于下刀雕刻，又要有足够的硬度和强度，太软或太硬都不适宜。同时，木质宜细密均匀，纹理规则，没有或少有疤节。经刨平后，表面平滑，受墨性好。由于印刷业需要消耗大量雕版，所以制版用的树木还应当分布较广，能够充分供应，而且还不能过于昂贵，否则增加生产成本。显而易见，一些稀见的贵重树木，虽然品质良好，但因昂贵、难得，不适于在印刷中采用。考虑到所有这些技术经济条件后，古人通常选作制版或木活字的木材，为梓木（图 8-1）、梨木和枣木等。

看来梓木是广泛使用的板材，这从宋元以来刻本有关题记中，就可见到记载，宋以前也同样如此。例如宋乾道七年（1171）蔡梦弼的东塾刻本《史记集解索隐》卷二所附题记内称："建谿蔡梦弼傅卿亲校刻梓于东塾。时乾道七［年］、月春王正、上日书。"[①] 此题记年份为乾道七年正月初一日，即 1171 年 2 月 7 日，此处对月和日的写法有些独特。建谿即建溪，今福建建阳。因而此刻本用福建建阳的梓木制版，是毫无疑问的。淳祐十年（1224）江西上饶郡县刻本《朱文公订、门人蔡九峰书集传》卷二有吕遇龙《跋》云："遂从考质，锓梓学宫"，也以梓木刻版[②]。

而金初 1140～1178 年间所刻《赵城藏》中《阿毗昙毗婆娑论》卷三十一有题记称，万泉

---

① 北京图书馆编（赵万里执笔），中国版刻图录，第三册，图版 163（文物出版社，1961）。

② 中国版刻图录，第三册，图版 133（文物出版社，1961）。

县荆村杨昌等人施梨树五十棵供雕版之用。1952 年中国历史博物馆入藏北宋版画雕版二块，为河北巨鹿出土，其一为仕女像，板长 59.1 厘米、宽 15.3 厘米、厚 2.3 厘米；另一块为年画，人物较多，板长 26.4 厘米、宽 13.8 厘米、厚 2.5 厘米。这两块雕版均由枣木板材制成①梓、梨、枣这三种树的木材在印刷业中用得如此普遍，于是“梓行”、“付梓”、“付之梨枣”等词便成了“出版”的同义语。不但过去在中国如此，在汉字文化圈中的日本、朝鲜和越南也是如此。

图 8-1　梓树

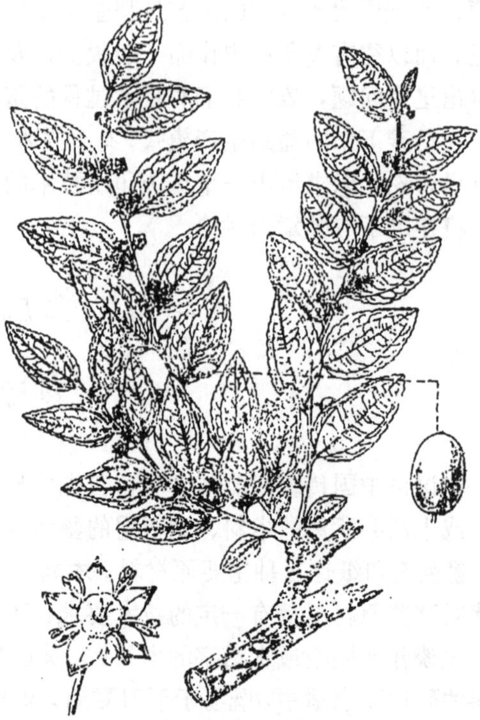

图 8-2　枣树

梓木为紫葳科落叶乔木梓（*Catalpa ovata*），高达 6 米余（图 8-1），分布在中国东北南部至长江流域，日本也有分布。梓木多栽培为行道树或遮荫树，生长较快。此树木质较硬，纹理直，耐朽，除广泛用于制雕版外，还用来制棺木，称为“梓器”，皇帝用的棺材叫“梓宫”梨木为蔷薇科落叶乔木梨（*Pyrus sinensis*），梨属（*Pyrus*）分为中国梨及西洋梨两大类，中国梨（*Pyrus sinensis*）原产于中国，早在二千多年前已成为中国重要果树之一，分布较广，有若干品种。枣木为鼠李科落叶乔木枣（*Ziziphus vugaris*），也是中国原产植物（图 8-2），以河北、山东、河南、陕西、甘肃、山西等地最多，品种也不少。用梨、枣木制雕版或木活字，都合乎技术要求，而枣木比梨木更硬些，用于刻版画、木活字和有插图的书。其他有类似品质的落叶乔木亦可使用，如蔷薇科落叶乔木杏（*Prunus armeniaca*），也原产中国，在西北、华北和东北各地分布最广。松木、杨木虽然分布广、价廉易得，但因木质轻软，不适于制印板或活字，而且松柏科乔木因含树脂，也不适于印刷。

① 石志廉，北宋人像雕版二例，文物，1981，3 期，第 70～71 页。

各地可根据当地的植物资源选用适当木材，有时也偶有选用桑科的榕（*Ficus microcarpa*），有时则以非木材材料制成印板，如铜板，这都属于例外场合。过去用传统方法所制木雕版，传世和出土者很多，可从中知道其所用木材。德格藏族地区刊刻藏文书籍的雕版，是用桦木科落叶乔木红桦（*Betula albo-sinensis*）为板材的，此木软硬适中。我们在天津杨柳青和北京筹备中的印刷博物馆看到过大量过去用过的雕版，其板材为枣木、梨木等，较少看到梓木，看来这是南方刻版用的板材。活字除以木为原材料外，还用胶泥、金属和瓷土等，将在适当地方提及，此处着重讨论板材。

二 印刷用墨的源流及制法

以木材制成雕版后，要借着色剂才能将版面文字或图画印在纸上。最普遍使用的着色剂是中国墨。用墨汁在纸上印成黑字，是古今中外所有印刷品中的主要表现形式。在讨论印刷技术前，不能不对墨的历史及制造作一回顾。在印刷术发明前的写本阶段，纸、墨、砚、笔并称之为“文房四宝”，是每个读书人必须具备的书写工具。中国墨主要特色是呈现纯正黑色，有光泽，且永不褪色。这使它优于很多外国制造的墨，在世界上受到高度评价，且为一些国家所仿制。

墨的主要成分炭黑（carbon black），是含碳物质供氧不足时不完全燃烧所产生的轻质而疏松的黑色粉末。炭黑是无定形碳（amorphous carbon），由许多细小的石墨（graphite）晶体组成，微观结构复杂。中国以炭黑制墨由来已久，最初是以炭黑与胶汁制成墨汁，在此基础上又制成固体墨块，用时蘸水在石砚上研，砚的出现是与固体墨的使用有密切关系的。其他国家古代也用墨汁写字，但原料、制法与中国有别，此处不拟细述。

就中国墨而言，据陈梦家《殷墟卜辞综述》（1956）报道，河南安阳市殷墟出土的甲骨片上发现有些黑字或朱字，这类甲骨文盛行于武丁时期（前1324～前1266）。而对甲骨文所用黑字物料的显微化学分析表明，其成分为炭黑①，显然已进入用墨的史前期。西周（前1142～前771）、春秋（前770～前477）以来，由于生产技术的发展，已为制墨提供了必要条件。1964年洛阳北窑附近有370处西周贵族墓葬被发掘后，考古学家发现其中有七件带墨书文字的器物，分别写在铜簋底部及铜戈、铅戈的基部，皆明显可辨②。铜簋底部墨书铭文为“白懋父”。白同伯，懋或作髦，经考证此即率成周八师征“东夷”的康叔之子康伯髦，则此器物年代为西周初康王（前1078～前1054）时期。其他墨书文字的戈、戟也是西周早期遗物。用墨写在金属器物上的文字经历三千多年后仍保存完好，足见中国墨的品质之高。

战国时哲学家庄周（约前369～前286）《庄子》（约前290）《外篇·田子方第廿一》称：“宋元君将画图，众史皆至受揖而立，舐笔和墨”③。宋元君即宋国（前858～前477）统治者宋元公，名佐（前530～前516年在位），这里说的是他的臣僚舐笔和墨作画的事，发生于公元前6世纪。“和墨”中的“和”字，应作动词解，意思是调和墨，而不是研墨，因而此处所

① A. A. Benedetti-Pichler, Microchemical analysis of pigments used in the fossae of the incisions of Chinese oracle bones. Industrial and Engineering Chemistry; Analytical Edition, 1937, vol. 9, pp. 149-152.

② 蔡运章，洛阳北窑西周墓墨书文字略论，文物，1994，7期，第64～69页。

③ 王先谦，《庄子集解·外篇》卷五，第40页（上海：扫叶山房书局，1926）。

说的墨，仍有可能是墨汁，即炭黑粉末与胶水调和而成的黑色液体。春秋、战国以来的文献，一般是用墨写在缣帛和简牍上，这类实物时有出土。但是用墨块或是用墨汁书写，仍有待进一步研究才能判断。

显而易见，从使用角度看，墨块比墨汁更易于保存和携带，但其制造过程也更复杂。从技术上分析，墨块显然是在制造墨汁原有技术基础上发展起来的，最关键的步骤是获得均匀而细小的炭黑颗粒。炭黑是制取墨汁和墨块的主要原料。先秦时的墨块近年来曾有出土，并不像过去所认为的那样晚，如 1975～1976 年湖北云梦的睡虎地古墓群中便发现有圆柱形墨块[①]，其年代相当于战国末至秦（前 4～前 3 世纪）。

这项考古发现有力地说明，至迟在秦始皇统一中国前的战国时代，书写时就已用了固体墨。西汉以后，南北所造的墨块多有出土，如 1973 年山西浑源西汉墓中发现墨丸及有墨迹的石砚[②]。同年湖北江陵凤凰山汉文帝十三年（前 167）墓葬中出土毛笔及有墨迹的石砚[③]。1983 年广州象岗山西汉墓更出土圆饼状固体墨，数量多达 4385 枚，墓主为第二代南越王赵眜（约前 162～前 122）[④]。

有趣的是，1953 年河北望都发现的西汉墓，墓室壁画上还绘有在主薄面前摆着写字用的砚和墨块[⑤]。西汉时从南到北广泛以固体墨写字，现已有了足够物证。因西汉已有了纸，因此从这时起除在帛、简上以墨挥毫外，还在纸上写字。这类实物近年来也在西北出土，如 1986 年甘肃天水市郊放马滩西汉墓中出土绘有地图的麻纸，地图上用墨线条绘出山川、道路等。该墓葬年代为西汉初文帝、景帝时期（前 179～前 141）[⑥] 因而这是迄今世界上最早的有墨迹的纸（图 1-19）。

在汉代政府官制中有专门掌管笔、纸、墨的官员，如《后汉书》卷三十六《百官志》载守宫令“主御纸笔墨及尚书财用诸物及封泥”。又尚书右丞“假署印绶及纸笔墨诸财用库藏”。汉人应劭（140～206）《汉官仪》（197）更载“尚书令、仆丞郎，月赐隃麋大墨一枚、小墨一枚。”此处量词以“枚”计，说明是固体墨块，而隃麋墨是隃麋（今陕西千阳）所产之墨。以其质量优良，后世诗文便时而以“隃麋”指墨，如同以楮指纸那样。

中国古代烧制炭黑、制墨原料主要有两种。一是树木，尤其是松木；二是油脂，特别是桐油。汉、唐以来多以松木烧成松烟炭黑制墨，即所谓松烟墨[⑦]。三国魏人曹植（192～224）的乐府诗《长歌行》云：

墨出青松烟，笔出狡兔翰。

古人感鸟迹，文字有改刊。

此处明确指出，墨由青松烟所制成。而汉代有名的隃麋墨，实际上是由隃麋县终南山所生长的松木为原料。宋代人晁贯之（字季一，1050～1120 在世）在其有关制墨的重要著作《墨经》（约 1100）中谈到历代墨原料时写道：

---

① 孝感地区考古短训班，湖北云梦睡虎地十一座秦墓发掘简报，文物，1976，9 期，第 53 页，图版二，图 5。

② 关于山西浑源西汉墓的考古发现，详见文物，1980，6 期，第 44 页。

③ 长江流域第二期文物考古训练班，湖北江陵凤凰山西汉墓发掘简报，文物，1974，6 期，第 50 页。

④ 麦英豪、黄展岳，西汉南越王墓，上册，第 142 页（文物出版社，1991）。

⑤ 河北省博物馆，望都汉墓壁画，第 3～14 页（北京：中国古典艺术出版社，1955）。

⑥ 何双全，甘肃天水放马滩战国、秦汉墓群的发掘，文物，1989，2 期，第 1～11，13 页。

⑦ 李亚东，中国制墨技术的源流，载科技史文集，第 15 辑，第 113～127 页（上海科学技术出版社，1989）。

汉贵扶风隃糜终南山之松，……晋贵九江庐山之松，……唐则易州、潞州之松，上党松心尤见贵。唐后则宣州黄山、歙州黟山松、罗山之松。……今（宋代）兖州泰山、徂徕山、岛山、峰山……池州九华山及宣歙诸山皆产松之所。

宋代制松烟遍及南北各地，取诸山之松为原料，甚至包括东北辽州辽阳山之松。之所以用松木，是因为其中含有丰富的树脂，即松香和松节油，可作成优质炭黑，而且具有香味。含松脂多的松，最适于烧松烟。中国南北各地常用的都是松科常绿乔木中的各种松，如白松或华山松（*Pinus armandi*）、油松（*Pinus tabulaeformis*）、马尾松或青松（*Pinus massoniana*）、红松或海松、果松（*Pinus koraiensis*），其中的红松主要产于东北。以油脂为原料烧成油烟炭黑，制成油烟墨，一般是从宋代起发展起来的。烧制方法与所用设备与松烟墨不尽相同。因唐宋以来印刷业多用松烟墨刷印，所以我们此处着重叙述松烟墨，而略去油烟墨。

松烟墨的优点是生产成本低，便于大规模制造，在宋代宣州黄山、歙州黟山的松墨著名于世，由于这一带还产纸，因而成了印刷业的一个中心。关于烧松烟的设备及技术，晁贯之《墨经》也作了介绍，其中谈到立式及卧式两种烧窑，而宋以前多用立窑。立式窑高1丈余，窑膛腹宽口小，灶面上不设烟突，只在窑上盖一大瓮，大瓮上再连叠五个大小相差的瓮。从下向上共置五瓮，越往上的瓮越小，一个套一个。上面瓮在底部有开孔与下面的瓮相连通，接缝处以泥密封。将松木放入窑膛内点燃，气流和松烟向上沿各瓮流动，可适当控制气流量，冷却的松烟颗粒滞留于各瓮之中。

整个立式窑造成缺氧的不完全燃烧气氛，气流经六个瓮上升时似乎经过一些挡板，同时受到冷却作用。当每瓮内积有厚厚一层松烟后停火，冷定时以鸡毛扫取炭黑。最上一瓮内炭黑最细，质量最好，再往下则颗粒相对粗些，最下一瓮近火者内中炭黑颗粒最大，可制次等墨或作黑颜料。用这种方法可对炭黑作分级，最上粒细者作上等墨，下面瓮内粒较粗者用于印刷。用这种方法烧取松烟，设备操作容易，但因烟道较短，炭黑微粒易散逸，同时设备生产率不高，不能得到大量炭黑。

宋以后代之而发展起来的是卧式烧松烟窑。前述《墨经》接着介绍"今用卧窑"，在山岗上根据地势高低筑起斜坡式卧式窑，总长达100尺、脊高3尺、宽5尺，由若干节烟室接成，内设一些挡板。灶膛（即燃烧室）在整个窑的最低处，灶口一尺见方，松木由此处放入。灶膛与烟室间有咽口相通，二尺见方，烟气以下沿烟道逐步上升，经各节烟室到达尾部。松木每次从窑底部灶口加入3～5枚点燃，根据燃烧情况再续入松木，如此连续烧制七昼夜称为"一会"，自然冷却后，进入窑内扫取松烟。近火的一节烟室炭黑粒度大、质量低，越向上的各节内炭黑粒度越小、质量越高，此即远火者佳。用此法对炭黑等级作出分类。美国考古化学家温特（John Winter）对华盛顿弗利尔美术馆（Freer Gallery）所藏中国元代画上的松烟墨作了扫描电子显微分析，证实其中炭黑颗粒为0.1μ以下，已达到近代炭黑粒度水平①。

明代科学家宋应星《天工开物·朱墨》中介绍烧取松烟的卧式窑，在结构原理上是与宋人描述的卧窑一致的。书中指出，当时制墨原料用松烟占9/10，油烟只占1/10。烟窑也根据地形从低处向高处建起，以竹条作成圆顶棚屋，形状像船上的雨篷，逐节接连成十多丈长，像宋代一样总长100尺。其内外及各节接口处以纸与席子糊固，竹棚下接地处盖上泥土，里面

---

① John Winter, Preliminary investigation on Chinese ink in Far Eastern paintings. Advances in Chemistry, Series **138** pp. 209, 213～214, 219 (Washington, DC: American Chemical Society, 1975).

砌砖作成挡板，但要留出烟道。还规定“隔位数节，小孔出烟”，即每隔数节便在顶部留一小孔出烟。这种结构设计是合理而科学的，圆顶雨篷结构可减少气流阻力，使之均匀散热及流动，隔一段距离开小孔通气可控制气流量及流动速度，使气流速度逐节下降，有利于粒度大小不同的炭黑分级沉降。

《天工开物》没有谈到卧式烟窑高度、宽度及灶口尺寸，但应当大体上与宋代卧窑相同，从插图看，灶口尺寸画得过大，应是一尺见方的小口，否则松木便因窑内空气（氧）过多而完全燃烧。宋应星还指出，松木砍伐前，要在树根开一小洞让松脂流出、点燃，则整个树干内松脂因受热都流出（图 8-3），因为据说只要有一点松香没有流净，所成之墨最后总有研不开的滓子。按松香为黄色晶体，内含松香酸（abietic acid）及松香酸酐（abietic anhydride）约 80%，在窑内不完全燃烧后可以转变成炭黑的，不一定要事先除去，后来甚至有人直接从松香制炭黑。使墨中减少硬滓，主要应控制炭黑的粒度，因而宋应星提出松烟窑低层头部灶口处放入截成小段的松木，点燃，则松节逐节上升，直到尾部。烧数日（约七日）后停火，冷定入窑扫刮松烟。远火处末尾两节内收集的松烟称为“清烟”，是粒度最小的优质炭黑，近灶口的头两节内收集的叫“烟子”，可卖给印书坊家印书，是粒度大些的次等炭黑，仍要研细使用，其余当黑颜料用。头、尾之间中部各节内的松烟叫“混烟”，粒度及质量介于精粗之间，可作一般的墨，或与烟灰子掺合印书用。

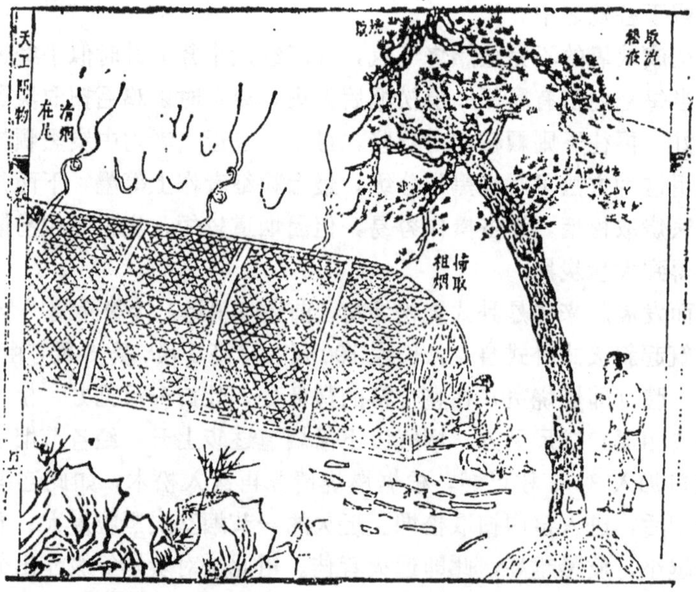

图 8-3　烧取松烟图，取自明人宋应星《天工开物》(1637)

烧取炭黑后，如欲制固体墨，还要将它与胶水及其他添加剂混合，再捣细、成型，经一系列步骤后，才能得到墨丸或墨锭。南北朝人贾思勰《齐民要术》（约 538）在《笔墨第九十一》有合墨法，其中写道：

好的纯净烟子捣好，用细绢筛，在缸里筛掉草屑和细砂、尘土。这东西极轻极细，不应当敞着筛，恐怕飞着失掉，不可不留意。每一斤墨烟用五两最好的胶，浸在梣皮汁里面。（梣皮是江南樊鸡木的树皮，这树皮浸的水有绿颜色，可以稀释胶，又可以使墨的颜色更好）。可以加鸡蛋白五个，又用真朱砂一两、麝香一两，另外整治、细筛，混合均匀。下到铁臼里，宁可干而坚硬些，不宜于过分湿。捣三万杵，杵数越多越好。合墨的时令不要过二月、九月，太暖会腐败发臭；太冷，软软的难得干，见风见太阳，都会粉碎。

以上是石声汉（1807～1971）博士提供的译文，而贾思勰的原文如下：

合墨法：好醇烟，捣讫，以细绢筛，于缸内筛去草莽，若细沙尘埃。此物至轻微，不宜露筛，喜失飞去，不可不慎。墨麹（墨烟）一斤，以好胶五两，浸梣皮汁中。梣，江南樊鸡木皮也，其皮入水绿也，解胶，又益墨色。可下鸡子白五颗。亦以真朱砂一两、麝香一两，别治、细筛，都合调。下铁臼中，宁刚，不宜泽。捣三万杵，杵多益善。合墨不得过二月、九月，温时败臭，寒则准干潼溶，见风见日解碎①。

这段话是有关制墨技术的重要早期记载，其中规定每1斤松烟炭黑要与5两动物胶配合，则炭黑与胶的重量比为100∶31，即每100斤墨汁含碳黑67～77%及动物胶23～33%。在历史上一度长期采用这一配比，此后胶量时而上升，时而减少，总的说两者重量比为100∶30～50。贾思勰的合墨方中含有炭黑、动物胶、梣皮汁、鸡蛋白、朱砂及麝香共六种药，动物胶是炭黑分散介质及墨的成型剂，其余三种为添加剂。麝香是鹿科牡麝（*Moschus moschiferus*）腹部香囊中的干燥分泌物，为上等香料。它放在墨中使其产生香味，又有抗菌防腐作用。梣皮又称秦皮，为木犀科梣树（*Fraxinus bungeana*）之树皮，学名小叶白蜡树，同科又有黄枥白蜡树（*Fraxinus rhynchophylla*），其树皮呈灰褐或灰黑色，水浸液呈黄碧色，有抑菌作用，还可调和墨色。朱砂（HgS）为朱红色，亦为助色剂，使墨迹黑中略带朱光。

《齐民要术》原文称“亦以真朱砂一两”，有的作者将“真朱砂”理解为真珠粉即海中珍珠粉，恐不确切，因为珍珠粉在墨中不起作用，后世诸墨配方中也不加此，故“真朱砂”应指纯正的朱砂，后世配方中常有此物作为助色剂。鸡蛋白主要含蛋白质，可改善胶液对炭黑粒子的润湿性能，使炭黑在胶液中分散性提高。故明代人沈继孙（1350～1410在世）《墨法集要·用药》(1398）列举墨中各添加剂作用时指出：“麝香、鸡子青引湿，榴皮、藤黄减黑，秦皮书色不脱，……银硃、金箔助色发艳。”② 这种解释有一定道理。后来添加剂种类越来越多，使成分很复杂，功能更多，构成中国墨另一特色。

在合墨前，还要对炭黑粒度进行分类，以确定由不同粒度炭黑所作成的墨的等级。古代除根据在松烟窑不同部位扫取炭黑以定其粒度及质量等级外，还用水选法，即根据在水中悬浮情况分类，粒细而比重轻者上浮，粒大而比重大者下沉。例如《天工开物·朱墨》说“凡松烟造墨、入水久浸，以浮沉分精悫（粗）。”由于印刷业主要用墨汁，而不是将固体墨化成汁，所以我们不拟赘述固体墨制法。

古代印书绝大多数场合都是以墨印成黑字或图，但偶尔也印成红色及蓝色。红色墨汁以银朱（40%）及红丹（60%）为原料，银朱成分（HgS）与朱砂或辰砂同，但都是人造硫化汞，由硫与汞直接烧炼而成。红丹或铅丹（Pb_3O_4）由铅加工而成，二者都呈红色，但红丹较便宜。它们按四六成配比后，研成细粉，经过筛；再将兰科草本白芨（*Bletilla striata*）块茎取来，洗净，以水煮，因其中含30%淀粉，且含粘液质，故水煮液呈粘性，经过滤，与红丹、银朱粉

① 北魏·贾思勰著、石声汉注，齐民要术选读本，第634～636页（农业出版社，1961）。

② 明·沈继孙，墨法纪要（1398），用药，第15页（慎自爱轩重刻本，1893）。

混合，配成红色液汁用于印书，字迹呈鲜红色。

蓝色墨汁主要用蓝靛，将蓝类植物茎叶在桶内发酵，再以石炭水处理而得。这类植物有蓼科蓼蓝（*Polygonum tinctorium*）、十字花科茶蓝（*Isatis tinctoria*）、爵床科马蓝（*Strobilanthes flaccidifolius*）及豆科吴蓝（*Indigofera tinctoria*）等。一般在六七月割蓝，放窖或桶内水浸七天，经发酵浸出蓝液。每石蓝液放入 5 升石灰粉，搅动，蓝靛很快结成，静止后沉于底。缸内沉靛的蓝靛处理后，成为最好的蓝染料，称为"标缸"，用于染丝绢。制造蓝靛时，将漂在上面部分取出晒干，称为"靛花"，其价钱比标缸便宜，因而用于印刷。着色剂的色调浓淡，根据需要临时调剂，没有固定规定，如果是用墨，当然不宜用淡墨。

三　印刷用纸

最后，简单谈一下印书所用的纸。我们知道，满足印刷技术需要的纸，应当表面尽可能的平滑受墨、纤维素少，有足够的白度、紧密度和适中的厚度。纸最好是柔韧的薄纸，不应硬涩而过厚。尽管西汉以来中国已生产了用于书写的纸，但到南北朝（5～6 世纪）时，才能制造出适合印刷用的纸。以厚度而言，南北朝时有了适合印刷的 0.10～0.15 毫米厚的纸，0.10 毫米以下者时而发现，而汉代纸一般说较厚，表面平滑度不高，不适于印刷。隋唐、五代时的纸比南北朝的更为精良。我们从对出土唐、五代印本佛经、佛像用纸的检验观之，绝大多数用的是白麻纸和黄麻纸，黄麻纸是以黄柏汁染成的。有少量皮纸（桑皮纸、楮皮纸）和竹纸亦用于印刷。印刷用纸都较柔韧，表面相对平滑受墨。因出土唐、五代印刷品多数刊印于西北，其用纸亦为当地所造，因此还不能反映出内地造纸水平。

宋以后，中原麻纸渐少，而印刷多用皮纸及竹纸。皮纸薄而柔韧、平滑受墨，最适合印书之用，还用于印制纸币及商业票据。竹纸是唐末至五代在南方兴起的，至宋以后产量迅速增加，质量也有所改进，但总的说，白度较低，多呈淡黄色。南宋至元以后，白度有改善。竹纸的最大优点是价格低廉，很多面向大众的读物多以竹纸印刷。古代的纸因产地、规格、用料加工及用途等不同而有许多名目，从造纸学角度观之，无非麻纸、皮纸、竹纸及混合原料纸有限的几种，不必为这些繁多的纸名所困惑。

印刷书籍因用纸量相当大，一般说不一定非用佳纸，特别是私营作坊，为降低生产成本并相应降低书价，以图尽速在市场上流通，多用普通的纸及较廉价的纸印书。这同书法家和画家要求用好纸挥毫的情况是不同的。另一方面，由政府出面刻印的官刻本，如五代及宋的国子监本，因有雄厚资金及人力为后盾，常用好纸、佳墨印书，刻工及校对也相当严谨，这是属于代表国家印刷水平的读物。有的个人有一定经济实力，出版有限数目的印刷品作为纪念或分赠亲友，有时也用好纸。关于历代造纸技术及产纸情况，本书第二至六章已详加论述。本节不再重复。当然，印刷用纸与一般用纸不同，其技术要求，我们将在以下有关章节中讨论，特别在第十章第四节对宋元版刻用纸作专门讨论。

第二节 雕版印刷技术

一 印板的加工和上板技术

以往出版的有关印刷出版史的作品中讨论印刷技术史者不多。这是因为记载印刷技术的原始文献留下很少。本书要用较大篇幅讨论技术问题，尽可能详细地论述如何用原材料制成印刷品的整个过程及所用工具。这里陈述的雕版印刷技术模式，基本上是历代工匠操作时通用的传统模式，为中原地区和各少数民族地区所采用。尽管不同时期各地对各工序有不同称呼，但基本过程是大同小异的，因此在讨论各时期印刷的有关章节中，不再重复叙述印刷技术，而于此处集中叙述，如遇有重大革新，则在相应地方论述。为克服印刷技术史料之不足，我们采取研究造纸技术史时用过的方法，即从保存于民间的传统手工技术的调查材料入手，结合有关文献及传世或出土印本实物研究以及对这项技术发展的历史分析。

手工业时期的古代印刷技术，像造纸技术一样，都是经父子、师徒之间的传授而流传下来。生产模式包括生产工序、技术和工具等，在很长时期内没有发生重大变化，这正是手工业生产方式的特点。因而在后世民间工匠中保留下来的传统生产技术中，包含不少先前时代的技术原型和要素。从对现存传统技术的解剖中可以窥出其早期技术形态。这就是我们经常谈到的技术遗传现象的表现。至于从实物研究中理出技术过程，我们没有像研究造纸技术史时那样幸运地掌握从西汉直到清末的历代纸样标本可资分析化验，这是因为唐代或唐以前的早期印刷品，特别是佛教印刷品由于受到反对宗教的统治者的摧残，很少保留下来，有些年代可查的较早期实物后来多流散在海外，我们少有机会作亲自研究。所能见到的较早印刷品多为宋元或宋元以后者。

不过宋元上承隋唐、五代，下启明清，处于印刷史中承上启下的重要转折时期，为后世提供了基本上定型的技术模式。将这一时期的技术理清，有助于探讨宋以前的技术及其以后的演变，从而有助于了解整个传统印刷技术的轮廓。另一个研究方法是将现存历代印刷品加以比较，从技术对比中推导出不同时期技术演变的实态，有时起着文献记载起不到的作用。

已故南京通志馆馆长、词曲专家卢前（字翼野，1905～1951）在其所著《书林别话》（1947）中，对传统雕版印刷技术所作的调查研究，有重要的意义[①]。芝加哥的钱存训也对印刷技术给予很大注意[②③]。他们的作品对本节写作都有启发。我们也曾前往保存传统印刷技术的作业现场作了调查，包括北方和南方的不同地区。通过调查，对整个印刷过程有了总的概念，再将现代手工生产的印刷品与宋元版古书作实物对比，运用技术史分析方法，借以判断哪些工具是近代产物，哪些是古已有之的，这样就能看到印刷技术中基本上不变的一些生产工序和后世发展起来的新的工序、工具、原材料和技术等，因之古代雕版印刷技术的轮廓便

---

① 卢前，书林别话（1947），收入张静庐编，中国现代出版史料，丁编，下卷，第627～654页（北京：中华书局，1959）。

② Tsien Tsuen-Hsuin：Paper and Printing，in Joseph Needham's Science and Civilisation in China，vol. Ⅴ，pt. 1，pp. 195—201（Cambridge University Press，1985）。

③ 钱存训著、刘祖慰译，纸和印刷，收入李约瑟：中国科学技术史，卷五，第一册，第173～178页（科学出版社-上海古籍社，1990）。

展现在我们面前。

这里给出的各工序名称，不一定是古人使用的，但他们却通过这些工序从事生产，有些术语可能就是历代沿袭下来的。对印刷技术史而言，重要的是研究历代技术本身及其演变，列出历代刊刻的一些图书书目固然必要，但重要的是使刊刻过这些书的技术不要湮没下去。卢前先生感慨地说：

> 雕版之技艺，能谈者已少，不出二十年斯道必中绝，不有记载，则他日孰知前此成书之程序耶？

此可谓中肯之言。现拟就传统雕版印刷技术试作如下探讨。

不言而喻，雕造印板是雕版印刷中的关键步骤，所需板材已于上一节中介绍。由于印书需要用大量雕版，从而也耗用许多木材，因此印一部书所用的雕版不一定都是一种木料。选好木材后，首先要将砍下的木料剥去外表皮，断成适当长段，再将每段木料顺着纹理锯成长方形木板，根据所要印成的书籍版面大小来决定木板大小。一块木板相当于一块印板，或书的两页。每块木板通常厚 2.5 厘米，直高 20 厘米，横长 30 厘米。每块板面积都是事先设计的版面面积。对每块木板表面及四边都必须刨光，不允许有节疤。

为避免书版因受冷热而开裂，还要将其放在水中浸一段时间，通过发酵而除去木质中所含胶质等成分。浸泡时间长短视季节而定，夏季浸的时间短些，冬季所需时间长些。一般为一个月左右。必要时对木板可进行蒸煮，其目的与水浸一样，但作用时间加快。水浸或蒸煮后，将木板逐块取出阴干，不可在烈日下曝晒或火烤，以免生裂。阴干所需时间视季节及天气而定，阴干后，用细刨刨平木板表面，再向板上擦以豆油、菜子油之类植物油，用节草茎将木板表面打磨光滑。节草为苋料节节花（*Alternanthera sessilis*），其茎节上有许多柔毛（图 8-4），可将木板擦光。当然，用其他类似草类亦可，不过凡茎有硬节或硬刺者不可用。有的著作中说，用芨芨草打磨，恐不确切。因为芨芨草（*Achnatherum spledens*）是禾本科植物，这种多年生草本的茎粗壮、坚硬、光滑无毛，其叶亦坚韧、光滑无毛①，用芨芨草擦木板会擦出伤痕，影响木板平滑度。刨板面这道工序需有经验的木工操作，板面各部位必须水平。如发现某处有硬节，必须挖去，再补上大小合适的木块、刨平。

木板准备好之后，下一步工序是贴写样。贴写样是将事先写在纸上的书稿文字以反体转移到木板上的工序。一般请书法高手将书稿文字工整地抄写在纸上，字的大小及字体都事先规定好，写样上的文字就是未来刻本书的文字。为使每行字整齐而不出现倾斜，还要在每张纸上事先印出红色的行格，称为“花格”。就是说，根据所定书版大小，在一块木板上刻出每块版的四周边线及各个行格（行与行之间的界线），同时在容文字的每行直格界线中间再刻一条细的中线。花格板以红色颜料将花格印在纸上，书写者抄稿时沿每行的中线下笔，使每字左右两半部都写得匀称、大小一致。遇有注文，则在中线左右写出双行小字。因行与行间有线界定，每行内又有中线为准，写出的每行字必然整齐笔直而不斜，类似现在在原稿纸上写字。

写样所用的纸，在宋以前多是麻纸，宋元后则多用皮纸，因皮纸既坚韧，又可制得较薄，其纤维细长。用皮纸写样，其上面的墨迹转移到刻板上时，比用麻纸效果更好，下刀刻字时字形也显得更生动。竹纸一般不用作写样，因其颜色不及皮纸洁白，故写样多用皮纸。

---

① 中国科学院植物研究所主编，中国高等植物图鉴，第五册，芨芨草，第 116 页（科学出版社，1987）。

写样完成后，要与原书稿进行初校，发现有错字时要标出正字，将错字去掉，再贴上正字。发现有漏落字情况，也要标出，用同法将应补上的字写出。写与校都宜认真。为使写样纸上充分能展现书写手的书法艺术，要对用纸略作加工，至少要用光滑质细的石块将纸的表面砑光，这样写起字就顺了。当然书写应当用较好的毛笔，起画稿时还要用特制的细毛笔。写好经过初校后，有时还要复校，再遇错字时，按初校办法改正。如在同张纸上有更多错漏字不易改补时，需另用新纸重写，再经校订后，即可以上板了。

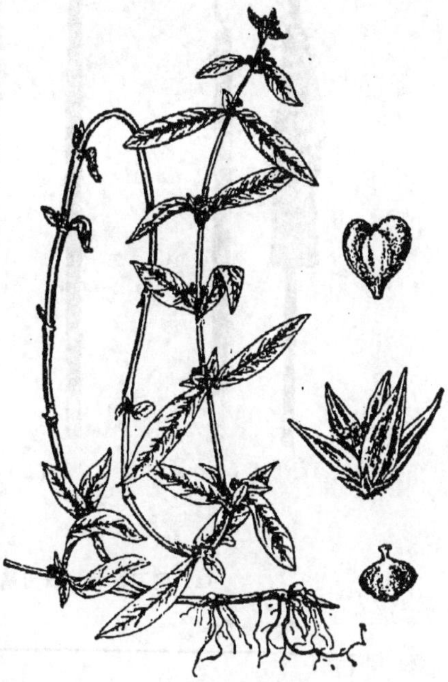

图 8-4　节节草或莲子草

上板是将写样上的文字或图画以反体转移到刻板上的工序，由刻字工操作。为此，首先在每块木制平滑印板上均匀地擦一层薄薄的熟米浆，即稀淀粉糊剂。将写样借助于米浆的粘力反贴在木板之上，使有字的一面贴在板上。用细棕毛刷轻刷于纸背，使纸上墨迹以反体形式转移到木板上。当字迹出现于木板上后，静置一刻，待其固定后，再以较粗毛刷刷样纸背面，使其成茸，刷去毛茸。必要时可用手撕去背纸，晾干。未除尽的残余纸屑，用节节草等物磨掉。这样，木板上全是反体字迹或图画，如同直接写绘在板上一样。这道工序是刻字前的准备工序。

二　刻版和刷印技术

将书稿写样上板后，即可刻字，刻字包括几道程序。这项操作通常是由技术熟练的有经验的刻字工完成。他们用不同形式的刻刀（图 8-5）将木板上的反体字墨迹刻成凸起的阳文，同时将木板上其余空白部分剔除，使之凹陷。刻工需用斜口刀及平口刀在板上每字周围划出线，先划直线，再划横线，颇像写样上的花格，使每个字在四方形刀线内刻成。下刀时左手按尺，右手持刀，逐线划出刀痕，手重者划两刀，力轻者下三刀，再将木板翻转 90 度角划刀痕。每次下刀，方向都是由外向内，即向刻字工自己的方向进刀。刻字时先从左刻起，对每个字的横（一）、撇（丿）、捺（㇏）、竖（丨）、点（丶）逐一刀下雕刻（图 8-6）。刀不宜直立，否则笔画或线条易断，同时刀亦不宜平放，应当让刀介于平、直之间，即刀与木板成一斜角，让刀以斜的方向刻字。

刻字过程中因线条形状的不同，可以换用不同形状和大小的刻刀，有的刀口宽而平或窄而平，有的刀口斜形呈不同斜角，有的刻刀两头都有刀口，可交替刻字。刻刀为钢制，有木把手。用刀在每字周围划出的刻线及刻出的该字之间的空白部分，要用大小不同的剔空刀剔除，使所有文字凸起。如果空白部位较大，用圆口凿铲去，手持木槌击打圆口凿的凿背，斜向推进，将多余木料挖去。板面所刻出的字约凸出板面 1～2 毫米，使刻出的字在板面上呈梯形凸起，上窄下宽，这样才不易破断。最后再用平口凿铲除线条附近多余之木，将所有无字处之木剔除于板面水平面之下，这属于挖空程序。然后按书规定的版面设计留出四周边框，以

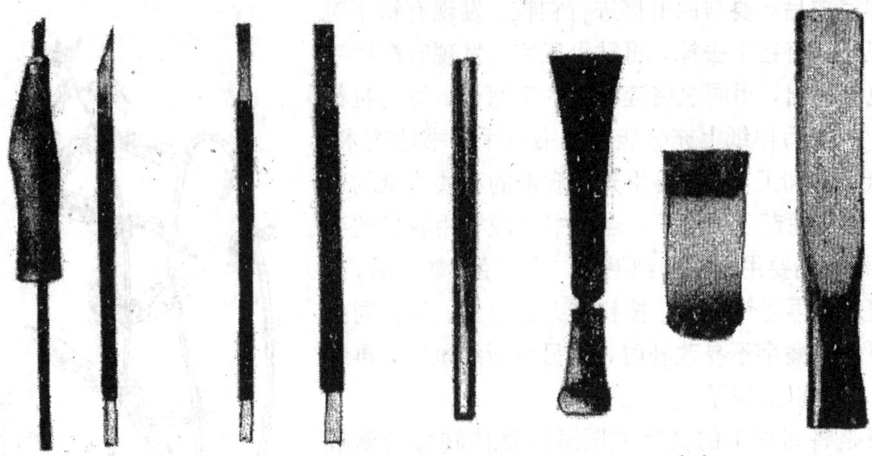

图 8-5 雕版工具

(a) 刻刀；(b) 双刃凿；(c) 半圆刃凿；(d) 平錾；(e) 刮刀；(f) 木槌

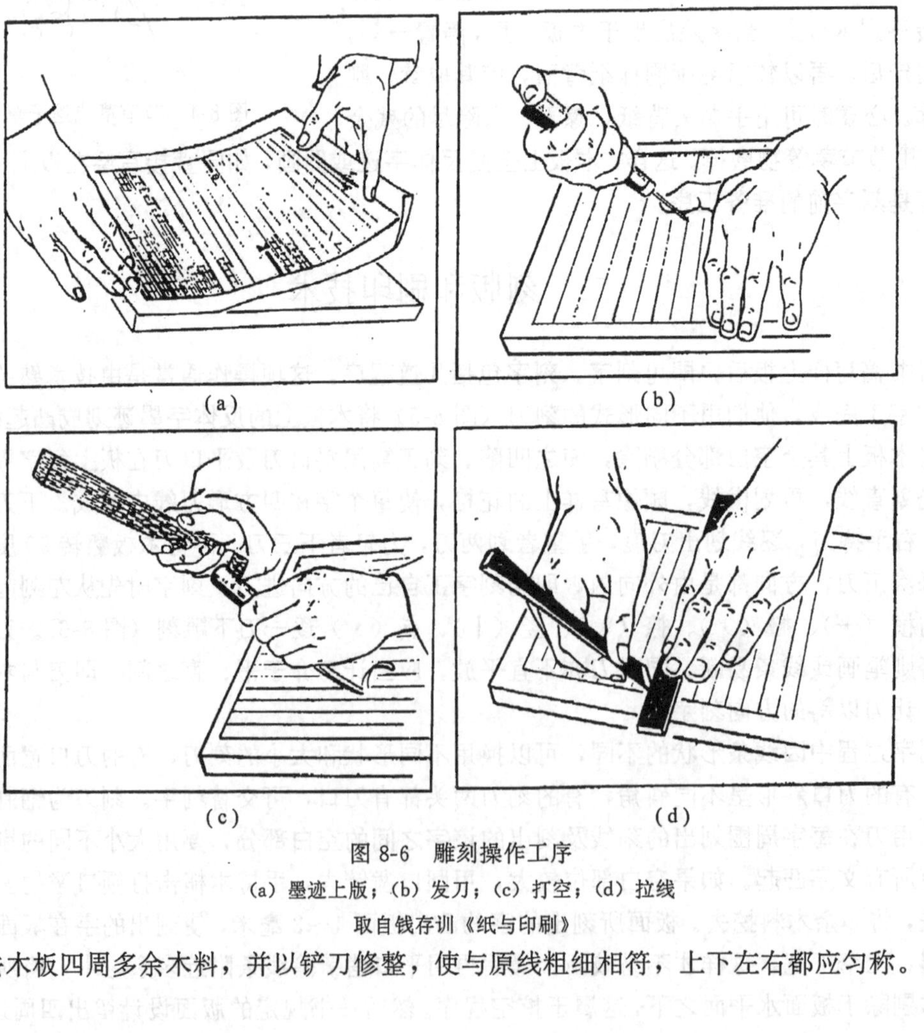

图 8-6 雕刻操作工序

(a) 墨迹上版；(b) 发刀；(c) 打空；(d) 拉线

取自钱存训《纸与印刷》

锯锯去木板四周多余木料，并以铲刀修整，使与原线粗细相符，上下左右都应匀称。同时以刻刀逼着直尺，将每行字两侧刻出的行线修齐。刻完字后，以热水冲洗雕版，洗去木屑及其他残留物，至此雕版刻字大功告成。

下一步工序是打印样，这是正式刷印前的准备工序。打出印样若干张，对文字再作校对，对校出的错字作挖补。在错字周围板面上挖出方块，将错字从板面上取出，另作一同样但稍大的木钉，嵌入方槽中，以剷刀剷平，再描反字重新刻出，所刻的新字大小、笔势应与板上的字一致。其余处发现字的笔画有缺断者，用刀刻一痕，以小木片插上，剷平，修之。发现有较大增删，需移动行欵者，不能作挖补处理，需整版重刻。但这种情况是少有的，因为刻工一般说是认真的。有时为严格起见，挖补后还要再校，没有错误才为最后定本。宋代国子监刻本经多次校对，所印出的书错误已减至最小限度，这是其可贵之处。但有的坊刻本为急于售出，校对不严，仍时有错字。

因此，刊印一部书要经历以下一些工序：(1) 板材准备→ (2) 写印刷书稿→ (3) 校改→ (4) 上板→ (5) 刻字→ (6) 清理版面→ (7) 打印样→ (8) 挖补→ (9) 再校→ (10) 刷印→ (11) 装订。在以上 11 道工序中与刻版有关的达 6 道工序，占一半以上，可见其在印刷中的重要性，而每个工序又可细分为若干程序。关于装订工序，将于第四节细述。如果对印刷书稿的校改进行得很认真，已消除了不应出现的错漏字，则在刻字后再校对时，便可减少以至省去挖补工序。如果刻字工操作精细，不再刻出错字，也同样可减少挖补的麻烦。因此根据具体情况，印刷工序有增有减，但上述这些工序是中国传统印刷中采用的，古今都无例外。

制版工作完成后，下一步要刷印于纸上。所用墨汁含胶量比墨块要少些，炭黑与胶量的重量配比大约为 100∶20～25 左右。当雕版准备就绪，将各印板按原书顺序加以编号，放于工作间内。由印书间的工人制墨汁，将选用的炭黑与牛皮胶水按一定重量比混合，搅动，使之成稠粥状，混料时勿使松烟灰粒飞散。再向混合物中调入少量酒，放置半月，这时液体成黑色稀面糊状。搅动使匀，在缸中贮存。如果至春末、夏初的霉天，缸中墨汁因胶质分解而产生的臭气四溢，经三四个霉天季节臭味消失后始可使用①。这一过程颇似胶质发酵过程，目的是使炭黑充分分散。配制的墨汁要是放置一段时间使用就更好，不可临用时急速配制墨汁，这样印刷后墨色必浮，用手一摸字迹便模糊了。因而贮存墨汁过程也是使炭墨与胶质充分结合的过程。久放的墨汁用时宜加少量水稀释，再用马尾细筛过滤，除去可能有的渣滓，取滤液印书。

印刷工印书时，将印板固定在齐腰高的大木桌上，旁边放裁切整齐的白纸、墨汁及刷印工具。印刷时，先用圆柱形平底刷轻蘸墨汁，均匀刷于版面上，再小心于版面上覆盖纸，纸的正面面对版面，然后以干净的平底刷轻擦纸背，使全纸贴紧版面，纸上便印出文字或图画的正像。最后将纸从印板上揭起，阴干，便成为印张。如此重复操作，直到印至所需份数为止。由于一部书有许多块印板，每板都要这样印成许多份。然后再将各印张按次序装订成各种形式的书籍。刷墨工序要求每个印张墨迹的墨色前后一致、边栏一律，避免出现空白漏印处及字旁的斑点等现象。刷墨工也是技术熟练的技工，其操作决定印刷产品的成败。一般说，一人一天可印 1500～2000 印张，每块印板可连印万次②。印毕之板可贮存起来，以备重印。用

---

① 卢前：书林别话（1949），载中国现代出版史料，丁编，上卷，第 627 页（北京：中华书局，1959）。

② Joseph Needham, Science and Civilisation in China, vol. 5, pt. 1, Paper and Printing by Tsien Tsuen-Hsuin, p. 201 (Cambridge University Press, 1985).

红、蓝色着色剂印书时，刷印方法与用墨汁相同。

三　单版双色及复色刷印技术

以上所述为单色印刷，由于各种需要，希望在印刷物上出现两种或两种以上颜色的文字和画面，从而导致复色印刷技术的出现。复色印刷品经历了一段较长的历史演变和发展阶段，是印刷术进一步发展后的产物。在雕版印刷术早期阶段如唐、五代时，人们为增加佛教印刷品中插图的艺术美感，常常在插图上墨印的线条轮廓中用手持绘笔添上不同颜色，结果使黑线印成的版画如同彩色绘画。所添颜色可能是二三种或多种，同一种颜色还可能有浓淡之别，颜色越鲜艳越好。在各部位应当添什么颜色才能取得良好效果，要看着色者的艺术灵感；而在各部位间小心添色，使各色交接处自然分明，也要有一定技巧。

巴黎基迈博物馆（Musée Guimét）藏有敦煌石室出土的这类早期实物标本，如五代后晋开运七年（公元 947）刻印的《大慈大悲救苦观世音菩萨》像，就在版画各有关部位出现红、蓝、黄、绿、橙等色，观音手中所持柳叶呈橙黄色，这些颜色是以黑墨刷印出图像后手工添上的。可以想到在唐代初期所刻佛像，也会有人用事后添色的方法处理，而宋以后继续沿用此法生产版画。如雕板上的图像线条较细，刷墨后再精心添色，冷眼看便如同手绘，天津杨柳青版画就是采用这种古老方法生产出来的。当然，用添彩法一次只能处理一张，如有千百张印刷品都要用添色处理，便要许多人耗去大量时间从事这单一工作。这是此法的局限性。

使单色（黑墨色）印刷品文字及图像呈现彩色效果的另一方法，是将几种色料（最初是黑红二色）同时上在同一印版的不同部位，再一次印刷于纸上，结果出现不同颜色的文字或图案。我们把这种只用单版载不同色料一次印刷的方法称为“单版复色印刷法”。它是在单版单色印刷法基础上发展起来的先进技术，而且可将此理解为套色印刷技术的早期表现形式。单版复色印刷法是用机械方式较迅速制成彩色印刷品的方法，在技术上比手工添色法优越，但也有不足，它通常只印出黑红二色，最多不超过三四种颜色，因在同一印版上载多种色料，势必增加各色料间的交接处，并于此处发生相互渗透而变色。而手工添色却可随意在印纸的任何部位添以任何颜色。两种方法各有短长，长期并存。

关于单版复色印刷，宋人李攸（1101～1171 在世》在《宋朝事实》卷十五谈到本朝发行的四种纸币会子时写道：“同用一色纸印造，印文用屋木、人物，铺户押字，各自隐密题号，朱墨间错”。这就是说，纸币票面上的有关文字及图案以红黑二色交错呈现，皆由印版印在同一张纸上的。“会子”是南宋东南地区通行的纸币，又称“行在会子”。初由商人发行，而户部掌管的官营会子始于绍兴三十年（1160），至嘉定七年（1214）止，上海博物馆藏南宋印刷会子的铜版（图 5-8），上半部右方为面值，左方为料号（号码），中间为赏格。再下为“行在会子库”五个通栏大字，最下为图案。从铜版文字及图案外的隔线、边线紧密衔接情况观之，若想使票面朱墨间错，只能同时在上下不同部位施以红黑两种色料，再于纸上一次印刷而成。纸币用朱墨间错二色印刷、图文并茂，且皆印以同一种纸，另加铺户划押、隐密题号等，无非是为了防伪而采取的措施。

朱墨双色印刷技术同样也应用于书籍中，而在印刷术发展以前的写本阶段就有朱墨间错的传统。梁代陶弘景（456～536）著《本草经集注 》（500）时，就有意将《神农本草经》这一本草著作经典的正文书以朱字，而将后世人和他自己的注文书以墨字，这样使正文与注文分清，阅读、传抄时不致互相混淆。宋初（974）国子监刊《开宝本草》时使《本草经》经文与后世注文以白黑字别之，即以经文刻成阴文（白字）、注文为阳文（黑字）来表示写本中朱、墨二色文字之内容。但这样作将使雕版工序付出双重劳动，又易于刻错字，而黑白文字显然不如红黑文字看起来顺眼。于是印刷工用朱墨双色印刷方法，通过一块普通雕版即可使出版物再现写本中朱墨相错的效果。

从技术上判断，至迟在宋代就应有此技术，但目前虽没有实物流传下来，并不等于说宋代人未掌握双色印刷。现存这类印刷品较早的标本是1941年发现的元代至元六年庚辰（1340）中兴路（湖北江陵）资福寺刻印僧无闻所注的《金刚般若波罗密经》（图8-7），此经后由南京图书馆转移到台北图书馆。该元刊本《金刚经注》经文为大字朱印，注文为小字墨印。卷首尚有一插图，描写无闻老和尚在桌旁注释佛经，旁边为其弟子，另一人站在一旁，还有云彩在上，灵芝在下，均印以朱色，而图上端的松树则为黑色[①]。钱存训观看实物后注意到，在交接处有时红、黑两色相混，可能是刷色时不慎造成，如果用两块印板分板刷印，就不致如此[②]。这就是说，此经用一块版在不同部位着朱、墨二色，再一次印刷，或两次上色，两次印刷成朱、墨二色。前一种可能性居多，因为可提高生产效率，免去重复印刷。

图8-7　元代至正元年（1341）中兴路（湖北江陵）所刊
《金刚经注》朱、墨双色套印本，文字为墨印，
插图中松树以下皆为朱印

比上述元刊双色印刷品更早的复色印刷品，近年来时有发现，如1973年陕西博物馆人员修理西安碑林中石台《孝经》时，于碑背支柱内空穴中发现一幅民间风俗版画、碑文拓片、女真文残纸及铜币等物，铜币最晚铸于1158年，因而这批文物为金代遗物[③]。版画为《东方朔偷桃》（图8-8），描写西汉东方朔（前154～前93）盗取传说中西王母的长寿仙桃而成仙的故

① 赵万里，中国印本书籍发展史，文物参考资料，1952，4期，第17页（北京）。
② 钱存训，中国书籍、纸墨及印刷史论文集，第144页（香港中文大学出版社，1992）。
③ 西安碑林发现一批古代文物，石台孝经内彩色版画，文物，1979，5期，第3～4页。图版二。

事，此画原题为唐代画家吴道子（约685～758）所画，题名下钤朱印。版画画面由浓墨、淡墨及浅绿三色印于浅黄色麻纸上，可能为12世纪初金代平阳所刻，因而是三色印刷品的早期实物标本。它比元刊朱墨印的《金刚经注》早180余年，而且还是三色印刷。二者印刷方法可能相同，只是后者要多上一种色料而已。

图8-8 金代平阳刻《东方朔偷桃》三色版画（不晚于1158），1973年发现于西安碑林，取自《文物》1979，5期

注释本、评点本、插图本著作和纸币、纸牌、酒令、版画、商务契约等从宋以后相当流行，它们以双色或三色印刷后效果更好，因而得以发展。现所见金、元复色印刷的版画和注释本佛经都颇为精巧与成熟，绝非早期技术产物，将其源流追溯到宋代不但是合理的，而且是可信的，我们期待宋代的复色印刷品今后会被发现。作为套色印刷技术的早期表现形式，单版复色印刷技术不是始自元代，至迟从宋代就有了。

四 多版复色刷印技术

在单版复色印刷操作过程中，为减少着色剂交接区，通常将不同色料分别集中于某一部位，但结果引起呆滞之感。又为了增加彩色印刷的颜色并避免色料相遇而相互渗透，人们在实际探索中自然会想到分版着色、分次印刷的可能性，结果直接导致套色印刷技术。因此印刷技术可分为两大类：即单色印刷与复色印刷，而复色印刷或彩色印刷又可分为两大类或两个发展形式或阶段，即单版复色印刷及多版复色印刷。多版复色印刷过去又称套版印刷或套色印刷及套印，是复色印刷的一种高级形式，可在纸上印出几种不同的颜色。所谓套印技术，是以大小相同的几块印刷版分别载上不同色料，再分次印于同一张纸上的技术，其基本原理是分版着色、分次印刷。每次只印出一种颜色，色料干后，再用另一版印其他颜色。为使各版色料正确转移到印张的给定部位，不同色料印版版框应当吻合、对齐，使不同颜色出现于纸上的正确部位，故称“套版”。最初的套印只印出朱黑二色，后来增加至五色或更多的颜色。

以朱黑套印为例，要刻成两块同样大小的木版，板框、板面严格一致，在一块板上刻出要印成黑色的字，另块板上则刻要印成红色的字，先用第一板刷墨印出黑字，再用第二板于同样纸上印出朱字，这样拼合后就制成朱墨套印的双色印刷物。一版复色到分版分色套印技术起源于何时，目前还难以论定，但可以肯定说它不会像人们过去所说的那样，似乎始于16世纪。

我们认为套版印刷技术的起源应追溯到宋代的单版复色印刷。就刷印这道工序而言，在历史上经历了：（1）单版单色印刷⟶（2）单版复色印刷⟶（3）多版复色印刷这样的三个台阶。

从第二步过渡到第三步是很容易的，在时间上不会晚于元代，而多版复色印刷在明代获得较大发展。这种技术因为对刻版、刷印都有严格要求，耗去双倍原材料和工时，稍有不慎便造成废品，因而成本较高、生产周期长，在一定程度上限制了发展。不管怎样，彩色印刷是继雕版印刷与活字印刷之后中国在印刷技术领域内另一重大发明，具有深远历史意义。在西方，最早的朱墨二色印刷物是1457年德国印刷工富斯特（Johann Fust，c. 1400～1466）及其助手舍弗（Peter Schöffer，1425？～1502）所印的《圣诗》(Psatter)，多色印刷还要在更晚时才出现，只有中国是发明彩色印刷技术的国家。这方面有关技术，将在本书第十一章中叙述。

第三节　活字印刷技术

一　泥活字制造技术

活字印刷技术是由北宋的毕昇于1045年前后发明的。当时的科学家沈括《梦溪笔谈》所记载的只是毕昇所创制的泥活字技术，实际上木活字的技术构思也应属于毕昇，就是说木活字技术的渊源应上溯至北宋毕昇时代。这一认识是从沈括的确凿的文字记载中导出的。本书第七章第四节在论述活字技术起源时，已经陈述了活字技术的主要内容，本节只再就毕昇的发明补述某些技术细节。

泥活字原料及制法过去很少被谈论过，而这却是泥活字所赖以制成的关键。1983年，有人著文认为毕昇所用泥活字原料为古代炼丹家使用的“六一泥”[①]，并列举十二种六一泥原料配方，主要成分为赤石脂（Fe_2O_3）、白矾〔$KAl(SO_4)\cdot 12H_2O$〕、滑石〔$H_2Mg_3(SO_4)_4$〕、胡粉〔$2PbCO_3\cdot Pb(OH)_2$〕、牡蛎（CaO）、食盐（NaCl）、醋、卤等，此处各种原料化学成分是我们加注的。首先，从技术经济学角度观之，我们认为毕昇用六一泥作活字的可能性极小。因为炼丹家用六一泥，意在对炼丹器皿作密封剂用，一般无需煅烧，即令煅烧，则烧后的混合物是否有足够坚硬度，是成问题的，而泥活字必须具有足够坚硬度方堪使用。同时还要求煅烧后不能发生开裂现象，否则不适于印刷。其次，六一泥由七种（六加一）原料临时配制而成，各炼丹术著作对其配方有不同记载，无所适从。原料采集及配制较为复杂，炼丹家只少量应用，但作活字便需大量消耗，这在技术与经济上考虑是不合算的。布衣毕昇不会动用这种人工配制的较为昂贵而不切实用的“六一泥”制活字的，何况炼丹术从宋代以后已经走下坡路，没有多少人用“六一泥”了。

我们认为毕昇泥活字原料就是烧制陶器用的一般粘土，到处都有，是大自然提供的现成原料，最为廉价易得。其化学成分主要为二氧化硅（SiO_2）、三氧化二铝（Al_2O_3）、氧化钠（Na_2O）、氧化钙（CaO）及氧化钾（K_2O）等，算起来也有七种或更多，但显然与六一泥的成分大不相同，而且所采集到的粘土本身自然就含有这些成分，根本无需再人工配制，但又不同于临时将各种原料配制而成的六一泥。中国先人早就注意到粘土的可用性，远在新石器时代就用粘土烧制成各种陶器，在各地都有大量出土实物，因而毕昇的泥活字应当是借用烧陶技术以粘土为原料在陶窑中烧制出来的，其烧成温度一般为600～1000℃之间[②]，温度不宜过高，600～800℃可能适宜。具体方法应与制陶器的程序一样。这是唯一可行的技术方法，只

① 冯汉镛，毕昇活字胶泥为六一泥考，文史哲，1983，3期，第84～85页。

② 冯先铭等主编，中国陶瓷史，第13，22～25，47～51页（文物出版社，1982）。

有这样才能提供大量廉价的活字，而且利用现成的陶窑就可实现活字的大规模生产，无需另外投资。这对毕昇来说是可以办到的。

烧制泥活字的具体方法是，选用上好泥土，晒干后打碎、过筛，加水制成泥浆，经过滤、沉淀，得到细泥，半干后捣细制成泥坯。为使各个活字形状及大小一致，应当采用坯模，泥坯经坯模处理后成为煅烧前的字模。沈括没有说明毕昇活字的形状和大小，从技术上判断及后世活字形制观之，早期泥活字应当呈长方柱形，其尺寸与后世活字或当时雕版用字相当。现存清代泥活字一般长 0.5～0.9 厘米、宽 0.35～0.85 厘米、高 1.2 厘米①②。这个尺寸可作为推测毕昇泥活字形制的参考，虽然宋代人刻字习惯于比此略为大些。泥活字当然应当有大号、中号及小号字之分，用以排标题、正文及注文。

用木模制成形状、尺寸一致的泥块后，仍呈可塑状态，软硬适中，接下是刻字。刻字有两种方法，一是用刀直接在泥块表面逐个刻出阳文反体字，不用说，事先要将写在纸上的字转移到泥块上成为反体，才能开始刻字。用这种方法刻字的缺点是费工时，无异于刻雕版，但刻出的字烧固后可反复使用。第二种方法是事先在泥块上刻出阴文正体字作为字模，再像盖印章那样将字印在泥块上，于是形成阳文反体字，优点是操作方便、迅速。经张秉伦模拟实验后，表明第二种方法效果最好③。这种方法正是近代活字制造的直接先驱。对常用的之、乎、者、也等字，需制成几十个字块，才能够一本书制版的要求。用上述第一种或第二种方法制成单个阳文反体字块后，需逐个修整，然后烧固。模拟实验是在马弗炉内烧至 600℃，没有提到实际生产时是如何烧制的。

前面已指出，实用的泥活字应当是在陶窑内烧制，温度应控制在 500～800℃之间。取出后，活字呈灰黑色，坚硬光滑，稍加修整，即可印刷。活字字数一般为 0.6～1.5 万，大型书可能要用到 4～6 万个字块，甚至 10～20 万个或更多。为了省工时，在制字块及烧字时，便以字韵分类编号，从窑内取出后依字韵编号将活字置入木方格内，外面贴上纸标签，以便捡字制版。烧制时温度的控制是关键，温度不可太高或过低。据模拟实验，用字模法制字块，每人一小时可制 50 多个，但对熟练工来说可能会多于这个数目。有人说毕昇以胶泥制成的活字质脆而不坚固，因而没有可用性。这种说法是缺乏依据的。1996 年 6 月，笔者亲自看到张秉伦先生在中国印刷博物馆所作的大胆试验，他将翟金生 1844 年依毕昇方法所作的实用泥活字从 2 米高处掷向水泥地板，泥活字弹动后安然无恙，其坚固性可想而知。出土的 12～13 世纪西夏文泥活字印本也同样证明毕昇发明的泥活字质坚而切用，他以其印刷书籍当无疑问。

二 王祯论木活字制造技术

依据毕昇的活字技术思想，任何硬质材料都可制成活字，因此除泥活字外，宋代还出现了木活字。关于木活字技术，在元代科学家王祯（1260～1330 在世）的《农书》（1313）中有详细叙述。据顺治《旌德县志》（1656）卷七及康熙《宁国府志》（1674）卷十七等书所载，王祯字伯祥，山东东平人，元贞元年（1295）任旌县（今安徽境内）县尹，任内（1295～

---

① 张秉伦，关于翟金生泥活字的初步研究，文物，1979，10 期，第 90～92 页。

② 张秉伦，关于翟氏活字的制造工艺问题，自然科学史研究，1986，卷 5，1 期，第 64～67 页。

③ 张秉伦、刘云，泥活字印刷的模拟实验，载《中国图书文史论集》，第 75～79 页（北京：现代出版社，1992）。

1300）捐资修桥铺路、教民树艺，且施药济人，有善政。大德四年（1300）调任江西永丰县尹，仍为一县之副长官。此时他买桑苗及木棉（棉花）种，劝民种植，发展当地农桑，为民造福，公余则从事科学研究。他是作为农学家而载入史册的，但也对机械制造和活字印刷技术作出卓越贡献。

他的《农书》共37卷，写于旌德任内，是中国又一部农学巨著，对当时农业生产技术作了总结。由于对活字技术有兴趣，他作了一系列实验，1297～1298年，他请工匠制木活字3万余，于1298年印出活字本大德《旌德县志》(共6万多字)，这项工作宣告成功。他在《农书》末附有《造活字印书法》，总结了这项研究过程，这是继沈括《梦溪笔谈》之后又一篇有关活字印刷技术的经典记载，也是他本人的印刷术经典著作。所载内容更为翔实具体，而且有很多项新的发明。王祯在活字印刷方面的工作比西方谷腾堡早157年，所印的书籍篇幅更大。如果说毕昇的发明还很难及时传到西方，那么在王祯时代情况便不同了，此时由于蒙古大军西征的结果，中西交通大开，科学文化交流空前活跃。王祯从事活字印刷时，意大利旅行家马可波罗1254～1323)正在中国。欧洲人有可能从中国得到关于活字印刷的技术信息。关于这方面情况，我们将在第十七章加以论述。

今将王祯所述木活字法原文逐段摘抄并解说于下：

1. 今又有巧便之法，造板木作印盔（印版），削竹片为行，雕板为字，用小细锯锼开，各作一字。用小刀四面修之，比试大小、高低一同。然后排字作行，削竹片夹之。盔字既满，用木掮掮（xiè）之，使坚牢，字皆不动，然后用墨刷印之①。

“今又有巧便之法”，指宋元时代推出的木活字法。此法以木制成活字印版，削竹片作界行用，在两片竹片间植字。在一整块木板上划出同样大小的格子，格子内刻字，用小细锯照格子线锯成木字块，用小刀在四面修整，使每个字块大小、高低均等。将木活字植于印版的两个竹片之间，排成整版后，空隙处用木楔楔之，使字固定不动，然后上墨刷印。此处未用任何粘药固定活字，而是用木楔楔紧，从而解决了毕昇时代用木活字拆版时的困难。

另一特点是按雕版方法在整块木板上刻阳文反体字，再将每个字用小细锯锯成单个活字，手续简便，活字用毕，将版上木楔取出，收回活字以便再用。以木板作活字板，操作轻便，材料经济。自然活字刻出后也不像泥活字那样要入窑烧固。木活字笔划形象无异于雕版字，更为生动，接近写稿真迹，而着墨性又良好。所以木活字的出现是活字印刷史中一项重大进展。

2. 写韵刻字法：先照监韵内可用字数，分为上下、平、上、去、入五声，各分韵头校勘字样。抄写完备，择能书人取活字样制大小，写出各门字样，糊于板上，命工刊刻。稍留界路，以凭锯截。又有语助辞‘之’、‘乎’、‘者’、‘也’字及数目字，并寻常可用字样，各分为一门，多刻字数，约有三万余字，写毕一如前法。今载立号监韵活字板式于后，其余五声韵字，俱要做此。

这是讲按活字字韵顺序刻字的方法，按国子监颁布的官韵韵书选取可用的字数，依五声韵头制定字样，将所选的字抄清，请善书者依活字字样大小在白纸上写出各种字样，糊于木板上，由刻字工刻出阳文反体字。每字事先写在格子内，留出四边空隙，便于锯截。常用字各为一类，多刻一些，共约3万余字。下面给出了标号官韵活字板式。

① 元·王祯，《农书》(1313)，卷二十二，造活字印书法（1298），第760页（上海古籍出版社，1994），以下引文同此。

3. 镂字修字法：将刻讫板木上字样，用细齿小锯，每字四方镂下，盛于筐筥器内。每字令人用小裁刀修理齐整。先立准则，于准则内试大小、高低一同，然后令贮别器。

此处讲锯字修字法，依上述程序在木板上刻好字后，用细齿小锯分别将字锯下来，盛于筐内（当然是按字韵放置）。再取出，用小刀修整每个字。事先作一标准字模，将字放入测试，大小、高低务求一律，不合要求者则修整，最后放入另外容器内。

三　植字排版技术

4. 作盔嵌字法：于原写监韵各门字数，嵌于木盔内，用竹片行行夹住。摆满，用木掮轻掮之。〔字〕排于轮上，依前分作五声，用大字标记。

本段讲活字版植字法，按原来写好的官韵韵书字数，刻在木板上，刻好、锯下并修整后，依前述字声分类法，按五声字韵将字置于转盘的字匣内，外面标出韵号“×韵第××板”，共24匣。排版时按字韵从转盘匣中取字，在木板框内以竹片为界行，在两个竹片之间植字，务令夹紧。摆满后，凡空隙处皆以木楔轻轻楔之，使字固定。因此排字工要懂音韵才能胜任。

5. 造轮法：用轻木造为大轮，其轮盘径可七尺，轮轴高可三尺许。用大木砧凿窍，上作横架，中贯轮轴，下有钻臼，立转轮盘，以圆竹笆铺之，上置活字。板面各依号数，上下相次铺摆。凡置轮两面，一轮置监韵板面，一轮置杂字板面。一人中坐，左右俱可推转摘字。盖以人寻字则难，以字就人则易，以转轮之法不劳力而坐致字数。取讫，又可铺还韵内，两得便也。

这一段讲活字转盘的制造方法，转盘呈圆形，由轻木制成，直径7尺（215厘米），盘轴高3尺（92.2厘米）。底部厚重大木砧板上凿出五孔，中间的孔上置转盘轴，以轴支撑转盘。为使轴能带动转盘旋转，在转盘下的轴部要凿出窝槽，铺以圆竹片。大木砧板上其余四孔安上横支撑架，以固定轴座。转盘上分出小格，内装木活字。转盘上各格依其字的韵号，由内向外排开（图8-9）。植字时要准备两套活字转盘，一套转盘按官韵字号存活字，另一套转盘放一些杂字，包括不常见的冷僻字。植字工坐在两个转盘中间，左右都可推动转盘取字。因为让人去寻字难，而让字就人则易。用这种转盘方法不需费力就可捡到字。活字用完后，还可按字韵放还原处，排版、拆版两行其便。

6. 取字法：将原写监韵另写一册，编成字号，每面各行各字俱计号数，与轮上门类相同。一人执韵依号数喝字。一人于轮上原布轮字板内取摘字只，嵌于所印书板盔内。如有字韵内别无，随手令刊匠添补，疾得完备。

这一段进一步说明从活字转盘上捡字的方法，把原来刻字选字时所依据的官韵韵书稿再另抄一册，编成字号，每页每行各字都标字号，与转盘上各格内所存的该字字号相同。有时植字工记不住几万字的韵号，为提高捡字速度，可由另一人在旁边手持字韵书稿，按韵唱出字号，植字工听后即可推动转盘，按字号从格内取出所需活字（图8-10），植于所书的印版之内。因此，唱号人应当熟悉字韵手册中各字韵所在页数、行数及字的号数，而植字工应熟悉转盘内各格所标字韵号的所在位置，二人紧密配合，操作自然迅速。熟中生巧，经常实践便会熟练。

这颇像我们今天查汉语拼音排列的字典那样，按每字拼音顺序很快查到所需的字。如对

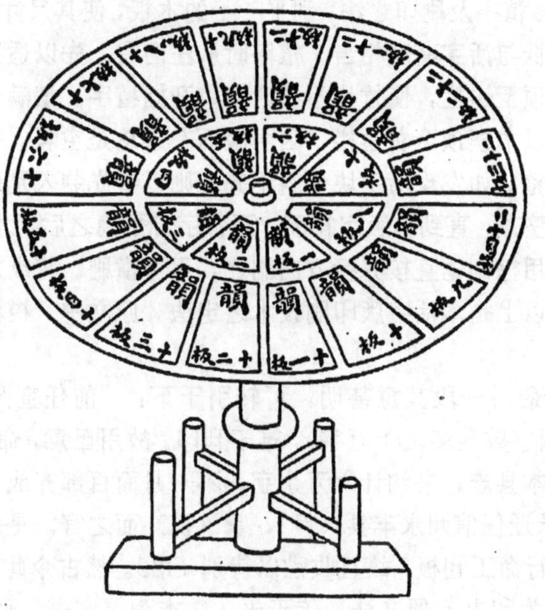

图 8-9　活字转轮排字盘，取自王祯《农书》(1313) 卷二十二

A，B，C……各部及部以下的字音再标以数码，按数码查字还要快。王祯所述方法确是科学的。其所以不用汉字部首及笔划存字、捡字，因操作缓慢、繁杂，字盘要更大，是显而易见的。但汉字发音有四声或五声问题，古代音韵学家已作了处理，用诗的形式编各韵的顺序，再标上号，更便记忆。文内反复提到的“监韵”，即元代通用的官韵，由礼部奏准，经国子监奉命刊行。最后，王祯指出，如植字过程中遇到现存韵书内没有的字，则由刻字工临时补刻。

图 8-10　据王祯《农书》所述而绘制的木活字操作工序。右角为捡字排版，左角为刷印，取自刘国钧《中国书的故事》(1955) 郑如斯增订本 (1979)

7. 作盔、安字、刷印法：用平直干板一块，量书面大小，四围作栏。右边空，候摆满盔面，右边安置界栏，以木掮掮之。界行内字样，须要个个修理平正。先用刀削下诸样小竹片，以别器盛贮，如有低斜，随字形衬茁 (tán) 掮之。至字体平稳，然后刷印之。又以棕刷顺界行竖直刷之，不可横刷。印纸亦用棕刷顺界行刷之。此用活字板之定法也。

此处讲制木活字版、植字及刷印之法，刮平一干的木板，使其尺寸与印成的书页一致，板的四周加上木栏，其高低与活字高度相当。植字时从左向右，先以适当尺寸的细竹片垂直立于板框内，右边以木楔顶至边栏，使竹片不致活动，开始植字。摆满一行后，再在右边加另一竹片为界行，用同法以木楔顶至右边栏，因而版面左边总是空着。每行的活字块要个个修理平正，植于版上要平整。如发现活字块低斜不齐，则以事先装入别器内的各种形状的小竹片，根据字形随时垫补整齐。直到整版字排满，而各字皆平稳之后，才能上墨刷印。上墨后铺上纸，对准版面，再用棕刷垂直按界行方向刷之，不可横刷。将纸放在印板上，也用棕刷沿界行方向垂直刷之。以上是木活字版印刷技术之定法。原文中“椶刷”，为棕刷之异体字我们改为棕刷。

王祯这篇经典论文最后一段其意甚明，可转引于下：“前任宣州旌德县尹时（1295～1298），方撰《农书》，因字数甚多（11万字），难于刊印。故用己意，命匠创活字，二年（1297～1298）而工毕，试印本县志，书约计六万余字，不一月而百部齐成，一如刊板，始知其可用。后二年（1300），予迁任信州永丰县〔尹〕，挈（携）而之官。是时《农书》方成，欲以活字嵌印。今知江西见行命工刊板，故且收贮以待别〔用〕。然古今此法未见所传，故编补于此，以待世之好事者，为印书省便之法，传于永久。本为《农书》而作，因附于后。”《农书》首简短《原序》尾题“皇庆癸丑三月望日，东鲁王祯书”，则写于皇庆二年三月十五日（1313年4月11日）。我们还认为，《农书》之所以印以雕板，因为书中有大量插图，有些插图从技术上看是十分重要的，不便活字印刷。如果王祯《农书》以活字印刷，今天我们可能看不到这些插图，插图著作制活字版在早期还有困难。我们还认为，王祯离开江西后，还会用他的木活字印别的书，但印了什么书便不得而知了。他此后的踪迹，有待进一步查考。

从以上所引王祯论活字论文和我们的解说中，可以看出，他叙述了一整套木活字印刷技术工艺，而且身体力行，以此工艺出版了他的著作。在这项工艺中，王祯论述了木活字制造排版、拆版、修版及刷印的方法，发展了按字韵刻字、存字及取字的方法，提高劳动工效。转盘装置的启用减轻了劳动，使匠人由来回走改为坐着捡字。他这套工艺每一工序都经周密构思，既简便又有效。因而他是木活字技术的一位卓越革新家和集大成者。由于宋代已有了木活字，不能认为这是由王祯发明的，像当今某些作品所主张的那样。

王祯的贡献在于：第一，他对宋以来木活字技术某些环节作了改进，如双人唱和捡字法等，使过程操作迅速而简便。第二，活字转盘捡字法肯定是王祯发明的，这是一种省力而提高工效的机械捡字装置。由于以上二项，他使木活字技术更加完善。第三，他详述木活字全套技术，论证其优点，力主采用。他在总结、推广木活字印刷方面起了重要作用。第四，他的工作对后世木活字技术重新发展产生深远影响，还产生国际影响。

第四节　书籍装订形式和装订技术

一　卷轴装、经折装和旋风装

通过雕版印刷或活字印刷技术程序将书籍内容印在一张张纸上后，只是零散的书页，仍然处于半成品阶段，只有通过装订这道程序，才能最终成为印本书。从文献记载及现存实物观之，印本书的形制及装订方式经历过不断演变的历史过程，至明清时达到较为固定的制度也是印本书的最后装订形式。蒋元卿先生于《中国书籍装订术的发展》(1957) 一文[①] 中，对传统印本书的装订技术作了综合论述。

从历史上看，最早的装订形式是**卷轴装**，唐代雕版书即多取这种形式，如 1907 年敦煌石室发现的唐咸通九年（868）刻本《金刚经》及同时代其他印刷品，都是卷轴装。北宋开宝四年（971）所刻《开宝藏》也是卷轴装。自然，篇幅小的单张印刷品是不需装订的。卷轴装导源于唐以前绢面及纸面写本书的形式，不同的是文字及图由雕版印刷而成，而非手写手绘。作卷轴装时，装订工将每张印页裁成同样高度，逐页用特制浆糊粘连成一长的横幅。卷尾处空页再加上卷轴，卷轴两端露出适当长度，卷轴以浆糊固定在卷尾空页纸上。作卷轴的通常用木料，有时再髹上朱漆，讲究的卷轴还可用玉、象牙等贵重材料，但民间读物多用木轴或漆木轴。

上轴后，装粘在一起的整幅印刷品从左向右沿卷轴卷起，便成为书卷。最右一边即每卷起始处，再以纸或丝绢加护，以防磨损，叫做书标。每部篇幅较大的书由若干卷组成，每卷卷首还固以细绳（麻绳或丝绳），绳端加上用骨角等材料作成的别针。将每卷用绳捆好，最后用别针插入绳内，这样卷便不致松散。卷轴一端还可悬上书签，写明书名及卷次。再用布或绢将各卷包起，称为帙，一般 5 或 10 卷为一帙。每卷外面亦可贴上书签，同样标明书名及卷次。然后将各卷帙横放于书架之上（图 8-11）。

卷轴装每卷首印有书名及篇名，次行为作者姓名及其头衔，接下是书的正文，正文的注释则用双行小字。每行一般十几字至二十几字不等。卷尾有刻书人及年代，有时在书首亦印出。唐、五代雕版印刷品大多取这种形式，至北宋初仍继续沿用，如蜀刻《开宝藏》等即为卷轴装。当然，如果印刷品文字不多，用一块雕板即可印完，则这类读物取单页形式，便用不到卷轴装了。卷轴装印本书卷中，每张纸上印的文字通常有墨线界行，便于阅读和雕字，印纸的四周也有较粗的边线，读起来像是串在一起的竹木简牍那样。手写本卷子也取这种方式，而墨线界行称为乌丝栏。也有的刻本卷子用很细的线作界行，印出后乌丝栏不太明显，有时不用界行。

卷轴装的读物每卷有时达几米至几十米长，看完后还要再卷回去，欲专门查看某一部分，也要卷来卷去，这样使用时很感不便。因而出现了另一种装订形式，将长卷印纸反复折成同样宽（约 10 厘米）的一叠，露在最外面的书首及书尾用厚纸板加以保护，纸板上糊以丝皮。后来还有用薄木板作封面，封面上标出书名及篇卷次。这样装订的书虽也用“卷”的术语，但外形已由圆柱体变成狭长立方体了，大约从唐末（9 世纪中叶）便出现这种形式，经宋元一直持续到明清仍未消失。这种装订形式的演变与佛教有密切关系，很多雕版佛经都取这种形式，称为叶子，又称**经折装**或梵夹装。（图 8-12）

经折装很可能受到从印度传到中国的贝叶经形制的影响，或模仿装成贝叶经的外形。这从梵夹装术语的字面意义上也可以看得出。但贝叶经是在每片贝叶上穿二孔，再用绳扎结成一叠，每片贝叶还是单独成一叶的；而经折装则是将粘成一张的长纸经反复折叠后聚拢在一起的，无需再用穿绳了，因而二者还是有区别的。整个一部书由若干卷帙组成，叠起后外面用包以布或绢的函套置于一起，函套由厚纸板作成，因而可以横放在书架上，也可竖放。如

① 蒋元卿，中国书籍装订术的发展，图书馆学通讯，1957，6 期；又收入张静庐编，中国现代出版史料，丁编，下卷，第 661～677 页（北京：中华书局，1959）。

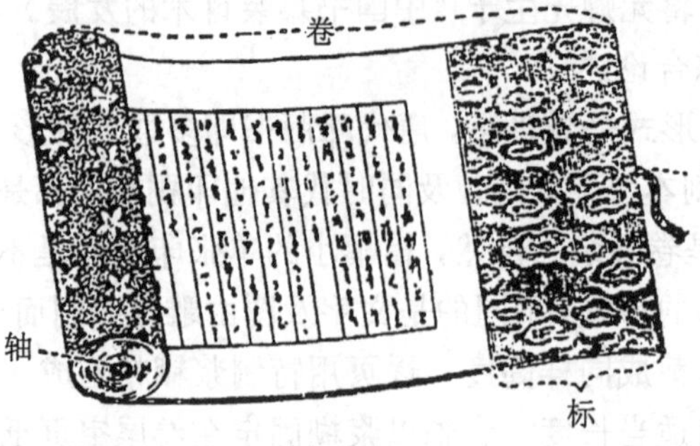

卷轴标带

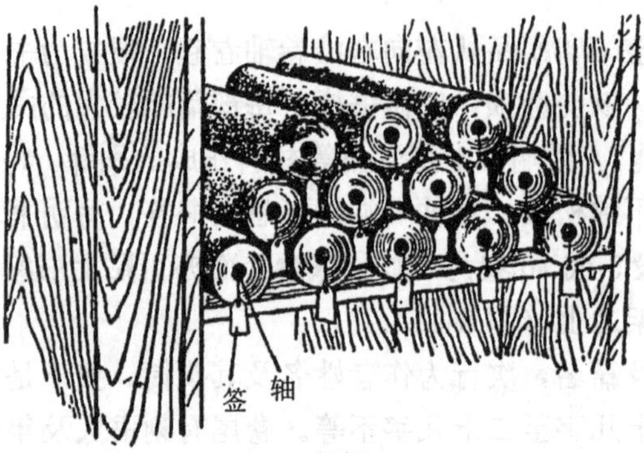

插架

图 8-11　卷轴装，取自刘国钧《中国古代书籍史话》(1962)

果横放或平放，可用纸作书签插入书口上，标出书名及卷次。

阅读时，将每卷取来逐叶翻动，很快能查到所需要看的部分，不像卷轴装那样卷来卷去，使用方便。每一卷或册的书页翻开时，很像今日的手风琴那样，因而查书时也像操作手风琴似的。阅到中途停止，可放一书签在书页上，下次可继续阅读。传世宋代刻福州开元寺1112～1172 年刻《毗卢大藏》、福州东禅寺 1116～1117 年刻《崇宁万寿大藏》及平江（今苏州）1231～1321 年所刻《碛砂藏》等及元明以来刻本佛经，多取经折装形式。后世一些碑帖拓本也如此。刘国钧先生① 用图解描述了各种装订形式，对读者有启发。

图 8-12　经折装

前已指出，经折装是为克服卷轴装在阅书时将长卷书页卷来卷去之不便而发展起来的，但使用时这两种装订形式也各有短长。卷轴装虽不便迅速翻捡到所需查阅的文字，也不便于上架，但因所有书页皆卷在一起，外面又有护封面，因而书页不易磨损，只是纸张长期处于卷曲状态。敦煌石室出土纸本卷轴书籍的现状表明，这种装订形式的书寿命较长，千年后仍能保持完好。魏晋南北朝写本卷子，有时还可用其背面印制雕版印刷品，笔者即曾见过这类实物，正面是写本文字，背面是印刷文字。说明卷轴装足可保护纸的强度，令重上印板。

① 刘国钧，中国书的故事，共 99 页（北京：中国青年出版社，1955）；中国古代书籍史话，共 144 页（北京：中华书局，1962）；刘国钧著、郑如斯订；中国书的故事，共 114 页（中国青年出版社，第三版，1979）。

反之，经折装的纸无论正面或反面均有折缝裸出外面，每页纸长期处于折曲状态，经常翻动书页时，折曲处易于断裂。这时需用薄纸在断裂处的背面用浆糊糊起以加固，仍可继续使用。如果很多页折缝处都断裂，势必要逐页面都要用薄纸加固。这种经折装对单面书写或印刷的书籍来说，可在纸背面裂缝处裱糊薄纸，而对双面书写或印刷的书而言，则不可以用经折装形式。

为了使书页易于翻捡，而又防止其折裂，唐代（9世纪中叶）时又出现了另一种书籍装订形式，即所谓**旋风装**。因唐、宋以来这类实物少见，人们一度认为旋风装是对经折装的一种单纯改进，即整卷书仍是由若干单页纸粘连成的长纸，按经折装方式折叠起来，再用一张厚纸作封面，其宽度为每个折页的二倍，将厚纸一半用浆糊糊在书的首页，另一半粘在书尾页，因而将书页背面包起。阅读时仍象经折装那样翻动书页，从头到尾来回翻阅书页，翻飞状态有如旋风（图8-13）。过去有不少著作[①②]都是这样理解旋风装的，而且还绘出示意图。按这样理解旋风装，恐不一定符合实际，因为有文字的纸的正面折缝仍裸出在外，还是不能避免断裂，又由于纸的背面已被包入封面内部，虽受到保护，但当正面折缝断裂时，便难以在背面再糊以薄纸裱修，而经折装的书两面折缝都外裸，易于在背面裱修，所以按上述理解旋风装的形制，实际上是行不通的，尽管还不能完全排除有这种装订形式的可能性，可是没有足够的实物与文献证据支持这种看法。

宋人张邦基（1090～1166在世）《墨庄漫录》（1131）卷三云："……吴彩鸾善书小字，尝书《唐韵》鬻之。……今世所传《唐韵》，犹有回旋风叶，字画清劲，人家往往有之。"吴彩鸾是唐代炼丹修道的女性，嫁给书生文箫后，靠写孙愐《唐韵》在市上售出而维持生活。故宫博物院藏旧题吴彩鸾写《刊谬补缺切韵》卷，即张邦基所说的实物。1973年笔者检验其用纸为麻料白蜡笺，纸较厚，双面书写，每纸直高26厘米、横长48厘米，作卷轴装，每卷由四五张纸构成，以一长的厚纸为底，以每张字纸右边空白处逐张向左糊于底纸上，像鱼鳞那样相错排列。再以木轴置于卷首，向卷尾卷去。打开卷后，可逐页翻动并阅读各页双面文字，来回翻动书页有如旋风（图8-14）。我们当时就觉得这种卷轴装订形式很独特，但没有意识到这是文献上所说的旋风装。

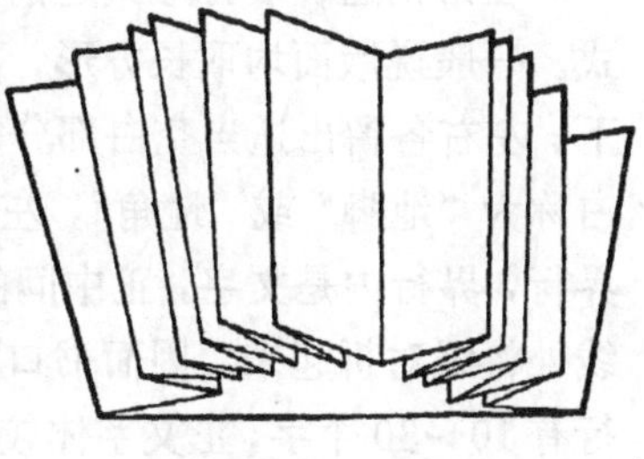

图8-13　近代想象的旋风装

后来其他作者[③]再次观看，从书籍装订角度确认为旋风装实物，这个结论是正确的。显然，旋风装是从卷轴装演变的，外观具有卷轴装形式，但开卷后每页又有经折装便于来回翻阅的优点，又因每页没被折叠，又防止书页断裂的缺点。毫无疑问，这种旋风装是对卷轴装的改进，因每页双面有字，比一般卷轴装容字量大，又避免卷来卷去的不便，但也具有卷轴装的缺点，因纸较厚，使每张纸均呈卷曲状态，常用时纸边易折曲，而每卷又较厚，阅读时要用手或镇尺按平卷曲的书页，仍觉不便。旋风装书籍现只见写本实物，雕版印刷品是否亦曾用此方式装订，尚不得而知。书籍形制总的发展趋势是由圆筒形向扁平形发展，既便装订、

① 蒋元卿，中国书籍装订的发展，收入张静庐编，中国现代出版史料丁编，下卷，第203页（北京：中华书局，1959）。

② 丁一，印刷知识，第53页（科学出版社，1976）。

③ 李致忠，古书旋风装考辨，文物，1981，2期，第75～78页。

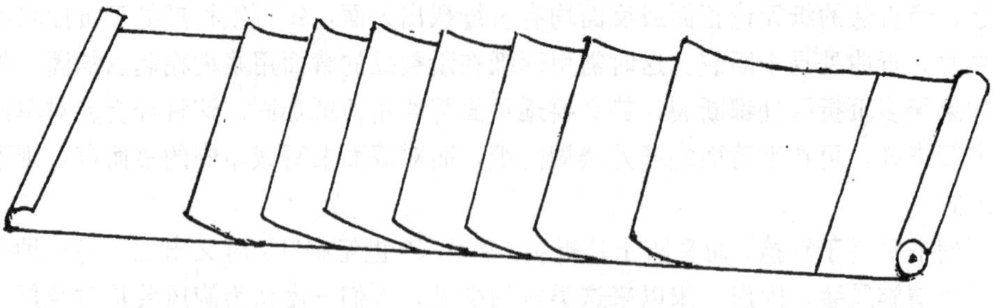

图 8-14　实际使用中的旋风装

阅读，又便携带、存放，因而旋风装到宋代便被另外一种装订形式所取代。

二　蝴蝶装和包背装

如前所述，将雕版印刷书页粘成一张长纸作卷轴装时，使用起来是很不方便的。而用经折装，则又易使纸的折缝断裂，从而缩短书的寿命。随着印刷术的发展和印刷品的增加，很快就出现另一种新的书籍装订形式，即所谓**蝴蝶装**或称蝶装。蝶装将每个印刷的书页逐张装订成 册页形式。

在讨论这种装订形式之前，需要介绍雕版印刷术所刻每块印板及所印每个印张的版面形式。一般说版面均取长方形，版面正中有较粗的四根边线构成版面区域，每张印纸上版面上下、左右各留出适当空白部分，以保护版面内文字不致损坏，上部空白通称“天头”，下部空白称为“地脚”或“地角”，左右两侧空白作订边或供翻页用。版框内用细的直线划出均匀的界行，界行内是文字，正中间的一行称为“书口”，由于中国传统技术是单面印刷，在书口中线处将纸对折起来，因而书口两侧各有行数相等的半页版面。每版半页通常有 5～12 行，每行有 10～30 个字，正文字体较大，注文为双栏小字，从每册书的页数能很快估算出大体字数，如同现在的原稿纸那样。

为便于在书口中线处折叠印纸，在版心装饰有鱼尾及隔线，鱼尾由两个黑三角构成，分单鱼尾和双鱼尾，双鱼尾则使黑三角的尖部相对，从两个三角形交接处折纸。有时还在鱼尾上部版心正中饰一粗线，称为“象鼻”（图 8-15），也有助于正确在版心正中处折叠。实际上鱼尾和象鼻是折标，同时又是对版面的艺术装饰。每个版面的书口上部通常有书名，鱼尾下有卷次，书口底部还有页数。中国雕版印本书这种版面设计形式，后来成为许多国家印本书之所本，一直持续到今天，虽然方式上略有变化。每一张印页包括书名、卷（章）、正文及页数，这种标准印刷读物版面都最终导源于中国的模式。

所谓蝴蝶装是将每块雕板印成的单独纸页，从印张中缝处对折，即沿版心中折线处对折，让有字的两个半页在内面面相对，无字的背面两半页朝外。再将折好的印张折口对齐，用浆糊粘起来，用包背纸包起粘在一起的折边。这是册叶型书籍的最初形式，其首尾两面包以厚纸为书皮或封面，亦有时将封面用裱有纸的绢护起来。封面有书名标签贴于左上角。这种装订形式将每叶印张对折的折边叠在一起、对齐后，包护起来，防止经折装那样易于在折缝处断裂，书的这一部位称为书脊或书背。书的散开的部位叫书口。打开书后遇到有字或无字的书页，有字的两个半页正好构成整个版面，将书放在案几上阅读时，翻动书页后很像蝴蝶双翼，故称蝶装（图 8-16）。

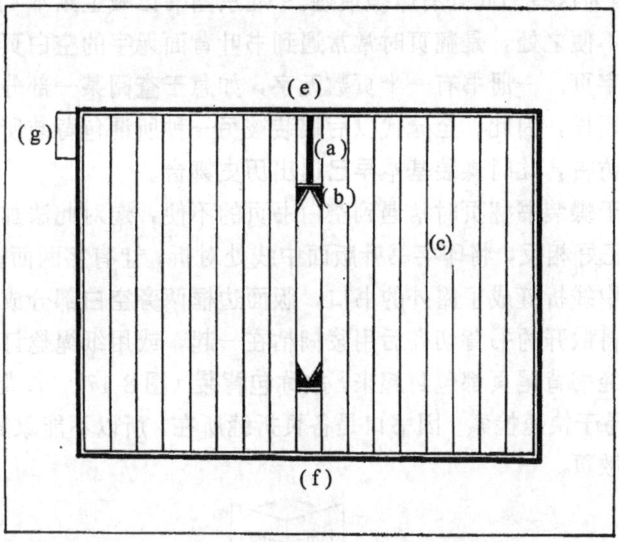

图 8-15　印本书叶的典型版式

(a) 象鼻；(b) 鱼尾；(c) 行；(d) 边栏；

(e) 书眉或天头；(f) 地脚；(g) 书耳

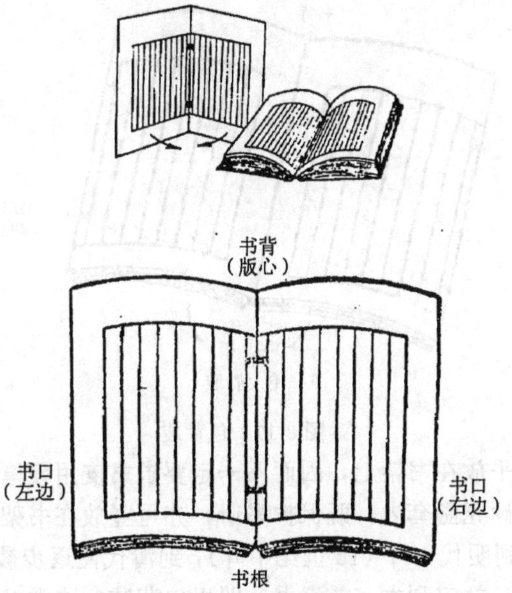

图 8-16　蝴蝶装

蝶装的写本书早在10世纪时唐末至五代已出现，至宋代因印刷术大发展而成为印本书主要装订形式。宋人陈师道（1053～1101）《后山谈丛》云，“敦煌石室经卷唐人所书，亦间有小册，与今之书册同。”“今之书册”主要指宋代蝶装书装订形式。《明史》卷九十六《艺文志·序》谈到明初内府藏书时写道：“先是，秘阁书籍皆宋元所遗，无不精美，装用倒折，四周向外，虫鼠不能损。”都指的是蝶装。现传世宋代蝶装印本书实物，不乏其例，如北京图书馆藏宋刊本《文苑英华》即为蝶装，书衣上有原注字：“景定元年（1260）十月二十五日装背臣王润照管讫”。又藏宋装印本《欧阳文忠公集》及《册府元龟》，亦蝶装，而且书册皆竖放于书架上，书口向下，因为这些书此处有摩擦痕迹。[1] 北京图书馆藏金刻本《尚书正义》亦为蝶装。此种书阅读时最大不便之处，是翻页时常常遇到书叶背面无字的空白页，连续读下去，要接连翻两页才遇到有字页。一册书有一半页数无字，如急于查阅某一部分，翻蝶装书所需时间反比卷轴及经折装还长，因此，至元代以后蝶装被另一种所谓包背装所代替。明、清时而也有人用蝶装，只是仿古，此时蝶装基本早已退出历史舞台。

宋代时人们鉴于蝶装书翻页时常遇到空白书页的不便，遂对此法加以改进，演变成包背装。包背装与蝶装正好相反，将印字书叶版面中线处对折，让有字两面在外，无字的面向内因此每个印张版心中线折缝成了露外的书口，版面边框两旁空白部分成了书背。将逐张折边对齐后叠成一册，将散开的书背切齐后用浆糊粘在一起，或用纸绳捻订在一起，最后用较厚的纸或绢从书首页经书背尾页都包封起来，故称**包背装**（图 8-17）。包背装翻阅时很方便，可逐页连读下去，也易于快速检索。因书口是各页折缝所在，所以不能象蝶装那样以竖式上架否则折缝易磨破而散页。

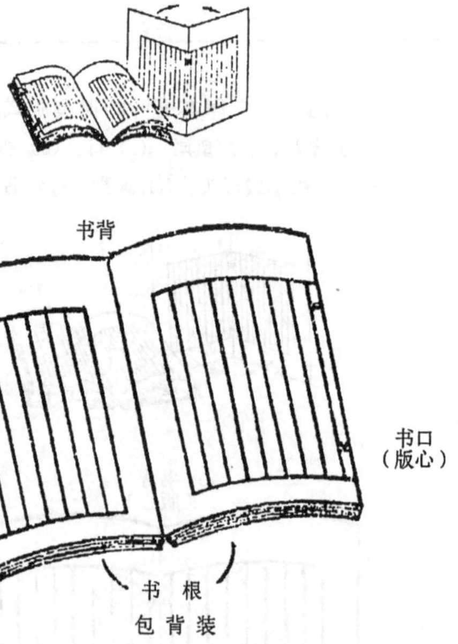

图 8-17　包背装

包背装的书宜横的平放在书架上，因而不一定要求书皮用硬厚的纸绢，可用软书皮。常常将一部书若干册放入硬壳函套内，既保护书册，亦可竖放在书架上。包背装在元代时进一步盛行，此后一直持续到明代中叶（16 世纪中叶），到清代便逐步被线装所取代。清内府旧藏元大德年（1297～1307）补宋刊本《前汉书》即用包背装，这类书在元刊本中仍可多见，如至元十八年辛巳（1281）日新书堂重刊《朱文公校昌黎文集》5 册，于十多年前出土于山东邹县明代鲁王墓中，即为典型包背装，类似的还有至元二十四年丁亥（1287）武夷詹光祖月崖书堂刊《黄氏补千家注纪年杜工部诗史》二册、大德十年（1306）刊《通鉴》及至正二十二年壬寅（1362）武林（杭州）沈氏尚德堂刊《四书集注》二册，都是包背装[2]。

① 刘国钧，中国古代书籍史话，第 120～121 页（北京：中华书局，1962）。

② 张秀民，中国印刷史，第 332 页（上海人民出版社，1989）。

明清时虽然盛行线装，但一些重要内府写本为存古意，也时而用包背装，如明代《永乐大典》、《御集》等，为黄绫书衣包背装，清代《四库全书》也是如此，更出意用绿、红、蓝、灰四色绫衣分别表示经、史、子、集四部，一见封面即知该书为何部。这成为包背装中最豪华的装封，体现永乐、乾隆时盛世的气派。

前述卷轴装、旋风装、蝴蝶装及包背装这四种装订方式，都离不开浆糊。这种浆糊是特制的，要求粘性强，又能防腐抗蛀，因为用普通淀粉糊剂，内含葡萄糖成分，成为蠹虫的食物，结果使纸页受到蛀蚀。订书工根据古人经验及自身实践体会摸索出订书用特制浆糊的一些制造配方。元代秘书监著作郎王士点（约1295～1358）《秘书监志》（1252）卷六记载裱褙匠焦庆安（1218～1287在世）于至元十四年（1277）二月所用糊药秘方，“计料到裱褙书籍物色，内有打面糊物料为黄蜡、明胶、白矾、白芨、藜蒌、皂角、茅香各一钱，藿香半钱，白面五钱，硬柴半斤，木炭二两”①。其中明胶为动物胶，白芨为兰科植物白芨（*Bletila striata*）之块茎，内含淀粉（30%）及粘液质，将明胶、白芨与白面混合，可增加糊剂的粘性。白矾即明矾，具有防腐抗菌作用。皂角或皂荚为豆科木本植物皂荚（*Gleditsia sinensis*）之果实，而藜蒌或即藜科植物藜（*Chenopodiun album*）之全草，二者都有抗菌杀虫作用。而茅香为禾本科茅香草（*Hierochloe odorata*）之花序，具有特殊香味。藿香（*Pogostemon cablin*）为唇形科植物之全草，内含香味挥发油，亦有抗菌作用。黄蜡从性能及成分观之，恐不是糊料成分，其作用待查。用上述配方制成的浆糊，粘性强又防腐抗蛀，还有香味，这是宋元书有书香气的原因。元秘书监所用特制浆糊是从宋代继承下来的，又启发于后世。民间所用配方与此大同小异，粘质药料除白芨外，还用楮树汁，同时还可能加入其它香味草药，原理是一样的。

三　线装及其装订技术

包背装是用纸捻将各页纸订在一起，再于书脊处刷以浆糊，因纸捻强度不大，经常翻阅书时，容易使纸捻断开，造成书页散离。为加固起见，订书工索性用丝线或细麻线代替纸捻，这样打孔穿线后订成一册的书便难于散页了，因而由包背装演变成**线装**。线装书是包背装的一种改进，同样将每张印刷纸页在版心中缝处对折，让空白页向内，而使有字的版面向外，对齐版面后打孔穿线。这样的册叶书书脊无需刷浆糊，也不必用书皮包背，只要在书的前后加上封面即成，当然封面是软封面。因此线装与包背装的基本区别是省去粘书脊及包背两道工序，而以丝麻线代替纸捻订书。这是我们今天最常见到的古书装订形式。线装书封面一般用黄或蓝色纸，左上角贴上书签，标明书名。

线装形式虽可认为从包背装演进，但其由来已久。笔者在敦煌石室所出五代写本中就见有原始的线装书，书页较窄而厚，以麻线装订成册，装订技巧较为粗放，但形制与线装无异，每张纸皆双面书写。这是民间的一种创造。雕版印刷术发明后，尤其包背装在宋元盛行后，古老的线装思想又在订书工脑海中浮起。人们一般认为线装从明中叶才发展，其实这只能理解为从这时才大为普及。明清以后传统书籍差不多都取用线装方式，因其装订手续简练，阅读方便，很少散页现象，既令装线断开，也极易重订。像包背装那样，线装书一般平放在书架上，如护以硬壳函套，当然亦可竖放。通常用四针眼或六针眼装订（图8-18）。有时装订线一

① 参见张秀民，中国印刷史，第332页（上海人民出版社，1989）。

侧的上下书角容易磨损，所以再用绢包角。

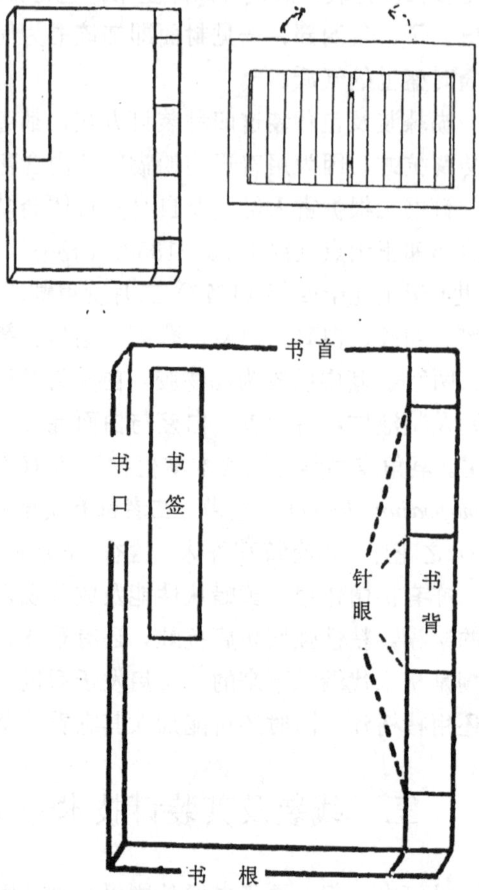

图 8-18　线装（四针眼钉法）

前引蒋元卿文据有关文献记载对线装书装订方法作了综合介绍。大体上分为以下步骤：

(1) 折页：书页印成后，逐张在版心正中对折，勿使歪斜，将有字的两个半页折向外⟶(2) 分书：折页后，再按书页次序理清。如装 100 部，则摊成 100 叠，再压之⟶(3) 齐线：分好的书页，天头地脚不一定整齐，必须逐页对准中缝，使其整齐，再夹压⟶(4) 添副页：每册前后各添副页 2～3 张，用以保护书页，又称护页。南方有用防蛀的“万年红”纸，红白相间作护页⟶(5) 草订：书页经齐线、添护页后，便进行草订，用皮纸捻订之，以防书页走动⟶(6) 加书面：书面在副页之外，用黄、蓝等色纸为封面，再衬一层白纸⟶(7) 截书：用快刀将书的上下及书脊裁齐⟶(8) 打磨：切后的书有刀纹，用砂纸磨光⟶(9) 包角：讲求的书用绫绢包角，取其坚固，并增美观⟶(10) 钉眼：靠近书背处，按书的宽狭确定打眼距离。通常打四眼或六眼⟶(11) 穿线：用丝线或细麻线在孔眼处来回穿订，务求订紧⟶(12) 贴签：在书面左上角处贴书签，其颜色视书面之色而定。

上述线装步骤中，前五项也适用于包背装，对包背装而言，以下步骤包括浆书背、裹书皮等。书册制成后，还可另外制成函套将若干册放在一起上架。有几种方式，最简单的是用与书本大小一致两块木板，两板上穿上布带，把书册夹在两板之间用布带捆之。上面的木板上刻出书名。也可将书册放入特制的小樟木书匣中。但更常用的函套以厚纸板包以布或绢，将整册书都护起来。函套摺折处按书的大小及厚度设计，各部分可折摺。中国线装书的这种硬壳函套与书册本身是分离的，与西方硬壳平装书有所不同。后者以厚纸板包以羊皮为封面，是固定在书册上的，书籍破损时不易修复，而中国书很易修复。

中国书与西洋书相比重量相当轻，因为中国印刷纸较薄，而且书皮是软纸，携带和翻阅时很方便。中国书页天头、地脚较大，一方面可保护正文不受损害，另方面可供读书人写边注及眉批，西洋书一般天头、地脚较小，而印刷用麻纸通常较中国皮纸、竹纸厚重得多。中国书每行字多有行界栏线，而且正文每行字数都相等（小字注文除外），读时不易串行，看起来也美观 。西洋书字小，正文没有行界栏线，读起易串行，还常常有将一个单词按音节移行处理的现象，中国不存在这种现象。

自从雕版印刷术发明后，中国印本书装订经历了五种形式的演变。最初的纸本卷轴装直接脱胎于绢本及纸本写本装订形式，随着书籍篇幅的加大和印本书在社会上的普及，卷轴装很快暴露出其局限性，它并不适合印刷物的特点，企图对此改进的旋风装也仍未彻底摆脱卷轴模式，这两种装订方式于是被蝴蝶装所取代，成为宋元书装订主要形式。蝶装以每块雕板印成的单张纸经对折后成为书页，再逐页装订成册叶形式，因而适合雕版印刷技术的特点，是书籍装订技术中一次革命。

但蝶装因书口向内，翻阅时有字的一面与无字的一面交错，甚感不便，遂有包背装及线装的出现，这两种装订形式共同点是将一个印刷页沿中线对折，让有字的书页向外，则阅读时总是见到有字的一面，已经趋向于西方的平装了。中西方虽然语言文字及文化背景不同，但在书籍装订方式方面最后终于走到一起了。如何使读者翻阅书时更方便而又能尽速查到所需部分的正文，是解释东西方这种趋同现象的主要原因。另一原因是中国印刷术传到西方后，西方人在版刻、刷印和装订方面都采取了中国方式。书是为广大读者服务的，出版者正是在考虑到读者的需要而不断改进书的装订形式的。就传统中国印本书而言，线装是最好的装订形式。用这种方式订书，并不需要人们费多少脑筋才能想出，而实际上宋以前民间已使用了线装方法。

第九章　隋唐五代的印刷（590～960）

隋唐五代共持续379年（581～960），是雕版印刷的早期阶段，隋唐三百多年间中国处于统一局面，社会经济、文化教育和科学技术都达到高度发达的水平。与此同时，佛教和道教也获得很大发展，各地寺观以数万计，僧尼道士超过数十万人，所用佛经以千万卷计。五代虽属封建割据时期，但印刷业仍沿自己的途径发展。从出土文物和文献记载来看，雕版印刷品主要是面向社会大众而用量最大的读物、用物和宗教用品，如佛经、佛像、历书和语言文字工具书，有时作为票据而用于经济活动中。除单纯文字读物外，还有图文并茂的插图本。在唐代基础上发展起来的五代十国印刷，出现了新的突破，由政府主持刊刻儒家《九经》无疑是个创举，是五代印刷的重大进展。这使印刷的应用范围大大拓宽了，最初来自民间的技术被用于刊印圣贤之书，终使雕版印刷得到全社会认同，在印刷史中有深远影响，为此后两宋印刷黄金时代的到来，奠定了坚实的基础。

第一节　隋朝的印刷

本书第七章第三节《雕版印刷的起源时间》中已经指出，公元590～640年这五十年间可能是导致早期印刷品出世的关键时期，而这基本上正相当于隋朝及唐初。这时刺激印刷品出世的主要社会动力，是佛教在千百万人民大众中的普及。在中国这样一个人口众多的国家里佛教徒需要大量佛经、佛像，而靠手抄本日益满足不了这种需要，用机械复制方法生产佛经佛像的纸印本，最容易进入千家万户。因此迄今发现的早期印刷品多为佛经、佛像，并非偶然。推翻南北朝后周而建立统一封建帝国的隋文帝（581～604）杨坚践祚后，对佛教发展更采取积极支持的举措，后周时被破坏的寺院得到修复，又组织僧人继续翻译新的佛经，整理已失散的经典，所需资金除官方补贴外，主要来自民间。

《隋书》卷三十五《经籍志》称：

开皇元年（581）高祖普诏天下，任听出家，仍令计口出钱，营造经、像，而京师及并州、相州、洛州等诸大都邑之处，并写一切经藏于寺内，而又别写藏于秘阁。天下之人从风而靡，竞相景慕。民间佛经多于《六经》数十百倍。

可见隋初民间佛经在数量上已超过儒家经典达数十百倍之多，数量之大，相当惊人，而这正是促成佛教印刷品出现的温床。关于隋朝印刷，人们通常引用隋人费长房（557～610在世）《历代三宝记》（597）卷十二的记载：

开皇十三年（594）十二月八日，隋皇帝佛弟子姓名敬白，……属周代乱常，侮蔑圣迹，塔宇毁废，经、像沦亡，……做民父母，思拯黎元。重显尊容，再崇神化。颓基毁踪，更事庄严。废像遗经，悉令雕撰①。

---

① 隋·费长房，《历代三宝记》卷十二，《大正新修大藏经》卷四十九，《史传部》，第108页（东京：大正一切经刊行会，1924）。

这段记载讲述隋文帝于594年1月5日推崇佛教的发愿词，他鉴于北周武帝于574年反佛行动中捣毁佛寺、佛塔和佛经、佛像，使佛教凋零，为收复民心，决定振兴佛教，“废像遗经，悉令雕撰”。明人陆深（1477～1544）《河汾燕闲录》据此解释说：“隋文帝开皇十三年十二月八日，敕废像遗经，悉令雕撰。此印书之始，又在冯瀛王（冯道）先矣。”胡应麟（1551～1602）《少室山房笔丛》（约1598）《甲部·经籍会通四》又发挥说：“雕本肇自隋时，行于唐世，扩于五代，精于宋人。”他认为“隋世所雕，特浮屠经像”。这种意见后来被一些中外学者所赞同。

但也有持不同意见者，如清初人王士祯（1634～1711）《居易录》卷二十五谈到陆深的上述意见时认为“予详其文义，盖雕者乃像，撰者乃经，俨山（陆深）连读之误耳”。近人也指出《历代三宝记》所说“废像遗经”，像是像，经是经，因此雕指泥塑佛像，撰指撰写佛经，从而怀疑隋代有印刷活动①。由此我们看到对隋人费长房的记载出现了两种不同的理解和解释，双方各有其理由。但讨论这个问题时，首先要抓住大前提，即隋朝是否可能有印刷活动。本书第七章已指明，唐初印刷品的出土已标明印刷术的起源时间不应迟于隋朝，就是说，在历代三宝记》成书时期社会上已经有印刷活动。我们认为书中所载北周毁佛使“经、像沦亡”中的佛像，既指泥塑佛像，也指纸本佛像，而佛经无疑专指纸本佛经，包括寺院中供奉的和佛塔中供养的。隋文帝为振兴佛教，敕“废像遗经，悉令雕撰”，便包括重建佛寺、重塑佛像，对已毁失的纸本佛像和佛经下令雕印、撰录，这就是“悉令雕撰”的含义。我们赞同陆深、胡应麟的学说，可以将《历代三宝记》所述作为隋朝有关印刷的记载，不能因其用词简略而加以怀疑。

《隋书》卷七十八还载，卢太翼（548～618在世）字协昭，河间（今河北）人，博览群书，兼及佛道，受隋文帝赏识。“其后目盲，以手摸书而知其字”。大业九年（613）从隋炀帝至辽东，后数载卒于洛阳②。清人王仁俊（1866～1914）《格致精华录》卷二《刊书》条对此解释说：“卢太翼善占候、算历之术，其后目盲，以手摸书而知其字，按此摸书之版耳。……据传卢与隋炀帝有问答语。大业九年（613）从驾辽东，此时书有其版甚明，故知所摸为书版。”③因卢太翼聪颖过人，又懂得技术，所以目盲后能以手摸书板所刻反体字而知读物内容，这是隋朝有刻本的另一文献证据。

不能否定隋朝至唐初主要仍是写本占统治地位的时期，但已进入由写本向印本过渡的关键阶段。从技术上看，实现这一过渡并不困难，原先刻印章和石碑的匠人能轻而易举地成为雕刻印版的刻字工，而经生和楷书手可为印书作坊在纸上写书稿刻样。用印刷技术为社会大众提供比写本更便宜的印本，也会成为生财有道的书商追逐的热门经营业务。他们从出售手写本转而雇人刻成印版，大量出售民间最需要的佛像、佛经，更适合民间的购买力水平。总而言之，这一时期已为印刷业的出现铺平了道路，只是有关实物尚待今后进一步发掘。

---

① 张秀民，中国印刷术的发明及其影响，第33页（人民出版社，1958）。

② 唐·魏征，《隋书》（656）卷七十八《卢太翼传》，二十五史本第五册第212页（上海古籍出版社，1986）。

③ 清·王仁俊《格致精华录》卷二，第14页（1896年石印本）。

第二节　唐代前期和中期的印刷

一　唐代前期的印刷

唐代有关印刷的文献记载和实物遗存较多，可分为三个阶段来研究。第一阶段是唐初（618～712），第二阶段为中唐（713～820），第三阶段为晚唐（821～907）。首先应指出，唐初印刷品近年已出土。据考古学家韩保全报道，1974 年西安市西郊西安柴油机械厂发现梵文陀罗尼经咒单页印刷品，出自唐墓中。出土时置入死者佩带的铜臂钏（臂镯）中，呈方形，印以麻纸，直高 27 厘米、横宽 26 厘米，展开后已残破。此印刷品中央部位有 7×6 厘米的空白方框，其右上方有竖行墨书“吴德☒福”四字，从书法观之，为风行唐初的王羲之（321～379）行草，所残缺的一字估计是“冥”，表明墓主姓名为吴德。空白方框外四周印以咒文，皆 13 行，总共 52 行，作环读。印文四边围以边框，内外边框间距 3 厘米，其间刻有莲花、星座等图案。同出物有铜臂镯和规矩四神铜镜，前者是佩带死者臂部的一种葬具，在西安近郊唐墓中屡有发现。四神铜镜径 19.5 厘米、厚 0.3 厘米、沿高 0.8 厘米，为隋至唐初墓葬铜镜其铭文书体与贞观年（627～649）等慈寺碑文极其类似。此经咒为早期佛教密宗的产物，其印刷字体为中亚僧人使用的古体梵文。密宗认为将经咒佩带死者身上，可使其进入极乐世界考古学者将此印本陀罗尼定为唐初（7 世纪初叶）印刷品（图 9-1），因而是至今为止发现的最早单页印刷品①。

有关唐初印刷活动的文献记载，同样存在。后唐冯贽《雲仙散录》（926）卷五引《僧圆逸录》曰：

> 玄奘以回锋纸印普贤像，施于四众，每岁五驮无馀。

“四众”指僧、尼、善男、信女，当然人数达数百万之众。唐三藏法师玄奘（602～664）于太宗贞观三年（624）离长安赴印度求法，历十六年方归故国。据五代时史家刘昫（887～946）《旧唐书》（945）卷十九《玄奘传》载，“贞观十九年（645）［玄奘］归至京师，太宗见之大悦，与之谈论。于是诏将梵本六百五十七部于弘福寺翻译。仍敕右仆射房玄龄、太子左庶子许敬宗广召硕学沙门五十余人相助、整比。”可见太宗也热心支持佛教，命阁臣房玄龄（579～685）等为玄奘翻译佛经提供保证。玄奘从贞观十九年起，在二十年间先后译出大、小乘佛教经、论 75 部，共 1335 卷。

玄奘将普贤像印成单张，当发生于高宗显庆三年至龙朔三年（658～663）之间。此佛像上图下文，通俗易明，又易刊印，便于信徒供奉。西方早期所印单张雕版耶稣像也与此类似可以说中外宗教界人士都想到一起了。普贤音译为三曼多跋陀罗（Samantabhadra），为佛祖释迦牟尼之右胁侍，司理德，与司智慧的左胁侍文殊师利（Manjuśri）并称，为中国佛教四大菩萨之一。玄奘发起雕印的《普贤菩萨像》，虽今已不可得见，但形制上应与伯希和 1908 年在敦煌石室发现的 947 年印《文殊菩萨像》类似，现藏巴黎国立图书馆（编号 P4514）。玄奘印普贤像发行量很大，试以每匹马驮 200～250 斤计，则五马驮 1000～1250 斤，换算成纸后，至

① 韩保全，世界最早的印刷品——西安唐墓出土印本陀罗尼经咒，载石兴邦主编，中国考古学研究论集——纪念夏鼐先生考古 50 周年，第 404～410 页（西安：三秦出版社，1987）。

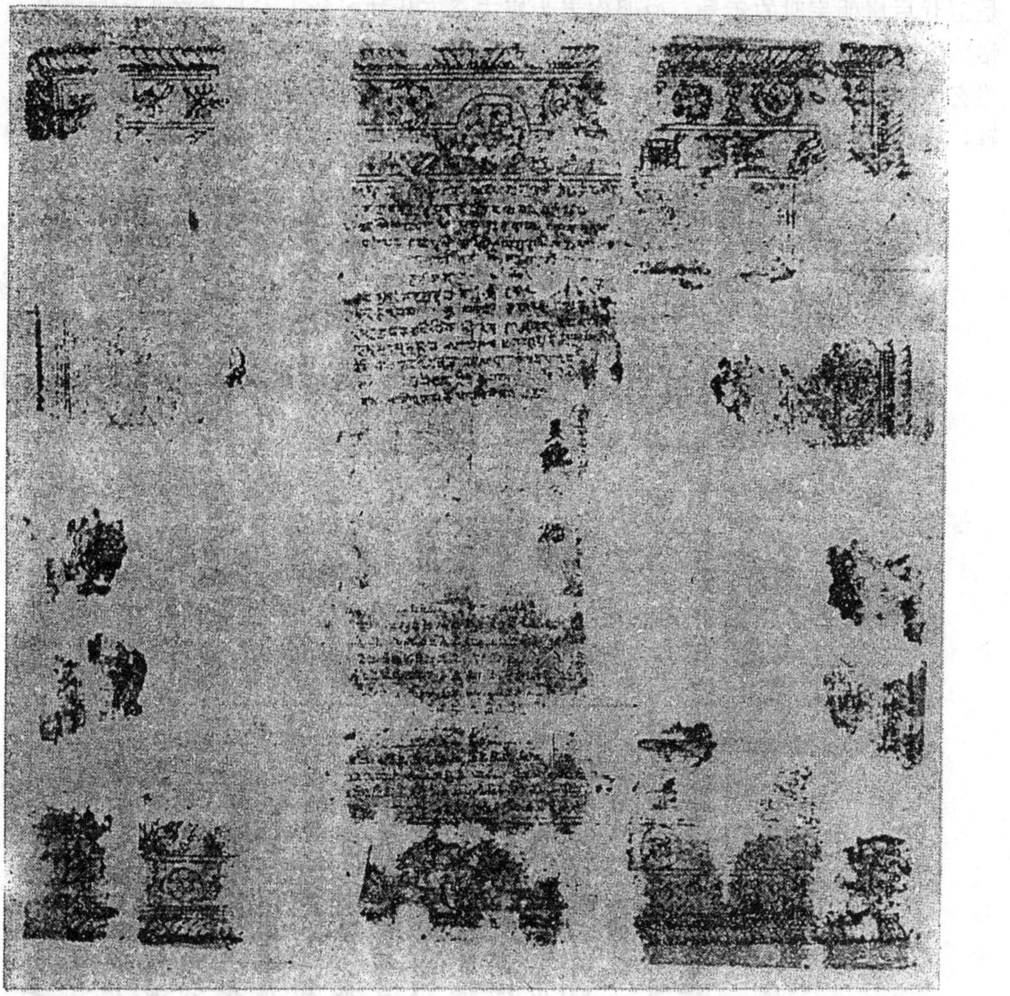

图 9-1 唐初刻梵文陀罗尼

少有 20～25 万份，五年即达百万份。

又据玄奘嫡传弟子慧立等撰《大唐大慈恩寺三藏法师传》(688) 卷十所载，高宗嗣位后鉴于玄奘受父皇敬重，也对法师礼敬甚隆，遣朝臣问慰不绝，且施帛锦万余段、法衣数百。玄奘接受后，则给予贫穷之人及外国婆罗门客人，“随得随散，无所贮蓄。发愿造十俱胝像，并造成矣。”“俱胝”为梵文量词 *koti* 之音译，十俱胝为百万。此处所说造像，当与《雲仙散录》所述印造普贤像事有关。如果认为佛像为泥塑，则塑造百万小佛像便非玄奘所能为，更亦非五马所能驮，唯一可能是用印刷方法复制数目如此多的佛像，看来这件事发生于玄奘晚年之际。“造”这个字在唐人用语中指雕印，如咸通九年 (868) 刻《金刚经》卷尾题“王玠为二亲敬造普施”。

现在再回头讨论《雲仙散录》。今通行本题为“唐金城冯贽撰”，金城为现甘肃兰州之旧称。关于此书作者及成书年代，曾有歧见。如宋人张邦基《墨庄漫录》(约 1131) 卷二认为此书怪诞，疑为王铚 (1090～1161 在世)“伪作”，但没有举出事实证明出于当时枢密院编修官王铚之手，这是一种武断。可惜后人不作分析，也跟着附合张邦基的论调。当时的事实表明，此书有宋开禧元年 (1205) 郭应祥刻本，卷首有作者冯贽自序，落款为天成元年 (926)，这是五代后唐明宗时的年号，说明作者为唐末至五代初时的人。此书还为宋儒孔传《孔氏六帖》（1131）所引。《宋史·艺文志》亦载《雲仙散录》为冯贽所撰。不管作者是谁，书中所述玄奘印造普贤像的事仍然可信，且与玄奘弟子记载相符。不过印佛像用的回锋纸，纸名费解，从当时情况看，应是麻纸或皮纸中较洁白的一种纸。

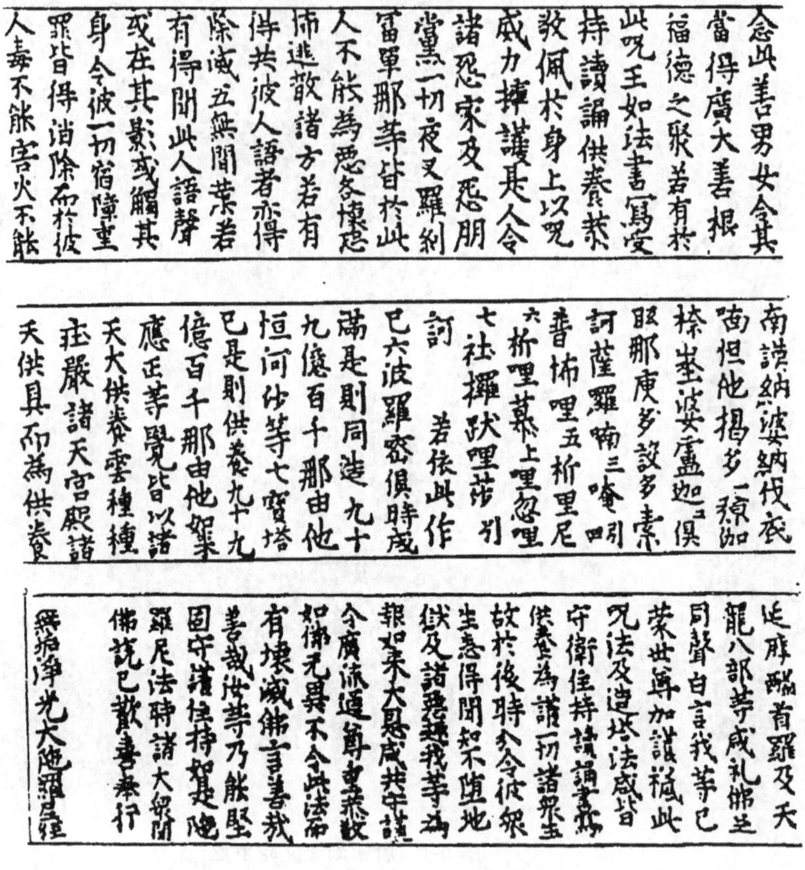

图 9-2 唐武周刻本《无垢净光大陀罗尼经》（702）

继太宗、高宗之后，当武则天称帝时（689～704），佛教又受到政府支持而得到进一步发展，而且她在发展雕版印刷方面颇多建树。这时的印刷品特别是佛经种类多、数量大，在很大程度上要归因于武后对佛教的偏爱，而当时社会有进行大规模印刷的种种条件[1]。《旧唐书》卷六《则天皇后纪》称，载初元年（689）秋七月，沙门法明等人进《大雲经》，内称有一女身为佛之转世，当登大统。武后大悦，命将此经颁行天下，又"令诸州各置大雲寺，总度僧千人，共诵此经"。这就是说，武则天曾借用佛教说教为自己称帝作舆论准备。称帝后，她又"令释教在道法之上，僧尼处道士女冠之前"[2]，从而将佛教置于国教的至高地位。

武周时所刊各种佛经，一般印以黄纸，经文中有武周制字，多作卷轴装。《大雲经》就可能是公元 690 年刊行的武周时期的最早印本。同时期出版的另一佛经《妙法莲华经》残卷，20 世纪初（1906）在新疆吐鲁番出土。《妙法莲华经》（*Saddharma pundarika sūtra*）简称《法华

① 潘吉星，唐武周时期的雕版印刷史料，武汉：出版科学，1998，1 期，第 34～36 页。

② 《旧唐书》卷六，《则天皇后纪》，廿五史本第五册，第 22 页。

经》，406年由后秦龟兹（今新疆库车）僧人鸠摩罗什（Kumārajiva，344～413）译自梵典，共八卷、28品，为中国天台宗经典。出土者只是其中《分别功德品第十七》和《无量寿佛品第十六》，现存194行，相当于卷五的部分内容。此经出土后，归新疆布政使王树楠（1851～1936），再转日本人江藤涛雄，最后落入中村不折（1868～1943）手中[①]，藏于他在东京创办的书道博物馆中。中村氏一度将此经断为“隋刻本”，肯定有误[②]。1952年版本目录学家长泽规矩也博士对此经研究后，发现其印以黄色麻纸，作卷轴装，一纸印一版，每行19字，经文中印有武周制字，遂将其断为武周刊本[③]。但此经未刻年款，我们认为其刊行年代为武周初期至中期（690～699），因而是中国境内迄今发现的最早的卷子本印刷品。

就在《妙法莲华经》出版之际，武周时洛阳高僧、佛教华严宗实际创始人法藏（643～712）在解释《华严经》时以印刷术作为比喻阐明其观点。《华严经》全名《大方广佛华严经》（Buddha-vatamsaka mahāvaipulya sūtra）最初由东晋时旅居中国的印度僧人佛陀跋陀罗（Buddhabhadra，359～429）于421年译出，共60卷，通称《六十华严》。此本含八会，每会有若干品，共64品。每会记录佛祖在菩提树下苦修成道、终成正觉后，向弟子说法的法会上讲述的内容。天台宗将《华严经》一部八会别为前后二分，认为前分七会为佛成道后在前三个七日之间的说法内容，后分第八会为此后的说法。法相宗也别为前分与后分，认为前分的前七会为佛成道后第二个七日之间的说法，后分第八会为以后时间之说法。因而出现不同解释。

华严宗领袖法藏作为研究《华严经》的权威，在《华严经探玄记》中不同意天台宗和法相宗对《华严经》的上述解释。他举出证据证明，佛祖成道后头七日内没有说法活动，而在第二个七日将此经八会的全部内容同时说出。因此别为前分、后分是没有意义的。他写道：

> 此经定是［佛成道后］第二七日所说，……于此二七之时，即摄八会同时而说。若尔，何故会有前后？答：如印文，读时前后，印纸同时。[④]

法藏在《华严一乘教义分齐章》中再次表述了他的同一观点：

> 即佛初成道第二七日，在菩提树下，犹如日出，……即于此时，一切因果理事等、一切前后法门，乃至末代流通舍利见闻等事，并同时显现。……一切佛法并于第二七日，一时前后说，前后一时说。如世间印法，读文则句义前后，印之，则同时显现。同时、前后，理不相违，当知此中道理亦尔。[⑤]

显而易见，在法藏看来，佛祖成道之时有陀罗尼力，能“一念说一切法”，于第二个七日之间即将八会总义同时阐述出来。虽然《华严经》经文各会排列上有先后，但其中所有佛法奥义都是在七日之内同时悟出并讲出来的。正如世间印本书那样，读过来文句有前后，但印刷时都是同时显现在纸上的。应当用“同时”与“前后”之间的辩证关系，来解释《华严经》中八会的相互关系。前述《华严经探玄记》成于696～697年，《华严一乘教义分齐章》又称《华严五教章》，亦于同时成书，说明武周时印刷术已有相当发展，法藏才能用印刷实例作

① 中村不折，新疆と甘肃の探険，第7页（東京：雄山閣，1934）。

② 秃氏祐祥，东洋印刷史研究，第20页（東京：青裳堂書店，1981）。

③ 长澤规矩也，和漢书の印刷とその歷史，第5～6页（東京：吉川弘文館，1952）。

④ 唐·法藏，《华严经探玄记》（696～697）卷2，《大正新修大藏经》卷35，第127页（东京：大正一切经刊行会，1926）。

⑤ 唐·法藏，《华严一乘教义分齐章》，卷1，《大正新修大藏经》卷42，第482页。

比喻。

武周末年法藏与中亚吐火罗国（Tukhara）人弥陀山（Mitra Sanda，fl. 667～720）奉诏自梵典译出《无垢净光大陀罗尼经》（图 9-2）一卷。根据我们的研究，此经于长安元年（701）译于洛阳佛授记寺翻经院①。据智昇（fl. 695～750）《开元释教录》（730）卷九所述，此经译毕进奏后，武则天女皇甚喜，重赏译者。因此第二年（702）便在洛阳刊行。此经与前述唐初刊行的梵文陀罗尼一样，均为密宗典籍。陀罗尼为梵文 dharani 的音译，其义是将诸菩萨倡导善行或制止恶行的真言以密语形式表达出来的咒。密宗认为陀罗尼含诸多经义，故密宗典籍都含几种陀罗尼，兼述其功用。密宗起源于印度，3 世纪随大乘佛教通过中亚僧人传到中国，南北朝时早期密宗或杂密得到进一步发展，陀罗尼咒由义译改为音译，功用随之增加，仪轨更趋复杂。

唐初以来陀罗尼经咒在僧俗大众中流行甚广，诵念、写刻和供养陀罗尼成为时尚。密宗宣扬通过诵写陀罗尼（语密）、手结契印或作手势（身密）、心作观想（意密）和结坛等，可消灾驱邪、去病延年、护国安民以至死后进入极乐世界，因而受到统治阶级和广大群众的信仰。这是武周时翻译出版《无垢净光大陀罗尼经》的背景。此经有《根本》、《相轮》、《修造佛塔》、《自心印》、《大功德聚》和《六波罗蜜》六种陀罗尼咒，经文则述其功用。700 年以来武后年迈多病，翻出此经正符合她希望去病延年的心理需要。其刊印数量一定很大，还由中国传到新罗和日本。1966 年韩国庆州发现本即是此经的武周刻本。此经印本版框直高 5.4 厘米，横宽为直高的 8 倍左右，印以黄色麻纸和楮纸，再将各印纸粘连起来，以木轴卷之。经卷总长 640 厘米，共用 12 版，每版印一纸，每纸直高 6.5 厘米，横宽 52.5～54.7 厘米，版框上下单边，每版 55～63 行，行 7～9 字，一般 8 字，刻以唐人写经楷体字，有欧阳询（557～641）书法风格。

此经文字雕刻较成熟，每字径 4～5 毫米，相当今三号宋体印刷字或 15.6 点（point），各字笔画挺劲，刀法工整，字上有刀刻痕迹。各字墨色均匀，这说明武周时期的木版印刷技术已达到一定的发展水平。除上述佛经外，此时印刷品还用作其他目的。据唐人刘肃（770～830）《大唐新语》（807）卷九及宋人司马光（1019～1086）《资治通鉴》（1084）卷二百零四记载，当武则天即帝位后，691 年十月洛阳人王庆之率数百人联名上表，请立武后侄子武承嗣为皇太子。武后见王庆之伏地以死泣请，不肯退下，“乃以内印印纸谓之曰：‘持去矣，须见我以示门者当闻也。’庆之持纸，来去自若，此后屡见”②。因此可知王庆之所持的“内印印纸”，实际上是武后即位时在宫内印发的纸本特殊通行证。

二 唐代中期的印刷

唐代中期以来，有关印刷的文献记载和出土实物仍可见到一些。1975 年西安市西郊西安冶金机械厂内发现《佛说随求即得大自在陀罗尼神咒经》内神咒的单页印刷本，出自唐墓中。出土时此经放在小铜盒中，已粘成团，展平后呈方形，35×35 厘米，印以麻纸，中心有一方框，5.3×4.6 厘米，内绘二人，一站一跪，淡墨勾描后填彩。框外四周环以神咒的刻印文字，

---

① 潘吉星，论韩国发现的印本无垢争光大陀罗尼经，科学通报，1997，42 卷，10 期，第 1009～1028 页。

② 唐·刘肃，《大唐新语》（807）卷九，《笔记小说大观》第一册，第 48 页（扬州广陵古籍刊印社影印，1983）。

每边18行，共72行，行间有界行。咒文以外有边线，四周印以手印结契，其形状各不同，这些不同手势用以招引不同菩萨相护（图9-3）。纸色呈微黄，经咒文字有部分残缺。经名仅保留《佛☒☒☒☒得大自在神咒经》八字，所残之字当为“说随求即”四字。按此经为罽宾（Kashmir）僧人宝思惟（Ratnacinta，625～721）于武周天寿二年（693）译于洛阳天宫寺，经名及经文与此后不空（Amoghavajra，705～774）译本不同。考古学家将此印本定为盛唐（713～766）时之遗物，当印于唐玄宗时期（713～755）。

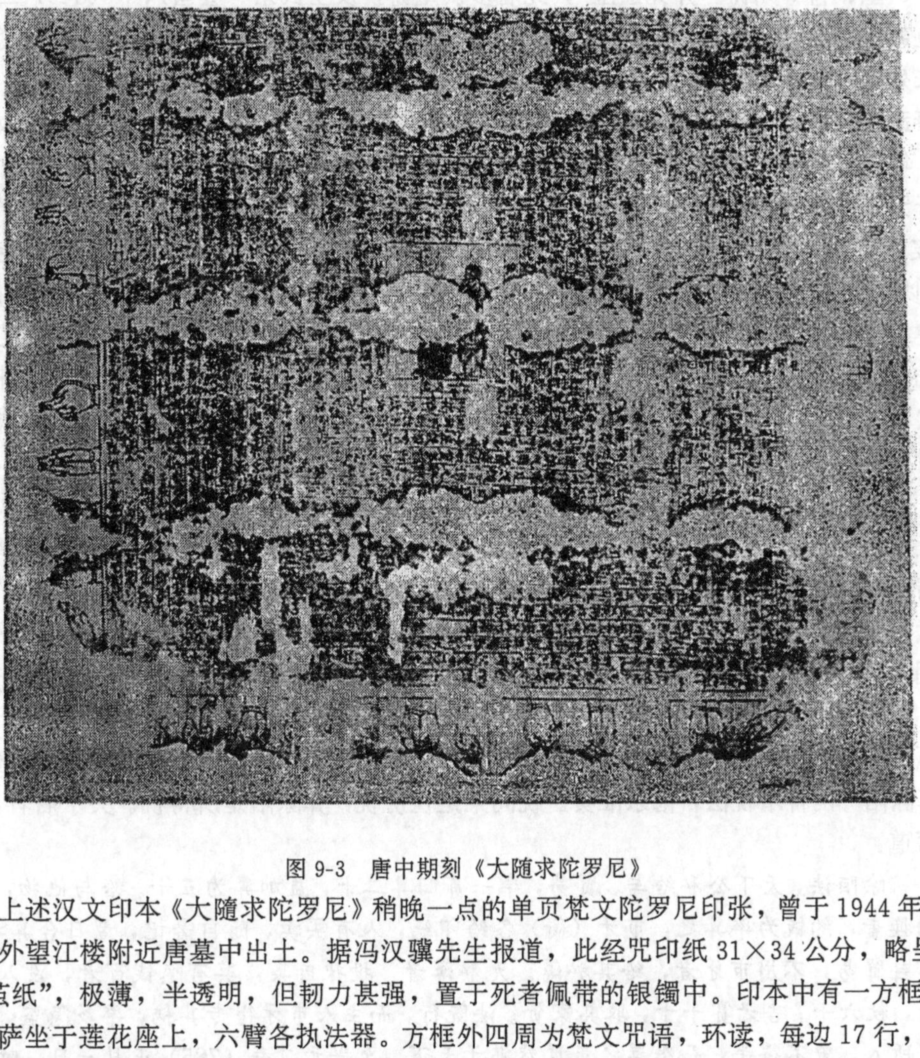

图9-3　唐中期刻《大随求陀罗尼》

比上述汉文印本《大随求陀罗尼》稍晚一点的单页梵文陀罗尼印张，曾于1944年在成都市东门外望江楼附近唐墓中出土。据冯汉骥先生报道，此经咒印纸31×34公分，略呈方形，“纸为茧纸”，极薄，半透明，但韧力甚强，置于死者佩带的银镯中。印本中有一方框，内刻六臂菩萨坐于莲花座上，六臂各执法器。方框外四周为梵文咒语，环读，每边17行，咒文外四周又刻诸菩萨像，整个印件展开后已残破。同墓内死者口中含“开元通宝”铜钱2枚，钱背铸有“益”字，表明铸于益州府。死者手中亦各握开元钱一枚及玉棒，同出还有陶器4件。经咒版框右边刻有通栏汉字“☒☒☒成都县☒龙池坊……近下☒☒印卖咒本……”等字。“成都县”前三字脱落，冯先生主张此三字为“成都府”，认为铜钱铸于唐武宗会昌年间（841～846），将此墓及墓内所有物定为会昌年以后唐末（9世纪）之遗物①。

① 冯汉骥，记唐印本陀罗尼经咒的发现，《文物参考资料》，1957，5期，第48～51页。

此梵文陀罗尼印本的断代意见，多年来被不少作者引用，但仔细研究起来，却仍有商榷之处。查《旧唐书·地理志》，成都置县于垂拱二年（686），属益州府。开元二十一年（733）分全国为50道，四川所在的剑南道治所在益州。唐玄宗天宝元年（742）改益州为蜀郡，十五年（756）玄宗避"安史之乱"驻蜀郡，这里成为临时首都。同年肃宗即位，改元至德，玄宗退位。至德二年（757）肃宗改蜀郡为成都府，剑南道西川节度使治所在成都府。冯先生说成都称府始于757年，这是正确的。再查《旧唐书·食货志》，高祖武德四年（621）于洛、并、幽、益等州铸"开元通宝"，此后多次重铸，及至武宗"会昌六年（846）二月，敕缘诸道鼓铸佛像、钟磬等新钱已有次第，须令旧钱流布"。冯先生认为墓内所出铜钱为会昌年铸，未列出依据，需要讨论。

唐武宗会昌年铸钱之前百多年，益州已易名为蜀郡，自742年后此地名一直未改，只是从757年起才改称成都府。既然铜钱铸于益州，则其开铸时间应在易名（742）之前，就是说应铸于天宝元年之前的开元年间（713～741），至少应在会昌年前。刊印此经咒纸为半透明的强韧皮纸，这类纸有明显时代性，多制于唐代前半期，不见于唐末。冯先生将其定为"茧纸"，似欠准确。墓内陶器为成都琉璃厂厂窑烧造，"从现有的材料看，最早者可到盛唐"，从砖墓建筑形式看，属于"比较早期的形式"。因此，我们认为成都唐墓所出单页梵文陀罗尼由卞姓坊家刊印于8世纪前半叶，不能晚于盛唐后期（757～766）。因而将其断为唐末（9世纪）之物的结论，需要修正。冯先生以其在四川墓葬发掘经验总结说，墓中所出铜钱"大半是当时所流行之品，如'开元'绝少与'五铢'同出，宋钱亦绝少与'开元'同出"。既然如此，就不宜将墓内所出8世纪时流行的益州监钱"开元通宝"说成是百年之后会昌年所铸。将该墓及墓内所出印本、铜钱、银臂钏及陶器等物定为8世纪之物，则所有问题都得到合理解释。

唐中期的开元（713～741）盛世，应当比唐初年间出现更多的雕版印刷品，遗憾的是，由于唐武宗于会昌五年（845）发动的反佛活动，使在这以前出版的大量印本佛经、佛像被焚毁，而早期印刷品又多是佛教出版物，因而，保留下来的较少，有待今后发掘。张秀民注意到公元783年户部所发"印纸"可能是用于经济活动中的印刷品①。他引《旧唐书》卷四十九《食货志下》记载，德宗建中四年（783）六月，户部侍郎赵赞为解脱经济困境，提出"税间架"和"算除陌"两种增税法，德宗准奏。税间架是住房税，算除陌是所得税。关于后者，《旧唐书》写道：

> 除陌法，天下公私给与、贸易，率一贯旧算二十，益加算为五十。给与他物，或两换者，约钱为率算之，市牙（衙）各给印纸，人有买卖，随自署记，翌日合算之。有自贸易，不用市牙者，给其私簿。无私簿者，投状自集，其有隐钱百者，没入二千，杖六十。告者赏十千，取其家资。法既行，而主人市牙得专其柄，率多隐盗，公家所入，曾不得半，而怨骂之声嚣然满于天下。至兴元二年（785）正月一日，敕悉停罢②。

根据"算除陌法"，凡自公私所得收入及贸易所得收入，每缗要由官留50钱作为税收，由掌管财务的市衙各给印纸，人有买卖，随自填写，次日按贸易额将税金交纳。有自贸易，不通过市衙者，亦得领私簿，照样完税。此税法一行，天下怨声载道，两年后不得不废止。所

① 张秀民，中国印刷史，第37页（上海人民出版社，1989）。

② 《旧唐书》卷四十九，《食货志下》，廿五史本第五册，第254～255页。

谓“印纸”、“私簿”者，皆事先印制好有关事项及收入、贸易额、抽税数额等栏。用时，将有关内容临时填写上去，再钤官印为证，相当于纳税单据。可见唐代官府已将雕版印刷品用于管理贸易和抽税的财务活动中。

由此我们想到唐代发行的“飞钱”，也可能是印刷品。《新唐书》卷五十五《食货志》载，宪宗元和（806～820）初，“以钱少，复禁用铜器。时商贾至京师，委钱诸道进奏院及诸军、诸使、富家，以轻装趋四方，合券乃取之，号飞钱。”① 飞钱实际上类似现在的汇票，它是纸币出现的前奏，到宋代便发展成为印刷的纸币，称为“交子”。所以《宋史·食货志》说“交子之法，盖有取于唐之飞钱”。唐代的飞钱形制如何，史无记载。但我们认为应当是印制而成，上面盖有官印，因为它要在全国各道使用，必须要统一格式，而雕印则可将同一格式复制成若干份，非手抄可比，何况在这以前已有“印纸”作为启导。此二者都是金融活动中官方发行的票据。

其次，宋代交子皆为印刷品，而交子又脱胎于飞钱，故飞钱也只能是印刷品。商人在京师各道进奏院存钱后，交一定手续费，取飞钱之一半，另一半由进奏院寄回本道。待持券人至各有关道提取现钱时，出示手中一半飞钱，与该道所存另一半相符，即可兑现。因此飞钱的纸面上应当印有折缝，折缝处盖官印，同时还应印有四周的花边。而且必须用特制的纸，以防伪制。总之，飞钱在形制上应当像交子那样，只是二者功用不同，飞钱不能用于市场交易。印纸与飞钱的出现既反映了商业活动规模的扩大，也反映了唐代自中期以后经济状况开始走下坡路。印纸是向商人增加税额，飞钱是补充金属硬通货之不足。由于后来飞钱常不能兑现，失信于民，故流行不久亦作罢。但其发行在经济史中具有很大的意义，也一度便利于商业活动。

第三节　唐代后期的印刷

一　唐代历书的出版

唐代后期印刷特点首先是产品多样化，除宗教印刷品外，出现了更多的非宗教印刷品，特别是有关字典、音韵等语言文字方面的工具书、相宅、算命书及历书等，雕版印刷品仍首先在人民大众中流行。在唐代后期，保留下来的有关印刷术的文献记载和实物资料是相当多的，说明在印刷品与手抄本争取各自读者的竞争中，已逐步占有更多的市场。

每个朝代制订并颁布历法授时，是皇权的一种象征。一般由司天台的皇家天文学家编历，再由礼部奏准而颁行天下。然而，刻书商为追求利润，无孔不入，有时竟敢向皇权挑战，未等朝廷颁历，就私自印出历书提前投放市场。当唐末藩镇割据、中央政权削弱之际，更为私历的出现提供可乘之机。《旧唐书》卷十七下《文宗本纪》载太和九年十二月丁丑（835 年 12 月 29 日）“勅诸道府，不得私置历日板”②。这就是说，不许各地民间私自印历书。看来在新年到来几个月前，民印历书已充斥市场。据王钦若（962～1025）奉宋真宗勅命所编《册府元龟》（1013）卷一百六十《帝王部革弊第二》所载，唐文宗禁民私置历版之令，是因东川节度

① 《新唐书》卷五十五，《食货志》，廿五史本第六册，第 152 页。

② 《旧唐书》卷十七下，《文宗纪》，廿五史本，第五册，第 76 页。

使冯宿（767～836）之奏请而发的。冯宿的奏文收入清人阮元（1764～1849）等奉勅编《全唐文》（1814）卷六百二十四。奏文说：

剑南两川及淮南，皆以板印日历鬻（卖）于市。每岁司天台未奏下新历，其印历已满天下，有乖敬授之道①。

由此可知，民间造印私历还并非偶而为之，而是岁岁如此。同时，四川成都、淮南、扬州是民印私历的集中地，当然也是当时造纸和印刷的中心。两地的刻书商印历后，再通过商业渠道贩至各地，至腊月前已满天下。朝廷虽有禁民印历之令，但实际上仍禁而不止，刻书商继续我行我素。不列颠图书馆藏敦煌石室出土唐僖宗乾符四年（877）历书残页（图 9-4），印制得相当精美。根据当时人们习俗、信仰、宗教观念及农事活动需要，加印不少栏目，以增加其用途，适应各阶层的需要，因而其发行量一定相当之大。这是唐代印刷业的主要产品之一。此乾符历书是有明确年款的较早的纸本雕版历书。

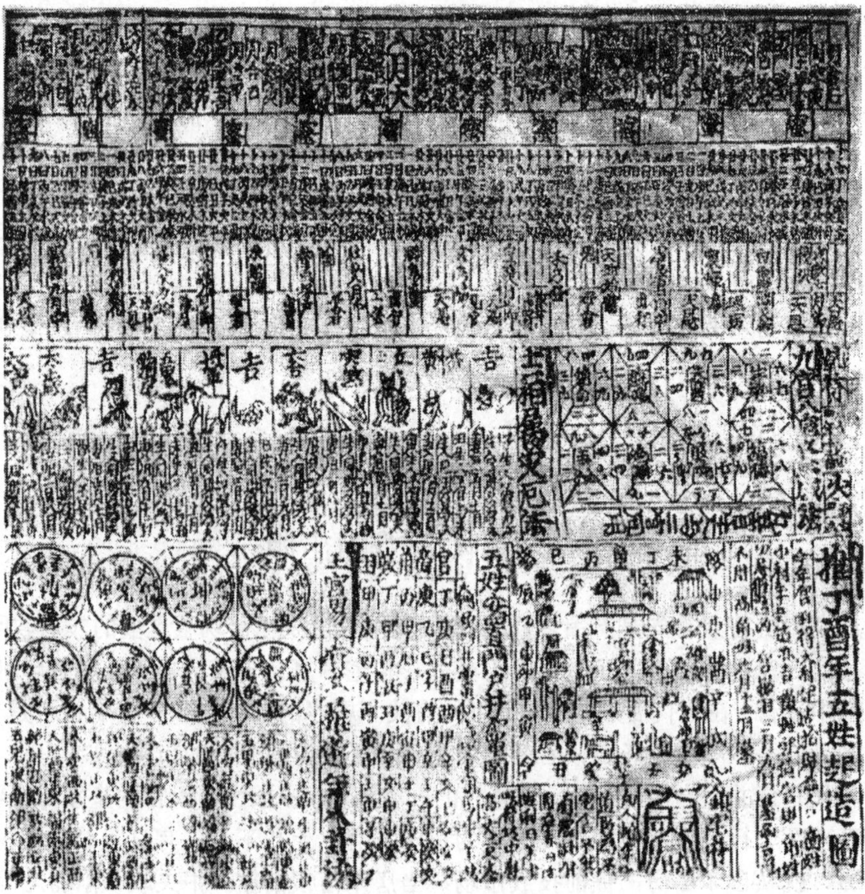

图 9-4　敦煌发现的唐僖宗乾符四年（877）刊行的历书，不列颠图书馆藏

上述乾符历书板面十分复杂，所载内容丰富，有图有表。每个项目都由纵横细线界栏，读之不易串行。残页只留下四月至八月部分，除历日、节气等内容外，还附有“十二相属灾厄法”及十二生肖图；“五姓安置门户井灶图”，属于相宅之类；“宫男、宫女推游年八卦法”，属

① 清·阮元等编，《全唐文》（1814）卷六百二十四，第 14～15 页（清嘉庆廿三年原刊本，1814）。

于算命之类；“推男女小运行年灾厄法”之标题文字横刻，下有圆圈，内载五行、干支，以说明男女行年吉凶推算法。此外还有九宫、八冠之类星占材料。这都只是残存的部分，其余内容还会有不少。文字及图画刻工精细，是个综合性历书，几乎与清代历书十分近似。一旦在市场推出这样多功能历书，百姓自然欢迎。敦煌还出土僖宗中和二年（882）民间私印的历书残页，我们只能看到“剑南西川成都府樊赏家历书……中和二年（882）具注历日凡三百八十四日太岁壬寅”等字样，位于残纸的右上角，接下有“推男女九曜星图（行年）”所残存的部分文字，在文字左方应当印出图表，显示推算方法，但亦残缺。此中和历书也有明确刊刻年款，而且注明为“剑南道西川成都府樊赏”家私刻历书，因而唐代四川成都刻书商樊赏（850～902在世）的名字在这里亮了相。他既然敢将自己名字刻出，说明官府对他也无可奈何，只好听之任之。

宋人王谠（1075～1145在世）《唐语林》（约1107）云：

僖宗入蜀，太史历本不及江东，而市有印卖者，每差互朔晦，货者各征节候，因争执①。

按黄巢率六十万军于僖宗广明元年（880）直逼唐都长安。僖宗于中和元年（881）正月从长安逃至成都，这时皇帝只顾活命，没有心思与可能再颁新历了。于是成都书商樊赏等人才能取而代之，印私历而发行。王谠所说僖宗入蜀，正是这个时候，除蜀本历书外，江东（江南东道）也有私历出版，二者均为官历所不及。江东地区辖今苏南、浙江及闽台，印历的地方当为扬州、苏杭及越州（今绍兴）等地，而与蜀历相抗衡。因印历地点及商家不同，推算方法不一，于是各历间在朔望、节候上互异，故而发生争执。当僖宗在成都建立流亡政府时，当地刻书商樊赏立即推出中和历书，代朝廷授时，因而他将自己的名字刻于书首，一定十分得意。

二　咸通年间的雕版印刷

唐宣宗咸通年间（860～873）雕版印刷技术的高度成熟，还表现在版画方面。在木板上刻字易，而雕刻复杂的图画较难。因图画画面上线条曲折圆转，人物、鸟兽、草木、虫鱼及山水、建筑等造型复杂，人物要逼真传神，不但要求画稿要画得精细，还要求刻工有精湛的技艺和细心的操作手法，忠实地将画稿反刻于硬木板上，稍有不慎刻断线条，画面便走神。同时对纸、墨和印刷也相应提高了要求。版画是最能体现某一时期雕版印刷技术水准的印刷品之一。

1907年斯坦因（Mark Aurel Stein，1862～1943）在甘肃敦煌石室内发现唐代大量写本佛经以及一些雕版印刷品，后转移到英国，现藏于伦敦不列颠图书馆。其中最重要的文物是唐咸通九年（868）刻印的整卷《金刚经》（图9-5）。此经之全名为《金刚般若波罗蜜经》（Vajracchedikāprajñā Pāramita Sūtra），共一卷，按卷轴形式装帧。此经在中国有不同译本，但咸通刊本的经文译者为十六国时期后秦的三藏法师鸠摩罗什（Kumārajiva，344～413）于弘始年间（401～409）自梵文原典译出。鸠摩罗什祖籍印度，生于龟兹（今新疆库车），前秦太安元年（385）至凉州（今甘肃武威）。后秦弘始三年（401）后秦国君姚兴（366～416）迎入长安，拜为国师，请译佛经，为中国佛教四大译经家之一。此《金刚经》主要内容为佛教创始者释迦牟尼与其弟子须菩提（Subhūti）之间的谈话，讨论世界一切皆空的佛理。敦煌石室出

① 宋·王谠，《唐语林》，卷七，第256页（上海古籍出版社，1978）。

土的这部印本佛经，全长 5.25 米，由 7 张纸连接而成，取卷子形式，起首为一小纸，印有精美插图，描写释迦牟尼在孤独园坐在莲花座上对弟子须菩提说法的情景。接下 6 张纸印有经文，每纸直高 26.67 厘米、横长 75 厘米，每张纸相当大[①②]。1982 年笔者旅居英国时，在伦

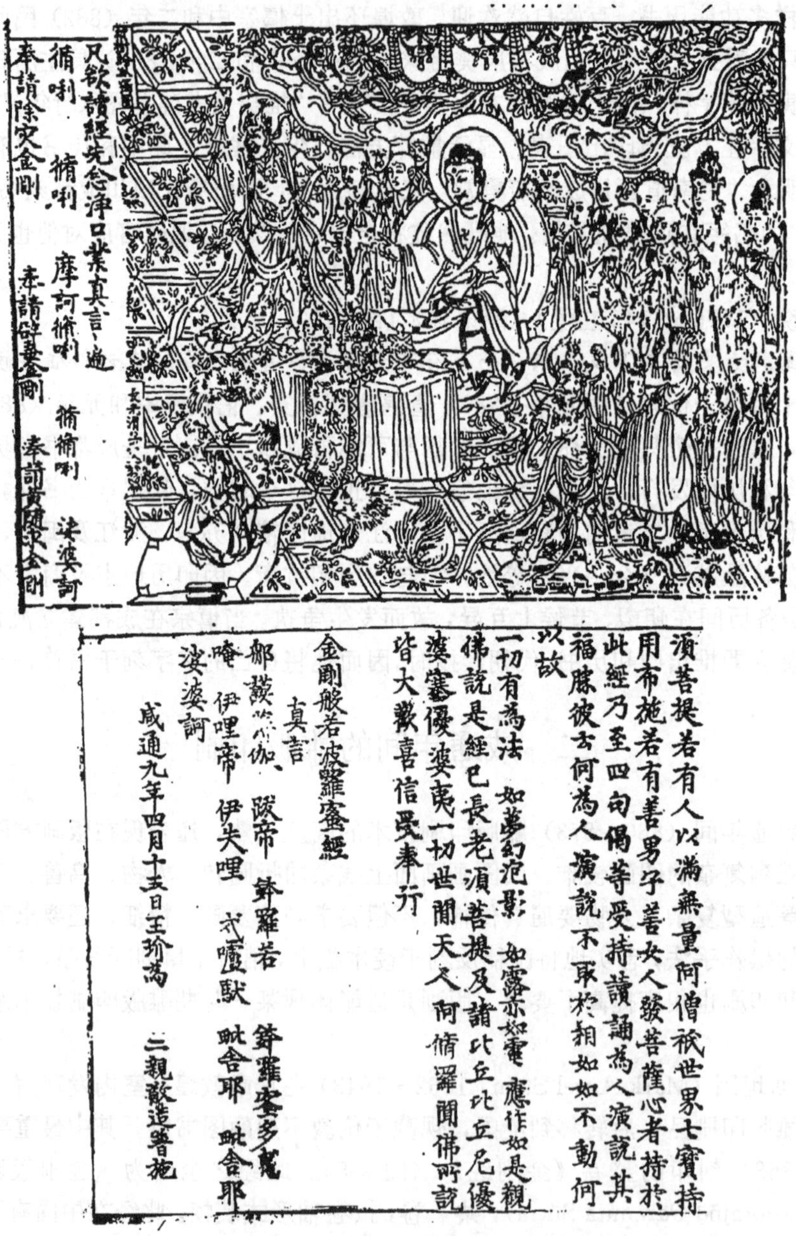

图 9-5　1907 年敦煌出土的唐咸通九年（868）刊卷子本《金刚经》卷首插图及卷尾题款。不列颠博物馆藏

① L. Giles, Dated Chinese Manuscripts in the Stein Collection. Bulletin of the London School of Oriental and African Studies, 1933～1935, vol. 7; pp. 1030～1031.

② T. F. Carter, The Invention of Printing in China and Its Spread Westward, chap. 8 (Columbia University Press, 1925); revised ed. (New York, 1931); 2nd ed. revised by L. C. Goodrich (New York, 1955).

敦见到原件，印刷纸呈白色，间淡肤色，麻纸，表面平滑，纤维交织紧密。经尾收款为“咸通九年四月十五日王玠为二亲敬造普施”等字样，年代为公元868年5月11日（图9-5）。咸通为唐懿宗时的年号，已属晚唐。

《金刚经》咸通年刻本为完整佛经印本，也是有刻印年份的图文并茂的雕版印刷品，十分珍贵。从该经所印文字及插图来看，刻工精湛，刀法圆熟，比在日本、韩国所发现的同类刻本佛经要高出一个层次，甚至比14～15世纪欧洲早期印刷品都要精致。无论从纸或印刷质量来看，都使我们相信此《金刚经》不是在敦煌就地所刻印，而是在内地，很可能是在长安完成的。当然它显然不是雕版印刷术初期的产物，而是这种新型复制技术在经历了一段发展之后的产物。既然它是印刷品，所刊刻的印本一定有许多份，然今只在敦煌石室见有一部。之所以认为它刊于长安，因为我们在敦煌写经中看到一些有明确年代及施主姓名的精美佛经，多载明施主是在长安任职的高级官员，如不列颠博物馆藏《金刚般若波罗蜜经》（编号S36）写本，题记为：“咸亨三年（672）五月十九日，左春坊楷书吴元礼写。用麻纸十二张。装潢手解善集。……详阅太原寺上座道成。判官少府监掌冶署令向义感、使大中大夫守工部侍郎永兴县开国公虞昶监”①。太原寺为长安寺院，监者虞昶为工部侍郎、冶署令向义感为少府监官员，都是京官。类似例子不少。写本如此，刊本也应如此。他们在京内制成佛经后，再通过一定渠道送到佛教圣地敦煌千佛洞供奉。《金刚经》刊本也有可能在四川成都刊印，再经过长安到达敦煌。总之，不外这两种可能。

三 佛教和道教著作的出版

在唐代除长安、四川成都、淮南、江东等地外，东都洛阳也是个印刷出版中心。洛阳像长安一样，拥有许多佛寺，各寺藏有大量写本及印本佛经，但后来遭到焚毁。唐末文学家司空图（字表圣，837～908）《司空表圣文集》卷九内《为东都（洛阳）敬爱寺讲律僧惠确募雕刻律疏》写道：

> 今者以日光旧疏龙象弘持，京寺盛筵，…自洛城罔遇，时交乃焚，印本渐虞散失，欲更雕锼。惠确无愧专精，颇尝讲受，远钦信士，誓结良缘……再定不刊之典，永资善诱之方，必期字字镌铭，种慧牙而不竭。生生亲眷，遇胜会而同闻，致期福报之微。愿允标题之请，谨疏。

周一良认为司空图《疏》中所述“日光旧疏”为唐初相州日光寺僧法砺（569～635）的《四分律疏》②。从司空图所述可知，武宗于845年毁佛寺佛经前法砺的《四分律疏》已有印本，而由洛阳敬爱寺律僧惠确所讲授。会昌五年（845）武宗崇道教，而下令捣毁佛教寺院，洛阳敬爱寺被毁，经书悉遭焚，宣宗（847～859在位）后，禁佛令止，寺院在废墟中重建，还俗的僧人返回，然此时惠确手中无经，急欲募捐重刻，因请文人司空图为之写疏，述明此意。但疏文尾无年款，当写于咸通十年至乾符元年之间（869～874）。公元869～873年司空图中进士后任殿中侍御史、礼部员外郎，已有一定声位，874年再升知制诰、中书舍人，地位再升。只

① 商务印书馆编，敦煌遗书总目索引，第109页（北京：中华书局，1983）。

② 周一良，纸与印刷术，中国对世界文明的伟大贡献，载中国科技发明和科技人物论集，第13页（三联书店，1955）。

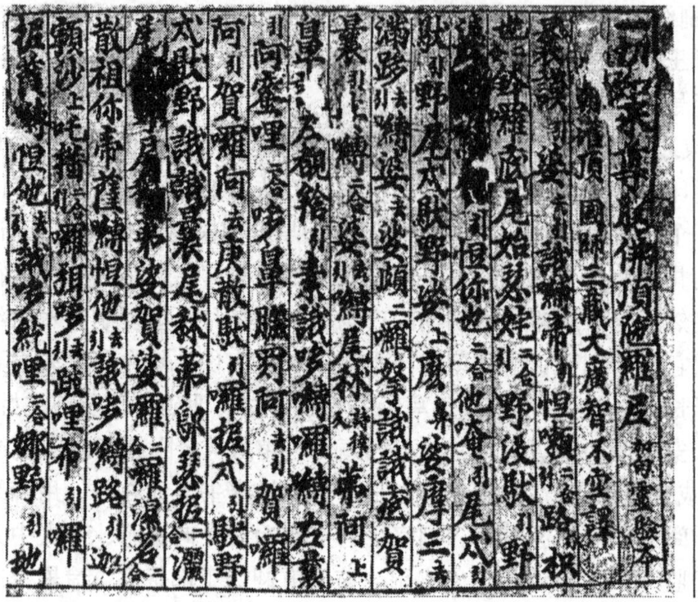

图 9-6　敦煌发现的唐代（9 世纪）刻印的《一切如来尊胜佛顶陀罗尼》（局部），巴黎国立图书馆藏

有这个时候，他替佛寺募捐刻书而写的告疏才有号召力。他在疏文标题下注曰“印本共八百纸”。这只能理解为他这个传单启事共印 800 单张，向四方散发。当然，我们相信，重刻律疏的愿望很快就实现了，而且很可能就在洛阳制版。因《新唐书·艺文志》著录有《四分律僧尼讨要略》五卷、《四分律疏》二十卷（慧满）之类著作。

唐代末期，四川成都过家书坊所刻的佛经也许算是较好的本子。过家的产品可与成都樊家、卞家相比。北京图书馆藏敦煌石室所出唐人写本《金刚经》（有字第九号），残本十页小册，末尾写有“西川过家真印本”字样，又有“丁卯年三月十二日（907 年 4 月 27 日），八十四岁老人手写流传”字样①，说明此经是根据四川成都过家有名的印本重抄的。我们还可见伦敦不列颠图书馆藏写本《金刚般若波罗蜜经》编号 S5444，亦来自敦煌石室，写本末尾也有“西川过家真印本”、“天祐二年（905）岁次乙丑四月廿三日，八十二岁老人手写此经，流传信士”②。因此可以断定，北京和伦敦所藏上述《金刚经》写本为同一老人分别于八十二及八十四岁时据过家真的刻本重复写了两遍。此经篇幅不大，只有一卷，既易刻又易写。老人八十四岁写经时，正是唐代最后一年。过家的刊本应当是在以前一段时间出版的，并从成都运到敦煌，显然应当是个善本，因为在五代（907～960）时还有人继续依此本作为抄写佛经的底本。

唐末成都过家所刻印的《金刚经》，有可能是翻刻咸通九年（868）王玠出资刊刻的《金刚经》。如果不是这样，那么经文便更换为玄奘法师的重译本，而非鸠摩罗什旧译本，当然玄奘新译本肯定超过旧译本，而且早就值得刊刻出来。《金刚经》比《陀罗尼经咒》篇幅稍长些，但比《华严经》、《莲华经》、《大智度论》等文字要少得多，用不到几块雕版便可刻完。刻书

---

① 敦煌遗书总目索引，第 63 页（中华书局，1983）。

② 同上，第 219 页。

商投资不多，便乐于刊刻，这就是为什么《陀罗尼经咒》（一块雕版）和《金刚经》（六块雕版）在唐代这个印刷术发展阶段比较流行的原因。易于雕刻、篇幅适中、投资少、价格便宜，同时又有广大市场，这类印刷品反映了唐代印刷业发展的主要动向。不过像《莲华经》那样篇幅较长的佛经，武则天还是愿意刊刻的，她想必像日本称德女皇那样事先许愿，一旦登上皇帝宝座，便刻几部佛经施于四方。

既然佛教著作可以刻成印本传布社会，则道教著作亦当如此。唐末江西观察使纥干众（817～884）研究道家炼丹术多年，大中（847～859）年任职江西时，刊印《刘弘传》数千份，以寄中朝及四海精心烧炼之者。

四　语言文字和其他杂书的刊行

唐代后期出版的有关汉语言文字之类的印刷读物，我们可以举出保存于当时日本的这类史料。唐懿宗咸通三年（862）随真如法亲王来中国的日本学问僧宗睿，三年后（865）乘唐商李延孝之船返回日本，随带很多中国书籍。他在《书写请来法门等目录》中开出下列书目：

> ……秘录药方一部，六卷（两册子）……西川印子《唐韵》一部五卷，西川印子《玉篇》一部三十卷。右杂书等，虽非法门，世者所要也。大唐咸通六年（865）从六月迄于十月，于长安城右街西明寺，日本留学僧圆载（？～877）法师求、写杂法门等目录，具如右也。日本贞观七年（865）十一月十二日，却来左京东寺重勘定①。

“西川印子”即四川刻本，《唐韵》及《玉篇》就是在四川成都雕印的有用的语言文字工具书。宗睿于咸通三至六年（862～865）在唐留学，可见至迟在这以前四川已出版了非宗教读物。宗睿的上述那段话是用古代日本式的汉文写的，今天中国读者读起来可能觉得不顺，现特将其译成现代汉语如下：

……四川刊印本《唐韵》一部五卷，四川刊印本《玉篇》一部三十卷。这类杂书，虽不属佛门著作，却为世人所需。大唐咸通六年（865）六至十月，日本留学僧圆载在长安西街的西明寺访求并抄写了以上所述佛门及其他杂书。我在日本贞观七年（865）十一月十二日带到奈良东大寺，重新校勘。

看来，这两部印本语文工具书（共35卷）是圆载于公元835年在长安西明寺访求的，再交由宗睿带回日本，而他自已将其手抄本留在身边备用。此外印本书以“卷”计，说明当时非宗教刊本书也是卷轴装的，就像《金刚经》那种装订形式。宗睿为日本佛僧入唐八大家之一，带回中国书籍总共有134部、143卷之多，其中的成都刻本《玉篇》30卷（543），为梁人顾野王（519～581）所撰；《唐韵》5卷，为唐人孙愐（710～775在世）所撰。古代读书人自幼就得读“小学”，即有关文字、音韵、训诂之学，因而这类书便成为刻书商向社会推销的热门货。其中有些还流传到日本。

另些热门读物是相宅、算命、占梦之类。唐人柳玭（848～898在世）于《柳氏家训》序中云：

> 中和三年（883）癸卯夏，銮舆在蜀之三年也，余为中书舍人。旬休，阅书于重城之东南，其书多阴阳、杂记、占梦、相宅、九宫、五纬之流，又有字书、小学，率

① 木宫泰彦著、胡锡年译，日中文化交流史，第202页（北京：商务印书馆，1980）。

雕板印纸，浸染不可尽晓。

这是公元883年柳玭在临时首都成都的见闻，这说明阴阳、杂记、占梦、相宅、九宫、五纬之类印本甚多，其数量不次于字典、小学之类的书，在市场上拥有大量顾客。值得注意的是，巴黎国立图书馆藏敦煌石室出土印本《大唐刊谬补缺切韵》（编号P5531）残页，也刻于唐代。为图廉价，这些大众读物常印制及用纸不工，但仍可实用。对刻书商而言，像《玉编》那样30卷的大部头书，只要卖得出去，还是肯出版，读者也乐意付较多的钱作智力投资，因为这类字典是每个读书人必须具备的工具书。总之，技术、经济和思想等各种因素交织在一起，支配着这一时期图书市场上的供求关系。

第四节 五代时北方的印刷

从公元907至960年的53年间，中国北方大部分地区相继出现后梁、后唐、后晋、后汉和后周五个连续的朝代，史称五代。而在南方和山西地区，则相继出现了吴、南唐、吴越、楚、闽、南汉、前蜀、后蜀、荆南、北汉等国，称为十国，从公元902年杨行密立吴到979年北汉亡，十国共历77年，因此五代十国不到百年间，中国又陷入封建割据时期。第七章第三节对南北朝割据时期所作的分析，也适用于五代。这里不再重复。就造纸和雕版印刷而言，其发展并没有受到分裂局面多大影响，各个印刷中心在唐代基础上反而使印刷术在新的历史条件下进一步发展。明人胡应麟（1551～1602）《少室山房笔丛》（约1598）卷一百一十四《甲部·经籍会通四》写道："雕本肇自隋时，行于唐世，扩于五代，精于宋人"，这段简练的语言较准确地概括了中国雕版印刷术六百多年发生发展的历史过程。的确，五代时是雕版印刷技术扩展的重要时期，不但印刷品的产地、产量较唐代增加，而且质量和品种也大为提高和扩充，随之而来的是技术上的改进。印刷业作为新兴产业部门在这短短时期内急剧发展，而且受到来自政府的官方扶持，为此后历代大型官刻本的发行开创了先例。印本书籍范围扩大，包括儒、释、道三教、九流、诸子百家言，应有尽有。有关印刷术的文献记载，比以前任何时候都多。与以往所有有关印刷史的作品不同，笔者论述五代十国印刷时，不以年代顺序来叙述，而按南北地域作区分，因为在这一时期造纸及印刷的发展中明显地看到了南北之别，形成南北各政权地区相互攀比与竞争的局面。谁都想在刻书方面推出新意，让产品行销南北各地，为本政权增光添色。但南北各有技术优势，南方以造纸见长，因为拥有充足的原料资源及熟练的纸工；北方以印刷占优势，因为拥有长期的刻书传统和精湛的刻工。北方推出的新意，是动用印刷技术刊刻系统的儒家经典，让印刷品从民间大众读物一跃而登入大雅之堂，让统治阶层和文人学士也诵读高级印本读物。四川这个天府之国，以其历史及地理背景，融合南北特长，在这一时期的造纸、印刷方面独树一帜。

一 后唐冯道主持的九经刊刻

我们先从北方的五代雕版印刷说起。首先应指出后唐（923～936）宰相冯道（882～954）奏请国子监刊刻儒家重要经典"九经"，是中国印刷史中的重大事件。据北宋初人王钦若（962～1025）、杨亿（974～1020）等奉敕撰《册府元龟》（1013）卷六百零八所载，后唐明宗长兴三年（932）宰相冯道及同僚李愚（860？～935）上奏：

[臣等]尝见吴、蜀之人，鬻印板文字，色类绝多，终不及经典。如经典校定，雕摹流行，深益于文教矣。

可见受当时吴（914～936）之江都（今南京）及前蜀（907～925）之成都印刷业发展的刺激，决定刊刻他们从未刊刻过的儒家经典，经过文字校勘、注释而提供标准版本。这样可使处于北方的后唐文教事业昌盛，提高后唐的地位和声望，使京城洛阳也成为一个举足轻重的印刷业中心，让各国羡慕。奏章中还提出以后唐所属西京长安尚存的“开成石经”为底本，由国子监诸经博士等校定文字，再由书法高手写稿，令匠人刻于木板，以好纸、好墨印刷。开成石经是唐文宗开成二年（837）在长安国子监立的石经，刻以楷体，有《易经》、《诗经》、《书经》、《仪礼》、《周礼》、《礼记》、《春秋左氏传》、《公羊传》、《穀梁传》、《论语》、《孝经》及《尔雅》，共12经。

长兴三年四月，后唐明宗李嗣源（867～933）准奏，朱批御旨曰：

朕以正经事大，不同诸书，虽已委国学（国子监）差官勘注，盖以文字渐多，尚恐偶有差误，……更令详勘，贵必详研。

所要说明的是，明宗（926～933在位）即位于危难之中，尚节俭、褒廉吏，减轻赋税，稍革兵戈，中原人民得以休息。他本人虽然识字不多，然而尚能注重发展文教事业，要求对刻本经典详加勘定、钻研，务必减少差误，确是难能可贵。就凭这一点，李嗣源这位皇帝的名字就应载入印刷史册。没有他的批准，冯道的奏议根本无法实施。没有他在位时造成的安定环境，冯道不一定会有此奏议。我们经常说，造纸与印刷的发展有时与某个统治者个人素质与兴趣有关，此又一例。

五代末学者王溥（922～982）《五代会要》（961）卷八也记载说：

长兴三年（932），中书门下奏请依石经文字刻《九经》印版。敕令国子监集博士、生徒，将西京石经本各以所业本经广为抄写，仔细看读。然后雇召能雕字匠人，各部随帙刻印，广颁天下。如诸色人要写经者，并须依刷所印敕本，不得更使杂本交错。本年四月，敕差太子宾客马缟、太常丞陈观、太常博士段颙、路航、尚书屯田员外郎田敏充详勘官，兼委国子监于诸色选人中，召能书人端楷写出，施付匠人雕刻。每日五纸。

还规定根据有关官员工作质量优劣，而增减其官位及薪资。选太常博士李锷、乡贡三礼郭嵠等人端写楷书。

这是雕版印刷史中的一项巨大的工程，看来整个工作布置得有条不紊。首先派国子监诸经博士五六人，各带生徒至长安，对唐开成石经仔细看读各自所专长的经典，再行抄写，就地校读。将抄本带回洛阳后，再由马缟、陈观、段颙、路航及田敏等人为详校官，进行最后一道校订及注释。定稿后，交李锷、郭嵠等人用楷书写于纸上，最后由雕刻工匠将经文稿精心雕于木板之上，校订后再准备刷印。规定每日至少完成五版。完成一部分雕版，便随即付印，最后统一装订成帙。最初的工作由马缟（854～938?）主持，由其他几名详校官协助[①]，明宗准奏此事后，次年驾崩，公元934年闵宗即位，工作继续进行。

后唐于936年亡于后晋（936～946），接下是后汉（947～950）及后周（951～960）。值得注意的是，虽然这中间更替了四个朝代，但最初倡议刊刻儒家经典的冯道，则始终保持相

① 《旧五代史》卷七十一，《马缟传》，廿五史本第六册，第110页。

位，而且后汉、后周统治者奉他为太师，加封新的爵位。冯道是政治史中的不寻常人物，正因为他相位不变，才使刻书事业不致因政权更替而中断。他原来手下领导刻书的班子校订、刻印诸经的工作照样进行。这也再次说明，五代虽然各政权更替频繁，但科学技术仍按自己的轨道前进。国子监内的学者和刻书匠师不受周围政治环境变迁的影响，怀着强烈事业心坚持自己的工作。

原来领导班子的成员如马缟等因年迈而过世，但田敏从始至终参与此事。从后唐长兴三年（932）起，直到后周广顺三年（953），全部工程告成，共用21年。计刻印出九经：《易经》、《书经》、《诗经》、《春秋左氏传》、《春秋公羊传》、《春秋穀梁传》、《仪礼》、《礼记》、《周礼》，删去唐开成石经中的《论语》、《孝经》及《尔雅》，总共130卷。冯道在目睹九经刻本完成后第二年（954）与世长辞，他多年的心愿总算在有生之年亲眼看到实现。

我们在此不拟对他作政治上的评论，只从技术史角度来肯定他在推动雕版印刷发展方面所起的积极作用。过去有人一度认为他是印刷术的发明者，可能说得过份了，但他对印刷术发展所作的贡献应该给予充分肯定。田敏（约881～972）是始终参与这项工作的负责官员，后一阶段工作的主持者，广顺三年（953），他向后周太祖郭威（904～954）进九经印本书表中云：

> 臣等自长兴三年校勘、雕印九经。经注繁多，年代殊邈，传写纰谬，渐失根源。臣守官胶庠（国子监），职司校定，旁求援据，上备雕镂。幸运圣朝，克终盛事。播文德于有载，传世教于无穷。谨具陈进。

在雕刻九经的第一阶段，为使各经版体例及文字统一，有技术标准可循，后晋开运三年（946）国子监再出版《五经文字》及《九经字样》各一卷，类似清乾隆年印行的《武英殿聚珍板程式》那样，规定整个刊印过程中各工序的操作则例及标准印刷字体。此二书从印刷技术史角度观之，具有特别重要的意义，可惜自宋以后已逐渐散佚。由此可见，五代刊刻九经，一直按后唐明宗遗诏行事，工作很是严谨。

后周显德元年（954）田敏奏请再刊刻唐初经学家陆德明（约550～630）《经典释文》（约600）30卷，显德三年（956）出版。陆德明为唐初国子监经学博士，集汉魏、六朝230余家之说，对《十二经》传授源流、名词术语、文字、音韵、训诂作了详细解说，可以说是一部经学百科全书，对学者有重要参考价值。《经典释文》后周刻本由兵部尚书张昭与太常卿田敏同校。这是与刻本《九经》配套的研究参考书。田敏想得非常周到，既提供刻印的《九经》校注本，又提供经学研究工具书，其贡献亦足堪后世称赞。田敏有才学，后梁末中进士，亦历仕五代，致力《九经》刊刻凡21年，后周时累官太常卿，以工部尚书、太子少保致仕，一直活到北宋开宝五年（972），卒年九十二岁[①]。事实上他作为主持大型雕版印刷的专家，有可能在北宋初还在发挥作用。

由政治家冯道倡议雕刻《九经》之举，为历史上第一次官刻非宗教的儒家重要典籍之始。统治阶级终于接受最初在人民大众中流行的新型复制读物的技术，来传播正统的儒家思想，由政府出面刊印经书，使雕版印刷终登大雅之堂。五代刻本《九经》称“国子监本”，这一官刻儒家经典的创举，对此后宋、元、明、清历代都有深远影响。北宋著名的国子监本，则直接承袭五代之遗制。

---

① 《宋史》卷四百三十一，《田敏传》，廿五史本第八册，第1453～1454页（上海，1986）。

二　曹元忠在敦煌主持的佛教印刷

五代时的北方官府系统刊刻儒家经典时，私人则继续刊刻宗教印刷品，包括佛教和道教方面的。值得注意的是，这类印刷品的出土已有不少。巴黎国立图书馆藏法国汉学家伯希和1908年从甘肃敦煌石室中运走的中国珍贵文物五千件，其中有刻本佛像一大包（编号P4514）。包中装有：（1）观音菩萨像单页印本5份，2份完整，3份残破，为后晋开运四年（947）雕印。纸上部印有观音像，左右两侧有“大慈大悲救苦观世音菩萨”、“归义军节度使、检校太傅曹元忠造”之字样。图下为文字：“弟子归义军节度、瓜沙等州观察［使］…特进检校太傅、谯郡开国侯曹元忠雕此印板，奉为城隍安泰、阖郡康宁，东西之游路开通…疠疾消散。时大晋开运四年丁未岁七月十五日（947年8月4日）记。匠人雷延美。”（2）大圣毗沙门天王像，后晋开运四年（947）曹元忠雕造，共11枚。（3）文殊师利菩萨像单页印本，共11份；与此相同者亦藏于伦敦不列颠图书馆，31×20厘米，为斯坦因1907年得自敦煌石室。（4）阿弥陀菩萨像印本，3枚，另2枚，共5枚。（5）地藏菩萨像印本，1枚。

以上五种佛像都是单页印刷品，上半部为图，下半部为文字，这是由唐初玄奘法师开创的体例，至五代时仍盛行。佛像皆印以北方麻纸，有两种印有明确年款，且为同一年（947）印造。而且印有施主姓名、雕版匠人名字。其余三种没有年款，但画风、字体与前两种相近，当亦为同时产物，或亦印于后晋（936～946）。在这包文物中，中国佛教四大菩萨的像都全部印出。

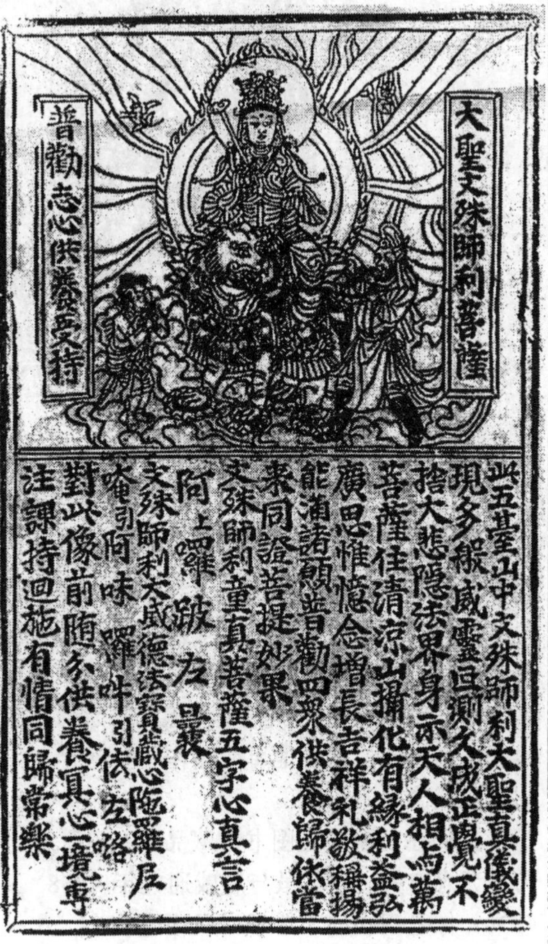

图 9-7　敦煌出五代印单张《文殊师利菩萨像》（约950）北京图书馆藏 31×20厘米

敦煌发现的观音像印本施主曹元忠（约905～980）的事迹，见《宋史》卷四百九十。这是敦煌所出印刷品中能在文献上考出姓名和事迹的少数施主之一。他和他的父辈自唐末以来一直领兵据守今甘肃、新疆一带的陇右，并保持与中原的紧密关系。天福五年（940）后晋授曹元忠以归义军节度使及检校太傅衔。五代过后，至宋太祖建隆三年（962）他除任原职外，再被加封为中书令。太平兴国五年（980）曹元忠卒，宋太宗追封他为敦煌郡王，以表彰他长期于西陲守土并与中原政权保持联系之功业。

曹元忠还对陇右造纸与印刷的发展起了推动作用。这位将军是虔诚的佛教徒，为使陇右百姓摆脱苦难，除减轻赋税、奖励生产外，

图 9-8　敦煌发现的五代（10 世纪）木雕版印刷的群佛像，
33×51 厘米，巴黎卢弗博物馆藏

还发愿雕印佛像、佛经，以求菩萨大慈大悲保佑他的百姓。可以肯定这些佛像都是敦煌就地刻印的，由工匠雷延美雕板，当然麻纸也在当地抄造，敦煌因而成了另一造纸和印刷中心。因为这个佛教中心需要大量印本及写本佛经、佛像，而从中原又难以供应，只好就地解决。顺便提一下，曹元忠及其父辈的另一贡献，是用军队保卫了敦煌千佛洞免遭破坏，使中华民族这个艺术瑰宝长期处于完好状态。作为佛教信徒，归义军节度使曹元忠不允许对这个佛教圣地有任何侵犯，而且他可能还作了些修复。大家今天能看到敦煌石室所出从魏晋到北宋的文物，曹元忠功不可没。

我们在巴黎国立图书馆藏品中，还注意到《金刚般若波罗蜜经》雕刻本（编号 P4515）亦与曹元忠有关。此本虽与唐咸通九年（868）王玠捐刻的印本佛经同名，但非卷子本，而是册叶本，像是现在的小册子，尺幅也较小。这一册仅存第三十品以后的内容，末尾印有下列字样：

弟子归义军节度使、转进检校太傅兼御史大夫、谯郡开国侯曹元忠普施受持。天福十五年己酉年五月十五日记。雕板押衙雷延美。

同馆藏另一《金刚经》刻本（P4516）与上述册子形制及文字字体一样，但却是经的开头部分。两者合起来，便成为整体了。但因编号者弄错，将同一物编为两个号，且将前后顺序倒置。天福（936～943）为后晋高祖石敬塘在位时所用年号，至八年后改元开运（944～946），946年后晋亡于后汉（947～950），但后汉高祖刘知远即位时仍称天福十二年（947），次年改乾祐，己酉年为后汉乾祐二年，相当天福十四年，而非十五年。己酉岁五月十五日合公元949年6月14日，也就是曹元忠发愿普施前述观音菩萨像印本两年之后，他又令同一匠人雷延美雕刻《金刚经》。此时实际处于后汉时期，元忠因远在陇西，对内地年号改动消息未及时得知，于是仍用后晋天福年号，且算错一年。他在《金刚经》印本末尾所用的官衔，当是后晋时赠予的。

除此，还有《大圣普贤菩萨像》单页印本也是曹元忠发愿雕刻的。伦敦不列颠图书馆藏敦煌石室所出后晋末年（约950）刻印的文殊像，刻工较精。印纸20×31厘米，也是上图下文的单页（图9-7）。该馆还藏有同时期刻印的单页观音像，20×31厘米，形制与文殊像同。流散于伦敦和巴黎的，有些既无年款也无文字的印本千佛像多种，还没有仔细断代，但一般认为是晚唐至五代的产物（图9-8）。敦煌刻工雷延美（910～975在世）是中国最早的有姓名可查的刻工。

三 后周的印刷

五代时除官刻儒家经典、私刻佛经、历日、文字音韵作品外，有时还私刻文学作品。例如词曲家和凝（898～955），后晋天福五年（940）拜相，其作品流行于开封、洛阳两京。《旧五代史》卷一百二十七《和凝传》称其“生平文章，长于短歌、艳曲，尤好声誉。有集百卷，自篆于版，模印数百帙，分惠于人焉”。《旧五代史》卷七十九《高祖纪》载，后晋高祖石敬塘（892～942）好道教，天福五年（940）赐道士崇真大师张荐明为通元先生。《高祖纪》继续写道：

是时帝好《道德经》，尝召荐明讲说其义，帝悦，故有是命。寻令荐明以道、德二经雕上印板，命学士和凝别撰新序于卷首，俾颁行天下。

由此可以将公元940年按道士张荐明向后晋高祖进讲的《道德经》刊本，看成是官刻道教经典本，因这位统治者目的在于使此本颁行天下。而公元939年著名文人和凝奉命为此本写序，也显示刻此书的郑重其事。笔者认为应刻印于东都开封。此外，如前所述，由冯道发起主持的《九经》刊刻，是在后周时完成的。

第五节 十国时南方的印刷

北方五代是在同一辖区内连续交替的五个朝代，辖区位于今河北、河南、山东、陕西及宁夏少部分，且均定都城于东京开封府。五个朝代具有时间上的连续性，只是统治者易了姓名，而一些内阁成员及地方官常常仕于历朝。而十国则是在南方不同地区及山西建立的十个并列政权，彼此间较少有时间的连续性，辖区大小不等。与北方频繁的战乱相反，十国地区相对说战争较少，一般处于和平环境中，人口增加，经济和文化得以发展。十国的存在反而促使印刷中心的扩展，因为有的国虽小，却因宗教和文教事业的发展，需要刻印各种读物，于是出现新的印刷中心。

一　前蜀与后蜀的印刷

首先要指出，在唐代印刷业发达的四川建立的前蜀（891～925）是十国中造纸与印刷先进地区。继此之后建立的后蜀（926～965），也同样如此。儒、释、道等各种读物均予开雕。909～913年在首府成都印过道士杜光庭（850～933）的作品。杜光庭为浙江人，唐末避乱入蜀，事蜀主王建父子，赐号广成先生，工诗文，著传奇《虬髯客传》、《道德经广圣义（901）及《广成集》等。《道德经广圣义》共30卷，是杜光庭于唐末时所作，前蜀时曾以此书进讲，永平三年（913）终于雕刻460余板于成都刊印。蜀主王建不但推崇道教，还尊重佛教。唐末天复年间（901～903）由长安入蜀的佛僧贯休（832～912），被他称为禅月大师。贯休入蜀后以诗名，工书画，传世《十八罗汉图》及《禅月集》为其代表作。前蜀末乾德五年（923），弟子昙域为禅月师《禅月集》刻版印行，实际上这是贯休的诗集，收入诗稿达千首因而这是一部刻本文学作品。前蜀时还刊刻过历书在市上出售。

后蜀时出现一位像北方后唐冯道那样的政治家毋昭裔（902～967），二人都身为宰相，各事其主，但都热心于雕版印刷事业，为广大士人提供必读的读物。他们一北一南，却想到一起、作到一起。毋昭裔博学有才名，性好藏书，工古文，通经学。据宋人王明清（1127～1216）《挥尘馀话》卷二云：

> 毋昭裔贫贱时，尝借《文选》于交游间，其人有难色。发愤异日若贵，当板以镂之，以遗学者。后仕王蜀为宰相，遂践其言刊之。

就是说，毋昭裔少贫，曾向友人借书，遭到拒绝。但他胸怀大志，勤学苦读，发誓异日若贵，一定将这些书刊印出来，让学者共读。他入后蜀（不是王建的前蜀，而是孟蜀），广政七年（744）果然身居相位，实践了前言。《宋史》卷四百七十九《毋守素传》称，守素之父毋昭裔性好藏书，“在成都，令门人勾中正、孙逢吉书《文选》、《初学记》、《白氏六帖》镂板。守素赍至中朝，行于世。大中祥符九年（1016）子克勤上其板。”这三部工具书几乎是所有读书人都应人手一部，毋昭裔自家集资将其雕印，嘉惠士林匪浅。965年后蜀亡于宋后，这批书版解运至汴京，发现此为私家出钱自印，又将书版退还毋家，毋昭裔之子孙后来利用书版在北宋翻印，遂成出版家。清四库馆臣注《旧五代史》（974）卷四十三《唐明宗纪》引宋人叶氏《爱日斋丛钞》云：“自唐末以来所在学校废绝，蜀毋昭裔出私财百万，营学馆，且请板刻九经，蜀主从之。由是蜀中文学复盛。”① 此说恐不确，可能是与后蜀广政元年（938）毋昭裔奉勅主持石经雕刻之事混为一谈。实际上毋昭裔督造《易经》、《诗经》、《书经》、《仪礼》、《礼记》、《周礼》、《左传》、《论语》、《孝经》及《尔雅》十部儒家经典的石刻。经文皆刻楷书，置于成都府学，后称“蜀石经”或“广政石经”。五代时，后唐冯道在北方刊印九经印本，而后蜀毋昭裔在南方石刻十经，形成南北对应，为五代时文坛之盛事也。然后蜀并未将十经刊印出版。

---

① 《旧五代史》卷四十三，《唐书·明宗纪》，廿五史本第六册，第71页。

二 吴越国的印刷

十国时期，南方的吴越（893～978）是另一造纸与印刷业中心之所在。吴越是个小国，但拥有今苏南、浙江及闽东这片东南最富庶的地区，首府为杭州。钱镠（852～932）建立吴越后，立国四十年，但一直奉事中原朝廷。兴修水利、建海塘，发展农工商业和海上交通，致使境内经济小康，社会安定。其孙钱俶（929～988）嗣位后（947～978）受后汉、后周封号，成为吴越国王，但仍自称“天下都元帅”。钱俶还是虔诚的佛教徒，很像陇西归义军节度使曹元忠那样，在杭州刻印佛经《宝箧印陀罗尼经》(Dhatu-haranda dhārani sūtra) 8.4 万份，印以皮纸及竹纸。此经全名为《一切如来心秘密全身舍利宝箧印陀罗尼经》，共一卷，篇幅较小，现知印本有三种①。

第一种印本于 1917 年在浙江湖州天宁寺塔首次发现，每纸直高 7.5 厘米、横长 60 厘米，行文 341 行，行 8～9 字。每纸经起首处印有图像，有佛及其左右胁侍以及礼佛者，图像线条及造型简单朴素，没有敦煌出土印本佛经插图那样复杂，因为画面很小，画稿无法展开。在画像前印有“天下都元帅、吴越国王钱弘俶印《宝箧印经》八万四千卷，在宝塔内供养。显德三年丙辰岁记”之字。画的下面接着便是经的正文。显德三年（956）是后周世宗柴荣（955～958 在位）时的年号，可见吴越仍奉后周正朔。60 厘米长的印本佛经，严格说还不足以装卷，只是较长而窄的单页佛教印刷品，实际上也是整版雕印的。因此我们不主张用“卷”这个量词，而只称为“张”，尽管装入佛塔中要卷起来才便于放置。

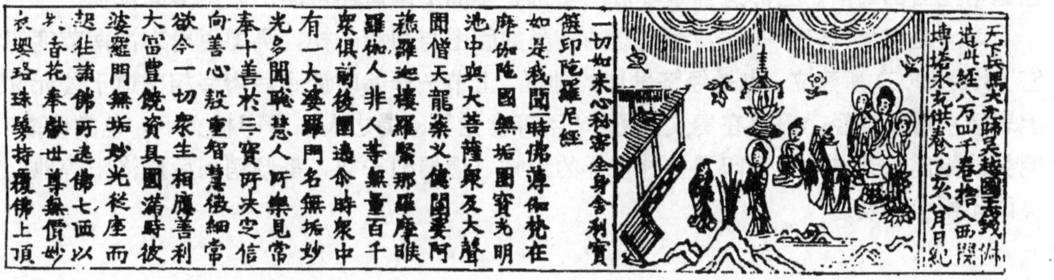
天下兵馬大元帥吳越國王錢俶
造此經八万四千卷捨入西關
塼塔永充供養乙亥八月日紀

一切如來心秘密全身舍利寶
篋印陀羅尼經
如是我聞一時佛薄伽梵在
摩伽陀國無垢園寶光明
池中與大菩薩衆及大聲
聞僧天龍藥叉健闥婆阿
蘇羅迦樓羅緊那羅摩睺
羅伽人非人等無量百千
衆俱前後圍遶尒時衆中
有一大婆羅門名無垢妙
光多聞聰慧人所樂見常
奉十善於三寶所决定信
向善心殷重智慧微細常
欲令一切衆生相應善利
大富豐饒資具圓滿時彼
婆羅門無垢妙光從座而
起往諸佛所遶佛七匝以
衆香花奉獻世尊無價妙
衣瓔珞珠鬘持覆佛上頂

图 9-9 1925 年杭州雷峰塔出土，975 年刊行的《宝箧印陀罗尼经》，3.6×190.5 厘米，北京图书馆藏

第二种《宝箧印陀罗尼经》印本，1971 年于浙江绍兴涂金舍利塔中发现，置于长 10 厘米的竹筒内，行 11～12 字，与第一种有类似图像及题字，但雕刻得较好，印以白皮纸。题字中唯一不同的是没有年号，只题“乙丑”，即公元 965 年，相当宋太祖乾德三年。吴越以前奉后周年号，而后周于公元 960 年亡于宋，但吴越国仍存在，还未投归于宋，钱俶无年号可用，只好用干支，他这样作是有考虑的。

第三种印本 1925 年于杭州雷峰塔倒塌时被发现，纸直高 3.6 厘米、横长 190.5 厘米，是长而窄的印纸，271 行，行 10 或 11 字。经首所刻图像有王后及侍女礼佛形象。题字为：“天

① 钱存训，纸与印刷，收入李约瑟《中国科学技术史》卷五，第一册，第 141 页（科学出版社-上海古籍出版社，1990）。

下兵马大元帅、吴越国王钱俶造此经八万四千卷，舍入西关砖塔，永充供养。乙亥八月日记”（图 9-9）。乙亥合 975 年，之所以未用年号，原因同上。第三种佛经据说印以竹纸①，不知是否经过化验？我们仍不敢肯定。如果真如此，当为有确切年代的最早出土竹纸。

从 956 年起至 975 年，钱俶用十九年时间印出《宝箧印陀罗尼经》，分放于吴越国各地佛塔之中。除钱俶外，吴越国杭州灵隐寺法眼宗高僧延寿（904～975）也印过大量佛教印刷品。延寿俗姓王，字仲玄，为天台德韶禅师的传法弟子，被吴越王钱俶请住永明寺 15 年，弟子 1700 人，后主持灵隐寺，卒谥智觉禅师。著有《宗镜录》、《万善同归集》等书。延寿曾印过十多种经文、经咒和佛像，总数达 40 万份，但其中 16 万份印在丝绢上，其余 24 万份印在纸上②。我们料想主要仍是单页印刷品，但数量已相当可观。吴越的印刷业为宋代南方印刷业的发展奠定基础，使得杭州后来长期成为重要印刷中心。

三 南唐的印刷

吴越西邻南唐（937～957），辖今江苏大部、安徽、江西及福建西部，算是个大国，首府在江宁（今南京），这个地区造纸早在唐代已闻名于世。南唐所造“澄心堂纸”，更属上品。由于南唐统治者崇尚文学，当然也就刺激了印刷术的发展。明代藏书家丰坊（1510～1567 在世）《真赏斋赋》云：“暨乎刘氏《史通》、《玉台新咏》，则南唐之初梓也”。注中说在这些书中有“建业文房之印”牌记。《史通》（710）为唐史家刘知几（661～721）所著，共十卷。《玉台新咏》十卷为南朝人徐陵（507～583）所编。此二书为文史学者所必读。南唐的历书也还远销至西部蜀国。当然这都是零散的实例，实际上南唐还可能出版更多的读物。

南唐是继吴（919～936）而建立的，吴的版图与南唐一样，吴国由唐末淮南节度使杨行密（852～905）所建立，也是经济发展的地区。上节一开始时谈到后唐宰相冯道于公元 932 年上表请求雕印九经，冯道在奏文中称：“臣等尝见吴、蜀之人，鬻印板文字，色类绝多”，说明吴国除儒家经典外，已印了各种各样的读物，像蜀国一样，都倾销到后唐洛阳等地，可见吴国印刷业的发达。

---

① 张秀民，中国印刷术的发明及其影响，第 66 页（北京：人民出版社，1978）。

② 张秀民，五代吴越国的印刷，文物，1978，12 期，第 74 页。

第十章　宋辽金元时期的印刷（960～1368）

继隋唐、五代之后而建立的宋代（960～1279），分为定都于开封的北宋（960～1126）和迁都于杭州的南宋（1127～1279）。与两宋并存的政权，有北方少数民族统治者建立的辽（916～1125）、金（1115～1234）、蒙元（1206～1368）和西夏（1038～1227）等。宋辽金元时期各政权所在地区的印刷技术基本上处于同一层次，而以两宋印刷技术为主干，宋代印刷又是直接在唐、五代基础上发展起来的。在印刷技术史中，这一时期（960～1368）是个重要阶段，在这期间，雕版印刷技术更趋成熟，北宋时又发明了活字印刷技术。除单色印刷外，更有复色印刷，在印刷品装订、装帧方面也有新的突破。印刷品内容扩及儒、释、道及诸子百家所有领域，出版中心散及全国四面八方，印刷用纸质量和品种超过以往历代，形成官刻、坊刻及私刻的印刷网络。由于印刷技术的普及和进步，使这一时期的印刷品趋于更完美的境界，堪称后世典范，为此后明清两代印刷的大发展奠定基础。有关该时期北方少数民族地区的印刷，将在第十二至第十四章讨论。

第一节　两宋时期的雕版印刷

一　包罗万象的出版物

在五代十国割裂局面结束后建立起的北宋，是个统一全国的新兴王朝，过去在南北方发展的经济和科学文化成果此时汇合在一起，获得一体化的发展。在雕版印刷方面也同样如此，宋代印刷术在五代原有基础上，进入新的高峰阶段。这同宋王朝重视印刷事业有很大关系，他们把出版图书看作是振兴文教和巩固政权统治、宣扬国力的一项措施。北宋第二个皇帝太宗赵光义（939～997）即位后，迅即于太平兴国二年（971）敕命翰林学士李昉（925～996）开馆，主持《太平广记》、《太平御览》和《文苑英华》三部大书的编纂及开雕工作。这三部书总共2500卷，其出版是学术上的重大建树。986年太宗更准奏出版善本《说文解字》等书，皆由国子监组织刊印。真宗赵恒（968～1022）也重视印书，太宗、真宗在位时，公元988～996年刊印“十二经”注疏及正义，1005年又重刻五代冯道“十二经”旧监本，加上1011年印的《孟子》，构成后世读书人必读的“十三经”。994年又始印“十七史”，至1061年竣工。印本皆经严格校勘、抄写、精雕细刻，是首次敕命刊印的历代正史。

《宋史》卷四百三十一《邢昺传》载，景德二年（1005）五月真宗亲幸国子监查看库书，问祭酒邢昺（932～1010）现藏经板几何？昺对曰：“‘国初（宋初）不及四千，今十余万，经传、正义皆具。臣少从师、业儒时，经具有疏者，百无一二，盖力不能传写。今板本大备，士庶皆有之，斯乃儒者逢辰之幸也’。上喜曰：‘国家虽尚儒术，非四方无事，何以及此？’。”由于社会安定、经济繁荣，至真宗时（997～1022）出版事业已达到高潮。以国子监藏书板为例，开国45年来迅即增长25倍，经史皆具、士庶可得。景德二年（1005）再命资政殿学士王钦若（962～1025）、知制诰杨亿（974～1020）主编《历代君臣事迹》（1013）千卷，由真宗御制序，赐名《册府元龟》，可与《太平御览》、《太平广记》及《文苑英华》媲美。神宗赵顼（1048～1085）同样倡导图书出版，特为司马光（1016～1086）《资治通鉴》（1084）赐名，并御制序。由于最高统治者倡导书籍编纂及出版，大大促进了雕版印刷的发展，而国子监所刊印本以其质量精良、管理严谨，又为全国出版事业提供表率。上行下效，各级地方政府亦尽其所能，鼓励或自行刊刻大量书籍，使宋代成为雕版印刷的黄金时代。

宋代在官府刊印大量儒家经典、正史及文学著作的同时，还刊印佛教经典系列丛书，主要是大部头的大藏经，这是前代没有的现象。据志磐（1220～1289 在世）《佛祖统纪》（1269）卷四十三所载，早在太祖时（960～975），即于开宝四年（971）敕命高品、张从信往益州（今成都）主持大藏经出版，历十二年（971～983）板成，共 5048 卷，名《开宝大藏经》。这是世界上第一次汇刻佛教著作巨型丛书的空前盛举，开此后历代和其他国家刊刻大藏经之先河。继此之后，两宋时又于各地陆续刊印了《崇宁藏》（1080，福州）、《毗庐大藏》（1112～1172，福州）、《圆觉藏》（1132，浙江湖州）、《资福藏》（1175，浙江安吉）和《啧砂藏》（1231～1321，平江，今苏州），共六种不同版本，每种多达 5000～7000 卷。其中《开宝藏》取宋以前流行的卷装，其余多为梵夹装或经折装。《开宝藏》计用 13 万块雕板，其余更多，这真可谓印刷方面的巨大工程。宋版佛经今日仍有实物遗存，如开宝五年（972）印《大般若波罗蜜经》及开宝六年（973）刊《佛说阿惟越致遮经》等，算是早期之物（图 10-1）①。当今在北京图书馆尚能看到《毗庐藏》及《碛砂藏》的一些印本。

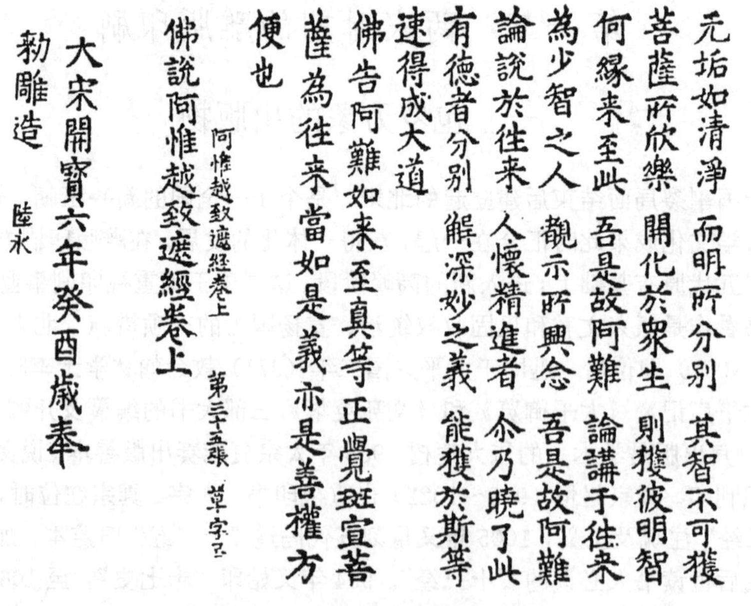
无垢如清淨　而明所分別　其智不可獲
菩薩所欣樂　開化於衆生　則獲彼明智
何緣来至此　吾是故阿難　論講于往来
為少智之人　覩示所興念　吾是故阿難
論說於往来　人懷精進者　尒乃曉了此
有德者分別　解深妙之義　能獲於斯等
速得成大道
佛告阿難如来至真等正覺班宣菩
薩為往来當如是義亦是善權方
便也
阿惟越致遮經卷上　第三十五張　草字五
佛說阿惟越致遮經卷上
大宋開寶六年癸酉歲奉
勑雕造　陸永

图 10-1　北宋开宝六年（973）成都雕印的佛教大藏经《开宝藏》中的《佛说阿惟越致遮经》（局部），北京图书馆藏

值得注意的是，1920 年河北巨鹿北宋墓葬中还挖出佛教印刷品的雕版残块，初由北京大学历史系的冯如玠（1873～1949）收藏①，后辗转流入美国纽约市立公共图书馆，此雕版（残存 43.1×12.5 厘米）两面雕刻，一面可能为《陀罗尼》经咒及八尊小佛像，另一面刻有阿弥

① 郑如斯，中国新发现的古代印刷品综述，载《中国图书文史论集》，第 82 页（北京：现代出版社，1992）。

陀佛像，手执长杖，约刻于大观二年（1108）①（图 10-2）。与此同时，1920 年代初巨鹿北宋墓葬中被盗掘出的另两块人像雕版残块，50 年代自民间收购，嗣后由文物局调拨中国历史博物馆② 其一为仕女像，雕刻精细、板残存 59.1×15.3 公分，厚 2.3 公分，有火烧痕迹。另一为三女半身像，板长方形，残存 26.4×13.8 公分，厚 2.5 公分，板左有“三姑置蚕大吉”及“收千斤百雨大吉”等字。两板皆枣木板材。

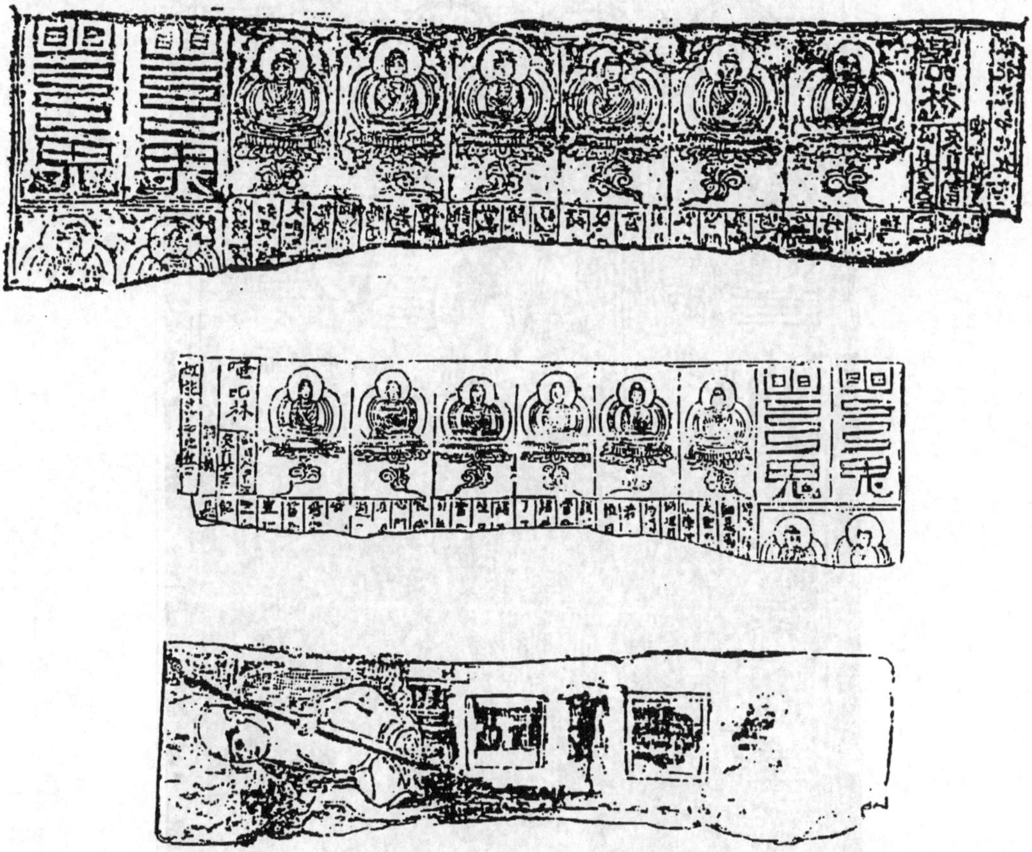

图 10-2　1920 年河北巨鹿北宋墓所出佛经木雕版残块，刻于大观二年（1108）纽约市公共图书馆藏
上：木雕版　　中：以雕版正面印出的经咒　　下：以雕版背面印出的阿弥陀佛像

1978 年苏州市瑞光寺塔第三层塔心空穴内更发现一批北宋精美而珍贵的佛经刊本③。其中有咸平四年（1001）刊《大隨求陀罗尼》经咒，皮纸，44.5×36.1 公分，有边框。经咒中心为释迦像，环以汉字经文，共 26 圈，版内四角有四天王像。经文下长方框内印有“剑南西川成都府净众寺讲经论持念赐紫义超同募缘传法，沙门蕴仁…同入缘男弟子张日宣……咸平四年（1001）十一月日杭州赵宗霸开”。版框两边亦刻有文字，右边有“朝请大夫、给事中、知苏州军州事、清河县开国男，食邑三百户，柱国赐紫金鱼袋张去華”等字，左行有“进士

① 钱存训，现存最早的印刷品和雕版实物略评，中央图书馆馆刊（台北），1989，12，新第 22 卷，2 期；中国书籍、纸墨及印刷史论文集，第 127～138 页（香港中文大学出版社，1992）。

② 石志廉，北宋人像画雕版二例，文物，1981，3 期，第 70～71 页。

③ 乐进、廖志豪，苏州市瑞光寺塔发现一批五代、北宋文物，文物，1979，11 期，第 21～26 页。

郭宗孟书”等题款。看来此经咒由苏州一批官员发起，以来自成都府的印本为底本而在苏杭一带翻刻。经咒文字环形排列，设计独特，雕刻时有很大难度。另一单张印张为梵文《大随求陀罗尼》咒，楮纸 25×21.2 公分，正中有 8.5×6.2 公分长方框（图 10-3），内刻佛教故事图，并有 28 宿和巴比伦黄道 12 宫星宿图。周围为横行梵文经咒。

图 10-3 北宋景德二年（1005）刻单页《大随求陀罗尼》梵文经咒（局部）取自《文物》1979，11 期

此经咒与 1944 年成都出土的唐代刊梵文陀罗尼类似，但却是完整的印页。梵文咒下长方框内印有汉文题记，末尾为“景德二年（1005）八月日记”等字。苏州瑞光寺塔还发现印本卷轴装《妙法莲华经》，印以桑皮-竹料土黄色纸，每纸 16.9－17.1×51.5～55.5 公分，每纸一版，每卷十六块版，卷一有朱书题记：“天禧元年（1017）九月初五日，雍熙寺僧永宗转舍《妙法莲华经》一部七卷，入瑞光院新建多宝佛塔相轮珠内，所其福利，上报四恩，下资三有若有瞻礼顶载☒舍此一报身，同生极乐园”。此经文字体近欧体，入塔年代为天禧元年

(1017)，但刊刻时间为太宗雍熙年（984～987）或更早[①]。

当佛教《大藏经》雕版之际，道教经籍系列丛书《道藏》也在宋代刊行，如1116～1117年福建出版的《万寿道藏》，共540函、5481卷，也是洋洋大观，此藏后曾重印。佛藏和道藏是将当时所能收集到的各有关宗教典籍及其疏义按类别归在一起，再予以刊印，可谓大型系列丛书。只有在造纸业和印刷业获得充分发展时，才能实现这一盛举。由此可知，佛教和道教始终是推动印刷术发展的一股动力，当时出版的宗教读物的数量，不亚于儒家著作和文史作品，而大部头著作的刊印不仅反映社会的经济实力，还体现出印刷技术的综合水平。

宋代印刷业另一动向，是出版了更多的科学技术和医学著作，从而为中国中世纪的科学技术和医学知识的普及和提高创造了条件。当西方学者阅读为数甚少而残破的古希腊科学作品的羊皮板或莎草片手抄本时，宋代人已方便地在案几上翻看包括《周髀算经》、《九章算术》在内的《算经十书》(1074年刊)、《齐民要术》(1018年刊)、《四时纂要》(1018年刊)、《伤寒论》(1065年刊)、《脉经》(1068年刊)、《诸病源候论》(1027年刊）和《黄帝内经素问》等古代著作的雕版印本，当然他们更能得到新出版的《武经总要》(1044年刊)、《营造法式》(1103年刊)、《新仪象法要》、《开宝本草》(973年刊)、《本草图经》(1062年刊)、《证类本草》(1108年刊)、《太平圣惠方》(1100年刊）和《铜人针灸图经》(1026年刊）等著作，尤其是，古代写本科学书因年代久远有佚失之险，赖有宋版的存在才得以保存和流传下来。此外，举凡文史、哲学、地理、诗文、小说、戏剧及占卜、星象、音乐、美术之类的刊本，应有尽有，宋版书可以说包罗万象地把前代文化知识都以雕版形式展现于世，试观当时书目，确有令人眼花缭乱之感。

二 官刻本和私刻本的盛行

宋代雕版印书以刊印者来分，大致分官刻与民刻两大类。官刻包括中央政府各部门，如国子监、崇文院、秘书省、司天监、太医局等。其中以京师国子监刊本最为著名，这是直接继承五代传统，一般刊刻较为重要的严肃著作，不以营利为目的，人们欲购，只收纸墨工本费[②]。国子监刊刻的书，书稿本身就要求有较高学术价值，缮稿时由监内学者对书稿文字详加校审，由高级楷书手工笔抄录，复经校核，再由刻工精加雕刻，还要对文字复校。制版后，以好纸、好墨刷印，再予装订。因此每部书质量及外观均属上乘，可谓印刻的最高水平。这都是五代监本留下的好传统。

北宋初，监本有正经、正史和前面提到的《太平御览》、《太平广记》、《文苑英华》、《册府元龟》等大书，还有《太平圣惠方》等医学著作。哲宗时（1086～1100）有《脉经》、《千金翼方》、《金匮要略方》及《图经本草》等。宋监本书保留至今的为数甚少，在北京图书馆善本特藏部尚可看到乾德三年（965）刊《经典释文》30卷、端拱元年（988）刊《周易正义》14卷及南宋监本《尔雅疏》10卷[③]。崇文院刻书以政府颁布的各种法令、法典为主，刊过20多种，此外，也出版过《吴志》30卷（1000刊)、《广韵》(1005刊)，天圣（1023～

① 姚世英，谈瑞光寺塔的刻本妙法莲华经，文物，1979，11期，第32～33页。

② 叶德辉，《书林清话》(1920）卷六，第143页（北京：古籍出版社，1957)。

③ 同上书，第148页。

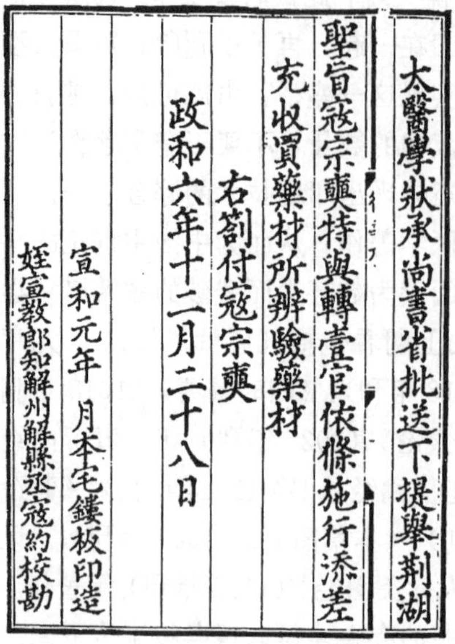
太醫學狀承尚書省批送下提舉荆湖
聖旨寇宗奭特與轉壹官依條施行添差
充收買藥材所辨驗藥材
右劄付寇宗奭
政和六年十二月二十八日
宣和元年　月本宅鏤板印造
姪宣教郎知解州解縣丞寇約校勘

图 10-4　北宋宣和元年（1119）寇约刊寇宗奭《本草衍义》

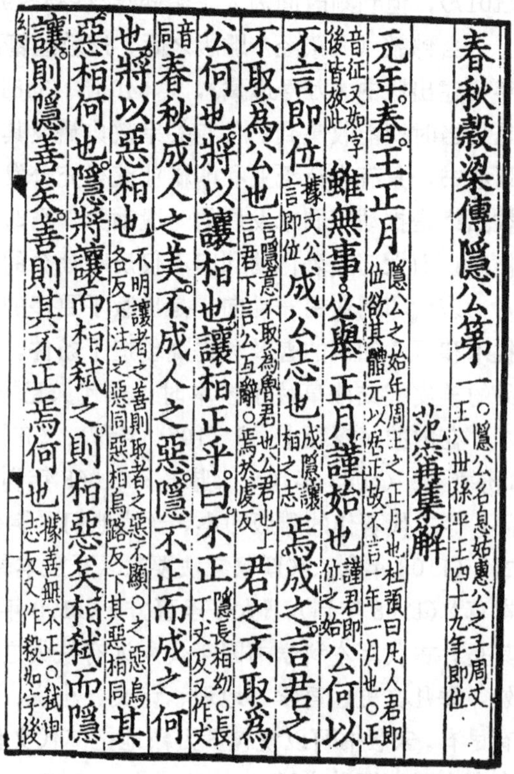
春秋穀梁傳隱公第一 ○隱公名息姑惠公之子周文王八卅孫平王四十九年即位
范甯集解
元年春王正月 隱公之始年周王之正月也杜預曰凡人君即位欲其體元以居正故不言一年一月也○正音征又如字後皆放此
雖無事必舉正月謹始也 謹君即位之始 公何以
不言即位 據文公言即位 成公志也 成隱讓桓之志 焉成之言君之
不取爲公也 言隱意不取爲魯君也公君也上言君下言公互辭○爲於僞反 君之不取爲
公何也將以讓桓也讓桓正乎曰不正 隱長桓幼○長丁丈反又作丈
音同 春秋成人之美不成人之惡隱不正而成之何
也將以惡桓也 不明讓者之善則取者之惡不顯○之惡烏各反下注之惡同惡桓烏路反下其惡桓同 其
惡桓何也隱將讓而桓弒之則桓惡矣桓弒而隱
讓則隱善矣善則其不正焉何也 據善無不正○弒申志反又作殺如字後

图 10-5　南宋绍熙二年（1191）建安余仁仲刊《春秋谷梁传》，注意文内“桓”字缺末笔

1031）时刊刻《隋书》、《律文》、《音义》及《齐民要术》等。元丰二年（1082）崇文院改为秘书省后，出版的重要著作是《算经十书》①。内府太医局刊书以医书为主，如嘉定年（1208～1224）所刊《小儿卫生总微论方》20 卷等。

以上所述，都是中央政府机构刊刻情况，各地方政府机构刻书的积极性同样很大，如各路、州、县及有关专业机构，还有各州、府、县的儒学及书院等，这些机构靠国家调拨、当地税收及其他收入，大力发展刻书事业。据调查今北京图书馆所藏，北宋本流传下来的尚较少，现传本多为南宋刻本，如浙东茶盐司刻《资治通鉴》（1132 刻于余姚）、《礼记正义》（1192 刻）、《旧唐书》（南宋初刻）等，江西转运司刊《本草衍义》（1185 刊于南昌）、抚州公使库刊的《礼记注》（1177 刊于临川）、荆湖北路安抚使司刊《建康实录》（1147 刊）、临安府（杭州）1133 年刊《汉官仪》、上饶郡学 1250 年刊宋人蔡沈《蔡九峰书集传》、吉安白鹭洲书院 1224 年刊《汉书注》等②。

宋代民间刻书可分为自家刻、家塾刻、坊刻和寺院刻等，自家刻主要由文人、士大夫自己集资刻书，家塾刻是由文人办的私塾出资刻的书，虽数量较少，却讲求质量，反映此时刻书风气之盛。自刻者如诗人陆游（1125～1210）之子陆子遹 1220 年刊其父《渭南文集》50 卷，

① 张秀民，中国印刷史，宋代雕版印刷，第 53 页以后（上海人民出版社，1989）。
② 魏隐儒，中国古籍印刷史，第十章（印刷工业出版社，1988）。

刻本很精，这含有纪念意义，用于分赠亲友。又文人周必大（1126～1204）1191年所刻《欧阳文忠公集》153卷，1201～1204年刻《文苑英华》千卷，都很著名，且有传本。福建学者廖莹中（约1200～1275）“世采堂”于咸淳年（1265～1274）所刻唐人韩愈《昌黎先生集》40卷及柳宗元《河东先生集》44卷，向来称为宋本中的上品，今存北京图书馆，书中有篆字牌记“世采堂廖氏刻梓家塾”，版心下有“世采堂”三字。他还刻过一些儒家经典，主要供家塾士子阅读之用，其中包括《春秋经传集解》、《论语》、《孟子》等书①。据说名将岳飞（1103～1142）之孙、文人岳珂（1183～1234）的相台家塾刊刻过九经、三传，惜无传本。建安黄善夫（1155～1225在世）家塾“之敬堂”1195年刊《前汉书》，其所刊苏轼《东坡先生诗》今传世。北京图书馆藏黄氏家塾刻本《史记集解索隐正义》，刊于南宋中期（1205前后）。

图10-6　宋人程一德家刻书籍图，取自清刻本《阴骘文图注》

坊刻是以营利为目的刻书商生产的书，主要是民间流行和需要的读物，种类庞杂，数量相当大。为图廉价，多以竹纸印刷，版面紧凑，字体较小，但也不乏善本。首先应指出福建建安余仁仲（1130～1193在世），他是进士出身，家集书万卷，号“万卷堂”，刻了不少书，如1191年刊《春秋公羊经传》、南宋中期刊《礼记郑注》等，有传本。因而是学者型刻书人，后来其子孙继续刻书，遂成专业坊刻。据北京图书馆所见藏本，临安府（今杭州）陈姓是有名刻书坊家，其中陈起（1167～1225在世）不但是印书业主，还是位诗人。其子因中乡试榜首，人称陈解元（1225～1264在世），也以刻书为业。传世有所刻唐代诗人《王建诗集》等。北京图书馆藏宋刻本中还有临安府陈宅书籍铺刻印南唐李建勋的《李丞相诗集》、陈宅经籍铺刻宋《周贺诗集》等皆刊于南宋后期。较著名的书还有杭州猫儿桥开笺纸马铺钟家所刊唐人书《文选五臣注》30卷（图10-7）。寺院本传世者有福州东禅等觉禅院于元祐年（1086～1093）所刻《鼓山大藏》等等。

宋代雕版印刷技术之所以是黄金时代，不只因为从中央到地方以至民间都有刻书的积极性，出版了空前数量的种类齐全的书籍，而且还因为刻书地点遍及南北各地，分布均匀，构成印刷术大普及的局面。当然，像其他手工业部门一样，全国仍有几处重要的印刷业中心，其中可首先提到汴京（今河南开封）地区，这是北宋首都和政治、经济与文化中心，早在五代时这里便是东京，五代国子监本儒家经典即刊刻于此，北宋建立后，这里的各种专业人员和刻印工仍操旧业，因而北宋国子监本仍刊印于汴京，大量民间书坊和书铺也集中于此。据宋人孟元老（1087～1165在世）《东京梦华录》（成于1147，刊于1187）卷三《相国寺》条载，在相国寺佛殿后“资圣门前，皆书籍、玩好、图画”，是个文化街，可以买到各种书籍。宋室

① 叶德辉，《书林清话》（1920），卷三，第77～84页（古籍出版社，1957）。

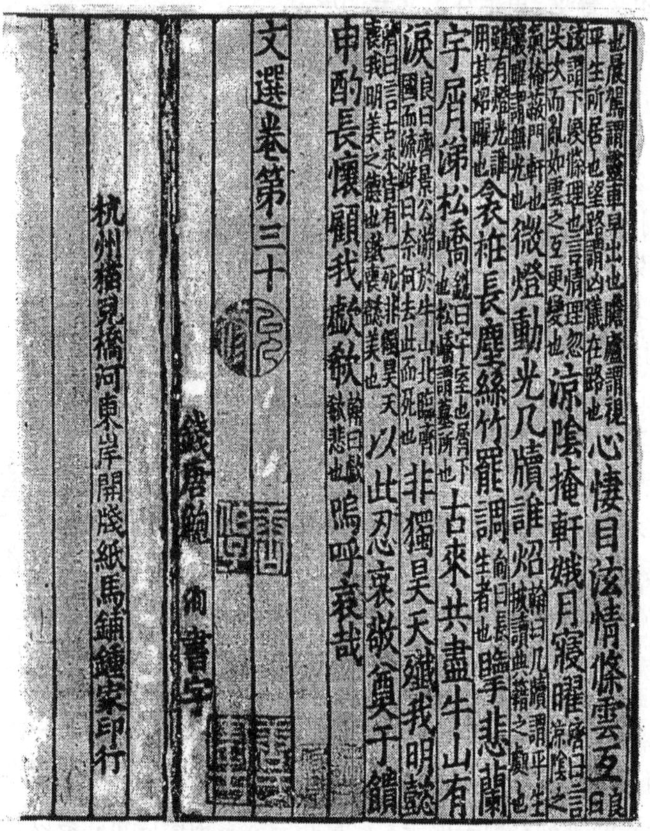
心悽目泫情條雲互
涼陰掩軒娥月寢曜
微燈動光几牘誰炤
衾袵長塵絲竹罷調
古來共盡牛山有
非獨昊天殲我明懿
以此忍哀敬奠于饋
申酌長懷顧我歔欷
嗚呼哀哉
文選卷第三十
錢唐鮑洵書字
杭州猫兒橋河東岸開牋紙馬鋪鍾家印行

图 10-7　南宋初（12 世纪上半叶）杭州开笺纸马铺钟家印行的《文选五臣注》，皮纸，版框 18.4×10.8 厘米，北京图书馆藏

南渡后，一批书铺及技术工人亦迁往南宋临时首都临安，因而政治、经济及文化中心又移至浙江杭州，于是杭州及其周围地区成了南宋的重要印刷中心，正好这里也是造纸的一个基地。

大量印本书开雕于杭州、绍兴、衢州、吴兴、温州、宁波和婺州、台州等地，五代时这里是吴越国所在地，具有从事雕版印刷的历史传统。浙江南部的福建，因为生产竹纸，也成为重要印刷中心，尤其是民间书坊印的书数量最多，通行全国，主要集中地是建宁府建阳、建安，尤其建阳的麻沙镇及崇化坊书坊林立，此外，福建还有福州、泉州、汀州。福建西部的江西，从宋以来成为迅速崛起的印刷中心，境内有抚州（临川）、吉州（吉安）、袁州（宜春）、赣州、九江、信州、池州等地。其中建阳刻本流传至今的较多。四川早在唐代就是重要印刷基地，至宋代仍如此，主要集中于成都，北宋初官刻《开宝大藏经》即于此刊刻，此外还有“三苏”故乡四川眉山。在今江苏境内刻书地点有平江（苏州）、扬州、镇江、江宁（南京）与常州等地及湖北襄阳、黄州、湖南衡阳、邵阳、安徽宣州、当涂、歙州等地。印刷地点的分布虽大大超过前代，但仍未改变主要集中于江南的格局。

三　宋代印发的纸币

宋代除用雕版印刷各种书籍和版画外，还用于印刷并发行纸币，以代替古代以来一直沿用的金属货币。纸币在宋代的发行和应用，在经济史中具有重大意义。宋代时由于工商业的发达和印刷术的繁荣，初由四川商人使用纸币，后由地方政府接管。真宗大中祥符四年（1011）先由四川印发“交子”作为纸币，效果较好，后来推广全国。《宋史》卷一百八十一食货志下三》云：“交子之法，盖有取于唐之飞钱。真宗时，张诛镇蜀，患蜀人铁钱重，不便贸易，设质剂之法，一交一缗，以三年为一界而换之，六十五年为二十二界，谓之交子，富民十八户主之。”

这种纸币有效期为三年，期满后再发新币，一交相当一缗（为 1000 文），由当地十八户富商主持。后因不能兑现而发生争讼，天圣元年（1023）由地方政府接管。仁宗（1023～1063）时准奏设益州交子务，禁民私印纸币，此时印发 125 万余缗。此后在陕西、福建、浙江、两湖等地也发行交子或钱引，1011～1076 年间 65 年内发行 22 界，促进了商业的发展。南宋后，高宗绍兴三十一年（1161）在杭州设行在会子务（纸币发行局），由官方印发会子，其面额有一贯、二贯、三贯（一贯为一千文），及二百、三百及五百文，通行于东南各省。此后在其他地区逐步流通纸币，本书第五章第三节已提到，此处不赘述。

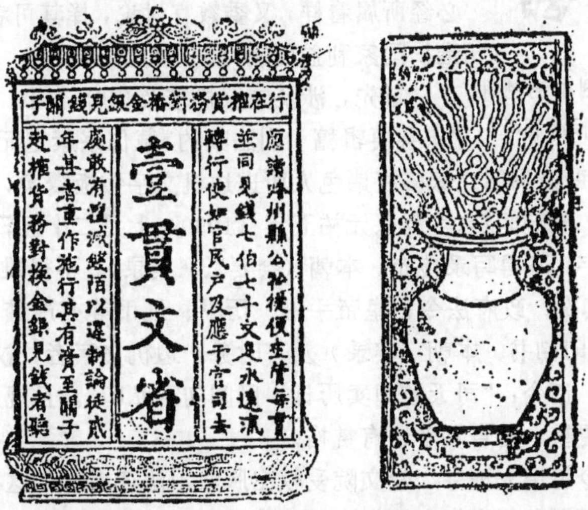

图 10-8　1983 年安徽东至县发现南宋景定五年（1264）印行的纸币关子铜版及版背图案拓片，安徽省博物馆藏

宋代虽印发大量纸币，但实物遗存甚少，只有北宋所印交子的雕版拓片及南宋行在会子库印版实物保存下来，版材为木或金属（铜）。钞面可能是套色印刷，因为宋人李攸（1101～171 在世）《宋朝事实》卷十五提到本朝四种会子时写道：

> 同用一色纸印造，印文用屋木人物、铺户押字，各自隐密题号，朱墨间错。

1983 年，安徽东至县出土一套南宋景定五年（1264）制官府发行关子的铜印板及铜官印，共八件。票面印版长 22.5 厘米、宽 13.5 厘米，重 1 公斤，厚 0.4 厘米，上下有纹饰，横额字为“行在榷货务对桩金银见钱关子”，中间为“一贯文省”（图 10-8），这是面价（每贯相当 770

文现钱)，通用于各路州县。钞面背面印板为图案花纹[①]。由此可想见宋代纸币之形制，如印文朱墨相间，料想花纹图案应印以朱字。但此版图案较行在会子库发行的会子版面图案更为简单。

四　宋代有关出版印刷的管理制度

宋代虽未颁布过有关印刷方面的成文法，但这方面的法令也时而公布。宋初时政府首先颁布各印本书统一版面格式，就像五代后周颁布的《五经文字》、《九经字样》那样。清人蔡澄《鸡窗丛话》云：

> 尝见骨董肆古铜，方二、三寸，刻选诗或杜诗、韩文二、三句，字形反，不知何用。识者曰，此名书范，宋太祖初年，颁行天下刻书之式。

图 10-9　宋初蜀刻本铜制韩文范，取自《中国雕板源流考》

又鲍昌熙《金石屑》收录韩愈文铜范（图 10-9），据说就是宋代蜀刻本韩文范[②]。宋代所印的各种书从数量来说，当然以官刻本及民间坊刻本二者居多，但并非所有的书都可随便私印。宋人罗璧《识遗》云："宋兴，治平（1064～1067）以前就禁擅镌，必须申请国子监。熙宁（1068～1077）后，方弛此禁。"南宋绍兴十五年（1146）十二月准太学正孙仲鳌奏："自是民间书坊刊行文籍必经所属看样，又委教官讨论，择其可者许之镂板。"这当然是为维护国家利益而制订的法令。

首先，涉及国家机密及政府部门、宫中档案者严禁私印。如《宋会要辑稿·刑法禁约》载仁宗康定元年（1040）五月二日诏曰"访闻在京无图之辈及书肆之家多将诸色人所进边机文字镂板鬻卖，流布于外，委开封府密切根捉，许人陈告，勘鞫闻奏。"哲宗元祐五年（1090）七月二十五日礼部咨文："凡议时政得失、边事军机文字，不得写录传布。本朝《会要》、《实录》，不得雕印。违者徒二百，告者赏缗钱五十万"。其次，政府法令、皇帝手书、历书、纸币等亦严禁民间私印。《庆元条法事实》规定："诸雕印御书、本朝《实录》及言时务、边机文字者，杖八十，并许人告。"神宗熙宁四年（1071）诏令："司天监印卖历日，民间勿得私印"。且规定对违令者的刑罚，而对私印纸币者刑罚更重，对告发者还有赏格。

政府所颁法令皆由大理寺、崇文院受权出版，习法律者欲得这类材料，须由官吏出保购之，不许冒领。颁历象征皇权，历书由司天监编定，礼部奏准刊印，颁布天下。虽仍有书商为图利而以身试法，但这些法令仍有一定威慑作用，也体现宋代因出版业发达而促使法律更趋完备的一个侧面。宋代各书商屡有互相盗版刊书的现象，因而发生当时在其他国家还根本就无法想象的版权问题。宋人王称（1147～1210 在世）《东都事略》（1181）眉山本目录后，有长方牌记："眉山程舍人宅刊行，已申上司，不许覆板"[③④]。因此书有重大学术价值，出版者

① 汪本初，安徽东至县发现南宋关子钞版的调查和研究，安徽金融研究增刊 4 期；张秉伦，关子钞版的发现及其在印刷史上的价值，载雕版印刷源流，第 495～499 页（印刷工业出版社，1990）。

② 孙毓修，中国雕板源流考，第 7～8 页，万有文库，第 651 册（上海：商务印书馆，1930）。

③ 叶德辉，《书林清话》（1920）卷二，翻板有例禁始于宋人，第 36～42 页（古籍出版社，1955）。

④ 潘铭燊，中国印刷版权的起源，载中国图书文史论集，第 29～32 页（北京：现代出版社，1992）。

申请官府保护权益，以防盗版。这与今日各国书中所印“版权所有，翻印必究”没有什么两样。宋人具有版权意识，这本身就是出版史中的重大思想革命。

官府保护私刻书版权的事例亦可得见，如祝穆（1197～1264在世）于其《方舆胜览》（1238）原刊本《自序》后有嘉熙二年（1238）十二月两浙转运司通告，内称祝穆所编《方舆胜览》、《事文类聚》等书“积岁辛勤，今来雕板，所费浩瀚。窃恐书市嗜利之徒辄将上件书版翻开，或改换名目，……如有此色，容本宅陈告，乞追人毁版，断治施行。奉台判，备榜须至指挥，右令出榜衢州、婺州雕书籍去处张挂晓示，各令知悉。”① 事实上盗版商一旦被告发，而受惩处的事亦必不少。宋兰溪文人范浚（1112～1182在世）《范香溪文集》卷十六答姚宏（字令声）书内称，南宋初有人冒范浚之名作《和元祐赋集》，雕板贩卖，侵害作者权益，范浚乃告白官府，移文建阳破板。

《书林清话》卷二载，宋人罗樾精刊其师段昌武（1177～1242在世）《丛桂毛诗集解》（1247），此时作者已去世，乃由其侄段维清呈状行在（杭州）国子监，请求保护版权。淳祐八年（1248）七月国子监向出版中心所在的两浙路、福建路转运司发出禁止翻版的公文，要浙、闽两路转运司“约束所属书肆，……如有不遵约束违戾（违罪）之人，仰执此经所属陈乞，追板劈毁，断罪施行。”此例表明主管出版的中央政府部门出面保护版权，且作者死后由于亲属提出版权申请，涉及到近代版权法有关继承问题。当然在宋代，人们还不能指望有完备的出版法，不少作者或出版者的权益时被侵犯，但12～13世纪的宋人已有明确的保护版权的法律意识，这是可贵的。

第二节 辽金元的雕版印刷

宋代形成的完备的印刷体系，对当时境内其他少数民族建立的朝代及此后的明清印刷都有很大的影响。前已述及，宋代主要印刷出版中心有从北向南转移的格局，除了由于原材料、技术等原因外，还因为北方广大地区被其他少数民族建立的政权所占据，不再是宋控制的地带。但这不等于说北方印刷业此时没有新的发展。与北宋同时，北方有辽（916～1125）、回鹘，而北宋末至南宋时在西北还有西夏（1038～1227）等，我们将在第十二至第十四章论少数民族地区印刷时讨论。与北宋并存的辽（916～1125）及与南宋并存的还有北方的金（1115～1234）和蒙古（1206～1279），蒙古后来在灭金与南宋之后建立了元朝（1280～1368）。由于辽、金和蒙元逐步南下进入中原，在印刷方面借用中原体制、技术和技术人材，因而辽、金、元印刷与两宋处于同一技术层次，为本节的讨论对象。

一 辽代的印刷

辽政权由契丹族所建立，历经唐末、五代及北宋，是持续达两个多世纪的北方最大的少数民族政权，定都于上京临潢府（今内蒙巴林左旗南），辖地东起日本海、黑龙江口，西至阿尔泰山，北抵克鲁伦河，南至今河北霸县、山西雁门关而与北宋交界，1125年为金所灭。辽深受中原汉文化影响，很早就引入雕版印刷技术。920年辽太祖耶律阿保机（872～926）以汉

① 叶德辉，《书林清话》（1920）卷二，第36页（北京：古籍出版社，1955）。

字为基础创制表意文字，用以记录本民族的语言，称为契丹大字。926 年，辽太祖弟耶律迭剌因受回鹘文启发，对契丹大字进行改革，又创契丹小字，除保留部分表意文字外，多为表音文字。但辽刻本除用契丹文外，很多书仍刻汉文，契丹文刻本多是译自汉文原著。

辽统治者注重儒学、信仰佛教，他们修孔子庙，设国子监、国子学和诸府府学，讲授儒家经典，推行科举制度，又于各地建造宏伟的寺院、佛塔。辽虽与唐、五代及宋发生过战争，但在经济、文化和科学技术方面与中原地区的密切交流和人员往来一直持续不绝，并及时向境内输入大量刻本汉籍、佛经、佛像和有关印刷技术。《辽史》（1344）卷四《太宗纪四》载，辽太宗（902～947）时大同元年（947）正月灭后晋时，领兵进入其都城汴京（今河南开封），"晋诸司僚吏、嫔御宦寺、方技百工、图籍、历象、石经、铜人、明堂、刻漏、太常乐谱、诸宫县卤薄法物及铠仗，悉送上京。"

就是说，辽将后晋首都中一切有用的人和物都运回自己的大后方临潢府，其中包括各种写本及刻本图书、印板、印刷工人以及科学仪器、武器等等，连很难运输的石经也不放过。如第九章第四节所述，946 年后晋国子监出版了《五经文字》及《九经字样》，是为刊刻儒家九经所颁布的印刷操作则例及标准印刷字体。契丹军队攻占开封后，当然也要将这些运走。因此可以料想，至迟在辽穆宗（951～969）、景宗（969～982）时期，辽国就已掌握了印刷技术并建立了印刷业。

1974 年在山西著名的辽代所建的应县木塔加固时，在塔的四层主佛像胸中发现一大批珍贵的辽代印刷品文物[①②]，共 61 件，其中年代最早的刻本《上生经疏科文》一卷的印刊时间为辽圣宗统和八年（990），正好在景宗死后八年。刻本上有"燕京仰山寺前杨家印造"之字样。燕京为辽的南京析津府（今北京），是辽代南方的政治、经济和文化中心，显然也是个重要的印刷中心。燕京仰山寺前的杨家看来是个私人刻书商。《辽史》卷十五《圣宗纪》载，辽圣宗（971～1031）开泰元年八月丙申（1012 年 8 月 20 日），辽属铁骊部（今黑龙江铁力一带）首领"沙那乞赐佛像、儒书。诏赐护国仁王佛像一，《易［经］》、《诗［经］》、《书［经］》、《春秋》、《礼记》各一部。"[③] 圣宗卒，至道宗（1055～1101）耶律洪基（1032～1101）即位，遂即于清宁元年（1055）冬十二月"诏设学养士，颁五经传疏。"[④] 六年（1060）除上京外，又于中京大定府置国子监。十年（1064）"禁民私刊印文字"，可能是指儒家经典而言。以上所述儒家经典，都应是辽代的国子监官刻本。

辽代在刊刻佛教经典方面也不遗余力，自从北宋初在四川刊刻的《开宝大藏经》（983）卷子本传入辽之后，深受辽统治者及佛僧重视，因数量甚少，无法广为流传，乃有自行刊刻大藏经之举，以体现大辽与大宋一样对佛经刊刻事业的支持，此即所谓辽藏或契丹藏。当然，所据底本为北宋的《开宝藏》。辽代人志延（1050～1108）《阳台山清水院创造藏经记》称："印大藏经凡五百九十七帙"。597 帙即 597 函，清水院为今北京大觉寺前身。据叶恭绰（1880～1968）的考证[⑤]，辽藏刊刻时间为兴宗（1031～1045）至道宗（1055～1064）之间。参考《开

---

① 阎文儒等，山西应县佛宫寺释迦塔发现的契丹藏和辽代刻经，文物，1982，6 期，第 9～18 页。

② 毕素娟，世所仅见的辽版书籍蒙求，文物，1982，6 期，第 20～27 页；辽代雕版印刷品的空前发现，中国印刷年鉴（1982～1983），第 251 页。

③ 《辽史》卷十五，《圣宗纪》，廿五史本第九册，第 20 页（上海古籍出版社，1986）。

④ 同上，卷二十二，《道宗纪》，廿五史本第九册，第 28 页。

⑤ 叶恭绰，历代藏经考略，张菊生先生七十生日纪念论文集，第 25～42 页（上海，1937.1）。

宝藏》的卷数，辽藏597函大约合六千至七千卷之多，需用70万块印板，刻印的地点在燕京。由于辽境内所产麻纸供应不足，还动用了高丽所造的皮纸。

1974年，在山西应县木塔佛塑像中发现的辽刻本中，有辽藏十二卷残卷，皆刻以楷体大字，作卷轴装，印以黄纸，每卷以千字文编号，卷首有时还雕印佛像，其中《称赞大乘功德经》卷尾题有“时统和二十一年（1003）癸卯初岁季春月（三月）”之年款，千字文编号为女字第161号[①]。从这个年款来看，辽藏的刊刻起始时间比叶恭绰所说的还要早些，因为统和是兴宗在位以前圣宗（982～1031）所用的年号，可见辽藏至迟在圣宗时已处于刊刻阶段。辽在北宋《开宝藏》出版之后三十年左右便开始刊刻同样工程浩大的辽藏，足见其印刷业实力之雄厚。山西应县佛宫寺释迦木塔始建于道宗清宁二年（1056），正是辽藏刊刻接近尾声之际。但塔内所出辽刻本，最晚的有天祚帝天庆年（1111～1121）所刊《菩萨戒坛所牒》，已至辽的末季。此时金已崛起，不断攻辽，而辽境内也有武装反辽势力，社会处于战乱，此时佛宫寺僧为保存佛经免于兵火，乃将其藏入木塔佛像之中。出土物显然是经过僧人长期使用过的，再匆匆藏于佛胸之内。幸有这批辽刻本再现于世，填补中国印刷史中一大空白。

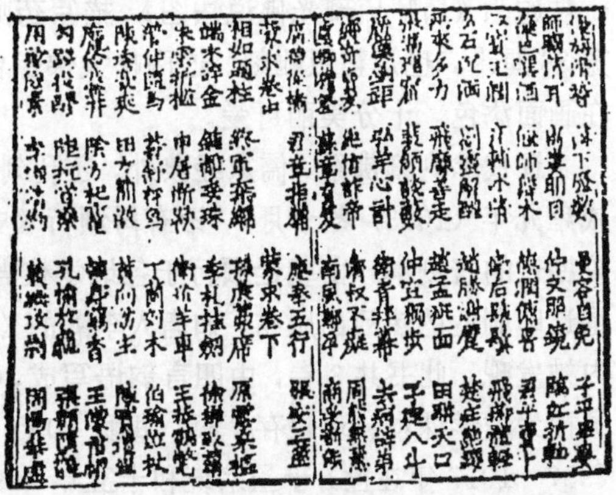

图10-10　1974年山西应县佛宫寺释迦塔发现的辽刻本蝴蝶装《蒙求》残页。山西省博物馆藏

应县木塔内还发现一些单刻佛经，共47件，如《妙法莲华经》、《大方广佛华严经》及《成唯识论》等。其中《妙法莲华经》卷四有“燕京檀州街显忠坊南颊住冯家印造”之题记，但显然不是坊刻本，因为同卷还有“经板主国子监祭酒兼监察御史、武骑尉冯绍文，抽已分之财，特命良工书写，雕成《妙法莲华经》一部，印造流通……时太平五年岁次乙丑八月十五日乙丑记”之牌记，则刻印经的日期为1025年9月9日。

太平五年为辽圣宗（982～1031）时的年号，这时还未开雕辽藏，故冯绍文乃出资仅刊一部《莲华经》。此经为卷轴装，后僧人为诵读方便改为经折装，但卷轴装的痕迹仍清晰可辨。而《大方广佛华严经》刊于道宗咸雍三年（1067），因为在这一年二月“颁行御制《华严经赞》”。八年（1072）秋七月丁未，“以御书（御制）《华严经五颂》出示群臣”[②]，显然道宗御制《华严经》赞颂连同经文本身同时出版。同年（1070）十二月道宗还破例地“赐高丽佛经一藏”[③]，则想必指此辽刊《华严经》而言。有的辽刻佛经因属残卷，署年款卷缺，但可从残卷题记中知道刊刻地点及刊刻者，如《释摩诃衍论通赞疏》卷十题记为“燕京弘法寺奉宣校勘、雕印流通”，则此经为弘法寺奉旨校勘与刻印的寺院刻本。《新雕诸杂赞》标明刊印于燕京大悯忠寺，即今北京宣武区的法源寺。可见辽代官刻本、坊刻本、私人刻本及寺院刻本应有尽有。

从应县出土物中还可看到，当时除刊印数量巨大的佛经外，还刻印单张的佛像画，但幅

---

①　应县出土一批辽代文物，文物，1982，6期。又见郑如斯，中国新发现的古代印刷品综述，载中国图书文史论集，第83～84页（北京：现代出版社，1992）。

②　③《辽史》卷二十二，《道宗纪》，廿五史本第九册，第28页。

面比五代时的刊本佛像更大、画面更为复杂。引人注意的是《炽盛光九曜图》，为整版雕刻，画面高120厘米、宽48厘米（3.6×1.4尺），是目前为止所发现的最大的单张木刻版画。另一件题为《药师琉璃光佛说法图》，描写药师佛向诸弟子说法的情景。此佛像画面高77厘米、宽36厘米，也是整版雕刻。这两幅大佛像皆印以麻纸，画面刻工精细，线条流畅，印成后再在画面添色，十分美丽可爱。

辽代除刊刻佛经、儒家经典外，还刊刻史部及子部著作。《辽史》卷二十二《道宗纪》载，咸雍九年（1073）冬十月，“诏有司颁行《史记》、《汉书》。”显然，这些史书是由国子监博士校勘过的官刻本，由朝廷颁行于各地学校当教本用。关于语言文字方面的工具书或教本，也是辽印刷业的热门出版物，如唐人李瀚的《蒙求》辽刻本（图10-10）1974年于山西应县木塔内被发现。此书共3卷，由四言韵语写成，内容为叙述历史人物言行故事，共2484字，历代被视为蒙学课本。现仅存7页，每页20行，行16字，印以白麻纸，蝴蝶装。辽代僧人行均（957～1017年在世）于圣宗统和十五年（997）所著的《龙龛手镜》四卷是历史上一部著名的汉文字典。行均俗姓于，字广济，燕京人，精文字之学，其《龙龛手镜》收26，430字，注释16.3万字，注反切，有简短释义。值得指出的是，还收入了流行燕京一带民间的俗字如歪（wāi）、甭（béng）及孬（nāo）等，至今还在北京话中使用。此书辽刻本曾传入北宋，沈括《梦溪笔谈》卷十五《艺文》说“观其音韵次序，皆有理法”。元丰、元祐年间蒲宗孟得辽本后在杭州翻刻，南宋初再重刊。此书还传入朝鲜和日本，也被刊刻过。

据记载，辽代还于乾统年间（1101～1110）刊刻过晋代名医葛洪（281～341）的《肘后方》八卷，书中选可供急救医疗、实用有效的单方、验方及灸法。据元代人苏天爵（1294～1352）《滋溪文稿·三史质疑》所载，耶律楚材（1190～1243）家藏有耶律俨（？～1113）《皇朝实录》和行均《龙龛手镜》的辽刻本。《皇朝实录》共20卷，由耶律俨与萧韩家奴（956～1026年在世）共同编成，叙述遥辇可汗至兴宗以来的事迹。此书后来也传到朝鲜和日本，并重印。山西应县木塔中还发现一些辽刻的卜筮之类著作。辽刻本像宋刻本一样也有避讳，从出土实物观之，似乎没有宋代那样严格。

二　金的雕版印刷

原隶属于辽的女真族各部，由完颜阿骨打统一后，1115年建金政权于东北，其后势力渐大，灭辽后又南下攻宋，1126年攻占北宋京城开封，将大量图书、书板及印刷工人掳至北方，迁都燕京（今北京），号中都，因之这里成了金政治、经济和文化中心。《金史》卷五十一《选举志》载，凡《易经》、《诗经》、《书经》、《仪礼》、《周礼》、《春秋》、《左传》、《论语》、《孟子》、《孝经》等儒家经典、十七史及《老子》、《荀子》等书，“皆自国子监印之，授诸学校”。这是女真统治者为在其新统治区巩固政权而推行的发展汉文化政策的组成部分。1130年在平阳府（今山西临汾）建经籍所，出版官刻本，民间书坊也逐步发展，山西这一带成为金的印刷出版另一中心。

有名的金代大藏经或《赵城藏》，即于1140～1178年间据北宋《开宝藏》而刊刻于山西，全书共7000卷作卷轴装，体现金代刻书技术的综合水平。1214年迁都于开封，号南京，又从中京运来大量图书及书板，开封成为金的第三个印刷中心。这些书板走了一圈，又回到原地。金代除刊刻儒家经典、文史、宗教之类书之外，也像宋代那样刊印了不少科学技术和医学著作，如1164年刊《重校圣济总录》、1186年刊金元四大医家之一的刘完素《伤寒直格》、1214年平阳重刻《证类本草》等。河北境内宁晋的荆家书坊，可称之为“北方的余氏书坊”。金刻本由于模仿宋刻，在版面形制、字体等方面，都有宋版书的遗风（图10-11）。

金刻本由于模仿宋刻或直接用宋板翻印，因而在版面形制、字体及刀法上与宋版书很相近，被版本学家所看重，流传至今的也仍可看到。由于宋、金南北相邻，南宋流行的著作很快为北方读者喜爱，并加以再版。金代版画艺术水平也较高，可与宋的同类作品相比。金统治者还于1154年首先在中都印发纸币，称为交钞，也同样模仿宋代，但以七年为期，到期以旧换新。

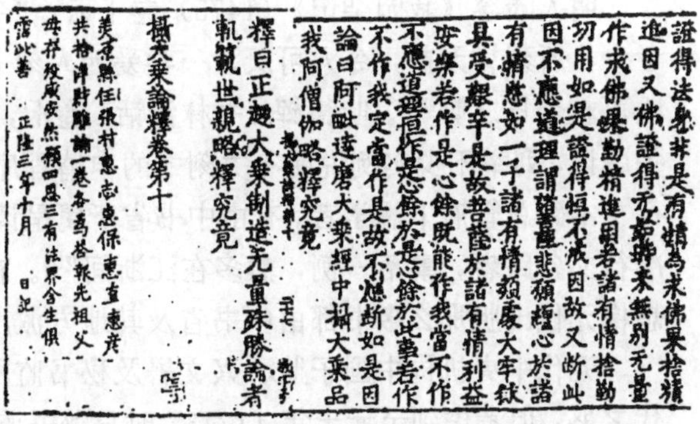
證得法身非是有情爲求佛果捨積
進因又佛證得无始時來無別无量
作求佛果勤精進因若諸有情捨勤
功用如是證得恒不滅因故又断此
因不應道理謂菩薩悲願纏心於諸
有情悲如一子諸有情類處大牢獄
具受艱辛是故菩薩於諸有情利益
安樂眷作是心餘既能作我當不作
不應道理作是念餘於此事若作
不作我定當作是故不應断如是因
論曰阿毗達磨大乘經中攝大乘品
我阿僧伽略釋究竟
釋曰正趣大乘御道无量殊勝論者
軌範世親略釋究竟
攝大乘論釋卷第十
美原縣任張村惠忠惠保惠直惠彦
共捨淨財雕論一卷各爲答報先祖父
母并殁成安然額四恩三有法界含生俱
霑此善 正隆三年十月 日記

图10-11 金正隆三年（1158）刻本《摄大乘论释》，框高22厘米，卷轴装，刻于山西运城，北京图书馆藏

女真族上层人物多通汉文，读汉籍，最初没有本民族文字，后来借用汉字及契丹字创制女真文字，名“大字”，于1119年颁行，1138年又造“小字”。女真字介于汉字及契丹字、西夏字之间。由于有了本民族文字，于是设女真国子学，让贵族子弟就学。1164年起有些汉籍如《史记》、《汉书》、《易》、《书》、《论语》、《孟子》、《孝经》、《春秋》、《老子》及《贞观政要》等还曾译成女真字，供士子学习。金代统治的一个多世纪内，在中国北方对发展和普及印刷技术方面起了很大的作用。由于各种原因，保留至今的金刻本，甚至比宋刻本还少。平阳出版的书，又称“平水版”，数量相当多，可称之为北方的建阳。北京图书馆藏有唐人王冰注《黄帝内经素问》、金人魏道明《萧闲老人明秀集注》及《刘知远诸宫调》等。金代贞祐宝钞的铜板，近年于山西绛县发现①。

三 元朝的雕版印刷

继宋、金之后，由蒙古族建立的元朝定都于大都（今北京）。蒙古大汗尤其元世祖忽必烈（1215～1294）懂得“在马上得天下、不能在马上治之”的道理，乃从耶律楚材（1190～1243）、许衡（1209～1281）、吴澄（1249～1331）及姚枢（1201～1278）等人之议，发展儒学、不改汉制，兴学校行科举，让汉人与政，从而巩固了在中原的统治。灭金后，蒙古统治者将金南京开封所藏各种图书、书板及刻书工匠解送北方，早在太宗八年（1236）即从耶律楚材议，于燕京设编修所，于平阳设经籍所②，主持图书出版，使金代这两个印刷中心重现生机。灭南宋后，再将临安（今杭州）及附近地区图书、书板、学者与工匠转至北方的大都，因此元代雕版印刷是直接在宋、金基础上发展起来的，是宋代印刷之余续。

元代官刻图书机构在中央有国子监、秘书监（1273年立）、兴文署（1290年立）及太医院、司天台等，地方有各路、府、州及郡县的儒学、书院或其他机构。民间刊印书者多为各地的书铺及少数私人家塾。由于元代时间较短，总的说还比不上宋代刻书之盛，但仍出版大

① 郑如斯，中国新发现的古代印刷品综述，载中国图书文史论集，第90页（北京：现代出版社，1992）。
② 《元史》（1370）卷二，《太宗纪》，廿五史本第九册，第7243页（上海古籍出版社，1986）。

量图书，而且在印刷及装订技术上有新的发展。元代出版印刷法令规定，各地出书先向所在路（省）肃政廉访使司等地方政府部门提出申请，有时呈至中央的礼部、集贤院等，有时呈中书省或其地方派出机构看过，才能出版。

明人陆容《菽园杂记》（1475）卷十云：“今（明代）士习浮靡，能刻正大古书以惠后学者少，所刻皆无益，令人可厌。…尝爱元人刻书，必经中书省看过，下所司，乃许出版。此法可救今日之弊”①。叶德辉《书林清话》卷七，《元时官刻书由下陈请》节更据传世元刊本有关牌记，列举不少实例说明有关刻书的申请程序。“有径由各省守镇分司呈请本道肃政廉访使行文本路总管府下儒学者。有由中书省所属呈请奉准施行，展转经翰林国史院、礼部详议，照准行文各路者，事不一例，然多在江浙间”②。在执行过程中后来有所松弛，事实上也不可能想像元代出版那么多书都由中书省及其地方派出机构逐一审看。

元代中央机构中国子监、兴文署及秘书监所出版的书，传世或著录的不多，看来没有宋代之盛，但考虑到至元十年（1273）时只秘书监就集中1062名刻书工匠，其所出版的书亦当不在少数③，只能说因战乱而没有流传下来。以兴文署为例，至元二十七年（1290）曾出版《资治通鉴》等书，现已不得见原本。另一方面各地方机构，首先是各路儒学及书院出版书的积极性很高，其中最著名的当推大德年间（1305～1306）出版的九路本十七史。此即江东建康八路一州（宁国、徽州、饶州、集庆、太平、池州、信州、广德八路及铅山州）之儒学及官署联合集资出版者④，这些地方分布于今安徽及江西一带，也是盛产纸、墨之地。

各路儒学及书院还出版过一些大部头类书，如抚州路所刊唐人杜佑《通典》200卷、1324年杭州西湖书院刊马端临（1254～1323）《文献通考》348卷、庆元路刊王应麟（1273～1296）《玉海》200卷、1320年圆沙书院刊章如愚（1170～1230在世）《山堂考索》212卷及庐陵武溪书院刊祝穆（1197～1264在世）《事文类聚》237卷等⑤。各地方官刻书除史籍外还有儒家经典、子部书及小学书等，如1299年江西铅山广信书院刊宋词人辛弃疾《稼轩长短句》（图10-12），1321年再刊元人王恽《秋涧先生文集》（100卷）等。婺州路儒学1337年刊金履祥《论孟集注考证》，集庆路儒学1333年刊元人王构《修词鉴衡》等。同时还出版一些科学著作，如茶陵东山书院1305年刊《梦溪笔谈》，江浙等处行中书省1229年刊《大德重校圣济总录》200卷，江西官医提举司1345年刊元人危亦林（1277～1347）《世医得效方》，湖广官医提举司1306年刊《风科集验名方》等⑥。

像宋代一样，元代各私人经营的书坊是又一支刻书的生力军，著名的书林仍集中于原有地区。建宁路的建安、建阳（今福建）是宋代出版中心之一，元代仍如此。建安著名书坊有余志安（1300～1345在世）的勤有堂，刻书最多，包括1304年刊《太平惠民和剂局方》，1311年刊《李太白诗》，1312年刊《杜工部诗》，1332年刊《唐律疏义》，1335年刊元人苏天爵著《国朝名臣事略》、1349年刊《前后汉书考证》及科举应试文集（1341年刊）等。建安虞平斋的务本堂于1327年刊元人肖镒《四书待问》、1335年刊赵孟頫《赵子昂诗》及1346年刊《周

---

① 明·陆容，《菽园杂记》（1475）卷十，第129页（中华书局，1985）。

② 叶德辉，《书林清话》（1920），卷七，第176页（古籍出版社，1957）。

③ 钱存训，纸与印刷，收入中国科学技术史卷五，第一册，第152页（科学出版社-上海古籍出版社，1991）。

④ 神田喜一郎，元代大德十九路本十七史考，载東洋学文献丛说（東京：二玄社，1969）。

⑤ 叶德辉，《书林清话》（1920），卷四，《元监署、各路儒学、书院、医院刻书》，第90～96页。

⑥ 杨绳信，中国版刻综录，第一章（西安：陕西人民出版社，1987）。

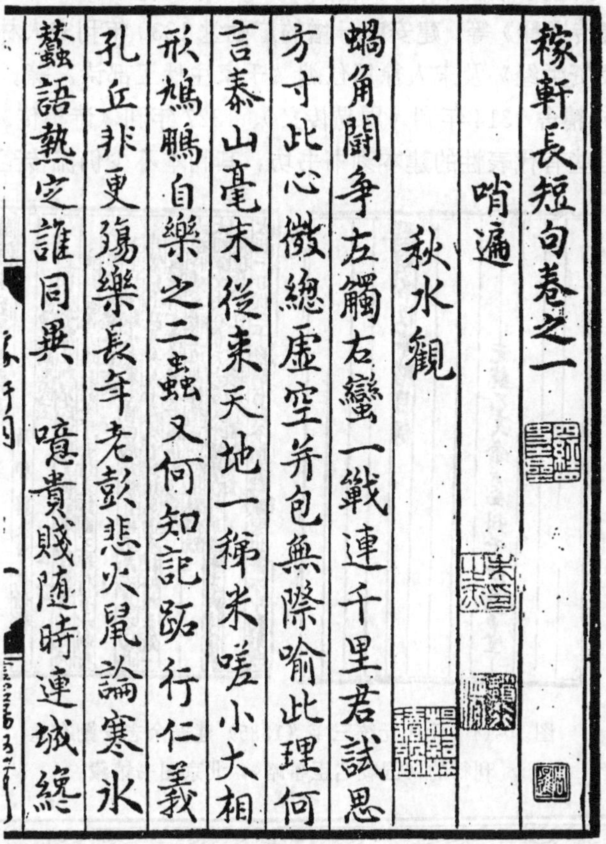

稼軒長短句卷之一

哨遍

秋水觀

蝸角鬬爭左觸右蠻一戰連千里君試思方寸此心微總虛空并包無際喻此理何言泰山毫末從來天地一稊米嗟小大相形鳩鵬自樂之二蟲又何知記跖行仁義孔丘非更殤樂長年老彭悲火鼠論寒氷蠶語熱定誰同異噫貴賤隨時連城纔

图 10-12　元大德三年（1299）江西广信书院刊行的北宋辛弃疾《稼轩长短句》，版框 22.7×16.5 厘米，竹纸，北京图书馆藏

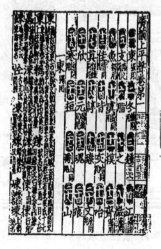

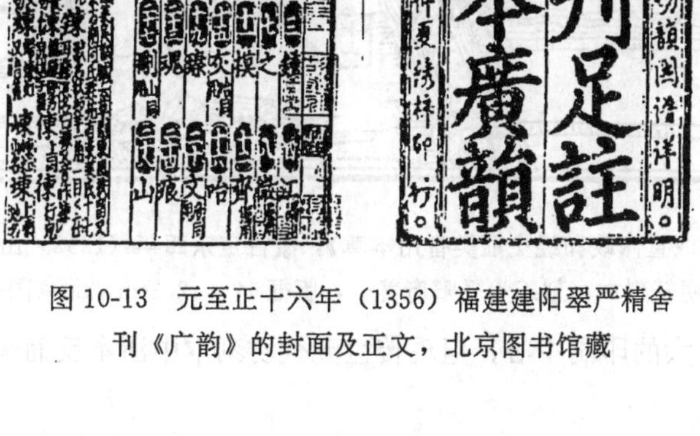

图 10-13　元至正十六年（1356）福建建阳翠严精舍刊《广韵》的封面及正文，北京图书馆藏

易程朱传义音训》等。建安刘锦文的日新堂 1335 年刊宋人陈彭年（961～1017）《广韵》、1352 年刊元人刘瑾《诗集传通释》等。建安叶日增的广勤堂 1330 年刊宋人林亿校的《王氏脉经》、宋人王执中的《针灸资生经》及宋人徐居仁编《千家注杜工部诗》等。建阳刘君佐（1284～1344 年在世）的翠岩精舍 1314 年刊《周易传义》、1327 年刊《诗集传》、1329 年刊《新编古赋解题》等。这都是些有代表性的建本刻书书坊，其刊本不少仍流传至今。

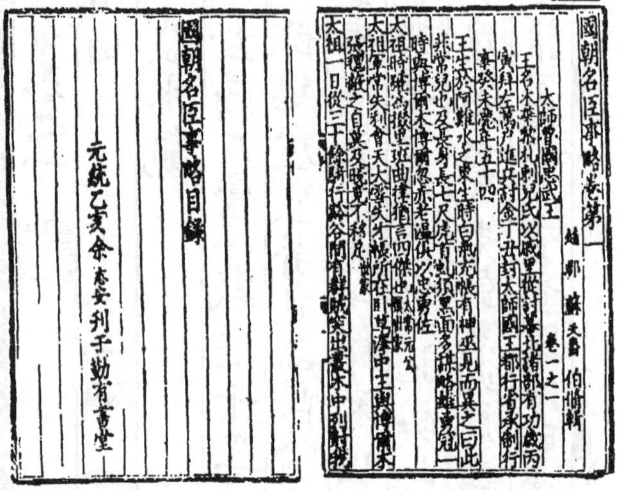
國朝名臣事略目錄

元統乙亥余志安刊于勤有書堂

國朝名臣事略卷第一

趙郡蘇天爵伯修輯

卷一之一

太師魯國忠武王

王名木華黎札剌兒氏以威里從討諸部有功歲丙寅拜左萬戶進兵討金丁丑封太師國王都行省承制行事癸未薨年五十四

王生於阿難水之東生時白氣出帳有神巫見而異之曰此非常兒也及長身長七尺虎首虯須黑面多謀略雄勇冠一時與博爾朮博爾忽赤老溫俱以忠勇佐太祖時號掇里班曲律猶言四傑也

图 10-14 元代元统三年（1335）建安余志安勤有堂刊行的《国朝名臣事略》，北京图书馆藏

图 10-15 《重修政和经史证类备用本草》，蒙古定宗四年（1252）山西临汾张存惠晦明轩刻本，刻工为平阳府姜一，版框 17×12.3cm，北京图书馆藏

浙江虽为南宋最大的印刷中心，但现传世元代坊刻本中浙本反而较少，所见有杭州众安

桥杨家经坊刻《波罗蜜经》及杭州睦亲坊沈八郎刻印的《莲华经》等。在北方，山西平阳仍是几可与福建建阳相比的书坊集中地，如平水许宅1306年刊《证类本草》、平水曹氏进德堂1299年刊《尔雅注》、平阳张存惠堂的晦明轩1249年刊《证类本草》、1253年刊《音注精义资治通鉴》120卷等，其见于著录或藏书目之中。其他地方的书坊也出版不少同类书籍。

第三节　宋元时期的活字印刷

一　毕昇以后宋元的泥活字印刷

本书第七、八两章已详细讨论了宋代毕昇和元代王祯的活字技术，这里不再复述。本节要讨论毕、王以外的其他宋元人从事的活字技术活动及所刊活字本著作情况。沈括以后北宋文献很少记载活字印刷活动，但地下出土的北宋活字印刷品则正补充文献之不足。1965年，浙江温州市郊白象塔在重新修复时，从塔身第二层发现《佛说观无量寿佛经》印本残页（图10-

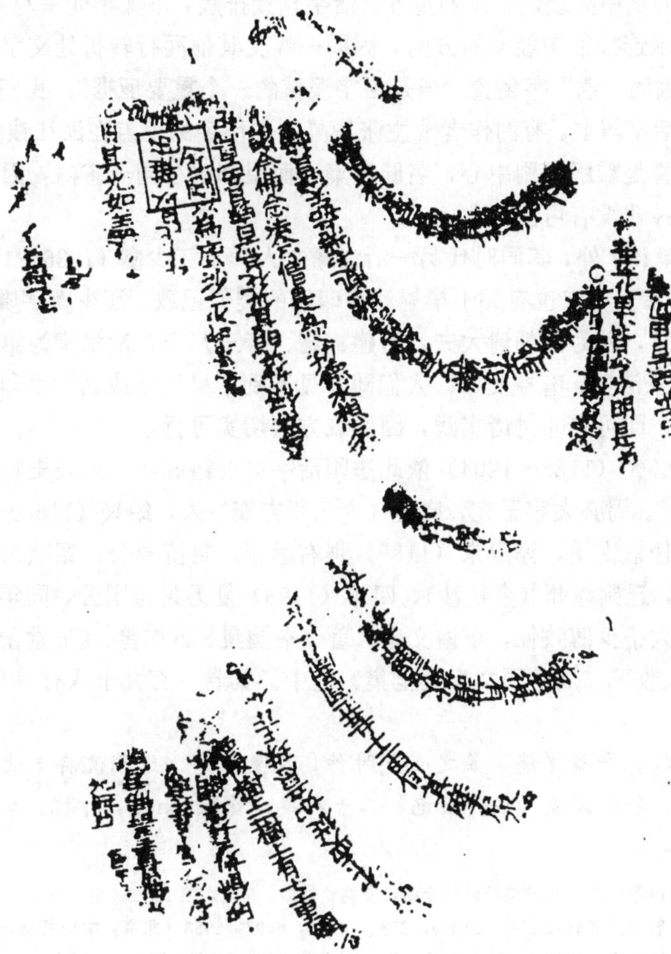

图10-16　1965年浙江温州白象塔内发现的刊本《佛说观无量寿佛经》，经鉴定为北宋元符至崇宁（1100～1103）年活字本，左上用方块括出的“色”字横排，浙江博物馆藏残页13×10.5厘米

16），高10.5厘米、宽13厘米。同处还发现手写《写经缘起》残页，有崇宁二年（1103）年

款，因之可确定此印本佛经年代即是该年或相近年代所印①。《佛说观无量寿佛经》(Aparimitāyur Sūtra) 为净土宗三经之一，三国魏人康僧铠译，共二卷，由唐代僧人善导作注，名《观无量寿经疏》，共四卷。该经正文唐写本在敦煌石室出土②。温州出土的这个印本残页，用纸为黄色皮纸经文作迴旋排列，共 12 行，可认文字有 166 个，宋体。每行排列不规则，字的大小及笔画粗细不一，纸面可见字迹有经微凹陷，墨色浓淡不一。有首尾二字相连，每行迴旋。转折处出现倒字，如“杂色金刚”作“杂色金刚”，句中常有“〇”号及漏字。经鉴定为北宋泥活字本，在毕昇之后 50 年左右。如果这样，这将是毕昇活字印刷技术的最早历史见证。

介绍上述出土文物的报道发表后，个别人提出商榷③，认为此经是木刻本，因经文上下字间笔画有时连接，不应出现于活字本中；个别字倒置发生于迴转处是有意的，表示连接下句经文的方向，不是误排。但钱存训取得经文残页彩色照片仔细观察后认为仍是活字排印④，因早期活字按笔画多少刻成单字，每字笔画外并不留空白，各字大小不一。两字连排容易将其连成一字，这正是活字特点。雕版不会将二字写成一字。句中漏字也是活版出现机会较多。其次，雕版字迴形排列从中央绕起，排列整齐，活字直接排版，不如事先手写那样整齐。最后，个别字倒置并不表示连接下句经文的方向，因同一经文其他两行转折处文字并未倒置，迴旋处用“〇”表示。因而“色”字倒置“当是活字误植的一个重要证据”。我们同意《佛说无量寿佛经》是北宋泥活字印本。有的作者⑤主张毕昇制泥活字的地点在浙江钱塘（杭州），这里在五代、宋以来一直是雕版印刷中心，名匠云集，而温州也在同一省内，因之这一佛经是用胶泥活字所印，也并非没有可能。

除沈括《梦溪笔谈》外，其同时代另一浙江籍文人学士江少虞（1036～1169 在世）《皇朝事实类苑》(1145) 卷五十二也有关于毕昇活字印刷的类似记载。江少虞字虞仲，常山人，政和进士，为天台学官，入为左朝请大夫，历建、饶、杏三州守，治状皆为第一。其《皇朝事实类苑》63 卷，征采浩博，有益史家。人们即令见不到毕昇活字或其活字印本，只要读到沈括或江少虞的记载，即可立即付诸实践，因所载方法切实可行。

果然，宋人周必大（1126～1204）依此法印活字本书籍成功。这条史料是台北黄宽重在周氏文集中发现的⑥。周必大字子充，庐陵（今江西吉安）人，绍兴（1150）进士，历权秘书少监、中书舍人，任枢密使，淳熙末（1189）拜右丞相，封济国公，绍熙二年（1191）为观文殿学士，旋罢相，迁判谭州（今长沙）。四年（1193）复易封益国公，同年冬移镇隆兴，庆元元年（1195）以太子少傅致仕，卒谥文忠。著《平园集》200 卷、《玉堂杂记》、《二老堂杂志》等 82 种，后人收入《周益国文忠公全集》之中。其卷一百九十八有《与程元成给事书》称：

> 某素号浅拙，老益谬悠，兼之心气时作，久置斯事。近用沈存中法，以胶泥铜板，移换摹印，今日偶成《玉堂杂记》二十八事，首慁（hùn，打扰）台览。尚有十

① 金柏东，温州市白象塔出土北宋佛经残页介绍，文物，1987，5 期，第 15～18 页。

② 商务印书馆编，敦煌遗书总目索引，S1515，2537，4631，6497，6953（北京：中华书局，1983）。

③ 刘云，对早期活字印刷术的实物见证一文的商榷，文物，1988，10 期，第 95～96 页。

④ 钱存训，现存最早的印刷品和雕版实物，中国书籍、纸墨及印刷史论文集，第 130～132 页（香港，1992）。

⑤ 胡道静，活字版的发明者毕昇卒年及地点试探，文史哲，1957.7，59 期，第 61～63 页。

⑥ 黄宽重，宋代活字印刷的发展，国立中心图书馆馆刊，卷二十，2 期，第 1～10 页（台北，1987.12）。

数事，俟追记、补段（补缀）续纳。窃计过目念旧，未免太息岁月之沄沄也[①]。

收信人程元成是周必大的旧友，任给事中。信写于绍熙四年（1193），时周必大虽恢复公爵封号，却屈就潭州任内，年已 67 岁，故称“老益谬悠”。悠闲时他便搞起出版自己著作的工作。“近用沈存中法”，即用沈括描述的方法，实际上这是毕昇的方法。“以胶泥铜板”指将泥活字植于铜板上，而毕昇用铁板制活字版。易以铜板，可能因铜的传热性比铁好，易使粘药熔化，这是一个改进。但铜却比铁价贵，这对益国公周必大说，便不在乎了。“移换、摹印”即植字、刷印，指排版及刷印两道工序，因用泥活字制版时，每行活字都要按原稿内容不断变换字块，才能制成一版。周必大用这个方法排印了他的《玉堂杂记》28 条。

“玉堂”为翰林院之旧称，周必大在书中追记孝宗（1163～1189）时任翰林学士之往事。今本《玉堂杂记》共二卷，看来当时所印泥活字本还不是全部书，作者还想再续写十几条，然后再补印。1193 年周必大用毕昇法自印了他的《玉堂杂记》后，分赠给一些亲友，程元成便是其中之一。这是在毕昇死后，宋人沿用他的方法制造泥活字并用以排版印书的重要史料。毫无疑问，周必大的《玉堂杂记》泥活字本是在长沙付印的，两年后（1195）他才告老还乡，将余下的印本带回江西吉水。

继温州发现之后，早期泥活字印本近年来又有新发现。1985 年 5 月，甘肃武威新华乡出土西夏文印本《维摩诘所说经》（Vimalakirti-nirdesa sutra）残本，共 54 页，每页 7 行，行 17 字。每页直高 28 公分，作经折装，横宽 12 公分。字迹歪斜不齐，墨色轻重不匀，有的字笔画生硬变形，有断边、剥落现象。考古学家将此定为西夏（13 世纪前半）泥活字本[②]。1907 年俄人科兹洛夫（Peter Kuznich Kozlov，1863～1935）在黑水城（今内蒙额济纳旗）发现的西夏文同名佛经，也是经折装。每纸直高 27.5～28.7 公分，横宽 11.5～11.8 公分，上下单边，每页 7 行，行 17 字，其年代为 12 世纪中叶至 13 世纪初[③]。西夏泥活字技术是从宋代内地传入的，说明 11～13 世纪中国泥活字技术一直持续发展，也消除对温州所出 1103 年刻《佛说无量寿经》是否为泥活字印本的怀疑。

元初以来仍时有仿毕昇法印活字本者，这与姚枢（1201～1278）的倡导有关。他在元世祖时任司农使、中书左丞、翰林学士承旨等要职，卒谥文献。蒙古贵族入主中原后，由于听取姚枢等人劝导，倡儒学、兴文教，使元代印刷事业继续在两宋基础上发展。姚枢卒后，其侄姚燧（1239～1314）在《中书左丞姚文献公神道碑》（1278）中有言道：

> 乙未（1235），诏二太子南征，俾公（姚枢）从杨中书（杨惟中）即军中求儒道释、医卜、酒工、乐人。……岁辛丑（1241），赐衣金符，……遂携家来辉［县］，垦荒苏门，粪田数百亩，修二水轮，诛茅为堂。……又汲汲以化民成俗为心，自板小学书、《语孟或问》、《家礼》，俾杨中书板《四书》，田和卿版《尚书》、《声诗折衷》、《易程传》、《书蔡传》、《春秋胡传》，皆脱于燕（北京）。**又以小学书流布未广，教弟子杨古为沈氏活板**，与《近思录》、《东莱经史论说》诸书，散之四方。……[④]

这段原始史料指出，1235 年姚枢随太宗南下攻宋，受命与中书令杨惟中（1205～1259）随

① 宋·周必大，《周益国文忠公全集》卷 198，《书稿》卷 13，《与程元成给事书》（1193），第 49 册，第 4 页（欧阳棨重刊本，1851）。

② 孙寿龄，西夏泥活字版佛经，中国文物报，1994 年 3 月 27 日。

③ 史金波，西夏活字印本考，北京图书馆馆刊，1997，1 期，第 67～80 页。

④ 元·姚燧，中书左丞姚文献公神道碑（1278），《牧庵集》（约 1310）卷 15，第 4 页（四部丛刊本，1929）。

军到处访求具有专门知识与技能的人，当他们访到后送往北京，使北方学术复兴。1241年姚枢受到嘉奖，后携家至河南辉县垦田，同时提倡文化事业，自己出版小学书、《语孟或问》、《家礼》等书。姚枢又使杨惟中出版《四书》、田和卿出版《尚书》、《声诗折衷》、《易经程传》、《书经蔡传》及《春秋胡传》，皆刊于北京。姚枢又以为有关语言文字之类的“小学”书流传仍未广，遂教他的弟子杨古（1216～1281在世）“为沈氏活版”，印成朱熹（1130～1200）的《近思录》和吕祖谦（1139～1181）的《东莱经史论说》等书，流传于四方。

“为沈氏活版”，意思是按沈括所描述的方法造泥活字版，即姚枢教弟子杨古按毕昇活字印刷技术印书，其时当在1241～1250年之间，地点可能在河南或北京，在河南的可能性最大，而且确实成功地印出宋人朱熹和吕祖谦著作的活字本，还应有一些小学诸书，流传于四方，看来印数不会少。

后人未细读姚燧所写神道碑文字，将姚枢的弟子杨古（1216～1281在世）与中书令杨惟中（1205～1259）混为一人。杨古是晚辈人，而杨惟中字彦诚，河北人，与姚枢同辈，初事太宗，累官至中书令。后事忽必烈，任河南道经略使等职。15世纪朝鲜人金宗直于活字本《白氏文集》跋（1485）中说：“活板之法始于沈括，而盛于杨惟中”，全讲错了，杨惟中在北京出的书皆为雕版，而杨古印的书才是活字版。英国萨道义（Sir Ernest Satow，1843～1929）引近藤守重（Kendō Morishige，1771～1829）《右文故事》，称活版始于沈括而盛于杨克[①]，则又误矣，此杨克当为杨古之误，与杨惟中又是二人。先前已有人指出这种误会[②]，今后不该如此了。还应指出，元人杨古造泥活字是用毕昇以后宋人改进的技术，并不是毕昇原有技术。

杨古同时代科学家王祯《农书》（1313）卷二十二论活字印书时说：

> 有人别生巧技，以铁为印盔，界行内用稀沥青浇满，冷定取平，火上再行煨化。以烧熟瓦字排于行内，作活字印板。为其不便，又以泥为盔，界行内用薄泥，将烧熟瓦字排之，再入窑内烧为一段，亦可为活字板印之。”[③]

王祯所说的“瓦字”即泥活字，又说“入窑内烧”，第七章第四节已分析毕昇活字是按陶瓷原理将粘土活字于陶窑内烧固的，再以松脂、蜡为粘药将泥活字固定在铁制印板上。此处王祯又介绍两种活字制版方式，一是用毕昇法将泥活字植于铁板上（“以铁为印盔”），板上以稀沥青为粘药而不再用松脂、蜡及纸灰。沥青是一种有机胶质材料，比松脂、蜡的粘结性强，能令泥活字更好地固着于铁板上，烘烤熔化后又易于同泥活字分离，这是在粘药上的一个改进。第二种方法是用含有少量粘土的一般细土作成稀泥为粘药，活字植于泥板后，再放在窑内烧之，然后随即刷印。用毕，再打碎烧硬的泥土，取下泥活字再印。由于粘药只含极少量粘土，而大部分是一般泥土，所以很易与活字分离。这也是一个改进。

这两种改进皆“有人别生巧技”，可理解为毕昇及其以后宋代人所生的巧技。关键是“以泥为盔”、“界行内用薄泥”中的两个“泥”字作何理解，我们认为作“印盔”（印版）的“泥”是粘土，而在印版与活字间放的“薄泥”，主要是一般泥土，窑内烧后硬固，而使活字

---

① Sir Ernest Satow，On the early history of printing in Japan. Transactions of the Asiatic Society of Japan，1882，vol. 10，pp. 48～83；Further notes on movable types in Korea，ibid.，pp. 252～259.

② 张秀民，中国印刷术的发明及其影响，第78页（人民出版社，1958）。

③ 元·王祯，《农书》（1313）卷二十二，《造活字印书法》下册，第760页（上海古海出版社，1994）。

固着于印盔上。刷印后，硬固的泥土易于与活字分离。第二种方法的特点是拆版时，无需再烘烤，直接可除去烧硬的泥。而以粘土板作活字板，代替金属，在经济上也合算。由此可知，就泥活字技术而言，毕昇之后二百年在粘药成分及活字板材料方面已有几次不同程度的改进和变换，每次都使这一技术在发展过程中向前推进一步。

二　宋元的木活字印刷

如前所述，毕昇研制活字时从制木活字开始，却以泥活字而成其功。他之所以放弃木活字，主要因发现它与粘药粘接于印板上而难以取下，遂改用泥活字。换言之，用他的方法制木活字版，主要是解决不好拆版问题。如果这个问题解决了，木活字还是有希望的。木材的伸缩性并不妨碍刷印，既然木雕版可以印书，木活字版为何不能印书呢？关键是选好木材。同时如果像刻木图章那样用机械力借木楔在印板上挤住木活字，使其固定不动，甚至连粘药都不用，拆版问题自然不复存在。所有这些，宋代刻工是很易想到的。毕昇由粘土烧泥活字，是通过化学过程在高温下完成的，而由木材制木活字完全是在常温下进行的机械过程。撇开经济因素不论，单就操作简便及速度而言，木活字可能比泥活字优越。

究竟谁最先以木活字印书，现下没有找到确切史料。清代藏书家和著名版本目录学家缪荃孙（1844～1919）《艺风堂藏书续记》（1913）卷二著录其所藏南宋嘉定十四年辛巳（1221）所刻北宋人范祖禹（1041～1098）的《帝学》，并写有题记。经缪荃孙鉴定，此为南宋末所刊木活字本[①]，为范祖禹五世孙范择能所刊。缪氏精于版本鉴定，经眼宋元刊本甚多，他对宋刊木活字本《帝学》的鉴定结论为中外专家所赞同[②③]。但也有持反对意见者，反对者指出“上下字间重叠相连”说明不是活字本[④]。但如前所述，1965年温州白象塔出土活字印本《佛说观无量寿佛经》（1103年刊）也有上下字重叠相连的现象，这是不足为奇的。我们认为缪荃孙的鉴定结论是可信的。不管怎样，在南宋初就已经出现木活字技术，持续发展至宋元之际。

在探讨中原木活字起源时，还应看看西北少数民族地区的出土文物，从中可追溯中原木活字的早期历史，因为少数民族地区的活字技术是从中原引入的。1907年法国人伯希和在敦煌发现维吾尔人用过的回鹘文木活字960个，年代为元初（1300）[⑤]。1991年秋，宁夏贺兰山拜寺沟方塔废墟出土西夏文刊本佛经《吉祥遍至口和本续》，经鉴定为木活字本[⑥]，其在西夏刊印时间在1150～1180年间，相当于南宋，详细情况见本书第十二章。既然西北少数民族地区在南宋至元初已有了木活字，则内地比这还要早就发展此技术，因此不必怀疑宋代有木活字印本的存在。

---

① 清·缪荃孙，《艺风藏书续记》卷二，第415页（1913年原刊本）。

② 毛春翔，古书版本常谈，第68页（上海：中华书局，1962）。

③ Arthur W. Hummel, Movable type printing in China. The Library of Congress Quarterly Journal of Current Acguisition, 1944, vol. 1, no. 2, p. 13.

④ 张秀民，中国印刷史，第669～670页（上海人民出版社，1989）。

⑤ Paul Pelliot, Une bibliothèque médiévale retrouvée au Kansou. Bulletin de l'École Française d'Extrême-Orient, 1908, vol. 8, pp. 525～527 (Hanoi).

⑥ 牛达生，中国最早的木活字印刷品，西夏文佛经吉祥遍至口和本续，中国印刷，1994，2期，第38～46页。

宋末元初木活字的再度复兴，是与科学家王祯的活动有关的。他写活字印刷论文的目的是，“以待世之好事者，为印书省便之法传之永久”。果然，在他的《农书》发表后不到十年，真有同时代的好事者用此活字法印书了。此人即马称德（1279～1335在世），康熙《奉化县志》（1686）卷十一引元人李洧孙《知州马称德去恩碑记》（1323）云：

> 广平马侯称德，字致远，作州于庆元之奉化，兴利补弊，无事不就正。三载，代者至……荒田之垦至十三顷……杂木以株计者二百八十余万。养土田增置千二百石，活书板镂至十万字，教养有规。

这是在马氏离奉化后，为记载其功德而写的碑记，落款为至治三年（1323）记。张秀民最先注意到这条史料[①]。由碑记可知马称德为广平（今河北境内）人，延祐六年（1319）任浙江庆元路奉化州知州，在任三年（1319～1322）像王祯那样，于当地发展农业生产，教民垦田，从事树艺。为发展文教事业，还制造活字10万余，刊印书籍。至正《四明县志》（1342）卷七载奉化《书田记》称：“知州马称德任内置到活板［十］万字，书籍活板印到《大学衍义》一部，计二十册。”

又乾隆《奉化县志》（1773）卷十二引元人邓文源《建尊经阁增置学田记》（1322）云：“广平马侯致远来牧是州，……于是出己俸倡募建尊经阁，……阁上奉先圣燕居，乃以前政宋御史节置到九经、韩、柳文集等书，及今次刊到活字书板印成《大学衍义》等书，庋其上。”由此又知马称德知州于奉化又建藏书楼“尊经阁”，收藏前宋御史留下的雕版九经及唐人韩愈、柳宗元文集等书以及他本人用活字在奉化刊印的宋人真德秀（1178～1235）的《大学衍义》（1227，43卷）等书，供当地读书人使用。马称德这位好事者为奉化作了不少好事，因而受到后人称赞，他刊印活字本《大学衍义》当于1322年，地点是浙江奉化。史料没有细说是何种活字本，但无疑是木活字本，即采用王祯完善化了的木活字技术。自木活字问世之后，至宋元之际浙江杭州、奉化及安徽旌德等地是技术发展中心，而西北的西夏、回鹘也有了生产木活字的作坊。木活字与泥活字构成宋元活字印刷的两颗璀璨的明珠，使中国发明的印刷术更加绚丽多彩。

三 宋元的金属活字印刷

毕昇以后的宋代泥活字和木活字印刷技术在南北各地推广后，势必激起人们选用不同材料造活字，再相互比较，结果发现用金属铸活字比泥活字和木活字机械强度大、寿命长，不易在使用中变形，且用后还可回收重铸，显然在性能上优于非金属活字。虽然其制造成本高，不易着墨，但其优点是显而易见的。中国铸造具有铭文的青铜器、铜镜、铜钱和印章有两千多年历史，宋代人用同样技术铸金属活字，再用以排版印书，应事顺理成章的事。南宋时以铜版刻印文字与图案，用来发行纸币，出版佛像、佛经和书籍、广告等，解决了金属着墨问题，这类实物现在都有遗存。因此各种技术和技术思想的相互融合促进了金属活字的问世，这些技术包括：①泥活字、木活字印刷技术；②铜版印刷技术；③铜钱、锡钱铸造技术。发展金属活字所必需的技术前提，在毕昇以后的宋代均已俱备。但这方面的文献记载和实物资料仍待进一步发掘和研究。

---

① 张秀民，中国印刷术的发明及其影响，第83页（人民出版社，1958）。

据现存记载，元初科学家王祯1298年在《造活字印书法》中提到金属活字，此文后收入其《农书》的书末。文内主要叙述宋元之际（13世纪）的木活字技术，但在谈木活字之前还简短回顾了中国印刷史：

五代唐明宗长兴二年（931），宰相冯道、李愚请令判国子监田敏校正《九经》，板刻印卖，朝廷从之。……然而板木工匠所费甚多，至有一书字板功力不及，数载难成。虽有可传之书，人皆惮其工费，不能印造传播后世。

有人别生巧技，以铁为印盔，界行内用稀沥青浇满，冷定，取平火上再行煨化，以烧熟瓦字排于行内，作活字印板。……

近世又有铸锡作字，以铁条贯之作行，嵌于盔内界行印书。但上项字样难以使墨，率多印坏，所以不能久行。

今又有巧便之法，造板木作印盔，削竹片为行。雕板木为字，用小细锯锼开，各作一字，用小刀四面修之，比试大小高低一同。然后排字作行……

上述四段文字所叙述的事物是按时间先后顺序排列的。首先谈到五代（10世纪）时以雕版技术出版《九经》（实际上这种技术在此以前已有之），指出雕版印书耗去大量木材及人工，造价较高，“虽有可传之书，人皆惮其工费，不能印造传播后世”。于是“有人别生巧技”，以泥活字排版印书”，此处“有人”指毕昇以后（11～12世纪）的宋人，他们对毕昇的技术予以改进。接下谈到“近世又有铸锡作字”之法，最后介绍“今又有巧便之法，即宋元之际改进的木活字技术，包括转轮检字法等。这些已在第八章第二节作了介绍，此不赘。

王祯有关锡活字的记载虽文字不多，但相当重要，应加以解说。首先是他所说的“近世”该如何理解？近世即近代，而“世”是多义词，有时指三十年，父子相承为一世，但这不是王祯所指。有时将改朝换代、建立新王朝称为一世，如《诗经·小雅》：“殷鉴不远，在夏后之世”，“今世”指本朝，“近世”指去本朝不远的前一王朝。后一含义正是王祯所指，即元以前的南宋（12～13世纪），而不是元朝，因为谈到宋元之际或元初时，他已用“今”或“今世”的词了。事实上他所列举的印刷史四个发展阶段是：(1) 五代（10世纪）雕版印刷→(2) 北宋至南宋时（11～12世纪）的泥活字印刷→(3)“近世”或南宋（12～13世纪）的金属活字印刷→(4)“今”或宋元之际至元初（13世纪）经改进的木活字印刷。

由此我们可以看到，中国金属活字印刷的起源时间至迟应在南宋（12～13世纪），而不是元初（13～14世纪）。如前所述，南宋时铸出金属活字的所需技术条件均已成熟，在非金属活字技术获得进一步发展的情况下，势必要向发展金属活字的方向上过渡。有人对王祯上述原文第1～2段间的文字“不能印造传播后世有人别生巧技”，标点成“不能印造传播，后世有人别生巧技”，将“后世”理解为王祯以前时代，而将第3段中的“近世”理解为王祯时代（14世纪），这是不确切的。从原文上下文义及古汉语语法结构来看，只能作下列标点：“不能印造传播后世。有人别生巧技”。“后世”应是动词“传播”的宾语，中间一前置词“于”被省去，如果“近世”指元初，王祯又为什么在第4段用“今”这个词呢？显然，“近世”应是“今世”（元初）以前的一个朝代，即南宋。

从技术上分析，南宋锡活字材料不应是硬度小的纯锡，而是锡合金，正如南宋锡钱那样，对锡钱的化学分析证明了这一判断。王祯从前辈人或以前记载中还知道南宋锡活字的形制、植字方法和刷印情况。在活字字身留出一个小孔，以铁线通过小孔将活字逐个串联起来，植于印板界行内，无字的空隙以木楔楔紧。但早期金属活字着墨不匀，用力刷墨，易划破纸，“所以不能久行”。但不能因此说金属活字在南宋只昙花一现，因为着墨问题不应成为发展金属活字的技术障碍，具有铜版印刷经验的南宋工匠是很容易解决这个问题的。同时，除锡活字外，他们还可能铸铜活字。清代藏书家孙从添（1769～1840 在世）《藏书记要》（1811）记载说：“宋刻有铜字刻本、活字本。”还应指出，直到清代，铜活字形制仍留有南宋金属活字的胎迹。因为 17～18 世纪内府武英殿修书处所铸用以排印《古今图书集成》的铜活字字身也有小孔，以铁线穿之，使活字成行固定与印板上。这也说明王祯关于早期活字形制的记载是可靠的。金属活字在元代继续发展。

第四节 宋元版书的特点及版刻用纸

一 宋刊本的特点

唐、五代时的印刷品现在所能看到的为数甚少，但宋元之后传世及出土的印刷品数目相当多，对宋元版书的研究资料已有足够积累，可以了解有关这一时期印刷品的某些特点和版刻用纸。这一节也可看作是对第八章第一节论印刷生产中的原材料部分的续论和补充。在这里结合对实物标本的检验结果专门谈谈版刻用纸。

首先，我们叙述一下宋版书的某些一般特点。由于不可能将宋版书一览无遗，此处只能谈局部观，供读者参考。明清作者对宋版书特点虽多所论述，可能也是局部观。如明人谢肇淛（1567～1647 年在世）《五杂俎》（1616）说：“书所以贵宋板者，不惟点画无讹，亦且笺刻精好，若法帖”。又说：“凡宋刻有肥、瘦两种，肥者学颜（颜真卿），瘦者学欧（欧阳询）。行款疏密任意不一，而字势皆生动。”高濂（1553～1613 年在世）《遵生八笺》（1591）亦称：“宋元刻书，雕镂不苟，校阅不讹。书写肥细有则，印刷清朗，况多奇书。……故宋刻为善。”张应文（1536～1601 年在世）《清秘藏》（约 1570）说：“藏书者贵宋刻，大都书写肥瘦有则，佳者绝有欧、柳（柳宗元）笔法。”这些议论都相当精彩，且符合实际。

宋刻本，特别是官刻本、书院刻本及某些私人刻本在很多场合下确是书写字体优美，肥瘦有则，带有唐代书法家颜真卿（708～785）、欧阳询（557～641）及柳公权（778～865）的笔法特色。瘦体学欧、柳，肥体学颜，都由书写高手写样。他们以此为业，在学唐人书法的同时，也融入了自已的风格，即所谓宋体字。元代以后虽仍可见刊本中有唐人书法遗迹，但去原味已越来越远了，逐渐演变成带有古人笔意的印刷字体。宋本对文字校订严格，刻工精细，字字不苟，为后世树立了表率。宋本还有很多罕见的古书或保留很多失传古书的内容，学术价值较高。由于宋刻本有这些特色，向来被藏书家及鉴赏家列为善本、珍本。但应当指出，有些坊刻本为图谋私利尽速售出，在字体、校订及刻工方面有时不尽人意。书作为商品，任何情况下都有好有次，不能一概而论。

宋刻本另一特点是避讳字多，宋代统治者赵氏不但本人名字避讳，甚至与此发音相同的字或个别皇族成员也跟着如此。史学家都认为宋讳甚严、讳字甚多，尤其官府刻本不许犯讳。如匡→炅（jiòng，音窘），恒→桢，或用原字而缺末笔。甚至为此擅改古人名字，如五代时的张匡邺被改为张邺，将“匡”字删去。人们有时根据刻本中讳字避到哪代皇帝为止，来判断其刊刻年代，也不失为一个方法，但仍要结合其他因素综合判断。

在板框方面，宋刻本版心多白口，板框左右双边，上下单边。亦有少数刻本版心为细黑口、四周双边的。坊刻本、私人刻本在书内印有牌记，列出刻书时间、刻书者堂号及姓名等。官刻本卷尾还刻出校订人姓名及官衔等。有些书在版心处还以小字列出刻工姓名，表示对所刻部分负责，类似今天的岗位责任制。有趣的是，一些宋刻本将书名及篇名都放在同一行内，篇名在上、书名在下，类似后来的西方著作。但另有的本子书名、篇名各居一行，而书名在第一行、篇名在第二行①。

在装订方面，宋刻本卷轴装极少，蝶装者多，佛经多作梵夹装。各地刻书者无其数，不可能将所有书只以某个或某几个模式出现，因当时未颁布国家及部院统一标准，书籍形式自然百花齐放，但约定俗成，尚可找出某些共同点。研究宋版书特点，主要为版本鉴定提供依据。现在版本学内容比以前拓宽了，涉及范围更广，传统作法需要充实以新的内容，特别是借助现代科学技术方法对版本作检测研究，应当提到日程上来。

二　元刊本的特点

元刊本显然直接继承宋、金刊本的传统，因而具有宋刊本的遗风是自然的。但在字体方面，元初书画大师赵孟頫（1254～1322）的书法风格对印刷界有极大影响。元刻本多流行用赵体字刻之。当然，元刊本除流行赵体字外，还仍有刻本继续用唐代欧体字，但与标准唐代笔法相比已越来越走形了。元代统治者为蒙古族人，他们多不通汉文、汉语，因此元代蒙古统治者不讲求避讳，所以元刊本没有讳字是与宋刊本不同的。更多的读物还常使用简化汉字，如“无”、“气”、“礼”、“马”、“厅”等字，几乎与现在所用的简化汉字一模一样。这样，因笔划减少，更便于刻字工操作，这些简化字已流行于民间。

元刊本的版心多黑口或细黑口，较少宋本那样的白口，板框多左右双边及四周双边②。

装订方式多取包背装，蝶装少见，卷轴装更少，然而佛经仍多用梵夹装或经折装。元刊本用纸情况几乎与宋代一样。像宋本一样，元代坊刻本、私人刻本也多印有牌记，内容不变。至于有的元刊本用宋版重印或修补后重印，则从版面上看无异于宋版，纸、墨也不应有多大不同。这类版本是最难与宋本区别的。还有些元刊本依宋本重新刻印，也属于这种情况。

但元代也出现了版本制造中的新事物，如在每本书前加上扉页或书名页。北京图书馆藏福建建阳刘君佐（1284～1344年在世）翠岩精舍于至正十六年（1356）所刊宋人陈彭年（961？～1017）《广韵》（1011）一书，书首即有扉页。该页上方通栏为“翠岩精舍”四字，是刘君佐的堂名。下面有中栏（双行）及左右边栏，中栏上方有“校正无误”，再下为“新刊足注∥明本广韵”，左边栏为“至正丙申仲夏，绣梓印行”，右边栏为“五音四声切韵图谱详明”③。在此扉页中包括书名、刻书者铺号名及刊刻时间，还

图 10-17　元至治年（1322）福建建安虞氏所刊《新全相三国志平话》的插图扉页，北京图书馆藏

① 参见北京图书馆编，中国版刻图录，第2～3册各图版（文物出版社，1961）。

② 参见北京图书馆编，中国版刻图录，第四册各图版（文物出版社，1961）。

③ 北京图书馆编，中国版刻图录，第四册，图版325（文物出版社，1961）。

有些介绍本书内容的广告式说明，所缺的只是该书作者名。

在这以前，建安虞氏于至治年（1321～1323）刊《三国志平话》，也有扉页，最上栏横幅有“建安虞氏新刊”字样（图10-17），下面为刘备三顾茅庐图，再下双边栏有“新全相三//国志平话”八字，中栏为“至治新刊”四字。这是带图的扉页或书名页。这种形式的扉页甚至还可追溯到元初至元三十一年甲午（1294）建安书堂李氏所刊《新全相三国志平话》[①]。扉页的引入使书籍形式更加完备，从这以后一直为各国所效法。在西方，这种扉页英文称title page，法文为page de garde，德文称Titelblatt。德国科隆城的赫尔南（Arnold Ther Hoernen）于1470年已在所印书中加了扉页[②]，虽在西方是最早的，但比中国已晚了几乎两个世纪。

三 宋元版刻用纸

至于宋元版刻用纸，这是我们最感兴趣的研究课题，早在二十多年前已多次对实物标本作了一些检验，现将结果发表于此。宋元时薄而柔韧的皮纸已居主导地位，唐、五代时盛行的麻纸此时顿减，很多书印以楮皮纸、桑皮纸，洁白光滑，质量上超过以往任何时期。竹纸是宋元迅速突起的另一纸种，以竹纸印书成本最低，很多面向大众的读物以竹纸印刷，这是不同于前代的特点。宋元之所以是印刷术发展的黄金时期，原因之一是这时造纸进入新的大发展阶段，制墨技术也同样如此，前已述及。南方产竹地区因盛产竹纸，故廉价的竹纸印本得以向全国各地倾销，特别是福建刊刻的建本。大凡造纸地区附近，必有印刷业集中地。而一般说刻工精美、校订细密、装订考究的善本书籍，其用纸、用墨亦必佳。这个规律与宋以前写本用纸是一致的。只有内府刻本、官刻本或印数有限的私人纪念本肯用好纸。总的说，宋元版刻用纸不及书画用纸。

要从经济方面考察宋元版刻用纸，不是造不出好纸，而是舍不得用好纸印书。不能因有的刊本用纸相对说欠佳，就贬低这个时代发达的造纸技术。根据笔者对宋元版刻用纸的检验，从原料方面来看，已达到各种原料纸应有尽有地用于印刷业中，纸在品种上大大超过前代。即令宋元时较次的印刷纸，技术指标也已达到印刷上的需要，下面将结合实例来谈宋元印刷用纸。

可判断使用楮皮纸印刷的读物，我们所见有南宋吉州文人周必大罢相告老还乡时于1201～1204年在吉州刻的千卷《文苑英华》。纸较薄，纤维匀细，交织情况良好，纸帘编织纹间距3厘米（相当二指宽），帘条纹较细，是上等楮皮纸。纸虽白，但间有黄色“寿斑”。此书为蝴蝶装，后入藏宋内府，故每册封面副叶左下方有“景定元年（1260）十月（或十一月）日，装背臣王润照管讫”木记一行。南宋咸淳《临安志》（1268）杭州原刻本所用楮皮纸，呈肤色，纤维束较多，表面不甚平，不及上述吉州刻《文苑英华》用纸，但这两地纸帘纹中编织纹间距几乎都近于3厘米。南宋蜀刻本《张承吉文集》也是楮纸，白色，表面涩，透眼多，纤维交 结不匀。但嘉定元年（1208）江西刻本《春秋繁露》用白色楮纸，纸质较好。大德九年（1305）元代茶陵东山书院刊《梦溪笔谈》（1086）所用楮纸，帘纹中编织纹间距有大、有小，并不规则，而且纸上有白米汁浸的石灰。这种印刷纸有些独特。宋大观二年（1108）用开宝

① 张秀民，中国印刷史，第323页（上海人民出版社，1989）。

② 庄司浅永，世界印刷文化史年表，第50页（東京：ブックドム社，1936）。

六年（973）所雕开宝藏经版印行的《佛说阿惟越致遮经》，是成都刊印的，所用桑皮纸经染成黄色，双面加蜡，纸较厚，表面平滑，纤维交织匀，未打散的纤维束少见，是高级桑皮纸，与唐代写本佛经所用的硬黄纸是一致的。此经呈卷子装，也具有唐代遗风。

南宋末咸淳年（1265～1274）杭州廖莹中（约1200～1275）世采堂所刻唐人韩愈（768～824）《昌黎先生集》，亦以白色桑皮纸，纤维匀细，纸较薄，帘纹中编织纹间距均为3厘米，帘条纹较细。宋代人周密（1232～1298）《志雅堂杂抄》（约1270）说廖氏刊书用抚州萆钞清江纸，即指此处所说的纸。还有些刻本用纸虽不能具体指出所用原料，但可肯定判断为皮纸者，有杭州猫儿桥河东岸开笺纸马铺钟家印行的《文选五臣注》，此书于建炎初年（1127～1128）刻于杭州，纸较薄。比此纸更好的是四川眉山书隐斋于庆元三年（1197）刻印的《新刊国朝二百家名贤文粹》，所用白皮纸较薄，细帘条纹，编织纹间距3.1厘米，作蝴蝶装。绍兴九年（1139）临安府刻刘攽所著《汉官仪》，亦用白皮纸，但略呈米黄色，纸质一般。

除皮纸外，宋元刻本更多地印以竹纸。如绍兴十八年（1148）福州开元寺刊毗卢大藏中《开元释教录略出》，即印浅黄色竹纸，梵夹装。该寺重和元年（1118）所印《法苑珠林》用黄色竹纸，已蛀，纤维束较多、厚，帘纹中编织纹间距2.3厘米。与毗卢大藏用纸类似的还有福州东禅寺刻印的鼓山大藏，如绍圣三年（1096）四月刊印的《中阿含经》，也作梵夹装。南宋建本《大易粹言》为舒州公使库刻于淳熙三年（1176），竹纸呈肤色，细帘纹，但表面不甚平滑，纤维束多。与此纸相近的有南宋建阳刻本《经史证类大全本草》，浅黄色竹纸，纸上有竹筋头，表面不平滑。帘纹内编织纹间距为1.0厘米、1.3厘米及1.5厘米不等，但帘条纹较细，每根直径约1毫米，纸较薄。

大体说来，宋代刻本用竹纸正如书画用竹纸一样，因处于早期发展阶段，纸质不够精良，较为粗放，技术上没有解决好使茎杆纤维彻底分散的问题，因此一般说纸表多呈现色深的未打散的竹筋，纸的颜色也较深。但宋代印本竹纸也时有佳纸，如乾道七年（1173）建阳蔡梦弼校刻的《史记集解索隐》，用浅黄色竹纸，较薄，纤维匀细，表面较平滑，帘纹内编织纹间距3.2～3.3厘米（二指阔）。福州东禅寺藏经中，元祐五年（1090）刻的《菩萨璎珞经》，用纸虽然也是黄色竹纸，但纤维束较少，编织纹间距二指宽。

元刊本用竹纸者，所见有天历三年庚午（1328）福建刻本《新刊王氏脉经》，浅黄色，纤维束多，表面不平滑，但纸薄，帘条纹细，编织纹间距1.5至2厘米不等。至顺三年壬申（1332）建阳崇化坊的余志安勤有堂刊刻的《唐律疏议》，用纸呈肤色，细帘条纹，编帘纹间距1.2厘米，表面可见未打散的竹筋。与此纸类似的有大德八年（1304）在广州刊刻的大德《南海志》，纸呈浅米色，较厚，表面不平滑，纤维束多，有透眼，帘条纹直径1毫米，编织纹间距1.5至2厘米不等。以上三种纸均属于同一类型。大德三年（1299）江西铅山广信书院刊刻的《稼轩长短句》所用竹纸呈米黄色，纤维较细，纤维束少，细帘条纹，编织纹间距2.5厘米，在当时可谓是上好竹纸。宋末元初（1231～1322）平江府（今苏州）碛沙延圣院所募刻的佛经全藏通称碛沙藏，大部分刊本出现于嘉熙（1237～1240）、淳祐（1241～1252）时期，亦皆取梵夹装，今所见《大般若波罗密多经》，用竹纸印行，呈肤色，细帘条纹，编织纹间距0.8至2.5厘米不等，其质地介于建本与赣本竹纸之间。

宋以前写本及印本书广泛使用的麻纸，从宋代起产量急剧下降，在北方刻本中仍见有用麻纸者，南方则少见。山西临汾金刻本《刘知远诸宫调》，于1907年在西夏所属黑水城出土，此本印以麻纸，帘条纹粗2毫米。宋元刻本中还有以混合原料纸刷印者，如江西赣州王涔的章贡斋于嘉定六年（1213）所出版的朱熹《楚辞集注》，用纸呈浅黄色，纸原料中以竹为主，但混以皮料及少量麻料。绍兴二十三年（1153）刊《古今绝句》，用混有竹料的皮纸刷印，纸呈白色，间灰色。又元代杭州由江浙等处行中书省官刻《大德重校圣济总录》，刊行于大德三至四年（1299～1300），纸呈白色，间灰色及米黄色，较薄，纸浆内含皮料及麻料，宋元时还时而以带有文字的旧公文纸背面来印书。《书林清话》卷六云："每见宋板书，多以官府文牒翻其背印以行。如《治平类篇》一部40卷，皆元符二年（1099）及崇宁五年（1106）公私文牒，笺启之故纸也。其纸极坚厚，背面（与正面）光泽如一，故可两（面）用，若今之纸不能也"。我们也见过宋代用旧公文纸印书的实例，公文纸多是写本，且多为皮纸。宋代还用椒液处理的防蛀纸印书，如第五章所述。

宋元刊本保留下来的多属特藏珍本，我们不可能更多地触及，因之难以就印刷用纸作出较普遍的观察结论。总的印象是所见江西刻本用纸较好，福建刻本数量较大，多用廉价竹纸，浙江刻本介于以上二者之间，蜀本亦肯用好纸，而北方平阳时而仍以麻纸印刷。多数宋元刻本用本色未加工纸刷墨，自属意料中事，因为作为商品流通的刻本书，用加工纸大量印刷，是无谓的浪费。皮纸印的书总的说质地高于竹纸本，价格也高些，寿命更长些，很少被蛀；而竹纸易蛀，且多呈浅黄色。

前人对宋刊本用纸发过许多议论，今天结合实物来看，这些议论多为作者的局部观，不能作为规律看待。如谢肇淛《五杂俎》（1616）说宋本"笺古色而极薄，不蛀"，其实宋刊本中仍有厚重的纸和被蛀之纸。陈继儒《太平清话》说"宋纸于明处望之，无帘纹"，显然是不对的，因我们此处已对若干印刷纸帘纹给出定量数据。高濂《遵生八笺》（1591）认为"宋人之书，纸坚刻软……开卷一种书香，自生异味"，恐并不尽是如此。还有人说宋竹纸帘纹多二指宽，明代竹纸帘纹一指宽①。其所谓"帘纹"，应指帘纹中编织纹间距，经实测后发现一些宋代印刷纸帘纹中编织纹间距规则出现，为3厘米左右，确是二指宽，这可作为一个特征看待。但亦应指出，有些纸并不如此。明代纸甚至现代手工纸，也有二指宽者。为有助于版本年代鉴定，系统考察宋元版刻用纸，是有待开展的课题。

---

① 毛春翔，古书版本常谈，第29～30页（上海，中华书局，1962）。

第十一章　明清时期的印刷（1368～1911）

明清两代的印刷，在宋元原有基础上获得进一步的全面发展，不但印刷品数量品种、题材多样性和产地地理分布上超过前代，而且印刷品艺术性、可用性上也非前代可比，在技术方面也有所创新，达到前所未有的高水平。在印刷品制成方式上，木雕版印刷技术更趋成熟，插图本著作骤增，画面复杂并扩大，由于多色套印技术的发展，甚至使整幅美术作品能用印刷形式表现出来，印刷品真正成为艺术品。历史上的泥活字、木活字和金属活字技术获得全面复兴，而且又推出陶活字等新型活字，出现了用木活字和铜活字大规模印刷的高潮，明清时期是各种活字百花齐放的时代。

以往的印本字体基本上是楷体手书体，写书手多仿效唐宋元各书法名家手迹写出书稿，再由刻字工去刻，因各派书法家笔意及风格不同，印刷字体没有达到一体化及标准化。而在明清时形成横平竖直、横轻竖重的方形标准印刷字体，是印刷术进步的标志。在书的装订方面，包背装和线装成为主流，更便使用。历史上没有任何朝代像明清时那样出版面向人民大众的题材广泛的通俗读物，尤其是面向大众的插图本戏曲、小说、画册。此外，经史子集、释道、科学技术、地方志、谱牒、丛书、类书、西洋著作及各种用少数民族文字编成的作品，甚至天主教读物，都无所不包地出版，其中有些新的题材不见于前代出版物中。

明清科举制度更加完备，学校教育事业发达，学术研究成果累累，既为印刷品提供稿源，又提供亿万读者。这两个朝代的最著名的统治者明太祖、明成祖和清圣祖、清高宗，都热衷于文教和出版印刷事业，他们在位期间社会相对安定、经济繁荣，国家实力雄厚，因而出现大规模编书、刊书的高潮，为后来的印刷业发展打下基础。正像造纸术一样，印刷术在明清时期获得集大成的发展，达到传统技术发展的高峰，但从世界角度观之，传统手工业生产方式已逐步让位于先进的近代机器印刷技术。中国作为世界的一部分，当然不能脱离这一技术发展的总的潮流，从清末时自西方引进石印和铅印技术，至20世纪20年代以后近代铅活字技术成为主要印刷方式。

第一节　明清时期的雕版印刷

一　明代官府、王府的印刷

明清时期的雕版印刷品从刊印者分类仍可分为官刊本、私刊本和坊刻本。明初首都定于南京达五十四年（1368～1421）之久，这里成为全国政治中心，也是最大的出版中心。官刊本又可分为中央官刊本和地方政府官刊本。中央一级的印书机构有国子监、政府各部院。南京国子监像前代一样，不只是全国最大的学府所在，也是个大的出版机构，主要为各级学校提供标准教本和政府批准出版的其他重要著作，读者对象是在校学生和知识分子，包括准备参加各级科举考试的就业和待业的读书人；因而拥有广大的读者群。明成祖永乐十九年（1421）迁都于北京，又在北京置国子监，南京的仍然保留，故称南北二监。与此同时，原在南京设立的中央各部院也未撤销，北京又另设部院，只是北部院拥有更大实权，发号施令仍来自北京。

明代有两京、两监和南北部院，这是与其他朝代不同的奇特现象。南京国子监（南监）在明太祖在位时（1368～1398）接受了元代杭州西湖书院原南宋国子监及元大都奎章阁、崇文院旧藏宋元藏书及书板，洪武二年（1369）就出版了《四书》、《五经》、《资治通览纲目》及诸子书，颁发各府州县学校，供作教本。据明代御史周弘祖（1535～1595在世）《古今书刻》上卷所载，南监刊书有271种之多，除儒家著作、经史文学著作外，还有《农桑撮要》、《河防通议》、《营造法式》、《算法》、《大观本草》、《寿亲养老新书》等科学技术著作，这是与明初统治者鼓励发展工农业生产的政策分不开的。北京国子监（北监）出版85种书，包括万历年刊士人必读的《十三经注疏》、《二十一史》等书。

明代从成祖以后重用宦官，他们不再只管宫内侍服，常参与朝政，明中叶以后宦官权柄越来越大，因而司礼监也成为兼管出版的机构，也与其他朝代不同。由宦官把持的司礼监下设经厂，主持皇帝向各地颁发的佛藏、道藏的出版，以及其他书如《皇明祖训》、《御制文集》、《孝顺故事》等，据天启时太监刘若愚（1584～1640?）《酌中志》（约1631）卷十八《内板经书纪略》载，经厂出书172种。其中大型著作当属《大藏经》。明太祖出身佛僧，即帝位后于洪武五年（1372）勅命刊刻藏经，至永乐元年（1403）刻成，此《洪武大藏经》6331卷，用5.7万余块雕版印成，半页6行、行17字，作经折装。这是明初最早的一次大规模印刷活动。书板藏于南京大报恩寺，称为“南藏”。永乐十八年（1420）北京经厂又开始刻佛藏，至英宗正统五年（1440）刊成，共6361卷，万历年又增刻410卷，共6771卷，是为“北藏”。今两藏都有传本，在规模上超过宋《开宝藏》（5000余卷）。

明代皇帝还有信道教的，因此《道藏》也由经厂刊刻，正统九年（1444）在刊完佛藏四年后便始刻《道藏》，至正统十二年（1447）刊毕，共5350卷，是为《正统道藏》，半页5行、行17字，亦作经折装，今存北京图书馆[①]。万历三十五年（1607）又刻《续道藏》180卷。明永乐初还刊刻藏文《大藏经》，详见本书第十四章。至此，宋元以来逐渐稀少的藏经又有了新的版本，而司礼监经厂从事大规模印刷后，也拥有足够刻字、刷印工匠及设备，便转用于出版其他书了。

明中央各部院也因自身业务需要拥有印刷所，出版有关著作。如礼部出版过《五经四书大全》、《性理大全》（均刊于1415年）、《大明集礼》、《为政要录》等，每届科举考试后还要出版《登科录》、《会试录》之类的及第人名录。兵部印过《大阅录》、《九边图说》（1538）、《武经七书》等及历科《武举录》。户部则刊行过《醒贪录》、《教民榜文》、《御制大诰》等。钦天监主要印发皇帝颁布的历法，不准私人印刷。太医院1443年刊印《铜人针灸图》、《医林集要》等。

除中央机构官刊本外，各地方政府机构如各省布政司、按察司、盐运司等及各府、州、县也时而出版书籍，首先是当地的地方志，有时也翻刻中央颁发的刊本。如浙江布政司出版过《浙江通志》，翻刻过《皇明诏令》、《大明律》、《广舆图》、《证类本草》等，而杭州府则刊刻《杭州府志》、《西湖游览志》、《武林旧事》等，其他各省、府地方政府机构也出版了各自的地方志及其他书，数量总合相当可观，不必详细列举。各地书院由地方政府管理，也出版许多

① 张秀民，中国印刷史，第486～490页（上海人民出版社，1989）。

书，包括课本。

明太祖为巩固统治，分封诸皇子驻守各省重要城池为藩王，有些藩王有丰富藏书，同时也刊版大量图书。据张秀民统计，明代43个王府刻书达500种，称藩府本。王府集资刊书是明代一种特殊的现象。嘉靖、万历年以后藩府刻书较为盛行，涉及各种内容，多根据藩王的兴趣所在。在藩王中也不乏杰出的学者，如周王朱橚（1362～1425）为太祖皇五子，好学，善词赋，从事医学与植物学研究，著《救荒本草》，刊于永乐四年（1406）。同年又刊行其主编的《普济方》168卷。这两部书有重大学术价值。宁王朱权（1378～1448）为太祖第十七子，封地在南昌，究心戏曲，尤精文史，有《通鉴博论》、《汉唐秘史》（1402刊）、《文谱》、《诗谱》、《神奇秘谱》（琴谱，1425）、《太和正音谱》（1398刊），他又是医学家，著《活人心法》等。郑恭王之王子朱载堉（1536～1610）专心研究天文、算学、音律，著《乐律全书》、《律吕正论》、《嘉量算经》等，父故不袭王位，以著述终身，因而，在明代王子出身的贵族中，还有热衷学术研究和出版事业的学者和科学家、出版家群体。他们出版的书在刻版、印刷和纸张上都较为考究，朱橚、朱载堉等出版的书在国内外还产生良好影响。

明代除通行铜钱和白银硬币外，还像宋元那样通行纸币，称为“大明通行宝钞”。太祖洪武七年（1374）置宝钞提举司，次年发行。钞币以特制桑皮纸印制，高1尺、宽6寸（31.1×18.7厘米），钞面印有“户部奏准印造大明宝钞，与制钱通行使用。伪造者斩，告捕者尝银二百五十两，仍给犯人财产。洪武　年　月　日”等字，并钤“宝钞提举司印”两个方形篆文朱印。钞面最上方横栏印”大明通行宝钞”六字，其下左右侧印篆文“大明宝钞”、“天下通行”两排字，四周有龙形花边（图6-1)。钞面面值有一贯（准铜钱千文、银一两）、五百文、四百文、三百文、二百文及一百文六种①。这是明初继《大藏经》之后，在南京进行的又一次大规模印刷活动。成祖迁都于北京后，又在北京宝钞局继续印发宝钞，此后钞币时断时续。大明宝钞特意使之呈灰色，以防伪制，但民间仍有冒杀头之险伪制者。遗憾的是钞面面积较大，不便携带。洪武宝钞作为现存最早的纸币，受到各国文物学家的珍视。

二 明代的私人印刷

明代坊刻本和私人刻本也较盛行，主要集中于南京、北京、杭州、苏州、常州、扬州、建宁、漳州、抚州、南昌、徽州等地，但其他城市也都有刻本。福建建宁自宋元以来就是印刷中心，明以后前朝许多店铺仍然存在，而且又有新的书坊出现，所刻的书在早期仍有元版书的风格，书坊有80多家。南京因是首都和政治、文化中心，印刷业特别兴盛，书坊有90多家，在全国首屈一指，而且在南京附近的苏州、常州也有几十家书坊。北京书坊虽不及南京多，但比元代有所增加。江西在明代是人文荟粹之处，考中进士和做官的较多，造纸业又发达，因而私人刻书的也很多。与此类似的南直隶徽州也成为新兴的印刷中心，如下所述，徽州刻工的版画技术在全国独领风骚。

各地刻书商专以营利为目的，因此多刊刻在社会上畅销的书，包括：（1）适应科举考试需要的参考书，类似现在的升学指南，已及第的举人、进士的作文、八股制义范本及类似书；（2）广大市民的消遣和通俗读物，尤其是为人们喜闻乐见的小说、戏曲和话本。如罗贯中

① 《明史》卷八十一，《食货志五·钱钞》，廿五史本第十册，第216页（上海古籍出版社，1986)。

（约 1330～1400）的《三国志演义》、《平妖传》、施耐庵（1295～1369 在世）的《忠义水浒传》、瞿佑（1341～1427）的《剪灯新话》、吴承恩（约 1500～约 1582）的《西游记》以及明道士陆长庚的《封神演义》等，这些小说各书坊争相出版，有的书竟有二十多种版本，销路经久不衰。戏曲方面除出版元人王实甫（1270～1330 在世）的《西厢记》、纪君祥（1225～1294 在世）的《赵氏孤儿》等外，还出版明人高祥（1320～1388 在世）的《琵琶记》、汤显祖（1550～1617）的《牡丹亭》、《临川四梦》等。最受欢迎的话本是所谓“三言二拍”，即冯梦龙（1574～1646）编的《喻世明言》、《警世通言》、《醒世恒言》和凌蒙初（1508～1644）的《初刻拍案惊奇》、《二刻拍案惊奇》，还有关于宋代清官包拯（999～1062）故事的一些作品。坊刻本还包括广大群众居家日用品的读物和工农业生产用的参考书、尺牍等，如各种医药书、治病良方、《鲁班经》、《便民图纂》及日用小百科全书等。注释经史的各种书、文人诗集、文集等也是书商的出版对象。

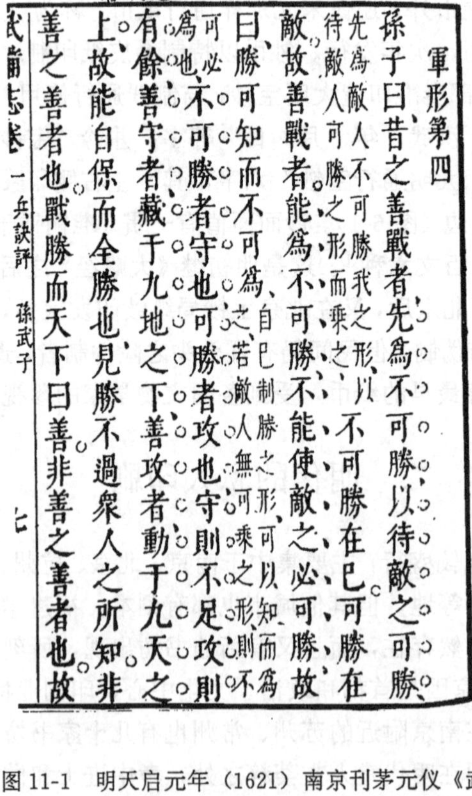
軍形第四
孫子曰昔之善戰者先為不可勝以待敵之可勝
先為敵人不可勝我之形以待敵人可勝之形而乘之
不可勝在己可勝在敵故善戰者能為不可勝不能使敵之必可勝故
曰勝可知而不可為
自巳制勝之形可以知而為之若敵人無可乘之形則不可必為也
不可勝者守也可勝者攻也守則不足攻則
有餘善守者藏于九地之下善攻者動于九天之
上故能自保而全勝也見勝不過衆人之所知非
善之善者也戰勝而天下曰善非善之善者也故
何以地　何以天　須急着眼
武備志卷一　兵訣評　孫武子　七

图 11-1　明天启元年（1621）南京刊茅元仪《武备志》，
版框 20.5×14 厘米，标准印刷字体，印有句点、圈点及眉批

还有些学者兼藏书家和出版家也刻了许多书，其中最著名的是常熟（今江苏境内）人毛晋（1599～1659），毛晋原名毛凤苞，字子晋，号潜在，本是当地大地主，但好学，将田产卖光，用于购求善本书籍，建汲古阁，藏书 8 万余册，家中设立刻书间，延请名士校勘。四十年间出版 600 种书，积书板 10 万，其中包括《十三经》、《十七史》和他编辑的《六十种曲》120 卷、大型丛书《津逮秘书》751 卷。毛氏所刊书书口皆印“汲古阁”字样，以江西及福建

竹纸印之。他刻印的书流行各地，作出了很大贡献。与毛晋类似的人还有杭州人胡文焕（1561～1630 在世），字德甫，号全庵、抱琴居士，其文会堂亦有丰富藏书，著《胡氏诗识》、《文会堂琴谱》、《皇固要览》及杂剧《桂花凤》、传奇《奇货记》等，同时刻书达 450 种，包括所自编的《格致丛书》、《百家名书》等大型书。

明代出版的科学技术方面的书，其种类之多、数量之大超过以往任何朝代。除各级官府积极支持外，几乎所有书坊都自行或由作者出资代行出版科技著作，包括前朝代和本朝代作品，如《本草纲目》（1596）、《武备志》（1621）（图 11-1）、《农政全书》（1639）、《天工开物》等，甚至还有西洋书。

三　明代刊本的特点

明代前半期官刊本和私刊本基本上沿袭元代以来形成的传统。版式方面大多采用宽栏黑口，即在版心中缝印一黑线，以便折叠成书页，印刷用字体则仿颜、欧、赵体的楷书风格，仍具有手书体的形态，装订多用包背装，明初甚至还用元代遗留下来的书板，加以修补后重印。因而在版本上很类似元版书，正如元初刊本类似宋版书那样。但从正德（1506～1521）、嘉靖（1522～1566）年以后，翻刻宋版书蔚然成风[①]，因而在版式、字体方面也模仿宋代刊本。而宋刊本版框多左右双边，白口，折叠印纸的中缝靠鱼尾来识别，因此从正德、嘉靖以后刊行的明版书中黑口渐少，而为白口所代替。同时在版心上加印刻工姓名、刊书者堂名等，也与宋刊本形式类似。

元代流行的赵孟頫体字，在明中叶以后刊本中已经少见，宋代刻工习用的欧、颜体再次被采用。但明代刻工不是单纯照袭宋代印刷字体，而是为了下刀方便，对字体稍加变换，强调结体中横平竖直、横轻竖重的书写特点，加以有意识地规范，使字体方正，肥润、圆转的部分减少，逐步形成一种特殊的印刷专用字体。这种字体似颜似欧，又非颜非欧，明人称为宋体。显然，这种字体是明代工匠仿刻宋刊本字体时变异出来，称宋体字亦未尝不可，但张秀民认为严格说应改称为明体字[②]。习惯于阅读宋元古版书中手书体的读者，可能对这种新印刷字体感到呆板和机械，清代文人钱泳（1759～1844）《履园丛话》（约 1822）《艺能十二》就批评说“有明中叶写书匠改为方笔，非颜非欧，已不成字”。然而这恰巧标志着雕版印刷技术史中的一个革命性进步。

虽然我们在宋刊本中已能看到印刷字体的端倪，但仍未脱离手书体风韵，到明中叶之后，终于形成定型的标准印刷字体，差不多与欧洲形成标准的罗马印刷字体是同时进行的。因为谷腾堡时代欧洲印本也是用手书字体，16 世纪以后罗马字体在欧洲更普遍地被采用[③]。当然，欧洲人用的是金属活字，但正如下一节所述，明代中国人铸金属活字时，也采用像雕版刊本那样的标准印刷字体。中国与欧洲在这方面走到一起来了。使用印刷字体有助于结束刊本无统一字体的纷乱局面，普通工匠即可书写字样，刻工按笔划横轻竖重原理易于下刀刻字，提高写刻工序的工效。明末天启元年（1621）刻茅元仪的《武备志》（图 11-1），用的就是漂亮

---

① 魏隐儒，中国古籍印刷史，第 129～132 页（北京：印刷工业出版社，1988）。

② 张秀民，中国印刷史，第 509 页（上海人民出版社，1989）。

③ John Clyde Oswald，A history of printing. Its development through 500 years，ch. 23（New York，1928）.

的印刷字体。

明代刊本中还有的书为读者阅读方便起见，施加标点符号、批点符号，版框上还附加按语、批语，使人不但易于断句，还能掌握书中文句的紧要之处。这样作自然增加刻版的难度，反过来也说明雕版技术更加成熟。

与印刷字体变革的同时，16世纪以后明版书多取线装形式，甚至一向用经折装的佛教藏经在万历年以后也一反长期传统而改为线装，即所谓方册。例如《嘉兴藏》或《径山藏》就采取这种装订形式。冯梦祯（1548～1605）万历十四年（1586）在《径山藏》的《刻藏缘起》中写道："又念梵夹颇重，愿易为方册，可省简潢十之七，而印造装帙之费不过四十余金"。这是藏经刊刻史中的一个创举，这种方册藏经具有一般书籍的外观，颇便使用。明代制墨以徽州所产黄山松烟墨最为著名，其制法已于第八章第一节中提及，但印刷时很少用上等墨料，尤其私人坊本，只用烧烟棚中头一二节刮取的"烟子"研细作墨汁。除一般墨外，还制造出油墨。印刷用纸多用皮纸和竹纸，其名目繁多，皮纸坚白价贵，竹纸质次价廉。内府官刊本及各藩王府刊本，一般不计工本，因此刻印较精，纸墨皆佳，版面亦较大，体现出皇家印刷的气派，尤其明代前期这类刊本相当讲究，但私人刻本亦不乏精品。

四 清代的印刷

清代印刷是在明代基础上发展起来的，其印刷品仍可按传统方法分为官刊本、私人刻本及书坊刻本，但官刊本出版机构的体制与明及宋元大不相同。在中央一级机关中，国子监很少兼管刊书事宜，只是单纯的教育机构，并兼管书板的贮存，各部院衙门也较少出书。书籍出版统由康熙年成立的武英殿文书馆管理，康熙二十九年（1690）又易名为武英殿修书处。此机构位于紫禁城东的西华门内，隶属于总管宫内事务的内务府，而内务府总管大臣通常由在藉的旗人担任。这就是说，清统治者使官刊本书的出版处于武英殿修书处的严格垄断之下，全国通用的书皆由此处供应。修书处设员审查、校订书籍，并有写书手、刻字工、印刷工、装订工及相应设备，其规模逐步扩大。所出版的书包括本朝典章法令、御纂及勅修或钦定的经史子集以及前代的书，称为武英殿本或殿版书（图11-2）。除出版大量雕版书外，还出版各种活字本，采用历史上一切印刷方法出书，是清代印刷的一大特点。

在清代前半期几乎所有重要的书均出于武英殿修书处，再颁发到各地，允许翻版。在康熙、雍正及乾隆三朝共出版500余种书[①]，多为本朝书，典章法令方面有《大清会典》、《大清律例》及工部则例、科场条例等；仪礼方面有《皇朝礼器图式》、《万寿圣典》；所出版的御制作品有《圣谕广训》、《御制诗文集》、《盛京赋》等，志乘方面有《大清一统志》、《八旗通志》、《盛京通志》、《满洲源流考》、《八族满洲氏族通谱》、《河源纪略》、《日下旧闻考》等。康熙年间出版大量"钦定本"，如《数理精蕴》、《历象考成》、《星辰考原》、《康熙字典》、《佩文韵府》、《渊鉴类函》、《性理精义》、《朱子全书》、《耕织图》、《全唐诗》、《子史精华》、《佩文斋书画谱》等。高宗亦爱好诗文、书画，乾隆年武英殿刊本还有《石渠宝笈》、《西清古鉴》、《授时通考》、《医宗金鉴》、《御批历代通鉴辑览》、《十三经》、《二十四史》、《南巡盛典》等书。

清代武英殿殿版书的特点是刻印及用纸均称精良，又组织一批专家学者据内府所藏古本

---

① 卢秀菊，清代盛世之皇室印刷事业，载中国图书文史论集，第33～74页（北京：现代出版社，1992）。

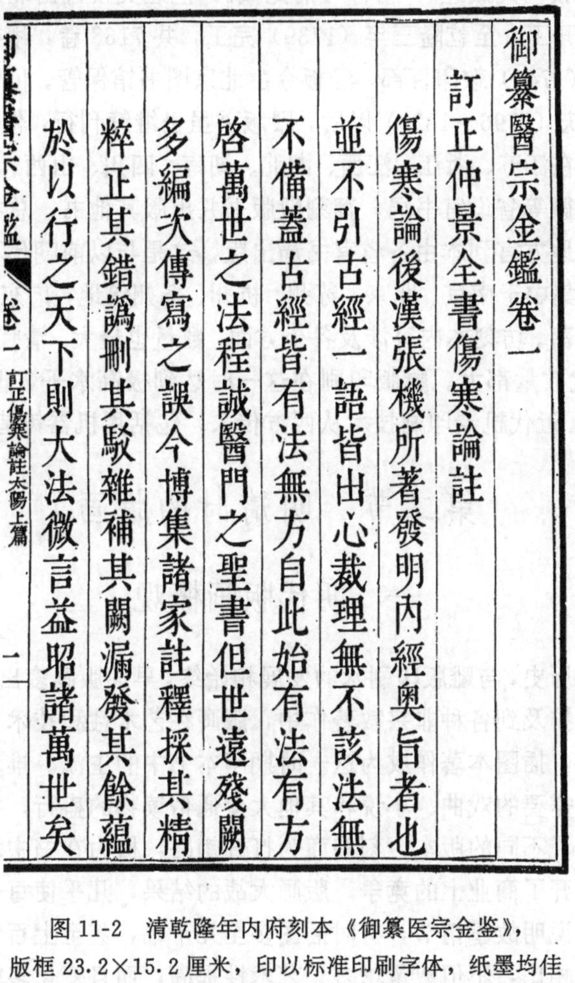
御纂醫宗金鑑卷一
訂正仲景全書傷寒論註
傷寒論後漢張機所著發明內經奥旨者也
並不引古經一語皆出心裁理無不該法無
不備蓋古經皆有法無方自此始有法有方
啓萬世之法程誠醫門之聖書但世遠殘闕
多編次傳寫之誤今博集諸家註釋採其精
粹正其錯譌刪其駁雜補其闕漏發其餘蘊
於以行之天下則大法微言益昭諸萬世矣
御纂醫宗金鑑 卷一 訂正傷寒論註 太陽上篇 二

图 11-2 清乾隆年内府刻本《御纂医宗金鉴》，
版框 23.2×15.2 厘米，印以标准印刷字体，纸墨均佳

秘籍加以校勘、整理，版式基本统一，分大字本及小字本，多为白口，四周双边，单鱼尾，印以白色的开化纸（皮纸）及浅黄色的连史纸（竹纸）。乾隆四十一年（1776）刊印《钦定武英殿聚珍版程式》，这是国家颁布的规定木活字印刷统一技术标准的官方文书，也对雕版印刷起到一定的规范作用。值得注意的是，明代中叶以后形成的标准印刷字体，即所谓宋体字，在清代得到官方的正式认可，因为武英殿殿版书不论是雕版还是活字版，大部分书均印以宋体字。地方官刊本和私人坊刻本也是如此，后来演变成今天这样的统一的标准印刷字体，不管是用何种印刷方式，今天汉字印刷字体是从明清演变过来的。

武英殿本在清代长期成为唯一的官刊本。清初时由于对出版控制较严，地方官刊本较少，只有满洲正白旗人、与皇室关系密切的曹寅（1658～1712）康熙时任巡视两淮盐政时，受武英殿修书处委托，按殿版体例出版一些书籍，后称扬州诗局本，仍属武英殿本系统，因皇帝允许动用国家盐务财金，印刷同样精美，所刊的书有《全唐诗》900 卷、《渊鉴类函》450 卷、《全唐诗录》100 卷、《御定历代题画诗类》120 卷、《佩文韵府》106 卷等，版式也与殿版相同，而且也多以宋体字印刷。

除清朝成书的书外，武英殿修书处还出版前代著作，如《通典》、《通志》、《文献通考》、《唐会要》、《九家集注杜诗》、《论语集解义疏》等，《十三经》、《二十一史》也应包括在这里。

武英殿还负责刊行佛教《大藏经》，俗称《清龙藏》，但经文校订由北京贤良寺僧人担任，自雍正十三年（1735）开工，至乾隆三年（1739）完工，共 7168 卷，用梨木板 7.9 万余块（双面刻字），乾隆四年（1740）敕印百部，经板今由北京图书馆保管。但印本仍为经折装，半页 5 行、行 17 字①。嘉庆（1796～1820）以后，殿版书虽仍继续刊行，但数量锐减。同治（1862～1874）年以后先后在江苏、浙江、江西、湖北、湖南、四川、山西、山东、福建、广东、云南、贵州、河北、安徽等省设官书局，翻刻殿版书并出版其他书，总共有一千多种，包括经史子集各方面的书。地方官刊本由各省官书局出版，这是与以前朝代不同的。清代私人书坊虽遍布各地，但主要集中于南京、北京、苏州、杭州、扬州等地，广东、江西刻书也较盛，福建建阳印刷业开始衰落。坊刻本内容涉及各个方面，数量也最大。清代所刊书中，地方志、丛书、家谱之类比前代数量都大。雕版印刷在这一时达到极高水平，但随即由盛而衰。道光（1821～1850）以后，近代机器印刷技术从西方传入，包括用机器铸造铅活字的方法。

第二节　明清时的版画

一　明代版画概观

中国版画有悠久历史，与雕版印刷术的发展相始终，早期版画多出现在宗教印刷品中。宋元以后，插图本著作扩及到各种非宗教著作中，版画在艺术性和技术上超过唐代。而明清时版画获得进一步发展，插图本著作成为这一时期印本书中的主流。推动版画发展的社会因素是明代适应广大读者需要的戏曲、小说和其他大众通俗读物的盛行。尤其在明中叶以后，同一部作品在各地出现了不同的版本，刻书商为打开销路，极力在书中增加插图，提高其趣味性、艺术性，因而展开了商业上的竞争。版画大战的结果，几乎使每一部戏曲、小说等作品都配上不同的插图来说明故事情节，有时插图多至几十幅，甚至上百幅。

版画形式与前代相比，不但数量增多、艺术性提高，而且变化多端、题材广泛。除过去已有的上图下文式的小幅版画外，还出现大幅版画，插图占一整块印版，或占整版之半，另半页为文字，插图内容与文字叙述紧密配合。有时插图逐幅相连，形成连环画，图中空白处题诗或加少许文字说明。明末更出现以图为主、以文为辅的画册。除中国画之外，还有西洋画，这是前代版画中少见的。除戏曲、小说和宗教作品有插图外，儒家经典、史地和科学技术作品还出现大量专业插图。

纵观明代印本，可以说是个百花齐放的版画世界。由于多色套印技术的发展，更使版画达到绚丽多彩的境界。

版画是艺术和技术高度结合的产物，它本身就是技术密集性的艺术品，要求画、刻、印三者有机地配合。明代版画技艺之所以是高水准的，因为除专业画家外，还涌现出一大批一流的刻工和印工队伍，艺术家和工匠的结合是明代版画的一大特点。这与同时代欧洲文艺复兴时的作法颇相阇合，因而这种版画具有永久性的艺术和技术魅力，直到今天仍为中外人士所赞赏。无疑各种插图本著作在明代成为畅销读物，是不难想象到的。

明代版画技术中心多集中于南京、北京、苏州、杭州、建阳、湖州、徽州、吴兴等地。现

---

① 张秀民，中国印刷史，第 617 页（上海人民出版社，1989）。

存较早的明刊插图本戏曲作品，是弘治十一年戊午（1498）金台（北京）岳家刊刻的《奇妙全相注释西厢记》。书末有“弘治戊午季冬金台岳家重刊印行”之印牌，又有“正阳门东大街东下小石桥第一巷内岳家［行］移诸书书坊便是”之木印一行。此书黑口，上图下文，共150幅插图表示各种情节，故称“全相”本。牌记还称：“谨依经书重写绘图，参订编次大字魁本，唱与图合。使寓于客邸、行于舟中［之］闲游坐客，得此一览，始终歌唱，了然爽人心意。命锓梓刊印，便于四方观云”①。

插图中人物雕刻手法及版式说明，明初版画仍未脱离元代版画的风格，人物和服饰皆以粗线条表现。原书现藏北京图书馆及北京大学图书馆，1958年北京荣宝斋刊《中国版画选》据此本摹刻时重加润绘，反不如当时《古本戏曲丛刊》影印本真实。正德六年（1511），福建建阳杨氏清江书堂所刊《新增补相剪灯新话大全》，与上述北京刊本《西厢记》一样，也是黑口本，上图下文，插图中人物用粗线条表现，仍是元代遗留的技法。

绘刻人物形象贵在传神，用工笔白描手法最能体现这一要求，亦即用细线条来表现人物，能刻划出面部及服饰的细微之处。宋元雕版佛经插图已能作到这一点，因插图数量极其有限。如果在同一书内刻多幅插图都用工笔白描，显然在技术上有困难，因为刻细线条时容易断线。因而元代及明代前期插图本读物多用粗线条，人物虽亦能显得姿态生动，毕竟不够细腻流畅。随着时代的推进，读者的欣赏水平也越来越高，刻书商也极力要推出精美的插图本读物。经过明代前期各地刻工的技术实践和经验积累，至嘉靖（1522～1566）以后已研制出一套适于刻工笔白描的刀具（图11-3）和雕刻方法，印墨技巧上也有改进，在一部书内同时刻多幅工笔白描插图已不成问题，因而万历年（1573～1619）这类书便大量面世。南直隶徽州府（今安徽歙县及休宁）的黄、汪、刘氏三家刻工在这方面一直处于技术领先地位。其中黄氏家族在一个世纪左右形成专业版画雕刻集团，于全国独领风骚，他们分布于徽州、南京、杭州、苏州、北京等地，几乎垄断了绝大多数的重要版画作品的制图工作。

二　明代著名的徽派版画

据道光十年（1830）《虬川黄氏宗谱》所载，其一世祖黄文炳于唐末迁居于歙县虬（qiú）村务农。徽州是出产纸、墨、笔、砚文房四宝之地，也是个印刷中心，徽州人又善于经商，足迹遍各地，这里工商业相当发达。至明代前半期（15世纪后半叶）黄氏家族黄文敬一代人起已转向刻书行业，此后世代相传，经过刻苦钻研，至万历年以后黄氏家族进入了专心雕刻版画的黄金时代②。黄氏所刻版画能将任何复杂的画稿用细线条忠实地再现出来，印在纸上后画面与原稿毫无二致，因而专业画家，纷纷将画稿交他们刻版。

休宁画家汪耕（1556～1621在世）为刻工黄应祖（1563～1633?）提供《人镜阳秋》的画稿。此书为历史人物画传，由汪廷讷（1560～1629在世）著。汪廷讷字昌朝，号坐隐，休宁人，《人镜阳秋》即由其环翠堂于万历二十七年（1599）刻于休宁。书中所述人物故事皆有工笔白描插图说明，人物活灵活现，器物有立体感。原刊本今藏北京图书馆。除此书外，万历

① 北京图书馆编，中国版刻图录第五册，图版383（北京：文物出版社，1961）。

② 关于黄氏家族成员及其所刻版画，见张秀民：明代徽派版画黄姓刻工考略，图书馆，1964，1期，第61～65页（北京）。

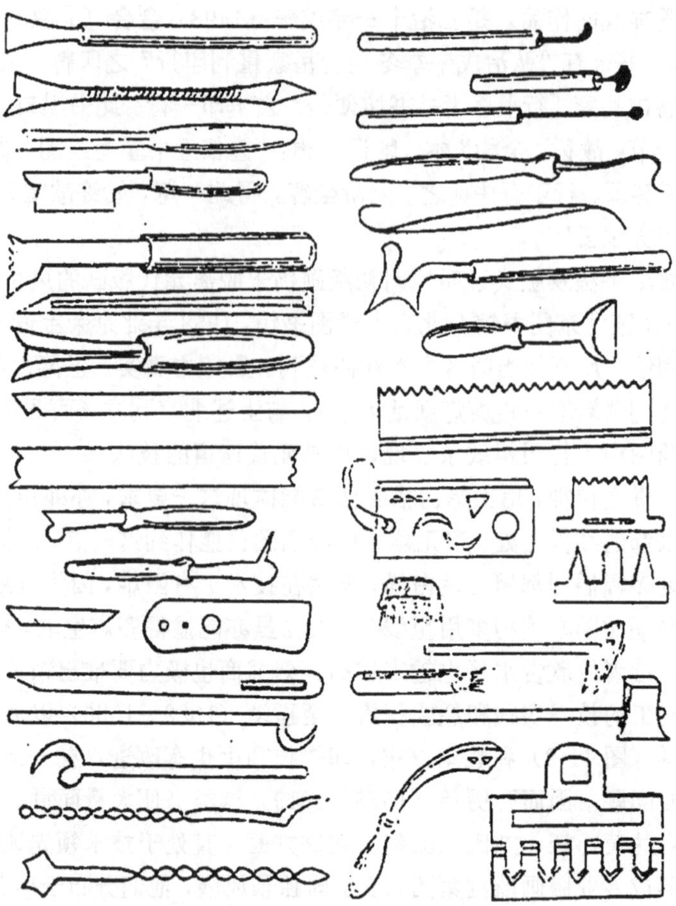

图 11-3　明代徽州刻工所用刀具，取自王伯敏
《中国版画史》（上海人民美术出版社，1961）

三十八年（1610）汪氏环翠堂还刊印《坐隐图》等，也是插图本，画工与刻工同前。由画家汪耕提供画稿的，还有万历三十八年（1610）起凤馆刊刻的《王凤洲、李卓吾评北西厢记》由黄一楷（1580～1622）刻版，因黄一楷在杭州卖艺，则此书刊地应在杭州。

明代著名画家陈洪绶（字老莲，1599～1652）绘《博古叶子》、《水浒叶子》及《九歌图》，由黄建中（字子立，1611～?）刻版。前二者都是纸牌图案，而《水浒叶子》描写梁山 48 名英雄人物形象，刊于崇祯十三年（1640），刊刻地点在杭州。陈洪绶塑造的人物都表现其个性，刻工则将画稿生动地体现在雕版上。

由徽州著名制墨专家程大约（1541～1616）滋德堂万历三十四年（1606）所刊《程氏墨苑》，为精美的彩色套印本，含图录 14 卷、诗文 4 卷，在版刻和刷印方面均堪称典范。该书画稿由丁云鹏（1547～1628）提供。丁云鹏字南羽，号圣华居士，休宁人，以绘画名扬海内善白描山水、人物、佛像，精妙绝伦，有《丁南羽集》。他的画稿由黄锛（1564～?）、黄应泰（1583～1642）雕刻，以程氏所制佳墨付印。《程氏墨苑》书首有许多名家作序，值得注意的是，写序人中还有意大利耶稣会士利玛窦（Matteo Ricci，1522～1616），他还向程大约提供四幅欧洲早期木雕版宗教画[①]。程大约依宗教画制成墨锭，再将模板图案印入书中，一些拉丁文及汉字的拉丁文注音也一并印入。这是中西版刻交流史中的一件趣闻。

图 11-4　明万历年（1600）汪云鹏玩虎轩于杭州刊行的《列仙全传》中郭琼像，刻工黄一木

徽州汪云鹏玩虎轩于万历二十八年（1600）所刻王世贞（1526～1590）辑著《列仙全传》（图 11-4），共 9 卷，收入 581 人的传记，配肖像图 222 幅，图相对集中，每一整版刻两图，每图占半页，人物形态各异[②]，由黄一木（1576～1641）刻版。黄一木还与黄一凤（1583～?）、黄一楷合刻《元人杂剧》，由杭州顾曲斋于万历四十七年（1619）刊行，书中收元杂剧二十种，每种配插图 4 幅，共 80 幅。书首有玉阳仙史写的序，可能是浙江会稽（今绍兴）戏曲家王骥德（约 1553～约 1623）的别号，则此书当为他所辑、书中插图绘刻得异常精致（图 11-5）[③]。上述汪氏玩虎轩还于万历二十五年（1597）出版明初戏曲家高明（1320～1398 在世）的《琵琶记》，有插图 38 幅，有的图占整块印板，也是徽派版刻的上乘之作。《金瓶梅词话》是明代流行的长篇小说，共百回，作者署名兰陵笑笑生，其崇祯年刊本含 100 幅插图，由黄建中、刘应祖及黄汝耀等人刻版，其中黄建中以刻陈洪绶绘制的《博古叶子》及《水浒叶子》而知名。徽州黄氏家族人材辈出，版画刻工有字号世系可考者达三十余人，刻重要插图本著作达 47 种[④]。除上述外，还有不同版本的《西厢记》、《方氏墨谱》（1589 年刊）、《帝鉴图

① Paul Pelliot, La peinture et la gravure européenes en Chine au temps de Mathieu Ricci. T'oung Pao, 1921, vol, 20, p. 1.

② 郑振铎编，中国古代版画丛刊第三册，第 21 页（上海古籍出版社，1988）。

③ 北京图书馆编，中国版刻图录第八册，图版 667（北京：文物出版社，1961）。

④ 张秀民，明代徽派版画黄姓刻工考略，图书馆，1964，1 期，第 61～65 页。

说》（1604年刊）、《元曲选》（1616年刊）、《古列女传》（1606年刊）《酣酣斋酒牌》（万历末刊）及《状元图考》（1607年刊）等。

除黄氏外，徽州汪、刘二姓也刻出一些优美的版画作品，如万历二十八年（1600）刊明人黄凤池辑《唐诗画谱》，选唐人诗并以手书体印之，同时配上插图，一块版半页为诗、半页为画，诗配画、画配诗，而且画家据诗的意境配画，刻工为徽州人汪士珩。北京大学图书馆藏明刊元代人施耐庵（1295～1369在世）著《忠义水浒传》，含120幅精刻大幅插图，刻划出梁山不同人物形象，由刘君裕刻版。有时黄、刘等徽州流派不同姓氏刻工还能集体合刻同一部书，如前述崇祯年刊本《金瓶梅》，就是这种合作的结晶。徽州派刻工对明代版画发展作出重大贡献，把雕版印刷技术推向前所未有的高峰。

图 11-5　明万历年（1619）顾曲斋刊古杂剧《梧桐雨》，版框 20.3×13 厘米，徽州黄一凤刻，图中所绘为唐明皇为杨贵妃起舞击鼓。

徽派刻工版画特点是刀法精湛，线条纤细而流畅，人物眉目传神，服装、道具、室内建筑、花草树木及野外场景都能精刻入微，一丝不苟（图 11-5）。每一幅画面，使人阅之如临其境，可以说这再现了以工笔进行艺术创作的同时代画家的画稿。就其版画艺术水准和雕刻精细程度而言，与同时代欧洲作品不相上下，在同一书内插图数量配置之多、画面之大恐非欧洲一般插图本著作可比。由于徽派刻工领导时代版画新潮流，而他们又以其特技寓居江浙一带印刷中心，在他乡献技传艺，因而也带动其他地区版画技术的发展与提高。

明末吴兴两位出版家凌濛初（1580～1644）及闵齐伋（1580～1645?）也出版不少书，其中包括插图本戏曲，他们出的书在形制上很相似，如无特殊题记，很难区别。如《董解元西厢记》，刊于万历、天启年间（17世纪初），正文墨印，批语朱印，有图12幅，绘刻皆精，新安黄一彬（1586～?）刻版，可能由凌濛初刊行。书首有清远道人写的序，此当为明戏曲家汤显祖（1550～1617）所写。汤显祖本人的《牡丹亭记》亦于同时期由闵齐伋在吴兴刊行，有大幅精美插图13幅，新安汪文佐、刘升伯刻版，文字也是朱墨套印。凌、闵所刊的书虽有套色印刷特色，但就版画雕刻而言，仍属徽派。

三　明代画册和科学书中的插图

明代由于版画技术的发展，还出版了由画家所绘的画册，多属花鸟写意及水墨山水，供学者临绘或欣赏。这类画没有工笔白描人物画那样难刻，常用较粗线条，但要求不得偏离画稿神韵。有的部位着墨较多，对刻工和印工而言也不是轻易能处理好的。画册版面以画为主，多占整版半页，必须与画稿逼真，文字说明也多用行草或草书手迹，故刻印起来仍有一定难度。

早期画册有《高松画谱》，刊于嘉靖三十四年（1555），为画家高松（1510～1575）绘稿。他的画谱包括《菊谱》、《翎毛谱》（鸟类）、《竹谱》等，每谱前有五言歌诀，讲述下笔要领，并以所绘图示范，使学者得画法秘诀。另一画册为《历代名公画谱》，万历三十一年（1603）由虎林双桂堂刊于杭州（图11-6），由宫廷画家顾炳（1555～1615在世）辑绘，他将历代设色名画以单一墨色摹绘成缩小尺寸的副本，凡106家的106幅画，山水、花鸟、人物一应俱全，工致精丽，如观真蹟，可谓传统名画国宝大观。每块雕板图占半页，另半页为书法家以不同字体写出的对各画作者及作品的简介。

图11-6　明人杜堇绘风扇车图，载顾炳《历代名公画谱》，
万历三十一年（1603）杭州双桂堂刊

明代传统科学技术获得一定发展，而且在与国外的科学交流中引进了西洋科学技术，大量科学著作的出版，势必置入不同专业的插图，这是明代版画世界中的另一特殊的系列。画家为戏曲、小说等通俗读物配图，可以按自己的理解来塑造人物形象、描绘周围景物，不一定符合历史的真实。但植物学、本草学、医学、农学、工艺学、军事学和数理科学中的插图，必须要求画稿作者对所描述的事物作仔细观察，用艺术和科学的手法忠实再现于画面，动植物的生态特征、设备和工具结构、尺寸比例、几何图形的绘制，都要严格符合科学要求，不能有差错。因此科学版画绘刻更难，画家没有科学训练不能染指，常常由各书作者及其助手绘制。

例如明初王子出身的科学家朱橚于永乐四年（1406）于开封王府所刻《救荒本草》，载414种救荒野生植物，附414幅精绘植物图。万历二十四年（1596）金陵（南京）胡承龙刻李时珍的科学巨著《本草纲目》，含1160幅动植物及矿物插图。弘治七年（1494）于吴县刊行的邝璠（1465～1505在世）所编《便民图纂》，有农桑络织图31幅，上文下图，每版两幅，每图上有竹枝词。插图据宋人楼琫（约1090～1162）《耕织图》（1145）改绘，是较精美的科学版画。

明代另一重要科学著作是宋应星的《天工开物》，由其友人涂绍煃（1582～1645）于崇祯十年（1637）刊于南昌府，此书对明以前工农业作了系统总结，有插图123幅，占半版版面，许多有关采矿冶金、铸造锻造、造纸等工艺技术都首次以版画形式出现。工农业生产工具、设备画得准确无误。从技术角度看，是科学版画之模范。徐光启的《农政全书》崇祯十二年（1639）由陈子龙（1608～1647）平露堂刊行，此书含大量插图，并附《泰西水法》（1612），介绍西洋水力机械。

大型军事百科全书《武备志》240卷，由茅元仪撰著，天启元年（1621）出版于南京，书中插图包括练兵、战阵、战船、各种冷兵器及火药武器、攻守战具、海防及陆地地图和航海图等数百幅，皆占半版，有的占一版以上，绘制精确，有立体感，有名的郑和航海图就包括在其中，他如各种火箭、火炮、水雷、地雷等都画得相当详尽。正文第一页版心下有“秣陵（南京）章弼写、高梁刻”字样，则各种插图皆出高梁之手。正文为标准印刷字体，且有各种标点符号，版框上还刻出批语。天启七年（1627）还出版由王征（1571～1644）和郑玉函（Jean Terrenz，1575～1630）从西方文艺复兴时的有关机械著作译出的《远西奇器图说》，介绍了近代力学原理及各种奇妙机械，附各种小幅工程图，另有大幅机械操作图64幅，皆从洋书绘刻，刻工为徽州人黄应臣（1596～1671）。这是徽派刻工刻科学版画的少有的例外。万历二十六年（1598）所刊赵士祯（1552～1661）《神器谱》，曾献朝廷备抗击倭寇之用，也是插图本军事技术书，书中介绍各种火器，包括鲁密铳、西洋铳等构造及用法，插图精美。

在明代版画中，还必须指出王圻（1540～1615在世）、王思义父子合著而于万历三十七年（1609）在南京刊行的《三才图会》，该书共106卷，实际上是涵盖人文科学和自然科学的百科全书，包括天文、地理、人物、器用、身体、衣服、人事、仪制、珍宝、文史、鸟兽、草木等大类。每类中都有大幅插图，以工笔白描绘刻，总共达4000多幅之多，内容涉及各个方面，是明代最大的插图本著作。在同时代的外国出版物中也很难找到类似著作。在该书《地理图序》版心下方有“秣陵陶国臣刻”六字，从所刻596幅历代人物画像图及数以千计的花鸟、禽兽、草木及山水图中观之，可见南京流派的刻工版刻技巧已达到徽派的水平。

在中国乃至世界版画史中，《三才图会》在插图数量之多、题材之广泛方面创下了空前记录。这是一部集明代版画之大成的巨著，很早就受到国外的注意。美国汉学家富录特（Luther Carrington Goodrich，1894～1986）把《三才图会》、《武备志》和《天工开物》称为明代后期三部杰出的插图本百科全书①。《三才图会》中的版画与戏曲、小说中的不同，画家不可随意提供画稿，对各种人物、器物要经过历史考证，各种地图都要有依据，动植物图多就实物写生，除少数神怪图出于想像而绘之外，大多数图都具有一定的科学性。清代所编大百科全书《古今图书集成》中很多插图都取自《三才图会》，我们要从学术性和科学性上高度评价这部巨著的价值。

崇祯年间朱一是（1600～1664在世）在邓志谟（1565～1630）《蔬果争奇》的《跋》（清白堂刊，1642）中说：

> 今之雕印，佳本如云，不胜其观。诚为书斋添香，茶肆添闲。佳人出游，手捧绣像，于舟车中如拱璧。医人有术，检阅篇章，索图以示病家。凡此诸百事，正雕工得剞劂之力，万载积德，岂逊于圣贤传道授经也。

这一席话热情歌颂了刻印工人创造文化财富的丰功伟绩，也反映了当时人们对插图本读物的普遍爱好。据不完全统计，中国历代出版的插图本著作约有4000余种，其中刊于明代者几占一半，可见明代版画在数量上相当以往历代所刊版画之总和。

四 清代的版画

清初顺治、康熙时近八十年间各地所刊版画显然是在晚明的基础上发展起来的，这使得由满族统治者建立的这个朝代从一开始就在版刻方面处于较高的起点上。明末一些刻工及其徒弟在明清之际仍健在，他们的技术仍世代相传，因而清代版画技术仍沿用明末徽州、南京和苏杭等流派的刀法，画面线条纤细而流畅，对人物、动植物及周围环境、各种器物刻划得较为细腻，线条流畅，在画面艺术上也未脱离明人的笔法，所刻书法手迹更是如此。同时，清代还继承与进一步发扬明代时形成的画家与刻工在版刻方面密切合作的传统。为版画提供画稿的画家甚至比明代还多，他们来自不同的画派，在艺术创作上是一流的。

值得注意的是，明清之际具有抗清民族意识的画家陈洪绶（1599～1652）的画法在清初版画创作中有很大影响。他所创作的《水浒叶子》，刻划具有反抗精神的梁山各英雄形象，抒发思想郁闷，给读者以激励，这些版画在清初重刊。明代徽派版画对人物处理虽然刻划得精细入微，但人的精神境界较少反映出来，好人坏人、庸人和英雄人物外形几乎都一致，陈洪绶着意表现人的个性气质，从而在版画画稿创作上完成新的突破。在陈洪绶影响下，清初出现了以歌颂英雄、烈女和卓越历史人物为题材的版画新潮，以激起受压迫的汉民族的民族意识，在当时背景下具有反清的政治意义。

与此同时，反映神州大好山河的山水风景写真版画，激起爱国、爱家乡的意识，图中可见怒峰垒起、烟云缭绕，唤起人们思念大明江山之情，同英雄人物画有异曲同工之效。清初画家萧云从（1596～1673）的作品（图11-7）正是这方面的代表作，其《离骚图》刊于顺治二年（1645），共64幅画，由徽派的汤复刻版，而《太平府山水图》（图11-7）顺治五年（1648）由当涂怀古堂刊行，共43幅画。它们都抒发出萧云从对故国的怀念。徽派旌德刻工

① L. Goodrich：A short history of the Chinese people，3rd ed.，p. 208（New York：Harper & Brothers，1959）.

刘荣、汤尚、汤义等人，将画家的意图淋漓尽致地用刀笔表达出来。康熙七年（1668）苏州桂笏堂所刊《凌烟阁功臣图》也受陈洪绶画法影响。画家为洛阳人刘源（1624～1689），由苏

图 11-7　清顺治五年（1648）安徽怀古堂刻萧云从绘
《太平府山水图》，刘荣刻，版框 27.1×19.3 厘米，北京图书馆藏

州刻工朱圭（1643～1718 在世）刻版。具有萧云从画法的山水版画，还有康熙五十三年（1714）徽州休宁出版的《白嶽凝烟图》，这 40 画册描绘休宁城 30 里处白嶽风光，画家吴镕（1674～1734 在世）为清初徽派画家，刻工为休宁人刘功臣。

清代版画生产中心主要集中于北京、南京、杭州、苏州、安徽和江西等地。当康熙中后期至乾隆年间清代统治完全巩固时，反清作品逐步减少，反映皇清盛世的作品增多。大量“钦定”版画作品由内府奉敕刊行，由宫廷画家供稿，此现象为明代所少见。康熙三十五年（1690）内府所刊《御制耕织图》是宫廷画家焦秉贞（1650～1722 在世）据宋人楼琦（1090?～1162）《耕织图》（1145）改绘（图 11-8），收入耕种与纺织图各 23 幅，每幅有康熙帝御制御笔题诗一首，由从苏州召入宫内的刻工朱圭刻板。这部既是艺术又是科学著作，受国内外喜爱，19～20 世纪译成法文及德文。

康熙五十二年（1713）内府刊行的《万寿盛典》120 卷，描述为圣祖祝寿的盛大场面，其中共有 148 幅插图由宫廷画家王原祁（1642～1715）主持精绘而成，由朱圭刻版。乾隆三十一年（1766）殿版《南巡盛典》中大量插图描绘高宗四次南巡时情况，图内场面很大，由礼部尚书高晋（1707～?）编次。此外，有反映皇室文物及典章制度齐备的《皇朝礼器图式》（1759），此书不但描绘宫内各种礼器、乐器、武器及冠服等，还将天文仪器图样收入其中，皆

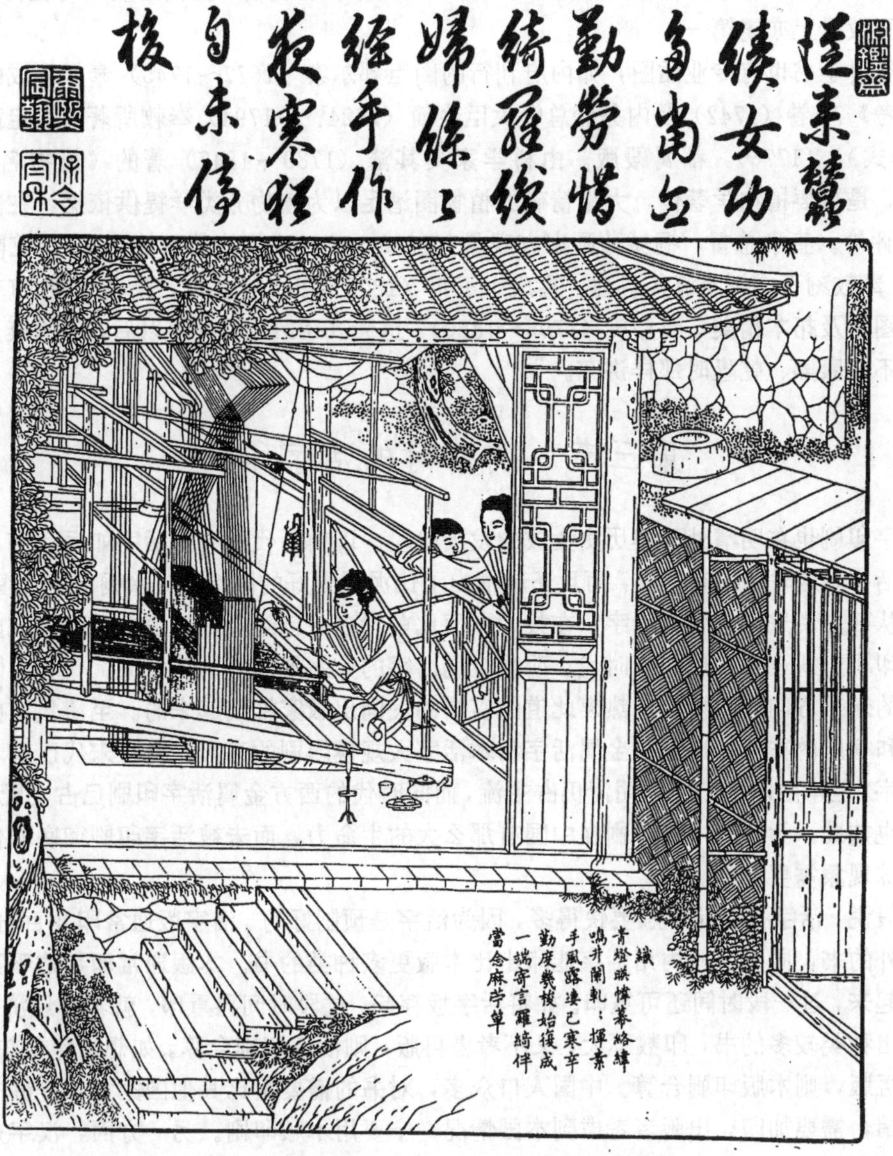

图11-8　康熙三十五年（1676）内府铜版刻印、焦秉贞绘《耕织图》
版框24.1×24厘米，朱圭刻于北京。北京图书馆藏

精绘精刻而成。《皇清职贡图》（1751）反映各民族之间的关系和交流以及对外关系，绘刻的600多幅人物图像有各民族人物，还包括来华的外国人。这部大型人物图册由内阁学士董诰（1740～1818）奉敕编纂，画稿出于宫廷画师门庆安、戴汲、徐溥及孙大儒之手。

民间出版的人物画册有闽派长汀人物画家上官周（1665～1749?）画的《晚笑堂画传》，初刊于乾隆八年（1743），收入汉至明120个历史人物，每人皆有图像及小传，人物形象潇洒奔放，小传亦由画家工笔书成。清代出版的各种戏曲、小说如《水浒》、《红楼梦》、《封神演义》、《隋唐演义》等也都附有插图。

含版画最多的是雍正六年（1728）奉敕刊行的《钦定古今图书集成》，内有精美插图数千幅，正文虽以铜活字排版，但插图一律为雕版。此书不但在内容、篇幅上居当时世界首位，而且在版画数量上亦属第一。

各种科学书也有专业插图，如内府刊行的阁臣鄂尔泰（1677～1745）奉敕编成的《钦定授时通考》78卷（1742）及内务府总管大臣金简（1724？～1794）奉敕所著《钦定武英殿聚珍版程式》（1776），都属殿版。由科学家吴其濬（1789～1847）著的《植物名实图考》（1848），是重要植物学著作，大量精确的植物图谱足以为植物分类学提供依据，在国内外受到高度评价。直隶总督、桐城藉画家方观承（1698～1768）精绘的《棉花图》，乾隆三十年（1765）奉敕刻石，拓本流传各地。嘉庆十三年（1808）以木版刊行，易名《授衣广训》，但刊本插图不及拓本精美，因嘉庆（1796～1820）、道光（1821～1850）以后，国力衰退，版画作品也不及康熙、乾隆时那样讲究。

第三节　明清时的活字印刷

活字印刷也在明清处于集历史大成的发展阶段。以前历代所有的活字如泥活字、木活字和金属活字，这时都应有尽有，而且还新推出了比泥活更好的陶活字，除铜活字、锡活字外清代还从西方引进了近代铅活字，在技术方面比前代多所创新。可以说在印刷领域内，明清是各种印刷方式全面发展的新时代。明代金属活字的大发展具有重要意义，代表中国印刷技术发展的未来方向，主要是由热衷此道的富裕的民间出版家推动起来的。至清代，由于得到统治者和官府的支持，出现了金属活字和木活字大规模印刷的高潮。尽管宋代已有木活字和金属活字，但木版印刷一直到明清仍占主流，而同时代的西方金属活字印刷已占支配地位，甚至朝鲜也如此。为什么木版印刷在中国有那么大的生命力，而未被活字印刷彻底取代呢？对这一特殊现象需要解释。

一般说，活字排版比木版要快得多，因为活字是预制好的。活字版通常印几百份即拆版再排另外的书，同一时间内用活字能印出比木版更多种类的书。木版通常印数达千万份，将印板存起来，过一段时间还可重印。如将活字板存起，过段时间再重印，就不合经济原则。如想尽快出种类较多的书，印数不大，又不考虑再版，则活字印刷合算。如想出印数较大的书又考虑再版，则木版印刷合算。中国人口众多，对书的需要量比其他国家大，一部书出版后很快脱销，需要加印，出版者考虑到本国情况，宁要用木版印刷。另一方面，汉字是表意文字，常用字就有2～3万个，如以活字印书，则需活字10～20万个或更多个，是个巨大工程反不如刻成木版方便。中国纸较薄，更适合木版印刷。由于这些情况，在发展活字印刷后，木版印刷仍居主流。直到用机械方法迅速制成大量金属活字后，这种情况才根本改观。

一　明代的木活字

首先谈明代木活字的发展情况。明代藏书家兼版本目录学家胡应麟（1551～1602）在《少室山房笔丛》卷百一十四《经籍会通》（1598）中说："活板始宋毕昇，以药泥为之。今无以药泥为之者，惟用木称活字云。"

明代木活字本今仍传世，但在版本鉴定上较为困难，因为这类刊本很少注明活字用材，而泥活字、陶活字及铜活字本常常明确指出活字材料。同时有的木活字本如排版精细，不易与雕版区分。

如果仔细审视已知的泥活字本和金属活字本，掌握其字体结构、排印情况及着墨特点后，再遇到与这些特点有所不同、但可断为活字本而未注明活字用材的刊本，一般说可定为木活字本。北京图书馆藏明万历十四年（1586）所刊《唐诗类苑》百卷，是卓明卿（1552～1620在世）编的分类唐诗选（图 11-9）。此书显然是木活字本，因版心下印“崧斋雕木”四字，则可断为木活字本。“崧斋”疑即卓明卿[①]，如果这样，此书当为其自编自刊。南京图书馆藏正德、嘉靖间（约 1515～1530）刊宋人刘达可辑《璧水群英待问会元》90 卷，是备宋太学生对策用的参考书，卷末尾印有下列四行题记：

丽泽堂活板印行∥姑苏胡昇缮写∥章凤刻∥赵昂印。

此书亦为木活字本，从题记中还可知刻工为苏州人章凤，印工为赵昂，丽泽堂当为苏州的出版商家。

万历年另一木活字本为浙江嘉定人徐兆稷刊行的其父徐学谟（1522～1593）著《世庙识余录》。此书详载明世宗嘉靖年间（1522～1566）各种掌故，共 26 卷，刊印百部。书中印有下列题记：“是书成凡十余年，以贫不任梓，仅假活板印得百部，聊备家藏，不敢以行世也。活板亦颇费手，不可为继，观者谅之。徐兆稷白。”

此处所说“仅假活板”，有人理解为徐兆稷借人家的活板印行其父著作，并说活字板可

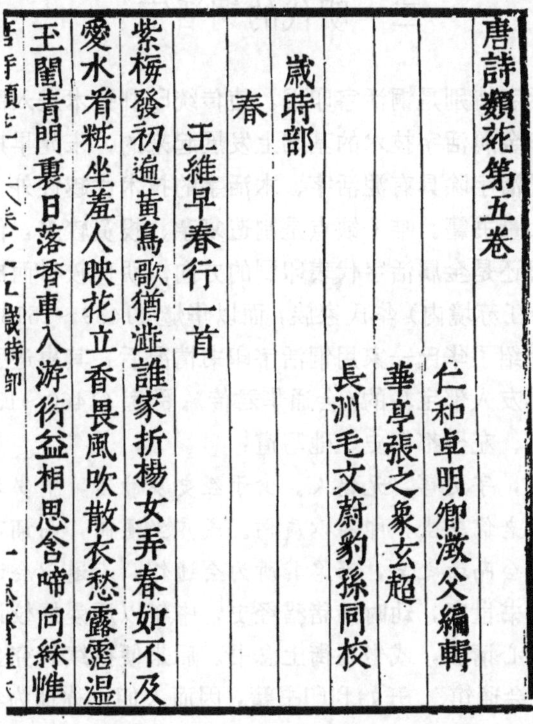
唐詩類苑第五卷
仁和卓明卿澂父編輯
華亭張之象玄超
長洲毛文蔚豹孫同校
歲時部
春
王維早春行一首
紫梅發初遍黄鳥歌猶澁誰家折楊女弄春如不及
愛水看粧坐羞人映花立香畏風吹散衣愁露霑湿
玉閣青門裏日落香車入游衍益相思含啼向綵帷

图 11-9　明万历十四年（1586）浙江卓明卿崧斋刊木活字本《唐诗类苑》，版框 18.5×14.3 厘米，版心下印有“崧斋雕木”四字，北京图书馆藏

① 北京图书馆（赵万里等）编，中国版刻图录，第一册，第 101 页（北京：文物出版社，1961）。

以自用，又可借人使用①。事实上这样的事不大可能发生。“假”字此处作“凭借”解，“仅假活板印得百部”指“仅以活板印得百部”。

北京图书馆更藏明刊《蛟峰先生文集》四卷，作者为宋末人方逢辰（1221～1291），1250年状元，学者称蛟峰先生。此木活字本由其十一世孙方世德据嘉靖木刻本重编于万历年间，刊于淳安。此外，还有益王朱翊钊（？～1603）万历二年（1574）出版的元代无神论者谢应芳的《辨惑编》四卷及附录一卷，附录末页有“益藩活字印行”一行字②。从现传世的明代木活字本看来，多刊于万历年间（1573～1620），再早的有正德（1506～1521）、嘉靖刊本。

据明人李诩（1505～1593）《戒庵漫笔》（1596）卷八载，钱梦玉以东湖书院活字印其师薛应旂（1509～1569 在世）的科举试卷。按薛氏嘉靖十四年（1534）举人，次年成进士，则钱梦玉刊试卷年代在嘉靖、正德年。其同乡钱璠（1500～1557 在世）于嘉靖十六年（1537）编《续古文会编》，也以“东湖书院活字印行，用广其传”，书的版心下有“东湖书院印行”六字可见东湖书院刊印过一些木活字本。据顾炎武（1613～1682）《亭林文集》卷三《与公肃甥书》所述，“忆昔时邸报，至崇祯十一年（1638）方有活板，自此以前并是写本”。邸报是政府发行的报纸，以木活字排印时，能很快将消息传至各地。明代木活字本较多，但关于技术记载却很少，显然是继承宋元技术传统，因而与王桢《农书》中所载一致，详见前第十章第三节。

二 明代的铜活字

明代印刷中以金属活字特别是铜活字印书，使传统印刷技术进入高潮。毫无疑问，这是在宋元泥活字、木活字和金属活字技术的基础上发展起来的，宋元早期锡活字是刺激明代金属活字发展的因素。金属活字除具有泥活字、木活字的技术优越性外，还因其坚固而不易变形，可反复使用，印刷大量书籍。唯一缺点是制造复杂、投资较多，但这个缺点已被其种种优点所抵消，从整体考虑还是金属活字代表印刷的方向。明代较早而成就较大的金属活字印刷集团为南直隶无锡（今江苏境内）华氏家族，而以华燧（1439～1513）的会通馆为代表。叶德辉《书林清话》卷八介绍了华氏一家用铜活字印书情况后，其事迹引起学者注意。

华燧的最早传记为其友人邵宝写的《会通华君传》。邵宝（1460～1527）与华燧同乡，1484年进士，官至户部左侍郎、左佥都御史，他写道：

> 会通君华氏讳燧，字文辉，无锡人。少于经史多涉猎，中岁好校阅同异，辄为辨证，手录成帙。遇老儒先生，即持以质焉。或广坐通衢，高诵不辍。既而为铜版锡字以继之，曰吾能会而通之矣，乃名其所为会通馆，人遂以会通称③。

这是说华燧出身于读书世家，幼时涉猎经史，中年以后爱好校订诸书，予以辨证，勤于治学，遇到老学者则虚心请教，或坐在街上念书。后来便持续研究金属活字技术，能融会贯通，便以其堂所名为“会通馆”，开始刊印书籍，因而人们也称他为华会通。另一同时代人乔宇（1457～1524）亦有类似记载：“悉意编纂，于群书旨要必会而通之，人遂有会通子之称

① 张秀民，元明两代的木活字，图书馆，1962，1期，第56～60页（北京）。

② 张秀民，中国印刷史，第678～682页（上海，1989）。

③ 明·邵宝，《容春堂后集》卷七，《会通华君传》。（四库全书本，集部·别集类）。

复虑稿帙汗漫，乃范铜为板，镂锡为字，凡奇书艰得者皆翻印以行。所著《九经韵览》，包括经史殆尽[1]。”明清之际，华渚的《勾吴华氏本书》及其1905年存裕堂义庄木活字重刊本卷三十《会通公传》，取材于明人传记，内容大同小异，兹不赘述。

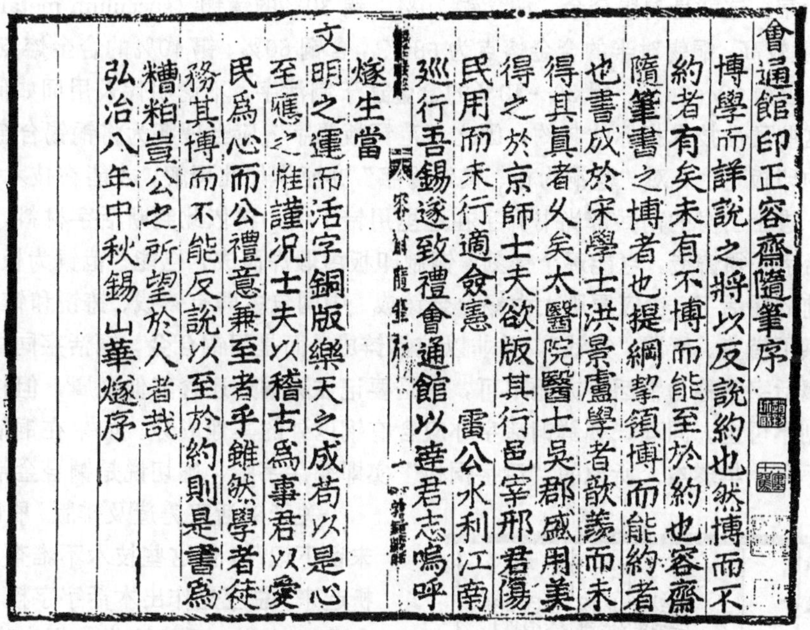
會通館印正容齋隨筆序
博學而詳說之將以反說約也然博而不
約者有矣未有不博而能至於約也容齋
隨筆書之博者也提綱挈領博而能約者
也書成於宋學士洪景盧學者歆羨而未
得其眞者久矣太醫院醫士吳郡盛用美
得之於京師士夫欲版其行邑宰邢君陽
民用而未行適僉憲　雷公水利江南
巡行吾錫遂致禮會通館以達君志嗚呼
燧生當
文明之運而活字銅版樂天之成苟以是心
至憊之惟謹況士夫以稽古爲事君以愛
民爲心而公禮意兼至者乎雖然學者徒
務其博而不能反說以至於約則是書爲
糟粕豈公之所望於人者哉
弘治八年中秋錫山華燧序

图11-10　明弘治八年（1495）无锡华燧会通馆铜活字印本《容斋随笔》，版框23×15.5cm，北京图书馆藏

华燧是一位学者兼印刷家，他所印的活字版书可考者达15种[2]之多，其中11种现有传本。较早的是《宋诸臣奏议》150卷，刊于弘治三年（1490），有大字本及小字本两种，半页9行，行17字，书名前有“会通馆印正”五字。其次是《锦绣万花谷》共160卷，版式同前，书口有“弘治岁在阏逢摄提格”及“会通馆活字铜板印”字样。阏摄即甲，摄提格为寅，则此书印于弘治甲寅七年（1494）。图11-10为华燧于1495年所刊铜活字本《容斋随笔》的序。

关于华燧的活字用何种金属材料，这里要加以讨论。人们据文献所述自行理解，而古人用语又不符技术术语规范，因而出现不同意见。《中国版刻图录》（1961）作者定为“铜活字印本”[3]，这是正确的判断。但有人却认为“锡活字本”，将“范铜板锡字”及“范铜为板、镂锡为字”理解为将锡活字植于铜制印版上[4]，恐未必如此。钱存训认为铜活字材料应是合金，而非纯铜，“想系铜锡或铜铅合金”[5]。我们支持钱存训的意见，华燧及其同时代人所铸的活字应当是铜合金材料，而不是纯铜，更不是纯锡，今在这里补充论证这一观点。

从技术上分析，金属活字材料要求：（1）熔点较低，便于熔铸；（2）有足够硬度，不易

① 明·乔宇，《乔庄简公集·会通华处士墓表》，（1513），收入（明）华从智刻《华氏传芳集·续集》卷十五（1572）。

② 钱存训，中国书籍，纸墨及印刷史论文集，第181～183页（香港：中文大学出版社，1992）。

③ 北京图书馆编，中国版刻图录，第一册，第97～98页；第七册，图第599～602页（北京：文物出版社，1961）。

④ 潘天祯，明代无锡会通馆印书是锡活字本，图书馆学通讯，1980，1期，第51～64页。

⑤ 钱存训，中国书籍、纸墨及印刷史论文集，第178页（香港中文大学出版社，1992）。

变形；（3）生产成本较低。任何制活字的人都要考虑这三项要求，否则其活字便没有可用性。纯铜熔点较高（1083℃），可延可展，且价格昂贵，不切实用。锡的熔点虽低，也较便宜，但最大缺点是性软，易变形，不适于作活字。只有性能介于铜、锡之间又符合上述三项要求的材料才能作活字，这就是铜锡合金。如含铜70%、锡30%的镜铜（speculum metal），熔点低至755℃，硬度较高；铜锡对半的合金熔点为680℃，含铜60%、锡40%的合金熔点为725℃。就铜锡而言，含铜60～70%、锡30～40%的合金适于制活字。不论明代人用词如何，华燧的活字必须受这些硬性技术指标的制约，因之“范铜板锡字”应当理解为将铜锡合金铸成的活字植于铜制的印板之上，对“范铜为板、镂锡为字”亦应作如此理解，才能在技术上说得通。

事实上，进士出身的南兵部尚书乔宇在这里用错了词，再依此判断活字材料，只能一错再错。金属活字必须铸造，岂能逐个镂刻？铜制印板由煅焊而成，岂能“范铜为板”？从此又联想到明以前的锡活字，也应原则上由锡合金铸成。中国自古即有铸钱、铸镜和铸印的传统，为铸活字提供了借鉴。所谓“铜钱”，并非以纯铜铸成，而是用铜合金，铜活字同样如此。所以将明代金属活字泛称为铜活字亦无不可，只是要记住除铜外还含其他金属，但将铜活字说成是锡活字则不可也。同理，朝鲜铜活字亦应含有铜以外的其他成分。如果在铜锡中混入少量铅，亦无不可。华燧本人所说的“活字铜板”实即铜活字版，确切说是铜合金活字版。

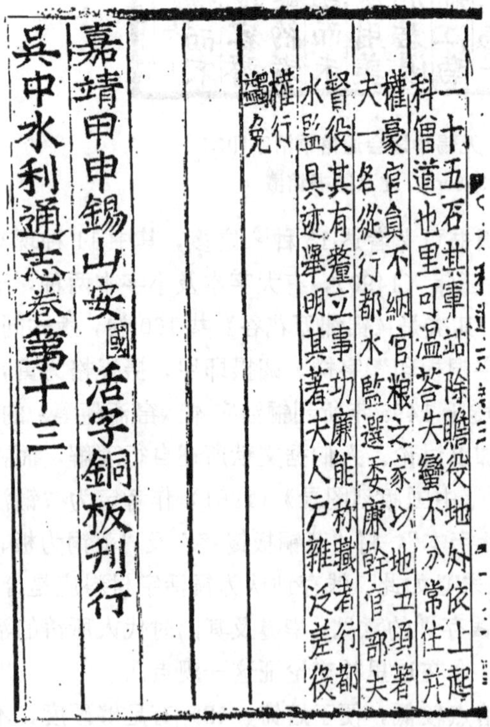
一十五石其軍站除贍役地外依上起
科僧道也里可溫荅失蠻不分常住并
權豪官員不納官粮之家以地五頃著
夫一名從行都水監選委廉幹官部夫
督役其有鰲立事功廉能稱職者行都
水監具迹舉明其著夫人戶雜泛差役
權行蠲免
嘉靖甲申錫山安國活字銅板刊行
吳中水利通志卷第十三

图11-11　明嘉靖三年（1524）无锡安国刊铜活字本《吴中水利通志》，版框19.1×13.7cm，北京图书馆藏

关于铜活字铸造及排版、刷印技术，均未留下记载，但这些技术不难查出。现在分析起来，总应先作出木活字字模，置入泥砂中作成铸范，再将熔化的铜合金浇注于范内。毁范取出活字，加以修整。其次根据设计的版面大小，作出有边沿的铜盘，放上薄条作为行格，将活字植于行格中，加上夹条、空字等填空材材，即制成印版。刷印方法与雕版相同，但不宜用一般墨汁，要用含胶较多并加入其他药的特制墨才能印出字迹。从1490年所刊《宋诸臣奏议》观之，有些字迹不清，但后来印的书情况好转，说明已改善了着墨问题。

华燧于弘治三年（1490）刊《宋诸臣奏议序》中说：“始燧之于是板也，以私便手录之烦，今以公行天下”，又说“燧生当文明之运，而活字铜板乐天之成”①。可见他铸铜活字当始于成化（1465～1487）末年，至弘治初已经印书，这次印了50部。除他之外，本族叔父辈的华理（1438～1514）尚古斋也于弘治十五年（1502）印过《渭南文

① 明·华燧，宋诸臣奏议序（1490），载《宋诸臣奏议》卷一书首（无锡会通馆铜活字印本，1490）。

集》等书。华燧堂侄华坚兰雪堂用铜活字印书 5 种，其中正德十年（1515）刊《元氏长庆集》60 卷，半页 8 行，行 16 字，书口有“兰雪堂”三字，各卷卷尾印“锡山兰雪堂华坚活字铜板”11 字。他们出书均较华燧晚，显然是根据会通馆的技术刊印的。

无锡除华氏家族外，安国（1481～1534）一家是另一活字印刷集团。据无锡《胶山安黄氏宗谱》（1922 年木活字本）所述，安氏先祖本黄姓，洪武中（1368～1398）有苏州人黄茂入赘安明善家，改安姓，定居于无锡胶山，四传至安国，家渐殷富。安国字民泰，生于成化十七年（1481），善营商，又好藏书及旅行，著《四游记》、《游吟稿》。他先后出版十多种铜活字本书。其中较早的有《东光县志》6 卷，载《胶山安黄氏宗谱》卷十四，无传本，刊于正德十六年（1521）。其次是《吴中水利通志》（图 11-11）17 卷，半页 8 行，行 16 字，书中有“锡山安国活字铜板印行”10 字，刊于嘉靖三年（1524）。安国卒后，其第三子安如石也印过书。

除无锡华、安二家铜活字印本之外，其他地方，如苏州、南京、常州和福建建阳等地在弘治、嘉靖和万历年（1503～1574）也出版一些铜治字本，其中著名的是嘉靖三十一年（1552）所刊《墨子》（图 11-12）15 卷，文字印以蓝墨，卷八尾印“嘉靖三十一年岁次壬子季夏之吉，芝城铜板活字”一行字。印书人为姚奎，芝城或为福建之地名。以上明版多藏于北京图书馆等处。明代用铜活字印过《百川学海》、《太平御览》、《艺文类聚》等大部头著作，充分发挥活字的优越性，也为清代用活字印巨幅著作提供基础。

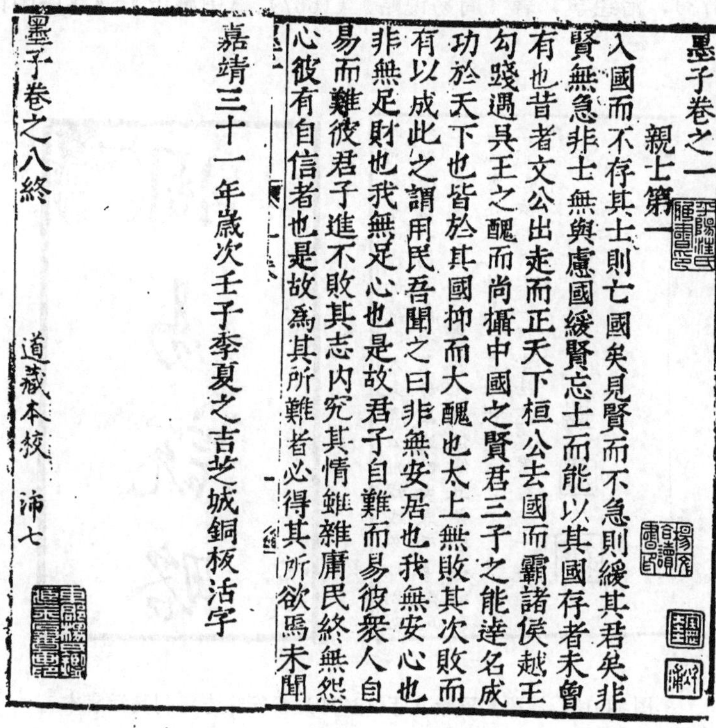
墨子卷之一
親士第一
入國而不存其士則亡國矣見賢而不急則緩其君矣非
賢無急非士無與慮國緩賢忘士而能以其國存者未曾
有也昔者文公出走而正天下桓公去國而霸諸侯越王
勾踐遇吳王之醜而尚攝中國之賢君三子之能達名成
功於天下也皆於其國抑而大醜也太上無敗其次敗而
有以成此之謂用民吾聞之曰非無安居也我無安心也
非無足財也我無足心也是故君子自難而易彼衆人自
易而難彼君子進不敗其志內究其情雖雜庸民終無怨
心彼有自信者也是故為其所難者必得其所欲焉未聞

嘉靖三十一年歲次壬子季夏之吉芝城銅板活字

墨子卷之八終
道藏本校 沛七

图 11-12 明嘉靖三十一年（1552）芝城铜活字蓝印本《墨子》，
姚奎刊印，版框 188×12.3cm，北京图书馆藏

三　清代的陶活字

清代活字种类繁多，首先出现了陶活字。乾隆时久居山东的浙江人金埴（1730～1795）在《巾厢记》（约 1760）中说："康熙五十六、七年间（1718～1719），泰安州有士人忘其姓名，能锻泥成字为活字板。"文内"锻"应作"煅"，即将泥土煅烧后制成活字，用以排印书，这是毕昇用过的方法。但金埴忘记作活字者的姓名。北京图书馆藏《周易说略》版框上有"泰山磁版"四字，并钤"泰山真合斋藏书印"朱印，半页 9 行，行 20 字，无行格，跋文写道：

> 戊戌（1718）冬，偶创磁刊，坚致胜木，因亟为次第校正。逾己亥（1719）春，而《易》先成，既喜其书之不终于藏而人与俱传，且并乐此刻之堪以历远久也。遂为一言以识之。
>
> 康熙己亥四月，泰山后学徐志定书于七十二峰之真合斋。

己亥为康熙五十八年（1719），从跋文中还得知泥字于五十七年（1718）冬制成，与金埴所记时间、地点相合，则可知他忘其姓名者必是徐志定。民国《泰山县志》（1929）卷七《人物志》载，徐志定（1690～1753 在世）泰安人，雍正元年（1723）举人，任过知县。他研制活字成功后，次年四月用以刊《周易说略》（图 11-13），雍正八年（1730）再刊《蒿庵闲话》。此二书作者为张尔岐（1612～1678），山东济阳人，明末诸生，入清不仕。康熙时参与编纂《山东通志》（1678），治经学，著《周易说略》（1667）、《中庸记》、《蒿庵闲话》等，为时所称。

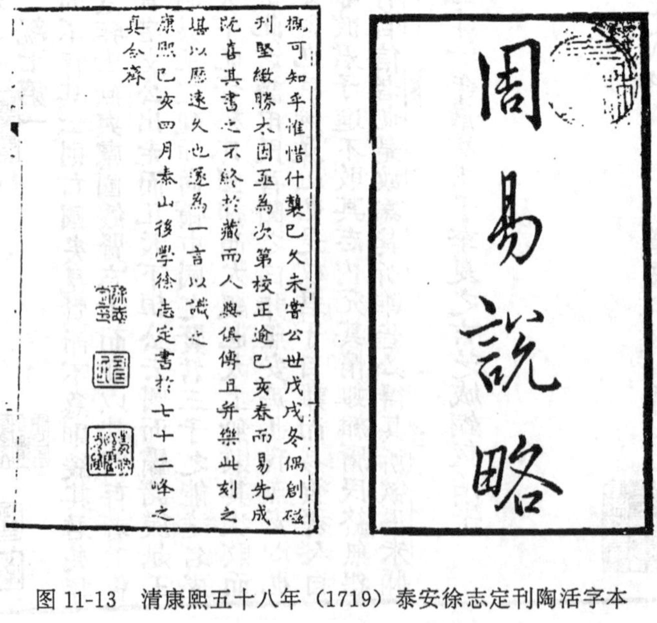

图 11-13　清康熙五十八年（1719）泰安徐志定刊陶活字本
《周易说略》，北京图书馆藏

关于《周易说略》及《蒿庵闲话》以何种印刷方式出版、如何理解刊者徐志定所说"磁版”，现有不同意见。张秀民[1]、朱家濂[2]等认为是磁活字版，因发现书中栏线几成弧形，字体大小不一，排列歪斜，但相同字大小吻合，同页内墨色浓淡不匀，这都是活字版特点。他们还提出，其所以称“磁版”，因活字烧造时上了釉。但陶宝庆认为是烧造的整块磁版，因发现个别处文字断裂或版面断裂，一般认为是整版雕印本特征[3]。然仅凭这一点还不足以认定为整版印刷，因为当版面受到强力撞击，会将某处活字击裂，刷墨时纸移动错位，亦会造成活字字迹断裂或重叠印出。现国内外大多数专家都认定是活字版，我们亦持此看法。还是徐志定同时代人金埴所说“煅泥成字为活字板”，最符合实际情况。

至于用什么原料的泥，至今无人议及。我们认为是瓷土或高岭土（kaolin），化学成分为水合硅酸铝（$H_2Al_2Si_2O_8 \cdot H_2O$）。这种粘土是烧造瓷器的原料，因含铁2%以下，故呈白色，于900℃左右烧成白色硬陶，称为白陶。徐志定依毕昇法烧造泥活字时，偶然用了泰安附近所产瓷土为原料，结果烧造成白色、坚硬的陶活字，用这种活字排版，称为“泰山磁版”。我们认为对“磁版”技术含义似应如此理解。必须对瓷与陶作出严格区分，从现代科学角度观之，“磁版”所用的活字不是瓷活字，而是白陶活字，《周易说略》严格说应称为陶活字本。

而宋元时泥活字用含铁量高的普通粘土烧造，故呈黑灰色，改以瓷土为原料烧造的活字呈白色，硬度更大，因而是在泥活字取材方面的一个改进。这种白陶活字吸水率可达10%，因而可以刷墨。但以粘土为原料的活字从技术上分析，决不可以上釉，因为烧成活字后要经过修整，才能排版，而上釉后便不能修整。活字上釉后容易滑动，摩擦性差，植字时操作不便；同时釉层厚薄不易控制，难以保证形体、尺寸均一。用高岭土烧成整块印版，用来印书，在技术上是行不通的。不但费时费料，且坯件烧制后极易变形，也无法修整。很难保证版面平整划一，废品率将相当高，作整块雕版的适当板材除木料外，只有金属板可用，但金属板昂贵，印大部头书主要还是用木雕版，用粘土作雕版是不适用的。

除徐志定以陶活字印书外，清初王士祯（1634～1711）《池北偶谈》（1691）卷二十三更载：“益都翟进士某，为饶州府推官，甚暴横，一日集窑户，造青磁《易经》一部，楷法精妙，如西安石刻“十三经”，式凡数易然后成”[4]。这是说，山东益都人翟某为进士出身，曾任江西饶州府推官，一度集窑户印造“青磁《易经》一部，书的字体如西安石刻“十三经”那样的楷书，经过几次试验才成功。“翟进士某”是何许人也，王世祯没有说明。查同治《饶州府志》（1872）卷十二《职官志》云：“翟世琪字湛持，山东益州人，顺治己亥（1659）进士，康熙六年（1667）由庶常改饶州司李。儒雅慈祥，士民爱戴。以裁缺去，任陕西韩城令，有惠政”[5]

王世祯所说的那个人，肯定是翟世琪（1625～1670在世）。他于顺治十六年（1659）中二甲第十五名进士[6]后，留京任翰林院庶吉士，康熙六年（1667）出任饶州府推官，集中窑户

---

① 张秀民，清代泾县翟氏的泥活字印本，文物，1961，3期，第30～32页。

② 朱家濂，清代泰山徐氏的磁活字印本，图书馆，1962，4期，第60～62页。

③ 陶宝成，是磁版还是磁活字版，江苏图书馆工作，1981，3期（南京）；一部珍贵的磁版印本周易说略，山东图书馆季刊，1984，2期。

④ 清·王士祯，《池北偶谈》卷二十三，《瓷易经》，《笔记小说大观》本第十六册，第213页。

⑤ 清·石景芬等纂，同治《饶州府志》（1872）卷十二，《职官志·名宦·翟世琪传》，第40页（同治十一年原刊本，1872）。

⑥ 朱宝炯、谢沛霖，明清进士题名碑录索引上册，第606页（上海古籍出版社，1980）。

印造“瓷易经”当始于此时。但江西方志说他儒雅慈祥，受士民爱戴，看来并不“暴横”。

至于对所谓“瓷易经”应作何理解，此处亦有讨论之必要。青瓷指在瓷土坯体上加青釉（以铁为着色剂的绿釉）在还原焰内烧成的瓷器，生产成本较高。前已指出，以瓷土为坯体刻制活字在烧造前不宜上釉。这与瓷印章不同，盖印一次只用一枚印章，周边上釉不影响使用。印刷用的活字数以万计，要求其形态及尺寸整齐划一，断不可以上釉。上釉烧制后总会有变形或凹凸不齐者，又无法修整，势必作废，在工艺和经济上都不适宜。因而“青瓷《易经》”不是挂青釉的瓷雕版或瓷活字印本，而仍然是以制青瓷的瓷土素烧成的陶活字排版印成。换言之，在徐志定以前半个世纪，在江西已有翟世琪以瓷土烧活字了。值得注意的是，此人也是山东人，而且用活字印刷的书也是《周易》。这就揭示了清代新兴的陶活字技术的来龙去脉，而陶活字是中国活字中的一朵新花，翟世琪和徐志定是印刷园地中有创新精神的园丁。

四 清代的泥活字

当康熙、乾隆年间发展陶活字后，道光时，古老的泥活字技术又在不同地方兴起。1980年，湖南省图书馆清查馆藏古籍时，发现苏州人李瑶（1790～1855 在世）道光十年（1830）在杭州出版的泥活字本《南疆绎史勘本》①。这是清初人温睿临（1460～1705 在世）编写的一部南明史，由李瑶校订、补充并刊行，他也是学者兼出版家。书的扉页背后印有“七宝转轮藏定本//仿宋胶泥板印法”的篆文二行。“七宝转轮”是佛教术语，指拥有七件宝物、手持转轮宣说佛法的人。此处可能指李瑶自己拥有一些秘籍抄本，经他整理后公之于世。《凡例》中还有“是书从毕昇活字例，排板造成”之语。

1979 年，湖南邵阳市第二中学图书馆又发现《校补金石例四种》，道光十二年（1832）刊行。此书包括元人潘昂霄的《金石例》及明清人对该书的补充，亦由李瑶校订、出版。他在《自序》中说：“即以自制胶泥板，统作平字捭（摆）之”。由于出版者的上述明确自述，这两部书自然应视为泥活字本。前一部书过去曾在北京通学斋书店出售过，孙殿起（1894～1958）《贩书偶记》（1936）著录说：“《南疆绎史勘本》五十八卷，乌程温睿临原本、吴郡李瑶勘定。道光十年（1830）七宝转轮藏本、仿宋胶泥版印活字本。首二卷，《纪略》六卷，《列传》二十四卷，《卹谥考》八卷，《摭遗》十八卷”②。这部书是迄今流传下来的较早的清代泥活字本。

继此之后，翟金生（1775～1860?）也开始制泥活字并以此印书。翟金生字西园，号文虎，安徽泾县水东村人，出生于书香门第，身为秀才，从事教育工作。泾县是著名的宣纸产地，翟金生爱好赋诗、作画，中年以后热衷于活字技术的研究。50 年代，北京图书馆发现翟氏所刊泥活字本《泥版试印初编》（图 11-14）③ 后，才引起学者们的注意。此书出版于道光二十四年（1844），半页 8 行，行 18 字，有行线，共 123 页，分上下册装订。书中有“泾上翟金生西园氏著，并自造泥字”字样，说明他以自造活字印自著的书，真可谓人生一大快事。当时泾县

---

① 李龙如，我省发现泥活字印的书，湖南日报，1980 年 3 月 4 日，第 4 版，涂玉书，胶泥活字印制的书，湘图通讯，1982，1 期。

② 孙殿起，贩书偶记，卷五，《史部·别史类》，第 124 页（上海古籍出版社，1982）。

③ 冀叔英，新发现的泥活字印本泥版试印初编，图书馆工作，1958，1 期，第 22～24 页。

籍著名学者包世臣（1775～1855）为此书写序，序中说：“吾乡翟西园先生，好古士也。以三十年心力造泥字活版，数成十万，试印其生平所著各体诗文及联语为两册。……先生读沈氏《笔谈》，见泥字活版之法而好之，因搏土造锻”①。可见翟金生也因读沈括《梦溪笔谈》所述毕昇泥活字技术，而重复实践，用粘土烧造十万个泥活字试印其所著作品。

泥版試印初編　涇上翟金生西園氏著并造印
五言絶
拙著編成賦五絶句
自刊
一生籌活版半世作雕蟲珠玉千箱積經營卅
載功
自檢
不待文成就先將字備齊正如兵養足用武一
時提
自著
舊吟多散佚新作少藏推爲試澄泥版重尋故
紙堆
自編
明知終覆瓿此日且編成自笑無他技區區過
一生

图 11-14　清道光二十四年（1844）安徽泾县翟金生泥活字本《泥版试印初编》，版框 16.7×10.3 厘米

翟金生在泥活字试制成功后，道光二十八年（1848）又出版其友黄爵滋（1793～1853）的诗集《仙屏书屋初集》，此书亦藏北京图书馆。封面印有“泾翟西园//泥字排印”双行小字②。北京大学图书馆还藏有《试印续编》二册，半页 9 行，行 21 字，这说明其字体较小，刊于道光二十八年（1848）。实际上这是四年前出版的《泥版试印初编》的修订本③。卷首有翟金生题记云：

> 道光甲辰岁（1844）泥字摆成，试印拙著质正名流。乙巳（1845）之冬，黄树斋先生过泾游桃花潭，因请斧削，承示卷内尚有应校字画并有误检之字，手为诂出，须改之字究属无多，速改之以成此册。今排印《仙屏书屋诗集》既毕，练熟生巧，续捡排印是书。

则翟金生的《试印续编》是他在排印黄爵滋的《仙屏书屋诗集》后不久，于同一年出版的。这一年还有翟金生族弟翟廷珍刊行其所著《修业堂集》，此书分初集及二集，共 20 卷④。初集中《肆雅诗抄》收有翟廷珍歌颂其兄翟金生的诗：

---

① 清·包世臣，泥版试印初编序，载泥版试印初编，卷首（猷州翟西园自造泥斗板，1844）。

② 张秀民，清代泾县翟氏的泥活字印本，文物，1961，3 期，第 30～32 页。

③ 蔡成瑛，翟金生的又一种泥活字印本，青海师范学院学报，哲学社会科学版，1980，3 期。

④ 王继祥，泥活字本修业堂集简介，文献，1983，12，第 18 辑（书目文献出版社）。

毕昇活版创自宋，《梦溪笔谈》著妙用。
钩心斗角纵横排，巧制天衣密无缝。
从来法力须通神，往制虽在无传人。
西园有技进乎道，精心结撰真殊伦。
著作等身欲付梓，谁与雕锓印万纸。
筹思活字甚便捷，造成庶可任驱使。
奋志独力承其肩，神明矩矱超前贤。
抟泥炼煅复雕琢，精金美玉相钩连[①]。

1960 年在泾县还发现翟金生于咸丰七年（1857）八十三岁高龄时，命其孙翟家祥用家藏泥活字出版《泾川水东翟氏宗谱》[②]。北京图书馆亦有藏本，扉页中栏为篆文《水东翟氏宗谱》书名，左栏印“大清咸丰七年仲冬月泥聚珍板重印”，右栏有“前明嘉靖中先驾部震川公修辑”字样，版框上横排“泾川桃花潭”五字。按翟金生八世祖翟台（1530～1589 在世）字恩平，明嘉靖三十八年（1559）进士，任南京兵部驾部司主事，故称“驾部”。翟金生研究成功泥活字后将技术传授给子孙、本族人及外姓弟子，因而泾县水东村桃花潭翟氏作坊成了泥活字技术的一个中心。他们印的书除上述五种外，应当还有不少。值得注意的是，60 至 70 年代在泾县还发现了当年翟氏所制泥活字数千枚（图 11-15），分别藏于中国

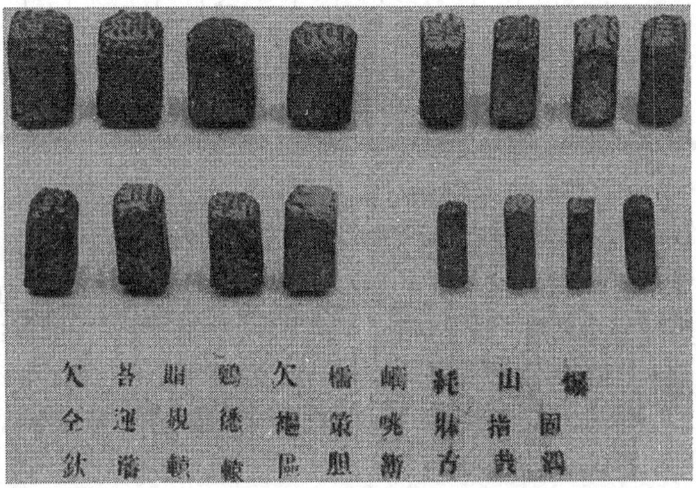

图 11-15　清泾县翟金生所制不同号大小的泥活字（1844）
中国科学院自然科学史研究所藏

科学院自然科学史研究所、安徽省博物馆及泾县文化馆内[③]。这些活字有大小五种型号，既有供印书的阳文反体字块，也有供作模用的阴文正体活字，还有填空活字块。对研究其工艺技术提供了实物资料。关于制造工艺，可参见第八章第三节。翟金生对复兴北宋毕昇泥活字技

① 清·翟廷珍，《修业堂集·初集》卷一，《题兄西园泥字活版》（泾县翟廷珍，自刊泥活字本 1848）。
② 微之，泾县水东翟村发现泥活字本宗谱，文物，1960，4 期，第 86 页。
③ 张秉伦，关于翟金生泥活字问题的初步研究，文物，1979，10 期，第 90～92 页；关于翟氏泥活字的制造工艺问题，自然科学史研究（北京），1986，卷五，1 期，第 64～67 页。

术作出很大贡献。他以实践证实了毕昇的发明，并打破了有人对泥活字可行性的怀疑。

五 清代木活字大发展

在清代，木活字技术获得空前的大发展，由于得到政府的支持，在很多地方都有官刊本、坊刊本和私人刊本。王士祯（1634～1711）《居易录》卷三十四写道："庆历中有布衣毕昇为活字，用胶泥烧成。今用木刻字，铜板合之。"这段话意思是，清代按毕昇活字技术原理以木代替粘土制木活字，再将其植入铜版框内印刷，可见康熙年木活字本已盛行，但大规模用木活字印书始于乾隆年间《武英殿聚珍板丛书》发行之际。这套丛书由掌管内府刊书（"殿板"）的武英殿修书处出版，隶属于总管皇室事务的内务府。康熙二十九年（1690）将内务府文书馆改为武英殿修书处[①]，为该机构成立之伊始。乾隆三十八年（1773），清高宗弘历（1711～1799）诏开四库全书馆，命儒臣校辑明《永乐大典》（1408）内散佚书、访求天下流散的书、汇集当代出版的书，编成大型丛书《四库全书》（1781）3.6万余册，缮写成帙，因卷秩浩瀚而未能刊行。《四库全书》编辑之初，高宗又下令从中选出一批佚书先行出版。

负责出版任务的是武英殿修书处，管理该处事务兼四库全书馆副总裁金简（1724？～1794）于乾隆三十八年（1773）十二月十一日上奏，请用木活字版排印这批书籍。他鉴于雍正年刊《古今图书集成》（1726）等书所用铜活字已于乾隆时改铸铜钱，而以木雕版印书不但费时，而且耗资亦巨，认为以木活字印书不但省时省费用，而且印毕还可反复使用，同时以木雕版及木活字印同一部书所需成本核算对比数字阐明其主张。高宗准奏，但以"活字板"之名不雅，特赐名为"聚珍板"。

金简于乾隆三十九年（1774）五月，在不到一年时间便制出大小枣木活字25.3万余，连同其他工具、材料，总共只耗银2339两[②]。用这批活字印成的《武英殿聚珍板丛书》有134种、2389卷，具体书名详见陶湘的书目[③]。每种书均统一版式，半页9行，行21字。每种之首有高宗《题武英殿聚珍板十韵》，每首页首行下有"武英殿聚珍板"六字。全套书以连史纸（高级竹纸）印5～20部供内府用，另用普通竹纸印300部定价发行，今所见多为浅黄色普通竹纸本。这套丛书收入宋以来逐渐散佚的文史、科技著作，具有学术价值。乾隆四十一年（1776）将木活字殿版丛书颁发至江、浙、闽、赣、粤五省，准其翻版复印。除丛书外，武英殿修书处还用木活字出版过其他单行本著作，如乾隆《八旬万寿盛典》、《千叟宴诗》、《西巡盛典》等，但版面不同。

武英殿聚珍版印刷所开工二年后，已积累足够技术经验。这项印刷史中巨大工程的总指挥金简，于乾隆四十一年（1776）刊行《武英殿聚珍板程式》（图11-16）一书，对木活字技术作了系统总结和规范。金简的这部书有19节，包括造木子（造木字块）、刻字、字柜、槽版（植字盘）、夹条、顶木（填空材料）、中心木（填空版心中缝）、类盘（检字用托盘）、套格（预先套印版面行格的印版）、摆书（植字）、垫板（整理版面）、校对、刷印、归类（及时

---

① 《清史稿》卷一百一十八，《职官志》，廿五史本第十一册，第452页。

② 清嘉庆二十一年奉敕撰《国朝宫史续编》（1816）卷九十四，第3～4页（北京故宫博物院铅印本，1932）；张秀民，清代的木活字，图书馆，1962，2期，第60～62页；3期，第60～64页（北京）。

③ 陶湘，武英殿聚珍板丛书目录，图书馆学季刊，1929，卷一，2期，第205～217页；故宫博物院图书馆编，故宫所藏殿本书目，卷五，聚珍版，第1～7页（故宫博物院印，1933）。

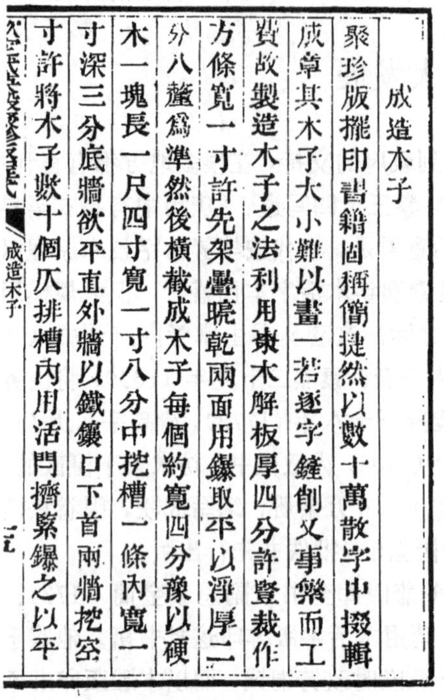
成造木子
聚珍版擺印書籍固稱簡捷然以數十萬散字中撥輯
成章其木子大小難以畫一若逐字鏤削又事繁而工
費故製造木子之法利用棗木解板厚四分許豎裁作
方條寬一寸許先架疊曬乾兩面用鏍取平以淨厚二
分八釐爲準然後横截成木子每個約寬四分豫以硬
木一塊長一尺四寸寬一寸八分中挖槽一條內寬一
寸深三分底牆欲平直外牆以鐵鑲口下首兩牆挖窑
寸許將木子數十個仄排槽內用活閂擠緊鏍之以平

图 11-16　清乾隆四十一年（1776）内府武英殿刊木活字本，金简《武英殿聚珍版程式》

拆版并将活字入柜）及逐日轮转（交叉排字）等项，涉及制活字、排版及刷印等全套工序的操作方法及规程（图 11-17），且以插图 16 幅描述各个工序。

金简作活字的方法是，将枣木锯成适当厚度的板，竖截成长方木条，阴干后刨平，再横截成木子（活字块）。将数十个木子放在硬木制排槽（刨槽）内，以活闩挤紧，刨到与槽口相齐为止，使木子长宽高尺寸统一。要求大字木块皆厚 0.28 寸（0.9 厘米）、宽 0.4 寸（1.28 厘米）、长 0.7 寸（2.24 厘米）；小字厚 0.2 寸（0.64 厘米），长宽与大字同。刨完后，再将木子逐个用标准大小的铜制方漏子（方筒）检验，看尺寸是否符合规定。下一步是将字写在薄纸上，翻过来贴在木子上，形成反体字迹，再将一些木子紧放在刻字床上刻字，就像刻图章那样。刻好的字按《康熙字典》（1716）分为子丑寅卯……十二部，分别排列在十二个木字柜内，每柜有 200 个抽屉，每抽屉有大小八格，每格贮大小活字各四，标明某部某字及画数于各屉之面。取字时按部首知在何部何柜，查画数知在何屉，熟练后可很容易检出某字。检字时，先编成字单，按字号从柜中取字，放在类盘中。摆书人将字植于木制槽版中，配加夹条、顶木等填空材料排成印版。大字每日可排二版，小字一版。遇某字使用重复较多，字数不够时，则以按日轮转之法，先排其他书，待木字归类入柜后，继续排原版，如此交叉流水作业，字闲人不闲。

在金简以前，元代科学家王祯在《农书》（1313）内的《造活字印书法》中也叙述了木活字技术的整个工艺过程，金简在继承了元明两代技术的基础上又作出新的改进。金简的方法与王祯的相比有下列不同点：第一，王祯制木活字时是，将刻有字的整块木雕版锯成单个活字块，而金简则先制成活字块，再放在字床上逐个刻字。由于金简填加了控制字块统一尺寸的措施，使每个字块匀一，刻字时又像刻雕版那样容易。第二，王祯以旋转字盘贮字与捡字，一人同时照管两个大字盘，劳动强度较大，捡字较慢，而且字依音韵排列，要求有一定文化的人操作。

金简以木柜中的抽屉贮字，字的排列按字典部首、偏旁及笔划顺序，粗通文义之人即可操作。同时有专门捡字工先将所要的字捡在托盘上。排版时由另人按书稿唱字，捡字人将字交植字工排版。用人虽多，但各有分工、各专其职，整个工作效率反而提高。

第三，王祯用一次排版法，将整个版面上的边框、行格及字都放在印版上，一次印刷而成。金简先以雕版刻出版框、版心、行格，再刷印于纸上。而印版上只有文字，将印有边栏、行格的纸放在上墨的印版上刷印，因而是两次套印法。虽多了一道工序，但版面边栏接连处不再出现活字本的缺口，行格更加清晰，犹如雕版。第四，木活几次使用后变形，出现高低

（a）作活块

（b）刻木活字

（c）作槽版

（d）排版

图 11-17　《武英殿聚珍版程式》中木活字技术操作图

不平，因而需要垫板，王祯用竹片，而金简用叠纸垫板，小有不同。金简排字时同时排不同的书，迅速拆版还字，其常用字数没有王祯的多，但用逐日轮换的交叉作业法解决了字数不够的问题。

近三十年来，人们对金简的工作已有所触及，但有人却认为他是“朝鲜籍”① 人，则是错误的。金简为汉军正黄族人②，约生于雍正二年（1724），祖籍盛京（今沈阳），其父金三保任内务府武备院卿。金简幼随父从军，初隶内务府汉军，乾隆中授笔帖式，掌满汉文奏章、文书对译。累迁内务府奉宸院卿（正三品），掌苑囿事务，乾隆三十七年（1772）授总管内务府大臣（正二品）兼武英殿修书处事务，从此与印刷工作有了因缘，已如上述。乾隆十九年（1774）金简为户部侍郎兼镶黄旗汉军副都统，成为万名汉人皇家御林军副帅，集文武二职于一身。四十三年（1781）命总理工部，五年后（1783）擢工部尚书（从一品）兼镶黄旗汉军都统，奏请疏濬芦沟桥中泓五孔水道。五十七年（1792）调任吏部尚书，五十九年（1794）卒，谥勤恪。其妹为高宗贵妃，嘉庆初（1796）命其族改入满洲籍，赐姓缊布。《清史稿》卷三百二十一《金简传》载其就工部尚书及入满籍年份或有出入，查十五《高宗纪》，乾隆五十六年（1791）以金简及彭元瑞（1731～1803）为满汉工部尚书，次年（1792）调金简、刘墉（1720～1805）为满汉吏部尚书③，说明乾隆末年已命金简一族汉人改入满洲籍，赐姓金佳氏。《高宗纪》所述更准确些。

王祯和金简都是继毕昇之后对活字印刷作出重大贡献的科学家，但金简技术生涯最为顺畅。毕昇、王桢皆以个人身份用自己财力从事技术活动，而金简以政府阁臣身份动用国家资财作活字研究，得到皇帝大力支持，他的书以殿版形式出版，具有更大的权威性。这部书对木活字技术作了系统总结和技术规范，对印刷经营管理也作出规定，是世界印刷史一部重要著作。金简任职时的科学业绩很像同时代的法国印刷界领导人迪多（François-Ambroise Didot，1730～1804）和马赛尔（Jean-Joseph Marcel，1770～1854）那样。他们都是皇家印刷厂厂长，对活字技术都有所改进。但金简比历史上所有印刷家都幸运，且才华出众，他既是学者、技术家，又是万军统帅和当朝一品的内阁大臣。乾隆四十七年（1782）《四库全书》告成，他作为副总裁出席了御赐宴。五十年（1785），又被邀赴乾清宫参加千叟宴，大概他就在此前后改入满洲旗籍。

在金简的书发表后，各地官府、坊家、私人纷纷按其所载技术出版活字本，印的书相当多，尤其民间自刊的家谱常用木活字排印，以至出现一批专业的流动印刷人，带着伙计、工具和活字至城乡寻找印家谱的客户。当金简的技术在外地开花结果后，武英殿修书处的聚珍局却没能保持原有的势头，在金简逝世后，大批活字积压于库中，遂为人盗卖。至光绪初年（1875）张之洞（1837～1909）官翰林院时，拟集资奏请印刷，因贮存活字的武英殿旁空屋为实录馆供事人员所踞，冬天便将这些木活字用以围炉取暖，遂止④。这批精美殿版活字残遭劫难，然其在印刷史中的意义不可泯灭。1954 年，美国洛杉矶加州大学东方语文教授鲁道夫（Richard Casper Rudolph）将《武英殿聚珍版程式》译成英文⑤，使其为西方读者所知晓。1996 年韩国清州大学校朴忠烈博士又将此书译成朝鲜文，发表于《古印刷文化》第 3 辑。

---

① 北京图书馆编，中国版刻图录，第一册，第 102 页（文物出版社，1961）。其他近年发表的作品也误将金简说成“朝鲜籍”。

② 《清史稿》卷三百二十一，《金简传》，廿五史本第十一册，第 1211 页。

③ 《清史稿》卷十五，《高宗纪》，廿五史本第十一册，第 86，88 页。

④ 《清朝野史大观》卷二，《清宫遗闻·武英殿版之遭劫》，第 16 页（上海：中华书局，1936）。

⑤ Chin Chien, A Chinese Printing Manual 1776, translated by R. C. Ruddph. (Los Angels, 1954).

六　清代的大规模铜活字印刷

铜活字印刷在清代进入新的高潮。康熙年间，进士陈梦雷（1651～1741）在皇三子、诚亲王胤祉（1677～1732）支持下，积累五年努力编出大型类书，名《古今图书汇编》，康熙四十五年（1706）书成。后进呈帝览，赐名为《古今图书集成》[①]。雍正元年（1723），清世宗胤祯（1723～1735）命经筵讲官、户部尚书蒋廷锡（1669～1732）对原稿校勘重编，雍正四年（1726）完成，六年（1728）由武英殿修书处以内府铜活字出版66部。《钦定古今图书集成》（图11-18）万余卷，1.6亿字，5020册，是当时世界上最大的一部百科全书，比著名的第十一版《不列颠百科全书》篇幅还要多四倍有余。这部类书对研究中国传统科学和文化具有很大的价值。用金属活字出版这样一部巨著，也是印刷史中空前的壮举。该书半页9行，行20字，由大小两种活字印成，大字约1厘米见方，小字0.5平方厘米，字体为宋体。

法国汉学家儒莲（Stanislas Julien）认为印这部书需铜活字25万个[②]，这是考虑到乾隆时金简刊《武英殿聚珍版丛书》用25.3万个木活字而估计的，但这套丛书不足2400卷，而《古今图书集成》达万卷，因此实际所需铜活字至少要100～200万个。铜活字用何种方法制成，存在两种说法。一些人认为是铸成，如吴长元（1743～1800在世）《宸垣识略》（1788）云："武英殿活字板向系铜铸，为印《［古今］图书集成》而设"。

但张秀民引清高宗《题武英殿聚珍版十韵》（1776）中所说"康熙年间编纂《古今图书集成》，刻铜字为活版"之语，认为铜活字是逐个刻出的[③]。在这以前，英国汉学家翟林奈（Lionel Giles，1875～1958）对铜字字体研究后，也得出同样结论[④]，理由是发现同页内同一字结体上有变异，如是同一字模铸出，不应出现这种现象。当代一些作者[⑤]同意这种看法。遗憾的是铜活字未流传下来，无法从实物研究作出确切结论。

我们认为排印《古今图书集成》的武英殿修书处所用的铜活字是铸造的，理由很明显。清初铜活字制造技术直接继承于明代的已有技术，而明代铜活字一律皆铸造而成，没有手刻的。在中国传统工艺中只有木活字是逐个手刻的，因木质材料易于下刀。将上百万个铜活字块逐个以手刻出，既难操作，又费时间及成本，从实际运作角度观之，是行不通的。在拥有铸铜钱悠久历史的国家里，不用同样方法铸铜活字，而采取逐个雕刻的笨拙方法，是难以想象的。

至于铜活字结体上的变异，也不足以说明是逐个手刻的。前引张秀民文内指出，陈梦雷康熙五十二年（1713）在诚亲王府时，曾借内府铜活字印其《松鹤山房诗集》九卷，字体与《古今图书集成》用字不同，说明武英殿铜活字不止一副。还要考虑到，印1.6亿字的巨著所用相同的字出现频率有时能达千万次，不可能皆用同一字模铸出。在手工生产阶段，不应指

---

① 胡道静，古今图书集成的情况、特点及其作用，图书馆，1962，1期，第31～37页。

② Stanislas Julien，Documents surl'art d'imprimer à l'aide de planches au bois，de planches au pierre et de types mobiles. Journal Asiatique，1847，Séries 4，vol. 9，pp. 508～518（Paris）.

③ 张秀民，清代的铜活字，文物，1962，1期，第49～53页。

④ Lionel Giles，Introduction to An Alphabetical Index to the Chinese Encyclopaedia，p. xvii（London：British Museum，1911）.

⑤ 卢秀菊，清代盛时之皇室印刷事业，载中国图书文史论集，第58页（北京：现代出版社，1992）。

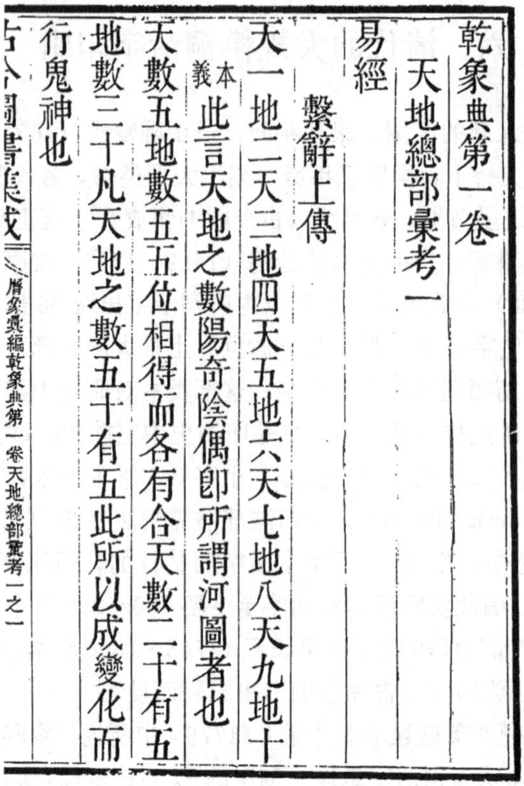
乾象典第一卷

天地總部彙考一

易經

繫辭上傳

天一地二天三地四天五地六天七地八天九地十

本義 此言天地之數陽奇陰偶卽所謂河圖者也

天數五地數五五位相得而各有合天數二十有五

地數三十凡天地之數五十有五此所以成變化而

行鬼神也

古今圖書集成 曆象彙編乾象典第一卷天地總部彙考一之一

图 11-18 清雍正四年（1726）内府铜活字本《古今图书集成》，版框 20.6×13.6cm

望几次铸出的同一字结体都完全相同。朝鲜铜活字皆由铸造而成，但同一书同样的字结体、笔画也不一致，可见这种现象并非中国独有①。拉丁文字母结体简单，没有汉字那样复杂，可是如果仔细审视西方早期活字印本，也会在同一页内发现同一字母结体上的变异。

很可惜，武英殿修书处所铸铜活字在印完《古今图书集成》后，便放在铜字库内，没有再印其他书，后逐步被盗。乾隆九年（1744）又将剩余活字、铜盘改铸铜钱。但铜活字技术却在其他地方流传，继续用以印书。例如满洲正黄旗人武隆阿（1765？～1831）嘉庆十一年（1806）任台湾总兵官时，曾仿制武英殿铜活字出版《圣谕广训注》。

桐城籍进士姚莹（1785～1853）道光十年（1830）任台湾道时，见过武隆阿的铜活字，他致友人信中说："此间有武军家亦铸聚珍铜板，字亦宋体，而每板只八行，不惬鄙意。又有闽人林某作聚珍木板，每板十行，十一字，皆可，较善于武刻"②。可见 19 世纪前半期，武英殿修书处所用铜活字及木活字技术都引入台湾，而铜活字也是铸成的。清泉州人龚显曾《亦园脞牍》卷一称："康熙中，武英殿活字板范铜为之"。但他又说"台湾镇武隆阿刻有铜活字，尝见其《圣谕广训注》印本，字画精致"③。他认为武英殿铜活字铸成，是正确的；但说武隆阿

① 钱存训著、刘祖慰译，纸和印刷，载李约瑟，中国科学技术史，卷五，第一册，第 195 页，注 1（科学出版社，上海古籍出版社，1990）。

② 沈文倬，清代学者的书简，文物，1961，1 期；张秀民，清代的铜活字，文物，1962，1 期，第 49～53 页。

③ 清·龚显曾，《亦园脞牍》卷一（光绪四年诵芬堂木活字本，1878），引文又见前引张秀民文。

的活字为刻成，属用词不当。

第四节 明清时的套色印刷

一 明代的双色及三色套印

早期刊本多以单一墨色印成，明代出版家和印刷工在使刻版技术达到纯熟程度的同时，还致力于改变单一墨色刷版的局面，在明刊本中有以蓝淀染料印成的书，较早版本有成化十四年（1478）印的《灵棋经》和弘治十一年（1498）印的《安老怀幼书》，嘉靖、万历年间蓝印本较多①。但这种蓝色印本读起来未必悦目。同样，印以朱色的书也如此，这两种颜色印本没有发展下去，后来便用作印样，供用墨笔校样。可是如果将朱、墨双色同时套印在一部书中，效果就不同了。这种印法最适用于名家批点本，以便使正文与批点以不同颜色区别开来，方便阅读。后来又演变成朱、墨、黄、蓝、紫和墨绿中的三色、四色，从而形成完整的多色套印技术体系。

彩色印刷既用于无插图的书，又用于版画，而使版画进入了彩色刷印的新时代，这是中国传统印刷技术发展的顶峰。朱墨套印及三色印刷技术在宋元时即已有之，用于印刷纸钞及佛经等，但这种技术直到明代后期万历年（1573～1619）起才再度复兴并进一步发展。明代版本目录学家胡应麟（1551～1602）于万历十七年（1589）在其《少室山房笔丛》卷一百一十四《经籍会通四》中写道：

> 凡印，有朱者，有墨者，有靛者；有双印者，有单印者。双印与朱，必贵重用之。

文中所说的“双印”，指朱、墨双色印本，可见这种印本在万历初期（1573～1588）就已经出现，而为藏书家所珍重。这种版本通常是名家批点本，正文印墨，批点印朱，但万历早期朱、墨双印本保存下来的很少，现所见多为万历中后期刊本。

浙江乌程（今湖州）闵、凌两家族在这方面作出很大贡献，他们是湖州当地大姓，家资雄厚，又是书香门第，热心于出版事业。据陶湘（1870～1940）《闵板书目》（1933）统计，这两家族在万历、天启及崇祯三朝（1573～1640）主要在吴兴所刊刻的经史子集书达百种以上，多数是彩色印本。出书较多的是闵齐伋（1580～1650?）、闵昭明及凌濛初（1580～1644）、凌瀛初等人。万历四十四年（1616）闵齐伋刊朱、墨双色印本《春秋左传》、《礼记·檀弓》和《周礼·考工记》，他在《春秋左传》《凡例》中写道：

> 旧刻凡有批评、圈点者，俱就原版墨印，艺林厌之。今另刻一版，经传用墨，批评以朱，椅仇不啻三五，而钱刀之摩，非所计矣。置之帐中，当无不心赏，其初学课业，无取批评，则有墨本在②。

这种书集原本及评点本于一身，一书多用，以不同颜色印出原文及评点，读之赏心悦目，但制版、印刷用费较高，只供学者研读，初学者仍无力购求。与此类似者，有闵于忱万历四十八年（1620）所刊王世贞（1520～1590）、袁黄（1561～1621在世）评点的精刻本《孙子参

---

① 张秀民，中国印刷史，第522页。

② 明·闵齐伋，春秋左传凡例（1616），载《春秋左传》书首（吴兴：闵齐伋刊本，1616）。

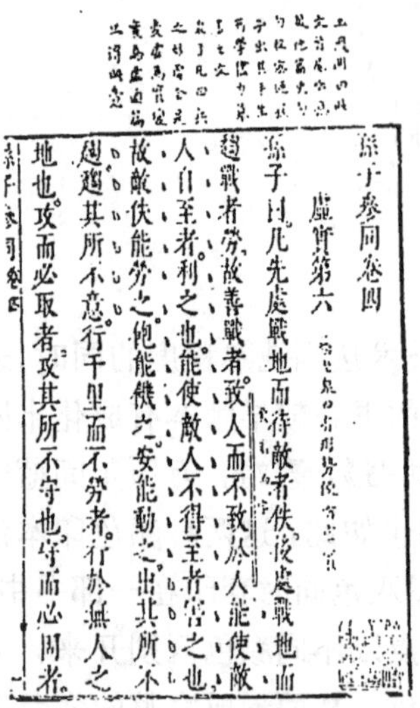
孫子參同卷四
虛實第六
孫子曰凡先處戰地而待敵者佚後處戰地而
趨戰者勞故善戰者致人而不致於人能使敵
人自至者利之也能使敵人不得至者害之也
故敵佚能勞之飽能饑之安能動之出其所不
趨趨其所不意行千里而不勞者行於無人之
地也攻而必取者攻其所不守也守而必固者

图 11-19　万历四十八年（1620）闵于忱刊行的朱墨套印本《孙子参同》

同》[①]。这种双印本评语在版框上，印以朱，圈点、句点及简短评注也以朱印于黑文正文之旁（图 11-19）。这种安排从技术上看不可能是在同一版上分印两种颜色，而是分别刻出两版，再上不同颜料，两次套印于同一纸上。换言之，闵、凌刻本是彩色套印本。万历四十五年（1617），闵齐伋刊宋人苏洵（1009～1066）评点的《孟子》，则是墨、朱及墨绿（黛）三色套印，闵齐伋于跋中说“勿以点缀淋漓为观美而诧异也”[②]。从二色增为三色，使套印技术进一步发展，当然是用三版三印而成。

万历年间，凌濛初刊行过《孟浩然诗集》、《王摩诘（王维）诗集》，凌玄洲刊过张凤翼（1527～1613）的《红拂记》，都是朱、墨套印本。据叶德辉《书林清话》卷八所述，“四色套印，则有万历辛巳（1581）凌瀛初刻《世说新语》八卷。其间用蓝笔者刘辰翁（1232～1297），用朱笔者王世贞，用黄笔者刘应登也。”《世说新语》是刘宋文学家刘义庆（403～444）所编汉晋人轶事集，凌瀛初所刊印者为宋明三家评点本，但删去梁人刘峻（462～521）的重要注文。很多印刷史作品都依叶德辉所载，认为凌氏所印四色套印本时间在万历九年辛巳（1581）。

但王重民（1903～1975）通过对此刊本的仔细研究，认为朱笔评点者不是王世贞，而是其弟王世懋（1536～1588），且凌瀛初在跋中说“家弟初成（濛初）得冯开之先生所秘辰翁、应登两家批注本，刻之为鼓吹”，而 1581 年凌濛初刚刚两岁，则此书必是在他长成之后才能刊行，万历九年凌刊四色套印版之说便难成立。王重民进而认为凌濛初可能初刊过刘辰翁、刘应登二家评点本，其兄凌瀛再将王世懋评点补上去，刊成四色套印本[③]。查《世说新语》套印本有六卷及八卷两种版本，我们认为六卷本为凌濛初所刊，可能是三色本，而凌瀛初刊本为四色本，二者皆刊于万历末年。闵、凌二家所刊一些插图本戏曲、小说也用套色印刷，除前述《红拂记》之外，还有闵光瑜天启元年（1621）刊汤显祖的《邯郸梦》等等，但这类刊本中插图及正文仍以墨印，只是评点部分印以朱色。闵、凌色印本刻印工多为徽州黄、刘及汪姓，故版画仍具徽派风格。

对读者而言，朱、墨双印本最为合用，价钱还可接受，故刊印本数量最大；三色、四色本不但书价昂贵，而且读起来也觉眼花缭乱，故刊本较少；至于五色本，则全无此必要，因此叶德辉说“五色套印，明人无之”。就是在印刷技术高度发达的今天，人们也没有必要用几种颜色去印以文字为主的书。

二　明代的多色套印

如果说套色技术在印文字时受到种种局限，但将这种技术用于印版画却有无限发展的远

① 北京图书馆编，中国版刻图录，第一册，第 76 页；第五册，图 451（文物出版社，1961）。

② 明·闵齐伋，孟子刊本跋（吴兴：闵齐伋刊，1617）。

③ 王重民，套版印刷法起源于徽州说，安徽历史学报创刊号，1957.10，第 31～38 页。

景。事实上，掌握熟练技巧的徽州印刷工已经将才能发挥在多色版画的刻印方面，并取得成果。现存年代较早的明代色印版画，是北京图书馆藏《花史》，原本春夏秋冬四集，所印四季之花皆为写意画，现只残存秋冬两集，实际上是一画册。每幅画面上的花和叶皆着不同颜色，从各色交接处可发现颜色相混现象，因而断定是在同一印版的不同部位刷以不同颜色，再印于纸上。因前二集不在，无法得知绘工、刻印工及出版者以及出版地点，但专家从纸墨刀法定其为万历间刊本①，大约万历二十八年（1600）之物②。

1941年，郑振铎（1898～1958）收得当时极为罕见的徽州制墨家程大约滋兰堂所刊《程氏墨苑》，前面谈明代版画时已作了介绍。他之所以出此书，是因为原在他手下的方于鲁（1548～1613在世）已独立营业，并于万历十六年（1588）出版精美的插图本《方氏墨谱》而名声大振，为了与方于鲁竞争，他决定出版一部更好的墨谱。事实上《程氏墨苑》确比《方氏墨谱》内容丰富、形式更美，特点之一是有近50幅插图用四色或五色印出，例如其中画家丁云鹏绘《巨川舟楫图》就用墨、黄、墨绿、蓝及褐五色印出③。

将《程氏墨苑》与《花史》中的色印图加以对比，我们会发现《程氏墨苑》中彩印图不同颜色交接处甚多，但交接处很少发现颜色相混情况，这说明不是用一版在不同部位涂各种颜色一次付印的，而是用一版多次上色、多次付印或用多版多次上色、多次付印而成。换言之，是多色套印技术的早期发展形式。原书最初为单印本，刊于万历三十年代初（1602～1604），此彩印本经郑振铎、赵万里（1905～1980）研究，断为约万历三十三年（1605）刊行④。王重民认为套版印刷法起源于徽州⑤之说看来是有道理的。因为徽州多色套印本如《程氏墨苑》年代较早，彩色套印从朱、墨双色印演变而来。

徽州又拥有明代较早的朱、墨双印本《闺范图说》十集、六卷，由程起龙绘像，黄应瑞刻版，据王重民考证，刊于1602～1607年之间。现存湖州闵、凌二家在吴兴徽州出版所刊年代可查的朱、墨双印本，似乎没有早于徽州出版的《闺范图说》。而我们知道朱、墨双印本是双版双印的，由双版双色分印到多版多色分印是技术发展的必然之路。继《程氏墨苑》之后，万历三十四年（1606）在徽州出版的《风流绝畅图》，由黄一明刻版，这部书也是五色套印本。

万历年间徽派刻印工研制的多色套印技术，在天启、崇祯年间（1621～1644）更加成熟，并有了专门名称即所谓“饾版”技术，同时又将这种技术与所谓“拱花”技术结合起来，用以制成更优美的版画。饾版是一种多色迭印的美术印刷法，按画稿设色的深浅、浓淡和阴阳向背的不同进行分色，将各色调部分勾描于纸上，再转移至板上，分别刻成多块印板，将事先调好的各种色料涂在印板上一一在纸上套印或迭印，这样，各种色料堆砌拼揍而成完整的彩色画面。颜色的堆砌犹如饾饤，故称饾版。饾饤又名饤饾，是古代供陈设的食品，将不同形状的五色小饼堆积于盘中，名曰饾饤。由于一种色调需一块印板，因此一部彩印版画通常要刻几块以至几十块印板，每板着一色，逐色由浅至深、由淡至浓地依次迭印。所用色料多是水溶性的颜料，照画稿颜色配制，因此饾版后来又称木版水印。拱花是早期不着色的刻版印刷法，在印板上以凸出的线条表现各种花纹和图案，将其压印在纸上，使之有立体感，类

① 北京图书馆编，中国版刻图录，第一册，第108页，第八册，图677（文物出版社，1961）。

② 北京图书馆编，中国印本书籍展览目录，第77页（北京图书馆印，1952）。

③ 北京图书馆编，中国版刻图录，第一册，第108页，第八册，图675（文物出版社，1961）。

④ 北京图书馆编，中国印本书籍展览目录，第77页（北京图书馆印，1952）。

⑤ 王重民，套版印刷法起源于徽州说，安徽历史学报创刊号，1957年10月，第31～38页。

似近代的凸版印刷。这种技术是从造纸领域引入到印刷生产中的，唐、五代以来的砑光纸实际上就是拱花的直接先驱。

明末由书画家胡正言主持刊行的著名的《十竹斋书画谱》和《十竹斋笺谱》，就是按饾版和拱花技术印制出来的。胡正言（1582？～1674），徽州府休宁人，善书画、印刻，又能制纸墨，后离皖寓居于南京鸡笼山侧，因其在房前院内种竹十余株，故室号为十竹斋。南明时召为武英殿中书舍人，入清后不仕，所著有《印存初集》、《印存玄览》、《胡氏篆草》等①。胡正言又喜欢藏书与刻书，他所选编和刊印的《十竹斋书画谱》，属于画册之类，兼有收录名画供人鉴赏及讲授画法两种功能，但不同的是以五色饾版套印。此书共四卷，订为四册，作蝶装，分为《书画谱》、《墨华谱》、《果谱》、《翎毛谱》、《兰谱》、《竹谱》、《梅谱》及《石谱》八大类，收入他本人的绘画作品和复制古人及明代人的名作凡三十家②。每谱中大约有 40 幅左右的画，每画皆配以漂亮书法写成的题词和诗，诗、书、画三者兼而有之，总共 180 幅画和 140 件书法作品，占 289 页。

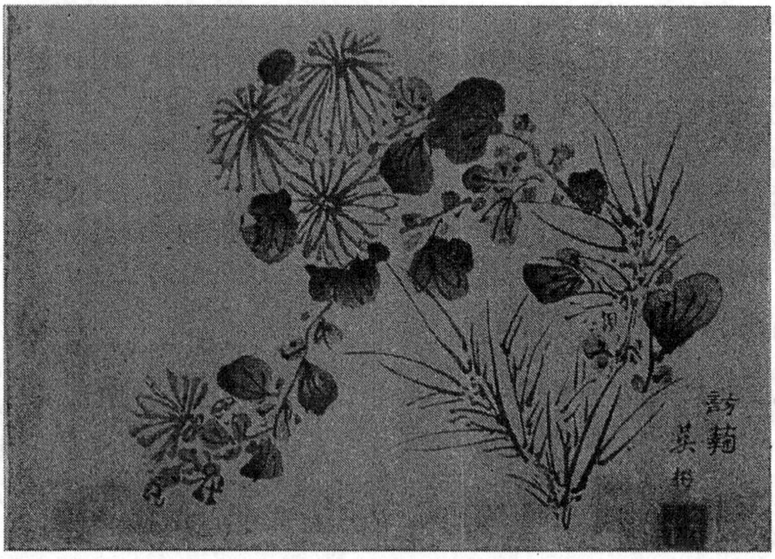

图 11-20 明崇祯六年（1633）南京胡正言刊刻彩色套印本《十竹斋画谱》菊谱图

《十竹斋书画谱》中的《翎毛谱》卷首有天启七年（1627）杨文骢（1597～1646）序，杨文骢字龙友，贵阳人，万历举人，有文才，善书画，崇祯时官江宁知县。《书画谱》有崇祯六年（1633）醒天居士序，这是序文最晚的年代。说明胡正言在天启初已致力版画多色套印技术的研制，将研制样本分批刊出，至崇祯六年这项工作告成，刊出全套《十竹斋书画谱》四卷四册。题词部分四周边框间刻有竹节为栏，以绿色印出，下角有“十竹斋琅干笺”六字，这是胡正言设计特制的用以印书的细白皮纸。版画中花鸟、山水、怪石、博古器物等，都是直接用彩色印出，不借任何轮廓勾描，而且能显现颜色的深浅、浓淡，同时在相异颜色交接处不再有颜色相混现象，具有手绘那样的效果。

在《十竹斋书画谱》顺利出版过程中，胡正言又准备编辑出版《笺谱》的工作。笺纸是

---

① 清·马步蟾，道光《徽州府志》（1827）卷十四，《方伎二·胡正言传》（道光七年原刻本）。

② 蛀蟫生（向达），记十竹斋，图书季刊，1935，卷二，1 期，第 39～42 页。

写信、写诗用的纸，常经艺术加工而成，古人以砑花纸及染色纸为笺纸，亦用帘花纸或水印纸，但纸上花纹、图案一般无色，间亦手绘简单图案。胡正言收集各种笺纸样品，自己又设计一些新款式的笺纸，将其花纹图案以饾版和拱花技术印出，名曰《十竹斋笺谱》。此书共四卷，装为四册。每卷分若干类，少则八九类，多至十六类，笺纸上的图案有古代器物、各种岩石、花草树木、山水、人物等等，图形有彩色的，也有无色的拱花产物，如卷二《相赠》类中的折枝花就是以压力从印板上印出的无色花纹，周围没有着色的轮廓。四卷总共有画页289幅，这样印出的笺谱不是为写信写诗用的，而只供玩赏和收藏。书首有崇祯甲申十七年（1644）安徽歙县人李于坚等人的序，则该书问世时已是明代统治最后的一年。《书画谱》和《笺谱》是姊妹篇，是胡正言及其合作者运用饾版及拱花技法使雕版印刷技术达到登峰造极地步的经典杰作。

胡正言的家乡友人李克恭在《十竹斋笺谱序》中谈到明代文人所用笺纸的艺术加工工艺时写道：

> 嘉、隆以前，笺制朴拙。至万历中，稍尚鲜华，然未盛也，至中晚而称盛矣，历天、崇而愈盛矣。十竹诸笺汇古今之名迹，集艺苑之大成。化旧翻新，穷工极变，勿乃太盛乎！而犹有说也。盖拱花、饾板之兴，五色缤纷，非不烂然夺目。然一味浓装，求其为浓中之淡，淡中之浓，绝不可得，何也？饾板有三难，画须大雅，又入时眸，为此中第一义。其次则镌忌剽轻，尤嫌痴钝，易失本稿之神。又次则印拘成法，不悟心裁，恐损天然之韵。去其三疵，备乎众美而后，大巧出焉。
>
> 然虚衷静气，轻财任能，主人之精神，独有笼罩于三者之上，而弥漫其间者。是谱也，创稿必追踪虎头龙眠，与夫仿佛松雪、云林之支节者，而始倩从事。至于镌手，亦必刀头具眼，指节通灵，一丝半发全依削镰之神，得心应手，曲尽斲轮之妙，乃俾从事。至于印手，更有难言，夫杉杙（jì，小木桩）棕肤（棕刷），《考工［记］》之所不载，胶清彩液，巧绘之所难施。而若工也，乃能重轻匠意，开生面于［薛］涛笺，变化疑神，奇仙标于宰笔。玩兹幻相，允足乱真。并前二美，合成三绝。

李克恭（1595～1665在世）字虚舟，南京应天府上元人，书画家，亦精于印刻。他指出笺纸在嘉靖（1522～1566）、隆庆（1567～1572）年前还较质朴，但至万历年（1573～1619）时已讲求艺术加工，万历中期（1589～1604）、晚期（1604～1619）开始盛行，而到天启（1621～1627）、崇祯（1628～1644）时艺术加工笺纸愈益盛行，除借造纸加工手法使其更美观外，还动用印刷手法进行艺术加工。胡正言在万历年已开始收集这类笺纸，意欲将其各种装饰方式汇集起来按其原色原样加以出版，所刊《十竹斋笺谱》可谓“汇古今之名迹，集艺苑之大成”。同时又“化旧翻新，穷工极变”，推出新款式，使笺纸之制达极盛地步。

李克恭接下指出，胡公正言使笺纸推陈出新、锦上添花的主要手段是借用天启年以来正在兴起的拱花、饾版技术，“盖拱花、饾板之兴，五色缤纷，非不烂然夺目”。他在这里给出了这两种印刷技术的行业术语名称，并指出运用饾版技术时要力求熟练掌握的三个关键工序或必须克服的三项技术难关。

第一，画稿选材上应取高雅的艺术创作，能为读者所接受和喜爱，反映时代精神和习尚。临绘画稿时，要忠实原作笔意及意境，这是最重要的。因此要求不但形似，而且神似，且原作设色各种颜色深浅、浓淡都应再现出来。第二，要对画稿从艺术和技术加以剖析，进行正确的分解、分色处理，勾绘出各色调印板所要印出的部分。刻工要认真镌版，一丝不苟地下刀，不失画稿神韵。作到“刀头具眼，指节通灵”，具有以刀代笔那样的技巧和画家那样的严肃工作作风。第三，刷印工应按画稿原貌正确调配色料，精心涂在各个印板所在部位，不得有丝毫差错。各色板迭印在纸上形成完整画时，在色调上亦应保持画稿上原有之风韵。亦即在绘、刻、印这三方面要很好地配合，均达到绝妙的程度，才能进入“三绝”的境界。胡正言以其艺术和技术实践与他的合作者确实进入这一境界。他的《十竹斋笺谱》如此，而《十竹斋书画谱》更是如此。

南京上元人程家珏《门外偶录》载十竹斋有刻印工十数人，斋主胡正言对他们不以工匠相称，与他们“朝夕研讨，十年如一日”，使其技艺亦日益加精，每一步骤都由斋主亲临现场，加以讨论，这些刻印工中有徽州的汪楷（1592～1666 在世）等人和南京当地人，融合徽州和金陵两派的优点。他们都是有艺术教养的技师，他们的劳动属于精细印刷工艺，受到胡正言的尊敬，“不以工匠相称。由胡正言主持的这项印刷工程在历史上开创了将精细版画雕刻、多色套印和凹凸印三者紧密结合的新记录，具有划时代的深远影响，直到今天仍被继承发扬。20 世纪 30 年代，鲁迅和郑振铎编印《北平笺谱》（1933）时，委托北京荣宝斋据饾版、拱花技术于 1934 年复制《十竹斋笺谱》，1952 年重印，1985 年上海杂云轩又以同法复制了《十竹斋书画谱》。现在用木版水印技术已能使古代任何艺术绘画再现原貌几乎可以乱真，对保存文化遗产有重大意义。胡正言的贡献在当时世界上也是一流的，受到海外的注意和高度评价，两部书用胶印法在西方均被复印出来①。

如李克恭所说，明代人对诗笺、信笺的艺术加工至天启年已盛极一时，因而在胡正言编印《十竹斋书画谱》和《十竹斋笺谱》的同时，颜继祖也在南京作类似事情。颜继祖（1590?～1639）字萝轩，福建龙溪人，万历进士（1619），历工科给事中，擢太常寺卿、山东巡抚，天启六年（1626）寓居金陵时编辑出版《萝轩变古笺谱》（图 11-21），此书上下二册。上卷分话诗、�兰、飞白、博物、折赠、琱玉、斗草等类，下卷有选石、遗赠、仙灵、代步、搜石、龙钟、择栖等类，书中有各种器物、花草树木、岩石等版画 182 幅，另有手写题诗，也是集诗、书、画为一体的笺纸谱录之著。各图亦借饾版、拱花技术印出，刻印工为南京应天府江宁人吴发祥（1578～1652?）。

此书藏于上海市博物馆，徐蔚南（1902～1952）《中国美术工艺》（1940）中已予著录②，1964 年沈之瑜著文介绍③后，引起人们注意。《萝轩变古笺谱》出版时间虽比《十竹斋笺谱》早 18 年，但只比《十竹斋书画谱》早一年，可以说胡正言和颜继祖二人同时致力于发展饾版及拱花技术，也许胡正言稍早些，因为他出的书版画多，费时较长，故刊行时间稍迟。

将二人编印的书加以对比，发现《萝轩变古笺谱》中的插图着色部分先勾出轮廓，所用色调浓淡变化较少，而《十竹斋书画谱》及《十竹斋笺谱》着色部分则用宋人无骨画法，没有勾绘轮廓，同时不但插图数量大，而且色调浓淡变化大，因而绘、刻、印三方面难度也更大，胡正言起始时间早，完工时间迟，便很自然。另一方面，十竹斋的画册在社会上影响广，被普遍认为是学习绘画的标准范本，《萝轩变古笺谱》则起不到这种作用。这就是说，胡正言

① J. Tschichold, Chinesische Gedichtpapier vom Meister der Zehnbambushalle (Basil: Holbein Verlag, 1947); Die Bildersammlung der Zehnbambushalle (Erlenbach, Switzerland: Rentsch Verlag, 1970); Chinese Colour Prints from the Ten Bamboo Studio, translated from the German by Katherine Watson (London: Lund Humphries, 1972).

② 徐蔚南，中国美术工艺，第 113 页（上海：中华书局，1940）。

③ 沈之瑜，跋萝轩变古笺谱，文物，1964，7 期，第 7～9 页（北京）。

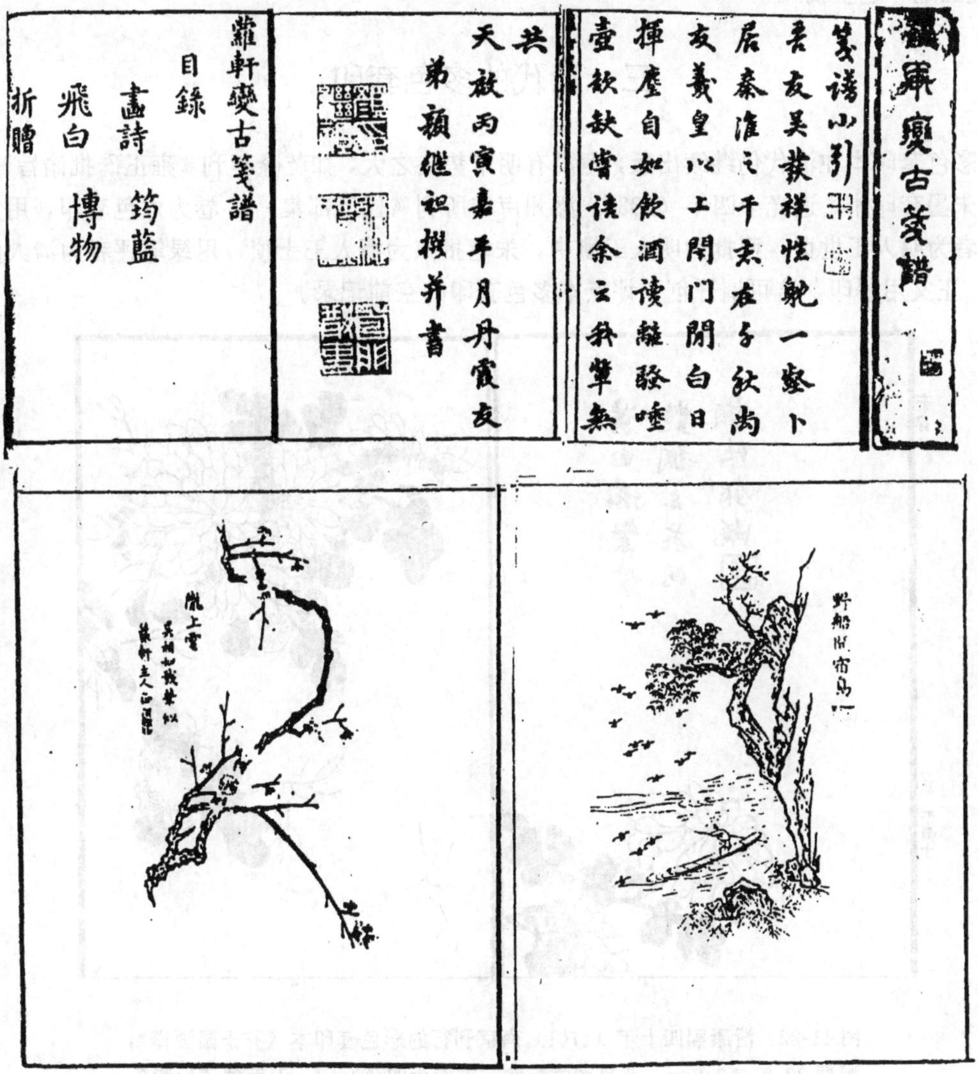

图 11-21　明天启六年（1626）颜继祖在南京刊刻的彩色套印本《萝轩变古笺谱》，南京人吴发祥刻，版框 21×14.5cm，上海博物馆藏

对中国印刷史的杰出贡献仍要充分肯定。

南京有胡、颜两家差不多同时出版多色套印版画作品，说明他们使用的技术应当有更早的共同来源。本书第四章第四节已指出，拱花技术是唐代纸工发明的，即所谓砑花纸，五代时已能于纸上印出无色的复杂图案，这种技术在宋以后继续流传。至于饾版，到目前为止可能认为起源于万历年间的徽州一带。但将饾版与拱花结合起来用于印刷，应归功于胡正言。钱存训报道说，《十竹斋书画谱》于天启六年（1633）出齐之前，还于天启二年（1622）出版过其中《竹谱》中的十七幅竹图①，而这又比《萝轩变古笺谱》反而早了四年。1985 年，上海杂云轩按古法复制了《萝轩变古笺谱》之后，又复制了《十竹斋书画谱》，从此人们得见十竹斋

① Joseph Needham, Science and Civilisation in China, vol. 5, pt. 1, Paper and Printing by Tsien Tsuen-Hsuin, p. 284 (Cambridge University Press, 1985).

"二美三绝"之全貌。

三　清代的多色套印

彩色套印本在清代仍继续出版，但没有明末势头之大，如乾隆年刊《雍正硃批谕旨》112册为朱墨套印本。道光十四年（1834）涿州卢坤所刊《杜工部集》25卷为六色套印，用紫笔评注者为明人王世贞，蓝批为明人王慎中，朱笔批点为清人王士祯，用绿笔评者为清人邵长蘅[①]，正文用墨印，这可谓开创了评点本多色套印的空前记录。

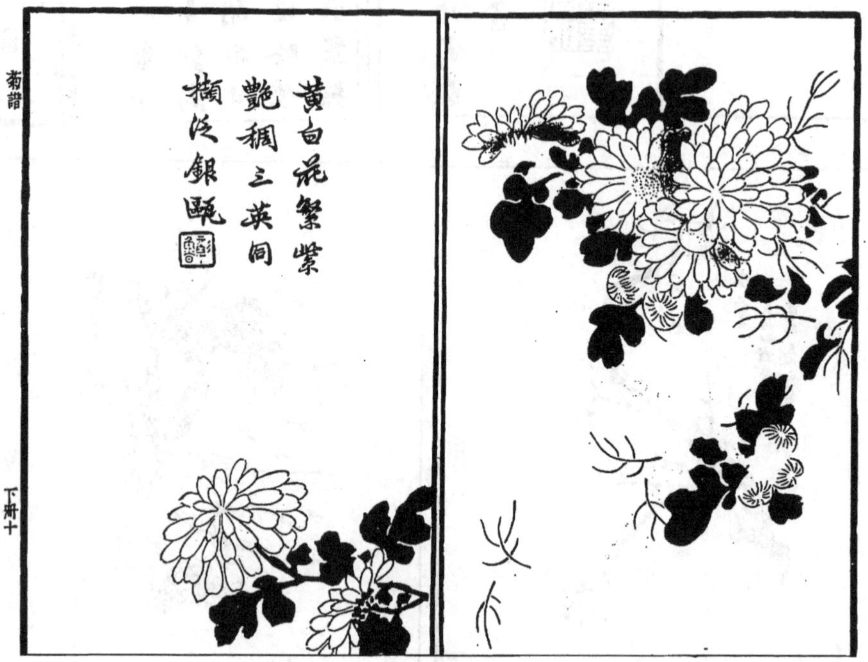

图 11-22　清康熙四十年（1701）南京刊行的彩色套印本《芥子园画谱》，
版框 22.2×13.8cm，北京图书馆藏，右图为四色套印，下面枝子为黄色

康熙年间在南京出版的《芥子园画传》，又将明末《十竹斋书画谱》所用的饾版印刷技术再度兴旺起来。由于这套论述中国画基本画法的图谱是在李渔（1611～1679）的金陵别居芥子园内刻印，又得到李渔的资助，因而书名为《芥子园画谱》，共三集。李渔字笠翁，浙江兰溪人，是明清之际多产的戏曲家，他多才多艺，兴趣广泛，清初寓居金陵。他为《芥子园画谱》初集写的序中说，其婿沈因初（字心友，1631～1701在世）藏有明代嘉定画家李流芳（1575～1629）教授弟子绘画时留下的山水画稿43幅，又请寓居金陵的秀水籍画家王概（1644～1700在世）对画稿整理并增绘至133幅。李渔见后大为欣赏，鼓励刊行，并为此提供工作场所与资金，初集五卷于康熙十八年（1679）以彩色套印出版，为山水画谱，先列画学浅说次述诸家画式及设色绘法，最后摹绘名家原作，颇便初学，问世后受到欢迎。

此后沈因初继续筹措资金，按初集的体例刊行其他画谱，除王概参与编绘外，还有其兄

① 叶德辉，《书林清话》（1920）卷八，第215页（北京：古籍出版社，1957）。

王蓍及弟王臬，另有画工诸昇、王质参与绘事。二集于康熙四十年（1701）出版，共八卷，分兰、竹、梅、菊四谱。在准备二集过程中也开始了三集的编绘，主要由王概、王蓍及王臬三兄弟负责。看来王概始终从事这一工作，起主编作用，而发起与主持刊刻的则是沈因初。三集共四卷，分草虫、花卉、花木及翎毛诸谱，与二集同时出版，体例与初集同，也都是饾版彩色套印。这三集的刻工不载其名，当是南京刻印工。《芥子园画谱》在艺术和技术上足可与《十竹斋书画谱》比美，在社会上培养了一批又一批的画家，把清代版画技术推向一个高潮。在画面处理上采取加轮廓着色与不加轮廓直接着色相结合的方法，有的画是用单一黑色浓淡不同的色调套印。

《芥子园画谱》前三集出版后，原从事这一工作的人或因年迈，或已过世，人物画谱卷的出版便告中断。117年之后，嘉庆二十三年（1818）苏州书商小酉山房将丹阳的人物画家丁臬（1761～1826在世）的《传真心领》及上官周的《晚笑堂画传》两个人物画谱编在一起出版，名为《芥子园画谱四集》，仍以套色印刷刊行。该书共三卷，分仙佛、贤俊及美人三谱，编排上仿照前三集体例，附《图章会纂》。实际上此集与前康熙年出版的《芥子园画谱》全无关系，但客观上却补充了原书人物画谱之不足。此后再版时，索性将四集放在一起出版，似乎是一个体系，由于丁臬的人物画很出色，人们也就不再追究第四集冒用书名的事了。

第三编

民族地区的造纸、印刷史

第十二章　维吾尔族和党项族地区的造纸、印刷

中国是个多民族国家，除汉族外，还有55个少数民族。少数民族人口总数达7000万人以上。长期以来，各少数民族与汉族共同开发祖国的辽阔疆土，发展各地的经济、文化和科学技术。形成团结互助、相互依赖的亲密关系，在造纸和印刷技术史中，也同样如此。各少数民族都能利用本地区资源，结合本民族语言文字等特点，造出各种适用的纸、印出用民族语文写成的读物，丰富了中国造纸和印刷技术的内容。这是中华民族文化的宝贵遗产，值得认真整理和研究，使之发扬光大。

由于少数民族多处边疆，中国的纸和造纸术以及印刷品和印刷术最初也是通过一些民族地区传播到国外去，这在沟通中外科学文化交流方面起了积极作用。现拟分三章研讨维吾尔族、党项族、女真族、蒙古族、满族、藏族、瑶族、纳西族、彝族和壮族等民族地区的造纸和印刷史。过去，我们曾作过初步研究，现在原有基础上再加以扩充与深入。

第一节　新疆维吾尔族地区的造纸

新疆维吾尔自治区地处中国西北边疆，面积达160多万平方公里，是中国最大的一个自治区，其土地面积比欧洲英、法、德、意、比利时、瑞士及荷兰七国面积的总和还要大。新疆是以维吾尔族为主体的多民族聚居区，维吾尔族人占全区总人口的2/3，此外还有汉、哈萨克、蒙、回、柯尔克孜、塔吉克、锡伯、乌孜别克等民族，他们很早以来就共同劳动，辛勤开发了祖国的大西北边疆。自从西汉张骞（约前173～前114）奉汉武帝命出使西域、从而开通中国与中亚、西亚以至欧洲的陆上贸易通道即丝绸之路后，汉政府在这里设西域都护府，大批汉人随军从内地来此定居，从事农商。

汉人和塔里木河流域的楼兰、于阗、大宛、疏勒、龟兹（今库车）、焉耆、姑师等地的民族一道，共同发展新疆地区的经济和文化。塔里木河流域的各民族与后来从贝加尔湖以南色楞格河流域迁来的回鹘等民族融合，形成今新疆境内的维吾尔等民族。维族先民可追溯到战国末（公元前3世纪）的丁零和南北朝（4～5世纪）时铁勒或高车的袁纥部，主要在蒙古高原游牧。袁纥隋朝称韦纥，唐代称回纥、回鹘，而元、明时称畏兀儿，这都是Uyghur的不同译音，是维吾尔族的自称，有“团结”、“联合”之义①。唐代时，回纥部以鄂尔浑河流域为中心建回纥汗国（647～846），沿用唐代官制，与唐保持密切关系，从游牧过渡到半定居。唐先后以三位公主嫁与回纥汗为妻，进一步带去中原文化。《旧唐书》卷一百九十五《回纥传》称，元和四年（809）回纥可汗遣使来朝，请改称回纥为回鹘，“义取回旋轻捷如鹘也”。公元750～830年间是回鹘最盛时期，经济、文化获得很大发展。

唐开成五年（840），回鹘为黠戛斯（Xiajiasī）所破，回鹘人向西迁移，一支迁往河西走廊，牙帐设于甘州（今甘肃张掖），称河西回鹘或甘州回鹘，10世纪后进入封建社会。当时河西地

① 冯家昇等，维吾尔族史料简编上册，第一章及以下各章（民族出版社，1958）。

区由归唐的汉人张义潮（799～872）统领，因此甘州回鹘依附于唐归义军节度使。1030年西夏占据河西后，又依附西夏，1227年由蒙古统治。另一支回鹘人西迁到西州，以高昌（今新疆吐鲁番）为中心，建都城于和州即吐鲁番东的哈喇和卓，称西州回鹘或高昌回鹘。应当指出，在回鹘人来高昌之前，北魏和平元年（460）漠北的游牧民族柔然攻入这里，立汉人阚伯周为高昌王，建立高昌王国，此后由张孟明、马继儒及麴嘉统治，麴氏高昌（499～640）是年代最长的最后一个王朝，贞观十四年（640）为唐所灭，于其地置西州及安西都护府。

高昌国虽地处西垂，但与内地联系密切，官制、政令及文化与内地一致，境内多汉人，少数为柔然人、高车人、突厥人及匈奴人。因此840年来高昌的回鹘人再次与汉文化传统相遇。高昌回鹘10世纪末又向西发展至龟兹（Jiüzi）即今新疆库车。西迁后的回鹘，信仰佛教，使用回鹘文（古维吾尔文）。维吾尔语属阿尔泰语系突厥语族，古回鹘文是一种拼音文字，借用中亚粟特文（Sogdian）字母创制而成，8～15世纪通行字母18—23个，书写时从右向左横书，后改直书左行①。13世纪时蒙古人用回鹘文字母缀写蒙古语，因而古回鹘文很像蒙文，可见回鹘文化对中国其他民族创制文字也有不少影响。

一　新疆地区古纸的发现

新疆在国内外贸易和经济、文化交流中占有很重要的作用，因此从汉晋、唐宋至元明清以来，历代统治者都特别注意加强中原地区与新疆在政治、经济和文化上的紧密联系。内地的各种产品如丝织品、铁器、陶瓷器、茶叶、漆器、金银铜器、药材、日用商品、纸张及科学文化典籍等，源源不断地运往新疆，除在当地销售外，再贩运到西部各国，而新疆的珠玉、宝石、白叠（棉布）、马羊及毛织品等特产也随西方各国的货物流入内地。汉族地区工农业各种生产技术也在不同时期引进新疆，由于这里土地肥沃、矿产丰富，农田、水利、畜牧及各种手工业都达到当时相当高的水平，社会生产力和经济、文化发展水平在有些地方已接近内地。

沿丝绸之路的各主要城市如疏勒（今喀什）、龟兹（今库车）、西州（今吐鲁番）、于阗（今和田）、尼雅（今民丰）、鄯善（今若羌）及楼兰（罗布淖尔一带）故地，当年都相当繁荣，国内外商人往来如织。由此再东行，便至甘肃境内的沙州（今敦煌）、凉州（今武威），经天水很快就到长安。自20世纪初以来，新疆境内上述各地古墓葬及古代遗址中出土许多优美的丝织品，正是古代丝绸之路贸易的历史见证。

有趣的是，凡有丝织物出土的地方，往往有古纸出土，说明纸也是从中国内地沿丝绸之路西传的，我们不妨将这条丝路称之为“纸之路”或Paper Road。而且沿纸路出土的纸本文书及典籍写本，写有汉文、古回鹘文、汉文与回鹘文合写，还有西夏文、突厥文、古藏文、察合台文、蒙文、龟兹文、于阗文、焉耆文，甚至还有中亚、西亚流行的粟特文、吐火罗（Tokhara）文、叙利亚文以及印度的梵文和欧洲的希腊文。这也表明在新疆地区，中外很多民族都使用了纸，纸也像丝织品一样很早就成了中国的出口商品。新疆出土的纸除本色纸外，还有色纸及其他加工纸，还有纸本绘画、剪纸、纸牌、纸靴、纸帽、纸棺等多种用途的纸制品以及纸本印刷物，数量多、种类杂，而且许多都有年款，无年款者也可从伴出物定出年代，

① 陈永龄主编，民族辞典，第421页（上海辞书出版社，1987）。

为我们对该区造纸的研究提供有力的实物资料。

像中原地区一样，新疆各族在没有纸之前以木简为书写工具，有纸之后也时而纸、简并用。例如在巴楚县脱库孜萨来古城早期寺庙遗址中，就出土不少古龟兹文木简[①]。然而在汉代发明纸后不久，纸便迅即传入新疆地区。1933 年考古学家在罗布淖尔汉烽燧遗址掘出宣帝时（前 73～前 49）造的麻纸[②]，说明西汉时纸已传到新疆，供当地屯戍士兵使用。1901 年斯坦因也在同一地点掘得二纸，均写有汉字，一为书信，另一为四字一韵的教子弟书，当为东汉之物[③]。1959 年新疆民丰东汉夫妻合葬墓内，还发现揉成团的纸，纸上有黛粉，可能供描眉之用[④]。继两汉之后，三国、晋、十六国、南北朝至隋唐，历代所造之纸均可在新疆地区发现。例如瑞典人斯文赫定（Anders Sven Hedin，1865～1952）1900 年在罗布淖尔的古楼兰遗址发掘出 3～4 世纪的纪年纸本文书，其中包括晋代嘉平四年（252）、咸熙二年（265）和北朝永嘉四年（310）等文书，同时还发现晋泰始年（265～274）、咸熙年（266，268）的木牍[⑤]。可见在西晋时木牍在西北还未退出历史舞台，但东晋以后便基本被纸所取代。

20 世纪以来，在吐鲁番高昌遗址也出土许多早期纸本文物，其中较早的是西晋元康六年（296）《诸佛要集经》写本，为日本人大谷光瑞（1876～1948）1909～1910 年在鄯善所发现[⑥]。黄文弼（1893～1966）1928 年在哈拉和卓发现的后秦白雀元年（384）衣物券，很值得研讨，因纸上的汉字是用蓝墨水写的，现藏于中国历史博物馆[⑦]。1964—1965 年新疆考古队在吐鲁番地区重新发掘出一批早期的纸，如 1964 年阿斯塔那墓葬中出土的建兴年书信，纸上写有“王宗惶恐死罪”及“九月三日［王］宗［惶］恐死罪，……秋，……节转凉，奉承明府体万福”等字，写信人为前凉时的王宗。纸上年款部分没有保存下来，但同墓则有“建兴三十六年九月己卯朔廿八日丙午高昌……”等字的绢制柩铭，据此可断定此信不迟于公元 348 年[⑧]。“转凉奉承”中的“凉”，指凉州（今甘肃武威）。张氏前凉（313～376）于 327 年在吐鲁番置高昌郡，且用晋建兴年号达 49 年之久，建兴三十六年合前凉张重华（346～353 年在位）永乐三年。1965 年阿斯塔那 39 号墓出土文书，纸上写有“升平十一年四月十五日，王念以兹驼卖与朱越”等字，是王念向朱越卖骆驼的契约，升平十一年（367）是东晋年号，相当前凉张天锡太清五年。

新疆出土的文书中，有许多件具有重要文物和史料价值，如隋代薛道衡（540～609）《典言》残卷、唐代《西州营名籍》、《开元籍帐簿》以及白怀洛、张海隆、卜老师等人的借钱契等，都有史料价值。尤其 1965 年吐鲁番英沙古城东南佛塔出土的晋人抄写的陈寿（235～297）《三国志》（290）《魏书·臧洪传》及《吴书·孙权传》及 1969 年吐鲁番出土的唐景龙四年（710）卜天寿抄写的《论语郑注》，具有文献价值。此残卷直高 27 厘米，每纸横长 43.5

---

① 黄文弼，元阿力麻里城考，考古，1963，10 期。

② 黄文弼，罗古淖尔考古记，第 168 页，（北平，1948）。

③ 罗振玉，流沙坠简，第一册，简牍遗文第 7 页（宸翰楼自印本，1914）。

④ 李遇春，新疆民丰县北大沙漠中古遗址墓葬区东汉合葬清理简报，文物，1960，6 期。

⑤ A. Conrady (ed), Die chinesischen Handschriften und sonstigen Rleinfunde Sven Hedins in Lou-lan, pp. 93, 99, 101 (Stockholm: Generalstabens Lithografiska Anstalt, 1920).

⑥ 大谷光瑞，西域考古图谱第一册，序（东京：国华社，1915）。

⑦ 黄文弼，吐鲁番考古记，第 33～34 页（中国科学院出版社，1954）。

⑧ 李征，吐鲁番县阿斯塔那、哈拉和卓古墓群发掘简报，文物，1973，10 期，第 12 页。

厘米，全长5.2米，麻纸。存《为政》后半及《八佾》、《里仁》、《公冶长》三整篇，卷尾题记为："西州高昌县、宁昌乡、厚风里，义学卜天寿，年十二"等字①。上述晋写本《三国志》及唐写本《论语》残卷，是此二书迄今所存最早的写本。

图12-1　新疆出土高昌有关"纸师"的文书

图12-2　新疆出土高昌有关"纸坊"的文书

值得指出的是，新疆还出土了极为珍贵的早期纸本绘画，尽管不是出于名家之手，却说明当时的纸可作画。1964年吐鲁番阿斯塔那所出十六国（290—420）时绘的地主生活图（长100.5厘米，宽47厘米），是现存最早的纸本绘画②。1969年吐鲁番一座唐墓内也出土一幅纸本设色花鸟画③。共三幅，每幅直高为20.1厘米，横长14.1厘米。所用麻纸呈白色，纸厚，可分层揭开，表面经研光，部分表面似乎有一层白色矿物粉。从画风看，这画为民间艺术作品。

在中国各省区中，新疆出土的纸制品种类最多，数量也大。除上述外，1959年阿斯塔那墓葬中发现的对鹿团花、对猴团花及忍冬纹团花的民间剪纸，年代分别为公元541，551及567年。1973年阿斯塔那506号墓所出唐代纸棺，尤为独特。此外还可看到送葬用的纸钱、纸帽、纸鞋、纸腰带等。新疆吐鲁番地区的墓葬可以说是埋藏各种古纸的地下博物馆。

承新疆维吾尔自治区博物馆大力支持，笔者自1970年起多次系统研究了近半个世纪以来该区出土的晋一十六国、北朝至隋唐，即3～9世纪的历代古纸④。这些古纸经检验后证明在

① 新疆维吾尔自治区博物馆，吐鲁番阿斯塔那北区墓葬发掘简报，文物，1959，6期，第13～21页。

② 新疆维吾尔自治区博物馆编，新疆出土文物，第29页，图版47（文物出版社，1975）。

③ 同上，第78页，图版117。

④ 潘吉星，新疆出土古纸研究，文物，1973，10期，第52～60页。

原料选择和制造方法方面，与中原是一致的，大体可分为四大类。第一类是麻类，主要是大麻及苎麻纤维，此原料来自废旧的麻绳及破布，属于熟纤维，在各种纸中以麻纸为数最多。第二类是木本韧皮纤维，主要是楮皮、桑皮、瑞香皮纤维，属于生纤维，这类皮纸多出现于唐代及唐以后。如开元三年（715）写《西州营名籍》为楮皮纸。第三类是混合原料，主要是麻料与树皮料混合制浆，如阿斯塔那出土的唐麟德二年（665）写的卜老师借钱契，就是这类纸。第四类是已用过的纸，利用其没有字迹的背面重新书写或印刷，古时称为“反故”。例如唐开元四年（716）籍帐簿，正面写受永业田户主、家族、田产等，而卜天寿得此帐簿纸后，则在纸背写《论语郑注》。9世纪双面抄写的回鹘文佛经，又是一例。敦煌石室所出实物也有类似情况。如五代时用北朝写经纸背面印佛经。这些实例说明，古人对纸的利用是既珍惜又充分的。

二　新疆造纸的起始时间

新疆出土的纸经研究证明，多数来自内地，也有的是当地抄造。新疆究竟是从何时开始造纸呢？20世纪70年代初，笔者系统检验出土纸样时，发现1972年吐鲁番阿斯塔那151号墓出的文书（原编号72TAM151：52）中，写有“纸师隗显奴”、“碑堂赵师得”、“鹿门赵善喜”、“兵人宋保”等字样。纸直高29.6厘米，横长残，为白色皮纸（图12-1）。该文书年代为高昌王麴文泰的重光元年（620），文书中的“碑堂”、“鹿门”、“兵人”和“纸师”等，当是麴氏高昌专门政职务，纸师隗显奴是专门掌管造纸的匠师。同墓出的另一纪年文书，是高昌王麴口在位的义和二年（615）由传令官吴善喜下达的命令（原编号72TAM151：15）。命令要求“弓师侯尾相、侯元相二人，符到作具，粮食自随。期此月九日来诣府，不得违失”。意思是说，王府令弓师侯氏二兄弟立即自带工具及口粮，在义和二年十月九日（615年11月5日）来府受命，不得违失。这里所说的弓师，是掌管弓箭制造的匠师，与前述纸师一样，都服务于官府。此文书纸高26厘米，横长残缺，白色麻纸，粗帘条纹，不及重光元年文书纸精良，很可能是当地所造①。出土的文书表明，至迟在7世纪初（620）高昌已有造纸作坊，距今一千二百多年，这是迄今所见有关新疆造纸的最早文字记载。

1972年，吐鲁番阿斯塔那167号墓更出土另一件纸本文书（原编号72TAM167：3），高21.7厘米，长8.5厘米（横长残缺），肤色麻纸，粗帘条纹，每条帘纹粗0.2厘米或2毫米，帘纹呈弯曲状。从技术上判断不是用中原地区常用的竹帘抄造，因为用竹帘抄造的纸，其帘纹应是笔直的，而不应是弯曲的。纸上留有如下文字：“当上典狱配纸坊驱使”（图12-2），意思是，拟将监狱中一些犯人送往纸坊造纸。这是新疆出土文书中有关当地设纸坊的明确记载。可惜，这件珍贵的文书只有残片，可辨者仅这九个字，也无纪年。但出土此文书纸的第167号墓位于高昌时期的墓群中，附近各墓出土物多为8世纪的文物，从纸上墨迹书法风格观之，此文书年代不会晚于中唐（8世纪），有可能更早些，但也不会早于6世纪。这张纸为当地所造无疑，可以此作为判断新疆造古纸之标本。

据研究，新疆地区早期抄造的纸具有下列技术特征：（1）纸的原料多为破布类麻纤维；（2）纸的帘条纹宽度为0.2厘米左右，有时帘条纹并非笔直，而略带弯曲，呈波浪纹状；

① 潘吉星：中国造纸技术史稿，第136～137页（北京：文物出版社，1979）。

(3) 纸一般较为厚重，薄纸极少见。迎光看，纸浆分布不甚均匀。纸的以上特征是由新疆地区的资源和技术经济条件造成的。从这里我们再一次看到，造纸技术和纸的形制的演变不但有时代性，而且有地域性。纸所具有的这两性正是我们从技术上鉴定其年代及产地的科学依据，古今中外概无例外。

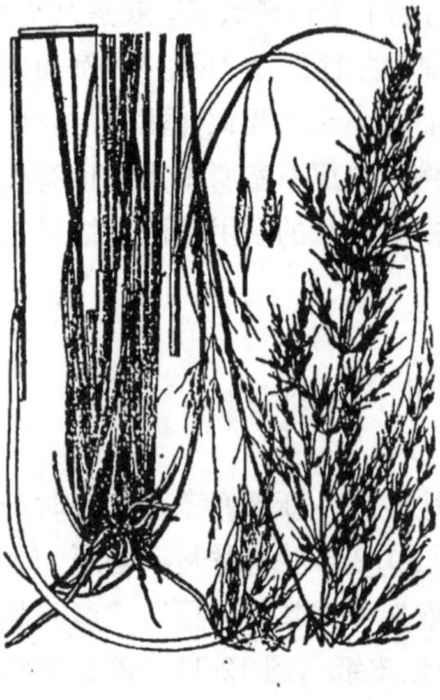

图 12-3　芨芨草

当我们探讨新疆各地的出土古纸时，曾注意到：(1) 从技术条件及历史背景观之，新疆地区从 4 世纪就已具备了造纸的技术条件，而当地对纸的需要也越来越大；(2) 新疆地区盛产麻类，麻纺早已自给，有了充足的造纸原料来源，而造麻纸比造皮纸更为简便易行；(3) 新疆地区不产竹，缺乏用细竹条编制抄纸帘的原材料，于是因地制宜地用当地产的莎草科芨芨草（*Achnatherum splendens*）（图 12-3）草杆编成纸帘，以代替竹帘。此草为多年生草本，高 0.5～2.5 米，茎径 2～3 毫米，粗壮而坚硬。新疆造的纸帘条纹粗 2 毫米，正是芨芨草杆之直径；(4) 用芨芨草杆编纸帘，须用整根草茎，而不是像竹条编帘那样由短竹条接拼成帘，因而纸帘抄用一段时间后，草杆变形呈弯曲状，使纸的帘条纹也呈弯曲；(5) 芨芨草杆较粗，粗帘抄纸时滤水较快，使帘面浆液分布不匀，影响纸的质量。为使其浓度增加，通常抄出厚重的纸。这些条件构成了新疆当地造的纸的形态特征。

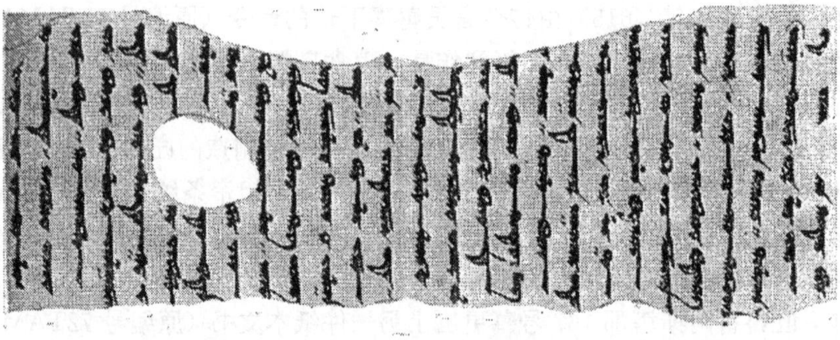

图 12-4　新疆出土的回鹘文写本《大唐三藏法师传》残卷（局部）北京图书馆藏

由于解决了新疆产纸的形态特征，再依此对比出土的纪年文书纸，就会发现，早在十六国（304～436）时期新疆就已能自行造纸，因为这时期的纪年文书纸都具有这些特征。前面谈到的 615 年文书纸中“纸师”之职，不过是表明新疆造纸的时代下限。将新疆所造纸的形态特征与敦煌石窟写经纸作技术对比，也一举解决了某些敦煌石室写经纸的产地问题。二者在形态上颇为类似，因为芨芨草野生于新疆、甘肃、青海等西北及华北等地。敦煌石室写经纸有些为敦煌、武威、张掖一带的河西四郡所造，至迟在晋代已有了纸坊，比新疆造纸还早，新疆造纸技术可能是直接从甘肃引进的。因为自敦煌出玉门关西行，很快就进入新疆境内。新疆出土早期文书纸经化验后，发现也有用皮料抄造的，但文字内容表明此皮纸为内地其他地方所造，而运入新疆的。新疆当地造皮纸应晚于麻纸。内地所造的麻纸与新疆造麻纸不同之处，首先是内地纸帘条纹较细而笔直，当用竹帘抄成，一般比较薄。

三 新疆造纸业的发展

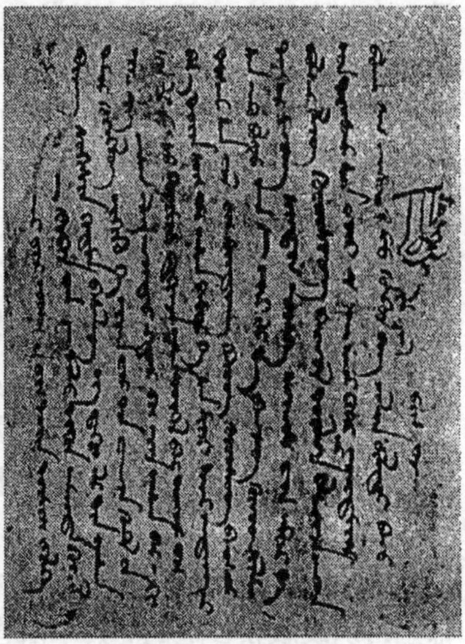

图 12-5 吐鲁番出土的回鹘文写本，取自黄文弼《吐鲁番考古记》(1954)

自从新疆有了纸坊之后，所造的纸已足供各族人民之需，因而出土物中尚有很多其他民族文字的纸本文书，自20世纪初至现在不时出土。例如在哈密天山以北，一次就发现回鹘文写本佛经六百多页[①]。吐鲁番胜金口的佛寺遗址也有回鹘文、婆罗密文、梵文和汉文写的佛经[②]。除佛经外，还在高昌故城发现元代回鹘文契约，有的契约用汉文及回鹘文合写。纸的普及使用为新疆各族带来方便，也促进了当地文化的发展。新疆所造的纸，还向中亚、西亚出口。该地区早已从中原引入植桑养蚕技术，因而造桑皮纸也应具有技术条件。1975年，吐鲁番哈拉和卓古墓内出土的延昌廿二年（582）文书纸（编号75TAM99：9），经化验为桑皮纸，由芨芨草杆编的纸帘抄造。

这张纸的出土，说明新疆造皮纸可追溯到南北朝时期，但皮纸产量显然不及麻纸大。南北朝以后，这里的皮纸逐渐增多。清乾隆年间两位官员苏尔德与福森布合著的《回疆志》（刊于1772年）谈到新疆纸时写道："有黑、白二种，以桑皮、棉布絮合作成，粗厚坚韧，小不盈尺。用石子磨光，方堪写字"。20世纪初，斯坦因在和田也看到当地维族人仍用桑皮造纸[③]。70年代初，笔者检验过清代（18世纪）维族人用的阿拉伯文写本《古兰经》用纸，原料为桑皮，纸质厚重，帘纹粗而呈弯曲，表面施一层淀粉浆，且以细石磨光。与《回疆志》所载尽同，新疆桑皮纸确有精、粗两种。精者色洁白，粗者表面有黑褐色桑皮外壳而未能剔除者。《回疆志》所谓"黑、白二种"当指此而言。"黑纸"确切地说应当是灰纸，并非真黑色，这类纸用于包装，不适于书写或印刷。新疆所造麻纸多为本色纸，不作任何技术加工而直接用于书写或印刷，但加工纸也不时出土。

除前述黄纸、蓝纸等染色纸外，还有高级的冷金纸。明人高濂（1533～1613在世）《遵生八笺》（1591）云："高昌国金花笺亦有五色，有描金山水图者"，这使人想起唐明皇令大诗人李白（701～762）题牡丹诗时用的金花笺。有趣的是，这种纸在新疆也如法制造。1973年阿斯塔那墓群中氾法济夫妻合葬墓（第214号墓）就出土这类实物，墓主氾法济墓志纪年为高昌国重光元年（620），其妻所戴纸冠冠圈上粘贴有一段冷金纸，纸料为桑皮纸，薄而细，纸上有大约5毫米见方的金片，至今仍闪闪发光[④]。此冷金纸呈粗帘纹，疑为当地所造，这是迄今所见年代最早的冷金笺实物标本。从工艺上看，高昌造纸及加工技术已与中原不相上下，其金银加工纸为中原文人高濂所称道，盖非偶然。另种加工纸经化验后，发现纸表涂一层淀粉汁，再予砑光，使纸更平滑、受墨。1963年阿斯塔那出土西凉建初十一年（415）文书（原编

① 吴震，哈密发现大批回鹘文写经，文物，1960，5期。

② 沙比提·阿合买提，吐鲁番胜金口附近佛庙遗址出土的文物，文物，1960，5期。

③ Sir Aurel Stein, Ancient Khotan; Detailed report of an archaeological Exploration in Chinese Turkestan, vol. 1, p. 134 (Oxford: Clarendon press, 1907).

④ 潘吉星，新疆出土古纸研究，文物，1973，10期，第52～60页。

号 63TAM1：14）用纸，经鉴定为新疆当地造麻纸，纸表即有一层淀粉糊，而 9 世纪的回鹘文写经纸也属于这类纸①。

新疆地区各族人造纸既是就近从甘肃引入技术，而甘肃造纸技术从长安一带传入，则新疆造纸技术过程与中原一致，自属当然，我们已在前各章提及，不再赘述。需要指出的是，造纸主要设备抄纸器在新疆仍保有汉族地区早年所用的形制。从出土汉纸帘纹分析，早期纸有帘条纹及织纹两种帘纹，分别用不同抄纸器抄出。织纹帘可能是最早的形态，以编织帘固定在框架上，常用编织帘为罗面。抄纸时将打好的纸浆浇注在抄纸器上，或将纸模插入纸浆内，经滤水后放在日光下自然干燥，因而纸上印有布纹或罗纹、织纹。这种方法一模一次只能抄一张纸，晒干后揭下才能抄另一张纸，效率较低，所需纸模较多。汉族地区早期造纸多用此法，后来在新疆、西藏、云南、贵州等地少数民族地区以及尼泊尔、印度等国也用此法，直到近代。

新疆出土古纸中，建兴三十六年（348）、建初十四年（418）纸及唐末回鹘文写经用纸，都是用织纹纸模抄造的，其中以建初十四年文书纸最为典型（图 3-17），我们甚至还可选取适当部位计算出所用纸模网目为 110 孔/平方厘米。建兴、建初年纸提供了有年代可查的早期布纹纸实物标本。至于帘条纹纸，也相当古老，新疆出土物中有晋、十六国时期（3～5 世纪）之标本。帘纹纸是用活动的帘床抄造的，因此纸上呈现帘条纹及编织纹，而不是布纹。汉族地区在汉代即用此纸模，晋以后更为普遍，很少再用织纹纸模。在第三章已详加介绍，这里不再重述。从新疆的情况来看，从十六国以来直到近代，两种纸模及抄纸方法并行不悖。维族用织纹纸模抄造出薄而坚韧的桑皮纸，尺幅相当大，足见其造纸技术之精良。

第二节　新疆维吾尔族地区的印刷

一　新疆地区的雕版印刷

新疆维吾尔族地区不但以造纸技术见长，还以印刷技术而闻名中外。高昌回鹘于 1209 年归服于蒙古，称为畏兀儿。据文献记载及地下考古发掘资料证明，至迟在畏兀儿受蒙元统治期间（1209～1324）这里的雕版印刷和活字印刷技术便双管齐下地发展起来。18 世纪法国著名汉学家德经（Joseph de Guignes，1721～1800）于 1758 年在巴黎发表了《匈奴、突厥、蒙古及西突厥自公元前及公元后直至当代之通史》(Histoire générale des Huns，des Turcs，des Mongols et des Autres Tartares Occidentaux，avant et depuis J. C. jusgu'à présent）一书，简称《匈奴通史》(Histoire générale des Huns)。援引各种中西史料，在西方很有影响。我们在该书第一章第七节中读到论蒙古大帝国时，发现有下列一段话颇耐人寻味。今将其法文原文翻译如下："古代蒙古高原民族中，有畏兀儿族在蒙古帝国一时颇负盛名，他们奖励科学和技术，……而他们的书写方式也像汉字那样自上而下，他们率先利用雕版作印刷之用"②。

按回鹘族祖先早期确曾在蒙古高原游牧，由于畏兀儿主动依附于成吉思汗统治下的蒙古

---

① 潘吉星，同上文。

② Joseph de Guignes, Histoire générale des Huns, des Turcs, des Mongols et des Autres Tartares Occidentaux, chap. 1, sect. 7 (Paris, 1758).

政权，他们受到蒙古大汗器重和信用，常委以要职，而蒙古文最初也参照回鹘文所草创，他们作为色目人在蒙元时期地位仅居于蒙古人之下，因此颇负盛名。而回鹘文字也的确像汉字那样由上而下书写，不同于中亚及西亚其他民族的文字，受到汉文化的影响。当德经指出畏兀儿人掌握雕版印刷技术之时（1758），远在新疆地区出土印刷品实物之前，不管他是否有何依据，反正他的这一记载在一百多年后被考古发掘所证实。

1902～1907 年由李谷克（Albert von Le Coq，1860～1930）和格林维德尔（Albert Grünwedel）率领的普鲁士考察队在新疆进行考古发掘，发掘报告见李谷克执笔的《新疆探宝记》(*Auf Hellas Spuren in Ost-Turkestan*，Berlin，1926)，此书由布拉维尔（A. Brawell）从德文译成英文，题为《新疆的地下宝藏；德国第二次及第三次吐鲁番考察队的活动及探险报告》(*Buried Treasures of Chinese Turkestan; an account of the activities and adventures of the 2nd and 3rd German Turfan Expedition*，London，1928)。报告指出，他们在吐鲁番地区古遗址中发现大量雕版印刷品残片，大部分是佛经和佛像版画，使用的文字有回鹘文、汉文、梵文、西夏文、蒙文和藏文等六种文字。这些文物后收入柏林民族学博物馆，引起西方学者的极大兴趣。

但吐鲁番出土的这批印刷品因为是残片，没有保留下有年款的部分，经研究后发现，其中蒙文及梵文印刷品文字中出现成吉思汗的名字，再没有发现更晚年代的迹象，所以李谷克将这批文物断为蒙元初期（13 世纪）产物[①]，是比较稳妥的。美国印刷技术史家卡特（Thomas Francis Carter，1888～1925）博士在 20 年代亲赴柏林研究了出土物，并同李谷克作了交谈。卡特后来描述说："在吐鲁番地区发掘的每一地点，几乎都有版画和雕版印刷品。" 发现印刷品的最西地点是吐鲁番盆地西的托克逊（Toqsun）县。这些印刷品以及大量写本残卷没有受到妥善保管，几百年间任其自然摧残。"在有些寺院里，地上全是散乱的纸片，全都践踏过，或用手撕成碎片。例如在亦都护的寺院内，满地都是'废纸'，高可及膝。……我在柏林曾经检视一箱这种积藏物……在皱乱和撕碎的回鹘文、粟特文、汉文和梵文写本中，包括简陋的雕版佛像画十二张；回鹘文印刷物两张、几块描有佛像的丝织品和一段印花丝织品[②]"。

比较完好的雕版印刷品是在木头沟（Murtuk）一所寺院里发现的，其年代似乎比多数寺院晚，但大部分是印刷精良的。在谈到这批印刷品年代时，卡特转述说，较早的印刷品难以断代，只有较晚的纸片可以断代，在晚期遗物中有四张蒙文印刷残片和一本美丽的大字兰察体（Lantsa script）梵文印经以及一张有成吉思汗名字的纸片。以上这些印件不会早于 13 世纪初年，……也不能距 13 世纪末太远。" 但回鹘文印刷品可列入较早年代（图 12-6），木头沟寺院中的精美印刷品属于 13 世纪末期。我们可以有把握地说，在蒙古时代初期（1210～1240），吐鲁番地区已经有了非常发达和分布广泛的印刷工业，而且已经历了几个世纪的发展。吐鲁番雕版印刷品中印有回鹘文、汉文、梵文、西夏文、藏文和蒙文六种文字，前三种文字的印刷物数量最多[③]"。回鹘文印刷品全是佛经，文内有梵文夹注，对名字和词给出原文，就

---

① Albert von Le Coq，Buried Treasures of Chinese Turkestan；An account of the activities and adventures of the 2nd and 3rd German Turfan Expedition，Translated by A. Brawell，p. 52（London：Allen and Unwin，1928）.

② Thomas Francis Carter，The Invention of Printing in China and Its Spread Westward，pp. 104～106（New York：Columbia University Press，1925）；2nd ed. revised by Luther Carrington Goodrich，pp. 146～147，218（New York，1955）.

③ T. F. Carter：op. cit.

像我们今天将英文译成汉文时，在汉文后标出名词的英文原文一样。值得注意的是，每张印页左边印出汉文页码。据认为兰察体梵文印本佛经，是为新疆维吾尔族或藏族僧人使用而印，他们多通晓梵文（图 12-7）。

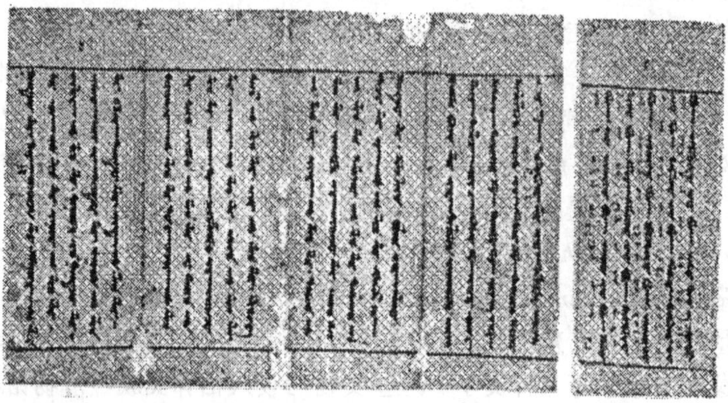

图 12-6　新疆发现的元代(13 世纪)回鹘文经折装雕版佛经

图左印有汉文页数"十四"，右图在回鹘文中有梵文注。Muséum für Völkerkunde Beilin 藏，取自 Carter

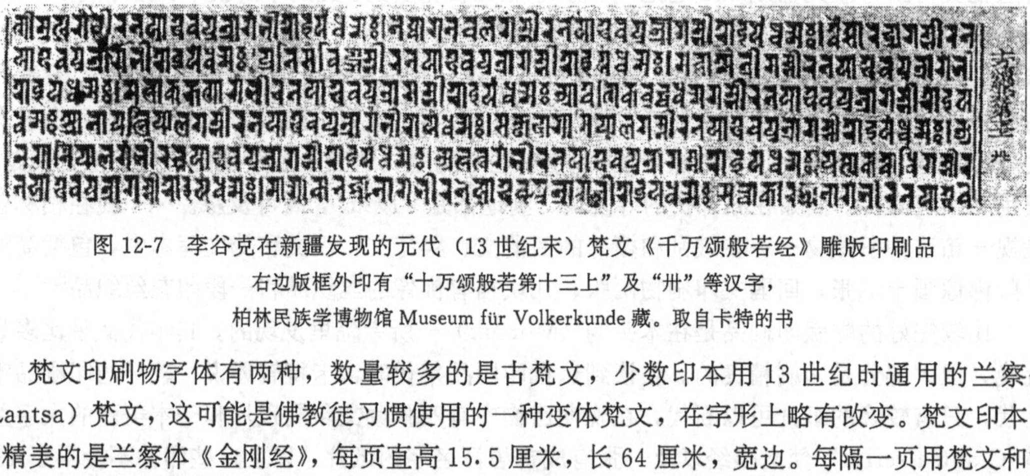

图 12-7　李谷克在新疆发现的元代（13 世纪末）梵文《千万颂般若经》雕版印刷品

右边版框外印有"十万颂般若第十三上"及"卅"等汉字，

柏林民族学博物馆 Museum für Volkerkunde 藏。取自卡特的书

梵文印刷物字体有两种，数量较多的是古梵文，少数印本用 13 世纪时通用的兰察体(Lantsa）梵文，这可能是佛教徒习惯使用的一种变体梵文，在字形上略有改变。梵文印本中最精美的是兰察体《金刚经》，每页直高 15.5 厘米，长 64 厘米，宽边。每隔一页用梵文和汉文交替印出卷名及页码。如图 12-7 所示，汉文标题为"十万颂般若第十三上"、"卅"。"万"字就用现在的简体，"卅"为第 30 页。从梵文字体来判断，可以大致判定为 13 世纪的产物。蒙文印刷品共四张，内容都是佛经，所用文字为蒙古国师八思巴（1235～1280）于至元六年(1266）奉敕创制而于次年颁行的蒙古新字（八思巴蒙文），此字参照藏文形制制成，未用蒙古早期参照回鹘文而创制的旧字。这决定蒙文印件年代为 13 世纪后期。蒙文也像回鹘文及汉文那样行文由上而下阅读，但每个印张的版式与中原汉文雕版印刷物更近，书口有鱼尾，每张两页，中间书口下印有汉文页码。吐鲁番发现的这批印刷物中还有汉文佛经残页，字体颇像宋版书那样丰润，印刷精美。

这批以不同文字印成的印刷物有三种装订形式，一是卷轴装，如汉文佛经印本，表明这种书籍形式属于早期产物；二是经折装或梵夹装，如汉文佛经及回鹘文佛经；三是贝叶装或册叶装，如兰察体梵文佛经，仿效古代印度佛经形式，但印度贝叶经在每页中间穿孔合订，而这种纸本印刷页虽不用印度方式装订，却仍在每页中间印出穿孔，以保持原有形制。上述八思巴蒙文佛经印本，从每页版框形式观之，似为线装形式。可以说，中原地区主要雕版印本书装订形式，都可在吐鲁番文物中发现。

德国考察队不但在吐鲁番发现雕版佛经、佛画，还发现两张纸牌（图12-8），当然也是印刷品，其中一张，牌面直高9.5厘米、横长3.5厘米，中间印有一人物，边栏上、下各印有“管换”及“贺造”字样。纸牌由几层纸粘贴成厚纸，但其年代无法断定，可能是14世纪左右[①]。在吐鲁番发现的纸牌应当是驻札在畏兀儿的蒙古军队及随行人员所用，维族也很快学会。从纸牌上所印汉字形体看，不像是中原地区汉人工匠所刻，其中“换”字误刻为“柍”，各字结体及运笔似乎是出于少数民族之手，因而疑为畏兀儿当地所刻印，因汉字不像由毛笔所写，而像用硬笔书后刻之。

图12-8　吐鲁番出土14世纪纸牌9.5×3.5厘米，柏林民族学博物馆藏

继德国考察队之后，1930年参加西北科学考察团的黄文弼、袁复礼（1893～1987）二先生在吐鲁番采购得回鹘文雕版印刷品三件，其中包括经折装佛经，高24.5厘米、宽20.3厘米，共二片，都是朱色版画像；还有高24.5厘米、宽53.5厘米的佛经，左首印有佛像，共五片，有的在中缝处印有汉文页码“十”字。朱刻像与墨印像旁刻有汉文“陈宁刊”三字[②]。经冯家昇（1904～1970）博士辨认，这五片为《佛说八阳神咒经》，版刻佛像为《如来说教图》[③]。《佛说八阳神咒经》曾收入1231～1322年间编修的《佛典碛沙藏》中，有的经也印有“陈宁刊”字样，则这几页回鹘文刊本佛经也是13世纪之产物。还有四片，高29厘米、宽54厘米，有梵文夹注，不知是何经。另一回鹘文佛经刊本残页，亦印出汉文页码“十”字。从这批回鹘文刻本中可以看到，不但用墨印，而且还有朱印，甚至朱墨套印。

显而易见，吐鲁番遗址中发现的各种民族文字的雕版印刷品是在汉族工匠与畏兀儿人、党项人、蒙古人及藏人合作下刻印而成。有的印刷物上刻有汉族工匠的名字，便是证明。蒙元时期统治者很重视畏兀儿地区，为满足各族对宗教经典的需要，除颁发内地刊印的佛经外，也在组织当地刻印佛经。根据当时的惯例，蒙元朝廷有时委任经学大师主持刻印佛经，将一些民族的经师、书写手、校经手派往内地，配合汉族刻工刻版并印刷，再将佛经运回民族地区，或将内地刻出的雕版带来当地刷印。前述回鹘文印本《八阳神咒经》及《如来说教图》署“陈宁刊”者，刻工精湛，刀法圆熟，可能就在内地由著名工匠陈宁刻版。我们也不否定畏兀儿工匠有能力刻版，前述纸牌可能即是少数民族工匠仿刻。

① Thomas F. Carter，cit. op.，chap. 22.

② 黄文弼，吐鲁番考古记，第64页，图版106～109（中国科学院出版社，1954）。

③ 程溯洛，吐鲁番发现的元代古维文木活字，载李光壁、钱君晔编，中国科学技术发明和科学技术人物论集，第225～235页（北京：三联书店，1955）。

二 新疆地区的活字印刷

有证据显示，中原的活字术特别是木活字至迟在元代已传入新疆。法国人伯希和1907年在敦煌千佛洞一个地窟内发现一桶回鹘文木活字，总数有960枚。卡特报道说：

> 伯希和根据它们存放的地点和其他因素，断定此为1300年之物。总数有数百枚之多，大部分处于完好状态。此木活字由硬木制成，以锯锯成同一高度及宽度。与同时代的王桢所述的要求完全一致①。

但王祯木活字与回鹘文木活字除语种不同外，还有两点明显差异。第一，王桢木活字每个活字块长宽高都是整齐划一的，因汉字为表意文字，一字一音，每个活字块只刻一个汉字；回鹘文木活字高（2.2厘米）、宽（1.3厘米）一律，但长度不等（1～2.6厘米）。回鹘文为拼音文字，每个字（词）由不同数目的字母拼成，每个活字块刻出一词，因而长短不一；第二，王桢木活字只一头刻字，另一头空着；回鹘文木活字块上下两端都刻字，可颠倒使用。这样虽然节省木料，但检字时必然较麻烦，检字工记不得另一头是什么字。

回鹘文虽属拼音文字，但又与后来西方拼音文字的活字不同，后者每个字块只刻一个字母，由含不同字母的活字块拼成一字（词）。从这个意义上说，回鹘文活字介于汉文活字与欧洲文活字之间，而更近于汉文活字，可以说是仿照汉文活字形式创制的。这种独特的活字系统是畏兀儿人结合本民族文字特点而作出的一项创造，它是将汉文活字转化为欧洲文活字的一个过渡形式。图12-9表示四个回鹘文木活字标本，经冯家昇辨认，从左到右分别为“事”(iš)、“七”(yiti)、“敬”及“信”四字②。伯希和将大量回鹘文木活字带回欧洲后，没有妥为保管，少数流入纽约大都会艺术博物馆及私人手中③，大多数现存巴黎基迈博物馆（Musée Guimet）。

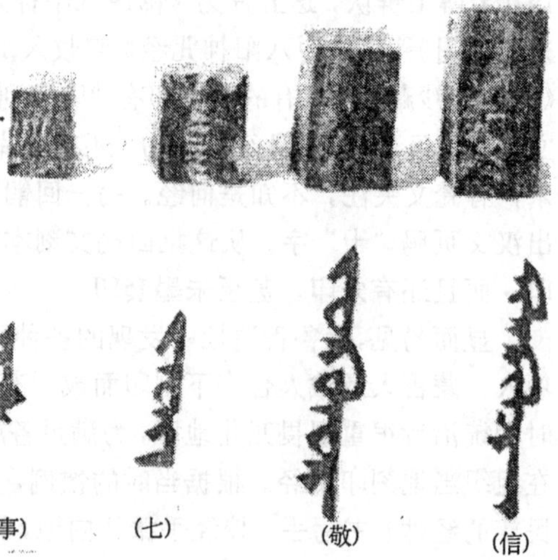

图12-9 1907年敦煌发现的元大德年（约1300）回鹘文木活字，取自卡特的书

史料表明，元初王祯于1297～1298年制木活字，回鹘文木活字年代为1300年（如果伯希和的断代无误的话），二者时间差太短了，不能说畏兀儿木活字受王祯影响。是否可认为木活字是畏兀儿人独立研制的，现尚缺乏足够证据。问题在于，王祯是木活字技术的革新家和集大成者，并不是发明者，在他以前宋代已有了木活字。中国境内自从1045年以来有了活字发明以后，用什么材料制活字是任何工匠和技术家都可以尝试的。有些文

① Thomas F. Carter, The invention of printing in China an its spread westward, lst ed., p. 167 (New York, 1925).

② 冯家昇、程溯洛、穆广文，《维吾尔族史料简编》上册，第90页，图版9（民族出版社，1958）。

③ Joseph Needham, Science and Civilisation in China, vol. v, pt. 1, Paper and Printing by Tsien Tsuen-Hsuin, p. 304, footnote 4 (Cambridge University Press, 1985).

献上没留下姓名的汉族印刷工匠在宋代已用木活字印书，并且用这一技术帮助西夏的党项族印刷了西夏文佛经。1991年宁夏贺兰县的拜寺沟方塔废墟出土西夏文印本《吉祥遍至口和本续》，经鉴定为木活字本，年代为西夏后期（1180～1226）①。正如回鹘文雕版佛经那样，西夏文活字本佛经印页也印有汉文页码，表明也是由汉族工匠参与刻印的。在西夏用木活字印刷之前，中原已早就用木活字印书，自属意料中事。而西夏木活字印书比王祯木活字及回鹘文木活字都早一百多年。回鹘与西夏相邻，又一度受其控制，回鹘文木活字受西夏影响的可能性是不应排除的。另一方面，蒙元时期汉族工匠直接参与刻印回鹘文木活字佛经的可能性也许更大。

卡特就曾想到，由于发现蒙古时的回鹘文木活字，那么在李谷克于吐鲁番获得的回鹘文印刷物中是否有可能用木活字印成的②。李谷克和卡特未对这些印刷物用何种方法所印作过技术鉴定，遂笼统一律称为"雕版印刷品"，正如卡特本人所说，在雕版印刷物与活字印刷物之间的差别实际上是难以辨认的，更何况是用很少人能看懂的回鹘文印刷的。即令汉文印刷品，专家们在分辨雕版与活字版时，也非轻而易举的事。柏林民族学博物馆藏回鹘文印刷品至今保存完好，只有经专门研究，才能解决其中是否有木活字本的问题。

第三节　党项族地区的造纸、印刷

党项族是古代羌人中较晚兴起的一支，南北朝末期（6世纪）分布在青海东南及黄河河曲一带，过游牧生活。唐初，扩展到四川松潘以西地区，以姓氏结为一些部落，互不统属，处于原始社会末期，较大的部落有拓跋氏、细封氏、费所氏等八部，而以拓跋氏为最强，与中原很早就有来往。贞观四年（630），唐于党项拓跋部地区设州或羁縻州。不久，党项各部为吐蕃所迫，请求内徙，唐政府将其迁移至今甘肃、宁夏及陕北一带，其中以地处夏州（今陕北及内蒙古杭锦族、乌审旗等地区）的平夏部最为强盛，其首领历任唐边州官吏。唐末（881～882），党项平夏部拓跋思恭（？～895）因助唐攻打黄巢领导的农民军而立功，被赐姓李，封为夏国公，并权知定难军节度使，治所设在夏州。

五代时中原多事，党项势力逐步延伸，10世纪以后与北宋进行的经济与文化交流，促进其社会发展。李德明任首领时（1004～1032），与宋、辽和平相处，扩大贸易，却对甘州回鹘及吐番采取攻势，控制河西走廊。其子李元昊（1003～1048）执政时，辖区扩及今宁夏、甘肃全部及陕西、内蒙部分地区。1038年李元昊仿汉制称帝，国号大夏，定都兴庆府（今宁夏银川），因位于宋西北，史称西夏（1038～1227），与辽、金一道先后成为与宋鼎立的政权。西夏境内除党项族外，还有汉、吐蕃、回鹘和契丹等族，汉人从事农耕、工商，其余民族从事畜牧。1227年西夏亡于蒙古，共十主，历时190年③。西夏灭亡后，党项人流散各地，与当地各族融合。元代时蒙古语称西夏为唐古忒（Tangut）。

李元昊是党项族历史中的杰出人物，即位后得到野利部野利仁荣（？～1042）的支持。此

① 牛达生，中国最早的木活字印刷品，西夏文佛经吉祥遍至口和本续，中国印刷，1994，2期，第38～46页。

② Thomas F. Carter, The Invention of Printing in China and Its Spread Westward, pp. 104～106 (New York, 1925).

③ 蔡美彪主编，中国通史第六册，第142～198页（人民出版社，1979）。

二人都通汉文化，他们一面吸收汉文化，一面又保留本民族传统。建立汉官制及党项官制两个并列的系统：汉官制仿唐宋，设中书省及枢密院等统治机构，由汉人任官吏；党项制设模宁令、宁令等机构，皆由党项人担任，而以野利仁荣兼任中书令及模宁令两个重要的最高行政长官。元昊再定兵制、礼仪、律令、礼乐等，典章制度渐趋完备①。

他采取的另一重要措施是制订西夏文字，由宰相野利仁荣加以演绎，成十二卷，用以记录党项族使用的语言或翻译汉文典籍，称为蕃文。广运三年（1036）颁行，与汉文共同通行于境内。

党项语或西夏语属汉藏语系藏缅语族，在语言学上更近于吐蕃语即藏语，但西夏文却像汉文那样属于表意文字类型，一字一音。西夏语言学者编纂的语文词典《音同》，收入西夏字6000余，实际上可能多于这个数目。西夏文字形方正，很像汉字，也分为篆、楷、行、草四种书体，字体结构仿照汉字由点（丶）、横（一）、竖（丨）、撇（丿）、捺（㇏）、折（㇕）、折钩（㇆）等组成，但笔画比汉字繁冗。这种西夏文从元以后不再通行。

一 西夏的造纸与文化的发展

从历史上看，党项族在唐初内迁至今陕甘宁一带后，就已用上了纸。他们聚居的地区，如陇右道东部的沙州（甘肃敦煌）和肃州（酒泉），在这以前就是西北产纸地，因此西夏建国后便有了造纸业，是很自然的。产纸地也有所扩大，除原有产地外，灵州（今宁夏宁武）和兴庆（宁夏银川）也可生产麻纸。西夏农牧业发达，河西、河外十三州及灵州“地饶五谷，尤宜稻麦”，而矿工、铁工、木工、石瓦工、纸工、印刷工、纺织工、陶瓷工和建筑工为数不少。

夏仁宗天盛年间（1149～1169）成书的《天盛律令》，列举官营工业作坊时，谈到纸工院和刻字司。但1132年刊行的《音同》跋中就指出“设刻字司，以蕃学士等为首，刻印颁行世间”②。而纸工院显然与刻字司一样，是在首府组建的最大的官营生产基地。这两个机构负责皇室及官府用纸的供应和各种著作的出版，有可能是在合并民间作坊的基础上组建的。1223～1225年刊行的《杂字》器用物部中列举纸有表纸、大纸、小纸、三抄、连抄、小抄、金纸、银纸及京纸等名目，包括不同幅面、厚度、档次的本色纸和加工纸。夏崇宗时（1086～1139）出版的《文海》中对纸的解释是“此者白净麻布、树皮等造纸也”。④除这两个官办生产机构外，不排除有民间纸坊，而有的寺院也从事印刷。

根据对西夏写本及刊本用纸的调查研究，可以看出当地主要生产麻纸，造纸方法与中原相同，属于北方麻纸系统。由于缺少竹材，抄纸帘以芨芨草茎杆编成，偶有用粗竹条编之，因此帘条纹一般为0.15～2毫米。麻纸较厚，厚度一般为0.14～0.19毫米，表面不够平滑，除本色纸外，还有黄、蓝、红等色纸。但西夏也生产少量皮纸，如北京图书馆藏夏惠宗天赐礼盛国庆元年、二年（北宋神宗熙宁三年、四年，1070～1071）的文书，经笔者检验即为西夏造皮纸。文书是用西夏文行书写的审判书（图12-10），涉及瓜州（今甘肃安西）官府审理的一宗民事案件。该文书用纸较薄，厚度为0.08～0.1毫米，粗帘条纹，呈浅灰色，打浆度不

① 吴天墀，西夏史稿，第130～282页（四川人民出版社，1980）。

②，④徐庄，略谈西夏雕版印刷在中国出版史中的地位，中国印刷史学术研讨会文集，第409～410页（北京：印刷工业出版社，1996）。

高，纸浆分布不匀，迎光看纸上透眼较多，但仍有足够强度①。

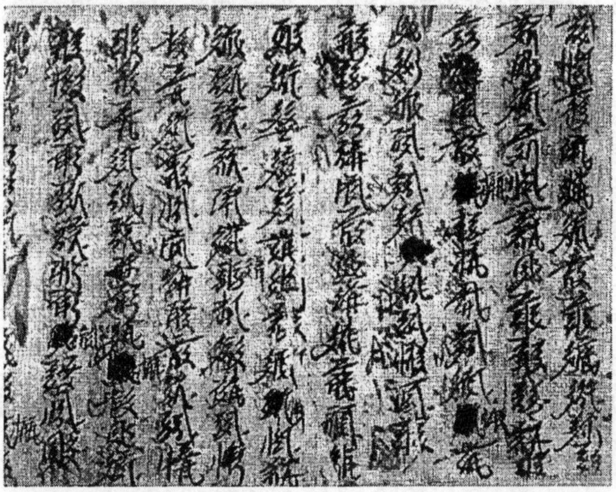

图 12-10 西夏文文书（1070～1071），皮纸，北京图书馆藏

大体说来，西夏所造的纸较厚者（厚度为 0.15～0.2 毫米）多为麻纸，较薄者（厚度在 0.1 毫米以下）多为皮纸。二者的帘条纹没有多大差别，用同一种纸帘抄造。麻纸表面不够平滑，纸上有少量未松解的麻纤维束，纸的颜色有白的，也有呈灰色的，但纸质坚韧。皮纸比麻纸表面平滑，但透眼较多，产量不大。由于当地造纸资源有限，而用纸量较大，用过的旧纸被回收，与新纸浆相配重抄的可能性是不应排除的。因旧纸的脱墨过程进行得不彻底，所造的纸颜色便呈浅灰。如夏仁宗天盛十三年（1161）印本《大方广佛华严经》，即以粗灰麻纸印刷，纸厚 0.16～0.18 毫米，粗帘条纹，纸面涩滞②，我们疑心使用了再生纸。有时还干脆用废旧的文书纸背面重作印刷之用。

总的说，西夏境内各纸厂尤其纸工院的产纸量是很大的，这从 1189 年夏仁宗为纪念即位 50 年，一次就刊印《观弥勒菩萨上生兜率天经》的汉文、西夏文及藏文本共 10 万卷，就看得出来，因而当地产的纸，足以满足各界的需要。西夏可能是当时中国境内人均耗纸量最大的民族地区，所造的纸因用途及使用人身分的不同，质地上有高下之分，上层统治者用较好的本色纸和加工纸，群众用较次的廉价纸。从出土纸本文物观之，大多数纸制作都较为粗放，包括统治者下令刊经的印刷用纸，与宋纸不堪相比，我们偶而见到较好的西夏纸。虽然西夏纸工已掌握足够技术可以生产高级纸，但这些技术没有充分发挥出来。主要原因是纸的需要量太大，纸工来不及精工细作，就得将纸交出使用，加上原料供应紧张，不得不以废纸回槽重抄。

纸的生产促进了西夏文化教育事业的发展，史载元昊在颁行西夏文后，设立蕃学，以蕃学进者，诸州多至数百人。1061 年，夏毅宗遣使向宋上表，“求太宗御制草诗隶书石本，且进马 50 匹，求《九经》、《唐书》、《册府元龟》”，宋仁宗诏赐国子监版精刻《九经》，还所献马匹③ 1101 年夏崇宗立国学，“设弟子员三百，立养贤务以廪食之”。1144 年夏仁宗“立学校于

① 潘吉星，中国造纸技术史稿，第 141 页（文物出版社，1979）。

② L. N. Menshikov 著、王克孝译，黑城出土汉文遗书叙录，第 123 页（宁夏人民出版社，1994）。

③ 《宋史》卷四百八十五，《夏国传上》，廿五史本第八册，第 1586 页。

国中，立小学于禁中，亲为训导”①。在校学生多至3000人，又仿宋制实行科举制，1161年设翰林学士院，以王佥、焦景颜等为翰林学士，发展儒学、史学和文学。各种写本、刊本著作不断问世。

西夏又从北宋引进大量汉文典籍，设译所组织人员将这些汉籍翻译过来，主持这项工作的是党项族名儒斡道冲（1108？～1183）。斡道冲字宗圣，灵武人，通《五经》，掌西夏史官之职，译《论语郑注》，著《论语小议》等。1151年任蕃汉学教授，1171年擢至中书令，旋补国相。在他周围聚集大批党项族和汉族、藏族人材从事翻译和著述活动。西夏统治者都信佛教，以佛教为国教，在兴庆府、凉州、甘州和灵武等地兴建规模较大的寺院和大的佛塔，因而境内佛教兴盛。西夏多次遣人至宋购求佛经、儒家经典和史传，因而大量宋刊本湧入境内，1047年夏景宗将宋版大藏经珍藏于兴庆府新建的高台寺中，作为镇寺之宝。1072年夏毅宗再遣使入宋，进马匹以求大藏，宋神宗诏赐大藏经，退还其马。宋版大藏经运到西夏后，很快译成西夏文，促进了西夏佛教的进一步发展。

二 西夏的雕版印刷

西夏造纸和印刷业的发达，有赖其所在的地区过去就有这方面的技术基础。五代时沙州就是西北的一个印刷中心，如第九章所述，这一带在归义军节度使曹元忠（约905～980）主持下，由刻工雷延美等人刊行过大量佛像、佛经。当党项人来到敦煌一带时，曹元忠的势力仍在，而且继续与北宋保持联系。因此党项族首领们对印刷技术并不陌生，他们早就接触过雕版印刷品，而且境内的印刷工仍有人在。前述天盛年（1149～1169）成书的《天盛律令》中，列举西夏官府作坊时谈到的刻字司，便是与刊印西夏文著作有关的机构。但不能认为西夏印刷是从此时才开始的，因为在第三代统治者夏惠宗（1068～1086）时刊印的佛经已从地下出土，因而有理由相信，西夏建国初期即景宗李元昊在位时（1032～1048）就已有了雕版印刷。

关于西夏文著述及其出版情况，历史记载不够详细，幸而有大量地下出土实物可以补充史载之不足。首先应指出1908年俄国人科兹洛夫（Пётр Кузьмич Козлов，1863～1935）率领的蒙古-四川考察队在巴丹吉林沙漠中的探险，他们在额济纳河岸边发现西夏黑水城古城遗址。黑水城在蒙古语中称为哈拉浩特（Kharahoto），为西夏黑山威福军司驻扎地区，在今内蒙额济纳旗境内。科兹洛夫在黑水城遗址内发掘出许多珍贵的文物，其中包括2000多种西夏文、汉文、藏文文书、写本和印刷品，尤其西夏文文献具有重大史料及学术价值，也为研究印刷史提供实物资料。

科兹洛夫的发掘报告1909年发表于《俄罗斯帝国地理学会会报》卷44～45中，后又以《蒙古、阿木多及黑水城遗址》为题于1923年出版单行本②。这批西夏文物初藏于圣彼得堡科学院亚洲博物馆，后移藏于科学院亚洲民族研究所，经伯希和③、伊凤阁（Алексей Иванович

---

① 《宋史》卷四百八十六，《夏国传下》，廿五史本第八册，第1588页。

② П. К. Козлов, Монголия и Амдо и мертвый город Хара-Хото: Экспедиция Русского Географического Общества в Нагорной Азии под руководством П. К. Козлова в 1907～1908 г. (Москва, 1923).

③ Paul Pelliot, Les documents chinois trouvées par la mission Koslov à Khara-Khoto. *Journal Asiatique*, vol. 3 pp. 503 et seq.

Иванов，1878～1953?)[①] 和中国学者[②] 的介绍，引起普遍注意。孟列夫（Л. Н. Меньшиков）[③]、戈尔巴切娃（З. И. Гербачева）及科恰诺夫（Е. И. Коченов）[④] 作了编目，而孟列夫的书目于1994年译成汉文。

从以上书目中可大致看出西夏著述及出版概况。这些出土文献可分为佛教典籍、儒家和道家著作、语文字典、类书、史书、兵书、政治法律、文学作品，天文历法、医药等，有汉文原著及西夏文译本，也有党项人自己写作的，既有写本，又有印本。其中佛经占80%，除汉文本外，西夏文本多译自汉、藏文及梵文原典。西夏的印本佛经有卷轴装、经折装、蝴蝶装等不同装订方式，而经折装占多数，刊印地点多集中于首府兴庆的一些寺院或官府机构。最初由民间刻印并布施佛经，不久统治者便将印刷纳入官方体制，印刷得到皇室鼓励。较早的刊本是1073年陆文政施印的《夹颂心经》，共一卷，因在《般若波罗蜜多心经》每句经文后标以“颂曰”，再以八句诗对该句解释，故名《夹颂心经》。此经作经折装，印以麻纸，尾题“天赐礼盛国庆五年岁次癸丑八月壬申朔，陆文政施”[⑤]。此年号为夏惠宗（1068～1086）年号，据干支为1073年9月5日。

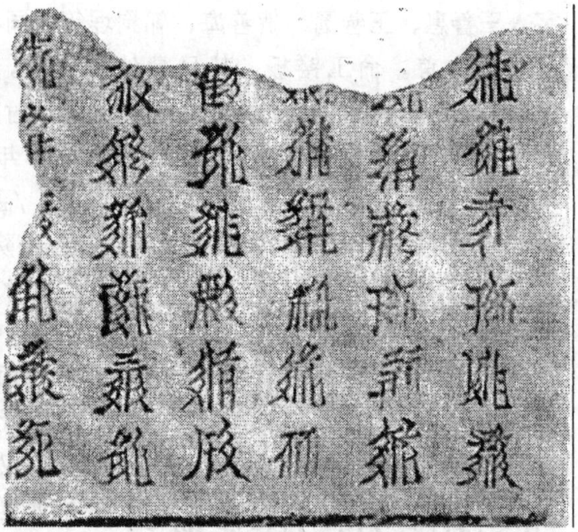

图 12-11　1907年新疆出土的西夏文雕版佛经，经折装，原柏林民族学博物馆藏，取自卡特的书。

除上述外，年代较早的西夏刻本佛经是《大方广佛华严经》卷四十，作卷轴装，为夏惠宗时所印，卷尾题记为“大延寿寺演妙大德沙门守琼/散施此经功德。大安十年（1085）八月日流通”，印以宋体字，这是大延寿寺僧人守琼于1085年为向教徒散发而刻印的。此寺可能在兴庆府，刻印地点当在寺内。黑水城出土印本以夏仁宗（1140～1193）时刻印的数量最多，如《圣观自在大悲心总持功能依经录》及《胜相顶尊总持功能依经录》，都是木刻本，作蝴蝶装，白口，左右双栏，版框9×15.5厘米，纸色白而略带浅黄，经首有三幅版画，尾题“诠教法师番汉三学院……沙门鲜卑/宝源奉敕译”。第二个印本有夏仁宗写的发愿文，内称他令刻此经西夏文及汉文版本一万五十卷，布施全国，使去世三周年的父亲崇宗安息。因此刊印时间为1141年。

---

① A. I. Ivanov, Une page dans l'histoire de Hsi-Hsia. *Bulletin de l'Académie Imperiale des Sciences de St. Peterbourg*, 1911，sér，6，vol. 5，pp. 831～836；西夏国书说，北京大学国学季刊，1923，卷1，4号。

② 罗福苌：俄人黑水访古所得记；王静如：苏俄研究院亚洲博物馆所藏西夏文书目译释，北平图书馆馆刊，1930，卷3，3期，西夏专号。

③ Л. Н. Меньшиков, Ранние Тангутские печатные произведения открываемые в Хара-Хото. Вестник Институте Азиатских нацией，1961，выпуск. 7，стр. 143～149.

④ З. Н. Гербачева н Е. И. Коченов, Каталог тангутских манускриптов и печатных произведенией собранных в Ленингродском Отделение Института Азиатских нацией АН СССР（Москва，1963）.

⑤ 孟列夫著，王克忠译，黑城出土汉文遗书叙录，第151页（宁夏人民出版社，1994）。

夏仁宗发愿所刻《妙法莲华经》共七卷，经折装，各卷有封皮，以西夏文和汉文写本糊成硬纸板，皮上标明作品名称。每卷第一纸均印以佛像和表现作品题材的版画，卷一版画中佛前蹲着一群弟子，其中可能有夏仁宗的形象，版画上印有仁宗称号。卷七题记中载有“雕字人王善惠、王善圆、贺善海、郭狗埋等，同为法友，特蕴微诚，以上殿宗室御史台正直本为结缘之首。命工镂板，其日费饮食之类，皆宗室给之。……大夏国人庆三年岁丙寅（1146）五月……”。从此经中不但可知雕印时间、地点，还可知道一些雕工的姓名。夏仁宗的汉人妻子罗氏也刊刻过一些佛经，如1189年刊《金刚般若波罗蜜经》尾题“大夏乾佑二十年岁次己酉三月十五日（1189年4月2日）/正宫皇后罗氏谨施”。此本作经折装，卷首有版画，卷尾还黑色印，楷书印文为“温家寺/道院记”。

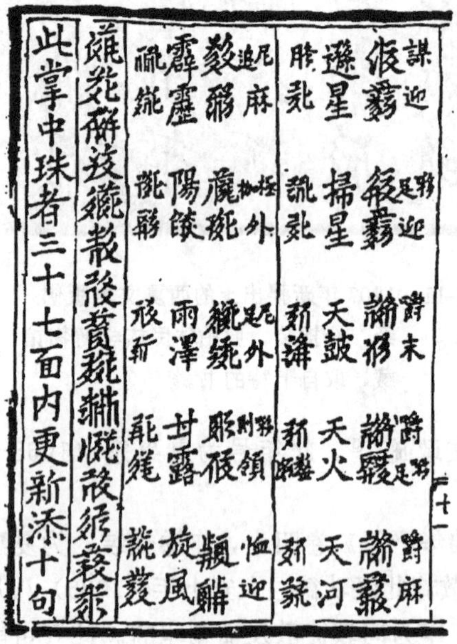

图 12-12 黑水城出土骨勒茂材《番汉合时掌中珠》刊本，1190年刊

黑水城出土的非宗教作品中，以骨勒茂材的《番汉合时掌中珠》（图 12-12）最为重要。此书刊于1190年，是一部西夏文与汉文音义对照的双解词典，共125面，正文以天地人三部分类，每词并列4行，中间两行是西夏字与汉字译义，外面两行为西夏字与汉字译音、汉译字的西夏文注音，是研究西夏语文的重要资料。切韵博士令吠义长等人编的《音同》或《韵统》，是按声母分类编排的西夏文字典，声母分类共九品，每品将同音字集为一组，各组用小圆点相隔，刊于1132年。此书按《广韵》排列，收西夏文大字6133个。刊于夏崇宗时（1124～1132）的《文海》，是仿汉籍《说文解字》和《广韵》体例所编的西夏文详解字典，每字有反切标音、字体结构分析和释义。另有《杂字》是西夏文分类词典，按天地人分为三门，出版于献宗乾定年（1223～1225）。这些语文字典都是供习字、写诗用的大众化工具书，流通很广。

黑水城出土的西夏文类书有《圣言义海》，雕印于1183年。这是一种格言式词语详注词典，共5册，仿汉文类书体例，按内容分类编排。词头印以单行大字，释文为双行小字，内容广泛，解释详细由刻印司出版。文学著作有《十二国》刊本，已残损，讲述春秋十二国历史，鲁、齐在第一册，晋、魏等在第三册，可能译自宋人《十二国史略》（三卷）。西夏文《类林》也可列为史书，此为印本，刊于1182～1183年，共十册，今存第三至第十册。此书译自汉籍中历代人物传记，加以分类，共50章。由于西夏统治者经常用兵，因此很多汉文兵书被译成西夏文出版。如《孙子兵法三家注》刊本，由三国时曹操、唐人李筌及杜牧三家作注。另有一写本也是《孙子兵法》，末尾有孙子传。《六韬》是兵家谋略之书，也有译本出版，但无注。《黄石公三略》译本有注，曾经刊印。政法方面的作品有《贞观要文》刊本，译自唐人吴竞的《贞观政要》。党项人自己写的书《贞观玉镜统》也曾出版，这是有关军事法典的书，成于夏崇宗贞观年（1101～1114）。夏仁宗时编定的法律文献《天盛年改新定律令》也曾出版，此书20卷，汇集了西夏政治制度及法令。

文学著作有西夏诗集刊本残本，无书名，年代为1185～1186年，刻印司出版。由梁德养编的《新集锦合辞》也曾出版，集西夏诗体格言及谚语于一书。沙门宝源的《贤智集》是一劝世从善的诗文集，有插图，此西夏文集子刊于1188～1189年。类似性质的书有沙门慧明和道惠编的《三世属明言集文》，以西夏文写成，由杨金刊印。天文历算方面的写本和刻本有历书多种，皆为残页。上述西夏刊本在刻印技术上已达到宋刻本水平，只是用纸欠佳。

继科兹洛夫之后，斯坦因1914年也在黑水城掠去大量西夏文献，今藏伦敦不列颠图书馆。五十年代以来，西夏文物又时而出土。如1959年3月敦煌文物研究所考古队在宕泉河东岸元代喇嘛庙内发现三部西夏文《观音经》木刻本，作梵夹装，有插图，麻纸印刷，纸色灰白①。1972年甘肃武威一个山洞中发现一批西夏文书，其中有西夏文刊本《四言杂字》两页、夏仁宗人庆二年(1145)刻汉文日历残页、蝴蝶装西夏文刊本佛经、西夏文写本药方残页等②。1989年，宁夏贺兰县西夏宏佛塔出土一批被火烧过的西夏文佛经雕板③。

三 西夏的活字印刷

黑水城出土的大批西夏刊本，过去都笼统地定为雕版印刷品，随着西夏刊本的新发现和专家的仔细研究，发现还有活字本。清末至民国年间，宁夏境内发现刊印本《大方广佛华严经》的不少残卷，流散于内地甚至海外。此印本佛经作梵夹装，仁和邵氏得其中卷一至卷十全帙，由罗福苌将卷一起首三页译成汉文④，其兄罗福成于译文后注明说：“右刊本每半页6行，行17字，为河西《大藏经》雕于大德年中。自第一卷至第十卷完全无缺，现藏仁和邵氏。节录其首页原文与释典读之如左。附活字印本一页。”“附活字印本一页”，指罗福成手摹卷一西夏文18行，并非原刊本照片。

王国维跋元刊西夏文《华严经》时，注意到日本善福寺藏元平江路（苏州）碛砂延圣寺刊《大宗地玄天本论》卷三末尾载大德十年（1306）的《管主八愿文》，文内称：

> 钦覩圣旨，于江南浙江道杭州路大万寿寺，雕刻河西字（西夏文）《大藏经》三千六百三十余卷，《华严》诸经忏板，至大德六年（1302）完备。管主八钦此圣缘，造三十余忏及《华严》大经、《梁皇宝忏》、《华严道场忏仪》各百余部，《焰口施食仪轨》千有余部，施于宁夏、永昌等路寺院，永远流通。⑤

这表明在西夏亡于蒙古后，元初统治者仍准于杭州继续印造活字本佛经，发西夏地区各寺院供奉。1302年主持印《华严经》等经的管主八，为藏语“经学大师”(Bhah-hgyur-pa)之音译，而非人名。此人通汉、蒙、藏及西夏文，所刊佛经多据藏文版佛经，惟《华严经》肯定以汉文本为底本。至1930年代，北京图书馆又陆续购求《华严经》等夏文刊本佛经一百余册，但很少对印刷方式作过鉴定。

1970年代初，宁夏博物馆征集到两包经折装夏文刊本佛经，经王静如鉴定，认为是译自汉文的《大方广佛华严经》木活字刊本⑥。第一包为卷二十六及57残页，每半页6行，行17

① 张冲，敦煌简史，第120页（敦煌，1990）。
② 甘肃省博物馆，甘肃武威发现一批西夏遗物，考古，1974，3期。
③ 宁夏回族自治区文物管理委员会办公室，宁夏贺兰县宏佛塔清理简报，文物，1991，8期。
④ 罗福苌，(大方广佛华严经) 卷一释文，北平图书馆馆刊，卷4，3期，西夏文专号，第182页（1930. 6)。
⑤ 王国维，元刊本西夏文华严经残卷跋（1922)，观堂集林卷二十一，第18～19页（商务印书馆，1927)。
⑥ 王静如，西夏文木活字版佛经与铜牌，文物，1972，11期，第8～18页。

字，第二包为卷七十六全文。从字体看，并非出一名刻工之手，经纸背面透墨深浅不一，尤其常用字如“佛”、“一切”等近百余字经纸背面多不透墨，且字体、行、格排列歪邪，间多漏字、衍字，这都是活字本常见现象，而不应出现于雕版中。经北京图书馆版本学家细加审订，定为元刊。王静如因而认为这批《华严经》为元刊本活字本。他将卷五十七三行西夏文题款译成汉文后，发现印有下夏仁宗李仁孝（1124～1193）的尊号，则元刊夏文活字本底本可能是夏仁宗时的校订本。

王静如又将流失到海外的夏文版《华严经》卷五末尾所附夏文《发愿文》译成汉文：“一院发愿，使雕碎字，管印造事者都啰慧性。并共同发愿，此一切随喜者，皆当共同成佛道。”

此处还提到具体掌管印造《华严经》的官员是西夏人都啰慧性。而“使雕碎字”中的“碎字”可解作“活字”，因为制木活字时，要将在雕板上刻出的字用小细锯踞下，使整版破碎，造成一个个活字块。除此，不能有别的解释。

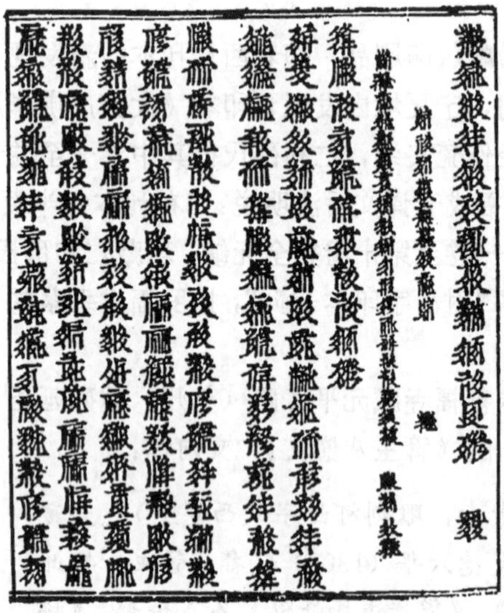

图 12-13 《大方广佛华严经》西夏文木活字刊本，经折装框高 24.3 厘米，元大德年刊于杭州大万寿寺，北京图书馆藏

将流散到海外的刊本《华严经》卷五、王静如研究过的卷二十六、五十七、七十六，罗福苌与王国维研究的卷一至卷十以及北京图书馆现藏的卷四十八加以通盘比较，就可看出它们都应是木活字本，而且来自宁夏某寺院的同一部刊本的不同卷。仁和邵氏原藏十卷中，卷六至卷十后由日本京都大学人文科学所购入，该所更藏有卷三十六，此六卷被定为元刊本①，1958 年小川環樹更定为木活字本②。此活字本印页上不时出现汉字，说明它是在汉人与党项人合作下刊印的。经检验其印刷用纸后，证明不是西夏所产，而是江南皮纸，纸白精细，可断定确是 1302 年在杭州大万寿寺刻印的（图 12-13）。至于同时同地刻印的西夏文《梁皇宝忏》，我们认为是雕版，而非活字版，由杭州刻工俞声刻字。

1991 年宁夏出土的《吉祥遍至口和本续》刊本为经折装（图 12-14），经牛达生研究确定此佛经为木活字本③。他指出，该刊本版框栏线四角不衔接，版心左右行线长短不一；文字有大小，大字 20 毫米见方，小字 6～7 毫米见方，笔画粗细不一，墨色浓淡不匀。个别字倒置，版心行线漏排，书名简称用字混乱，时有误排。页码用字错排、漏排多。尤其是残存有作界行的竹片的印迹。这些现象多见于活字本，最后一项即竹片印迹说明是木活字本。据此，该刊本将是现存最早木活字印刷品。笔者 1994 年 3 月检验了其印刷用纸，发现是当地造的较精细的麻纸，白色，纤维分散度较大，厚度为 0.1 毫米左右。西夏后期木活字本的出现，也说明元初刊行西夏文木活字本佛经是有历史根源的。

---

① 桑原武夫主编，京都大学人文科学研究所漢籍分類目録，上册，第 648 页（京都，1963）。
② 藤枝晃，石夏经——石と木と泥，石濱先生古稀纪念東洋学研究論集，第 484～493 页（大阪，1958）。
③ 牛达生，中国最早的木活字印刷品，西夏文佛经吉祥遍至口和本续，中国印刷，1994，2 期第 38～46 页。

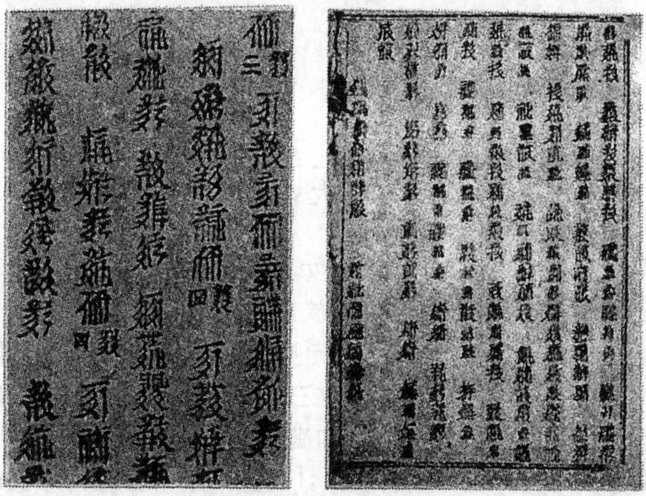

图 12-14 1991 年宁夏贺兰山的拜寺沟方塔发现西夏文木活字印本《吉祥遍至口和本续》，经折装，刻于 1160～1205 年。左图内汉字“四”倒置。取自《中国印刷》1994，2 期

西夏后期木活字本、元代夏文木活字本和回鹘文木活字的出现以及元初王祯对木活字的研究都说明，在中国各族在长期偏重以雕版印书之后，都想改变一下制版方式，而宋代又有了活字技术，为这种改变打下技术基础。我们可将汉文、西夏文和回鹘文的木活字作一比较。汉文是表意文字，一字一音，木活字是一字一印；回鹘文是拼音文字，每字（词）由若干字母拼成，木活字以单词为一单位，每个活字块长度不一；西夏语虽属拼音语文类型，但西夏文则属表意文字类型。

还应指出，西夏文泥活字印本近年也有发现。1989 年 5 月，甘肃武威出土西夏文印本《维摩诘所说经》（Vimalakirti-nirdesa-sūtra）残卷，共 54 页，每页 7 行，行 17 字，直高 28 公分，作经折装，横宽 12 公分。经研究为 13 世纪西夏时期出版的泥活字本①。1993 年，专家发现 1907 年科兹洛夫于黑水城发现的西夏文同名佛经也是西夏泥活字本②。这说明西夏不但从中原引进雕版印刷技术，还引进木活字、泥活字印刷技术③。西夏文活字介于汉文及回鹘文活字之间，是从汉文活字过渡到回鹘文活字的中间形态，而且可能对回鹘木活字产生影响。而回鹘文活字又是从汉文、夏文活字过渡到西方印欧语系罗曼语族诸文字活字的中间形态。从这一分析中，可看到汉文⟶西夏文⟶回鹘文⟶拉丁文活字之间一脉相承的传递关系与谱系，也表明了中国活字技术从中原经今宁夏、新疆传到西方的地理路线。

---

① 孙寿龄，西夏泥活字版佛经，中国文物报，1994 年 3 月 27 日。

② 史金波，现存世界上最早的活字印刷品——西夏活字印本考，北京图书馆馆刊，1997，1 期，67～80 页。

③ 潘吉星，中国、韩国与欧洲早期印刷术的比较，69～71 页（科学出版社，1997. 9）。

第十三章　女真族、蒙古族、满族地区的造纸、印刷

在中国北方居住着蒙古族，而在东北则有女真族及其后裔满族。后来女真族建立的金（1115～1234），辖区南移，扩及中原，由蒙古族建立的元（1280～1368）及满族建立的清（1644～1911），则统治整个中国。本书对宋辽金元及明清造纸与印刷技术前面已有所论述。本章则从民族学角度讨论女真族、蒙古族和满族这三个民族聚居区的造纸与印刷，着重叙述与民族文化有关的部分，例如以女真文、蒙古文和满文写作或翻译的作品的出版等。北方还有契丹族也有本民族文字契丹文，但因资料较少，而且第十章已对契丹族建立的辽（916～1125）的印刷作了介绍，本章不再重复。

第一节　女真族地区的造纸、印刷

一　女真族简史

女真族或曰女直，是中国古老民族，居住在东北白山黑水之间，早在战国已见于记载，称为肃慎。南北朝时属于勿吉七部的黑水部，唐代称黑水靺鞨。五代时始称女真，后隶于辽（916～1125），从事渔猎和农业，辽将其一部迁至今辽宁辽阳南，编入辽户籍中，称为熟女真，另一部仍在今黑龙江、吉林境内，称生女真。北宋时，生女真社会发展很快，有了冶铁和铁器生产，其中完颜部逐步强大。完颜部首领阿骨打（1068～1123）或完颜旻统一了女真各部，发动反抗辽统治的战争，于1115年称帝，建都于会宁府（今黑龙江阿城），又称上京，建立金政权（1115～1234）。

金太宗（1123～1135）完颜晟于1125年联宋灭辽后，再南下攻宋，1127年灭北宋。海陵王完颜亮（1122～1161）在位时于1153年迁都于燕京（今北京），称为中都，金成为与南宋并立的北方政权。金为巩固其统治，将女真人迁入中原，又将汉人移入东北，但在这一过程中南迁的女真人却逐渐与汉族融合。蒙古崛起漠北后，南下的目标便是金，为避其锋芒，金于1214年再迁都于原北宋都城汴京（今河南开封），号曰南京，然1234年终为蒙古所灭，金王朝持续120年。元代时，东北的女真人多归辽阳等路管辖，逐渐汉化。其余部分分布在松花江、黑龙江流域。明代时分为建州女真、海西女真及“野人”女真，设辽东、奴儿干等指挥使司及卫、所管理。16～17世纪之交，建州女真首领努尔哈赤（1559～1626）用八旗制度统一女真各部，自称为汗，1616年建后金国，女真族各部便成为满族的主要部分。女真族对开发祖国东北疆土作出了特殊贡献。

女真族初无文字，一度借用过契丹文。金太祖阿骨打建立金国后，迅即命其辅臣完颜希尹（1073？～1140）创制女真文字，以记录本民族语言，天禧三年（1119）颁行。这种文字以汉字楷书为基础，参照契丹字的创制方法，加减笔画而成，有时直接用契丹字，称为女真大字。像汉字一样，女真字也是从右向左、从上向下直书，大体可分为表义字、表音字、音义结合字三类，字的形体显然比西夏文更为简练。金熙宗（1135～1149）完颜亶（1119～

1149）1138年又创女真小字加以颁行。1145年以后，两种字并行。金亡后，东北少数女真人仍沿用女真字，明中叶（15～16世纪）起渐废。

金统治区包括原北宋腹地，境内有女真族、汉族、渤海族和契丹族等。海陵王迁都燕京后至金世宗（1161～1189）完颜雍（1123～1189）时期，因受中原汉文化影响较深，各种典章制度也参照汉制作了改革。世宗兴科举，发展学校，网罗各族人材，形成多民族统治中心，从而巩固金的统治。女真人向汉族学习汉文和农业、手工业技术，与各族发展并提高了社会生产力。早在金熙宗时，社会已向封建制过渡，至金章宗（1189～1208）完颜璟（1168～1208）在位时，加速了这一过程，经济和文化都获得很大发展。同时造纸与印刷正像陶瓷、火药及火器、纺织、造船等都达到较高水平，足可与南宋相比。

二　女真族地区的造纸与印钞

金章宗自幼习文，善作诗词，长于书法、绘画，写汉字瘦金书可与宋徽宗御笔乱真，也很讲求用纸，非良纸、佳墨不肯挥毫。《金史·百官志》列书画局，掌御用书画纸札，所造的纸都是高级书画用纸。金军攻克汴京后，将北宋内府所藏图书典籍、档案、国子监库存雕版印板、各种珍宝文物以及各有关行业能工巧匠、艺人和学者甚至僧众人等都运往北方，安置在燕京及附近地区，为其所用。这对改变金后方文化和生产的落后局面具有重大意义，从而进一步影响到中国境内造纸与印刷中心南重北轻的地理分布格局。

女真统治者要在各个方面都与南宋相抗衡，他们可能已达到此目的。金境内因商品经济的发展，在铸造铜钱的同时，也像宋朝那样发行纸币。海陵王贞元二年（1154）在中都设交钞库发行交钞。大钞面值为一贯、二贯、三贯、五贯，小钞面值为百文、二百文、三百文、五百文及七百文。交钞与钱并行，初以七年为限，到期换领新钞。世宗大定二十九年（1189）更新令，交钞可无限期流通，这是纸币发行史中的划时代举措。《金史·食货志三》称："交钞之制，外为栏作花纹，其上栏横书贯例，左曰某字料，右曰某字号。料、号外篆书曰'伪造交钞者斩。告捕者尝钱三百贯'."①。交钞版面像宋交子一样规范，至今仍可见其形制②。

金交钞一律以桑皮纸印刷，百姓交税亦以交钞支付。后钞法变动，改通铜钱，抽税时按原先交钞面值易以铜钱，名曰"桑皮故纸钱"，显然增加了人民的经济负担。政府发行纸币时，设印造钞引库、抄纸坊及交钞库物料场等机构。《金史·百官志》称，印造钞引库"掌监视、印造、勘覆诸路交钞、盐引，兼提控抄造钞、引纸"，抄纸坊掌抄造纸张。而交钞库物料场掌征收并支给印交钞所用物料，设于各处交钞库及抄纸坊，以上机构皆隶属户部。这些机构设于上京会宁府（今黑龙江阿城）、西京大同府（今山西大同市）、北京大定府（今辽宁宁城）、东平府（今山东东平）、大名府（今河北大名）、益都府（今山东益都）、咸平府（今辽宁开原）、真定府（今河北正定）、河间府（今河北河间）、平阳府（今山西临汾）、太原府（今山西太原市）、京兆府（今陕西西安市）③ 等。总共十四府、七州设有抄纸坊及交钞库，几乎遍及南北各路，相当现在的北京市、天津市及辽宁、黑龙江、河北、山西、山东、陕西及甘肃

---

① 《金史》卷四十八，《食货志三·钱币》，廿五史本第九册第114～116页。

② 张国维，金代贞祐宝券铜钞版，文物，1986，10期，第94～96页。

③ 《金史》卷五十六，《百官志二》，廿五史本第九册，第134页。

等九个省市地区，还应包括后来的南京路开封府（今河南开封市）。此地理分布大体上反映了金的造纸及印刷作坊的格局。在上述地区主要生产麻纸、桑皮纸、楮皮纸，产量相当可观。金所辖地区原来早已产纸的地方，如凤翔府（今陕西凤翔）及河南府（今河南洛阳）等地也应继续生产纸。河东南路绛州的稷山（今山西稷山）和南京路（今河南）的南部还生产竹纸。产量可能有限。

三 女真族地区的雕版印刷

女真统治者倡儒学，为适应境内汉人和通晓汉文的女真人学习及科举应试需要，官刻许多儒家经典及史学、诸子著作。《金史·选举志》写道，凡所用儒家各经典皆需以官刊本为准，“皆自国子监印之，授诸学校”。这些监本的书板有的就可能用北宋国子监旧版重印，因而皆称善本。凡命题及应试皆以监本所载内容为准。金统治者再设京师女真国子学，各路设女真府学，也定期开科取士。《金史·选举志》载：“以策、诗试三场，策用女真大字，诗用小字。”为此，将汉文经史子书再译成女真文出版，颁行于各地，“大定四年（1164）世宗命颁行女真大小字所译经书，每谋克（300户）选二人习之”。

《金史》卷九十九《徒单镒传》也说，“大定四年诏以女真字译书籍。五年（1165）翰林侍讲学士徒单子温进所译《贞观政要》、《白氏策林》等书。六年（1166）夏，进《史记》、《两汉书》，诏颁行之。……十五年（1175）诏译诸经。”[①]看来译书工作是在女真族大儒徒单镒（1144？～1214）主持的译经所进行的。《金史》卷八《世宗纪下》称，大定二十三年（1183）“使译经所进所译《易》、《书》、《论语》、《孟子》、《老子》、《杨子》、《文中子》、《刘子》及《新唐书》。上谓宰臣曰：‘朕所以令译《五经》者，正欲女真人知仁义道德所在耳。’命颁行之。”及章宗即位，则诸经备矣。自然，所有这些译本都曾出版，因此女真族出现一些深通经义的饱学之士。

为适应汉人、女真人士子学习及科举应试需要，还要刊印各种语言文字学方面的通用工具书，如《说文解字》、《玉篇》、《尔雅》、音韵学著作和类书以及名家诗文集、应试策等，还有民间喜欢的文学作品。秘书监著作局掌修日历，还要以官版颁行历书于各路。除官刊本外，各种私人刊本尤其书坊刊本也为数不少。主要刻书地点为中都（今北京）、南京（今开封）、平阳府（山西临汾）、宁晋（今河北宁晋）等处，其中以平阳府为最大的印刷中心，平水版书籍以数量与质量观之，足可与南宋杭州版、福建建阳版相抗衡，传世者也较多，此处书铺坊林立，相互竞争。中都及南京是金统治中心，也是经济、文化和手工业中心，刻书事业自然相当兴盛，以官刊本尤其国子监刊本名著于世，书坊也很多，奈因兵火频仍，至今流传下来的很少。

女真族像汉族、契丹族一样信奉佛教，各地寺院都藏有印本佛经，有的寺院亦筹资自行印经。最著名的是1148～1173年在河东南路解州（今山西运城西南）天宁寺所刻印的金版《大藏经》，收佛典6900余卷，底本为北宋《开宝藏》（971），亦作卷轴装。1933年此金版藏经于山西赵城广胜寺被发现（图13-1），存4957卷，因保存条件不佳已残损。后入藏北京图书馆者有4541卷，已修复。因为是在赵城发现的，故俗称《赵城藏》。

现流传下来的金刻本，多是平阳府坊刻本，藏于北京图书馆者有宋人曾巩著《南丰曾子固先生集》，底本为北宋旧板，字画刻得刚劲，为平水本上乘。宋人吕惠卿《吕太尉经进庄子

图 13-1 山西赵城广胜寺藏金刊《大藏经》(1149～1173) 中《楞严经》卷首插图

全解》，刊于 1172 年，也是重翻北宋的版本，西夏黑水城出土的《庄子解》只是残本，此为全本。《刘知远诸宫调》(图 13-2) 为 1908 年科兹洛夫得自黑水城者，原书十二卷，存五卷 42 页。同时又出平阳姬氏刻四美人图、平阳徐氏刻关羽图像。《刘知远诸宫调》观纸墨刀法，知

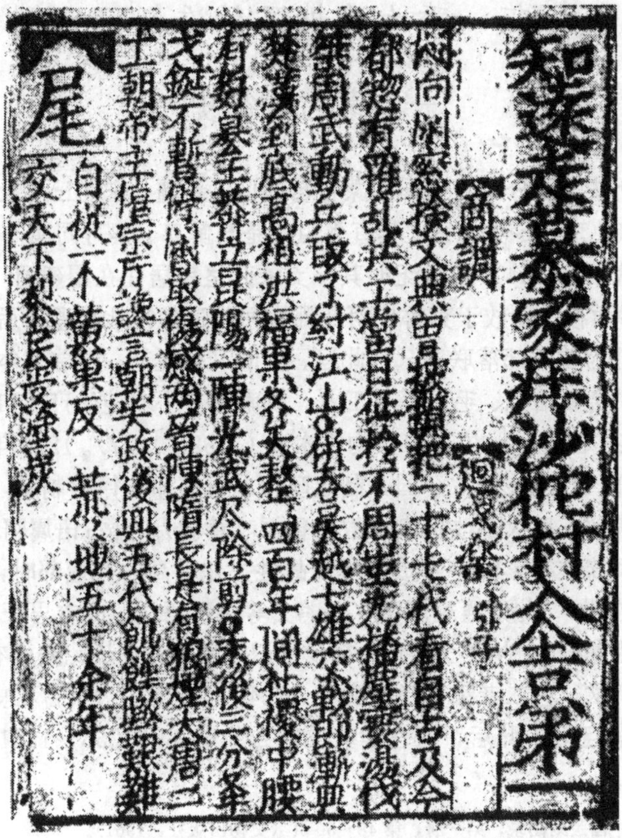
知遠走慕家莊沙佗村入舍第一

【商調】【迴戈樂】引子

悶向閑窗檢文典，曾披覽，把一十七代看，自古及今，都總有罹亂。共工當日征於不周，蚩尤播塵寰宇，……殷周武動兵，敗了紂江山，併吞吳越，七雄交戰……楚漢到底高祖洪福，築各大基，四百年間社稷中腰，有奸臭王莽竊立，昆陽一陣光武除剪，末後三分爭戈鋋不暫停。晉……陷宮陳隋，長是有狼煙。大唐二十朝帝主，僖宗……朝失政，後興五代……

【尾】自從一個黃巢反，荒荒地五十餘年，交天下黎民受塗炭。

图 13-2 1907 年黑水城出土平阳(临汾)金刻本《刘知远诸宫调》

亦为金刻平水坊本，属于民间说唱文学，为传世诸宫调中最早的脚本，今藏北京图书馆。金人邢准《新修累音引证群籍玉篇》(1188) 三十卷，据《切韵》、《广韵》、《集韵》等书增补王太据《增广类玉篇海》而成，是当时最完备的分部字典。除以上平阳刻本外，北京图书馆尚有宁晋坊刻金人韩道昭《改并五音集韵》，1212 年由荆祐刊刻，此书以《广韵》为蓝本，是大型音义双解字典。刻书人荆佑字伯祥，宁晋人。曾刻过《五经》行世，贞祐间（1213～1216）蒙古南下，将家刻《广韵》、《泰和律义篇》等书板埋于土中，乱后修补，此书书板似亦属于此列，存十二卷①。

金代还刻印许多科学技术方面的著作，如平阳所刻《黄帝内经素问》，存十三卷，为唐人王冰注、宋人林亿校本。平阳书轩陈氏 1186 年刻印宋人《铜人脏穴针炙图经》五卷②。解州人庞氏 1204 年刊《政类本草》，而嵩州夏氏 1214 年又刊过《经史证类大全本草》及《本草衍义》，皆据宋刊原本为底本。

从现有资料看，金刊本多为白口，版面左右双边或四周双边，每半叶行数及每行字数不等。所用的印刷用纸多为北方造白麻纸，如金版《大藏经》及《刘知远诸宫调》都是山西麻纸，但纸质精良，较薄，粗帘条纹（每纹粗 2 毫米），当不是用竹帘纸模抄造，而是用芨芨草和萱草（*Hemerocallis fulva*）茎杆编制的草帘纸模抄造。平阳出版的书，看来多用这种纸。考虑到以大量桑皮纸印交钞，金刊本书亦还有印以皮纸的，因河北、胶东皮纸北宋时已出名。金刻本从传世实物来看，多为雕版印刷，活字本有待发现。

第二节 蒙古族地区的造纸、印刷

一 蒙古族简史

蒙古族有古老历史，现分布于中国内蒙古自治区、新疆、东北三省及甘肃、青海、宁夏、河北、河南、云南和北京等广大地区。其直系祖先是与鲜卑、契丹同属一个语族的室韦部落，室韦之名始见于《魏书》(554)，7 世纪时其一支蒙兀室韦居住在望建河（今黑龙江额尔古纳河）一带，9 世纪后西移，游牧于克鲁伦河及鄂嫩河附近的漠北草原，后受辽的统治。11 世纪时结成以塔塔儿部为首的部落联盟，因此辽、金时又称鞑靼。蒙古是本民族自称，12 世纪初各部从事畜牧业、金属冶炼、毛织等手工业，漠南已有了农业生产。1125 年金代辽统治蒙古草原，此时蒙古族中出现了一位杰出人物铁木真（1162～1227)。1206 年他被推举为全蒙古大汗，称为成吉思汗，并建立蒙古汗国，制定政治、军事和法律等制度，设立统治机构。

蒙族早期信萨满教，后大都改信喇嘛教格鲁派（黄教)。蒙古语属阿尔泰语系蒙古语族，以前蒙古族没有本民族文字。1240 年成吉思汗战胜文化较高的乃蛮部时，俘虏其掌印官塔塔统阿（1169～1234 在世)。此人通突厥文、回鹘文等多种语文，成吉思汗命他创制蒙古文字。他便以回鹘文字母为基础创制 19 个字母，初步可记录蒙古语，从此蒙族有了自己的文字。蒙文在字形上很像回鹘文，且二者都是拼音文字。1240 年成书的《蒙古秘史》是一部最早用蒙文写成的历史和文学巨著。此后，语言学家搠思吉斡节尔（1255～1331 在世）的《蒙文启

① 北京图书馆编，中国版刻图录，第一册，第 48～50 页（文物出版社，1961)。

② 叶德辉，《书林清话》(1920) 卷四，第 89～90 页（北京：古籍出版社，1957)。

蒙》，是用蒙文写成的早期语法著作。蒙文的制订对推行政令和发展蒙古文化起了重大作用。

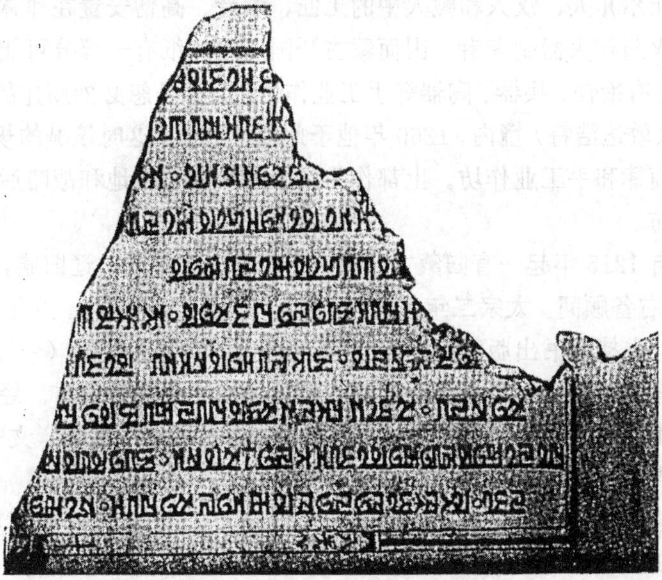

图 13-3 1907 年在吐鲁番发现的 13 世纪蒙古八思巴文佛经印本残页，14.2×20 厘米，原藏柏林民族学博物馆，此图取自卡特的书

成吉思汗建立汗国后，凭借其强大军事力量开始南下与西征，统一中国北方，并在中国西部至中亚、东欧大片土地上封建钦察、察合台、窝阔台和伊利四个汗国。忽必烈（1215～1294）即汗位时，又建立元朝（1271～1368）并成为统一中国的皇帝，即元世祖（1260～1294）。他是蒙古史中又一杰出人物，用汉制建行省制度，制订官制、法律，加强中央集权统治。又迁都于燕京（今北京），改称大都，举农桑，兴学校，行科举，发展佛教。元代的大一统在中国史中有深远意义，从此结束了唐末以来分裂割据的局面。1269 年元世祖又命统领全国佛教事务的藏族人八思巴（1235～1280）创蒙古新字，1270 年颁行，称八思巴文。八思巴文（图 13-3）以藏文字为基础，有 41 个字母，每词以音节为单位分写，直书右行，是以方块字形缀写的拼音文字。一度作为“国书”书写官方文件或译汉、藏等文典籍，与回鹘体老蒙文并行。元亡后，八思巴文废、被老蒙文取代。元朝统治时间较短，1368 年被明推翻，明将蒙族聚居区分为漠南（鞑靼）及漠北（瓦剌）两部，而清则建盟旗制度辖理蒙古各部。

二 蒙古族地区的造纸、印刷

自蒙古统治者入主中原后，蒙古族人已分散于全国各地，而元代中原地区的造纸、印刷，我们已在第五及第十两章予以叙述，此处不赘。此处重点讨论蒙古族最集中聚居地区内的造纸与印刷，在非聚居地区则着重叙述与蒙古族文化有关的部分。

讨论蒙古族地区的造纸、印刷，自然应从成吉思汗时代开始，显然要比北方其他民族地区的造纸、印刷晚了很多。蒙古汗国最初建都于哈喇和林（今蒙古共和国境内），后经多次营建，已成蒙古族地区的政治、经济和文化中心，自然也是最早的造纸、印刷中心。城内有各族商人聚居的回回区和汉族工匠集中的汉人区。根据蒙古传统，他们的军队每攻占一重要城池，总要将当地有技能的工匠和专业人材带到自己的后方，安置他们为其所用。1209 年蒙古首先使回鹘臣服，1214 年攻克金中都燕京，1227 年灭西夏，1250 年吐蕃归附，在这些军事行动中，蒙军将畏兀尔儿人、汉人和藏人中的工匠、学者、高僧安置在和林一带，其中包括造纸与印刷工人、火药和火器制造者，因而蒙古汗国所用的纸有一部分可能就是当地纸坊所生产的麻纸。这里还有冶铁、兵器、陶器等手工业作坊。上都是忽必烈新建的另一座大城市，位于今内蒙正蓝旗（敦达浩特）境内。1260 年他于此即大汗位，这时该城的规模已超过和林。城内设各种官署、商肆和手工业作坊。上都作为忽必烈汗的根据地和战略后方，百工齐备，包括造纸和印刷作坊。

金中都燕京自 1215 年起一直归蒙古所有，成吉思汗进城后访辽旧族，得耶律楚材（1190～1244），置之左右备顾问。太宗二年（1230）拜耶律楚材为中书令。八年（1236）从楚材议，于燕京设编修所，主持图书出版事宜① 1279 年灭南宋时，又将临安（今杭州）内府图书、国子监库存书板及造纸、刻书工匠等移至大都，这里又成了蒙古的后方。经多年经营，元大都又成了北方一个重要的造纸、印刷中心。蒙、汉文本各种政令、法典、文书、书籍以及宝钞，皆于大都刻印，再颁行各路。

元亡后，很多蒙古人从华北等地退居于大漠南北，明隆庆六年（1572）至万历三年（1575）俺答汗（1507～1582）控制蒙古地区后兴建新城，名为呼和浩特。俺答汗及其妻三娘子（1550～1612）将喇嘛教格鲁派索南嘉措自青海请来传教，自此黄教在蒙古地区广泛传播。他们又招揽汉、藏工匠，发展建筑、工艺、医药、历法等，有的汉人便在这里经营造纸、织染、陶瓷等生产。1983 及 1984 年在内蒙额济纳旗元亦集乃路故城发掘 280 个房址，从中发现有元至北元（1368～1402）时的文物，包括诰身、公文、帐册、诉状、契约、书信、票引、药方及护封等纸本文物，还有中统宝钞、至元宝钞等②。这些纸本文书上的文字有八思巴文体蒙文、回鹘文体蒙文、汉文、藏文、西夏文、甚至还有波斯文。

如第一节所述，1902～1907 年李谷克领导的德国考察队，在新疆吐鲁番发掘蒙文佛经刻本残页四张，作线装，刻以八思巴文，年代为 13 世纪后期。今内蒙古自治区图书馆、博物馆、大寺院等地都藏有不同时期的蒙文写本和刊本。从所接触到的部分写本和刊本看，用纸多为麻纸，当由蒙古族地区抄造，纸较厚，厚度为 0.15～0.2 毫米，表面较涩。早期蒙文写本用纸常在表面涂布一层淀粉浆，再予砑光，可双面书写。我们所见的多写以回鹘文体蒙文，有的还有汉文、蒙文对照本。内地刊印的蒙文书籍多印以皮纸和竹纸。蒙古族地区所造的麻纸颜色较白，打浆度较高，与西夏麻纸是不同的。还有一种重抄纸很厚，类似纸板，可作书籍的封面。

三　蒙古文著作的出版和蒙古族文化的发展

据《元史》卷八十一《选举志》及卷八十七《百官志》所载，元世祖为提高本民族文化素质并帮助汉人习蒙古文，于至元六年（1269）在各路设蒙古字学，即专学蒙文的学校，选诸路、府子弟受业，官给食宿。二年后（1271）再于大都设蒙古国子学，选蒙、汉官员子弟入学，蒙古人居半。这些学校以译成蒙文的《通鉴节要》等书为教材。1275 年再设蒙古翰林

① 《元史》卷二，《太宗纪》，廿五史本第九册，第 11 页。

② 内蒙古文物考古研究所，内蒙古黑城考古发掘报告，文物，1987，7 期。

院，掌译书、草诏等事务。由于采取这些措施，在蒙古族中培养了一批又一批知识分子，对发展本族文化起了推动作用。

为了吸取汉文化以发展本族文化，蒙古统治者下令将各种汉文典籍译成蒙古文，再由官方刻印机构出版后颁行。《元史·武宗本纪》载，武宗（1307～1311）大力发展儒学，即位当年（1307）八月，“中书右丞孛罗铁木儿以国字（蒙古文）译《孝经》进。诏曰：‘此乃孔子之微言，自王公达于庶民，皆当由是而行’。其命中书省刻板模印，诸王以下皆赐之。”《元史·仁宗本纪》称，至大四年（1311）仁宗（1311～1320）刚即位时，“有进《大学衍义》者，命詹事王约（1252～1333）等节而译之。帝曰：‘治天下此一书足矣’。因命与《图像孝经》、《列女传》并刊行，赐臣下。”

《元史·仁宗纪》更载，皇庆元年（1312）“帝置《贞观政要》，谕翰林侍讲阿林铁木儿曰：‘此书有益于国家，其译以国语（蒙古语）刊行，传蒙古、色目人诵习之’。”延祐四年（1317），“翰林学士承旨忽都鲁都儿迷失、刘赓等译《大学衍义》以进，帝览之，谓群臣曰：‘《大学衍义》议论甚嘉’。其令翰林学士阿林铁木儿译以国语。”① 及至延祐五年（1318），仁宗“以江浙省所印《大学衍义》五十部赐朝臣。”可见当时杭州有刻印蒙文书籍的官办机构。同一年，仁宗“以《资治通鉴》载前代兴亡治乱，命集贤学士忽都鲁都儿迷失及李孟（1265～1321）择其切者，译写以进。”这可能就是前面提到的《通鉴节要》，成为蒙古字学和蒙古国子学的教材之一。

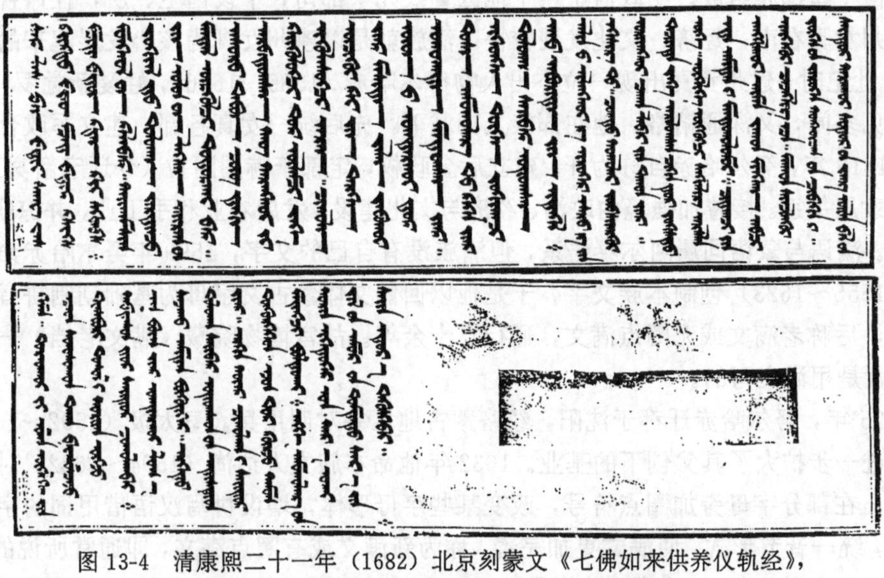

图 13-4 清康熙二十一年（1682）北京刻蒙文《七佛如来供养仪轨经》，
版框 11.8×41.6 厘米，散页装，北京图书馆藏

元代时蒙古族的文化积累，至明清时进一步结出硕果。明太祖时任翰林侍讲的蒙族语言学家火源洁（1342～1402 在世）以汉字译蒙文，洪武十五年（1382）编成《洪武华夷译语》，北京图书馆藏洪武廿二年（1389）南京内府刊本。此书是研究蒙古语的重要工具书。蒙族史家罗布桑丹津（1686～1758 在世）以蒙文写成的《蒙古黄金史》（《大黄金史》），以编年体叙

① 《元史》卷二十六，《仁宗纪三》，廿五史本第九册，第 77～78 页。

述从古代直到明清之际的蒙族历史。此书参考《蒙古秘史》及无名氏的《蒙古黄金史纲》等书，补以新的史料，有清刻本。清雍正年间（1723～1735）丹赞达格巴据捌思吉斡节尔的《蒙文启蒙》编了同名的文法书，有各种版本，集早期蒙语语法研究之大成。嘉庆时蒙族举人景辉著《蒙古文字晰义》二卷，按满文十二字头编排，依汉译名物分晰辨似，以蒙文鉴注，是研究汉、蒙、满三种语文关系的参考书，有道光年刻本。北京图书馆藏米朱尔译《四部医典》清刻本，译自宇妥·云丹贡布的同名藏文原著，又有清刊本《秘方杂集》等医书。蒙文刊本数量相当多，但仍缺乏从印刷史角度作系统研究，写本及印刷用纸亦如此。蒙元时已用回鹘文、西夏文刊行过活字本，是否有蒙文活字本，有待深入探讨。

第三节 满族地区的造纸、印刷

一 满族简史

满族是中国北方的少数民族之一，主要分布于东北辽宁、吉林及黑龙江三省，而以辽宁为最多。其余散居于北京、河北、新疆、甘肃及宁夏等地。如前第一节所述，满族是女真族的后裔。1234年蒙古灭金后，元统治者将东北南部女真部划归辽阳等路，其余部分聚居于黑龙江及松花江流域。明代（1368～1644）又将女真地区分为建州女真、海西女真及“野人”女真，各由一些部族组成。明政府于整个地区置奴儿干都司，下设诸卫、所，任命各部首领治理。建州女真在南，经济、文化发展较快。满族就是以建州女真为核心发展起来的。

16世纪时，建州女真出现一位杰出人物努尔哈赤（1589～1626），姓爱新觉罗，通汉、蒙语，博见多闻，又深通韬略。他在部族人拥戴下，先后统一女真各部，建立军政合一的八旗制度。1616年，努尔哈赤自称为汗，建立后金政权，定都于赫图阿拉（今辽宁新宾），摆脱了与明的隶属关系。接着加强境内政治、经济与文化建设，发展农业和手工业，并掠明辽东，扩大势力。满语与蒙语同属阿尔泰语系，但满族没有自己的文字，1599年努尔哈赤命部属额尔德尼（1555～1623）创制本族文字，于是他以回鹘文体蒙古文字母为基础创制拼音文字类型的满文，后称老满文或无圈点满文，通行三十余年。故宫博物院藏《满文老档》一部分（图13-5）就是用满文写的。

1625年，努尔哈赤迁都于沈阳，经略蒙古地区并对明用兵。皇太极（1592～1643）嗣位之后，进一步扩大了其父创下的基业。1632年他命本族文人达海（1594～1632）对老满文进行改革，在部分字母旁加圈点符号，改变某些字母形体，增设拼写汉语借用词的字母，创十二字头，统一音节形式，使满文更加完善，称为新满文或有圈点满文，即通常所说的满文。满文又称清文，直书左行，分篆体、花体。1634年皇太极将沈阳改名盛京，称赫图阿拉为兴京，在盛京大兴土木，营建规模巨大的宫殿和城池。1636年他改国号为清，自称皇帝，又将女真族名易为满洲族。且仿汉制设六部，由皇帝一人专权。他在巩固整个东北地区统治后，便计划问鼎中原。福临（1638～1661）即位当年（1644），便实现这一计划，取明而代之，在北京建立统治全国的清王朝。从此大批满族人入关，形成满、汉杂居于关内各地的局面。19世纪中叶以后，除黑龙江省少数地方外，满族人均已通用汉语文。

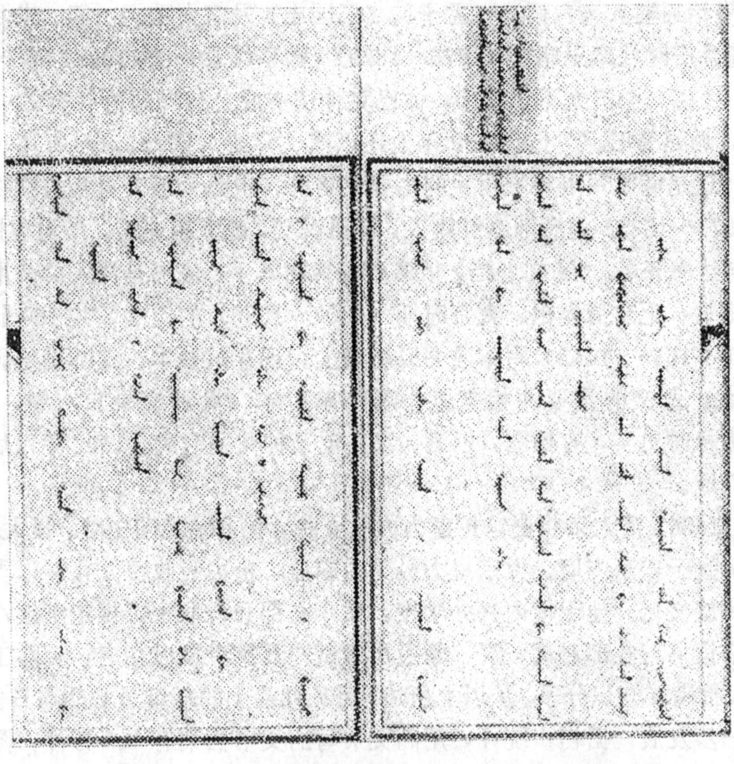

图 13-5 北京故宫博物院藏加圈点《满文老档》，
引自《故宫博物院院刊》，1979，3 期

二 满族地区的造纸

如前所述，明代时辽东是汉族与女真族杂居的地区，后金自明夺取辽沈之后，有大批女真人从各处迁来这里。皇太极建立清政权后，这一带便成为满族聚居地区的政治、经济和文化中心。而辽东是古老的产纸区，至迟在魏晋时已产麻纸，而且是中国造纸术传到朝鲜半岛的必经之地。半岛三国时代也以制造麻纸为主，后受隋唐影响，皮纸兴起，至李朝前期（14～15 世纪）半岛主要产楮皮纸，很少见到麻纸，要从辽东进口，不久又重新从辽东引进麻纸技术。据李朝学者李圭景（1788～1862?）报道，李朝成宗六年（明宪宗成化十一年，1475），朝鲜使团带纸匠朴化曾来中国学习造纸法。在去北京的路上看到辽东沈阳东门外太子河边有造纸厂生产麻纸和桑皮纸，朴化曾遂将此技术带回本国推广①。这件事发生在努尔哈赤出生前一百多年。而满族所在地区造纸的起始年代应追溯到距今一千多年前。

《清史稿》卷二《太宗纪》载，天聪三年（1629）八月，太宗谕曰："自古及今，文武并用，以文治世，以武克敌，今欲振兴文教。"为此他设史馆，命巴克什达海及刚林等翻译汉字书籍，库尔缠及吴巴什等记注本朝政事。"巴克什"为满语译音，意即学士。主持史馆的学士达海，即前述满文的创制者，满洲正蓝旗人，九岁即通汉文及老满文。努尔哈赤时，召值同文馆，凡对明、蒙古及朝鲜文书，皆出其手。所译汉籍有《大明会典》、《隶书》、《三略》等。

① 李圭景，《五洲衍文长笺散稿》（约 1857）卷十九，纸品辨证说，上册，第 564 页（汉城：明文堂影印本，1982）。

1632 年又译《资治通鉴》、《六韬》、《孟子》、《三国志》及《大乘经》等，未及完成便猝然去世。谥文成。清嘉庆时礼亲王昭梿（1776～1829）《啸亭续录》（约 1825）卷一称："崇德四年（1639），文庙（太宗）患国人不识汉字，命巴克什达文成公翻译国语（满文）《四书》及《三国志》各一部，颁赐耆旧。"可见 1639 年他还以满文译出《四书》，而所译《三国志》实为《三国志演义》。这是满族军事将领用兵的主要谋略书，也是一般人喜爱的读物。

库尔缠（1573～1633）为满洲镶红旗人，精通汉文，随太祖左右，作为清初史馆学士，主要掌修实录，与达海齐名。《满文老档》很多内容皆出其手。该书是清入关前用满文写的唯一官撰的编年体史书，记录清太祖、太宗时期（1607～1636）的史实，共 180 册。原本为老满文写本，崇德年（1636～1643）写本改书以新满文，现存重抄本。这部书是研究清初满族社会、经济、文化、语文的重要原始文献。现存单行本《满洲实录》八卷，成于天总九年（1635），记述太祖时史实，有插图，以满、汉、蒙三种文字写成。1607 年以后内容，依《满文老档》删节而成。

崇德四年（1636）清太宗将史馆扩建为内弘文院、秘书院及国史院，设大学士供职其间，合称内三院，皆置于盛京内府。太宗皇太极为图霸业，极力吸收汉文化，以求提高满族文化素质，发展本民族文化。他于境内兴办学校，又令礼部开科取士，规定满族八旗子弟八岁至十五岁者，皆需读书，礼部对满、汉、蒙生员考试，及第者授以功名，免除工役。一时文教大兴，涌现出大批满族知识分子。从以上所述，可见社会上的耗纸量必然与日俱增，而这就促进了造纸的进一步发展。据初步统计，用满文书写的文书档案有 150 万件，图书资料达千种以上，其中包括大量汉籍的满文译本，构成满族文化的精神财富，也是研究造纸、印刷的实物资料。

1644 年以前的满族地区文书档案、图书用纸和书写用纸，来源有三：一是来自明政府控制区的各种纸；二是由朝鲜供应的楮皮纸；三是本地区自行制造的纸。因而用纸是五花八门的。据《清史稿·朝鲜传》其中朝鲜纸分大纸及小纸两种，主要是在 1636 年太宗出兵攻朝鲜之后，作为"贡物"提供的。年供应量为 2500 张，供官方使用，《满文老档》重抄本有些用这类纸。满族地区早期用纸仍主要是明纸和本区自行制造的纸。既然盛京自古产纸，为保证纸的稳定供应，清政府自会将境内的汉族造纸工匠征召到官营的大纸场内。因而盛京（今辽宁沈阳）自然是满族地区最早和最大的造纸中心。清帝入关后，盛京作为留都，地位与北京并列，城区的建设和繁荣受清历代统治者关注，继续起着满族大后方最大造纸基地的作用。吉林府（今吉林省吉林）是满族地区另一政治、经济中心，由中央任命的满族将军在这里统辖吉林和黑龙江大片地区，因而吉林是满族地区另一造纸中心。

盛京产麻纸、桑皮纸、楮皮纸和混合原料纸，其中以麻纸产量为第一。我们接触过的满族地区的满文、满汉文写本《诗经》、《三国演义》及一些满文文书，多写以当地造的白麻纸。这种纸较厚些，机械强度大，但表面有些涩，不够光滑，故又称毛头纸，用时需砑光，一般纸的尺幅较小。满族地区的蒙文写本用纸，也是这类纸，像是同一地方所造。纸因用途不同有精粗之分，奏本纸、御用纸、官府公文纸制造精细，颜色洁白，表面经加工处理（如粉纸），而且常用桑皮纸。一般文化用纸、包装纸则多为麻纸。造皮纸时在纸浆中配入抄纸水或纸药，多用猕猴桃（杨桃藤）枝、榆皮和黄蜀葵根的水浸液。除本色纸外，还有加工纸。

三　满族地区的印刷

努尔哈赤早已懂得用印刷为政治服务，即汗位后于1618年誓师告天，兴兵反明，同时刻印《檄明万历皇帝文》，这可能是现存最早的清初印本①。皇太极嗣位后，清初政府所颁历书也以刻本形式出现，因而盛京不但是满族地区最早的造纸中心，也是最早的印刷中心。现所见《满文老档》数量虽多，因属机要文书，皆秘藏于盛京内府，没有刊刻过。前述于关内译成满文的著作还未及刊行，清统治者便将注意集中于夺取全国政权，而将出版事业放在胜利之后发展。

1644年清世祖入关后，仿明制在北京建立比过去更加完善的统治机构，由满、汉官员执掌行政。《清史稿》卷四——五《世祖纪》载，置京师国子监、八旗官学及各省、府儒学，招满族子弟入学，习满、汉文及儒家经典，再开科取士，分乡试、会试及殿试三级考试，满、蒙人为一榜，汉人为一榜。同时将盛京内三院移至北京，各学士继续从事先前的工作，包括翻译汉籍的工作。各学校入读的旗员需要有标准的满文教本，各种汉籍的满文译本有待刊行，还有各种政令要以满汉文颁行各地，所有这一切都促进满文印刷更大规模的发展。清内府及各部院在北京设有较大的官办印刷场，满、汉、蒙等各族印刷工集中于此，都是经挑选的良工。由于北京是满族的新的聚居地区，自然也是满文著作最大的印刷中心。但北京不是产纸的集中地，所用的印刷纸最初来自华北今河北、山西等省，后来用南方皮纸，尤其是安徽泾县的宣纸。清代满文及满汉合璧刊本不但用纸考究，而且刻工精良。特别是内府刻本，满文刻得十分精美，字画清楚，校对严谨。

清太宗崇德元年（1636）时起任弘文院学士的希福（1588～1652），在盛京已摘译《辽史》、《金史》及《元史》为满文，迁至北京后于顺治元年（1644）进呈三史译稿，遂于北京刊行。顺治七年（1650）再刊行达海在盛京译出的《三国志》，题为《满汉合璧三国志演义》（图13-6）。在原满文译本中再配以汉文原文，是为便满汉人互相学习两种语文。此书今存北京图书馆。关于清初汉籍翻译及译本出版情况，昭梿《啸亭续录》卷一称：“定鼎（1644）后，设翻刻房于太和门西廊下，拣旗员中谙习清文者充之，无定员。凡《资治通鉴》、《性理精义》、《古文渊鉴》诸书，皆翻译清文以行。”看来这个位于大内的清初设立的“翻刻房”，是兼管翻译和刊刻书籍的机构，前述辽金元三史及《三国志演义》就可能是由这里主持刊刻的。但须指出，《性理精义》（1715）是李光地，（1642～1718）奉康熙帝命删节明人胡广（1370～1418）《性理大全》（1415）而成，《古文渊鉴》是徐乾学（1631～1694）奉勅编纂的，因此，《性理精义》、《古文渊鉴》和宋人的《通鉴纲目》（1189）三书的满文译本均在康熙年（1662～1722）完成并出版的，而不是在顺治年。顺治三年（1646）译出的《洪武宝训》曾出版，并颁行各地。

康熙、雍正及乾隆三朝是清代经济文化兴旺时期，史称之为“盛世”，也是满文著作及译作出版的高峰期。康熙二十二年（1683）沈启亮所著《大清全书》，是中国第一部满汉对照的大型词典。共十四卷，收词1.2万余，以十二字头排列，部分词有例句，保存着早期满语吸收汉语的借助词和少量满文古字和释义，为后世编撰同类著作奠定基础。康熙三十年

---

① 张秀民，中国印刷史，第545页（上海，1989）。

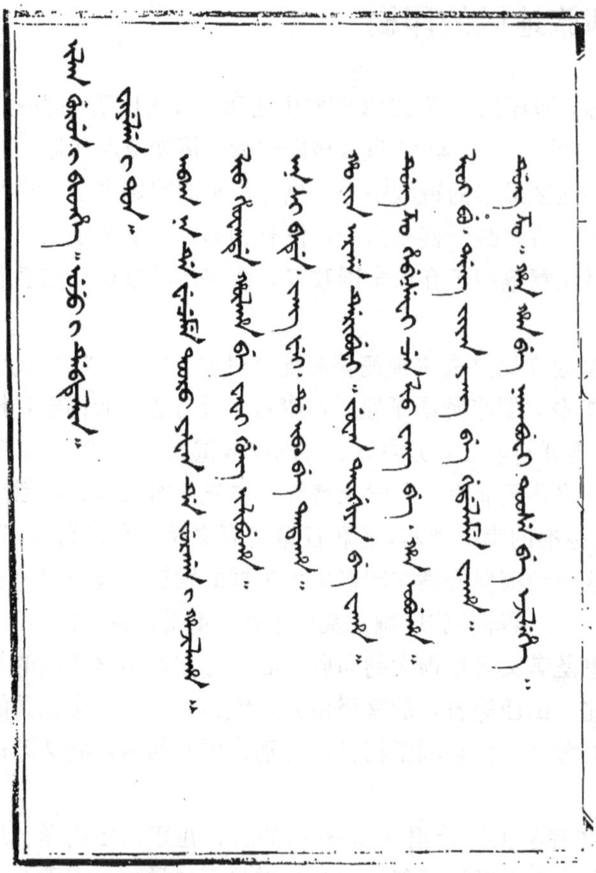

图 13-6　清顺治七年（1650）北京内府刻本满文《三国演义》，版框 28.1×20 厘米，北京图书馆藏

（1691），宋人大型史书《资治通鉴纲目》满文本译毕，由清圣祖御制序，内府刊行。康熙四十七年（1708）由满族学者马齐（1652～1739）等人奉勅主编的《清文鉴》成书，由圣祖亲自审订。这是清代官修的大型满文分类词典。全书共 26 册，收词 1.2 万余。在此基础上，根据《满蒙文鉴》、《满珠·蒙古·汉字三合切音清文鉴》（1792）等书编成《五体清文鉴》，乾隆六十年（1795）成书。用满、汉、蒙、藏、维吾尔五种民族语文写成。有满文与维文、蒙文、藏文对音直注，分 35 部、292 类，共 1.8 万条。原书 36 册，2563 页，写本以宣纸书写，边框朱红色。这些词书具有多方面学术价值。这一时期从汉文译成满文的书也较多，如元杂剧《西厢记》于康熙四十九年（1710）出版，题为《附图满汉西厢记》，为满汉文对照本。

为适应满蒙生员学习和参加科举考试的需要，《四书》、《五经》满文译本早有官刻本出版，同时还有各种坊刻本。例如乾隆三年（1738）北京鸿远堂出版插图本《新刻满汉书经图说》，也是两种文字对照本。为使满文字形体多样化和艺术化，乾隆十三年（1748）清高宗敕命大学士傅恒（1720～1769）仿汉文篆字形体设制满文篆字，作为刻印玺、官章之用，有三十二种体，包括龙爪篆、柳叶篆、悬针篆、垂露篆、乌迹篆、垂云篆等。同年（1748），清高宗弘历（1711～1799）御制《盛京赋》，武英殿殿版刊行。此书有满文单行本、满汉合刻本及满文三十二体篆字本三种版本。此篆字本正是在傅恒设制满文篆字的同一年出版的，可谓最早的满文篆字刻本，极其罕见，北京图书馆藏有原刊本（图 13-7）。这种文字在刻版方面难度很大。

在中国印刷史中，清代以前的刻本多是汉、蒙、藏、西夏、回鹘、契丹和女真等不同民族的单一种文字，偶而有两种文字合刻在一起的，清代则出版不少满、汉文合刻的大型著作，写本有时出现五种民族文字对照的著作。这就开创了新的记录。满汉合璧本要求两种文字各个字要位置对应，刻过一行文字后，接下再刻另一种文字，经常变换语种，因而增加刻版的难度。如果由同一刻工操作，他必须兼通满汉文，如满、汉工匠合作，则配合必须默契。当初创制满文时取直书形式，也为满汉文合刻创造了条件。

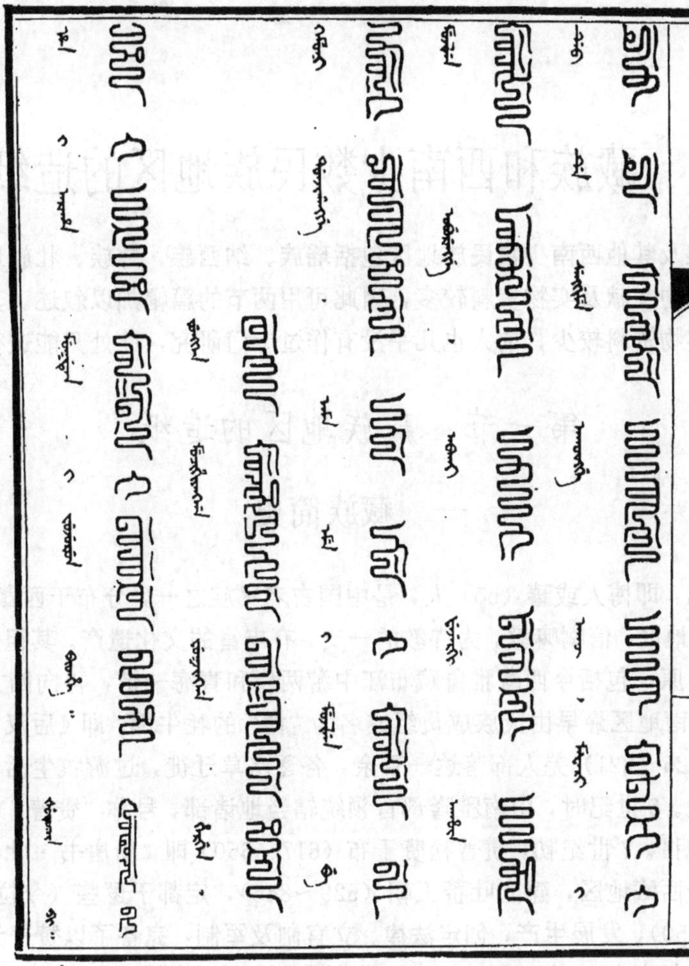

图 13-7　乾隆十三年（1748）武英殿刻清高宗撰满文《盛京赋》，版框 21.1×15.3 厘米，此为满文多种文体本，北京图书馆藏

第十四章　藏族和西南少数民族地区的造纸、印刷

本章讨论藏族及其他西南少数民族地区包括瑶族、纳西族、彝族、壮族地区的造纸与印刷。由于藏族地区的文献及实物资料较多，因此可用两节的篇幅加以叙述。其他西南民族地区除纳西族外，实物资料较少，前人也几乎没有作过专门研究，此处只能进行初步探讨。

第一节　藏族地区的造纸

一　藏族简史

藏族自称博巴，即博人或蕃（bǒ）人，是中国古老民族之一，分布于西藏自治区及四川、青海、甘肃等部分地区，信喇嘛教，为佛教的一支，有丰富的文化遗产。其祖先源出羌人，远古时居住在青藏高原，包括今西藏雅鲁藏布江中游两岸和青海一带，再向四方伸展。据藏文文献所述，西藏山南地区最早由氏族成员组成名为“博”的牦牛部，即《后汉书・西羌传》中的发羌。东汉时（25～221）羌人部落达一百余，各逐水草迁徙，过游牧生活，不相统属，仍处于原始社会阶段。6世纪时，山南雅隆部首领统辖当地诸部，号称“赞普”（王），建立自称“博”的奴隶制王朝[①]。7世纪初，赞普松赞干布（617～650）即《新唐书・吐蕃传》中的弃宗弄赞，统一了整个西藏地区，建立吐蕃王朝（629～846），定都于逻些（今拉萨）。松赞干布在位期间（629～650），发展生产，创定法律、立官制及军制，完备了以赞普为中心的统治体制。松赞干布几乎与唐太宗（629～649）李世民同时在位。吐蕃王朝与唐帝国频繁往来。

藏语属汉藏语系藏缅语族藏语支，松赞干布为发展本民族文化，命早年留学印度的吞米・桑布扎（610～660在世）参照梵文创制文字，以30个辅音字母和4个元音符号拼写藏语，又编出文法歌诀，由松赞干布公布后通行。藏文属于拼音文字类型，从左向右横书，先后进行过三次改革。7世纪时，还参考唐代历法结合本地特点创制藏历，置二十四节气，纪年以五行代天干，并以十二生肖代地支相配，如木羊年、火鼠年等。吐蕃王朝在松赞干布奠定的基础上，实现了古老的羌族在历史上的突破性发展，羌人逐渐融合成蕃族，即后来所说的藏族。

元代时在藏族地区设置三个宣慰使司都元帅府，管理包括西藏在内的全部藏族地区。明代在西北、西南藏族地区设朵甘行都指挥使司，还承袭元代土司制度管理，在西藏地区置乌思藏行都指挥使司，又先后分封三大法王及五个王爵。清代在中央设理藩院，管理藏、蒙事务，又在西藏正式册封喇嘛教格鲁派两大活佛为达赖喇嘛（1653）及班禅喇嘛（1713），并任命驻藏大臣（1728），会同地方办理西藏行政事务。在长期历史发展中，藏族与汉族及其他兄弟民族结成了不可分割的团结互助关系，一直持续到现在。

---

① 范文澜，中国通史简编第三编，第二册，第四章《吐蕃》（人民出版社，1965）。

二 藏族地区造纸之始

松赞干布作为吐蕃王朝的缔造者，是藏族历史上的杰出人物。他仰慕唐帝国当时发达的经济与文化，遣使向唐朝廷求婚，太宗亦正欲加强与吐蕃的关系，迅即允亲。贞观十五年(641)太宗以文成公主（?～680）相许，敕令礼部尚书、江夏王李道宗主婚，率大批人马和车队护送至黄河源。再由松赞干布领兵护送入藏，特为公主筑一唐式宫殿。藏文史料说，唐太宗以释迦佛像、珍宝、金玉、锦缎及佛经、史书、医药书、工艺技术、历算、建筑等大量书籍、谷物、蔬菜种子以及大批技师、工匠随同入藏[①]。这是第一次大规模的汉文化输入。松赞干布还派遣贵族子弟来长安国子监太学学习诗书，又请派来汉族文人学士帮助管理、整理官方文书档案。

藏族地区有了文字以后，开始出现书面文献，但最初的文书档案及书写用纸仍靠内地供应。因运输艰辛，有时便以木简为书写材料，或纸、简并用。20世纪初，斯坦因等人在新疆南部若羌、于阗（今和田）等地发现了写有吐蕃文字的木简，字迹苍古，横写，为吐蕃趁“安史之乱”后占据唐陇右道时期（670～692及755～866）留下的遗物，与同时期古藏文手卷的字体风格大致相同。这些文物现藏于伦敦不列颠图书馆。50年代以后，新疆博物馆考古队多次在若羌县米兰故城城北发掘出同样木简，内容反映吐蕃军事、官制和农牧业等情况。因而吐蕃当地迫切需要自行产纸，这就要靠从唐输入造纸技术。

太宗卒后，永徽元年（650）唐高宗即位，更加松赞干布为驸马都尉，封为西海郡王，又应吐蕃之需将蚕种以及植桑养蚕、织丝、造酒、制造碾硙、造纸、制墨的大批技师、工匠连同有关生产工具一齐送往吐蕃，帮助当地发展工农业生产。《旧唐书》卷196上《吐蕃传上》云：“高宗嗣位（650）……［弄谠］献金银珠宝十五种，请置于太宗灵座之前。高宗嘉之，进封为宾王，赐杂綵三千段。因请蚕种及造酒、碾硙、纸墨之匠，并许焉。”因而这里明确记载西藏地区造纸始自公元650年，由长安来的汉族工匠在今拉萨建立了第一批纸场。而制墨技术亦同时传入。

唐中宗景龙四年（710）再以金城公主（?～739）嫁与吐蕃赞普墀德祖赞之孙，随带唐少府监、将作监所属各种工匠及图书等物，后又向唐请《毛诗》、《礼记》、《左氏传》及《文选》等书入吐蕃。这样吐蕃就可以用藏文整理其文化遗产，并通过吸收汉文化而发展本民族文化。例如藏医学奠基人宇妥·云丹贡布（708～775?）的《居希》约成书于公元750年，汉名《四部医典》，为藏医学奠定了完整的理论基础。他早年拜汉医东松嘎瓦为师，又赴山西五台山及印度研究医学。此书长期以纸写本行世，16世纪才有木刻本。藏传佛教的发展在很大程度上亦归功于藏族地区造纸业的兴起。

毫无疑问，藏族地区最初所造的纸是麻纸，1901年在敦煌石室发现很多古体藏文写本佛经，年代为7～9世纪，即吐蕃据唐陇右道时期。1965年我们在检验这一时期的藏文写经时，也发现为麻纸，经于道泉鉴定，所检验的写经为藏人江令赞抄的《佛说无量寿经》，年代为8世纪。亦作卷轴装，藏文以硬笔横书。从纸的厚度、帘纹形制和外观来看，不是中原或西北所造，当为陇右藏族居住区所造，或可能即吐蕃造。这类纸较厚，具有特殊的硃砂掌色，纸

① 范文澜，中国通史简编，第三编，第二册，第485～487页（人民出版社，1965）。

背未打散的圆疙瘩也相当特殊，与西北原产麻纸有别。从墨迹观之，发现多处浓浅不匀，且有洇透现象，显然是以木笔或竹笔蘸当地配制的墨汁所写，与内地传统墨不同，因含胶量较少。上述敦煌石室所出古藏文写本，除藏北京图书馆外，还藏于伦敦不列颠图书馆和巴黎国立图书馆等处。自从当地造纸后，吐蕃各种文书档案及重要作品便可以纸书写，但遗留下来的写本目前仍以佛经居多。就写经纸而言，我们发现吐蕃纸与内地纸及回鹘地区所造的纸很容易区分开，虽然原料是相同的。

三　藏族地区的造纸原料

1264 年蒙古入主中原后，吐蕃又被统一于元朝统治之下。经过以前几个世纪的积累，吐蕃文化在原有基础上有进一步发展，出现一些宗教、文学、历史和科学方面的名著，如蔡巴·贡嘎多吉（1309～1364）的《红册》(1363) 是藏文古代史书，叙述从吐蕃王朝到成书时为止的藏族历史及汉藏关系史，还参考了唐宋时期的一些汉文史籍，其书被译成英文及日文。《格萨尔王传》是藏族的长编史诗，篇幅达 1500 万字，经长时期酝酿、补编，至元代成为定本，有藏、蒙两种文本，被译成东西方数种文字，近年已搬上银幕。这部文学巨著涉及藏族文艺、宗教、语言及历史等领域，是研究青藏高原古代社会的重要文献。

在宗教方面，用藏文译、著的佛教典籍丛书即藏文《大藏经》，可谓空前巨著。该丛书以佛教的经、律、论为主，包括天文、历算、工艺、医药、美术、诗歌等著述，达 4500 种，分《甘珠尔》及《丹珠尔》两大部分。《甘珠尔》(Kangyur) 义为经部，由蔡巴·贡嘎多吉编成于 14 世纪后半叶，包括显密经律，收书 1108 种（据德格版统计)。《丹珠尔》(Tăngyur) 义为论部，由布敦·仁钦朱（1290～1364）编订于 14 世纪后半叶，收书 3461 种（德格版），含经律阐明和注疏。藏文《大藏经》的编定使藏族地区的佛教经典达到完备而系统的程度。由于有些直接译自梵文原典，甚至可补汉文《大藏经》之不备。《丹珠尔》编订者布敦·仁钦朱在元代史书中译为卜思端，还著有《布敦佛教史》(1332) 等 200 多种著作，其中包括医学及天文历算方面的著作。

自然，为了著述并传抄越来越多的藏文著作，尤其像《大藏经》那样的巨型著作，势必要耗费大量的纸，从而刺激了藏族地区造纸业的迅速发展。在拉萨附近逐步形成几个大的造纸中心，如尼木、莱纳、江孜及工布等地。众多纸坊多设在雅鲁藏布江及其支流岸边，造纸已达数百年，直到今天尼木还用传统方法生产手工纸。藏族地区人口不多，因而造麻纸所用的原料破布来源有限，而对纸的需求量却与日俱增，为缓解这一矛盾，除麻纸外还生产皮纸及当地野生植物纤维纸。

为了了解这些造纸原料，笔者于 1964～1965 年曾先后访问过藏学家洛桑赤烈活佛及甘孜藏族自治州的学者更敦等藏族研究人员。他们将造纸原料用藏文写出，并口述了造纸方法。然后请通晓藏语的杨承丕先生将藏文名译成汉名，我们再根据绘制的植物草图所示形态特征定出这些造纸原料的科、属及拉丁学名。这样，藏区所用造纸原料便基本上理清。

其中最常用而且分布较广的是山茱萸科 (Cornaceae) 的灯台树 (*Cornus paucinervis* Hance)，落叶灌木，生长于海拔 1500～2500 米的山地阴坡，皮可造纸[①]。灯台树的藏语读音

① 中国科学院植物研究所，中国经济植物志，第 285 页（科学出版社，1961)。

为 *xiǎoxǐn*，意思是“纸木”，即造纸用的树木。我们还注意到，同科的植物西藏青荚叶（*Helwingia himalaica*）为落叶灌木，生海拔 1200～1400 米[①]，皮亦可造纸。还有杜鹃花科（Ericaceae）的野茶花树，藏语名 *dāmá*，树皮也可造纸。在西藏东南还有杜鹃花亚科（Rhododendroidene）的一些属灌木以及桑树也应能造皮纸。还有一种藏语称为 *tānxiāo* 的树，其皮可造纸，我们一时定不出学名，但 *xiāo* 这个词根在藏语中是“纸”的意思。西藏还经常用瑞香科（Thymelaeaceae）植物狼毒（*Stellera chamaejasme*）（图 14-1）的根茎纤维造纸。狼毒为多年生草本植物，高 20～50 厘米，分布范围很广，其茎部含纤维 28.5%，根部含纤维 18.5%，均可造纸或提制淀粉[②]。藏语读音为 *ajiāo-rijiāo*，这个词在藏语中的意思是“毒草”，因其根部毒性较大，汉族地区用作农药。西藏另一种造纸原料是用回收的旧纸，回槽后与新鲜纸浆混合造纸。

图 14-1　瑞香狼毒，其根茎纤维为藏族地区主要造纸原料

在藏族地区造纸原料大体可分为以下四种：①破麻布或麻绳头、麻袋；②木本韧皮纤维，如桑树、灯台树；③草本根茎纤维，如狼毒；④故纸。吐蕃王朝时期所造的早期纸，多用麻类纤维，麻纸一直持续到 14 世纪或以后一段时期。用树皮生纤维造皮纸，大约起于元代，一直持续到明清以后。而以狼毒根造纸可能与皮纸同时，一直持续到现在。上述造纸原料，也为我们对吐蕃时期及 18～19 世纪的西藏文写本及印刷用纸的分析化验所证实。

四　藏族地区造纸技术

关于藏族地区的造纸技术，目前从民族文献中还未找到记载。喇嘛教尼玛派僧师局迷旁（1846～1914）的《常用制造技术之宝瓶》（1896）可谓总结藏区传统技术的工艺百科全书，书中详述金属及合金冶炼与加工、染色、漆器、制陶、制墨等技术。关于纸，谈到研光及施胶、泥金书写，似未对造纸技术作详细阐明。不过，从过去西藏造纸区现存传统生产技术的调查中可获得若干信息。美国已故造纸史家亨特于二次大战前曾前往拉萨附近的几个造纸区作过调查，对制造过程给出简短的说明，并摄制一些照片，但仍缺乏一些细节上的叙述[③]。

现综合各方面材料，对皮纸和狼毒纸技术作一叙述。藏族造纸集中于拉萨附近地区的纸坊村，多以家庭为单位从事生产，世代相袭，因此生产规模不大。较大的生产中心集中于印经院附近，因由寺院经营，资金较雄厚，雇用很多纸工，所造之纸主要供当地印刷佛经之用。

---

① 中国科学院植物研究所主编，中国高等植物图鉴，第二册，第 1111 页，（科学出版社，1987）。

② 中国科学院植物研究所编，中国经济植物志，第 1815～1816 页（科学出版社，1961）。

③ Dard Hunter, Papermaking: The history and technique of an ancient craft, pp111～114 (New York, DoverPubli cations, Inc., 1978).

每年春、秋两季到山区将灯台树等砍下，去叶，放水中沤制七八天，将树皮剥下，撕成麻状，入清水漂洗。再在锅内加石灰水蒸煮二日，洗涤后，用木槌反复敲打，直到打碎。然后用水洗去外表皮。再行敲打，并在桶内与水配成浆液。如果用狼毒为原料，则将根挖出后，洗净，用槌打碎，再洗去杂质，加石灰水将纸料放入锅内蒸煮。煮后的纸料用水洗净，放入细长桶中，用打浆捧搅拌。成浆后，向纸浆中添入米汤或仙人掌（*Opuntia dilenti*）汁，相当于汉族地区纸工所用的纸药。用瓢将浆液提起，如浆液粘度适当即可。以木框绷紧的纱布筛作为纸模，放在水面上，将纸浆浇注于其上，滤水后，经日晒干燥后揭下就成纸（图 14-2）。

图 14-2 藏族工匠造纸图

制仙人掌汁法，取仙人掌阴干后，用木槌打碎，慢火煮烂成泥状即可。如无仙人掌，用大米汁亦可代替，其作用是提高纸浆粘度。藏族造纸技术与内地大同小异，但原料为青藏高原野生植物，就地取材。这些野生造纸原料的发现和利用，是藏族对造纸术的一项贡献。藏族所用的造纸设备亦简便易制。一般用木槌或杵臼捣料，可边捣料，边剔除杂质。这种操作虽较劳累，但对杂质的剔除较为彻底。

青藏高原不产竹，因而造纸不用竹帘纸模，一律使用布帘纸模。其制法是将棉布固定在框架上，其面积视所造纸的尺寸而定。造纸一般都在河边进行，先将纸模抬到河边，让其漂浮于水面上。然后从桶中取出纸浆，浇在布帘纸模上，随即摇动纸模，使浆液分布均匀后，将纸模抬出水面，纸浆中的水份随即从布帘滤出，于是湿纸层形成，晒干。隔一二小时将晒干的纸取下，纸模再继续浇浆造纸。纸模所用棉布，每根棉线粗 0.5～0.8 毫米，或每厘米有 16～20 根棉线，作经纬交织，则每平方厘米有 225～361 孔。是一种粗棉布。因纸浆在棉布上滤水速度慢，网孔要求大些是自然的，所造之纸便显得厚重。

从纸模上取下纸后，纸表面呈现布纹，不够平滑，因此要用细石研光。通常由老人及妇女从事这道工序（图 14-3）。在研光前，在纸面上宜刷一层淀粉汁，这样用墨水书写起来不致走墨。藏族地区所造的纸多为长方形，直高 57～67 厘米、横长 105～137 厘米；也有近于正方形的，直高 23～27 厘米、横长 25～30 厘米不等。有大纸也有小纸，尺寸根据需要不一。藏纸在质量上也有高低之别，上层领主或寺院喇嘛用的纸，较厚重而坚韧，纸上纤维束少见，略呈浅黄色，经砑光、施胶后适于书写，纸幅较大。一般人用纸较薄，纸上长纤维束较多，但藏纸总的说拉力较强。用狼毒纤维所造的纸有抗蛀性。厚重的纸两面都经砑光，因此可以双面书写。

图 14-3　甘孜藏族妇女晒纸图

此为最古老方法，湿纸在纸膜上形成后直接晒干，取自 Hunter

清代乾隆年间，四川布政使查理（1716～1783）到藏族地区参观纸坊的造纸生产过程后，写了《藏纸诗》，他对藏纸极力称赞。现摘抄于下：

蜀纸逊豫章，工拙奚足尚。　取材径丈长，约宽二尺放。
结胎多糟霉，嘲诮实非谤。　质坚宛茧练，色白施浏亮。
既失蔡侯传，更乏泾县匠。　涩喜受隃麋，明匆染尘障。
锦城学书人，握笔每惆怅。　题句意固适，作画兴当畅。
孰意黄教方，特生新奇样。　裁之可弥窗，缀之堪为帐。
臼捣柘皮浆，帘漾金精浪。　何异高丽楮，洋笺亦复让①。

查理在诗中一开始慨叹四川竹纸不如江西皮纸和安徽宣纸，因而成都文人学士用四川竹纸写字时每感惆怅。接下去谈到西藏皮纸时，用称赞语气说，藏纸形制独特，厚重、色白而无帘纹，以柘皮为原料。柘（*Cudrania tricuspidata*）为桑科灌木，又称黄桑，产于西藏，其茎皮可造纸②。此柘皮纸直高 266 厘米，横长达 3.3 米，一般说藏纸没有这样长，这个长度只能理解为若干张纸粘连而成。查理还在诗中描述说，藏纸坚韧如丝绢，洁白受墨，既适于书写作画，还可作纸帐、糊窗等，以其质量足可与高丽楮皮纸相比，而且超过当时的欧洲造麻纸。1965 年 8 月，笔者在北京图书馆所藏清代藏文刻本佛经（图 14-4）中，看到一种精制皮料纸用于刊印藏文佛经，很像查理所形容的那种纸，纸质洁白，中等厚度，纤维交结匀细。我们在清代黄沛翘《西藏图考》卷五中注意到，在叙述西藏土产时提到藏纸③，可见清代藏纸在原

---

① 清·查理，《藏纸诗》，载（清）黄沛翘，《西藏国考》（1886）卷三，第 104 页（西藏人民出版社，1982）。

② 冯德培、谈家桢、王鸣岐主编，简明生物学词典，第 922 页（上海辞书出版社，1983）。

③ 清·黄沛翘，《西藏图考》（1886），卷五，第 151 页（西藏人民出版社，1982）。

料品种、尺幅、白度、厚度等方面都比过去有很大进步，自然产量也有增长。在当时汉人看

图 14-4　清代刻本藏文佛经

来，藏纸质量超过四川竹纸。

第二节　藏族地区的印刷

一　藏族地区雕版印刷之始

吐蕃王朝于 13 世纪统一于蒙元后，蒙古统治者对藏族地区十分重视。藏族文化也对蒙族有很大影响，首先表现在宗教和语言文字方面。1253 年忽必烈从喇嘛教萨迦派教主八思巴受佛戒，即汗位后尊这位藏族宗教领袖为国师，从而使蒙古人改信喇嘛教，蒙古新字又是八思巴据藏文字母创制的。另一方面，藏族地区也因蒙古统一中国，与内地的经济、文化交流更加活跃，尤其是印刷术的引进。资料表明，元以前藏族地区的佛经及其他文书、著作多是写本，很少有藏文刻本，而从元以后，藏文刻本不但有文献著录，亦有出土实物。

1902～1907 年，德国人李谷克考察队在新疆吐鲁蕃发现 13 世纪的藏文雕版印刷的佛教经咒①，这是到目前为止年代较早的藏文印刷品。据史料记载，14 世纪著名藏族史学家蔡巴·贡嘎多吉的祖父蔡巴·噶德贡布（约 1259～1319 在世）在元世祖忽必烈在位时（1260～1294）曾七次前往内地考察，将雕版印刷技术引入藏族地区，并在拉萨东郊的蔡巴寺设印刷厂②。以该寺为据点的蔡巴噶举派教主掌当地政教大权，被忽必烈封为万户长，定期赴北京，附近又是产纸区，因此在这里建立藏区较早的印刷厂是很自然的。西藏至迟在 13 世纪后半叶已有了印刷业。

另一方面，萨迦派第五代祖师，受元世祖宠信的国师八思巴协助蒙元中央政府管理西藏事务时，也会在其据点萨迦寺建立另一个更大的印刷中心。萨迦寺在日喀则地区萨迦县内，分南北二寺。南寺由八思巴委托夏迦桑布修建于至元六年（1269），汇藏、汉、蒙各族建筑风格于一体。寺内大经堂现藏《萨迦历代史略》、《萨迦各教主法王传记》、《萨迦传法记》等书的木雕板以及大量藏文经板③，说明这里确曾刊刻过书籍。八思巴本人生前有著述三十余种，传世有《萨迦五祖集》，他的这些著作也应在萨迦寺刊印。我们认为八思巴及其弟子将内地雕版印刷技术引入西藏的时间，当在忽必烈在位时的至元二年至十五年之间（1265～1278）。萨迦寺北寺始建于 1073 年，今已不存，但部分经典尚在。综上所述，至元年间在拉萨及萨迦两地

① Albert von le Coq，Buried treasures of Chinese Turkestan；An account of the activi ties and adventures of the 2nd and 3rd German Turfan Expedition，Tr. A. Brawell，p. 52（London：Allen and Unwin，1928）.

② 蔡美彪主编，中国通史第七册，元史，第 370 页（北京：人民出版社，1983）。

③ 西藏自治区文物管理委员会，西藏自治区文物工作三十年，载文物编委会编，文物考古工作三十年（1949～1979），第 391 页（文物出版社，1979）；民族词典，第 981 页。

已有了藏族地区早期的印刷厂。

元代时西藏所刻的佛经多为单独佛经、经咒及佛像，但张秀民《中国印刷史》(1989) 内称："据说有西藏人名嘉木祥者，于元仁宗时 (1312～1320) 发愿，在西藏后藏札什布伦布寺西南的奈塘寺，刊刻了完备的藏文《大藏经》，称为奈塘古板。西藏的色拉寺仍有此藏的残印本。"[①] 他没有提供原始史料出处，所谓"据说"，则引自关德栋在《现代佛学》1984 年第四期发表的《西藏的典籍》一文。张秀民据此认为元代时西藏地区已出版了藏文《大藏经》，即《甘珠尔》与《丹珠尔》[②]。

我们认为这个结论及其依据都是不能成立的。先说"嘉木祥"，并不是藏族人名，当然更不是元仁宗时人，而是喇嘛教格鲁派拉卜楞寺最大活佛的尊号，一世嘉木祥（大活佛）协巴多吉 (1648～1721) 为清初时人，康熙四十九年 (1710) 在甘肃夏河建拉卜楞寺。二世嘉木祥为晋美旺布，乾隆三十七年 (1772) 在北京受封为呼图克图，此为蒙古语 (khatuktu) 音译，意即大活佛，地位仅次于达赖、斑禅[③]。其次，再谈"奈塘古板"的年代。奈塘寺或纳塘寺，今通称那当寺，在西藏日喀则西南，始建于南宋绍兴二十三年 (1153)，世传那当版《甘珠尔》及《丹珠尔》是清代西藏掌权人颇罗鼐 (1689～1747) 在当权时 (1728～1747) 于那当寺主持刻印的[④]，因而所谓"那当古板"绝不可能是元代的版本，而是清版。

至于说到拉萨北郊色拉寺所藏藏文《大藏经》，并不是印本，而是格鲁派创始人宗喀巴的弟子绛钦却杰（《明史》称释迦也失）自北京带回的用金汁书写的《大藏经》写本。把明代写本说成是元刻本，是缺乏根据的。最后，再谈藏文《大藏经》本身，如前所述，《甘珠尔》、《丹珠尔》分别由蔡巴·贡嘎多吉及布敦·仁钦朱（《元史》称为卜思端）主持编定于元末惠宗至正年间 (1341～1368)，而在元仁宗时 (1312～1320) 尚未成书，当然更谈不上刻印了。核对史料后，我们的结论是，元代时从未刊刻过藏文《大藏经》。当此巨帙藏文佛经丛书编定之际，元代统治已近末日，没有足够的经济力量和稳定的政治气氛从事大规模印刷。但藏文《大藏经》成书后，却以写本形式在藏族地区流传。

二　明清时藏族地区印刷的发展

西藏佛教印刷事业在明代时获得很大的发展，其规模远远超过元代。最早的藏文版《大藏经》是由雄才大略的明成祖于永乐九年 (1411) 敕命刊刻的，受到中央政府的财政资助。明成祖在御制《藏经赞序》(1410) 中写道："朕念皇考妣生育之恩，够劳莫报，乃遣使往西土取藏经之文，刊纸印施，以资荐扬之典，下界一切之黎，均沾无涯福泽。……敕寿梓于番经厂。"成祖敕令刊印藏经，除为感戴其皇父明太祖生育之恩外，也还由于他在先前 (1403～1409) 多次召见入朝的西藏宗教领袖时，了解到藏区广大僧众渴望早日刊刻藏文《大藏经》的一致愿望。因而特遣中官侯显为钦差，协同敕封大宝法王哈立麻 (1384～1415，本名却贝桑布) 奉旨前往西藏，取回藏文《大藏经》写本，再下令于南京组建番经厂主持印经（图 14-

① 张秀民，中国印刷史，第 312 页（上海人民出版社，1989）。

② 同上，第 312，489 页。

③ 《民族词典》，第 1168 页。

④ 潘吉星，论藏文大藏经的刊刻，中国印刷史学术研讨会文集，343～347 页（印刷工业出版社，1996）。

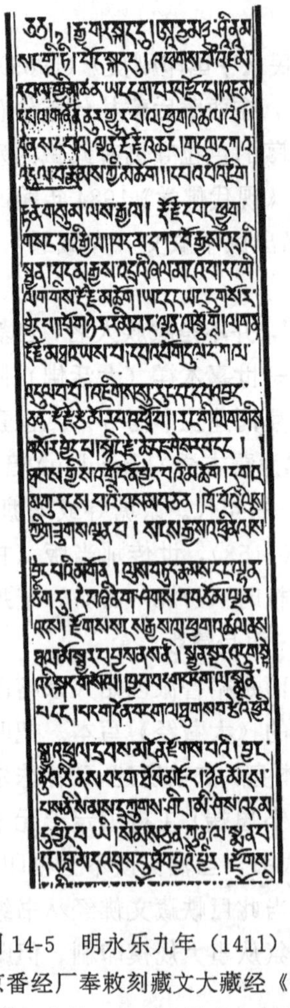

图 14-5 明永乐九年（1411）南京番经厂奉敕刻藏文大藏经《甘珠尔》中的《圣妙吉祥真实名经》，框广 8.1 厘米，高 5.8 厘米，北京图书馆藏

5)。同时又遣藏员前往经厂，与汉族僧人、工匠合作，完成了这次大规模印刷工程。还须指出，永乐版《大藏经》只刊印了《甘珠尔》。所据底本为蔡巴噶举派领袖贡嘎多吉编定、经格鲁派始祖宗喀巴（1357～1419）校订的蔡巴本《甘珠尔》，收书千余种，刊本共 108 函。明成祖再将精印的《甘珠尔》颁赐给西藏宗教领袖、各大寺院及内地其他地方。刊印此《甘珠尔》是藏文佛教印刷史中的重大事件，它在藏文典籍及佛学研究领域中有重要学术价值。

1985 年，西藏自治区文物管理委员会普查文物时，在拉萨布达拉宫发现了原存于萨迦寺而于“文革”时移至拉萨的一部永乐版藏文《甘珠尔》①②。这部《甘珠尔》是永乐十二年（1414）明成祖赐给大乘法王、萨迦派领袖昆泽思巴（1349～1425）即贡噶扎西的，今存 106 函，基本完好。西藏现在还存在明成祖永乐十四年（1416）赐给大慈法王释迦也失（1354～1435）的一部《甘珠尔》。

明神宗时，又敕命设经厂于北京，万历二十二年（1594）在汉、藏员工合作下续刻《丹珠尔》，收书 3000 余种③。至此，藏文《大藏经》已全部刊刻完毕。明代南、北两京藏文《大藏经》的刊刻，为藏族地区刊刻佛典积累了经验、培养了人材，此后《大藏经》便在西藏进行刻印，如明末崇祯年至清初（17 世纪）在理塘寺刊行了新版《甘珠尔》及《丹珠尔》，称为理塘版。理塘寺为万历八年（1580）由达赖三世主持兴建于今四川甘孜藏族自治州理塘境内的梭磨拉卡山脚。

清代时藏族地区印刷业又在明代基础上进一步发展。雍正七年（1729），第四十二代德格土司却吉登巴泽仁（1678～1738）主持兴建了著名的德格印经院，又名更庆寺，在今四川江孜藏族自治州德格县境内，紧靠西藏。印经院经扩建，占地 1600 平方米，内有大量工匠从事雕板、刷印，清代时刊刻过藏文《甘珠尔》及《丹珠尔》，称德格版。此外，还出版过用藏文写成的其他佛教著作、译著、传记、史书、文集，如《宗喀巴集》、《萨迦五祖全集》、《西藏宗教源流》、《西藏王统明鉴》等。还刊印过不少科学技术著作，如《四部医典》、《水晶蔓医清》、《百万舍利医书》、《十八部医清》等以及天文历算、建筑、雕刻工艺、地震记录方面的著作，更有文学艺术著作，如《诗例》、《恶雍》（藏族乐谱）、《古茹体扎》（绘画专著）等④。

目前这些书板都还保留着，共 21.75 万块，一块两页，一页以 600 字计，总字数达 2 亿 5 千万余。这些书板对研究藏族历史、文化、宗教及科学技术都有重要学术价值。有的还是孤

① 建瓴等人，拉萨现藏的两部永乐版《甘珠尔》，文物，1985，9 期。

② 侯石柱，概述近十年（1979～1989）的西藏文物考古工作，收入文物编委会编，文物考古工作十年（1979～1989），第 291 页（文物出版社，1990）。

③ 民族词典，第 1241～1242 页。

④ 龚伯勋，藏族文化宝库——德格印经院，载德格印经院藏文版，第 1～7 页（成都：四川民族出版社，1981）。

版，如叙述汉藏关系的《汉地宗教源流》、研究印度古史的《印度佛教源流》则是稀世珍版。德格版《甘珠尔》及《丹珠尔》收书4569种，是较完备的版本。而现存《般若八千颂》书板有梵文、藏文梵音及藏译文，以朱砂刷印，藏板555块，据传于康熙四十三年（1704）在龚垭地方刻板，比印经院历史还早26年。今重印后，仍完好如初。德格印经院出版的书，印刷讲究，刻工精细，在国内外享有盛名。

三　德格印经院的雕版印刷技术

德格印经院有完善的管理机构和严格的操作规范，可作为研究藏族地区雕版印刷技术的样板。德格书板规格有六七种之多，最大的长110厘米、宽70厘米，厚2厘米；一般的长66～77厘米、宽11～18厘米、厚2厘米；最小的长33厘米、宽6.6厘米。根据所印书的内容决定书板尺寸。书板板材主要选用当地所产的红桦木（*Betula albo-sinensis*），此为桦木科落叶乔木，树皮红褐色，木质硬度适中。每年秋天砍伐后，顺木质纹理劈成板块，用劈下的木屑燃起微火，将板块熏干，放在羊粪中沤一个冬天，再取出用水煮、烘干，刨平后刻字。为保证质量，规定刻工每天刻一寸版面。每版刻完，经校对、改错，再将其放在酥油中浸泡一日，取出晒干，再用“苏巴”的草根熬水将版面洗净、晾干，一块书板始告完成。因当地木材资源有限，书板一般要双面刻字。凡文字、图画及音符，都要求刀深而光洁，一点一划都须清晰。像《甘珠尔》，要由500多名藏族工匠，积5年辛勤劳动才能刻成书板。有专门工匠制造印朱版的朱砂汁，而墨汁是用白桦（*Betula platyphylla*）皮烧制的碳黑制造的。普通书用墨印，重要经典用朱砂印。因气候关系，一年印书时间只有四五个月，从藏历四月中旬开始，到八月结束。

印刷用纸则以当地所产瑞香科狼毒的根茎纤维制成，其制法前已述及。狼毒纸韧性强，虫不蛀、鼠不咬，久藏不损。这种植物藏语称为“阿交日交”，至今还用于造纸。过去在德格土司辖区内，有不少农民专门为之造纸。印刷用纸先以水润湿，再上版印刷。印完后，将印纸晾干，再清理汇册。每个书板印完后，要当天洗净，晾干后还要上板架。刷印书籍包括割纸、调朱墨、运版、印刷、晒书、齐书、洗版、还版等各道工序，都有明确分工。印经院由土司直接掌握，是其财政收入的重要来源，由院长总管行政事务，下设管家及秘书，管家掌财务、材料、印刷品验收及印刷人员生活等；秘书掌记帐、划价、签合同及往来信件、书板管理、印刷事宜。他们对德格土司负责，在他们下面还有各专业组掌管印刷业务。年收入除用于印刷材料、工资等外，大部分上缴土司，年收入达1.3万元藏洋。德格印经院已成为藏族文化宝库，其所藏丰富资料至今仍在发挥积极作用，例如其中藏医药学资料正在整理中。

与德格印经院齐名的，还有拉萨布达宫印经院及日喀则印经院，号称藏族地区三大印经院，后二者都在西藏自治区境内。日喀则印经院又称那当印经院，位于日喀则西南的那当寺内，这个古老的寺院最盛时有寺僧3000人，其印经院是藏区较早的印经院，成立于康、雍之际，而于雍正年间（1723～1735）由西藏地方掌权人颇罗鼐主持在这里刻印了藏文版《大藏经》，即那当版，已如前述。除《大藏经》外，那当印经院还刊印了其他一些藏文书籍，涉及各个领域。该寺亦藏有大量藏文印板及佛教典籍的写本。布达拉宫印经院比那当、德格建立得稍晚一些，大约建于乾隆年间，也出版了藏文《甘珠尔》及《丹珠尔》，即拉萨版。至此，这部著名的藏文佛教典籍大丛书已分别于三大印经院出版。除此，卓尼寺亦有印经院，该寺由元代大宝法王八思巴的弟子格西·喜饶意希奠基，元贞元年（1295）正式破土兴建，在清代时亦曾刻印过藏文《大藏经》，称为卓尼版，寺内也有经板传世。从《大藏经》在不同地点的刻印可以看出，藏族地区的印刷业在清代获得空前的发展。值得注意的是，藏文虽亦属拼音文字，但在元、明、清三代的漫长时间内，藏区出版的书籍一直用雕板印刷，直到现代，活字印刷才在西藏发展起来。

第三节　瑶族、纳西族、彝族和壮族地区的造纸、印刷

一　瑶族地区的造纸、印刷

瑶族是西南古老的民族之一，现瑶族主要分布在广西壮族自治区、湖南、云南、贵州、广东和江西等省区，其名称较多，使用的语言也不同，但多属汉藏语系苗瑶语族或壮侗语族的不同语支①。因多居山区，彼此语言不通。瑶族的先民为秦汉时长沙“武陵蛮”的一部分，隋唐时称为莫徭，宋以后一般称徭。长期在山区从事刀耕火种的农业，逐渐从东向西迁徙。瑶族信奉多神，尤其崇拜祖先，部分瑶族尤其蓝靛瑶信仰道教。

瑶族地区很久以来就与中原有政治、经济和文化上的联系和来往，在瑶族地区保留下来的历史文献《过山榜》或《过山牒文》写本中，记述了本民族的起源、姓氏由来、祖先迁徒及农业耕种情况，此纸写本呈长卷状或单页装成书册者。瑶族称为《评皇券牒》或《过山帖》，除写本外，还有少量木刻本。瑶族多通汉语文，《过山榜》多用汉文书写。在这一历史文献中经常出现中原地区封建朝廷的年号，较早的年号有唐太宗贞观三年（629)、宋太祖建隆（960～962)、乾德（963～967)、开宝（968～975）的年号，说明在唐宋时与中原的联系更为紧密②。此后在元、明、清各代都是如此。

瑶族一度借用汉字创制标示本族语言的字。清人汤大宾修、赵震等人纂的乾隆《开化府志》(1759）卷九谈到瑶族“有书，父子自相传习，看其行列笔画似为汉人所著，但流传既久，转抄讹谬，字体文义殊难索解，彼复实而秘之，不轻示人。”所谓“似为汉人所著”、“字体文义殊难索解”的文字，即是瑶族文字。如“姑娘”读作“煞”(shà)，而写作“𡛷”；“我”读作“亚”(yā)，写作“㐌”；“父母”写作“𠂇𠂊”，“地”写作“𡈽”等。瑶文像汉文一样，也是一字一音③。长期以来，瑶族巫师用这种文字抄录“本命书”(家谱)、刻碑文、记歌谣、传说故事和宗教经典等，与汉文书共同流通。上述《开化府志》的作者不识瑶文，却误认为是汉文书籍“流传既久，转抄讹谬”所致，这是不正确的。用这种文字写成的书籍当不会少，可惜传世者不多。

瑶族在与汉族、壮族长期交往中，还引进许多先进的农业和手工业生产技术，促进了本地区经济的发展。瑶族地区手工业中较普遍的有造纸，能就地取材生产竹纸和皮纸。造纸都属家庭手工业，不脱离农业生产，多是一家一户造纸，或几家合伙，男女一齐动手。除自销外，多余部分在集市上交换其他产品。造纸用的石灰，皆就地烧造，抄纸的纸帘从汉族地区

① 杜玉亭等，云南少数民族，瑶族（李国文执笔)，第331～351页（云南人民出版社，1983)。

② 潘吉星，中国造纸技术史稿，第142～143页，(文物出版社，1979)。

③ 云南少数民族，第331～351页。

获得。广西大瑶山地区和云南河口瑶区是产纸的主要集中地。

除竹帘抄纸器外，瑶族还使用一种具有本民族形式的纸帘。1965 年，笔者在北京中央民族学院文物陈列室看到 1956 年从广西大瑶山瑶族自治县征集到的抄纸设备，是明代制造的。这说明瑶族地区造纸可回溯到 14 世纪。

瑶族所用这种设备形式是一种古老的固定床，长方形，宽 28 厘米、长 37 厘米，造出的纸尺寸也大致如此。纸模完全用竹制，四边用四根竹片作框，在框的中间用四根小竹条为一束（每束宽 1.45 厘米），纵横编织成竹席。水从竹席缝中流出，纸浆即成，湿纸层留在竹席上，晒干、揭下成纸。因而在靠近竹席的一面纸上印有竹席纹。这种抄纸器很独特，反映出瑶族人因地制宜发展造纸的技巧。用这种竹席可以抄竹纸，也可造“沙纸”，即楮皮纸。因为瑶族地区将构树（*Broussonetia papyrufera*）叫沙树，所以楮皮纸即称为沙纸。

瑶族造的沙纸，比内地皮纸稍厚，呈灰色，这是由于在沤沙树皮后未将外表皮除净。这种纸有精粗之分，精者色浅，纤维较细，可用于书写。粗者色深，可作别用。我们见过瑶族造沙纸写经，上有“丁已年十二月”的年欵，但无年号，估计是明代至清代时写的。在瑶族地区还造过“相纸”和较好的“桂花纸”因未见实物，不详原料及形制如何，估计仍是皮纸。瑶族地区由于产纸，因此一些《过山榜》有木刻本传世，在广西或云南瑶区明代时即可刻书，虽然传世刻本年代多属清代。早期瑶文著作多为写本。

二　纳西族地区的造纸

纳西族分布在金沙江上游一带，云南省最多，纳西语属汉藏语系，藏缅语族彝语支。纳西是民族自称，意为尊贵的人。纳西族地区位于青藏高原的南端，海拔 2700 米，渊源于西北河湟地区的古氐羌人。《后汉书》载越嶲郡（今四川会昌）的牦牛，《华阳国志》（347）载定莋县（今四川盐源）的摩沙和唐人著作中金沙江流域的磨些，都指纳西族先民，以“牧牛人”相称呼。他们在东汉时已南迁至川滇交界处，再向西南迁到雅砻江，最后西迁到云南金沙江上游东西地带。唐宋时纳西族地区已进入农业社会，唐初建立越析诏（磨些昭），为六昭之一，后为南昭所灭①。元明至清初，一些首领先后被朝廷授予世袭封建土司官职，其辖区进入封建领主制发展阶段。明末清初“改土归流”后，废除土司世袭制，改由流官执掌当地行政，大部分地区向封建地主制发展。

古代时纳西族信奉原始的巫教，崇拜多神，认为天地、日月、星辰、山水、风火都有神灵，也崇拜灵魂和祖先。以其巫师称为“东巴”，这种巫教称东巴教。当西藏喇嘛教、中原佛教、道教传入丽江地区后，东巴教才最终成为一种宗教。其经典《东巴经》是用纳西族创制的东巴文书写的。东巴文是纳西族使用的文字，纳西语称为“森究鲁究”（sēnjiū-lǔjiū），意思是“木石之标记”，属于象形表意文字类型。这种文字大约产生于唐宋之际（9～10 世纪），包括象形、会意、指事和形声等字，约有 1500 字。表意方法用一个或几个字代表一句话或一段话，字序从左向右、从上向下。有的字本身就具有鱼、鸟、兽、人和植物、武器、生产工具等图形，再在图形上加以符号或另外图形，以表达更复杂的意义。

东巴文是世界上少有的流传下来的活的象形文字，受到国际重视。通过中外学者的探讨，

---

①　和志武，纳西族，载云南少数民族，第 300～330 页（云南人民出版社，1983）

已基本上可以解读。过去除用它写宗教经典外，还用于写信、记帐、记事等。除此，纳西族还使用哥巴文，这是一种音节文字类型，出现于东巴文之后，约五百字，不少字由东巴文简化，有些字受汉字影响。哥巴文一字一个音节，笔画简单，字序从左向右，横书，重文、别体较多，历史上用于写宗教经典。

纳西族没有用纸之前，以木片、石片或干树皮为书写纪事材料。当纸从汉族地区传入后，促纳西文化的发展，进而引进造纸技术，在本地兴起了造纸业。毫无疑问，纳西族造纸应是他们定居于云南金沙江一带并且创制了东巴文之后。现存用当地产纸写成的《东巴经》年代多属明清时期，因此纳西族地区造纸至迟应始于元代。事实也正是如此，《大元一统志》论云南行省丽江路（今丽江纳西族自治县）土产时，提到纸、绵䌷、布、毡等。此书初由札马鲁丁（1223～1291年在世）、虞应龙主编，始编于至元二十三年（1286），历五年（1291）成书755卷。继由孛兰肹、岳铉主持再修，大德七年（1303）成书1300卷，至正六年（1346）初刊于杭州。由此说来，纳西族地区造纸至迟应上溯至元初（13世纪前半叶）的土司时期。自从本地造纸后，《东巴经》写本（图14-6）由原来少数几种逐步增至500多种，每种订为一册或数册。目前中外各地共有40000册，在北京图书馆、中国历史博物馆、中央民族大学、云南省图书馆等处都有收藏，仅丽江纳西族自治县图书馆一处，就藏有5000册。

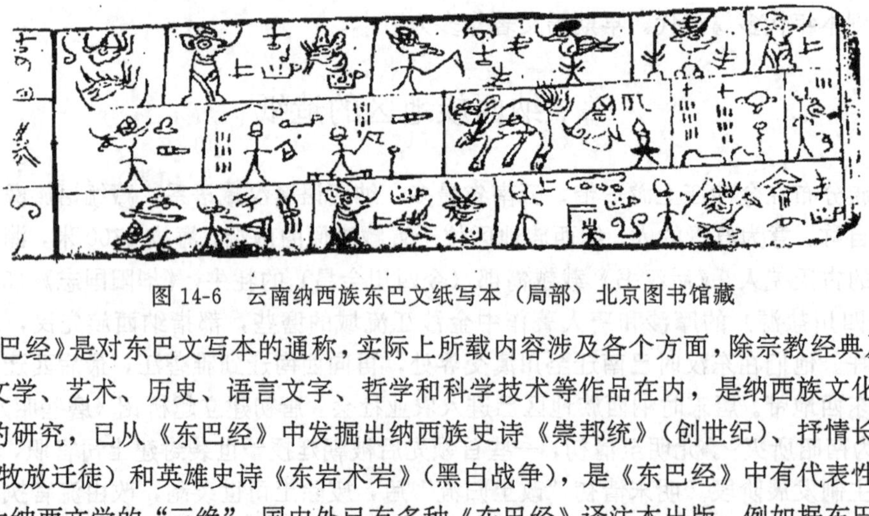

图 14-6 云南纳西族东巴文纸写本（局部）北京图书馆藏

《东巴经》是对东巴文写本的通称，实际上所载内容涉及各个方面，除宗教经典及卜巫外，还包括文学、艺术、历史、语言文字、哲学和科学技术等作品在内，是纳西族文化宝库。通过专家的研究，已从《东巴经》中发掘出纳西族史诗《崇邦统》（创世纪）、抒情长诗《鲁般鲁绕》（牧放迁徒）和英雄史诗《东岩术岩》（黑白战争），是《东巴经》中有代表性的优秀作品，称为纳西文学的"三绝"。国内外已有多种《东巴经》译注本出版，例如据东巴文整理和再创作的汉文本《创世纪》和《格拉茨姆》等都已问世。

天文历法是东巴文写本中另一重要内容。象形文字中已有关于天象、时令及方位等字符，还记载了天干地支的运用、年月日的推算、十二生肖的来历。这方面的专著有《看星》、《算六十甲子》及《巴格卜课》等。玉龙山一带盛产中药材，现调查有520余种中草药。纳西民间医生利用当地资源于18世纪编绘了一部东巴文《玉龙本草》，载药328种，是纳西医药学的宝贵科学遗产。纳西族能歌善舞，《东巴经》中还有舞蹈教程《蹉姆》。关于畜牧方面的书有《马的来历》。纳西族的纸牌画，色彩鲜明，造型生动。有关宗教方面的《东巴经》，按内容可分八或十类，每类由巫师在不同场合下念诵。

纸写本《东巴经》为研究纳西族地区造纸提供了丰富实物资料。这些书写用纸是在纳西族地区用橡树皮纤维制成的。橡树或作相树，是纳西族对桑科木本植物的称呼，实际上指桑树和构树，因而纳西族所造的纸主要是皮纸。笔者1965年检验过一些用东巴文及哥巴文写的

《东巴经》用纸，都是这类纸，纸质厚而硬，类似汉族地区的纸板，外观呈白色，间亦有浅黄色，强度较大，可双面书写。《东巴经》一般高6～8厘米、长28～30厘米，属宗教方面的书；其他内容的书高6～8厘米、长8～10厘米。每页写好后，用绳装订成册①。我们所见的都是写本，以竹笔书写，除墨书外，还有彩色者，很少有刻本。看来，纳西族地区似乎没有发展印刷技术，至少东巴文著作多以手写，这是因为这种象形文字较难雕板。纳西纸因为厚，故而帘纹不显，类似藏族造的写经纸，书写前需以细石砑光。每页纸上划出3～5个横格，每句后再划上1～2道竖格，表示断句。彩绘本犹如一幅美丽的象形文字图画。从纳西纸的形制来看，我们认为不是用活动的竹帘抄造，而是用固定纸模抄造的。

三　壮族地区的造纸、印刷

壮族是现在中国少数民族中人口最多的民族，主要分布在广西壮族自治区，云南、广东、贵州、湖南亦有分布。壮族源于南方古代的越人，有很多分支，号称百越，分布很广。部分越人与华夏族融合而成华南的汉人或其他少数民族，而分布在广西的瓯越、骆越等支系，与壮族有密切关系。公元前111年，汉武帝平定南越，在岭南设南海、苍梧、郁林、合浦、交趾、日南、珠崖、儋耳九郡，统归交趾刺史部管辖。三国时（220～280）岭南为吴的荆、交二州，唐代设岭南东西道，置五府经略使于广州，又建一些羁縻州县，以壮族首领为都督、刺史。宋代在该地区建土官制度，元代设广西两江军民宣慰司，下管各路军民总管府。明代设土司制度，封壮族首领为世袭土官。清康熙、雍正、乾隆时改土归流，裁去土府州县，改派流官直接统治。

壮族在历史上有各种名称，如乌浒、俚、僚、侬、僮等，僮（zhuàng）或布僮（bù-zhuàng）是民族自称。“僮”这个称呼出现于宋人范成大（1126～1193）《桂海虞衡志》（1176）。后因僮字音义不清，1956年统一称为壮族，符合广大壮族人民心愿②。壮族操壮语，属汉藏语系壮侗语族壮泰语支，分南北两种方言。信奉多神，尤崇拜祖先，进行鸡卜。7世纪时，壮人借用汉字创制一种方块壮字，称为土俗字，用以记录壮语。如“田”壮语读那（nā），写作“𱍸”；“仦”壮语读勒（lē），意为小孩，由汉字“小人”二字合成；因而壮字既有谐声，亦有会意。壮族可能已用这种文字著录成书，可惜保留下来的甚少。由于同汉族进行长期文化交流，很多壮人都通汉文、汉语，所以汉文在壮族地区流行很广。

秦汉以后，中原地区的汉人不断迁来，也带来较先进的生产技术，使壮族地区的经济、文化有很大发展。农业、手工业都相当发达，造纸也有悠久的历史。汉末至魏晋南北朝时期，中原战乱频仍，很多工匠和文人学士带家属来岭南避乱，教授生徒，兴办教育，技师工匠也来此带徒传授技艺。造纸术就在这个时期传入壮族地区。三国时吴人陆玑《毛诗草木鸟兽虫鱼疏》（约245）写道：“穀，幽州人谓之穀桑，或曰楮桑；荆、扬、交、广谓之穀。……今江南人绩（织）其皮以为布，又捣以为纸，谓之穀皮纸。”③此处所列产楮皮纸的荆州、交州、广州，当时属于吴（222～280），而三州也正是当时壮族的分布地区。因此壮族地区造纸至迟可

① 潘吉星，中国造纸技术史稿，第143～144页；日文版，第262～263页。

② 莫俊卿等，壮族简史，第一章，第6～11页（广西人民出版社，1980）。

③ 三国陆玑，《毛诗草木鸟兽虫鱼疏》（约245），《丛书集成》本，第29～30（上海：商务印书院，1935）。

上溯至三国时期，除楮皮纸外，还应有麻纸。

隋唐至明清历代都在壮族所在地区设立学校，推行科举考试，在这里还有一些博学的学者任地方官，如隋朝的令狐熙和唐朝的柳宗元等，对发展当地文化起了推进作用。由于境内文教事业的发展，对纸的需用量迅速增加，进一步促进造纸业的发展。桂州（今桂林）、柳州等地是造纸中心。

关于壮族地区印刷业始于何时，一时还难以作出准确判断，但至迟在明代已出版了雕版印刷品，首先是地方志，如陈廷主持的宣德《桂林郡志》(1450)、林富主持的嘉靖《广西通志》（1531）、郭楠主持的嘉靖《南宁府志》（1538）等，都是在当地刊刻的①。明代桂林的靖江王府也刻印了一些书，如朱约麒于正德三年（1508）刊刻的唐人陆贽的《陆宣公奏议》、朱邦苧嘉靖八年（1529）刊刻的《集千家注批点杜工部诗集》等②。清代以后，壮族地区出版的书就更多了。

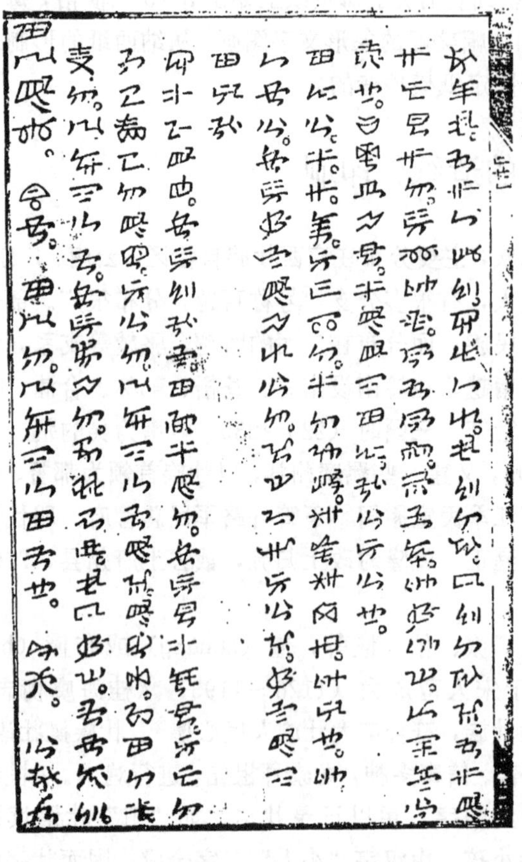

图 14-7 明代云南彝文刻本《太上感应篇》，1940年出云南武定某土司家，版框 22.3×13.9 厘米，每叶 10 行，行 25 字，黑口，四周单边。北京图书馆藏

四 彝族地区的造纸、印刷

彝族是西南少数民族中人口仅居于壮族之后的民族，分布在云南、四川、贵州和广西，而以云南居多。信奉多神，操彝语，属汉藏语系藏缅语族彝语支，有六个方言区。彝族有自己的文字，由巫师掌握并传授，又称毕摩文。彝文是古老的超方言象形音节文字，一字一义，达一万多字。但因山川阻隔，各地彝文不统一，异体字很多，写法也不同。彝文的创制仿照汉字形体，加以交换，笔画多少不一。这种文字起源于何时，专家看法不一，可能经历一个长期演变过程，但至迟在唐代已经有了，至元代乃定型。彝文著作散在民间的达千万种（图 14-7)，涉及历史、文学、天文、医药等许多内容。

彝族与越巂羌、巂昆明、青羌、叟及乌蛮有渊源关系。汉代时其先民已来到今四川西部及云南，再逐步向其他地区迁移。在云南巍山的彝人曾建立南昭国（732～902），作为唐的藩属与唐保持着政治、经济和文化方面密切的关系。白族建立大理（937～1253）政权后，所属人民仍以彝族占多数。1253 年彝族地区统一于蒙元，彝族首领被授以路府州县土官，明代时

① 庄威凤、朱士嘉，冯宝琳主编，中国地方志联合目录，第 715～716，724 页（北京：中华书局，1985）。

② 张秀民，中国印刷史，第 437～438，396 页（上海人民出版社，1989）。

设卫、所，仍袭元土官制度。

清代改土归流后，由流官代替世袭土官。从汉唐以来，历代都有汉族人包括汉人工匠迁往彝族地区，将有关技术带到这里，与当地彝族人一起发展农业和各种手工业。元代时养蚕、植桑、纺织和金银铜冶炼有新的发展，又在云南兴儒学、推行科举制度，开设儒学提举司，管理学校。同时佛教、道教也在云南盛行，因而汉、彝文著作迅速增加，在这一背景下，该区造纸业也有所发展，所造的纸为竹纸和皮纸，许多彝文写本多是用这类纸写的。北京图书馆还藏有彝文《太上感应篇》道家著作刻本，明代刊刻于云南武定，正好在今楚雄彝族自治州境内。可见至迟在明代彝族地区已发展了印刷。

总之，造纸和印刷在幅员辽阔的中国境内，各民族地区都先后发展起来了，各族人都作出了自己的贡献。造纸原料、设备和雕版、活字形式在少数民族地区都能就地取材、因地制宜，结合本民族特点，因而是多种多样的。即使边远地区人数很少的少数民族没有发展造纸、印刷，但也早已使用了国产纸和有关印刷品，因为占人口大多数的汉族人与各少数民族保持着紧密的经济文化交流，把技术传给兄弟民族，并同他们共同发展民族地区的造纸与印刷工业。

第四编　中外技术交流史

第十五章　中国造纸、印刷技术在朝鲜和日本的传播

中国位于亚洲东部，造纸、印刷技术首先传到近邻的朝鲜和日本，是十分自然的。这两个邻邦都有古老历史和文化传统，而且又都使用汉字，相互之间自古以来就有频繁的往来和经济、科学文化交流。因此，朝鲜、日本发展造纸、印刷都比世界其他国家要早，而且各自均有其独特贡献。由于保留下来的文献记载和实物资料较多，因此这两个国家的早期造纸、印刷史值得加以叙述。在叙述过程中对两国有关历史背景及与中国的关系予以简要介绍。

第一节　朝鲜半岛造纸的起源和早期发展

一　朝鲜半岛造纸之始及在高丽朝的发展

公元前3世纪值箕氏古朝鲜后期，半岛居住朝鲜韩民族先人部落，建立“三韩”，即马韩、辰韩和弁韩，而以马韩为最大，居民以韩民族为主体。辰韩多居住中国移去的秦人，又称秦韩。弁韩杂居着韩人和秦人。公元前206年，汉高祖刘邦统一中国，封卢绾为燕王，辖地与朝鲜交界。公元前195年卢绾叛汉，燕国乱，其部将卫满（前230？～前150）率所部千人来朝鲜，朝鲜王箕准（前206～前195在位）允其率众居半岛东部。次年（前194）卫满代箕准称王，建卫氏朝鲜（前194～前108），领有半岛北部原箕氏朝鲜故地，都于王险城（平壤）。汉武帝刘彻即位后，卫氏朝鲜阻止附近部族与汉联系，武帝元封三年（前108）发动水陆大军灭之，于其地置乐浪、临屯、玄菟及真番四郡进行直接统治①。汉昭帝始元五年（前82）将四郡合并成乐浪及玄菟二郡。汉朝在半岛置郡县期间，大批汉官员、学者、工匠、农民来此定居，将汉文化和科学技术带到这里。《前汉书·地理志》载，乐浪郡有6.2万户、40.6万人，辖25县，其中多数是汉人，境内通行汉语，各种行政及文化设置如同中国内地。20世纪以来，乐浪遗址曾出土许多丝绢、铜器、铁器、漆器等，均来自中国内地。汉西北近年来还出土西汉麻纸，则乐浪、玄菟二郡当时也可能已用上了纸。

1世纪前后，西汉末至东汉初时，又有大批汉人迁往朝鲜半岛。此时三韩处于衰落时期，出现新兴的封建势力，逐步统一各部，建立新的国家。公元前57年，辰韩境内的朴居世建立新罗国（前57～后935），都金城（今庆尚北道庆州），位于半岛东南。马韩境内的温祚王于公元前18年建百济国，都于汉山（京畿道广州），公元9年征服马韩全境，位于半岛西南。南部的弁韩由新罗及百济平分。与百济王同一种族的朱蒙率部族崛起于图门江一带，公元前37年建高句丽，都于国内城（今吉林集安），后来南下，逐步占原玄菟、真番及临屯三郡。至光武帝建东汉后，原四郡只剩乐浪由汉统治。东汉灵帝（168～188）时，辽东太守公孙度割据

---

① 《前汉书》卷九十五，《朝鲜传》；卷二十八下，《地理志》；廿五史本第1册，第385，156页。

辽东、乐浪，其子公孙康嗣位后，207 年于乐浪郡南再置带方郡。因此东汉时，半岛除乐浪、带方外，其余地区皆由朝鲜族建立的高句丽、百济及新罗所据有，其中高句丽势力最强。

如果说两汉时麻纸在半岛上的乐浪一带使用，那么造纸技术在魏晋之际（3～4 世纪）已传到这里，从事造纸生产的是从中国北方移居半岛的汉人工匠。高句丽与辽东陆上接壤，中国北方文化和技术从大陆传到这里并不困难，因而高句丽造纸时间约与乐浪同时，20 世纪 60 年代，半岛北方出土高句丽时期所造的几张麻纸，较为厚重，色白，表面平滑①。从形制上看，似为当地所造。

高句丽、百济和新罗三国境内自汉以来长期通用汉字。百济与新罗虽不与中国大陆接连，但海上往来频繁，而且境内都居住着数以万计的汉人，包括纸工，这两国造纸时间相差也不会太多。新罗首府金城（庆州）一向以造纸闻名，1920 年据日本造纸者深田安吉对朝鲜纸史的调查报告内称，新罗全盛时（420）也是造纸兴盛时期②，因新罗古坟被发掘时已发现在髹漆棺木涂层下使用了纸。

半岛三国时代前期，与中国交往并受到中国文化与技术影响，除儒学、道教外，佛教也传入半岛，因而境内各地建起寺院，抄写并诵读佛经。原朝鲜总督府博物馆旧藏新罗佛经写本，以当地纸写成。与此同时，三国又建立太学或国学，由经学博士（多是当地汉人）向贵族子弟讲授儒家经典，《五经》、《三史》成为读书人的普遍读物。朝鲜学者也以汉文著述，史载高句丽建国初期就有百卷本本国史书《留记》，600 年经太学博士李文真删订成《新集》5 卷。百济近肖王在位时（346～375）汉人博士高兴写成百济史《书记》。公元 545 年居染夫等撰成新罗国史③。文化教育和宗教的发展，也刺激了半岛造纸业的发展。唐代时半岛三国与中国联系更为紧密，多次互派使节、学者、僧人和工匠，海陆贸易同时展开。唐代造皮纸的技术传入半岛后，对当地楮皮纸的生产起了促进作用。

半岛三国争雄至 6～7 世纪更趋激烈，地处东南的新罗较弱，受百济及高句丽夹击，公元 643 年乃向唐帝国求救。唐高宗发水陆军救援，660 年唐军与新罗军灭百济，668 年继而灭高句丽，唐于其境内置安东都护府，镇守平壤，高句丽故地由当地人与华官参治。至此结束了三国时代，由亲唐的新罗（668～935）统一半岛。唐文化和科学技术全面传入新罗，新罗亦派留学生、留学僧赴唐学习。新罗文化在新的基础上发展起来，682 年设国学，提倡儒学和汉文学，788 年推行科举制，出现许多文人。如金大问著《花郎世记》、《乐本》、《汉山记》，薛聪将儒经按“吏读式”标记译成国字，崔致远（857～920?）的《桂苑笔耕》（20 卷）是优秀文集④。新罗又从唐传来佛教的律宗、华严宗、法相宗、净土宗、天台宗和禅宗等，而且各地寺院林立。此时造麻纸和楮皮纸在南部发展较快，821 年新罗纸还作为“贡物”输入唐帝国。现存新罗写本《大方广佛华严经》，用纸为楮皮纸，作卷轴装，共十卷，卷尾题款注明写于天宝十四年（新罗景德王十四年，755）。写经前，以香水灌楮树根，再剥其皮抄成纸，用以写经。制纸人为仇叱珍兮县（今全罗南道长城郡珍原面）的黄珍知奈麻⑤。用此法造楮皮纸，显然据唐代僧人法藏（643～712）《华严经传记》卷五所述。

---

① 朝鲜社会科学院历史所，朝鲜文化史朝文版，卷一，第 50 页（平壤，1966）。

② 關義城，手漉紙史の研究，第 372 页（東京：木耳社，1976）。

③ 周一良主编，《中外文化交流史》，第 361～367 页（河南人民出版社，1987）。

④ 朝鲜社会科学院历史所编、贺剑城译，《朝鲜通史》上卷，第 69～72 页（北京：三联书店，1962）。

⑤ 文明太，新羅嚴經寫經과그變相圖의研究，韓國學報，1979，第 14 辑，第 31 页。

9世纪后，新罗政权开始衰落，封建领主王建（877～943）登上政治舞台，公元918年建高丽政权，都开京（开城），史称王氏高丽（918～1392），935年灭新罗。王氏高丽成为统一半岛的新的封建王朝，持续474年。高丽王以佛教为国教，同时又倡导儒学，推行科举制度，特别与宋交往密切。高丽造纸在三国基础上进一步发展，尤其皮纸产量及质量有很大提高。《宋史》卷四百八十七《高丽传》谈到高丽特产时列举白硾纸、鼠狼笔等，而白硾纸就是楮皮纸。但据北宋时出使高丽的徐竞（1091～1153）所述，“纸不全用楮，间以藤造，槌捣皆滑腻，高下不等”①。看来高丽纸原料除麻、楮、桑皮外，还用藤皮。藤纸在唐代盛行，后因对藤林砍伐无度，宋以后逐渐少产，现又在高丽重获生机。高丽纸种类齐全，除白纸外有金黄纸、金粉纸、鹅青纸等。

高丽纸还作为“贡品”流入中国，受到称赞。宋士大夫常以高丽纸为赠送友人的礼物，如宋进士韩驹在《谢钱珣仲惠高丽墨》诗中说“王卿赠我三韩纸，白若截脂光照几”②。三韩纸就是高丽纸。另一宋进士陈槱（1161～1240在世）在其《负暄野录》（约1210）卷下论纸的品种时指出，“高丽纸类蜀中冷金［纸］，缜实而莹”③。这可能指金粉纸，即洒以金粉的加工纸，多用于写字或作扇面等。陈槱又说“高丽岁贡蛮纸，书卷多用为衬”。宋人喜欢用高丽纸作书籍衬纸，因其坚实、厚重，像四川蛮笺那样。高丽鹅青纸是用靛蓝染成青蓝色的柔性皮纸，书法家黄庭坚（1045～1105）及金章宗、完颜璟（1168～1208）很喜欢以此纸挥毫，而金章宗则用以写瘦金书，即以金粉写宋徽宗体的瘦字。高丽畽卷纸虽表面粗糙，但坚牢耐久。高丽墨也很闻名，以老松烟和鹿胶制成。苏轼（1036～1101）认为可与南唐李延珪墨相比，他将潘谷墨打碎，与高丽墨相混，作出更好的墨，供自己用。叶梦得（1077～1148）也依此法收到妙效④。

高丽纸扇输入中国后，受到宋人苏轼和邓椿等人的喜爱，这种摺扇便于使用，以琴光竹为骨，扇面纸染成青、绿色，再画上人物、花鸟、水禽之类，是优美民间工艺美术品。

因高丽纸、墨、笔、扇等在中国受欢迎，所以其使臣常将其作为礼物送给中国朝野。宋人张世南（1190～1260在世）《游宦纪闻》（1237）卷六称“世南家尝藏高丽国使人状数幅”，乃宣和六年（1124）九月使臣李资德及副使金富辙来宋时所书，写以汉文四六文体。内载礼物有大纸八十幅、黄毛笔二十管、松烟墨二十挺、摺叠纸扇二支、螺钿砚匣一副等⑤。元代时，也屡使臣赴高丽选求印造佛经用纸。

二　朝鲜纸的特点及其形成机制

继高丽王朝之后，是大将军李成桂（1335～1408）建立的李朝（1392～1910），改国号为朝鲜。李朝持续518年，此时造纸技术处于总结性发展阶段。过去中国将李朝所造的纸也叫“高丽纸”，因而与高丽朝纸相混淆。所谓高丽纸，严格说应指高丽朝造的纸，1392年以后高丽国号易为朝鲜国，应将1392～1910年间半岛所造之纸称为朝鲜纸。明清时朝鲜纸继续在中

① 宋·徐竞，《宣和奉使高丽图经》（1124）卷二十三，《笔记小说大观》第九册，第293页（扬州，1984）。
② 宋·韩驹，《陵阳诗抄》（约1130），收入《宋诗抄·初集》（商务印书馆景康熙本，1914）。
③ 宋·陈槱，《负暄野录》（约1210）卷下，《丛书集成》1552册，第11页（上海：商务印书馆，1960）。
④ 宿白，五代宋辽金元时代的中朝友好关系载《五千年来的中朝友好关系》，第68页（北京：三联书店，1951）。
⑤ 宋·张世南，《游宦纪闻》（1237）卷六，《笔记小说大观》第七册，第365页（扬州：广陵古籍刻印社，1984）。

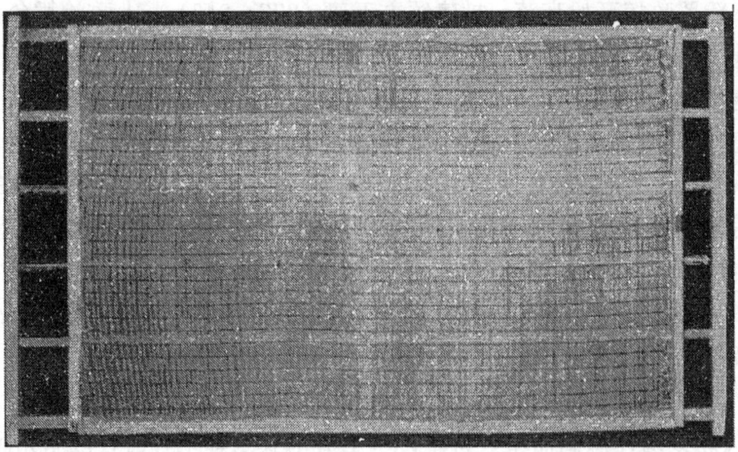

图 15-1　朝鲜中部使用的抄纸设备，可抄成 71×122 厘米的纸，
取自 Hunter 的书

国流传。明人沈德符（1578～1642）《飞凫语略》（约 1600）云：

今中外所用纸，推高丽笺为第一，厚逾五铢钱，白如截脂玉。每番揭之为两，俱可供用。以此又名镜面笺，毫颖所至，锋不可留，行、草、真［书］可贵尚，独稍不宜于画，而董元宰酷爱之。盖用黄子久泼墨居多，不甚渲染故也①。

沈德符这段话可谓行家之言，且出于个人实际体会。故宫博物院库存李朝贡纸，确有不少厚重色白的楮皮纸，可揭成两张，以“单抄双晒”法抄成，极适写各体字。沈德符所说的董元宰，即明代大书法家和画家董其昌（1555～1636），而黄子久乃元代书画家黄公望（1260～1354）之字，因董其昌官至太常寺正卿及南京礼部尚书，位比卿相，故称其为元宰。董其昌确实爱用朝鲜镜面笺写字，如乾隆十九年（1754）敕撰《石渠宝笈》卷二载董其昌行书杂诗一册，共 28 幅，俱用朝鲜镜光纸。董氏有时也以这类纸作水墨山水画，如故宫博物院藏董其昌《关山雪霁图》画卷，本幅纸即为朝鲜镜面笺，经笔者检验为桑皮纸，白色，粗横帘纹，纸较厚，纸面上纸须较多。故沈德符说“独稍不宜于画”，尤其不宜于工笔设色或白描，但用以写字则非常合适。如用黄公望的泼墨法画山水，因纸须较多，不甚渲染。因而作泼墨山水及工笔设色画，还是用中国宣纸最好。

明人屠隆（1542～1605）《考槃余事》（约 1600）卷二谈到朝鲜纸时说“以绵茧造成，色白如绫，坚韧如帛，用以书写，发墨可爱。此中国所无，亦奇品也”②。清人谷应泰（1620～1690）《博物要览》有同样说法。此说一度流行，似乎朝鲜纸真以蚕茧所造。但清圣祖玄烨（1654～1722）则指出：“世传朝鲜国纸为蚕茧所作，不知即楮皮也。……朕询之使臣，知彼国人取楮树去外皮之粗者，用其中白皮，捣煮造为纸，乃绵密滑腻，有如蚕茧，而世人遂误耶③”。

康熙帝的论述是正确的，他还使用了合乎现在要求的“朝鲜纸”这一准确技术术语，不

① 明·沈德符，《飞凫语略》（约 1600），《丛书集成》1559 册（上海：商务印书馆，1937）。
② 明·屠隆，《考槃馀事》（约 1600）卷二，《丛书集成》1559 册，第 37 页（上海：商务印书馆，1937）。
③ 清·玄烨，《康熙几暇格物编》卷上之下，《朝鲜纸》，第 7 页（盛昱编手写，石印本，1889）。

愧是具有科学家素质的帝王。李朝李圭景（1788～1862?）亦指出：

> 而我东（朝鲜）纸品古有“茧纸”名垂天下矣。自昔不用他料，但取楮榖，而以茧名纸者，［乃因］楮纸之坚厚、润滑如茧，故称以茧纸者也。中原（中国）亦有榖，而楚人以楮制楮纸，非独我也。每见中国纸，则软薄鲜洁，则不如我纸之硬厚滑泽者，不用楮料也。以中国之精工，独不及于我东者何也？外番纸品亦如中华，而若以纸品之近于我者，倭纸稍如我纸，而似用楮榖也①。

这里有必要谈谈朝鲜纸的特点及其形成传统。根据我们对李朝纸大批标本的检验，朝鲜纸之特点是：①纸厚度为0.25～0.5毫米，比中国宋元、明清纸一般厚2倍，确是“厚逾五铢钱”；②多为皮纸，以楮皮纸为最多，亦有桑皮纸，本色纸均白色。③纸的纤维较长，因而粗看显得粗放，但相当坚韧。如受潮则强度锐减，不及中国纸抗潮性强；④纸上帘条纹较粗，约2毫米，而编织纹间距较大，且规则排列。中国纸多以细竹帘抄出，帘条纹细，编织纹间距不等，时而规则排列。朝鲜纸上述四大特点是从三国时代经高丽朝以来逐步形成的，归根到底是魏晋南北朝中国北方麻纸的遗风，再结合半岛具体环境特点而成。半岛产竹少，编竹帘技术没有中国南方的经验和历史悠久，抄纸帘常用粗条帘。这种帘滤水快，只能抄出厚重之纸。中国亦产楮皮纸，但用细竹帘抄纸皆较薄。中国北方缺竹地区以粗条帘抄楮纸，则纸也像高丽纸和朝鲜纸那样厚。纸的厚薄与原料虽有关系，主要是纸帘结构不同所致。

朝鲜造纸技术虽沿用中国模式，但原料加工略有不同，如朝鲜人将皮料逐根剥去青表皮，再以木槌舂捣，并不将纤维切得很短，再以碓捣细。用较长纤维制浆，只能抄出厚纸。高丽纸、朝鲜纸都有白色纤维束，看惯本国纸的中国人一见朝鲜纸便有新鲜感，又因其敦厚坚实，故而喜欢。其实这种纸与魏晋南北朝纸属同一技术类型，掺入唐以后皮纸技术，再结合半岛情况最后定型，可将这一模式称为朝鲜模式。日本和纸与朝鲜纸类似，如李圭景所说“倭纸稍如我纸”。实际上朝鲜纸、日本纸均是中国纸传到这两国后技术变异的产物。

我们研究朝鲜纸史不只有足够史料，还有实物标本，如故宫博物院、北京图书馆有朝鲜造五色彩笺、发笺（苔笺）、朝鲜国王国书等，清初（17世纪）满文老档也写以朝鲜纸，而明初宋濂（1310～1381）编《元史》（1370）时以朝鲜造翠纸作书衣。朝鲜纸幅面大小不一，帘纹中编织纹间距2.5～3.0厘米，旧称阔帘纸。清乾隆（18世纪）时河北迁安曾以桑皮为料仿制高丽纸，供宫内糊窗。但迁安纸与朝鲜纸并不相似，其表面不光滑，厚度亦小。

三 李朝纸的产地、品种及加工

关于朝鲜纸制造情况，《李朝实录·太宗实录》卷二十四载，李太宗十二年（明永乐十年，1412）七月壬辰，辽东人申得财新进中国造纸之法，王命传习。这是说在明永乐年间朝鲜仍继续吸收中国造纸技术。1412年十二月已酉于京师（今汉城）设官营造纸所。至世宗时（1419～1450）再将造纸所扩建为造纸署，拥有大量工匠，由王廷官员监造公文纸及印刷纸。同时在各道、府、州、县、郡也有官营及私营纸场，像中国一样都设在靠近原料产地及有水源的地方。李朝世宗像同时代的明成祖那样，是有作为的统治者，在位时国势兴盛，文化学术繁

---

① 李圭景，纸品辨证说，《五洲衍文长笺散稿》（约1857）卷十九，上册，第563～564页（汉城：明文堂景抄本，1982）。

荣，造纸和印刷也很兴旺。《李朝实录·世宗庄宪大王实录》卷一百四十九、一百五十一及一百五十三《土宜之项》记载了世宗时各种纸的名目及产地，如庆尚道产表纸、捧练纸、眼纸、白奏纸、常奏纸、状纸、油芚纸等，产地有大丘、庆山、东莱、昌宁等地。全罗道产表笺纸咨文纸、奏本纸、甲衣纸、皮封纸、状纸、书契纸等，由全州、锦山等地生产①。产纸地遍及全国各地，是除中国以外产纸地分布最广的国家之一。世宗时虽造纸盛极一时，但至成宗（1469～1493）时一度失势，此时学者成伣（1439～1504）《慵斋丛话》卷十写道：

世宗设造纸署，监造表笺、咨文纸，又造印书诸色纸。其品不一，有藁精纸、柳叶纸、柳木纸、薏苡纸、麻骨纸、纯倭纸，皆极其精，刷印书籍亦好。今（成宗时，1469～1493）则只有藁精、柳木两色纸而已。咨文、表笺之类，亦不类昔之精也②。

此处所说藁精纸，是麦杆纸，其制造技术引自中国，因北宋初（10 世纪）即已生产。柳叶纸与下述竹叶纸应为一类，即染成浅绿色的楮皮纸。柳木纸可能由杨柳科蒲柳的枝条韧皮纤维所造。麻骨纸为麻纸，而薏苡纸是以禾本科薏苡（*Coix lacryma-jobi*）茎枝所造的草纸。

关于藁精纸及麻骨纸，李圭景介绍说：

纸工所可知者，［为］北关所制黄纸（北关人制纸，以耳麦杆［为料］，色染黄蘗，故深黄且厚，名曰黄纸，或称藁精纸，以麦稭造之者也。大抵黄纸以富宁府所出为第一。又有麻纸者，长广甚狭小，色淡黄，以麻皮毳（cuì）余造成，甚软薄。盖取俗名耳，麦杆为料，不入楮穀，故质虽稍厚，［却］脆甚，不堪裹物，但宜裱褙，不生毛糙也③。

图 15-2　朝鲜纸场内工人用木棍捣楮皮纸料，取自 Hunter 的书

可见李朝时为广开原料来源，还以麦杆造藁精纸，主要用于裱褙，以此纸可节省楮皮，使之用于造高级文化纸。成伣所述麻骨纸，可能即李圭景所述麻纸，但不用好麻料，而是沤麻

① 详见關義城，《手漉紙史の研究》，第 513～514 页（東京：木耳社，1976）。

② 成伣，《慵斋丛话》卷十，载《朝鲜群书大系正集》二辑《大东野乘》中（汉城：朝鲜古书刊行会，1909）。

③ 李圭景，《五洲衍文长笺散稿》（约 1857），卷十九，上册，第 563～564 页（汉城：明文堂，1982）。

后剥皮时遗留下的碎麻头（麻皮毳），将好麻用于织布。北宋苏轼也记录过四川用织麻布时废料造麻纸，中、朝两国都充分利用植物资源。

图 15-3　两名朝鲜纸工荡帘抄纸，取自 Hunter 的书

“柳木纸”一词费解，但李圭景列举李朝造纸原料时又称：

凡草木之皮厚且软者，皆［可］造纸，即如毛羽之有颖且韧者并可缚笔也。松皮、槿皮、杨柳木皮、桑、柘木皮、灰木皮、椴皮、构皮、猕猴桃皮、玉蜀黍苞皮、蒴麻莲房，皆可造纸。蚕茧外粗皮和楮制纸，坚韧如布，宜糊窗，棉贵时可衣。此外山木、野草可合纸料，而姑未广收耳。中原（中国）已有桑纸，以桑皮制之。羽纸者，以青红毛羽杂楮为纸者。头笺者，取机头不及纬者为纸也。

此处列举了十多种造纸原料，其中槿皮为锦葵科落叶灌木木槿（*Hibiscus syriacus*）皮，杨柳科蒲柳（*Salix purburea*）韧皮纤维可造纸。柘又名黄桑（*Cudronia tricuspidata*），为桑科落叶灌木。灰木又名白檀（*Symplocos pariculata*），为山矾科落叶灌木。椴为椴树科椴树属（*Tilia*）落叶乔木，有 30 多种，如紫椴（*Tilia amurensis*）、蒙椴（*Tilia mongolica*）及椴（*Tilia tuan*）等，造纸时用其枝部韧皮。猕猴桃（*Actinitia chinensis*）又名杨桃，为猕猴桃科落叶木质灌木。

上述植物在中国、朝鲜和日本均有分布。所谓柳木纸当以杨柳科蒲柳的茎枝韧皮纤维所造。用蚕茧粗壳与楮皮混合制浆造出的纸，可作衣料用。将有色羽毛剪碎后混入楮皮纸浆中，是个独特的技术构思，抄出的羽纸一定很美，羽毛实际上起填料作用。勤劳聪明的朝鲜人开辟这么多造纸原料，是对造纸技术所作的重要贡献。其中如蒲柳、木槿、灰木、猕猴桃、玉蜀黍苞皮及薏苡等，为中国所少用。

李朝另一学者李裕元（1814～1888）《林下笔记》卷三十二《楮产》还对各地楮的品质作了比较：

东国产楮，甲于海内。湖南为最，完山其品朴而滑，淳昌其品精而懦，南平其品硬而阔。南原其品白而雪，滑如凝脂，此为天下第一奇品，因水性而然也。……余见中州（中国）贵纸若金，无片楮之遗地，而东人则用之如粪土，其产之博可知也。

据此，楮皮以庆尚道南原所产为最佳。朝鲜产楮皮质量好、产量大，李朝末期向中国和日本出口，本国却很少好纸。对此，李圭景感慨道：

近者（1840～1850年代）纸贵且恶者，纸贴尽输燕京（北京）、马岛（对马岛），而皮楮又入中原（中国）故也。且今市上行用纸品粗薄，又狭长广，笔透墨漏不受书画，宜有厉禁而不禁者也。今辽东毛土纸稍厚于粉［纸］、唐太史等纸，来干我东，为日用简帖，而彼诱我商，多购皮楮以入，设禁则以楮索绹以入云①。

因朝鲜纸商图利，哪里能卖出高价便向哪里出售楮皮。辽东商人将毛土纸（麻纸）、太史纸（竹纸）等中国纸向朝鲜出口，换回楮皮。朝鲜当局禁止楮皮出境，本国商人则将楮搓成绳索，照样售出。

李朝宣祖（1567～1607）时学者李晬光（1563～1628）《芝峰类说》（1614）卷十九还谈到，除镜面纸或镜光纸外，竹叶纸也受到中国士大夫喜欢：

我国镜面纸、竹叶纸，中朝（中国）人甚珍之。余于［万历］庚寅（1590）赴京（北京）时，礼部侍郎韩世能送竹叶纸一张曰："此即俺以天使往贵国时所得。若赉来此纸样，欲得之云。"其纸品洁净，微有青色，似竹清纸精而厚，曾所未见者也②。

文内所谈的韩世能（1528～1598），明长洲（今苏州）人，隆庆二年（1568）进士，由翰林院庶吉士进编修，充经筵日讲官，万历时累官南京礼部左侍郎，以疾归。尝奉使朝鲜，不受馈赠，著《雲东拾草》。他在朝鲜购得竹叶纸，甚爱之。此纸为微染成青绿色的楮皮纸，以其厚重且色如竹叶，故得此名。待朝鲜使团成员李晬光万历十八年（1590）访华时，韩世能以纸样相赠，委托返国后购求。前述明人宋濂奉敕修《元史》时以朝鲜翠纸作书衣，很可能就是这种竹叶纸。前引李圭景所说柳叶纸，也应属这类纸。

还有一种朝鲜造苔纸也为中国文人喜欢，用以写字，旧称为高丽鬘笺。李圭景谈到此纸原委时写道：

金思斋进苔纸于朝，此思斋刱制以呈者也。［成庙三十七年辛丑，兵曹判书金安国进苔纸五束，曰："臣见古书，有水苔为纸之语。臣试造之，其法以苔和楮，苔少则加楮，苔老则减楮。若通行诸道，则必有益也。"从之，命下四束于纸署，依法浮造。按纸之最古者有陟厘纸，一作侧厘，海苔别名，苔纸为陟厘纸云。……思斋苔纸或仿此］③。

此处所述朝鲜造苔纸制于成宗三十七年辛丑，纪年可能有误。按金安国（1478～1543）号慕斋，1501年进士，为中宗（1506～1544）时名臣，中宗三十六年辛丑（1541）时为兵曹判书（相当中国的兵部尚书），而成宗只在位25年（1470～1494）。因此金安国阅中国古书后试制苔纸，应在中宗三十六年辛丑（1541）。中宗依议，令造纸署仿制，遂流行半岛，且向中国出口。苔纸在中国始于晋（3世纪），以海苔、石髮、髮菜掺入纸浆，抄纸后便分散于纸面，增加美感。

---

① 李圭景，《五洲衍文长笺散稿》，卷19，上册，第563～564页（汉城：明文堂，1982）。

② 李晬光，《芝峰类说》（1614）卷十九，《器用》，载《朝鲜群书大系》第三期，续续集（汉城：朝鲜古书刊行会1915）。

③ 李圭景，同前引文。

李朝中期学者徐命膺（1725～1800在世）《保晚斋丛书·考事十二集》卷十《纸品高下》条，还谈到纸的槌击加工法：

若今造纸署之咨文纸、平康之雪花纸、全州南原之扇子纸、简壮纸、注油纸、油芚纸，实天下之所稀有者，且其苔纸、竹清纸，又合荆南古今之产而并有之。但东（朝鲜）尚质，纸名多不若中国之文饰。我国之纸最坚韧，可施槌捣之功，使益平滑，而他国纸不能然耳。槌纸之法，乾纸一张外漉湿一张沓上，如此重叠沓起，以百张为一垛，放平正案上，又以平滑板压在上，以大石压之。经一伏时，上下乾湿各匀，于石上匀槌二三百下，皆着实。于百张内将五十张晒干，却与湿者五十张，干湿相间，沓了，再匀槌二三百下。依上晒干一半，又于干湿间沓了，如此三四次，直至无一张沾沾为度，再以石碾三四次倒下槌匀，直至光滑如油纸。

此处所述使纸面光滑之法未被其他国家掌握，是不确切的，中国早已用之，宋人称为浆槌。以此法不必对纸逐张砑光，之所以令干湿纸相间叠起槌打，是使每张纸湿度适中，呈轻微润胀状态，易于承受外部机械力，令表面纤维结构紧密。徐命膺还列举了一些纸的品种。由于李朝长期以皮纸生产为主，麻纸遂少，因而又从中国北方重新引进麻纸技术。李圭景就此写道：

按成庙六年乙未（1475），纸匠朴化曾从谢恩使如京师（北京），学造纸法以来。法用生麻［其法用生麻，细截、渍水，加石灰烂蒸，盛于袋，翻捆洗净去灰。以石砣细磨后，盛于此密竹筐，更净涝，取置于木桶，和清水造之，不用胶。问奏本纸制法，答曰：南方人待竹简如牛角，刈取连皮，寸寸截之，洒石灰，烂捧，盛细布袋。复洗后，和滑条水造之。滑条草名，用根干碓碎沉水，以其水为胶。问造粉纸法，答曰：新用稻楷少许，约一千丈，用粉一斤和造，则色白而好矣。辽东（今沈阳）东门外太子河边有造纸处，用生麻及生桑皮、真木灰水、石灰交杂熟蒸，晒干，以木槌打去粗皮及石灰，纳盛竹筐，洗净细磨，和滑条水造之，此常用纸也。按滑条水今我所谓楮草也，一名一日花，如蜀葵而异，今多种之。］……抄纸水或用榆皮，或用黄蜀葵根，或用大黄圆黄香树皮，或用羊桃藤。凡纸料抄水，亦不拘也。制纸不可不择水，故纸色洁净，如济原烹楮则晶者是也，可考①。

这段话首先谈明宪宗成化十一年乙末（1475）朝鲜使团带纸匠朴化曾来北京，沿途在辽东学得用生麻及生桑皮造纸之法，还得知中国在纸浆中加入含植物粘液的植物名称和滑水提制法。但关于中国奏本纸、粉纸制法的叙述过简而不得要领，可能因现传本文字有遗误。如“待竹简如牛角”、“约一千丈”等，必有误字。不管怎样，使团让纸匠随行目的是引进中国技术。成宗以后北关麻纸就可能用辽东技术造出，而辽东毛头纸也不断向朝鲜出口。

① 李圭景，《五洲衍文长笺散稿》（约1857）卷十九，《纸品辨证说》，上册，第564页（汉城：明文堂景写本，1982）。

第二节 朝鲜半岛印刷的起源和早期发展

一 朝鲜半岛印刷的起源——高丽朝大藏经的刻印

正如造纸术一样，朝鲜半岛的印刷术也是从中国传入的。在印刷技术传入之前，总以印刷品的传入为先导。1966年韩国庆州发现的雕版印刷品《无垢净光大陀罗尼经》，说明中国唐初武则天称帝后期的印本佛经已传到新罗。庆州是新罗的京城，从668年起半岛是与唐关系密切的新罗的一统天下，两国以大同江为界，陆上接壤。新罗赴唐使节、留学生、僧人和来此访问的唐人都有可能将唐刊佛经及其他读物带到新罗。但此时新罗还没有自行刊印过书籍。刻书则始自高丽王朝[①]。朝鲜古志一度认为岭南道陕川郡海印寺藏八万块《大藏经》印版为新罗哀庄王（800～808在位）丁丑雕印，但此说早已引起怀疑，李圭景写道：

> 海印寺八万《大藏经》板古志以为新罗哀庄王丁丑雕造者，盖讹传也。哀庄王为唐德宗贞元十六年庚辰（800）立，唐宪宗元和四年己丑（809）为宪德王（809～825）所弑，则其间无丁丑。且哀庄丙辰（806）禁新创佛寺，则似无开雕佛经之事[②]。

李圭景还指出他祖父李德懋（1741～1793）曾到过海印寺，“寺僧所记曰，‘戊申年高丽国大藏都监奉敕雕造’。”显然不是新罗时代产物，详见李德懋《盎叶记》。从文献记载及实物遗存来看，半岛印刷始于统一后的高丽王朝（936～1392）前期刊印佛经。高丽创建者王建奉佛教为国教，历代高丽王都笃信佛法，高丽又与宋、辽有二百多年并存，与中国这两个并立的政权保持密切关系。宋代雕版印刷高度发达，大量宋版书涌入高丽境内，势必刺激东邻国家印刷业的兴起。宋、辽开雕《大藏经》后，刊本及时传入高丽，国王为发展本国佛教，首先刊行佛藏，这是很自然的。

刊刻《大藏经》是佛教史中的盛举，宋《开宝藏》刊毕之时（983），值高丽成宗（982～997）王治（960～997）即位伊始，闻讯后即于宋太宗端拱二年（989）遣韩蔺卿等使宋，并“遣僧如可赍表来觐，请《大藏经》，至是赐之。仍赐如可紫衣，令同归本国”[③]。这是宋《开宝藏》最初传入高丽的经过。宋太宗淳化二年（991）高丽王王治再遣兵部尚书韩彦恭（940～1004）来宋，“彦恭表述［王］治意求印佛经。诏以藏经并御制《秘藏诠遥咏》、《莲华》、《心轮》赐之”。高丽史料[④]亦载“兵部尚书兼御史大夫［韩］彦恭奏请《大藏经》，帝赐藏经480函，凡2500卷，又赐御制《秘藏诠遥咏》、《莲花》、《心轮》还”。

可见宋太宗时，公元989年及991年两年内宋已赠送两套《开宝藏》，而且高丽王要《大藏经》的目的就是想在本国刻印。李朝史官郑麟趾（1395～1468）《高丽史》（1454）卷三称，高丽成宗十年（991）夏四月庚寅，兵部侍郎韩彦恭“还自宋，献《大藏经》。王迎入内殿，邀僧开读下教赦。……冬十月，……遣翰林学士白思柔如宋，谢赐经及御制”[⑤]。宋真宗天禧元

---

① 全相连，《韩国科学技术史》朝文版，第161页（汉城：科学世界社，1966）。

② 李圭景，《五洲衍文长笺散稿》卷二十四，《刊书原始辨证说》，上册，第685页（汉城：明文堂景抄本，1982）。

③ 《宋史》卷四百八十六，《高丽传》，二十五史本第八册，第1585～1590页。

④ 郑麟趾，《高丽史》（1454）卷九十三，《韩彦恭传》，第三册，第71～72页（平壤：朝鲜科学院刊本，1958）。

⑤ 郑麟趾，《高丽史》卷三，《成宗世家》，第一册，第44页（平壤，1958）。

年（1017）高丽肃宗再遣礼宾卿崔元信入宋，“又进中布二千端，求佛经一藏。诏赐经，还布”[①]。这是流入高丽的第三套《开宝藏》。10世纪时高丽成宗得北宋新刻藏经后，需有一段时间酝酿才能开雕，但年仅三十八岁便去世，刻经心愿未遂。

及穆宗（998～1009）即位，条件可能已具备。因为日本东京上野博物馆原藏穆宗十年（1007）高丽总持寺主弘哲刻印的《宝箧印陀罗尼经》，说明此时已有单独佛经刊行了。此经共一卷，卷轴装，版框5.4×10厘米，四周单边，每行9～10字，卷首有插图和如下题记：高丽国总持寺主真念广济大师释弘哲，敬造《宝箧印经》板印施普安佛塔中供养。时统和二十五年丁未岁记[②]。

经的全名是《一切如来秘密全身舍利宝箧印陀罗尼经》，文字及插图雕刻不够圆熟，显示为高丽早期印本特征。这是迄今发现的朝鲜半岛境内最早的雕版印刷品。从经文及版式观之，显然据中国吴越王（929～988）钱俶在杭州刻印的同名佛经为底本。此高丽刊本题记中年款统和二十五年（1007）为辽圣宗年号（图15-4），因当时高丽国王轮换行宋、辽年号。朝鲜半岛印刷至迟起于高丽穆宗之时，但穆宗未及大规模开雕藏经，便被权臣康兆（中国史中作康肇）弑死，年仅三十岁。

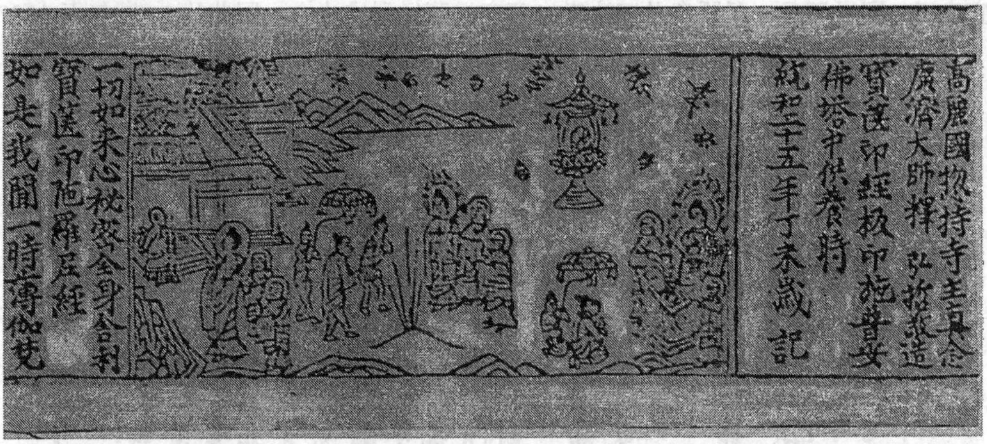

图15-4　1007年高丽朝雕印的《宝箧印陀罗尼经》，版框高5.4厘米，每行9～10字，经卷7.8×240厘米

继穆宗之后，显宗（1010～1031）王询（992～1031）嗣位，时辽属女真95人来高丽被杀，辽圣宗以康兆弑君及辽使被杀为由，统和二十八年（1010）率兵征高丽。康兆战败被斩，契丹兵进至西京（今平壤），显宗南逃。次年（1011）初，辽主攻京城（今开城），焚大庙、宫阙。显宗于南方避难时，与群臣发愿，若辽兵退，则誓刻《大藏经》。

凑巧的是，显宗发愿刻经后，辽圣宗于统和二十九年（1011）正月班师回朝。显宗于二月还京城，从这年起开雕高丽版《大藏经》（图15-5），以宋《开宝藏》为蓝本。高丽朝高宗时翰林学士李奎报（1168～1241）追记显宗刻藏经时写道：“因考厥初草创之端，则昔显宗二年（1011）契丹大举来征。显祖南行避难，[契]丹兵屯松岳（开城）不退，于是乃与群臣发

① 《宋史》卷四百八十七，《高丽传》，廿五史本第八册，第1590页。

② Han Moon-yŏng, Korea's early printing culture, p. 9 (Seoul, 1993).

无上大愿，誓刻成大藏，然后丹兵自退”①。

这段话明确说高丽开雕藏经始于显宗二年（1011）。虽然在这以前的穆宗时有可能刻藏，但因种种原因未能刻成。

显宗在位 22 年间已刻出大半，经德宗、靖宗至文宗（1047～1083）时才告完成。在这过程中辽《契丹藏》约于 1160 年刊毕，共 597 函，约 6000 卷。这使高丽又从辽得《契丹藏》，以便与宋藏对校，刊出余下部分。《辽史·高丽传》载辽道宗清宁八年（1062）高丽文宗王徽（1018～1083）遣使入辽，“十二月，以佛经一藏赐［王］徽”。《辽史·道宗纪》又载，辽道宗咸雍八年（1072）“十二月庚寅，赐高丽佛经一藏”。这两部辽版藏传入高丽都在文宗在位期间，在这 36 年间刊出藏经后半部。文宗前的德宗在位只三年、靖宗在位 12 年，所刻藏经不多，因此高丽藏主要在显宗及文宗时刊刻的。

藏经刊毕时间说法不一，有人说成于显宗时（11 世纪）②，有的说文宗三十六年（1082）③，都未举出证据。我们认为当完工于宣宗四年（1087）年初，相当宋哲宗元祐二年。因《高丽史》卷十《宣宗世家》载，宣宗四年二月甲午（1087 年 3 月 18 日）“王幸开国寺，庆成《大藏经》”。夏四月“庚子（5 月 23 日），幸归法寺，庆成《大藏经》”④。高丽正史明确指出 1087 年宣宗于二月及四月去开国寺及归法寺出席庆祝藏经刊成法会。因此从 1101 年至 1087 年经 76 年才完成这次大规模印刷工程，全藏约 6000 卷，板存于庆尚北道大邱的符仁寺。

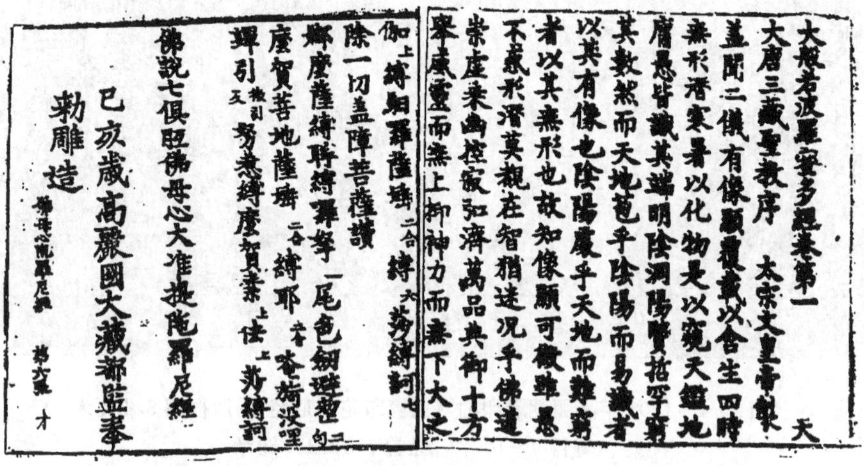
大般若波羅蜜多經序第一　天
大唐三藏聖教序　太宗文皇帝製
蓋聞二儀有像顯覆載以含生四時
無形潛寒暑以化物是以窺天鑑地
庸愚皆識其端明陰洞陽賢哲罕窮
其數然而天地苞乎陰陽而易識者
以其有像也陰陽處乎天地而難窮
者以其無形也故知像顯可徵雖愚
不惑形潛莫覩在智猶迷況乎佛道
崇虛乘幽控寂弘濟萬品典御十方
擧威靈而無上抑神力而無下大之

伽上縛馹羅薩埵二合縛六莎縛訶七
除一切盖障菩薩讃
縛麼薩縛聆縛羅拏一尾色鋼瑳婆
麼賀菩地薩埵二合縛耶三奄婆沒哩
曜引又努羔縛麼賀素上佉上莎縛訶
佛說七俱胝佛母心大准提陀羅尼經
己亥歲高麗國大藏都監奉
勅雕造
佛母心陀羅尼經　第六張　才

图 15-5　高丽版《大藏经》，1057 年刊雕版《大般若波罗蜜多经》
及 1059 年刊《佛母心陀罗尼经》

高丽藏经于宣宗四年（1087）刊毕后，王弟王煦（1057～1101）又发起刊行另一套藏经，史称“续藏”。王煦为文宗第四子，字义天，十一岁（1067）出家，拜师于灵通寺。“性聪慧嗜学，始业《华严经》，便通五教，旁涉儒术，莫不精识”⑤。十三岁（1069）被称为“祐世僧

① 李奎报，大藏刻板君臣祈告文（1237），《东国李相国全集》卷二十五，载《朝鲜群书大系》第二期续集（汉城：朝鲜古书刊行会，1913）。

② 全相运，韩国科学技术史，朝鲜文版，第 161 页（汉城：科学世界社，1966）。

③ 张秀民，中国印刷术的发明及其影响，第 106 页（北京：人民出版社，1958）。

④ 郑麟趾，高丽史卷十，成宗世家，第一册，第 145 页（平壤，1957）。

⑤ 高丽史卷九十，大觉国师煦传，第三册，第 34～35 页（平壤，1958）。

统”。王煦欲入宋求法，文宗不许。待文宗次子王远（1049～1094）即宣宗即位（1084），再数请入宋。宰臣、谏官考虑到他的安全和对辽关系，极言不可。王煦无奈，遂于宣宗二年、宋神宗元丰八年（1085）四月偕弟子寿介私乘宋商林宁的船入宋。及至汴京，被引至垂拱殿觐见刚即位的宋哲宗。《宋史·高丽传》载元丰八年高丽王弟“僧统（即王煦）来朝，求问佛法，并献经、像”。可见王煦曾将高丽刻印的佛经、佛像献给宋哲宗，所献的或为高丽版藏经，或其一部分。

宋哲宗对王煦给予礼遇，允于各地游方问法，“诏以主客员外杨杰为馆伴至吴中诸寺，皆迎饯如王臣”。他向中国高僧问法，还向杭州慧因寺捐银印佛经。宋哲宗元祐元年（1086）王煦返国，至礼成江受到王兄及王母欢迎，向宣宗献上自宋得到的释典及经书千卷，“又于兴王寺奏置教藏都监，购书于辽宋多至4000卷，悉皆刊行。”[1] 肃宗六年（1101）卒，赠大觉国师。王煦入宋求法后，想于“还乡之日聚集古今诸家教乘，总为一藏，垂于万世”。他所主持的“教藏都监”，补刻新得自宋辽的释典及诸家教乘4000余卷，当刻印于宣宗二年至肃宗五年间（1085～1100）。由于他1101年去世，很可能未刻完[2]。此续藏内题“高丽国大兴王寺奉宣雕造”、“海东传教沙门义天（即王煦）校勘”。因宣宗、肃宗行辽年号，故此藏经年款署辽道宗大安（1085～1094）、寿昌（1095～1100）年号，正是宋哲宗在位时（1085～1100）。王煦在中朝文化交流史及朝鲜印刷史中作出重要贡献。

二 高丽朝所刊非宗教著作

高丽雕印藏经时已拥有一批印刷工匠、积累了技术经验，于是开始刊印非宗教读物，包括儒家经典、文史及科技著作等。为此又从宋引进各种刻本为底本，早在宋太宗淳化二年（992）高丽成宗即遣翰林学士白思柔入宋，“又上［表］言愿赐板本《九经》书，用敦儒教。许之”[3]。这是宋初国子监据五代本《九经》重刊者，包括《易》、《诗》、《书》、《左传》等九种。宋真宗大中祥符八年（1015）高丽显宗遣御事民官侍郎郭元入宋，次年（1016）辞归时，宋真宗“赐询诏书七函、袭衣、……及经史、历史、《圣惠方》等。”[4]这次给高丽显宗王询的书包括宋版儒家经典注疏本、《史记》、《前汉书》、《后汉书》、《三国志》、《晋书》等北宋监本、历日及淳化三年（992）奉太宗敕命刊刻的《太平圣惠方》百卷等。《高丽史·显宗世家》载，显宗十三年（宋真宗乾兴元年，1022）五月“韩祚还自宋，帝赐《圣惠方》、《阴阳二宅书》、《乾兴历》、释典一藏”[5]。

高丽除通过入宋使节得到书籍外，还鼓励宋商海运中国印本，如宋真宗天圣五年（高丽显宗十八年，1027）五月，“宋江南人李文通等来献书册，凡五百九十七卷”[6]。元丰八年（1085）宋神宗崩，哲宗即位，高丽宣宗特遣兵部侍郎李资仁祝贺登极，礼毕，“请市刑法之书、《太平御览》、《开宝通礼》、《文苑英华》，诏惟赐《文苑英华》一书”[7]。此书为官刊本，共

---

① 《高丽史》卷九十，《大觉国师煦传》，第三册，第34～35页。
② 池内宏，高丽朝の大藏经，《东洋学报》，1923，卷十三，3号；1924，卷十四，1号。
③ ，④《宋史》卷四百八十七，《高丽传》，二十五史本第八册，第1590页。
⑤ 《高丽史》卷四，《显宗世家》，第一册，第65页。
⑥ 同上，第70页。
⑦ 《宋史》卷四百八十七，《高丽传》，二十五史本第八册，第1591页。

千卷。

高丽当局甚至连宋代雕版也在购求之列，如宣宗四年（1087）三月“宋商徐戬等二十人来献新注《华严经》板”①。福建商人徐戬此次运来经板是受高丽王煦委托在杭州雕刻的②。宋哲宗元祐八年（1093）二月，高丽宣宗遣兵部尚书黄宗悫、工部侍郎柳申入宋，“乞买历代史及《册府元龟》等书”……“礼部尚书苏轼言宜却其请，不许。……有旨：‘书籍曾经买者，听’。”③ 苏轼因发觉六年前中国商人将书板运往高丽，恐其使者再买到不宜出口的其他书物，遂上疏宜却其请。但哲宗没有采纳奏议，仍许使者将已买之书带回，包括《册府元龟》(1013）千卷。此后高丽使者又在宋得《神医补救方》及《太平御览》等书以还，高丽王特别喜欢此书。后来1192年“宋商来献《太平御览》，赐白金60斤，仍命［判秘书省事］崔诜校雠讹谬”④，于次年刊印。

自北宋太宗至南宋光宗（976～1194）218年间大量宋刊本传入高丽，为重刊这些书提供精良底本，至迟从高丽靖宗（1035～1040）时起，便开雕非宗教著作。靖宗八年（宋仁宗庆历二年，1042）二月己亥：

> 东京（庆尚道庆州）副留守崔颢、判官罗旨说、司录尹廉、掌书记郑公幹等奉制新刊《两汉书》与《唐书》以进，并赐爵⑤。

这次刊印《两汉书》与《旧唐书》是奉王命在庆州进行的，主持印书的东京副留守崔颢被授以县伯，食邑600户。三年后（1045）夏四月己酉：

秘书省进新刊《礼记正义》七十本，《毛诗正义》四十本，命藏一本于御书阁，余赐文臣⑥。

靖宗、文宗时儒书及子史书刊本印数不大，只供王公大臣用，广大读书人仍靠写本。

自文宗十年（1056）八月以后因西京（平壤）留守进表后，情况有改变：

> 西京留守报，京（开京）内进士、明经等诸业举人所业书籍，率皆传写，字多乖错。请分赐秘阁所藏《九经》、《汉［书］》、《晋［书］》、《唐书》、《论语》、《孝经》、子史、诸家文集、医卜、地理、律算诸书，置于诸学院。命有司各印一本送之⑦。

文宗以后高丽版《九经》、正史、诸子百家书才面向大众。文宗十二年（1058）九月己巳朔：

> 忠州牧进新雕《黄帝八十一难经》、《川玉集》、《伤寒论》、《本草括要》、《小儿巢氏病源》、《小儿药证病源十八论》、《张仲卿五脏论》九十九板，诏置秘阁⑧。

文宗十三年（1059）二月甲戌：

> 安西都护府（西海道海州）使都员外郎异善贞等进新雕《肘后方》七十三板、《疑狱集》十一板、《川玉集》十板。知京山府事、殿中内给事李成美进新雕《隋

① 《高丽史》卷十，《宣宗世家》，第一册，第145页。

② （宋）苏轼，论高丽第一状，《经进东坡文集事略》卷三十四，《四部丛刊》本。

③ 《宋史》卷十八，《哲宗纪》，二十五史本第七册，第52页。

④ 《高丽史》卷二十，《明宗世家》，第一册，第311页。

⑤ 同上，卷六，《靖宗世家》，第一册，第89页。

⑥ 《高丽史》卷六，《靖宗世家》，第一册，第93页。

⑦ 同上，卷七，《文宗世家》，第一册，第109页。

⑧ 《高丽史》卷八，《文宗世家二》，第一册，第115页。

书》六百八十板，诏置秘阁，各赐衣衬[①]。

文宗十三年夏四月：

知南原府事、试礼部员外郎李靖恭进新雕《三礼图》五十四板，《孙卿子书》九十二板，诏置秘阁，仍赐衣衬[②]。

高丽版书具北宋刊本版式，用宋版本为底本，再由儒臣对校，堪称善本，受宋人喜爱。又以楮皮纸印成，书册厚重，字体一般较大，刻工精细，多为官刊本。印刷地点集中于开京（开城）、东京（庆州）、西京（平壤）、忠州牧、海州、南原府等地，这些地方也是产纸区。有些书还传入中国，如宋哲宗元丰八年（1085）王煦献上高丽《大藏经》。元祐七年（1092）秋七月宣宗遣兵部尚书黄宗悫、工部尚书柳申入宋，向宋哲宗献高丽版《黄帝针经》[③]，帝览后甚喜，次年（1093）正月“诏颁高丽所献《黄帝针经》于天下”[④]。宋哲宗元祐六年（1091）召见高丽使臣户部尚书李资义等后，允许其购书听便，且再赐《文苑英华》一部[⑤]。返国后，李资义向宣宗奏曰：“帝闻我国书籍多好本，命馆伴书所求书目录授之。乃曰：‘虽有卷第不足者，亦须传写。’附来百篇：《尚书》、荀爽注《周易》十卷……”[⑥]

可见宋哲宗听说高丽版书多善本，乃命陪同使团的中国官员向使节提交宋代所需高丽刊本书目，以便购求，即令残卷也需要。实际上书目达120种共4980卷。其中包括《高丽风俗记》一卷、《高丽志》7卷、王方庆《园亭草木疏》27卷、《古今录验方》50卷、《张仲景方》15卷、《黄帝针经》9卷、《陶隐居效验方》6卷、《大衍历》、信都芳《乐书》9卷、《尔雅图赞》2卷、《氾胜之书》等科技书，还有《风俗通义》30卷、《周处风土记》、《三辅决录》7卷、《十三州志》14卷、《水经》20卷、鱼豢《魏略》等史地类等。看来此书目出翰林学士之手，所开书单都是中国需要而少见的书。高丽国王对宋帝的要求是重视的，同时还应辽国要求提供善本，如睿宗八年（1113）正月辽遣永州管内观察使耶律因、太常少卿王侁来高丽，“耶律因等请将还，请《春秋释例》、《金华瀛洲集》，王各赐一本”[⑦]。

高丽国中央主管刊书的机构是秘书省，置监（从三品）、少监、丞、校书郎、校勘、书手等职，下设书籍处贮存印板。肃宗六年（1101）三月“制以秘书省文籍板木委积损毁，命置书籍铺于国子监移藏之，以广摹印”[⑧]。同年夏四月“翰林院奏，御名同韵字请秘书省雕板颁示，使人知所避讳。制曰：可”[⑨]。由秘书省将规范的避讳字印成文件颁发各地实施。重要著作出版前，有时由国王组织专门班子校勘，再交秘书省刻印。如毅宗五年（1151）六月，王“命宝文殿学士、待制及翰林学士日会精义堂，校《册府元龟》”[⑩]。明宗廿二年（1192）夏四月，王“命吏部尚书郑国俭、判秘书省事崔诜，集书筵诸儒于宝文阁，雠校增续《资治通

① 《高丽史》卷八，《文宗世家二》，第一册，第115页。

② 同上，第115～116页。

③ 《宋史》卷四百八十七，《高丽传》，二十五史本第八册，第1591页。

④ 同上，卷十八，《哲宗纪》，二十五史本第七册，第52页。

⑤ 《高丽史》卷十，《宣宗世家》，第一册，第149页。

⑥ 《高丽史》卷十，《宣宗世家》，第一册，第150页。朴文烈，馆伴求书目录经部书校勘考，《古印刷文化》（清卅），1995，(2)：87～138。

⑦ 《高丽史》卷十三，《睿宗世家》，第一册，第196～197页。

⑧ 同上，卷十一，《肃宗世家》，第一册，第166页。

⑨ 同上，第167页。

⑩ 《高丽史》卷十七，《毅宗世家》，第一册，第266页。

鉴》，分送州县雕印以进，分赐侍从儒臣。”① 八月癸亥，仍命崔诜校雠《太平御览》。由于历代国王重视出版事业，因此经史子集诸书版本皆备，足以满足本国需要，肃宗（1095～1104）以后便较少从中国进口书籍了，高丽成了东方另一出版大国。

三 海印寺八万板大藏经的刻印

由于两次刊印正续藏经，也满足了僧众之需，只偶而雕印《莲华经》、《华严经》等单本注疏本。然而高宗十六年（1231）时藏经遭到劫难，该年八月蒙古统治者窝阔台汗以高丽杀其来使为由，命元帅撤礼塔领兵压入境内，连拔40余城池，原藏于符仁寺及兴王寺的正续藏经及经板皆毁于兵火。1232年高宗离开京师，在宰相崔瑀（1175？～1249）胁迫下迁都于江华岛。至1235年蒙古继续用兵，高宗设消灾道场于内殿，令百官每日自辰时至午时拜佛禳兵②。他此时想到先王显宗发愿刻藏经退辽兵的往事，遂“与宰执、文武百僚等同发弘愿，已署置勾当官司，俾之经始”③。因置“大藏都监”，参考宋、辽藏经及过去本国的藏经，重新开雕，历十六年始成其功。《高丽史·高宗世家》载，高宗三十六年（1251）九月壬午：“［王］幸城西门外大藏经堂，率百官行香。显宗时板木毁于壬辰（1232）蒙［古］兵，王与群臣更愿立都监，［历］十六年而功毕。”

可见大藏都监初置于高宗二十三年（1236），至三十八年（1251）藏经雕印完毕，计6797卷，用板8万余块，故又称“八万板大藏经”。为安全起见，经版后来藏于岭南道（今韩国庆尚南道）陕川郡内加耶山附近的海印寺经板阁内，至今仍呈完好状态。据1915年调查，海印寺经板存81240块，内121块重复，尚缺18块④，因此有效的经板应为81137万块。为节省木料，每版双面刻字，版上有把子便于翻动。所用板材有梨木、柿木（*Diospyros kaki*）、桦木及厚朴（*Mongolia officinalis*）等，取自济州岛、莞岛、巨济岛及郁陵岛等地。每块经版直高24厘米、横长65厘米、厚4厘米，板重2.4～3.75公斤。每版23行，行14字，每字1.5平方厘米⑤，全藏共2600万字。作经折装，每卷以千字文编号，各卷卷尾年款无年号，只用干支，如“丁酉岁高丽国大藏都监奉敕雕造”。丁酉为南宋理宗嘉熙元年、高丽高宗二十四年（1237），类似的题疑纪年有已亥（1239）、癸卯（1243）、甲辰（1244）、戊申（1248）等等。

高丽国第三次刊印藏经是在国家遭受蒙古兵侵略的困难时期在海岛上进行的。爱国的工匠尽心竭力，短期内以高质量完成任务。一些大臣也出资协助开雕，如宰相崔瑀和门下待中兼判吏部、御史台事崔沆。高宗四十二年（1255）诏曰：

> 今一揆晋阳公崔怡（崔瑀）当圣考（康宗）登极之日（1213）、寡人即祚（1214）以来，推诚卫社，同德佐理。越辛卯（1231），边将失守，蒙［古］兵闯入，神谋独决，截断群议，奉舆卜地迁都。不数年间，宫阙、官廨悉皆营构。宪章复振，再造三韩。且历代所传镇兵《大藏经》板，尽为狄兵所焚。国家多故，未暇重新，别

① 同上，卷二十，《明宗世家》，第一册，第310页。

② 《高丽史》卷二十三，《高宗世家》，第一册，第354页（平壤，1957）。

③ 李奎报，大藏刻板君臣祈告文（1237），《东国李相国全集》卷二十五，第二册，载《朝鲜群书大系》第二期续集（汉城：朝鲜古书刊行会，1913）。

④ 庄司浅水，《世界印刷文化史年表》，第24～25页（東京：ブックドム社，1936）。

⑤ 全相运，《韩国科学技術史》朝鲜文版，第163～164页（汉城：科学世界社，1966）。

立都监，倾纳私财雕板几半，福利邦家，功业难忘。嗣子侍中［崔］沆，遹追家业，匡君制难，《大藏经》板施财、督役告成，庆谱中外受福①。

可见，崔瑀出家资雕刻近四万块藏经经版。丁酉岁（1237）刻《金刚般若经》印有下列题记："晋阳侯崔瑀特发弘愿，以大字《金刚般若经》雕版流通。所冀邻兵不起，国祚中兴。"

捐资刻经的还有国子监祭酒郑晏，为工部尚书郑叔瞻之子。《高丽史》说郑晏"退居南海，好佛，游遍名山胜刹。舍私财与国家约中分藏经刊之"②。海印寺所藏经板，后被用来多次重印，重印本作经折装，且传入中国，北京图书馆藏《大乘三聚忏悔经》一册，尾题"壬寅岁高丽国大藏都监奉敕雕造"，壬寅为高宗二十九年（1242）。

四　13世纪高丽朝末期金属活字印刷之始

1011～1251年间高丽雕版印刷技术积240年发展后，已达到很高水平，足可与同时代中国宋代相比，为后来的李朝（1392～1910）打下坚实基础。高丽末期在雕版技术取得成就后，又发展了活字技术，成就更大。高丽人肯定早就从中国知道活字技术，但因其雕版印刷长期居主导地位，直到高丽末期才将活字技术付诸实践。这方面史料首先于高宗时翰林学士李奎报替宰相崔瑀起草的《新序详定礼文跋》（1234）一文内。《跋》内称，本朝礼制初不备，仁宗（1125～1145）时始敕平章政事崔允仪等集古今礼制编成《详定古今礼》50卷，毅宗（1147～1170）时流行于世。但此书长期失修，崔忠献遂补辑成新本。高宗十九年（1232）受蒙古兵侵袭，迁都江华岛之际："礼官遑遽，未得赍来，则几若已废，而有家藏一本得存焉。予（崔瑀）然后益谙先志，且幸其不失，遂用铸字印成二十八本（份），分付诸司藏之。凡有司者谨传之勿替，勿负予用志之疼勤也"③。

对此，李圭景解释说："铸字一名活字，其法之流来久矣。中原（中国）则布衣毕昇刱活版，即活字之谓也。我东则始自丽季。入于国朝（李朝），则太宗朝命铸铜字。"④可见崔瑀命工匠于江华岛新刊《详定古今礼》，是按毕昇思想以活字印成的。既说活字铸成，则当为金属活字。铸字时间有不同说法，或称1234年⑤，或称1227年，恐皆不妥。因李奎报起草《跋文》中称崔瑀为晋阳公，而崔瑀1234年始封晋阳侯⑥，几年后才进为公爵，因此铸字印书应在1242年前后。崔瑀《南明证道歌跋》称："夫《南明证道歌》者，实禅门之枢要也。故后学参禅之流莫不由斯而入，升堂覩奥矣。然其可闭塞不传乎?! 于是募工重雕铸字本，以寿其传焉。时己亥九月上旬，中书令、晋阳公崔怡谨志"⑦。

说明崔瑀除铸印礼书外，还印过《南明证道歌》。后者刊于高宗二十六年己亥（1239）九

---

① 郑麟趾，《高丽史》卷一百二十九，《崔沆传》，第一册，第641页（平壤：科学院刊，1957）。

② 同上，卷一百，《郑晏传》，第三册，第180页（平壤，1958）。

③ 李奎报，代晋阳公崔怡新序详定礼文跋，《东国李相国后集》卷十一，载《朝鲜群书大系·续集》（汉城：朝鲜古书刊行会，1913）。

④ 李圭景，铸字印书辨证说，《五洲长笺衍文散稿》卷二十四，上册，第699页（汉城：明文堂景印本，1982）。

⑤ 张秀民，《中国印刷术的发明及其影响》，第116页（北京：人民出版社，1958）。

⑥ 郑麟趾，《高丽史》卷二十三，《高宗世家》第一册，第353页（平壤，1957）。

⑦ 金斗鍾，高丽铸字印本의重刻本과南明泉和尚颂证道歌，《书志》，1960.8，卷1，2号；田中敬，《汲古随想》引文（東京：书物展望社，1933）。

月，此时已自称晋阳公了。但《高丽史》卷一百二十九《崔瑀传》载高宗二十九年(1242)封其为晋阳公，与崔瑀所述相差二年，当以其自述为准。然而这些刊本没有传世。

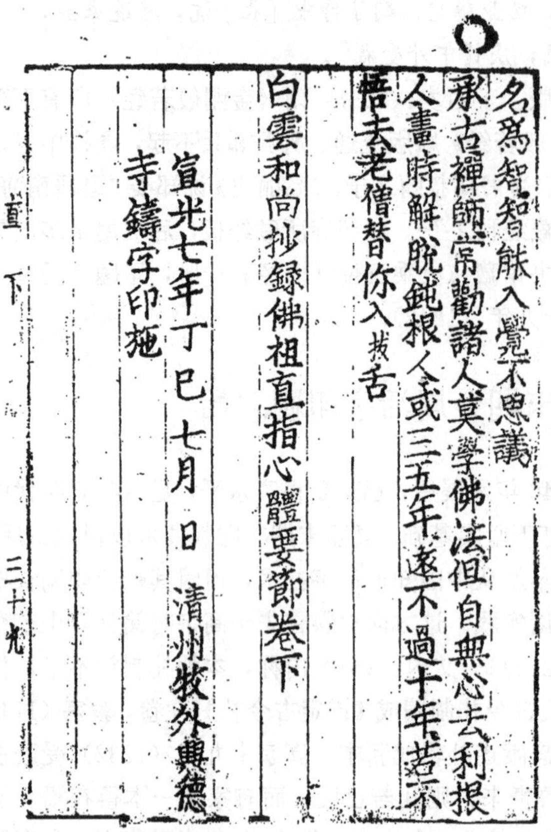
名爲智智能入覺不思議
承古禪師常勸諸人莫學佛法但自無心去利根
人晝時解脫鈍根人或三五年遠不過十年若不
悟去老僧替你入拔舌
白雲和尚抄錄佛祖直指心體要節卷下
宣光七年丁巳七月 日 清州牧外興德
寺鑄字印施
直 下 三十九

图 15-6 1377 年清州兴德寺僧刊金属活字本《佛祖直指心体要节》，巴黎国立图书馆藏

现存高丽最早的金属活字本是 1377 年清州牧兴德寺僧刊行的该寺寺主白云和尚（法号景贤，1298～1374）据历代祖师语录编成的《佛祖直指心体要节》(图 15-6)，全书上下二卷，只存下卷，线装，印以楮皮纸，版框 24.5×17.0 厘米，单叶 11 行，行 19 字，四周单边，白口。卷末题记为："宣光七年丁巳七月日，清州牧外兴德寺铸字印施。缘化门人释璨、达湛，施主比丘尼妙德"。宣光七年为北元昭宗年号，相当明太祖洪武十年、高丽辛禑王三年（1377)。此本为兴德寺主景闲的弟子为纪念景闲逝世三周年时募资刊行的。最初于 1887 年由法国驻汉城公使德普兰西 (Collin de Plancy）所得，现藏于巴黎国立图书馆。1996 年 1 月，韩国清州古印刷博物馆曾据以影印再版。

高丽朝末期以金属活字印书的另一史料是恭让王(1389～1392)时中进士的忠义君郑道传（1335～1395 在世）的进言："欲置书籍铺铸字，凡经史子书、诸诗文，以至医方、兵律，无不印出，俾有志于学者皆得读书，以免失时之叹"①。此进言是针对恭让王三年（1391）罢书籍店而发的，但《高丽史》卷七十七《百官志》随即载曰："[恭让王] 四年（1392）置书籍院，掌铸字、印书籍，有令丞"②。但此后不久恭让王即死去，实际上此书籍院很难运作。

五 金属活字技术在李朝的大发展

恭让王死时，大将军李成桂（1335～1408）推翻高丽王朝，自立为王，受明太祖册封，改国号为朝鲜，行明年号，此即李朝。太祖李成桂在位时（1392～1398）忙于巩固政权，无暇他顾。至太宗李芳远在位（1401～1417）时，社会安定，经济发展。他像同时代的明成祖一样雄才大略，致力于文化建设。1403 年新置"铸字所"于京城（今汉城），铸 10 万铜活字印书。《李朝实录·太宗实录》卷五载太宗三年癸未二月庚申（1403 年 3 月 4 日）载："新置铸字所。上虑本国图书籍鲜少，儒生不能博观，命置所。以艺文馆大提学李稷、总制闵无疾、知

① 朝鲜弘文馆编，《增补文献备考》卷二百四十二，《艺文考》(汉城，1908)。

② 《高丽史》卷七十七，《百官志二》，第二册，第 573 页（平壤，1958)。

申事朴锡命、右代言李膺为提调。多出内府铜铁，又命大小臣僚自愿出铜铁，以支其用”①。

此处所述李稷官衔是后来提升的，当时任判司平府事。太宗时礼曹判书（礼部尚书）兼宝文阁大提学权近（1352～1409）1403 年为铸字事写《跋》，此跋刊印于 1409 年活字本《十一家注孙子》之书尾及权近《阳村集》：

> 永乐元年（1403）春二月，殿下（太宗）谓左右曰："凡欲为治，必须博观典籍，然后可以穷理正心，而致修齐治平之效也。吾东方在海外，中国之书罕至，板刻之本易以剜缺，且难尽刊天下之书也。予欲范铜为字，随所得书，随即而印之，以广其传，诚为无穷之刊。然其供费，不宜敛民，予与亲勋、臣僚有志者共之，庶有成乎?!"于是悉出内帑，命判司平府事李稷、骊城君臣闵无疾、知申事臣朴锡命、右代言臣李膺等监之。……又出经筵古注《诗[经]》、《左氏传》以为字本。自其月十有九日而始铸，数月之间多至数十万字。恭维我殿下濬哲之资、文明之德，万机之暇，留神经史，孜孜不倦……拳拳焉为铸是字，以印群书，可至于万卷，可传于万世②。

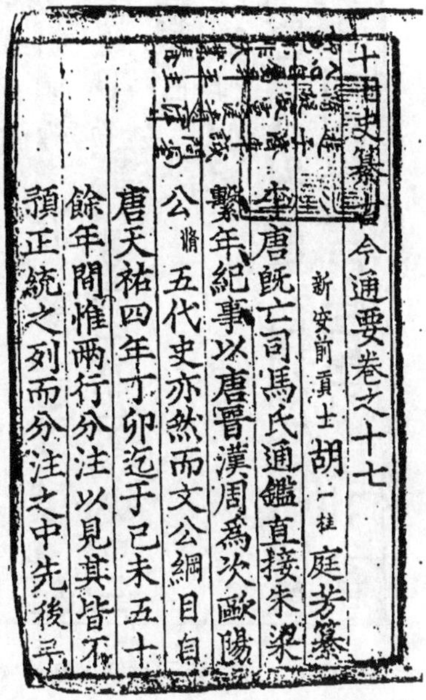
十七史纂古今通要卷之十七
新安前貢士胡一桂庭芳纂
唐既亡司馬氏通鑑直接朱梁
繫年紀事以唐晉漢周爲次歐陽
公脩五代史亦然而文公綱目自
唐天祐四年丁卯迄于己未五十
餘年間惟兩行分注以見其皆不
預正統之列而分注之中先後乎

图 15-7 李朝太宗三年癸未字（1403）刊印的铜字本《十七史纂古今通要》，取自孙宝基《韩国의印刷术》（汉城，1971）

太宗铸铜活字资金来自内帑及王亲、臣僚捐献，不敛于民。1403 年二月一日至十月九日，不到八个月便铸成数十万活字，因该年为癸未，故称"癸未字"。以王廷所藏宋代《诗经》及《左氏传》刊本字体为铸字字体，刊印《十一家注孙子》、《十七史纂古今通要》、《宋朝表笺总类》及《新刊类编历举三场文选对策》等。李太宗下令铸铜活字印书，揭示了朝鲜大规模铸字活动的序幕，具有深远意义。1403～1883 年的 480 年间大规模铸字 40 次，除少数为铅字及铁字外，大多数为铜活字③。从 1403 年起 50 年内朝鲜国王发出有关铸字、印书的敕令达 11 次④。癸未字较大，因是初次试铸，以蜡将活字固定于印板上。但蜡质粘性小，印刷时字易移动，故世宗李祹（1419～1450 在位）令臣下李蒇(chǎn)（1375～1451）改进。李蒇于世宗二年（1420）先铸出小而精的铜活字，但未解决字块移动问题，一日只印 20 纸。

当时集贤院大提学、知经筵下季良（1380～1440 在世）就此写道：

> 永乐庚子（1420）冬十有一月，我殿下（世宗）发于宸衷，命工曹参判（工部侍郎）臣李蒇新铸字，样极为精致。命知申事臣金益精、左代言臣郑招等监掌其事。七阅月而功讫，印者便之，而一日所印多至二十余纸矣。恭维我恭定大王（太宗李芳远）作之于前，今我主上殿下述之于后，而条理之密又有加焉。由是而无书不印，

---

① 朝鲜春秋馆，《李朝实录·太宗实录》（1454）卷五，三年二月条（日本学习院东洋文化研究所景印本，1953）。

② 权近，十一家注孙子跋（1403），载徐居正等编《东文选》卷一百零三，《朝鲜群书大系续续集》（汉城：朝鲜古书刊行会，1914）。

③ 千惠鳳，《韓國書誌學》，577～579 页（汉城：民音社，1997）。

④ 庄司浅水，世界印刷文化史年表，第 30 页（東京：ブックドム社，1936）。

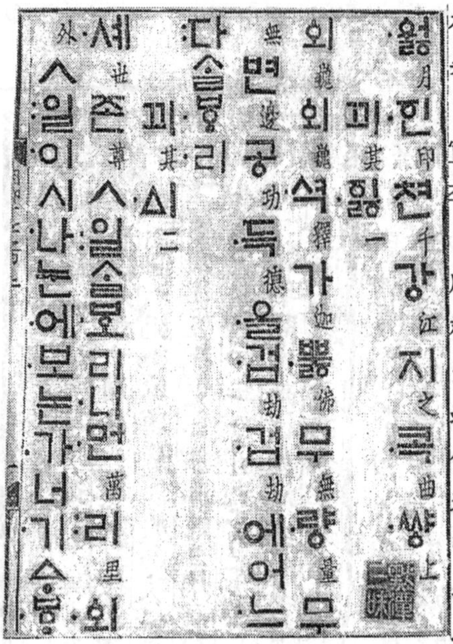

图 15-8　1447 年刊世宗御制诗《月印千江之曲》铜活字本，汉字用世宗十六年甲寅（1434）铸字，版框 22.2×15.6 厘米，四周单边，无界行，黑口，页 8 行，行 15 字，每纸 31×22 厘米，此本还印出朝鲜文活字

无人不学，文教之兴当日进，而世道之隆当益盛矣①。

这次铸的铜活字称“庚子字”。世宗十六年、明宣宗宣德九年甲寅秋七月二日丁丑（1434 年 8 月 6 日）再召李蒧于内殿，强令其改进排版、印刷技术：

> ［王］召知中枢院事李蒧议曰：“太宗肇造铸字所铸大字，时廷臣皆曰难成。太宗强令铸之，以印群书广布中外，不亦韪欤！但因草创，制造未精，每当印书，必先以蜡布于板底，而后植字于其上。然蜡性本柔，植字未固，才印数纸，字有迁动，多致偏倚，随即均正，印者病之。予念此弊，曾命卿改造，卿亦为难。予强令之，卿乃运智，造板铸字，并皆平正牢固，不待用蜡。印出虽多，字不偏倚，予甚嘉之。……”乃命蒧监其事。集贤院直提学金镔、护军蒋英实、佥知司译院事李世衡、舍人郑陟、注簿李纯之等掌之。出经筵所藏《孝顺事实》、《为善阴骘》、《论语》等书为字本。其所不足，命晋阳大君［李］瑈书之。铸至二十有余万字，一日所印可至四十余纸。字体之明正，功课之易就，比旧为倍②。

1434 年李朝第三次铸字称“甲寅字”，共 20 万枚，以王廷藏明永乐内府刊《孝顺事实》、《为善阴骘》等精刻本字体铸字，所缺字由书法家、晋阳大君李瑈补书。字体精美，分大小两种。因中国原版书以东晋女书法家卫铄（272～347）法书雕成，故又称甲寅铜活字为“卫夫人字”（图 15-9）。卫铄，汝阳太守李矩之妻，工书法，王羲之少时曾师之。卫夫人字大字长 1.52 厘米、宽 1.58 厘米、高 0.66 厘米，小字长 1.32 厘米、宽 2.5 厘米、高 0.5 厘米。曾以此字印唐代文豪柳宗元的《柳文集》等书。李蒧此次的改进是植字时不在印板上以蜡粘字，而是用竹、木、破纸填空而坚致之，使不摇动。即在有四边与活字等高边框的铁框板上，以竹片为界行，将字植于界行内，空字部分以小木块将活字卡在印板上，植完一版后以平板将字压平。这样即可上墨、刷纸，工效比用蜡提高二倍。实际上这正是元代王桢《农书》中用过的方法，见第十章第四节。

早在高丽末，辛禑王（1375～1388）二年、明太祖洪武九年（1376）高丽即用王祯的方法以木活字印《资治通鉴纲目》，而李朝初太祖三年、明洪武二十七年（1395）再次用白州知事徐赞造木活字印《大明律直解》百余部颁行③。因此世宗时李蒧将中国木活字排版技术移植于铜活字排版上，终获成功。韩鲜半岛产铜，高丽纸厚重，适于金属活字印刷。早在高丽朝

① 卞季良，铸字跋（1420），载徐居正等编《东文选》卷一百零三，《朝鲜群书大系·续续集》（汉城：朝鲜古书刊行会，1914）；《春亭集》卷 12。

② 朝鲜春秋馆，《李朝实录·世宗庄宪大王实录》（1454）卷六十五，世宗十六年秋七月条（日本学习院东洋文化所景印本，1953）。

③ 曹炯镇，《中韩两国古活字印刷技术之比较研究》，第 237 页（台北：学海出版社，1986）。

肃宗七年（1102）就从北宋引进铸钱技术，发行“海东通宝”[①]。半岛人民掌握铸钱技术后，便将此技术用于铸活字，至李朝已成金属活字印刷大国，且多所发明，如以铁铸字和以木活字与铜活字混合制版，其铜活字背后凹空亦独具匠心，可节省铜料。其所用印墨亦极优良。朝鲜金属活字较中国宋元已大有改进，甚至比同时期的明代铜活字还胜一筹。朝鲜人民对金属活字印刷作出了重要贡献，应给以高度评价。他们大力优先发展金属活字印刷，也符合印刷术未来发展方向的。朝鲜活字本字体优美，印刷精良，令人爱不释手，堪称模范。他们将朝鲜字母铸成活字亦属创举。

李朝成宗（1470～1494）时学者成伣（1439～1504）对活字技术有如下叙述：

> 大抵铸字之法，先用黄杨木刻活字，以海浦软泥平铺印板，印着木刻字于泥中，则所印处凹而成字。于是合两印板，镕铜从一穴泻下，流液分入凹处，一一成字。遂刻剔，重复而整之。刻工者曰刻字匠，铸成者曰铸匠。遂分诸字，贮于藏柜。其守者曰守藏，年少公奴为之。其书草唱准者曰唱准，皆解文者为之。守藏列字于书草上，移之于板，曰上版，用竹、木、破纸填空而坚致之，使不摇动者，曰均字匠。受而印之，曰印出匠。其监印官则校书馆员为之，监校官则别名文官为之。始者不知列字之法，融蜡于板，以字着之，是以庚子字（1420）尾皆如锥。其后始用竹、木填空之术，而无融蜡之费，是知人之用巧无穷也[②]。

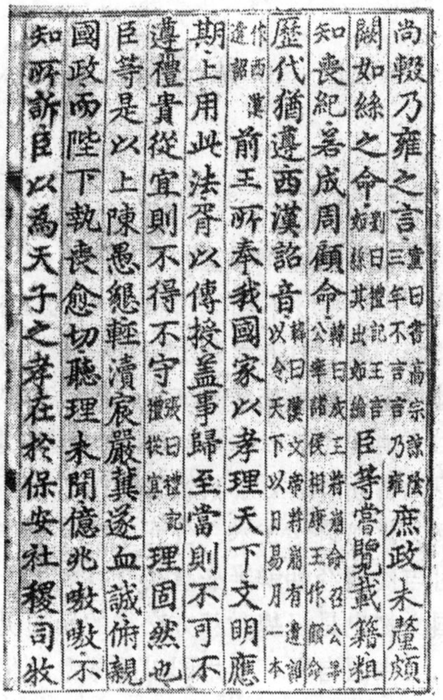
尚毅乃雍之言書曰高宗諒陰三年不言言乃雍庶政未釐頗
闕如絲之命禮記曰王言如絲其出如綸臣等嘗覧載籍粗
知喪紀暑成周顧命韓曰成王將崩命召公畢公率諸侯相康王作顧命
歷代猶遵西漢詔音韓曰漢文帝將崩有遺詔以令天下以日易月一本
作西漢遺詔前王所奉我國家以孝理天下文明應
期上用此法胥以傳授蓋事歸至當則不可不
遵禮貴從宜則不得不守張曰禮記禮從宜理固然也
臣等是以上陳愚懇輕瀆宸嚴冀遂血誠俯覩
國政而陛下執喪愈切聽理未聞億兆嗷嗷不
知所訴臣以為天子之孝在於保安社稷司牧

图 15-9　李朝世宗二十年（1438）以十六年（1434）所铸卫夫人体甲寅铜活字刊印的《柳文集》残页，不列颠博物馆藏

由上所述可知，铸铜活字前，先以书稿写样字体刻成木活字，以黄杨木（*Buxus sinica*）为料。用海边的软泥平铺在有边框的模板上，再将木活字放在两块模板的软泥之中。所形成的凹空处即是反体泥制字模。两个板框合在一起，接合处留一孔。将熔化的铜水从孔中泻入字模之凹处，便铸成活字。取出后将活字修整好。每个活字按字韵存于格的柜内，格上贴标签。植字时一人按书稿文字唱出韵号，另人取出活字排版。一行排满后加一竹片，再排另一行。空字处以木块填满，使不摇动。以平板将版面压平，接着上墨，印出印样。校字官校对，校毕即正式刷印。将印页对折后装订成册，李朝书多为线装。书的版面设计、装订与中国相同。

图 15-10　传到日本的朝鲜李朝铜活字：“服、鬃、饴、戆、造”15 世纪铸造

---

① 《高丽史》卷七十九，《食货志·货币》，第二册，第 607 页（平壤，1958）。

② 成伣，《慵斋丛话》（15 世纪）卷七，载《朝鲜群书大系正集·大东野乘》第一册（汉城：朝鲜古书刊行会，1909）。

铸字所内有明确分工：冶匠熔铜，刻字匠刻字模，铸匠铸字，守藏匠管活字柜，唱准匠唱字韵，均字匠植字，印出匠上墨刷印，校书员校字，木匠锯木字模，纸匠切纸，装书匠订书。王廷委派监校官就地督察，由监印官上报，论功行赏。“铸字匠人若有功劳，则虽贱口，授以队副、队长、司正、副司之职”[①] 或“赏以钱帛”。每卷有一至三字错误或刷墨不匀者，监印官、均字匠、印出匠皆受笞杖处罚。李朝诸王皆重视儒术，不像高丽朝诸王那样笃信佛教，因此经史及诸子书刊的比前朝多。过去误将传入中国的李朝刊本称为“高丽版”，其实应为朝鲜版或李朝版。李朝在出版活字本同时，也有雕版书行世，除官刊本外还有私刊本，特别是寺院刊本，除金属活字外，还有木活字本。

第三节 日本造纸的起源及其早期发展

一 日中关系简史

与中国隔海相望的日本国，造纸和印刷也有千年以上历史。和纸是日本著名传统手工艺品之一，至今不衰。“日本”一词在中国史书中始见于五代后晋人刘昫（888～947）《旧唐书》(945) 卷一百九十九上《日本传》，汉魏著作通称其为“倭国”。自从汉代发明纸后，中国与日本就有直接往来和文化交流，有时通过朝鲜半岛的媒介进行间接交往。《前汉书》卷二十八上《地理志》云：“乐浪海中有倭人，分为百余国，以岁时来献见”。公元前108年汉武帝灭卫氏古朝鲜后，于其地置乐浪、玄菟、临屯及真番四郡，从此大批汉人来四郡定居，带去了汉文化和科学技术。公元207年汉安帝时，辽东太守公孙康又在乐浪郡南新置带方郡。汉魏时与倭国经朝鲜半岛直接交往更多。这些交往在中国史书中有明确记载。日本各地出土的中国文物也是汉魏时双方交往的历史见证。

中国自晋、十六国以后战乱频仍，朝鲜半岛上的高句丽、百济、新罗趁机占取乐浪、带方，接着这三国间又相互交战，岛上大量汉人便前往日本避难。万安亲王（788～830）《新撰姓氏录》(814) 中《太秦公宿祢》（右京诸蕃）条载，来日本的“秦氏为秦始皇十三世孙……男融通王一称弓月君，应神天皇十四年（283）来朝，率百二十七县百姓归化，献金银、玉帛”。同书又称“仁德天皇时（313～399）秦氏流徙各地，天皇使人搜索鸠集，得九十二部一万八千七百六十人”。舍人亲王（676～735）《日本书纪》(720) 卷十称，公元289年“倭汉直祖阿知使主、其子都加使主并率己之党十七县民而来归焉”。此阿知使主传为汉灵帝曾孙，汉末率众迁居带方，后又从带方渡日。大批中国移民从朝鲜半岛离开时，必将许多纸写本书带到日本，甚至其中有原在浪乐、带方从事造纸的工匠。

后来日本大和朝廷根据中国移民的祖先而将弓月君的后裔称为“秦人”，将阿知使主的后裔称为“汉人”。他们多从事农业和手工业生产，或在朝廷从事文书工作。《新撰姓氏录》列举京畿附近的山城（今京都）、大和（奈良）、摄津（大阪）等地氏族时，秦氏、汉氏占30%[②]。5～6世纪后，天皇听说还有些技艺出众的汉人仍留在百济，于是强迫百济将他们送交日本，这些人称为“新渡汉人”。大批中国人的东渡，带来了汉文化和先进的科学技术，使儒学和佛教

① 《李朝实录·世宗庄宪大王实录》卷七十三，十八年闰六月条。
② 宋越伦，中日民族文化交流史，第31页（台北：正中书局，1969）。

在日本兴起，汉文也成为日本通用的文字。移来的汉人与当地大和民族共同发展日本经济和文化，他们后来与大和民族融合。讨论日本造纸起源时，必须考虑到这一点。

如前所述，造纸术引入日本之前，首先以中国纸和纸本文书的传入为先导。太安万吕（664？～724）《古事记》（712）卷中记载说："又科赐百济国，若有贤人者贡上，故受命以贡上人名和迩吉师，即《论语》十卷、《千字文》一卷，并十一卷，付是人即贡进"。我们对此可译为："应神天皇对百济国王说，你们那里如有贤人，希望献上。于是受命献来名为和迩吉师的人。他随带《论语》十卷、《千字文》一卷，共十一卷，都由他贡进"①。

此处所说和迩吉师实即百济五经博士王仁。《日本书纪》卷十说，公元285年"王仁来之，则太子菟稚郎子师之，习诸典籍于王仁，莫不通达"。还说王仁来朝是因284年百济国献马使阿真岐的推荐。人们通常认为汉籍和儒学传入日本始于王仁献书，但将他当成朝鲜人，这种看法应纠正。据王仁自述，其"祖先为王鸾……原为汉高祖刘邦之后裔，至百济后始易姓"②，因此他是在百济居住的中国汉人。而他非一人来日本，就像弓月君、阿知使主那样，结伴而来的是一批人，包括有技能的中国人。王仁来后，成为皇太子的儒学老师，其所献《千字文》与梁人周嗣兴（约450～521）《千字文》有别，是汉魏人所著另一同名蒙学教本。王仁、弓月君、阿知使主等人中有中国皇室后裔、原乐浪及带方郡的官员、士人、僧人、医生、科学家和工匠等，他们的到来构成中国科学文化大规模直接输入日本的第一次高潮；对日本有深远影响。

二　日本造纸之始

日本从何时起自行造纸，要重新研讨。人们通常引《日本书纪》卷二十二《丰御食炊屋姬天皇纪》，认为于610年始行造纸。此天皇为一女皇，即推古天皇，593年即位后由圣德太子（574～622）摄政，圣德死后才亲政。《日本书纪》卷二十二称："十八年（610）春三月，高丽王贡上僧昙征、法定。昙征知五经，且能作彩色及纸、墨，并造碾硙，盖造碾硙（wèi）始于是时欤"③。

推古天皇十八年相当隋炀帝大业六年、高句丽婴阳王二十一年（610），将日本造纸起始时间定在这一年肯定为时过晚。

近年来日本纸史家都认为日本在610前就已造纸④⑤，笔者亦深有同感。《日本书纪》只是说从高句丽来日本的僧人昙征兼通儒学，会造颜料和纸墨，并未说日本造纸始于此人，倒是认为"碾硙始于是时"。其实一般石碾、石磨在这以前日本已有之，此处所指或许是水磨。从昙征兼通儒释及技术的知识背景观之，他应是高句丽国王按日本要求遣来的中国人。日本从5～6世纪后继续网罗留在朝鲜半岛的汉人人材，尤其晋末至南北朝中国战乱时移居半岛去的汉人。因此，昙征、法定这批人与先前百济送往日本的王仁等不同，在日本属于"新渡汉

① 太安万吕，古事记（712）卷之中，倉野宪司校注本，岩波文库145，第276页。

② 宋越伦，前引书，第28页。

③ 舍仁亲王，《日本书纪》（720）卷二十二，《丰御食炊屋姬天皇纪》，《日本古典文学大系》本，坂本太郎等校注，下卷，第194～195页。

④ 久米康生，《和纸の文化史》，第7～10页（东京：木耳社，1977）。

⑤ 町田诚之，《和纸の风土》，第16页（京都：駸駸堂，1981）。

人”。

昙征来时正值圣德太子推行新政，大力发展经济、文化之际，其才能包括造纸、制墨等技术会得到充分发挥。圣德太子为发展造纸生产，令国内遍种楮树，是在昙征指导下进行的①。于是造纸地区扩及全国，不能否定昙征在促进日本造纸发展中的贡献。但种种迹象表明，推古朝以前日本早已造纸。《日本书纪·钦明天皇纪》载，钦明元年（540）下令在全国编制秦人、汉人等诸蕃归化人户籍。同书卷十二又称在这以前履中天皇四年（403）秋八月戊戌（二日）“始之于诸国置国史，记言事达四方之志”。大和朝廷编制户籍，在各国置史官修国史，要耗用大量纸，靠从中国和朝鲜半岛进口是满足不了需要的。可以说至迟在400～500年日本已造纸，这可能是时间下限。

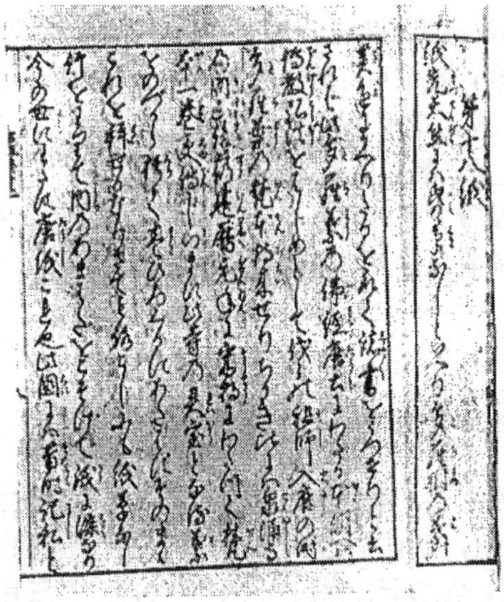

图15-11 宽文八年（1668）刊《枯杭集》有关日本最早造纸师的记载

明确谈论日本造纸起始的早期作品是宽文八年（1668）出版的《枯杭集》（图15-11）。此书稀见，以古体日文写成，未署作者姓名，但必是通晓本国史籍的学者。《枯杭集》共6卷，其卷二写道：

この国に昔时記私といふ人、すきはじめりなり。それより以前には木札にかきて文をつかはすなり、それより御札と申すにこの故事也②。

我们将其译成相应汉文如下：“本国（日本国）昔时有称为记私之人者，始行造纸。此前以木札书文，故所谓“御札”者。即此典故也。”

这条史料是日本纸史家关义城1972年在《关于我国最早的抄纸师》一文③内首先提到的，并指出除《枯杭集》外，《有马山名所记》（1672）、《人伦训蒙图汇》（1690）、《笔宝用文章》（1746）、《大宝和汉朗咏集》（1823）及《かな（假名）古状揃》（1772～1778）等书都载明记私是日本最初造纸的人，但均未对此人作进一步介绍。关义城认为“记私恐怕是在昙征来朝（610）以前渡来的造纸者，也许是移居日本的高丽人。我国学者今天还很少有人论及”。自关氏论文发表后至80年代以来，日本学者注意到此史料的重要性，频加引用，但至今仍未弄清记私为何许人也。认为《枯杭集》作者为什么将记私奉为纸祖，将成为今后的研究课题。

我们讨论日本造纸起源时，自然也无法回避有关记私这条史料，愿陈管见以就教东瀛同道者。按记私日语发音为きし（Kishi），我们认为此即前引《古事记》卷中所载百济王派往日本向天皇献《论语》和《千字文》的和迩吉师（わにきし，Wani Kishi），记私、吉师为同一日语きし发音的不同汉字表音方式。实际上此人就是《日本书纪》卷十所述从百济来日本的五经博士王仁。王仁、和迩在日语中都读作わに（Wani），为同一人，我们已证明他是中国汉

① 關義城，《手漉纸史の研究》，第2页（东京：木耳社，1976）。

② 《枯杭集》（1668）卷二，《第十八·纸》，第8页（宽文八年日文原刊本，1668）。

③ 關義城，わが国最初の紙すき師について（1972），见《手漉紙史の研究》，第32～36页（东京：木耳社，1976）。

人。他作为汉高祖刘邦后裔，在百济被视为最博学的人，日本也视之为奇才异能之士。因而吉师、记私是对王仁尊称。《枯杭集》所说“称为记私的人”实即王仁①。

《古事记》之所以将王仁称为和迩吉师，因该书用类似“万叶假名”的文体写的，以汉字标和音，而《日本书纪》则以汉文写之，于是出现对汉人姓名用字上的差异。就是说，《枯杭集》作者认为王仁是在日本最初的造纸者。其所以不称和迩吉师而作记私，说明另有《古事记》以外的日本其他古史资料为据。这条重要史料将日本造纸起源从7世纪昙征渡日时代，追溯到更早的王仁、弓月君和阿知使主大批中国人从朝鲜半岛来日本定居后的时代，即4～5世纪。这种可能性极大。因此时相当中国晋一十六国，中国人用纸已有六七百年历史，王仁等早已习惯用纸书写，在日本因工作需要，见当地不产纸，就会组织从乐浪、带方来的汉人工匠生产麻纸。王仁、阿知使主集团属于汉氏，在河内（今大阪）经营的手工业中又增加造纸这一行。待弓月君的秦氏集团迁入山城（今京都）后，便营建农业和手工业基地。京都纸屋川是奈良时代（710～794）造纸中心，有可能继承秦氏之遗钵。当时生产规模可能不大，但足以满足需要。这也解释了为什么5世纪初大和朝廷能在各国置史官修国史，因已有当地纸的供应。

日本自行产纸后，很快就迎来了飞鸟时代（592～710）。此时因圣德太子摄政（592～622），日本造纸业获得发展。圣德笃信佛教，兼通儒术，公元609～616年以汉文著《法华经》、《维摩经》及《胜鬘经》的《三经义疏》，在国内兴建佛寺。610年中国高僧昙征来朝后，圣德令其指导在国内遍种楮树，因而继麻纸之后，楮皮纸生产的推广是飞鸟时代造纸的新标志。圣德推行的新政为此后继承者完成的“大化革新”开了路。他们与大唐帝国建立邦交，派众多留学生、学问僧入唐，全面引进中国科学文化。大化革新以孝德天皇（645～654）即位次年即大化二年（646）发布《改新之诏》为开端，以从中国学成归国的留学生为这一运动的骨干。诏书中宣布废除贵族私有土地的部民制（农奴制），确立新土地制《班田收授法》，统一全国租税，建立中央官制，改革旧俗等。在此基础上又参考唐律颁布《近江令》、《飞鸟净御朝廷令》、《大宝律令》及《养老令》，使法律及典章制度完备，日本由此进入律令制封建社会。

在实施新土地及税收制过程中，要作全国人口调查、户籍编制和土地丈量等，其结果要登记成册。中央及地方文书及儒释经典抄录要消耗大量纸张，因而除中央设纸屋院外，各地亦有纸坊。现存飞鸟时代纸本文物有奈良东大寺正仓院藏美浓（今本州岐阜县）、筑前（九州福冈县）和丰前（九州大分县）大宝二十年（702）户籍残册十种。1960～1963年正仓院纸本文物由专家系统检验，证明上述户籍纸为日本造，其中美浓户籍纸较好，可能是纸屋院分场所造，丰前纸比筑前纸好些，筑前户籍纸较粗放。这些纸都是楮皮纸，完全依中国方法抄造②。现存更早的文物是圣德太子的《法华经义疏》手稿（615），为黄色麻纸，产自中国③，为隋大业年（605～618）所造。说明日本还进口中国纸，因中国纸薄而柔韧，为圣德太子所喜欢。天武天皇（672～685）时又出现大规模用纸高潮。《日本书纪·天武纪》载，天武即位次年（673）下诏，“集书生始于川原寺写《一切经》”，以超度平息“壬申之乱”（672）而战死的将

---

① 潘吉星，日本国における制紙と印刷の始まりについて，《百万塔》（东京）1995，92号，第17～28页。

② 寿岳文章，《和紙の旅》，第33，68页（東京：株式会社芸草堂，1973）。

③ 町田誠之，《和紙の風土》，第31～34页（京都：駸駸堂，1981）。

士亡魂，并以佛教安定民心。这部汉文写本《大藏经》计 2500 卷，用纸 38.8 万张[①]，估计要在川原寺附近加设纸场。

685 年天武天皇诏令诸国，家各作佛舍，置佛像及佛经以供奉。在各藩及 545 个寺院讲读有国家思想的《金光明最胜王经》，势必耗用大量纸。与此同时私人写经数量也相当大，法隆寺藏《金刚场陀罗尼经》一卷即当年私人写经。此经写于朱鸟元年（686），写经僧宝林居河内（今大阪府），这里为汉人聚集区，因此宝林当为王仁、阿知使主的后裔。此经是日本现存有年款的最早写经。

三　奈良朝日本的造纸技术

飞鸟朝最后的天皇元明女皇于和铜三年（710）迁都于平城京（今奈良），从此进入奈良朝（710～794）。奈良朝是飞鸟朝的延续，大化革新硕果此时全面展现。由于社会安定、经济繁荣，统治者又重视文化事业的发展，使日本像西邻唐帝国一样处于太平盛世。文史巨著如汉诗《怀风藻》（752）、和歌《万叶集》、《古事记》、《风土记》（713）、《日本书纪》、《续日本纪》等都出现于此时，佛教也获得大发展，同时在中央设大学寮、地方设国学，讲授儒家经典，教育事业也随之兴起，这都促进造纸业发展。正仓院藏 727～780 年纸本文物中大多数是写经，如天平宝字年间（757～765）的《奉写一切经所解》中说，写经 5282 卷，用纸 10 万余张、毛笔 673 管、墨 338 挺。710～772 年间至少写《大藏经》21 部，按最低每部以 3500 卷计，则 21 部合 73500 卷，每卷用纸 150 张，只此一项即用纸 1102.5 万张[②]，可见耗纸量之大。称德女皇 764～770 年雕印《百万塔陀罗尼》时耗纸 11 万多张。如果考虑到公私文书、文教及日常用量，则社会总耗纸量是惊人的。

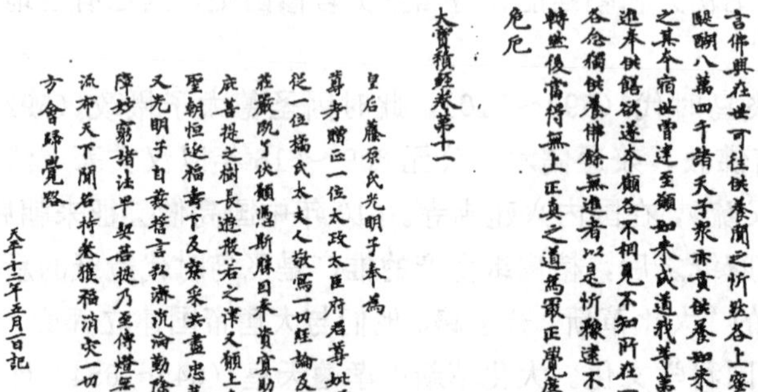
言佛與在世可往供養聞之忻豫各上蜜趣
醍醐八萬四千諸天子衆亦責供養如來受
之其本宿世嘗逢至顧如來武道我等第一
進來供餚欲遂本願各不相見不知所在二
各念獨供養佛餘無進者以是忻豫遠不退
轉無復當得無上正真之道為最正覺度衆
危厄
大寶積經卷第十一
皇后藤原氏光明子奉為
尊考贈正一位太政太臣府君尊妣贈
從一位橘氏太夫人敬寫一切經論及律
莊嚴既了伏願憑斯勝因奉資冥助永
庇菩提之樹長遊般若之津又願上奉
聖朝恒延福壽下及寮采共盡忠節
又光明子自發誓言弘濟沈淪勤除煩
障妙窮諸法早契菩提乃至傳燈無窮
流布天下聞名持卷獲福消災一切迷
方會歸覺路
天平十二年五月一日記

图 15-12　奈良朝天平十二年（740）麻纸写本《大宝积经》卷十一，卷尾光明皇后发愿文，此经全长 815 厘米，用纸 18 张，每纸 26.4×45.8 厘米，卷轴装，奈良国立博物馆藏

正仓院文书纸化验结果表明，原料为麻类、构皮、小构树皮及雁皮四种[③]。麻类主要是大麻（*Cannabis sativa*）及荨麻科薮苎麻（*Boehmeria japohica*），近于中国的大叶苧麻（*Boehmeria grandifolia*）。麻纤维来自破布或生麻。构（*Broussonetia papyrifera*）为桑科构属，《古事记》称为加知（カジ）。同属的小构树（*Broussohetia kazinoki*）又名葡蟠，枝蔓生或攀援。中、日两国都生长这两种树。雁皮（*Wikstroemia sikokiana*）为瑞香科荛花属灌木，同属也分布于中国，日本古称为斐，所造的纸叫斐纸，因纸色如鸟卵，后又称鸟子纸或鸟之子纸（とりのこかみ，Tori-no-kokami）。日本早期纸以麻纸为主，平安时代（794～1184）以后楮纸和斐纸占主导地位。以

① 久米康生，《和紙の文化史》，第 31 页（東京：木耳社，1977）。
② 寿岳文章，《和紙の旅》，第 34～36 页（東京：木耳社，1973）。
③ 同上，第 37 页。

瑞香科结香属的三桠（mitsumata）为原料造纸是1598年以后的事。中国也生长结香属，称为结香（*Edgeworthia chrysantha*），很早以来用于造纸。日本以雁皮造纸始于飞鸟时代，至奈良朝渐趋发展。

根据奈良朝文书记载，向中央贡纸的地区有美浓（今岐阜）、武藏（今崎玉及东京）、越前（福井）、越中（富山）、丹后（京都府北部）、播磨（兵库）、纪伊（和歌山）、出云（茨城）、近江（滋贺）、美作（冈山）、上野（群马）、下野（枥木）、信浓（长野）、三河（爱知）、上总（千叶）、长门（山口），以上本州。还有四国的阿波（今德岛）等地。分布于北陆道（中部）、东海道（关东）、山阴道及山阳道（今中国地方）、南海道（四国）及今近畿地方。飞鸟及奈良朝颁布的律令都对中央所属图书寮下的造纸机构作了明文规定。从平安朝对这些律令的注释性著作可知造纸情况，如833年清原夏野为解释藤原不比等（661～720）《养老律令》（718）所写的《令义解》中，谈到图书寮所属纸屋院时写道：

凡造纸，长功日截布一斤三两，舂二两，成纸百九十张。长功煮穀皮三斤五两，择一斤一两、截三斤五两，舂十三两，成纸百九十六张。……凡造纸者，调布大一斤、斐皮五两，造色纸三十张。穀皮、斐皮各一斤，造上纸各三十张。

这里明确讲当时造纸原料为破麻布、楮皮及雁皮，纸幅面一般约2.1×1.2尺（66×36厘米）。似乎一斤三两（0.71公斤）麻布可造190张麻纸，三斤五两（2公斤）楮皮造196张楮纸，但从技术上判断，只用0.71公斤破布造不出190张纸，而切碎一斤三两布或捣碎二两麻用不到一天时间。因此上述或指长功（高级工）一日工作总量，非指原料与成品间关系，倒是最后一句所说一斤皮料造30张纸合乎实际。延喜五年（927）左大臣藤原忠平（880～947）解释律令的《延喜格式》或《延喜式》卷十五《职员令·图书寮式》中，谈到图书寮所属纸屋院每日生产能力是：(1) 长功（四、五、六、七月）生产麻纸190张、麻皮纸175张、穀纸196张、斐纸190张、苦参纸196张；(2) 中功（二、三、八、九月）日造麻布纸190张、麻皮纸150张、穀纸168张、斐纸148张、苦参纸168张；(3) 短功（十、十一、十二、一月）造麻布纸150张、麻皮纸125张、穀纸140张、斐纸128张、苦参纸140张。

长功、中功及短功是按技术熟练程度划分的三个等级的纸工，其生产定额、抄纸季节及待遇各有不同，短工在最冷的冬季生产，待遇最低。"麻皮纸"可能用沤麻后剥下的碎皮屑为原料。苦参纸由豆科苦参（*Sophora flavescens*）茎皮纤维所造，以苦参造纸是日本开辟的新原料。正仓院天平感宝元年（749）写《华严经料纸充装潢注文》还提到榆纸（にれかみ，Nirekami），榆（*Ulmus davidiana* var. *japonica* or *Ulmus campestris* var. *laevis*）为榆科落叶乔木，韧皮含植物粘液。因此"榆纸"可能指以榆皮粘液抄造的纸，或以其内皮与楮皮混合抄造的纸。

《延喜式》卷十五《职员令》还指出，图书寮编制内置头一人"掌经籍、国书、修撰国史、内典、佛像、宫内礼拜、校书、装潢功程，给纸笔墨等事。助一人，小允一人，大属一人，小属一人，写书手二十人。造纸手四人，掌造杂纸"。纸屋院设于山城（今京都）北部的纸屋川，在图书寮西对面，距内廷很近。纸屋院是大同年（806～809）设立的中央官营纸场，但如前所述，这里以前便造纸。造纸手四人应指抄纸工，此外应有辅助工如蒸煮、捣料、晒纸、染纸，实际上纸屋院纸工应有几十人。而抄纸工又分为三个等级。《延喜式·图书寮式》还说明纸屋院产量、所用原料及设备：

凡年料所造纸二万张，广二尺二寸、长一尺二寸。料纸麻小二千六百斤（一千五百六十斤穀皮、一千四百斤斐皮，并诸国所进)。藁五百囲（河内国所进)。绢一疋一丈（筛四口料)、纱一疋一丈七尺（敷漉簀料)、簀十枚（漉纸料长二尺四寸、广一尺四寸［者］八枚，漉例纸料。长二尺四寸、广一尺五寸［者］二枚，楼本面背纸料)。调布五端四尺（绞纸料二端一丈，筛口料二丈，造纸手四人袍袴料二端一丈六尺)。砥一颗、锹二口、小刀六枚（四枚切麻料，各长一尺二寸，二枚切纸绮料，各长七寸)。木莲灰十六斛……其他漉纸槽四只（各长五尺二寸、深一尺六寸、底厚一寸三分)、洗麻槽、淋灰槽、臼、柜等，又乾［木］板六十枚（各长一丈二尺、广一尺三寸、厚二寸五分①。

对上述记载要加以解释。“料纸”为书写纸，“麻小”即麻屑，为破碎的麻布。“囲”是日本汉字，意思是筐，“五百囲”即500筐。“簀”为抄纸器。“端”、“疋”是织物长度量词，“砥”是捣碎纸料的厚石板，“乾木板”60枚是晒纸用的。按日本度量衡制度，1尺＝10寸＝100分＝30厘米，1丈＝10尺＝300厘米＝0.3米，1端＝20尺，1匹＝40尺，1疋＝80尺。1斤＝16两＝600克＝0.6公斤，1两＝37.6克。1升＝10合＝1.8公升（liter)，1斗＝10升＝18公升，1斛＝10斗＝180公升。由此可将上述数据由日制换算成公制，如纸屋院纸幅为66×36厘米，每年用破布1560公斤、楮皮936公斤、雁皮840公斤。蒸煮原料用稻灰500筐、木莲（*Monglietia fordiana*）灰2880公升。

抄纸器簀由木框架作成，长72厘米、宽42厘米，中间绷紧纱面，因而为固定型。纱面易堵塞且不持久，需经常换，故一年用纱97尺（29.1米)。但应指出，日本也用活动帘床抄纸，纸帘以竹条或禾本科萱（Numagaki）或沼茅（*Molinia japonica*）茎杆编成，草茎高60～100厘米，生于山中湿处，类似中国的萱草和芨芨草。抄纸槽为木制，长156厘米、高48厘米、底厚3.9厘米，未讲宽度，估计为85厘米，比中国纸槽浅些。湿纸经压榨去水，再放木板上晒干，板长360厘米（3.6米)、宽39厘米、厚7.5厘米，每板可晒5张纸，共用60块木板。《延喜式》说“年造二万张”，不可理解为总产量，从原料（破布1560公斤及皮料1776公斤）及纸工日抄纸能力推算，纸屋院年总产纸应为20～30万张之多。少数上等纸及加工纸上交天皇、皇室及国家重要文书之用。

奈良时代除本色纸外，还造出深色纸及加工纸。前引《令义解》就提到造色纸，正仓院藏《东大寺献物帐》(756）三卷，两卷为白麻纸，一卷为绿麻纸。太宝二年（702）写《大宝赋役令》为蓝纸。和铜五年写本《大般若经》标明用黄穀纸，每纸25×53厘米。天平十三年(741)，圣武天皇（724～748在位）以泥金于紫纸上写《金光明最胜王经》(27×50厘米)，今存高野山龙山院。天平十六年（744）圣武再以泥银于绀纸（蓝纸）上写《华严经》。光明皇后（701～760）以红、蓝、黄三色纸写《杜家立成》一卷，每纸27×37厘米，共19纸。正仓院还藏有完整未用的五色纸百张，有红、黄、黄褐、蓝、绿等色。

佛经写本多用黄纸，如宝龟三年（772）《奉写一切经所请用注文》称“用黄纸三十万四千二百六张”，一下子就耗去30多万张黄纸。天平宝字四年（752）《奉写一切经料纸墨纳帐》还说明用“黄染纸一万五千张，须岐染纸二万张”。正仓院文书所载染纸名目有70多种分为各种色调，不胜枚举②。染红用染料为菊科红花（*Carthamus tinctorius*）。染蓝用大戟科山

---

① 参见關義城，《手漉纸史の研究》，第5页（东京：木耳社，1976)。

② 關義城，前引书，第297～298页。

蓝（*Mercurialia leiocarpa*）。染黄用芸香料黄蘖（*Phellodendron amurense*）皮，紫用紫草科紫草（*Lithospermum officinale*），染绿以蓝靛与禾本科青茅（*Miscanthus tinctorius*）汁相配。

奈良朝还制造泥金银、冷金银色纸，日本称金银箔纸或箔打纸。正仓院文书中天平胜宝四年（752）写《经纸出纳帐》中载有浅绿金银薄（箔）纸、金薄敷青褐纸、敷金绿纸、金尘绿纸、银薄敷红纸、敷金缥纸、银尘红纸等十多品种。制造这些加工纸的技术显然来自唐代。染纸时以毛刷将染液涂于纸上，此外还有"吹染"，在纸上放树叶或各种形状的型纸，以吹雾器将染液以雾状吹在纸上，树叶或纸型遮盖处染液未喷上，色纸出现白色树叶或各种形状的文样，非常美观。这种纸叫"吹绘纸"，是日本发展的独特技术。正仓院文物中有30张吹绘纸，在色纸上出现各种白色花文及图案①。

四　平安时代以后的日本造纸

平安时代（794～1184）时，日本加工纸又有新的发展。《大和物语》（950）、《宇津保物语》（794）和女文学家清少纳言（970～1015在世）《枕草子》（约1000）都提到"香纸"或"香染纸"。此纸在抄造前，将桃金娘科丁香（*Jambasa caryphyllus*）浸汁放入纸浆，所成的纸有香味，许多妇女爱用这种纸。丁香因汁液呈浅黄色，薄染后香纸略呈黄褐色。平安朝出现的另外两种加工纸是"雲纸"（Kumogami）和"墨流"（Suminagashi）。

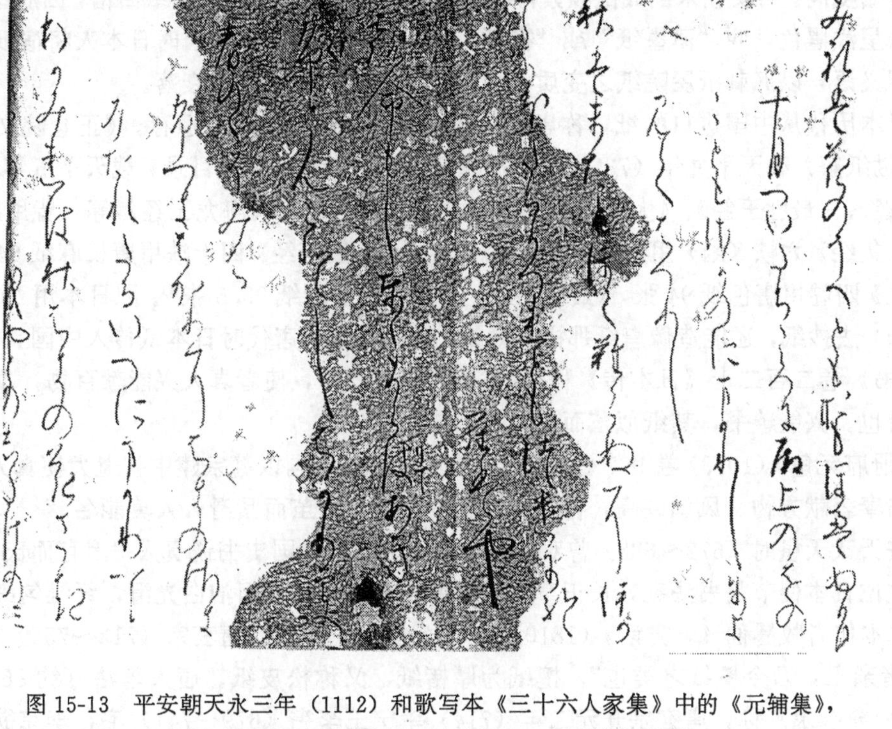

图 15-13　平安朝天永三年（1112）和歌写本《三十六人家集》中的《元辅集》，用彩色云母研花雁皮纸，日本国宝，原西本愿寺藏

西本愿寺大谷光瑞（1876～1948）原藏《三十六人家集》用纸（图15-13），集加工纸之

① 町田诚之，《和紙の風土》，第145页（京都：駸駸堂，1981）。

大成，现列为国宝。该书是祝贺白河法皇（1053～1129）六十大寿于天永三年（1112）完成的纪念品，包括皇亲贵戚藤原定实、藤原定信等人写的颂诗颂文，所用的纸多是雁皮纸，加工成各种色纸、打雲纸、飞雲纸、罗文纸、墨流纸、金银箔纸、云母纸等，都在平安京（今京都）加工制造的，代表当时最高技术水平①。墨流纸制于平安朝初期，将墨水或无患子（ムクロジツフ，*Sapindus mukurosi*）黑汁与油调和，用毛笔蘸起，滴入水盆中，稍微吹一下，黑汁便在水面上扩散成波纹，将纸盖在水面上，波纹便显现于纸面。此技术后于1151年传入越前（今福井县武生町），至今未断，所用纸为鸟子纸（雁皮纸）。19世纪文人喜多村信节（1786～1838）《嬉游笑览》（1830）对墨流技术作了详细介绍。云纸又称打云纸、飞云纸，比墨流出现稍早些，多以雁皮纸为底料。当纸浆抄出湿纸层后，迅即在上面淋入染成蓝或紫色的纸浆，再持纸帘令其在湿纸层上流动，形成具有云状的纹理，颜色上浓下浅，此纸用于写诗或作扇面。打雲纸与唐代诗人温庭筠（约812～870）制的云蓝纸是一样的（见第四章第四节）。1112年《三十六人家集》中所用的罗文纸（Ramonshi）是表面有织物纹理的纸，与中国罗文纸形制与制法相同。现传世的藤原佐理书写的《古今和歌集》也书以罗文纸。

雲母纸日语称“から纸”，から（kara）义为贝壳，意思是贝壳纸。这种纸来自唐代，又称“唐纸”，是以胡粉与云母纹用胶汁涂布在楮皮纸上的加工纸。胡粉即铅粉（white lead），白色颜料。云母即白云母（muscovite）粉，有金属光泽。云母纸或贝壳纸表面有银光，日本常用作障子纸。障子是房屋内以木框糊以纸的拉门，障子纸又称襖纸。平安朝还有蜡纸，制法与中国蜡笺同。平安朝末期战乱频繁，纸屋院原料供应不足，常以旧纸回槽，因脱墨不佳，所造的纸呈浅黑色，叫“薄墨纸”或“宿纸”，“宿”有陈旧之意。当时日本人将宿纸当成纸屋纸的同义语，以讽刺纸屋院纸之变质，由此也反映出这个朝代的衰落。

日本历代从中国进口的纸，称唐纸。奈良东大寺正仓院仍有遗存。《正仓院文书》卷二《写经勘纸解》载天平九年（739）用唐长麻纸百张，卷七《写经目录》载天平五年（733）写《法华经》、《最胜王经》、《大方等大集经》、《大品般若经》、《海龙王经》等，皆用唐纸。《大方等大集经》六帙（函）用唐短麻纸1187张，《大品般若经》四十帙用唐长麻纸640张，《海龙王经》四卷用唐色纸94张，《最胜王经》十卷用唐长麻纸93.5张②。因日本用“溜漉”（nagashisu）法抄纸，还能造像唐纸那样的薄纸。另一方面，唐代时日本纸传入中国，得到好评，《新唐书》卷二百二十《日本传》称：“建中元年（780），使者真人兴能献百物，真人盖因官而氏者也。兴能善书，其纸似茧而泽。”

《册府元龟》（1013）卷997《外臣部·技术》称：“倭国以德宗建中初遣大使真人兴能，自明州路奉表献方物。风调甚高，善书翰，其本国纸似蚕茧而紧滑，人莫能名。”

按天武天皇时（672～685）曾对皇族赐姓真人，但中国史书说真人“因官而氏”。不论怎样，这位日本使节是书法家，长于草书，他所带来的楮纸表面洁白光滑，纤维匀细，犹如蚕茧。日本作者牧墨仙《一宵话》（1810）卷一《唐纸》条载，“唐玄宗（712～755）得日本纸，分赐诸亲王，乃今檀纸之类也”。檀纸为厚楮纸，又称松皮纸。唐人李濬（约860～910在世）《松窗杂录》称，唐玄宗开元二年（714）幸宁王李宪（679～741）宅，李宪欲乘舆写内

---

① 關義城，《手漉紙史の研究》，第98～99页（东京：木耳社，1976）。

② 關義誠，《手漉紙史の研究》，第413～414页（东京：木耳社，1976）。

起居注，“上（玄宗）以八［体］书［于］日本国纸，为答辞甚谨”①。唐文宗开成三年（838）入唐的日本留学僧圆载，与唐诗人陆龟蒙（约831～881）建立了友谊。公元877年圆载返国时陆龟蒙赋诗曰：“倭僧留海纸，山匠制云牀”②。“海纸”是圆载从日本带来的，离华前赠友人为纪念品。陆龟蒙收下海纸后送圆载启程时又赋诗曰：“九流三藏一时倾，万轴光凌渤澥声。从此遗篇东去后，却应荒外有诸生”③。可惜，圆载从中国带回大量儒书、佛典于返国途中船遇海浪，于877年遇难。贞元廿一年（805）台州司马吴颛《送最澄上人还日本国并序》载：“［上人］以贞元二十年（804）九月廿六日，臻于海郡，谒太守陆公，献金十五两、筑紫斐纸二百张、筑紫笔二管、筑紫墨四挺……以纸等九物达于庶使，返金于师”④。

这是说日本留学僧最澄（767～822）入唐后，在台州向刺史陆淳献上筑紫（今北九州）产的斐纸（雁皮纸）、笔及墨等物，陆淳将日本纸等分赠当地官员，将金十五两上交京师。公元837年，日本真言宗僧人又将“美州（美浓，今冈山县）杂色笺二十卷、播州（今兵库县）二色薄纸二十二帖”，赠长安青龙寺⑤。唐宋时日本纸多次传入中国，宋人罗濬（1180～1245在世）《宝庆四明志》（1228）卷六称：“日本即倭国，地极东，近日所出。俗善造五色笺，中国所不逮也，多以写佛经。”

明代方以智《通雅》（1666）卷三十二说“日本国出松皮纸”，可能指檀纸或陆奥纸，即中世纪较肥厚的楮皮纸，也可能指室町朝（1336～1573）发展起来的揉纸，将厚楮纸染成棕色后再揉皱，用作纸衣、纸袋或书皮。

至江户朝（1603～1868）日本手漉和纸技术发展到历史上最高峰，此时麻纸已被皮纸取代。18世纪还出现有关专业著作，如木村青竹的《纸谱》（1777）、木崎攸轩（1712～1791?）的《纸漉大观》（1784）、国东治兵卫的《纸漉重宝记》（1798）及大藏永常（1768～1849?）的《纸漉必用》等，同时中国的《天工开物》（1637）也传到日本。寺岛良安（1673～1715在世）的《和汉三才图会》（1713）也简述了楮纸制造。《纸漉重宝记》（图15-14）介绍石州半纸技术，由画家丹羽桃溪（1762～1822）配以精美插图。《纸漉大观》讲肥前唐津（九州长崎、佐贺一带）造纸，也有插图。综合以上各书记载，日本有代表性的楮皮纸制造技术如下：

冬至时十月进山砍楮条，扎成捆运回。将成捆楮条竖放在蒸桶内蒸煮。蒸煮后的楮条变软，剥下楮皮，打成束后挂在竿上二三天。将干皮捆放在水中沤之，并以脚踏。沤后将楮皮外层青表皮去掉，再捆好，放蒸煮桶内以草木灰水蒸煮，取出后在筐内用河水洗涤。皮料放在河边或山坡日晒，再在“纸砧”（kamikinuta）即石板上以硬木棒槌捶打碎。再将捶碎纸料放布袋内以河水冲洗，剔去有色杂质。此时纸料呈白绵絮状，加清水配成纸浆，倒入适当量黄蜀葵汁。黄蜀葵（トロロアオイ）为锦葵科植物（*Hibiscus manihot*），取其根洗净后捣碎，以水浸出粘汁。日本最早记载黄蜀葵为粘液见于黑川道祐《雍州府志》（1684）卷七《土产门》，

---

① 唐·李濬，《松窗杂录》，第3～4页（中华书局上海编辑所，1958）。

② 唐·陆龟蒙，袭美见题郊居十首，因次韵酬之，以伸荣谢（877），载（清）彭定求等人编《全唐诗》（1706），下册，第1572～1573页（上海古籍出版社，1986）。

③ 唐·陆龟蒙，闻圆载上人挟儒书、泊释典归日本国，更作一绝以送（877），载《全唐诗》，下册，第1585页。

④ 唐·吴颛，送最澄上人还日本国并序（805），收入《显戒论缘起》卷三，参见池田温，新罗、高丽时代东亚地域紙張の国际流通について，《大东文化研究》，1989，第23辑，第213～232页（韩国，成均馆大学校）。

⑤ 《弘法大师伝記集覽》，参见池田温，前引文。

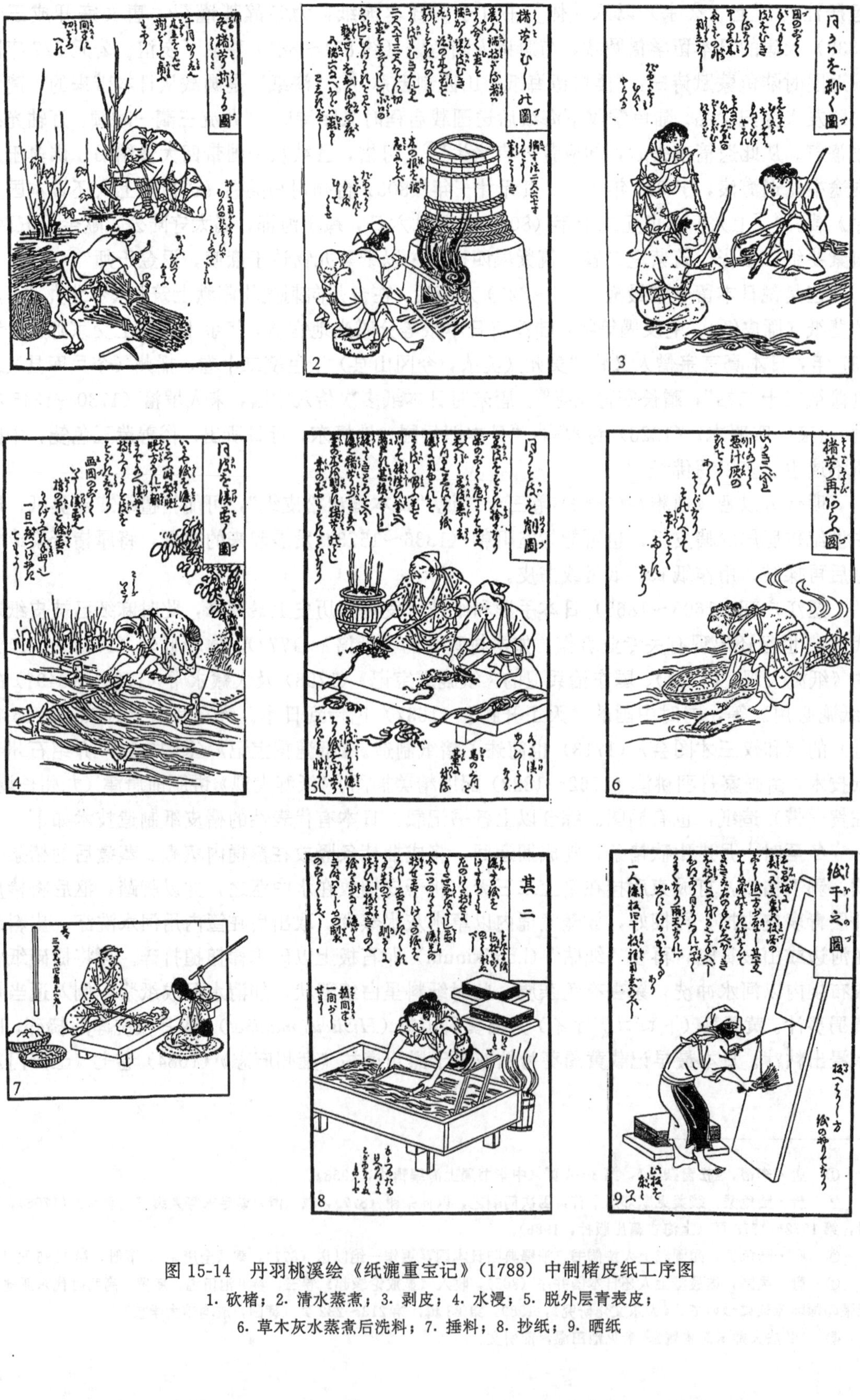

图 15-14　丹羽桃溪绘《纸漉重宝记》(1788) 中制楮皮纸工序图

1. 砍楮；2. 清水蒸煮；3. 剥皮；4. 水浸；5. 脱外层青表皮；

6. 草木灰水蒸煮后洗料；7. 捶料；8. 抄纸；9. 晒纸

实际上在这以前已用上了。除此，还用虎耳草（*Hydrangea panicalata*）的圆锥绣球，称为鳔木，见《和汉三才图会》。更用木兰科南五味子（*Radsura japonica*），又名黄连，见《纸漉大观》。纸浆配好，即举帘抄纸，压榨水后在木板上晒干。

综上所述，楮皮纸制造工序即为：(1) 砍楮条→(2) 清水蒸煮→(3) 剥楮皮→(4) 沤制→(5) 脱去外层青表皮→(6) 草木灰水蒸煮→(7) 水洗→(8) 日晒→(9) 捶纸料→(10) 水洗→(11) 配纸浆→(12) 加粘液→(13) 抄纸→(14) 压榨→(15) 晒纸→(16) 揭纸→(17) 整理。中国与此不同的是沤制时间长，脱胶较彻底，以杵臼、踏碓、水碓捣料，代替手打，以烘墙代替日晒，有时用草木灰水作第二次蒸煮。两国因工序及设备有异，中国纸较薄，纤维细，日本纸较厚，纤维较长，各有特点。日本最初的造纸术是从朝鲜半岛移居来的中国人传入的，基本上是汉魏时北方麻纸技术。加上早期用“溜漉”(tamezu) 法固定型纸模抄纸，所造的纸因而厚重。奈良朝用“流漉”(hagashisu) 法以活动型纸模抄纸，所造纸也如此，成为和纸特点。早期抄纸不用植物粘液，而在纸浆中加淀粉剂，用黄蜀葵是镰仓时代（1184～1333）以后从中国引进的。

日本虽产竹，但没有生产竹纸，明清时中国福建、浙江之竹纸出口日本，颇受欢迎，一度传入竹纸技术。江户朝本草学家佐藤成裕（1762～1848）《中陵漫录》（1826）卷二《纸制》写道：

> 今仅述毛边纸之制法及其传承之经过。据云琉球人入福州后乃将其制法传来萨摩（今鹿儿岛）。成裕称亦于白河据其法制竹纸。原料以毛竹为佳，苦竹亦可。待筍生发叶之时截取之，去其上表皮，以槌捣之。作法，原料阴干，混石灰于其上，蒸煮，于石臼中捣细，入布袋内于流水中洗之，于帘上抄纸，火板烘干。特详记以上作法。

日本江户时代确实在一些地方生产竹纸，类似薄叶纸，但因全国竹材资源有限，竹纸未得到较大发展。

第四节　日本印刷的开端及其早期发展

一　日本印刷之始

日本是仅居中国之后最早发展印刷技术的国家，甚至比朝鲜半岛还要早四个世纪。大化革新（646）后，日本社会和经济文化迅速发展，至奈良朝（710～794）达到全盛时期，在各方面极力模仿中国，凡中国所拥有的都想及时引入。这要归功于奈良朝具有相对安定和繁荣的社会环境。如第九章第二节所述，唐代女皇武则天（690～705）笃信佛教，下令雕印佛经并在全国兴建大云寺之际，日本称德女皇（764～770）也信佛，下令雕印佛经并在全国兴建国分寺，可谓无独有偶。女皇讳野姬（718～770），圣武天皇次女，母为光明皇后，天平十年（738）立为皇太子，749 年受父皇禅让而即皇位，即孝谦天皇（749～758）。天平宝字二年（758）又让位于淳仁天皇（758～764），自称孝谦上皇，剃发为尼，拜僧道镜为国师。时外戚藤原仲麻吕（706～764）为太政大臣，见上皇宠信道镜而对己疏远，天平宝字八年（764）九月发兵反叛。上皇大怒，夺其官位，并发兵平息叛乱。同年，上皇废除淳仁，自己复位为女皇，史称称德天皇，故孝谦、称德为同一人。叛乱初起时来势很猛，上皇乃发弘愿，如能平叛，愿造百万佛塔，每塔置佛经一卷。

因叛乱不得人心，旬日内即惨败。765年正月初一日，女皇为祝贺平叛胜利及重祚皇位，改年号为神护景云，任命国师道镜为太政大臣（宰相）。自此即进行造塔、刻经工作，各作百万枚，佛经选用《无垢净光大陀罗尼经》中《根本》、《自心印》、《相轮》及《六度》四个陀罗尼经咒。陀罗尼日语称トラニ（torani），即梵文dhārani之音译，意即咒。再将经咒置于小木塔内，分置十大寺供奉，作为镇国之宝，后称百万塔陀罗尼。藤原继绳（727～796）《续日本纪》（794）卷三十《宝龟元年（神护景云四年，770）夏四月》条云：

> 初天皇八年（764）乱平，乃发弘愿，令造三重小塔一百万基，各高四寸五分，基径三寸五分。露盘之下各置《根本》、《恋心》（即《自心印》）、《相轮》、《六度》等陀罗尼，至是功毕，分置诸寺，赐供事官人以下、仕丁以上一百五十七人爵，各有差。

奈良《东大寺要录》卷四《诸院章》云：东西小塔院：神护景云元年（767）造东西小塔堂，实忠和尚所建也。天平宝字八年（764）甲辰秋九月一日，孝谦天皇造一百万小塔，分配十大寺，各笼《无垢净光陀罗尼》摺本。

“摺本”是日本古代专用技术术语，读作すりほん（surihon），すり即印刷，“摺本”相当汉文“印本”。《东大寺要录》明确说十大寺供奉的陀罗尼是印本。这种不作读物而供寺院供奉的印刷品，古称“摺写供养”（作供奉的印本），以有别于“书写供养”（供奉的写本）。读日本古书时，宜理解其习惯用语含义，不能按汉文字面意思去理解。

《无垢净光大陀罗尼经》是密宗典籍，共一卷，长安元年（701）沙门弥陀山及法藏奉武则天女皇之命译出并出版，版框高5.4厘米，作卷轴装，置于舍利塔中作镇国、护国之宝。武周刊本印刷量相当大，在中国各地流行，而且很快就传到新罗和日本。日本金泽市龙渊寺旧藏唐天宝三年（744）石刻拓本，内有《无垢净光大陀罗尼经》中的《大功德聚陀罗尼》及《六度陀罗尼》，题款为“天宝三载岁次甲申二月十五日建”①。正仓院所藏天平九年（737）、十年（738）文书中都提到此经，说明唐代的“陀罗尼热”迅即烧到奈良朝的日本。我们认为传到日本的是武周刻本。《兴福寺流记》引天平宝字年（757～764）旧记称，天平二年（730）孝谦的母后光明皇后早就发愿造五重小塔，置《无垢净光经》于其中②。这当然是仿照中国的作法。正仓院文书中曾载天平宝字七年（763）五月十六日由义神师（道镜）奏准将此经自东大寺中取出③，此事发生于雕印前不久，说明东大寺藏有武周印本。女皇发愿造塔印经可能据道镜的建议，而其皇母光明皇后三十年前已有造塔置《陀罗尼》之先例，尽管数量不多。

将百万卷陀罗尼印本（图15-15）装入塔中是奈良朝印刷的一大盛举。此工程由太政大臣道镜主持，之所以用雕版印刷，因为要提供百万份陀罗尼经，只有借机械复制方法才能在短期内完成，以便与造塔工程同步进行。《无垢净光大陀罗尼经》篇幅不大，选其中四经咒，文字更少，一块印板即可刻成一咒，这样也可加快进度。所用底本与传入新罗的为同一系统，都是武周刻本。笔者将韩国发现的印本与奈良朝印本对比后，发现二者经文、异体字、版式等相一致，也说明日本是据武周印本翻刻的，而韩国出土本是武周原刊本。

---

① 秃氏祐祥，《东洋印刷史研究》，第264页（东京：青裳堂书店，1981）。

② 秃氏祐祥，同前书，第170页。

③ 同上，第265页。

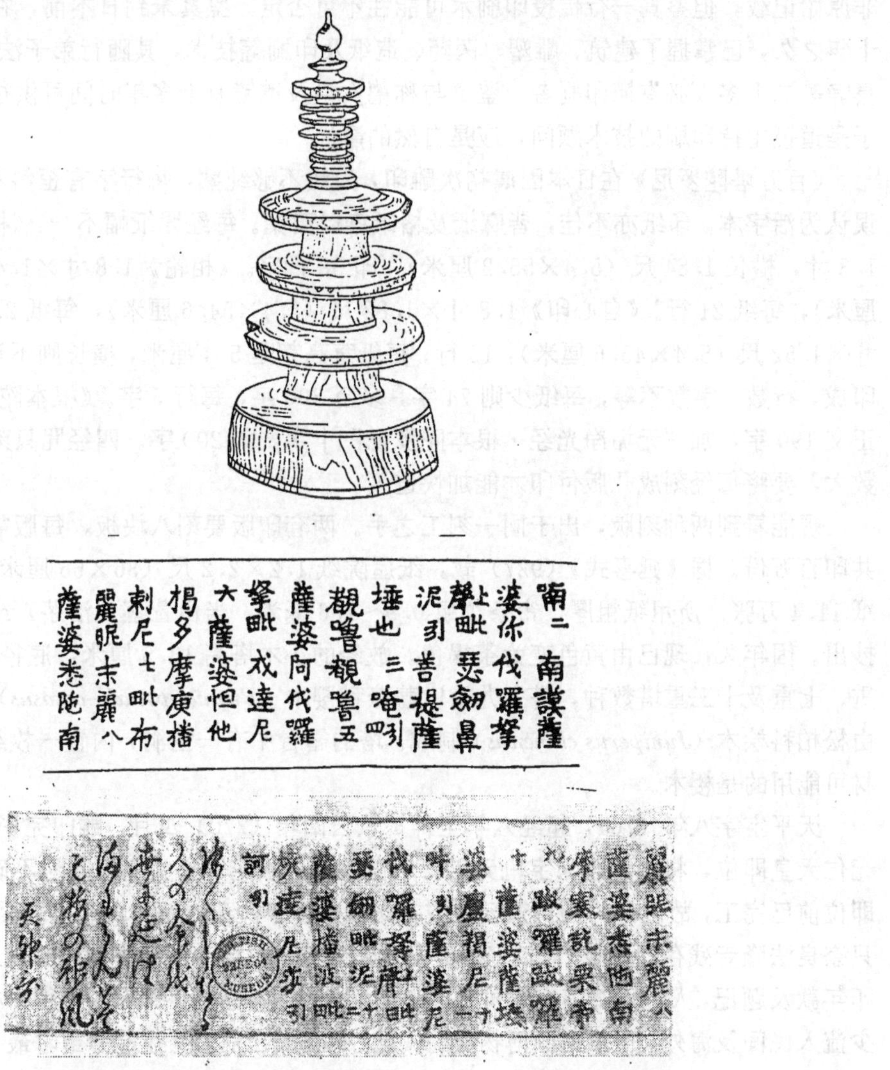

图 15-15　770 年造百万塔及塔内所置百万板雕印本《无垢净光大陀罗尼经》，此为《自心印陀罗尼》，版框 5.4×54.6 厘米，奈良国立博物馆藏。下图为伦敦不列颠博物馆藏，卷尾手书体为后人题跋

日本刻经是用唐代传入的技术，还是当地首创的技术，日本学者木宫泰彦认为是采用从唐代传入的技术①。秃氏祐祥（1879～1960）也指出："从奈良至平安时代与中国大陆交通之盛行及中国文化予我国显著影响的事实观之，此陀罗尼之印刷决非我国独创的事业，不过是模仿中国早已实行的作法而已"②。秃氏还指出传授印刷技术的是 754 年渡日的中国高僧鉴真（687～763）一行人。据日本古书《三国传记》所述，鉴真在日主持印刷三部律典，虽所述并

① 木宫泰彦著、胡锡年译，《日中文化交流史》，第 199 页（北京：商务印书馆，1980）；木宫泰彦，《日本古印刷文化史》，第 17～29 页（东京：富山房，1932）。

② 秃氏祐祥，百万塔陀罗尼考证，《竜谷学报》，1933.6，306 号；《东洋印刷史研究》，第 165 页（东京：青裳堂，1981）。

非原始记载，但鉴真一行传授印刷术可能性不可否定。鉴真未到日本前，在长安、洛阳居住十年之久，已掌握了建筑、雕塑、医药、造纸及印刷等技术，其随行弟子法进、法载、义静、昙静等二十多人必有懂印刷者。鉴真与称德女皇及道镜有十多年时间可供往来。鉴真及其弟子是道镜主持印刷的技术顾问，应是自然的事。

《百万塔陀罗尼》在日本因属初次雕印，刀法不够纯熟，每行字有歪斜不齐者，以致一度误认为活字本。印纸亦不佳，皆麻纸及楮纸染以黄蘗。每经咒纸幅不一，《根本陀罗尼》直高1.8寸，横长1.84尺（5.4×55.2厘米），印38行字。《相轮》1.8寸×1.42尺（5.4×42.6厘米），每纸21行。《自心印》1.8寸×1.82尺（5.4×54.6厘米），每纸29行。《六度》1.8寸×1.52尺（5.4×45.6厘米），13行。每纸直高都是5.4厘米，横长则不等。每经咒皆一纸印成，行数、字数不等，每纸少则74字，多至200字，每行5字。《根本陀罗尼》字数最多，正文190字，加"无垢净光经·根本陀罗尼"十字，共200字。四经咒只刻四版即可，因印数大，要将每经刻成几版付印才能加快进度。

现能看到两种刻版，出于同一刻工之手。两套印版要刻八块板，每版需要印12.5万张，共印百万份。据《延喜式》(927)载，纸屋院纸1.2×2.2尺（36×66厘米），则需要这样的纸11.4万张。所用纸粗厚，帘条纹粗0.9～1.6毫米，当由萱茎（沼茅）或竹条编成的纸帘抄出。因年久，现已由黄色变为茶褐色。放经的小木塔高13.5厘米，底径10.5厘米，分三重、七重及十三重塔数种，塔上九轮以蔷薇科樱木（*Prunus pseudo-cerasus*）制成，塔身露盘由松柏科桧木（*Juniperus chinensis*）制成。塔的露台中有一空洞，内置一枚经咒。制雕版的版材可能用的是樱木。

天平宝字八年（764）起经六年至神护景云四年（770）四月，雕印完毕，女皇同年驾崩，光仁天皇即位，将该年改为宝龟元年。后世人称该版陀罗尼为宝龟版恐不确切，因光仁天皇即位前已完工，故应称为神护景云版或神护版。各寺供奉的陀罗尼印本后因战乱，散迭殆尽，只奈良法隆寺残存四万枚①，较多的是三重木塔中的《自心印陀罗尼》，《六度》最少。经咒未印年款及题记，人们不知其文物价值，19世纪明治年只用10日元即可得一枚陀罗尼，因而不少流入民间及海外。当不列颠博物馆将《自心印》展出后，经鉴定为当时最早的印刷品时，才引起日本重视，列为国宝。现各地共有万枚。此经印成后，日本遣唐使、学问僧可能携入中国以礼物相赠，然今已不知去向。此陀罗尼是木雕版，还是铜版或活字版，一度有意见分岐，甚至有人怀疑不是印刷品②。

1965年日本印刷学会关西支部（大阪）专家研究后，确认为木版印刷品。学会会员井上清一郎依原样新刻成木版，可印12.5万份③。1960年前，百万塔陀罗尼本确是最早印刷品。称德女皇花五年七个月发动约31.6万人从事这一工作，砍伐大片林木，耗费许多纸墨，毕竟完成印刷史中的壮举。将印纸连起，估计有495公里长，比从东京到大阪或长安到洛阳的距离还要长得多④。称德几乎耗去国家大半资财刊印百万枚陀罗尼，但经咒为梵文汉字音译，没有可读性和社会效益。如果用这些资财刊印其他佛经，效益也许会好些。因而我们看到就在刊

---

① 増尾信之主编，《印刷インキ工業史》，第28～29页（东京：日本印刷インキ工業连合会，1955）。

② 张秀民，《中国印刷术的发明及其影响》，第133～134页（北京：人民出版社，1958）。

③ カーター著、薮内清、石橋正子译，《中国の印刷术》，第一册，第94页，译注3（东京：平凡社，1977）。

④ 潘吉星，论日本造纸与印刷之始，传统文化与现代化（北京），1995，3期，第67～76页。

印经咒的同时（710～772），又从事手抄《一切经》的工作，费1102.5万张纸才抄出21部。

木宫泰彦认为“自从神护景云四年（770）装入百万塔中的《无垢净光陀罗尼》刻版以来，直到平安朝（794～1184）中叶约278年之间，日本的刻版事业完全处于中断状态，没有任何可供考证的文献和遗物”①。情况或许如此，但我们觉得雕版印刷作为技术新事物一旦扎根日本，总不会枯萎二百多年。所谓“中断”，可理解为刊印经咒那种劳民伤财之举不会重演，平安朝前二百年内受大众欢迎的书还会出版，尽管数量不大。问题是平安末期皇室政权衰微，康平局面结束，由于长期内战，使该朝典籍毁于兵火战乱。986年由于僧奝（diao）然从北宋带回《开宝藏》刊本，从此印书事业有了新的转机。饱尝战乱苦难的日本大众需要从宗教中获得精神解脱。因而日本印刷再度复兴，印刷品多为佛经，自属意料中事。

二 平安朝、镰仓和室町时代的雕版印刷

奝然（951？～1016）俗姓藤原氏，出身名贵，但不喜利禄，遂剃发为僧，天录年（970～992）以来萌发入宋五台山佛教圣地巡礼求法之念。据其弟子成算《成算法师记》等书所述，983年奝然率成算等五六人乘宋商陈仁爽、宋仁满之船于浙江靠岸，至扬州开元寺、洛阳白马寺、山西五台山等名刹巡礼②。又赴汴京（今河南开封）晋见宋太宗，986年再搭宋商郑仁德船归日本，带回宋太宗所赐《开宝藏》及十六罗汉像等。《宋史》卷四百九十一《日本传》称：

> 雍熙元年（984）日本国僧奝然与其徒五六人浮海而至，献铜器十余事，并本国《职员令》、《王年代记》各一卷。奝然衣绿，自云姓藤原氏，父为真连，真连其国五品官也。奝然善隶书，而不通华言，问其风土，但书以对云，国中有《五经》书及佛经、《白居易集》七十卷，并得自中国。……太宗召见奝然，存抚之甚厚，赐紫衣，馆于太平兴国寺。……其国多有中国典籍，奝然之来，复得《孝经》一卷、《越王孝经新义第十五》一卷，皆金缕红罗褾，水晶为轴。《孝经》即郑氏注者，越王者乃唐太宗子越王……奝然复求诣五台［山］，许之，令所过续食。又求印本《大藏经》，诏亦给之。二年（985），［郑］仁德还，奝然遣其弟子喜因奉表来谢③。

奝然向宋太宗所献《职员令》，应是飞鸟朝（593～710）朝臣藤原不比等（659～760）奉敕于701年撰成的《大宝律令·职员令》。太宗因其献中国少见的汉儒郑玄（127～200）注《孝经》及唐太宗皇子越王李贞著《孝经新义》残卷而喜，遂应其请，赐《大藏经》一部。据1072年入宋僧成寻（1011～1081）《参天五台山记》熙宁六年（1073）三月廿三日条载：“［御］赐《大藏》一藏及新译注二百八十六卷，现在日本法成寺藏内”，可见984～1073年九十年间，奝然带回的宋刊藏经及其他人带回的新译注佛经286卷仍在京都法成寺保存并发挥作用。当时僧人曾云集此寺抄录或校订佛经。北宋精刊本《开宝藏》的东渐，对日本刊印佛经给予很大的激发并提供善本。此后刊经之事史不绝书，虽尚未翻刻全藏，但零散的印本如雨后春笋。

木宫泰彦引平安朝后期公卿日记及文集开列了1009～1169年出版单本佛经的一览表。在

---

① 木宫泰彦，日中文化交流史（1955），第282页（北京：商务印书馆，1980）。

② 木宫泰著、胡锡年译，日中文化交流史，第259页（北京：商务印书馆，1980）。

③ 《宋史》卷四百九十一，《日本传》，二十五史本第八册，第1600页（上海古籍出版社，1986）。

这160年间所刊佛经达8601部、2058卷，多由公卿及皇室出版。如藤原道长（967～1027）日记《御堂关白记》称，宽弘六年（1009）十二月十四日出版《法华经》千部。《小右记》称长和二年（1041）十月十七日刊行《法华经》千部。《台记》载仁和四年（1154）六月八日，藤原赖长为祈求白河上皇脑病痊愈，刻印《药师经》千卷。《兵范记》载喜应元年（1169）白河上皇为皇子修冥福，雕印《法华经》千部、《无量义经》、《观音贤经》、《阿弥陀经》及《般若心经》各350部，一年内即刊印2400份佛经①。以上是在平安京（今京都）刻印的。

至于南都（今奈良），也继续刊印佛经。1088年藤原氏氏寺南都兴福寺刊印法相宗的《成唯识论》十卷，卷尾有下列题款：

> 兴福伽蓝（寺）学众诸德，为兴隆佛法，利乐有情，各加随分财力，课工人镂《唯识论》一部十卷模。宽治二年（1088）三月廿六日毕功。愿以此功德回向诸群类，往生内院（净土），闻法信解，证唯识性，速成佛道。模工僧观增②。

此刻本原藏奈良东大寺尊胜寺，今移入奈良国立博物馆。这部佛经的出版揭开了后来“春日版”的序幕。元永二年（1119）南都又雕印唐代法相宗僧窥基的《成唯识论述记》，是对《成唯识论》的注疏本，此刊本板木现存兴福寺北圆堂。经卷卷尾题记云：

> 山堦之寺，法相之徒，往年（1088）结构镂《论》模焉。然《疏》阙而有恨，半珠得而无足。爰去天永中庚寅之年（1110）学众佥议令刻，义灯送三载之岁，毕七轴之功。同四年癸巳（1113）更俾雕《疏》模，于时僧祇之财为法竭矣。至于元永中己亥（1119）经七年营方了。模板四百余枚，镂匠八九许辈，如雇天工，神又妙也。……模工僧延观。

文内“天永”、“元永”为鸟羽天皇时的年号，《论》指《成唯识论》，《疏》为《成唯识论述记》。上段话大意是，山堦之寺（奈良兴福寺）法相宗徒1088年曾刊印《成唯识论》，因无注疏本，是以为憾。1110年僧众聚议再刊注疏本，由义灯用三年断续刻成9卷。1113年起继续刻版，因财力不足，进展缓慢。至1119年才刻完（共20卷），用刻板400余块，有刻工八九人参与。最后由刻工僧延观总其成。此人即前刻《成唯识论》者。有几个日本古代术语要说明，日本将印板称“形木”或模板，刻工称“模工”，印本称“摺本”，而将印刷称为“摺写”或“摺”，雕刻称“雕镂”或“镂”，因之刻工亦称“镂匠”。读日本古书时，宜掌握这些术语含义。

上述1119年刻印的《成唯识论》为卷子本，共40纸，每纸纵八寸九分、横一尺七寸（26.7×51厘米），版面高八寸一分（24.3厘米），每版40行，行21字，刻以写经体字。因财力不足，每版双面刻字。春日版还包括兴福寺僧晴秀1150年刻印的《大乘法苑义林》7卷、沙门永尊之1173年刊《法华摄释》4卷等。与此对应的是延历寺系统刊印的天台宗佛经三部60卷。大治年（1123～1131）成书的《二中历》卷三称，印本有《摩诃止观》10卷、《文句》10卷等。除此，在高野山有1096年刊《法华经》、1165年刊《般若心经》等，这些经通称“高野版”。高野山因而成为平安朝京都、奈良以外另一印刷地点。刊本多为中国汉文原典重刊本，日本人作品只有《往生要集》（1168年刊）一书。此书属净土宗，题记云：《往生要

---

① 木宫泰彦，日本古印刷文化史，第34～37页（东京：富山房，1932）；日中文化交流史，第282～284页（北京，1980）。

② 秃氏祐祥，东洋印刷史研究，第54～56页（东京：青裳堂书店，1981）。

集》者，一代圣教之肝心，九品往生之目也。流布之虽多，摺写之本惟少。仍雕文字于形木，整句偈于贯花。……时仁安三年（1168）六月十九日雕刻毕[①]。

高野山出版的密宗佛经有《六字神咒王经》，刊于1120年。平安朝所刊佛经有两种，一是摺写供养本，供奉于寺院作许愿用；二是实用本，供诵读用。实用本社会效益大，推动了印刷业的发展。

平安朝之后是镰仓时代（1184～1333），此时国家实权落入征夷大将军源赖朝（1147～1199）及其后继者手中。源氏在镰仓（今神奈川县镰仓市）经营的政权改称“幕府”，行使政府职能，天皇已形同虚设。封建武士集团的幕府专政此后持续近700年，但这种局面未能阻止印刷业发展。1202年在南都奈良再次开版法相宗的《成唯识论》，刊记为“为春日四所之神恩，敬雕《唯识》十轴之论模”，因此时南都刊本佛经题记都赞颂春日明神之威德，而且除源氏家寺兴福寺外，春日神社也刊经，后来将这类刻本称为“春日版”。最初刊本作卷轴装，刻写经体字，很快易为“折本”，即经折装。1213年刊《瑜伽师地论》，1222年刊《因明正理门论》，都与法相宗有关。春日版佛经较多，愿主多是僧人和源氏家族，模工也是僧人，僧人刻版因而形成传统，这是与中国不同的。所据底本仍是宋《开宝藏》中的本子。

镰仓时代时，宋代佛教禅宗和儒家理学传入日本。宋代理学家兼涉禅学，而宋僧又多治“外典”（儒学），是儒学与佛学在理论上相互渗透的结果。日本入宋的学问僧和留学生受这种影响，便将这新的学风带回国，很快在宗教界产生反响，因此一些寺院除刊印佛经外，也兼刊儒典，形成印刷史中的新动向。佛僧刊儒典开始时有点羞答答的，不肯具姓名。如“陋巷子”以宋刊本为底本1247年印《论语集注》10卷，据说是日本出版儒典之滥觞。此后1322年僧素庆也据宋本翻刻《古文尚书孔子传》13卷，可作为僧人刊儒典之范例。平安朝纪伊国（今和歌山县）高野山刊佛经的传统，一直持续到镰仓时代，如1253年刊《三教指归》，今存高野山正智院。高野版多与密宗有关，以厚纸两面印字[②]，装订多为“粘叶装”，类似中国的蝶装，因双面有字，翻阅时更便。

镰仓时代战乱不已，从足利尊（1305～1358）任征夷大将军时又进入另一时代。至其后继者足利义满（1358～1408）建幕府于京都室町，称室町幕府或足利幕府，历史上将足利幕府统治时期称为室町时代（1336～1408）。中经经南北朝（1336～1392）对立，至足利义满时南北统一，经济一度回升，又与明保持经济与文化交流，印刷再度发展。此时禅宗已扩及到京畿，以京都南禅寺、天龙寺、建仁寺、东福寺、万寿寺这五寺为中心形成禅宗各派根据地，称“五山”，效法中国“五山十刹”的名法。1337～1427年间五寺出版很多佛经及杂书，包括儒典诗文、医学方面宋版书的翻刻本，五山僧也刊自已写的书，形成五山印刷文化。战乱时，五山成为一块文化乐土，所刊书通称“五山版”，达数百种。此时所刊诗文集有1325年刊的《寒山诗集》，1359年刊《诗法源流》。值得注意的是正平十九年（1364）僧道祐印《论语集解》（图15-16），称正平版《论语》。此本今存南宗寺。镰仓时代因幕府将军支持，曾有开雕《大藏经》计划，因种种原因没有实现，但据中国传来的福州版藏经出版了五部大乘经，共200卷，皆传世。

当中国元末社会动乱之际（13世纪后半），不少闽、浙刻工东渡，将宋元高度发达的印刷

---

① 秃氏祐祥，前引书，第61页。

② 庄司浅水，世界印刷文化史年表，第25页（东京：ブックドム社，1936）。

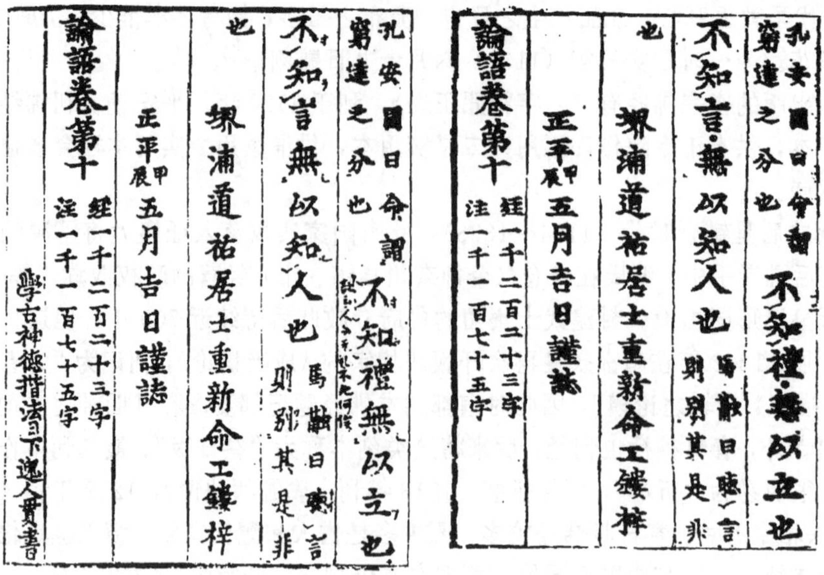
孔安國曰命謂窮達之分也
不知禮無以立也
不知言無以知人也　馬融曰聽言則別其是非
也
堺浦道祐居士重新命工鋟梓
正平甲辰五月吉日謹誌
論語卷第十　經一千二百二十三字　注一千一百七十五字
學古神德楷法日下逸人貫書

图 15-16　日本正平十九年（1364）道祐刊《论语集解》，左为二跋本，框高 27.9 厘米，右为单跋本，框高 26.7 厘米

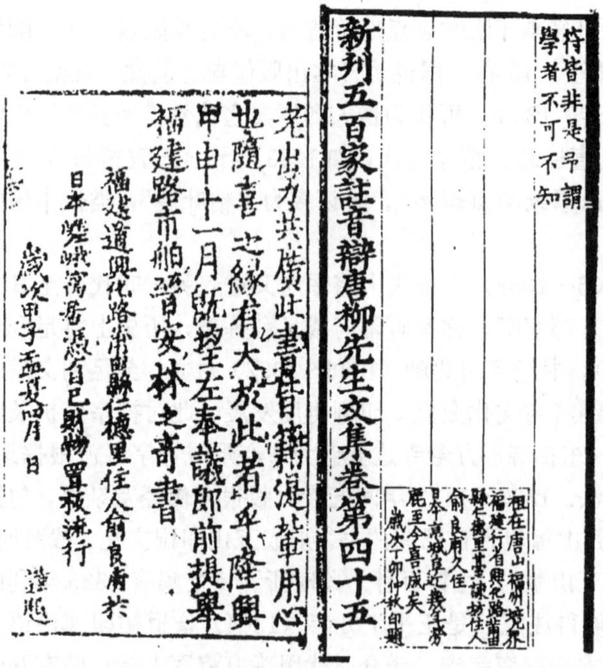
侍皆非是乎謂學者不可不知
新刊五百家註音辯唐柳先生文集卷第四十五
老出力共廣此書皆籍湜華用心也隨喜之緣有大於此者乎隆興甲申十一月既望左奉議郎前提舉福建路市舶晉安林之奇書
福建道興化路莆田縣仁德里住人俞良甫於日本嵯峨寓居憑自己財物置板流行
歲次甲子孟夏月日謹題

图 15-17　福建人俞良甫于 1384 年在京都嵯峨刊《传法正宗纪》和 1287 年刊《唐柳先生文集》

技术直接传到日本。福建刻工俞良甫、陈孟荣、陈伯寿等人①1367 年到日本，在京都参加五山版刻书工作，甚至自行开业。其中俞良甫（1340～1400 在世）福建莆田人，寓居京都嵯峨，协助天龙寺刻书，也自行刻书，如 1370 年刊《月江和尚语录》，1371～1374 年刊《李善注文选》60 卷，1372 年刊《碧山堂集》，1374 年刊《白云诗集》。1384 年再刻北宋僧契嵩《传法正宗纪》（图 15-17）。此书叙述禅宗历史，卷尾题记云："福建兴化路莆田县仁德里人俞良甫，于日本嵯峨寓居。凭自己财物置板流行。岁次甲子（1384）孟夏月日谨题。"

1387 年俞良甫又出版《新刊百家注音辨唐柳先生集》，1395 年刊《般若心经疏》及《昌黎文集》等书。其他中国刻工也在日本刻了不少书。他们的到来为五山印刷文化带来生机，打上中国的烙印，使五山版与其他日本版书更具独特风格。首先，五山版有相当多的非宗教书，扭转过去一味

① 张秀民，中国印刷术的发明及其影响，第 137～139 页（人民出版社，1958）。

刊佛经的印刷格局，丰富印刷品内容。其次，日本印书多写经体字，字体各异，而五山版仿宋版字体，印刷字体划一。书的版面也沿宋元版版式，装订取“袋缀本”形式，相当中国的线装。五山版刻印方式对后来日本印刷产生很大影响。室町时代以前的日本手抄或出版的汉文古书，像古代中国书一样都是无标点本。

日本年青人读时需由师傅指导加句点、注音，也就是施加训点。所谓“训点”指在汉字旁加片假名注音和句点，并在汉字间加假名表示语法关系，以便阅读。最早的训点本或和点本出现于应永五年（1398）约斋居士道俭出版的《法华经》中，书内附嘉庆元年（1307）的跋语：

《法华经》倭点者，盖为本国僧俗男女至于灶妇、贩夫通汉音者而所设也。……又倭字俗谓之假名字，经曰但以假名字引导于众生，是约斋居士不坏假名而谈实相，所以流通倭点者欤。若复有人于不执卷，常诵是经，则居士捨财镂板厥功也不虚矣①。

但室町时代这类训点本只是个别事例，多数刊本仍是无标点本，从17世纪以来日本出版的汉籍中才出现更多的训点本。

三　活字印刷之始

室町末期幕府与皇室间及幕府军方内部间为争权而交战达十年（1467～1477），京都附近成了战场，各寺院以及文物、典籍、书版多遭摧毁。日本进入群雄割据达百多年的战国时代（1467～1568）。此时印刷几乎处于停滞状态。最后武将织田信长（1537～1582）在混战中取胜，得以据京都号令列岛。他死后，部将丰臣秀吉（1537～1598）成为继承者，1590年统一全国。史称织田及丰臣的幕府统治期间为安土桃山时代（1573～1600）。因织田在琵琶湖旁建安土城为根据地和丰臣晚年居桃山城（原伏见城）而得名。这个时代出现了活字印刷，活字技术首先于1590年来自欧洲，此时意大利耶稣会士范礼安（字立山，Alexandre Valignani，1538～1606）自澳门来日本，日本史书称他为伴天连。他在九州登陆，随带西洋活字印刷机、西文活字和铸字、印刷工若干人前来，时值丰臣秀吉掌权。范礼安在九州的天草、加津佐及长崎办的神学校或教会，以活字印西文及日文书，称为吉利支丹版，吉利支丹是Christian（基督教徒）之音译。所印的书不少，后因禁教令下，传本稀见。当时活字技术掌握在意大利教士等少数人手中，未在社会上流传，对日本印刷未产生太大影响。

对日本有影响的是从朝鲜传入的东亚传统活字技术。军阀丰臣秀吉1586年成为太政大臣后，元录元年壬辰（1592）发生侵朝战争，因受到中、朝联军奋力抵抗而以失败告终。但日军在朝鲜看到活字印书，遂将活字版书、数以万计的铜活字、铸字工带回日本，次年（1593）以活字刊印《古文孝经》一卷。但当局还不知道范礼安此时已在九州岛悄悄用西洋活字机印吉利支丹异教书籍。当时的后阳成天皇（1586～1610）好文学，急思以朝鲜传来的活版技术印书，前述《古文孝经》即天皇下令刊行的，故称敕版。1597年又以活字印《锦绣段》，题记曰：“兹悉取载籍文字，镂一字于一梓，基布诸一板。印一纸，才改基布，则渠禄亦莫不适用。此规模顷出朝鲜，传达天听（天皇），乃依彼样使工模写（印刷）焉。”

1597年还出版活字本《劝学文》，题记亦曰：“命工每一梓镂一字，基布之一板印之。此

---

① 秃氏祐祥，东洋印刷史研究，第285页（东京：青裳堂书店，1981）。

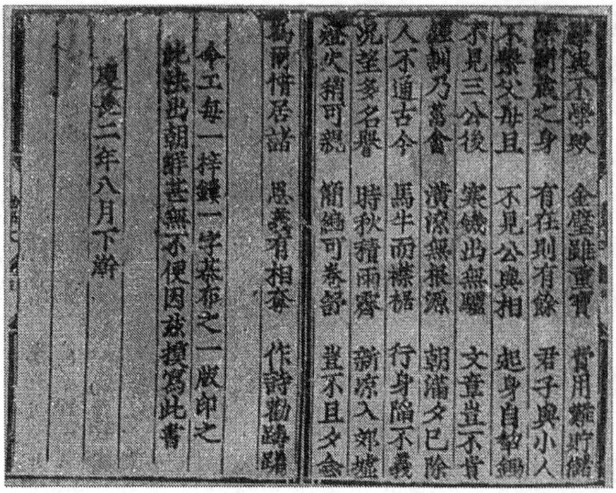
學與不學歟 金璧雖重寶 費用難貯儲
學問藏之身 身在則有餘 君子與小人
不繫父母且 不見公與相 起身自犁鋤
不見三公後 寒饑出無驢 文章豈不貴
經訓乃菑畬 潢潦無根源 朝滿夕已除
人不通古今 馬牛而襟裾 行身陷不義
況望多名譽 時秋積雨霽 新涼入郊墟
燈火稍可親 簡編可卷舒 豈不旦夕念
爲爾惜居諸 恩義有相奪 作詩勸躊躇

命工每一梓鏤一字棊布之一版印之
此法出朝鮮甚無不便因玆模寫此書
慶長二年八月下澣

图 15-18 江户时代庆长二年（1597）敕刊木活字本《劝学文》，板框高 29.1 厘米

法出朝鲜，甚无不便。因兹模写此书。庆长二年（1597）八月下澣”（图 15-18）。

这段话可译成如下现代汉语：

“命刻字工在每一木活字块上刻一字，再将各活字植于一板上，然后印刷。这种方法来自朝鲜，甚为方便，因而用来印此书。庆长二年八月下旬。”

在此之后，1599 年又刊行活字本《日本书纪·神代纪》、《职原钞》及《四书》。1603 年再刊《五妃曲》、《阴虚本病》。因以上书皆为后阳成天皇敕命出版，故称“庆长敕版”。每部书发行量约 200，都是木活字本，传世者有《日本书纪》及《劝学文》等①。

四 江户时代印刷术的大发展

丰臣秀吉 1598 年死后，其近臣分裂，经过校量，最后武人派首领德川家康（1542～1616）取胜，1603 年任右大臣及征夷大将军，遂在其据点江户城（今东京）建幕府，史称德川幕府执政时期为江户时代（1603～1868）。德川家康执政时注重儒学尤其朱子学，使之成为官学。为发展文教事业，设国家图书馆红叶山文库，庆长四年（1599）德川家康于伏见城建学校，刻木活字十馀万，用以刊《孔子家语》等书，八年内出版木活字本 8 种 80 册，称“伏见版”，其中包括吉田兼好（1283～1350）用日文假名写的《徒然草》(1336)。前述庆长敕版活字本实际上也受到德川家康的支持，他对发展活字技术起了重要推动作用。他在世时 1603～1616 年还以铜活字印书，如 1607 年山城守直江兼续（1560～1619）于京都要法寺以铜活字刊《五臣注文选》，世称直江版，今传世。而 1608 年以后数年间京都嵯峨的素封家角仓素庵及本阿弥光悦曾刊行《伊势物语》(901)（图 15-19）等 20 多种日文书，多用草书平假名活字印出，称为嵯峨本或角仓本。《伊势物语》是平安朝成书的著名古典文学作品，此活字本还有雕版插图。假名活字很像中国回鹘文活字，木活字块上将若干草体平假名字母连刻在一起，在日本是创举。所用印纸为染色云母纸。1605 年德川家康将幕府大将军位让与其子德川秀忠（1579～1632）后，自已退居骏府（今静冈）视政。1615 年他于骏府令林罗山等主持铸铜活字，出版《大藏一览》125 部，1616 年再刊日本著名的《群书治要》（1306）60 部，也称骏河版。此时使用大小铜活字十余万个（图 15-20）。

江户时代与前代不同，出版佛经不再是印刷的主流，但刊刻《一切经》或《大藏经》的巨大工程此处不能不提。自镰仓时代起日本僧众即有此宿愿，虽世代努力一直没有如愿。江户时代已拥有足够实力从事大规模印刷，而且中国、朝鲜不同版本藏经皆已传入，可资借鉴。宽永十四年（1637）大僧正天海（1536～1643）受幕府第三代将军德川家兴（1604～1651）之

① 庄司浅水，世界印刷文化史年表，第 85～86 页（东京：ブックドム社，1936）。

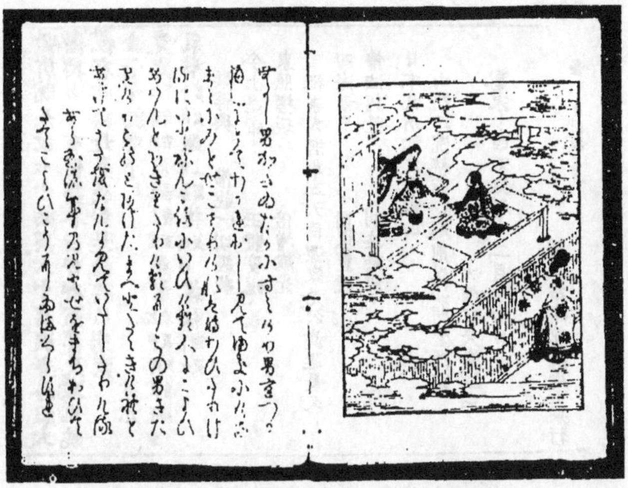

图 15-19　嵯峨版活字本《伊势物语》，
1607 年刊，板框 19.2×26.4 厘米

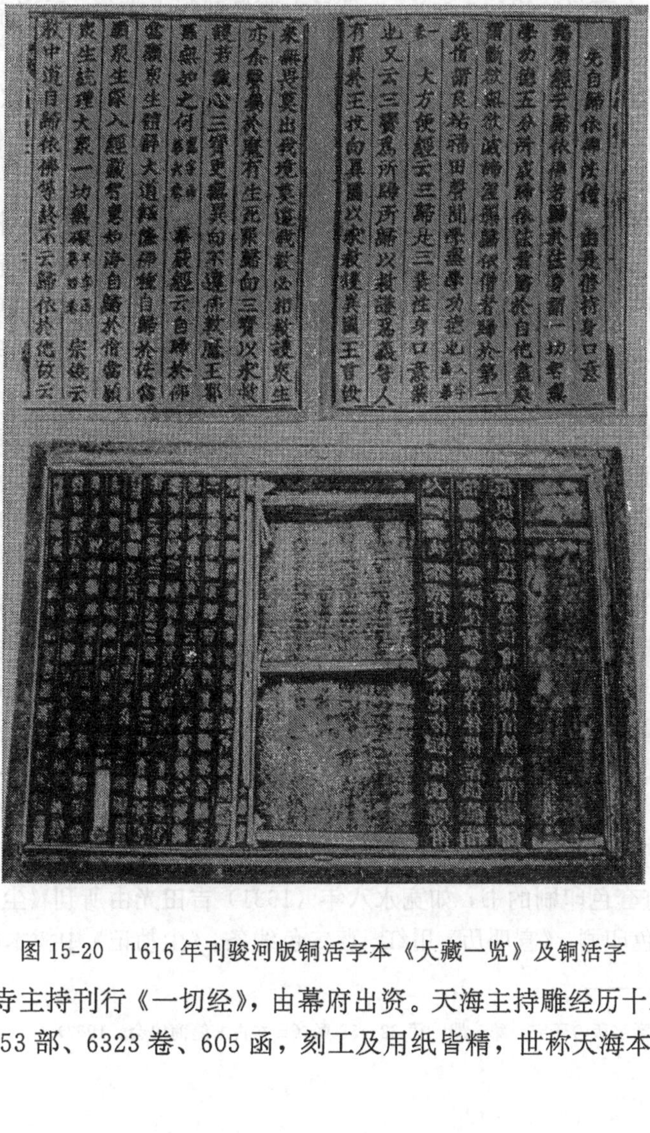

图 15-20　1616 年刊骏河版铜活字本《大藏一览》及铜活字

命，于东叡山宽永寺主持刊行《一切经》，由幕府出资。天海主持雕经历十二年后，终于 1648 年 3 月告成，共 1453 部、6323 卷、605 函，刻工及用纸皆精，世称天海本或宽永寺本，这是

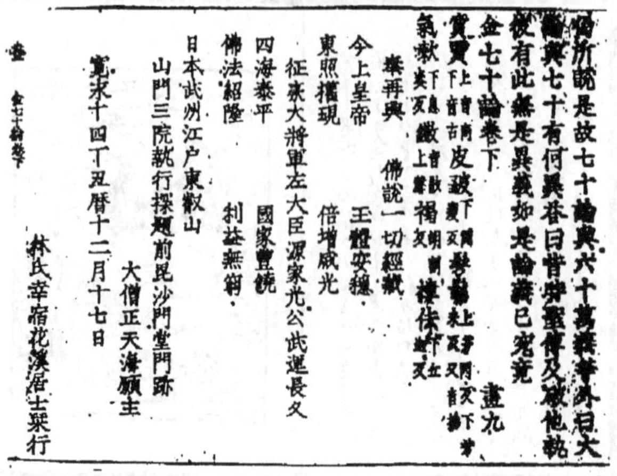
彼有此無是異義如是論義已究竟
金七十論卷下　　盡九
奉再興　佛說一切經藏
今上皇帝　　王體安穩
東照權現　　倍增威光
征夷大將軍左大臣源家光公武運長久
四海泰平　　國家豐饒
佛法紹隆　　利益無窮
日本武州江户東叡山
山門三院執行探題前毘沙門堂門跡
大僧正天海願主
寬永十四丁丑曆十二月十七日
林氏幸宿花溪居士栞行

图 15-21　宽永十四年（1637）刊天海版木活字本《大藏经》，此为《金七十论》，版框高 27 厘米

日本第一部官版《大藏经》（图 15-21），也是日本藏经开版之嚆矢。天海卒后，被敕谥为慈眼大师。

天海本还是木活字本①，其意义更大，因为在这以前中国、朝鲜虽多次刊藏，但均为雕版，活字版是从日本开始的，从而创下新记录。此后从 1669 年起黄蘗宗僧人铁眼（1630～1682）四方募资，着手刊刻《大藏经》新版。在其师隐元（1592～1673）协助下于 1682 年刊毕。隐元俗名林隆巧，为日本黄蘗宗始祖，明福建福清人，1652 年应幕府之聘来日本，于长崎开法兴福寺，将军德川家纲宠遇甚厚。1661 年在京都创黄蘗山万福寺，后水尾法皇尊信之，赐隐元“大光普照国师”尊号。黄蘗版底本为明万历十七年（1589）起在山西五台山及浙江天目山所刻的方册（线装）藏经及其他藏经。黄蘗版为雕版，共用 6 万块樱木印板，亦作线装，字体与万历藏同，版木今存万福寺。

最后，谈一下版画和套色印刷。江户时代以前佛经刊本时有少量插图，日本称为“绘本”。但多为中国原版图的翻刻，非日本人的作品。江户时代日本作品刊本的插图由本国画家供稿，因而出现具有日本民族风格的版画。早期代表作为前述 1608 年刊嵯峨本《伊势物语》插图。元录年（1688～1703）以后社会流行风俗画，以菱川师宣（1618？～1694）的作品为代表（图 15-22），世称“浮世绘”。其所描写的对象是市民生活、世态人情及民俗等，运用写实主义的创作手法，反映社会现实。于是出现将浮世绘画稿镂板刊行的许多版画艺术作品。18 世纪以后，铃木春信（1725～1770）、喜多村歌麻吕（1753～1806）、葛饰北斋（1760～1849）及安斋广重（1797～1858）等人都是浮世绘版画著名画家。

为增加美感，出版者对版画再人工添色。浮世绘师奥村政信（1690～1768）约于享保年间（1716～1735）发展了“红绘”技术，即朱墨双色套印。有时还以淡墨及深墨套印，使山水画产生更好的艺术效果。奥村政信研究“红绘”时，还用“远近之法”即透视法作画。在这以前，还偶而有套色印刷的书，如宽永八年（1631）吉田光由所刊《尘劫记》及 1643 年刊《宣明历》都用套色印刷。《宣明历》用红、蓝二色线条，《尘劫记》中树木图及继子立图用红、

① 川濑一马，古活字版の研究，第一册，第 32～38 页（日本古书籍商协会，1967）。

图 15-22 浮世绘师菱川师宣绘版画《松风村雨》，图板框高 29.4 厘米

蓝、黑三色印刷，卷三中的算盘珠印以朱色。但系统用红绘法印浮世绘是从奥村政信开始的。此后铃木春信于 1764 年在板木师金六帮助下对套色法加以改良，完成特殊的多色摺版技术，世称“锦绘”，实即中国的饾版或多色套印技术。此法一出现，震撼了浮世绘界。宽延年间（1748～1750）翻刻中国《芥子园画传》（1679）时，不得不想尽办法重现原作彩色画面，因而促进锦绘的出现，可见江户时代套印技术是在中国影响下产生的，而协助铃木春信的金六就可能是中国人。宽政三年（1791）出版的《古今名物类聚》中，48 幅插图已出现红、蓝、紫、青、薄青及黄紫等多种颜色。浮世绘版画题材广泛，人物生动，皆工笔白描勾出，具有珍贵史料价值，受到各国读者喜爱，是日本印刷文化宝库中的明珠。

第十六章　中国造纸、印刷技术对亚非其他国家的影响

在中国造纸、印刷技术对外传播史中，上一章只讨论到朝鲜、日本两国，本章进而讨论亚洲其余地区包括南亚、东南亚、中亚、西亚各国。这些国家虽然种族、语言、文字、宗教信仰和文化传统等与中国不同，但因同属一个大洲，自古以来就通过陆路或海路与中国相互往来和物质文化交流，于是中国造纸、印刷技术在不同时期传入这些国家，并通过中亚、西亚的阿拉伯地区进而传入欧洲和非洲北部一些国家。本章因而还包括非洲早期造纸、印刷史，至于欧洲各国和美洲、大洋洲的造纸、印刷史，将于下一章专门讨论。

第一节　越南造纸、印刷的起源和早期发展

一　越南造纸的起源

越南位于中国南方，像朝鲜一样也与中国山水相连，自古与中国联系紧密。越南民族是长江中下游广大地区的古代百越的一支，后迁移至今越南北部，形成一些部落。越族先民雒越部族最初来自中国江南沿海①。据13世纪越南古籍《越史略》和《岭南摭怪》(1492)所述，雒越部在越南北部建文郎国（前696～前257)。吴士连（1439～1499在世）据黎文休《大越史记》(1272）而编成的《大越史记全书·前编》(1479）称，前316年秦灭蜀时，蜀王子泮（前278～前207）率蜀民三万南下，前257年攻文郎国，建瓯雒国（前257～前208)，建都于古螺（今河内附近)，蜀泮自称安阳王，控制越南北部及中部。

秦灭六国后，秦始皇发兵南下略取岭南，前214年于岭南置桂林（广西)、南海（广东)、象郡（广西至越南东北）等郡县。秦末，原任南海尉的赵佗（前257～前137）趁机起兵，前206年兼并南海、桂林及象三郡，自立为南越武王，建南越国（前208～前111)，都番禺（今广州)。汉武帝元鼎六年（前111）发兵灭南越国，置南海、苍梧、郁林、合浦、珠崖、儋耳及交趾、九真、日南九郡，后三郡在越南境内，统归汉统治。从这以后直到北宋初的千余年间，越南作为郡县地区与中国大陆受同一封建朝廷统治，使用同样年号和汉字。1世纪时，汉中人锡光及南阳人任延（?～67）分任交趾及九真太守，他们将大陆先进的农耕技术和农具引入越南，又发展冶铁等手工业，建立学校，讲授儒家经典，许多汉文典籍也跟着输入境内，与中原往来频繁。

2世纪后半，广西人士燮（137～226）任交趾太守，他在任内四十年（187～226）进一步发展文化教育事业和佛教，境内基本安定，而当大陆战乱之际，他收留大批汉人工匠、农民

---

①［越］陶维英著、刘统文、子钺译，《越南古代史》（越文版，河内，1957)，第28～33，14～16页（北京：科学出版社，1959)。

和学者前来避难，使境内文教兴盛。越南历代统治者对士燮很重视，将他先祭入帝王庙，后改入孔子庙，认为他开办学校使交趾成为通诗书、习礼乐的文献之邦，堪称“南交学祖”。《前汉书》卷二十八下《地理志》载交趾、九真及日南三郡人口达98.1万，其中至少有一半为来自中国的移民。三郡经济、文化的发展几乎可与中原的郡县相埒，而且还是中国对东南亚和欧非二洲海上交通和贸易的重要中转站。

越南境内造纸在士燮任交趾太守时（187～226）即已开始，很可能是由这位太守倡导的。因为“士燮礼器宽厚，谦虚下士，中国士人往依避难者以百数，耽玩《春秋》，为之注释”①，这么多士人从事学术活动，还有学校学生习字读书，势必需用大量的纸，大陆战乱之时无法供应，只好就地造纸。显然，最初的造纸者是从汉土前来交趾的中国工匠。东汉亡后，越南受三国时吴（222～280）的统治，吴将交趾、九真及日南三郡合并为交州，仍由士燮兄弟治理，交州的造纸业继续发展。三国时吴人陆玑（210～279在世）《毛诗草木鸟兽虫鱼疏》（约245）写道：榖，幽州人谓之榖桑，或曰楮桑；荆、杨、交、广谓之榖；中州人谓之楮桑。……今江南人绩其皮以为布，又捣以为纸，谓之榖皮纸。长数丈，洁白光辉。

这里所说的榖、榖桑、楮桑或楮，均指桑科落叶乔木构，其韧皮纤维为优良造纸原料。汉末、三国时楮纸生产已推广到中州（河南）、幽州（河北、辽宁）、荆州（长江中游）、扬州（长江下游）、交州（越南北部）及广州（广东、广西）等地，而荆、扬、交、广四州都在长江以南，正是三国时吴的属地。可见越南在生产麻纸之后，3世纪初又生产楮皮纸。这种纸确是“洁白光辉”，比麻纸性能好，但“长数丈”可能不确，“丈”或为“尺”之误。上述吴属四州除以楮皮制纸外，还以其纤维织成布，谓之楮皮布，这种布倒可长数丈。楮皮布早已有之，西汉产物曾于20世纪初出土。

晋人稽含（262～306）《南方草木状》（304）卷二载：

> 蜜香纸以蜜香树皮作之，微褐色，有纹如鱼子，极香而坚韧，水渍之不溃烂。太康五年（284）大秦献三万幅。尝以万幅赐镇南大将军、当阳侯杜预（222～284），令写所撰《春秋释例》及《经传集解》以进，未至而杜卒，诏赐其家令藏之。

蜜香树可能是瑞香科沉香树（*Aguilaria agallocha*），是生产香料的树，其韧皮纤维可造纸。大秦国通常指罗马帝国，林邑指越南中部的占城或占婆（Champa）。德国汉学家夏德（Friedrich Hirth，1845～1927）于《大秦国全录》（*China and the Roman Orient*，1885）中就此写道：284年有一批叙利亚或亚历山大城的商人经越南来中国贸易。他们为取得某种贸易权，要向中国朝廷进贡礼物。“他们把所携的大秦货品出售以后，又将货款一部分购买一些越南当地出品，充作本国货品用来作为呈送中国皇帝的礼品。这种应付中国朝廷的办法，并非事无前例，史载东汉桓帝延熹九年（166）大秦王安敦（Marcus Aurelius Antoninus，121～180）遣使自日南徼外献象牙、犀角、瑇瑁，这些东西实际上是越南的物产。”② 这些解释合乎情理，但认为大秦指叙利亚或亚历山大城恐不确切，据大多数中外专家考证，大秦指罗马帝国。

2～3世纪时，上述欧洲两次与中国交往的事例，都以越南为中转地，284年来华的贸易团还在越南境内购买蜜香纸三万张，再北上洛阳入朝献上。由此可见，3世纪时越南境内不但生产麻纸、楮皮纸，还生产瑞香科皮纸。蜜香皮纸呈微褐色，有纹如鱼子，类似罗纹纸，坚

① 《三国志》（290）卷四十九，《吴书·士燮传》，廿五史本第二册，第144页（上海古籍出版社，1986）。

② F. Hirth著、朱杰勤译，《大秦国全录》，第119～120页（北京：商务印书馆，1964）引用时，部分文字有改动。

韧，水渍之不溃烂。需要说明的是，蜜香树虽树皮内可提制香料，名曰沉香，但以其韧皮纤维造纸，在加工过程中已将香料成分排除，香皮纸本身并不具有香味。除非成纸之后喷上香水，纸才具有香味。以瑞香科木本韧皮纤维造纸，在与交州邻近的广州也在进行。

二　丁朝以后造纸的发展

唐代时，高宗调露元年（679）于越南境内设安南都护府，“安南”之名即由此产生。唐代对安南的政治统治加强，经济联系和科学文化交流也愈紧密，形同内地，造纸生产得到进一步发展。10世纪时唐末藩镇割据，朝廷统治衰微，越南境内各有力氏族建立自主政权，摆脱唐的统治，最后由越族丁部领（898～944）铲平境内的“十二使君”，统一全境，建立丁朝（968～980），国号为大瞿越国，都华闾（宁平）。此后是前黎朝（980～1009）和李朝（1009～1225），与中国的宋朝同时，前黎朝和李朝统治者受宋皇帝册封为安南国王。越南独立后，对华只保持“册封”与“朝贡”关系，双方经济与文化交流仍一如既往。由李公蕴（974～1028）建立的李朝，都升龙（今河内），1070年建文庙和国子监，兴办学校，以儒家思想教育学生，1075年推行科举取仕制度①。为以后越南封建社会时期的教育和科举制度的发展奠定了基础。与此同时，佛教在李朝从统治者到各阶层中间广泛传播，如《大越史记全书》卷二《李纪》所说，“百姓大半为僧，国内到处皆寺”。所有这一切都促进造纸业的发展，只抄写各种儒家典籍和佛经，每年即需耗用大量的纸。

起初越南北方是纸的主要生产地区，南方用纸由北方输入，或以海产品换取中国的纸，从李朝以后南方造纸逐渐发展。在长期使用汉字的基础上，越南人在李朝末期（13世纪初）利用汉字结构和造字方法创造记录本民族语言的文字，称为“字喃”（Chum-nom），喃字是仿照汉字形体的越语化的方块象声文字。如越语中troi（天）写作“𡗶”，nam（年）写作“𢆥”，ba（三）写作“𠀧”，co（有）写作“固”，ya（天上）写作“𡗶”等。现存最早的使用字喃的文物是李朝高宗治平龙应五年（1209）所刻的报恩碑。14世纪以后，韩诠（1250～1312在世）等人以字喃用于文学创作，写出的诗称“国音诗”。虽然这种字的笔划比汉字还多，毕竟是使汉字越语化的可贵努力。在字喃流行期间（13～18世纪），越南官方文书、重要典籍和个人著作还是使用汉文。

陈朝（1225～1400）是继李朝之后由陈煚（1218～1277）建立的另一封建王朝，据明代人高熊征（1373～1440在世）《安南志原》卷二所载，陈朝艺宗绍庆元年（明太祖洪武三年，1370）遣使将越南产的纸扇送给明太祖朱元璋作为礼物，受到喜爱。明成祖（1403～1424在位）时越南又处于明的统治之下，永乐五年（1407）以后十多年间越南每年要给明朝廷纸扇万把。清代以后，越南所产的纸继续流入中国，据越南史家黎崱《越南志略》卷一所述，后黎朝永庆二年（清雍正八年，1730）清世宗赠越南书籍、缎帛、珠宝玉器，而越南回赠的礼品有金龙黄纸二百张、斑石砚二方、土墨一方、玳瑁笔百支。18～19世纪时越南竹纸生产进一步发展，用以印书。从南古纸传世及出土者较少，有关造纸史料尚未经该国史家系统整理过，从所见晚期越南印本书用纸来看，在形制上与中国纸是一致的，与朝鲜纸和日本纸有别。

---

① 越南社会科学委员会编，越南历史，第一集（河内越文版，1971），中文版第178～180页（北京人民出版社，1977）。

三　越南印刷之始和早期发展

越南境内虽然造纸较早，但印刷技术却迟至13世纪才从中国引入。中国雕版印刷品尤其是佛经早在唐代即已输入越南境内，随之而来的还有朝廷颁布的历书及其他书物。宋以后继续如此。《宋史》卷七《真宗纪》载，景德三年（1006）秋七月乙亥，“交州来贡，赐黎龙廷《九经》及佛氏书”。宋真宗赵恒通过前黎朝（980～1009）使者赠给越南统治者黎龙廷的儒家《九经》和佛氏书，都应是宋刊本，而后者可能是《开宝藏》。越南陈朝建立者陈煚（1218～1277）于元丰年间（1251～1258）规定政府文书表格用印刷方法制成，特别是户籍簿。《大越史记全书·陈纪二》写道：“［陈明宗］大庆三年（1316）阅定文武官给户口有差，时阅定官有见木印帖子，以为伪，因驳之。上皇闻之曰：此元丰故事，乃官帖子也。因谕执政曰，凡居政府而不谙故典，则误事多矣。”

这是说，1316年陈明宗时核查户口，阅定官发现文武官员所进陈太宗时于1251～1258年所印的户口簿，以为是伪造的，拟驳回。陈明宗闻之曰，这是元丰年间印的官帖子，并称政府官员应熟悉前朝典故，否则要误事。“木印帖子”就是用木雕版印成的户口簿，这是文献中所见有关越南始用印刷术的较早记载。这时已至中国的南宋末期，陈朝时跨宋、元两代，是造纸和印刷术全面发展的时期。《大越史记全书·陈纪》载陈朝末年：“顺宗九年（1396）夏四月，初行通宝会钞。其法十文幅面藻，三十文幅面水波，一百画云，二百画龟，三百画麟，五百画凤，一缗画龙。伪造者死，田产没官。印成，令人换钱。”

越南从1396年始按中国制度印发纸币，名为“通宝会钞”，纸币面额有七种，各印以不同图案，票面上钤以官印，虽然法令明文规定伪造纸币者处死，但市场上伪币仍不时出现，陈朝末期滥发纸币，也造成经济秩序混乱，至后黎朝（1428～1527）时废除纸币，恢复用铜钱。大约在与印发纸币的同时，陈朝刊行佛教读物及官方公文格式。由阮朝（1802～1945）国史馆总裁潘清简主修的《钦定越史通鉴纲目》卷八《陈纪》载，陈朝英宗陈烇于兴隆三年（元成宗元贞元年，1295）遣中大夫陈克用使元，求得《大藏经》一部，归国后四年（1299）于天长府（今南定）刊行一部分佛教读物。原文如下：“英宗七年（1299）颁释教于天下。初（1295）陈克用使元求《大藏经》，及回，留天长府副本刊行。至是（1299）又命印行佛教法事道场、公文格式，颁行天下。”

越南虽然佛教相当盛行，而且已从中国求得刊本《大藏经》，但从未完成刊印全套藏经，“副本刊行”因而只能理解为刊行一部分佛经。1299年所刊“佛教法事道场”，是有关宗教法会仪式方面的读物。

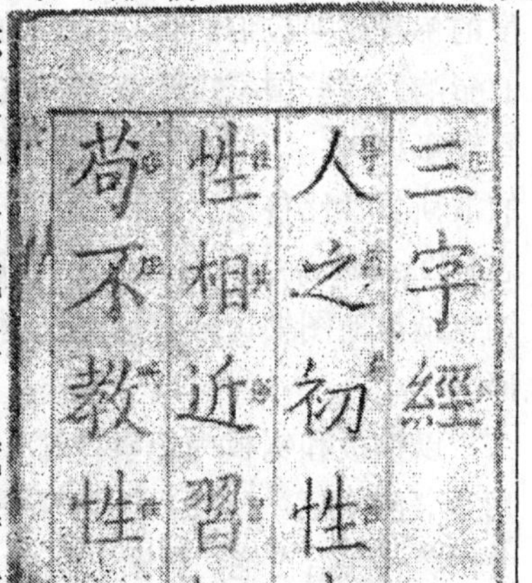

图16-1　越南刊本《三字经》附喃字注，引自张秀民的书（1958）

宋以后，佛经和儒家经典等中国刊本成为越南人喜欢的读物，通过使者访华购买和商人贩运，中国书源源运入越南，其境内也自行刊印儒书。据《越史通鉴纲目》卷三十七《黎纪》所述，始于后黎朝太宗绍平二年（1435）官刊《四书大全》，以明刊本为底本。黎圣宗光顺八年（1467）颁发《五经》印本于国子监。圣宗又诏求遗书，藏诸秘阁，先代之书往往间出。此后印书事业获得很大发展，至18世纪时，越南本国所印的书已基本满足需要，因而禁买中国书籍。《越史通鉴纲目》卷三十七写道：

[黎]纯宗三年（1734）春正月，颁《五经大全》于各处学官。先是，遣官校阅《五经》北板刊刻，书成，颁布，令学者传授，禁买北书。又令阮效、范谦益等分刻《四书》、诸史、诗林、字汇诸本颁行。

虽然后黎朝纯宗（1732～1734）时一度"禁买北书"，实际上越南出版的书仍不齐全，还要从中国进口，尤其是新出版的书。刻书地点集中于河内，因河内是首府，也是经济、文化中心，除官刻本外，尚有私人书坊出版的书。越版书主要是汉文本及汉文字喃注本，也有些是喃字本。绝大部分是雕版印成，活字本出现于最后一个朝代阮朝，阮宪祖绍治年（1841～1847）从中国买回一套木活字，阮翼宗嗣德八年（1855）用这套活字印《钦定大南会典事例》96册，嗣德三十年（1877）再用以印《嗣德御制文集》、《诗集》68册，因为翼宗阮福时对中国文学很有修养[①]，他使用木活字出版自己的诗文集。阮朝定都于顺化，因而顺化在19世纪时成为另一印刷中心。除佛经、儒经、文史、字汇等书外，还出版了一些实用科学技术著作，如后黎朝医家潘孚先的《本草植物撮要》和黎有卓（1720～1791）的《海上医宗心领全帙》等。越版书板式与中国书相同，也有避讳。

第二节 中国造纸术在南亚、东南亚的传播

一 南亚和东南亚用纸前的书写纪事材料

在亚洲，中国纸及造纸术还向南亚、东南亚其他国家如印度、巴基斯坦、尼泊尔、泰国、缅甸、柬埔寨、印度尼西亚、马来西亚等国传播。古代和中世纪时，这些国家在文化上受印度的佛教或阿拉伯的伊斯兰教的影响，同时也与中国有着频繁的交往，因而也受到中国文化的影响。这些国家古代多以树皮、皮革、木板或金属板、棕榈科植物的阔叶及陶土等作为书写纪事材料。印度在公元前3世纪时以白桦树皮（梵文称为 bhūrja）写字。11世纪旅居印度的波斯学者比鲁尼（Abu-al-Rayhān Muhammad ibn-Ahmad al-Biruni，973～1048）在《印度志》（*Tarikh al-Hind*）中提到印度用名为 bhūrja 的树皮，磨光后写字[②]。现伦敦、牛津、柏林、维也纳等地图书馆藏有这类桦树皮写本[③]。以桦树皮写字盛行于印度西北部，后传向东部及西部。

以铁板和铜板为纪事材料，不但有文献记载，还有实物出土。中国晋代高僧法显（337～422）《佛国记》（412）谈到摩头罗国（Mathurā）时写道："诸国王、长者、居士为众僧起精舍供养，供给田宅、园圃、民户、牛犊，铁券书录，后王相传，无敢废者，至今不绝。"[④] 1780年，印度东部孟加拉邦蒙吉尔（Mungir）地方出土9世纪刻有梵文的铜板，记载提婆波罗王

① 张秀民，《中国印刷术的发明及其影响》，第157～158页（北京：人民出版社，1958）。

② Al-Biruni's India, ed. Dr. Edward C. Sachau, vol. 1, p. 171（London, 1914）。

③ H. J. Goodacre and A. P. Pritchard: Guide to the Department of Oriental Manuscripts and Printed Books in the British Library（London: British Library, 1977）。

④ 晋·法显，《佛国记》（412），章巽校注本，第54～55页（上海古籍出版社，1985）。

(King Devapāla) 将迈西卡 (Mesikā) 村作为礼物送给毗诃迦罗多弥湿罗 (Vihekarā tamiśra)①。

用棕榈科木本植物扇椰 (*Borassus flabelliforeusis*) 的树叶书写的宗教著作古称为"贝叶经"(图 16-2),盛行于印度、缅甸、泰国、孟加拉、巴基斯坦、斯里兰卡的古代。将树叶晒干、压平,制成统一的长方形叶片,再以铁尖笔在上面书写,字迹处施以染料,然后在叶片上穿一至二孔,用绳将叶片穿连起来②。贝叶全称贝多罗叶,梵文为 patra,意思是叶子。唐代赴印度求法的玄奘 (600~664) 法师在《大唐西域记》(649) 卷十一写道:"恭建那补罗国 (Konkanapura) 周五千余里,国大都城周三十余里。……城北不远有多罗树林,周三十余里,其叶长广,其色光润,诸国书写,莫不采用"③。

图 16-2 印度梵文贝叶经,不列颠图书馆藏

在柬埔寨则以鹿皮、羊皮为书写材料,周达观 (1270~1348 在世)《真腊风土记》(1312) 写道:"寻常文字及官府文书,皆以麂鹿皮等物染黑,随其大小阔狭,以意裁之。用一等粉,如中国白垩之类,搓为小条子,其名为梭。拈于手中,就皮画以成字,永不脱落"④。

先以烟将鹿皮熏成黑色,再以白粉和胶搓成粉笔书写,或以竹笔蘸白粉与胶写字。上述

① 钱存训,《纸和印刷》卷,收入李约瑟《中国科学技术史》卷五,第一册,第 316~318 页 (科学出版社,上海古籍出版社,1990)。

② S. A. Ghori et A. Rahman: Paper technology in medieval India. Indian Journal for the History of Science, 1966, vol. 1, no. 2, p. 133 et seq.

③ 唐·玄奘,《大唐西域记》卷十一,章巽校点本,第 261 页 (上海人民出版社,1977)。

④ 元·周达观,《真腊风土记》(1312),《文字》,夏鼐校注本,第 118~119 页 (北京:中华书局,1981)。

材料都不及纸便利，当中国纸和造纸术引入这些国家后，便逐步引起原有书写材料的演变。

二　造纸术在印度、尼泊尔、巴基斯坦和孟加拉

印度学者戈代（P. K. Gode）[①] 和中国学者季羡林[②] 对中国造纸术在印度的传播作过研究，本节利用了他们的成果。据《史记》（前 91）卷九十五《大宛列传》所载，公元前 138 年汉武帝遣张骞（约前 173～前 114）通使西域，从而打通中国与中亚、西亚以至欧洲的陆上贸易通道，即丝绸之路。张骞在中亚大夏国（Bactria）看到蜀布和邛来竹杖，据说是从身毒（读作捐毒，juan-du）贩得，身毒即印度（Sindhu）。大夏在今阿富汗境内，与身毒相通，张骞由此判断从中国西南必有一条通往印度的陆上商路，奏请武帝打通此路。武帝所派官员畏于路险未能通之，但民间商贩却沿此路贩运丝绸等商品而无阻。

这说明至迟在公元前 2 世纪汉初时，中印之间就有了直接的经济往来。事实表明，有好几条路上通路可从中国到达印度：一是新疆线，从甘肃经新疆到罽宾即克什米尔（Kashmir），再向东南行，至印度西北部；二是云南线，从云南经缅甸到今孟加拉国和印度东北部；三是西藏线，从西藏穿过喜马拉雅山山口到尼泊尔，再南行至印度北部。反之，从印度到中国也是如此。不管哪条通路，都是相当艰险的，但商人、僧人和使者等为了达到各自的目的，都不畏艰险，在中印物质文化交流史中作出可贵的贡献。商人贩运丝绸时，也同时贩运中国的纸，考古发掘证明沿贩运丝绸的通路各地点在出土丝绸时，也有古纸出土。正如我们一再强调的那样，丝绸之路也是纸张之路。

上述中印间三条陆上通道中，第一条新疆线即经新疆到克什米尔、再至印度西北，相对说较易行，古时人通常走这条路线。实际上这是亚欧东西向丝绸之路大干线的一条支线，从新疆境外分向东南，直通南亚印度次大陆。佛教就是沿此线于西汉末传入中国的，《三国志》（290）卷三十引鱼豢（220～290 在世）《魏略》（约 285）曰："昔汉哀帝元寿元年，博士弟子景卢受大月氏王使伊存口授浮屠经，曰复豆者其人也。"[③] 浮屠、复豆为佛（Budha）之别译，浮屠经即佛经。大月氏（读作大肉支，Darouzhi）为葱岭以西的中亚大国，与印度相接，首先受佛教影响。这说明佛教最初通过大月氏人传入中国[④]。

至东汉明帝（58～75）时，佛教在中国进一步发展，并得到统治者提倡。《后汉书》卷七十二《楚王刘英传》载，明帝之弟楚王刘英于永平八年（65）"为浮屠斋戒祭祀。"据梁代僧人慧皎（497～554）《高僧传初集》（519）卷一所载，永平七年（64）汉明帝更遣郎中蔡愔、博士弟子秦景诸人使天竺（印度）寻访佛法，十年（67）携中天竺僧人摄摩腾（Kasiapa Matanga）及竺法兰（Dharmaraksha）至洛阳，译出《四十二章经》等佛典，其居处即城西有名的白马寺，为中国最早的佛寺之一。因而东汉时中印文化交流比西汉更密切，双方互访的人也更多。来华的印度僧人和商人自当用纸书写，而纸也与丝绢一起输入到印度。

---

① P. K. Gode: Migration of paper from China to India. Appendix E to K. B. Joshi's Papermaking, 4th ed. (Wardha: Kumarappa, 1947).

② 季羡林，中国纸和造纸法输入印度的时间和地点问题，《历史研究》，1954，4 期，第 25 页（北京）；中印关系史论丛，第 99～129 页（北京：人民出版社，1957）。

③ 晋·陈寿，《三国志》卷三十，二十五史本第二册，第 104 页（上海古籍出版社，1986）。

④ 张星烺，中西交通史料汇编，朱杰勤校订本，第六册，第 83 页（北京：中华书局，1979）。

造纸术传入印度的时间和经过，尚有待深入研究，因为迄今为止只有一些旁证材料可资参考，还没有找到有关的直接证据。个别作者说印度早在公元前327年就已造出质量相当好的纸，我们在本书第一章第四节已指出，这种说法是不能成立的。400～411年在印度求法的东晋高僧法显于《佛国记》中写道："从波罗捺国（Baranasi）东行，还到巴连弗邑（Pātaliputra)。法显本求戒律，而北天竺诸国皆师师口传，无本可写，是以远步，乃至中天竺。于此摩诃衍僧伽蓝得一部律，是《摩诃僧祇众律》……亦皆师师口相传授，不书之于文字。……故法显住此三年（405～407)，学梵书、梵语，写律。"①

这就是说，5世纪时印度北部迦尸国（Kăsī）都城波罗奈的寺院仍无本可写，佛经靠师徒口授。法显不得不由此至东北部摩揭提国（Magadha）都城（今比哈尔邦境内）巴连弗邑，在摩诃衍僧寺院得到一部用贝多罗树叶写的戒律。看来这里贝叶经数量也不多，仍"师师口相传授，不书之于文字"，当然更谈不上以纸书写了。从晋代至唐代，赴印度求法的中国僧人，带回国内的梵文佛典多是贝叶经，没有纸本。

唐代以后，中印交通和科学文化交流以及人员往来有了新的发展，印度人接触纸的机会比以前大为增加，因而7世纪时梵文中出现了"纸"字。671～695年赴印度的唐僧义净（635～713）在其所著《梵语千字文》中载有kākali一词，指的是纸，由此演变成现代印地语中的kāgad及乌尔都文中的kāgaz，从而使这种新型书写材料与从前的bhūrja（树皮）及patra（贝叶）区别开来。但kakali这个词不是梵文固有名词，而是个外来词，它表示与波斯语kāgaz及阿拉伯语kāgad有同一语源，后二者均指纸。德国汉学家夏德（Friedrich Hirth，1845～1927）认为这些词最终来自汉语中的"榖纸"，古音读作kok-dz'，即楮纸②。美籍德裔汉学家劳弗（Berthold Laufer，1894～1934）注意到古回鹘文中称纸为kagas③，可能是波斯-阿拉伯文及梵文词的源头，因为所有这些地区接触的纸最初都经由新疆贩运过去的。上述两种理论都说明kāgaz，kāgad及kākali的词源来自中国国内不同民族（汉族、维吾尔族）对纸的称呼。

在义净以前，于628～643年赴印度的玄奘所著《大唐西域记》(646）中，没有关于印度用纸及以纸抄写佛经的任何记载，只提到以贝多罗叶书经，说明7世纪前半叶印度境内还很少有进口的纸。但从7世纪后半叶起，即义净旅居印度时（671～693）起，不但梵文中有了纸字，而且还有用纸的记载。义净于《南海寄归内法传》(约689）卷二指出："必用故纸，可弃厕中。既洗净了，方以右手牵其下衣。"卷四又说："造泥制底及拓模泥像，或印绢、纸随处供养"。季羡林认为前一条用纸的事不一定全说的是印度，"但是最后一条说的是印度却是可以肯定的。因为下文还有'西方法俗莫不以此为业'。"④这是说当时印度法俗以模制泥佛像，再将泥像捺印在绢或纸上，以资供奉。倘若不能供应相当数量的纸，是不能完成此事的。

---

① 晋·法显，《佛国记》(412)，章巽校注本第141页（上海古籍出版社，1985)。

② F. Hirth，Die Erfindung des Papier in China. T'oung Pao，1890，vol. 1，p. 12；Chinesische Studien，Bd. 1，p. 269 (Berlin，1890)。

③ B. Laufer，Sino-Iranica. Chinese contributions to the history of civilisation in ancient Iran，pp. 557～559 (Chicago，1919)。

④ 季羡林，中国纸和造纸法输入印度的时间和地点问题，《历史研究》，1954，4期，第25页；《中印关系史论丛》，第126～127页（北京：人民出版社，1957)。

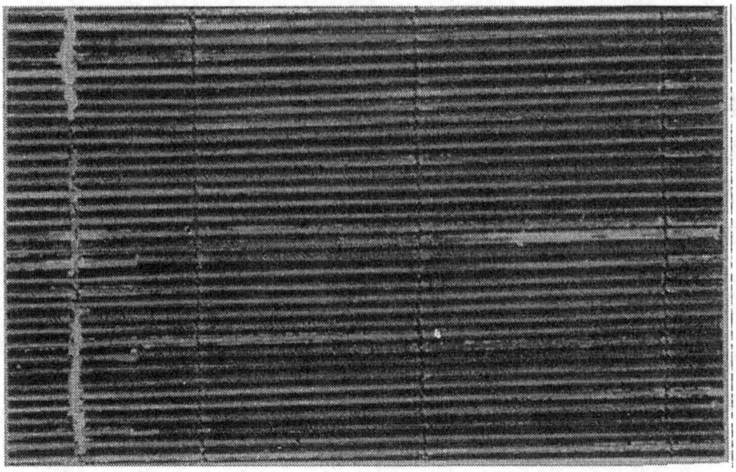

图 16-3　北印度克什米尔附近纸厂所用的抄纸帘，用禾本科类似中国萱草的植物茎杆及马尾编成，与新疆维吾尔族地区所用纸帘一致，取自享特的书

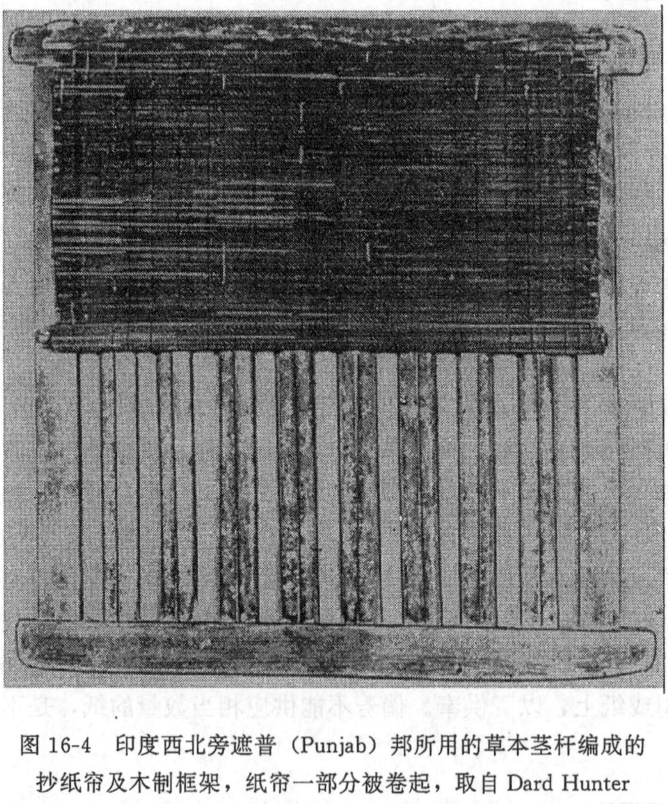

图 16-4　印度西北旁遮普（Punjab）邦所用的草本茎杆编成的抄纸帘及木制框架，纸帘一部分被卷起，取自 Dard Hunter

在印度自行造纸以前，所需的纸由中国新疆经克什米尔运至印度西北部，再转运至内地。也可能由中亚、西亚经克什米尔输入，因为阿拉伯地区已先于印度于 751 年从中国引进造纸术而设厂造纸。第十二章已指出，新疆地区早在晋-十六国（304-439）时已能就地造纸，此时出入于这里的中亚-西亚人和印度人已用上纸，沿丝绸之路各地出土的纸本文书上写有吐火罗（Tokhara）、粟特（Sogdian）、叙利亚和印度梵文等不同文字，就是证明。用梵文写的纸本文书不晚于 9～10 世纪，说明新疆地区有印度商人和僧人的足迹。造纸术由新疆经克什米尔传

入印度的可能性一直是存在的。我们已注意到印度纸的形制、造纸法和抄纸设备与新疆、西藏的很类似，因而造纸法还有可能由西藏经尼泊尔传入印度。

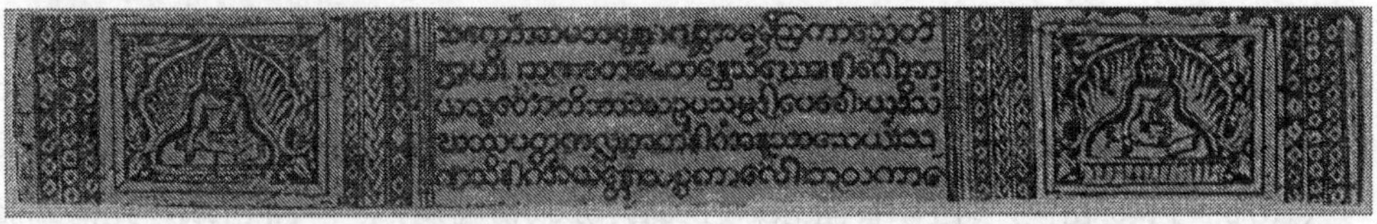

图 16-5 1445～1446 年于古吉拉特（Gujarat）或拉贾斯坦（Rajasthan）邦用印度中部方言帕拉克里特文（Prakrit）在纸上写的佛经，不列颠博物馆藏

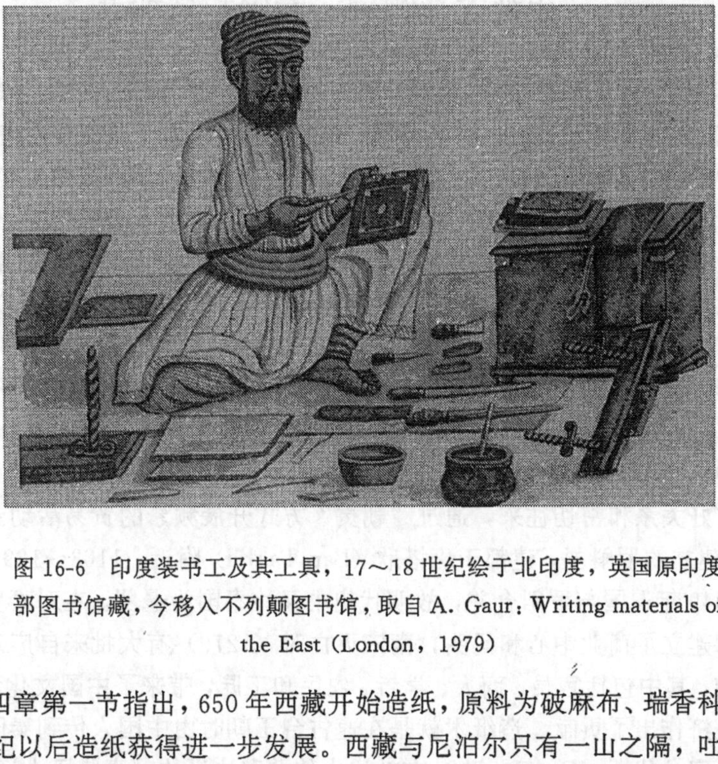

图 16-6 印度装书工及其工具，17～18 世纪绘于北印度，英国原印度部图书馆藏，今移入不列颠图书馆，取自 A. Gaur：Writing materials of the East（London，1979）

本书第十四章第一节指出，650 年西藏开始造纸，原料为破麻布、瑞香科狼毒根及灯台树皮等，7～8 世纪以后造纸获得进一步发展。西藏与尼泊尔只有一山之隔，吐蕃王朝强盛时期（629～797）与尼泊尔有密切交往，造纸术有可能在该时期从西藏传入尼泊尔，再经尼泊尔传入印度。尼泊尔以瑞香科白瑞香（*Daphne cannabiana*）为原料借织纹纸模抄纸①，显然受到西藏的影响。从这里我们看到，造纸术传入印度是经过好几个途径的，也正是纸贩运到印度所经过的途径。印度人长期习惯于以贝叶书写佛经，纸输入后必有一段与贝叶竞争和纸与贝叶并用的过渡阶段。印度境内从 11 世纪末至 12 世纪起纸写本逐渐增加②，到 13 世纪以后德里苏丹国（Delhi Sultanate，1206～1526）时期，造纸业有了较大发展，这一时期的纸写本传世者较多。因此印度境内造纸或可追溯到 7 世纪后半叶至 8 世纪前半叶之际。最初的纸厂设在

① D. Hunter，Papermaking. The history and technique of an ancient craft，p. 113（New York：Dover，Publications，Inc.，1978）；E. Koresky：Hand papermaking in Nepal（Kasama Press. Japan，1981）.

② P. K. Gode，Migration of paper from China to India. AD 105 to 1500，Appendix E to K. B. Joshi's Papermaking，4th ed.，226pp.（Wardh：Kamarappa，1947）.

北方和西北，尤其克什米尔和旁遮普，后来在南方也建立了造纸作坊。

造纸术传到今巴基斯坦和孟加拉国的时间，大体说应与印度同时或更晚些。至迟在13～14世纪，孟加拉造纸业已达到相当高的发展水平。明初时，随三宝太监郑和（1371～1435）奉敕下西洋的马欢（1410～1470在世），于其所著《瀛涯胜览》(1451）中讲到榜葛剌（Bengal，孟加拉）纸时写道："一样白纸，亦是树皮所造，光滑细腻如鹿皮一般"。同时随郑和下西洋的巩珍（1375～1440在世）《西洋番国志》(1434）亦载榜葛剌产"一等白纸，光滑细腻如鹿皮，亦有是树皮所造。"[①] 这里所说的树皮，指的是瑞香科、桑科韧皮纤维，因黄省曾（1505～1580在世）《西洋朝贡典录》(约1520）在《榜葛剌国》条内论其土产时说"有桑皮纸"[②]。

三　造纸术在缅甸、泰国和柬埔寨

关于缅甸、泰国的手工造纸技术，美国学者亨特虽曾作过调查[③]，但其早期造纸历史还有待今后专门研究，这方面的史料还收集得不够。毫无疑问，这两个国家开始造纸的时间较晚，缅甸造纸可能始于蒲甘王朝（1044～1287）末期至掸族统治（1287～1511）初期，即13世纪末期。当时蒙元统治者忽必烈于1277～1300年间多次在缅甸用兵，将其沦为属国，划归云南行省进行统治，且从中国调来官员、僧人、学者和工匠，境内通行中国历法和纸币，中国的纸与造纸术因之随中国文化传入缅甸。掸邦（Shan State）的东枝（Taunggui）是盛产桑皮纸的造纸中心。

与缅甸接壤的泰国，是中国与印度、阿拉伯海上贸易通道的必经之地，还通过缅甸与云南有陆上往来。宋元史书中的暹（Siam），指泰国北部由泰族人建立的速古台（Sukhotai）王朝（1238～1349），建都于速古台，在今宋加洛（Swarnkalok）一带。1292～1323年之间，暹国与中国保持友好关系和密切往来，通过"朝贡"方式开展频繁的贸易活动。泰国中部由吉蔑族（Khmer）建立的罗斛国，建都于班塔欣（Ban Takhli）附近，1103～1299年间也与宋元有密切往来。1349年暹国与罗斛合并，故明代史书又称泰国为暹罗。在对泰贸易过程中，中国商人在暹罗湾建立了商业中心和码头，南宋灭亡时（1279）有大批来自广东、福建的中国人前往泰国避难，其中包括官员、商人、学者、农民和工匠，带来了中国文化和科学技术，他们对发展泰国经济作出了贡献。造纸术就是在速古台王朝时由中国人传到泰国的。

法国东方学家戈代斯（G. Coedès）在补注由伯希和法译的《真腊风土记》(1312）时指出，泰国在速古台王朝时每年正月（kārttika月）都由国王在王宫前点放烟火，群众聚集在那里观看，与柬埔寨有同样的习俗[④]。制造娱乐用烟火（feu d'artifice）不但需要火药，还需要大量的纸。另一方面，侨居在那里的大批中国人在经济、文化活动中也离不开纸，因此便就地设厂制造。在大城（Ayuthaya）王朝（1350～1767）造纸业获得进一步发展，产纸地集中于湄南河三角洲一带。

柬埔寨是与中国有两千年友好关系的古国，唐以前史书称为扶南，高棉语中Bnam意思是

---

① 明·巩珍，《西洋番国志》(1434)，向达校注本，第40页（北京：中华书局，1961)。

② 明·黄省曾，《西洋朝贡典录》(约1520)，谢方校注本，第89页（北京：中华书局，1982)。

③ D. Hunter, Papermaking in Southern Siam, p. 27 (Ohio: Mountain House Press, 1936).

④ G. Coedès, Notes complémentaires de la Mémoire sur les Coustumes de Cambodge de Tcheou Ta-Houan, traduit par Paul Pelliot. T'oung Pao, 1933, vol. 30, p. 227;《真腊风土记》，夏鼐校注本，第123页（北京：中华书局，1981)。

山岳之国，唐以后称为真腊（Chanda），柬埔寨一名始见于明人著作。在吴哥（Angkor）王朝（约 802～1431）时期，中柬两国人员往来和经济文化交流持续不断，纸和造纸术就是在此时传入柬埔寨的。吴哥王朝兴盛时，中国旅行家周达观（1270～1348 在世）随元代使节于 1296～1297 年出访柬埔寨，返国后著《真腊风土记》。书内记载当地物产、风土人情和中柬贸易等情况，是研究中世纪柬埔寨历史的重要原始文献，有伯希和的法文译本①、吉尔曼（Gilman d'Arcy Paul）的英文译本②，冯承钧将伯希和本译成汉文③。因而此书成为中外学者的研究对象，被各国作者广泛征引。

《真腊风土记》第 21 节《欲得唐货》谈到中国向柬埔寨出口货物时写道："其地想不出金银，以唐人金银为第一，五色轻缣帛次之。其次如真州之锡镴、温州之漆盘、泉、处之瓷器，及水银、银硃、纸札、硫黄、焰硝……"④

在柬埔寨需要的这些中国货中，值得注意的是纸张和硝石，这还说明至迟在 13 世纪那里已会制造火药，因《真腊风土记》第 13 节《正朔时序》描写了真腊京城吴哥宫前燃放大型烟火⑤。火药是由当地制造，只有原料硝石由中国进口。制造烟火、爆仗的火药筒，无需用好纸，可用当地产者。从中国进口的纸，当是上层阶级用的高级文化纸。

四　造纸术在印度尼西亚和菲律宾

印度尼西亚自古就与中国有海上往来和经济文化交流。唐代僧人义净 671～695 年赴印度求法时，在室利佛逝（Sri Vijava）即今印度尼西亚苏门答腊岛居住达六年之久，他在这里托华商从广州购求纸墨，以便抄写佛经并撰著《南海寄归内法传》及《大唐西域求法高僧传》，从而将中国的纸引进印度尼西亚。他在《大唐西域求法高僧传》卷下写道："净于［室利］佛逝江口升舶附书，凭信广州，见求墨纸，抄写佛经"。传信的商船船主，是往来于两国之间的中国南方商人，由此可以判断，在义净以前中国的纸早就传入印度尼西亚。宋代时，中国纸继续向这里出口，南宋末期，大批中国沿海各省居民航海来此侨居，带来先进的生产技术，与当地人民一道发展经济。造纸术就是在这时传到印度尼西亚的。南宋作者陈槱（1161～1240 在世）《负暄野录》（约 1210）卷下指出，"外国如高丽、阇婆，亦皆出纸"。这里所说的阇婆即今印度尼西亚的爪哇（Java），则不迟于 13 世纪那里已建起纸场。明代人黄省曾（1505～1580 在世）《西洋朝贡典录》（约 1520）《爪哇国》条还说，岛上有的民族用纸绘成文字画长卷当作文献资料："其国人以图画相解说，纸图人物、鸟兽、虫鱼之形如手卷，以三尺木为轴，坐地展图朗说……"⑥。17 世纪以后，来印度尼西亚侨居的华人越来越多，1680 年代华侨在雅加达

---

① P. Pelliot (tr.), Mémoire sur les coustumes de Cambodge de Tcheou Ta-Kouan. Bulletin de l'Ecole Francaise d'Extrême-Orient, 1902, vol. 2, p. 123 et seq. (Hanoi).

② Gilman d'Arcy Paul (tr.), Chou Ta-Kuan's Notes on the customs of Cambodia, transtated from the French of Paul Pelliot (Bangkok: Social Science Association Press, 1967).

③ P. Pelliot 著，冯承钧译，《真腊风土记笺注》(1902)，载《史地丛考续编》(上海：商务印书馆，1933)。

④ 元·周达观，《真腊风土记》(1312)，夏鼐校注本，第 148 页 (北京：中华书局，1981)。

⑤ 同上，第 120～121 页。

⑥ 明·黄省曾，《西洋朝贡典录》(约 1520)，谢方校注本，第 25～26 页 (北京：中华书局，1982)。

建立了规模较大的纸厂[①]。

菲律宾像印度尼西亚一样，也是西太平洋的群岛之国，因其与中国福建、广东及台湾只一海之隔，距离较近，帆船三日可到，因之自古以来中菲关系较为密切。至迟从三国（3世纪）时代中国与菲律宾已有海上往来，唐宋时贸易活动进一步发展，宋人赵汝适（1195～1260在世）《诸蕃志》（约1242）记载了中国商人在菲律宾吕宋（Luzon）岛上的麻逸（Mindoro Is.）、蒲哩噜（Polillo）及三屿贸易情况，三屿为加麻延（Calamian）、巴老酉（Palawan）及巴吉弄（Busuanga）。元代人汪大渊（1311～1370?）《岛夷志略》（1349）更载苏禄（Sulu）作为新的贸易点对华贸易的情况。对菲出口物有丝绢、瓷器、铁器等，上述史书虽未谈到纸张，但纸必然早已传入其地。

明代时，中菲关系、经济文化交流以及人员往来进入新的阶段，主要由于明成祖对海外事务特别关注。中国四大发明（造纸术、火药、指南针和印刷术）至迟在明代全面传入菲律宾。《明史》卷三百二十五《苏禄国传》称，永乐十五年（1417）苏禄国东王巴都葛·叭答剌（Paduka Patala，?～1417）、西王麻哈剌叱·葛剌麻丁（Maharaja Klaibantangan）和峒王巴都葛·叭剌卜（Paduka Proba）各率家眷及随从共340余人访华，受到明成祖款待，赠予中国衣冠、金银钱钞、日用器皿、丝绢等物。此后又多次遣使中国。与此同时，大批中国商人前往经商与侨居。《明史》卷323《吕宋传》称："先是，闽人以其地饶富，商贩者至数万人，往往久居不返，至长子孙。"1588年只马尼拉一地就有华侨一万人，1603年增至4万人。

这些华侨经营农业、手工业和商业，其中包括造纸与印刷。吕宋岛南的猫里务（Marinduque）因华侨的开发也变成沃土，华人有言道，"若要富，须往猫里务"。中国人还参与南部棉兰老岛的沙瑶（Dapiton）及呐哔啴（Dapdap）的开发。张燮（1574～1640）《东西洋考》（1618）卷五称，岛上居民"以衣服多为富，[写]字亦用纸笔，第[字]画不可辨。"[②]说明当地人16世纪时已用纸为书写材料。1565年菲律宾沦为西班牙殖民地后，殖民统治者一度迫害华侨，但1595～1596年任代理总督的西班牙人莫尔加（Antonio de Morga）不得不承认，菲律宾"没有华人就无法存在，因为他们都是精通各行各业的工匠"[③]。他们在菲律宾传授的生产技术包括造纸、制造火药、榨糖、冶炼金属、铸炮、纺织、建筑、制瓷、制造银器等等[④]。16世纪以后在马尼拉华侨聚集区规模很大，称为巴连（Parian 意为市场）[⑤]，在这里各种中国货物应有尽有。这些货物还通过菲律宾转运到美洲新大陆的墨西哥等地区。造纸术传入马来西亚的时间大约与菲律宾同时，也是通过当地华侨引入的。

---

① F. de Haan, Oud Batavia, Gedenkboek Uitgegeven ter gelgegenheid van het 300 jarig bestaan der Stad in 1919, p. 275 (Batavia: Kolff, 1922)；转引自周南京，历史上中国和印度尼西亚的文化交流，收入《中外文化交流史》，第220页（河南人民出版社，1987）。

② 明·张燮：《东西洋考》卷五，第65页（上海，1937）。

③ Antonio de Morga, Sucesos de las Islas Filipinas, p. 349 (Mexico, 1609), cited by John Foreman: The Philippine Islands, p. 110 (New York, 1906).

④ Rosario Mendezo Cortes: Pangasinan 1572～1800, p. 133 (Quezon, 1974).

⑤ 周南京，中国和菲律宾文化交流的历史，《中外文化交流史》，第439～445页（河南人民出版社，1987）。

第三节 中国印刷术在菲律宾和泰国的传播

一 印刷术在泰国的兴起

上节讨论了中国造纸术在南亚、东南亚各国的传播，但没有提到印刷术，因为这些国家没有及早从中国引进印刷术，只有越南是个例外，因为越南与中国在陆上相邻，又是汉字文化圈国家。除越南外，在东南亚国家中泰国和菲律宾是最早用中国传统印刷术出版书籍的国家。泰国继速不台王王朝之后建立的阿瑜陀耶（Ayuthaya）王朝或大城王朝（1350～1767），与明代仍保持频繁的友好往来，在这期间双方遣使达131次，暹罗遣明使有112次，平均两年一次。

明人王圻（1540～1615在世）《续文献通考》（1586）卷四十七《学校考》记载，暹罗国王为培养通晓汉语的人材，洪武四年（1371）派年青子弟前往北京国子监学习，这是泰国注重中国文化而派遣出的较早一批留学生。此后两国继续互派留学生，学习对方的语文。与此同时，福建、广东籍手工业者也随商船前往泰国谋生，从隆庆元年（1567）开始，这些中国手工业者在泰国从事铁农具及铜铁器皿的制造，还有制茶、制糖、印刷和造纸、豆类食品加工等行业的经营①。明人黄衷（1474～1553）《海语》（1536）称暹罗首都阿瑜陀耶"有奶街，为华人流寓者之居"。在这里有纸店和书店，都是华人经营的。

吞武里（Thon Bury）王朝（1767～1781）时，每年来自上海、宁波、厦门、潮州的商船有五十多艘，随船的人每年有数千，他们在旅途中常以《三国演义》中的故事为话题，后来此书传到泰国。查卡里（Chakri）王朝或曼谷王朝的建立者拉马一世（Rama Ⅰ，1782～1809）对《三国演义》很感兴趣，命臣下译成泰文。此书在泰国产生广泛影响，被当成历史教科书和军人必读物。拉马二世（Rama Ⅱ，1809～1825）时，又将中国的《水浒传》、《西游记》、《东周列国志》、《聊斋志异》、《红楼梦》、《封神演义》等书译成泰文，并予出版。拉马五世（Rama Ⅴ，1868～1910）时，除首都曼谷三个宫廷印刷所外，还有一个专门出版中国古书的乃贴印刷所。大城王朝时由华人经营的坊家，用雕版印刷技术以出版汉文作品为主。曼谷王朝（1782年建立至今）时从19世纪后用机器印刷方法出版书籍。

二 华人龚容在菲律宾的雕版印刷

菲律宾在发展印刷术之前，中国出版的书已由华人、菲律宾人和西班牙人携入境内。例如西班牙人拉达（Martin de Rada or de Herrada，1533～1577）奉西班牙驻菲律宾总督莱加斯皮（Miguel Lopez de Legaspi，1510？～1592）派遣，于明万历三年（1575）七月来福建，在泉州、福州等地停留三个多月。拉达通汉语，在福州买了不少中国书，带回马尼拉，此后编写一本汉语辞典、撰写了游记。1576年拉达的旅伴马林（Gerohimo Marin）回西班牙，将拉

① 葛治伦，1949年以前的中泰文化交流，载周一良主编，中外文化交流史，第487～521页（郑州：河南人民出版社，1987）。

达的中国游记稿转交给国王菲利普二世（Filipe Ⅱ，1527～1598）。此稿后来成为西班牙人门多萨（Juan Gonzeles de Mendoza，1540～1620）编写《中华大帝国志》（Historia del Gran Rigno de China，Roma，1585）的基础。此书西班牙文首版1585年刊于罗马，1588年由帕克（R. Parke）译成古体英文，有各种欧洲文版本，成为西方介绍有关中国较早的一部专著。门多萨列举拉达从中国带到菲律宾的书时，指出其中包括地理、历史、法律、造船、天文、乐律、数学、本草、奕棋、马术及军事方面的书。门多萨接着说："我也有这样的一本书，我还在西班牙、意大利和印度看到其他的中国印本书"①。拉达返回菲律宾后，请当地华侨帮助他翻译从中国带回的一些书，但未及出版，他于1577年便逝世了。

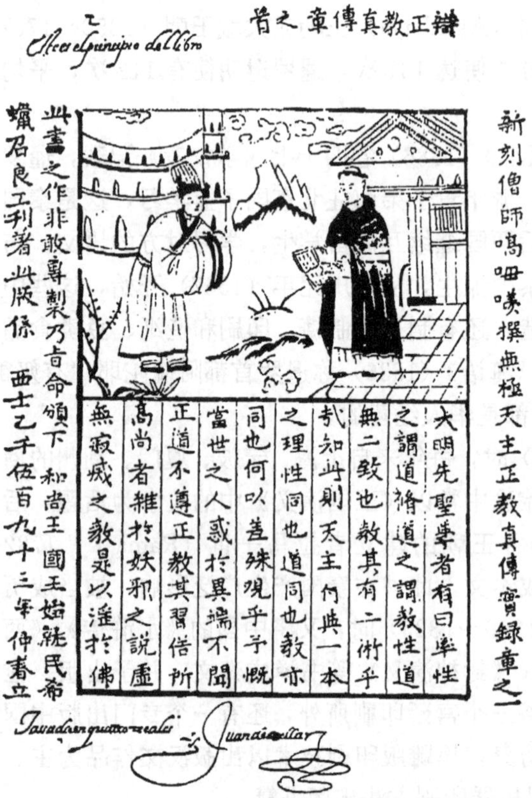

图16-7　1593年在菲律宾马尼拉出版的汉文木刻本《无极天主正教真传实录》，西班牙马德里国立图书馆藏

1590年，菲律宾首任天主教大主教沙拉萨尔（Domingo de Salazar）致西班牙国王菲利普二世的信中，谈到在马尼拉华人聚居区巴连（Parian）繁荣情况时说："我毫不犹豫地向陛下断言，在西班牙或本地区没有其他城市有像巴连那样值得观赏的地方，在这个市场上可以看到中国的各种行业、各种商品以及来自中国的各种稀奇的货物。这些商品已在巴连开始制造……在巴连可以找到各行各业的工匠。"② 这些行业包括书匠、画匠、银匠、医生等，书匠就是印书与订书工，其中最负盛名的是福建人龚容（Keng Yong，1538？～1603），西班牙当局推行殖民政策时，强令菲律宾人和当地华人改用西名并改信天主教，因此，中国印刷工龚容取西名为胡安·维拉（Juan de Vera），并加入了天主教。

西班牙首都马德里国立图书馆藏有现存最早刊于菲律宾的汉文版印本书，是1593年（明万历廿一年）问世的科沃（Juan Cobo，？～1593）所著《天主教义》（Doctria Christiana）③。此书就是龚容制版、印刷的，题为新刻僧师高母羡撰《无极天主正教真传实录》（图16-7），西班牙文原名为《自然法则的理顺及改善》

① Juan Gonzeles de Mendoza，The history of the great and mighty kingdom of China and the situation there of. Translated from the Spainish by R. Parke in 1588. ed. Sir George T. Staunton，vol. 1，pp. 131～133（London：Hakluyt Society，1853）.

② Emma Helen Blair et James Alexander：The Philippine Islands，vol. 7，pp. 34～35，212～233（Cleveland，1903）；参见周南京：中国和菲律宾文化交流的历史，收入周一良主编，中外文化交流史，第430～465页（河南人民出版社，1987）。

③ Henri Bernard-Maitre，Les origines chinoises de L'imprimerie aux Philippines，*Monumenta Serica*，1942，vol. 7，p. 312（Shanghai）.

(Rectificacion y mejora de principios naturales)。全书共九章，前三章与宗教有关，后六章主要介绍地理学及生物学知识，包括地圆说①。作者高母羡原写作“嗃呣㗣”，羡为Juan音译，高母为Cobo之译，此人为西班牙多明我会会士，1588～1592年在菲律宾传教，从华侨学会汉文②，1593年去日本，同年客逝。作者在第一章开始用汉文写道：

大明（中国）先圣学者有曰：“率性之谓道，修道之谓教”。性、道无二致也。……此书之作，非敢专制，乃旨命颁下［自］和尚王（教皇）、国王，始就民希腊（Manila，马尼拉）召良工刊者。此版系西士（Jesu，耶稣）乙千伍百九十三年（1593）仲春立。

从行文来看，不是规范汉文，规范的汉文应写为“此书之作，非敢私著，乃奉和尚王、国王之旨所为。书成，始就民希腊召良工刊者。”因而可以看出此《无极天主正传真传实录》，实出于西班牙教士胡安·科沃（僧师高母羡）之手。书中将教皇称为“和尚王”、称传教士为“僧师”，而将耶稣（Jesus）译为“西士”，都表明是早期译法。书首插图绘有西方传教士着中国僧衣，手持经书向中国人讲道，也是他们的早期作法。刊本中汉文字句虽有时读起来不顺，但刊本文字显系中国书手所为，从插图、字体及版式观之，该书当以雕版印成。汉文本出版的同一年（1593），又以菲律宾当地民族的他加禄文（Tagalog，1962年菲律宾定为国语）印成科沃的同一部书，也是龚容以雕版印刷的③。菲律宾远东大学教授赛德（Gregorio F. Zaide）写道：

1593年出版了两本有关基督教义的书，一为他加禄文本，另一为汉文本。都是在马尼拉由一位中国教徒龚容（Juan de Vera，卒于1603年）刻印的。他是菲律宾第一位闻名的印刷工④。

三　龚容兄弟在菲律宾的金属活字印刷

1602年（万历三十一年）龚容晚年时又成功地研制金属活字，用以刊印西文及汉文书。1640年，西班牙教士阿杜阿尔特（Aduarte）谈到龚容时写道：

他致力于在这块土地（菲律宾）上研制印刷机，而在这里没有任何印刷机可供借鉴，也没有与中华帝国印刷术迥然不同的任何欧洲印刷术可供他学习。……龚容（Juan de Vera）不懈地、千方百计且全力以赴地工作，终于实现了他的理想。……因此这位华人教徒龚容是菲律宾活字印刷机的第一个制造者和半个发明者⑤。

很可惜，1602年龚容研制金属活字印书技术成功后，次年便于马尼拉与世长辞。但他的弟弟佩德罗·维拉（Petro de Vera，汉名待考）和徒弟接过这些活字和技术印行活字本著作。事实上，他们必亦事先参与龚容发起的工作。1911年西班牙人雷塔纳（W. E. Retana）著

① 方豪，流落于西葡的中国文献，学术季刊，1952，1卷，2期，第149页（台北）；明万历间马尼拉刊印之汉文书籍，现代学苑，1967，4卷，6期，第1页（台南）。以上又俱见《方豪六十自定稿》，下册，第1518～1524，1743～1747页（台北：台湾学生书局，1969）。

② Paul Pelliot：Notes sur quelques livres ou documents conserés en Espagne. T'oung Pao，1929，vol. 26，p. 43.

③ P. van der Loon，The Manila Incanabula and Early Hokkeins Studies，Asia Major，1966，n.s，12，no. 1，pp. 2～8.

④ Gregorio F. Zaide，Philippine History and Civilisation，p. 388（Manila，1939）.

⑤ Pablo Fernandez，History of the church in the Philippines，pp. 358～359（Manila，1979）.

MEMORIAL DE
LA VIDA CHRISTIANA
EN LENGVA CHINA
compueſto Por el Padre Fr.Domin-
go denieba Prior del
conuento de S.
Domingo.
con licençia en Binondoc en caſa de Pedro de
vera ſágley Impreſor de libros Año de 1606.

图 16-8 1606 年在马尼亚出版的汉文金属活字本《新刊僚氏正教便览》之西班牙文扉页，原维也纳帝国图书馆藏

《非律宾印刷术的起源》一书中介绍说，维也纳帝国图书馆藏有题为《新刊僚氏正教便览》的汉文书（图 16-9），作者汉名为罗明敖·黎尼妈[1]。“僚氏”为西班牙文 Dios（天主）之音译，则此书实为《新刊天主正教便览》。书的扉页内容印以西班牙文[2]：Memorial de la Vida Christiana. En lengua China // compuetto por el Padre Fr. Domingo de Nieba，Prior del conuento de S. Domingo. // con licencia en Binondoc en casa de Pedro de Vera ságley Impres or de Libros. Año de 1606。现将这段内容译成如下汉文：“《天主教义便览》。由多明我会会士多明戈·涅瓦神甫以汉文编成。//由佩德罗·维拉刊于宾诺多克的萨格莱书店。1606 年。”作者为西班牙多明我会会士，多明戈·涅瓦（Domingo de Nieba），自译汉名为罗明敖·黎尼妈。

应当指出，雷塔纳 1911 年提供的扉页照片，左边没有拍全，10 行字中缺了 M，c，c 及 V 四个字母，后人转引时没有补上，因而产生误解。我们此次已将缺漏的部分补齐。同时原版排印过程中，对一些词的拼法及词头大小写处理得不够规范，我们已在上述释文中作了规范处理。例如，作者姓名中的 denieba，应当是 de Nieba，compuetto Por 应当是 compuetto por。扉页下部第二行从照片显示的似乎是 cra sagley，方豪（1900～1980）因而释为 Cra Sangley 华侨书店名[3]，这就错了。我们认为应当是 Vera Sagley，cra 应当是 era，因字母 e 在此处印得不清，而在 e 之前还应有个字母 V 或 v，此即排印者 Petro de Vera，即龚容的弟弟。扉面上面第四行照片中显示为 ompuetto，应当是 compuetto（“编写”），脱一字母 c。下面第一行 on licencia 应当是 con licencia，又脱一字母 c。

现将我们校释后的扉页（图 16-8），发表在这里。除扉页为西班牙文外，全书正文均为汉文（图 16-9）。作者在序页内写出此书书名及作者名：“巴礼　罗明敖·黎尼妈新刊僚氏正教便览”，其中“巴礼”为西班牙文 el Padre（神父）之译音，相当英文中的 Father 或法文中的 le Père。接着，这位在菲律宾的西班牙作者用不太通顺，但可读懂的汉文在序中写道：

> 夫道之不行，语塞之也；教之不明，字异跡也。僧因行道教，周流至此（菲律宾）。幸与大明（中国）学者交谈，有既粗知字语。有感于心，乃述旧本，变成大明字语（汉文），著作此书，以便入教者览之。……僧今集天主经书，俾人受读。……此虽初学之要略，实则得道之根原，故刻之以便后学，而广其传焉。

---

① W. E. Retana，Origines de la imprenta Filipina，p. 71（Madrid，1911）.

② Ibid.，pp. 181～184.

③ 方豪，明万历间马尼拉刊印之汉文书籍，《方豪六十自定稿》，下册，第 1518 页（台北，1969）。

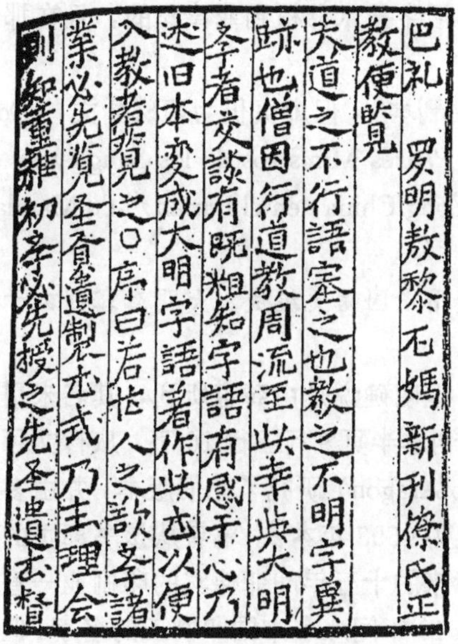
巴礼　罗明敖黎尼妈新刊僚氏正
教便览
夫道之不行語塞之也教之不明字異
跡也僧因行道教周流至此幸與大明
孝者交談有既粗知字語有感于心乃
述旧本变成大明字語着作此书以便
入教者览之○序曰若世人之欲学諸
業必先览圣贤遺制书式乃主理会
則细重雖初学必先授之先圣遗书督

图 16-9　1606 年中国人龚容之弟在马尼拉刊行的西班牙人罗明敖·黎尼妈（Domingo de Nieba）著《新刊僚氏正教便览》的汉文正文《序》，原维也纳帝国图书馆藏

图 16-10　1593 年中国龚容在马尼拉雕印的汉文本《天主教义》之西班牙文扉页，梵蒂冈图书馆藏

看来，多明戈·涅瓦（罗明敖·黎尼妈）是继胡安·科沃（高母羡）之后，在菲律宾华侨界传教的另一教士，为了开展工作他必须学会汉文汉语，特别是福建方言。此刊本《正教便览》半页 9 行，行 15 字。张秀民认为“是木刻的”①，即雕版印刷品，笔者在仔细研究后得出的结论与此相反，主张是金属活字本，而非木刻本。将 1593 年龚容所刻《无极天主正教真传实录》与其弟于 1606 年所刊《僚氏正教便览》二本对比后，我们发现二者有以下相异之点：前者汉文结体较为流畅而活泼，且多为繁体，接近书稿文字，很少走样者；每行字排列笔直而整齐；书内有多幅插图，图解文字与正文文字具有同样特点。这显示此本为雕版印刷品。而后者汉字结体较为呆滞、粗放，且多简体字，如“义”、“虽”（虽）、“离”、“迁”、“孝”（学）、“会”、“旧”、“罗”、“断”、“实”等，几乎与我们今天所用的简化字同，这说明三百多年前菲律宾华侨早已使用了简体字。“读书”的“书”字，有时作“書”，有时作“𠀋”，没有统一。每行字排列间有不整齐之处，横向多不对齐，个别字歪邪，字下有不该出现的空白，全书没有插图。这些特点显示该本不是木刻本，而是金属活字本。之所以用大量简体字，是为铸字之方便起见。如果是雕版，则刻字工应按书稿刻字于木板上，而写字人不会时而写“雖”、“書”，时而写“虽”、“𠀋”，且各行字应排列笔直而整齐，不会像现在这样。字体所以呆滞而不流畅，是因初次试铸活字，有待进一步改进。但扉页上的西班牙文字母则相当之美，

① 张秀民，《中国印刷术的发明及其影响》，第 169 页（人民出版社，1958）。

因为汉字字形复杂、笔划多，比西文更难铸活字。这说明，龚容兄弟1602年试制成活字后，其弟便用活字于此后印书了，他们当然是将明代金属活字技术移植到菲律宾的，且在那里开设书坊。

1924年法人伯希和在梵蒂冈图书馆发现一部汉文刊本①，但扉页仍为西班牙文：(Doctria Christiana en letra y lengua China，compuesta por los Padres Ministros de los Sangleycs，de la Orden // de Sancto Domingo. // Con licencia por Ken Yong China，en el Parian // de Manila（图16-10）。我们将这段西班牙文翻译于下：

> 《天主教义》。由桑格莱神甫们奉圣多明之命用中国语文编成。大明龚容刊刻于马尼拉之巴连。

此书没有汉文书名和年款，亦未提编写者姓名，但明确说是由龚容所刊，其名未用西班牙名 Juan de Vera，而用 Keng Yong 这个闽音拼法。刊本半页9行，行16字，从行文可知作者仍是通晓汉文的西班牙教士。1951年阿拉贡（Gayo Aragon）研究了此书版本，并由多明格斯（Antonio Dominguez）译成西班牙文发表，经考定为1593年本②。笔者从该书扉页的西班牙文及正文汉文观之，此为雕版印刷品。从1593年以来的十五年间菲律宾的印刷业一直由华人所垄断。1911年雷塔纳在前引书中列举了1593～1640年间八名中国印刷工的名字，但都是西班牙名。他们所印书的文种有汉文、西班牙文和他加禄文③。无疑龚容是其中为首的一位。在他们的传授下，1608～1610年以后才有菲律宾人参与印刷工作④。

第四节　中国造纸术在中亚、西亚和北非的传播

一　造纸术西传的历史背景

中亚和西亚各国在中国古书中通称为“西域诸国”，从长安到今甘肃、新疆后，沿天山南北两麓西行，经万里跋涉就可到达这些国家。这条陆上的丝绸之路从汉代（公元前2世纪）以来就是中国与中亚、西亚各国之间重要的贸易通道。早在汉、晋时期，中国的纸就与丝绸等商品一起运往甘肃、新疆一带，再从这里转运到中亚、西亚各国。20世纪以来，在丝绸之路沿线一些地点出土了大量汉魏、晋唐时的中国古纸。由于新疆地区从5世纪起已开始造纸，因而新疆便成为中国纸输入中亚、西亚各国的集散地。中国和西域国家的骆驼商队将丝绸、纸和铁器等中国货源源西运，新疆、甘肃和内地也有许多西域客商居住。因此中亚、西亚各国人很早以前便已用上了纸。

1907年，斯坦因在甘肃敦煌掘出九封用中亚粟特文写的信（图16-11），用的是中国麻纸。经英国学者亨宁（W. B. Henning）的研究，认为这些信是客居在凉州（今甘肃武威）的中亚商人南奈·万达（Nanai Vandak）在晋怀帝永嘉年间（311～313）写给他在撒马尔罕

---

① Paul Pelliot：Un recueil de pièces imprimées concernant la ‘Question des Rites’. T’oung Pao，1924，vol. 23，p. 356.

② 方豪，明万历间马尼拉刊印的汉文书籍，现代学苑（台北），1967，卷4，6期；《方豪六十自定稿》，下册，1519～1520页（台北：台湾学生书局，1969）。

③ W. E. Retana：Origenes de la imprenta Filapina，p. 71 (Madrid，1911).

④ C. R. Boxer：Chinese abroad in the late Ming and early Manchu periods，compiled from contemporary sources 1500～1750. T’ien Hsia Monthly，1939，vol. 9，no. 5，p. 459 (Shanghai).

(Samarkand)的友人的[①]。古时粟特国靠今里海(Caspian Sea)以东，又称康国，其居民以经商著名，常来中国做生意。《魏书》(554)卷一百零二《西域传》称："粟特国在葱岭之西，……其国商人先多诣凉土贩货。"因此康国人早在4世纪就成为使用中国纸的中亚人。在新疆和甘肃敦煌还出土中亚吐火罗(Tukhara)文、西亚波斯文(450年前后)和叙利亚文以及欧洲希腊文等纸本文书，都是3～6世纪时在中国境内用中国纸写的。

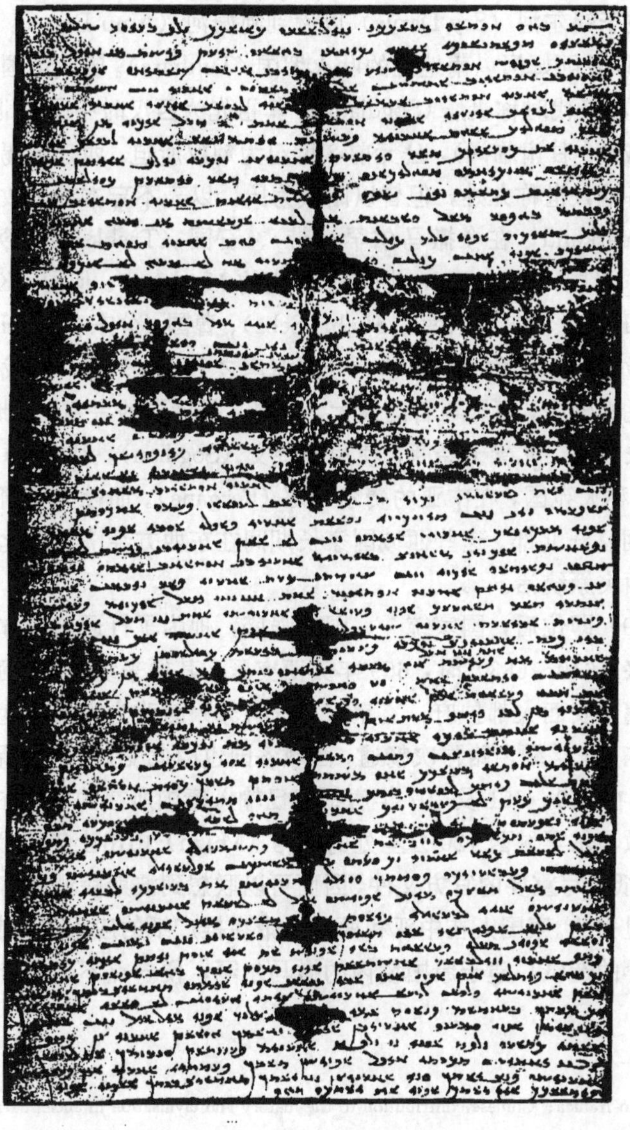

图 16-11　1907年在敦煌附近长城烽燧遗址发现的中亚粟特文书信，写于313年，不列颠博物馆藏

唐代以后，中西交通和经济文化交流十分活跃。除陆路外，中国还通过海路与印度洋、波

---

① W. B. Henning, The date of the Sogdian ancient letters. Bulletin of the School of Orient and African Studies, University of London, 1948, vol. 12, p. 601～615.

斯湾、红海和地中海沿岸一些国家有贸易往来。20 世纪以来，在新疆、陕西和广东等地出土的波斯、罗马帝国的金币，正是当时贸易的历史见证。史载波斯萨珊（Sassan）王朝（226～651）期间已用中国所产的纸书写宫廷文件①，则与中国关系密切的中亚各国亦当如此。“纸”字在波斯语中为 kāgaz，中亚粟特语为 kāygdi，都是汉语“穀纸”的讹音，演变成后来阿拉伯语中的 kāghad。但唐以前中国内地通向波斯的陆上丝绸之路受到了西突厥的阻塞，因为它控制今新疆至里海以东的西域各国，使中西贸易不能畅通。

西突厥控制包括位于锡尔河（Sry Darya）以南到阿姆河（Amu Darya）地区的拔汗那国（Farghana）、昭武九国以及阿姆河以南地区的吐火罗国（Tukhara）。昭武诸国是以康国为首的九姓政权的总称，康国在汉代时称康居（Sogdiana），其祖先为西汉时中国西北古族月氏人，旧居于祁连山北的昭武城（今甘肃临泽），公元前 2 世纪为匈奴所迫，西迁至锡尔河到阿姆河一带。后来其支庶分王各地，世称九姓，但皆以昭武为氏，以表不忘本源，故名“昭武九姓”，隋唐时包括康国（Samarkand，在今撒马尔罕一带）、石国（Tashkend，今塔什干）、安国（Bukhara，今布哈拉）、米国（Maimargh，撒马尔罕南的 Maghian）、何国（Kashania，撒马尔罕以西）、史国（Kasanna，撒马尔罕东南之 Shahri Sebz）、曹国（分东曹 Sutrisha、西曹 Kebud 及中曹）火寻国（Khwarism，又称花剌子模，今咸海南之 Khiva 一带）及伐地国（Botik，在阿姆河以西）②。昭武九姓国中，康国与石国最大，康国又是诸国的宗主。其地产良马及珠宝，土地肥沃，居民从事农牧业，尤善于经商，使用粟特文（Sogdian），往来于中国与波斯之间。除此，拔汗那国，汉代称大宛国，在中亚的费尔干那（Fergana）。而吐火罗国即汉代称为大夏（Bactria）之地，在今阿富汗北部。这些西域国家长期间在东西方经济与文化交流中起桥梁作用，但 6 世纪时都受西突厥统治。

唐太宗（629～649）即位后，国家统一，国力强盛，他为了打通东西方丝绸之路，多次对西突厥用兵。至高宗（649～683）时，659 年灭西突厥，其原来统治的中亚各国纷纷内附，归入唐帝国版图，隶属于安西大都护府，玄宗（712～756）时改为安西节度使。因之，唐的势力范围已西至里海东岸，丝绸之路再次畅通，西域各国也因此受益，与唐保持密切往来。因昭武诸国属唐，所以早在 650～651 及 707 年唐纸就已输入康国所在的撒马尔罕③。20 世纪 30 年代，在乌兹别克的撒马尔罕城西 120 公里处的穆格（Mugh）山出土年代 为 709～723 之间的古纸④。康国用这些纸书写重要的官方文件，因而可以联想到波斯萨珊朝宫廷所用的纸定是经过康国从中国贩运过去的。康国人在中亚和西亚一带在推广纸的应用方面起了重要作用，如下所述，中亚一带最早的造纸厂建于康国境内的撒马尔罕，便一点不足为奇，因康国是中国以西最早用纸的国家。

---

① Borthold Laufer，Sino-Iranica；Chinese contribution to the history and civilisation in ancient Iran，p. 559（Chicago，1919）.

② 《新唐书》（1061）卷二百二十一下，《西域传 · 康国》，廿五史本第六册，第 673～674 页（上海古籍出版社 1986）；张星烺，《中西交通史料汇编》第五册，第 23～31 节，第 88～136 页（北京：京城印书局，1930）；冯承钧编、陆峻岭订，西域地名（北京：中华书局，1980）。

③ Berthold Laufer，Sino-Iranica，op. cit.，p. 559（Chicago，1919）；林筠因译，中国伊朗编，第 393～394 页（北京：商务印书馆，1964）。

④ Richard N. Frye，Tarxùn-Türxün and Central Asia history. Harvard Journal of Asiatic Studies，1951，vol. 14，p. 123（Cambridge，Boston）.

正当唐帝国经营西域之际，7～8世纪由阿拉伯人建立的伊斯兰教国家在西亚的阿拉伯半岛上兴起。伊斯兰教国统治者奥马尔（Umar ibn-al-ṭṭâb，581～644）在位时（634～644），率军从阿拉伯半岛上的首都麦加（Mecca）出发，征服了叙利亚和巴勒斯坦，642年征服埃及，再灭波斯。至7世纪中叶，已将版图扩大到北至里海、西至北非的大片地区，从而与唐帝国的势力范围在西亚里海一带相接触。唐高宗李治（628～683）即位次年即永徽二年（651），阿拉伯第三任统治者鄂斯曼（Uthman，649～656在位）遣使来唐，双方建立正式外交往来①。后来，阿拉伯帝国的叙利亚埃米尔（Emir，即总督）穆阿维亚（Muáwiya ibn-abi-Syfyān，？～680）为首的倭马亚贵族势力建立倭马亚（Umayyads）王朝（661～750），自任哈里发（统治者），迁都于叙利亚的大马士革（Damascus）。此后，统治伊拉克的阿卜·阿拔斯（Abu ‘l-Abbas，721～754）又建立阿拔斯（Abbasids）王朝（750～1258），首都再东迁至伊拉克的巴格达（Baghdad）。

这两个王朝继续保持与唐的频繁往来和贸易关系。中国史书将倭马亚王朝称为“白衣大食”，而称阿拔斯王朝为“黑衣大食”，将阿拉伯世界通称为“大食”。“大食”为波斯语Tajik或Tazc之音译，导源于阿拉伯一个部族Tayyi的名称。阿拔斯王朝政权支柱波斯和伊拉克贵族及其武装力量，因而受波斯影响较深，与其说是倭马亚朝的继续，勿宁说是波斯萨珊朝的继续。过去波斯宫廷用纸书写文件的作法，又为阿拉伯新的统治者所沿袭，而这以前他们是以树皮、羊皮和埃及莎草片（papyrus）为书写材料的。阿拔斯王朝时，650～707年间中国纸向阿拉伯世界大量出口，波斯巴士拉（Al Basra）学者贾希兹（Abū ‘Uthmān ‘Amr ibn-Bakr al-Jāḥiz，776～868）《商务观察论》（Kitab al-Tabasṣur bil-Tijāra）列举世界各地输入巴格达的货物时，指出有来自中国的丝绸、瓷器、纸和墨、剑、肉桂等②。

阿拉伯人发现纸比当时所有其他书写材料都优越，但从中国经中亚长途贩运后纸价较高，一直想就地生产。这样他们还可向欧洲出口，以获实利。另一方面，早期哈里发对外用兵，忽视文治，从8世纪起，注重文化建设，在新的征服区推行阿拉伯文化，提倡学术研究，以巩固统治，这也增大了社会上对纸的需要量。他们试图从中国招请纸工传艺，但没成功，至8世纪中叶时，机会意外地到来。不过中国纸工不是被请去的，而是作为一次军事冲突中的战俘被掳去传授技术的。

二　导致造纸术西传的怛逻斯战役

阿拉伯帝国的哈里发灭波斯后，下一个目标是向隶属于唐帝国的昭武诸国、拔汗那和吐火罗等里海以东国家推进，进而与唐争夺对中亚、西亚这段重要经济通道的控制权。这些遭受大食侵袭的信仰佛教或摩尼教的小国，与唐在政治、经济上是利益一致的，在唐与大食对峙中是亲唐的。然太宗以后的唐代统治者没有对西域国家给予有力的保护。至武则天执政后期，大食将军屈底波（Kutaibo）见无唐兵出救，遂逐一略取康国、安国、石国、吐火罗及拔汗那等国。唐玄宗即位后，国力一度好转。据宋人王钦若（962～1025）奉勅编修的《册府元

① 《旧唐书》卷一百九十八，《大食传》，廿五史本第五册，第639页。

② 张广达，中国与阿拉伯世界的历史联系的回顾，载周一良主编，中外文化交流史，第751页（郑州：河南人民出版社，1987）。

龟》(1013) 卷九百九十九所载，开元七年 (719) 康国、安国、俱蜜国 (Kumidh)，开元十五年 (727) 吐火罗国，开元二十九年 (741) 石国等国，都向长安上表述说其苦，“伏乞天恩知委，送多少汉兵来此”解救苦难，“伏望天恩处分大食，……臣等即得长久守把大国 (大唐) 西门”，辞意恳切，但唐玄宗却坐视不顾。结果在与大食对峙中，后者已先占上风。

玄宗拒不出兵，也自有其苦衷，因靠近内地的吐蕃也与唐争夺西域。事实上，安西节度使高仙芝 (约 700～755) 要在天宝六年 (747) 率军击败吐蕃，收复葱岭附近的小勃律 (Polor，克什米尔北) 等二十余国之后，才能腾出手过问葱岭以西的边务。高仙芝为高丽人，饶勇善战，屡立战功。但他没有利用昭武诸国对大食统治不满而仍愿归唐的时机，奏请皇帝联合这些国家共同对敌，反而将其推向大食一边，共同反唐，从而犯了战略上的错误，尤其表现在对石国的用兵方面。

综合《新唐书》卷二百二十一下《石国传》、《旧唐书》卷一百零九《李嗣业传》及《资治通鉴》卷二百一十六《唐纪三十二》所述，我们可作如下介绍。当时昭武诸国被夹在唐与大食两大强国之间，其处境较为复杂而微妙。他们被大食侵占后，被强迫改信伊斯兰教并受到民族压迫及经济盘剥，因而又暗中与唐通使，想借唐的力量摆脱大食的压迫。其中石国于天宝初 (742) 还继续接受唐的册封，高仙芝进军葱岭后，天宝八年 (749) 前后，石国密使与仙芝接触中，可能对当初玄宗见危不救发了些牢骚，这本是可以体谅的。但仙芝则以其“无藩臣礼”为由，奏请讨伐。天宝九年 (750) 冬，他伪称和好，将部分军队开进石国，却虏其国王，遣人解送到长安西城开远门。唐玄宗不顾大局、不究是非曲直，将石国国王斩于阙下。同时，高仙芝军队又在石国杀掠，激起民愤。王子逃到昭武其他国家述说原委，诸国皆怨怒，商议引大食兵共同攻打龟兹、疏勒、焉耆和于阗等安西四镇。

高仙芝闻之，于天宝十载 (751) 七月发二万 (一说三万) 大军从今新疆境内出发，西行七百里，至石国重镇怛逻斯与大食兵交锋，双方相持五日不分胜负。但此时巴尔喀什湖一带内附的突厥人葛罗禄 (Karluks) 部起兵叛唐，从背后抄袭过来，高仙芝部队腹背受敌，遂大败。这就是唐玄宗天宝十年 (751) 发生的唐与大食之间的怛逻斯战役。怛逻斯 (Talas) 即今中亚哈萨克斯坦首都塔什干东北的江布尔 (Dzhambul)，旧称奥里阿塔 (Aulie Ata)，当北纬 43°10′，东经 71°。

据德国汉学家夏德 (Friedrich Hirth，1845～1927) 的研究①，中国史书关于怛逻斯战役的记载与阿拉伯史料所述，在时间上是一致的。中国史书记载更为详细，但阿拉伯史料谈到中国战俘将造纸术传入阿拉伯世界，则为中国史书所不载，将各方史料结合起来，便会看到这次战役的前因后果。应石国王子之请，前往怛逻斯与唐代安西节度使高仙芝统率的部队交战的，是大食国阿拔斯王朝的将军沙利 (Ziyad ibn Calih) 指挥的一支军队。沙利是阿拔斯王朝开国元勋阿卜·穆斯林 (Abu Muslim or Abd-al-Rahman ibn Muslim，？～754) 的一员宿将，曾任伊拉克库法的地方长官。阿卜·穆斯林生于波斯，746 年任波斯东北部呼罗珊总督，因而将沙利也调到这里。呼罗珊是战略要地，北邻新征服的昭武九姓、吐火罗等国，是与唐帝国对峙的前沿地带的战略后方，可进可退。因而石国请到的援军，必是经阿卜·穆斯林派遣由沙利指挥的一支呼罗珊驻军，士卒多为波斯人。

---

① Friedrich Hirth，Die Erfindung des Papier in China. T'oung Pao，1890，vol. 1，pp. 1～14；Chinesische Studien，Bd. 1，pp. 259～271 (Berlin，1890).

沙利的军队在人数及装备上敌不过高仙芝的大军，却反而取胜，这是因为高仙芝军在主战场所在的昭武诸国引起群愤，腹背受敌，而不久前取得胜利的将领又有轻敌思想。如果唐玄宗、高仙芝在收复葱岭之后，听取昭武诸国国王和民众的呼声，并取得他们为内应，且严肃军纪，则这次出师便成为正义之师，完全可以将大食势力从里海以东地区赶走。因为在750～751年之间大食也发生内乱，以伊拉克为根据地的阿卜·阿拔斯势力正在为取得全国统治地位而与倭马亚王朝的势力互相撕杀。751年阿拔斯王朝刚刚建立，政权尚未稳固，所能派到怛逻斯的部队不会太多，这个政权关注的是防止国内倭马亚势力的反扑。

由于唐统治集团从太宗以后开始腐朽，加上边将的失误，错过了收复葱岭以西昭武诸国的有利时机，将唐的西部版图缩回到安西四镇。怛逻斯一役是唐与大食争夺中亚、西亚地区双方势力消长的转折点。大食在取得这一地区后，便致力于内部建设，与唐继续保持经济、文化交流。

三　中亚、西亚阿拉伯地区的造纸

怛逻斯战役的一个后果是中国造纸技术从此西传到阿拉伯，此后再传到欧洲，这是具有世界意义的重大事件。1887年，奥地利的阿拉伯史研究家卡拉巴塞克（Joseph Karabacek）最先将这次战役与造纸西传联系起来，用阿拉伯文文献研究了中国造纸术传入阿拉伯的经过和阿拉伯造纸技术史。他援引10世纪阿拉伯史家萨阿利比（Abu-Mansur ‘Abd-al-Malik al-Tha ‘alibi，960～1038）《世界名珠》（Yalimat al-Dahr，Einzige Perle der Welt）的话说：

> 在撒马尔罕的特产中应提到的是纸，由于纸更美观、更适用和更简便，因此它取代了先前用于书写的莎草片和羊皮。纸只产于这里和中国。《道里邦国志》一书的作者告诉我们，纸是由战俘们从中国传入撒马尔罕的。这些战俘为沙利之子齐亚德·伊本·沙利（Ziyad ibn Calih）所有，在其中找到了造纸工。造纸发展后，不仅能供应本地的需要，也成为撒马尔罕人的一种重要贸易品，因此它满足了世界各国的需要，并造福于人类①

萨阿利比961年生于波斯尼沙普尔（Nishapur），是位语言学家和文学家，上述记载除见于其主要作品《世界明珠》外，还见于其所著《珍奇趣闻录》（Latā fi al-Ma ‘arif，The book of curious and entertaining information）②中。萨哈利比的记载，清楚说明751年怛逻斯战役时造纸术通过中国战俘西传的历史事实。他所引的《道里邦国志》（Kitab al-Masālik Wā ‘l-Mamālik）很可能是在萨曼（Samanids）王朝（874～999）任大臣的波斯人贾伊哈尼（al-Jayhani，fl. 860～920）所写的地理书，约成书于900年。同时代的另一波斯学者比鲁尼（Abū Rayhān Muhammad ibn-Ahmad al-Biruni，973～1048）在《印度志》（Ta ‘rikh al-Hind，a. 1000）中

① Joseph Karabacek，Das Arabische Papier；Eine historische-antiquarische Untersuhung，Mitteilungen aus der Sammlung der Papyrus Erzherzog Rainer，Ⅲ，p. 112（Wien，1887），also cited by Thomas F. Carter，The invention of printing in China and its spread westward. 2nd ed. revised by L. C. Goodrich，p. 134（New York，1955）.

② al-Tha‘alibi，The book of curious and entertaining information，translated by C. E. Bosworth，p. 141（Edinburgh，1968）.

也有类似记载。此书由札豪（Eduard Sachau，1845～1930）于1888年译成英文，书中写道：

造纸术始于中国，……中国的战俘把造纸法传入撒马尔罕，从那以后许多地方都造起纸来，以满足当时之需①。

图 16-12 中国工匠在阿拉伯地区传授造纸，取自《造纸史话》(1983)

撒马尔罕原为唐昭武九姓中的康国故地，早在倭马亚朝时已易手于大食。751年由呼罗珊派来与唐军作战的沙利将军在怛逻斯取得胜利后，便在中国战俘中网罗具有专长技术的人，并在其中找到造纸工。遂将其留在军内。战役结束后，交战双方撤军，沙利率部移镇于撒马尔罕，他要求中国纸工传授造纸技术（图16-12），因此阿拉伯世界的第一个纸厂便于751年在中亚的撒马尔罕建成投产，主要以破麻布为原料生产麻纸。应当补充说，阿拉伯作者巴赫尔（Tamim ibn-Bahr）在其821年成书的回鹘旅行记中还谈到，除751年战俘外，775～785年驻撒马尔罕守备官还掳来另一些唐人，"要他们在撒马尔罕制造上等的纸、各种各样的武器②。因而可以说，先后有两批中国纸工参加了撒马尔罕纸厂的建设。撒马尔罕所产的纸便成为阿拉伯世界东方的一大特产，远近闻名。前述9世纪著作家贾希兹曾经说：西方之有埃及莎草片可用，正如东方之有撒马尔罕纸可用一样③。

8～10世纪期间撒马尔罕纸不但供应阿拉伯帝国所需，进而还转向出口，成为增加财富的源泉。

应当说，除纸工外，中国战俘中其他具有专长技术的人也在大食国发挥其特长。当时在唐军将领高仙芝部下从军的杜环（731～796在世），在怛逻斯战役中也被俘，在大食国居住十二年，精通阿拉伯语，到过库法、巴格达和大马士革等地，762年随中国商船返国，著《经行记》(约765)，记述阿拉伯史、物产及风土人情甚详，可惜宋以后失传。据其族叔杜佑（735～812)《通典》(801）卷一百九十三所引，杜环于大食国遇"绫绢机杼［匠］、金银匠、画匠汉匠起作画者，［有］京兆（长安）人樊淑、刘泚。织络者，河东（山西）人乐隈、吕礼。"由此可知中国战俘中的纺织工、金银匠、画匠等都在大食重操旧业，但造纸匠发挥的作用最大。

阿拔斯王朝拥有亚非大片土地后，到哈伦·拉希德（Hārūn al-Rashid，约764～809）统治时（786～809)，伊斯兰教国处于鼎盛之时，首都巴格达成为科学文化中心，四方学者云集。据阿拉伯史家卡尔敦（'Abd-al-Rahmān ibn-Khaldun，1332～1406)《历史导论》(al-Muqaddimah）所载，794年在大臣叶海亚（Yahya al-Barmak）奏请下于巴格达又建立了纸厂④，技

① Eduard Sachau (tr.), Al-Biruni's India (1888), vol. 1, p. 171 (London, 1910).

② V. Minorsky, Tamim ibn Bahr's journey to the Uyghurs. Bulletin of the School of Oriental and African Studies (London). 1948, vol. 12, no. 2, p. 285.

③ Joseph Karabacek, Das Arabische Papier, op. cit., p. 99.

④ Ibn Khaldun, The Magaddimah; an Introduction to history, translated by F. Rosenthal, p. 352 (New York: Bollingen, 1958).

图 16-13 11 世纪巴格达附近胡尔万城拥有 20 万卷藏书的阿拉伯图书馆

术力量来自撒马尔罕，仍然是在中国纸工参与下建成的。这样，在阿拉伯帝国的西亚心脏地带产纸后，首都用纸便可就地供应了，但产量仍不及撒马尔罕。后来叶海亚之子贾法尔（Ja-'far al-Barmak）任宰相时得哈里发哈伦准许，下令政府所有文书、档案皆以纸书写，不再用羊皮等古老的书写材料①。

西亚地区今叙利亚的大马士革，635 年被占后成为倭马亚王朝的首都。751 年撒马尔罕造纸后，大马士革还不能造纸，但 10 世纪起大马士革纸产量已相当可观，因其与地中海距离较近，纸由此向欧洲出口。“大马士革纸”（Charta Damascena）在几百年间闻名于欧洲，其产量甚至超过巴格达造的纸。叙利亚境内的班毕城（Bambycina）此后也产纸，Charta Bambycina 本义是“班毕纸”。由于 Bambycina 音讹为 bombycina（棉花），于是欧洲人一度将“班毕纸”误称为“棉纸”，而其实是麻纸。从马可波罗（1254～1323）时代以来直到 1885 年，欧洲人长期间认为阿拉伯纸和早期欧洲都是棉纸，这是误会②。

四 北非埃及和摩洛哥的造纸

由于阿拉伯帝国势力伸展到非洲北部，造纸术也随之传到北非。第二任哈里发奥马尔 641 年派兵征服北非文明古国埃及，使其成为帝国的一个重要省区，并将阿拉伯典章制度和伊斯

① Philip K. Hitti, History of the Arabs, 10th ed., p. 212 (London, 1970)；马坚译，阿拉伯通史，上册，第 244 页（北京：商务印书馆，1979）。

② Thomas F. Carter, The invention of printing in China and its spread westward (1925). Revised edition by L. Carrington Goodrich, p. 98 (New York, 1955).

图 16-14 伊拉克东北部发现的叙利亚文景教
日课经中的圣诞图（1216～1220 年），不列颠图书馆藏

兰文化带到那里。自古以来埃及尼罗河沿岸以盛产莎草片闻名，用以作主要书写材料。阿拔斯王朝时，从 800 年起始在埃及用纸，但用量有限。900 年前后，在开罗建立了北非的第一个纸厂，所产的纸成为莎草片的有力竞争对象。909 年，穆斯林什叶派的阿拉（Moez ed-Din Allah），于北非建立法蒂马（Fātimah）王朝（909～1170），从而脱离阿拔斯朝的统治，中国史书将法蒂马王朝称为“绿衣大食”，因其崇尚绿色。从这一时期起，埃及开罗的造纸业有了进一步发展，其所产的纸还通过地中海运往西西里岛和欧洲大陆。法蒂马朝哈里发哈基姆（Abu-Ali Mànsūr al-Hākim）在位时（996～1021），开罗设有科学院和图书馆，科学文化一度相当发达。

986 年，法蒂马朝统治者阿齐兹（Al-‘Aziz）执政（975～996）时，出兵征服非洲西北另一文明古国摩洛哥，从而使这个王朝控制非洲西北部、埃及和叙利亚一带。1100 年又在摩洛哥境内的非斯城建成新的纸厂，其技术是从开罗引进的，纸工多是阿拉伯人。这里的纸场最

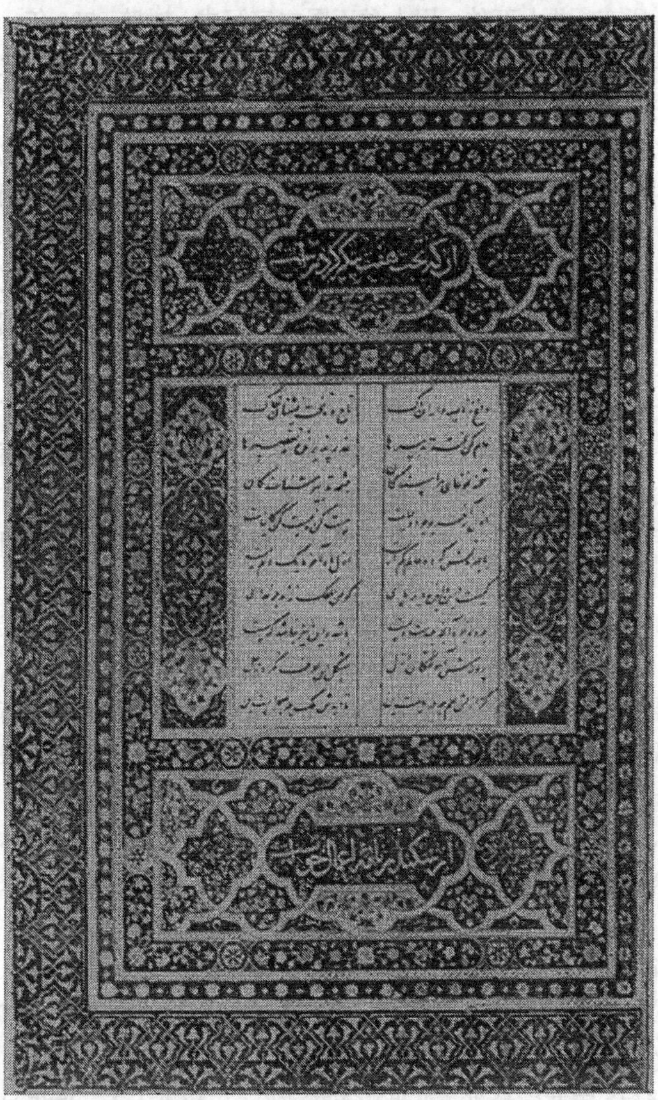

图 16-15　1491 年出版的波斯文著作

盛时（1202），拥有打浆用的水磨 472 座[①]。所产的纸除供应本地外，也向欧洲出口。这样一来，751～1100 年 间近三个半世纪内，在阿拉伯文化圈内的中亚、西亚和北非地区相当今乌兹别克的撒马尔罕、伊拉克的巴格达、叙利亚的大马士革、埃及的开罗和摩洛哥的非斯等地，都有了造纸生产基地。

19 世纪后半叶进行的考古发掘，提供了有关阿拉伯地区造纸的许多实物资料，特别是 1877～1878 年在埃及境内的法尤姆（el-Faiyūm）、乌施姆南（el-Ushmūnein）和伊克敏（Ikhmin）三处出土的大量古代手写本[②]。1884 年这些出土物归奥匈帝国赖纳大公（H. I. H.

① 关于埃及和摩洛哥造纸，参见姚士鳌，中国造纸术输入欧洲考，辅仁学志，1928，1 期，第 46～49 页；Dard Hunter, Papermaking; The history and technigne of an ancient craft, pp. 470, 472 (New York, Dover, 1978).

② Cf. A. F. R. Hoernle: Who was the inventor of rag paper? Journal of the Royal Aslatic Society (London), 1903, Arts 22, pp. 663 et seq.

Archduke Rainer）所有，共十万件，用十种不同文字写成，时跨 2700 年，文字多数是用莎草片写的，也有用羊皮和纸写的。这是个震动世界的古代文献的重大考古发现。出土的阿拉伯文纸本文书，有的写有回历纪年年欵，换算成公历后，相当于 791，874，900 及 909 年，都是阿拔斯王朝的产物。这些藏品经阿拉伯文专家卡拉巴塞克的研究，与植物学家威斯纳（Julius von Wiesner）的科学鉴定[①]。威斯纳证明这些出土古纸都是麻纸，原料为破布，纸上有帘纹，纸浆内含淀粉糊。威斯纳对阿拉伯纸和中国出土魏晋古纸的显微分析表明，不但原料相同，外观和制造方法也一致，很显然阿拉伯纸是用中国造纸方法制出，是毫无疑问的[②]。

10 世纪初，当埃及境内法蒂马王朝在开罗设厂造纸后，人们开始习惯用纸书写。从赖纳藏品中法尤姆所出古写本使用的书写材料的演变中，可以看到纸在与莎草片竞争中节节取胜的情况。例如回历二世纪（719～815）的纪年文书中，写在莎草片上的有 36 件，很少有纸。回历三世纪（816～912）的阿拉伯文纪年文书，写在莎草片上的有 96 件，写在纸上的有 24 件。从回历四世纪（913～1009）起，写在纸上的有 77 件，而莎草片文书只有 9 件。写在莎草片上的最晚一件纪年文书是公元 936 年写的，从 10 世纪以后，纸已在阿拉伯境内基本上取代了莎草片[③]。

在出土的 883 至 895 年之间用莎草片写的阿拉伯文信件末尾，可以读到这样一句话："此信以莎草片写成，请原谅"。写信人因为没有用纸，而向收信人表示歉意，说明当时纸的普遍应用情况。1040 年，访问埃及的一位波斯游客谈到在开罗见闻时写道："街市上卖菜的菜贩和香料贩，都随备纸，以便用来包装任何卖出的物品"。再过一个世纪后，来自巴格达的医生拉蒂夫（Abd ul-Latif）指出这些商贩所用包装纸的原料是破麻布，他写道：

> 贝都因人和埃及农民在寻找古代城市遗址，剥下裹在木乃伊尸体上的布带。如果不能再用来作衣料，就将其卖给工厂，用以造纸。用在食品市场上的，必定是这种纸[④]。

贝都因人（Bedouins）为西亚和北非的游牧民族，属于阿拉伯人的一支。

关于早期阿拉伯人的造纸法，巴迪斯（al-Mucizz ibn Bādis，1007～1061）曾在作品中这样写道，将亚麻（*Linum usitatissimum*）与苇类水浸，再用石灰水浸，切碎，捣烂成泥，洗涤，加水入槽与纸料搅匀，再荡帘抄纸，干燥后再研光[⑤]。从技术上看，造纸过程中还应有蒸煮和

---

① Julius Wiesner, Mikroskopische Untersuchung der Papiere von el-Faijūm. Mitteilungen aus der Sammlung der Papyrus Erzherog Rainer (MSPER), I, p. 45ff. (Wien, 1886); Die Faijumer und Uschmūneiner Papiere; eine naturwissenschaftliche, mit rücksichtliche duf die Erkennung alte, und modernen Papiere und auf die Entwicklung der Papierbereitung durchgeführte Untersuchung. MSPER, Ⅱ-Ⅲ, p. 179ff. (Wien, 1887).

② J. Wiesner, Mikroskopische Untersuchung alter Ostturkestanischer und anderer Asiatischer Papiere nebst histologischen Beiträgen zur mikroskopischen Papieruntersuchung. Denkschriften der Kaiserlichen Akademie der Wissenschaften. Muthematisch-Naturwissenschaftliche Klasse, 1902, Bd. 72; Ein neuer Beitrag zur Geschichte der Papieres, 26pp. (Wien: Carl Gerolds Sohn, 1904).

③ Thomas F. Carter, The invention of printing in China and its spread westward, 2nd. revised ed. by L. Carrington Goodrich, pp. 135～136 (New York, 1955).

④ Joseph Karabacek, Das Arabische Papier; eine historisch-antiquarische Untersuchung. Mitteilungen aus der Sammlung der Papyrus Erzherog Rainer, Ⅱ/Ⅲ, pp. 123～124 (Wien, 1887).

⑤ M. Levey, Chemical technology in medieval arabic bookmaking. Transactions of American Philosophical Society, 1962, vol. 52, pt. 4, pp. 1～55.

施加淀粉糊的工序，此处漏记，但其他阿拉伯学者则提到了。巴迪斯指出除破麻布外，也直接用生麻沤制后造纸，唐代中国也用野生的生麻为原料。但用栽培的生麻造纸，在经济上是不合算的，除非有足够的麻源。巴迪斯曾提到"在锅中煮之"，但这道工序在造纸的前后顺序中叙述得不够明确。他还描述了染色纸的方法。

据卡拉巴塞克引其他阿拉伯文献所述，首先对破麻布进行选择，除去污物，用石灰水蒸煮，将煮烂的麻料以石臼、木棍或水磨捣碎，与水在槽内搅成浆液，再用漏水的细孔纸模捞纸，半干时将湿纸以重物压之，即成纸张①。阿拉伯造纸技术与中国唐代大同小异，略有不同的是阿拉伯因无竹，用其他较粗的植物茎杆编的纸帘，或织纹纸模，而中国用细竹条编的纸帘抄纸。从技术体系上说，阿拉伯纸属于中国北方麻纸类型。阿拉伯境内有了纸之后，对促进阿拉伯科学文化的繁荣起了很大作用。用纸写的大量手抄本《古兰经》和其他著作，得以进入寻常百姓家。帝国也因向欧洲出口纸，而获得很大的经济效益。

第五节　中国印刷术在西亚、北非的传播

一　西亚印刷的历史背景

如上所述，阿拉伯帝国从阿拔斯王朝（750～1258）起已于不同地方生产麻纸，产量相当大，但因宗教、文化背景和民族习俗等方面的差异，阿拉伯人没有及早发展印刷技术。伊斯兰教经典的印本出现很晚，这是与东亚佛教国家不同的。伊斯兰教教主穆罕默德尝言道："学问虽远在中国，亦当学之"②。然而他的穆斯林子孙为什么没有及时从中国引进印刷术，仍是有待进一步探讨的问题。有人说印板上刷墨用的刷子是用猪鬃作的，阿拉伯人认为用这种刷子来刷印《古兰经》有渎神明③。这仍不足以说明问题，因为大多数场合是用更柔软的棕刷，而不用猪鬃作的硬毛刷。

但我们注意到这样一个历史事实：当信仰佛教的蒙古人后来入主原属于伊斯兰教国的中亚、西亚地区后，印刷术很快就在这里发展起来。这是因为蒙古人来这里以前，早已习惯于在中国境内用印刷技术出版蒙、汉文读物并发行纸币，甚至纸牌，印刷术必然随蒙古人的西进而传入中亚及西亚。

在讨论印刷术西传前，要先叙述蒙古人经营西域的简单历史。当蒙古西征以前，9～10世纪时阿拉伯帝国因统治集团渐趋腐朽，国内阶级矛盾、民族矛盾随之加剧，统一的阿拔斯王朝分裂为一些小王朝及地方割据势力，巴格达统治者控制的地区日益缩小。由成吉思汗在中国北方建立的蒙古汗国开始西进，1218年灭西辽后，1219～1223年大汗亲自率兵西征，直进军至里海。原阿拔斯王朝从唐夺取的昭武诸国，又归蒙古察合台汗国统治。

窝阔台（1189～1241）即汗位后，1236～1241年派成吉思汗四个孙儿拔都（1209～1256）等第二次西征，占领俄罗斯大片土地，并攻入波兰、匈牙利，建钦察汗国（1240～1480），定都于伏尔加河下游的萨莱（Sarai）。蒙哥（1208～1259）汗在位时，再派其弟旭烈

① J. Karabacek, Das Arabische Papier, op. cit., pp. 128ff (Wien, 1887).

② K. A. Totah著、马坚译，回教教育史第二版，第126页（上海：商务印书馆，1947）。

③ T. F. Carter著、吴泽炎译，中国印刷术的发明和它的西传，第129页（北京：商务印书馆，1957）。

兀（1219～1265）进行第三次西征，1258 年攻下巴格达，灭阿拔斯王朝，结束了中世纪盛极一时的阿拉伯帝国的统治。1259 年旭烈兀进军至叙利亚，直达黑海。1260 年忽必烈即汗位，旭烈兀受册封，于其所征服的地区建伊利汗国（Il-Khanate，1260～1353），实行独自统治。伊利汗国东起阿姆河，西临地中海而与欧洲相望，北接钦察汗国的高加索，南至印度洋，包括伊朗、伊拉克、叙利亚、小亚（土耳其亚洲部分）等，定都于帖必力思（Tabriz，今伊朗大不里士）。蒙古大军以武力再次打通东西方之间一度阻塞的丝绸之路，于元大都（今北京）通向各西域汗国的主要干道设驿站，有驻军把守，以保证丝绸之路的安全和畅通无阻。

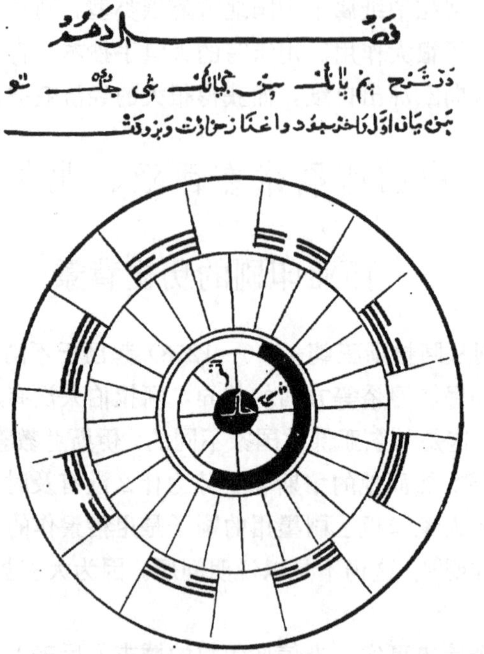

图 16-16　拉施特丁《伊利汗国的中国科学宝库》(1313) 阿拉伯文写本，图中表示与昼夜相配的八卦与患者体温升降的关系，取自 Abdulhak Adnan 的文章，见 Isis，1940，vol. 32，pp 44～47

蒙古伊利汗国位于欧洲和中亚之间，不但是东西方贸易的重要枢纽，还在东西方科学文化交流中起了新的桥梁作用。该汗国前两任统治者旭烈兀汗和阿八哈汗都致力于恢复经济和文化建设工作。他们西征时从中国调来大批蒙、汉和维吾尔族士兵、工匠、医生、技师和学者，与当地人一道，将首都大不里士建成国际性大都市，不少建筑物有中国建筑风格。当初攻打巴格达的主将郭侃（蒙古人称其为 Kuka Ilka）为唐中书令郭子仪后裔，任巴格达首任总督后，从中国调来农业与水利专家参与改善底格里斯河与幼发拉底河的灌溉工程，发展两河流域的农桑[①]。

旭烈兀 1259 年在首都以南的马拉加兴建天文台和图书馆，请波斯学者纳速剌丁（Nāṣr al-

① Emil Bretschneider, Mediaeval researches from Eastern Asiatic Sources; Fragments towards the knowledge of the geography and history of Central and Western Asia from the 13th to the 17th century, vol. 1, p. 4 (London: Trübner, 1888).

Din al-Tūsi，1201～1274）等前往工作，又从中国请来汉人天文历算学家参与此事。其中包括傅孟吉（Fao-Moung-Dji）①。从北京来马拉加工作的爱薛（Isa Tarjamān，1226～1308），又名穆赫伊丁（Muḥyi al-Din al-Maghribī），将一些中国书带到这里。奖励文学研究，同时还组织编写了《中国和回鹘历法》（Risālat al-Khitai wa 'l-Uighur）②。归顺于旭烈兀并任阿八哈御医的波斯学者拉施特丁（Rashid al-Din Faḍl Allāh，1247～1318）在汉人医生帮助下，1311年编成《伊利汗国的中国科学宝库》（Tanksuq-nāmah-i-Ilkhan dar junūi 'ulumi-i Khitāi），内容包括西晋名医王叔和，（201～280）的脉学以及医药、解剖学、妇科学等③。伊利汗国除建筑上受中国影响外，日用品如纺织物和陶瓷也具有中国式的图案，而且是按从中国引进的技术制造的。最初的一些汗还信仰佛教，国内除清真寺外，还建有佛教寺院。因而我们看到，无论在精神或物质上，伊利汗国将蒙古文化、汉文化和波斯-阿拉伯文化都交织在一起。这正是促使印刷术在这里发展的因素。

二 蒙古伊利汗国在波斯的雕版印刷

第二任汗阿八哈在位十七年后，由其七弟阿合马（Ahmed）短期统治（1282～1284），再由阿八哈的长子阿鲁浑汗（Arghun Khan）执政（1284～1291）。此时国内经济、文化有了进一步发展。巴格达、大马士革等地纸厂的产量比昔日有所增加，且继续向欧洲出口。阿鲁浑汗死后，其弟乞合都（Gaykhatu，1240～1295）即位，他在位四年间（1291～1295）一个重大经济举措是印发纸币，从而动用了印刷技术。此后，至合赞汗（Ghazan，1273～1304）在位时（1295～1304）伊利汗国处于全盛时期，此时担任宰相的波斯人拉施特丁奉命主编史学巨著《史集》（Jami al-Tawārikh），于1311年成书。书中《乞合都汗传》叙述了回历693年（公元1294年）发行纸币的经过。

现将《史集》卷三《乞合都汗传》有关内容摘抄于下：

691年十二月六日（1292年11月18日），在阿儿兰（Arran）的冬营地上，撒都剌丁（Sadr-ad-Din Jekhan，？～1295）被委任为撒希卜-底万（宰相兼财政大臣）之职。……693年六月初（公元1294年5月初），召开了有关纸钞的会议。撒都剌丁和几个异密（Emir，总督）偶而考虑到通行于中国的纸钞（čaw），他商讨了通过什么方式来推行纸钞于这个国家（伊利汗国）。他们向君王奏告了这件事。乞合都［汗］命令孛罗丞相（Pulad-činsang）说明这方面的情况。孛罗说道：'纸钞是盖有皇印的纸，它代替铸币通行于整个中国，中国所用的硬币巴里失（银锭）便被送入国库。'因为乞合都是个非常慷慨的君王，他的尝赐的费用极大，世上的金钱对他来说不够用，所以他赞成推行此事。撒都剌丁想在国内规定别人还没有规定过的惯例，因此在这方面作了许多努力。众异密之中最明白道理的失克秃儿·那颜（Siktur-Noion）

① Baron D'Ohsson，Histoire des Mongols，vol. 3，p. 265（La Haye et Amsterdam：Les Frères van Cleep，1835）.

② George Sarton，Introduction to the history of science，vol. 2，part 2，p. 1010（Baltimore：Williams & wilkins Co.，1931）.

③ Abdiulhak Adnan，Sur le Tanksukname-i Ilkhan dez ulum-u-funum-i Khatai，Isis，1940，vol. 32，pp. 44～47. Adnan将此书名译为Livre des relatés des Ilhanis sur les sciences et les arts du Khatay（《伊利汗国有关中国科学技术的宝书》）。

说：'纸纱将造成国中经济崩溃，给君王造成不幸，引起剌亦牙惕（农民）和军队中的骚动。' 撒都剌丁向君王奏告说：'因为失克秃儿·那颜很爱黄金，所以他竭力说纸币不好。' 有旨从速印造纸钞。

八月二十七日（1294 年 7 月 23 日），异密阿黑不花（Akbuka）、脱合察儿（Tŏgacar）、撒都剌丁与探马赤-倚纳（Tamači-Inak）前往贴必力思（大不里士）印造纸钞。九月十九日（8 月 13 日），他们到了那里，宣布诏令，印造了许多纸钞，同时颁布诏令：凡拒绝纸钞者立即处死。约一个星期左右，人们害怕被处死，接受了纸钞，但人们用纸钞换不到多少东西。贴必力思城的大部分居民不得不离开……最后，推行纸钞的事失败了[①]。

这段原始记载已具体叙述了 1294 年乞合都汗在宰相兼财政大臣撒都剌丁建议下，于伊利汗国发行纸钞的原委。因经验不足，钞币没有足够的金本位支撑，发行数额又大，加上人们不习惯使用这种新的货币形式，结果导致失败。然此举在西亚地区印刷与货币史中具有重大意义，说明至迟在乞合都汗时伊利汗国已拥有印刷工，而他们用印刷技术制造印刷品是在德国人谷腾堡（Johannes Gutenberg，1397～1468）出生之前一个多世纪。拉施特丁还说，乞合都汗发行纸钞前，曾听取从北京来的孛罗（Pulad）丞相对元世祖忽必烈时发行纸钞的情况介绍。按至元廿一年（1284）元世祖遣丞相孛罗出使伊利汗国，可能与册封阿鲁浑继承其父汗位之事有关。拉施特丁称孛罗为"činsang"，正是汉语中"丞相"一词的音译[②]。

《元史》卷九十三《食货志》载，世祖中统元年（1260）颁行中统元宝交钞，以金银或丝为本位，钞面分十文、二十文、三十文、五十文、一百文、二百文、五百文及一贯、二贯等九种数额，两贯合白银一两。吸取宋、金的历史经验后，这次交钞发行是成功的。灭南宋后，至元十七年（1280）再发行至元宝钞，在全国统一使用。孛罗是元世祖发行纸钞时的目击者甚或当事人，他的介绍应当是权威的。乞合都汗在波斯大不里士发行的纸钞，仿元代宝钞形制，面值从半个迪拉姆（Dirham）至十第纳尔（Dinar）不等，钞面纸上印有阿拉伯文，说明发行年代及凡伪造或拒用者必严惩，同时还印有汉字"钞"及其音译"čaw"的字样等[③]。元中统钞由木雕版印成，而至元钞印以铜版。伊利汗国的纸钞制版方式，史无下文，考虑到当时匆忙印制及同时期其他阿拉伯文印刷品制版方式，我们认为是以木雕版印制的，印刷及刻字由当地汉人工匠在与穆斯林工匠合作下完成的。

拉施特丁不但记载了伊利汗国用中国印刷技术发行纸钞的实践，1311 年还在其《史集》世界史部分谈到中国时介绍了中国传统雕版印刷技术。与他同时代的著名诗人阿卜·苏莱曼·达乌德（Abu Sulayman Dáud）1317 年所写《论伟人历史及世系》（Rawdatu 'uli-'l-albab fi

---

① Rashid-al-Din 主编，余大钧译，史集卷三，第 225～229 页（北京：商务印书馆，1986）。引用时对个别译文作了改动，而人名由引者从俄文转写成拉丁文字母——引者。

② 查《元史》(1370) 各卷，无孛罗本传，但卷一百三十三《脱欢传》载，至元十五年（1278）脱欢从丞相孛罗西征有功，加定远大将军。卷十二《世祖本纪》载，至元十九年（1282）二月，安州人张拗驴因伪造丞相孛罗署印，而被处斩，则此人必为拉施特丁·《史集》中所指者，见《元史》廿五史本第九册，第 376，25 页（上海古籍出版社，1986）。

③ Sir Henry Yule, The book of Ser Marco Polo the Venetian, concerning the kingdom and marvels of the East. 3rd ed. revised by Henri Cordier, vol. 1, pp. 426～430 (London: Murry, 1903); Edward G. Browne: Persian literature under the Tartar dominion, pp. 37～39 (Cambridge, 1920); Berthold Laufer: Sino-Iranica; Chinese contributions to the history of civilisation in ancient Iran, pp. 559～560 (Chicago, 1919).

tawarkhi ‘l-akabir wa ‘l-ansab）中叙述犹太人、欧洲各国人、中国汉人与蒙古人和印度人，此书简称《智者之园》(Tarikh-i-Banakati)，谈到中国人时引用拉施特丁有关中国印刷术的记载。拉施特丁的原始记载1834年由德国东方学家葛拉堡（Heinrich Julius Klaproth，1783～1835）译成法文，而《智者之园》的引文1920年由英国阿拉伯学研究家布朗内（Edward G. Browne）转为英文。卡特将法、英文译文对比后发现二者文字内容基本相同。从技术上看，文内有个别用词不够准确，我们转译成汉文时作了调整。

今将拉施特丁论中国印刷技术的原话翻译如下：

中国人根据他们的习惯，曾经采用一种巧妙的方法，使写出的书稿原样不变地复制出书来，而且至今仍是如此。当他们要想正确无误而不加改变地复制出写得非常好的有价值的书时，就让熟练的写字能手工笔抄稿，再将书稿文字逐页转移[①]到版木之上。还要请有学问的人加以仔细校订，且署名于版木的后面。再由熟练的专门刻字工将文字在版木上刻出，标出书的页码，再将整个版木逐一编号，就像铸钱局的铸模那样，将版木封入袋子内。再将其交由可以信赖的人保管，在上面加盖特别的封印，置于特为此目的而设的官署内。倘有人欲得印本书，需至保管处所申请，向官府交一定费用，方可将版木取出，像以铸模铸钱那样，将纸放在版本上［刷印］，将印好的纸交给申请人。这样印出的书没有任何窜加和脱漏，是绝对可以信赖的。中国的史书就是这样流传下来的[②③]。

拉施特丁的上述记载，用语可能有欠周全，但可以肯定地说，他所介绍的内容是中国传统雕版印刷技术，因为他谈到刻雕版这道关键工序是十分清楚的，还将雕版印书比作以铸模铸钱，印出的书页文字与版上文字一模一样，正如金属货币上的文字与铸模上的字相同那样。但他没介绍请楷书手写出书稿后，如何将稿面文字逐页转移到版木上形成反体字形的工序。从其行文看似乎是说楷书手直接在版本上写字，再由刻字工刻之，这就不对了。另外，中国总是将版木放在架子上保管，而不是放入袋中。拉施特丁还谈到版木在官署中保管，读者须向官府付费才能得到印本书，这可能是指官刻本而言。不管怎样，拉施特丁有关印刷术的叙述在中国以西地区可谓最早记载。

显然，13世纪时西亚波斯在伊利汗国时代掌握的印刷技术，是从中国经过陆路随蒙古军队的西征而传入的。至于说到中亚地区，掌握这种技术知识应当比西亚还要早些，因为蒙古察合台汗国所辖领土包括今中国新疆、乌兹别克、塔吉克、哈萨克斯坦一部分、吉尔吉斯及阿富汗北部，汗殿设于阿力麻里（今新疆伊犁地区），汗国东部（今新疆维族自治区）早在13世纪初已在吐鲁番有了非常发达和分布广泛的印刷工业。20世纪以来，汉文、回鹘文、梵文、蒙文、藏文印刷品都有出土，而且1300年的回鹘文木活字也相继被发现，详见第十二章第二、第三节。察合台汗国西部重镇撒马尔罕，又是著名的造纸地区，东部的印刷工很方便来这里发展印刷业。因此13世纪时中亚、西亚都有了印刷业，伊利汗国虽然发行纸钞失败，但人们可以用印刷技术生产其他印刷品，照样可找到市场。

---

① 原文作“写”，因中国人从不直接在版本上写稿后刻字，而是将稿写在纸上，再将字以反体转移到版木上刻字，故此处将“写”改为“转移”——潘注。

② H. Julius Klaproth, Lettre à M. le Baron Alexandre de Humboldt sur l’invention de la boussole, pp. 131～132 (Paris, 1834).

③ Edward G. Browne, Persian literature under the Tartar dominion, pp. 100～102 (Cambridge, 1920).

自合赞汗以后，汗国的蒙古贵族加速伊斯兰化，他们皈依伊斯兰教之后，也加速了用印刷佛经的方法印刷伊斯兰教读物的进程。合赞汗本信佛教，后改信伊斯兰教，奖励学术研究。他本人还是知识渊博的学者和科学家，通晓蒙语、汉语、波斯语、阿拉伯语、藏语、梵文和拉丁文，了解各国事务，对天文学、医药、各种技术和历史都有专门研究。合赞的宰相拉施特丁与主子是同样的人物，也具有语言天赋和学者与科学家的素质。他们都了解印刷技术及其实用价值，因此合赞汗在位期间印刷业应有进一步发展，而这种技术及其产品还会向附近其他地区扩散。

三 雕版印刷在埃及的传播

值得注意的是，1878 年埃及的法尤姆地区出土大量纸写本的同时，还有五十多件印刷品残页同时伴出，后来这些发掘物归奥匈帝国赖纳大公拥有，他死后由奥地利国立图书馆赖纳特藏部收藏。印刷品的发现从印刷术西传的角度观之，具有特别重要的意义。这种印刷品除维也纳之外，德国海德堡大学图书馆亦藏有六件，1922 年由格鲁曼（Adolf Grohmann）博士鉴定为雕版印刷品，有一件印在羊皮上，其余五件印在纸上。五十多件出土的印刷品，用纸精粗不一，较大的一张约 30×10 厘米，有的印刷精美，带有行格，有的刻印粗糙。除印以黑字外，还有印以朱字的。这些印刷品从形制上看，使人立刻想到中国内地和吐鲁番出土的同类物。美国印刷史专家卡特博士对埃及出土印刷品作实物研究后，得出结论说："现在有种种证据显示，它们不是用压印方式印成的，而是用中国人的方式，将纸铺在版木之上，用刷子轻轻刷印成的"①。

印刷物上的文字通常是不同字体的阿拉伯文，因是一些残页，没有留下带年款的部分。经卡拉巴塞克和格鲁曼这两位阿拉伯文专家研究后，认为这批雕版印刷品内容与伊斯兰教有关，其中有祈祷文、辟邪的咒文，也有《古兰经》经文。他们还从阿拉伯文不同字体将这批印刷品判断为 900～1350 年之间的产物。这可理解为印刷品年代的时间上限和下限，将下限定为 1350 年是正确的，因为与印刷品同时出土的纪年纸写本截止于此时，再无晚于此时者。至于说到印刷品的时间上限，定为 900 年肯定为时过早。就以一度认为最早的一页印件（Rainer Collection no. 946）而言，内容为《古兰经》第三十四章的第 1～6 节，印纸 10.5×11 厘米，原初步断为 10 世纪初（900）之物，据说这件上的字体最早。

但正如卡特所指出的，单纯以字体对印刷物断代有很大局限性，因为字体较古的印刷品可能用早期写本字体刻版，但在埃及和其他伊斯兰教地区不可能在 900 年这样早就用纸来印《古兰经》。我们还可补充说，后代人用前代人字体刻书在中国屡见不鲜，例如宋元时的刻工常常用唐代颜体及欧体 字刻书，不能单纯因为用唐人字体将宋元刻本定为唐刻本。卡特认为埃及出土的这批印刷品，可以肯定都是 14 世纪中叶以前的，但也不可能早到 10 世纪，有些就是 14 世纪之物。卡特去世之后，1954 年格鲁曼访问埃及开罗后说，他对赖纳藏品中那张断为 10 世纪的《古兰经》刊本年代产生疑窦，因为 1925 年以来在上埃及乌施姆南等地阿拉伯

① Thomas F. Carter, The invention of printing in China and its spread westward (1925), 2nd ed. revised by luther C. Goodrich, pp. 176～178 (New York: Ronald, 1955).

时代的古墓中发现有更多的这类雕版印刷品，却没有 10 世纪那样早的东西①。因此长期间被人们津津乐道的那份《古兰经》阿拉伯文印本残页原来的断代，现在要重新修正。

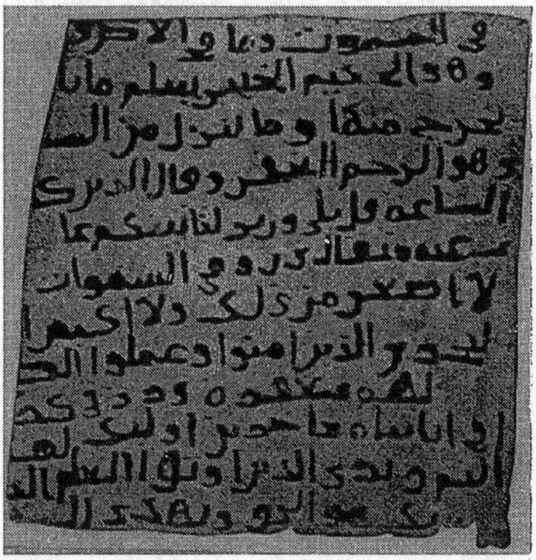

图 16-17　在埃及 Ushmùnein 发现的 10 世纪初雕印的阿拉伯文《古兰经》第 34 章第 1～6 节残纸，取自 Guide to the Rainer Collection，no. 946 及 Carter 的书

从印刷术西传史角度观之，我们认为埃及出土的阿拉伯文宗教印刷品不管字体如何，都是蒙古西征后的产物，确切地说，其年代应在 1300～1350 年之间。在这以前，波斯大不里士的蒙古统治者 1294 年发行了纸钞，而在这前后，尤其 1295 年合赞汗即位并于同一年皈依伊斯兰教之后不久，伊利汗国会用印钞的技术出版伊斯兰教读物。来自印刷术故乡中国的蒙古统治者，与从前阿拉伯人哈里发不同，早已懂得用印刷技术传播宗教读物的有效性，他们不但不阻挡，而且还鼓励出版伊斯兰教读物。合赞汗下令建立伊斯兰经学院，在各处兴建新的清真寺，他本人也对教义有所研究。这位具有科学技术教养的蒙古杰出统治者定会支持宗教出版事业的。伊利汗国在 13～14 世之际成了西亚地区的出版中心，应是顺理成章的。

埃及是伊利汗国的近邻，双方有密切交往，又共同信仰伊斯兰教、通用阿拉伯文，埃及印刷术显然是从伊利汗国传入的。也就是说，印刷术先从中国经中亚传到波斯，再经波斯传到北非的埃及，而从波斯传到埃及并不需要多长时间。据 1982 年 10 月 8 日出版的《犹太周刊》(The Jeuish Weekly，8 Oct. 1982，p. 26) 报道，英国剑桥大学总图书馆吉尼查特藏部 (Taylor-Schechter Genizah Collection，University of Cambridge Library) 发现 14 世纪后期的希伯来文雕版印刷品②，说明活动于伊利汗国与埃及之间的犹太人也使用了印刷术。

埃及发展印刷术时，正处于突厥族军事将领拜伯尔斯 (al-Malik al-Zāhr Rukn-al-Din Baybors，1233～1277) 所建立的马穆鲁克 (Mameluke) 王朝 (1250～1517) 统治之下。突厥人苏

① Thomas F. Carter，The invention of printing in China and its spread westward，2nd ed. revised by Luthur C. Goodrich，p. 181，note 2 (New York，1955).

② Joseph Needham，Science and civilisation in China，vol. 5，pt1：Paper and Printing by Tsien Tsuen-Hsüin，p. 307 (Cambridge University Press，1985).

丹虽信伊斯兰教，但像蒙古汗那样，并没有不准刻印伊斯兰教经典的清规戒律，因而埃及能继伊利汗国之后印刷宗教读物。同样，犹太人对印刷也没有成见，能及时采用。看来，中亚、西亚在阿拉伯哈里发统治期间，印刷术的发展确是受到抑制，待他们退出历史舞台后，由蒙古人、突厥人统治这一地区时，印刷术才得以迅速发展。由于伊利汗国和马穆鲁克王朝的埃及与欧洲有直接交往，也为印刷术西传至欧洲提供了一个渠道。

第十七章　中国造纸和印刷技术在欧美的传播

中国与欧洲各处旧大陆的东西两端。古代中、欧之间的直接交往虽有地理上的障碍，但并非不可逾越。各地区、各民族之间不时通过各种渠道相互联系和交流。就中、欧之间的商品与技术交流而言，有时是通过中间地带如波斯帝国和后来的阿拉伯帝国的媒介进行的；有时则由双方人员直接进行；也有时是中间媒介和直接交往并举。交流除大部分经由陆路外，时而也经由海路。

中国造纸术在欧洲的传播可分为两大阶段：第一阶段为12～13世纪，阿拉伯人将从中国学到的唐代麻纸技术首先于12世纪传入西南欧的西班牙，再于13世纪传入南欧的意大利，此后由这两个国家将造纸术传入欧洲其他国家，最后通过欧洲传入美洲及大洋洲。第二阶段为18～19世纪，此时欧洲早已有了本土造纸技术，而且经历了科学革命和工业革命，但因造纸原料单一，造麻纸用的破布供应不足，同时又不能造大幅麻纸，于是又从中国引入造皮纸、竹纸及造大幅纸技术，可称为中国造纸术的再传入阶段。

中国印刷术传入欧洲较晚，必须等那里有了造纸业之后。传入时间虽然都在蒙元，但在欧洲的发展却分两个阶段，第一阶段（1300～1425）为木雕版技术阶段，意大利和德国可能是较早发展这一技术的国家，再由此逐步扩散到其他国家。纸牌和宗教圣像画是最早的印刷品。因此时中、欧陆上交通畅达，传播的渠道较多，从中国沿陆路直接传入欧洲的可能性较大。第二阶段（1425～1450）是欧洲人在继续以雕版技术印书的同时，采用中国活字技术试制木活字用以印书，同时又是研制金属活字的阶段。此阶段与前一阶段相交错和衔接，但持续时间不长。金属活字于1450年在德国试验成功，印出了第一批金属活字版读物。由于活字特别适于欧洲文字特点，很快活字印刷就在欧洲发展成为主要印刷形式，木雕版则主要为早期活字版配插图。美洲和大洋洲的活字技术是通过欧洲国家传入的。关于造纸和印刷技术在欧洲的传播，以前已有人作过研究，但主要限于第一阶段，我们除对第一阶段的传播补充史料和论述外，还对造纸、印刷在第二阶段的传播作试探性研究。中国造纸、印刷术在欧洲传播的“二阶段论”概念，是本书首次提出的新概念，以下分四节予以论述。

第一节　中国造纸术在欧洲传播的第一阶段

一　西班牙、意大利和法国的造纸

中、欧之间虽然距离遥远，但双方的直接和间接交往由来已久。汉代史学家班固《前汉书》（100）卷九十六《西域传》提到犂轩的魔术家（“幻人”）曾“随汉使者来观汉地”。中外专家都认为犂轩或黎轩、犂鞬、大秦泛指罗马帝国及其属地地。《后汉书》（450）卷一百一十八《西域传》提到东汉都护班超（32～102）出使西域时到达条支（今伊拉克），再派甘英（44～109在世）西行出使大秦，因遇地中海风浪被阻。罗马著作家普利尼（Gaius Plinius Secundus，23～79）《博物志》（Historia Naturalis，73）谈到塞里斯人（Serias）会生产丝，“后织成文绮，贩运至罗马”[①]。塞里斯指中国，导源于 Ser，即“丝”字音译，转义为“丝绸之国”。中国丝绸在陆上经波斯、海上经印度转运到罗马帝国，罗马人试图绕开中间商而与中国直接贸易，这是促进中欧交通的经济动因。

《后汉书·西域传》更载：“至桓帝延熹九年（166），大秦王安敦遣使自日南徼外献象牙、犀角、玳瑁，始乃一通焉”[②]。大秦王安敦指罗马皇帝安敦尼阿斯（Marcus Aurelius Antonius，121～180）。这可能是罗马商人假借其皇帝名义，途经越南来中国贸易。晋人稽含《南方草木状》（304）卷二又称，晋武帝太康五年（284）罗马商人将从越南买的三万张用沉香树（*Aquilaria agallocha*）树皮纤维造的纸献给晋帝。这是罗马人接触纸的最早记载，他们有可能将一部分纸带回欧洲。

欧洲引进造纸术是在文艺复兴前夕。在这以前，中世纪欧洲主要以羊皮及莎草片为书写材料。自从阿拉伯世界造纸后，将其输出到欧洲，欧洲人才用上纸。随着阿拉伯纸的输入，欧洲人通过阿拉伯人的媒介引入造纸术。早期接触纸和造纸术的欧洲国家是西班牙，因其一度受阿拉伯哈里发统治。阿拉伯帝国阿拔斯王朝（750～1258）创建人阿卜·阿拔斯于公元 750 年夺取政权后，下令将前政权倭马亚王朝（661～750）的宗室贵族斩尽杀绝，只有前朝王子阿布德拉赫曼（‘Abd al-Rahmān ibn-Mu‘āwiyah，731～788）带人逃到北非避难，后又去西班牙，756 年与当地人在夸达尔圭维尔河（Quadalguivir River）战役中取得胜利后，在西班牙境内建立独立统治，定都于科尔多瓦（Córdoba），西方史称为“后倭马亚王朝”（756～1036）。9～10 世纪，至拉赫曼三世（‘Abd-al-Raḥmān al-Nāṣir，891～961）任哈里发（929～961）时起，后倭马亚王朝势力强盛，将西班牙置于穆斯林的强有力的统治之下，且越过直布罗陀海峡占领摩洛哥的一部分，将首都科尔多瓦建成为欧洲最重要的文化和学术中心之一。

纸在西班牙境内的出现，不迟于 10 世纪，圣多明各城（Santo Domingo）发现的 10 世纪手写本，是迄今西班牙境内所存最早的纸本文物，纸由亚麻纤维所造，又施以淀粉糊，与阿拉伯纸类似。圣吉罗斯（San Gilos）修道院发现的 1129 年纸写本，其用纸可能由摩洛哥输入。后倭马亚王朝后因用纸量剧增，1150 年在西班牙西南盛产亚麻的萨迪瓦（Xātiva）建起境内最早的纸场[③]。纸场由阿拉伯人（当时欧洲称为摩尔人 Moors）经营，造纸技术由埃及经摩洛哥传入。旅居西班牙的阿拉伯地理学家艾德里西（‘Abu ‘Abdullah al-Idrisi，1099～1166）1154 年于《异国风土记》（Kitāb-nuzhat al-mušṭak-fi ikhṭirāk al-afāk）中谈到西班牙萨迪瓦城时写道：“该城制造文明世界其他地方无与伦比的纸，输往东西各国”[④]。1031 年以后，后倭马王朝在西班牙的统治衰弱并分裂，而西班牙人也开展收复失地的斗争，1035 年在拉米罗（Ramiro Ⅰ，1035～1063 在位）领导下获得独立。独立后的西班牙于 1157 年在西北部的维达隆

---

① Sir Henry Yule, Cathay and the way thither; being a collection of medieval notices of China (1866), rev. ed. by Henri Cordier, vol. 1, pp. 196～200 (London: Hakluyt Society Pubs, 1913).

② 刘宋·范晔，《后汉书》卷一百一十八，《西域传》，廿五史本第二册，第 297 页（上海古籍出版社，1986）。

③ André Blum, Les origines du papier. Revue Historique, 1932, vol. 170, p. 435; On the origin of paper, translated by H. M. Lydenberg, pp. 24 et seq. (New York: Bowker, 1934).

④ Reinhart Dozy et Jan de Goeji (tr.), Description de l'Afrique et de l'Espagne par Idrisi, Préface (Leiden: Brill, 1866).

(Vidalon) 建立起纸场，由西班牙人经营①。

11～12 世纪时，阿拉伯纸除由大马士革经拜占廷（今土耳其境内）的君士坦丁堡（Constantinople）转运到欧洲外，还由北非的埃及、摩洛哥经地中海的意大利西西里（Sicily）岛输入欧洲。造纸术可能就是经上述第二条海路经西西里传入意大利的。从 12 世纪起写成的几份古老的文书至今仍有保存。例如西西里国王罗杰一世（Roger Ⅰ，or Roger Guiscard，1031～1101）的一张诏书，是 1109 年用拉丁文和阿拉伯文写在色纸上的。热那亚（Genoa）档案馆所藏纸写本中，有属于 1154 年者。但这些早期纪年文书用纸并不能证明是当地所造，而是从阿拉伯地区运来的。由于纸价较贵，罗马帝国皇帝腓特烈二世（Frederick Ⅱ，1194～1250）于 1221 年下令禁止用纸书写官方文件，以抵制阿拉伯纸的倾销，但用纸量并未因此减少，整个 13 世纪内叙利亚大马士革纸源源不断流入意大利。

1276 年终于在蒙地法诺（Montefano）建起了第一家意大利纸场，生产麻纸②。蒙地法诺为古地名，即今意大利中部马尔凯区（Marche）的法布里亚诺（Fabriano）城。后来这里的纸场在造纸技术上有改进，例如 1282 年生产水纹纸，压水印的金属辊上带有简单的十字架和圆形图案，是欧洲生产水纹纸之始③。这种纸为欧洲其他纸场所仿制。1293 年在文化城市波伦亚（Bologna）兴建了新的纸场。意大利的造纸业发展很快，纸产地也逐步增加，14 世纪时该国已成为欧洲用纸的供应地。虽然他们的技术最初是从阿拉伯人那里学来的，但后来居上，在产量上已超过西班牙和大马士革，并大量出口。自 1221 年意大利颁布禁止用纸写官方文件的诏令之后，不到百年，这个国家便成为纸的出口大国。

法国与西班牙接壤，因此法国的造纸术显然是从西班牙引进的。过去一度认为法国第一家纸场于 1189 年建于法国南方靠近地中海的埃罗（Hérault）省洛代夫（Lodève）城，正好处于与西班牙交界之处。后来发现这种说法不确，是由于对文献记载的误译造成的④。实际上这时法国用纸仍靠阿拉伯人在大马士革和西班牙经营的纸场供应。

1348 年在巴黎东南特鲁瓦（Troyes）附近建立的纸场，可能是法国最早的产纸区，纸场位于圣朱利安（Saint-Julien）。此时法国处于卡佩（Capetien）王朝（987～1328）的国王路易九世（Louis Ⅸ，1214～1270）的统治之下。他在位期间（1226～1270）进行一系列改革，发展经济并加强王权统治。1348～1388 年间，在埃松（Essones）、圣皮埃尔（Saint-Pierre）、圣克劳德（Saint-Cloud）和特瓦勒（Toiles）等地又增建纸场⑤，这样法国不仅国内供纸充分，而且还向德国出口。

---

① André Blum，On the origin of paper，translated from the French by H. M. Lydenberg，pp. 28～29 (New York：Bowker，1934).

② Thomas F. Carter，The invention of printing in China and its spread westward，2nd ed.. revisld by L. C. Goodrich，pp. 100～101 (New York，1955).

③ Dard Hunter，Papermaking；The history and technigne of an ancient craft，2nd ed.，p. 474 (New York：Dover，1978).

④ Dard Hunter，op. cit.，pp. 473，475.

⑤ André Blum，On the origin of paper，translated from the French (Les origines du papier，1932) by H. M. Lydenberg，pp. 32～33 (New York，1934).

二 德国的造纸

地处中欧的德国，早在1228年即已用纸，但直到14世纪后半叶相当长一段时间内用的还是外国纸，南方要靠从意大利输入，莱因河地区由法国进口。这种情况德国人虽要尽速改变，但苦于无法掌握有关造纸技术。这时，纽伦堡（Nürn berg）商人斯特罗姆（Ulman Stromer，1328～1407）在意大利看到了那里的造纸生产情况，便决定冒险在德国投资兴办这样一个纸场。

纽伦堡德国国立博物馆藏有两页由斯特罗姆在14世纪写的日记体裁的手稿，用古体德文写成，题为Püchl von mein Gelslecht und von Abenteur，叙述其家世和冒险的经历。这是欧洲现存有关造纸技术的最早的文献，同时详细描述了德国第一家纸场的兴办经过，此处有加以介绍之必要。1390年，斯特罗姆在意大利北部伦巴第区（Lombardia）的商埠米兰（Milano）附近遇到几名懂造纸技术的匠人，他们是弗朗切斯·马尔基亚（Franciscus de Marchia）及其第马库斯（Marcus），还有其徒弟及随从巴塞洛缪斯（Bartholomeus）。斯特罗姆说服他们离开伦巴第，随他来德国纽伦堡造纸。建场前，他雇一德国人奥布塞尔（Closen Obsser）为工头和监工。

为了了解欧洲中世纪工场主雇工情况，今将斯特罗姆日记翻译于下：

> 克劳森·奥布塞尔答应对我乌尔曼·斯特罗姆效忠，并发誓对我和我的继承人忠诚老实。他将是我在纸场中的监工，使我不受损害，终生不为我和我的继承人以外的任何人造纸，不以任何方式教别人造纸。此宣誓发生于耶稣纪元1390年圣劳伦斯节（Sant Lorenzen Tag or Saint Lawrence's Day）过后的一个星期日，在我的房间里进行晚祈祷之时，有我的儿子约尔格（Jörg）当时在场①②。

此后斯特罗姆1390年又要求在他纸场中作工的其他德国工人作出同样的宣誓。他在日记中说：

> 在圣劳伦斯节过后一天，约尔格·台尔曼（Jörg Tyrmann）向圣灵（Saints）发誓，他将实际帮助我开发［纸场］，而在今后十年内他将只为我和我的继承人造纸。未经我允许，不得传授给任何人。十年以后，他可以为自己造纸，但不得为任何其他人造，他此后可以教为他造纸的人，但不得教其他人，终生如此③④。

以上是对本国人而言，但对有熟练技能的意大利造纸工，斯特罗姆采取了更严格的防范措施。他将他们带到名为康拉德（Conradus）的市长面前，以斯特罗姆的家属亲戚作为见证人作了公证。日记中对与意大利工人的契约记载如下：

> 耶稣纪元1390年，弗朗切斯·马尔基亚及其弟马库斯以及其仆巴塞洛缪斯已效忠于乌尔曼·斯特罗姆，并向圣灵宣誓，他们要永远忠顺并不将造纸秘密泄露给诺曼第（Normandy）山这边全德国土地上的任何人。

---

① Dard Hunter，Papermaking，op. cit.，pp. 232～235.

② Wilhelm Sandermann，Die Kulturgeschichte des Papiers，pp. 80～82（Berlin-Heidelberg，Springer-Verlag，1988）.

③ Dard Hunter，Papermaking，op. cit. pp. 232～235.

④ Wilhelm Sandermann，Die Kulturgeschichte des Papiers，pp. 80～82（Berlin-Heidelberg，Springer-Verlag，1988）.

在办完上述手续后，1390年斯特罗姆便在纽伦堡城西门外佩格尼茨河（Pegnitz River）流经的地方建起了纸场。舂捣麻料用垂直升降的杵臼，每一水车带动18个杵杆。所产的纸上有字母“S”的水印标志，代表场主Stromer。日记还提到，因场主只考虑自身权益，引起意大利工人怠工。于是1391年8月12日斯特罗姆将马尔基亚兄弟私自关押于塔楼中以示惩罚。1392年场主又雇用本国的木匠齐默尔曼（Erhart Zymerman），宣誓效忠后，让他修理纸场内的杵杆和抄纸的纸槽，平日作其他木工活或砑光纸张，而其妻则对原料破麻布作筛选分类或将湿纸挂起来干燥，并在打包前统计纸的数量。在该场开工过程中，斯特罗姆雇用的德国工人从意大利伦巴第人那里学会了全套造纸技术。斯特罗姆本人在1390～1394年间经营纸场时，获得巨大利润，后来成为纽伦堡议会议员，转入政界。1394年他将纸场租给约尔格·台尔曼，而他本人于1407年逝世。

纽伦堡由于产纸闻名，不久也成为德国新兴的印刷业中心。纽伦堡造纸法很快就被德国其他工场主得到，因而其他地方也相继建起纸场，如克姆尼茨（Chemnitz，1398）、拉文斯堡（Ravensburg，1402）和奥格斯堡（Augsburg，1407）的纸场，成了斯特罗姆的竞争对手。此后在斯特拉斯堡（Strassberg，1415）、吕贝克（Lübeck，1420）、瓦尔滕费尔斯（Wartenfels，1460）及肯普滕（Kempten，1468）等地也成了产纸的地方。至16世纪末，德国纸场达190家之多，已于境内遍地开花[①]。这些纸场成为德国印刷业发展的有力后盾。1493年，纽伦堡人谢德尔（Hartmann Schedel）用拉丁文编写并出版了《方舆便览》（Liber Chronicarum），描写各地的历史风光，含645幅雕版插图。因刊于纽伦堡，又称《纽伦堡方志》（Nürnberg Chronicle），其中有纽伦堡城图，图的右下角即为斯特罗姆的纸场示意图（图17-1）。这是欧洲文献中最早的一幅描写纸场的木版图。

图17-1　1390年斯特罗姆在纽伦堡城郊兴建的纸场（右下角），取自Hartmann Schedel：Liber Chronicarum（1493）

由于各地纸场纷纷建立，造纸已不再是什么秘密，甚至成为诗人和画家的创作题材，这正反映中国发明的造纸技术在德国传播的广泛程度。1568年，在美因河畔法兰克福城（Frankfurt am Main）用哥特体（Gotische Schreift）古体德文出版了一本带插图的书，题为《对具有各种贵贱、僧俗身份和不同技能、手艺与行业的世人百态之真实描述》（Eygentliche Beschreibung aller Stände auff Erden，hoher und niedriger geistlicher，und weltlicher，aller Künsten，Handwercken und Händeln）。这个书名很长，或许可以简练地将其译为《百职图咏》。此书1588年于纽伦堡再版，1574年出拉丁文版。1960年于莱比锡据初版重印，简称《百职书》（Das Ständebuch），

① Wilhelm Sandermann，Die Kulturgeschichte des Papiers，p. 83（Berlin-Heidelberg：Springer-Verlag，1988）.

共 134 页。书中有 114 幅木刻图，描写不同行业的人物形象，由画家阿曼（Jost Amann，1539～1591）绘制，每幅图又由纽伦堡皮匠出身的诗人汉斯·萨克斯（Hans Sachs，1494～1576）配诗一首，因而我们将此书简称为《百职图咏》。该书第 18 幅图便是描写纸工，现将萨克斯为纸工图所配的诗译成汉文如下：

破布携入纸场中，激水转动水车忙。
切扯破布为碎片，纸料遇水成纸浆。
[抄工荡帘捞湿纸]，速将湿纸毡上放。
压榨除去多余水，挂起干燥待包装。
造出雪白平滑纸，人人爱用不夸张①。

图 17-2　欧洲最早的造纸图，取自 *Das Ständebuch*
（1568），由阿曼绘图、萨克斯配诗，诗的汉译见本书正文

---

① Hans Sachs und Jost Amann，Eygentliche Beschreibung aller Stände auff Erden，hoher und niedriger，geistlicher und weltlicher，aller Künsten，Handwercken und Händeln，Bild 18（Frankfurt a/M，1568）；Das Ständebuch，114 Holzschnitten von Jost Amann，mit Reimen von Hans Sachs（Leipzig，1960）；Jost Amann's Kartenspielbuch（Den Haag：Couvreur，1975）；A true description of all trades，with six of the illustrations by Jost Amann（New York：Brooklyn，1930）；Dard Hunter：op. cit.，p. 171（New York，1978）.

阿曼在图（图 17-2）中所绘出的两个人，一为正在纸槽旁向纸浆中荡帘捞纸的抄纸工，他每抄出一张湿纸，便将其放在案板上与纸同样大小的吸水毛毡上，湿纸上再放另一毛毡将下一张湿纸如此放上。一张纸放一层毡或毛布，如此层层堆齐，插图右下角绘出已堆起的湿纸。湿纸应当压榨去水，然后再干燥。捞纸工背后画的正是压榨器，上下有厚木板，旋转螺杆将两板间湿纸压紧，水由四周流出。图中另一人为童工或徒工，其任务是在抄纸工捞出湿纸后，逐张在上面铺毡或布，以保证师傅不停地抄纸。其另一任务是在湿纸堆到一定厚度时进行压榨去水。从此人抬纸行走的方向看，手中抬的应当是已压好的纸，正送去干燥。

图的左上角画着捣碎纸料的水碓，由流水冲击水轮转动，再经转动装置将旋转运动变为上下直线运动，使碓杆碓头上下舂捣纸料。这种转动装置也是中国发明的，如王桢《农书》（1313）中所描述的那样，后在文艺复兴时传入欧洲。因画面小，驱动水碓的水车没有表现出来。用螺旋压榨器（螺杆为铁制）压湿纸，比中国先进，中国一般用杠杆装置借石头重力压纸，这是因为螺旋装置是欧洲发明的，17 世纪传入中国。德国诗人正是根据画面所绘而以诗句解说的，因此可以断定是先作画后配诗的。诗画结合反映出当时欧洲纸工劳动的真实状态，此图是现存出版物中最早的造纸工艺图，甚至比中国科学家宋应星的《天工开物》（1637）还要早 69 年。

三　荷兰、瑞士、波兰、俄国、英国和北欧国家的造纸

与德国接壤的荷兰，从 14 世纪就用进口的纸，海牙（Hague）档案馆所藏最早的纸本文书，年代为 1346 年。直到 1586 年在著名城市鹿特丹以南的多德雷赫特（Dordrecht）才建起第一个纸场，显然其技术和设备是通过德国引进的。荷兰人对造纸术的贡献是 1680 年发明了打浆机，称为“荷兰打浆机”（Hollander beater）。与拥有丰富水力资源的德国不同，荷兰是风车之国。荷兰人发现用他们的风车很难带动德国的水碓，于是试图研制比水碓所需动力更少的装置，用它还能比古法更有效地将破布粉碎成适于造纸的纤维。经纸工的世代努力，荷兰机终于制成，它是集体劳动结晶，现下还找不出具体发明人。

荷兰机为椭圆形木槽，槽中间靠近槽边处放一可旋转的硬木辊，辊上带有 30 个铁制刀片，称为飞刀辊。槽底与辊之间有石制或金属制的“山”字形斜坡，称为“山形部”（backfall），上面带有固定不动的铁刀片，称为底刀，底刀对准飞刀，二者之间保持适当距离。贴近飞刀辊而面向槽中间空间处装一隔板，使浆料在槽内循环流动。飞刀辊旋转时，通过飞刀与底刀的机械作用使纸料被切成纤维状。当湿纸料沿飞刀辊转动时，便翻过斜坡的山形部，因重力作用，顺斜坡流到槽的一端，经隔板再回流到槽的另一端，如此循环，反复被刀切碎（图 17-3）。飞刀辊可用荷兰风车驱动其旋转，而且用此机器无需对破布作预处理。

1682 年，德国化学家贝歇尔（Johann Joachim Becher，1635～1682）于其《愚蠢的智者和聪明的愚人》（Närrische Weisheit und wiese Narrheit）一书中报道了他在荷兰的旅行见闻：

> 我在荷兰塞恩达姆（Serndamm）附近的一家纸场中又看到一种新的技术，在这里不使用联排水碓打浆，而是通过一个辊子在很短时间内并且毫不费力地将破布不停地粉碎成纸浆。这种东西或许值得人们给予进一步的密切注意。①

① Wilhelm Sandermann，Die Kulturgeschichte des Papiers，p. 104（Berlin-Heidelberg，Springer-Verlag，1988）.

贝歇尔这里所说荷兰塞恩达姆附近纸场打浆用的“辊子”(Waltze)，实际上就是刚发明不久的 Hollander（荷兰打浆机），因飞刀辊不停地旋转，才引起贝歇尔的注意。果然，荷兰打浆机后来传遍各地并几经改进，在全世界通用 300 多年。

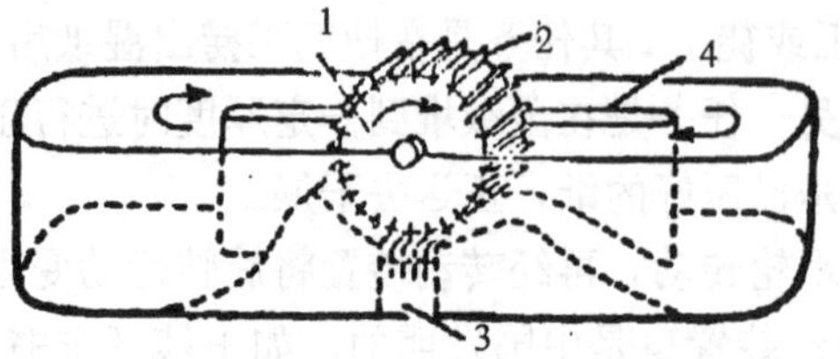

图 17-3　1680 年荷兰人发明的打浆机结构图
1. 飞刀辊；2. 刀片；3. 底刀；4. 隔墙

在通行德语的瑞士，15 世纪中叶前还需进口纸，但 1433 年在巴塞尔（Basel）建立了纸场，像德国的纽伦堡一样，这里也是个印刷中心。德国南边的奥地利，1498 年于维也纳设场造纸。地处欧洲中部的德国，还是将造纸术传向东欧的中介，波兰境内的克拉科夫（Crakow）1491 年有了第一家纸场，接着威尔诺（Wilno）及华沙分别于 1522 及 1534 年建场。俄国虽然较早就接触到纸，但最早的纸坊是 1576 年在莫斯科建立的，时值俄罗斯帝国第一个沙皇伊凡雷帝（Васильевич Иван Ⅳ，Грозный，1530～1584）在位期间，建厂时可能延请了德国的技工。

英国因与欧洲大陆有一海之隔，造纸时间晚于欧陆一些国家，但 1309 年已用纸书写材料，可能从西班牙进口。1476 年起，在德国科隆学印刷术的英国印刷技术家考克斯顿（William Coxton，约 1420～1491）用欧洲大陆纸印书。英国出现一种奇怪的现象：在发展印刷术之后，才有了自己的造纸业。最先的纸厂是由伦敦的布商约翰·泰特（John Tate，？～1507）在伦敦以北的哈福德（Hertford）建立的。他的纸由著名出版者沃德（Wynkyn de Worde）用来印刷书籍。1496 年他在所出版的书中说，该书是用泰特所造的纸所印。泰特纸厂的纸带有水印，形状是两个圆圈套一个八角星，很像是车轮。同样类型的纸还被沃德于 1498 年用来印《黄金传说》(*Golden Legend*)。没有证据显示在 1494 年之前存在此纸厂，因而其始建时间当为 1495 年①。此后在 1557 年芬德福德（Fen Dertford）城也出现了纸厂。英国造纸业像德国一样发展很快，至 17 世纪末英国已有百多家纸厂。北欧国家因地理位置关系，造纸时间甚至比英国还晚，例如瑞典 1573 年在克利潘（Klippan）建立最早的纸厂，丹麦于 1635 年始行造纸，而挪威最早的纸厂 1690 年建于首都奥斯陆（Oslo)，到 17 世纪时，欧洲各主要国家都有了自己的造纸业。

四　北美和大洋洲造纸之始

16 世纪时，在美洲新大陆除用羊皮和树皮等古老材料书写外，纸要靠从欧洲进口。西班牙人移居墨西哥后，最先在美洲建立纸厂，1580 年 1 月 17 日用西班牙文写的《关于新西班牙的库尔乌安坎人的叙述》(Relación del pueblo de Culhuancán desta Nueva España）中提到在墨西哥（西班牙人最初称为“新西班牙”）库尔乌安坎建立最早的纸厂。这可能是指 1575 年 6 月 8 日签署的皇家契约中规定租给穆农（Hernán Sánchez de Muñón）和科尔内霍（Juan Cornejo）一片土地“利用他们在当地找到的原料在新西班牙造纸”②。这两个造纸者租的村子，位于墨西哥城东南的埃什特雷拉山（Estrella Hill）山脚下，因而墨西哥造纸始于 1575 年。

① Dard Hunter，op. cit.，pp. 115～116.

② D. Hunter；op. cit.，p. 479.

美国在独立前，已于1690年在东海岸宾夕法尼亚州费城（Philadelphia）附近的杰曼顿由德国移民威廉·利特豪斯（William Littenhouse，1644～1708）建立了第一家手工造纸厂。杰曼顿英文名Germantown意思是“德人镇”，是1683～1684年形成的德国人移民居住区，在费城东北，至今原名未改。

最早谈到这个纸厂的文献是弗雷姆（Richard Frame）所写的《宾夕法尼亚概况；叙述在该省所经历的、有趣的和愿意发现的一切。作为对英国人民致良好意愿的表示》（A short description of Pennsylvania，or a relation of what things are known，enjoyed and like to be discovered in that said province. Presented as a token of good will to the people of England），此书于1692年由布雷德福德（William Bradford）出版。书中印有一首长诗，因篇幅关系此处不便全译，诗中说，杰曼顿镇至少有一英里长，住着德国人和荷兰人，他们多从事织麻布，而这里还是麻的产地。他们还以破麻布造出很好的纸，织布与造纸相得益彰，靠近杰曼顿建起了纸厂①。

1710及1729年在宾夕法尼亚又建起了另两家纸厂。18世纪时在新泽西、麻省、缅因、弗吉尼亚、康涅迪格、纽约、马里兰、北卡、特拉华、肯塔基等州都有了纸厂。宾夕法尼亚州的费城作为美国最早的造纸和印刷中心，受到大科学家兼政治家本杰明·富兰克林（Benjamin Franklin，1706～1790）的推动。他在费城印刷的书所用的纸，都是在纸厂专门订造的，纸上带有王冠图案及“B-F”字母的水印，B. F. 当然是本杰明·富兰克林（Benjamin Franklin）。

北美洲的加拿大最初从美国和欧洲进口纸，1803年在魁北克的圣安德鲁斯（Saint Andreus，Quebec）由来自美国马萨诸塞州的福尔斯（Newton Lawer Falls）参加，建起了境内第一个纸厂，由韦尔（Walter Ware）经营。所造的纸用于印刷《蒙特利尔公报》（*Montreal Gazette*）。1819年，霍兰（R. A. Holland）在靠近哈里法克斯的贝德福德盆地（Bedford Basin near Halifax）的一个村子里建立加拿大的第二个手工造纸厂②。至于说到大洋洲，第一家纸厂是1868年在澳大利亚的墨尔本（Melbourne）附近建立的③。

到19世纪时，中国造纸术已传遍世界五洲列国，走完了它在世界传播的千年旅程。回顾这段历史，造纸术最初从中国传到中亚、西亚及北非的阿拉伯世界，再由此传到欧美各国及大洋洲，使世界各国都能分享这一发明成果，促进了人类发明的发展。归根到底要归功于751年怛逻斯战役中中国战俘的技术传授。这些身穿士兵军装的中国纸工虽未留下其姓名，但使中国技术发明远传西方世界，他们是中西技术交流史中的无名英雄，功垂千古。

五 中国与欧洲造纸技术的比较

据1588年法兰克福出版的阿曼的造纸图及所配诗句，1662年纽伦堡出版的伯克勒尔（Georg Andreae Böckler）的《新的舞台机器》（Theatrum machinarum novum）（图17-4），1693年巴黎出版的安贝尔迪（J. Imberdis）的《纸或造纸技术》（Papyrus sive ars conficiendae papyri）插图（图17-5）以及其他文献，从中可以了解欧洲早期造纸概况。欧洲各国麻纸制造

① Horatio G. Jones, Historical sketch of the Rittenhouse paper mill, the first created in America, 1690, Pennsylvania Magazine of History and Biography, 1896, vol. 20, no. 3, pp. 315～333 (Philadelphia).

② D. Hunter; Papermaking; The history and technique of an ancient craft, 2nd. ed., pp. 526～539 (New York: Dover, 1978).

③ Ibid., p. 568.

工艺和所用设备可概述如下：对原料破布收购进厂后，要先进行选择、归类，洗净后切短，加水发酵，再以石灰水蒸煮，纸料放布袋内用河水漂洗。洗后以杵臼或水碓捣料，纸料捣碎后放入纸槽，加水配成纸浆。纸槽为筒状或椭圆形木桶，很像酒桶，齐腰高，置于地面上。

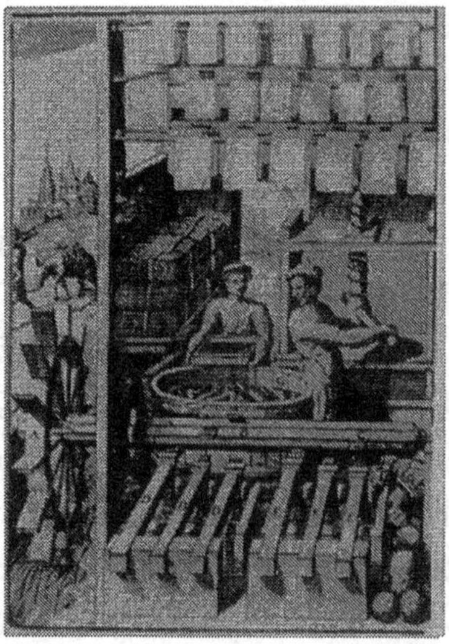

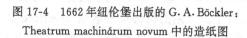

图 17-4　1662 年纽伦堡出版的 G. A. Böckler：Theatrum machinárum novum 中的造纸图

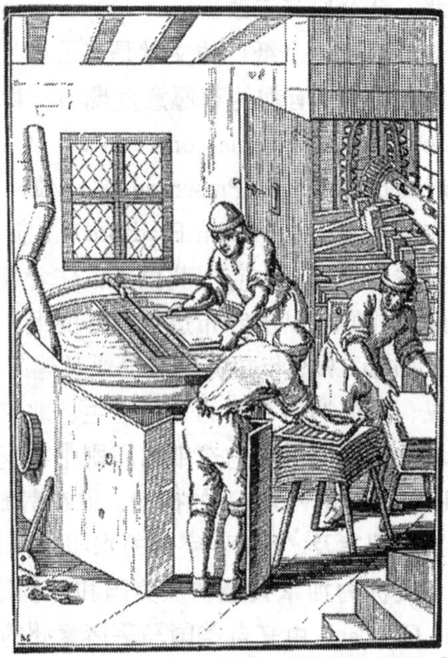

图 17-5　17 世纪欧洲造纸图，取自 J. Imberidis：Papyrus sive ars confieiendac papyri（1693）

抄纸帘最初可能用中国的竹帘或马尾帘，因欧洲不产竹，后来便以铜丝编成帘面，固定于帘框上。这种纸帘幅面较小，不能弯曲，通常由一人抄纸。湿纸抄出滤水后，转移到厚羊毛布上，另一人将另一毛布铺在湿纸上，如此一张纸、一层布摞在一起，用螺旋压榨板压去水份。再将毛布取出，将纸吊在杆子上晾干。如造书写纸，还需将纸放在施胶槽中逐张以动物胶水荡过，压去多余胶水，再逐张吊起晾干。用欧式纸帘抄纸，纸的表面凹凸不平，写字时通常用玛瑙或光滑细石逐张研光①。

如果将欧洲传统手工造纸技术与本书第五、第六章所述中国造纸技术加以比较，就会发现双方在造纸原理和总的操作程序上是相同的，但在每个工序中的操作和所用工具设备又有所不同，这正体现了经常所说的所谓技术上的遗传和变异现象。这是由于地理和人文环境的变迁造成的，当造纸术在欧洲生根并被欧化之后，形成西方的技术风格和传统，与中国本土上的技术差异越益明显。另一方面，欧洲人从阿拉伯人学到的实际上是唐代北方麻纸技术，而在他们掌握这一技术的时代（12～13 世纪）适值中国宋元时期，此时麻纸生产在中国已趋衰落，代之而起的是皮纸和竹纸生产，总体技术已超过唐代水平。欧洲人没有及时吸取宋以后新的技术成果，而是在唐代并非先进的北方麻纸技术基础上发展造纸业，而麻纸与皮纸、竹纸制造工艺是不同的。一方面，中国在宋元、明清时造纸技术获得空前发展，另一方面欧洲

① Dard Hunter, Papermaking. The history and technique of an ancient craft, 2nd rev. ed., chap. 7, pp. 170ff (New York: Dover, 1978).

继续走唐代麻纸的老路，甚至到16～17世纪时还未摆脱这一技术路线，结果中、欧双方技术差距拉大。我们认为欧洲在造纸术发展路线方面走了一段弯路，以至他们在16～17世纪时还比不上11世纪中国宋代的技术水平。

对同一时期欧洲和中国生产的纸不妨作一技术对比。1960～1980年代，笔者在国内外曾系统检验了16～17世纪意大利、法国、西班牙、德国、荷兰、瑞士、英国等国和中国明清时生产的数百件古纸标本，发现有明显的技术差异。

表17-1 中西造纸技术差异表

	16～17世纪欧洲纸	16～17世纪中国纸
1	原料只限于破麻布，长期间只生产单一的麻纸	原料多样化，除麻纸外，主要生产皮纸、竹纸、草纸及混合原料纸
2	纸较厚重，双面书写及印刷，纸上纤维束较多，甚至可见未打散的麻绳头	纸较薄，单面书写及印刷，纸上纤维束少见，纤维匀细
3	外表多呈肤色，白纸较少，纸上帘条纹较粗，表面滞涩，除非经过砑光	外表多呈白色，少数竹纸呈肤色；纸上帘条纹较细，表面光滑，至少单面光滑，一般无需砑光
4	纸的幅面一般都较小，最大尺寸的纸为31×53英寸或相当2.4×4尺	纸的幅面一般都较大，能造出5×10尺或相当65.5×131英寸的纸，长、宽为欧洲最大纸的两倍以上

从上表中可以看出，中国造纸技术比欧洲先进，因为中国在原料选择、制造工艺及设备上有更合理的部分，发展造纸的技术路线更正确。欧洲单一发展麻纸生产，首先在原料供应上受到局限，不能充分利用自然资源，一旦破布短缺，纸厂就会陷入困境。欧洲人不用中国可弯曲的纸帘抄纸，而是用铜丝编成不可弯曲的固定型纸模抄纸，从技术上看是倒退之举，因为这种金属帘滤水速度过快，只能抄出厚重的纸，难以抄薄纸，而且所抄之纸凹凸不平。用欧式帘还只能抄小幅纸，抄大幅纸时湿纸不易从帘面脱离，且易破。

由于欧洲人不将植物粘液或“纸药”放入纸浆中，抄出湿纸后要垫上厚羊毛布，压榨后要逐层取下，增多了附加工序。而将压榨后的半干纸吊起晾干，是笨重操作，干后纸易变形，还要逐张砑光，不用中国的烘干器烘纸，也是失策。由此可见，欧洲传统手工纸生产中操作程序繁杂，存在着对人力、物力和时间上的浪费，所造的纸不但幅面小，而且质地欠佳。此外，中、欧施胶操作方法也大不相同，中国在成纸前将胶水及分散剂放入纸浆中实行集约施胶，每抄一张纸已完成施胶目的，手续简便。欧洲是在成纸后，将其在施胶槽逐张施胶、再压榨、吊干，手续繁复。相比之下，中国宋元以后造纸工艺简练，劳动生产率高，生产周期短，成本又 低，但欧洲人用螺旋压榨板比中国杠杆装置先进，而17世纪出现的荷兰打浆机又比水碓优越。不过这两项技术并未能抵消欧洲造纸工艺总体上的一些不尽人意之处。

不可否认，文艺复兴后的欧洲在自然科学方面领先，但18世纪以前其工农业某些生产部门尤其造纸业并未改变其中世纪面目。进步是有的，但缺乏足以改变传统工艺程序的革新。1760年代开始的工业革命主要表现在纺织、动力、机械制造业方面，还未涉及到造纸业。中国与欧洲造纸技术上的岐异，除因所用原料及制造工艺的不同所致之外，也与双方文化背景不同有关。中国人用柔软的毛笔在纸上写字、作画，小大由之，大纸、小纸都要生产。中国墨本身含胶，书写纸通常不必施胶。欧洲人写字、作画用的笔及创作材料都不同，写字用硬笔书小字，不能写成汉文那样斗大的字，用不上大幅纸，但其墨水不含胶，书写纸通常要施胶。以硬笔写字，用不平滑的纸亦可，且习惯双面写字，要求纸厚重些，而以中国北方麻纸技术借欧式纸帘抄造的纸也通常厚重而不平滑。

中国人从一开始用纸就习惯单面书写，此习惯又影响到印刷，也是单面印字，再对折成一书页，因此通常用薄纸，而用细竹帘抄成的纸较薄而平滑。但造厚纸易，而造薄纸难。欧洲早期画家不习惯以纸作画，盛行以麻布作油画，布幅可长可短。待18世纪欧洲画坛流行以纸创作水彩画、版画和室内装饰画时，才需要大幅纸，而纸工又造不出来，只好将小幅纸粘连起来，无疑接缝的出现有损作品的完整性。西方科学虽已相当发达，却无助于解决纸工遇到的具体技术问题。从18世纪起，欧洲人真正意识到他们在造纸方面仍赶不上中国，遂決心重新引进先前还未学到的技术。这就导致中国造纸术在欧洲的第二阶段的传播。

第二节　中国造纸术在欧洲传播的第二阶段

一　18世纪法国和美国如何引进中国技术

18世纪以后，随着欧洲经济、科学、文化教育和印刷业的发展，社会上耗纸量与日俱增，由于单一生产麻纸，使原料破布的供应严重短缺，各国纸厂普遍面临原料危机，许多厂家纷纷倒闭，威胁着造纸业的进一步发展，也殃及印刷业。人们在探索是否可找到代替破布的其他造纸原料，纸厂也在设法抄造大幅平滑纸，以满足市场上不断增长的需要，并在相互竞争中推出新产品。因原料和工艺问题引起的纸价上扬局面得不到控制，为降低成本，除改换原料外，还要改革现有工艺。改善造纸现状是当时各国政府和社会各界一致关切的问题，就在这时欧洲人将目光投向造纸业经久不衰的中国。中国之所以被引起注意，也还由于18世纪欧洲大陆掀起的“中国热”正在势头之上。

有心人开始查阅有关中国的著作和中国书的译文，询问访华归来的旅行者或访问侨居欧洲的中国人，以期获得造纸技术信息。有关中国著作中及在华耶稣会士发回的通讯中，不少地方谈到中国造纸，尤其巴黎刊行的《中华帝国通志》（4卷，1735）①、《海外耶稣会士书信集》（34卷，1702～1776）② 和《北京耶稣会士有关中国纪要》（16卷，1776～1814）③ 等书，成为获得中国知识的宝库。例如《中华帝国通志》卷二引宋人苏易简（958～996）《文房四谱》（986）卷三《纸谱》，介绍中国以不同原料造纸时说：

> 苏易简《纸谱》云：蜀纸以麻为之，唐高宗敕命以大麻作高级纸以写密令。福建以嫩竹造纸，北方以桑皮造纸，浙江以稻麦杆造纸，江南以树皮造皮纸，更有罗纹纸，湖北造者名楮纸④。

---

① Jean Baptiste du Halde (réd.), Description géographique, historique, chronologique, politique et physique de l'Empire de la Chine et de la Tartarie Chinois, 4 vols (Paris, 1735).

② Charles le Gobien, J. B. du Halde et Louis Patouillet (réd.), Lettres édificiantes et curieuses ecrites de missions étrangères par quelques missionaires de la Compagnie de Jésus, 34 vols (Paris, 1702～1776).

③ Gabriel Bretier, Oudart Feudix de Brequiney et Sylveste de Sacy (réd.), Mémoires concernant l'histoire, les sciences, les arts, les moeurs, les usages etc des Chinois, par missionaires de Pékin, 16 vols (Paris, 1776～1814).

④ J. B. du Halde (réd.), Du papier, de l'encre, des pinceaux, de l'imprémerie et de la reliure des livres de la Chine. Description de l'Empire de la Chine, tome 2, pp. 237～251 (Paris, 1735).

欧洲读者读后，立刻会联想产生用其他原料造纸的念头。从中国获得技术信息的最典型人物，是1774～1776年任法国财政大臣的经济学家杜尔阁（Anne Robert Jacques Turgot，1727～1781）。他在任利摩日（Limoges）州州长期间（1761～1774）读过 有关中国作品，对中国造纸已有初步了解。为发展法国造纸业，这位州长率先采取措施引进中国技术。正好1754（清乾隆十九年）北京二青年高类思（1733～1780）和杨德望（1734～1787）赴法留学，在高等学校修读自然科学，学成归国之际，1765年杜尔阁来巴黎与他们会面，面交52项有关中国问题，希他们返华后帮助解决①，其中几项与造纸有关，如①中国编制抄纸帘的材料和技术，希望提供实物样品，以便仿制；②造纸所用各种原料种类，希望得到这些原料的实物标本及用诸种原料所造的各种纸样，以便试制；③中国如何抄造8×12尺大幅纸，如何荡帘入槽，又如何将湿纸从帘上揭下而不致破裂；④希望得到300～400张适于铜版版画印刷的6×4尺幅面的皮纸纸样，以便仿制。

杜尔阁提出的这些问题都是当时法国和欧洲其他国家急切要解决的，他们把解决这些问题的希望寄托于中国，果然没有失望。1766年高类思、杨德望回到中国后，就利用离法前路易十五（Louis XV，le Bien-Aime，1710～1774）国王赠给的年金1200里弗尔（livres），购买杜尔阁所希望得到的中国纸帘、各种造纸原料标本及纸样，连同技术说明材料，通过商船寄运到法国，使该国首先获益。

为使读者了解杜尔阁向高、杨二青年所提问题的具体内容，我们选某一部分翻译于下：

(31) 要造一张纸，需用一种将纸浆摊开成型的纸模，即抄纸帘。中国人不像欧洲那样用黄铜粗丝编成帘面，而用从藤条抽出的纤维（按：应当是用细竹丝）编帘。据说以这种方法抄纸，可使纸面更加平滑。希望得到一个中号的抄纸帘。

(34) ……我们想得到二三里弗尔（livres，相当1～1.5公斤）各种各样的造纸原料。要将其用槌打碎，放入罐中，而且要加以干燥。包装后要附加正确的标签。所寄各种原料的量要足以保证用它试制各种纸之用。至于竹料，请寄来原物和制浆时各阶段的样品。

(35) 请附寄用诸种原料制成的各种纸的样品。

(36) 我们造纸时，将纸浆摊在纸模上以成型，然后将湿纸转移到布上以吸收其水份。在欧洲使用称为法兰绒（flanchet）的厚羊毛布来达到这一目的。中国很少用这种毛布，那么将湿纸从帘上取下后放在什么材料上呢，是绢布还是棉布，还是用其他某种材料的布，希望得到一枚制上等纸所用的这种新布（按：中国从不用任何布垫湿纸，而是将湿纸直接层层摞起）。

(38) 请详细说明造长一丈二尺、宽八尺大幅纸的工艺方法，如何在纸槽中荡帘，使纸浆分布于帘上，又如何从槽中提起纸帘。如何将帘翻转过来使湿纸不发生卷曲，并将其摊放于布上，又如何将这样大幅纸揭下来、再将其摊开而不发生破裂，最好加以详细说明。

(39) 希望二位寄来一百或二百张长六尺、宽四尺的最好的纸。如果这种纸适于铜版印刷，我们有意试制。我们只要皮纸，不要竹纸，最好寄来三百至四百张皮纸。

① Henri Bernard-Maitre，Deux chinois du 18éme siècle ā l'école des physiocrates françois. Bulletin de l'Université l' Aurore，1949，3e sér.，vol. 19，pp. 151～197.

纸放在包装箱内时，不要折叠，尽可能按原样平放①。

法国人在18世纪向中国学习造纸技术这一事实，甚至还成为法国现实主义作家巴尔札克（Honoré de Balzac，1799～1850）作品中的创作题材。他的小说《破灭的幻想》（Les Illusions Perdues）发表于1843年，但反映的事件发生于18世纪后半叶至19世纪初。小说中主人公大卫·赛夏（David Séchard）是造纸技术家，有两项奋斗目标：一是试用其他植物原料造纸，以代替日益昂贵的破布，或以其他原料与破布混合制浆，以降低麻纸生产成本；二是试验将胶料配入纸浆中，代替成纸后逐张施胶。这正是欧洲造纸业普遍面临的两个问题，但在中国早已解决。大卫阅读有关中国作品后，以中国纸为模仿对象，在中国技术思想影响下以草类、芦苇为原料从事造纸试验，又试用浆内施胶技术，终于成功，后遭奸商暗算而放弃其发明专利，使他科学研究的幻想破灭。

对大卫产生影响的中国著作，据笔者考证，包括明代科学家宋应星的《天工开物》（1637）②。但侵吞大卫研究成果的法国厂商，用其方法"造出一种廉价的纸，和中国纸品质差不多，书的重量和厚度可以减去一半以上"③。巴尔札克写道：

> 自从有了大卫·赛夏的发明，法国造纸业好比一个巨大的身躯补足了营养。因为采用破布以外的原料，法国造的纸比欧洲任何国家都便宜④。

当然，这个大卫不一定实有其人，但法国和欧洲现实生活中这类人肯定是有的。

如果说杜尔阁代表引进中国造纸技术的西方政界人物，那么富兰克林（1706～1790）可说是号召西方采用中国技术的科学界人物。1788年6月20日，曾任驻法大使（1776～1783）的美国开国元老和科学家富兰克林在费城向相当于美国科学院的美国哲学会（American Philosophical Society）会议上宣读一篇论文，题为《论中国人造大幅单面平滑纸的方法》。论文于1793年发表于《美国哲学会会报》上。这篇论文郑重表达了18世纪的欧美人在造纸技术方面要向中国人重新学习的普遍愿望。文内首先讲欧洲通用的造纸方法，并批评这种方法手续繁杂，重复无谓的劳动，浪费工料与工时。与此相比，中国人的方法显得极其简便而有效。他接着介绍中国造大幅平滑纸的方法。

我们将其所述概括于下：将纸浆放在大纸槽中，以大幅竹帘抄纸，帘床系以绳，绳的另一端固定在天花板上，此即"吊帘"，为的是荡重帘时操作省力，而由两名纸工协调荡帘。如欲施胶，则将施胶剂直接配入纸浆中，抄出之纸便具同样效果。待帘面多余水从竹帘空隙流出后，再由二人将湿纸用刷子刷在光滑的烘墙上烘干，不必再逐张砑光，纸已单面平滑。富兰克林写道：

> 中国人便这样制成了大幅平滑的施胶纸，从而省去了欧洲人所用的很多操作手续⑤。

他说，中国人用简练的工艺所造的纸长4.5、宽1.5埃尔。埃尔（ell）为英国古尺名，1埃尔＝45英寸＝114.3厘米＝3.43华尺，换算后上述中国纸为5.14×1.71米。虽然所述若干

---

① Anne Robert Jacques Turgot，Oeuvres complètes de Turgot，éd. de Gustave Schelle，tome deuxieme，pp. 523～533（Paris，1914）.

② 潘吉星，巴尔札克笔下的天工开物，《大自然探索》（成都），1992，卷11，3期，第121～125页。

③ Honoré de Balzac，Les illusions perdues（1843），pp. 111～112（Moscou：Edition en Langues Étrangées，1952）.

④ Ibid.，p. 673.

⑤ Benjamin Franklin，Description of the process to be observed in making large sheets of paper in the Chinese manner，with one smooth surface. Transactions of the American Philosophical Society（Philadelphia），1793，pp. 8～10.

图 17-6 传入英国的清代造竹纸图（1800），
伦敦 Victoria and Albert Museum 藏，取自 Hanter 的书

细节不全准确，但介绍造大幅平滑施胶纸的原理是正确的，这就为欧美纸工拓宽了思路。富兰克林这篇论文旨在希望人们摆脱欧洲传统技术影响，“按中国人的方式造大幅单面平滑施胶纸”，正体现他的远见卓识。

二 18～19 世纪传入欧洲的十项中国造纸技术

18 世纪末，清乾隆年由中国画师所手绘的造竹纸全套工艺过程的工笔设色组画，由在京法国耶稣会士蒋友仁（Michel Benoist，1715～1774）寄往巴黎，可能是应法国方面的要求。蒋友仁是前述留法的高、杨二青年的拉丁文老师，参与圆明园的建筑设计，受乾隆帝赏识。他寄回的造竹纸系列图共 24 幅，有宫廷画师画风，因其兼具艺术和技术双重价值，欧洲人不断临摹，彩色摹本藏于巴黎国立图书馆、法兰西研究院图书馆及德国莱比锡书籍博物馆（Buchmuseum，Leipzig）等处，法、美等国还有 19 世纪中期摹本[①]。1815 年巴黎出版的《中国艺术、技术与文化图说》[②]，公布了其中 13 幅造纸图。

编者说，画稿是在华法国耶稣会士请中国人画的，送巴黎后制成铜版。但我们发现画面被西洋人润色，很可能经改绘后制版（图 6-22，6-23）。这些铜版画为此后其他有关造纸著作所转引，前述富兰克林的论文中所附插图，即引自中国画稿的法国铜版画。可以想像到这套组画传播开来之后，定会在欧美产生很大影响。1952 年，贝内代罗（Adolf Benedello，1886～1964）于德文版《十八世纪中国造纸图说》[③] 中公布了全套图的黑白照片。后来笔者应德国友

① Sybille Girmond, chinesische Bilderalbum zur Papierherstellung. Historische und stilistische Entwickelung der Illustrationen von Produktions prozessen in China von den Anfängen bis ins 19. Jahrhundert Chinesische Bambus papierherstellung. Ein Bilderalbum aus dem 18. Jahrhundert, ss. 18～33 (Berlin: Akademie Verlag, 1993).

② Arts, métieres et culture de la Chine, réprésenté dans une suite de gravures exécutées d'àprès par les dessins originaux de Pékin, accompagnés des explications données par les missionaires françois et étrangers (Paris, 1815).

③ Adolf Benedello, Chinesische Papiermacherei im 18. Jahrhundert in Wort und Bild (Frankfurt am Main, 1952).

人委托，对莱比锡藏本（27×32公分）从造纸技术角度作了专题研究①。此组画最重要的几点是向欧洲人展示了抄纸竹帘的形制及用法、湿纸人工干燥技术、植物粘液的使用等。当时我们没有看到画稿上汉文解说词，但德文解说中有 Koteng-Pflanze 一词，当是指植物粘液或纸药，而 Koteng 可能是“膏藤”之音译。由于纸浆中加纸药，才能保证抄出皮纸、竹纸后，直接摞起，压榨后易于揭下，从而免去用毛布垫纸的欧洲工序。纸药还能帮助纤维在槽内悬浮而不产生絮聚现象。这是欧洲人过去未曾掌握的一项重要技术。

前述《天工开物》早在18世纪就传到巴黎，藏于皇家文库，1840年法兰西学院汉学教授儒莲（Stanislas Julien，1799～1873）将其中造纸章译成法文，刊于《科学院院报》第十卷②，1856年又于《东方及法属阿尔及利亚评论》上发表《竹纸制造》一文③，至此中国传统造纸技术原著内容已译成欧洲人能看懂的法文。如果说18世纪时高、杨两位北京人向杜尔阁提供的技术资料只供内部使用，则儒莲提供的中国权威著作的译文已公开发表于法国科学院刊物中，任何人都可阅读。《天工开物》为西方人提供的技术信息是：①除破布外，还可以楮、桑、芙蓉皮、稻草、竹类造纸，废纸亦可回槽再生；②以不同原料混合制浆造纸的原料配比，如60%楮皮及40%竹，70%皮、竹及30%稻草。按需要调整配比，制出质地与价格不同的纸；③制造皮纸、竹纸的工艺技术与设备，尤其可弯曲的竹帘形制、编制及使用；④通用的具有光滑烘面的强制烘纸装置；⑤以杨桃藤（*Actinidia chinensis*）植物粘液配入纸浆中作为纸药的重要技术措施。欧洲人在18世纪得到的有关中国技术的零散信息，至此以系统形式出现，而且《天工开物》中的插图在技术上是准确的。

第六章第二节已指出，清康熙年（1662～1722）中国不只用竹帘，同时还用铜网抄纸。而且对铜帘予以改革，研制出“圆筒侧理纸”，纸呈长丈余的筒形。这是按下述三项技术构思实现的：①圆筒形铜网抄纸器的设计；②用筒形抄纸器旋转抄纸；③以两个反方向旋转的圆筒对湿纸压榨去水。乾隆年间（1782）再次仿制于浙江。由此可知，中国人在18世纪时最先提出后来西方所谓的 revolving endless wire cloth（无端环状旋转式纸帘）抄纸的技术构想，并在实践中加以应用。标志近代世界造纸技术革命的18～19世纪两种类型的造纸机结构原理，都与中国上述技术构思相吻合，但比中国晚了一个世纪。这也说明为什么圆筒侧理纸很像近代西洋机制纸的原因。圆筒侧理纸曾批量生产，进御后又由皇帝尝赐群臣，相互间以诗唱合，且有不少流入民间，可以说朝野上下众人皆知。这种纸不会不引起在华耶稣会士和商人的注意，并通过各种渠道介绍到欧洲。与此同时，中国以不滤水的材料将大纸帘间隔成几段，从而用一帘一次抄出几张纸的技术以及以白色矿物粉与胶水刷于纸表实行表面涂布的技术，都传入欧洲。

综上所述，18世纪至19世纪上半叶期间通过各种渠道欧洲从中国引进的造纸技术和技

① Pan Jixing, Die Herstellung von Bambuspapier in Chine. Eine geschichtliche und verfahrenstechische Untersuchung. Chinesische Bambuspapierherstellung. Ein Bilderalbum aus dem 18. Jahrhundert, ss. 11～17 (Berlin: Akademie Verlag, 1993).

② Soung Ying-Sing, Desccription des procédés chinois pour la fabrication du papier. Traduit de l'ouvrage chinois intitulé Thien-kong Kai-wu en françois par Stanislas Julien. Comptes Rendus Hebdomadaires des Séances de l'Académie des Sciences (Paris), 1840, vol. 10, pp. 697～703.

③ Stanislas Julien (tr.), Fabrication du papier de bambou. Revue de l'Orient et de l'Algerie (Paris), 1856, vol. 11, pp. 74～78.

术思想，归纳起来至少有下列十项：①造纸原料多元化，即用破布以外的木本韧皮纤维、竹类茎杆纤维、草本植物纤维造纸；②制造各种皮纸、竹纸、草纸的技术；③以破布与皮料、竹类、草本及故纸等不同原料，按一定配比混合制浆造纸；④以可弯曲的大纸帘抄大幅纸，代替欧洲以不可弯曲的小纸帘抄小幅纸的传统技法；⑤将植物粘液或纸药配入纸浆中，以保证纤维均匀悬浮于浆内和将湿纸直接�起揭而不裂的技术，代替以大量厚羊毛布垫湿纸的笨拙方法；⑥将胶料配入纸浆中实行纸内施胶，代替成纸后逐张表面施胶；⑦以具有光滑烘面的人工强制烘干器烘纸、借以使纸具有平滑表面，代替将纸吊起自然晾干法；⑧圆筒形铜网抄纸器的设计、使筒形抄纸器旋转抄纸的构思和以旋转滚筒压榨脱水的设计原理；⑨以不滤水材料将大抄纸帘帘面间隔成几段，一次抄出几张纸的技术，代替以一帘一次只抄一张纸的作法；⑩以白色矿物粉与胶水混合剂刷于纸表的表面涂布技术和以白色矿物粉的水悬浮液加入纸浆制成填料纸的技术。

Jacob Christian Schäffers
Doctors der Gottesgelehrsamkeit und Weltweisheit; Pred. zu Regensburg; Sr. Königl. Maj. zu Dännemark Norwegen Raths und Prof honor. zu Altona; der Academie der Naturforscher, zu Petersburg, London, Berlin, Roveredo und München, der Gesellschaft der Wissenschaften zu Duisburg und physisch-botanischen Gesellschaft zu Florenz; der deutschen Gesellschaft zu Göttingen, Leipzig, Altdorf und Erlangen Mitgliedes; wie auch der Academie zu Paris Correspondentens

Versuche und Muster
ohne alle Lumpen
oder doch
mit einem geringen Zusatze derselben
Papier zu machen.
Erster Band.

Nebst vier ausgemahlten Kupfertafeln.

Regensburg, 1765.

图 17-7　德国人谢弗论造纸原料的专著第一卷（1765）扉页

以上十项中国技术都是17世纪以前欧洲所缺乏的，引进后要涉及对欧洲传统造纸生产中所用原料、制造工艺、基本设备方面的改变和革新，换言之，使其脱离中世纪技术面目并对原有造纸技术路线作新的调整。法国、德国和英国在这方面走在其他国家前面。

欧洲人首先在造纸原料方面按多元化思想作了许多试验。法国首先从中国引种楮树，以期造楮皮纸，接着美国也仿此事例，然因气候及土壤条件不同，楮树在这两个国家长势不佳。与此同时，法国科学家盖塔尔（Jean Etienne Guettard，1715～1786）和德国植物学家谢弗（Jacob Christian Schäffer，1718～1790）等人都作过巴尔札克小说中主人公大卫·赛夏类似的工作。盖塔尔发表过《对各种造纸原料的考察》和《对可能用作造纸的原料的研究》① 等论文。尤其访问过亚洲的谢弗，1765～1772年发表6卷本著作，题为《不全用破布，而以破布掺入少量其他填加物制造同样纸的实验和实验样品》，该书卷二（1765）介绍以破布与大麻、树皮、稻草等中国所用原料纤维混合制浆造纸的实验，并附以这些混料纸的纸样②。（图17-7）

1800年，库普斯（Matthias Koops）在伦敦试验以木材、稻草造纸，并以所造草纸印自已所著有关书史的作品③，次年该书再版时又印以再生纸，即《天工开物》所描述的以废纸回槽

① Jean Étienne Guettard, Observations sar différentes matières dont on fabrique le papier, Mémoires de Paris (Paris, 1741); Recherches sur les matières qui peuvent servirã faire du papier. Mémoires sur Différentes Parties des Sciences et Arts, vol. 1 (Paris, 1768).

② Jacob Christian Schäffer, Versuche und Muster ohne alle Lumpen oder doch mit einem geringen Zasatze derselben Papier zu machen, Bd. 1～6 (Regensburg, 1765～1771).

③ Matthias Koops, Historical account of the substances which have been used to describe events and to convey ideas from the earliest date to the invention of paper. Printed by T. Burton (London, 1800).

重新抄造的纸，此人于 1800～1801 年得到制草纸、再生纸和木浆纸的三项专利。至 1856 年，英人戴维斯（Charles Thomas Davis）于《纸的制造》（The Manufacture of Paper）一书中已能列举 950 种可能供作造纸的原料。接着 1857～1860 年英国人劳特利奇（Thomas Routledge）以生长于西班牙和北非的禾本科野生植物针茅草（*Stip tenacissims*）造纸成功，用以印刷《伦敦图片报》（Illustrated London News）。法国从法属阿尔及利亚获得此草后，也忙于作造纸的试验。

1875 年，劳特利奇又以竹为原料试制竹纸，并以其印刷自己著作的《作为造纸原料的竹》[①] 的小册子。因英国不产竹，所用竹材需由印度供应。第二年（1876），荷兰阿纳姆（Arnhem）城用荷兰文出版同样书名的书（Bamboe en Ampas als Grondstaffen voor Papierbereiding），也是印以竹纸。这些事例都证明欧洲人学习中国人利用破布以外的其他植物原料造纸，或以破布与其他原料混合制浆造纸取得成功，使 18 世纪以来的原料危机获得缓解。这是中国对欧洲近代造纸所作出的一大贡献。

随着造纸原料的改变，欧洲于 18 世纪中叶开始用从中国引进的可弯曲的竹帘抄纸器抄纸，以代替过去的固定型纸模。法国人将这种中国式抄纸器称为 type de vélin，这种类型抄纸器由竹帘和支撑竹帘的帘床（框架）两部分组成，二者可分可合，故称活动帘床。正如富兰克林所说，它具有三个优点：①可以制成大幅纸；②抄出的湿纸易于脱离帘面；③所造的纸表面较平滑。如果将竹帘用不滤水材料分割成几段，还可一次抄出几张纸，这是欧洲人以前不曾想象到的。1826 年英国肯特郡沃特曼（James Whatman）造纸厂在欧洲首次用这种中国技术一次抄出八张作信纸用的纸。

三　中国造纸技术的再传入和欧洲造纸的近代化

中国抄纸竹帘的可弯曲性体现一种先进的造纸思维方式，因而有极大发展前途，是通向近代造纸机的必要阶梯。美国著名纸史家亨特说：“今天的大［机器］造纸工业，是根据两千年前最初的东方（中国）竹帘纸模建造的[②]。”

这个论点正确而公允，但需要加以解说，才能使更多的读者了解其含义。如前所述，欧洲 18 世纪面临的造纸问题是原料单一，工艺过程繁琐，抄纸设备陈旧，不能造大幅平滑纸。在解决原料问题后，下一步要解决的问题是简化工艺程序和对竹帘抄纸器的改革。具有工业革命背景的欧洲人这时认识到，解决问题的出路在于实现造纸过程的机械化和近代化，以赶上其他已实现这两化的工业部门。因为在手工生产方式下用再好的竹帘抄纸，成纸的长宽度总要受到限制，欧洲人在中国技术和设备的启发下思路大开，想要用机器代替手工劳动，造出无限长的纸，这就导致近代造纸机的发明。

第一个作出这种尝试的是法国人罗伯特（Nicolas-Louis Robert，1765～1828）。他曾受雇于迪多（François Didot，1730～1804）在埃松（Essonnes）经营的法国最重要的纸厂，在厂主支持下 1797 年作了用机器造纸的试验，后来终于制成功两张大纸。1798 年 11 月 8 日，罗伯特申请发明专利。他在申请书中写道：

---

① Thomas Routledge，Bamboo，as a papermaking material (London，1875).

② D. Hunter，Papermakling. The history and technique of an ancient craft，p. 132 (New York，1978).

几年来我受雇于法国一家主要的纸厂，一直梦想简化造纸操作程序，用最低的成本制造幅面特别大的纸，而且不用任何工人，只用机器方式操作。通过努力工作、经验积累，并付出可观的代价，我取得成功，所制成的机器实现了我的预想。这种机器能减少工时与成本，且能制成长12～15米的大张纸，……。总之，我在埃松工厂主、公民迪多的厂家所建造的机器，业已启动①。

法国政府部门迅速承认了罗伯特的发明，允许其拥有15年专利权，且奖以3000法郎以制造更大的机器。根据罗伯特在原始材料中的描述，他的机器是将一长的竹帘两头接起，形成类似坦克履带那样的无端长椭圆形抄纸帘，由两个转轮驱动，使其沿水平方向在纸槽上移动。浆料桶中的纸浆通过导流装置均匀流到帘面，纤维留在帘上，水从帘面空隙流入纸槽中。湿纸层经包有毛毡的滚筒压榨，便可以脱离纸帘，再吊起晾干。纸帘抄出一张纸后，移动至一端时，再像坦克履带那样转动到下方，再由另一端重新转动于上方抄纸，沿着长椭圆形轨迹循环转动。这就是近代第一台长网（长帘）造纸机（图17-8），它的结构相当简单。罗伯特说“甚至小孩子都能操纵这台机器”。

图17-8　罗伯特1799年发明的长网造纸机

因法国大革命爆发而引起的社会动荡，造纸机没有能取得进展，罗伯特又将专利权转给迪多。迪多请其姻亲英国工厂主甘布尔（John Gamble）措筹资金用罗伯特的图纸重造机器。甘布尔发现伦敦文具商富德里尼尔（Henry Fourdrinier，1766～1854）兄弟有意投资，又建议请机械师唐金（Bryan Donkin，1768～1855）按罗伯特的发明制造机器。制成后，1803年获英国专利。次年唐金又加以改进，这种长网造纸机便称为“富德里尼尔”（Fourdrinier），与原文具商富德里尼尔同名。法国的发明现在却打上了英国的烙印。由于富德里尼尔兄弟申请的专利中没有提出，如其他厂家仿制时要支付技术转让费，结果各厂家纷纷仿制。英国的造纸机每台售价低至715～1040镑，致使投资六万英镑的富氏兄弟蒙受相当可观的经济损失。这种

① D. Hunter, op. cit., p. 341.

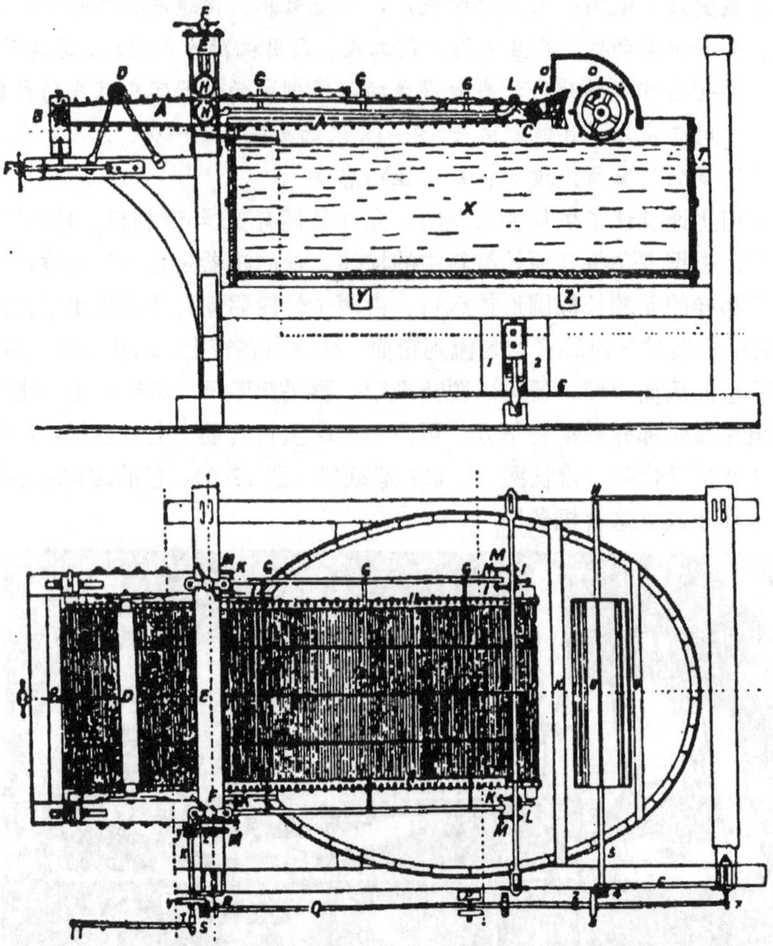

图 17-9　罗伯特长网造纸机结构图（1802），取自 R. W. Sindall 的书（1920）

造纸机经改进后，将竹帘易以铜网，增加了伏辊、压辊及蒸气烘辊、卷纸辊，机器越来越庞大和复杂，形成从纸浆到成品纸的连续一条龙作业（图 17-10），至 19 世纪中叶时欧洲建立起纸的大机器生产，实现了造纸生产的近代化过程。

长帘机投产后，英国人迪金森（John Dickinson，1782～1869）于 1809 年又制造出与罗伯特纸机在成纸方式上不同的另一类型的造纸机。其主要部件为圆筒形框架包以一层铜网，使抄纸帘呈圆筒形，放在浆槽内旋转抄纸，由筒内形成的真空吸水，这就是单筒圆网造纸机。后来圆网机又被改进。这两种类型的造纸机都可制造无限长度的纸。

自从长网机、圆网机相继问世与投产后，彻底解决了欧洲传统工艺的改造问题，工业革命又促使机制纸生产获得迅速发展。以木材及其他植物原料为处理对象的化学制浆法的发明，又使机制纸的发展如虎填翼。欧洲造纸之所以能实现近代化，有赖于原料的拓宽和造纸机的发明，归根到底有赖于下列六项原理（或思想）的运用：①原料多元化；②以可弯曲的纸帘抄大幅纸的思想；③以圆筒形纸模在浆内旋转抄纸；④以旋转圆辊对湿纸压榨去水；⑤以热源对湿纸强制干燥；⑥以机器生产代替手工造纸。

此处第②～⑥项与造纸机发明有直接关系，而第②～⑤项是造纸机关键部件设计的思想基础。例如罗伯特长网机的关键是将可弯曲的竹帘制成无端环状，圆筒形纸模是迪金森圆网

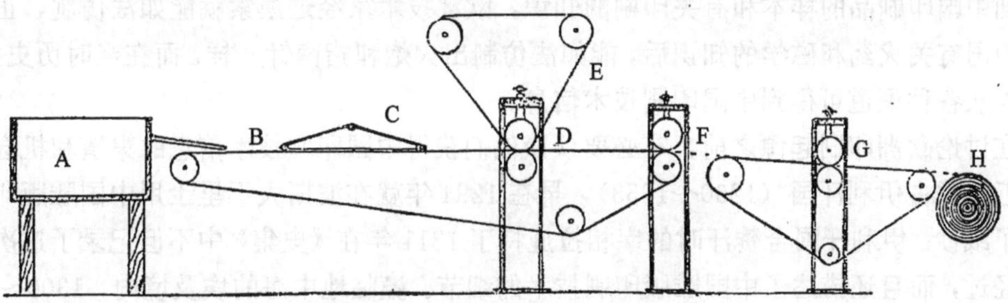

图 17-10　经唐金改进的迪金森圆网造纸机（Fourdrinier machine，1807）
取自 R. W. Sindall 的书（1920）
A. 浆槽　B. 环形纸帘　C. 定边板　D. 压榨辊　E. 移动式毡布　F. 伏辊　G. 压辊　H. 卷纸辊

机的心脏。没有以热源对湿纸强制干燥的设想，就设计不出烘辊。旋转圆辊在造纸中的运用具有重大意义，否则谈不上压辊、伏辊、烘辊和卷纸辊的安装，也就达不到连续流水作业的结果。而可弯曲的竹帘、圆筒形纸模、旋转圆辊和强制烘干器的运用，都是中国纸工在欧洲人之前使用过的，且与此有关的信息或实物已于 18 世纪传入欧洲。

将 17 世纪以前的欧洲传统造纸各技术要素加以分解后，我们注意到几乎没有一项能与近代技术接轨（仅 17 世纪出现的打浆机一项例外），相反，起源于中国并从中国传入欧洲的前述十项技术要素内有一半以上却能与近代技术挂上钩，并直接转化为近代技术的组成部分。这是中国对欧洲近代造纸发展所作出的第二大贡献。只有以机器生产代替手工造纸是欧洲人最先想到与作到的。但如果他们不掌握此思想得以落实的前述几项技术要素，也只是梦想而已。清代康熙、乾隆年间制成的圆筒侧理纸设备，无疑是长网机和圆网机的先驱，但近代造纸机毕竟发明于欧洲，而不是中国。这是因为 18～19 世纪之际的欧洲具备了实行机器生产的各种条件，而中国缺少这些条件。尽管如此，18～19 世纪中国造纸技术和技术思想的再传入，在欧洲从手工纸生产向近代机器大生产转变的过渡时期内起了重要的技术接轨作用。没有来自中国的技术和技术思想，欧洲造纸机是不会凭空制造出来的①。

第三节　中国雕版印刷术在欧洲的传播

一　雕版印刷在欧洲传播的历史背景

12～13 世纪时，欧洲国家如西班牙、意大利和法国等通过阿拉伯引进了中国造纸术而建立起纸厂，但没有同时引进印刷技术，各种读物仍靠手抄。14～15 世纪以后，西欧文艺复兴时期由于社会经济、科学文教和基督教的发展，对读物的需要量迅速增加，手抄本的供应显然满足不了需求，因而刺激了印刷术的发展，而印刷业的兴起又反过来促进科学文化和教育事业的繁荣以及整个社会的进步。当建起造纸业的欧洲需要印刷技术时，中国元、明两代正处于雕版印刷和活字印刷全面发展的阶段，而这时又是中、欧直接接触空前活跃之际，欧洲人有可能从中国得到技术借鉴。技术的传播总是通过印刷品的输出和人员思想交流进行的，只

① 潘吉星，从造纸史看传统文化与近代化的接轨，《传统文化与现代化》（北京），1996，1 期，第 74～83 页。

要得到中国印刷品的样本和有关印刷的知识，欧洲技术家经过摸索就能如法仿制，正如他们得到中国有关火药和磁学的知识后，能如法仿制出火炮和指南针一样。而在当时历史条件下，欧洲人从各种渠道可得到中国印刷技术信息。

在讨论欧洲印刷起源之前，有必要谈谈他们获得中国印刷技术信息的渠道和机会。与欧洲邻近的蒙古伊利汗国（1260～1353），早在1294年就在波斯大不里士用中国雕版印刷技术印发了纸钞。伊利汗国合赞汗时的宰相拉施特丁1311年在《史集》中不但记录了这次发行纸钞的经过，而且还描述了中国雕版印刷技术的细节。濒临地中海的埃及境内，1300～1350年间出版了阿拉伯文的伊斯兰教经典。欧洲大陆与伊利汗国相毗邻，和马穆鲁克王朝时的埃及隔海相望，擅长海上贸易而往来在这一地区的欧洲人得到印刷技术信息并不困难。13世纪以后，由于蒙古大军的西征重新打通了亚欧陆上通道，为双方技术交流和人员往来创造了条件。从北京到罗马或巴黎之间的通道畅行无阻，中国与欧洲有了直接往来。

17世纪的突厥族史家和花剌子模统治者阿布尔·加兹·巴哈杜尔汗（Abu'l Ghazi Bahadur Khan，1603～1664）于其所著《蒙古史》中追记这条中西陆上通道时写道："在成吉思汗统治下，伊朗和突厥之间的所有国家都享有这样一种和平局面，以至人们头上顶着金盘从日出之地至日落之地旅行，不会受到任何人的危害①。"

这条贯通亚欧二洲的陆上通道之所以安全，因为它在蒙元帝国控制之下，沿途设驿站，有驻军把守。

中国与欧洲双方使者、商人、传教士、学者、工匠和游客沿此道相互访问。例如1245年，罗马教皇英诺森四世（Innocent Ⅳ，1243～1254）派柏朗嘉宾（Jean Plano de Carpini，1182～1252）出使蒙古。此使者为意大利人，1228年任日耳曼大主教，1230年任西班牙大主教，奉使时已年逾六旬。同行者有波兰教士本笃（Benedict）和奥地利商人，他们先至俄罗斯伏尔加河沿岸蒙古钦察汗国都城萨莱（Sarai），谒见拔都汗，再由此东行持教皇玺书于1246年至蒙古定宗贵由大汗驻地和林。1247年返回法国里昂后，用拉丁文写了《东方见闻简报》（*Libellus Historicus*），对中国作了介绍。书中指出中国人精于工艺，其技巧世界无比，而且有自已的文字，其史书详载其祖先的历史②。书中说中国有类似《圣经》的经书，当指儒释典籍的印本。

与此同时，法国国王路易九世（1214～1270）遣法国方济各会士罗柏鲁（Guillaume de Rubrouck，1215～1270）东行，1253年到和林，受蒙哥汗召见，1255年返回巴黎述职。他写的游记题为《威廉·罗柏鲁兄弟1253年出访东方游记》(Itinerarium fratris Wilhelmi de Rubruk de ordine fratrum minorum, anno gratiae MCCLⅢ ad partes Orientales)，简称《东游记》(Itinerarium ad Orientales)。书中介绍元代印行的纸钞时写道：

> 中国（Cathay）通常的货币是由长宽各有一掌（3×4英寸=7.5×10厘米）的棉纸作成，纸面上印刷有类似蒙哥汗御玺上那样的文字数行。他们用画工的小毛刷（毛笔）写字，一个［汉］字由若干笔划构成③。

此处所说的货币用的"棉纸"，当为桑皮纸。罗柏鲁是最早指出中国用印刷技术发行纸币

---

① Abu'l Ghazi Bahadur Khan, Histoire des Mongols et des Tartars Traduit par Desmaisons, vol. 1, p. 104 (Paris, 1871); René Grousset, The Empire of the Steppes, Eng. ed., p. 252 (New York, 1970).

② Christopher Dawson (ed.), The Mongol Mission, p22 (London & New York: Sheed & Ward, 1455); Friedrich Rische (ed.): Johann de Plano Carpini Geschichte der Mongolen und Reisebericht, 1245～1247 (Leipzig, 1930).

③ Christopher Dawson (ed.), The Mongol Mission, pp. 171～172 (London & New York: Sheed & Ward, 1955).

的欧洲人。他在出使中国时也使用过这种特殊印刷品，当然也有可能接触其他雕版印刷品。罗柏鲁在和林还遇到日耳曼人、俄罗斯人、法国人、英国人、匈牙利人和阿拉伯人，其中包括来自巴黎的金银匠布西耶（Guillaume Buchier），正在为大汗制造金银器皿[1]。这里还有通晓数种语言的英国人巴兹尔（Basil）等。罗柏鲁的《东游记》内容相当丰富而翔实，是《马可波罗游记》出现前欧洲人对中国情况的最全面介绍。他返回巴黎后，与正在那里的英国著名人物罗哲·培根（Roger Bacon，1214～1294）会面，培根从交谈中得到不少有关中国的科学信息，并读了《东游记》。培根还在其《大论》（Opus Majus，1267）中谈到罗柏鲁[2]。

元世祖（1260～1294）忽必烈在位时，北京是北方印刷中心，除出版各种书籍外，还印发纸钞。就在这时，意大利威尼斯商人尼哥罗·波罗（Nicolo Polo）及马飞·波罗（Maffeo Polo）兄弟来华，受忽必烈召见，大汗令二人与朝廷使者至欧洲，转交给罗马教皇的书信。1271年他们完成使命后，再度来华，同时带马可波罗（Marco Polo，1254～1324）同行，1275年到北京。忽必烈再次召见他们，发现马可波罗聪明伶俐，命留宫中，后委以各种重任，在华凡十七年。后波罗一家三人奉命护送阔阔真公主出嫁到伊利汗国，1292年自福建泉州乘船至波斯。他们完成使命后，于1296年返回故乡威尼斯。马可波罗1299年将旅行见闻写成游记，全面介绍中国情况，赞扬这个亚洲大国的富饶和物质文明，使欧洲人一新耳目。《马可波罗游记》在欧洲产生广泛影响，其中也谈到北京有印钞厂，以桑皮纸印成纸钞在全国通行，用久毁损还可更换新币[3]。这必引起欧洲人的兴趣。

当欧洲人于13世纪东来的同时，中国人也沿相反方向前往欧洲。北京的蒙古统治者经常遣使者、官员、学者去钦察汗国所属的俄罗斯。例如《元史》卷三《宪宗纪》载1253年宪宗蒙哥“遣必阇别儿哥括斡罗思（俄罗斯）户口”。俄国史也说1257年蒙古军官到俄罗斯境内的梁赞（Рязань）、苏兹塔尔（Суздаль）及穆洛姆（Муром）等地计民户口，设官收税。1259年，蒙古军官别儿哥（Бергай）及哥撒奇克（Косачик）率眷属及部下多人至沃尔赫夫（Валхов）计民户口[4]。统计户口通常将居民情况填写在事先印好的户籍表格内，再装订成户籍册。因人口时时变动，调查户口要经常进行。这使俄罗斯人在13世纪常常看到来自北京的印刷品。《元史》卷二十七《英宗纪》更载，1320年，“斡罗思等内附，赐钞万四千贯，遣还其部”，可见俄罗斯境内当时通行大汗发行的纸钞。13～14世纪时中国人还到达西欧一些国家，有史可查的是巴琐马（Rabban Bar Sauma，1225～1293）及其弟子马忽思（Marcos，1244～1317）的西欧之行。巴琐马1225年生于北京，其父名昔班（Siban），为维吾尔族景教徒。巴琐马自幼为僧，后认识生于东胜州（今内蒙托克托）的马忽思，马忽思拜巴琐马为师，1275～1276年二人从北京出发结伴西行，目的是去耶路撒冷圣地求法[5]。他们经今新疆向西行，1280年到巴格达。还未及去耶路撒冷，巴琐马便被景教宗长任命为总视察，马忽思成了巴格达教区主教。1285年伊利汗国阿鲁浑汗派马忽思出使罗马。1287年再派巴琐马重访罗马，顺访意大利热那亚及法国巴黎，受法国国王菲利普四世（Philip Ⅳ le Bel，1268～1314）接见，参观巴黎大学等处，

---

① C. Dawson, op. cit., pp. 157, 176～177, 185.

② C. Dawson, op. cit., p. 88.

③ Marco Polo 著，李季译，《马可波罗游记》（1294），第159～120页（上海：亚东图书馆，1936）。

④ 张星烺，中西交通史料汇编第2册，第45～47页（北京：京城印书局，1930）。

⑤ J. B. Chabot, Relations du Roi Argoun avec l'Occident. Revue l'Orient Latin, 1894, p. 57; A. C. Moule: Christians in China before the Year 1550, p. 106 (New York, 1936).

再赴波尔多城，会见访问法国的英国国王爱德华一世（Edward Ⅰ，1239～1307）。1288年巴琐马回罗马，向教皇尼古拉四世（Nicholas Ⅳ，1288～1292）递交国书后，返回巴格达。他用波斯文写了一部游记，19世纪译成叙利亚文和法文，20世纪译成英文。

美国学者萨顿（George Sarton，1887～1956）认为巴琐马是最早到过西欧的中国人，还说：“有趣的是，在巴琐马首次横跨中国和中亚的旅行中，基本上沿着与马可波罗同样的路线，只不过是方向相反而已，事实上他们可能在路上相遇”①。13世纪几乎同一时间内，中国人巴琐马从北京到罗马，而意大利人马可波罗又从威尼斯到北京，二人都有游记传世，真是历史巧合。作为在北京出生的维吾尔人巴琐马，自幼便接触印本书，懂得祖国印刷技术，而他赴欧洲也经过其祖籍新疆的印刷中心。如果西方有人问起中国的书籍是怎样印刷出来的，他会乐于介绍的。通过以上所述可以看到，13～14世纪起欧洲人已对中国雕版印刷和印刷品有所了解，甚至接触过这类实物，他们有可能直接或间接获得这方面的技术信息，从而进一步利用这一技术发明。

二　欧洲早期雕版印刷

值得注意的是，意大利方济各会士孟高维诺（Giovanni da Monte Corvino，1247～1328）甚至在北京用中国印刷技术出版宗教读物，在教友中散发。1289年他受罗马教皇尼古拉四世派遣，与另一会友皮斯托亚（Nicholas da Pistoia）及威尼斯商人鲁卡龙戈（Pietro da Lucalonga）从罗马启程，经波斯至印度，皮斯托亚逝世后，其余二人于1293年至福建泉州，1294年到北京。向元成宗（1295～1307）呈上教皇玺书，得准在北京居住。基督教在元代称“也里可温”（蒙古语 Erkeun），受统治者庇护而得以发展。

元成宗大德九年（1305）5月18日，十年（1306）2月，孟高维诺从北京向罗马教皇当局发去两封信，报告十多年来在华传教经过②。这两封信的拉丁文原件今藏于巴黎国立图书馆。从信中得知，孟高维诺初到北京时受基督教另一教派景教徒（Nestorians）的排斥，使他不能印刷天主教读物。后来传教工作有进展，1298及1305年在北京建起两所教堂，发展教徒6000人，又将《新约全书》及《圣咏》译成蒙文，根据《圣经》中故事绘制出一些宗教画，画面下附有拉丁文、图西克文和波斯文简短说明。卡特认为孟高维诺为文化不高的教徒提供的上图下文式的宗教画是印刷品。他说：“在当时中国，把任何重要作品付之印刷，已经成为很自然的事。”他还指出在孟高维诺印宗教画后50年，欧洲也出现了类似出版物，“这恐怕并非偶然的巧合”③。就是说，欧洲人将孟高维诺在中国使用的方法用到欧洲。

我们认为卡特的上述意见是正确的，因为孟高维诺发展的教徒以及与他共事的中国人会建议用印刷方法把宗教品公之于众。如果用人工手绘几千份图像，在元代是不可想像的愚蠢之举。他刊印宗教画的地点在北京，可能在教堂之内，由中国人任刻印工作。刊印时间在建立教堂之际，即1298～1307年。宗教画上的图西克文（Tursic）不会是突厥文，而是回鹘文

---

① George Sarton, Introduction to the History of Science, vol. 2 pt. 2, pp. 1068～1069 (Baltimore: Williams & Wilkins Co., 1931).

② Arther Christopher Moule, Christians in China before the year 1550, ch. 7 (London, 1930)；郝镇华译，1550年前的中国基督教史，193～199，第203～205页（北京：中华书局，1984），引用时对译文作了少许改动。

③ T. F. Carter著，吴泽炎译，中国印刷术的发明和它的西传，139页（北京，1957）。

体考蒙文或八思巴体蒙文，因当时也里可温教徒多是蒙古人[①]。孟高维诺印宗教画显然是仿照佛教徒以前宣传教义的作法，因为唐、五代僧人早已这样作了。但他在北京却完成了西方人从未作过的创举，因为在他以前没有任何欧洲人借印刷技术出版过读物。

然而当北京出版的印有拉丁文的基督教画携入欧洲后，就会成为仿制的对象，从而实现了中国雕版技术在欧洲的传播。传递这些印刷品和印刷知识的主要欧洲传教士和商人，可能在孟高维诺等人在华期间往来于中、欧之间，也可能是原在华停留而在元末社会动荡时撤回欧洲的。据文献所记及考古发掘，1250～1368年间在华的欧洲传教士和商人为数不少，他们是将中国的印刷品和有关印刷技术传入欧洲的重要媒介。13～14世纪欧洲人所知道的中国印刷品，除纸币、印本读物外，还有娱乐用的纸牌。纸牌是在蒙古军西征时传入欧洲的。

李约瑟认为，13～15世纪中国科学技术发明涌入欧洲，采取“成串传播”（transmission in clusters）的方式，即有一连串重要发明集中于一个时期从中国同时传入欧洲。12～13世纪时传入欧洲的，有中国的磁罗盘、造纸术、独轮车和船尾舵。13～14世纪时传入欧洲的，有中国的火药术、机械钟、弧形拱桥、纺丝机，还有雕版印刷，接踵而至的是活字印刷[②]。在探讨欧洲印刷术起源时，必须考虑到它与其他中国发明成串传播到欧洲的这一历史事实，而不是一个孤立的技术传播事件。因之1350～1450年间，欧洲开始发展印刷技术便不是突如其来的事，而是由于中国一连串技术发明涌入欧洲的必然结果。归根到底是由于从中国至中亚、西亚以至欧洲之间的陆上通道在蒙元帝国及钦察汗国和伊利汗国这些蒙古统治者控制之下，中西交通、经济与技术交流和人员往来空前活跃，才为技术传播大开方便之门。当然，传播路线不一定完全经由陆路，通常是陆海兼程。不管采取什么路线，都必须经过中亚、西亚这些由蒙古人统治的中间地区，这些地区是受北京的元朝皇帝节制的。值得注意的是在这些中间地区，已先于欧洲发展了雕版印刷，成为向欧洲扩散这一技术的桥头堡。

我们知道，欧洲早期印刷术是严格按中国的技术模式发展的，首先经历雕版印刷阶段，其次再由此过渡到活字印刷阶段，但过渡期比中国短。欧洲早期雕版印刷品主要是纸牌和宗教画，以满足其世俗娱乐和宗教信仰方面的需要，德国和意大利看来是较早生产印刷品的国家，两种印刷品大约都出现于1400年前后半个世纪之内，即1350～1450年之间。根据德国南部城市奥格斯堡(Augsburg)和中西部城市纽伦堡保留下来的古代市政记录，在1420、1433、1435及1438年记事中多次提到“纸牌制造者”。然而当时纸牌用各种方法制成，其中包括在纸上描绘、捺印和木版印刷等。显然木板印刷成本较低，是更为通用的制造方法[③]。现存最早的纸牌有些是印刷的，其年代难以确定。但有一条史料年代明确，即1441年意大利威尼斯市政当局发布的一项命令，其中说：

> 鉴于在威尼斯以外各地制造大量的印制纸牌和彩绘图像，结果使原供威尼斯使用的制造纸牌与印刷图像的技术和秘密法趋于衰败。对这种恶劣情况必须设法补救，……特规定从今以后，所有印刷或绘在布或纸上的上述出品，即祭坛背后的绘画、图

---

① 陈垣，元也里可温教考（1917），陈垣学术论文集，第1～56页（北京：中华书局，1980）。

② Joseph Needham，Science and China's influence on the world，in：B. Dawson (ed)，The Lagacy of China (Oxford，1964)；潘吉星主编，李约瑟文集，第262～263页（沈阳，1986）.

③ 庄司浅水，世界印刷文化史年表，第32頁（東京：ブックドム社，1936）。

像、纸牌……都不准携入或输入本城①。

上述史料说明马可波罗的故乡威尼斯曾是印刷纸牌和宗教画的中心，因受到别处产品争夺本地市场的威胁，为保护本地业主的利益，威尼斯市政当局下令自 1441 年起禁止进口这类印刷品。此举也许是针对德国产品的倾销，因为据同期德国乌尔姆（Ulm）城的记载，该处将印刷的大量纸牌装入桶中运到西西里和意大利。17 世纪意大利作者札尼（Valere Zani，1621?～1696）写道：

> 我在巴黎时，一位在巴勒斯坦的法国教士特雷桑神甫（Abbé Tressan，1618～1684）给我看一副中国纸牌，告诉我有一位威尼斯人第一个把纸牌由中国传入威尼斯，并说该城是欧洲最先知有纸牌的地方②。

图 17-11　1423 年德国雕版宗教画《圣克里斯托夫与基督渡海图》。英国曼彻斯特市莱兰兹图书馆藏

从中国与意大利之间在元代的相互频繁人员往来情况观之，札尼的说法是有根据的。纸牌正如整个印刷技术那样，在蒙元时期可能通过多种渠道传入欧洲，不能排除从中国直接传入意大利的可能性。从工艺角度观之，早期印刷纸牌的欧洲工匠，很可能还同时印刷宗教画，就像意大利人孟高维诺 1298～1307 年在北京所作的那样，根据《圣经》中的故事画出若干幅图画并加注简短文句，然后刻成木雕版印在纸上。意大利人和德国人特别精于此道，印行宗

---

① Thomas F. Carter 著、吴泽炎译，中国印刷术的发明和它的西传》第 161，165～166 页，注 18，19（北京：商务印书馆，1957）。

② 参阅前引 Carter 的书，汉译本 166 页，注 21。引用时对译文作了改动。

教画的孟高维诺在北京的第一个助手阿诺德就是德国科隆人，这一点就能说明问题。意大利是罗马教皇的所在地，又是文艺复兴的策源地，由于对外贸易发达，在元代时与中国交往密切，最先引进印刷术是很自然的。而德国地处中欧，同其他欧洲国家比，距意大利较近，而德国造纸业又相当发达。现存最早的有年代可查的欧洲木雕版宗教画，是1423年印刷的圣克里斯托夫（St. Christoph）及耶稣画像（图17-11）。此图是在德国奥格斯堡一修道院图书馆内发现的，当时贴在一手写本封面内，现藏于英国曼彻斯特市赖兰兹图书馆（The Rylands Library in Manchester）[①]。画面上刻有圣克里斯托夫背着手捧十字架的年幼耶稣渡水，画面下刻有两行韵语，意思是：

无论何时见圣像，

均可免遭死亡灾[②]。

这颇像中国佛教印刷品的经咒那样。值得注意的是，画面左下角还有从中国引入的水车。

1400～1450年间，在德国、意大利、荷兰及今比利时境内的弗兰德（Flanders）等地盛行木版印刷。这期间列日（Liege）城的德国神甫欣斯贝格（Jean de Hinsberg，1419～1455）及其姊妹在贝萨尼（Bethany）修道院的财产目录中列有“印刷书画用的工具一个”及“印刷图像用的版本九个及其他印刷用的石板十四个”（Novem printe lignee ad imprimendas ymagines cum quatuordecim aliis lapideis printis）[③]，明确说用版本印刷图像。

欧洲的早期印刷品大多是宗教画，画像显得较为粗放，有时印好后在画面上填以颜色。图面下附有文字，或将文字安排在画面中间。伦敦不列颠图书馆等处藏有很多这类印刷品，多未刊出印刷年代、地点和刻印者姓名，但从版面形制、刻工刀法及画工粗劣以及其他因素观之，可以判断是属于早期产物。其中最有名的雕版印刷品是德国刊印的《往生之道》（Ars Moriendi），用圣像及《圣经》文句介绍安乐地离开人世的方法，原作者及刻印者不明，但可断为1450年间之物，现藏于不列颠图书馆，共24张图像，装订成一册。比此稍早时印的还有《默示录》（Apocalypse），也是宗教画，年代大约为1425年（图17-12）。而《穷人的圣经》（Biblia Pauperum）也属于这类早期印刷品。至15世纪末，图文并茂的木版印刷品继续出现，同时也有全是文字而无图的印本。

与此同时，大众所需的非宗教读物也以雕版印成，特别是4世纪时罗马人多纳特斯（Aelius Donatus，320～370）所编的《拉丁文语法》（Ars Grammatica）在各学校中广泛用作教材，拥有大量读者。先前人们都靠手抄利用这个小册子，在木版印刷发展后，便以此法提供很多印本，后来便将这类书称为《多纳特斯》（Donatus or Donate）。

三 欧美学者论中国雕版印刷对欧洲的影响

欧洲早期雕版印刷物在形制和制造工艺方面，与中国宋、元雕版印本很相似，这是值得注意的。据美国印刷技术专家和印刷史家德文尼（Theodore Law de Vinne，1828～1914）的研究，欧洲早期印刷工也是先将画稿和文字用笔写绘于纸上，将纸上墨迹用米浆固定于木板

---

① John Clyde Oswald，A history of printing. Its development through 500 years. chap. 24（New York，1928）；玉城肇译，《西洋印刷文化史》，第365頁（東京：鮎书房，1943）。

② 参阅 Thomas F. Carter，前引汉译本，第175页，译文为引者新译。

③ John C. Oswald 著、玉城肇译，西洋印刷文化史，第365页（東京：鮎書房，1943）。

图 17-12　欧洲早期雕版画〈默示录〉，约印于 1425 年

上，再顺着板材的纹理面向自己的方向下刀刻之。同时每块木版刻出两页，将纸铺在蘸有墨汁的版面上，以刷子擦拭。印刷完毕后，再沿每一印张的中线向内折成单张，将纸上无字迹的那面折在里头①。最后，将折好的各印张装订成册，因而具有中国印本书的外表。欧洲语中的 folio 最初就指这种对折本。因而，欧洲早期木版书完全是模仿中国印本书的刻版、刷印和装订等各套工艺程序而生产出来的。

其实，德文尼以前的欧洲学者已注意到这一点，而且认为欧洲印刷术是从中国传入的。早在 1546 年，意大利史家焦维奥（Paolo Givio，1483～1552，拉丁文名为 Paulus Jovius）在威尼斯出版的《当代史》（Historia sui temporis）一书中写道：

广州的印刷工（typographos artifices）用与我们相同的方法，将包括历史和仪礼书在内的书籍印刷在长幅对开纸上，再朝里折成长方书叶。教皇列奥（Leo Ⅹ，Giovanni de Madici，1475～1521）好意让我看过这样一本书。这本书和一头象是葡萄牙国王（John Ⅲ，Don Manuel，1495～1521）作为礼物送给教皇的。由此可以使我们很容易相信，早在葡萄牙人到印度之前，对文化（Littera）有无比帮助的类似技术

① Theodore Law de Vinne，The invention of printing，pp. 119～120，203（New York，F. Hart，1876）.

(artis exempla) 就通过西徐亚和莫斯科公国传到我们欧洲①。

焦维奥上述说法可理解为，元代时，离华取道中亚和俄罗斯而返回欧洲的旅行者将中国印刷术传到欧洲，这是印刷术西传的一种可能渠道。英国东方学家柯曾 (Robert Curzon，1810～1873) 1860 年发表的《中国与欧洲印刷史》一文内指出，欧洲与中国雕版印刷物在各方面完全相同后写道：

> 我们必须认为欧洲木版书的印刷过程肯定是根据某些早期旅行者从中国带回去的中国古书样本模仿的，不过这些旅行者的姓名没有流传到现在②。

中国宋、元时除以木板刻书以外，还以铜板刻书，而纸钞也时而以铜板刷印，如本书第九章第一节所述。欧洲也是如此，1430 年间德国始行铜板刻书，较早的凹版画为过去柏林保留下来的刻于 1446 年的《鞭挞图》。后来意大利弗罗伦萨的金工菲尼圭拉 (Tommaso di Antonio Finiguerra，1426～1464) 在晚年更发展铜板腐蚀刻版法。通过以上所述，中国雕版技术对欧洲的明显影响是客观存在的。卡特因而作出结论说：在欧洲雕版印刷的肇端中，中国的影响其实为最后的决定性因素③。

第四节　中国活字技术对欧洲的影响

一　受中国影响的欧洲早期木活字

欧洲木版印刷技术是从中国传入的，这在中外基本上已取得共识。然而欧洲活字技术是否或在多大程度上受中国影响，并非很多人都清楚，有关论著也较少触及，因而这个问题需要认真研究。从印刷技术史总的发展规律看，有了木版印刷的实践之后，迟早总要向活字印刷的方向发展，中外皆然。对欧洲人来说，活字印刷特别适合于他们的拼音文字系统，因此在兴起木版印刷之后，很快就转向活字印刷。与具有数万个表意文字的汉文相反，欧洲人用二三十个字母就足以拼成所有的词和文句。而且与汉文的方块字形相反，欧洲文字圆转之处较多，如 a，e，o，d，p，q，g 等，刻木版时不易下刀，欧洲刻工刻字时反而比中国人费力，汉字虽笔画较多，但圆转之处较少。

欧洲人既然掌握了木版印刷技术，他们在中西交通畅达的元代，不会对已存在几百年的中国活字一无所知，来华的欧洲人总会将中国有关活字技术信息带回去，从而对欧洲的印刷工产生影响。宋、元之际和元初是中国发展泥活字、木活字和各种金属活字的时期，这正是在华的欧洲人最感兴趣的新奇事物。中国活字技术对欧洲的影响，首先表现在对木活字的使用方面，木活字是欧洲最早出现的活字形式。16 世纪瑞士苏黎世大学神学教授兼东方学家特奥多尔·布赫曼 (Theodor Buchmann，1500～1564) 于 1548 年发表的作品中，认为欧洲活字最初以木材制成。他写道："［在欧洲］最初人们将文字刻在全页大的版木上。但用这种方法

---

① Paulus Jovius, Historia sui temperis (1546), vol. 1, p. 161 (Venezia, 1558); Thomas F. Carter, The invention of printing in China and its spread westward, 2nd ed. revised by L. Carrington Goodrich, pp. 159, 164～165, note 4 (New York: Ronald, 1955). 有些译文笔者直接译自拉丁文原文。

② Robert Curzon, The history of printing in China and Europe. Philobiblon Society (London) Miscellanies, 1860, vol. 6, pt. 1, p. 23.

③ T. F. Carter 著、吴泽炎译，中国印刷术的发明和它的影响 (1925)，第 180 页 (北京：商务印书馆，1957)。

相当费工，而且制作费用较高，于是人们便作出木制活字，将其逐个拼连起来制版"[①]。

这是个值得注意的重要记载。毫无疑问，欧洲早期的木活字肯定要用元代人王祯于1313年在《农书》中所描述的方法，别无他途，也就是说，要重复中国人早已实践过的方法。操德语的布赫曼的姓Buchmann常被希腊化，人们也称他为特奥多尔·比布利安德（Theodor Bibliander），因此西方文献中的Theodor Buchmann与Theodor Bibliander实际上指的是同一个人。他的活动时期上距欧洲最初使用活字印书只有一百年左右，他的记载应当是可信的，反映了欧洲早期印刷工试制活字的摸索时期模仿中国活字技术的实际情况。

德国、意大利和荷兰（尼德兰，Nederland）这些木版印刷发展的国家，最有可能从事木活字的试制。前引英国东方学家柯曾就曾经报道说，意大利医生兼印刷家卡斯塔尔迪（Pamfilo Castaldi，1398～1490）曾于1426年在威尼斯用大号木活字印刷过一些大型对折本，据说仍保存于费尔特雷（Feltre）档案馆中[②]。卡斯塔尔迪1398年生于威尼斯西北的费尔特雷，曾被认为欧洲活字技术发明人，为此1868年在伦巴第（Lombardia）城还为他建立铜像。

1300年的回鹘文木活字于1907在敦煌发现，这揭示了活字技术由中国内地传到新疆吐鲁番地区，再由此向西传播的路线，显然，欧洲早期木活字技术受中国的影响。法国印刷史家古斯曼（Pierre Gusman）因而认为中国活字技术在蒙元时经两个渠道传入欧洲：一是与维吾尔人有接触、后来住在荷兰的亚美尼亚人在卡斯特尔迪活动时将活字术传入欧洲；二是谷腾堡在布拉格居住时，学会了经中亚、俄罗斯陆上通道传入欧洲的这种技术[③]。但主张欧洲经历过木活字试验阶段和受中国活字影响的观点，在欧洲受到非难，因为如果此说被接受，有些人坚持的欧洲活字技术为"独立发明"之说便无法成立。

应当说，提出中国影响说的人，有的论据确有失周之处，如说卡斯特尔迪看到本乡人马可波罗带回的中国书后，从事活字印刷，或说谷腾堡的妻子恩尼尔（Ennel Gutenberg）出身于威尼斯的孔塔里尼（Contarini）家族，她见过带回威尼斯的中国印本书，使丈夫受到启发等等。事实上，1296年马可波罗本人不一定带回中国书，倒是其他意大利商人有可能这样作，而谷腾堡从事活字实验时，早已与其妻解除婚约。

但欧洲活字术受中国影响说，在原则上是正确而可以成立的。早期欧洲印刷者作活字实验时严格保密，不必追究难以找到的细节，要从技术发展自身规律中，从当时中、欧频繁交往的总的历史背景中来看问题。对欧洲人来说，掌握木版刻印技术后，激发他们作活字实验的最直接的外因就是中国早已有之的活字技术思想和制泥活字、木活字、金属活字的技术实践以及有关实物样本。中国没有西方那种行会制度，蒙元时期是对外开放和印刷知识普及时期，任何来华的欧洲商人可在各城市买到印本书、雕版和活字，并问到它们的制造方法，将其带回欧洲。在细节上如何模仿，要靠欧洲印刷工自己摸索。

有人否认中国对欧洲活字技术产生的影响，甚至不承认卡斯特尔迪和谷腾堡时代的欧洲人作过木活字试验。他们声称，借近代精密设备和工具制造小号西方文木活字的模拟实验均

---

① John C. Oswald, A history of printing. Its development through 500 years, chap. 22 (New York, 1928)；オスワルド著、玉城肇译，西洋印刷文化史，第333～334页（东京：鲇书房，1943）。

② Robert Curzon, A short account of libraries of Italy. Miscellanies of Philobiblon Society (London), 1854, vol. 1, p. 6; Henry Yule: The book of Sir Marco Polo the Venetian, concerning the kingdom and marvels of the East, 3rd ed. revised by Henri Cordier, vol. 1, pp. 138～140 (London: Murray, 1903).

③ Pierre Gusman, Le gravure sur bois et d'epargue sur metal, pp. 37～38 (Paris, 1916).

告失败①。这显然是暗示，用木活字印西文书是不可能的。但这些作者却没有告诉读者这样一个事实，即他们的先辈们早已用较大号木活字印出了书。例如1440年荷兰哈勒姆（Haarlem）城就出版了大号活字本《多纳德斯》（Donatus）即《拉丁文文法》和《幼学启蒙》（horn book），很可能是木活字本②。因此荷兰也自称是最早出现活字印刷的欧洲国家。欧洲人模仿中国木活字技术印书的历史事实，是不容否定的。主张欧洲活字技术不受外来影响而独立发明之说的人，倒应该提供证据了。

现在该谈到差不多与意大利人卡斯特尔迪同时在世的约翰·谷腾堡③（Johannes Gutenberg，1397～1468）。他生于雕版印刷较发展的德国，其故乡美因茨（Mainz）在莱因河与美因河汇流之处，其父弗里罗·根斯弗莱施（Frielo Gensfleisch）在本城造币厂工作，母亲埃尔泽·谷腾堡（Else Gutenberg）为娘家最后一根独苗。按当时习俗，为防其娘家断后，小约翰取母姓，而另一兄弟则从父姓。可能因受父亲从事金属制币工作的影响，约翰·谷腾堡年幼时在本城习金匠（Goldschmied）手艺，1434～1444年离家在斯特拉斯堡（Strasbourg）谋生，与当地人安德烈·德里策恩（Andreae Dritzen）、安东·海尔曼（Anton Heilmann）等人合伙磨宝石及制镜等，由谷腾堡提供制镜新技术，其余人出资本。

从1439年斯特拉斯堡市政档案中得知，1438年安德烈·德里策恩死后，其弟约翰及克劳斯（Klaus）受亡兄委托，要求谷腾堡将技术秘法教给他们，遭到拒绝，遂至法院提起诉讼。诉讼中提出的一个证据是谷腾堡为"印刷之事"（Sache für den Druck）向某锻冶工支付100基尔德（Gulden）金币，证词中还有"活字"（Type）及"工具"之类的词，结果谷腾堡胜诉。这说明他此时突然改行，用自己的钱秘密从事活字印刷试验，必是受到某种外来因素的激发。

谷腾堡用各种材料作活字，有可能首先制木活字。制拉丁文木活字在原理上毫无问题，作成像汉文那样型号的西文木活字（42点或36点），可以排版印书。如印字数较多的书，又使其不致过厚，字号就要缩小。在板木上刻出小号反体字也并不难，但从板木上锯开活字时难以下锯，锯下的木活字又没有足够强度。因此不能像某些后人那样否定早期欧洲人包括谷腾堡等人曾试用过木活字的可能性，只是因为制小号木活字时遇到因西文语文特点而带来的困难，才放弃木活字，而改用金属材料制活字。

二 谷腾堡的金属活字技术及其贡献

谷腾堡1434～1444年在斯特拉斯堡时所作的试验，看来没有取得满意的结果，财务上又面临困难，无法持续作下去。因此1444年他返回故乡美因茨，筹措到资金后继续作活字试验，1447～1448年间基本解决了金属活字铸造和印刷所面临的技术问题。为了将活字技术进入实用阶段，1450～1455年谷腾堡与美因茨金匠出身的富商富斯特（Johann Fust，1400～1466）合作，按双方合约，富斯特支付总数为2226基尔德金币投资贷款并提供印刷材料和工人，谷腾堡以技术、设备、器具等为抵押。五年有效期所得利益由双方均分，期满后谷腾堡以本利

① Cf. Talbot Baines Reed，A history of the old English letter foundries（London，1887）.

② 庄司浅水，世界印刷文化史年表，第35页（东京：ブックドム社，1936）。

③ 关于谷腾堡及其合作者的事迹，参见 В. М. Проскуряков，Иоган Гутенберг（Москва，1933）；Mc Murtrie，The book. The story of printing and bookmaking（New York，1937）；A. Ruppel：Johannes Gutenberg. Sein Leber und sein Werk（Berlin，1939）. 谷腾堡生年有1394，1397，1398，1399及1400年等不同说法，笔者取1397年说。

（年息六分）偿还贷款。

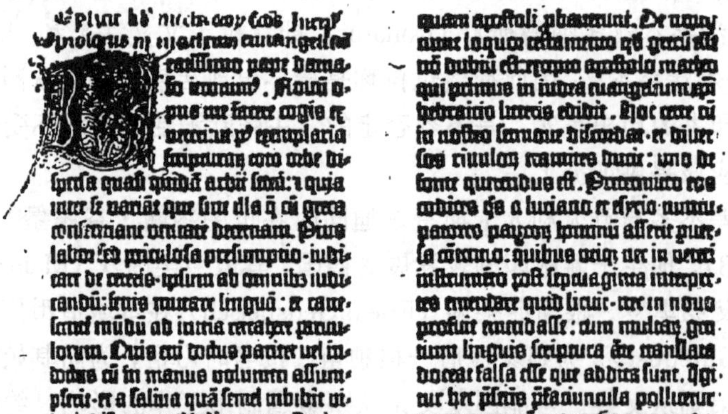

图 17-13　1455 年德国人谷腾堡在美因茨城出版的
拉丁文活字本《42 行圣经》，纽约摩根图书馆藏

他得到资金后，工作进展顺利，很快就铸出较大号（相当于 24 point）金属活字，并用于刊印多纳德斯的《拉丁文文法》。版面仍遵循先前木雕版形制，一块版含两页，但每纸双面印刷，每页 27 行。他之所以没有像欧洲过去那样作单面印刷，再对折成单页，是为了节约用纸量。美因茨城后来发现年代为 1451 年的原装帐簿，其中贴有印在羊皮板上的上述 27 行《多纳德斯》，这证明谷腾堡的金属活字技术在 1450 年已处于实用阶段。

谷腾堡 1450 年印刷用的活字字体与后来印《36 行圣经》(36 Line Bible) 的活字相同，属于哥特体（Gotische Schrift）粗体字，后来这种字体在德国一直流行到二次大战期间。谷腾堡创制的这种活字字体，无疑直接脱胎于德国早期木雕版印刷字体，归根到底是模仿更早期的手抄本字体。1454 年谷腾堡刊印了教皇尼古拉五世（Nicholas Ⅴ，1477～1455）颁发的赦罪符或赎罪券（Indulgence）。信徒买到此券后，通过忏悔、苦修等活动，罪罚可由教会免除。此券今藏于不列颠图书馆，每页 31 行字，说明活字字体开始变小。1455 年再刊印 42 行赎罪券，实物现藏于纽约摩根图书馆。此时活字字体又缩小到相当今 20 点（point）活字。字型逐步缩小，说明刻字、铸字技术在短期内有迅速突破。

图 17-14　富斯特与舍弗印刷厂 1457 年出版的《圣诗篇》，朱墨套印本，刊记中印出出版者姓名及刊行时间“主耶稣纪年 1457 年，圣母升天祭日之前一天”(1457 年 8 月 14 日)

1455 年，谷腾堡取得其技术生涯中最大的成就，他用较小号金属活字出版《42 行圣经》(42 Line Bible)。这是他与富斯特合约中规定要印刷的主要出版物，此经以麻纸及羊皮板两种材料刊印 210 部，其中纸本 180 部，羊皮本 30 部，由 300 头羊提供。印本横宽 12 英寸、纵长 16 英寸（30.5×40.6 厘米），每一印张含两页，第 1～9 页有 40 行字，第 10 页 41 行，其余各页均 42 行，故称《42 行圣经》，共 1282 页，641 印张。原文为拉丁文，活字为哥特体粗体字，字号相当今 20 point，以黑墨印刷。卷首第一个字母没有印出，而是留出比一般字更大的方形空白，以朱墨手绘出艺术字。纸本印出后，分上下两册装订。

1760 年，此本首先在巴黎红衣主教马札兰（Jules Mazarin，1602～1661）于 1642 年建立的马札兰图书馆中发现，过去一度称为“马札兰圣经”，现存于巴黎国立图书馆。谷腾堡 1455 年所印《42 行圣经》(图 17-13) 后来大部分遗佚，目前世界各国保留下来的只有 20 多部，其中美国收藏有 9 部。此宗教书印刷及装订都很优美，每个印张四边及两页之间的边栏都装饰花草图案，这些花边由木板刻成。在木雕版版框内植以金属活字，实际上这是集雕版与活字版于一身的印刷珍本[①]。印刷《42行圣经》这一年正是谷腾堡与富斯特合约期满之时，但他无力偿还巨额贷款。富斯特便向美因茨法院起诉，法院判决将谷腾堡印刷厂中所有工具、设备、活字及其他材料均归富斯特所有。富斯特1455年11月6日起拥有这个工厂后，原来在谷腾堡手下的熟练技工也移入富斯特的工厂中，其中包括谷腾堡的重要助手舍弗（Peter Schöffer，1425～1502)。舍弗也是德国人，毕业于巴黎大学，擅长书法，谷腾堡活字字体可能出于此人之手。舍弗后来成为富斯特的女婿和继承人。

谷腾堡与富斯特分手后，又得到医生胡梅里（Conrad Humery）的资助，于1456年在美因茨城郊另建新的印刷厂，重新装备原有设备及工具，原在他手下、后去富斯特印刷厂的某些熟练技工又回到这里，其中包括普菲斯特（Albrech Pfister，fl. 1400～1465)，成为新的重要骨干。同一年出版了供墙上贴挂用的单张《1457年年历》。1459年左右出版“36行圣经”，1460年再出版大众教科书《教堂课读》(Catholicon)，这是包括拉丁文文法和神学辞典的大众读物，全书一大册，748页。

同时美因茨的另一家由富斯特经营的印刷厂，在舍弗的帮助下继续生产，而且在铸字、印刷方面有新的改进与创新。1457年8月14日他们出版对折本《圣诗篇》（Psalter）（图17-14)，供教堂作弥撒时用。这部书在欧洲首次用朱黑二色印刷，又首次在书中刊出印刷者姓名、出版年月日及地点，同时还第一次出现印刷技术家所用的商标或徽章（emblem)，徽章由舍弗设计及雕刻的。这部大字（20及24行）豪华活字本于1458年、1459年及以后多次重印。1459年富斯特与舍弗刊行主教杜兰蒂（Duranti，1237～1295）的《神职规范》(Rationale divinarum officiorum)，1460年刊行教皇克勒蒙五世（Clement Ⅴ，1305～1314）著《律令大全》(Constitution)，是两方首次出版的法律书。1462年再刊对折本《48行圣经》(48 Line Bible)，虽亦一版两页，与谷腾堡《42行圣经》类似，但在活字铸造上有改进，一是字号更小，二是字体有罗马字风格，或可说是“圆状哥特体”细体字，便利阅读。

就在1462年，美因茨发生动乱，死伤很多人，大火殃及富斯特印刷厂，将其毁于一旦，印刷工人向外地逃难。美因茨印刷工乘船纷纷到达斯特拉斯堡、科隆、班贝格（Bamberg）和纽伦堡这些产纸的地区，他们在动乱时从与业主签订的契约中解脱出来，流落各地重操旧业，从而将处于严格保密的金属活字印刷技术扩散到德国其他城市。动乱过后，富斯特和舍弗在废墟中又重建工厂，先后出版150种印刷物。谷腾堡的工厂因资金不足，经营不景气。但德国其他地方的印刷业却迅速发展，而后来活字技术又传到欧洲其他国家，欧洲因之进入活字印刷的普及时代。

欧洲木活字出现后，一度与木版并存，但从木版印刷过渡到以金属活字为主的印刷，无疑要直接归功于谷腾堡的技术活动。他的贡献在于：(1）在欧洲引进中国雕版印刷术之后，他使中国最先发明的活字印刷成为欧洲的主要印刷方式；(2）他通过一系列实验而于1450年研制成适合于西方拼音文字的金属活字印刷工艺；(3）他用这套工艺最早在欧洲印刷出以“42行圣经”为代表的经典印刷品；(4）他培养出掌握活字技术的熟练印刷工，后来他们又将这一技术扩散到德国其他城市和欧洲各国。这些活动使欧洲印刷业进入一个新的历史时代，对印刷术的发展产生深远影响。谷腾堡是欧洲活字印刷技术的奠基人，对他的上述贡献应予充

① John Clyde Oswald，A history of printing. Its development through 500 years，ch. 2 (New York，1928)；オスワルド著、玉城肇译，西洋印刷文化史，第14～24页（东京：鲇书房，1943)。

分肯定。

他所研制出的技术工艺主要包括以下三个环节：(1) 活字材料的选择和制造；(2) 印刷设备的选择；(3) 印刷用墨的研制。谷腾堡鉴于制小号西文木活字有困难，最终选用金属材料。据佛罗伦萨的雷波里印刷所（Ripoli Press）所藏15世纪末记账簿所示，所用的金属有钢铁、铜、黄铜、铅、钖、锑及铁线等①，与后世所用材料大致相同。但谷腾堡用作铸活字的主要材料是含锑的铅与钖的合金，加入锑可提高活字硬度，又易于成型。黄铜为中国特产，这种铜锌合金可以作铸型，谷腾堡时代所用黄铜是从中国进口的。钢铁材料是排活字版框时用的。铁线的使用使我们想起元代人王祯《农书》中所说："近世（13世纪）又铸钖作字，以铁条（铁线）贯之作行，嵌于盔（板框）内，界行印书。"

就是说，中国人在谷腾堡以前一百多年铸钖活字时，在字身铸出一个小洞，排版时将金属活字逐个以铁线通过小洞连贯起来，以防其摇动。铁线的妙用即在于此。值得注意的是，1468年在德国科隆由谷腾堡的弟子策尔（Ulrich Zell, fl. 1440～1505）出版的《怡情少女颂》(Liber de laudibus ac festus gloriosae virginis) 书中，有一页在当初排版时出现技术事故，正文中间排空处横放一个活字被印了出来（图17-15）。此活字周围空白，或只印出不完全的字迹。怎样出现这一事故暂且不作分析，我们却由此可以清楚看到谷腾堡时代金属活字的形状。谷腾堡的金属活字正如早先的中国钖活字那样，在字身一端留有一个小洞，我们认为这正是穿铁线用的，其妙用已如前述。中、欧金属活字在形制上竟如此一致，难道只是偶然巧合，而无技术影响吗？

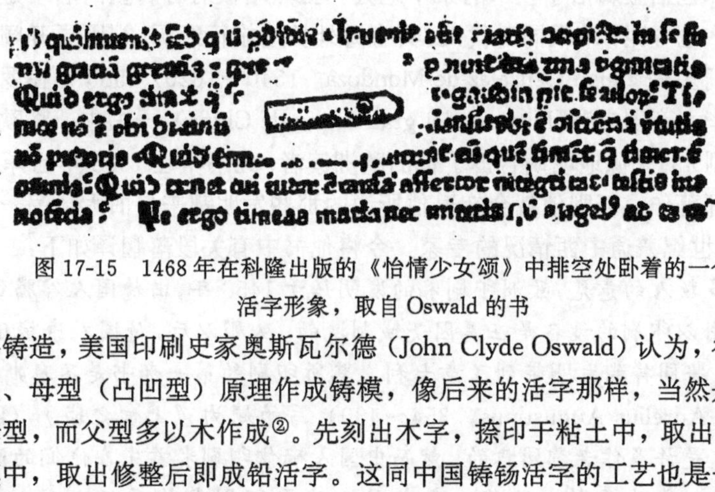

图17-15　1468年在科隆出版的《怡情少女颂》中排空处卧着的一个活字形象，取自Oswald的书

关于活字铸造，美国印刷史家奥斯瓦尔德（John Clyde Oswald）认为，谷腾堡及其同时代人无疑用父型、母型（凸凹型）原理作成铸模，像后来的活字那样，当然是手工操作。以细砂或粘土为母型，而父型多以木作成②。先刻出木字，捺印于粘土中，取出木字，将熔化铅锡水浇入粘土模中，取出修整后即成铅活字。这同中国铸钖活字的工艺也是一样的。当然，后来铸造方法有所改进。谷腾堡在舍弗帮助下还创制西文活字的印刷字体，即前述哥特体粗体字。他1450年所制活字字体较大，相当今24点或汉文七号字的四倍。1455年又铸出20点或汉文二号字（五号字的二倍）活字，用这种活字7000个，印刷《42行圣经》。

欧洲木版印刷初期因印刷品篇幅较小，版框上用刷子擦拭即可印刷，随着印刷品篇幅增加，用此法印欧洲产的厚麻纸时，字迹常常不清，因而改用压印法，即用压榨葡萄或湿纸时

① John Clyde Oswald, A history of printing. Its development through 500 years, ch. 22 (Yew York)；オスワルド著、玉城肇译，西洋印刷文化史，第335～336页（东京：鲇书房，1943）。

② John Oswald, Ibid.

所用的立式压榨器。谷腾堡就用这种压榨器印书，此物为木制，底部座台上固定已排好字的活字版版框，上面的压印板借一铁制螺旋杆控制，可上可下。螺杆下部有拉杆，以人力推动拉杆，调整压印板所施加的压力。先用羊皮包以羊毛的软垫蘸墨，将墨刷在活字版上，再铺上纸，推动螺杆拉杆，通过压印板压力便印出字迹。因此这种装置便成为最早的印刷机，此印刷机为中国所无，是欧洲的产物。金属活字版印刷遇到的另一问题是着色剂的选择，实践证明，用雕版印刷所通行的墨汁不易附着于版面上，因金属硬滑难以吸墨。谷腾堡选用油墨为着色剂，将亚麻仁油煮沸，冷却后呈暗黑色，再加入少量蒸馏松树脂所得到松节油精(terebene)和碳黑，搅匀后放置数月即成适用油墨。谷腾堡用上述工艺一小时可印20多张，一天印300张左右。

三　欧洲金属活字印刷发展的中国背景

如前所述，谷腾堡以前及同时代其他欧洲人也作过活字实验，但他的工艺最为完善与成功，因而享有盛名。应当说他是在总结前人经验的基础上完成这一突破的。从当时世界史视野观之，谷腾堡金属活字技术在他那时代是最好的，但不是最早的，因为在他以前中国和朝鲜已有了金属活字印刷实践。17世纪英国博学的弗朗西斯·培根（Francis Bacon，1565～1626）在《新工具》（*Novum organum*，1620）中高度评价了火药、印刷术和指南针这些发明的重大意义，但却将其称为“来源不明的”发明。这就是说，在培根看来，谷腾堡以前还应有个发明活字技术包括金属活字技术的某个地方，虽然培根对谷腾堡的名字是相当熟悉的。

这倒底是什么地方呢？培根同时代人，具有海外长途旅行经历、视野更开阔的西班牙人胡安·冈萨雷斯·门多萨（Juan Genzalez de Mondoza，1540～1620）1585年在罗马首次用西班牙文出版的《中华大帝国志》（Historia del gran regho de China）一书中，将欧洲印刷术（雕版印刷与活字印刷）的来源地明确告诉了他的欧洲读者。此书早在1588年已译成英文，可惜，培根没有读过这部著作，否则他就会知道他所说的那些发明都来自旧大陆另一端的中国。

门多萨是16世纪兼通中西情况的专家，今将他书中有关段落翻译如下：

> 根据大多数人的意见，欧洲印刷术的发明始于1458年，由德国人谷腾堡所完成；据说第一台用以印刷的设备是在美因茨城制造的。从那以后，德国人康拉德（Conrad Sweynheim）将同样的发明带到了意大利，其所印刷的第一部书是圣奥斯丁（Saint Augustine or Aurelius Augustinus，354～430）写的题为《上帝之城》（De civitate Dei）的书，这是许多作者都同意的。然而中国人确信印刷术首先在他们的国家开始，他们将发明人尊为圣贤。显然，在中国人应用印刷术许多年之后，才经罗斯（Russia）和莫斯科公国（Moscovia，实指蒙古钦察汗国）传到德国，这是肯定的，而且可能经过陆路传来的。而某些商人经红海从阿拉伯费利克斯（Felix）来到中国，可能带回某些书籍。这样，就为谷腾堡这位在历史上被当作发明者的人奠定了最初的基础。看来很明显，印刷术这项发明是中国人传给我们的，他们的确对此当之无愧。更令人信服的是，今天还可看到德国开始发明前五百年中国人所印刷的许多书籍。我本人就有一本，我在西班牙、意大利和印度群岛也见过另外一些中国书。埃拉达（Herrad or Martin de Rada，1533～1578）及其同伴从中国回到菲律宾时，带回他们在福州（Ancheo）城买的许多不同内容的印本书，这些书在中国不同地方印刷，其

中大多数印于湖广省 (Ochian, ie Hou-quang)①。

那些不愿承认欧洲印刷受中国影响的西方作者，需要认真读读距今 400 多年前他们的先辈门多萨写的这部有关中国的早期著作。门多萨明确指出印刷术的发源地是中国，在欧洲印刷开始前几百年，中国就印书了。我们认为他所说的印刷术包括木版印刷和活字印刷，因为中国木版印刷至少早于欧洲 750 年，而活字印刷早于欧洲 400 年。门多萨又指出欧洲印刷术是通过陆路兼海路从中国传入的，而且为谷腾堡的活字技术研究提供了最初的基础。本节前已论述了欧洲雕版技术是从中国传入的，已无任何疑义。问题在于欧洲活字印刷是没有外来影响的独立发明，还是受到中国影响，仍要进一步讨论。

近代印刷无疑是从活字印刷发展起来的，这是事实；但活字印刷是在木版印刷的基础上发展的，这也是事实。二者之间有不可分割的联系和技术继承关系。现代某些西方印刷史作者，将木版印刷与活字印刷割裂并对立起来，说它们之间有本质上的差异，拒不承认中国活字技术对 15 世纪欧洲早期实验者的影响。他们只强调木版与活字版之间的差异而否定二者有共性，却忘记了木版印刷是所有印刷方式之本，木版印刷与活字印刷差异只在制版方式上不同，其余都是一致的。没有木版印刷的实践，不可能凭空出现活字印刷；不掌握木版印刷技术的人，也不可能作活字印刷试验。这两条技术规律适用于一切早期发展印刷的国家，亚洲如此，欧洲也不可能例外。

其次，非金属活字是最早的活字，金属活字是从非金属活字演变而来，二者的差异只在选材及制法方面，印刷原理是一致的。木活字又与木雕版有直系血缘关系，金属活字是泥活字和木活字的改进形式。只强调金属活字与非金属活字的差异、看不到它们之间有共性和技术遗传关系的人，一方面承认金属印刷机是从木制印刷机演变而来，另方面又否定金属活字是从木活字演变而来。他们利用双重标准研究印刷史，恐有欠客观。

事实上，中国早在欧洲之前很久就有了泥活字、木活字和金属活字的印刷实践，这些实践对欧洲的直接影响表现在：欧洲早期的木活字、金属活字在形制与制法上与中国有关活字极其相似。门多萨说中国为谷腾堡的活字技术研究奠定基础，这是千真万确的。中国发展活字领先于欧洲的那段时间间隔，足以能将活字信息陆海兼程地传到欧洲了。研制含锑的铅锡合金活字，是一种新事物，但原则上只能看成是对中国锡活字、朝鲜铜活字在化学成分上的一种改进。还不能认为是整个金属活字技术的一项发明，因为金属活字作为一项新事物是最先在中国出现的，接着在朝鲜获得发展。详见第十章第三节及第十五章第二节，此外不再重述。如果说谷腾堡有所发明，也只能说是在整个金属活字印刷史完成的局部发明，对此，我们并不想否定，而是给予充分肯定。

谷腾堡的贡献在于，他对中国传统活字印刷技术在活字化学成分、压印方式和着色剂使用这三个环节上作了重大改进，并创造性地将来源于不同语言和文化传统的中国技术运用于基督教世界，在中、欧文化与技术交流史中立下新功。他不愧是一位对中国传统活字技术作出改进的技术革新家和欧洲金属活字技术的奠基人。对中国而言，他之所以是革新家，因为在他以前中国已有了金属活字铸造、刷印和着墨的实践，但他作得比中国印刷工更好，他的工艺更适合于欧洲特点。对欧洲而言，他之所以是奠基人，因为在他以前没有任何欧洲人像

① Jean Genzales de Mondoza, The history of the great and mighty kingdom of China and the situation thereof. Translated by Robert Parke in 1588, ed. Sir George T. Staunton, vol. 1, pp. 131～134 (London: The Hakluyt Society, 1853).

他那样如此成功地研制了一套金属活字技术。他对中国和欧洲都作出了贡献。

评价谷腾堡时，必须从世界史的视野把他的历史位置摆正，不能把视野只局限于欧洲范围内，因为欧洲毕竟只是世界的一部分。把谷腾堡说成是整个活字印刷技术或整个金属活字技术的发明家，不但于理不合，亦与史实相违。如前所述，谷腾堡以前及与他同时代的其他亚洲人和欧洲人也作了活字试验，尤其在木活字和金属活字印刷方面已取得成果，他们为他的铅活字试验开了路。对这些人的工作不能抹杀，要知道木活字、锡活和铜活字也是活字，没有作这些活字的实践，很难突然跳跃到铅活字。

还有人说欧洲人从中国得到的只是印刷的思想暗示或学到印刷术思想，但印刷方法是欧洲人自己搞出来的，并说“思想不是发明”（an idea is not an invention）①。这种说法难以服人。没有思想指引的实践是盲目实践，决不可能作出发明。所谓发明，是自觉运用某种思想在实践中作出前所未有的新事物。如果欧洲人对中国印刷方法一无所知，为什么他们早期的木版与活字形制以及制版、刷印、装订方式与中国那样相似？为什么他们的早期木版与活字版书一反传统而具有中国书的面孔？这分明是仿制，即按照已有方法或模式重复制造。被模仿的对象当然来自中国，而非欧洲自身，因为古罗马为他们留下的遗产只有印章、徽章和印花板，而没有活字技术思想和活字印刷品。当古罗马帝国解体，欧洲处于黑暗时代时，正是中国印刷文化光芒四射之际。到目前为止，西方史家拿不出令人信服的证据证明活字印刷是欧洲自身传统的产物，又无法否定先于欧洲的中国文化圈内活字（包括金属活字）印刷的客观存在，同时也举不出驳倒欧洲木版和活字技术受中国影响的反证，又不得不承认早期欧洲木版及活版具有中国同类印本书的面孔。在这种情况下，最好还是从中国寻找技术遗传基因吧。

四　活字印刷在欧美各国的发展

谷腾堡的金属活字技术在美因茨城成功地用于印书后，很快就扩散到德国其他城市和欧洲各国。1458 年，他的助手普菲斯特（Albrecht pfister，fl. 1400～1465）将此技术传到班贝格（Bamberg）城，并在那里印书，同一年他的另一合作者门特林（Johann Mentelin，1410～1478）在斯特拉斯堡设立印刷厂，1466 年出版德文《圣经》。1466 年，谷腾堡的弟子策尔（Ulrich Zell，fl. 1430～1508）在科隆开业，40 年内出版 200 种书。与门特林同时在斯特拉斯堡印书的还有埃格施泰因（Heinrich Eggestein，? ～1483）。1470 年在奥格斯堡，普夫兰茨曼（Jodocus Pflanzmann）出版了插图本德文《圣经》，当然插图以木版刻成，同一年科隆的赫内南（Arnold der Hoernen）出版的书中首次加印页数及扉页（title page）。

1473 年科贝格尔（Anton Koberger，? ～1513）在纽伦堡设印刷厂，经营非常成功，雇工百人，印书达 236 种，又在瑞士巴塞尔和法国里昂设立分厂。其最著名的出版物为 1513 年刊行的《纽伦堡编年史》（*Nurnberg Chronicle*），共 596 页，内有 1809 幅木版插图、人物像和地图，以 645 块木版刻成，是德国活字版与木雕版的代表作。原来在谷腾堡工厂中工作的德国人鲁佩尔（Berthold Ruppel），1468 年在瑞士巴塞尔开始经营印刷业。1465 年，在意大利首都罗马市郊的斯比阿科（Subiaco）村，由先前富斯特和舍弗雇用的斯韦因海姆（Conrad Sweyen-

① D. C. Mc Mutrie, The book; The story of printing and bookmaking (1937), 3rd rev. ed., p. 123 (Oxford, 1943).

heim）和潘纳尔兹（Arnold Pannartz）二人建立意大利第一家活字印刷厂，两年间出版了《多纳德斯》、西塞罗（Marcus Tullius Cicero，公元前106～前43）的《讲演集》及宗教文学著作二三种。所需活字、印刷器和油墨是用马车从德国运来的。1467年将工厂移至罗马，五年间刊行大量文学著作。1469年威尼斯出现了印刷厂，后来在佛罗伦萨、米兰等地也有了印刷厂。

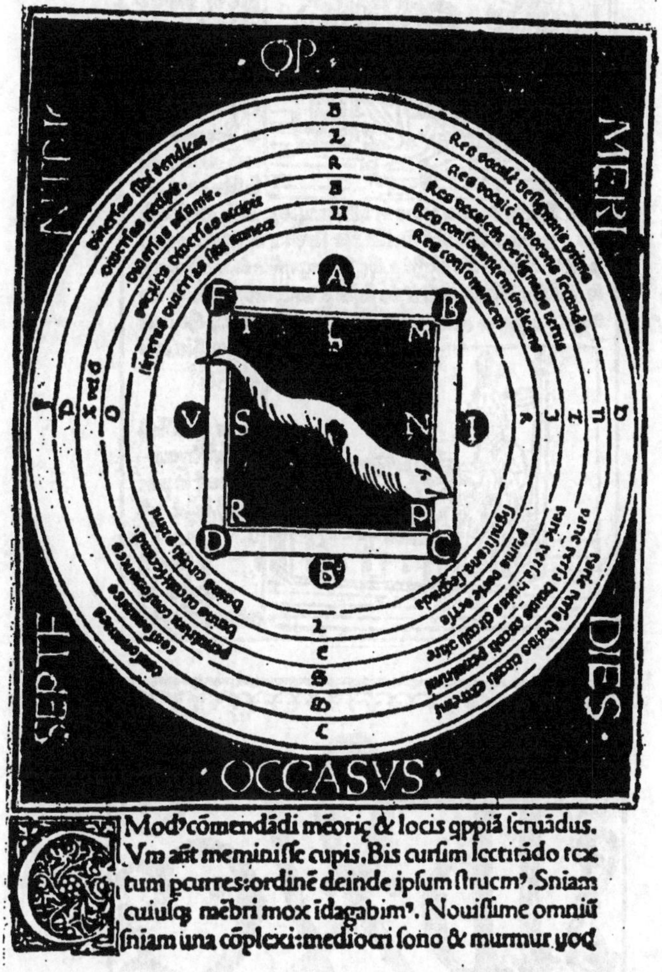

图17-16 1485年在意大利威尼斯出版的《世界球》彩色印本，图中所示为鱼形指南针在轴上旋转。方形图内各边文字为日、月、东、西、南、北等字，这可能是欧洲书中最早的指南针图，取自 Oswald 的书

法国国王查理七世（Charles Ⅶ，1403～1468）听说谷腾堡研究成活字技术后，1458年特派造币局长让松（Nicholas Jenson，1420～1480）前往美因茨习得密法。让松在富斯特和舍弗经营的工厂内停留多年，掌握了活字技术。返国后赶上国王逝世，其子路易十一世即王位，对新技术并无多大兴趣，让松一怒之下离开故国，1470年前往威尼斯开始其印刷生涯，用优美的罗马体活字先后出版150种书。他的出走，使法国发展活字印刷推迟了好几年。1470年，法国不得不用高薪从瑞士巴塞尔请来克兰茨（Martin Cranz）、格林（Ulrich Gehring）和弗里堡格（Michael Friburger）三名德国人在巴黎建立了法国最初的活字印刷所，他们应索邦（Sorbonne）大学教授菲谢（Guillaume Fichet）及加甘（Robert Gaguin）之请，定居于巴黎。至1474

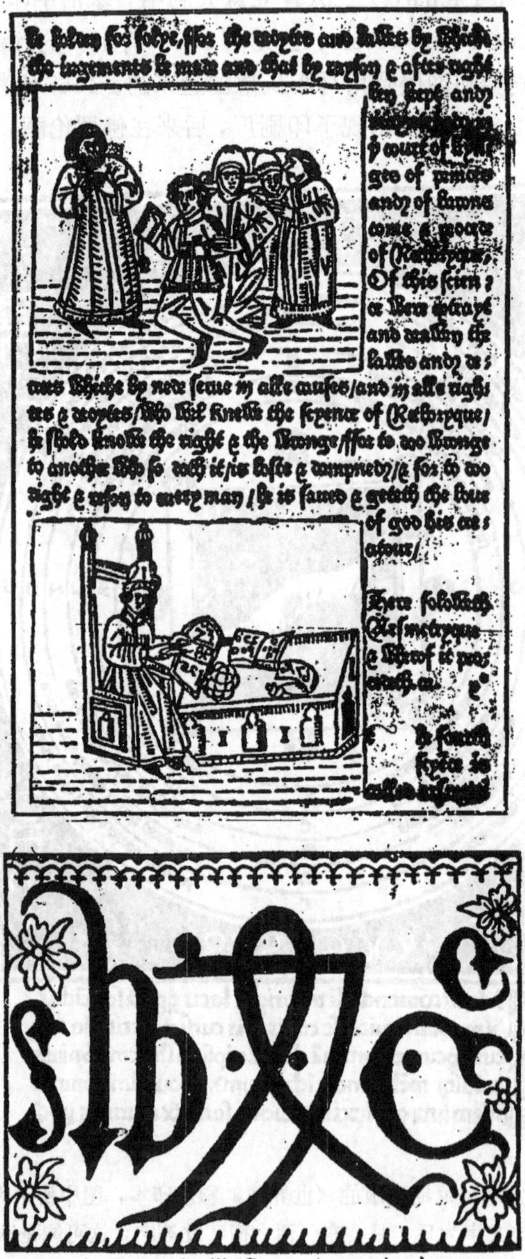

图 17-17　英国印刷人卡克斯顿 1481 年刊印的插图赎罪券，插图为雕版，排以粗哥特体英文。下图为在所出书中印出的厂徽，不列颠图书馆藏

年，法国印刷业迅速发展，1476 年最早的法文版《法兰西编年史》(*Croniques de France*) 在邦欧姆 (Bonhomme) 印刷所出版。1475 年，西班牙最初的印刷者帕尔马特 (Lambert Palmart) 在巴伦西亚 (Valencia) 从事印刷，先后出版 15 种书。1473～1474 年赫西 (Hesse) 在布达佩斯特设印刷厂，是匈牙利第一个印刷厂。在荷兰，曼西昂 (Colard Mansion) 于 1475 年在布鲁日 (Bruges，今比利时境内) 建立了印刷厂。二年后 (1477) 范得米尔 (Van der Meer) 和耶

曼泽恩（Yemantszoen）二人于德尔夫特（Delft）出版《旧约全书》。

英国最早的印刷家是学者和纺织品商人卡克斯顿（William Caxton，1422～1491）。他曾将中世纪爱情小说《特罗伊的曲折史》从拉丁文译成英文（The recuyell of the histoyes of Troye），在去荷兰布鲁日经商时认识印刷家曼西昂，并在其印刷厂学得活字技术。1475 年与曼西昂合作将此译本出版。这是用英文出版的第一部书。1476 年卡克斯顿返回英国，于伦敦西敏寺（Westminster）建立英国第一家印刷厂，次年出版教皇的《赎罪券》，图 17-17。1477 年出版用英文写的《哲人格言及教导》（The dictes and sayings of the philosophers）。字体为哥特体粗体字，他印行 30 多种书。

北欧丹麦第一个印刷厂是斯内尔（Snell）在欧登塞（Odense）城于 1482 年建立的。葡萄牙的印刷厂是托雷达纳（Toledana）于 1489 年在里斯本设立的。欧洲国家中俄国活字印刷厂建立较晚，是费多罗夫（Fedorov）及姆斯季斯拉韦茨（Mstislavetz）奉伊凡四世之命于莫斯科建立的，四年间出版三册书，便逃到波兰，印刷所遭破坏，1589 年再建新厂。从 1450 年谷腾堡活字技术研究成功之后，到 1500 年不到半个世纪内印刷厂已遍及欧洲各国，总共约达 250 家，出书 2.5 万种。每种以印刷 300 部计，则全欧洲在这段时间内出版 600 万部[1]。

图 17-18　1618 年俄国莫斯科出版的俄文神学书

美洲新大陆第一家印刷厂是西班人胡安·帕布洛斯（Juan Pablos）于 1539 年在墨西哥城建立的，新大陆现存最早的印刷品是帕布洛斯 1540 年出版的西班牙传教会所编的天主教义之类的书，现藏于美国西班牙学会（Hispanic Society）。美国最早的印刷厂是 1638 年在马萨诸塞州的剑桥设立的，此厂内所需工具及活字为格洛弗（Jesse Glover）牧师为供哈佛学会（哈佛大学前身）的使用而从英国运来的，同行者还有英国印刷工斯蒂芬·戴（Stephen Day，1594～1668）及格洛弗全家，但船行至来美途中的大西洋上，格洛弗病死，斯蒂芬·戴按死者计划于剑桥建厂。此印刷厂最初出版物是 1639 年刊行的《自由人的誓约》（Freeman's Oath）及历书。1640 年出版美国版的《圣诗篇》（Bay Psalm Book），刻字与印刷较为粗拙，所用印书机仍是老式螺旋压印机，但斯蒂芬·戴是美国最早的印刷工。然而这时的美国还没有造纸业，印刷用纸要靠进口。1690 年在宾夕法尼亚州有了造纸业后，印刷业才有发展基础。

北美洲加拿大拥有印刷厂时已迟到 18 世纪，印刷工来自美国和法国，至此活字印刷技术已遍及欧美。我们这节之所以要谈到谷腾堡完成其活字试验时所处的时代，因为这是中国印刷术在欧洲传播和进一步发展时期的一个高潮，而在谷腾堡时代我们仍能看到中国的技术影

① 庄司浅水，世界印刷文化史年表，第 63 页（东京，1936）。

响。谷腾堡以后至近代机器印刷工业到来之前，欧美各国的印刷仍处于手工生产阶段，虽有若干改进，并未脱离原有工艺模式，实际上是谷腾堡技术的延续，因此，对这一过渡时期各国早期印刷发展概况作了简介。

图 17-19　17 世纪的欧洲印刷厂，取自 Wilhelm Sardermann 的书（1488）

参考文献

Ⅰ．1900年以前的中国、日本、朝鲜和越南古书

说明：以作者姓名汉语拼音顺序排列．书名后用括号标出成本年代，“c.”表示“大约”，“－9”表示“公元前9年”．

B 白居易（唐）．1936．白氏文集（824）．四部丛刊本（1919）缩印本．上海：商务印书馆

班固（汉）．1986．前汉书（83）．二十五史缩印本，第1册．上海：上海古籍出版社

边柱（清）．1784．[乾隆]铅山县志．乾隆四十九年原刻本

C 曹昭（明）撰．王佐（明）补．1960．新增格古要录（1459）．丛书集成第1554册．上海：商务印书馆

查慎行（清）．1989．人海记（c.1713）．北京：北京古籍出版社

朝鲜春秋馆实录厅（李朝）编．1953．李朝实录（1392—1863年朝鲜通史），1708卷．汉城：学习院东洋文化研究所刊本

陈继儒（明）．1922．妮古录（c.1613）．宝颜堂秘籍（1615）第3帙．上海：文明书局

陈师道（宋）．1989．后山谈丛．新排印本．上海古籍出版社

陈寿（晋）．1986．三国志（290）．二十五史缩印本，第2册．上海古籍出版社

陈霆（明）．1991．两山墨谈．新版影印本．北京：文物出版社

陈槱（宋）．1936．负暄野录（c.1210）．美术丛书·初集·三辑．上海：神州国光社排印本

陈元龙（清）．1988．格致镜原（1735）．原刊本影印本．扬州：广陵古籍刻印社

成伣[朝]．1909．慵斋丛话（c.1491）．见：朝鲜群书大系正集·二辑·大东野乘．汉城：朝鲜古书刊行会

程俱（宋）．1646．麟台故事（1131）．说郛（1366）宛委山堂本卷17．清顺治三年两浙督学李际期刻本

D 道世（唐）．1991．法苑珠林（668）．新版影印本．上海古籍出版社

董诰（清）等奉敕编．1990．全唐文（1814）．清版影印．上海古籍出版社

董穀（明）修．1557．续澉水志．明嘉靖三十六原刻本

窦臮（唐）．1936．述书赋．美术丛书·四集·二辑．上海：神州国光社

杜佑（唐）．1988．通典（801）．新排印校点本．北京：中华书局

段公路（唐）．1915．北户录（875）．石印本．上海：进步书局；古今说海，第8册．嘉靖二十三年（1544）云间陆楫刻本

段玉裁（清）．1914．说文解字注（1807）．上海：文明书局

F 法显（晋）．1985．佛国记（412）．章巽校注本．上海古籍出版社

范摅（唐）．1984．云溪友议（c.870）．笔记小说大观第1册．扬州：广陵古籍刻印社影印本

范晔（南朝宋）．1986．后汉书（445）．二十五史缩印本第2册．上海古籍出版社

方以智（明）．1988．通雅（1666）．新排本方以智全书第1册．上海古籍出版社

方以智（明）．1936．物理小识（1643）．丛书集成第543册．上海：商务印书馆

房玄龄（唐）．1986．晋书（635）．二十五史缩印本第2册．上海古籍出版社

费著（元）．1935．蜀笺谱（c.1360）．丛书集成第1469册．上海：商务印书馆

冯翊（唐）．1958．桂苑丛谈．排印本．中华书局上海编辑所

封演（唐）．1958．封氏闻见记（c.787）．赵贞信校注本．北京：中华书局

冯贽（五代）．1960．云仙散录（926）．丛书集成第2836册．上海：商务印书馆

G 高熊征（明）．1932．安南志原（c.1410）．河内：远东博物馆刊本

葛洪（晋）．1935．抱朴子（c.320）．丛书集成第561—568册．上海：商务印书馆

龚显曾（清）．1878．亦园胜牍（1878）．光绪四年诵芬堂原刊木活字本

巩珍（明）．1961．西洋番国志（1434）．向达校注本．北京：中华书局

顾禄（清）．1984．清嘉录（1830）．笔记小说大观第23册．扬州：广陵古籍刻印社影印本

国东治兵卫[日]．1798．纸漉重宝记．日本宽政十年原刻本

H 何如伟（清）．［康熙］成都府志（1686）．中国科学院图书馆藏清代抄本

洪迈（宋）．1959．容斋随笔 16 卷（1185）；续笔 16 卷（1192）；三笔 16 卷（1196）；四笔 16 卷（1202）；五笔 10 卷（1202），共 5 集，74 卷．上海：商务印书馆

胡应麟（明）．1958．少室山房笔丛（c.1598）．中华书局上海编辑所

胡震亨（明）．1624．海盐县图经．明天启四年原刻本

胡正言（明）．1952．十竹斋笺谱（1645）．北京：荣宝斋重印本

黄沛翘（清）．1983．西藏图考（1886）．拉萨：西藏人民出版社排印本

黄省曾（明）．1982．西洋朝贡典录（c.1520）．谢方校注本．北京：中华书局

皇甫枚（唐）．1958．三水小牍（910）．中华书局上海编辑所

慧立（唐）撰．彦悰（唐）补．1983．大慈恩寺三藏法师传（688）．北京：中华书局

J 嵇含（晋）．1936．南方草木状（304）．丛书集成本．上海：商务印书馆

贾思勰（北魏）．1961．齐民要术（c.538）．石声汉注释本齐民要术选读．北京：农业出版社

金简（清）．1936．武英殿聚珍板程式（1776）．美术丛书三集·八辑．上海：神州国光社

金富轼（高丽）．1909．三国史记（1145）．见：朝鲜群书大系正集．汉城：朝鲜古书刊行会

金埴（清）．1912．巾厢说（c.1760）．古学丛刊第 2 集·杂记类．上海：国粹学报社排印本

景焕（宋）．1927．牧竖闲谈（c.975）．说郛（1366）商务印书馆本卷 7．上海：商务印书馆

K 孔平仲（宋）．1935．谈苑（c.1085）．丛书集成初编·文学类．上海：商务印书馆

孔尚任（清）．1936．享金簿．美术丛书·七集．上海：神州国光社排印本

孔颖达（唐）．1935．毛诗正义（642）．见：阮元（清）校．十三经注疏，上册．上海：进步书局排印本

孔颖达（唐）．1935．尚书正义（642）．见：同上书

孔颖达（唐）．1935．周易正义（642）．见；同上书

L 郎瑛（明）．1959．七修类稿（1566）．中华书局上海编辑所

李睟光［朝鲜］．1915．芝峰类说（1614）．朝鲜群书大系·续续集．汉城：朝鲜古书刊行会

李鼎祚（唐）．1991．周易集解．成都：巴蜀书社

李昉（宋）．1960．太平御览（983）．影印本．北京：中华书局

李圭景［朝鲜］．1982．五洲衍文长笺散稿（c.1857）．抄本影印本．汉城：明文堂

李亨特（清）．1772．［乾隆］绍兴府志．乾隆五十七年原刻本

李吉甫（唐）．1935．元和郡县志（814）．丛书集成本．上海：商务印书馆

李濬（唐）．1958．松窗杂集．中华书局上海编辑所

李奎根［高丽］．1913．东国李相国全集（1241）．朝鲜群书大系续集．汉城：朝鲜古书刊行会

李林甫（唐）注．1800．唐六典（739）．上海：扫叶山房刻本

李石（宋）．1984．续博物志（c.1157）百子全书影印本，第 7 册．杭州：浙江人民出版社

李时珍（明）．1982．本草纲目（1596）．新排校点本．北京：人民卫生出版社

李焘（宋）．1986．续资治通鉴长编（1183）．影印本．上海古籍出版社

李调元（清）．1937．诸家藏书簿．丛书集成第 1563 册．上海：商务印书馆

李心传（宋）．1988．建炎以来系年要录（1202）．影印本．北京：中华书局

李延寿（唐）．1986．北史（670）．二十五史缩印本，第 4 册．上海古籍出版社

李攸（宋）．1955．宋朝事实．北京：中华书局

李渔（清）．1985．闲情偶寄（1671）．曾锦衔校点本．杭州：浙江古籍出版社

黎崱［越］．1765．安南志略（c.1239）．四库全书·史部·载记类；日本东京：岸田氏积善堂刻本．1884；武尚清校点本．北京：中华书局，1995

李肇（唐）．1984．国史补（829）．笔记小说大观，第 31 册．杨州：广陵古籍刻印社影印本

李肇（唐）．1927．翰林志（819）．李左圭（宋）辑．百川学海本．陶湘影宋本

刘安（汉）．1984．淮南子（c.－120）．影印百子全书本，第 5 册．杭州：浙江人民出版社

刘敞（宋）．1750．公是集．见：新喻三刘文集，乾隆十五年刘氏刻本

刘昫（五代）．1986．旧唐书（945）．二十五史缩印本，第 5 册，上海古籍出版社

刘侗（明）. 1983. 帝京景物略（1635）. 北京古籍出版社排印本
刘恂（唐）. 1983. 岭表录异（c. 890）. 广州：广东人民出版社
刘珍（汉）等编. 1795. 东观汉记（c. 120）. 清乾隆六十年扫叶山房据聚珍极重刊本
刘知几（唐）. 1961. 史通（710）. 北京：中华书局排印
刘岳云（清）. 1871. 格物中法. 清同治十年原刻本. 北京图书馆藏
吕不韦（战国）. 1984. 吕氏春秋（－239）. 百子全书影印本，第5册. 杭州：浙江人民出版社
陆玑（晋）. 1935. 毛诗草木鸟兽鱼虫疏（c. 245）. 丛书集成本. 上海：商务印书馆
卢坤（清）. 1824. 秦疆治略. 清道光四年原刻本
陆容（明）. 1985. 菽园杂记（1475）. 铅印本. 北京：中华书局
卢思慎、徐居正［朝鲜］. 1914. 东文选. 汉城：朝鲜古籍刊行会
卢文昭（清）辑. 1923. 抱经堂丛书（1792）. 原刊本影印本. 北京：直隶书局
陆羽（唐）. 1984. 茶经（c. 765）. 北京：农业出版社
罗濬（宋）. 1854. ［宝庆］四明志（1228）. 清咸丰四年宋元四明六志本
罗愿（宋）. 1888. ［淳熙］新安志（1175）. 清光绪十四年重刻本
M 马步蟾（清）. 1827. ［道光］徽州府志. 清道光七年原刻本
马端临（元）. 1986. 文献通考（1309）. 影印本. 北京：中华书局
茅元仪（明）. 1621. 武备志. 明天启元年金陵原刻本
梅尧臣（宋）. 1936. 宛陵集. 四部丛刊·集部. 上海：商务印书馆缩印本
孟元老（宋）. 1982. 东京梦华录（1147）. 北京：中国商业出版社排印本
米芾（宋）. 1916. 十纸说（c. 1100）. 美术丛书二集、三辑. 上海：保粹堂线装本
墨翟（战国）. 1984. 墨子. 百子全书影印本，第5册. 杭州：浙江人民出版社
木村青竹［日］. 1777. 纸谱. 日本安永六年原刻本
O 欧阳修（宋）. 1986. 新唐书（1061）. 二十五史缩印本，第6册. 上海古籍出版社
欧阳修（宋）. 1986. 新五代史（1072）. 同上，第6册
欧阳修（宋）. 1984. 归田录（1067）. 笔记小说大观影印本，第8册，杨州：广陵古籍刻印社
欧阳询（唐）. 1965. 艺文类聚（630）. 新排印本. 北京：中华书局
P 潘清简［越］. 1884. 钦定越史通鉴纲目（1878）. 越南阮朝木刻本
彭定求（清）等编. 1986. 全唐诗（1706）. 上海古籍出版社影印本
Q 钱曾（清）. 1984. 读书敏求记（c. 1680）. 北京：书目文献出版社
乔宇（明）. 1513. 乔庄简公集，明正德八年原刻本
邱菽园（清）. 1897. 菽园赘谈. 清光绪二十三年香港铅字线装本
S 邵宝（明）. 1765. 容春堂后集（1514）. 四库全书·集部·别集类. 内府写本
沈初（清）. 1984. 西清笔记（1795）. 笔记小说大观影印本，第24册. 扬州：广陵古籍刻印社
沈榜（明）. 1961. 宛署杂记（1593）. 北京：北京出版社排印本
沈德符（明）. 1937. 飞凫语略（c. 1600）. 丛书集成第1559册. 上海：商务印书馆
沈德符（明）. 1959. 万历野获编（1606）. 元明史料笔记丛刊. 北京：中华书局
沈括（宋）. 1975. 梦溪笔谈（1088）. 元刊本影印本. 北京：文物出版社
沈约（梁）. 1986. 宋书（488）. 二十五史缩印本. 上海古籍出版社
舍人亲王［日］. 1967. 日本书纪（720）. 坂平太郎［日］校注本. 东京：岩波书店
石景芬（清）撰修. 1872. ［同治］饶州府志. 清同治十一年原刻本
史绳祖（宋）. 1935. 学斋拈毕（c. 1255）. 丛书集成本. 上海：商务印书馆
施宿（宋）. 1808. ［嘉泰］会稽志（1202）. 清嘉庆十三年采鞠轩木刻本
司空图（唐）. 1919. 司空表圣文集. 四部丛刊·集部. 初印本. 上海：商务印书馆
司马迁（汉）. 1986. 史记（－90）. 二十五史缩印本，第1册. 上海古籍出版社
宋濂（明）. 1986. 元史（1370）. 同上，第9册
宋敏求（宋）. 1927. 春明退朝录（1070）. 说郛（1366）商务印书馆排印本. 上海：商务印书馆

宋应星（明）. 1992. 天工开物（1637）. 潘吉星译注本. 上海古籍出版社
苏轼（宋）. 1981. 东坡志林（c. 1100）. 北京：中华书局
苏易简（宋）. 1936. 文房四谱（986）. 从书集成第 1493 册. 上海：商务印书馆
T 谈迁（明）. 1984. 枣林杂俎（1644）. 笔记小说大观影印本，第 32 册. 扬州：广陵古籍刻印社
唐慎微（宋）. 1957. 证类本草（1108）. 蒙元刊本影印本. 北京：人民卫生出版社
陶成（清）. 1732. [雍正] 江西通志. 清雍正十年南昌原刻本
陶穀（五代）. 1646. 清异录（c. 950）. 说郛（1366）宛委山堂本，卷 119. 清顺治三年两浙督学李际期刊本
陶宗仪（元）. 1959. 辍耕录（1366）. 北京：中华书局排印本
屠隆（明）. 1937. 考槃余事（c. 1600）. 丛书集成第 1559 册. 上海：商务印书馆
屠隆（明）. 1916. 起居服器笺. 美术丛书・二集・九辑. 上海：保粹堂线装本
屠隆（明）. 1936. 纸墨笔砚笺（c. 1600）. 美术丛书二集・九辑. 上海：神州国光社
脱脱（元）. 1986. 金史（1345）. 二十五史缩印本，第 9 册. 上海古籍出版社
脱脱（元）. 1986. 辽史（1344）. 同上
脱脱（元）. 1986. 宋史（1345）. 同上，第 7 册
W 王溥（宋）. 1955. 唐会要（961）. 北京：中华书局排印本
王溥（宋）. 1936. 五代会要（961）. 丛书集成本. 上海：商务印书馆
王谠（宋）. 1978. 唐语林（c. 1107）. 上海古籍出版社
王嘉（晋）. 1984. 拾遗记（c. 370）. 百子全书影印本，第 7 册. 杭州：浙江人民出版社
王明清（宋）. 1927. 挥尘余话. 说郛（1366）商务印书馆本卷 37. 上海：商务印书馆
王仁裕（五代）. 1985. 开元天宝遗事（c. 955）. 上海古籍出版社
王世贞（明）. 1988. 列仙全传（1600）. 见：郑振铎主编. 中国古代版画丛刊，第 4 册. 上海古籍出版社
王士禛（清）. 1982. 池北偶谈（1691）. 靳斯仁点校本. 北京：中华书局排印
王士禛（清）. 1667. 居易录，王渔洋遗书本. 清康熙八年刻本
王士禛（清）. 1984. 香祖笔记（1705）. 笔记小说大观影印本，第 16 册. 扬州：广陵古籍刻印社；湛之点校本. 上海古籍出版社，1982
汪舜民（明）. 1964. [弘治] 徽州府志（1502）. 明宁波天一阁本影印本. 上海古籍出版社
王锡祺（清）. 1891. 小方壶斋舆地丛钞・初编. 上海：著易堂铅字本；补编，1894；再补编，1897
王隐（晋）. 晋书（c. 319）. 王仁俊（清）辑本. 玉函山房辑佚书补编稿本. 上海图书馆藏
王禹偁（宋）. 1936. 小畜集. 四部丛刊・集刊. 上海：商务印书馆缩印本
王祯（元）. 1994. 农书（1313）. 缪启愉译注本，上海古籍出版社
王宗沐（明）著. 陆万垓（明）补. 1597. 江西省大志. 明万历二十五年南昌增补本
魏收（齐）. 1986. 魏书（554）. 二十五史缩印本，第 3 册. 上海古籍出版社
魏征（唐）. 1986. 隋书（656）. 同上，第 5 册
温革（宋）. 1959. 分门琐碎录，明永乐大典（1408）影印本. 第 10 函，卷 8841. 北京：中华书局
文震亨（明）. 1960. 长物志（c. 1640）. 丛书集成第 1554 册. 上海：商务印书馆
吴长元（清）. 1983. 宸垣志略（1788）. 北京古籍出版社
吴嘉猷（清）. 1891. 蚕桑络丝织绸图谱. 清光绪十七年粉本. 北京故宫博物院藏
吴骞（清）. 1911. 尖阳丛笔. 张钧衡（民国）辑. 适园丛书初集. 上海：国学扶轮社
吴士连 [越]. 大越史记全书（1479）. 越南黎朝刊本
X 谢肇淛（明）. 1661. 五杂俎（1616）. 日本宽文元年木刻本
西湖老人（宋）. 1982. 繁盛录（c. 1200）. 北京：中国商业出版社
徐坚（唐）. 1962. 初学记（727）. 铅印重排本. 北京：中华书局
徐竞（宋）. 1984. 宣和奉使高丽图经（1124）. 笔记小说大观影印本，第 9 册. 扬州：广陵古籍刻印社
徐康（清）. 1916. 前尘梦影录（1899）. 美术丛书・初集・二辑. 上海：保粹堂线装本
徐陵（陈）. 1918. 玉台新咏（c. 560）. 四部丛刊・集部. 上海：商务印书馆
徐天麟（宋）. 1978. 东汉会要（1226）. 铅字排印本. 上海古籍出版社

徐应秋（明）. 1984. 玉芝堂说荟（c.1620）. 笔记小说大观影印本，第28册. 扬州：广陵古籍刻印社
玄烨（清）. 1889. 康熙几暇格物编. 盛昱（清）手写本石印本
玄奘（唐）. 1979. 大唐西域记（646）. 章巽校注本. 上海人民出版社
薛居正（宋）. 1986. 旧五代史（974）. 二十五史缩印本，第6册. 上海古籍出版社
荀况（战国）. 1974. 荀子. 章诗同注释本. 上海人民出版社
Y 严可均（清）. 1958. 全上古三代秦汉三国六朝文（c.1835）. 北京：中华书局
严如煜（清）. 1822. 三省边防备览. 清道光二年原刻本
颜之推（齐）. 1936. 颜氏家训（589）. 四部丛刊本缩印本. 上海：商务印书馆
杨复吉（清）. 1844. 梦阑琐记. 昭代丛书·癸集. 清道光二十四年世楷堂刻本
杨澜（清）. 1878. 临汀彙考. 清光绪四年原刻本
杨慎（明）. 1554. 丹铅总录（1542）. 明嘉靖三十三年门人梁佐刊本
杨亿（宋）. 1646. 杨文公谈苑. 说郛（1366）宛委山堂本，卷16. 清顺治三年两浙督学李际期刻本
姚宽（宋）. 1927. 西溪丛话（1150）. 说郛商务印书馆本，卷9
姚燧（元）. 1929. 牧庵集（c.1310）. 四部丛刊·集部. 上海：商务印书馆影印本
叶梦得（宋）. 1984. 石林燕语（1136）. 唐宋笔记丛刊本. 北京：中华书局
义净（唐）. 1988. 大唐西域求法高僧传. 王邦维校注本. 北京：中华书局
应劭（汉）. 1981. 风俗通义（175）. 上海古籍出版社
于敏中（清）等编. 1985. 日下旧闻考（1774）. 北京古籍出版社
虞世南（唐）. 1989. 北堂书钞（620）. 北京：中国书店影印本
袁宏（晋）. 1926. 后汉纪（c.370）. 四部丛刊·史部影印本. 上海：商务印书馆
袁康（汉）. 1985. 越绝书（c.52）. 上海古籍出版社校点本
元稹（唐）. 1956. 元氏长庆集（824）. 北京：文学古籍刊行社影印本
乐史（宋）. 1927. 杨妃外传. 说郛商务印书馆本，卷7
Z 张邦基（宋）. 1987. 墨庄漫录（c.1131）. 笔记小说大观影印本第7册. 扬州：广陵古籍刻印社
张尔岐（明）. 1719. 周易说略（1667）. 泰安：徐志定（清）真合斋陶活字印本. 北京图书馆藏
张华（晋）. 1980. 博物志（c.290）. 新版排印本. 北京：中华书局
张怀瓘（唐）. 1927. 书断（c.735）. 说郛百卷本，卷92. 上海：商务印书馆
张揖（魏）. 1934. 古今字诂（232）. 许瀚（清）疏证本. 瑞安陈氏排印本
张世南（宋）. 1984. 宦游纪闻（1233）. 笔记小说大观影印本，第7册. 扬州：广陵古籍刻印社
张廷玉（清）等修. 1986. 明史（1736）. 二十五史缩印本，第10册. 上海古籍出版社
张萱（明）. 1936. 疑耀. 丛书集成本. 上海：商务印书馆
张燕昌（清）. 1960. 金粟山戋说（c.1800）. 丛书集成第1496册. 上海：商务印书馆
张彦远（唐）. 1984. 法书要录（847）. 北京：人民美术出版社
张彦远（唐）. 1936. 历代名画记（847）. 丛书集成第1493册. 上海：商务印书馆
张应文（明）. 1936. 清秘藏（c.1570）. 美术丛书·初集·八辑. 上海：神州国光社排印
张燮（明）. 1981. 东西洋考（1618）. 谢方校点本. 北京：中华书局
赵尔巽等. 1986. 清史稿（1927）. 二十五史缩印本，第11册. 上海古籍出版社
晁贯之（宋）. 17世纪. 墨经（c.1100）. 毛晋（明）汲古阁刻本
赵吉士（清）. 1956. 寄园寄所寄. 王利器辑. 历代笑话集. 上海：上海古典文学出版社排印本
昭连（清）. 1915. 啸亭续集（c.1825）. 王文儒辑说库本. 上海：文明书局石印
赵希鹄（宋）. 1927. 洞天清录集（c.1240）. 说郛（1366）百卷本，卷12. 上海：商务印书馆
赵彦卫（宋）. 1957. 云麓漫抄（1206）. 中华书局上海编辑所
赵翼（清）. 1963. 陔余丛考（1750）. 北京：中华书局排印本
郑麟趾［朝鲜］. 1957～1958. 高丽史（1359）. 平壤：朝鲜科学院排印本，第1册. 1957；第2～3册，1958
周达观（元）. 1981. 真腊风土记（1312）. 夏鼐校注本. 北京：中华书局
周晖（明）. 1955. 金陵琐事. 北京：文学古籍刊行社

周嘉胄（清）. 1960. 装潢志（c.1765）. 丛书集成第1563册. 上海：商务印书馆
周亮工（清）. 1891. 闽小纪（c.1650）. 王锡祺（清）辑. 小方壶斋舆地丛钞，第9帙
周密（元）. 1988. 癸辛杂识（c.1290）. 北京：中华书局排印本；说郛宛委山堂本（1646），卷21
周密（元）. 1982. 武林旧事（c.1270）. 北京：中国商业出版社排印本
周密（元）. 1984. 志雅堂杂抄（c.1270）. 笔记小说大观影印本，第9册. 扬州：广陵古籍刻印社
庄周（战国）. 1925. 庄子（c.－290）. 王先谦集解本. 上海：扫叶山房
宗懔（梁）. 1985. 荆楚岁时记（550）. 谭麟译注本. 武汉：湖北人民出版社
邹炳泰（清）. 1799. 午风堂丛谈（c.1790）. 清嘉庆四年木刻本
佐藤成裕［日］. 1826. 中陵漫话，日本文政九年原刻本

Ⅱ. 1900年以后的汉文书籍、论文和译著

说明：以作者姓名汉语拼音顺序排列

B 巴尔扎克（Balzac，Honoré de）［法］著. 傅雷译. 1980. 幻灭. 北京：人民文学出版社
北京图书馆编. 1962. 中国版刻图录，第2版，全8册. 北京：文物出版社
毕素娟. 1982. 世所见的辽版书. 北京：文物，(6)：20～27
毕素娟. 1983. 辽代雕版印刷品的空前发现. 见：中国印刷年鉴（1982～1983）. 2511
C 蔡成瑛. 1980. 翟金生的又一泥活字印本. 西宁：青海师范学院学报（社会科学版），(3)
蔡美彪主编. 1979. 中国通史，第6册. 辽、西夏、金史. 北京：人民出版社
蔡美彪主编. 1983. 中国通史. 第7册. 元史. 北京：人民出版社
卡特（Carter，Thomas F.）［美］著. 吴泽炎译. 1957. 中国印刷术的发明和它的西传. 北京：商务印书馆
朝鲜社会科学院历史研究所编. 1966. 朝鲜文化史. 平壤：科学院出版社
朝鲜社会科学院历史研究所编. 1977. 朝鲜史概要. 平壤：外国文出版社
朝鲜社会科学院历史研究所编. 贺剑城译. 1962. 朝鲜通史. 上册. 北京：三联书店
陈国符等. 1961. 植物纤维素化学. 北京：财政经济出版社
陈竟主编. 1992. 中国民间剪纸艺术研究. 北京：工艺美术出版社
陈梦家. 1956. 殷墟卜辞综述. 北京：科学出版社
陈槃，1954. 由古代漂絮因论造纸，台北：中研院院刊. 1辑：264
陈永龄主编. 1987. 民族词典. 上海：上海辞书出版社
陈维稷主编. 1984. 中国纺织科学技术史. 北京：科学出版社
陈修和. 1957. 中越两国人民的友好关系. 北京：中国青年出版社
陈直. 1958. 两汉经济史料论丛. 西安：陕西人民出版社
程溯洛. 1955. 论敦煌、吐鲁番发现的蒙元时代古维文木活字，雕版印刷品与我国印刷术西传的关系. 见：中国科学技术发明和科学技术人物论集. 北京：三联书店，225～235
程学华（田野）. 1957. 陕西灞桥发现西汉的纸. 北京：文物参考资料，(7)：78～81
程学华. 1987. 西汉灞桥纸墓的断代依据与有关情况的说明. 见：科技史文集. 15辑：17～22. 上海：上海科学技术出版社
初师宾、任步云. 1977. 居延汉代遗址和新出土的简册文物. 北京：文物，(1)：6
D 邓之诚. 1955. 骨董琐记全编. 北京：三联书店
杜玉亭等. 1983. 云南少数民族. 昆明：云南人民出版社
E 鄂世镛等. 1980. 清史简编. 沈阳：辽宁人民出版社
F 范文澜. 1979. 中国通史，第2册，秦汉至南北朝史. 北京：人民出版社
方豪. 1970. 宋代佛教对中国印刷及造纸之贡献，台北：大陆杂志，41 (4)：15
方豪. 1952. 流落于西、葡的中国文献. 台北：学术季刊，1 (2) ：149
方豪. 1967. 明万历间马尼拉刊印之汉文书籍. 台北：现代学范，4 (6) ：1
方豪. 1969. 方豪六十自定稿. 上下册. 台北：台湾学生书局
冯德培等主编. 1983. 简明生物学词典. 上海：上海辞书出版社

冯汉骥. 1957. 记唐代印本陀罗尼经咒的发现. 文物参考资料，(5)：48～51
冯家昇等编. 1958. 维吾尔族史料简编. 第1册，北京：民族出版社
冯先铭等主编. 1982. 中国陶瓷史. 北京：文物出版社
G 甘肃省博物馆编. 1963. 武威汉简. 北京：文物出版社
甘肃省博物馆. 1974. 甘肃武威发现的一批西夏文物. 北京：考古，(3)
葛治伦. 1987. 1949年以前的中泰文化交流. 见：中外文化交流史. 487～525. 郑州：河南人民出版社
龚伯勋. 1981. 藏族文化宝库—德格印经院. 见：德格印经院，藏文版. 1～7. 成都：四川民族出版社
古物保管委员会编. 1935. 六朝陵墓调查报告. 南京
郭沫若主编. 1979. 中国史稿，第2册. 北京：人民出版社
H 韩林儒主编. 1986. 元朝史，二册. 北京：人民出版社
河北轻工学院造纸教研室，1961. 制浆造纸工艺学，上册. 北京：轻工业出版社
河南省博物馆编. 1959. 洛阳烧沟汉墓. 北京：科学出版社
何双全. 1989. 甘肃天水放马滩秦汉墓群的发掘. 北京：文物，(2)：1～11，15
胡道静. 1957. 活字版发明者毕昇卒年及地点试探. 济南：文史哲，(59)：61～63
胡道静. 1962. 古今图书集成的情况、特点及其作用，北京：图书馆，(1)：31～37
湖南省博物馆. 1974. 长沙子弹库战国木椁墓. 文物，(2)：36
湖南省博物馆. 长沙马王堆三号汉墓发掘简报. 文物，(4)：39
胡韫玉. 1923. 朴学斋丛刊，卷4. 纸说. 安吴胡氏刊
黄宽重. 1987. 宋代活字印刷的发展. 台北：中图馆馆刊，10 (2)：1～10
黄文弼. 1948. 罗古淖尔考古记. 北平：中央研究院刊印
黄文弼. 1954. 吐鲁番考古记. 北京：科学出版社
J 冀淑英. 1958. 新发现的泥活字印本. 北京：图书馆工作，(1) 22～24
季羡林. 1959. 中印文化关系史论丛. 北京：人民出版社
季羡林. 1982. 中印文化关系史论文集. 北京：三联书店
建瓴. 1985. 拉萨现藏的两部永乐版甘珠尔. 文物，(9)
姜亮夫. 1956. 敦煌——伟大的文化宝藏. 上海：上海古典文学出版社
江苏新医学院编. 1986. 中药大辞典，上下册. 上海：上海科学技术出版社
蒋元卿. 1954. 中国书籍装订术的发展. 见：中国现代出版史料，丁编，下卷，661～677. 北京：中华书局
金柏东. 1987. 早期活字印刷术的实物见证——温州白象塔出土北宋佛经残页介绍. 文物，(5)：15～18
L 劳榦. 1948. 论中国造纸术之原始. 北平：历史语言研究所集刊. 第19本：484～498
劳榦. 1975. 中国古代书史后序. 见：钱存训. 中国古代书史. 183～184. 香港：香港中文大学出版社
李放. 1914. 中国艺术家征传. 全4册. 天津
李书华. 1960. 造纸传播及古纸的发现. 台北：历史博物馆印
李亚东. 1989. 中国制墨技术的源流. 见：科技史文集. 15辑：113～127. 上海：上海科学技术出版社
李遇春. 1960. 新疆民丰县北大沙漠中古遗址墓葬区东汉合葬墓清理简报. 文物，(6)
李致忠. 1981. 古书旋风装考辨. 文物，(2)：75～78
凌纯声. 1961. 中国古代的树皮布文化与造纸术发明. 台北：民族研究所集刊，(11)
凌纯声. 1963. 北宋初年的金粟笺考. 台北：民族研究所集刊，(3)：81
凌纯声. 1963. 树皮布、印文陶与造纸、印刷术发明. 台湾南港：民族研究所刊印
刘国钧. 1955. 中国书的故事. 北京：中国青年出版社
刘国钧. 1958. 中国书史简编. 北京：高等教育出版社
刘国钧. 1962. 中国古代书籍史话. 北京：中华书局
刘国钧著. 郑如斯增订. 1979. 中国书的故事. 北京：中国青年出版社
刘仁庆、胡玉熹. 1976. 中国古纸的初步研究. 文物，(5)：74～79
刘叶秋. 1983. 中国字典史略. 北京：中华书局
隆言泉. 1961. 制浆造纸工艺学. 北京：财政经济出版社

隆言泉、李元禄．1979．造纸．北京：轻工业出版社
卢前．1959．书林别话（1947）．见：中国现代出版史料，丁编，下卷：627～654．北京：中华书局
卢秀菊．1992．清代盛世之皇家印书事业．见：中国图书文史论集．33～74．北京：现代出版社
罗福苌．1930．大方广佛华严经卷一释文．北平：北平图书馆馆刊（西夏文专号），4（3）
罗济．1935．竹类造纸学．南昌：罗氏自印本
罗西章．1978．陕西扶风县中颜村发现西汉窖藏铜器和古纸．文物，(9)：17～20
罗振玉编．1914．流沙坠简，全 2 册．罗氏宸翰楼自印本
M 毛春翔．1962．古书版本常谈．北京：中华书局
马可波罗（Marco Polo）[意] 著．冯承钧译．1957．马可波罗行纪，全 3 册．北京：中华书局
马可波罗（Marco Polo）[意] 著．李季译．1936．马可波罗游记．上海：亚东图书馆
缪荃孙．1913．艺风堂藏书续记．江阴缪氏自印本
米苏里娜（Misulina，A. B.）[俄] 著．王易今译．1948．古代世界史．上海：开明书店
莫俊卿等．1980．壮族简史．南宁：广西人民出版社
慕阿德（Moule，A. C.）[美] 著．郝镇华译．1980．1550 年前的中国基督教史．北京：中华书局
N 李约瑟（Needham，Joseph）[英] 原著．潘吉星主编．1986．李约瑟文集．沈阳：辽宁科学技术出版社
内蒙古文物考古队．1987．内蒙古黑城考古发掘报告，文物，(7)
宁夏文物管理委员会．1991．宁夏贺兰县宏佛塔清理简报．文物，(8)
牛达生．1994．中国最早的木活字印刷品——西夏文佛经吉祥遍至口和本续．北京：中国印刷．(2)：38～46
P 潘吉星．1964．世界上最早的植物纤维纸．文物，(11)：48～49
潘吉星．1966．敦煌石室写经纸研究．文物，(3) 39～47
潘吉星．1973．关于造纸术的起源．文物，(9)：45～51
潘吉星．1973．新疆出土古纸研究．文物，(10)：52～60
潘吉星．1975．故宫博物院藏若干古代法书用纸研究．文物，(10)：84
潘吉星．1977．从模拟实验看汉代造麻纸技术．文物，(1) 51～58
潘吉星．1979．中国古代加工纸十种．文物，(2)：38～48
潘吉星．1987．历史上有絮纸吗？见：科学史丛谈．80～87．北京：科学出版社
潘吉星．1989．灞桥纸不是植物纤维纸吗？北京：自然科学史研究，9 (2)：355～370
潘吉星．1994．从圆筒侧理纸的制造到圆网造纸机的发明．文物，(7)：91～93
潘吉星．1979．中国造纸技术史稿．北京：文物出版社
潘吉星．1980．中国的宣纸．北京：中国科学史料．(2)：99～100
潘吉星．1992．再论造纸术发明于蔡伦之前．见：中国图书文史论集．73～78．台北：正中书局
潘吉星．1992．巴尔扎克笔下的天工开物．成都：大自然探索．(3)：121～125
潘吉星．1993．中外科学之交流．香港：香港中文大学出版社
潘吉星．1994．为什么雕版印刷术发明于中国？北京：中国印刷．12 (1)：52～57
潘吉星．1995．论日本造纸与印刷之始．北京：传统文化与现代化．(3)：67～76
潘吉星．1996．印刷术的起源地：中国还是韩国？北京：中国文物报．1996.11.17．第 3 版
潘吉星．1997．论韩国发现的印本无垢净光大陀罗尼经．北京：科学通报，42 (10)：1009～1028
潘吉星．1997．从考古发现看印刷术的起源．北京：光明日报．1997.3.11，第 5 版
潘吉星．1997．中国、韩国和欧洲早期印刷术的比较．北京：科学出版社
潘铭燊．1992．中国印刷版权的起源．见：中国图书文史论集．29～32．北京：现代出版社
潘天祯．1980．明代无锡会通馆印书是锡活字本．图书馆学通讯，(1)：51～64
伯希和（Pelliot，Paul）[法] 著．冯承钧译．真腊风土记笺注．1933．见：史地丛考续编．48～104．上海：商务印书馆
Q 钱存训．1992．中国书籍、纸墨及印刷史论文集．香港：香港中文大学出版社
钱存训著，周宁森译．1975．中国古代书史．香港中文大学出版社
钱存训著，刘祖慰译．1990．纸与印刷．见：李约瑟．中国科学技术史，汉译本卷 5，第 1 册．科学出版社一上海古籍出版社

钱存训著，马泰来译. 1972. 中国对造纸及印刷术的贡献. 香港：明报月刊，7（12）：2

R 拉施德丁（Rashid al-Din）[波斯] 原著. 罗马斯凯维奇（Ромаскевич，A. A.）[俄] 俄译. 余大钧、周建奇转译. 1986. 史集，卷1（2册），卷2～3. 北京：商务印书馆

任继愈主编. 1981. 宗教词典. 上海辞书出版社

S 商务印书馆编. 1983. 敦煌遗书总目索引. 北京：中华书局

沈从文. 1959. 金花纸. 文物，(2)：10～12

沈起炜. 1983. 中国历史大事年表. 上海辞书出版社

沈文倬. 1961. 清代学者的书简. 文物，(1)

沈之瑜. 1964. 跋罗轩变古笺谱. 文物，(7)：7～9

宋曼等. 1977. 明清时防蛀纸的研究. 文物，(1)：47～50

宋越伦. 1969. 中日民族文化交流史. 台北：正中书局

宿白. 1951. 五代、宋辽金元时代的中朝友好关系. 见：五千年来的中朝友好关系. 41～78. 北京：开明书店

孙宝明、李钟凯. 1959. 中国造纸植物原料志. 北京：轻工业出版社

孙殿起. 1982. 贩书偶记（1936）. 重印本. 上海古籍出版社

孙毓棠. 1957. 中国近代工业史料. 一辑（1840～1895）. 北京：科学出版社

孙毓修. 1930. 中国雕版源流考（1916）. 万有文库本，第651册. 上海商务印书馆

T 陶宝成. 1981. 是磁版还是磁活字版. 南京：江苏图书馆工作，(3)

陶维英 [越] 著. 刘统文等译. 1959. 越南古代史. 北京：科学出版社

陶湘. 1929. 武英殿聚珍板丛书目录. 北平：图书馆学季刊，1（2）：205～217

藤田丰八（Fujita Toyohachi）[日] 著. 杨维新译. 1932. 中国印刷术起源. 北平：图书馆学季刊，6（2）

涂玉书. 1982. 胶泥活字印制的书. 长沙：湖南图书馆通讯，(1)

托塔（Totah，K. A.）[埃及] 著. 马坚译. 1948. 回教教育史，第2版. 上海：商务印书馆

W 王国维. 1936. 简牍检署考. 见：海宁王静安先生遗书，卷26. 上海

王国维. 1936. 五代两宋监本考. 见：同上书卷33

王国维. 1936. 元刊本西夏文华严经残卷跋. 见：同上书卷9

王静如. 1972. 西夏文木活字版佛经与铜牌. 文物，(11)：8～18

王明. 1956. 隋唐时代的造纸. 北京：考古学报，(1)：115～126

王树村. 1984. 剪纸艺术发展举要. 北京：美术研究，(4)

王桐龄. 1929. 新著东洋史，全2册. 上海：商务印书馆

王重民. 1958. 敦煌古籍叙录. 北京：商务印书馆

王重民. 1957. 套版印刷法起源于徽州说. 合肥：安徽历史学报.（创刊号）：31～38

魏隐如. 1988. 中国书籍印刷史. 北京：印刷工业出版社

微之. 1960. 泾县水东翟村发现泥活字家谱. 文物，(4)：86

韦尔斯（Well，H. G.）[英] 著. 吴文藻等译. 1982. 世界史纲. 北京：人民出版社

文纪. 1991～1990年中国重大考古发现综述. 北京：文物天地，(2)：47

文物月刊编委会. 1979. 文物考古工作三十年（1949～1979）. 北京：文物出版社

吴天墀. 1980. 西夏史稿. 成都：四川人民出版社

吴泽. 1952. 中国古代史. 上海. 棠棣出版社

吴震. 1960. 哈密发现大批回鹘文写经. 文物，(5)

X 向达（蛭蝓生）1935. 记十竹斋. 北平：图书季刊，2（1）：39～42

新疆博物馆. 1959～1960. 新疆吐鲁番阿斯塔那北区基葬发掘简报. 文物，1959（6）：13～21；1960（9）

新疆博物馆编. 1975. 新疆出土文物，北京：文物出版社

许鸣岐. 1990. 考古发现否定了蔡伦造纸说. 光明日报. 1990.12.3

许鸣岐. 1991. 中国古代造纸起源史研究. 上海：上海交通大学出版社

许鸣岐. 1979. 瑞光寺塔古经纸研究. 文物，(11)：34～39

徐艺乙. 1991. 风筝史话. 北京工艺美术出版社

Y 阎文儒等．1982．山西应县佛宫寺释迦塔发现的契丹藏和辽代刻经．文物，(6)：9～18
杨之礼．1961．纤维素化学．北京：轻工业出版社
姚士鳌．1928．中国造纸术输入欧洲考．北平：辅仁学志，1 (1)：1～86
姚世嘉．1976．是谁发明了造纸法？北京：历史研究，(5)：76～81
叶德辉．1957．书林清话（1920）重印本．北京古籍出版社
易水．1979．漫话屏风．文物，(11)：74～78
俞世镇．1939．古代书籍制度考．北平：古学丛刊．(5)
喻诚鸿、李沄．1955．中国造纸用植物纤维图谱．北京：科学出版社
袁翰青．1956．中国化学史论文集．北京：三联书店
袁翰青．1980．蔡伦之前我国已经有纸．中国轻工，1 (5)
岳邦湖、吴礽骧．1981．敦煌马圈湾汉代烽燧遗址发掘简报．文物，(10)：1～8
乐进、廖志豪．1979．苏州瑞光寺塔发现的一批五代、北宋文物，文物，(11)：21～26
越南社会科学委员会编．北大东语系越语教研室译．1977．越南历史，第一集 (1971)．北京人民出版社
玉尔 (Yule, Henry) ［英］编．高第 (Cordier, Henri) ［法］补．张星烺译．1924．马可孛罗游记导言．北平：中国地学会印
Z 张秉伦．1979．关于翟金生泥活字的初步研究．文物，(10)：90～92
张秉伦、刘云．1992．泥活字印刷的模拟实验．1992．中国图书文史论集．75～79．北京：现代出版社
张道一．1992．中国民间剪纸艺术的起源与历史．见：中国民间剪纸艺术研究．125～138．北京工艺美术出版社
张宏源．1972．长沙西汉墓织绣品的提花与印花．文物，(9)：50～51
张星烺．1930．中西交通史料汇编．全 6 册．北平：京城印书局
张星烺著．朱杰勤订．1979．中西交通史料汇编．全 6 册．北京：中华书局
张秀民．1958．中国印刷术的发明及其影响．北京：人民出版社
张秀民．1961．清代泾县翟氏的泥活字．文物，(3)：30～32
张秀民．1962．元明两代的木活字．图书馆，(1)：56～60
张秀民．1962．清代的木活字．图书馆，(2)：60～62；(3)：60～64
张秀民．1962．清代的铜活字．文物，(1)：49～53
张秀民．1988．张秀民印刷史论文集．印刷工业出版社
张秀民．1989．中国印刷史．上海人民出版社
张秀民．1964．明代徽派版画黄姓刻工考略．图书馆，(1)：61～68
张永惠、李鸣皋．1957．中国造纸原料纤维的观察．北京：造纸技术，(12)：9
张政烺等．1951．五千年来的中朝友好关系．北京：开明书店
张子高．1964．中国化学史稿·古代之部．北京：科学出版社
赵万里．1952．中国印本书籍发展史．文物参考资料，(4)：5
浙波．1972．浙江瑞安发现重要的北宋工艺品．光明日报．1972.3.10
浙江省文物管理委员会．1960．吴兴钱山漾遗址第一次发掘报告．北京：考古，(2)
郑如斯．1992．中国新发现的古代印刷品综述．见：中国图书文史论集．81～94．北京：现代出版社
郑振铎主编．1986．中国古代版画丛刊．全 4 册．上海古籍出版社
中科院植物研究所主编．1987．中国高等植物图鉴．全 6 册．科学出版社
中科院植物研究所编．1961．中国经济植物志．科学出版社
周南京．1987．历史上中国和印度尼西亚的文化交流．见：中外科学交流史．190～238．河南人民出版社
周南京．1987．中国和菲律宾文化交流的历史．见：同上书．439～473
周一良主编．1987．中外文化交流史（论文集）．郑州：河南人民出版社
朱家濂．1962．清代泰山徐氏的磁活字印本．北京：图书馆，(4)：60～64

Ⅲ.1990年以后的日文、朝文书籍、论文和译著

说明：以作者姓名笔画顺序排列，再于括号内标出拉丁化发音

カーター（Carter，T. F.）著. グィトリッチ（Goodrich，L. C.）改訂. 藪内清（Yabuuchi Kiyoshi）、石橋正子（Ishihashi Masako）訳. 1973. 中國の印刷術，全2册. 東京：平凡社

大谷光瑞（Otani Kozui）. 1915. 西域考古圖譜，第1册. 東京：國華社

オスワルト（Oswald，J. C.）著. 玉城肇譯. 1943. 西洋印刷文化史. 東京：鮎書房

川瀬一馬（Kawaze Kazuma）. 1967. 古活字版の研究，第1册. 東京：日本古籍商協會

小粟拾藏（Oguri Sutezo）. 1953. 日本紙の話. 東京：早稻田大學出版部

上村六郎（Uemura Rokurō）. 1951. 支那古代の製紙原料. 京都：和紙研究.（14號）

久米康生（Kume Yasuo）. 1977. 和紙の文化史，東京：木耳社

千惠鳳（Chun Hye-Bong）. 1990. 韓國典籍印刷史. 漢城：泛友社朝文版

木宮泰彦（Kimiya Yasuhiko）. 1932. 日本印刷文化史. 東京：富山房日文版

尹炳泰（Yun Byeong-Tae）. 1973. 高麗金屬活字本과乙起源。漢城：圖協月報，14（8）：8～12

中村不折（Nakamura Fusetsu）. 1927. 禹城出土墨賓書法源流考. 東京：亞東書房日文版

中村不折. 1934. 新疆と甘肅の探險. 東京：雄山閣

中村長一（Nakamura Nagaichi）. 1961. 紙のサイズ. 大阪：北尾書局貿易株式會社

中山久次郎（Nakayama Kyushirō）. 1930. 世界印刷通史. 卷1～2. 東京：三秀舍日文版

中山茂（Nakayama Shigeru）. 1984. 市民のための科學論. 東京：社會評論社

加藤晴治（Kato Haruzi）. 1963. 敦煌出土寫經とその用紙について. 東京：紙パ技協誌.（9號）

加藤晴治. 1963. 樓蘭出土古紙について. 同上

加藤晴治. 1964. 吐魯番出土文書とその用紙. 紙パ技協誌.（1號）

庄司淺水（Shōji Sensui）. 1936. 世界印刷文化史年表. 東京：ブックドム社日文版

池内宏（Ikeuchi Hiroshi）. 1923～1924. 高麗朝の大藏經. 東京：東洋學報，13（3號）；14（1號）

西田竜雄（Nishida Tatsuo）. 1975～1976. 西夏文華嚴經. 京都：京都大學文學部出版

竹尾榮一（Takeo Eiichi）編. 1979. 世界の手漉紙. 東京：株式會社竹尾；Handmade paper in the world. Tokyo：Takeo Co. Ltd.

全相運（Jeon Sang-Woon）. 1966. 韓國科學技術史. 漢城：科學世界社朝文版

壽岳文章（Jugaku Bunshō）. 1973. 和紙の旅. 東京：藝草堂

禿氏祐祥（Tokushi Yūshō）. 1981. 東洋印刷史研究. 東京：青裳堂書店日文版

町田誠之（Machida Seishi）. 1953. トロロアオイの粘質物の研究（第1報）東京：日本化學雜誌，74（3）：83～84

町田誠之. 1960. 和紙抄造用粘液に關する研究. 紙パ技協誌，13（1）：35～39

町田誠之. 1981. 和紙の風土. 東京：駸駸堂

町田誠之. 1984. 和紙の伝統. 東京：駸駸堂

李弘植（Yee Hong-Sik）. 1968. 慶州佛國寺釋迦塔發見의無垢淨光大陀羅尼經. 漢城：白山學報，（4）：168～198

長澤規矩也（Nakasawa Kikuya）. 1952. 和漢書の印刷とその歷史. 東京：吉川弘文館

神田喜一郎（Kanda Kiichirō）. 1969. 元代大德十九路本十七史考. 見：東洋學文獻叢說. 東京：二玄社日文版

南種康博（Nagusa Yasuhiro）. 1943. 日本工業史. 東京：地人書館日文版

高楠順次郎（Takakusu Junjirō）主編. 1924～1934. 大正新修大藏經. 共100卷. 東京：大正一切經刊行會

桑原隲藏（Kuwabara Jituzo）. 1911. 紙の歷史. 東京：芸文.（9－10號）；見：同氏. 1934. 東洋文明史論叢. 93～115. 東京：弘文堂書房日文版

關義城（Seki Yoshikuni）. 1976. 手漉和紙の研究. 東京：木耳社

孫寳基（Sohn Pow-Key）. 1982. 韓國の古活字. 漢城：寳晉齋刊朝、日、英文版

潘吉星著、岩田由一訳. 1979. 中國古代造紙技術史日文版. 東京：百万塔臨時增刊號. 1～111

潘吉星著、佐藤武敏訳. 1980. 中國制紙技術史. 東京：平凡社日文版

潘吉星. 1985. 近年の考古學的發見とその科學的研究による制紙の起源について. 東京：化學史研究，(2)：77～80

潘吉星. 1992. 制紙術の起源について. 見：日本紙アカデミ-编. 紙——七人の提言. 153～174. 京都：思文閣

潘吉星. 1995～1996. 日本における制紙と印刷の始まりについて（上）. 東京：百万塔. 1995，(92)：17～28；(下)，1996，(93)：17～29

潘吉星. 1997. 書畫史からめた中國歷代の古紙. 見：渡邉明義. 水墨畫の鑒賞基礎知識，72～80. 東京：至文堂

增田勝彦（Masuda Katsuhiko）. 1988. 樓蘭文書、殘紙に關する調查報告. 見：スウェン・ヘディン（Sven Hedin）樓蘭發見殘紙、木牘. 147～173. 東京：日本書道教育會議發行

增尾信之（Masuo Nobuyuki）主编. 1955. 印刷インキ工業史. 東京：日本印刷インキ工業連合會

藤枝晃（Fujieda Akira）. 1938. 西夏經—石と木と泥. 見：石濱先生古稀紀念東洋學研究論叢. 483～493. 大阪

Ⅳ. 西文书籍和论文

说明：以作者姓名拼音顺序排列。"tr."表示"翻译"."éd.","ed."表示"编辑".

Adan Abdulak. 1940. Sur le Tanksukname-i Ilkhan dez ulum-u-funum-i khatai (Livre des relatés des Ilkhanis sur les sciences et les arts du Khatay). Isis, 30: 44～74

Alibaux, Henri. 1939. L'invention du papier. Gutenberg Jahrbuch, **9**: 24

Amann, Jost. 1960. Das Ständebuch. 114 Holzschnitte (Eygentliche Beschreibung aller Stände auff Erden, hoher und nidriger, geistlicher und weltliche, aller Kunsten, Handwerken und Händeln. Leipzig: Insel

Amann, Jost. 1930. A true description of all trades, with six of the illustrations. New York: Brooklyn

Bacon, Francis. 1905. Novum Organum (1620). Book 1. Philosophical Works. ed. Ellis and Spedding. London: Routledge

de Balzac, Honoré. 1952. Les illusions perdues (1843). Moscou: Éditions en Langues Étrangéres

Benedetti-Pichler, A. A. 1937. Microchemical analysis of pigments used in the fossae of the incisions of Chinese oracle bones. Industrial and Engineering Chemistry. Analytical Edition, **9**: 149～152

Bernal, John D. 1954. Science in history. London: Watts & Co.

Bernard-Maitre, Henri. 1942. Les origines chinoises de l'imprimerie aux Philippines. Shanghai: Monumenta Serica, **7**: 312

Bernard-Maitre, Henri. 1949. Deux Chinois du XVIII éme siècle à l'école des physiocrates FranÇais. Bulletin de l'Université l'Aurore. 3e Sér, **19**: 151～197

al-Biruni. 1914. India (Tarikh al-Hind). ed. Edward L. Shachau. London. Vol. 1

Blanchet, A. 1900. Essai sur l'histoire du papier. Paris: E. Lereaux

Blum, André. 1932. Les origines du papier. Paris: Éditions du Trianon

Blum, André. 1934. The origin of paper. Tr. H. M. Lydenberg. New York: Bowker

Boxer, C. R. 1939. Chinese abroad in the late Ming and early Manchu periods, compiled from contemporary sources 1500—1750. Shanghai: T'ien Tsia Monthly, **5** (9): 459

Brawell, A. (tr.). 1928. Buried treasurs of Chinese Turkestan; An account of advan tures of the 2nd and 3rd German Turfan Expeditions. London: Allen & Unwin

Bretschneider, Emil. 1888. Medieval researches from Eastern Asiatic sources; Fragments towards the knowledge of the geography and history of Central and Western Asia from the 13th to 17th centuries. London: Trübon, Vol 1

Briquet, Charles M. 1907. Les filigranes. Dictionaire historique des marques du papier. Paris: Picard

Brockelmann, Carl. 1939. Geschichte der Islamische Volker und Staaten. Berlin

Brockelmann, Carl. 1980. History of Islamic peoples. Tr. I. C. Carmichael and M. Perlman. London

Browne, Edward G. 1920. Persian literature under the Tartar domision. Cambridge, U. K.

Carter, Thomas Francis. 1925. The invention of printing in China and its spread westward. New York: Columbia University Press; revised ed., 1931

Carter, T. F. 1955. The invention of printing in China and its Spread westward. 2nd ed. revised by Luther Carrington Goodrich. New York: Ronald

Chabot, J. B. 1894. Relation du Roi Argoun avec l'Occident. Paris: Revue d'Orient Latin.

Chavannes, Edouard. 1905. Les livres chinois avant l'invention du papier. Paris: Journal Asiatique. Sér. 10, **5** (5): 1～75

Chavannes, E. 1913. Les documents chinois découvert par Aurel Stein dans les sables du Turkestan Orientale. Oxford: Clarendon

Clapperton, Robert Henderson. 1934. Paper; A historical account of its making by hand from the earliest times down to the present day. Oxford: Shakespeare Head Press

Coedés, G. 1933. Notes complémentaires de la Mémoires sur les customes de Cambodge de Tcheou Ta-Kouan, traduit par Paul Pelliot. T'oung Pao, **30**: 227

Le Comte, Louis Daniel. 1696. Nouveaux mémoires sur létat présent de la Chine. Paris: Anisson

Le Comte, L. D. 1697. Memoirs and observations topographical, physical, mathematical, mechanical, natural and ecclesiastical made in a late journey through the Empire of China, London

Conrady, A. (ed.). 1920. Die chineschen Handschriften und sontigen Kleinfunde Sven Hedins in Loulan. Stockholm: Generalstabens Lithografisksca Anstalt

Le Coq, Albert von. 1926. Auf Hellas Spuren in Ost-Turkestan. Berlin

Cordier, Henri. 1891. Les voyages en Asie au XIVe siècle du Bienhereaux Odoric de Pordenone. Paris

Cortes, Rosario Mendezo. 1974. Pungasinan 1572—1800. Quezon

Couling, Samuel. 1917. The encyclopaedia Sinica. Shanghai: Kelly & Walsh

Curzon, Robert. 1860. The history of printing in China and Europe. London: Philobiblon Society Miscellanries. Vol. 6 (pt. 1): 1～33

Curzon, R. 1854. A short account of libraries of Italy. Philobiblon Society Miscellanies, **1** (6): 6

Dozy, Reinhart et Jan de Geoji (tr). 1866. Description de l'Afrique de l'Espagne par Idrisi. Leiden: Brüll

Drège, Jean-Pierre. 1987. Les débuts du papier en Chine. Paris: Comptes Rendus de l'Académie des Inscriptions et Bulles-Lettres, 650～672

Drège, J. P. 1981. Papiers du Dunhuang; Analyse morphologique des manuscrits chinois datés. T'oung Pao, **67**: 355～360

Drège, J. P. 1986. L'analyse fibreuse des papiers et la datation des manusrits de Dunhuang. Journal Asiatique, **274** (3—4): 403～415

Edkins, Joseph. 1867. On the origin of papermaking in China. Hong Kong: Notes and Queries on China and Japan, **1** (6): 18

Franklin, Benjamin. 1793. Description of the process to be observed in making large sheets of paper in the Chinese manner, with one smooth surface. Philadelphia: Transactions of the American Philosophical Society. 8～10

Frye, Richard N. 1951. Tarxūn-Türxün and Central Asia history. Harvard Journal of Asiatic Studies, **14**: 123

Ghori, P. K. et Rahmann, A. 1966. Paper technology in medieval India. Indian Journal for the History of Science, **1** (2): 133 et seq.

Giles, Lionel. 1957. Descriptive catalogue of the Chinese manuscripts from Tunhuang in the British Museum. London: British Museum

Giles, L. 1933—1943. Dated Chinese manuscripts in the Stein Collection. Bulletin of Lodon School of Oriental and African Studies. 1933—1935. **7**: 809; 1935—1937, **8**: 1; 1937—1937, **9**: 1; 1940—1942, **10**: 317; 1943, **11**: 148

Giles, L. 1911. An alphabetical index to the Chinese Encyclopaedia (Ch'in Ting Ku Ch'in T'u Shu Chi Ch'eng). London: The British Museum

Girmond, Sybille. 1993. Chinesische Bilderalbum zur Papierherstellung. Historische und stilistische Entwickelung der Illustrationen von Produktionsprozessen in China von den Anfaengen bis im 19. Jahrhundert. in: Chinesische Bambuspapierherstellung. Ein Bilderalbum aus dem 18. Jahrhundert. Berlin: Akademie Verlag. 18～33

le Gobien, Charles et al. (réd). 1702～1776. Lettres édifficiantes et curieuses ecrites de Mission Étrangères par quelques missionaires de la Compagnie de Jésus. Paris, 34vols

Gode, P. K. 1947. Migration of paper from China to India (AD 105 to 1500). Appendix E to K. B. Joshi's Papermaking.

Maganvadi, Wardha: Kumarappa

Goodrich, Luther Carrington. 1967. Printing. a new discovery. Technology and Culture, 8 (3): 376～378; Journal of the Hong Kong Branch of the Royal Asiatic Society, **7**: 39～41

Goodrich, L. C. 1959. A short history of the Chinese people. 3rd ed. New York: Harper & Brothers Publishers

Godrich, L. C. 1953. Earliest printed editions of the Tripitaka. Visvabharate Quarterly, **19**: 215

Grousset, René. 1970. The empire of the stepps. Eng. ed. New York

de Guignes, Joseph. 1758. Histoire générale des Huns, des Mongols et des autres Tartars Occidentaux, avent et depuis J. C. jusqu'a Présent. paris

Gusman, Pierre. 1916. Le gravure sur bois et d'epargue sur metal. Paris

du Halde, Jean Baptiste (réd). 1735. Description geographique, historique, chronologique, politique et physique de l'Empire de la Chine et de la Tartarie Chinois, Paris: le Mercier. 4vols

Harders-Steinhauser, M. 1968. Mikroskopische Untersuhung einger Ostasiatischer Tunhuang Papiere. Darmstadt: Das Papier, **23** (3): 210～216

Henning, WH. 1948. The date of the Sogdian ancient letters. Bulletin of London School of Oriental and African Studies (University of London). vol. 12 (pt. 3～4): 601～605

Hirth, Friedrich. 1890. Die Erfindung des Papier in China. T'oung Pao. 1: 1; Chinesischen Studien. Berlin, Bd. 1

Hirth, F. 1885. China and the Roman Orient. Shanghai: Kelly & Walsh

Hitti, Philip K. 1970. History of the Arabs. 10th ed. London: Macmillan

Hoernle, AFR. 1903 Who was the inventor of rag paper? London: Journal of the Royal Asiatic Society. Arts. 22: 663～684

Hummel, Arthur W. 1944. Movable type printing in China. The Library of Congress Quarterly Journal of Current Acquisition, **1** (2): 13

Hunter, Dard. 1978. Papermaking. The history and technique of an ancient craft (1943). 2nd ed. New York: Dover Publications

Hunter, D. 1925. The literature of papermaking. Ohio: Mountain House Press

Hunter, D. 1932. Old papermaking in China and Japan. Ohio: Mountain House Press

Hunter, D. 1936. Papermaking in Southern Siam. Ohio: Mountain House Press

Jones, Horatis G. 1896. Historical sketch of the Rittenhouse Paper Mill, the first created in America 1690. Pernsylvania Magazine of History and Biography, **20** (3): 315～333

Julien, Stanislas. 1847. Documents sur l'art d'imprimer à l'aide de planches au bois, de planches au pierre et des types mobiles. Paris: Journal Asiatique. Sér. 4, **9**: 508～518

Julien, S. (tr). 1840. Description des procéde chinois pour la fabrication du papier. Traduit de l'ouvrage chinois intitulé Thien-Koung Kai-Wu. Paris: Comptes Rendus Hebdomadaires des Séances de l'Académie des Sciences, **10**: 697～103

Julien, S. (tr). 1856. Fabrication du papier de bambou. Paris: Revue de l'Orient et de l'Algerie, **11**: 74～78

Karabacek, Joseph. 1887. Das arabische Papier. Ein historische-antiquarische Untersuchung. Wien: Verlag der Kaiserl. Königl. Haf- und Staatsdrukerei; oder in: Mitteilungen aus der Sammlung der Parpyrus Erzherzog Rainer. Ⅱ/Ⅲ

ibn-Khaldūn, Abd-al-Rahmān. 1958. Al-Muqaddimah; An introduction to the history. tr. F. Rosenthal. New York: Bollingen

Klaproth, Julius. 1834. Lettre à M. de Baron Alexandre de Humboldt sur l'invention de la boussole. Paris

Koops, Mathias. 1800. Historical account of the substances which have been used to describe events and to convey ideas from the earliest date to the invention of paper. Printed by T. Burton. London

Koretsky, Elaine. 1981. Hand papermaking in Nepal. Japan: Kasama Press

Labarre, E. J. 1952 Dictionary and encyclopaedia of paper and papermaking 2nd ed. Amsterdam: Swets & Zeitlinger

Laufer, Berthold. 1919. Sino-Iranica; Chinese contributions to the history of civilisation in ancient Iran. Chicago: Field Museum of Natural History; reprinted by French Bookstore. Peiping, 1931

Ledyard, Gari Keith. 1967. The discovery in the monastery of Buddha land. New York: Columbia Library Columns, **16**

(3): 3～10

Lenz, Hans. 1984. Cosas del papel en Mesoamerica. México: Editorial Libros de México

Levey, M. 1962. Chemical technology in medieval arabic bookmaking. Transactions of American Philosophical Society, **52** (pt. 4): 1～55

de Mendoza, Juan Gonzeles. 1853. The history of the great and mighty kingdom of China and the situation there of. Translated from the Spanish by R. Parke in 1588. ed. Sir George T. Staunton. London: Hakluyt Society. 2vols

Minorsky, M. 1948. Tamin ibn Bahr's journey to the Uyghurs. Bulletin of London School of Oriental and African Studies (University of London), **12** (2): 285ff

Moule, A. C. 1930. Christians in China before the year 1550. London: Society for the Promotion of Christian Knowledge

Needham, Joseph. 1963. Grandeurs et faiblesses de la tradition scientifique chinois. Paris: L'Pensée. no. 111

Needham, J. 1965. Aeronautics in ancient China. Shell Aviation News. (2): 2; Science and civilisation in China. Vol. 4, pt2. Cambridge University Press

Needham, J. 1976. The evolution of oecumenical science. London: Interdisciplinary Science Review, **1**: 204～214

d'Ohsson, Baron. 1835. Histoire des Mongols depuis Tchinquiz Khan jusqu'a Timour Boy ou Tamurlan. La Haye et Amsterdam: Les Frères van Cleep. 3vols

Oswald, John Clyde. 1928. A history of printing. Its development through 500 years. New York

Pan Jixing. 1981. On the origin of papermaking in the light of newest archaeological discoveries. Basel: I PH-Information. Bulletin of the International Association of Paper Historians, (2): 38～48

Pan Jixing. 1987. On the origin of rockets. Leyden: T'oung. Pao, **73**: 2～15

Pan Jixing. 1983. Ten kinds of modified paper in ancient China. Bulletin of the International Association of Paper Historians, (4): 151～155

Pan Jixing. 1993. Die Herstellung von Bambuspapier in China. Eine geschichtlische und verfahrenstechnische Untersuchung. in: Chinesische Bambuspapierherstellang. Ein Blderalbum aus 18. Jahrhundert. Berlin: Akademie Verlag Gm b. H., 11～17

Pan Jixing. 1997. On the origin of printing in the light of new archaeological discoveries. Beijing: Chinese Science Bulletin, **42** (12): 976～981

Pan Jixing. 1997. A comparative research of early movable metal-type printing technique in China, Korea and Europe. International Symposium on the Printing History in East and West. 95～105. Seoul; to be also publisbed in Gutenberg Jahrbuch, 1998 (1)

Paul Gilman. d'Arcy (tr). 1967. Chou Ta-Kuan's notes on the customs of Cambodia. Translated from the French of Paul Pelliot. Bangkok: Social Science Association Press

Pilliot, Paul. 1908. Une bibliothèque médievale retrouvée au Kansou. Hanoi: Bulletin de l' École Française d'Extrême-Orient, **8**: 501

Pelliot, P. 1921. La peinture et la gravure Européenes en Chine au temps de Mathieu Ricci. T'oung Pao, **20**: 1

Pelliot, P. (tr). 1902. Mémoires sur les coustomes de Cambodge de Tcheou Ta-Kouan. Hanoi: Bulletin de l' École Fran ç-aise d'Extrême-Orient, **2**: 123 et seq.

Pelliot, P. 1929. Notes sur quelques livres ou documents conservés en Espagne. T'oung Pao, **26**: 43

Pelliot, P. 1928. Des artisans chinois à la capitale Abbaside en 715～762. T'oung Pao, **26**: 110

Pelliot, P. 1924. Un recueil de piéces imprimées concernant la'Question des Rites'. T'oung Pao, **23**: 347

Reed, Talbot Baines. 1887. A history of the old English letter foundries. London

Reichwein, Adolf. 1925. China and Eroupe; Intellectual and cultural contacts in the 18th century. Translated from the German by J. C. Powell. New York: Alfred Knopf

Reinaud, J. T. 1845. Relations des voyages faits par les Arabs et Persans dans l'Inde et la Chine dans le neuviéme siècle de l'ére Chrétienne. Paris. 2vols

Renker, A. 1936. Papier und Druck in fernen Osten. Mainz; Gutenberg-Gesellschaft

Retana, W. E. 1911. Origines de la imprenta Filipina. Madrid

Rische, Friedrich (ed). 1930. Johann de Plano Carpim; Geschichte der Mongolen und Reisebericht 1245～1247. Leipzig

Rockhill William (ed). 1900. The journey of William of Rubruck to the eastern parts of the world (1253～1255) as narrated by himself, with two accounts of the earlier journey of John de Pian de Carpini. London: Hakluyt Soc. Publ.

Routledge, Thomas. 1875. Bamboo, as a papermaking material. London

Rudolph, R. C. (tr). 1954. A Chinese Printing manual 1776. Los Angels: Typophiles

Ruppel, A. 1939. Johannes Gutenberg. Sein Leben und sein Werk. Berlin

Saeki, Yoshiro. 1916. The Nestorian Monument in China (1913). London: Society for the Promotion of Christian Knowledge

Sandermann, Wilhelm. 1988. Die Kulturgeschichte der Papier. Berlin-Heidilberg: Springer Verlag

Sarton, George. 1927～1947. Introduction to the history of science. Baltimore: William & Wilkins. vol. 1, 1927; vol. 2, pt1～2, 1931; vol. 3, pt. 1～2, 1947

Satow, Ernest. 1882. On the early history of printing in Japan. Transactions of the Asiatic Society of Japan, **10** (pt) 48～83; Further notes on movable types in Korea. Ibid, **10** (pt2); 252

Sindall, R. W. 1920. Paper technology. An elementary manual on the manufacture, physical qualities and chemical constituents of paper and papermaking fibres. London: Griffen & Co. Ltd.

Stein, Aurel. 1907. Ancient Khotan. Detailed report of an archaeological exploration in Chinese Turkestan, Oxford: Clarendon Press. 2vols

Stein, A. 1901. Preliminary report on a journey of archaeological and topographical exploration in Chinese Turkestan. London

Stein, A. 1921. Serindia. Detailed report of exploration in Central Asia and Western-most China. Oxford: Clarendon Press. 4vols

Strehlneek, E. A. 1914. Chinese picturial art. Shanghai: Commercial Press

Sung Ying-Hsing. 1966. T'ien Kung K'ai Wu (1637). Chinese technology in the seventeenth century. Translated and annotated by E-Tu Zen Sun et al. Pennsylvania State University Press

Tchang, Mathias. 1905. Chronologie complète et çoncordance avec l'ére Chrétienne de toutes les dates concernant l'histoire de L'Extrême-Orient (Chine, Japon, Corée, Annam, Mongolie, etc). Shanghai: Imprimerie de la Mission Catholique

Temple, Robert. 1986. China: Land of discoveries. Willingborough: Multimedia Publications Ltd

al-Thaallibi. 1968. The book of curious and entertaining informations. Tranlated by C. E. Bosworth. Edingborgh

Thomas, Isaiah. 1818. History of printing in America. Worcester, Mass. 2vols

Tschichold, Jan. 1955. Der Erfinder des Papiers, Ts'ai Lun, in einer alten chinesische Darstellung. Zürich

Tschichold, J. 1947. Chinesische Gedichtpapier vom Meister der Zehnbambushalle. Basel: Holbein-Verlag; 1970. Basel: Rentsch Verlag

Tsien Tsuen-Hsuin. 1962. Written on bamboo and silk; The biginning of Chinese books and inscriptions. Chicago: University of Chicago Press

Tsien Tsuen-Hsuin. 1973. Raw materials for old papermaking in China. Journal of American Oriental Society, **93** (4): 510

Tsien Tsuen-Hsuin. 1985. Paper and printing volume, as Vol. 5, pt. 1 of Joseph Needham's Science and civilisation in China Cambridge University Press

Turgot, Anne Robert Jacques. 1914. Oeuvres complète de Turgot, ed. Gustave Schelle. Paris

de Vinne, Theodore Law. 1896. The invention of printing. New York: F. Hart

Watson, Katherine (tr). 1970. Chinese colour printing from the Ten Bamboo Studio. Translated from the German of Jan Tschichold. London: Lund Hamphries

Wells, Herbert George: 1971. The outline of history. A plain history of life and mankind. New York: Doubleday & Co. Inc.

Wiesner, Julius von. 1902. Mikroskopische Untersuchungern alter ostturkestanischer und anderer asiatischer Papiere nebst histologischen Beiträgen zur mikroskopischen Papieruntersuchung. Vienna: Denkschriften der Kaiserlichen Akademie der Wissenschaften (Mathemtisch-Naturwissenschaftlischen Klasse). Bd. 72

Wiesner, Julius von. 1904. Ein neuer Beitrag zur Geschichte des Papieres. Sitzungsberichte der Kaiserlischen Akademie der Wissenschaften in Wien (Philosophisch-Historische Klasse). Bd. 148 (Abh. 6): 1～26

Wiesner, J. von. 1911. Ueber die ältesten bis jetzt aufgefundenen Handerpapiere. Sitzungsberichte der Kaiserlichen Akademie der Wissenschaften in Wien (Philosophisch-Historische Klasse), **168** (5)

Wiesner, J. von. 1887. Die Faijûmer und Ushmûneiner Papiere. Eine naturwissenschafttische, mit rücksichtliche auf die Erkennung alter und moderner Papiere und auf die Entwickelung der Papierbereitung durch geführte Untersuchiung. Wien: Mitteilungen aus der Summlung der Papyrus Eizherzog Rainer, **2～3**: 179～260

Wiesner, J. von. 1886. Mikroskopische Untersuchung der Papiere von el-Faijûm. Mitteilungen aus der Summlung der Papyrus Eizherzog Rainer, **1**: 45 et seq

Winter, John. 1975. Preliminary investigation on Chinese ink in Far Eastern paintings. Advances in Chemistry Series 138. Washington, D. C.: American Chemical Society

Yule, Henry. 1903. The book of Sir Marco Polo the Venetian, concerning the kingdom and marvels of the East. 3rd ed. revised by Henri Cordier. London: Murry. 2 vols

Yule, H. (tr. ed). 1913～1915. Cathay and the way thither; Being a collection of medieval notices of China (1866). 2nd ed. revised by Henri Cordier. London: hakuyt society Publications. vol. 1～2, 1913; vol. 3, 1914; vol. 4, 1915

Zaide, Gregorio F. 1939. Philippine history and civilisation. Madrid

综合索引

说明:本索引以词组为单位,按其汉语拼音字母顺序排列,各词包括正文及脚注中提及者,外文词按汉译名拼音,括号内给出原文。人名标出国籍,中国古人标出朝代。

I

J

K

X

Z

总 跋

凡是听到编著《中国科学技术史》计划的人士，都称道这是一个宏大的学术工程和文化工程。确实，要完成一部30卷本、2000余万字的学术专著，不论是在科学史界，还是在科学界都是一件大事。经过同仁们10年的艰辛努力，现在这一宏大的工程终于完成，本书得以与大家见面了。此时此刻，我们在兴奋、激动之余，脑海中思绪万千，感到有很多话要说，又不知从何说起。

可以说，这一宏大的工程凝聚着几代人的关切和期望，经历过曲折的历程。早在1956年，中国自然科学史研究委员会曾专门召开会议，讨论有关的编写问题，但由于三年困难、“四清”、“文革”，这个计划尚未实施就夭折了。1975年，邓小平同志主持国务院工作时，中国自然科学史研究室演变为自然科学史研究所，并恢复工作，这个打算又被提到议事日程，专门为此开会讨论。而年底的“反右倾翻案风”，又使设想落空。打倒“四人帮”后，自然科学史研究所再次提出编著《中国科学技术史丛书》的计划，被列入中国科学院哲学社会科学部的重点项目，作了一些安排和分工，也编写和出版了几部著作，如《中国科学技术史稿》、《中国天文学史》、《中国古代地理学史》、《中国古代生物学史》、《中国古代建筑技术史》、《中国古桥技术史》、《中国纺织科学技术史（古代部分）》等，但因没有统一的组织协调，《丛书》计划半途而废。1978年，中国社会科学院成立，自然科学史研究所划归中国科学院，仍一如既往为实现这一工程而努力。80年代初期，在《中国科学技术史稿》完成之后，自然科学史研究所科学技术通史研究室就曾制订编著断代体多卷本《中国科学技术史》的计划，并被列入中国科学院重点课题，但由于种种原因而未能实施。1987年，科学技术通史研究室又一次提出了编著系列性《中国科学技术史丛书》（现定名《中国科学技术史》）的设想和计划。经广泛征询，反复论证，多方协商，周详筹备，1991年终于在中国科学院、院基础局、院计划局、院出版委领导的支持下，列为中国科学院重点项目，落实了经费，使这一工程得以全面实施。我们的老院长、副委员长卢嘉锡慨然出任本书总主编，自始至终关心这一工程的实施。

我们不会忘记，这一工程在筹备和实施过中，一直得到科学界和科学史界前辈们的鼓励和支持。他们在百忙之中，或致书，或出席论证会，或出任顾问，提出了许多宝贵的意见和建议。特别是他们关心科学事业，热爱科学事业的精神，更是一种无形的力量，激励着我们克服重重困难，为完成肩负的重任而奋斗。

我们不会忘记，作为这一工程的发起和组织单位的自然科学史研究所，历届领导都予以高度重视和大力支持。他们把这一工程作为研究所的第一大事，在人力、物力、时间等方面都给予必要的保证，对实施过程进行督促，帮助解决所遇到的问题。所图书馆、办公室、科研处、行政处以及全所的同仁，也都给予热情的支持和帮助。

这样一个宏大的工程，单靠一个单位的力量是不可能完成的。在实施过程中，我们得到了北京大学、中国人民解放军军事科学院、中国科学院上海硅酸盐研究所、中国水利水电科学研究院、铁道部大桥管理局、北京科技大学、复旦大学、东南大学、大连海事大学、武汉交通科技大学、中国社会科学院考古研究所、温州大学等单位的大力支持，他们为本单位参加编撰人员提供了种种方便，保证了编著任务的完成。

为了保证这一宏大工程得以顺利进行，中国科学院基础局还指派了李满园、刘佩华二位同志，与自然科学史研究所领导（陈美东、王渝生先后参加）及科研处负责人（周嘉华参加）组成协调小组，负责协调、监督工作。他们花了大量心血，提出了很多建议和意见，协助解决了不少困难，为本工程的完成做出了重要贡献。

在本工程进行的关键时刻，我们遇到了经费方面的严重困难。对此，国家自然科学基金委员会给予了大力资助，促成了本工程的顺利完成。

要完成这样一个宏大的工程，离不开出版社的通力合作。科学出版社，在克服经费困难的同时，组织精干的专门编辑班子，以最好的纸张，最好的质量出版本书。编辑们不辞辛劳，对书稿进行认真地编辑加工，并提出了很多很好的修改意见。因此，本书能够以高水平的编辑，高质量的印刷，精美的装帧，奉献给读者。

我们还要提到的是，这一宏大工程，从设想的提出，意见的征询，可行性的论证，规划的制订，组织分工，到规划的实施，中国科学院自然科学史研究所科技通史研究室的全体同仁，特别是杜石然先生，做了大量的工作，作出了巨大的贡献。参加本书编撰和组织工作的全体人员，在长达10年的时间内，同心协力，兢兢业业，无私奉献，付出了大量的心血和精力。他们的敬业精神和道德学风，是值得赞扬和敬佩的。

在此，我们谨对关心、支持、参与本书编撰的人士表示衷心的感谢，对已离我们而去的顾问和编写人员表达我们深切的哀思。

要将本书编写成一部高水平的学术著作，是参与编撰人员的共识，为此还形成了共同的质量要求：

1. 学术性。要求有史有论，史论结合，同时把本学科的内史和外史结合起来。通过史论结合，内外史结合，尽可能地总结中国科学技术发展的经验和教训，尽可能把中国有关的科技成就和科技事件，放在世界范围内进行考察，通过中外对比，阐明中国历史上科学技术在世界上的地位和作用。整部著作都要求言之有据，言之成理，经得起时间的考验。

2. 可读性。要求尽量地做到深入浅出，力争文字生动流畅。

3. 总结性。要求容纳古今中外的研究成果，特别是吸收国内外最新的研究成果，以及最新的考古文物发现，使本书充分地反应国内外现有的研究水平，对近百年来有关中国科学技术史的研究作一次总结。

4. 准确性。要求所征引的史料和史实准确有据，所得的结论真实可信。

5. 系统性。要求每卷既有自己的系统，整部著作又形成一个统一的系统。

在编写过程中，大家都是朝着这一方向努力的。当然，要圆满地完成这些要求，难度很大，在目前的条件下也难以完全做到。至于做得如何，那只有请广大读者来评定了。编写这样一部大型著作，缺陷和错讹在所难免，我们殷切地期待着各界人士能够给予批评指正，并提出宝贵意见。

《中国科学技术史》编委会

1997年7月